건축공학실험편람

사단법인 대한건축학회
ARCHITECTURAL INSTITUTE OF KOREA

발 간 사

건축은 많은 관련분야 학문이 복합적으로 구성됨으로써 하나의 건축실체로서 현실화되며, 다양한 분야의 학문이 종합되고 상호 유기적으로 결합되어야 하는 현대학문의 학제 간 교류는 매우 중요한 의미를 갖는 것입니다. 특히 건축을 구성하는 분야 중 공학적 사고에 바탕을 둔 건축구조, 환경 및 설비, 재료, 방·내화분야들의 내적인 상호연계, 종합화를 통한 건축적 의미는 매우 크다 할 것입니다.

이러한 의미에서 금번 출판되는 공학실험편람은 그 동안 정리하였으면 하는 건축공학분야에서 매우 중요한 부분인 실험의 의의 및 방법, 주요 선진 국가의 실험시설 현황 등을 학부생, 대학원생, 연구소 실무자들이 알기 쉽도록 체계적으로 정리된 편람이라는데 그 구체적 의의가 있습니다. 최근 들어 건물의 초고층화, 대공간화, 친환경성 추구, 방화 및 내화관련 문제점 들이 대두되고 있는 현실에서 실험적 검증은 매우 중요하고 해결해야만 하는 과제임에 비추어 볼 때 공학실험편람의 출판은 시의적절하다고 판단됩니다.

이 책을 통하여 대학의 공학분야 관련 실질적 실험교육은 물론 국책 및 기업 연구소에 종사하고 있는 많은 연구 및 실무 기술자들이 체계화된 실험방법을 명확하게 파악하는데 조금이나마 도움이 되고, 더 나아가 국내 현실에 맞는 건축 관련 구조, 환경 및 설비, 재료 등 시스템을 개발하고자 할 때 실용적인 참고자료로서 활용되었으면 합니다.

끝으로 이 책이 출간되기까지 집필에 수고를 하여주신 전임 학회장이신 이리형 집필위원장 이하 모든 집필진 여러분과 열과 성을 다하여 세심하게 검토해 주신 자문위원 여러분께 감사드립니다. 그리고 흔쾌히 출간을 허락해주고 바쁜 가운데 시간 내어 편집을 도와준 기문당 강해작 사장님 및 관계자 여러분께 감사의 말씀을 드립니다.

2008년 4월

사단법인 대한건축학회

회장 심우갑

머 리 말

건축공학분야에서는 건축학 분야와는 달리 다양한 실험이 학부와 대학원에서 이루어지고 있으며, 특히 실험적 연구가 최근 들어 증가 추세에 있으나 이에 적합한 참고문헌이 없는 실정이라 외국의 참고문헌을 정확히 이해하지 못한 상태에서 실험체 계획 및 실험을 실시하고 있는 현황으로 다수의 문제점이 제시되고 있는 실정입니다. 따라서 국내 건축공학분야에서의 실험적 연구에 있어서 실제적인 이해를 돕기 위하여 대한건축학회에서는 이 책을 발간하기로 하였습니다.

이 책은 총 6장으로 구성되어 있으며 1장 총론에서는 실험의 의의, 실험계획법, 각국의 주요 실험시설 현황에 대하여 기술하고 있고, 2장 재료시험에서는 콘크리트와 철근 보강관련 재료의 시험방법에 대하여 기술하고 있습니다. 3장 구조부재 관련 정·동적 실험, 4장 풍동실험, 5장 방·내화실험, 6장 환경설비실험에서는 관련 실험의 방법과 실험에 사용되는 장비의 특성, 기존 실험의 예시 등을 수록하여 실험적 연구에 대하여 보다 정확하게 활용할 수 있는 실험 지침서를 작성하고자 하였습니다.

본 집필진은 건축분야에서 실험적 연구를 진행하는 연구 및 실무진들에게 지침이 될 수 있는 정확한 실험편람을 작성하고자 최선의 노력을 하여 건축공학분야에서 실험적 연구의 합리성과 신뢰성을 전달하고자 하였지만, 여러 가지 면에서 부족한 점이 많을 것으로 판단됩니다. 부족하고 미비한 부분이 있다면 독자 여러분의 아낌없는 조언을 부탁드리며, 그에 대한 부분은 계속적인 보완·수정을 하여 관련 독자들이 정확히 항상 이용할 수 있는 편람이 되도록 하겠습니다.

끝으로 본 책자가 발간되기까지 많은 고민을 하였을 최창식 집필간사 이하 집필진, 많은 조언과 도움을 주신 자문위원 및 관련하신 모든 분들께 이 자리를 빌어 진심으로 감사를 드리며, 모쪼록 이 책이 공학실험을 하는 데 있어 교육, 연구 및 실무적인 측면에서 실제적인 도움이 되는 편람이 되기를 바랍니다.

2008년 4월

집필위원장

청운대학교 총장 이 리 형

집필위원

위원장

이리형 청운대학교 총장

간 사

최창식 한양대학교 건축공학부 교수

위 원

김성완 대한주택공사 주택도시연구원 선임연구위원
김영문 전북대학교 건축도시공학부 교수
김태진 성균관대학교 건축공학과 교수
김한수 건국대학교 건축공학부 교수
노삼영 한양대학교 건축학부 교수
민병렬 한국건설기술연구원 건설·방재시험연구센터 책임연구원
윤동원 경원대학교 건축설비공학과 교수
이강석 전남대학교 건축학부 교수
이경구 대한건축학회 건축연구소 부소장
이상호 부산대학교 건축학부 교수
이한승 한양대학교 건축학부 교수
지남용 한양대학교 건축공학부 교수
홍성걸 서울대학교 건축학부 교수

자문위원

김광우 서울대학교 교수
김무한 충남대학교 교수
김진근 과학기술원 교수
서치호 건국대학교 교수
손장열 한양대학교 교수
신성우 한양대학교 교수
윤재환 수원대학교 교수
이언구 중앙대학교 교수
정헌수 중앙대학교 교수

차 례

chapter 1 총 론

chapter 2 재료실험

chapter 4 풍동실험

chapter 5 방 · 내화실험

chapter 6 환경실험 설비

chapter 1

총 론

1.1_ 서론

1.2_ 공통부분

1.3_ 각국의 주요 실험시설 현황

제1장 총 론

1.1 서 론

1.2 공통부분

1.2.1 일반사항

1) 단위 및 단위계

일반적으로 어떤 양을 수치화하기 위해서는 기준을 정하여 같은 양의 몇 배인가를 나타내면 된다. 이와 같은 비교를 위한 기준량을 단위라고 하며, 물리법칙에 근거하여 어떤 양의 단위를 이용하여 다른 양의 단위를 정할 경우, 얻어진 단위, 예를 들면 모멘트, 속도, 가속도 등을 유도단위라고 정의한다.

길이, 중량, 시간 등의 기본적인 양을 바탕으로 정한 단위(기본단위)를 조합하여 얻은 유도단위의 일체를 절대단위계라고 한다. 또한 질량 대신에 힘을 이용하여 일정 질량에 생기는 중력을 기본단위의 일종이라고 하는 단위계를 중력단위계 또는 공학단위계라고 한다.

현재, 각국에서 사용되는 단위계에는 MKS 단위계, CGS단위계, 국제단위계(SI) 등의 미터법 이외, 피트 및 파운드단위계가 있다. 미터법은 미터, 킬로그램, 초를 기본단위로 하며 이는 1875년 파리에서 결성된 미터조약에서 제정되었다. SI는 국제단위계의 약칭으로써, 제9회 국제도량형 총회에서 모든 나라가 채용할 수 있는 단일의 실용적인 단위를 결의하였다. 1947년에 설립된 국제표준화기구(ISO)의 규격에서는 SI단위를 우선적으로 사용하도록 권고하고 있다. SI단위의 주요특징은 다음과 같다.

① 단위가 일관성이 있는 단위계이며, 현재 사용되고 있는 미터법 중력단위계의 단

위인 중량킬로그램(kgf)을 미터, 킬로그램 및 초를 이용하여 나타내면, 1kgf = 9.80665 N = 9.80665kg · m/s^{2}가 되며, 계수 9.80665가 필요하게 된다.

② SI는 MKSA단위계의 확장이기 때문에 전체 기본단위가 물리법칙에 근거하여 명확하게 정의되어 있다.

③ SI는 하나의 양에 대하여 하나의 단위 및 10의 정수배의 단위만을 사용하는 합리적인 단위계이다.

본 건축공학실험편람에서는 상기에 나타낸 SI단위계를 사용, 즉 응력 kgf/cm^2 또는 N/mm^2 모두를 MPa로, 길이 cm는 mm로 통일하여 나타내었다.

2) 계측과 오차

계측이라는 용어는 측정이라는 용어보다 넓은 의미로 사용되고 있다. 측정은 기준량과 비교하여 수치를 이용하여 양을 나타내는 조작을 나타내는 반면에 계측은 이와 같은 측정량을 얻기 위한 수단 및 처치를 계획하여 이것을 실행하여 그 결과로부터 적절한 결론을 유도하는 것이다. 또한, 결론에 따라서 대상물을 제어하는 과정에 관련하는 기술을 나타낸다. 상기 계측법에 대하여 공통적인 문제점은 측정치의 오차이다. 일반적으로 오차는「측정값 - 참값」으로 정의된다.

물론, 참값을 알지 못하기 때문에 오차는 엄밀하게는 평가가 불가능하지만, 오차가 정확하게 어느 범위인지는 필요하다. 즉, 예상되는 오차가 최대한 얼마이며, 따라서 측정치에 대하여 참값은 어느 범위에 존재하는가를 파악할 필요성이 있다. 예를 들어 1mm 눈금의 자로 측정하여 1mm 단위로 파악하여 980mm를 측정하였다고 가정한다면, 이때 최대한도의 오차는 ±0.5mm이다. 따라서 참값은 980±0.5mm 사이에 존재한다고 판단할 수가 있다. 그러나 최대한도의 오차를 추정할 경우, 오차의 원인이 상기와 같은 눈금읽기 뿐만 아니라 다양하다. 일반적으로 오차에는 계통적 오차와 우연오차가 있다. 계통적 오차라는 것은 눈금읽기에 의한 오차, 눈금 자체의 오차, 또한 각종 계측장비의 성능에 의한 오차 등을 나타내며, 보다 정밀한 계측장비와 비교하여 보정이 가능한 오차이다. 이때의 오차는 계측정도로써 표시를 하며, 1m의 자가 계측 정도가 1mm라면, 눈금이 정확히 980mm를 나타내어도 참값은 981mm와 979mm 사이에 존재한다. 만약에 980±0.5mm의 정도로 측정을 한다면 보다 정밀한 자를 사용해야 한다.

한편, 우연오차라는 것은 측정시의 온도 · 습도의 변화, 그 외 각종 원인이 중복되어 발생하는 오차로써 측정횟수를 늘림으로써 측정값에 변동을 부여하는 오차이다. 따라서 우연오차는 1회의 측정에서는 평가가 불가능하며, 수회 반복하여 동일 측정을 실시해야한다. 우연오차의 최대한도 오차를 구하는 방법으로는 식(1.1)에 정의하는 편차를 계산하여 최대편차를 이용하여 표시하는 방법이 있다.

$$편차 = 측정값 - 측정값의\ 평균식 \qquad 식(1.1)$$

다만, 식(1.1)과 같이 정의되는 최대오차는 측정횟수에 의존하며, 횟수를 증가시키면, 최대편차 또한 증가하여 오차에 대한 정확한 평가가 불가능하게 될 가능성이 있다. 이론적으로는 식(1.2)와 같이 정의되는 표준편차를 이용하여 나타내면 정확하게 표현할 수가 있다고 보고되어 있다.

$$\sigma = \sqrt{\frac{\sum_{i}^{n}(x_i - \bar{x})^2}{n-1}} \qquad 식(1.2)$$

여기서, $\bar{x}$는 평균값을 나타내며, n회의 측정에서 i번째의 측정값을 x_i라고 할 경우의 평균값으로써 식(1.3)을 이용하여 계산가능하다.

$$\bar{x} = \frac{\sum_{i}^{n} x_i}{n} \qquad 식(1.3)$$

식(1.2)에 나타낸 표준편차를 이용하면 개개의 측정값의 편차가 $\pm 3\sigma$ 이내에 있는 신뢰계수 99.7%, 즉 1,000회 가운데 997회는 $\pm 3\sigma$ 사이에 존재하는 것이 이론적으로 증명된다. 동일하게 $\pm 2\sigma$는 95%를 신용하는 것이 가능하며, $\pm \sigma$는 70%를 신용하는 것이다. 이와 같이 오차범위가 그 신뢰계수와 관련지어 표시할 수 있기 때문에 합리적인 방법이다. 이론적 배경과 일치하기 위해서는 적어도 측정횟수를 10회 이상 실시해야 한다고 보고하고 있다.

1.2.2 실험계획

1) 실험계획의 개요

실험계획을 실시할 때는 해당실험의 목적을 명확하게 파악해야 한다. 실험체, 가력장치, 측정방법 등의 계획은 각각 단독으로 수행되는 것이 아니고, 상호연관성을 가지고 있기 때문에 최종적으로 실험목적이 달성하도록 상호 연관성을 고려하여 계획을 해야 한다. 예를 들면, 실험체의 응력상태에 부합하도록 형상 및 치수를 계획하더라도 가력장치의 여건에 의하여 실험체의 형상, 치수, 측정방법을 변경해야 하는 경우도 발생한다. 즉, 실험계획단계에서 발생 가능한 여러 가지 문제를 고려하여 검토를 해야 한다.

한편, 건축실험의 종류에는 일반적으로 연구요인의 조합에 의해서 기초적인 성질을 검토하는 기초적인 연구 및 설계계획을 바탕으로 설계자료를 얻고자 설계의 타당성, 안전성 등을 확인하는 실험으로 나눌 수가 있다. 기초적인 연구를 위한 실험계획을 그림 1.1에 나타낸 철근콘크리트 기둥 부재의 전단강도 구조실험에 관한 연구를 예를 들어 설명하면 다음과 같다.

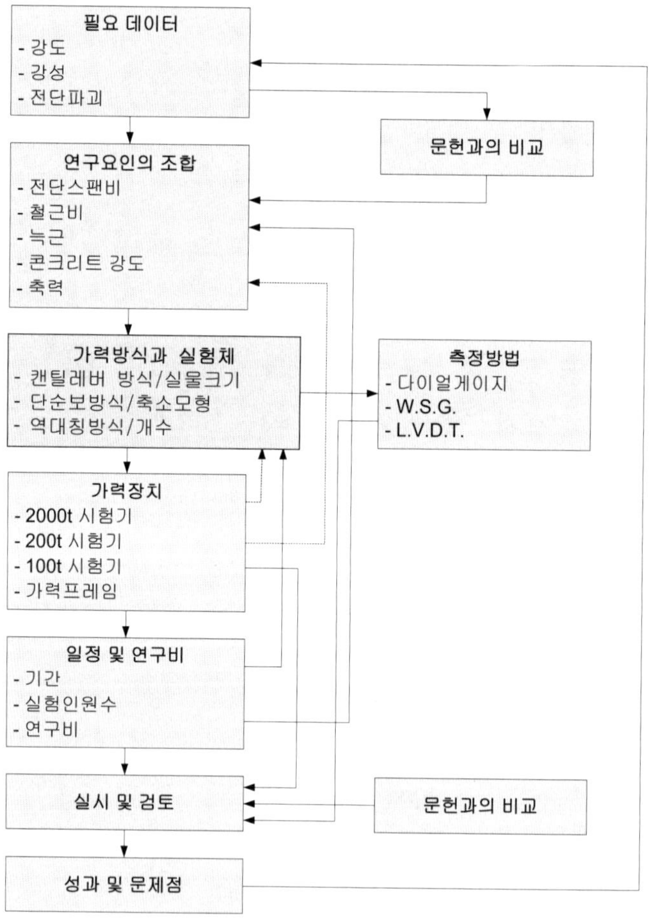

그림 1.1 기초적 연구의 실험계획

그림 1.1은 실험계획의 프로차트를 나타내며, 전단강도 및 파괴에 관한 연구 수행목적에 부합하도록 이것에 영향을 주는 요인으로서, 전단스팬비, 주근량, 전단보강근, 콘크리트 강도, 축방향력 등을 생각할 수 있다. 실험체의 개수는 상기 요인의 조합에 의해서 결정되지만, 가력방식, 실험체의 형상·크기 등을 근거로 하여 가력장치, 일정, 연구비 등에 의해서도 영향을 받는다. 실험체의 크기는 치수효과(Size Effect)가 없는 실물크기로 계획을 하여도 가력장치 및 연구비 면에서 불가능하다면 실물실험을 수행할 수 없다.

또한 실험체를 소형으로 하여 실험체의 수를 증가시켜 연구요인의 조합(변수)을 증가시키더라도 실험기간이 확보되지 않는 경우가 발생한다든지 연구비가 부족하다면 실험 실시는 불가능하게 된다.

상기와 같이, 실험계획은 상호 밀접하게 연관성을 가지며, 단독으로 계획하는 것은 불가능하다. 그림 1.2에는 설계계획에 근거한 실험계획의 프로차트를 나타낸다. 이것도 또한 계획안에 관한 문제점, 즉 목적이 결정되면 그림 1.2와 같은 과정으로 계획을 세울 수가 있다. 가령, 설계계획안에서 기둥, 보접합부의 강도와 강성이 문제가 있다고 가정을 한다면, 현재까지 발표된 연구문헌에 의하여 상기 문제의 검토가 가능하다면 구조실험을 수행하지 않더라도 접합부 설계 및 시공이 가능하다. 물론 연구문헌 자료가 부족하다면 구조실험이 필요하다.

설계계획에 근거한 실험계획을 세울 때는 설계계획안의 응력상태를 실험체에 재현가능하도록 형상, 치수 및 개수를 결정하였다고 할지라도 사용할 가력장치에 의하여 실물크기로는 실험이 불가능하여 축소모형으로 한다든지, 또한 정축력 하에서 십자형 실험체를 계획할지라도 X자형 실험체로 변경해야 하는 경우도 발생한다. 실험체의 개수도 실험장치의 사용기간, 실험 실시기간 동안의 확보가능성, 예산 등에 의하여 변경가능하다.

설계계획안에 근거한 실험계획은 실험실시까지 시간적인 여유가 부족하며, 치밀하게 제작준비가 되지 않는 것이 통례이다. 연구성과 내지는 구조설계자료가 부족하더라도 대상건축물을 대상 부지에 건설하고자 하는 시공주의 요청이 있다면 설계부터 시공까지 단기간에 진행해야 하는 것이 현 상황이다. 상기와 같은 구조실험계획에서는 실제설계에 사용되는 재료의 준비가 일정대로 진행이 되지 않아 다른 재료를 이용해야만 하는 경우도 발생하며, 콘크리트 강도도 또한 일정관계로 조강콘크리트 등을 사용함으로써 설계강도가 변하는 경우도 발생하기 때문에 설계와 실험과의 연관성을 고려하여 충분하게 검토하여 계획을 세워야 한다.

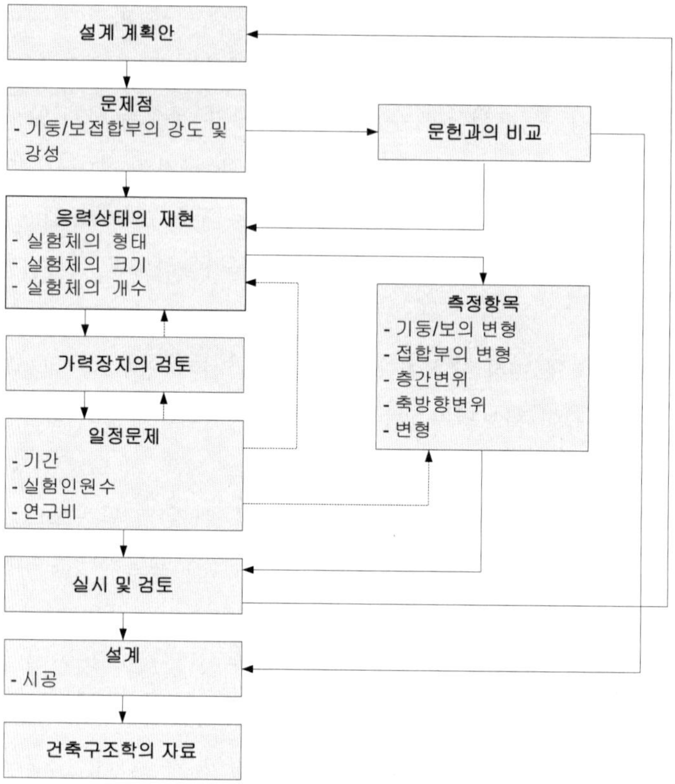

그림 1.2 설계계획에 근거한 실험계획

과학기술의 진보는 새로운 장비를 창출시켜 측정의 범위를 폭넓게 한 반면에 계측기기에 대한 지식부족 및 작은 실수가 예상치 못한 결과를 초래할 수도 있다. 이러한 경향은 기계나 장치의 정도가 높으면 높을수록 문제가 발생할 가능성이 높다. 실험에 필요한 기계기구나 장치계획을 세울 때에는 그 성능을 충분히 파악해야 한다. 충분히 파악하지 않고 새로운 장비를 호기심을 가지고 사용하면 실험 실측값이 무의미하게 되며, 또한 장비파손으로 연결될 수가 있다.

계측장비 등의 사용방법을 명확하게 파악하기 위해서는 원리, 이론을 문헌조사 등을 실시하여 실험실시 전에 실험담당자는 파악해야 한다. 계측장비가 측정을 수행해 주는 것이라는 생각은 잘못된 인식이며, 실험자 자신이 조작하여 계측하는 것으로서 성능 및 정도가 높은 계측기를 이용하여 측정한 결과도 그 방법에 의해서 신뢰도 및 정도가 수준 이하로 평가될 수 있다.

실험장치나 각종 기기는 실험목적에 알맞게 선정하여 사용해야만 한다. 실험은 재료실험과 같이 KS에서 시험방법이 규정되어 있으면 이것에 따라서 실험을 실시해야 하며, KS에 규정이 없는 구조물의 실험에는 실험의 목적을 파악하여 계획의 단계에서 문헌조사에 의한 검토를 수행하여 참고가 되는 부분은 계획에 적극적으로 활용을 해야 한다.

상기와 같이 실험계획은 검토를 수차 반복하여 완성이 되는 것으로서, 많은 시간을 투자하여 면밀하게 검토해야 한다.

2) 실험체의 계획

(1) 상사법칙

구조물의 내력 및 변형을 검토하는 경우, 실험체는 실물 전체 또는 일부분과 축소한 모형을 이용하는 경우가 있다. 실험체로서 축소모형을 사용하는 경우는 모형실험체와 구조체의 역학적 성상과 상관성에 대한 문제가 있어, 비선형영역에서 치수효과(Size Effect)가 없는 실물크기로 실험연구를 수행하는 것이 바람직하다. 구조실험에서 실물크기 실험체가 사용이 가능하다면 실험결과 그 자체가 실물의 성상을 나타낸다. 그러나 실물크기 실험은 규모가 크게 되어 실험장치의 용량 및 비용도 증가하기 때문에 축소모형을 이용해야 하는 경우가 대부분이다.

축소모형을 이용한 실험결과로부터 실물의 성질을 파악하고자 할 경우는 상사법칙의 문제가 있다. 동일 재료, 즉 강도 및 탄성계수는 실물과 동일하지만 치수만 작게 한 모형에서 정적인 강도 및 변형특성을 파악하는 것은 비교적 간단하다. 실물의 길이를 l, 모형의 길이를 l_m이라고 하여, 그 비 $S=l/l_m$을 축소율이라고 정의를 하면, 모형의 길이관계는 $1/S$, 단면적 등의 면적관계는 모두 $1/S^2$, 자중비는 $1/S^3$이 된다. 철근비 등의 무차원량은 변함이 없다.

모형실험체의 하중은 하중, 외력이 자중에 의해서 발생한다면 $1/S^3$이 되며, 정적가력 실험과 같이 외부로부터 힘을 가력하는 경우는 단위면적당 힘이 실물과 동등하게 되는 $1/S^2$의 힘을 가력하면, 축방향력과 전단력은 $1/S^2$, 휨모멘트는 $1/S^3$이 된다. 이것에 의한 응력도는 식(1.4)로 나타낼 수가 있으며 실물과 동등하게 된다.

$$\text{축방향력}: \ \sigma_m = \frac{N_m}{A_m} = \frac{N}{S^2} \times \frac{S^2}{A} = \sigma$$

$$\text{전단력}: \ \tau_m = k\frac{Q_m}{A_m} = k\frac{Q}{S^2} \times \frac{S^2}{A} = \tau \qquad \text{식(1.4)}$$

$$\text{모멘트}: \ \sigma_m = \frac{M_m}{Z_m} = \frac{M}{S^3} \times \frac{S^3}{Z} = \sigma$$

한편, 모형의 외력에 의한 휨변형은 식(1.5)와 같이 나타낼 수가 있으며, 실물의 변형량은 $1/S$가 된다.

$$\delta_{m외} = a\frac{\omega_m l_m^3}{EI_m} = a\frac{\omega}{S^2} \times \frac{l^3}{S^3} \times \frac{1}{E} \times \frac{S^4}{I} = \frac{\delta_{외}}{S} \qquad 식(1.5)$$

상기는 외력과 강도 및 변형 사이에 성립하는 관계로서 통상의 경우에는 이 관계만 고려하면 된다. 그러나 자중에 의한 변형을 고려한다면 단순히 축소율만 고려해서는 안 되며 식(1.6)에 나타내는 것처럼 고려해야 한다.

$$\delta_{m자} = b\frac{\omega_m l_m^4}{EI_m} = b\frac{\omega}{S^2} \times \frac{l^4}{S^4} \times \frac{1}{E} \times \frac{S^4}{I} = \frac{\delta_{자}}{S^2} \qquad 식(1.6)$$

모형의 외력에 의한 변형은 실물의 1/S인 반면에 자중에 의한 변형은 실물의 $1/S^2$이 된다. 따라서 전체 변형은 식(1.7)로 나타낼 수가 있지만 자중에 의한 변형도 또한 고려를 한다면 변형의 상사법칙을 정할 수가 없다.

$$\delta_{m전} = \delta_{m외} + \delta_{m자} = \frac{1}{S^2}\left(\delta_{외} + \frac{1}{S}\delta_{자}\right) \qquad 식(1.7)$$

이 문제를 해결하기 위해서는 실물과 모형에서 탄성계수 E 또는 단위체적중량 ρ를 변경하는 방법 등이 있지만 실제로는 변경이 거의 불가능하다. 여기서 한 가지 방법으로 모형에 외력하고는 무관하게 미리 일정의 등분포하중을 가하여 변형($\delta_{m부}$)을 증가시키는 방법을 고려하여 보자. 즉

$$\delta_{m외} + \delta_{m자} + \delta_{m부} = \frac{1}{S^2}(\delta_{외} + \delta_{자}) \qquad 식(1.8)$$

식(1.8)에 나타낸 관계가 성립하도록 $\delta_{m부}$를 모형에 미리 가력을 하면 식(1.9)가 되어 변형의 상사법칙을 정할 수 있다.

$$\delta_{m전} = \frac{1}{S}\delta_{전} \qquad 식(1.9)$$

식(1.7) 및 식(1.8) 관계로부터 식(1.10) 및 식(1.11)이 유도 가능하며, 결과적으로 미리 가력한 일정의 등분포하중에 의한 변형 $\delta_{m부}$는 식(1.12)로 나타낼 수가 있다.

$$\delta_{m자} + \delta_{m부} = \frac{1}{S}\delta_{자} \qquad 식(1.10)$$

$$\delta_{m자} = \frac{1}{S^2}\delta_{자} \qquad 식(1.11)$$

$$\delta_{m부} = (S-1)\delta_{m자} \qquad 식(1.12)$$

자중의 $(S-1)$배의 등분포 하중을 미리 가력하면 자중에 의한 변형도 포함한 실물 변형의 $1/S$ 변형이 모형에 발생하는 것이 된다.

전술한 바와 같이, 모형의 성질을 실물의 성질로 변경할 경우에는 응력도의 차원을 가지는 양(바닥면적당 하중, M/BD^2, N/BD, σ, τ) 및 무차원양(θ, R, τ/f_c')을 사용하면 변경을 하지 않고도 그대로 사용할 수가 있다.

(2) 실험체의 형태

실험체 형태계획에서는 크기에 관계없이 중요한 것은 목적에 부합한 응력상태를 재연하는 것이다. 구조물이 수평력을 받으면 그림 1.3과 같은 응력상태로 되지만, 이러한 문제점을 실험에 의하여 검토할 경우에는 A-A의 주각, 주두부분의 실험이라면 그림 1.4(a)와 같이 실험체를 계획해야 한다. B-B에 나타낸 기둥이음부 실험이면 그림 1.4(b)와 같은 실험체를, 보의 경우에는 그림 1.4(d) 및 (e)와 같이 실험체를 각각 계획하면 실험목적과 계획이 일치한다.

철근콘크리트 기둥의 실험연구에서 휨파괴 특성을 검토한다면, 그림 1.4(f)를 이용하면 충분하지만, 전단파괴의 특징을 검토한다면 그림 1.4(f)에서는 반곡점 부근의 응력상태가 실제의 응력과 일치하지 않기 때문에 그림 1.4(g)에 나타낸 역대칭가력이 필요하다.

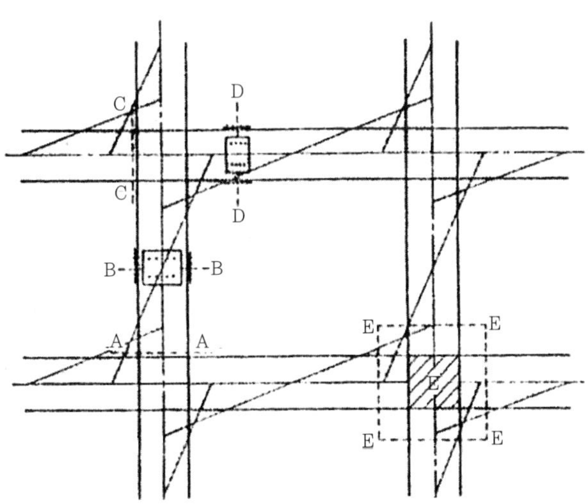

그림 1.3 수평하중에 대한 구조물의 응력상태

실험목적을 명확히 하여 실험체를 간결하게 계획하는 것이 보다 좋은 결과를 얻을 수가 있으며, 보단부 · 주두 · 주각의 검토에서 +자형, X자형 등의 실험체를 계획할 필요가 없어진다. 접합부 패널부의 거동을 검토할 경우, 그림 1.4(c)의 실험체에서 보, 기둥을 충분히 보강하지 않으면 보, 기둥이 파괴하여 부적절한 실험결과를 얻게 될 가능성이 높다. 골조 전체로서 보, 기둥접합부를 포함한 골조의 강도 및 강성을 검토할 경우는 그림 1.4(c)의 방법이 있지만, 정축력에서 M, Q를 가력할 경우에는 (1)의 +자형, 설계응력시의 N, M, Q를 재현하여 검토할 경우는 (2)의 X형이 가능하다.

그림 1.4에 나타낸 각 실험체의 계획은 가력장치에도 관련하여 장치를 검토하지 않고 계획을 수행하면 최대내력이 장치의 능력 이상이 되어 실험장소를 변경해야 하는 경우도 종종 발생한다.

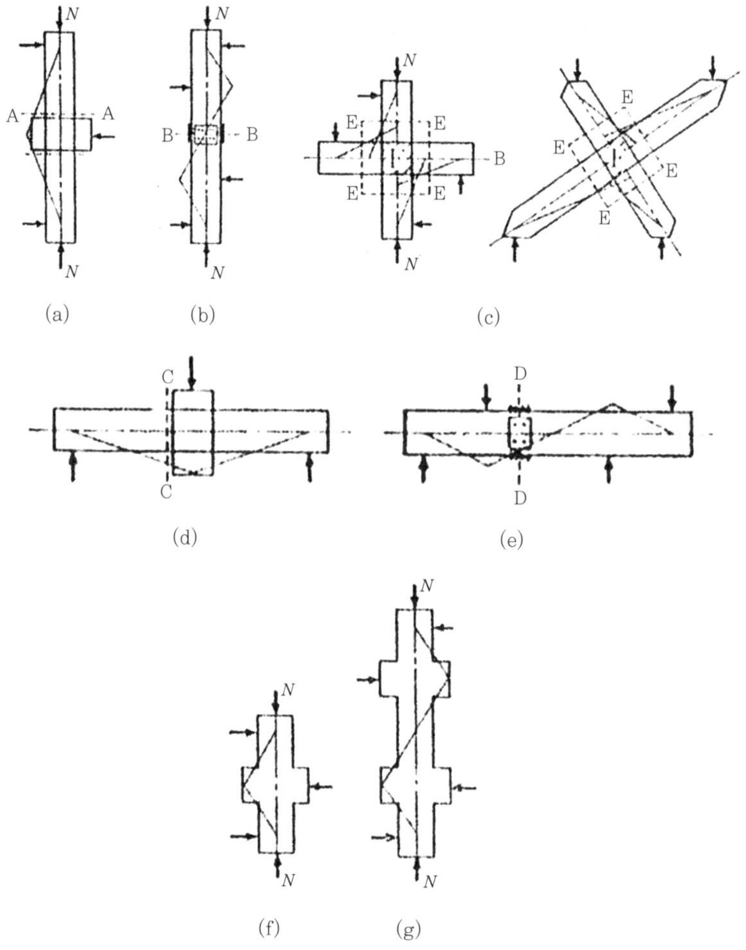

그림 1.4 구조물의 응력과 실험체(수평하중)

한편, 연직하중에 의한 실험계획에서도 수평력과 동일하게 실물의 하중에 의한 응력상태와 실험체의 응력상태를 일치시켜야 한다. 그러나 등분포하중을 받는 실물의 응력상태를 그대로 실험체에 재현하는 것은 매우 어렵다. 그림 1.5에는 실물의 응력과 실험체에 재현한 응력상태 예를 나타낸다. 그림 1.5(a)는 캔틸레버 형식으로서, 선단부에 집중하중을 받는 실물 크기 실험체의 가력실험이다. 그림에 나타낸 바와 같이, P_1, P_2 및 가력장치의 중량도 고려하여 실물의 응력상태와 거의 일치하는 응력으로 변형을 검토한 후, P_2만을 이용하여 균열, 최대내력(A-A단면이 최대)을 검토하였다. 그림 1.5(b)는 철골의 큰보에 지지된 철근콘크리트 작은보 실험으로서, 설계하중 시의 변형, 균열 등을 검토할 목적으로 실험을 수행하였지만 응력상태는 정확하게 일치하지 않으며 유사한 형태이다.

연직하중에 의한 가력실험에서 변형특성을 검토할 경우에는 가능하다면 실물 크기로 실제의 응력상태에 일치시킬 필요성이 있으며, 내력을 검토할 경우에는 위험단면만을 절단하여 사용할 수도 있다.

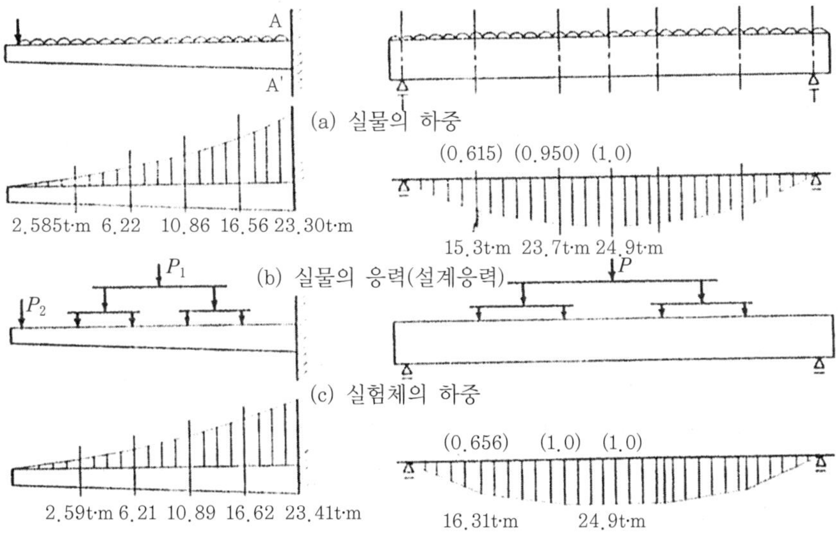

그림 1.5 구조물의 응력과 실험체(연직하중)

(3) 실험체의 개수

실시설계에 바탕을 둔 실험계획이면 실험변수가 적기 때문에 실험체 수가 적지만, 연구요인의 조합에 의해서 실험을 실시할 기초적 연구의 경우에는 예산과 실험기간 등의 제약이 있어 신중하게 결정을 해야 한다. 표 1.1에는 연구요인과 실험체 수를 나타낸 것으로서, 연구요인과 검토단계 수준수가 조금 증가하여도 실험체 수는 급격히 증가하는 것을 알 수 있다. 따라서 다변수 실험은 실험규모가 크게 되어 시간, 노력, 비용 등이 많이 소요된다. 예를 들면, 그림 1.1에 나타낸 기초적 연구의 실험체는 연구요인이 5개, 검토단계 수준을 5개 수준차이로 검토를 한다면 합계 3,125개, 3개 수준차이이면 243개가 되어 실험실시가 불가능하게 된다.

표 1.1 연구요인 및 실험체 개수

연구 요인수	검토단계 수준수			
	2	3	4	5
1	2	3	4	5
2	4	9	16	25
3	8	27	64	125
4	16	81	256	625
5	32	243	1,024	3,125

표 1.2에는 직교배치법을 이용하여 그림 1.1에 나타낸 기초적 연구에 대한 실험체 계획을 수행한 과정 예를 나타내며, 표 1.3에는 결과 예를 나타낸다. 일정 및 실험예산 때문에 실험체 개수를 9개로 한정하였다고 가정을 하며, 또한 연구요인은 총 5개이지만, 콘크리트 강도는 21MPa로 일정한 것으로 하여 다른 요인의 차이를 3단계로 설정하였다.

표 1.2 기초적 연구에 대한 실험체 계획을 수행한 과정 예(직교배치법)

연구요인		요인의 차이		
		1	2	3
인장철근비 P_t(%)	A	0.4	0.8	1.2
후프철근비 P_w(%)	B	0.2	0.33	0.5
축방향력 σ_o(MPa)	C	20	60	100
전단스팬비 a/d	D	2	3	4
콘크리트 강도(MPa)		21		
$L_9(3^4)$ 직교표에 의한 조합		A_1 B_1 C_1 D_1 A_1 B_2 C_2 D_2 A_1 B_3 C_3 D_3 A_2 B_1 C_2 D_3 A_2 B_2 C_3 D_1 A_2 B_3 C_1 D_2 A_3 B_1 C_3 D_2 A_3 B_2 C_1 D_3 A_3 B_3 C_2 D_1		

표 1.3 실험체의 조합

실험체 No.	인장철근비 P_t(%)	후프철근비 P_w(%)	축방향력 σ_o(MPa)	전단스팬비 a/d
1	0.4	0.200	20	2
2	0.4	0.330	60	3
3	0.4	0.500	100	4
4	0.8	0.200	60	4
5	0.8	0.330	100	2
6	0.8	0.500	20	3
7	1.2	0.200	100	3
8	1.2	0.330	20	4
9	1.2	0.500	60	2

3) 가력방법 및 장치의 계획

(1) 가력방법 계획

건축구조실험에서 널리 사용되는 가력방법은 (a) 단순지지식 가력방법, (b) 축방향력식 가력방법, (c) 캔틸레브식 가력방법이 있다. 이러한 가력방법은 단독으로 사용되는 경우 및 조합에 의해서 사용되는 경우가 있으며, 보 및 벽체의 실험에서는 (a)의 단순지지식 가력방법, 기둥의 실험에서는 (a) 과 (b)의 조합에 의하여 실험이 수행되는 경우가 많다.

① 가력장치의 강성

가력장치는 유압식, 톱니식, 실제 하중가력 등이 있으나 일반적으로 유압식이 널리 이용되고 있다. 콘크리트의 압축실험에서 최대강도에 도달 후, 오일의 송출은 늦음에도 불구하고 변형 진행이 급속하여 그대로 재하를 속행하면 어느 정도 하중이 저하한 부분에서 공시체가 폭렬한다. 이러한 현상은 콘크리트 재료 고유의 현상이 아니고 시험기의 성질이다.

즉 시험기에 축적된 변형에너지가 콘크리트의 내력저하에 수반해서 방출되는 비율이 콘크리트의 에너지 흡수 비율을 초과하면 폭렬현상이 발생한다. 이와 같은 가력장치의 강성이 작으면 취성적인 파괴를 유도할 수가 있으며, 최대내력 이후의 거동 파악은 유압식보다는 톱니식 가력장치가 우수하다는 연구결과도 있다. 또한 실험실 바닥에서 잭, 강봉 등을 사용하는 실험에서는 가력장치의 강성이 작게 되어 실험체의 최대내력 이후의 구조거동을 정확하게 파악 못하는 경우도 종종 발생한다.

② 실험체의 내력상승

그림 1.6에 나타낸 RC라멘 실험에서 B점에 수평력을 가력하고 기둥에는 축력 N을 가력하는 경우, 보 BC에도 Q_{c2}의 축방향압축력이 가해진다. 특히 보의 항복에 의해서 최대하중이 결정되는 실험체의 경우는 보에 축방향력이 발생하여 내력이 크게 되며, 경우에 따라서는 50% 정도 크게 되는 경우도 발생한다. 보 축력이 없는 경우의 이론하중을 산출하여 가력장치를 계획하면 내력이 크게 되어 실험체를 파괴하지 못하는 경우도 발생한다. X형 실험체에서는 보, 기둥접합부의 축력이 N, Q의 증대에 비례하여 크게 되어 내력이 상승한다. 일반적으로 실험체의 내력은 상기에 나타낸 축방향력의 영향을 고려하여도 사용재료의 성질 및 기타 오차에 의해서 예상보다 크게 되는 경우가 많기 때문에 가력장치 능력의 70% 정도로 계획을 하면 현명하게 실험을 수행할 수가 있다.

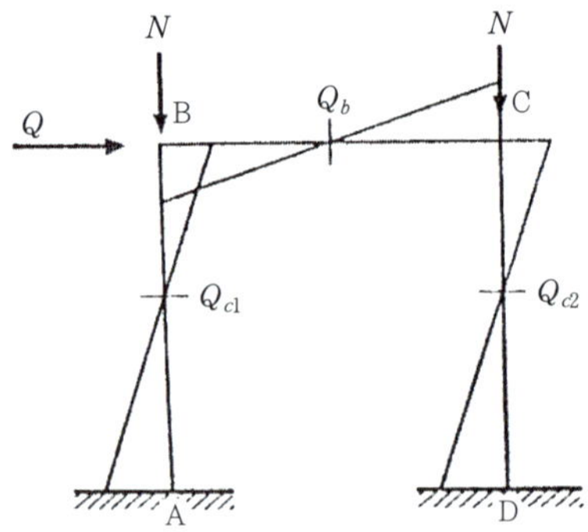

그림 1.6 골조실험

③ 가력장치에 의한 구속력

기둥의 휨, 전단실험에는 그림 1.7에 나타낸 방법이 있다. 축력 및 수평력 2방향 가력이 필요한 이러한 실험에서는 가력점에 구속이 발생하면 응력상태가 계획한 것과 다르게 된다. ⓐ의 실험에서 축방향 가력점에 구속이 있으면 ⓐ'와 같은 모멘트가 생긴다. 구속을 없애기 위해서는 ⓐ에서 가력, 반력점을 완전 이동단으로 하는 방법 및 ⓑ-ⓔ와 같이 2방향의 가력장치를 서로 독립시키는 방법 등이 있다.

ⓒ 및 ⓔ의 강봉에 의해 축방향력을 가력하는 방법에서 수평한 4개의 강봉으로는 강성이 거의 없기 때문에 가력장치에 좌굴이 발생할 가능성이 있으므로 경사방향 강봉이 필요하다.

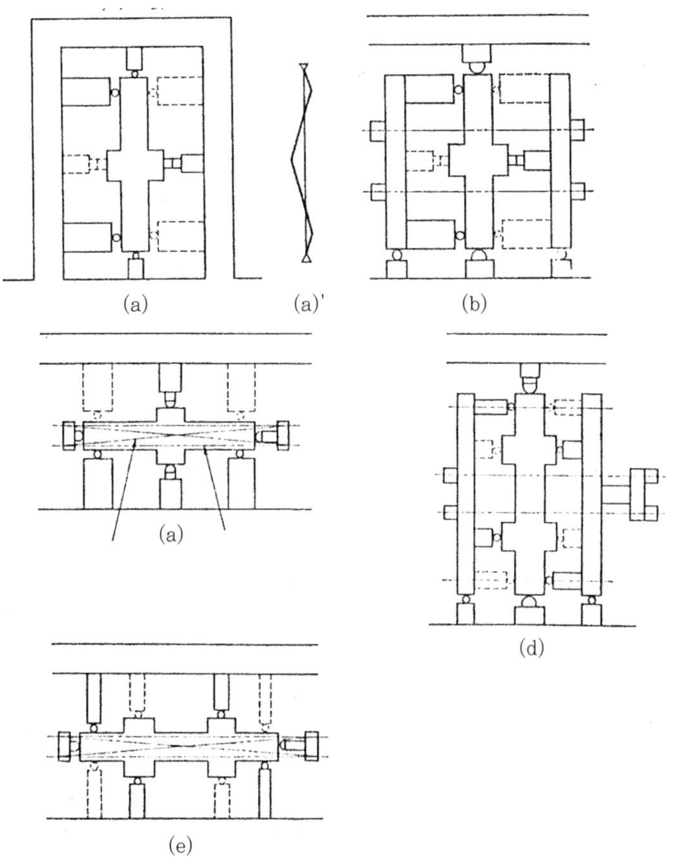

그림 1.7 기둥실험

④ 다수의 반복가력

다수의 반복가력을 수행해야 할 경우에는 실험 소요시간 대부분을 실험세팅에서 소비할 가능성이 있기 때문에, 충분한 검토한 후 가능한 간단한 방법으로 반복가력을 수행할 수 있는 장치를 계획해야 한다.

⑤ 실험체의 설치

1개의 실험체를 대상으로 실험을 실시할 경우에는 가력장치 등이 복잡하여 조립에 시간이 많이 소비되더라도 큰 문제는 없지만, 수개의 실험체를 연속적으로 시험할 경우는 실험체의 설치에 소비되는 시간을 최대한 단축할 수 있도록 계획을 세워야 한다.

(2) 지지방법 계획

구조물 실험체의 가력실험을 행할 경우에는 힘의 방향을 확실하게 정해야 한다. 가력장치는 계획한 방향의 힘을 실험체에 가력해야 하며, 실험체의 응력상태가 이론적으로 계획한 것과 상이하면 결과데이터를 해석할 경우에 많은 문제점이 발생한다. 특히 2차 응력의 영향으로 이론과 실험결과의 비교가 불가능해지는 경우도 있다.

보의 휨, 전단실험에서 가력점 및 지지점의 마찰이 2차응력이 될 수도 있으며, 축력을 받는 기둥실험에서 2방향의 가력장치에 의해서 구속이 발생하면 응력상태가 매우 복잡하게 된다. 보, 기둥접합부 실험에서 사용되는 X형 실험체의 경우에서 가력점 및 지지점의 마찰력이 크게 되면 압축시험과 유사하게 된다.

한편, 지점에 롤러(이동단)를 사용하는 경우, 선접촉의 접촉압은 Hertz식, $\sigma_{max} = 0.42\sqrt{PE/l_r}$로 표현할 수가 있지만, 그림 1.8에 나타낸 Hertz식에 의한 접촉압과 마찰계수의 측정사례에 의하면 $\sigma = 11^5\,\text{kPa}\,(11\,\text{tf/cm}^2)$ 부근에서 항복현상이 관찰된다. 이것은 접촉부분이 소성화하여 평면상태가 되어 매우 큰 마찰력이 작용하기 때문이다. 따라서 롤러단으로 봉재를 사용할 경우에는 접촉압의 한계를 약 105kPa(10kPa) 정도까지 제한할 필요성이 있다. 롤러단에서 접촉압이 크게 되는 큰 하중에서는 미끄럼지지를 사용하면 상기와 같은 문제점을 해결할 수가 있다.

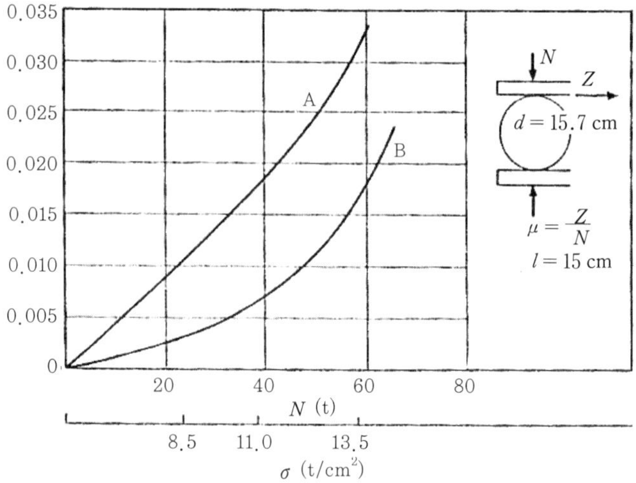

그림 1.8 롤러지지의 마찰계수

4) 계측방법의 계획

구조실험의 계측대상은 일반적으로 변위, 변형, 하중 등을 들 수가 있으며, 계측센서 선정 시에는 센서 그 자체와 데이터의 수록 및 처리까지 고려한 일괄 계측 데이터 처리 시스템의 선정이 중요하다.

계측 시스템에서는 결과 데이터가 디지털 양으로 표시될 때까지는 ① 스트레인, ② 센서 재료의 저항비 변화, ③ 브리지시스템의 출력전압 변화, ④ A/D(아날로그/디지털) 변환, ⑤ 기타 변환, ⑥ 데이터 표시의 순서를 거치는 것이 보통이며, 센서의 재료적 특성, 계측기의 보정계수, 배선의 저항치에 의한 감도저하 등 교정계수의 설정 및 극성 확인이 필요하다.

(1) 변위 및 변형 측정

변위를 측정하기 위해서는 기준 설정이 필요하며, 실험체의 외부에 부동점을 만들고 이와의 상대적인 변화값을 구하는 것이 일반적이지만, 실험체에 따라서는 가력점이나 지점이 이동하는 상황까지도 고려하여 계측방법을 계획해야 한다. 여기서는 각각의 점을 모두 계측하여 계산에 의해 실제의 변위를 구하는 경우와 지지점의 변화를 무시하고 새로운 계측기준을 만들어 이것을 기준으로 계측하는 방법이 있다.

마그네틱 베이스 등의 게이지 홀더는 지지점 간격에 변위가 발생하더라도 영향이 없도록 독립성을 확보하는 것이 매우 중요하다. 실험체의 옮김이나 실험중의 접촉에 의한 예측할 수 없는 일이 발생하더라도 데이터에 미치는 영향을 극히 최소화하기 위해 부착된 센서가 균형 있게 배열되도록 함으로써 홀더의 강성을 높여야 한다. 또한 실험체의 외부에서부터 게이지 홀더를 세우는 경우도 강성을 높이도록 계획해야 한다.

한편, 변형(스트레인) 측정은 일반적으로 전기저항식 변형 게이지를 붙이는 것으로서 가능하지만, 변형 게이지 선택 시에는 정밀도, 감도, 측정범위, 안정성, 다점 동시측정의 여부, 정적 및 동적측정의 여부 등을 고려해야 하며, 또한 측정위치를 결정하기 위해서는 충분한 검토가 필요하다. 철근콘크리트 실험체의 경우, 주근의 항복상태, 전단보강근의 응력부담, 콘크리트의 주응력 등 실험목적에 따라 하중과 변형 분포관계에 의하여 계측하는 위치를 결정한다. 예를 들면, 주근의 항복상태를 알기 위해서는 최대모멘트 위치를 선정해야 하며, 보의 정·부에 반복가력을 가하는 경우는 보의 양쪽 면에 부착시켜야 하며, 철근이 많이 배근된 경우는 몇 개의 철근을 측정해야 할 것인지, 항복 후 주근의 재축방향의 변형변화를 볼 수 있는지 없는지 등을 검토하여 측정위치를 정해야 한다.

역학적으로 모멘트가 크게 되는 위치는 균열도 가장 먼저 일어나는 곳이며, 변형 게이지를 많이 부착할 경우 이로 인한 균열이 발생할 수 있으므로 주의해야 한다. 전단보강근에서는 파괴 균열선을 예상한 위치에 변형 게이지를 부착하는 경우가 많지만, 예상한 위치에서 반드시 균열이 생긴다고는 할 수 없다. 균열이 발생한 곳에서 조금만 떨어져도 변형이 발생하지 않는 경우도 있으므로, 특히 이형철근의 경우에는 변형의 변화가 민감함에 주의할 필요가 있다. 변형 게이지에는 리드선이 접속되므로 철근 게이지의 부착위치로부터 리드선의 인출은 콘크리트 균열의 원인이 된다. 따라서 응력이 비교적 낮은 곳에서 인출해야 한다. 그리고 내부 주근에 따라 배선하면 부착파괴를 일으키는 결과를 초래할 수가 있으므로 주의해야 한다.

(2) 하중 측정

실험체에 가해지는 하중의 측정에서 시험기에 의한 실험에서는 시험기 부속의 하중계에 의해서 측정하면 되지만, 실험실 바닥에 오일잭 등을 이용한 가력장치를 이용할 경우에는 하중측정용 기구가 필요하다. 일반적으로 오일잭에는 압력계가 부속되어 있지만 이것은 개략적인 하중을 표시하며, 특히 제하 시에는 부정확하여 하중 측정에는 사용할 수가 없다.

상기와 같이 작용하는 힘의 크기를 직접 측정할 방법이 없기 때문에 가력장치인 오일잭의 유압에 가압면적을 곱하여 힘으로 변환하는 방법을 사용하거나 로드셀을 통해 하중의 크기를 측정하는 방법을 이용한다. 사용하는 센서, 로드셀의 용량은 준비계산에서 구한 계산값에 대해 충분한 여유가 있는 것을 선택한다. 로드셀의 경우는 가압부분에 힘이 균등하게 들어가는지, 편심하중으로 인해 한쪽으로만 가압이 되지는 않는지 등을 계획 시 검토하여 회전, 미끄럼면 베어링을 병용 사용하는 등의 준비가 필요하다. 그림 1.9에는 현장에서 널리 이용되는 가력장치의 예로서 오일잭, 로드셀, 가력보 등은 상호 완전히 일체화시켰으며, 양단에는 구좌를 두어 로드셀에는 축방향의 힘만 작용하도록 계획한 방법이다.

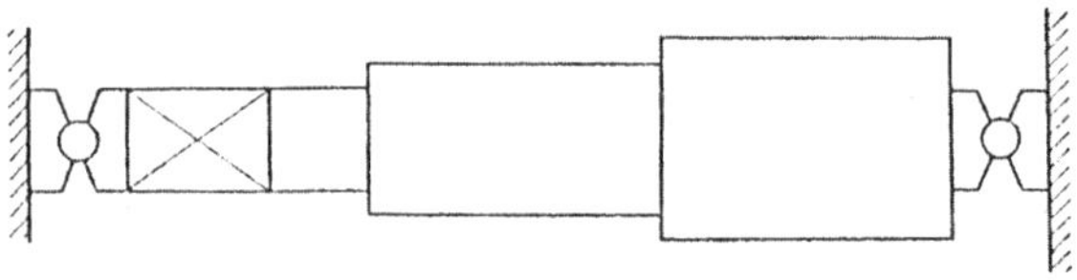

그림 1.9 가력장치 예

(3) 센서 선정

실험체의 준비단계에서 계산하여 구한 가력점에서의 변위량, 실험시의 발생 최대부재각의 예상치 등으로부터 센서의 가동범위를 정하여 계측위치를 계획도에 기입한다. 센서의 선정에는 허용량도 중요하지만 정밀도도 중요하며 가동범위가 짧은 것일수록 정밀도가 높다. 정밀도가 좋다고 해서 가동범위가 짧은 센서를 사용하면 실험 중에 몇 번이나 옮김작업이 필요하게 되어 전체의 데이터 정밀도를 나쁘게 하는 원인도 되고, 실험에 필요한 일정에도 영향을 미친다.

(4) 계측시스템과의 조정

하중, 변위, 변형 등의 계측위치가 확정되면 계측시스템과의 조정이 필요하다. 특히 실험을 진행함에 있어 항상 체크할 필요가 있는 상황과 실험종료 후에 천천히 데이터를 정리해도 무방한 경우가 있는데, 이들을 고려한 측정위치, 측정 채널번호, 계측센서의 일람표를 작성한다. 여기서 주의해야 할 점은 계측센서의 채널번호는 가능한 한 단순한 규칙으로 실험 중 기억하기 쉬운 것이 좋다.

(5) 모니터 해야 할 계측위치의 선정

정적 실험은 단계적으로 하중 또는 변위를 증감하는 방법으로 진행하는데, 가력상태와 계측상태가 계획대로인지 또는 이상이 없는지에 항상 주의를 기울일 필요가 있다. 실험 초기에는 센서의 움직임이 적으므로 전체 측정점의 데이터를 수치로 볼 수는 있지만 관찰할 항목이 실험의 진행과 함께 증가하기 때문에 수치의 체크로는 대응할 수 없게 된다. 이에 대응하기 위해서 아날로그 양으로 볼 수 있는 모니터시스템을 활용하는 것이 필요하다.

예를 들어, 하중과 하중점 변위, 하중과 최대 휨모멘트 위치에서 철근의 변형 등을 항상 좌표평면상의 그래프로 체크함으로써 실험 전체의 진행상황을 파악하는 것은 안전관리상 매우 중요하다. 계측 모니터링시스템에 있어서 가장 중요한 것은 각각의 여러 실험에서 어느 계측위치를 선정하여 모니터할 것인가이다. 경험적으로는 최대 5~6개의 측정점을 한도로 하며, 보통은 2~3개의 측정점이 적당하며, 주요 계측점 이외에 실험체 장치의 면외 파괴 등도 모니터하는 것이 좋다.

5) 결과의 정리

실험 및 데이터처리의 작업이 종료되었다 하더라도 실험이 완전히 종료되는 것이 아니고, 실험보고서의 작성으로 실험의 전공성이 종료된다. 실험보고서 작성방법에는 어떤 규칙이 있는 것은 아니지만, 통상 다음에 열거하는 항목을 중심으로 작성한다. 중요한 것은 실험을 수행하지 않았던 사람이 읽더라도 실험계획 및 결과를 정확히 알 수 있도록 작성하는 것이 중요하다. 실험은 어떤 목적을 가지고 수행되어지며, 실험보고서에는 실험목적과 여기에 대응하는 결론을 명확히 서술하는 것이 제일 중요하다.

다음에는 각종 콘크리트 계통의 구조실험에 관한 보고서를 참고로 정리한 실험보고서의 작성방법 예를 나타낸다.

[콘크리트 구조실험 보고서의 작성방법 예]

1. 서론

1.1 연구의 목적

연구를 필요로 하는 기술적 배경, 연구의 필요성을 설명하고 무엇을 명확히 하기 위한 연구인가 등의 목적을 확실하게 설명한다.

1.2 기존의 연구

해당되는 연구과제에 관하여 행해진 과거의 연구성과를 조사하여 과거의 성과를 파악한다.

1.3 연구의 전망

해당되는 연구의 위치 및 범위를 명확히 한다.

2. 연구의 개요

연구의 개요를 적고 특히, 실험체의 변구(parameters)를 명확히 한다.

3. 실험체의 특성

3.1 실험체의 형상

연구목적을 달성하기 위하여 고려되었던 실험체 설계의 사고방법, 변수(가능하면 일람표도 포함)를 설명하고, 실험체의 형상, 배근, 주근비, 전단보강근(비), 크기 등을 적는다. 배근상세는 실험체의 거동을 좌우하는 경우가 많기 때문에 상세도를 나타내는 것이 바람직하다.

3.2 실험체의 제작

실험체의 제작방법, 특히, 철근의 가공, 형틀의 제작, 콘크리트의 타설방법, 실험체의 양생방법(습도, 습온), 탈형의 시기 등에 대해서 설명한다.

3.3 사용재료의 특성

콘크리트에 대해서는 시멘트의 종류, 물시멘트비, 조골재 · 세골재 · 시멘트의 조합,

골재의 종류(인공, 천연, 보통, 경량) 및 크기, 산지, 공시체(실린더)의 크기 및 형상, 수, 양생방법, 실험체 및 공시체의 시험치 재령, 평균압축강도, 평균인장(할열)강도, 시험방법, 시험결과의 변동, 응력도-변형률 관계, 변형률의 측정방법 및 측정길이, 탄성계수(주로 $f_c'/3$의 할선강성을 사용), 4주강도, 시험장치 등에 대해서 설명한다.

철근에 대해서는 철근의 종류(예를 들면, SD40 등), 호칭(D25 등), 형상(이형철근 등), 강도 산출 시 가정한 단면적, 가정 혹은 실측한 탄성계수, 항복강도, 항복단의 유무, 항복강도의 결정방법(주로, 항복이 명백히 나타낼 경우는 항복이 시작되기 전의 최대 응력도, 즉 상항복점으로 한다. 명백히 항복단이 없을 경우는 0.2%의 잔류변형에 해당하는 응력도로 가정), 변형률 경화가 시작되는 점의 변형률, 파단강도와 그 때의 변형률, 변형률 측정의 방법 및 측정길이, 응력도-변형률 관계, 공시체의 형상(표준실험체 혹은 철근)과 수, 시험결과의 변동, 변형률 게이지의 유무(단면결손), 시험장치 등에 대해서 설명한다.

3.4 해석(강도식 등을 이용)에 의한 강도

해석방법을 간단히 설명하고 재료시험으로부터 얻은 재료강도와 실험체의 형상, 배근부터 계산되어진 실험체의 강도(휨 및 전단 균열강도, 항복강도, 극한강도 등)를 계산하여 해석에서 예상되어지는 파괴형식을 명백히 해둔다.

4. 실험방법

4.1 측정방법

실험체의 거동을 명백히 하기 위한 계측계획을 연구의 목적과 관련시켜 설명한다. 변위계, 하중계, 변형률 게이지의 성능(선형성, 분해성능, 감도(factor), 온도 및 습도의 민감성 등), 교정(calibration)의 방법, 설치위치 및 방법 등을 설명한다.

변형률 게이지에 대해서는 2선식 혹은 3선식에 의한 측정인가를 명백히 하고 게이지 감도도 설명한다.

4.2 가력장치

가력장치의 전체 그림과 가력장치의 구성, 성능, 실험을 행한 장소, 가력의 제어방법(하중제어, 변위제어, 변형률제어 등), 실험체의 지지방법 등을 설명한다. 핀 지지의 경우에는 회전중심의 위치를 설명한다. 힘-변위(P-Delta)효과가 생기는 경우에는 그의 보정방법을 설명한다.

4.3 가력이력

실험체에 가한 하중의 이력을 설명한다. 소성률로 변형을 정의한 경우에는 항복변형의 정의를 명확히 한다. 부재각으로 변형률을 정의하는 경우에는 사용한 변형과 부재길이를 명확히 한다.

5. 실험결과

5.1 파괴에 이르는 거동

각 실험체별로 실험의 결과를 충실히 적는다. 파괴의 형태와 파괴에 이르는 과정에서 관찰된 특징적인 사실(콘크리트의 크랙 및 압괴의 발생, 철근의 항복 및 파단 등)을 설명한다. 주요한 하중(또는 변위)에 있어서의 균열그림 혹은 사진을 나타낸다. 실험중에 생기는 사고(게이지 홀더의 이동 및 변형, 계측기구 혹은 가력장치의 오조작 등)가 발생한 경우에는 보고한다. 내력이 최대내력(혹은 해석적으로 얻은 극한강도)의 80%로 저하한 점의 변형(한계변형)을 하중-변형 관계의 포락선에서 구해서 보고한다. 한계하중의 일람표를 나타내고, 이론적인 해석치와 비교해서 나타낸다.

5.2 하중-변형 관계

주요한 하중과 대응하는 변형관계(원칙적으로 하중을 종축, 변형을 횡축에 표현)를 그림으로 나타내고 관계의 특색을 설명한다.

5.3 실험목적을 해명하기 위해서 필요한 데이터

하중과 주요한 변형률의 관계, 변형과 주요한 변형률의 관계, 두 개의 다른 변형의 상관 등을 그림으로 나타내고, 그 특색을 설명한다. 변형, 하중을 계측치에서 정리(계산)해서 구한 경우(전단변형의 계산, 평균곡률의 계산 등)에는 정리(계산)방법을 명확히 한다. 전체변형에 차지하는 각종 변형의 비율, 실험체내의 변형, 변형률 분포, 이력 에너지 소비와 등가점성 감쇠계수의 값 등을 대표적인 하중단계(혹은 변형단계)별로 도시하고, 그 특색을 설명한다.

6. 실험결과의 검토

연구목적에 맞게 실험결과를 검토하고 실험에서 확실하게 알게 된 것에 대하여 설명한다. 실험체의 변수가 실험결과에 주는 영향을 분석하기 위해서는 실험체 상호간의 비교를 행한다. 실험데이터에서 실험체의 파괴에 이르는 역학적 모델을 고찰하고 해석모델의 타당성을 검토한다. 실험방법에 문제가 있었던 것으로 판단되는 경우에는 여기서 고찰한다.

7. 결론

연구목적에 따라서 연구에서 얻은 성과를 그의 적용한계를 고려해서 정리한다. 연구를 정리하는 과정에서 얻은 결과를 토대로 범용성(일반성)이 있는 역학적 모델을 고찰하는 것이 공학적인 연구의 목적임을 염두에 두어야 한다. 해당 연구에서 해결되지 않았던 문제점에 관해서도 언급한다.

8. 참고문헌

연구를 수행하는 과정에서 참고가 된 문헌을 적는다.

부 록

실험데이터의 일람표를 적는 것이 가능하면 많은 연구자에게 유익한 것이 많다. 본문에는 설명되어 있지 않지만 그림으로 만들은 데이터가 있으면 참고자료로서 부록에 게재해도 좋다.

감사의 글

연구비를 제공한 자(기관), 재료를 제공한 자(기관), 실험체의 제작에 협력한 자(기관), 실험을 행함에 있어 협력한 자(기관), 연구에 조언을 한 자 등에 대해서 감사의 뜻을 표한다.

[일반적 주의사항]

① 수치를 보고할 때는 수치의 정도를 음미한 후에 유효숫자의 행수(예를 들면 소수점 몇 째 자리까지)를 정한다. 특히, 실험적 연구에서는 시험기, 측정기구의 정밀도로부터 유효숫자의 행수를 정하는 경우가 많음을 유의한다.

② 실험체의 제작(철근조립, 콘크리트의 타설), 가력장치, 측정관계, 결정된 부재각 및 실험종료시의 실험체의 손상상태 등을 나타내는 사진을 찍어둔다. 특히, 시험부분에 대해서는 손상의 진행을 알 수 있도록 똑같은 각도로 사진을 찍는 것이 바람직하다.

6) 실험에서의 안전관리

실험은 항상 사고가 발생할 가능성을 포함하고 있다. 특히 중량물을 취급하기 때문에 조그만 실수로도 큰 사고가 발생할 수가 있으며, 한 가지만 잘못해도 사망사고를 유발할 수 있다. 그러나 이러한 일이 혹시 일어날지 모른다는 것을 미리 예상하여 실험세팅 및 실험을 하면 사고는 미연에 방지할 수 있다. 많이 예상하고 준비하는 것이 실험을 성공적으로 완수할 수 있는 지름길이며, 또한 기본적인 사항만을 지키면 실험의 수행은 결코 위험한 것이 아니다.

실험체의 제작, 가력방법, 측정방법, 가력실험 등 실험 전반에서 안전관리를 고려하여 계획하지 않으면 안 된다. 이동작업을 안전하게 행하기 위해서 실험체의 중량이 너무 크지는 않은가?, 안전하게 상부로 올리기 위해서 크레인 등을 어디서 어떻게 조작을 하면 좋을까?, 실험체가 파괴될 때 가력장치가 움직여 날아가거나 떨어지지 않을까?, 가력방법이 불안전하지 않을까?, 측정장치에서 계측기가 떨어지지 않을까? 등등, 실험작업 시의 안전관리뿐만 아니라, 계획단계부터 안전관리를 고려하여 계획해야 한다. 계획단계에서 안전관리가 철저하게 고려된 경우에는 실험에서의 작업도 원활하게 진행되지만, 이것을 무시하면 작업에도 문제가 생긴다.

항상 안전관리를 심사숙고하여도 실제로 사고가 발생하는 것은 실험세팅 및 실험 중이므로, 만일 사고가 발생하더라도 피해를 최소한도로 하기 위해서 최선의 노력을 해야 한다. 다음에는 실험 중 안전사고를 방지할 수 있는 기본적인 사항을 정리한다.

① 안전모, 안전화, 작업복의 착용 : 안전성 확보

② 실험은 한 사람으로서는 불가능 : 전체를 총괄하고 협력, 위험예지와 안전감시

③ 동시에 2개소에서 별도 작업 불가 : 특히 상하의 위치

④ 자만심은 절대금물 : 신중하게 작업

⑤ 실험 중에는 큰 소리로 대화 : 팀 전원에게 알림

⑥ 어떤 행동을 하기 전에 이런 행동을 하면 어떻게 될 것인가를 먼저 생각함

1.2.3 각종 계측방법 및 장치

1) 변위 및 변형계측

변위 및 변형의 측정방법에는 기계적 방법, 전기적 방법, 자기적 방법, 광탄성 실험법, 광학적 방법, 모아레법 등으로 나눌 수가 있으며, 일반적인 실험에서는 기계적 방법 및 전기적 방법이 주로 사용되고 있다.

(1) 기계적 방법

① 버니어 캘리퍼스(vernier calipers)

버니어 캘리퍼스의 외측 측정면은 물체의 두께, 관, 구 등의 외경과 길이를 측정하

고, 내측 측정면으로는 관의 내경을 측정하며 깊이도 측정할 수 있다. 본척의 선단과 버니어 사이에 측정물을 끼우고 어미자와 아들자의 눈금을 읽어 물체의 크기를 측정한다. 보통 사용되고 있는 것은 본척의 한 눈금이 1mm이고, 버니어의 눈금은 본척의 19눈금을 20등분한 것이다. 읽을 수 있는 최소치수는 1/20mm이며, 최소치수가 1/50mm인 것도 있다. 종류로는 M형, CB형, CM형이 있다(그림 1.10 참조). 한편, 그림 1.10(b)와 같이 측정된 길이가 디지털로 바로 읽혀지는 차세대 전자식 캘리퍼스도 있다.

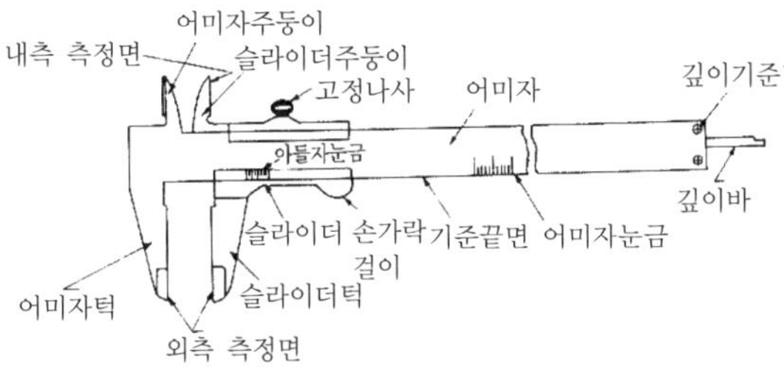

(a) M형

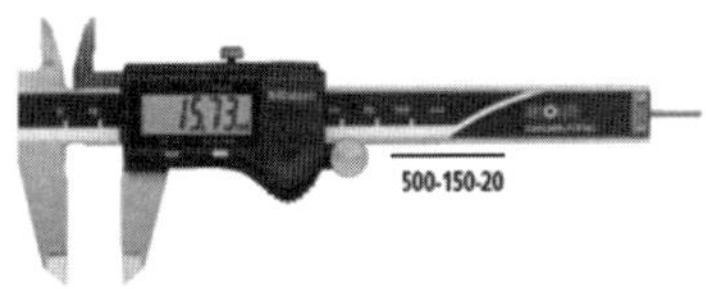

(b) 전자식

그림 1.10 버니어 캘리퍼스

② 마이크로미터(micrometer)

마이크로 미터는 U자형 프레임의 한쪽 끝에 고정된 앤빌(anvil)과 스핀들(spindle) 사이에 측정 물체를 삽입하고 심블(thimble)을 회전하면 래치스톱에 의해 일정한 측정압으로 물리게 된다. 재료의 크기는 프레임에 고정된 슬리브(sleeve)의 원통상 눈금 및 심블상의 원주 눈금을 읽어서 측정한다. 심블에는 원주방향으로 원주를 50등분한 눈금이 매겨져 있어 1눈금으로 0.01mm를 읽을 수 있다.

마이크로미터에는 바깥지름 마이크로미터, 안지름 마이크로미터, 깊이 마이크로미터, 수나사용 및 암나사용의 나사 마이크로미터, 기타 공기 마이크로미터와 전기 마이크로미터가 있다(그림 1.11 참조).

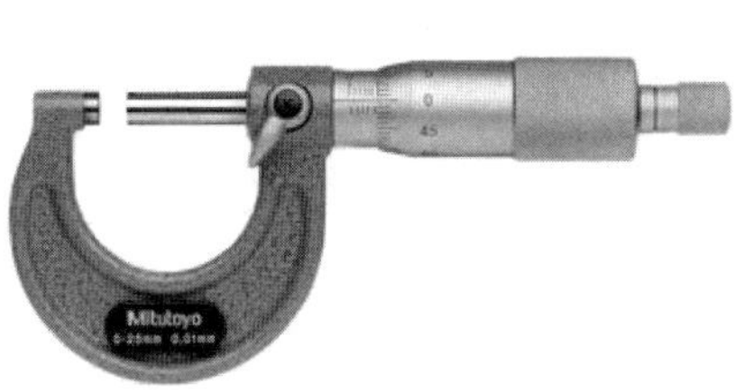

그림 1.11 마이크로미터

③ **다이얼 게이지**(dial gauge)

다이얼 게이지는 다이얼 인디케이터(dial indicator)라고도 하며, 측정하려고 하는 부분에 측정자를 대어 스핀들의 미소한 움직임을 기어장치로 확대하여 눈금판 위에 나타난 치수를 읽고 길이를 비교하여 변형이나 처짐을 측정하는 기구이다. 스핀들에는 래크가 새겨져 있어 스핀들의 움직임을 기어에 전달한다. 스핀들이 1mm 움직이는데 대해 지침이 1회전하는 것이 흔히 사용된다. 눈금판은 1눈금이 0.01mm인 것과 0.001mm의 것으로는 10mm의 것을 측정할 수 있고, 0.001mm인 것으로는 0.3mm, 1mm, 2mm 등을 측정할 수 있다. 취급이 간단하고 측정시의 온도에 의한 변형의 측정오차가 적으며, 기계적 측정기구에 결합되어 이용된다(그림 1.12 참조).

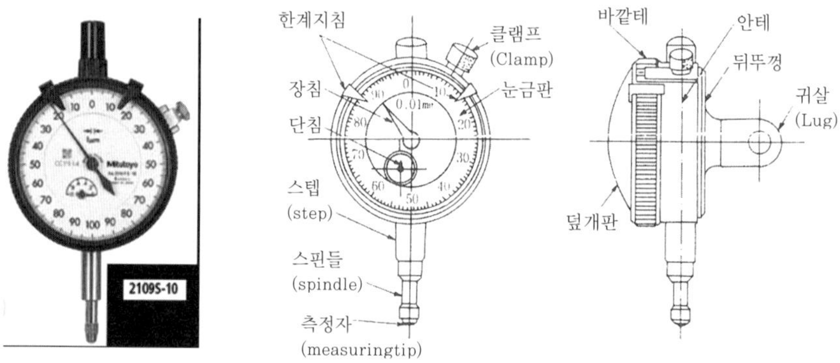

그림 1.12 다이얼 게이지

④ **콤퍼레이터**(comparator)

두 지점간의 길이나 길이변화를 정확히 측정하는 기구로서, 직접 측정하지 않고 블록게이지와 같은 표준게이지와 비교해서 치수차를 측정하는 것이다. 비교측장기라고도 한다. 모르타르의 건조수축 등 측정범위가 좁은 곳을 정밀하게 측정할 수 있다. 지시장치에는 여러 종류의 확대기구가 부착되어 있다. 확대장치로서 다이얼 게이지, 옵티미터, 공기마이크로미터(공기를 작은 구멍에서 분출시켜 유출량의 변화에 따른 압력의 변화를 이용한 것)가 있으며, 미니미터는 지레를 이용해서 확대하는 것이 있다.

또한, 캘리퍼스도 콤퍼레이터의 일종이다. 유동현미경을 이용한 측정기에는 2조의 현미경, 그 중 1대는 마이크로미터가 부착되어 있으며, 마이크로미터의 십자선과 현미경에 부착한 젖빛유리 위에 그린 선을 일치시켜 마이크로미터로서 선간거리를 읽고 1/1000의 정밀도까지의 길이변화를 측정할 수가 있다. 이 경우 측정 전에 표준자를 이용하여 현미경 간의 거리를 정확히 검정하고 측정할 때 가까운 거리에 광원이 있으면 열의 영향으로 측정거리가 변할 수도 있으므로 주의해야 한다(그림 1.13 참조).

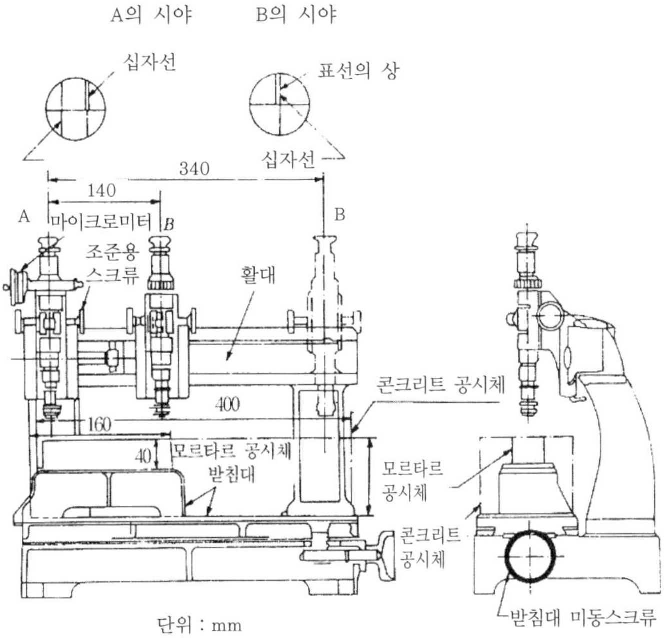

그림 1.13 콤퍼레이터 방법의 측정기

⑤ **베리식 스트레인 게이지**(berry strain gauge)

베리식 스트레인 게이지는 원추형의 계측각을 피측정 부위에 고정하여 표점 간 변위량을 지렛대에 따라 확대하여 다이얼 게이지 눈금을 읽고, 기준 게이지 길이에 대한 상대값으로 변형을 측정한다. 구조는 간단하고 조작이 용이하며, 비교적 측정오차가 적고, 주로 강재의 변형측정용으로 사용된다. 피측정 부위 표면에 펀치로 구멍을 뚫고 펀치구멍에 스트레인 게이지의 접점을 꽂아 변형을 측정한다(그림 1.14 참조).

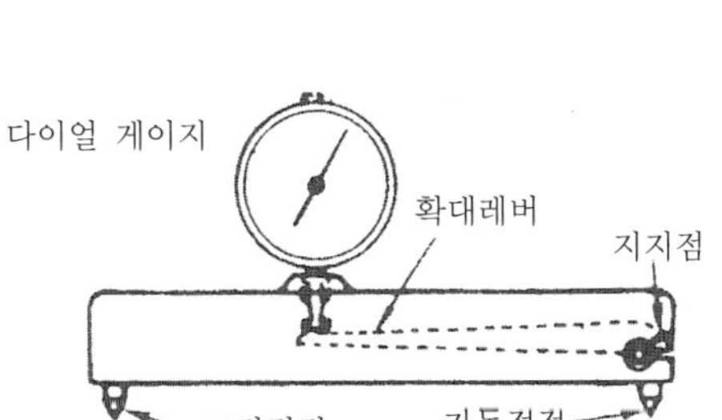

그림 1.14 베리식 스트레인 게이지

⑥ **콘택트 게이지**(contact gauge)

콘택트 게이지도 변위량을 지렛대에 의해 확대해서 읽는다. 콘택트 게이지는 계측각 쪽에 원추공이 있으므로 측정부위에 강구를 타입한 표점에 계측각을 눌러서 측정하는 기수이다. 측정은 콘택트 게이지의 스토퍼를 잡아당겨 변형 전의 강환표점 사이에 계측각을 눌러서 게이지의 눈금을 읽고, 변형 후에도 같은 방법으로 다이얼 게이지의 눈금을 읽어서 그 차이로 표점 간 변위량을 측정한다. 표점의 피측정물이 강판인 경우에는 그림 1.15(우측)와 같이 강구를 타입하고, 콘크리트를 측정할 경우 강구 타입을 위해 금속판을 접착해야 한다. 강구의 설정위치를 신중히 설정하고, 장기간 다수점에 측정하므로 강구가 녹슬지 않도록 관리한다(그림 1.15 참조).

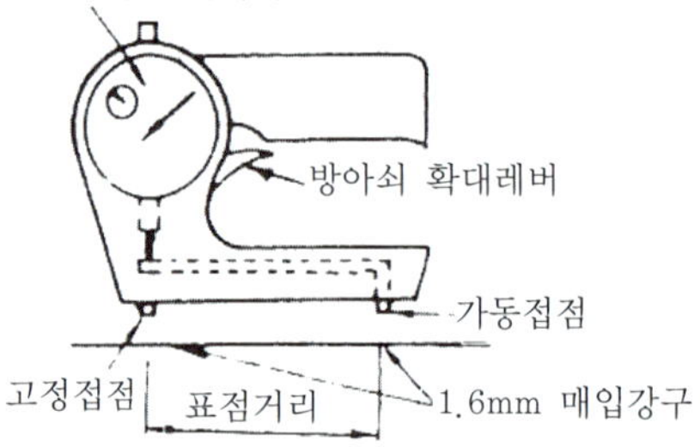

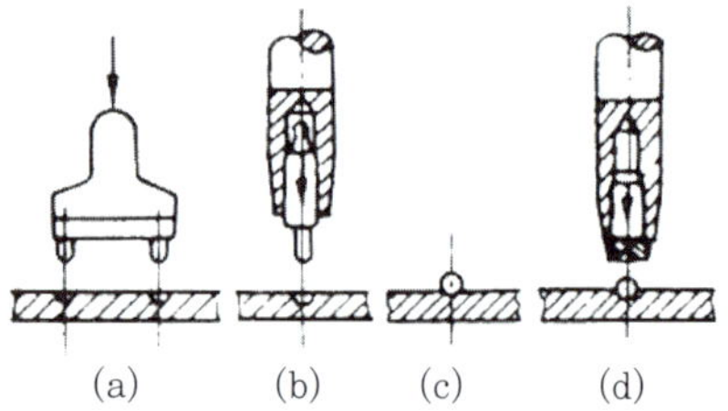

콘택트 게이지의 표점용 강구의 타입

그림 1.15 콘택트 게이지

⑦ **위트모아 스트레인 게이지**(whittmore strain gauge)

위트모어 스트레인 게이지는 표점 간 거리를 다이얼 게이지로 읽는다. 측정 시에는 프레임의 선단에 붙어 있는 계측각을 미리 측정부위의 뚫려있는 표점용 플러그 구멍에 눌러서 평행으로 이동하는 프레임의 변위량을 다이얼 게이지로 읽어 측정한다(그림 1.16 참조).

⑧ **컴프레소미터 및 엑스텐소미터**(compresso-meter and extensometer)

컴프레소미터는 콘크리트 원주공시체의 세로방향 변형을 측정하며, 엑스텐소미터는 콘크리트 원주공시체의 가로방향 측정에 사용된다. 통상 이들 2개의 계기를 합하여 세로변형 및 가로변형을 동시에 측정한다. 측정 시 프레임을 공시체에 직각으로 부착해야 하며, 컴프레소미터의 프레임과 엑스텐소미터의 프레임이 접촉하지 않도록 하는 것 등에 주의할 필요가 있다.

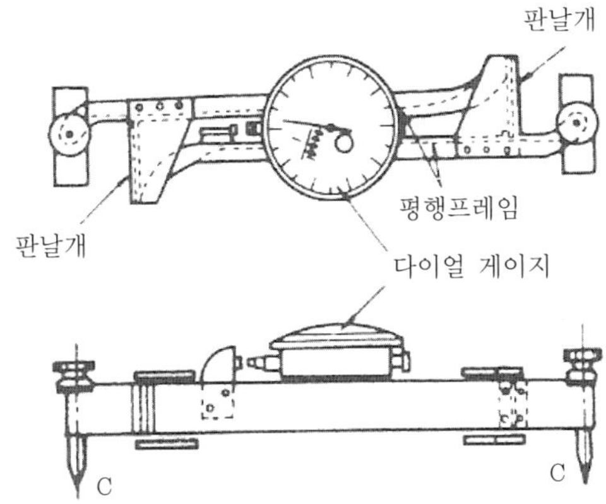

그림 1.16 위트모아 스트레인 게이지

컴프레소미터는 탄성계수를 측정하기 위해 접착하거나 접착하지 않은 측정장치를 사용하고, 지름 반대쪽에 2개의 게이지 선을 각각 축과 평행하게 공시체 중간에 붙여서 25.4mm에 대해 0.127㎛까지의 정밀도로 평균변형을 측정한다. 게이지 포인트는 공시체 안에 묻거나 접착시켜 2개의 게이지 라인 변형은 따로 읽든지, 컴프레소미터를 사용하여 2개의 요소 중 1개는 공시체에 정확히 고정시키고, 다른 1개는 지름 반대쪽 2점에 붙여 자유롭게 회전할 수 있도록 한다. 이 경우 요소 사이의 거리를 일정하게 유지하고, 원주 반대쪽 2개의 게이지 라인 변형의 합과 같도록 한다. 변동은 다이얼 게이지로 직접 또는 레버 확대방식으로 와이어 스트레인 게이지 및 변차 트랜스포머로 측정한다.

한편 엑스텐소미터로 푸아송 비를 구할 경우의 가로변형을 측정하려는 공시체 높이 중앙에서의 지름변형을 접착시키지 않는 엑스텐소미터로 0.635㎛까지 읽는다. 접착한 스트레인 게이지를 공시체 높이 중간에 지름 반대쪽 점에 원주를 따라 붙이고, 원주 변형을 25.4m에 대해 0.127㎛까지 정확하게 읽는다.

본 측정장치는 푸아송비를 구하기 위하여 콘크리트 원주공시체에 압축하중을 가한 후 종압축응력(길이변형) 및 횡방향(직경)의 변형을 측정하며, 컴프레소미터와 엑스텐소미터를 조합한 구조로 되어 있다(관련규격 : KS F 2438).

그림 1.17 KDCO-250 콘크리트 공시체 컴프레소-엑스텐소미터 푸아송비 측정장치

⑨ **변위계**(displacement transducer)

변위계는 변위량의 측정에 사용되며 다양한 구조의 것이 있지만 가장 많이 이용되고 있는 것은 스트레인 게이지식 변위계이다. 봉상의 본체를 부동점으로 고정하고 측정축의 선단을 측정지점에 지지시킨다. 측정축은 측정개소의 변위에 따라 함께 움직인다. 이 측정축의 움직임은 본체 내부에 설치된 캔틸레버보에 휨을 발생시키고, 이 휨이 스트레인 게이지에 의해 측정된다. 측정축의 변위, 캔틸레버보의 휨, 변형률은 비례관계이므로 변형률로부터 변위를 알 수 가 있다(그림 1.18 참조).

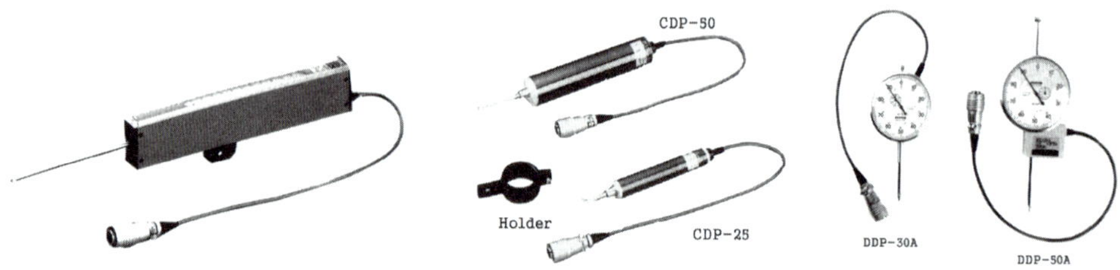

(a) 일반 변위계 (b) 고정도 변위계 (c) 다이얼 게이지식 변위계

그림 1.18 각종 변위계

(2) 전기적 방법

변형의 전기적 방법은 어느 표점 간의 변위량을 전압 · 전류 등의 전기량으로 변환하여 고배율, 고정밀도로 측정하는 방법이다. 전기적 측정법은 기계적 측정법에 비해 변형의 확대율이 크고 변형계가 소형인 것이 특징이다. 또한, 다점 동시측정, 원격측정 등이 가능하고, 급속한 응력변화에 따른 변형의 변화에도 측정이 가능한 장점을 가고 있다.

① **와이어 스트레인 게이지**(wire strain gauge)

와이어 스트레인 게이지는 전기적 저항선에 변형이 생기면 그 저항값이 변화하는 성질을 이용한 것으로, 변형량이 아니고 변형 그 자체를 검출할 수 있는 이점이 있다. 그 구조는 그림 1.19에서 보는 바와 같이 종이 또는 플라스틱의 얇은 게이지 베이스(gauge base)에 가는 저항선(통상 0.025~1mm 정도)을 붙여 그 저항선의 양단에 리드(lead)선을 접속시킨 것이다. 측정에 있어서는 우선 측정부 표면에 스트레인 게이지를 접착시키고 피측정부의 변위와 스

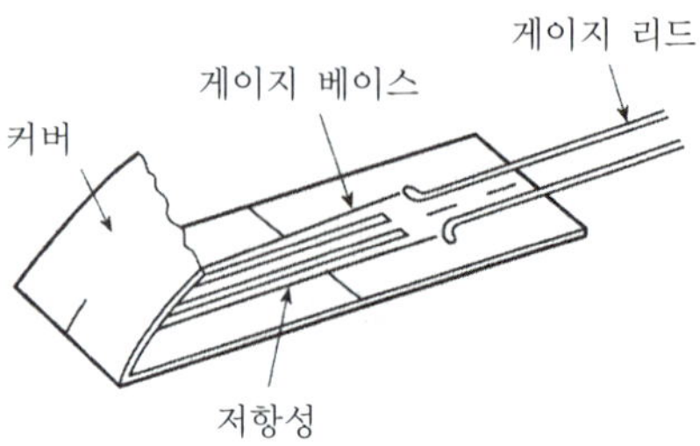

그림 1.19 스트레인 게이지 구조

트레인 게이지의 변위가 연동하도록 한 후 와이어 스트레이 게이지를 접속한 각종 계측기기에 의해서 변형을 읽는다.

스트레인 게이지의 측정원리, 종류 및 접착방법은 다음과 같다.

(a) 측정원리

그림 1.20은 와이어 스트레인 게이지 중의 금속 저항선의 인장에 의한 변형을 나타낸 것이다. 저항선의 기준길이를 L, 단면적을 A, 전기저항을 R, 또한 변형 후 각각의 값의 변화량을 ΔL, ΔA, ΔR로 한다. 전가저항 R과 저항선 길이 L의 관계는

$$R = \frac{\Delta L}{A} \quad \text{식(1.13)}$$

여기서, p : 재료 고유의 비저항값

으로 되어 양변의 대수를 취하여 마분하면 다음 식(1.14)가 얻어진다.

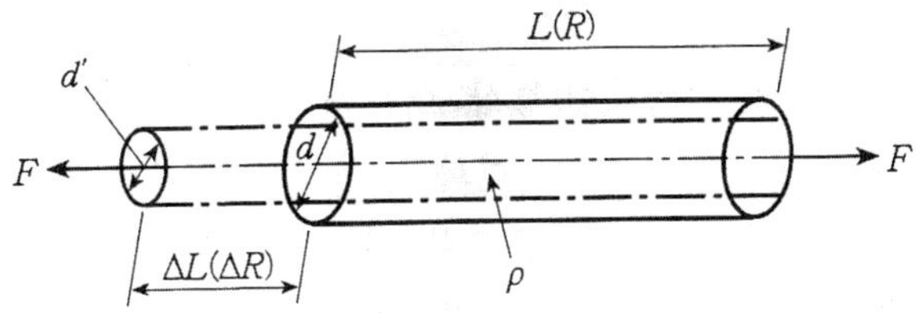

그림 1.20 금속저항선의 인장에 의한 변형

$$\frac{\Delta R}{R} = \frac{\Delta \rho}{\rho} + \frac{\Delta L}{L} - \frac{\Delta A}{A} \quad \text{식(1.14)}$$

원형 단면의 경우 단면변화율은

$$\frac{\Delta A}{A} = 2\frac{\Delta d}{d} = -2\nu\frac{\Delta L}{L} = -2\nu\varepsilon \quad \text{식(1.15)}$$

비저항변화율 $\Delta\rho/\rho$를 재료에 따라 결정되는 상수로 하면

$$\frac{\Delta \rho}{\rho} = m\frac{\Delta V}{V} \quad \text{식(1.16)}$$

여기서, v : 저항선의 푸아송비

ε : 저항선의 변형

d : 저항선의 지름

m : 상수

식(1.15)과 (1-16)를 식(1.14)에 대입하면 다음 식이 얻어진다.

$$\frac{\Delta R}{R} = \{(1+2\nu) + m(1-2\nu)\}\varepsilon = K\varepsilon \qquad \text{식(1.17)}$$

여기서, K의 값은 변형감도 또는 게이지 팩터(gauge factor)라 한다.

식(1.17)로부터 스트레인 게이지의 저항변화와 저항선의 변형은 1차의 비례관계가 있다는 것을 알 수 있다. 피측정부의 변형과 같은 양의 스트레인 게이지의 저항선의 변형을 식(1.17)에서 저항선의 저항변화로 치환하여, 정밀저항 측정장치의 하나인 휘트스톤 브리지(wheatstone bridge)를 이용하여 전압으로 변환한다. 최후에 이 전압의 변화를 변형량으로 환산하는 측정기를 통하여 피측정부의 변형을 검출한다. 그리고 휘트스톤 브리지에 의한 저항변화와 전압의 관계는 다음과 같다.

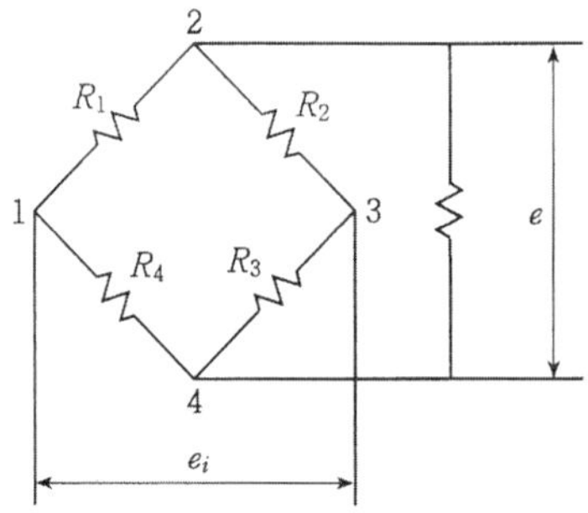

그림 1.21 휘트스톤 브리지

그림 1.21과 같은 4개의 저항단자를 가진 휘트스톤 브리지 1대의 단자에 일정한 입력전압 e_i를 부여하고 대각단자의 출력전압을 계측한다. 여기서 출력전압 e는 다음 식으로 표시된다.

$$e = e_i \frac{R_1R_3 - R_2R_4}{(R_1+R_2)(R_3+R_4)} \qquad \text{식(1.18)}$$

$R_1R_3 = R_2R_4$인 경우는 $e=0$으로 되어 $R_1 = R_2 = R_3 = R_4 = R$로서 $R_1 = R \pm \Delta R$ 만큼 변위했다고 하면 출력전압은 $e = \pm e_i \cdot \Delta R/4R$로 된다. 따라서 식(1.17)로부터

$$e = \pm\frac{K\varepsilon}{4} e_i \qquad \text{식(1.19)}$$

식(1.19)에 의해 저항선의 변형과 출력전압 e는 비례관계에 있다는 것을 알 수 있다.

(b) 종류

와이어 스트레인 게이지의 종류는 저항선의 재질, 형상, 게이지 베이스의 종류, 저항선의 배치방법, 용도 등에 따라 나누어진다. 저항선으로서 금속세선을 사용한 것을 저항선 게이지(wire gauge), 금속박을 사용한 것을 박 게이지(foil gauge), 반도체를 사용한 것을 반도체 게이지(semiconductor gauge)라 한다. 게이지 베이스에 따라 분류하면 종이 게이지, 폴리에스테르 게이지, 베이클라이트 게이지 등으로 분류된다. 저항선의 배치에

따라 분류하면 그림 1.22와 같이 저항선을 일방향으로 배치한 일축형 게이지, 이방향으로 배치한 이축형 게이지, 또한 3개의 단축게이지를 동일한 베이스에 배치한 삼축형 게이지 등으로 분류된다. 또한 용도별로는 고온용 · 저온용 · 역성변형용 등의 스트레인 게이지가 개발되고 있다.

이들 스트레인 게이지에 의한 변형값은 피측정물의 재질이나 온도 · 습도 등에 따라 크게 다르기 때문에 게이지의 특색은 게이지 베이스의 종류에 따라 정해지는 경우가 많다. 이 때문에 스트레인 게이지를 사용할 때에는 피측정물의 재질, 측정조건에 적합한 게이지를 선정할 필요가 있다. 일반적으로 게이지 베이스의 종류에 따른 게이지의 특색은 다음과 같다. 종이 게이지는 내습성이 떨어지기 때문에 단기간의 측정에 사용되고 폴리에스테르 게이지는 접착이 용이하고 내습성이 우수하므로 장기간의 측정에 사용된다. 베이클라이트 게이지는 내구성이 우수하므로 각종의 변환기에 사용된다. 박 게이지는 게이지의 특성의 편차가 적어 소형 게이지나 소자수가 많은 복잡한 패턴의 게이지로서 사용되고 있으나 내열성이 떨어진다.

(c) 접착방법

접착형의 스트레인 게이지를 사용할 경우 게이지의 접착성의 양부가 측정값의 오차의 대소에 크게 관여한다. 이 때문에 그 게이지에 적합한 접착제를 사용하여 주의 깊게 접착시킬 필요가 있다. 접착제는 게이지 베이스와 같은 종류의 것이 좋다.

게이지의 일반적인 접착방법은 다음과 같다.

가. 변형 게이지나 접착제는 습기에 약하므로 피측정 개소를 잘 건조시킨다.

나. 접착성을 좋게 하기 위하여 접착 개소를 샌드페이퍼나 그라인더로 연마한 수 아세톤이나 알코올 등으로 청소한다.

다. 접착면에 굴곡이나 구멍이 있을 때에는 미리 사용할 접착제를 얇게 발라 접착면을 평활하게 한다.

라. 게이지의 부착 위치에 연필 등으로 축선을 기입한다.

마. 게이지의 표면과 측정부의 접착 개소에 접착제를 발라 미리 기입하여 놓은 축선과 일치하도록 접착한다.

바. 손가락 또는 롤러 등으로 게이지의 일단으로부터 압착하여 여분의 접착제나 기포를 제거한다.

사. 경우에 따라서는 게이지 접착부에 60~70℃의 온풍으로 접착제의 경화를 촉진시킨다.

아. 마지막으로 방습제 등으로 게이지를 코팅하여 게이지 및 접착제의 흡습을 방지한다.

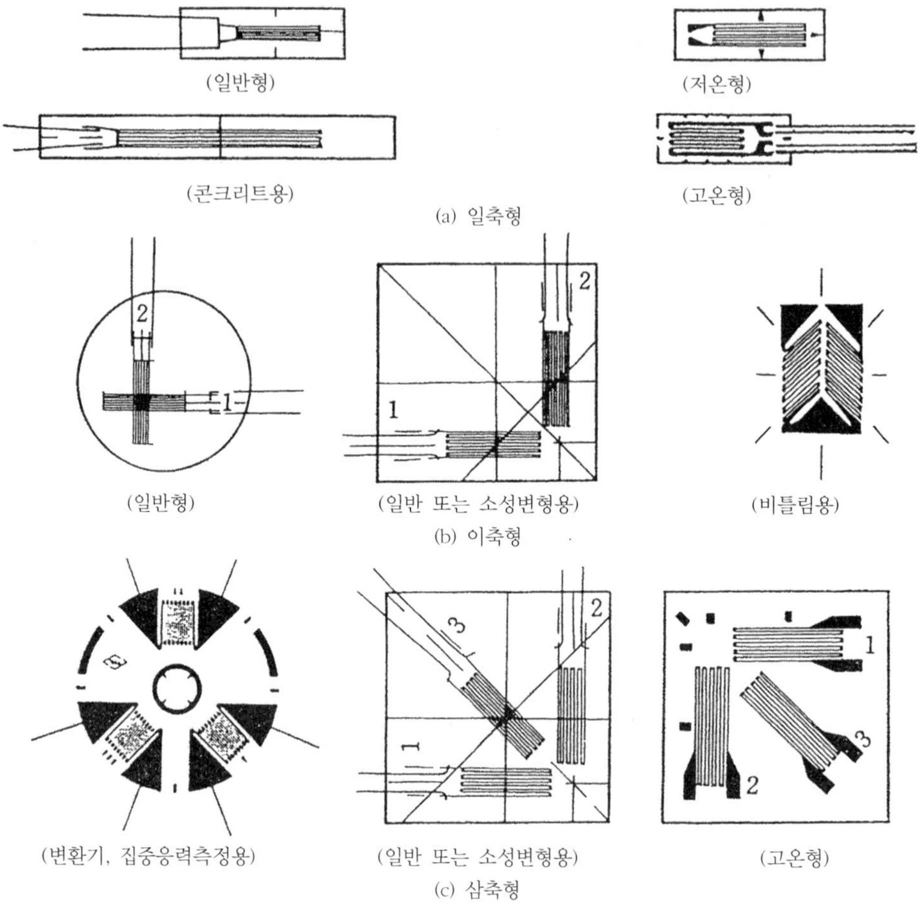

그림 1.22 저항선의 배치에 의한 스트레인 게이지 분류

② 몰드 게이지(mold gauge)

몰드 게이지는 피측정물의 내부에 매입하여 사용하는 매입형 게이지의 일종으로 용도는 주로 콘크리트 공시체의 내부 변형 측정이나 콘크리트 구조물 모형의 변형 측정에 사용된다. 몰드 게이지의 구조는 원통형 또는 세장한 판상의 플라스틱 중에 스트레인 게이지를 넣은 것이 있다. 이 플라스틱은 게이지의 강성을 작게 하기 때문에 수지로 가소제를 첨가하여 사용 재질의 영계수에 근사하게 만든 것이다. 원통형의 것은 그림 1.23(a)와 같은 형상으로 5~6mm 길이 20~60mm 정도 크기의 것도 있다.

측정 가능한 한계변형은 $\pm 1000 \times 10^{-6}$정도이다. 판상의 것은 게이지의 상하면에 콘템덤(contendum)을 접착하여 표면의 부착력이 증대하도록 되어 있다. 게이지의 크기는 60×15×5mm 정도로 2매의 플라스틱판 사이에 게이지를 끼워 열압착하여 일체화된 방수구조로 되어 있다.

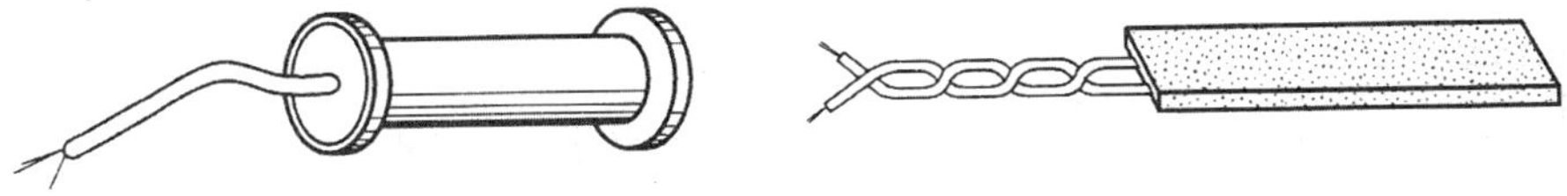

(a) 원통형 몰드게이지 (b) 판형 몰드게이지

그림 1.23 몰드게이지

③ **파이 게이지**(π gauge)

파이게이지는 비교적 긴 표점거리의 변위측정에 적합하며, 콘크리트 구조물이나 암반 등의 균열 측정에 이용된다. 파이게이지는 그림 1.24에 나타내는 것처럼, 반원형 링 중앙부의 안쪽과 바깥표면에 스트레인게이지를 2장 접착하여 제작한 것이다. 파이게이지의 특징은 5~30cm이라는 비교적 긴 표점거리의 중앙에서 극히 작은 변위량(±2~ 5mm)을 정밀도 높게 측정가능하다. 다만, 반원형 링의 반력이 있기 때문에 게이지를 피측정물에 고정하는 것이 어렵다.

그림 1.24 파이게이지

④ **칼슨 스트레인 게이지**(carlson strain gauge)

칼슨 스트레인 게이지는 와이어 스트레인 게이지와 동일한 원리의 변형계로 주로 콘크리트 등의 내부에 매입하여 내부 변형을 측정하는 데 이용된다. 칼슨 스트레인 게이지는 그림 1.25와 같이 금속제 원통 내부에 2개의 피아노선을 일정한 장력으로 인장시킨 것으로 이 2개의 피아노선이 브리지(bridge)회로를 형성한다. 이 게이지의 특징은 검류계에 직접 접속하여 변형을 계측할 수 있고, 내구성이 우수하며 취급이 간단하고 장기간의 계측이 가능하고 온도 측정에도 이용될 수 있다.

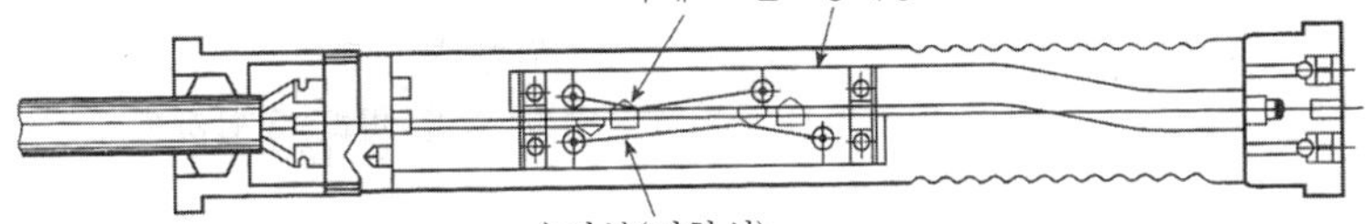

그림 1.25 칼슨 스트레인 게이지

⑤ **마그네틱 스트레인 게이지**(magnetic strain gauge)

마그네틱 스트레인 게이지란 표점 간 변위량을 인덕턴스로 변환하는 것이다. 이 게이지의 종류로는 변위량을 자기인덕턱스, 상호인덕턱스 또는 투자율(透磁率)의 변화등으로 치환하는 것이 있다. 이들 중 상호인덕턱스를 이용하는 것은 그림 1.26과 같이 솔레노이드의 내측 가동철심이 이동하면 인덕턱스가 변화하도록 한 구조로 되어 있어 자동트랜스형 변형계에 이용된다. 이 게이지의 특성은 와이어 스트레인 게이지에 비하여 출력이 크고 안정하여 온도에 의해 측정값의 변동도 적고 꽤 큰 변위량을 높은 정밀도로 측정할 수 있는 점이다.

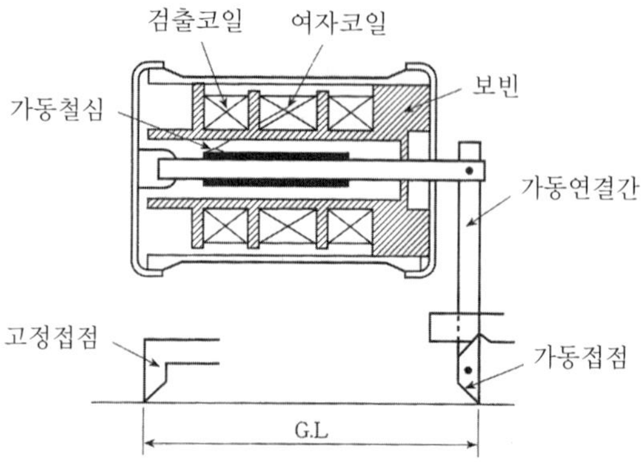

그림 1.26 마그네틱 스트레인 게이지(차동 트랜스형)

(3) 자기적 방법

① 자기변형의 이용

자기변형 현상을 이용하여 응력을 측정하는 것으로서, 자기변형이란 자성체를 자화(磁化)할 때, 외경이 변하는 현상이다. 그 변화량 (Δl)은 매우 작아, 변형률 ($\Delta l/l$)의 경우 $10^{-5}\mu$정도가 대부분이다. 그러나 이러한 작은 변형이라도 자성체의 자기적 성질을 크게 지배한다. 따라서 응력에 의해서 변형된 자성체를 자화하면 자기변형 상태가 변하기 때문에 자기적 성질도 변한다. 변형에 따른 자기적 성질의 변화는 재료에 따라 다르게 나타난다. 이처럼 자기적 성질이 응력에 의존하여 변하는 것을 역으로 이용한 것이 자기 변형 이용 방법이다. 자기 변형의 변화에 의해서 자성체의 투자율이 변하고, 그 결과 자기회로의 자기저항이 변화함에 따라서 코일의 임피던스가 변한다. 이 변화량을 적당한 측정회로로 검출하면 응력을 구할 수 있다. 그러나 이 방법으로 직접 결정할 수 있는 양은 주응력의 방향과 차이이고, 주응력을 분리하기 위해서는 예를 들어 광탄성법에 자주 쓰이는 전단응력차 적분법 등을 인용할 필요가 있다.

② 벌크하우젠 · 노이즈 이용

벌크하우젠 · 노이즈란 강자성체의 자화과정에서 자벽이 불연속적으로 이동함으로써 생긴 자기적 잡음이다. 이러한 잡음을 음향제품에서는 없애려고 노력하지만 벌크하우젠 · 노이즈에 많은 정보가 포함되어 있음이 근래에 확인되어 응력 측정에도 응용될 수 있음이 제시되었다. 이 방법(BHN이용)은 특히 저응력 영역에서 감도가 뛰어나다. 그러나 고응력 영역에서는 응력이 증가해도 BHN의 변화는 적어지며, 감도는 현저히 떨어진다. 또한, 자기변형을 이용한 방법과 같이 전단응력차 적분법 등의 인용이 필요하다.

(4) 광탄성 실험에 의한 변형 측정기(photoelastic experiment)

광탄성은 셀룰로이드(celluloid), 유리, 페놀라이트(phenolite) 등에 힘을 주게 되면 내부에 응력이 생기게 된다. 이때 판면에 빛이 수직으로 입사하면 2개의 굴절광선이 생긴다. 이것을 복굴절(doble retraction)이라 하며, 광탄성 변형기는 이러한 성질, 즉 빛을 투과시키는 어떤 재료가 변형될 때 이들은 광학적으로 이중으로 반사편광하게 된다는 사실에 근거를 둔 실험상의 기술이다.(그림 1.27 참조)

(a) 산광식

(b) 반사형

그림 1.27 광탄성 측정기

(5) 모아레법

모아레법이란 모아레 무늬를 이용하여 표면 변형의 분포를 측정하는 방법으로서 2차원 모형의 표면에 붙인 모형 그리드와 기준 그리드와의 상대적 위치관계에 의해서 생기는 모아레의 높이를 측정하여 변형을 구하는 방법이다.

전자부품의 패키지에 있어 1마이크로미터 이하의 변형도를 측정 가능한 전자빔 모아레공법은 전자부품 패키지의 여러 가지 금속들의 불균일한 열팽창에 의해서 야기되는 열간 기계적 변위를 측정하기에 적합하다. 이 공법에 사용되는 장비로는 전자빔과 다른 형태의 리소그래피 공정에 접근하기 위한 스캐닝 전자 현미경과 컴퓨터가 필요하다.

(6) 기타방법

이외의 측정방법으로는 응력피막법 (brittle coatings method), 콘덴서 스트레인 게이지법 (condenser strain gauge method), 레이저법 (laser method) 등이 있다. 응력피막법이란

피측정물에 도료를 발라 도막을 만들고, 변형의 변화에 따라 도막에 생기는 크랙의 모양으로부터 인장변형이나 압축변형을 시각적으로 측정하는 방법이다. 콘덴서 스트레인 게이지법은 변위량을 전기용량의 변화로 치환하여 변형을 측정하는 방법이고, 레이져법은 레이저광선을 이용하여 변위를 측정하는 방법이다.

2) 응력의 계측

응력 또는 하중은 변형으로부터 간접적으로 측정하는 것이 일반적이다. 공시체에 가하는 하중을 측정하는 주요한 검력계를 다음 절에 서술한다.

(1) 기계적 방법

① 프로빙 링(proving ring)

프로빙 링은 그림 1.28과 같이 강재 링 가운데에 다이얼 게이지를 삽입한 것으로 압축형과 인장형의 두 가지 타입이 있다. 하중의 크기는 링 상·하단에 하중이 가해졌을 때의 링의 변형을 다이얼 게이지로 읽어 산정한다. 이 검력계의 특징은 취급이 간단하고 정밀도가 높은 측정을 할 수 있다.

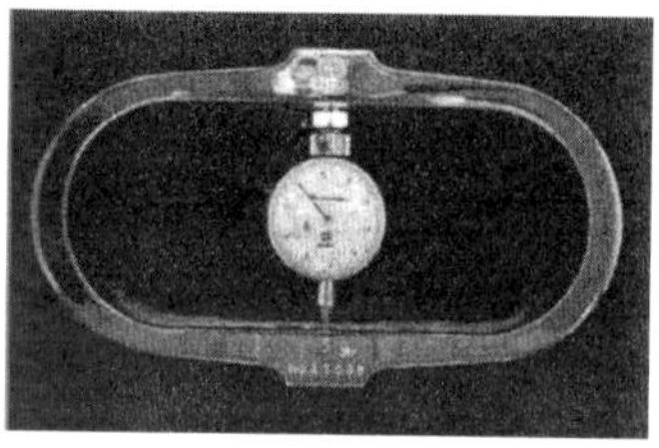

(a) 압축용

(b) 인장용

그림 1.28 프로빙 링

② 브르동관 압력검출기(bourdon tube pressure transducer)

부르동관 압력검출기는 부르동관의 변형량을 링 기어 등을 통하여 확대 측정하는 것에 의해 압력을 구하도록 한 방법이다. 그림 1.29에 표시한 바와 같이 부르동관에는 4가지 타입이 있으나 모두 편평한 단면을 가지고 있으며 관 내외의 압력차에 의해서 관의 단면이 원형에 가깝게 되어 변형이 생긴 결과 C형이나 달팽이형에서는 압력에 비례하여 그 자유단이 직선적으로 늘어나고 비틀림형에서는 회전운동을 일으켜 그 움직임이 출력으로서 검출된다. C형은 오일 잭(oil jack) 등에도 이용되고 있는 것과 같이 높은 압력의 측정에 적당하고, 달팽이형 및 용수철형은 중간 정도의 압력측정에서 사용된다. 상기 이외에 기계적 검력계로서 텐션미터, 직독식 다이나모미터가 있다. 텐션미터(tension miter)는 날개의 변형을 하중으로 변화시켜 읽는 것으로 그 구조는 극히 간단하나 정밀도가 나쁘다는 결점을 가지고 있다. 직독식 다이나모미터 프로빙 링과 동일 원리, 동일 정밀도이나 중공원통형으로 PC강재 등이 삽입될 수 있도록 한 것이다. 측정 가능한 하중의 범위는 25~250t이다.

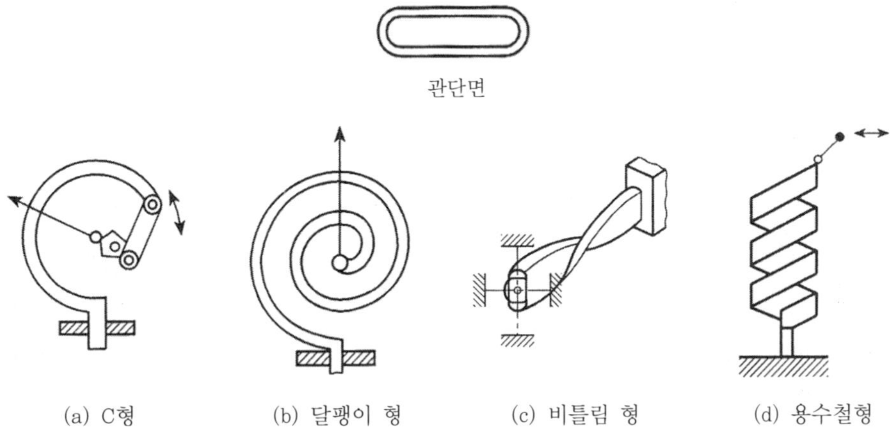

그림 1.29 부르동관 압력검출기의 종류

(2) 전기적 방법

① **하중변환기**(load cell)

로드셀이란 응력변형관계가 기지의 재료 (일반적으로 강재 등의 탄성재료가 이용됨)에 전술한 스트레인 게이지를 첨부하여 그 변형으로부터 응력을 간접적으로 구하는 것이다. 로드셀의 특징은 소형이고 경량으로 측정 정밀도가 높고 또한 응답성도 높기 때문에 동적인 하중 측정에도 사용될 수 있다. 종류로서는 압축형 · 인장형 · 압축 및 인장 겸용형 등이 있고 이들은 현재 가장 잘 사용되고 있는 검력계이다. 로드셀의 하중변환 구조와 그 종류는 다음과 같다.

압축형 로드셀의 구조는 그림 1.30과 같이 기왜주부(起歪柱部), 수감부 및 저항조정부의 3부분으로 구성되어 있다. 수감부에는 그림 1.21과 같은 브리지를 구성하도록 스트레인 게이지가 탄성재료에 첨부되어 있으며, 그림 1.31에 표시하는 준공원통형, 원환링형 및 내외 원통배합형의 3종류가 있다.

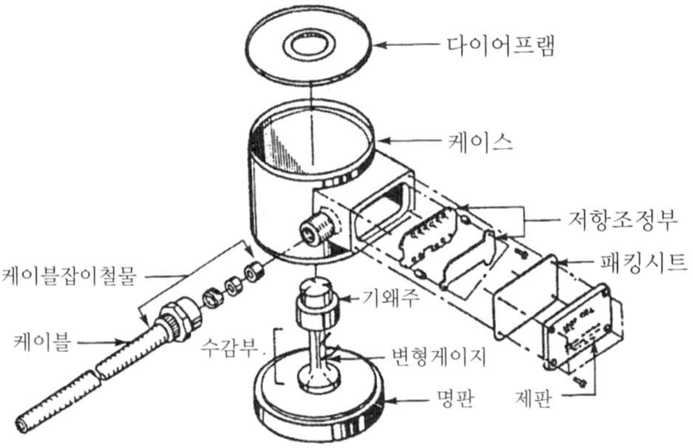

그림 1.30 압축형 로드셀의 구조

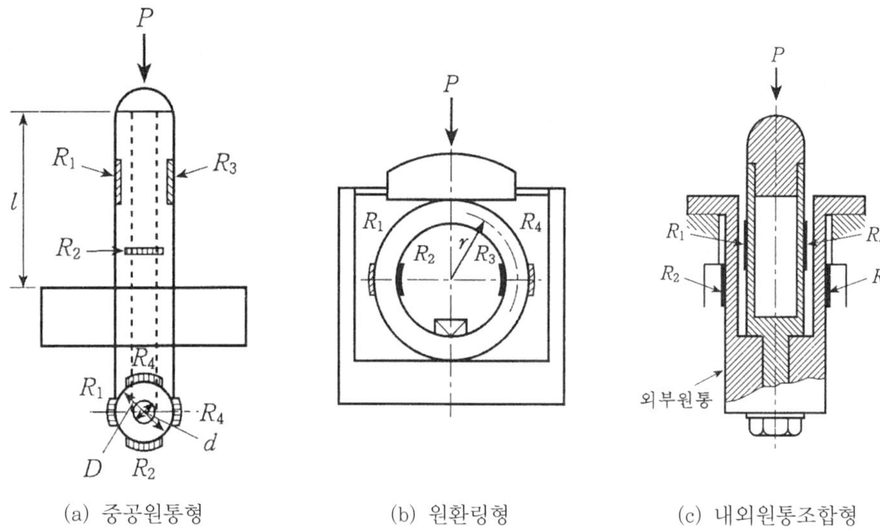

그림 1.31 압축형 로드셀의 수감부의 종류

중공원통형에서는 게이지를 원통모선에 따른 것과 원주방향으로 감아 붙인 것을 각각의 게이지가 대향(對向)하도록 첨부하고 압축 또는 인장변형을 이용한다[그림 1.31(a) 참조]. 이 경우 하중 P와 출력전압 e의 관계는 다음 식과 같다.

$$e = 2e_i \frac{K(1+\nu)P}{\pi E(D^2 - d^2)} \qquad \text{식(1.20)}$$

여기서, D, d : 각각 원통의 바깥지름과 안지름

v, E : 탄성재료의 푸아송비와 영계수

원환링형은 링의 휨변형을 이용한 것으로 P와 e의 관계식은 식(1.21)과 같이 된다[그림1.31(b) 참조].

$$e = 3e_i \frac{KP\gamma}{bh^2E} \qquad \text{식(1.21)}$$

여기서, h : 원환의 두께

b : 원환의 폭

γ : 원환 두께 중앙까지의 반지름

내외 원통배합형은 중공원통의 배합에 의해 변환기의 출력을 크게 한 것으로 2개의 중공원통을 배치하고 있다. 그림 1.31(c)와 같이 내외부의 원통의 종방향에 4매의 게이지를 첨부하여 놓고 하중 P가 가해지면 외부 원통의 플랜지는 케이스로 고정되고 타단이 자유로 되어 있기 때문에 외부 원통에는 인장변형이, 내부 원통에는 압축변형이 생긴다. 이 변형에 기초를 두어 e와 P의 관계를 구하는 식(1.21)과 같이 된다.

$$e = e_i \frac{KP}{AE} \qquad \text{식(1.22)}$$

여기서, A : 내부 및 외부 원통의 단면적

인장형 로드셀의 구조는 그림 1.32와 같이 블록의 중앙에 비접착형 변위 변환기를 부착시켜 놓고 블로(block)의 박육부분(薄肉部分)에 균등한 변형이 발생하도록 한 것이다. e와 P의 관계는 다음 식과 같이 된다.

$$e = e_i \frac{KP}{xl} \qquad \text{식(1.23)}$$

여기서, l : 하중이 0일 때 블록 박육부분의 길이

x : 비접착형 변환기의 날개 정수

② **변형게이지식 압력변환기**(strain gauge pressure transducer)

변형게이지식 압력변환기는 기본적으로 전술한 로드셀과 동일한 원리이고 다이어프램형, 벨로스형, 부르동관형의 3종류가 있다. 다이어프램형의 압력변환기는

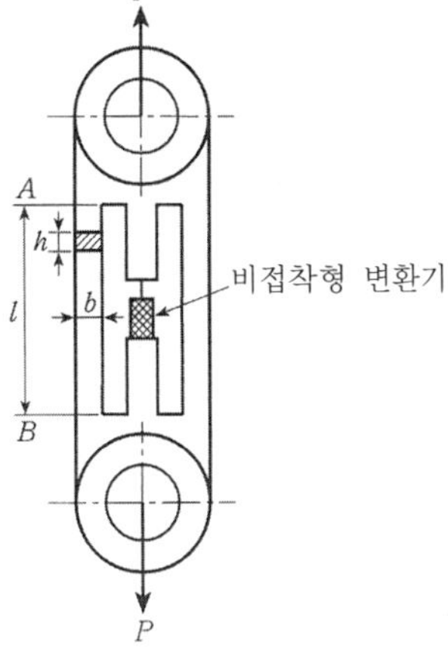

그림 1.32 인장형 로드셀 구조의 예

아주 적은 소형의 것도 있고(예를 들면 지름 6mm, 두께 0.6mm), 게이지의 접착과 같은 방식으로 피측정물에 간단히 부착하여 비교적 저압력분포의 측정 등에 이용된다. 토압측정에 사용되고 있는 다이어프램형의 변환기에서는 그림 1.33과 같이 압력변환부에 불활성가스나 수은 등을 봉이바여 기왜(起歪) 다이어프램의 변위를 확대하는 구조로 되어 있다. 또한 저압력용 및 차압 타입의 절체(絶體) 압력측정용 변환기로서 다이어프램 대신 벨로스를 사용하고 있다. 고압용 변환기의 대표적인 것에는 그림 1.34(c)와 같은 부르동관의 탄성변형을 게이지로 검출하여 전기량으로 변환하는 부르동관형 압력변환기가 있다. 일반적으로 변형게이지식 압력변환기는 직선성·온도특성·방수성 등이 우수하고 아울러 고정밀도의 측정이 가능하다는 등의 특징이 있다.

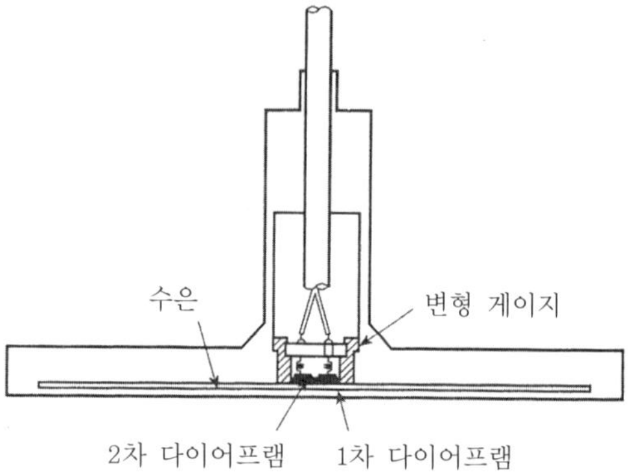

그림 1.33 다이어프램형 압력변환기 예

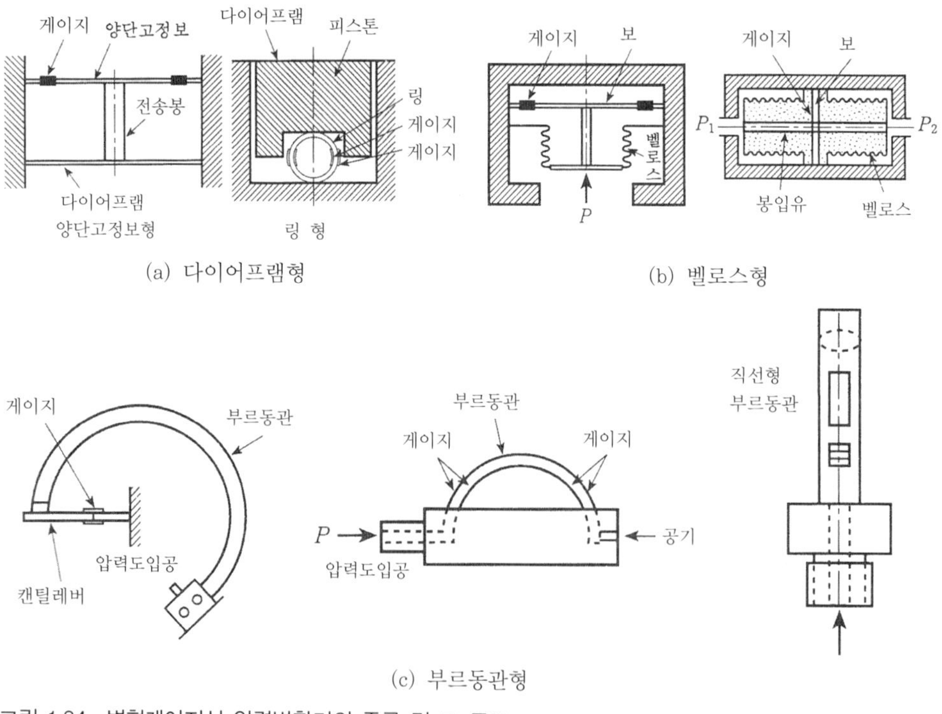

그림 1.34 변형게이지식 압력변환기의 종류 및 그 구조

③ 응력 게이지

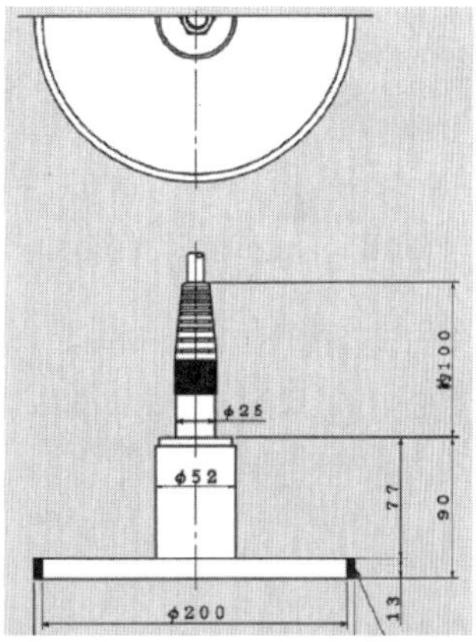

그림 1.35 콘크리트용 응력게이지

응력게이지(stress guage)의 원리는 변형게이지식 압력변환기와 동일하지만, 그림 1.35에 나타낸 바와 같이, 수감부직경이 5~19cm로서 크며, 주변부를 고정하거나 콘크리트 속에 삽입하여 응력을 측정한다. 응력게이지는 콘크리트의 크리프 또는 탄성계수 변화의 영향이 작으며 정밀도 높은 응력을 직접 측정 가능한 특징이 있다.

(3) X선 응력측정법

X선 응력 측정법은 실험자에 속하는 측정법은 결정의 격자면 간격을 게이지 길이로 설정하고, 이를 배면 반사 X선 회절로 정밀히 측정해서 변형을 구하고, 탄성론에 의해 응력으로 변화하는 것이 대략의 원리이다. 그 특징은 피측정물 표면의 국소적인 잔류 응력을 비파괴적으로 측정할 수 있다는 점이다.

(4) 광탄성법(Photoelasticity), 음탄성법(Acoustoelasticity)

광탄성법은 응력을 받아 이방성이 됨으로써 생기는 복굴절현상(birefringence)을 광학적으로 이용한 것이고, 원편광에 의한 간섭고로 응력해석을 행하는 방법으로 주로 기계 및 구조물 등의 응력해석, 특히 응력집중 문제에 대하여 많이 이용된다.

음탄성법은 광탄성법을 따라서 명명된 응력측정법이다. 음탄성법에 있어서도 등방성 탄성체가 응력에 의해 역학적으로 이방성 상태가 됨으로써 그 탄성체 내를 전파하는 전단파에 복굴절현상이 생기는 것을 이용한 것이다. 음탄성법으로는 광탄성법의 경우처럼 빛에 대해 투명한 모델을 필요로 하지 않기 때문에 금속처럼 빛에 대해 불투명한 재료에 대해서도 실물의 응력해석을 할 수 있다.

특히 잔류 응력의 비파괴 측정에는 이상적인 방법이라 할 수 있다. 이 방법으로 측정되는 응력은 탄성파괴의 전파 경로에 걸쳐 평균적인 값이며, 스트레인 게이지법이나 X선법처럼 표면 근처의 응력을 측정하는 방법과는 상호 보완적이다. 이러한 음탄성법에 의한 잔류응력 측정의 예로는 삽입용접 원판, 압연 H형강, 맞대기용접 평판, 4점탄소성굽힘, 철도차량용 일체압연 차륜의 림프 등이 있다.

(5) 압력시트법

압력시트법은 각종 기기의 접촉면 재하판과 공시체 간의 응력분포를 측정하는 방법으로 압력의 색을 농담으로 변화시켜 농담도계를 사용하여 측정한다. 압력을 색으로 변환하는 시스템은 다음과 같다. 즉 마이크로 캡슐(micro capsule)화한 발색제를 도포한 시트와 현색제를 도포한 시트를 중합하여 그 위에 압력이 가해지면 발색제를 포함한 캡슐이 압력에 의해 파괴되고 현색제를 포함한 시트를 발색시킨다. 시트의 발색농도는 응력에 비례하도록 되어 있다. 이 방법의 특색은 기존에 측정될 수 없었던 공시체의 재하 단면 부분의 응력분포 또는 기계 부품 간의 체결 부분 등의 응력분포를 용이하게 측정할 수 있는 점이다.

이들 방법 이외에 보통의 응력 측정에 한하여 스펙클법, 홀로그래프법 등의 다수가 있다.

3) 변형 및 응력계측을 위한 주변계측장치

(1) 정적(Static) 및 동적 스트레인 미터(Dynamic Strainmeter)

정적 스트레인 미터는 스트레인 게이지의 출력을 직접 스트레인 단위로 표시하기 위한 계기로 1×10^{-6}까지 읽을 수 있었으나 2회 이상 측정하여 오차에 대응한다. 정적 측정법에서는 변형 게이지 및 변형 게이지 변환기와 측정 사이에 스위치 박스 또는 스캐너를 연결한다.(그림 1.36 참조)

동적 측정법은 전기회로상 차이가 없지만 다수의 증폭기가 필요하다.(그림 1.37 참조) 다수점을 동시에 측정하며 오실로그래프나 데이터 레코드 등을 기록계로 데이터를 처리한다. 전자계산기로 데이터를 처리하는 경우는 정·변동형 기록계로 집록한 데이터를 아날로그(analog) 양으로부터 디지털(digital) 양으로 변환하는 장치이다.

(a) 일반 구조실험용 데이터 로거 (b) 현장용 데이터 로거 (c) 휴대용 스트레인 미터

그림 1.36 각종 정적 측정장비

(a) Digital Dynamic Amp. (b) 소형 반송파형 동적변형률 측정기 (c) 반송파형 동적변형율 측정기

그림 1.37 각종 동적 측정장비

(2) 스위치박스

스위치 박스는 다수의 점을 동시에 측정하기 위하여 사용되며, 내부에 보통 6개 이상의 회로가 있고 다수점의 측정 게이지와 온도보상 게이지를 한 번에 연결할 수 있다. 각 측정점마다 브리지회로를 구성하여 이 회로의 평형을 유지하기 위한 조정기와 달려 있다. 최근에는 브리지의 평형 조정, 측정점의 교환 및 기록 등으로 순간적으로 행할 수 있는 자동기록기인 오토밸런스(auto-balance)형이 일반적으로 되어 있다.(그림 1.38 참조)

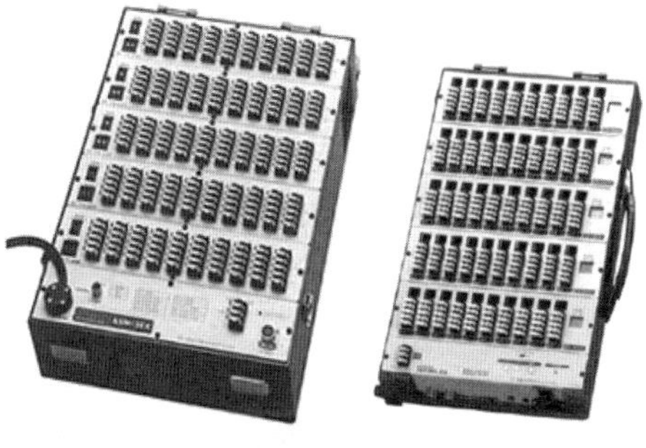

그림 1.38 스위치박스

(3) 레코더

정변형 측정기에는 아날로그 표시형, 타점 기록형, 직선 표시형, 디지털 표시형 등이 있고, 동변형 기록기기로서는 일반적으로 스트레인 게이지용으로 사용되고 있는 펜쓰기

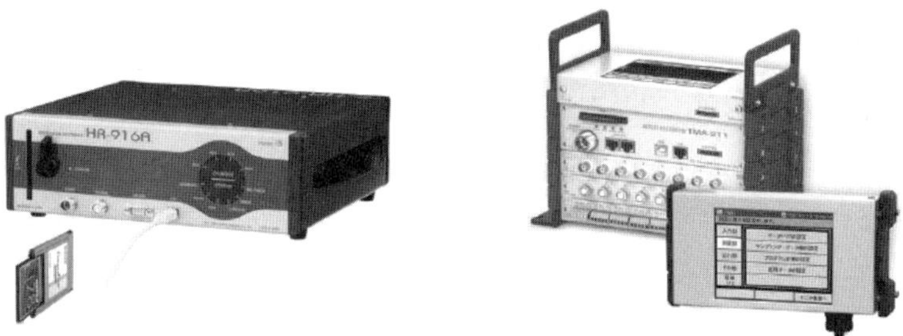

(a) 히스토그램 레코더 (b) 멀티레코더

그림 1.39 레코더

진동계(pen writing oscillograph), 전자기 오실로그래프(magnetic oscillograph), 브라운관 오실로그래프(Braun tube oscillograph), 싱크로스코프(synchroscope), 데이터레코드와 자기 테이프 기록기, 게이지식 변환기용으로 자동 전환기 등이 사용되고 있다.(그림 1.39 참조)

4) 진동계측

진동계는 무거운 추의 움직임을 기록하는 방법에 의해서 기계식 진동계, 광학식 진동계, 전기식 진동계로 구분한다. 진동계의 종류는 매우 다양하며, 이하에는 건축분야에서 비교적 널리 사용되고 있는 기계식 및 전기식 진동계에 대해서 설명한다.(그림 1.40 참조)

(1) 기계식진동계

SMAC형 강진계로 불리고 있는 가속도계는 기계식진동계의 대표적인 것으로서 강진동을 기록하는 일종의 무인관측용 지진계이다. 이것은 수평 2성분, 상하 1성분의 어느 정도 이상의 지진을 감지하여 자동적으로 기록하는 장치이다.

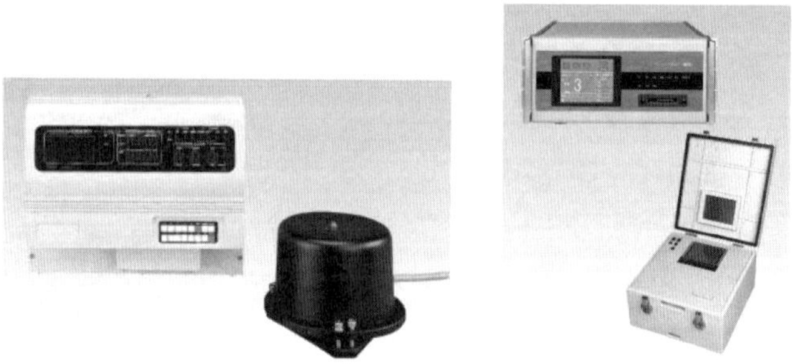

그림 1.40 SMAC형 디지털 강진계

(2) 전기식진동계

전기식진동계는 무거운 추의 진동을 전기량으로 변환하여 출력하는 것으로서 적분회로, 증폭기 등이 사용되며, 기록계에도 전자기 오실로그래프(magnetic oscillograph), 브라운관 오실로그래프(Braun tube oscillograph), 펜쓰기 진동계(pen writing oscillograph) 등을 사용할 수가 있기 때문에 매우 편리하다. 대표적인 것으로서 가동선륜형 및 금속저항선형이 있다.

① 가동선륜형

가동선륜형은 자장내을 운동하는 코일에는 그 속도에 비례하는 전압이 발생한다는 사실을 응용한 것이다. 코일을 무거운 추로한 스프링계로 구성시키고, 그 감쇄정수(h)를 $h \gg 1$의 과제진 상태로 하면 코일의 움직임은 외부속도에 비례하며, 또한 코일의 속도는 외부 가속도에 비례한다. 따라서 코일에는 외부가속도에 비례한 전압이 발생하기 때문에 이것을 전자기 오시로스코프에 기록을 하면 전기식가속도계가 된다. 한편, 코일-스프링계가 변위계의 조건을 만족하면 코일로부터의 출력은 그 외부속도에 비례하기 때문에 적분회로를 이용하면 전기식변위계가 얻어진다.

② 금속저항선형

금속저항선형은 금속선에 변형을 가하면 전기저항이 변화한다는 성질을 이용한 것으로서 진동체의 움직임을 금속선의 변형에 전달시켜 움직임에 비례한 전압변동을 기록하는 장치이다. 가속계로서 사용되며, 경량이며 소형으로서 고주파까지 측정가능 한 특징이 있다.

5) 강도시험기

(1) 만능시험기 · 압축시험기

만능시험기는 일반 재료실험에 널리 사용 되는 장비로서 압축, 휨, 인장실험 및 반복실험이 가능하며, 압축시험기는 압축실험이 가능하지만, 일반적으로 압축시험기에는 휨실험장치가 부속되어 있다. 만능실험기 및 압축시험기의 형식에는 암슬러식, 올젠식 등이 있으며, 하중제하 기구에는 유압식 및 기계식이 있다.(그림 1.41 참조)

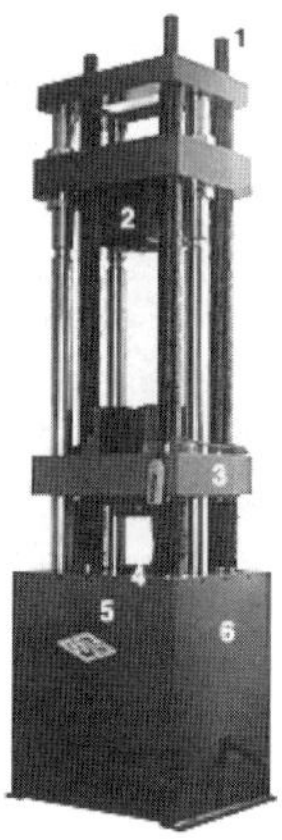

(a) 소형재료실험용

(b) 대형 구조물 실험용

그림 1.41 만능시험기

(2) 비틀림시험기

비틀림시험기는 금속재료를 비롯한 여러 가지 재료의 비틀림강도를 시험하는 것으로서 비틀림시험기는 한방향, 양방향 및 반복비틀림 실험을 수행할 수 있는 것과 한방향 비틀림 실험만 수행할 수 있는 것이 있다.(그림 1.42 참조)

그림 1.42 비틀림시험기

(3) 피로시험기

피로시험기에는 만능피로시험기, 인장 · 압축피로시험기, 비틀림 피로시험기, 회전 · 휨 피로시험기, 서브펄스(ServoPulser) 등이 있다. 만능시험기는 각종 재료 및 구조부재의 반복, 인장, 압축, 휨, 비틀림 및 이것들의 조합응력에서의 강도를 시험하는 기계장비이지만, 피로시험기는 예를 들어 회전 · 휨 피로시험기는 회전중의 선재에 균일한 휨모멘트를 가하여 피로의 한도를 결정하는 시험 장비이다.

서브펄스는 고속의 서브밸브를 가지는 전기유압식 서브기구를 응용한 피로시험기로서 공시체에 하중을 부하하는 액츄에이터(후술)와 이것에 고압유를 공급하는 유압원 및 부하를 제어하는 제어장치로 구성되어 있다. 시험파형은 일반적으로 정현파, 삼각파, 방형파 등이 제어 장치에 입력되어 있어 피로시험 목적에 맞는 파형을 선택하여 피로정도를 결정할 수가 있다.(그림 1.43 참조)

그림 1.43 피로시험기 예

(4) 잭(Jack) 및 액추에이터(Actuator)

정적재하에 의한 구조실험용으로 광범위하게 사용되고 있는 가력기기로서 잭(Jack)을 들 수가 있다. 잭은 반력벽, 반력바닥 또는 가력프레임 등을 이용함으로서 소형의 모형 실험에서 대형의 실물실험까지 실험체의 형태 및 위치에 거의 관계없이 가력 가능하다. 하중도 또한 소규모에서 대형의 하중가지 자유롭게 선택할 수가 있다. 잭은 기구상, 기계식 잭(볼트식, 톱니식) 및 하이드로(Hydraulic) 잭(유압식, 수압식, 공기압식)의 두 가지로 분류된다. 일반적으로 구조실험용으로 가장 널리 사용되는 것은 유압식 잭이다.(그림 1.44 참조)

그림 1.44 유압식 잭을 이용한 구조실험 예

한편, 액추에이터(Actuator)란 원래 동력을 이용하여 메커니즘을 동작시키는 장치로서 유압식, 공압식, 전기식으로 분류되며, 일반적으로 구조실험에 널리 사용되는 것은 그림 1.45에 나타낸 유압식 액추에이터(Hydraulic Actuator)이다. 액추에이터는 잭과는 달리 정적실험 뿐 아니라 각종 파형에 의해 임의로 하중, 변위, 변형 등을 제어할 수가 있는 구조물의 동적거동, 시험자동차, 차량 주행 중에 받는 동적 부하 실험 등에도 광범위하게 사용되고 있는 대표적인 구조실험 장비이다.

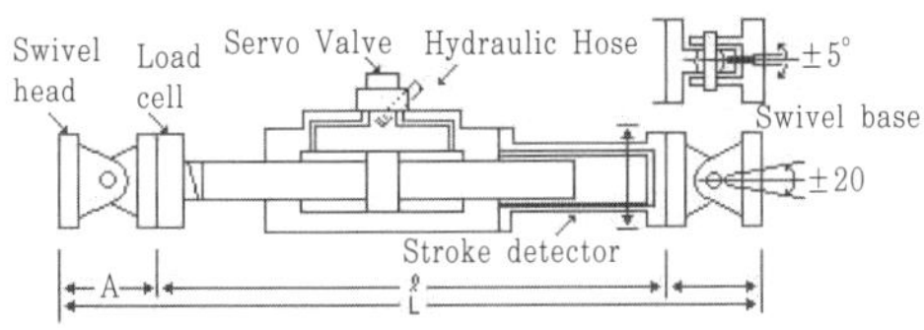

그림 1.45 유압식 액추에이터의 구조

그림 1.46 유압식 액추에이터를 이용한 구조실험 예

6) 풍동시험기

건축물의 구조내력 설계상 풍압문제, 중고층 건축물의 건설에 따른 건물 주변의 환경보전의 문제 및 건물 각 부재의 내풍력 안전성의 문제 등이 바람과 건축물에 관련된 고려를 해야 하는 제반사항이다. 전자는 건축기준법 등에서 풍동실험이 요구되는 사항이며, 후자는 건물의 건설시, 설계상 또는 행정, 부근주민의 요구에 의한 것 이 많다.

건축물 실험에 널리 이용되는 풍동기종은 회류형 풍동(개방형 풍동), 경계층 풍동, 연풍동 등으로 분류된다.

(1) 회류형 풍동(Göttingen형 풍동) 또는 개방형 풍동(Eiffel 풍동)

그림 1.47에 나타낸 것처럼, 주로 건물 전체 또는 벽면각부의 풍압저항 또는 진동성상을 대상으로 사용되며, 사용풍속은 0~60m/s의 범위 내이다. 흡출구 앞에 측정부가 있으며, 바닥판 위에 건물모형을 설치하여 원격 측정한다. 측정은 항력, 휨, 변형, 동적 거동 등을 측정하며, 2차원적으로 측정가능하다.

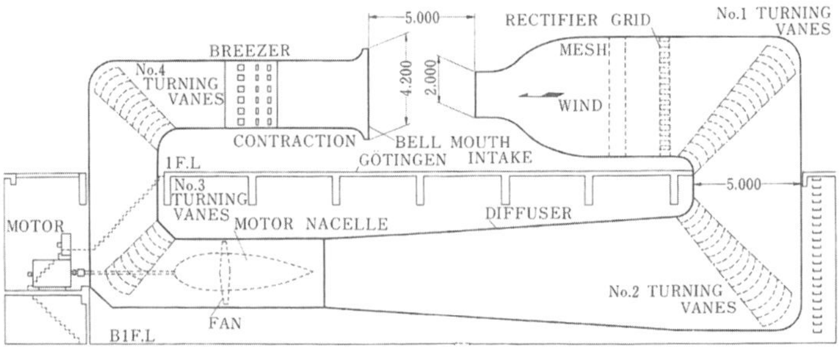

그림 1.47 회류형 풍동

(2) 경계층 풍동

경계층 풍동은 자연풍과의 상사성을 고려한 지표상 바람의 연직속도 기울기와 바람강도를 모형과의 축척에 맞추어 시험을 수행하는 풍동이다(그림 1.48). 풍동속도는 0~20m/s 전후이며, 측정은 건물 주변의 풍속의 강약, 분체의 비산 등을 조사할 경우 이용된다.

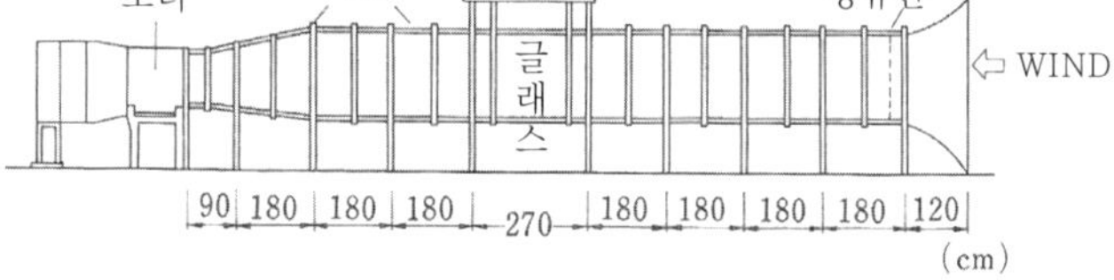

그림 1.48 경계층 풍동

(3) 연풍동 및 기타 풍동

바람의 흐름을 시각적으로 나타낼 수 있는 풍동으로 2차원 유풍동으로 풍로폭이 150mm 전후, 촘촘한 파이프로부터 연기를 내 품어 흐름의 추적, 방향 또는 과 발생기구 등을 사진에 의해서 판정한다. 기타 전술의 회류형 풍동과 경계층 풍동을 공용한 풍동, 옥외이동풍동, 풍압변동시험기 등이 있다.

1.3 각국의 주요 실험시설 현황

1.3.1 개 요

본 장에서는 주로 건축공학 관련 실험연구 관계자 및 대학원 석사과정 학생들을 대상으로 국내 및 국외의 재료시험, 구조 및 풍동 관련 실험, 내화·방화 및 환경설비 등에 관련된 주요 실험시설의 현황을 개략적으로 소개하고자 한다. 국내·외의 주요 실험시설의 현황은 주로 관련서적 혹은 인터넷상으로 조사하였으며, 조사된 국내·외의 주요 실험시설의 개요를 다음 표에 나타낸다.

국내의 주요시설은 최근 건설교통부에서 진행 중에 있는 분산공유형 건설연구 실험시설 구축사업 중에서 건축공학 관련 실험동(첨단재료, 하이브리드, 진동, 풍동) 4개소와 건설기술연구원 및 기업(현대건설, 대우건설)의 기술연구소를 조사하여 총 7개소를 소개한다.

국외는 크게 일본, 미국, 유럽으로 나누고 여기에 각각 대학과 정부관련 연구소 및 기업의 기술연구소 일부의 조사내용을 조사하였다. 일본의 경우에는 정부관련 연구소(건설성건축연구소, 방재과학기술연구소) 2개소와 대형 건설회사(Kajima, Shimizu, Taisei, Takenaka) 부설기술연구소 4개소 등 총 6개소를, 미국의 경우에는 대학(Univ. of Buffalo, UC Berkeley, Univ. of Illinois) 3개소를, 유럽의 경우에는 대학(Imperial College, Ruhr-Univ. Bochum, TU Delft) 3개소를 소개한다.

표 1.4 국내 · 외 주요 실험시설의 개요

국명	기 관 명	위 치	주실험 분야	홈페이지
국내	1. 계명대학교 첨단재료실험동	대구광역시 달서구 신당동	· 재료(콘크리트, 암석, 강재, 복합재료) · 장기거동/구조실험 · 비파괴실험	www.koced.org
	2. 명지대학교 하이브리드실험동	경기도 용인시 명지대학교내	· 하이브리드실험	www.hybrid.koced.net
	3. 부산대학교 진동실험동	경상남도 양산시 부산대학교 양산캠퍼스내	· 진동대 실험 및 strong & floor를 이용한 가력시험	www.earvic.pusan.ac.kr
	4. 전북대학교 풍동실험동	전라북도 전주시 전북대학교내	· 풍동실험	www.koced.org
	5. 한국건설기술연구원 종합실험동	경기도 고양시 일산서구 대화동 2311	· 재료실험 및 구조실험 · 화재실험 및 설비실험	www.kicm.re.kr
	6. 현대건설기술개발원 종합실험동	경기도 용인시 기흥구 마북동 102-4번지	· 재료실험 및 구조실험 · 풍동실험 및 환경실험	www.hdec.re.kr
	7. 대우건설기술연구원 종합실험동	경기도 수원시 장안구 송죽동 60번지	· 재료실험 및 대형구조실험 · 풍동실험 및 설비음향실험	www.dwconst.re.kr
일본	1. 건설성건축연구소 종합실험동	茨城縣つくば市立原 1番地	· 건축재료 및 구조실험 · 건축기초 및 지반실험 · 풍동실험 및 방내화실험 · 건축환경 실험	www.kenken.go.jp
	2. Kajima기술연구소 종합실험동	東京都調布市多摩川 1-36-1番地	· 대형구조실험 및 진동실험 · 대형풍동실험 및 내화실험	www.kajima.co.jp
	3. Shimizu기술연구소 종합실험동	東京都江東區越中島 3-4-17番地	· 대형구조실험 및 진동실험 · 풍동실험 및 내화실험 · 음향실험	www.shimz.co.jp
	4. Taisei종합연구소 종합실험동	横浜市戸塚区名瀬町 344-1番地	· 건축재료 및 구조실험 · 풍동실험 및 방화실험 · 환경실험	www.taisei.co.jp
	5. Takenaka기술연구소 종합실험동	千葉縣印西市大塚1丁目 5-1番地	· 재료실험 및 진동실험 · 풍동실험 및 내화실험	www.takenaka.co.jp
	6. 방재과학기술연구소 진동실험동	兵庫縣三木市志染町三津田電屋1501-21番地	· 진동대실험	www.bosai.go.jp

표 1.4 국내 · 외 주요 실험시설의 개요(계속)

국명	기 관 명	위 치	주실험 분야	홈페이지
미국	1. The University at Buffalo's Structural Engineering and Eathquake Simulation Laboratory	미국 뉴욕주 버펄로시 버펄로대학교내	· 하이브리드 실험 및 진동대 실험	www.nees.buffalo.edu
	2. Pacific Earthquake Engineering Research Center	샌프란시스코 UC버클리대학교내	· 하이브리드 내진실험	peer.berkeley.edu
	3. Newmark Structural Engineering La-boratory, University of Illinois	일리노이주립대학교내	· 진동대실험	www.cee.uiuc.edu/nsel
유럽	1. Imperial College's Civil and Environmental Engineering Laboratory	영국 런던의 임페리얼대학내	· 대규모 하중재하실험	www3.imperial.ac.uk/civilengineering
	2. Ruhr-University Bochum's Civil and Environmental Engineering Laboratory	독일 중서부 보쿰시 루크-보쿰대학내	· 구조부재 및 재료 실험	www.ruhr-uni-bochum.de/kib-kon
	3. Delft University of Technology's Materials Laboratory	네덜란드 델프트 공과대학내	· 콘크리트의 재료 및 역학적 특성	www.citg.tudelft.nl

1.3.2 국 내

1) 계명대학교 첨단재료실험동

(1) 개요

① 설립목적

분산공유형 건설연구 인프라구축사업은 건설교통부 국책사업의 일환으로 2004년 12월부터 시작하여 현재 진행 중에 있다. 이 사업은 건설교통부에서 추진해 왔던 기존의 R & D(Research and Development) 사업과는 달리 건설분야의 전반적인 질적 및 양적 향상을 위해 기반이 되는 건설실험 관련 인프라를 구축하는 사업이다. 사업의 개요는 우리나라 전체 대학과 연구기관 및 기업이 교육과 연구, 기술개발 및 설계를 위해 공동으로 운영하고 함께 사용하며, 국가 전체의 역량을 향상시키는 혁신적인 건설기술 연구 및 교육 인프라모델의 개발이다. 1단계 6개 실험시설 중에서 계명대학교에서는 "첨단건설재료 특성 · 성능실험시설"을 유치하였으며, 첨단기술을 융합한 다양한 신재료 개발과 강재와 콘크리트를 이용한 고성능 재료를 개발하고 그 특성 및 성능을 평가하는 연구를 수행해 나갈 것이다. 현재는 실험시설과 장비를 구축 중에 있으며, 2008년도의 시범운전을 통해 2009년도에 본격적으로 실험시설을 출범시킬 예정으로 신재료 및 고성능 복합재료, 폐기물 재활용 기술개발 및 사용수명평가 등 다양한 연구를 수행하게 될 것이다.

② 위치

계명대학교의 첨단건설재료 실험시설은 대구광역시 달서구 신당동 계명대학교의 공학관 내에 위치하고 있으며, 실험동의 전경은 그림 1.49와 같다.

그림 1.49 실험시설의 조감도

③ 규모

첨단건설재료 특성·성능실험시설은 지상 3층의 철근콘크리트구조이며, 건축면적은 2,075.19㎡, 연면적은 4,808.15㎡로 실험시설 규모 및 상세내용은 표 1.5와 같다.

표 1.5 실험시설 규모

구 분	내 용		
규 모	지상 3층		
구 조	철근콘크리트(RC)구조		
외부마감	붉은벽돌 치장쌓기 + THK4.0 알루미늄 복합패널		
부지면적	건축면적 2,075.19㎡, 연면적 4,808.15㎡		
건축면적	지상1층	1,975.01㎡ (597.44평)	사무실, 자료실·신재료 전시실, 회의실, 내구성 실험실 콘크리트재료 실험실, 대·소형 부재크리프 실험실 항온수조, 골재적치장
	지상2층	1,678.23㎡ (507.66평)	센터장실, 부센터장실, 연구소, 대형 콘크리트부재 실험실 강재·복합재료 실험실 및 시편제작실, 콘크리트 실험실
	지상3층	1,161.63㎡ (351.39평)	연구소, 세미나실, 센서기술 및 신재료 개발실, 전산실 재료성분 분석실, 암석포장재료 실험실, 재료 실험실 숙소
	합 계	4,808.15㎡ (1,455평)	

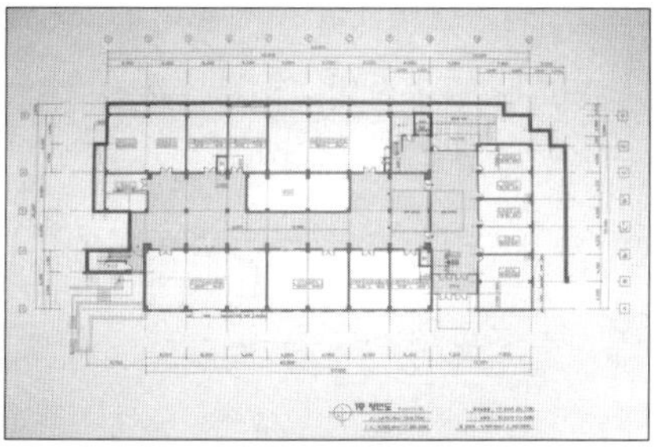

(a) 1층 평면도

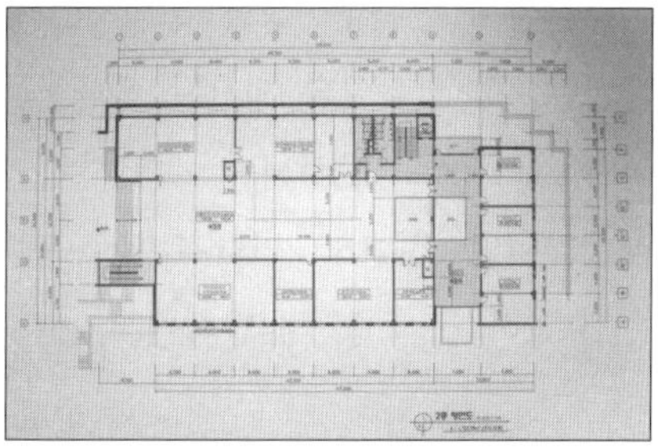

(b) 2층 평면도

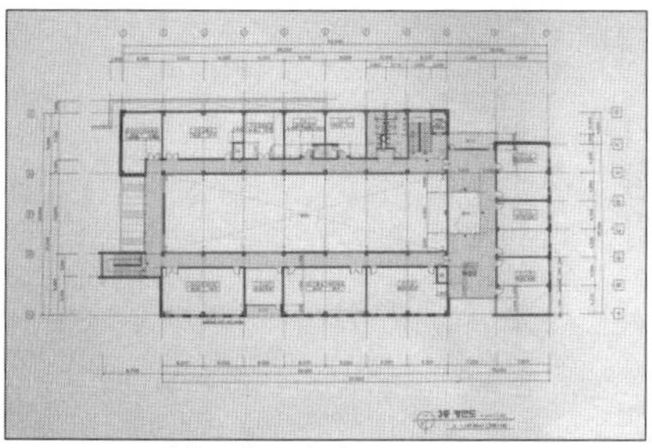

(c) 3층 평면도

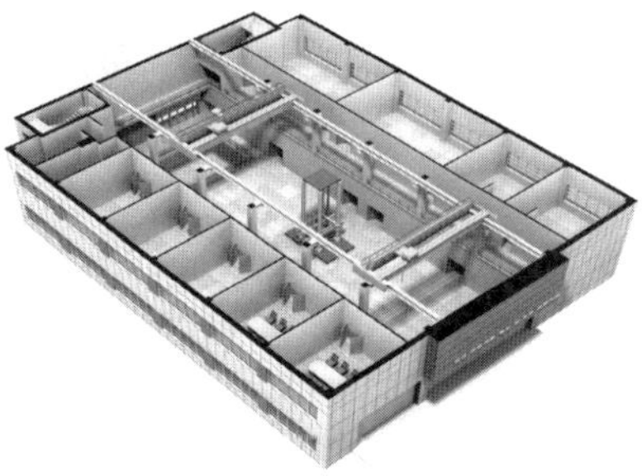

(d) 2층의 입체평면도

그림 1.50 층별 평면도 및 실험동 2층의 입체평면도

그림 1.50은 첨단건설재료 특성·성능실험시설의 각 층별 평면도와 2층 실험동 입체 평면도를 나타낸 것으로, 처음 제안된 실험시설은 실험동만을 구축하는데 비해 실시설계에서는 증가된 면적에 연구동을 추가 구축하는 것을 특징으로 들 수 있다.

(2) 실험시설의 구성

실험시설은 지상 3층의 구조로 구성되어 있으며, 취급되는 재료에 따라서 그림 3과 같이 6개의 실험실로 구성되어 있다. 재료별 6개의 실험실은 콘크리트/암석 실험실(concrete/rock test lab.), 강재/복합재료 실험실(metal/composite material test lab.), 장기거동 실험실(long-term behaviour test lab.), 미세구조분석실(microstructure test lab.), 센서/비파괴 실험실(smart sensor/NDT lab.)의 5개 기본 실험실과 계명대학교 기존 보유시설을 공유 활용하는 구조 실험실(structural test lab.)로 구성된다. 또한 실험시설은 6개 실험실 외에 콘크리트와 시멘트 등의 재료시편 제작을 위한 제작실, 강재 및 복합재료의 가공을 위한 제작실 등 2개의 준비실이 있다. 첨단건설재료 특성·성능실험시설의 구성 및 특성을 간략하게 기술하면 표 2와 같다.

(3) 장비구축계획

첨단건설재료 특성·성능 실험시설의 각 실험실별 필수장비 및 추천장비를 표 3에 나타낸다. 각 실험실별 제시된 기자재는 시편제작실 2개, 필수장비 15종과 추천장비 29종의 총 46종으로 구성되며, 실험시설에 소요되는 주요장비는 고가이기 때문에 구입비, 유지관리여건, 정밀도, 원격지제어, 장비 상호간의 연계성 및 활용기술 개발의 용이성 등을 고려하여 실시설계 단계에서 충분히 검토하여 결정할 예정이다.

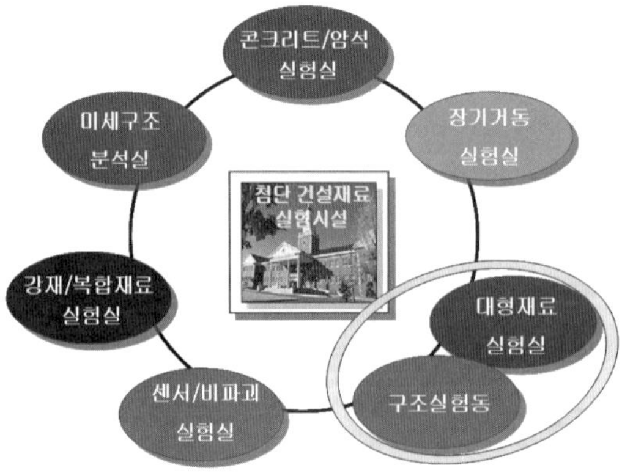

그림 1.51 실험시설의 구성

표 1.6 실험시설의 구성 및 특성

구분	재료별 실험실의 구성	특 성	비 고
실험실	콘크리트/암석실험실 (concrete/rock test lab.)	· 실린더 형태의 압축 실험 · 온도의 영향을 구현할 수 있는 chamber · 시멘트, 모르타르와 같은 소형시편 실험장비 · 탄성계수, 동탄성계수 등 측정용 장비 · 삼축압축상태 구현 가능한 장비	콘크리트, 암석 포장재료성능시험
	강재/복합재료실험실 (metal/composite material test lab.)	· 다양한 형상의 시편 실험 · 온도의 영향을 구현할 수 있는 온도 chamber · 인장/압축시험의 정적 및 피로 실험 · 복합재료 시편 실험 및 케이블 실험	강재와 복합재료의 구조성능 평가
	장기거동실험실 (long-term behaviour test lab.)	· 다양한 온도·습도 조건을 구현할 수 있는 소형 항온항습실 및 대형 항온항습실 · 내구성 실험이 가능한 항온항습기 · 항온수조 및 크리프 시험기 · 중성화 시험장비	온도 및 환경적 영향 평가
	미세구조 분석실 (microstructure test lab.)	· SEM(Scanning Electron Microscope) · XRD(X-Ray Diffraction) · XRF(X-Ray Fluorescent) · Porosimeter · 기타 화학성분 분석 및 구성분석 장비	신재료 성능분석
	센서/비파괴실험실 (smart sensor/NDT lab.)	· 광섬유 센서제작 장비 · 신재료를 이용한 센서제작 장비 · 재료의 비파괴시험기술 개발을 위한 장비	광섬유 센서와 비파괴 시험기술 개발
	구조실험실 (structural test lab.)	· 반력바닥을 갖춘 대형 3면 반력벽 · 진동테이블 및 강재구조 실험틀 · 유압가력장치 및 유압장치	3면 반력벽, 강재 프레임을 이용한 구조부재의 성능평가, 진동대 등
준비실	재료시편 제작실	· 콘크리트와 시멘트 재료시편 제작	
	강재와 복합재료 시편 제작실	· 강재와 복합재료 가공	

표 1.7 장비구축계획

실험실	필 수 장 비	추 천 장 비	비고
콘크리트/암석 실험실	· 5MN 압축시험기(concrete용) · 시멘트 재료시험(압축, 인장 일체형) · 시편 준비장치 · 자동 vicat 응결시험장치 · Differential calorimeter · Auto air permeability tester · 동탄성계수 측정기	· 다양한 성능의 UTM · 소형 용량의 재료시험기 · 암석시험용 3축압축시험기 · 직접전단 시험기 · 암석용 마모저항시험기 · 암석시편 제작기	
강재/복합재료 실험실	· 강재용 600 kN UTM (인장, 압축, 피로시험용) · 강재용 150 kN 피로시험기 (철근, cable, connector, etc.) · 복합재용 100 kN UTM (인장, 압축, 피로시험용)	· Specimen handling system · Torsion test machine · 자기공명식 피로시험기 · Hardness test · Pendulum impact testing machine	
장기거동 실험실	· 항온항습기 · 대형 항온항습실 · 소형 항온항습실(4개) · 항온수조(5기 이상)	· 단열온도상승시험장치 · 촉진중성화시험장치 · AAR측정장치 · 건습반복시험기 · 내후성시험기	
미세구조 분석실		· Scanning Electron Microscope · XRD(X-Ray Diffraction) · XRF(X-Ray Fluorescence) · Porosimeter · EPMA · 입도분석 · Transmision Electron Microscope	
센서/비파괴 실험실		· Optical Spectrum Analyser · Infrared thermography, Acoustic Emission	
대형재료 실험실	· 대형 구조재료시험기 (5MN 용량의 자체반력구조형 구조/재료 시험기) · 콘크리트 제작실 · 강재시편 제작실	· 정적 데이터로거시스템(2set) · 정적 데이터로거시스템(1set) · 믹서, 연마기, 공구세트 · 전동지게차	
구조 실험실		· 3면 반력시험기 · 진동테이블 · 동결융해시험기 · 구조재료시험기(2MN) · 크레인(0.1MN, 8×31.3m) · UTM(1MN, 3MN) · MR시험기	기보유 실험실

(4) 활용계획

첨단실험시설을 활용한 공유 연구환경의 구축은 그림 1.52에 나타낸 분산공유연구시설의 기능과 같이 대학, 연구소, 기업, 정부 및 국민에게 실질적인 교육 및 연구, 정보서비스와 종합 데이터베이스 등을 제공할 수 있다. 또한 통합된 연구인프라를 이용하여 지금까지 수행할 수 없었던 혁신적인 연구를 수행할 수 있으며, 대형 첨단실험시설을 이용한 연구과제개발, 핵심건설기술의 해외 의존형 혹은 도입형에서 국내 창출형으로 전환할 수 있다. 또한 첨단건설재료 특성·성능실험시설을 통한 그리드시스템(grid system)을 이용한 원격실험환경이 구축된다면 그림 1.53과 같이 교육, 연구, 건설산업체의 기술력 향상 및 외부대형 실험시설과의 국제협력 강화 등의 활용이 가능하며, 더 나아가 첨단건설재료 특성·성능실험시설 구축을 통해 그림 1.54와 같이 연구 및 교육, 기술 및 산업, 경제 및 정책적 활용도 기대할 수 있다.

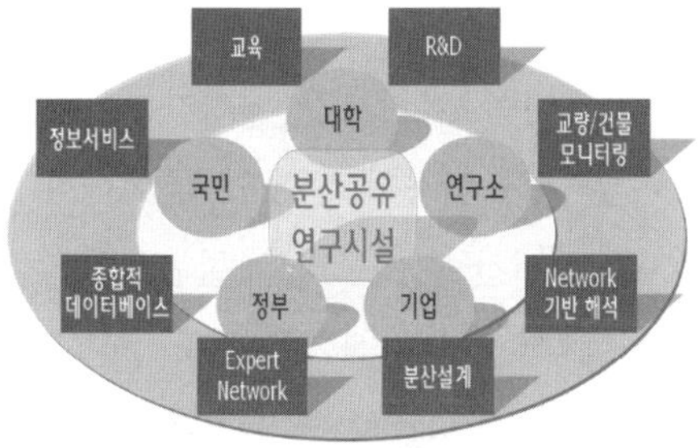

그림 1.52 공유연구시설의 기능

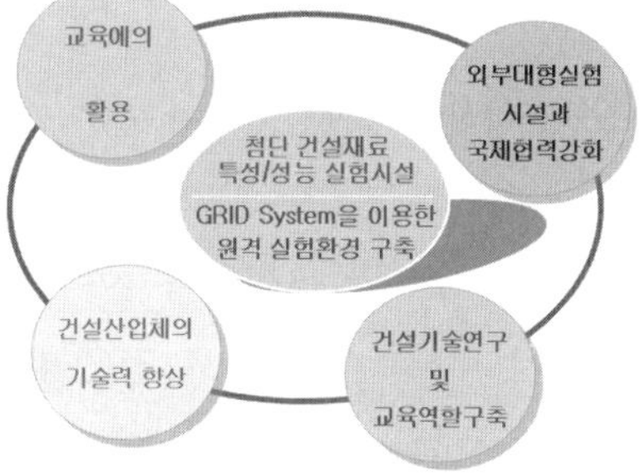

그림 1.53 활용방안

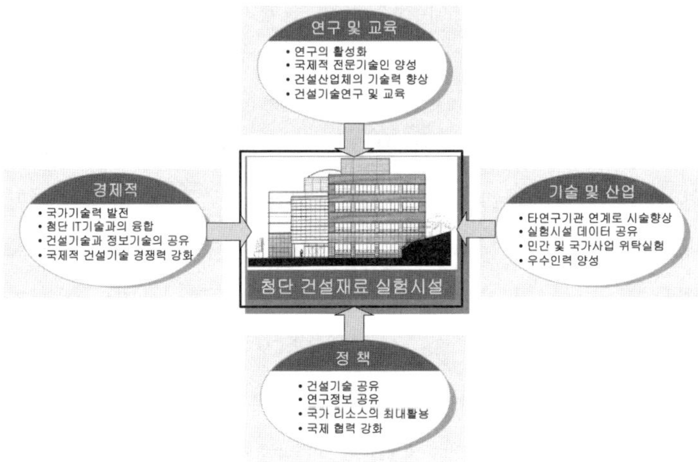

그림 1.54 실험시설의 활용 기대

2) 명지대학교 하이브리드 실험동

(1) 개요

일반적인 구조실험시설은 주로 정적인 성능평가를 주목적으로 하고 있으므로 동적인 거동을 모사하기에는 가력기(actuator)의 서보밸브(servo-valve)나 유압펌프(hydraulic power supply)의 용량이 부족하여 실제에 가까운 빠른 속도로 동적인 하중을 재하하는 것은 거의 불가능하다. 또한 초대형 건축물, 또는 장대경간교량의 내진성능평가를 위하여 일반적인 진동대 실험시설을 이용할 경우에는 모형의 크기가 진동대의 크기와 성능에 제한을 받음으로 인하여 전체 구조계의 축소모형을 사용하게 된다. 이때 축소모형의 축소율이 너무 작아져서 크기효과(size effect)에 의한 오차가 매우 커지게 된다. 만일, 이를 피하기 위하여 부재(member) 단위 또는 부분구조계(sub-structure) 단위의 실제크기의 실험체로 실험할 경우에는 전체 구조물 내에서의 그 부재의 경계조건과 전체 구조계와의 상호작용 등과 같은 환경을 모사하는 것이 매우 어렵게 된다.

이러한 오차를 극복하기 위하여 1970년대 중반부터 미국과 일본을 중심으로 개발되어 왔던 의사동적실험(pseudo-dynamic test) 기법을 더욱 발전시킨 실시간 하이브리드 실험(real-time hybrid test) 기법이 최근 외국에서 활발히 연구되고 있으며, 이러한 기법을 적용시킬 수 있는 실험시설이 구축되고 있다. 실시간 하이브리드 실험시설은 진동대 실험에 비해 상대적으로 적은 비용으로 기존에 어렵거나 불가능했던 많은 실험의 수행이 가능하다. 건설교통부와 건설교통기술평가원이 주관하는"분산공유형 건설연구인프라구축사업(KOCED 사업)"의 6개의 실험시설 중 하나인 하이브리드 실험기법을 구현할 수 있는"실시간 하이브리드 다자유도 구조시스템 실험시설"을 명지대학교에서 유치하여 2008년 완공을 목표로 현재 시공이 추진되고 있다.

(2) 실시간 하이브리드 실험기법

하이브리드(hybrid)라는 말은 특정한 목표를 달성하기 위해 두 가지 이상의 요소가 합친 것을 의미하는데, 여기서 하이브리드 실험이란 모형을 이용한 실험과 컴퓨터를 이용한 수치해석을 결합하여 실시간으로 연동시킴으로써 보다 실제에 가까운 거동을 연구하려고 하는 새로운 실험기법을 의미한다. 이러한 하이브리드 실험기법은 유사동적실험에 그 뿌리를 두고 있으나, 최근의 발달된 정보기술(information technology)을 활용하여 그 단점을 대폭 개선한 차세대 내진실험기법으로 볼 수 있다. 즉, 수치 시뮬레이션(simulation) 및 특정 구조요소에 대한 실시간 동적실험결과를 부분구조기법에 의해 취합하여 생성된 하이브리드 모델의 운동방정식을 수치적으로 적분함으로써 대규모 구조물의 탄소성 내진거동을 실물대 실물에 가깝게 파악할 수 있는 획기적인 실험기법이다. 실시간 하이브리드 실험을 구현하기 위해서는 기존의 구조성능 평가를 위한 실험시설이나 진동대 실험시설에서는 불가능하며, 다음과 같은 시설, 장비 그리고 시스템이 갖추어진 실험시설이 반드시 필요하다 하겠다.

- 여러 점을 동시에 빠른 재하속도로 가진할 수 있는 유압시스템(multi-DOF)
- 실험과 해석을 동시에 연동하여 수행할 수 있는 시스템(hybrid system)
- 부구조물기법(sub-structuring technique)을 이용한 실험
- 원격 실험시스템(remote experiment system)

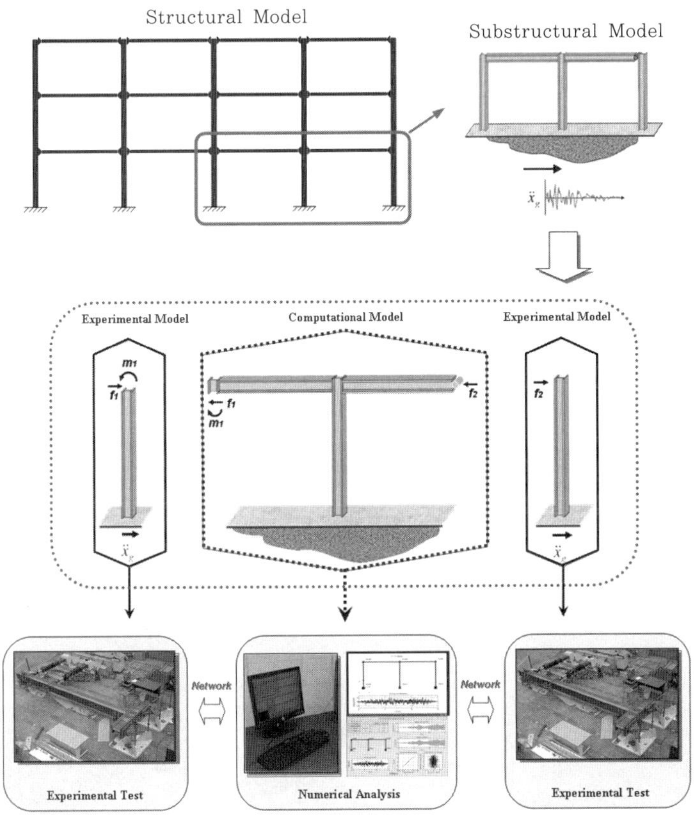

그림 1.55 실험과 컴퓨터 수치해석이 결합된 하이브리드 실험

그림 1.55에서 보듯이, 매우 크고 복잡한 실제 구조물(structural model)은 실험시설의 여건상 실제와 동일한 크기로 실험을 할 수 없으므로 전체구조계의 거동을 평가하고자 한다면 전체를 축소하여 실험을 해야 한다. 그러나 축소모형으로 실험하기에는 모형의 크기가 실제에 비하여 매우 작아지므로 크기효과에 의한 오차가 매우 커지게 된다. 또

한 중요한 기둥만 떼어내서 실험하기에는 그 기둥이 실제 구조물 내에서 받고 있던 경계조건과 같은 환경을 재현하기가 불가능하다. 따라서 부분구조기법을 이용하여 전체 구조물에서 일부분을 떼어낸 후, 실제크기로 제작된 기둥에 대해서는 직접 실험을 하는 동시에 나머지 부분은 컴퓨터에 의한 수치해석으로 그 거동을 모사할 수 있다. 뿐만 아니라, 과거에 비하여 성능이 대폭 향상된 유압장비들을 사용하고 계측장비와 수치해석 컴퓨터를 광통신을 이용하여 연결함으로써 실험의 결과가 수치해석의 입력으로, 그리고 수치해석의 결과가 다시 실험의 제어신호로 연동되도록 하여 보다 실제에 가까운 거동을 모사할 수 있다.

이를 더 확장하면, 한 구조물에 대해서 여러 실험시설에서 각각의 부분구조계를 실험하고 전체를 수치시뮬레이션으로 처리하여 실제크기의 구조물을 실험하는 효과를 모사할 수 있다.

(3) 하이브리드 구조실험센터의 규모

그림 1.56과 같이 하이브리드 구조실험센터는 경기도 용인시 명지대학교 내에 위치하고 있으며, 전체 부지 8,100㎡, 건축면적 1,406㎡, 건축연면적 3,016㎡의 실험동과 연구동으로 설계되었고, 연구동은 지하 1층과 지상 3층으로 구성되어 있다. 하이브리드 구조실험센터의 주요 실험시설과 규모는 표 1.8과 같다.

그림 1.56 하이브리드 구조실험센터의 조감도

표 1.8 하이브리드 실험시설 및 규모

항 목		설계 규모
부지 및 실험시설	부 지 면 적	8,100m² (2,450평)
	건 축 면 적	1,406m² (425평)
	건축연면적	3,016m² (912평) / 지하1층, 지상3층
반력바닥(reaction floor)		38.4m(L)×12.8m(W) Outdoor Extended Strong Floor 설치(6m×6m) Indoor Extended Strong Floor 설치(8m×11.46m)
반력벽(reaction wall)		Solid type 단변 : 8m(L)×12m(H) 장변 : 24m(L)×[12+9+6m](H) / Multi-direction System
크레인(crane)		300 kN+100 kN & 300 kN O.H.C 각 1기

하이브리드 실험센터의 실험시설 규모는 국외(일본, 미국, 유럽 등)의 연구용 그리드 시스템, 특히 미국 NEES Grid에 포함된 하이브리드 실험시설과 국내 유관 실험시설을 철저히 분석하여 결정되었다.

먼저 하이브리드 실험시설에서 수행 가능한 실험형태별 크기를 결정하고 그에 따른 반력바닥, 반력벽 등의 주요 실험시설의 성능과 크기가 최종적으로 확정되었다. 본 하이브리드 실험시설의 반력바닥과 반력벽의 규모는 기존의 국내·외 실험시설과 대비하여 표 1.9 및 표 1.10에 나타낸다.

반력바닥과 반력벽의 규모는 면적대비 기존 국내외 실험동의 2배에 달하는 크기로서, 기존의 축소모형 실험의 문제점이라 할 수 있는 크기효과(size effect) 등의 문제점을 보완할 수 있는 실물크기(full scale) 실험이 가능할 것이라 판단된다. 그림 3은 하이브리드 구조 실험센터의 토목설계 및 배치도이고, 그림 4부터 그림 6은 각각 정면도 및 우측면도, 1층 평면도, 그리고 단면도이다.

표 1.9 반력바닥의 비교

규모	기존 국내외 실험동			하이브리드 실험시설
	최소	최대	평균	
길이(m)	8.0	15.2	10.2	12.0
폭(m)	6.0	32.0	17.8	32.0
면적(m²)	48.0	486.4	181.6	384.0

표 1.10 반력벽의 비교

규모	기존 국내외 실험동			하이브리드 실험시설
	최소	최대	평균	
길이(m)	11.0	34.0	22.4	38.4
폭(m)	6.0	17.5	12.4	12.8
면적(m²)	66.0	595.0	277.8	491.5

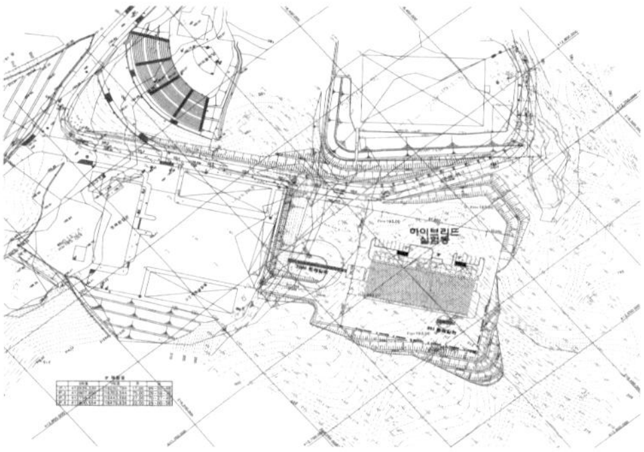

그림 1.57 하이브리드 구조실험센터의 위치도

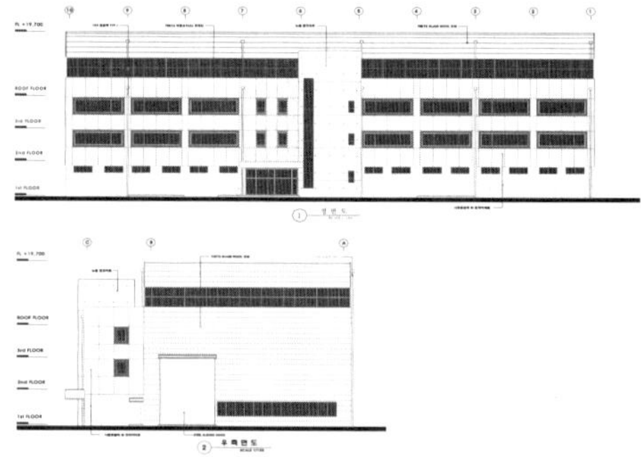

그림 1.58 정면도 및 우측면도

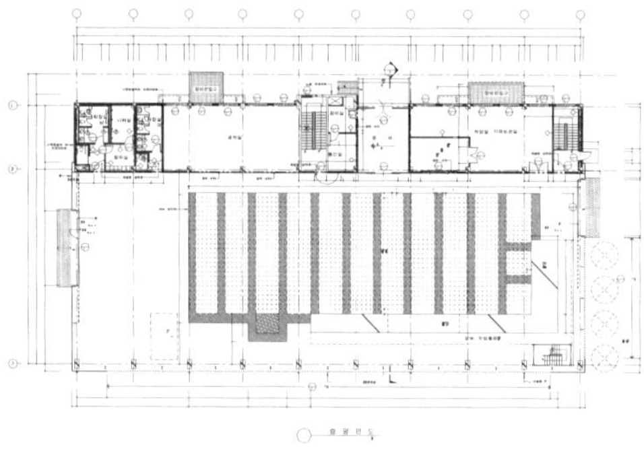

그림 1.59 1층 평면도

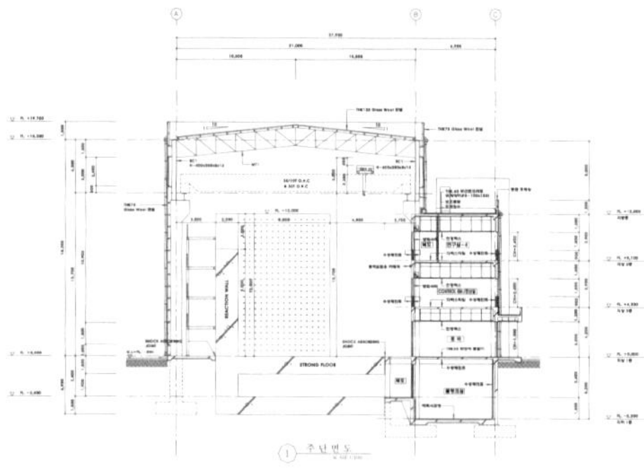

그림 1.60 단면도

실험시설의 외부공간으로 약 6,600m² 정도의 넓은 공간의 부재 제작 및 야적장을 확보하였고, 대형 부재를 적재한 30m 크기의 트레일러가 직접 실험동 내부로 출입이 가능하도록 회전공간과 출입문의 크기를 설계하였다. 대형 출입문은 최고 12m 높이의 실험체를 직접 실험동 내부로 운반이 가능하도록 설계되었다. 연구동의 지하층은 유압 펌프실, 전기실, 물탱크실 및 기계실로 구성되어 있고, 지상 1층은 반력바닥과 반력벽 등의 실험시설과 연구동 1층의 공작실, 기자재실 및 작업자를 위한 편의시설이 마련되어 있다. 연구동 2층은 제어실, 전산실, 자료실, 소회의실 및 연구실로 이루어져 있고 3층은 대회의실, 리셉션 룸, 연구실 및 숙소로 구성되어 있다.

(4) 하이브리드 구조실험센터의 장비

기존의 유사동적 실험기법의 단점을 개선한 실시간 유사동적실험 및 부구조물기법을 이용한 실험과 수치해석을 동시에 수행할 수 있도록 최적의 real-time hybrid 실험장비를 구축할 계획이다. 실시간 동적실험을 구현하기 위해서는 빠른 재하속도가 필수적이기 때문에 표 4와 같이 고용량 서보밸브를 갖는 다량의 동적유압가력기로 설계하였고, 정적실험에서도 정밀한 실험이 가능하도록 저용량의 서보밸브를 장착하는 듀얼 서보밸브시스템(dual servo-valve system)을 계획하였고, 기타 장비와 각 장비별 사양은 표 5와 같이 계획하였다.

표 1.11 정·동적 유압 가력기

구분	규모 (kN)	수량	서보밸브(gpm) 동적/정적	최대가력속도 (mm/sec)	stroke (mm)
동적	250	2	180/15	896	750
	1,000	2	250/15	323	750
	2,000	2	250/15	161	1,000
정적	5,000	2	180	–	1,000

그림 1.61 정·동적 유압 가력기

표 1.12 기타 장비 및 사양

구 분		사 양
Control System	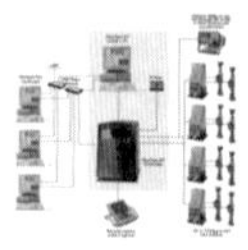	· 720gpm Hydraulic Pump / 4 Stations Multi-Testing · Real Time Pseudo-Dynamic Hybrid Testing System and Software · 저소음 유압펌프 및 전기소비량 절감 모델
UTM	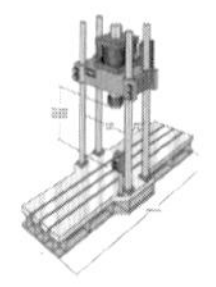	· 5,000 kN 용량 · 고강도콘크리트 재료실험 가능 · 이동식 Fixed Type Frame 구조 · 압축, 인장, 피로실험 등이 가능한 다양한 Grip 구비
DAQ System		· Dynamic: 128ch, 채널당 100kHz sampling · Static: 450ch, 1,000ch/sec high-speed data logger
Sensors	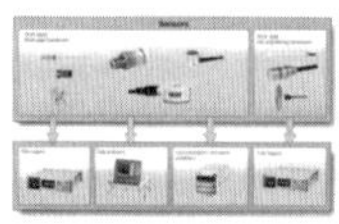	· Displacement Transducer · Load Cell · Accelerometer(Serve & Piezo type) · 기타 다양한 센서 구비
비접촉식 변위계	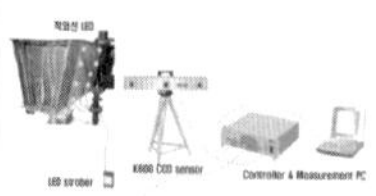	· 256point, 6 DOFs 측정 및 분석이 가능한 Non-contact Disp. T. · 650Hz sampling · 거리 7m, 면적 17m² 측정
기타 부대 장치	· 5,000 kN 용량의 Strong Frame · 12m 고소작업대 · 지게차	

(5) 하이브리드 실험시설로 가능한 실험 및 사례

그림 1.62는 하이브리드 실험시설에서 가능한 실험의 규모를 고려하여 작성한 내부투시도로서 외부확장 반력바닥을 이용하면 최대 50m의 장지간 교량모형 또는 실교량 실험이 가능하다. 또한 우측의 투시도처럼 12m의 초고층 건축구조물 모델실험, 교각실험, 교량의 거더 또는 바닥판실험 그리고 UTM을 사용한 재료실험 등 다양한 실험을 동시에 수행할 수 있다.

하이브리드 실험시설은 기존의 일반적인 구조물 성능실험 이외에도 추가적으로 다음과 같은 실험이 가능하다. 참고로, 그림 1.63부터 그림 1.65까지는 hybrid 실험기법을 이용 가능한 몇 가지 실험형태이다.

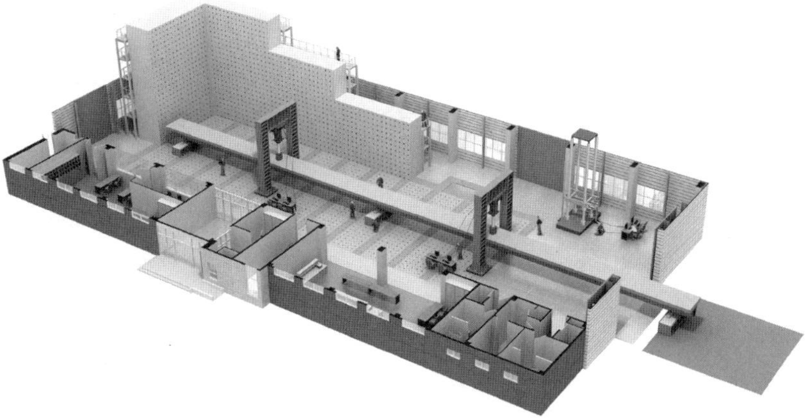

(a) 외부확장 반력바닥을 이용한 50m 교량 모형실험

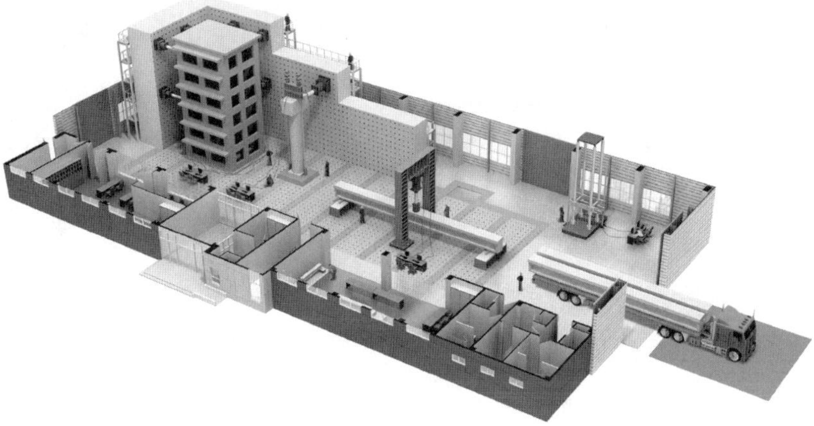

(b) 고층건축물, 고교각 등 동시 실험 수행

그림 1.62 실험시설 완공 후의 가상실험 내부 전경

- real time pseudo-dynamic test
- 실험과 수치해석을 동시에 연동하여 수행할 수 있는 hybrid testing
- 다경간 연속교 축소모형실험
- 단경간 또는 2경간 full scale 실교량 실험(최대 50m)
- 최대 12m 높이의 고층건축구조물 축소모형실험
- 3층 건축구조물의 실대모형실험
- 고층구조눌의 sub-structure technique test
- 다자유도(6 DOFs) 제어 및 경계조건 고려

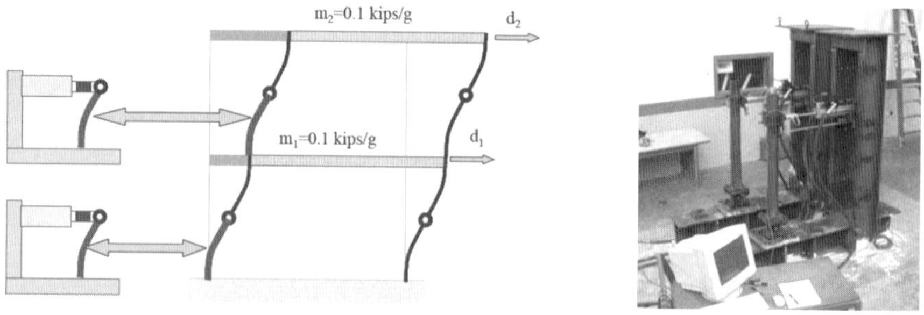

그림 1.63 건축구조물의 부분구조계 실험

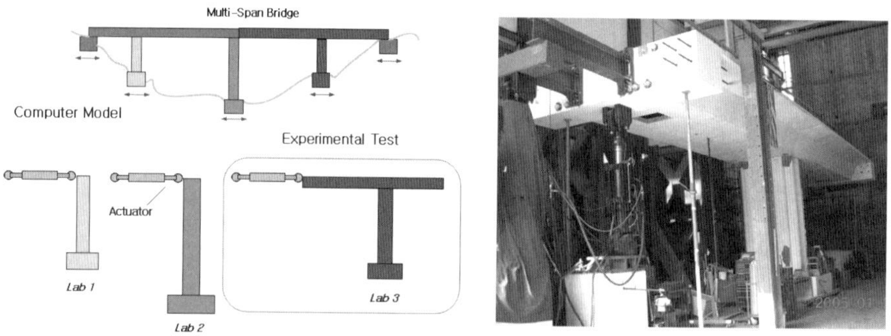

그림 1.64 교량구조물의 부분구조계 실험

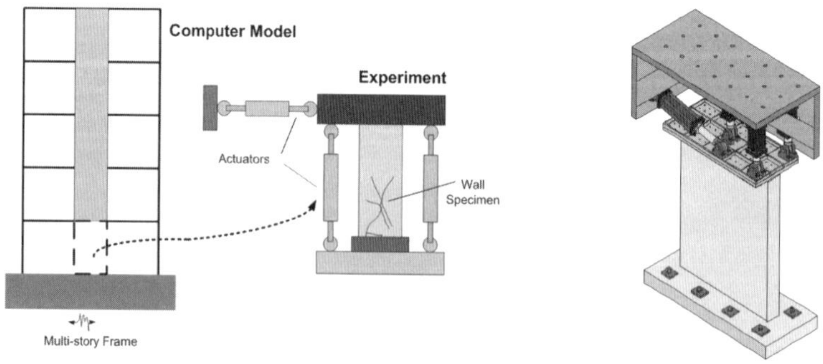

그림 1.65 건축구조물의 부분구조 다자유도계 실험

3) 부산대학교 진동실험동

(1) 개요

① 설립목적

2004년도에 건설교통부는 건설관련 대형 실험시설 12개를 전국 지역에 분산 · 배치하고, 이러한 실험시설들을 초고속 인터넷망으로 연결, 공유하여 효율적으로 실험시설을 운영하고 실험결과들을 이용함으로써 국내의 건설기술발전과 국제경쟁력을 확보하고 내실 있는 실험교육으로 차세대 건설기술자를 양성하는 것을 주된 목적으로 하는 분산 공유형 건설연구 인프라구축사업을 착수하였다.

부산대학교에서는 이러한 실험시설 중 하나인 "다지점 가진 대용량 지진모사 실험시설"을 유치하여 국내의 내진설계기술의 개발 및 향상과 중요 구조물에 대한 내진 안정성의 확보방안, 기존 비내진 구조물에 대한 내진성능의 평가 및 보수보강 기술의 향상 등을 진행하고자 현재 실험시설과 장비구축사업을 활발하게 진행시키고 있으며, 2008년도에 실험시설 및 지진 · 진동연구센터(EARVIC)를 출범시켜 구조물의 내진관련 연구 및 교육활동을 본격적으로 수행할 예정으로 있다.

② 위치

부산대학교 지진실험동은 경상남도 양산신도시 내의 부산대학교 양산캠퍼스 내에 위치하고 있다. 캠퍼스 내의 실험동 위치는 그림 1.66과 같으며, 실험동의 전경은 그림 1.67과 같다.

참고로 본 캠퍼스는 대구, 울산, 창원 등 인근 대도시와의 접근성이 매우 양호하고 실험시설 주변의 인프라와 공간 확장성이 용이한 장점을 가지고 있다.

그림 1.66 실험동의 위치(부산대학교 양산캠퍼스)

그림 1.67 실험동의 전경(조감도)

③ 규모

다지점 가진 대용량 지진모사 실험시설의 건물규모(가로 66m, 세로 32m 높이 19m 정도)는 지하1층/지상3층, 연면적 3,932m²로서, 표 1.13과 표 1.14에는 건물 및 각 층별의 개요를 나타내며, 그림 1.68과 그림 1.69에는 본 실험동의 평면도와 단면도를 나타낸다. 건물의 구조는 철골 · 철근콘크리트구조로 되어 있고, 건물의 외부마감은 글라스울패널+화강석+24mm 복층유리로 구성되어 있다.

표 1.13 실험시설의 개요

구 분		건 물 내 역	비 고
건물 개요	대지면적	10,200.0m²(3,085평)	
	연 면 적	3,932.72m²(1,189.65평)	
	건축면적	2,164.61m²(654.79평)	
	층 수	지하1층, 지상3층	
외부마감		실험실 - metal sandwich panel 부속실 - 드라이비트	
구조개요		기초구조계획 : 매트 기초(지하외벽은 연속벽 구조) 지하구조계획 : 철근콘크리트 골조 지상구조계획 : 철골보, 철골기둥	

표 1.14 실험시설의 층별 개요

구 분		층 별 내 역		비 고
층별 개요	지하1층	925.40m² 279.93평)	기계실, 전기실, 유압펌프실, 예비실	합계 : 3,932.72m² (1,189.65평)
	지상1층	2,153.94m² (651.57평)	실험실(진동대), 작업실, 공작실, 준비실 · 창고 숙소, 반력벽 · 반력상, 사용자 편의실, 샤워실	
	지상2층	426.69m² (129.07평)	control room, 전산실, 회의실(화상회의실) 전임교수실, 운영요원실, 외빈숙소	
	지상3층	426.69m² (129.07평)	전임교수실, 지진자료 도서관, 세미나실, 연구실 소장실, 행정실	

(2) 진동대 실험

① 장비 규모 및 특징

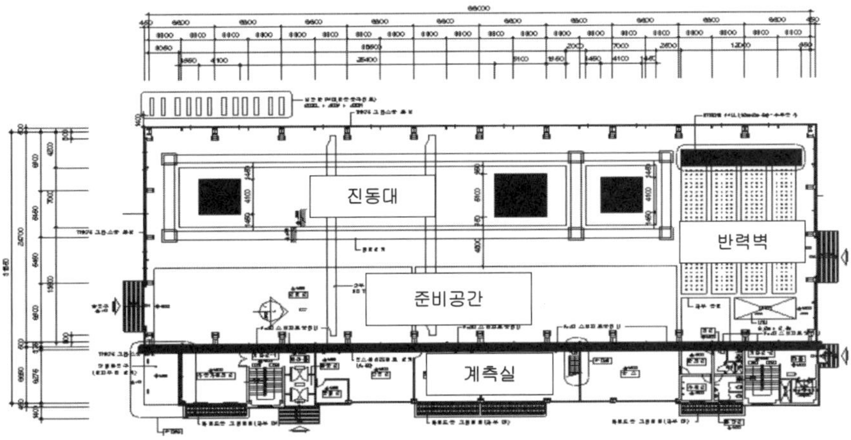

그림 1.68 실험시설의 평면도

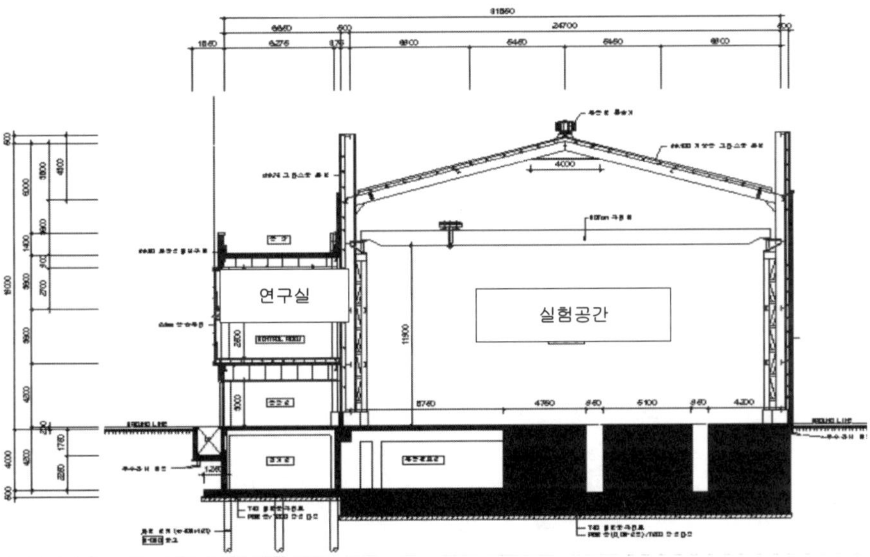

그림 1.69 실험시설의 단면도

본 실험시설의 주요장비인 진동대(shaking table)는 그림 1.70과 같이 3대가 병렬로 설치되어 있으며, 각각의 활용도에 따라서 차별화된 사양으로 설계되어 건축·토목을 포함한 건설분야 이 외에도 원자력, 기계, 조선분야 등에서 광범위하게 활용될 것으로 예상된다. 진동대 실험장비에 대한 주요사양은 표 1.15에 나타내며, 그림 1.71에서는 실험시설의 내부와 진동대의 시스템 구성을 나타내고 있다.

표 1.15 진동대 사양

Items	TABLE A (이동식)		TABLE B (이동식)		TABLE C (고정식)		
	X-축	Y-축	X-축	Y-축	X-축	Y-축	Z-축
DOF	3 (Bi-axial)		3 (Bi-axial)		6 (Tri-axial)		
Table Size	5m×5m		5m×5m		4m×4m		
Full Payload	300 kN		600 kN		300 kN		
Nominal Payload	200 kN		500 kN		200 kN		
Operating Frequency Range	0.1~60Hz		0.1~60Hz		0.1~60Hz		
Acceleration (at full payload)	0.85g	0.85g	1.0g	1.0g	1.2g	1.2g	0.8g
Acceleration (at nominal payload)	1.0g	1.0g	1.25g	1.25g	1.5g	1.5g	1.0g
Acceleration (bare table)	>2.0g	>2.0g	>3.0g	>3.0g	>2.0g	>2.0g	>4.0g
Max. Velocity	1.0m/sec	1.0m/sec	1.0m/sec	1.0m/sec	1.5m/sec	1.5m/sec	1.0m/sec
Max. Stroke	±0.30m	±0.20m	±0.30m	±0.20m	±0.30m	±0.20m	±0.15m
Overturning Moment	2,000 kN · m		2,000 kN · m		1,200 kN · m		
Movable Distance	20m		20m		-		
Hydraulic System	4 actuators H.-static bearings		8 actuators H.-static bearings		8 actuators		

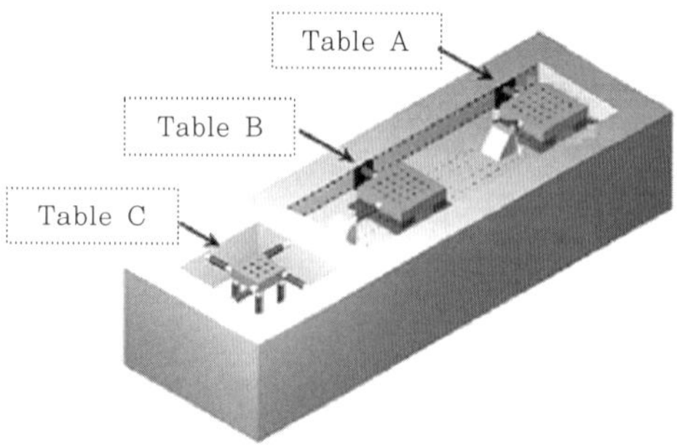

그림 1.70 진동대의 배치도

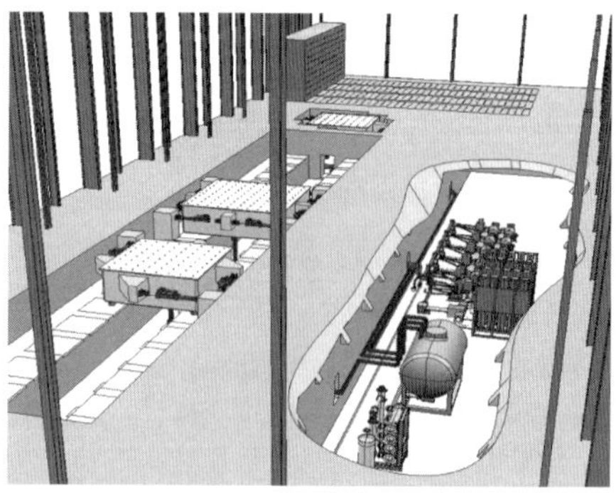

그림 1.71 진동대 system

② 활용분야

본 실험시설을 이용한 활용분야는 건축·토목 구조물의 내진기술 개발 및 향상에 관한 연구뿐만 아니라, 지반진동, 수공 및 항만구조물의 내진기술, 그리고 원자력발전소 및 중공업 플랜트 설비의 내진 및 진동저감 기술개발 등 활용범위가 상당히 광범위하다고 할 수 있다. 각 전문분야별 연구 및 교육 활용내용으로서는 대표적으로 주요 구조물에 대한 지진 시의 거동파악 및 내진설계방법 개발 관련 연구, 지진피해 저감을 위한 passive 및 active 제진장치 개발연구, 지진 시 지반의 액상화로 인한 구조물의 거동특성 파악 및 지반－구조물 상호작용의 관련 연구, 원자력 등과 같은 구조물의 내진성능 관련 연구 등이 있다. 또한 본 실험시설은 이동식 진동대를 이용하여 다지점 혹은 장경간(long span) 구조물에 대한 진동대 가력실험이 가능하다는 장점도 있으며, 이러한 실험결과로부터 얻어진 실험데이터의 가시화(visualization) 및 해석적인 구조계 규명(system identification)에 관련된 향후 기술개발에 적극 활용될 예정이다.

(3) strong wall & floor를 이용한 가력실험

실험시설 한편에는 strong wall과 floor가 배치되어 있으며, 여기에서 가력기(actuator) 등을 이용한 구조물의 정적 및 동적 가력실험을 수행할 수 있으며, 가력실험에 관련한 보유장비는 표 1.16과 같다. 현재의 부산대학교에서도 거의 실물크기의 구조물을 제작하여 실험을 수행할 수 있는 충분한 공간과 시설을 갖추고 있으며, 그림 1.72는 hydraulic actuator를 이용하여 T형 RC보부재의 휨거동에 관한 가력실험 전경을 나타내고 있다.

표 1.16 구조실험동 주요 보유장비

품 목	사 양	수 량	제조회사	비고
hydraulic actuator	250 kN, ±125mm, dynamic	2 sets	미국, MTS	
hydraulic actuator	500 kN, ±125mm, dynamic	1 set	미국, MTS	
hydraulic actuator	1000 kN, ±250mm, static	1 set	미국, MTS	
hydraulic power supply	55 gpm	1 set	미국, MTS	
digital controller	3 channels	1 set	미국, MTS	
UTM	압축 2000kN, 인장 1,000kN, 0.5%	1 set	한국, M&T	
data logger	200 channels, static	1 set	한국, 미래엔지니어링	
data logger	16 channels, dynamic	1 set	일본, Tokyosokki	
workstation	재하시험 제어용	1 set	미국, Compaq	
항온항습챔버	4m×3m×1.8m, −20℃ ~ +50℃	1 set	한국, 금강기계	
재하 frame	1000 kN, 문형라멘 2조(6m× 7m)	1 set	국내 제작	

그림 1.72 가력실험의 전경

4) 전북대학교 풍동실험동

(1) 개요

① 설립목적

2004년도에 건설교통부는 건설관련 대형 실험시설 12개를 전국지역에 분산·배치하고 이러한 실험시설들을 초고속 인터넷망으로 연결·공유하여 효율적으로 실험시설을 운영하고 실험결과들을 이용함으로써 국내의 건설기술 발전과 국제경쟁력을 확보하고 내실 있는 실험교육으로 차세대 건설기술자를 양성하는 것을 주된 목적으로 하는 분산 공유형 건설연구 인프라구축사업을 착수하였다.

전북대학교에서는 이러한 실험시설중 하나인"대형 장대구조물 풍동실험시설"을 유치하여 장대교량과 고층건물과 같은 대형 장대구조물의 풍하중에 대한 영향을 평가할 수 있는 경계층 풍동을 건설하고 관련 계측장비를 포함한 실험에 필요한 제반시설을 구축하는 사업을 진행하고 있으며, 2008년도에 대형 장대구조물 풍동실험시설 및 풍공학연구센터를 출범시켜 풍공학 관련 연구 및 교육활동을 본격적으로 수행할 예정으로 있다.

② 위치

전북대학교 풍동실험시설은 전라북도 전주시 전북대학교 부지내 서북쪽 평탄한 조경지대에 위치하고 있다. 캠퍼스 내의 실험동 위치는 그림 1.73과 같으며, 실험동의 전경은 그림 1.74와 같다.

그림 1.73 실험동의 위치

그림 1.74 건물의 전경(조감도)

그림 1.75 풍동장치의 내부 투시도

③ 규모

풍동실험시설의 건물 규모는 지하 1층, 지상 2층, 연면적 3,230m², 최고높이 9.3m로서, 표 1.17과 표 1.18에는 건물과 각 층별의 개요를 나타내며, 그림 1.76와 그림 1.77에는 본 실험동의 평면도와 단면도를 나타내고 있다.

건물의 구조는 철근콘크리트구조로 되어 있고, 건물의 외부마감은 샌드위치패널 컬러강판과 드라이비트로 구성되어 있다.

표 1.17 풍동실험시설의 개요

구 분		건 물 내 역	비 고
건물 개요	대지면적	3,300.00m²	
	연 면 적	3,449.11m²(전체면적 426,777m²)	
	건축면적	1,708.22m²	
	층 수	지하 1층, 지상 2층	
외부마감		실험실 - metal sandwich panel 부속실 - 드라이비트(dryvit)	
구조개요		구조설계방법 : 철근콘크리트구조 구조형식 : 철근콘크리트 연성모멘트골조+전단벽(이중골조)	

표 1.18 풍동실험시설의 층별 개요

구 분		층 별 내 역		비 고
층별 개요	지하1층	514.57m² (155.66평)	모델보관실, turn table pit, table lift pit	합계 : 3,449.11 m² (1,043.35평)
	지상1층	1,697.82m² (513.59평)	저속시험부, 소형풍동실, 조종실, 사무실 전산실, 작업실, 자료보관실, 모델보관/전시실	
	지상2층	1,236.72m² (374.10평)	고속시험부, 조종실, 사무실, 자료실, 회의실 숙소, 연구실	

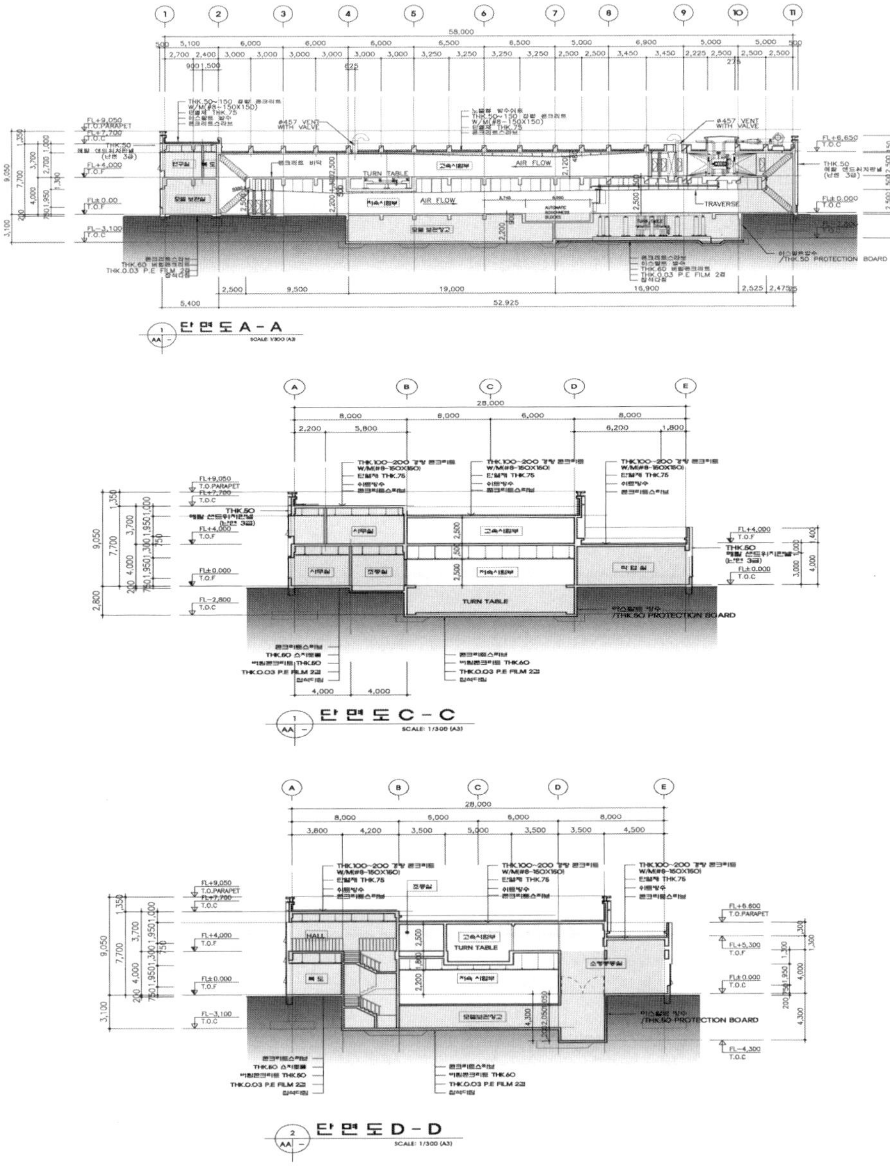

그림 1.76 실험동의 단면도

(2) 풍동실험시설

① 장비의 규모 및 특징

본 실험시설은 폐회로 단일순환식 형태로 시험부는 고속/저속의 2개로 구성되며, 저속시험부는 1층에, 고속시험부는 2층에 배치되어 있다. 풍공학 실험을 위한 내기경계층을 모사할 수 있도록 저속시험부는 약 40m, 고속시험부는 약 20m의 충분한 시험부 길이를 확보하고 있다. 각각의 상세사양은 표 1.19에 나타나 있으며, 기타 시설/장비로 턴테이블(turn table), 이송장치, 자동경계층 생성장치 그리고 소형풍동 등이 있다.

표 1.19 저속시험부

항 목		상 세 사 양
형 태		폐회로 단일 순환식
시험부 크기		폭 12m, 높이 2.5m, 길이 40m
시험부 풍속	최 대	12m/sec 이상
	최 소	0.3m/sec 이상
	조절간격	최대풍속의 1% 이하
유 질	난류강도	1.5% 이하
	평균풍속분포	±2% 이하
	온도분포	시험부 단면 내에서 ±1℃ 이내

표 1.20 고속시험부

항 목		상 세 사 양
시험부 길이		폭 5m, 높이 2.5m, 길이 20m
시험부 풍속	최 대	24m/sec 이상
	최 소	0.5m/sec 이상
	조절간격	최대풍속의 1% 이하
유 질		고속시험부와 동일

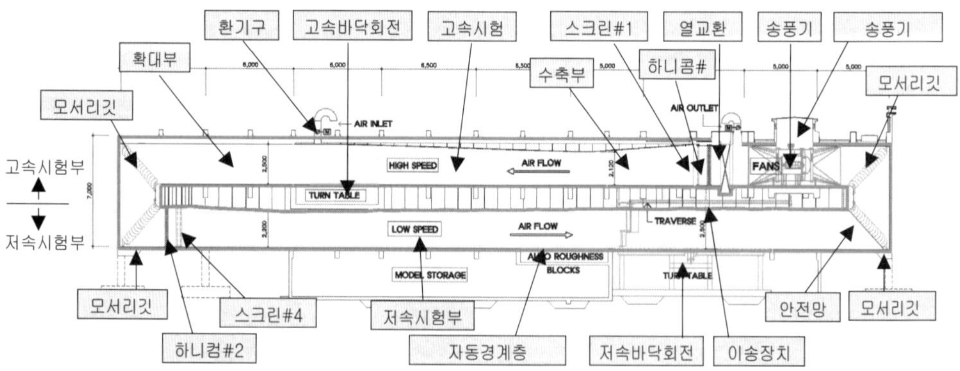

그림 1.77 저속/고속시험부의 단면 구성

② 활용분야

본 실험시설을 이용한 활용분야는 건축·토목 구조물의 내풍기술 개발 및 향상에 관한 연구뿐만 아니라, 장대구조물(교량, 빌딩 등)의 안정성 및 사용성 확보, 환경문제(오염물질, 독성물질 확산) 평가 등에 활용될 수 있다. 또한 본 실험시설은 2개의 시험부 구간으로 분리하여 그 특성에 맞는 실험을 수행할 수 있으며, 기존 실험구간의 폭이 짧아서 수행하지 못했던 장대구조물에 대한 실험이 가능하게 되었으며, 기존에 짧은 풍동길이로 인한 대기경계층 생성의 어려움을 극복함으로써 보다 자연적인 바람의 생성능력을 갖추게 되었다.

5) 건설기술연구원 종합실험동

(1) 개요

경기도 고양시에 위치한 건설기술연구원은 국가 경쟁력향상 및 국가 예산절감을 목표로, 신기술 개발에 대해 많은 투자와 노력을 경주하며, 각 대학 및 연구소의 R&D 활동을 이끄는 중추기관의 역할을 하고 있다. 본 연구원은 1948년에 설립된 국립건설시험소와 1983년에 설립된 한국건설기술연구원을 1999년에 통합하여 국무총리산하 정부출연연구기관으로 승계한 뒤, 2004년 과학기술분야 정부출연연구기관으로 설립, 운영 및 육성에 관한 법률에 의한 정부출연연구기관으로 변경되었다.

그림 1.78 건설기술연구원의 전경

그림 1.79 건설재료 실험실

(2) 건설재료실험동

건설재료 관련 실험동은 각종 건설재료에 대한 의뢰시험 및 정밀실험을 실시하는 건설재료실험동, 대량 또는 대형 콘크리트시험체 제작 및 실험을 실시하는 콘크리트 실험동, 건설재료의 특성을 중·장기적으로 자연환경에서 실험하는 옥외내후성 실험장으로 구성되어 있다. 건설재료실험동에서는 콘크리트, 석재, 강재, 골재 등 건설재료의 내구성과 품질에 대한 100여 가지의 의뢰시험을 수행할 수 있는 능력을 가지고 있으며, 이 중 15개 분야에 대해서는 국제공인시험기관(KOLAS)으로 인정받아 국제적인 공신력을 가지고 있다. 이와 더불어 건설재료 최첨단 연구분야의 각종 촉진실험 및 중·장기 옥외폭로실험을 오랜 경험과 첨단실험장비를 통하여 수행하고 있으며, 이로서 건설 신재료 개발 및 적용, 구조물의 내구수명 향상, 장기적 기초자료 확보 등을 실현하고 있다.

재료실험동의 1층은 무기재료실, 유기재료실험실, 건축재료 성능분석실, 건축재료실험실, 내구성실험실, 전자현미경실 등이 있으며, 2층은 콘크리트실험실, 골재실험실, 공기조화실험실, 건축환경실험실, 건축자재 물리실험실, 건축자재 화학실험실, 강재실험실, 피로실험실 등이 있다.

(3) 구조실험동

구조실험동의 건물규모는 지상 2층으로, 1층은 구조실험실, 건설재료실험실, 크리프(creep)실험실, 저온실험실, 선반실 등이 있으며, 2층은 제어실, 계측장비보관실 등이 있다. 주요장비로는 반력대, 반력벽 및 크레인과 같은 기반시설 및 정·동적 유압가력장치와 측정장치, 정·동적 가력기(actuator 250 kN~3,500 kN, 만능시험기 1,000 kN, 50m 장지간 교량 실물주형과 8m 높이의 실물교각 등을 보유하고 있다.

표 1.21 구조실험동의 보유장비

장비 종류	규 모	설치시기	비 고
반력벽 및 반력바닥	반력벽(높이 10m, 4,900kN) 반력바닥(길이 34m, 490kN)	1997. 12	국내 제작
반력 프레임	2,940kN×2 4,410kN×2	1999. 04	포철 강재기증 (2,200 kN)
유압가력장치 (actuator, UTM)	3,430 kN(정적)×4 980kN(동적)×2 490kN(동적)×2 245kN(동적)×4 980kN(UTM)×1	2000. 02 2004. 06	정적 : 국내제작 동적 : 미국 MTS UTM : 국내제작
유압시스템	720LPM×1	2000. 02	미국 MTS

표 1.22 구조실험동의 보유장비(계속)

장비 종류	규 모	설치시기	비 고
유압 및 하중 컨트롤러	4 station, 8 actuator control	2000. 02	미국 MTS
각종 계측장비	정·동적 계측장비	1999. 10	Tokyo Soki, Megadec
소프트웨어	구조해석 프로그램 데이터처리 프로그램	1998. 11	Diana, Dyna3d Ncode, Medallion
대형 크레인	196kN×2	1997. 12	국내 제작
각종 공구류	유압 너트, Sky Jack 등	1999. 11	국내 제작, 외산 등

(4) 화재실험동

국내의 화재로 인한 인명 및 재산피해가 지속적으로 증가하여, 화재안전 확보를 위한 실험 및 평가를 수행하여 국민의 생명과 재산피해를 최소화해야 할 필요성이 대두되었다. 본 연구원에서는 화재실험 연구동을 구축하여 화재 관련 국가기준 정비방안 확립, 국가 방재기술수준의 고도화, 방재 관련기술의 선진국 대비 30~40% 기술력 축적을 목표로 화재실험동 구축사업에 착수하였다. 사업기간은 2002년부터 2005년까지이며 총사업비 199억원이었다. 화재실험동은 연면적 12,071㎡(3,658평)의 철근콘크리트 및 철골구조이며, 화재 및 설비연구부의 보유장비와 화재실험동 구축내역은 다음 표 1.23과 표 1.24와 같으며, 화재실험동 보유실험장비는 표 1.25와 같다.

표 1.23 화재 및 설비연구부의 보유장비

시 설 장 비 명	용 도	규 격
기류유동분석 가시화장치	건축구조물 내 기류유동 가시화 측정 및 분석용	
PIV시스템	기류유속 측정용	0~10m/s
터널환기시스템 성능실험장치	도로터널의 환기설비에 대한 성능실험용	
건설기계 반자동 실험장치	건설기계의 자동시스템에 대한 실험용	
가압급수시스템 실험장치	가압급수설비의 성능 및 운전, 제어성능 실험용	
조명제어시스템 실험장치	조명에너지 절약을 위한 제어시스템 실험용	
바이패스식 공조실험장치	기류 유동분석 및 에너지절약성 시험용	
하수열 이용 열펌프시스템	하수열 이용 에너지 절약성 실험용	
지하공간 기류분포 실험장치	지하공간에서 환기성능 및 기류분포 성능 분석용	
반송동력 절감 실험장치	반송동력 절감성 실험용	
덕트 성능분석 실험장치	누기량 시험 및 연결부 강도 등의 성능시험용	

표 1.23 화재 및 설비연구부의 보유장비(계속)

시 설 장 비 명	용 도	규 격
난방용 자동온도조절기 성능시험장치	밸브특성시험, 내열성, 내한성, 내압성, 내충격성, 내전압, 내저항시험 등 성능시험용	15~25A
에너지절약 성능분석 시뮬레이터	난방용 자동온도조절기의 성능실험용	15.8m²
적산열량계 성능시험장치	기계식, 비접촉식 적산열량계의 정밀성 시험	15~25A
유 · 열량 교정장치	각종 유량계 및 열량계의 성능시험 및 교정시험용	13~25A
난방계량기 고장진단장치	난방계량기의 고장진단용	온수순환방식
실험주택	건축설비 및 냉 · 난방기술 현장적용실험 수행	2층, 70평
태양열 냉난방 실험장치	태양열을 이용한 냉난방시스템의 성능분석	
지열이용 냉난방 실험장치	지열을 이용한 냉난방시스템의 성능분석	
고온 가열용 챔버	콘크리트 시험체의 가열용, 물리량 측정용	20~1,000℃
동적 신호분석기	Frequency Response Spectrum 측정용	
다점 풍속계	다점의 기류풍속 측정용	
가스 분석기	배출 유해가스의 성분분석용	
Multi-Channel Data Logger	다점의 물리량에 대한 측정용	
CFD S/W	열 · 유동 수치해석용	

표 1.24 화재실험동의 구축내역

실험동명	주 요 설 비	비 고
실물화재 실험동	Large Cone Calorimeter(10MW)	30m(W)×54m(L)×28m(H) 면적(부대시설 포함) : 1,910m²
	Room Corner Tester	
	Single Burning Items	
	Cable Test	
방내화 실험동	Wall Testing Furnace	18m(W)×60m(L)×18m(H) 면적(시료제작실 포함) : 2,160m² Crane 기중용량 : 20톤
	Slab Testing Furnace	
	Column Testing Furnace	
재료성능평가 실험동	건축자재 연소특성 측정장비	6m(W)×24m(L)×18m(H) 면적(부대시설 포함) : 1,220m² 3층
	건축자재 가스성분 분석장비	
	건축구조재료 열특성 측정장비	
	시료준비실, 공작실	
연구동	연구실	면적(부대시설 포함) : 3,260m²
	Conference Room(10~50인용)	
	자료실	
계	연건평	약 8,650m² (2,626평)

표 1.25 화재실험동의 보유 실험장비

구 분	소요 실험장비	소요실험장비 개요	측정 항목
실물화재 안전성능 평가 실험장비	가구식구조 실험장비 Lab/Furniture/Industry Calorimeter (10MW)	 구획내 가연물 연소시험	구조적 안전성 열응력 건축물 용도 / 형태 / 크기별 화재하중 평가
건축재료 연소특성 실험장비	화염전파 특성	 구획내 가연물 연소 시험	화염전파속도 유해가스 발생량 발연계수, 발연속도
	표면연소 특성 실험		화염전파속도, 발연량
	유독가스 발생량 분석 실험		Co, HCI, Br 등
건축재료 열적특성 실험장비	고온 크리프실험	 고온 크리프 시험기	크리프 (Creep)
	고온 인장강도실험		항복점, 인장강도 탄성계수
	고온 열전도율실험		열확산계수, 열전도율
	고온 선팽창률실험		선팽창 계수
화재안전 상관성 분석 실험장비	스프링클러 Laser Beam 실험	 화재경보평가 시험기	물입자의 크기 분산도, 분산지역
	스프링클러 반응성 실험		화재반응성 반응기 작동 유무
	화재경보-감지기 평가실험		화재반응성 감지기 작동 유무
집진 및 후처리 설비	화재 및 연소실험 후처리 설비시스템	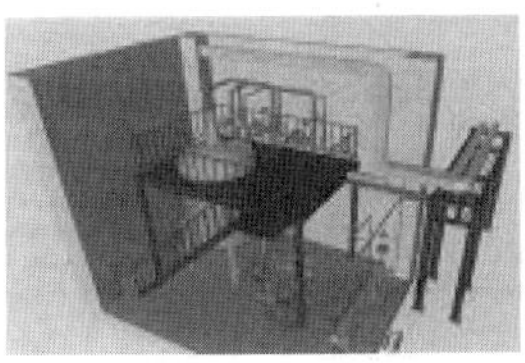 집진 및 후처리설비	

6) 현대건설기술개발원 종합실험동

(1) 개요

현대건설의 기술개발원은 1989년 10월에 설립된 이래, 현대건설의 기술경쟁력 제고를 위한 실용적이며 국제적인 수준의 기술개발에 전체역량을 결집시키고 있으며, 또한 본 기술개발원은 개발된 기술들을 활용하여 공사수주와 현장의 문제들을 해결하고 있다. 운영방침은 세계 10대 건설회사가 되는데 필요한 기술개발 및 전략수립 지원, 최소의 인원과 시설로 기술의 자립화와 세계화 구현, 기술경쟁력 향상, 미래지향 기술개발, 사업부 핵심역량강화 지원 등이다.

(2) 재료실험실

재료실험실에 보유하고 있는 장비 및 그림은 다음 표 1.26와 같다.

표 1.26 재료실험실의 보유장비

	장비명 : 만능시험기(MTS) 용 도 : 콘크리트 역학시험장비 규 격 : 5,000 kN 압축
	장비명 : 만능시험기(MTS) 용 도 : 아스팔트 혼합물 역학시험장비 규 격 : 100 kN
	장비명 : 아스팔트 유변학적 성능시험 용 도 : 아스팔트 점탄성 측정 규 격 : -50~500℃
	장비명 : 철근인장시험기 용 도 : 철근인장시험 규 격 : 2,000 kN 압축

(3) 구조실험실

구조실험실은 주로 다음과 같은 테마의 연구개발을 목적으로 사용되고 있으며, 1축 및 2축 진동대 현황 및 제원을 그림 1.80 및 그림 1.81와 표 1.27에, 반력벽의 제원을 표 1.28에 각각 나타낸다.

① 복합화공법 개발 : 이론과 실험연구를 통하여 철골과 철근 및 철근콘크리트의 합성작용을 활용하는 여러 가지 복합화 공법을 개발, 구조물의 안전성, 경제성, 시공성 향상에 기여

② 구조 리모델링기술 개발 : 노후화된 공동주택을 안정적이고 경제적으로 증축을 하기 위하여 Steel/RC Frame, PC/RC Wall 등과 같은 다양한 증축 및 확장공법에 대한 연구

③ 풍동실험 및 진동제어기술 개발 : 초고층건물, 대공간구조물, 장대교량, 해양구조물과 같은 구조물의 내풍설계를 위한 풍동실험 수행, 구조물의 진동제어를 위한 해석 및 진동제어기기 개발

그림 1.80 1축 및 2축 진동대

장비명 : 1축 & 2축 진동대
(Uni-axial & Bi-axial shaking table)
용 도 : 구조물 내진성능 평가실험
(1축 & 2축 지진실험)

표 1.27 진동대의 제원

Uni-axial	Bi-axial
· Dimension : 5m×3m · Max. Specimen weighted : 300 kN · Table Mass : 100 kN · Control Mode : uniaxial horizontally · Max Stroke : ±100mm · Max. Velocity : 50cm/sec · Max. Acceleration : 1.0g · Max. Overturning Moment : 500 kN · m · Max. Yawing Moment : 300 kN · m · Frequency Range : DC−30Hz	· Dimension : 2m × 2m · Max. Specimen weighted : 50 kN · Table Mass : 25 kN · Control Mode : biaxial horizontally · Max Stroke : ±75mm · Max. Velocity : 50cm/sec · Max. Acceleration : 1.0g · Max. Overturning Moment : 20 kN · m · Max. Yawing Moment : 20 kN · m · Frequency Range : DC−50Hz

장비명 : 반력벽 & 반력바닥
(strong wall & strong floor)
용 도 : 구조물 정적, 동적 성능평가실험
(피로실험, 유사 동적 실험, 준정적실험)

그림 1.81 1축 및 2축 진동대

표 1.28 반력벽의 제원

strong wall	strong floor
· L-Shape · Dimension : 27m(w)×8m(h)×2m(t) · Anchor Sleeve : 0.5m hole spacing · Shear Capacity : 2,688 kN (per 1m strip) · Moment Capactity : 8,650 kN(per 1m strip) · Post-Tensioning : 5,438 kN(per 0.5m strip)	· Dimension : 27m(w)×12m(h)×1m(t) · Anchor Sleeve : 0.5m hole spacing · Vertical Load : 2,688 kN (per 1.5m strip) · 6 Holes for Hydraulic Stations · Thic kNess of Shear Wall : 750mm · Span Length between Shear Wall : 4m

(4) 풍동실험실

기술개발원의 풍동실험실에서는 1996년 개원 이래로 110건 이상의 건축물, 15건 이상의 교량 등에 대한 풍동실험을 수행하였으며, 국내 최고의 실험장비와 기술력을 보유하고 있다. 본 기술개발원의 주요 연구개발의 테마로는 다음과 같으며, 참고로 그림 3은 기술개발원의 풍동실험실 내부를 나타내고 있다.

① 대공간 순환류시스템 개발 : 변위환기 설계기술 / 풍압측정실험 / 풍력측정실험 / 아파트 실내농도 예측기술 / 실내 온열환경 평가기술

② 실내공기환경 : 공동주택 실내 오염농도 평가 / 건자재 오염물질 방출강도 측정 / 기계환기 적용효과 분석 / 가구 오염물질 방출강도 측정 / 수치해석을 이용한 설계기술

장비명 : 대형 경계층 풍동
용 도 : 토목, 건축물의 풍하중 측정
규 격 : 총길이 L=52m
측정부 W=4.5m, H=2.5m, L=25m
풍속 0~17.8m/sec

그림 1.82 풍동실험실

(5) 환경실험실

1970년대 유가로 인한 에너지파동 이후에 에너지절감을 위하여 선진외국에서는 건물의 기밀도가 증가되기 시작하였다. 이로 인하여 건물에너지는 많이 절감할 수 있었으나, 기밀도 증가로 인한 실내 환기횟수 감소로 실내 공기질이 악화되기 시작하였다. 이를 해결하기 위해 기술개발원에서는 건물의 기밀성평가 및 아파트 기밀실태 현황파악이 필요하며, 건자재에 관한 데이터베이스를 확보하고 있다. 표 4는 환경실험실에 보유하고 있는 장비를 나타내고 있다.

표 1.29 환경실험실의 보유장비

	장비명 : 무향실(anechoic room) 용 도 : 설비유닛의 소음 및 음양레벨 측정 음원의 방향성 시험 최적음향 설계를 위한 가청화시스템(auralization)
	장비명 : 기밀성 시험장치 용 도 : 창호, 문 등의 건축재료의 기밀성, 내풍압성 수밀성 측정 규 격 : 4.5m×6m×0.9m
	장비명 : 인공기후실 용 도 : 온·습도, 풍속, 강우, 일사량 등 기후요소 조절 규 격 : 8m×8m×10m 온 도 : -40℃~60℃ 습 도 : 0~100% 일 사 : 0~1,000W
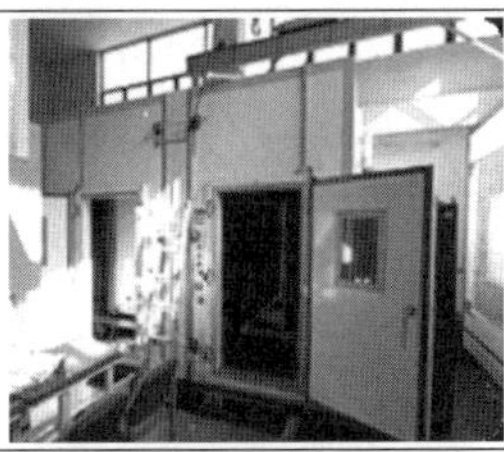	장비명 : 열관류율 시험장치 용 도 : 건축재료의 단열성능 측정 규 격 : 2.5m×2.5m×2.5m 온 도 : -20℃~60℃ 일 사 : 0~1,200W
	장비명 : 대차 용 도 : 투과손실시험 시 시료 설치 및 이동 규 격 : 벽체, 창호, 문 및 방음벽의 음향성능 투과손실시험

7) 대우건설기술연구원 종합실험동

(1) 개요

① 설립목적

대우건설 기술연구원은 1983년에 설립되어 1994년 1월에 국내 건설업계 최초로 연구와 실험이 일관된 종합건설기술연구원을 1만여평 부지(경기도 수원시) 위에 구축하여 본격적인 건설기술개발의 장을 열었다(그림 1.83). 고도화하는 사회수요에 대응하고 풍요로운 생활환경을 창출함으로써 사회발전에 기여하기 위한 대우건설의 기업목표 달성을 위하여 건설 전반에 관한 연구개발을 통해 기술의 선진화를 추구함을 목적으로 하며, 운영목표는 다음과 같다.

(a) 건설 전반에 관한 신기술과 응용기술을 연구하고, 이를 실험에 의하여 실용화함으로써 선도적인 기술기반을 확립한다.

(b) 축적된 기술자료와 연구성과를 바탕으로 설계·시공에 관한 기술을 보급·지원함으로써 품질과 생산성 향상에 기여한다.

그림 1.83 연구소의 전경

(c) 국내·외 건설기술 관련단체와의 기술협력과 교류를 적극 추진하고 기술정보를 수집, 소화함으로써 연구기반을 조성한다.

② 수행업무

(a) 연구개발 : 회사의 발전전략에 따른 단기 및 중장기 연구과제를 수행하고 타기관(기업, 대학, 국책연구원 등)과 공동 또는 위탁으로 연구개발을 수행한다.

(b) 기술협력 및 지원 : 당면하고 있는 기술적 문제를 조기에 해결하여 안전시공 및 품질확보에 기여하고 안전진단, 공인시험검사, 연구용역 등을 시행한다.

(c) 기술교육 및 보급 : 품질시험교육과 기술자료, 정보를 보급하고 연구활동 및 성과의 사내외 홍보, 사업화를 추진한다.

(2) 중앙실험동

중앙실험동은 연면적 2,783㎡, 지하 1층, 지상 2층으로 이루어진 철근콘크리트 구조물로서 연구관리동과 함께 1993년 2월 1단계로 준공되었고, 다목적 실험시설로서 건설

공사에 적용되는 각종 재료의 품질시험 및 현장시험을 비롯하여 토건·환경분야 기술개발에 필요한 연구실험을 수행할 수 있는 시설 및 시험기자재를 구비한 본격적인 종합실험동이다. 본 실험동은 토건분야에서 토질실험실을 비롯한 10개의 실험시설을 갖추고 있으며 환경분야에서도 수처리실험실 등 9개의 연구실을 유지하고 있다. 또한 국내 민간연구소로는 최초로 KOLAS로부터 역학분야 국제공인시험기관으로 인정받아 국제적 수준의 시스템을 적용하여 운영 중에 있다.

(3) 구조실험실

1996년 9월 준공한 대형 구조실험동은 연면적 2,802㎡, 지하 1층, 지상 4층으로 이루어져 있으며, 실물크기 정도의 구조부재 및 구조물과 같은 대형 구조물에 대한 실험시설로서 토목·건축 대형 구조물의 설계용 데이터와 해석상으로는 구할 수 없는 구조물의 내진성능을 실험적으로 구할 수 있는 실험시설이다.

대형 구조실험실에는 폭 14m, 높이 12m, 두께 2.5m의 반력벽과 상하 2매의 플랜지(flange)와 3개의 웹(web)으로 구성된 반력바닥이 있는데, 반력벽은 100,000 kN·m의 휨모멘트와 50,000 kN의 전단내력을 가지며 반력바닥은 100,000 kN·m의 휨모멘트와 30,000 kN의 허용 전단내력을 갖고 있으며, 보유장비는 표 1.30 및 표 1.31와 같으며, 그림 2는 가력실험의 예를 나타낸다.

① 가력장비 : 가력기(actuator)와 유압잭(oil jack)이 있으며, 총 가력용량은 각각 12,200 kN과 10,400 kN이다. 이러한 가력장비는 컴퓨터 제어로 하중 및 변위 제어가 가능하며, 가력장치의 조합으로 인장, 압축, 휨 등 다양한 실험을 수행할 수 있다.

② 반력구조물 : 반력벽, 반력바닥 및 반력 프레임으로 구성되어 100층 건물의 하부 3개층 또는 20m 길이의 거더(girder)와 같은 실대 구조물 실험을 수행할 수 있다.

③ 계측장비 : 총 1,000chanel 정도의 정적 및 동적 측정장비를 보유하고 있다.

표 1.30 가력기의 제원

형식	최대가력하중	최대stroke	수량	비고
동적 actuator	500 kN	250mm	2EA	고주파 피로실험
	100 kN	250mm	2EA	
정적 actuator	2,000 kN	500mm	2EA	
	1,000 kN	500mm	6EA	
	500 kN	500mm	2EA	

표 1.31 유압잭의 제원

최대가력하중	최대stroke	수량	비고
500 kN	250mm	2EA	center hole형 강봉류 인장
1,200 kN	250mm	2EA	
1,000 kN	500mm	2EA	
5,000 kN	500mm	1EA	

그림 1.84 반력구조물과 시험체의 설치 예

(4) 풍동실험실

구조물에 작용하는 풍속·풍압이나 진동 및 바람에 대한 건물 주변환경평가를 위한 풍동실험실은 폭 3m, 높이 2m, 길이 약 20m의 측정부분을 갖고 있는 회류형 경계층 풍동이 설치되어 있으며, 풍동의 송풍기는 정밀제어가 가능한 DC Motor에 의해서 구동되며 최대풍속 30m/sec, 송풍기의 직경은 3m이다.

본 시설에는 풍향을 조절하기 위한 턴테이블(turn table)과 정밀계측을 위한 3축 Traberse 장치가 설치되어 있다. 또한 바람에 의한 환경소음 저감대책과 관련한 연구를 위해 송풍기 및 기타 시설에서 발생하는 소음을 줄이도록 설계되어 있다. 합리적인 내풍설계를 위하여 자연의 바람을 재현해 건물 주변의 바람에 의한 영향은 물론 풍압실험, 풍력실험, 진동실험, 풍해실험, 대기오염의 확산 등 각종 풍동실험 데이터를 설계에 반영할 수 있다.

표 1.32 풍동실험실의 보유장비와 실험가능 내용

풍동실험실 보유장비	실험가능 내용
다점풍속 측정장치(64ch)	빌딩 풍해실험
5분력 천평	장스팬 구조물의 내풍성 실험
진동 천평	오염물질의 확산실험
Pilot Tube+미차압계	건물내외의 기류성상의 측정
다점 풍압 동시 측정장치(256ch)	특수한 지형에서 풍속분포의 측정
열선 풍속계	고층건축물의 내풍성, 외장재의 내풍성 실험
Position Sensor	건물의 환기, 통풍 및 배연실험

그림 1.85 풍동실험시설과 팬

(5) 설비실험실

설비실험실은 환경변화에 대처하여 건축환경 및 설비에 관한 연구를 종합적으로 수행할 수 있는 전문 실험실로 1996년 9월 2단계로 준공되었다. 연면적 1,788㎡의 지하 1층, 지상 2층의 철근콘크리트 구조물로서, 지상에서 모든 기상조건을 재현할 수 있는 인공기후 실험실, 클린룸(clean room) 등을 갖추고 있다. 표 1.33 및 그림 1.86은 설비실험실의 보유장비 및 내부시설을 나타낸다.

표 1.33 설비실험실의 보유장비와 실험가능 내용

보 유 장 비	실험가능 내용	
	공조기기 성능평가	에너지소비 및 실내환경
실외환경 챔버	diffuser 성능평가실험	극한 기후에서의 자재변형실험
실내환경 챔버	FCU 성능평가실험	외부존의 공조실험
3차원 풍향풍속계	무덕트 환기팬의 성능평가실험	실내공기환경 측정 및 분석
덕트 leakage tester	덕트 leakage test	실내온열환경 평가
기류분포 가시화 장치	기류분포 측정실험	결로진단, 단열성능실험
초음파 유량계	초음파 유량계를 이용한 유량 측정	

그림 1.86 설비실험시설

(6) 음향실험실

음향실험실은 음향성능(잔향, 차음, 진동 등)을 연구하기 위한 실험시설로서 연면적 1,037㎡의 지하 1층, 지상 1층으로, 잔향실, 무향실, 측로전파실, 모델실험실, 측정실, 공조실 및 방제실, 그 외의 자동이송장치 및 작업장 등이 있다. 실험의 자동화를 위해 시료 이송장치, 흡음률 이송장치, 3차원 마이크로폰 이송장치가 구비되어 있다.

표 1.34 음향실험실의 보유장비와 실험가능 내용

보 유 장 비	실험가능 내용
32채널 동시계측 분석시스템	건축부재의 차음성능, 투과손실 측정
건축음향 측정시스템(10ch)	바닥 구조체의 바닥충격음 시험
건축음향 해석프로그램(RAYNOISE)	흡음재의 흡음률 측정
소음진동 실시간 분석계	창호의 국부차음 측정을 위한 음향 홀로그래피 구현
소음계 및 진동계	음향건축물 실내의 음향성능 해석
소음진동 레벨기록계	공사작업장 소음진동 측정 및 영향평가
사운드 스피커시스템	항공기 및 고속전철 운행시의 소음진동 영향평가
음원발생장치	건설기기류의 음향파워 및 지향특성 실험
바닥충격음(중량, 경량) 발생기	건축설비 기기류의 소음특성 실험

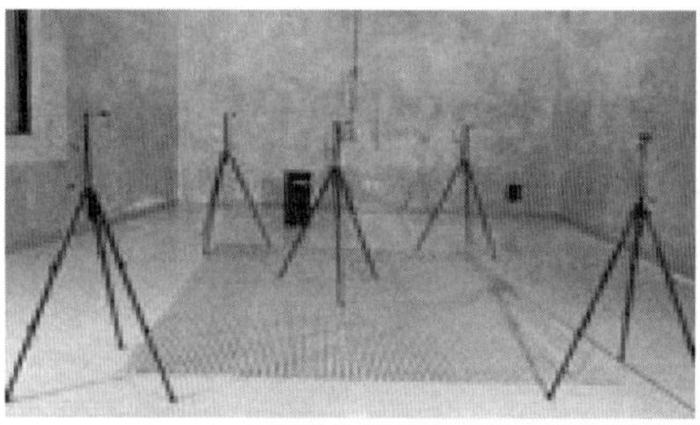

그림 1.87 음향실험시설의 일부

1.3.3 일 본

1) 건설성건축연구소 종합실험동

(1) 개요

① 설립목적

건축·도시계획 기술의 고도화 및 건축의 발달·개선, 도시의 발전·정비를 위해 필요한 연구개발을 체계적으로 추진하고, 이와 관련되는 사회적 요청이 많은 과제의 시급한 대응과 적합하게 대응하기 위한 개발 등을 위한 실험적 연구를 중점적·집중적으로 실시하는 것을 목적으로 한다.

② 위치

건축연구소는 일본 茨城縣つくば市立原 1 番地에 위치하고 있으며, 각종 연구소의 배치는 그림 1.88과 같다.

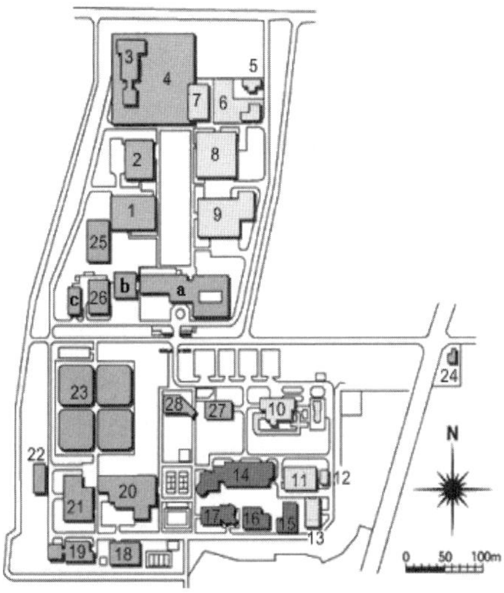

01 : 방내화실험동　02 : 화재실험동
03 : 화재풍동실험동　04 : 실외화재실험동
05 : 구조공법실험동　06 : 실외시공실험동
07 : 구조복합실험동　08 : 구조물실험동
09 : 강도시험동　10 : 풍우실험동
11 : 기초, 토질실험동　12 : 토질실험 시료시설
13 : 기초, 지반실험동　14 : 건축환경실험동
15 : 통풍실험동　16 : 설비실험동
17 : 건축음향실험동　18 : 크리프실험동
19 : 재료환경실험동　20 : 건축재료실험동
21 : 건축부재실험동　22 : 복합재료실험동
23 : 폭로실험장　24 : 다목적 실험동
25 : 기상정보동　26 : 연구기기 제작공장
27 : 지진관측 연수동　28 : 전시관
a : 본관　b : 신관　c : 변전설비

그림 1.88　건축연구소의 배치도

(2) 건축재료실험동

그림 1.89는 5,000 kN 고강성 압축시험기를 나타내고 있다. 시멘트, 콘크리트, 금속, 목재, 플라스틱, 도료 등의 각종 건축재료의 성질을 파악하기 위한 재료실험시설로서, 전자현미경, X선 해석장치 등의 각종의 시험장치와 분석기기류가 설치된 종합적인 시설을 갖추고 있다.

그림 1.89　5,000 kN 고강성 압축 시험기

(3) 구조실험동

그림 1.90은 수평 2방향·연직방향 동시 가력장치를 나타내고 있다. 건축구조물의 내진 안전성을 실제크기의 시험체를 가력 실험하기 위한 시설로서, 내부에 15m×20m, 20m×25m의 2개 반력바닥, 높이 25m의 반력벽과 직교하는 높이 15.5m의 반력벽을 가지고 있다. 반력바닥 위에 설치 가능한 최대규모의 시험체는 바닥면적 400m², 7층 높이의 건물이다. 컴퓨터 제어가 가능한 다수의 가력기를 보유하고 있으며, 이것을 반력벽에 부착시켜 지진에 의한 건물의 거동을 재현 가능한 내진실험을 실시할 수 있다.

(4) 건축기초·지반실험동

그림 1.91은 지반 진동실험장치(대형 전단토조)를 나타내며, 본 실험동은 토압문제 등의 지반의 실제크기 실험을 행할 수 있는 시설이다. 실험동 내부에는 큰 지하 피트(pit) 5개(깊이 6m)가 설치되어 있으며, 이 피트 내에 지진 시 지반의 진동을 재현 할 수 있는 대형 전단토조(5m×4m×10m), 깊은 지반의 응력상태를 재현하여 지반의 강도와 지반조사 기술의 개발을 행하는 지반 내 응력조건 재현실험 토조(공시체 ϕ=1.5m, H=3m, 동적·정적 재하가능)가 있다. 인공 강우 장치를 사용하여 실험동 내에 시간강우강도 150mm/hr까지 강우실험이 가능하며, 강우 시 토압문제의 해결에 이용하고 있다. 더욱이 연약지반 재현 토조는 연약지반 주택의 침하에 관한 실험이 가능하다.

그림 1.90 수평 2방향·연직방향 동시 가력 장치

그림 1.91 지반 진동실험장치(대형 전단토조)

(5) 풍동실험동

그림 1.92는 대형 풍동장치의 내부를 나타내고 있다. 건축물의 내풍성, 방수성 또는 빌딩풍 등에 의한 시가지의 풍환경 변화 등을 연구하기 위한 시설로서 대형 풍동, 소형 풍동, 강풍우 발생장치 등을 이용한 유기적인 실험을 행할 수 있다.

그림 1.92 풍동장치의 내부 전경

그림 1.93 벽용 가열로

(6) 방내화실험동

그림 1.93은 벽용 가열로를 나타내고 있다. 국내외의 설계기준 및 규격을 바탕으로 건축물의 내화구조, 준 내화구조, 방화구조 등의 시험을 위한 시설이다. 내화시험시설은 벽, 기둥, 보, 지붕, 방화문용 가열로 및 차연성능 시험장치가 있다. 방화재료시설에서는 ISO불연성 시험장치 등이 있으며, 또한 기초연구를 위한 발열성, 발연성, 발가스성 등의 측정이 가능한 시험장치들도 배치되어 있다.

(7) 건축환경실험동

그림 1.94은 환기시스템에 대한 성능실험실의 내부 일부를 나타내고 있다. 자원·에너지를 고려한 거주환경수준 개선을 도모하기 위하여 인간의 심리와 생리에 관한 측면, 설비의 물리적 측면을 병행하여 연구하기 위한 시설로서 복합환경 시뮬레이션, 환기시스템 성능실험실, 인체환경실험실, 시환경실험실, 열 및 습기실험실 등이 설치되어 있다. 또한 최근 관심이 높은 실내화학물질(sick house) 문제에 대응하기 위하여 분석기기를 갖춘 공기질실험실도 있다.

그림 1.94 환기시스템의 성능실험

2) Kajima기술연구소 종합실험동

(1) 개요

① 주요업무

기술연구소의 주요업무는 연구개발, 기술지원, 교육 및 성과의 보급 등으로 구분된다. 기술연구소 내부뿐만 아니라, 외부에도 문호를 개방하고 설립 당초의"건설을 위한 기술연구소"의 정신을 이어가는 것에 있다. 연구성과는 각종 프로젝트에 반영되어 기술의 Kajima를 지탱하는 근원이 되고 있으며, 기술개발 관련의 사내 타 부서와의 연계에도 중심적 역할을 하고 있다. 그 중에서 가장 큰 역할은 설계 및 시공하는 구조물이 의도대로 기능을 할 것인가? 등에 대한 확실성, 안전성, 쾌적성 등을 기술적으로 검증하는 것이다.

② 위치

카지마(Kajima) 기술연구소는 東京都調布市多摩川1-36-1番地에 위치하고 있으며, 연구소의 전경은 그림 1.95과 같다.

③ 활동사항

연구개발은 기술연구소의 연구개발, 회사 기술개발, 공동연구가 있으며, 기술연구소 연구개발은 회사의 연구개발 방침에 따라 기술연구소가 중심이 되어 자주적인 연구개발을 행하고 있다. 회사 기술개발은 회사의 프로젝트 팀에 의한 종합적 상품화 기술의 개발이고, 공동연구는 사외의 타 기관과 공동으로 실시하는 연구개발이다. 기술지원은 현업부분의 당면한 기술적 문제해결과 사외 기관으로부터의 청탁연구가 있다.

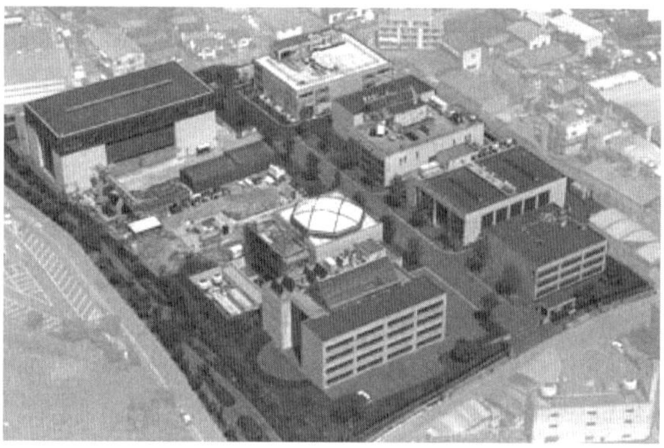

그림 1.95 연구소의 전경

(2) 구조실험동

① 실험동 개요

대형 구조실험동의 내부전경은 그림 1.96과 같으며, 실험동의 평면도는 그림 1.97과 같다. 다양한 토목 및 건축구조물의 강도와 변형능력 등의 내진성을 실험적으로 연구하고 파악하는 데에 이용된다. 반력벽, 반력바닥을 이용한 대형 가력실험이 가능하며, 대형 크레인 등 보조설비가 갖추어져 있으며, 원자력시설, 큰 교량, 해양구조물, 초고층빌딩 등의 토목건축구조물의 신뢰성이 높은 설계와 신기술의 개발에 공헌하고 있다.

② 주요 사양

실험동은 지하 1층, 지상 1층으로 되어 있으며, 반력벽은 높이 12m, 폭 16m, 두께 3m의 프리스트레스트 콘크리트구조로 되어 있다. 반력바닥은 두께 2.1m의 철근콘크리트구조로 되어 있으며, 반력벽, 반력바닥, 가력 프레임을 이용하여 그림 1.98의 콘크리트 평판실험,

그림 1.99의 RC 구조실험, 그림 1.100의 철근이음 구조실험 등에 유용하게 사용되고 있다.

그림 1.96 구조실험동의 내부

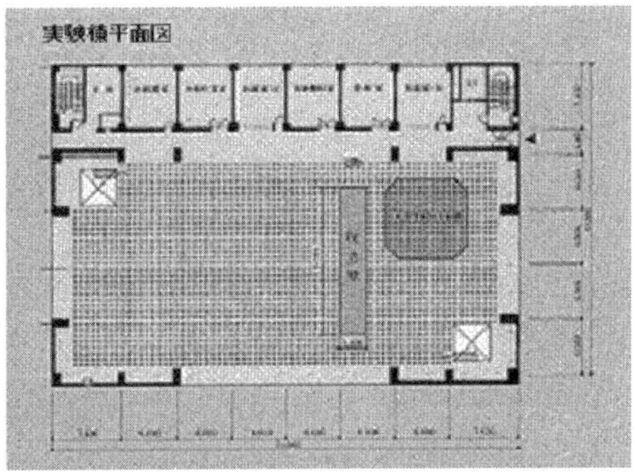

그림 1.97 실험동의 평면도

그림 1.98 콘크리트 평판실험

그림 1.99 RC 구조실험

그림 1.100 철근이음 구조실험

(3) 진동실험동

① 실험동 개요

일본은 항상 지진에 대한 공포를 느끼고 있기 때문에 각종의 구조물은 점점 지진대비에 대한 기능의 고도화를 추구하고 있다. 구조물의 내진 안전성을 확보를 위해 진동대실험은 빠질 수 없는 중요한 사항이 되어 있으며, 모든 진동을 충실히 재현하는 대형 진동대는 내진설계에 높은 신뢰성과 안전성을 제공하고 있다. 실험동의 전경은 그림 1.101과 같으며, 진동대의 배치도는 그림 1.102와 같다.

② 특징

실물에 가까운 대형 구조물의 모형실험이 가능하고 6자유도 동시 가진에 의한 진동의 재현도 가능하다. 또한, 광범위의 진동수로 가진하는 것이 가능하며, 고성능 데이디 처리시스템에 의한 고정밀도의 신속한 데이터해석도 이루어진다.

그림 1.101 진동실험동의 외부 전경

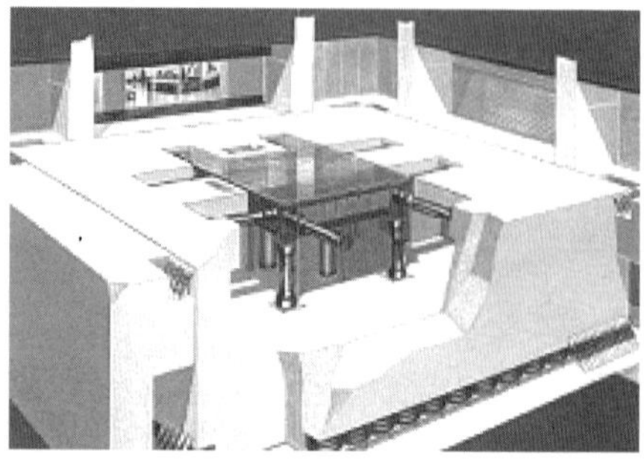

그림 1.102 진동대의 배치도

(4) 풍동실험동

본 기술연구소의 풍동실험동은 대형 풍동실험동과 범용 풍동실험동으로 나누어져 있다.

① 대형 풍동실험동

폭 4.5m, 높이 2.5m의 풍동장치 단면적은 대규모 지역개발의 풍동실험에 필요한 광범위의 모형에 충분히 대응 가능한 규모이며, 초고층건물, 장스팬구조물 등에 작용하는 바람으로 인한 영향파악 등에 이용된다. 건축물뿐만 아니라, 광범위한 지형의 변화에 의한 바람의 흐름 등에 관한 조사도 가능하다. 그림 1.103은 대형 풍동실험동의 전경이며, 그림 1.104는 대형 풍동실험동의 단면도이다.

② 범용 풍동실험동

범용 풍동은 측정부의 단면 2.5m, 높이 2.0m, 통상의 건물에 작용하는 바람에 대한 조사에 이용하며, 풍환경 조사, 외장재의 풍하중 측정, 초고층건물의 바람흐름 등 여러 가지 실험 및 조사가 가능하다. 그림 1.105는 범용 풍동실험동의 전경이며, 그림 1.106은 범용 풍동실험동의 단면도이다.

그림 1.103 대형 풍동실험동의 전경

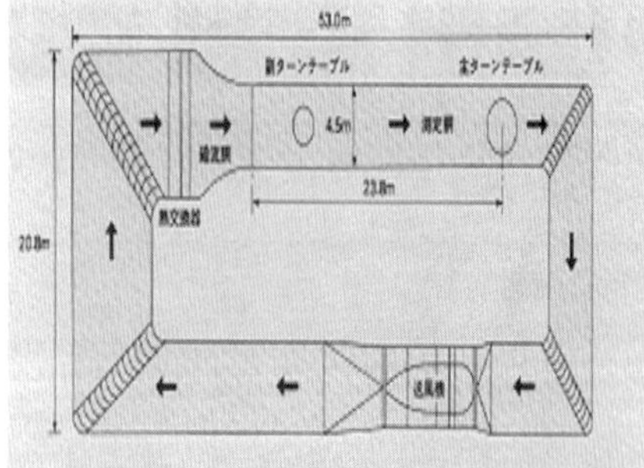

그림 1.104 대형 풍동실험동의 단면도

그림 1.105 범용 풍동실험동의 전경

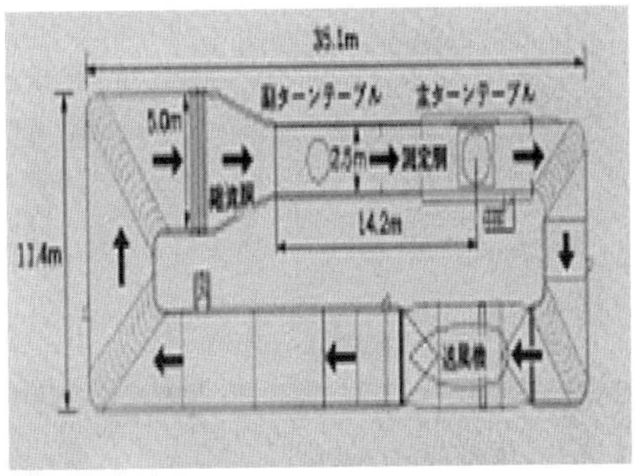

그림 1.106 범용 풍동실험동의 단면도

(5) 내화실험동

그림 1.107은 내화실험동 내의 가열로 외부 전경을 나타낸다. 기둥, 보, 벽, 바닥부재의 겸용에서 각종 부재의 내화성능을 모형이나 실제크기의 규모로 내화실험을 하는 것이 가능하다. 보유 가열로는 1,200℃까지 가열이 가능하며, 기둥·보 부재의 경우에는 부재에 힘을 재하하면서 가열이 가능하다.

그림 1.107 내화실험동의 전경

3) Shimizu기술연구소 종합실험동

(1) 개요

① 설립목적

안전하고 건강한 삶을 실현하기 위해 최첨단 기술개발을 통한 인간과 지구에 살기 좋은 미래환경을 제공하는 것을 목적으로 설립되었다.

② 위치

기술연구소는 東京都江東區越中島3-4-17番地에 위치하고 있으며, 연구소의 전경은 그림 1.108과 같다.

그림 1.108 연구소의 전경

(2) 대형실험동

그림 1.109는 본 기술연구소의 대형 실험동의 내부 전경을 나타내고 있다. 구조물 시험기, 반력벽, 반력바닥, 정적 온라인가력장치, 피로시험장치 등의 가력 및 가진시스템을 갖추고 있으며, 대형 구조물의 가력이나 구조물 요소부재의 가력실험이 가능하기 때문에 구조설계 및 확인작업 등에 유용하게 사용되고 있다.

그림 1.109 대형실험동의 전경

(3) 진동실험동

그림 1.110은 진동실험동의 내부전경을 나타내고 있으며, 일본 건설업계에서 최신 및 최대급의 3차원 진동대를 가지고 있다. 8대의 유압 가진기를 이용한 지진 시의 토목 및 건축구조물의 진동현상을 정확하게 재현하는 것이 가능하며, 이러한 구조물의 진동 특성을 측정하기 위하여 96개의 계측시스템을 가지고 있다.

(4) 풍동실험동

그림 1.111은 풍동실험동에 설치되어 있는 풍동장치의 내부전경을 나타내고 있으며, 이러한 풍동장치는 회류형의 내풍실험용 경계층 풍동을 재현할 수 있다. 총 512개의 압력 측정, 다점 풍속 및 풍향 측정, 수치시뮬레이션 등에 의한 기류에 관한 다양한 해석이 가능하며, 또한 적설 시의 적설상태가 재현 가능한 바람이나 적설을 시뮬레이션(simulation)할 수 있는 실험장치도 완비되어 있다.

(5) 내화실험동

벽로는 3m×3.5m과 바닥판, 보를 가력할 수 있는 2.5m×2.5m의 2개의 대형 가열로를 가지고 있으며, 실물크기의 가열실험과 가열 적재실험 등을 수행할 수 있다.

그림 1.110 진동실험동의 전경

그림 1.111 풍동장치의 내부 전경

그림 1.112 음향실험동의 내부 전경

(6) 음향실험동

그림 1.112는 음향실험동의 전경을 나타내고 있으며, 각종의 음향실험에 유동적으로 대응할 수 있는 시설을 갖추고 있다.

4) Taisei종합연구소 종합실험동

(1) 개요

① 설립목적

본 연구소의 종합실험동은 건축기술의 핵심이 되는 기초연구를 주체로 하여 기술센터가 스스로 주제를 설정하고, 그 성과는 사회 타 부분을 통하여 설계·시공에 응용기술로 활용하는 것과 또한 그 외 타 기관과의 공동연구도 실시하는 것을 설립목적으로 하고 있다.

② 위치

기술연구소는 横浜市戸塚区名瀬町344-1番地에 위치하고 있으며, 연구소의 전경은 그림 1.113과 같다.

그림 1.113 연구소 전경

(2) 건축재료실험동

그림 1.114는 건축재료실험동의 내부에 설치되어 있는 재료 및 구조물 가력용 시험기를 나타내고 있다. 이 가력기의 최대용량은 압축력은 10,000 kN, 인장력은 최대 5,000 kN

으로서 고강도콘크리트 혹은 강재의 재료시험이나 토목 및 건축구조물의 실제크기의 재하시험도 가능하다.

그림 1.114 10,000 kN 시험기

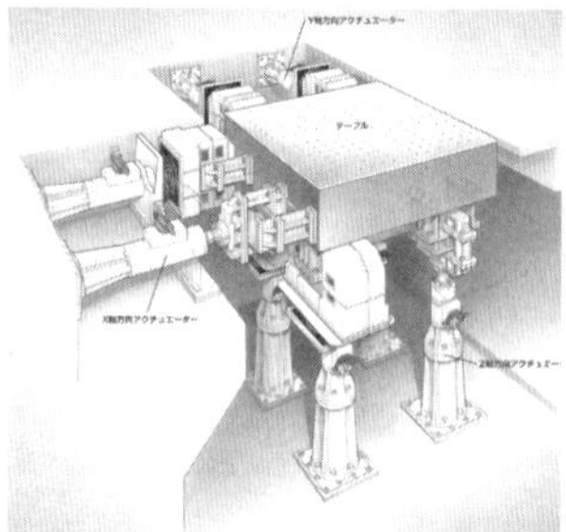

그림 1.115 3축 진동대의 모식도

그림 1.116 풍동실험장치

(3) 구조실험동

그림 1.115는 구조실험동 내부에 설치되어 있는 수평 2방향 및 연직방향이 동시에 가력이 가능한 3축 진동대의 모식도를 나타내고 있다. 대지진 시의 토목 및 건축구조물의 진동현상 및 진동 시의 거동 재현이 가능하며, 또한 구조물의 정밀한 내진실험에서도 본 진동대가 유효하게 사용되고 있다.

(4) 풍동실험동

그림 1.116은 풍동실험동 내부에 설치되어 있는 풍동유발 장치를 나타내고 있다. 상시의 바람뿐만 아니라, 큰 태풍 시에 발생하는 바람을 기계적으로 일으켜 토목 및 건축 구조물에 작용하는 풍력 및 바람을 받는 면의 풍압에 대한 평가나 구조물 주변의 바람의 흐름을 평가하며, 또한 본 장치를 이용하여 빌딩의 풍환경 실험을 수행하기도 한다.

(5) 내방화실험동

그림 1.117은 최대 20,000 kN까지 재하하면서 내방화실험이 가능한 가열로를 나타내고 있다. 세계 최고수준의 가열시험 장치이며, 초고강도콘크리트 기둥, 콘크리트 충전형 강관기둥 등의 기둥부재, 보, 합성슬래브 등의 휨부재에 대한 실물크기의 시험체에 대한 재하 시 가열실험이 가능하기 때문에 이 분야의 개발연구에 유용하게 사용되고 있다.

(6) 환경실험동

그림 1.118은 환경실험동 내부의 신품종 식물개발의 예를 나타내고 있다. 일본이나 세계 각지로부터 수집한 잡초를 이용하여 유전자변환, 유전자해석 등에 의한 일본의 기상환경에 적합한 연중 푸른 녹지환경이 가능한 신품종의 개발이나 지구환경에 적합한 품종 개발 등의 다양한 연구를 수행하고 있다.

그림 1.117 20,000 kN 재하 가열로

그림 1.118 신품종 식물개발 예

5) Takenaka기술연구소 종합실험동

(1) 개요

① 주요업무 및 규모

기업의 요청에 응할 수 있는 독자적인 신기술, 신공법 개발 등의 자주 개발연구가 있으며, 사내 각 부문으로부터 위탁연구, 실험, 컨설팅사업, 사외로부터 수탁시험 연구 업무 등이 있다. 또한 학회, 협회 등의 공공기관에 대한 기술협력과 사회에 대한 기술적 서비스 업무, 기술정보 조사, 서비스 업무 등이 주요업무이기도 하다. 본 연구소는 1993년 신설되었으며, 연구소의 규모는 총면적 65,000㎡, 건축면적 18,168㎡, 연면적 37,715㎡ 이다.

② 위치

Takenaka 기술연구소는 일본 千葉縣印西市大塚1丁目5-1番地에 위치하고 있으며, 연구소 배치는 그림 1.119와 같다.

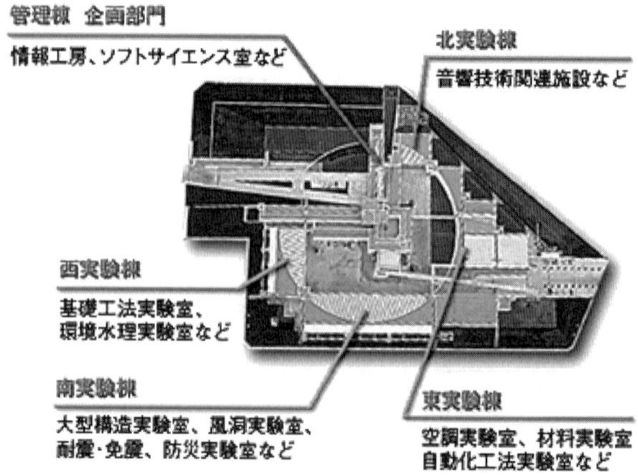

그림 1.119 연구소의 배치도

(2) 재료실험실

① 개요

재료실험실은 강재, 알루미늄, 비금속 등의 소재실험 및 분석을 수행하고 있다. 인장 및 압축실험, 피로실험, 휨실험 등을 행하고 있으며 기초적으로 재료의 기본성질을 평가한다. SEM(주사형 전자현미경)을 사용한 재료의 조직관찰 등을 행하고 있으며 부식상태 등을 평가하며, 또한 강재 및 비철금속재료의 용접접합부의 피로특성 조사, 지중매설 강관의 부식상태 조사, 건전성 평가, 스테인리스 강재의 적절한 사용방법에 관한 기술컨설팅 등을 수행하고 있다.

② 보유기기

재료실험실의 보유기기로는 그림 1.120의 1,000 kN 만능압축 및 인장시험기, 그림 1.121의 200 kN 패널의 피로시험기, 그림 1.122의 전자현미경용 시료기, 그림 1.123의 SEM 등을 보유하고 있다.

그림 1.120 1,000 kN 만능압축 및 인장시험기

그림 1.121 200 kN 패널의 피로시험기

그림 1.122 전자현미경용 시료기

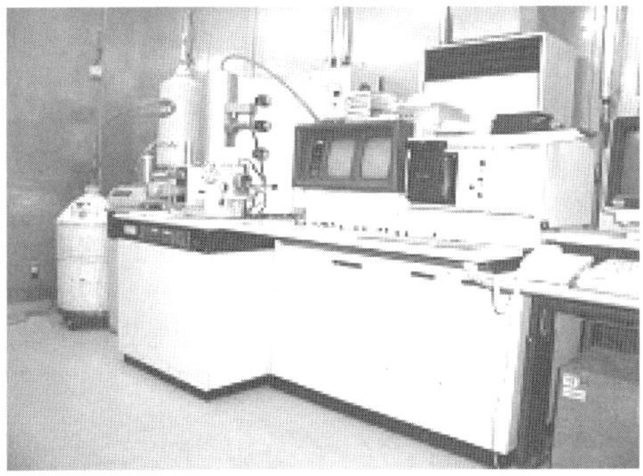
그림 1.123 SEM (주사형 전자현미경)

(3) 진동실험실

① 개요

면진 및 제진기술 등 새로운 내진기술의 개발은 실험적 검토가 필요하며, 대형 진동대에 의한 진동실험은 지진 시 일어나는 거동(변위, 속도, 가속도 등)을 건물의 구조시스템과 구조부재에 부여하여 성능검증을 수행하고 있다. 유압원장치, 동적가력기 2대, 진동테이블, 제어장치 등이 구성되어 있다. 수평 2방향의 가진이 가능하며, 고베(Kobe) 지진 정도의 지진을 재현할 수도 있으며, 진동대 실험 외에 반력벽을 이용한 정적 및 동적 가력실험도 가능하다. 또한 각종 면진시스템에 대한 진동실험, 실제크기의 면진장치에 대한 진동실험, 면진에 대응하는 엘리베이터의 성능 확인실험 등을 수행할 수 있다.

② 보유기기

실험실의 보유기기로는 그림 1.124와 같은 진동대테이블 및 그림 1.125와 같이 각종 동적실험이 가능한 반력벽 등을 보유하고 있다.

그림 1.124 진동대 테이블

그림 1.125 반력벽

(4) 풍동실험실

그림 1.126은 풍동장치의 내부전경을 나타낸다. 본 실험실을 이용한 풍동실험은 계획되어진 토목 및 건축구조물의 모형에 자연바람과 같은 풍동기류를 부여하여 구조물 내외의 기류상태와 구조물에 작용하는 풍력을 측정, 기본설계의 조정과 설계데이터를 얻을 수 있는 유효한 방법으로서, 최대풍속 40m/s와 20m/sec의 대형 풍동장치 2기, 풍동실험, 풍압실험, 공력진동실험, 풍환경실험 등을 실시하여 건축구조물의 합리적 설계를 수행할 수 있다.

그림 1.126 풍동실험장치의 내부 전경

(5) 내화실험실

① 개요

본 실험실의 내화시험장치는 재하가열시험장치와 벽용가열시험장치가 있다. 재하가열시험장치의 특징으로는 건물의 구조부재(기둥, 보)에 힘을 가하여 가열하는 것이 가능하며, 벽용가열시험장치는 구획부재(외벽, 사이벽, 방화설비)의 한 부분으로부터 ISO834의 표준가열곡선으로 가열하는 것이 가능하다.

② 보유기기

보유기기로는 그림 1.127의 적하가열시험장치와 그림 1.128의 벽용가열시험장치 등이 있으며, 표 1.35는 적하가열시험장치, 표 1.36은 벽용가열시험장치의 사양을 나타낸다.

그림 1.127 적하가열시험장치

그림 1.128 벽용가열시험장치

표 1.35 적하가열시험장치의 사양

항 목	내 용
크 기	폭 2.5m×길이 5.0m×높이 3.5m
실험대의 최대치수	기둥 3.5m, 보 5.0m
가 력 방 향	연직방향, 수평방향, 동시 가력가능
재 하 하 중	최대 10MN(연직방향), 1MN(수평방향)
최대가열시간	4시간
주 요 실 적	ＣＦＴ기둥과 고강도ＲＣ기둥의 재하가열시험 합성보와 ＮＳＣ보의 굽힘 가력가열시험

표 1.36 벽용가열시험장치의 사양

항 목	내 용
크 기	폭 3.5m×높이 3.5m
실험대의 최대치수	3m×3m
최대가열시간	4시간
주 요 실 적	외벽의 내화시험, 사이벽의 내화시험, 방화설비의 내화시험

6) 방재과학기술연구소 진동실험동

(1) 개요

① 설립목적

독립행정법인 방재과학기술연구소(E-defence)는 방재과학기술에 관한 기초연구 및 기반 연구개발 등에 관련된 성과의 보급 및 활용 촉진 등의 사업을 종합적으로 수행하고 방재과학기술의 수준 향상과 방재대책을 도모하여 재해로부터 인명을 지키며 재해의 교훈을 되새겨 재해로부터 강한 사회를 실현하는 것을 주된 목표로 하고 있다. 본 실험시설의 특징으로는 중량 12,000 kN의 실험체를 적재하여 고베(Kobe) 지진 이상의 강도로 가진할 수 있는 세계 최대급의 가진력을 가지고 있으며, 실제의 지진과 같이 전후, 좌우, 상하의 3차원의 구조물 거동을 정확하게 재현이 가능하다.

② 위치

방재과학기술연구소는 일본 兵庫縣三木市志染町三津田電屋1501-21番地에 위치하고 있으며, 연구소 배치는 그림 1.129와 같다.

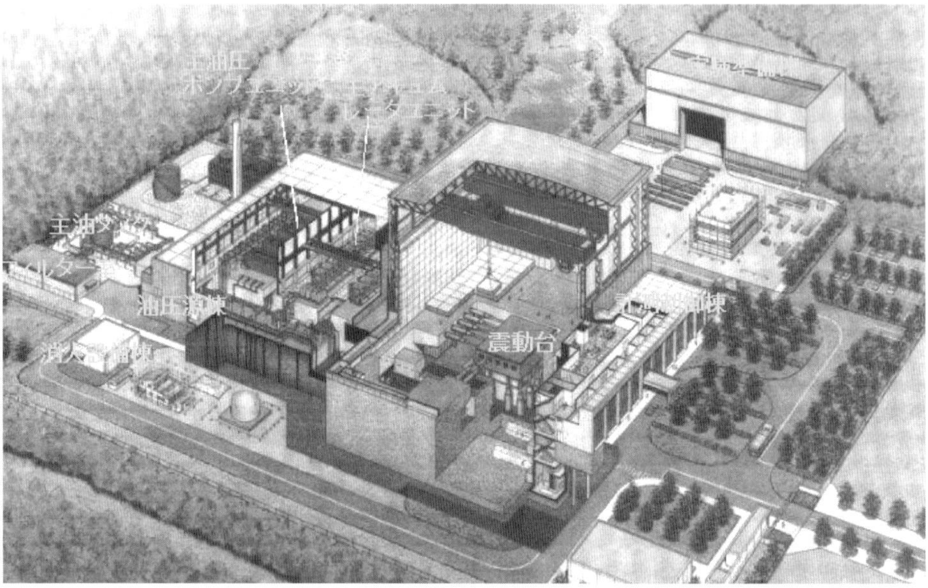

그림 1.129 진동실험동의 배치도

그림 1.130 실험동의 내부 전경

그림 1.131 제어계측실의 내부 전경

(2) 진동실험동

그림 1.130은 진동실험동(건축면적 : 약 5,200 m^2, 높이 : 약 43m) 내부의 전경을 나타낸다. 진동대(15m×20m) 상부에 시험체를 설치하여 3차원 진동파괴를 수행하는 실험시설의 주요부분으로서 실제크기의 실험체 등을 조립하고 해체하기 위한 4,000 kN 용량의 크레인 2대가 설치되어 있다.

(3) 제어계측실

그림 1.131은 진동실험동 2층에 위치하고 있는 제어계측실의 내부 전경을 나타내고

있다. 제어계측실은 실험 계측장치와 2대의 조작운전이 가능한 3차원 진동대의 제어 시스템장치가 설치되어 있어서, 진동대실험을 실시간으로 정밀하게 제어할 수 있으며, 대규모의 진동실험 시 계측실의 사용성 및 안전성을 확보하기 위하여 계측실 바닥에 면진장치가 설치되어 있다.

(4) 유압원동

그림 1.132는 유압원동(건축면적 : 약 4,700 m², 높이 : 약 21m)의 내부 전경을 나타내고 있다. 유압원동은 본 실험동 3차원 진동대의 동력이 되는 유압펌프(oil pump), 오일 비축기(oil accumulator)와 진동을 일으키는 가스 엔진(gas engine)이 설치되어 있으며, 특히 가스 엔진은 대환경성과 경제성을 고려하고 있다.

그림 1.132 유압원동의 내부 전경

(5) 실험준비동

그림 1.133은 실험준비동(건축면적 : 약 2,200m², 높이 : 약 29m)의 외부 전경을 나타내고 있다. 실험준비동은 본 진동대실험을 수행하기 위한 실험체를 제작하는 시설로서, 건물 내부 상부에는 실험체의 조립 및 이동에 필요한 1,500kN 용량의 크레인이 설치되어 있다. 또한 실험준비동과 진동실험동 사이에는 야외에서도 실험체의 조립 및 제작이 가능한 옥외 준비공간이 별도로 계획되어 있으며, 이렇게 제작된 실험체를 실험동에 운반이 가능한 특별한 운반장치도 구비되어 있다.

그림 1.133 실험 준비동의 외부 전경

(6) 3차원 진동대의 특징 및 기본사양

3차원 진동대의 특징은 대형 구조물의 내진실험이 가능한 탑재능력, 파괴적 대지진의 변위, 속도, 가속도를 실현 가능한 진동능력, 파괴실험을 효과적으로 실시 가능한 가진제어, 대형 구조물의 동적 거동을 계측·해석하는 능력 등을 가지고 있다. 그림

1.134는 본 실험동 내부에 설치되어 있는 3차원 진동대의 전경을 나타내며, 그림 7은 진동대 하부 및 좌우에 배치되어 있는 가력기(actuator)의 배치도를 나타내고 있다. 또한 본 진동대의 기본사양은 표 1.37과 같다.

그림 1.134 3차원 진동대의 전경

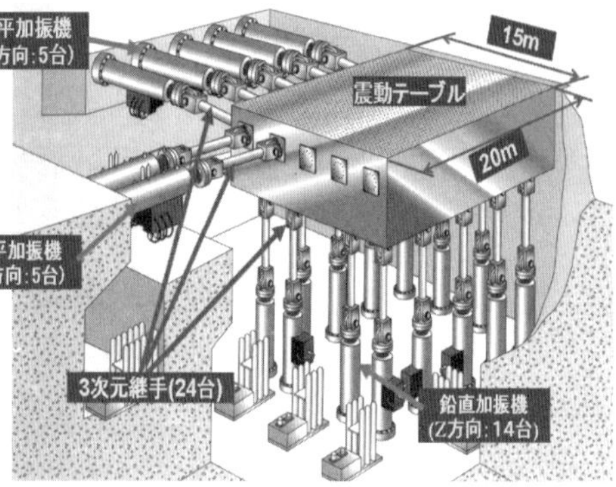

그림 1.135 진동대 가력기의 배치도

표 1.37 진동대의 기본사양

<table>
<tr><th>항 목</th><th colspan="2">사 양</th></tr>
<tr><td>최대 탑재 질량</td><td colspan="2">12,000 kN</td></tr>
<tr><td>탑 재 면 적</td><td colspan="2">20m×15m</td></tr>
<tr><td>구 동 방 식</td><td colspan="2">오일 비축기 축압 / 전기유압 제어</td></tr>
<tr><td>진 동 방 향</td><td>수 평</td><td>연 직</td></tr>
<tr><td>최대 가속도
(최대 질량 탑재시)</td><td>9,000mm/sec^2</td><td>15,000mm/sec^2</td></tr>
<tr><td>최 대 속 도</td><td>2,000mm/sec</td><td>700mm/sec</td></tr>
<tr><td>최 대 변 위</td><td>±1,000mm</td><td>±500mm</td></tr>
<tr><td rowspan="2">허용 모멘트</td><td>수평축 방향</td><td>축 방향</td></tr>
<tr><td>150MN · m 이상
(연직축 9,800mm/sec^2 가진시)</td><td>40MN · m 이상
(수평 1축 최대가속도시)</td></tr>
</table>

1.3.4 미 국

1) 버펄로대학 구조실험실(The University at Buffalo)

(1) 개요 및 역사

미국 뉴욕 주 버펄로 시에 위치하고 있는 버펄로대학은 1846년에 사립 의과대학으로 설립되어 1962년에 뉴욕 주립대학 체제와 병합되었다. 18,000여 명의 학부생과 9,000명의 대학원생이 재학중이다. North Campus는 Amherst 교외지역에 위치하고 있으며 1,192

에이커로 총 141개의 건물이 있다. South Campus는 North Campus에서 3마일 떨어진 곳에 위치하고 있으며 154에이커로 52개의 건물이 있다. 현재 석사와 박사과정을 위한 뉴욕 주 최고 공립센터이며, 뉴욕 주에서 가장 크며 종합적인 공립 대학교이다. 특히 의학, 공학, 컴퓨터 과학 분야에 있어서는 세계적인 연구능력을 보유하고 있는 것으로 평가된다.

그림 1.136 뉴욕의 버펄로대학의 전경

그림 1.137 구조 및 지진공학실험실(SEENL)

(2) 구조실험실

버펄로대학교의 구조 및 지진공학실험실(SEESL: Structural Engineering and Earthquake Simulation Laboratory)은 구조공학실험실(SEL: Structural Engineering Laboratory)을 1983년에 확대하여 설립한 것이다. 이 실험실은 통상적인 구조실험 공간뿐만 아니라 NEES의 지원 하에 2대의 6자유도 50톤 진동대를 갖추고 있으면 진동대 부근에 건설된 반력벽을 활용하여 실시간 동적 하이브리드 실험을 수행할 수 있다. 1986년부터 현재까지 지진공학 연구를 위한 국가연구소(NCEER: National Center for Earthquake Engineering Research, 현재MCEER로 개정)를 유치하여 실험실과 장비에 대한 지속적인 관리로 운영이 이루어지고 있다.

(3) 보유장비 현황

진동대 실험은 큰 스케일의 고성능 실험설비로 실시간 하이브리드 내진 실험을 수행할 수가 있다.

① 진동대

- 6자유도 대형 진동대 2set 설치
- 약 30m의 경간길이, 중량 100tonf의 대형 구조물 진동대실험
- 실시간 동적 하이브리드시험(RTDHT : Rael-Time Dynamic Hybrid Testing)
- 이동 가능한 진동대

진동대 크기	3.6m×3.6m
최대 시험체 중량	최대 50톤/ 최저 20톤
최대진동 모멘트	46톤m
최대편심 모멘트	15톤m
작동 주파수	1~50HZ/최대 100HZ
자유도	X, Y, Z축
최대변위	±.150m ±150m ±0.15m
속도	1,250mm/sec 1,250mm/sec 500mm/sec
가속도	±1.15g ±1.15g ±1.15g

② 반력시스템

- 반력상
  - 크기 : 18.3m×12.2m×2.5m (폭×길이×높이)
  - 슬래브 두께 : 46cm
  - 허용 축하중 : 1112 kN
- Test Frame
  - 허용 측면하중 : 기준선(2.4m)의 하부 - 1112 kN, 기준선(2.4m)의 상부 - 534 kN
- 반력벽
  - 최대 높이 : 3m,
  - 고정용 구멍간격 거리 : 30cm
  - 최대하중 : 89 kN

(4) 보유장비

① NCS(Nonstructural Components Simulator)

NCS는 지진이 오는 동안 다층의 건물에서는 위쪽으로 갈수록 많이 흔들리기 때문에 이러한 현상들을 완화시키는 시스템을 개발하고 연구하는 장비이다.

플랫폼 크기	3.8×3.8m
개구부	1.07×1.07m
층높이	4.25m
최대시험체 중량	(3.1tons)
자유도	2 horiz. (per floor) + vert.
작동 주파수	0.2-10Hz
최대변위	1.0m

② 토질실험 박스

모듈	A1	A2	B1 and B2
박스내 밑면 크기	2.75×5	2.75×5	2.75×2.5
박스높이	6.2	3.1	6.2 or 3.1
재하능력	0.3g max	40g-ton	40g-ton(6.2m) or 20g -ton (3.1m)
최대중량(박스와 흙 중량 포함)	185 tons	100 tons	100tons(6.2m) or 50tons(3.1m)

③ MTS 810 유압 만능시험기

축하중 : 55kips의 힘을 가할 수 있는 압축실험기이다.

2) UC 버클리 구조실험동

(1) 개요 및 역사

UC 버클리는 샌프란시스코만의 동쪽에 위치하여 서쪽으로 금문교, 그리고 그 뒤로 태평양이 보이는 도시, 버클리에 있는 미국 캘리포니아 주의 주립대학이다. 캘리포니아 대학교(University of California)의 본교로, 현재 존재하는 9개의 캠퍼스 중 가장 처음 생긴 캠퍼스이기 때문에 간단히 캘리포니아(California), 또는 칼(Cal)이라는 명칭으로 불리기도 한다.

1868년에 창립된 버클리는 샌프란시스코와 함께 미국 전체에서 가장 진보적인 정치적·문화적 성향을 띠고 있는 곳으로 알려져 있다. 또한 현대 테크놀로지를 대표하는 인터넷, BSD 유닉스, 그리고 오픈 소스 등의 발전에 크게 기여한 곳이다.

그림 1.138 UC 버클리대학 전경

그림 1.139 UC 버클리대학의 토목환경공학과 전경

(2) 구조실험실

UC 버클리캠퍼스 내의 토목환경공학과 건물 지하에 있는 실험실과 별도로 캠퍼스로부터 떨어진 위치(RFS, Richmond Field Station)에 있으며 진동대실험동과 구조실험동으로 구성되어 있다. 최근 NEES 프로젝트를 수행하기 위하여 하이브리드 내진실험을 위한 고성능 네트워크와 최신 실험장비가 설치되면서, 지역분산형 실시간 하이브리드 실험기법을 미국 여러 대학들과 공동연구를 수행하고 있다.

그림 1.140 RFS의 구조실험동

(3) 시설현황

① 반력벽

24개의 3050mm×2740mm×760mm 이동형 블록으로 이루어져 있으며 최대높이는 13m 두께는 3m이다. 최대전단력은 1780 kN, 최대모멘트는 5420m-kN이다.

② 반력상

크기는 20×60 ft이며 100,000 lbs의 하중을 지지할 수 있다.

③ 진동대

20×20 ft이며 3방향의 횡 방향 변위를 생성할 수 있다. 1.5 G 가속도에서 100,000 lbs까지 지지할 수 있다.

반력벽

반력상

진동대

(4) 보유장비 현황

① 유압 가력기

(a) 정적 유압 가력기

제조사	모델	재하능력 kN(kip)	최대변위 mm(in)	양
Sheffer	20HHC12	4,180/3,110(940/700)	300(12)	2
Sheffer	14HHC20	2,000/1,500(460/340)	500(20)	2
Sheffer	14HHC10	2,000/1,500(460/340)	250(10)	2
Parker	CBB 2HL 40C	1,070(240)	600(24)	1
Parker	CD 2H 14C	530(120)	900(36)	2
Parker	BB 2H LT18A	270(60)	900(36)	1

(b) 동적 유압 가력기

제조사	모델명	재하능력 kN(kip)	스트로크 mm (in)	양	속도 mm/sec(in/sec)
Parker	14.0.TM3SH 24.000	1,560/1,560 (350/350)	600(24)	1	375(15)
Parker	CD 2H 14C	530(120)	900(36)	2	175(7)
Sheffer	N/A	530(120)	500(20)	1	500(20)
Sheffer	6HHTF/RHF20	380/270 (85/60)	500(20)	2	500(20)
MOOG	85 446	330(75)	300(12)	1	750(30)
MTS	N/A	310(70)	300(12)	1	750(30)
RexRoth	MT4-HH	170(38)	2,500(100)	2	1,125(45)
Cunningham	Nitrogen jack, AP	90/60(20/13)	250(10)	2	>1,250(50)
Sheffer	2.5HHTF15	50/50(12/12)	375(15)	2	625(25)

② 유압탱크

질소 2,00psi로 충전된 전형적인 50갤런 피스톤 타입의 유압탱크이다. 갑작스런 기름의 방출되는 동안에 두 개의 50갤런 유압탱크가 배압을 감소시킨다.

③ 만능시험기

인장, 압축, 그리고 휨과 구부러질 수 있도록 설계되었다. 하중은 변하기 쉬운 축 피스톤 펌프장치에 의해 적용된다.

④ 댐퍼시험 기계

두 개의 크고 작은 댐퍼시험 기계가 있다. 큰 댐퍼시험 기계는 동적 실험에서 0.38 m/sec (15 in/sec) 동안에 900 kN을 전달한다.

⑤ 일리노이 주립대학교(University of Illinois-Urbana-Champaign)

(a) 개요 및 역사

시카고에서 남쪽으로 130마일 떨어진 소도시인 어바나와 샴페인 사이에 위치한 일리노이 주립대학교는 약 5,949㎢의 캠퍼스에 기숙사를 포함한 200개 동의 건물이 있다. 1867년 일리노이 주의 랜드 그랜트 컬리지로 인가를 받아 1868년 일리노이산업대학으로 개교하였고, 1970년 이후 남녀공학을 실시하고 있으며, 1985년 현재의 이름으로 변경하고, 1996년 시카고 전문대학을 합병하여 종합대학교로 승격하였다. 시청각교육시설을 완비하여 교육공학적 방법에 의한 수업을 실시하는 것으로 유명하다. 교육수준도 높으며, 특히 경영학 · 상학 · 우주공학 · 전기공학 · 컴퓨터공학 등은 미국 전체대학 중에서 상위 10위 안에 든다.

(b) 구조실험실

일리노이 주립대학교의 구조실험실인 NSEL(Newmark Structural Engineering Laboratory)은 세계 최초로 진동대(Shaking Table)를 보유한 실험실로서 오랜 역사와 전통을 자랑하고 있다. 현재는 6방향으로 하중, 변위, 회전을 줄 수 있는 MUST-SIM(Multi-Axial-scale sub-Structured Testing & Simulation)과 여러 가지 실험장비를 보유함으로써 다양한 연구실험을 할 수 있다.

그림 1.141 일리노이 주립대학교 전경

그림 1.142 NSEL 실험실

(3) 시설현황

① 반력벽

L자 형태의 반력벽은 15.2m×9.1m×8.5m×1.5m(길이×폭×높이×두께)의 크기로, 실제 규모의 부분구조물 시험이 가능하다.

② 반력상

NSEL의 반력바닥은 15m×40m의 크기로, 반력바닥의 하부는 5m의 슬래브와 지하부분은 콘크리트 박스형 보로 디자인되어 있다. 반력바닥의 구멍은 지름이 75mm이고 구멍 간격은 0.914m로 배치되어 있다. 지하부의 천장에는 가력기에 필요한 유압 파이프가 설치되어 있다.

③ 원격 참여시스템

최첨단 원거리 영상 회의실로, 데스크 탑과 연결된 커다란 두 개의 스크린을 이용하여 실험실의 상황을 제어할 수 있다. 또한 모든 NEES 그리드 맵 상에서 MUST-SIM시설 사이 또는 다른 시설을 포함한 다른 하이브리드 실험실에서의 상황을 지켜볼 수가 있다.

반력벽

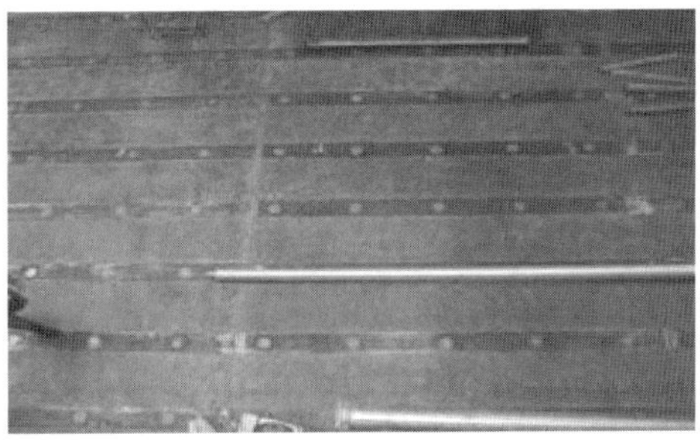
반력상

그림 1.143 원격 참여 시스템

(4) 장비현황

NSEL의 대표적인 장비는 LBCB로서, 6개의 가력기를 이용하여 시험체를 여러 방향으로 다양하게 힘을 가할 수 있는 장치이다. 그리고 장비 표면에 실드가 되어 있어 실험실의 내부와 외부, 또는 어떠한 상황에서도 사용할 수가 있다.

① Loading and Boundary Condition Boxes(LBCBs)

	재하량(인장/압축)	최대변위
LBCB(X축)	1,921/2,918 kN	+/−250mm
LBCB(Y축)	960/1,459 kN	+/−125mm
LBCB(Z축)	2,882/4,377 kN	+/−125mm
	모멘트량	회전반경
LBCB Roll(X축)	862 kNm	+/−16도
LBCB Roll(Y축)	1,152 kNm	+/−11.8도
LBCB Roll(Z축)	862 kNm	+/−16도

② UTM

모델명	가력기	정적 하중량	동적 하중량	피스톤 변위
2.7MN MTS	205series	+/−2.7MN	+/−1.6MN	+/−127mm
445kN MTS	204series	+/−445 kN	+/−267 kN	+/−76.2mm
222kN MTS	204series	+/−222 kN	+/−133 kN	+/−76.2mm
50kN MTS	205series	+/−50 kN	+/−53 kN	+/−76.2mm
89kN MTS	205series	+/−89 kN	+/−53 kN	+/−76.2mm

③ 그 외의 장비들

실험하기 위한 기타 장비들에는 Strain indicators, Power supplies, Signal conditioners, Function generators, Oscillators, AC voltmeters, Stroboscopes 등이 있다.

Full-scale LBCB　　*1/5th-scale LBCB*

Loading and Boundary Condition Boxes

UTM

1.3.5 유 럽

1) 임페리얼대학 구조실험실

(1) 개요 및 역사

임페리얼대학의 완전한 영문명은 Imperial College of Science, Technology and Medicine으로써 런던대학의 하나의 독립적인 기관이다. 임페리얼대학은 영국 런던의 과학과 문화의 중심지인 South Kensington 지역에 Royal College of Science, the City and Guilds College 그리고 the Royal School of Mines를 통합하여 1907년에 설립되어 오늘에 이르기까지 14명의 노벨상 수상자를 배출하였고, 2006년 the Times Higher Education 선정 세계우수대학 순위에서 9위를 차지하였다.

임페리얼대학 토목환경공학과의 경우, 1884년에 the City and Guilds College의 토목 및 기계공학과로 시작하여 1913년에 임페리얼대학의 토목공학과 체제를 갖춘 후, 1998년에 토목환경공학과로 개명하여 오늘에 이르기까지 세계적인 수준의 공학교육 및 연구를 구현하고 있고 토목공학과 순위에서는 영국 내 부동의 1위를 고수하고 있다. 그림 1.145는 런던의 중심부에 있는 임페리얼대학의 전경을, 그림 1.146은 토목환경공학과의 Skempton Building을 보여주고 있다.

그림 1.145 런던의 임페리얼대학 전경

그림 1.146 임페리얼 대학의 토목환경공학과 전경

(2) 구조실험실

임페리얼대학의 토목환경공학과에는 강구조와 콘크리트 부재 및 구조물의 대규모 하중 재하실험을 수행할 수 있는 두 개의 구조실험실로 나누어져 있다. 545m2 규모의 구조실험실은 구조부재 및 뼈대구조물들의 정적 및 동적하중 재하실험을 수행할 수 있는 규모별 3개의 프레임 및 이축 내력프레임을 보유하고 있고, 또한 500톤 용량의 Servo-controlled 및 Non-servo controlled 잭을 보유하고 있을 뿐만 아니라, Single acting actuators와 진동대(Vibration exciter)도 보유하고 있다. 그림 1.147과 1.148은 각각 구조실험실의 일부와 실 규모 Space frame의 실험광경이다.

그림 1.147 실험실 전경

그림 1.148 Space frame 실험 전경

(3) 보유장비 현황

임페리얼대학 토목환경공학과의 구조실험실내 중요 보유장비 현황을 선택적으로 정리하면 표 1.38과 같다.

표 1.38 보유장비 현황

Equipment	Features	Photo
Impact rig	Height 6m 10m/s by gravity, up to 40m/s catapult assisted Various digital recorder including HP 54603B Oscilloscope(20MSa/s) Drop weight up to 30kg(gravity only) typically 1kg with catapult	

Equipment	Features	Photo
Compression rig+ Angle-type triaxial cell	5 kN frame 1MN jack Cell pressure up to 70MPa Axial and radial stresses and strains all measured	
High-stress triaxial apparatus	700MPa confining stress(cell pressure) 1GPa axial stress Specimens 30mm diameter x 60mm long Concrete, cement, grout, mortar, rock, soil Axial and radial specimen stresses and strain measured and recorded Independent control of axial and lateral conditions(compressive)	
MAYES tension/ compression machine	Maximum 750 kN Digital controller for both stress and displacement control tests Load and deformation controlled cycle/fatigue tests	
Creep rigs	Maximum 120 kN 15MPa for 100 DIA concrete cylinder	
Fixing rig	Load capacity : 250 kN tension and 300 kN shear Displacement/load control in cracked and non-cracked concrete Fatigue/cyclic loading Tests temperature range +180℃/-50℃	

Equipment	Features	Photo
Oblique fixing rig	Load capacity: 300 kN in oblique angle Displacement/load control in cracked and non-cracked concrete Fatigue/cyclic loading Tests temperature range +180℃/-50℃	
Tension/ compression rig	100mm/sec displacement rate Maximum 250kN	
Biaxial internal reaction frame	4MN in both directions Clear span 2.65m	
Compression testing rig	Optimized for cube crushing Digital controller Maximum 2MN	
High temperature strength testing rig	Maximum 700℃ Maximum 1MN	

2) 루르-보쿰대학 구조 실험동

(1) 개요

① 설립목적

루르 - 보쿰대학(Ruhr - University Bochum)의 구조실험동은 건설공학부 구조공학분야의 모든 연구실들의 공동시설로, 구조공학분야의 구조물 및 구조부재의 실험적 연구활동과 이 분야의 실험관련 교육이 수행되고 있다.

건설공학과 기계공학분야의 현실에 근접하는 정적·동적 하중상태에서의 구조물 및 구조부재의 신뢰성과 안전에 대한 실험적 검사에 있어 큰 하중을 받는 대형 실험체에 대한 실험을 수행할 수 있는 실험장비들이 요구된다. 이 경우 일반적으로 소성변형 범위에서 나타나는 큰 변위가 나타날 수 있다. 이러한 실험에 요구되는 제하능력을 갖추고 수시로 교체되는 실험과제들에 대한 적응 유연성을 보장하고자 하는 목표 달성을 위해 본 실험동이 계획되었고, 실험동 설계 및 실험장비 구입에 있어 일관성 있게 추진되었다. 또한 본 실험동은 표준·비표준화된 실험방법에 따른 재료실험도 가능케 하고 있다.

실험동 부설 연구소에서는 산업체 및 공공기관으로부터의 구조부재 및 재료실험을 광범위하게 수행하고 있어 연구과제의 수행, 품질관리, 허가 및 인증업무를 담당하고 있다. 본 실험동은 1980년부터 1982에 시공되었으며 1983년에 실험장비를 갖추어 1984년부터 가동되고 있다.

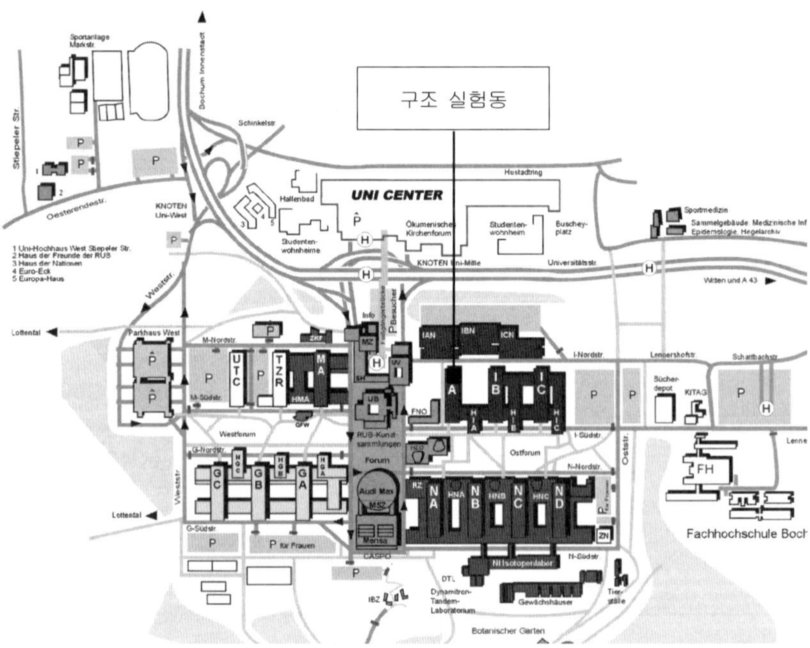

그림 1.149 루르-보쿰대학 구조실험동 배치도

② 위치

본 구조실험동이 위치한 루르-보쿰대학은 독일 중서부의 루르공업 지방 중심부 보쿰시에 소재하고 있다. 독일의 대학들이 오랜 역사를 갖는 반면 루르-보쿰대학은 2차대전 이후 세워진 첫 번째 신 대학으로, 탄광과 철강산업의 중심이었던 루르지방의 구조변경을 강행하는 계획의 일환으로 1965년에 설립되었다. 따라서 본 구조실험동 또한 루르 지방의 구조 및 재료실험 관련 연구 및 교육분야에 중추적인 역할로 기여하는 바가 크다 할 수 있다.

③ 규모 및 시설 개요

루르-보쿰대학 실험동은 약 2,500㎡의 면적에 1,030㎡의 Strong floor, 여러 종류의 Reaction frame, 각종 오퍼레이팅 모드와 크기 및 제하능력을 갖는 Actuator, 지진 및 진동 시뮬레이션을 위한 1.6×1.6m의 Shaking table과 중앙 유압시스템을 갖추고 있다. 대부분의 실험장치는 유압에 의해 자동 조절된다.

압축, 인장 및 휨하중 상태에서의 재료상수시험 장비들이 갖추어져 있으며 구조체 및 구조부재실험은 Strong floor 위에 설치된 Actuator 또는 다른 실험기계를 사용함으로써 1축, 2축 및 다축 정하중과 동하중 가력실험이 가능하다. 실험 동안에 입수되는 데이터는 유사-정적 다수경로 측정(Quasi-static multi-channel measuring)이나 높은 주파수의 동적 시그널의 처리를 위한 여러 종류의 컴퓨터 제어시스템에 의해 기록된다. 용접, 금속공작 기계, 목재 및 플라스틱 재료의 가공을 위한 별도의 작업실을 갖추고 있다.

그림 1.150 실험동 전경

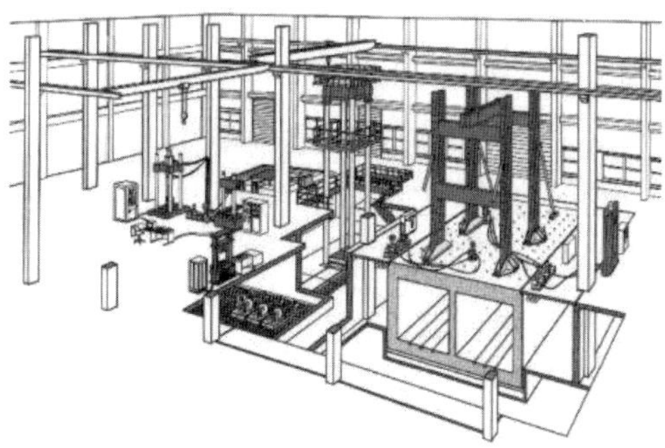

그림 1.151 실험동 시설

(2) 보유장비 현황

① 20,000 kN UTM

높이 10m의 대형 스케일의 구조물 또는 구조부재들의 실험을 수행할 수 있는 20,000

kN급의 자동 유압제어 UTM 실험장치는 20,000 kN의 압축하중과 10,000 kN의 인장 제하실험을 가능케 한다. 그림 1.150은 I형강 복합기둥의 극한압축강도 실험 광경을 보여주고 있다. 컴퓨터제어 전자장치에 의해 서로 다른 하중함수 및 주파수와 최대 500mm의 변위를 통한 모든 종류의 정적·동적 제하실험이 수행된다. 가력판은 최대기울기 ±10°로 볼 지지되어 있다.

그림 1.152 20,000 kN UTM를 이용한 실험광경

표 1.39 20,000 kN UTM의 제원

Maximal force	Compression	20MN
	Tension	10MN
Distance between the compression platens	Maximum	10,000mm
	Minimum	500mm
Size of compression platens		2,5002,500mm^2
Size of tension platens		1,50×1,500mm^2
Compression platens		Both with lockable spherical bearing
Clear distance between the columns		2,130×2,000mm^2
Maximal stroke of actuator		500mm
Pulsating load for compression test		0 – 20MN
Pulsating load for tension test		0 – 10MN
Alternating tension/compression load		±8MN
Servo valve rated flow		1,000l/min
Control unit		Digital control panel SCHENCK series S56
Examples:		
Frequency / amplitude for maximal loads:		0.1Hz with ±35mm
		0.3Hz with ±10mm
		0.8Hz with ±2mm

② 중·소형 UTM

실험동이 보유한 중·소형 UTM(그림 1.153)의 제원을 표 1.154에 정리하였다.

5,000 kN　1,000 kN　400 kN　250 kN　100 kN

그림 1.153 중소형 UTM

표 1.40 중 · 소형 UTM의 제원

Type		5,000 kN	1,000 kN	400 kN	250 kN	100 kN
Purpose		소형 구조부재의 압축실험	재료 및 소형 구조부재의 정적 · 동적 실험, 피로강도실험	재료 및 소형 구조부재의 정적 · 동적 실험, 피로강도실험	재료실험	재료 및 소형 구조부재의 정적 · 동적 실험, 피로강도실험
Control system		Servo hydraulic control	Servo hydraulic control	Servo hydraulic control	Screw driven	Servo hydraulic control
Maximal force	Static	5,000 kN	±1,000 kN	±400 kN	±250 kN	±100 kN
	Dynamic		±800 kN	±320 kN		±80 kN
Spacing between columns		600mm²	750×560mm²	840mm	600mm	500mm
Distance between compression plates		900mm				
Maximal stroke of actuator		100mm	250mm	250mm		100mm
Machine table			1,050×1,800mm²			
Maximal length of specimen			1,900mm	1,300mm		800mm
Servo valve rated flow			250 l/min	64 l/min		63 l/min
Maximal crosshead distance					1,600mm	
Crosshead velocity					0.1–500mm/min	

(c) Actuators, Reaction frame, Strong floor

Strong floor위의 Reaction frame에 설치되는 Actuator는 각각의 실험요구조건에 적합한 실험을 가능케 한다. 표 1.41~표 1.43은 Actuators, Reaction frame, Strong floor의 각각의 제원을 나타낸다.

그림 1.154 Reaction frame

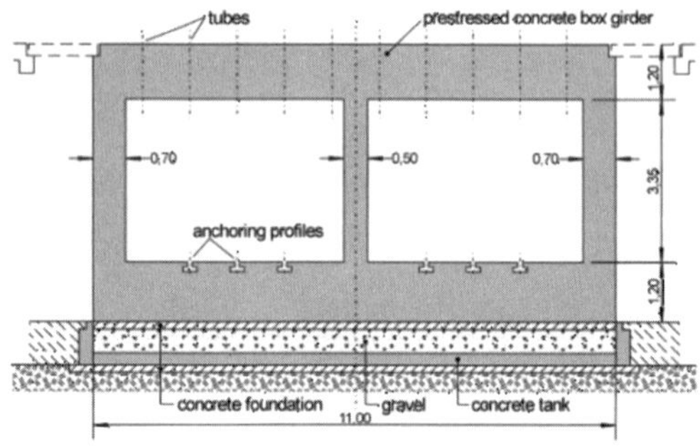

그림 1.155 Strong floor

표 1.41 Actuator 제원

No. & type of actuator	Maximal force		Max. stroke of actuator	Servo valve rated flow
	Static	Dynamic		
1×Servo hydraulic	±2,500 kN	±2,000 kN	400mm	630 l/min
3×Servo hydraulics	±1,000 kN	±800 kN	250mm	250 l/min
1×Servo hydraulic	±630 kN	–	250mm	250 l/min
2×Servo hydraulics	±100 kN	±80 kN	100mm	125 l/min

표 1.42 Reaction Frame 제원

No. & type of reaction frame	Maximal force		Max. space between columns	Max. usable height
	Static	Dynamic		
2×Reaction frames	±2,000 kN	±1,600 kN	6,600mm	7,750mm
1×Reaction frame	±1,000 kN	±800 kN	3,000mm	3,000mm
2×Reaction frames	±150 kN	–	3,000mm	3,000mm

표 1.43 Strong floor 제원

Size	$10 \times 30m^2$
Distance of fixing points	$1.0 \times 1.0m^2$
Maximal forces (Vertical)	
Static	±1,000 kN
Pulsating	±650 kN
Alternating	±500 kN
Maximal forces (Horizontal)	
Static	±750 kN
Pulsating	±485 kN
Alternating	±375 kN

④ 진동대

지진 시뮬레이션과 진동실험을 위한 진동대는 Actuator에 자동제어되며, 컴퓨터시스템에 의해 조정, 관찰된다. 진동대는 3개의 Actuator에 의해 3축 변위가 생성되어 총 6개의 자유도를 모사할 수 있다.

표 1.44 진동대 제원

Size of table	1.6×1.6m²
Mass of table	1.000 kg
Maximal mass of specimen	2.00 kg
Maximal velocity	1m/s
Maximal load	100 kN
Maximal stroke	250mm
Examples:	
Specimen 2,000 kg, acceleration 3 g	Frequent von 6-40 Hz
Specimen 1,000 kg, acceleration 4.5 g	Frequent von 9-40 Hz

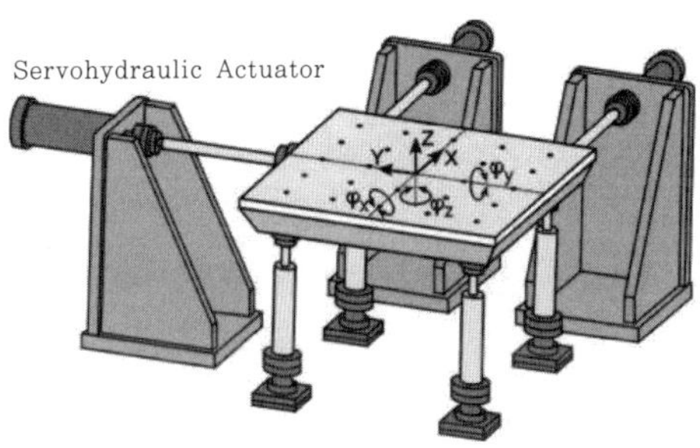

그림 1.156 6-자유도 진동대

그림 1.157 유압공급시스템

⑤ 유압공급시스템

모든 자동제어 UTM 및 Actuator는 주 시스템(Ring main system)과 연결되어 유압펌프에 의해 작동된다.

표 1.45 유압공급시스템 제원

Maximal oil flow	1.295ℓ / min
3 Pumps	350ℓ / min
1 Pump	165ℓ / min
1 Pump	80ℓ / min

3) 델프트 공과대학의 재료실험실

(1) 개요

① 설립목적

네덜란드 델프트 공과대학의 재료실험실은 2001년에 Van Mier 교수에 의하여 설립되었고, 2002년에 Van Breugel 교수가 책임자가 되면서 시멘트계 재료의 미세구조를 기초로 실험을 진행하게 되었다.

재료실험실은 델프트 공과대학의 다른 실험실에 비하여 짧은 역사를 갖고 있지만 컴퓨테이션 역학 연구실 및 재료과학 연구섹션과 유기적 관계를 형성하면서 콘크리트의 재료 및 역학적 특성을 전문적으로 연구하는 실험실이다.

재료실험실의 실험분야는 시멘트계 재료를 기초로 목재, 토질, 석재, 아스팔트 등의 토목재료에 재료과학 및 역학적 실험을 하는데 있다.

현재 네덜란드 건설교통부로부터 Delft Cluster 프로젝트가 진행되고 있으며, 이외에도 산업체 및 공공기관으로부터의 구조부재 및 재료실험을 광범위하게 수행하고 있어 연구과제의 수행, 다양한 최신 연구기법의 교육 및 보급, 건설사들의 품질관리를 담당하고 있다.

② 위치

네덜란드 델프트 공과대학은 중세풍의 도시인 델프트에 위치한다. 델프트(Delft)는 덴하그(Den Haag)와 로테르담(Rotterdam)의 중간에 위치한 네덜란드의 중세풍의 역사와 지식의 중심지이다. 델프트 공과대학(TU Delft, Delft University of Technology)은 델프트에 위치한 대학으로서 그 역사는 1842년으로 거슬러 올라간다. 네덜란드 국왕인 윌리엄 2세에 의하여 건립된 왕립 토목학교(Royal Academy for the education of civil engineers)의 존재로 인하여 델프트는 독립의 도시에서, 무역의 도시에서, 지식(교육)의 도시로 발전하는데 전환점이 되었다.

수리와 토목에 관한 수많은 경험을 바탕으로 이론적 체계를 탄탄하게 형성하였던 이 학교는 오늘의 델프트 공과대학의 전신이 된다. 델프트 공과대학은 바다보다 낮은 육지를 개척한 델타 프로젝트에 실질적인 공헌을 한 기관이다. 재료실험실은 토목공학부 건물 6층에 독자적인 실험실을 구축하여 시멘트계 재료의 미세구조를 중심으로 콘크리트의 전 분야에 걸쳐 실험을 하고 있다.

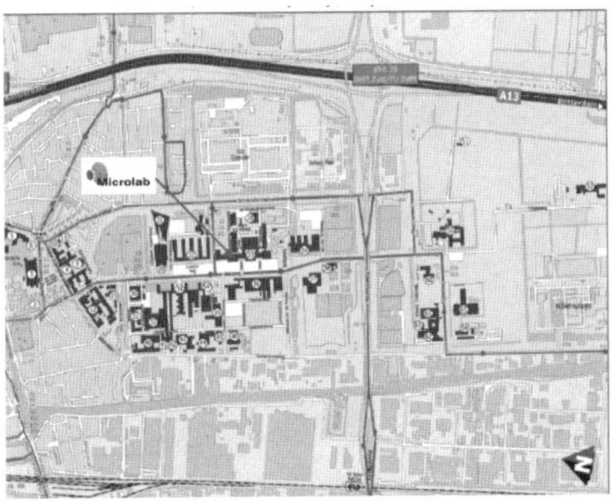

그림 1.158 재료실험실의 위치도

그림 1.159 재료실험실의 전경

③ 규모 및 시설 개요

재료실험실은 다양한 오퍼레이팅 모드와 크기 및 제하능력을 갖는 미세하중 재하기 및 시멘트의 미세역학, 미세구조실험, 화학반응실험 등에 필요한 장비를 보유하고 있다. 약 870㎡의 면적에 시멘트콘크리트 연구실과 전자현미경 및 광학현미경이 있는 마이크로스코프 작업실 및 화학반응실험실이 별도로 존재한다.

재료실험실에서는 시멘트계 재료의 화학적 물성 및 미세구조를 해석할 수 있는 시멘트계 재료의 시뮬레이션 프로그램인 HYMOSTRUC과 역학적 특성을 해석할 수 있는 DELFT LATTICS 모델을 보유하고 있다.

(2) 보유장비 현황

① ESEM/ 장거리 마이크로 스코프/ 직접 인장시험기(DTT)

ESEM(Environmental scanning electron microscope)은 다양한 조건 및 비율에서 시멘트계 재료의 화학적 성분 및 공극 크기를 비파괴적 방법에 의하여 알아내는데 사용된다. 재료실험실에서 사용하고 있는 ESEM의 정보는 표 1.46과 같다.

QUESTER 사에서 제조한 장거리 마이크로 스코프는 시멘트계 재료의 균열 및 내부 미세조직 특성을 관찰하는데 유용하며, 디지털 파일로 변환시켜 컴퓨터로 링크시켜 다양한 정보를 얻는데 활용되며, 직접 인장시험기는 콘크리트 시험편의 응력집중 현상을 배제하고 순수 인장응력을 얻는데 유용이 이용할 수 있다.

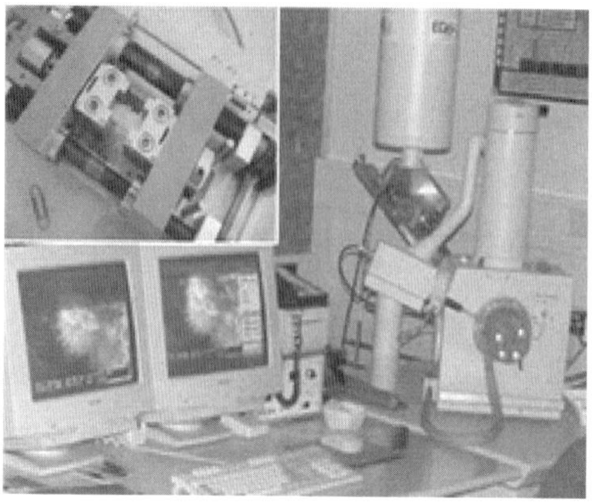

ESEM

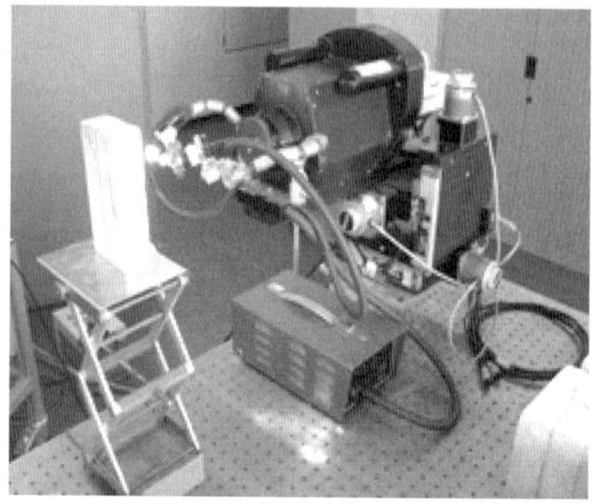

QUESTAR long distance microscope

Direct tension tester (DTT)

그림 1.160 ESEM/ 장거리 마이크로 스코프/ 직접 인장 시험기 (DTT)

② 원자 흡수 스펙트로미터/ 항온항습기 및 오븐 챔버/ 마이크로 압축 인장시험기

원자 흡수 스펙트로미터는 열분석에 의하여 시멘트계 재료의 화학적 물성을 관찰하는데 유용하며, 디지털 파일로 변환시켜 컴퓨터로 링크시켜서 각 부위별로 화학적 성분 변화에 대한 정보를 얻는데 활용된다. 항온항습기 및 오븐 챔버는 콘크리트의 다양한 양생조건 및 폭로조건을 얻는데 사용되는데, 즉 콘크리트의 다양한 온·습도 조건의 환경조절이 가능하다.

마이크로 압축 인장시험기는 염해, 알칼리 골재반응, 황산염해와 같이 장기간을 두고 천천히 발생하는 콘크리트의 변위가 유발하도록 압축 및 인장응력을 가할 수 있으며, 미세응력 및 변위(속도)상태를 측정할 수 있다.

표 1.46 ESEM/장거리 마이크로 스코프/ 직접 인장시험기(DTT)의 제원

Equipment	ESEM	QUESTAR long distance microscope	Direct tension tester (DTT)
Model	Philips XL30 ESEM, tungsten filament electron microscope	Questar QM100 -MK IIII	Applied test systems(ATS)
Detector	SE, GSE, BSE detectors		
Magnification	100x - 50,000x	0,27 pixels/μm - 1,2 pixels/μm	
Maximum stress			500 kN
Relative humidity range	0-100%		
Temperature range	-30℃ to + 30℃		-20℃ to +40℃
EDX	EDX system by EDAX(EDAM 3 EDS system) EDX window : SUTW 3.3EDX resolution : 128.0 eV		
Accessory		Automatic table in 3 directions with stepper motors	
Camera		CCD, and High speed CCD	
Software		Frame grabbing and TIM-image processing software, Automatic surface scanning with table	
Used materials			Asphalt, Mastic asphalt
Specimen shape			Dumbbell
Function		Monitoring crack propagation during fracture testing, Characterization of crack patterns in fracture specimens	Evaluating stiffness and failure properties of asphalt binders at low temperatures
Reference	Cooling stage for samples of 30×30mm for RH control between 0-100% (home made), Small mechanical loading device fitted for ESEM chamber Kammrath & Weιss, 5kN tension/compression		

표 1.47 원자 흡수 스펙트로미터/ 항온항습기 및 오븐 챔버/ 마이크로 압축 인장시험기의 제원

Equipment	Inductive coupled plasma-atomic emission spectroscope	Climate cabinets and drying oven	Tension / compression stage
Model		Venticell drying oven	Kammrath & Weiss
Temperature range		0℃ above ambient temperature up to 250℃/300℃, CLab-Line climate cabinet(2x)	
		10° above ambient to 60℃, Temperature control and uniformity of ±0.5℃	
Humidity		20-95%	
Stress measurement range			5 kN(tension/ compression)
Function	Determine concentration of cations (positive ions) in weakly acidified solutions	Exposing materials to different temperature and humidity circumstances	Mechanical tension / compression tests up to 5 kN
Reference	Atom scan 16Thermo Opted BV Argon plasma (c. 10,000 K), Can determine all of the metals, many of the non-metals(positiveions), Sample needs to be soluble(weakly acid solution). Wavelength detection 200-800nm		

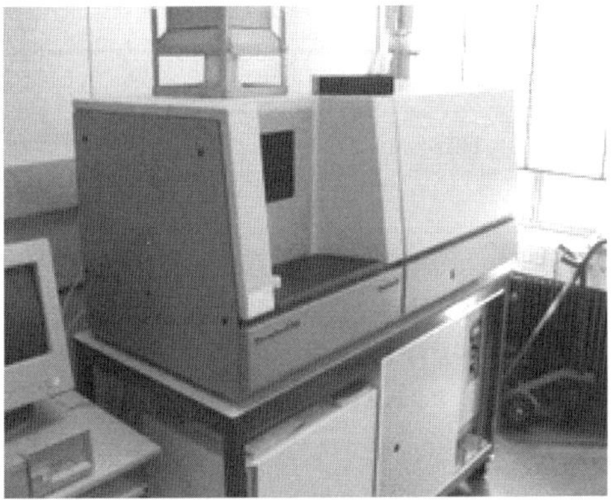

Inductive coupled plasmaatomic emission spectroscope

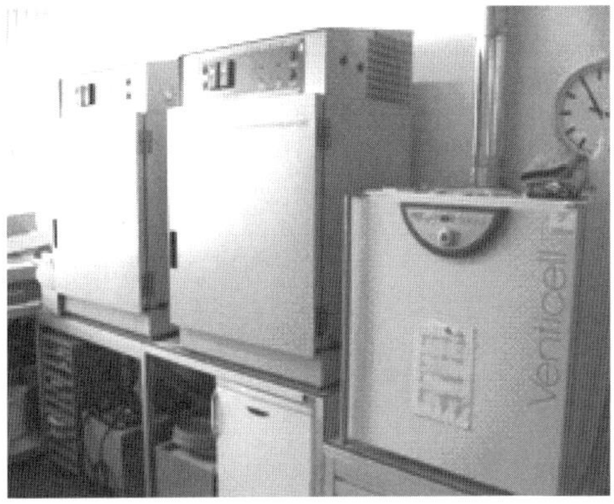

Climate cabinets and drying oven

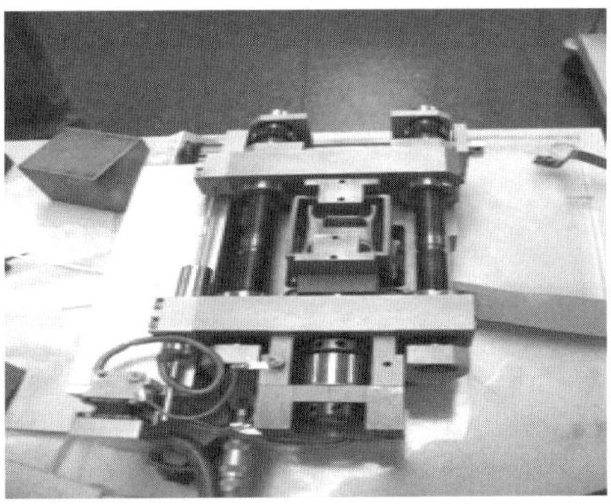

Tension / compression stage

그림 1.161 원자 흡수 스펙트로미터/ 항온항습기 및 오븐 챔버/ 마이크로 압축 인장시험기

③ 슬림 단면 커팅머신

ESEM, 전자 및 광학현미경으로 원활한 시멘트계 재료의 공극구조 및 균열특성을 관찰하기 위해서는 콘크리트가 발광 에폭시에 의하여 함침 후 슬림 단면의 시험체가 얻어져야 한다.

일반적으로 슬림 단면이 얇을수록 시멘트계 재료의 공극특성은 관찰하기가 용이하므로, 약 0.3mm 필요하다면 0.1mm까지의 초슬림 단면을 얻는데 슬림 단면 커팅머신이 이용된다.

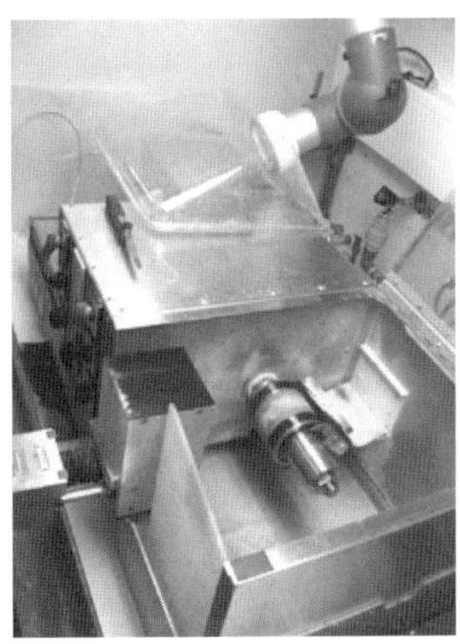

그림 1.162 슬림 단면 커팅머신

표 1.47 슬림 단면 커팅머신의 제원

Equipment	Thin section machine
Performance	Thin section grinder for preparing thin sections of uniform thickness
Model	Dansk Beton Teknik
Function	이 장비는 포틀랜드시멘트 콘크리트 및 클링커, 아스팔트콘크리트, 골재 또는 다른 재료들의 소요두께를 손상 없이 정교하게 연마하여 얇은 단면으로 준비하는데 사용된다. 그리고 이렇게 준비된 시편들은 페트로그래피(petrographic) 광학현미경과 스캐닝(scanning) 전자현미경에서 실험을 하게 된다. 얇은 단면의 분석은 재료의 광학적 특성이 평가되도록 하며, 따라서 결정학(crystallography) 및 광물학(mineralogy)적인 특성을 결정한다. 이러한 연구들의 목적은 주로 이러한 건설 재료들의 특성 분석과 열화(劣化) 메커니즘의 확인, 그리고 성능 향상의 목적을 위한 평가에 초점이 맞추어진다.
Section thickness	30㎛

chapter 2

재료실험

제2장 재료실험

2.1 개 요

2.1.1 건축재료의 분류(Classification of building materials)

일반적으로 좋은 건축물이란, 지진, 태풍 등 자연재해와 화재 등의 인적재해에 대하여 안전할 것(안전성 확보), 건축계획이 합리적이고 건물 사용목적에 따라 쾌적하고 사용하기 쉬울 것(사용성 확보), 건물이 내구성에 우수하고 경제적으로 만들어질 것(내구성 및 경제성 확보)으로 정의할 수 있다.

이러한 좋은 건축물을 구성하는 기본단위로서의 건축재료는 그림 2.1과 같이 가장 기본적인 것으로 그림 2.2에 나타낸 건축재료를 대상으로 ① 재료의 성분, 조직, 구조 등 자체적인 구성을 명확히 규명하는 것 ② 재료의 물리적·화학적·생물학적 제반 성질을 해명하는 것 ③ 사용목적, 조건에 맞는 안전·합리적인 이용방법을 계통을 세워 명확히 하는 것이라 할 수 있다.

따라서 건축재료공학이 대상으로 하는 것은 ① 여러 분야에 걸쳐있는 건축재료를 각종의 입장에서 정리·분류 하는 것 ② 각 재료의 조직과 구조를 공학적 입장에서 명확히 하는 것 ③ 재료의 역학적 성질, 물리적 성질 및 화학적 성직을 각종의 조건에 걸쳐 관찰하고 결과를 기술하며 공통의 원리를 찾아내는 것(궁극적으로 재료의 조직과 성질의 관계를 명확히 하는 것) ④ 경제적으로 보다 우수한 재료로 개선하는 것, 또한 새롭게 개발하는 것 ⑤ 건축재료는 직접 시각·촉각에 관계되는 것으로 인간공학적인 측면에서도 연구하는 것 ⑥ 건축물이 외부로부터 받는 제반조건(힘, 수분, 열, 빛 등)을 명확히 하고 외적조건과 재료의 성질과의 관계에서 적정한 사용조건을 정하여 좋은 이용방법을 고찰하는 것이며, 이를 위해서는 반드시 건축재료가 가지고 있는 성능과 기능을 정해진 규격에 의해 실험하는 것이 필수조건이다.

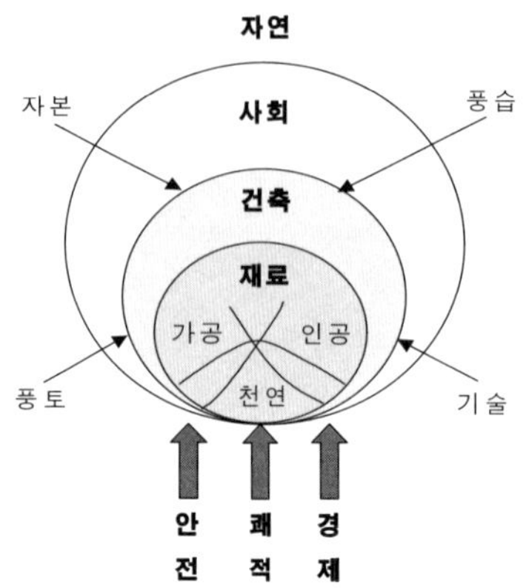

그림 2.1 사회, 건축, 재료의 관계

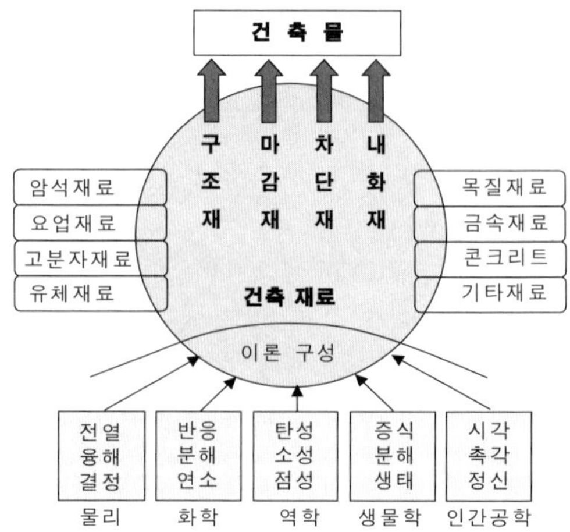

그림 2.2 건축재료의 구성

건축재료의 분류에는 여러 가지 방법이 있으나 기본적으로 다음과 같이 분류하는 것이 일반적이다.

(1) 제조분야별 분류

① 천연재료(자연재료)－석재, 목재, 골재, 토벽 등

② 인공재료(공업재료)－콘크리트, 금속제품, 요업제품, 석유제품 등

(2) 사용목적에 의한 분류

① 구조재료(건축물의 골조 : 기둥, 보, 벽체 등 내력부를 구성하는 재료)
－목재, 석재, 콘크리트, 철강

② 마감재료(내력부 이외 칸막이벽이나 장식 등을 목적으로 하는 바닥, 내외장재)
－타일, 미장벽, 유리, 금속판, 보드류, 도료, 직물 등

③ 차단재료(방수, 방습, 차음, 단열 등을 목적으로 하여 사용하는 재료)
－ 아스팔트, 실링재, 페어글라스, 글라스울 등

④ 방 · 내화재료(화재에 의한 연소, 연기를 방지하고 내구성 향상을 목적으로 함)
－ PC부재, 석면시멘트판, 규산칼슘판, 암면 등

(3) 화학조성에 의한 분류

① 무기재료 : 비금속－석재, 토벽, 시멘트, 콘크리트, 도자기류
금　속－철강, 알루미늄, 동, 합금류

② 유기재료 : 천연재료－목재, 대나무, 아스팔트, 섬유판 등
합성수지－플라스틱재, 도료, 실링재, 접착제 등

(4) 건물의 부위에 의한 분류

구조구체, 지붕, 슬래브, 외벽, 내벽, 천장 등과 같이 사용되는 건물의 각 구분(부위라고 함)의 특질이나 요구성능에 기초하여 분류함.

(5) 건물의 공사구분에 의한 분류

목공사, 콘크리트공사, 철골공사, 조적공사, 타일공사, 방수공사, 지붕공사, 금속공사, 미장공사, 창호공사, 유리공사, 도장공사, 설비공사, 기타 잡공사 등 공사별 체계에 따라 관련하는 자재를 포함하여 분류함.

2.1.2 건축재료의 요구성능(Require performance of building materials)

건축물에 요구되는 성능은 사용하는 재료의 종류, 목적, 장소에 따라 다르며, 또한 요구되는 성능은 일정하지 않고 각 시대에 있어서 재료의 종류나 질의 변모, 시공방법의 변혁에 의해 변하게 된다. 표 2.1에 나타낸 바와 같이 건축재료는 재료별로 요구하는 성능이 다양하며, 이를 정확히 평가하여 건축물에 반영하기 위해서는 반드시 규정된 시험을 거쳐 성능을 평가하고 이를 건축물의 적재적소에 반영하는 것이 매우 중요하다고 하겠다.

표 2.1 건축재료의 요구성능

<table>
<tr><th>성질
재료</th><th>역학적 성능</th><th>물리적 성능</th><th>내구성능</th><th>화학적 성능</th><th>방화 · 내화 성능</th><th>감각적 성능</th><th>생산성능</th></tr>
<tr><td>구조재료</td><td>강도, 강성,
내피로성</td><td>비수축성</td><td rowspan="2">동해
변질
내부식성</td><td rowspan="2">녹 부식
중성화</td><td>불연성
내열성</td><td></td><td rowspan="4">가공성
시공성</td></tr>
<tr><td>마감재료</td><td></td><td>열 · 음 · 빛의 투과/반사</td><td rowspan="2">비발연성
비유독가스</td><td>색채,
촉감</td></tr>
<tr><td>차단재료</td><td></td><td>열 · 음 · 빛,
수분의 차단</td><td></td><td></td><td></td></tr>
<tr><td>내화재료</td><td>고온강도
고온변형</td><td>고융점</td><td></td><td>화학적
안정</td><td>불연성</td><td></td></tr>
</table>

2.1.3 건축재료 시험의 의의(Signification of testing of building materials)

건축재료는 다종·다양하고 또한 주어진 환경이나 적용 시대에 따라 다르기 때문에 건축물에 적절하게 적용하기 위해서는 사용 전에 적절한 시험평가가 중요하다. 일반적으로 건축재료 시험의 의의는 재료의 성상을 연구하기 위한 것과 재료 자체의 시험을 위한 것으로 나눌 수 있으며, 특히 재료 자체의 시험을 위한 것으로는 ① 건축재료의 인도 및 유통을 위한 시험 : KS규격 또는 표준시방서의 규정값 대로 품질이 되어 있는가 확인하는 시험 ② 품질관리를 위한 시험 : 시공현장의 공사 진행에 따라 설계도, 시방서 규정대로 건축재료 품질이 확보되어 있는가를 관리하기 위한 시험 ③ 새로운 용도로의 적용을 위한 시험 : 재료의 기본적인 품질·성상에 관하여 연구적으로 실시하는 시험으로 이것에 의해 새로운 효용·용도 확대 자료로 사용하는 시험으로 나눌 수 있고, 이러한 것은 국제규격(ISO) 및 각 국가규격(KS, JIS, ASTM, DIN, BS 등)에 규정되어 있다.

본 책에서는 건축재료 중에서 주로 사용되는 시멘트·콘크리트, 강재, 마감재, 보수·보강재에 대하여 KS규격을 기초로 표로 정리하고, 특히 그 중에서 중요도 및 다른 책에 소개되어 있지 않은 내용을 중심으로 서술하였다.

2.2 시멘트

2.2.1 시멘트의 종류 및 품질규격(Cement type and quality of standard)

시멘트 관련시험은 시멘트를 사용함에 있어 필요한 화학적·물리적 특성을 확인하여 요구되는 품질을 확보하고 구조물에 사용되는 콘크리트의 배합설계나 시공에 있어 강도, 내구성, 작업성 등의 성능을 예측할 수 있는 기초자료라는 점에 그 의의를 둘 수 있다.

시멘트는 두 개의 물질을 접착시키는 접착제, 경화제 혹은 결합재의 총칭이나 넓은 의미에서 포틀랜드시멘트(Portland cement) 등의 수경성 시멘트와 소석회, 소석고 등의 기경성 시멘트 등의 결합재를 의미한다. 하지만 일반적으로 구조재료인 콘크리트를 이루는 포틀랜드시멘트와 포틀랜드시멘트를 베이스로 하는 혼합시멘트 등을 말한다.

포틀랜드시멘트는 석회석과 점토, 규석, 철질 원료 및 석고를 혼합 분쇄한 후 서스펜션 프리히터(SP ; Suspension preheater), NSP ; New SP)를 갖춘 로터리 킬른(Rotary kiln)에 의해 소성하여 제조하며, 일반적으로 시멘트 1톤을 만들기 위한 원료는 석회석 1.1톤, 점토 0.2톤, 규석 0.07톤, 산화철 0.03톤, 석고 0.03톤이 사용된다.

표 2.2 시멘트의 종류

<table>
<tr><th>관련규격</th><th>번호</th><th>규 격 명</th><th colspan="2">구 분</th></tr>
<tr><td rowspan="11">KS</td><td rowspan="5">L 5201</td><td rowspan="5">포틀랜드시멘트</td><td>1종</td><td>보통 포틀랜드시멘트</td></tr>
<tr><td>2종</td><td>중용열 포틀랜드시멘트</td></tr>
<tr><td>3종</td><td>조강 포틀랜드시멘트</td></tr>
<tr><td>4종</td><td>저열 포틀랜드시멘트</td></tr>
<tr><td>5종</td><td>내황산염 포틀랜드시멘트</td></tr>
<tr><td>L 5210</td><td>고로슬래그시멘트</td><td colspan="2">1종, 2종, 3종</td></tr>
<tr><td>L 5211</td><td>플라이애시시멘트</td><td colspan="2">A종, B종, C종</td></tr>
<tr><td>L 5401</td><td>포틀랜드 포졸란시멘트</td><td colspan="2">A종, B종, C종</td></tr>
<tr><td>L 5204</td><td>백색 포틀랜드시멘트</td><td colspan="2"></td></tr>
<tr><td>L 5217</td><td>팽창성 수경시멘트</td><td colspan="2">K, M, S</td></tr>
<tr><td>L 5219</td><td>메이슨리 시멘트</td><td colspan="2">N형, S형, M형</td></tr>
<tr><td colspan="2" rowspan="3">기타</td><td colspan="3">2성분계, 3성분계의 저발열 시멘트(포틀랜드시멘트 베이스)</td></tr>
<tr><td colspan="3">시멘트계 고화재, 초미립자 시멘트(분말도 및 성분 조정)</td></tr>
<tr><td colspan="3">천연 시멘트, 초속경 시멘트, 알루미나시멘트, 치과용 시멘트, 인산시멘트</td></tr>
</table>

포틀랜드시멘트(KS L 5201)는 보통, 중용열, 조강, 저열, 내황산염 시멘트로 구분할 수 있으며 고로슬래그(KS L 5210), 포졸란(KS L 5401), 플라이애시(KS L 5405) 및 기타 첨가제 등을 시멘트의 5% 이내에서 혼합분쇄 또는 단독분쇄 후 혼합할 수 있다. KS에서는 혼합재의 종류나 분말도 및 화학성분을 조정하여 포틀랜드시멘트 외의 기타 시멘트에 대해서 구분하고 있으며 종류는 표 2.2와 같다.

또한 시멘트의 품질은 물리성능 및 화학성분의 두 가지 항목으로 나누어 규정하고 있으며 표 2.3과 같다.

표 2.3 시멘트의 물리성능 및 화학성분

구분			포틀랜드시멘트					고로슬래그시멘트			플라이애시시멘트		
			1종	2종	3종	4종	5종	1종	2종	3종	A종	B종	C종
분말도 (㎠/g)	비표면적 (Blain)		2,800 이상	2,800 이상	3,300 이상	2,800 이상	2,800 이상	3,000 이상	3,000 이상	3,300 이상	2,500 이상	2,500 이상	2,500 이상
안정도 (%)	오토클레이브 팽창도		0.8 이하	0.8 이하	0.8 이하	0.8 이하	0.8 이하	0.2 이하	0.2 이하	0.2 이하	±0.5 이하	±0.5 이하	±0.5 이하
응결시간	길모어 시험	초결(분)	60이상	60이상	60이상	60이상	60이상	60이상	60이상	60이상	60이상	60이상	60이상
		종결(시간)	10이하	10이하	10이하	10이하	10이하	10이하	10이하	10이하	10이하	10이하	10이하
	비카 시험	초결(분)	45이상	45이상	45이상	45이상	45이상	45이상	60이상	60이상	-	-	-
		종결(시간)	6.25이하	6.25이하	6.25이하	6.25이하	6.25이하	7이하	10이하	10이하			
수화열 (kJ/kg)	7일		-	292이상	-	251이상	-	-	-	-	-	-	-
	28일			334이하		292이하							
압축강도 (MPa)	1일		-	-	13이상	-	-	-	-	-	-	-	-
	3일		13이상	11이상	25이상	-	9이상	7이상	6이상	5이상	7.9이상	6.9이상	5.9이상
	7일		20이상	18이상	28이상	7.5이상	16이상	15이상	12이상	10이상	13.8이상	11.8이상	9.9이상
	28일		29이상	28.5이상	31이상	18이상	21이상	28이상	28이상	27이상	23.6이상	21.6이상	19.7이상
화학성분 (%)	SiO_2		-	20.0이상	-	-	-	-	-	-	-	-	-
	Al_2O_3		-	6.0이하	-	-	-	-	-	-	-	-	-
	Fe_2O_3		-	6.0이하	-	6.5이하	-	-	-	-	-	-	-
	MgO		5.0이하	5.0이하	5.0이하	5.0이하	5.0이하	-	-	-	5.0이하	5.0이하	5.0이하
	SO_3		-	-	-	-	-	3.0이하	4.0이하	4.5이하	3.0이하	3.0이하	3.0이하
	C_3A 8%	이하일 때	3.0이하	3.0이하	3.5이하	2.3이하	2.3이하	-	-	-	-	-	-
		초과일 때	3.5이하		4.5이하	-	-	-	-	-	-	-	-
	C_3S		-	-	-	35이하	-	-	-	-	-	-	-
	C_2S		-	-	-	40이상	-	-	-	-	-	-	-
	C_3A		-	8이하	15이하	7이하	5이하	-	-	-	-	-	-
	C_3S+C_3A		-	58이하	-	-	-	-	-	-	-	-	-
	$C_4AF+2(C_3A)$, or (C_4AF+C_2F)		-	-	-	-	25이하	-	-	-	-	-	-
	S		-	-	-	-	-	2.0이하	2.0이하	2.0이하	-	-	-
	Ig. Loss		3.0이하	3.0이하	3.0이하	2.5이하	3.0이하	3.0이하	3.0이하	3.0이하	3.0이하	-	-
모르타르의 공기함유량(%)			-	-	-	-	-	12이하	12이하	12이하	-	-	-
고로슬래그 함유량(wt.%)			-	-	-	-	-	5초과 30이하	30초과 60이하	60초과 70이하	-	-	-
플라이애시 함유량(wt.%)			-	-	-	-	-	-	-	-	5초과 10이하	10초과 20이하	20초과 30이하

2.2.2 시멘트의 시험방법(Method of testing cements)

시멘트의 품질은 물리성능 및 화학성분으로 구분할 수 있으며 품질을 확인하기 위한 시험방법은 다음과 같다. 품질이 규정에 적합하지 않을 경우나 품질시험이 끝난 후 6개월이 경과한 시멘트이거나, 단위제품이 규격 무게에 3% 이상 미달되거나 포장제품

중 랜덤 샘플링한 50포대의 평균무게가 규정 무게에 미달하는 경우 불합격품으로 한다.

시멘트 관련 시험방법은 각국의 상황이나 조건에 따라 약간은 상의하지만 거의 공통으로 적용된 시험방법이 많아 유사하다고 볼 수 있으며, 국제표준(ISO)으로 전환단계에 있어 KS의 제 · 개정이 활발히 이루어지고 있다.

(1) 시료채취는 KS L 5101에 따른다.

(2) 밀도는 KS L 5110에 따른다.

(3) 분말도는 KS L 5106, KS L 5112 또는 KS L 5117에 따른다.

(4) 안정도는 KS L 5107에 따른다.

(5) 응결시간은 KS L 5103 또는 KS L 5108에 따른다.

(6) 수화열은 KS L 5121에 따른다.

(7) 압축강도는 KS L 5105 또는 KS L ISO 679에 따른다.

(8) 화학성분은 KS L 5120에 따른다.

표 2.4 시멘트의 시험방법(KS)

관련규격	번호	규 격 명
KS	L ISO 679	시멘트의 강도 시험방법(2009년 1월 적용)
	L 5101	시멘트의 시료채취 방법
	L 5102	수경성 시멘트의 표준주도 시험방법
	L 5103	길모어 침에 의한 시멘트의 응결시간 시험방법
	L 5104	수경성 시멘트모르타르의 인장강도 시험방법
	L 5105	수경성 시멘트모르타르의 압축강도 시험방법
	L 5106	공기투과 장치에 의한 포틀랜드시멘트의 분말도 시험방법
	L 5107	시멘트의 오토클레이브 팽창도 시험방법
	L 5108	비카 침에 의한 수경성 시멘트의 응결시간 시험방법(ISO 9597 MOD)
	L 5109	수경성 시멘트페이스트 및 모르타르의 기계적 혼합방법
	L 5110	시멘트의 비중 시험방법
	L 5111	시멘트 시험용 플로 테이블
	L 5112	표준체 45㎛에 의한 시멘트 분말도의 시험방법
	L 5113	백색 포틀랜드시멘트의 백색도 시험방법
	L 5117	표준체 90㎛에 의한 시멘트 분말도의 시험방법
	L 5120	포틀랜드시멘트의 화학분석 방법(ISO 680 MOD)
	L 5121	포틀랜드시멘트의 수화열 시험방법

표 2.5 시멘트관련 국제규격

관련 규격	번 호	규 격 명	관련 KS
ISO	679	Methods of testing cements—Determination of strength	L ISO 679
	680	Cement—Test methods—Chemical analysis	L 5120
	863	Cement—Test methods—Pozzolanicity test for pozzolanic cements	L 5507, 5508
	9597	Cements—Test methods—Determination of setting time and soundness	L 5103, 5107
	AWI 16108	Cement—Test methods—Determination of fineness	L 5112, 5117
	AWI 16109	Cement—Test methods—Methods of taking and preparing samples of cement	L 5101
EN	196-1	Methods of testing cement—Part 1 : Determination of strength	
	196-2	Part 2 : Chemical analysis of cement	L 5120
	196-21	Determination of the chloride, carbon dioxide and alkali content of cement	
	196-3	Part 3 : Determination of setting time and soundness	L 5103, 5107
	196-5	Part 5 : Pozzolanicity test for pozzolanic cement	
	196-6	Part 6 : Determination of fineness	L 5112, 5117
	196-7	Part 7 : Methods of taking and preparing samples of cement	L 5101
	196-8	Part 8 : Heat of hydration—Solution method	L 5121
	196-9	Part 9 : Heat of hydration—Semi-adiabatic method	L 5121
	197-1	Cement—Part 1 : Composition, specifications and conformity criteria for common cements Expected	L 5201, 5210 L 5211, 5401
	197-2	Part 2 : Conformity evaluation	
ASTM	C109/ 109M-05	Standard test method for compressive strength of hydraulic cement mortars(Using 2-in. or [50-mm] cube specimens)	L 5105
	C114-06	Standard test methods for chemical analysis of hydraulic cement	L 5120
	C151-05	Standard test method for autoclave expansion of hydraulic cement	L 5107
	C183-02	Standard practice for sampling and the amount of testing of hydraulic cement	
	C185-02	Standard test method for air content of hydraulic cement mortar	
	C186-05	Standard test method for heat of hydration of hydraulic cement	L 5121
	C187-04	Standard test method for normal consistency of hydraulic cement	L 5102
	C188-95 (2003)	Standard test method for density of hydraulic cement	L 5110
	C191-04b	Standard test method for time of setting of hydraulic cement by vicat needle	L 5108
	C204-05	Standard test method for fineness of hydraulic cement by Air permeability apparatus	L 5106
	C266-04	Standard test method for time of setting of hydraulic cement paste by gillmore needles	L 5103
JIS	R 5201	Physical testing methods for cement	L ISO 679
	R 5202	Methods for chemical analysis of cements	L 5120
	R 5203	Testing method for heat of hydration of cement	
	R 5204	Chemical analysis method of cement by x-ray fluorescence	

2.2.3 시멘트의 분말도 시험방법(Testing method for fineness of hydraulic cement)

1) 시험목적 및 관련규격

분말도 시험은 시멘트의 거치거나 고운 정도를 측정하기 위한 시험으로 콘크리트에 미치는 성질을 예측하기 위한 것이다. 분말도는 일반적으로 비표면적으로 나타내며 분말도가 클수록 비표면적이 증가하여 수화작용이 빨라진다. 분말도의 측정은 체에 의한 방법과 블레인 공기투과장치에 의한 방법으로 구분되며 KS L 5112(표준체 45㎛에 의한 시멘트 분말도 시험방법), KS L 5117(표준체 90㎛에 의한 시멘트 분말도 시험방법), KS L 5106(공기투과장치에 의한 포틀랜드시멘트의 분말도 시험방법)에 의해 실시한다. 본 절에는 시험빈도가 높은 KS L 5112의 45㎛ 표준체에 의한 시험방법에 대해 알아보기로 한다.

2) 사용기기

(1) 45㎛ 표준체(45㎛ Sieve)

물에 침식되지 않는 것이어야 하며 체 틀은 지름 50±6mm 및 높이 75±6mm인 것이어야 한다.

(2) 스프레이 노즐(Spray nozzle)

물에 침식되지 않는 금속으로 되어 있고 안지름이 17.5mm인 것이어야 한다. 스프레이 노즐은 중심구멍이 중심축 방향으로 뚫려 있고 중간선에 8개의 구멍이 중심에서 6mm 되는 곳에 중심축과 5°의 각도로 바깥선의 8개의 구멍이 중심에서 6mm 되는 곳에 중심축과 10°의 각도로 뚫려 있어야 하며 구멍지름은 0.5mm이다.

시험 전 6개월 이내에 69±3kPa에서 시멘트의 유량이 1,500~3,000g/min을 유지하는 것을 확인한다.

(3) 압력계

지름이 75~100mm이며 최대압력은 207kPa의 것으로 7kPa마다 눈금이 있어야 하며 정밀도는 69kPa에서 ±2kPa 이내이어야 한다.

(4) 저울, 스톱워치, 건조기 등

3) 시료준비

(1) 표준시료(NIST No.14)

(2) 측정용 시멘트

4) 시험방법

① 표준체의 보정을 한다. 표준체 보정계수는 실측한 잔사량과 표준시료에 대하여 표시된 잔사량의 차를 백분율로 나타낸 것이다.

② 시멘트 시료 1g을 표준체 45㎛에 넣은 후 시료를 골고루 물에 적신다.

③ 스프레이 노즐의 압력을 69±4kPa로 조절하고 표준체를 1초에 한 번씩 수평으로 저으면서 1분간 씻는다. 스프레이를 들어낸 다음 즉시 50㎖의 증류수로 헹구며 표준체 밑면의 수분을 흡수시킨다.

④ 100~105℃에서 항량이 될 때까지 건조한 후 0.0005g까지 달수 있는 분석용 저울에서 무게를 단다.

⑤ 시멘트의 분말도는 다음과 같이 계산한다.

$$R_c = R_s \times (100 + C)$$

$$F = 100 - R_c$$

여기에서, F : 표준체 45㎛를 통과한 보정된 시멘트의 분말도(%)

R_c : 보정된 잔사(%)

R_s : 표준체 45㎛에 걸린 시료 잔사(%)

C : 표준체 보정 계수

5) 시험결과 예

분말도 시험결과의 예는 표 2.6과 같다.

표 2.6 시멘트의 분말도 시험

시 험 값			계 산		결 과	관련규격
1	보정계수 (C)(%)	+31.2	분말도 (%)	R_c =11.5 F =100− R_c =88.5	88.5 (%)	KS L 5112 (분말도)
2	시료잔사 (R_s)(g)	0.088				
3	보정잔사 (R_c)(%)	0.088×(100+31.2) =11.5				

6) 주의사항

① 스테인리스 선으로 짠 체는 5회 측정 후 청소를 하며, 1cm 당 71개의 구멍이 있는 일렉트로폼 체(electroformed reinforced sheet)는 3회 측정 후 청소를 실시하며 표준체에 이물질이 박히지 않도록 하며 청결하게 보관한다.

② 표준체는 100회 측정 후 재교정하여야 한다.

2.2.4 시멘트의 안정도 시험방법
(Testing method for soundness of hydraulic cement)

1) 시험목적 및 관련규격

안정도 시험은 시멘트에 있는 산화칼슘(free-CaO), 산화마그네슘(free-MgO) 또는 이 두 가지 성분으로 인한 잠재적인 후기팽창(Potential delayed expansion)의 지표를 알아보기 위한 것으로 KS L 5107(시멘트의 오토클레이브 팽창도 시험방법)에 의해 실시한다.

2) 사용기기

① 오토클레이브 시험장치

2.4MPa±5%의 압력 조작용으로 자동 압력 조절장치가 있는 것.

사진 2.3 오토클레이브 시험장치

② 성형 틀

단면 25.4×25.4mm, 유효 표점거리 254mm의 시험체를 만들 수 있는 성형 틀.

유효 표점거리는 금속의 가장 안쪽 점 사이의 거리로 하며 각 부분은 조립 시 잘 맞고 서로 견고하게 짜여 있어야 한다. 양단의 판은 응결기간 동안 스테인리스 강제 표점이 정확한 위치에 장치하여야 하며 시험체의 주축과 일치하도록 한다.

③ 길이 측정용 콤퍼레이터

④ 혼합기, 저울, 메스실린더, 흙손 등

3) 시료준비

(1) 측정용 시멘트

4) 시험방법

① 측정용 시멘트 500g에 표준 주도의 반죽을 만들기 위해 적정량의 물을 가해 혼합한다.

② 혼합이 끝나는 즉시 반죽을 다져넣어 균일한 시험체가 되도록 성형한 후 적어도 20시간을 틀에 채워둔 채 항온항습실에 보관한 후 24시간±30분에 들어낸 후 길이를 측정한 후 오토클레이브 안에 넣는다.

③ 오토클레이브에는 시험할 동안 언제나 포화수증기로 차 있도록 용적의 7~10%의 물을 충분히 넣어 놓는다.

④ 가열기간의 초기에는 오토클레이브로부터 공기가 빠져 나가도록 통기밸브를 수증기가 나오기 시작할 때까지 열어놓은 후 가열을 시작하여 45~75분에 증기압이 2±0.07MPa이 되도록 오토클레이브의 온도를 올리며 3시간 유지한다.

⑤ 3시간 경과 후 가열을 중지하고 다시 1시간 30분 뒤에는 압력이 0.07MPa이 되도록 냉각한 후 통기밸브를 연다.

⑥ 오토클레이브를 열고 시험체를 90℃ 이상의 물속에 담근 후 15분 동안 23℃가 되도록 균일하게 냉각한 후 표면을 건조하여 길이를 측정한다.

⑦ 오토클레이브 시험 전후 길이의 차는 유효 표점길이의 0.01%까지 계산하여 시멘트의 팽창도로 판정하며 수축의 경우는 백분율에 (-) 부호를 붙인다.

⑧ 측정결과가 규격에 미달할 경우 재시험하며 3개의 시험체를 만들어 시험한 결과를 평균한다.

5) 시험결과 예

안정도 시험결과의 예는 표 2.7과 같다.

표 2.7 시멘트의 안정도 시험

시험값			계 산		결 과	관련규격
1	표점거리(mm)	254.45	길이변화 (%)	((256.08−254.45)/254.45) ×100=0.64	0.64 (%)	KS L 5107 (안정도시험)
2	시험후의 거리(mm)	256.08				

6) 주의사항

시험체 성형실과 건조재료의 온도는 20~27.5℃로 유지하며 함수와 습기함 또는 습기실의 온도는 23±2℃의 범위를 유지하도록 한다.

2.2.5 시멘트의 응결시간 시험방법
(Testing method for setting time of hydraulic cement)

1) 시험목적 및 관련규격

응결시험은 시멘트 수화 경화과정 중 초기의 유동성을 잃는 것을 말하여 표준 주도를 가진 시멘트페이스트의 침입도를 관찰하는 것으로 KS L 5108[비카 침에 의한 수경성 시멘트의 응결시간 시험방법(ISO 9597과 수정부합화] 및 KS L 5103(길모아 침에 의한 시멘트의 응결시간 시험방법)에 의해 실시한다. 본 절에서는 ISO 9597의 비카 침에 의한 시험방법에 대해 알아보기로 한다.

2) 사용기기

① 비카 시험장치

플랜저 무게 : 300±1g

침의 지름 : 1.13±0.05mm

링 아래 부분의 안지름 : 70±5, 80±5mm

링 높이 : 80±0.2mm

② 혼합기

ISO 679에 규정된 혼합기

그림 2.4 비카 시험장치

③ 저울, 메스실린더, 흙손 등

3) 시료준비

① 측정용 시멘트

4) 시험방법

① 시멘트 500g을 1g 단위까지 개량하며 물은 혼합용기에 넣은 후 물과 시멘트가 손실되지 않도록 시멘트를 첨가한다. 시멘트를 첨가하는 시간은 5초 이상 10초 이내로 하며 시멘트의 첨가가 끝난 시간을 0시간으로 기록한다.

② 혼합기는 90초 동안 저속에서 혼합한다. 90초 후에 15초 동안 정지시키고 정지한 동안 혼합용기의 안쪽에 붙어 있는 페이스트를 스크레이퍼를 사용하여 다시 용기 속에 넣은 후 혼합기를 다시 작동시켜 저속으로 90초 동안 혼합한다. 혼합기의 전체 작동시간은 180초이다.

③ 페이스트를 그리스를 약간 칠한 판유리제 바닥판 위에 놓여진 몰드에 채운 후 페이스트가 몰드에 가득 차게 하고 윗면을 매끄럽게 한다.

④ 부착한 플런저로 비카장치의 눈금을 교정한 후 이 플런저를 아래로 향하게 하고 바닥판을 올려 사용할 수 있도록 하며, 눈금이 0을 가리키게 지침을 조정한 후 플런저를 시험할 수 있는 위치에 놓는다.

⑤ 시험체의 면을 평평하게 한 즉시 몰드와 바닥판을 비카장치로 옮겨 시험체를 플런저 한가운데 놓은 후 플런저를 1~2초간 그 위치에 고정한다.

⑥ 플런저의 작동은 4분 후에 실시하며 플런저와 바닥판의 거리가 6±1mm가 될 때까지 반복하여 실시하며, 이때 페이스트의 물 함량을 0.5% 단위까지 기록하여 표준 주도의 물 함량으로 한다. 이 표준 주도를 얻을 때까지 물의 양을 변경하여 시험반죽을 만든다.

⑦ 시험을 위해 부착시킨 초결 침으로 비카장치의 눈금을 교정한 후 바늘을 아래로 향하게 바닥판에 놓으며 활동부를 빨리 작동시켜 초결 침이 페이스트를 수직으로 침입하게 한다. 10분 간격으로 동일한 시료에 대한 침입시험을 반복하며 바닥판과 거리가 4±1mm가 될 때를 시멘트의 초결시간으로 삼고 5분 단위로 측정한다.

⑧ 초결시험에 사용한 페이스트 면을 바닥판에 뒤집어 놓고 바닥판과 접촉하는 시료면에서 종결시험을 한다. 침입도를 쉽고 정확하게 관찰하기 위하여 종결침을 사용하며 침이 시료를 0.5mm 관통하였을 때를 종결시간으로 한다.

5) 시험결과 예

응결시간 시험결과의 예는 표 2.8과 같다.

표 2.8 시멘트의 응결시간 시험

<table>
<tr><th colspan="3">시험값</th><th colspan="2">계 산</th><th>결 과</th><th>관련규격</th></tr>
<tr><td>1</td><td>성형</td><td>(0 : 00)</td><td rowspan="2">초결
(min)</td><td rowspan="2">140</td><td rowspan="2">초결
140(min)</td><td rowspan="3">KS L 5108
ISO 9597
(응결시험)</td></tr>
<tr><td>2</td><td>바닥판과의 거리(mm)</td><td>4.3 (02 : 20)</td></tr>
<tr><td>3</td><td>침입깊이(mm)</td><td>0.5 (04 : 15)</td><td>종결
(min)</td><td>255</td><td>종결
255(min)</td></tr>
</table>

6) 주의사항

① 침입도 시험을 할 동안 모든 장치를 움직이지 않도록 하며 1mm침은 정확히 일직선에 위치하는지 확인하고 침에 붙은 시멘트는 잘 닦아서 깨끗이 보관한다.

② 응결시간의 측정은 ISO 9597(Cements-Test methods-Determination of setting time and soundness)과 KS L 5108의 시험방법에 준용하며, 두 규격간의 차이점이 있으므로 이를 숙지한 후 시험을 실시하며 되도록 국제규격을 이용한다.

2.2.6 시멘트의 압축강도 시험방법
(Testing method for compressive strength of hydraulic cement)

1) 시험목적 및 관련규격

강도시험은 시멘트의 품질과 더불어 콘크리트의 배합설계에 필요하며 표준사를 사용하여 시험체를 제작하며, 각 재령별로 강도의 증가를 측정하며 KS L 5104(수경성 시멘트 모르타르의 인장강도 시험방법), KS L 5105(수경성 시멘트모르타르의 압축강도 시험방법), KS L ISO 679(시멘트의 강도 시험방법(2009년 1월 적용))에 의해 실시한다. 본 절에서는 KS L 5105의 압축강도 시험방법에 대해 알아보기로 한다.

2) 사용기기

① 모르타르 강도시험용 시험기

② 성형 틀

50×50×50mm의 견고하게 제작된 입방 성형 틀

③ 모르타르 혼합기, 플로테이블, 저울, 메스실린더, 표준체 등

3) 시료준비

① 측정용 시멘트

② 주문진산 표준사

4) 시험방법

① 표준 모르타르의 배합은 시멘트와 표준사를 1 : 2.45 무게비로 섞은 후 혼합수의 양은 포틀랜드시멘트는 사용 시멘트 무게의 48.5%로 하며 플로가 110±5가 될만한 양으로 혼합하여 반죽한다.

② 모르타르를 약 25mm 두께의 층으로 하여 틀 안에 넣고 탬퍼로 20번 찧는다. 압력은 틀에 균일하게 차는데 충분하도록 하며 모르타르로 다시 채우고 처음 층에

서와 같이 찧는다. 테이블을 15초 동안에 25회, 12.7mm의 높이로 낙하 시킨 후 4개의 지름을 측정하여 백분율로 표시하고 규정된 플로를 얻을 때까지 시험 모르타르를 만든다.

③ 플로시험이 끝나는 즉시 혼합용기에 넣고 전 배치를 보통 속도로 15초간 반죽한다. 처음 반죽이 끝난 후 135초 이내에 시험체를 성형하며 두께 약 25mm 모르타르 층을 약 10초 동안 4바퀴로 32회 찧는다.

④ 모든 입방체에 대하여 제 1층의 찧기를 끝내고 모든 칸에 나머지의 모르타르를 채우고 제 1층에서 규정한 대로 다지며 성형 틀에 균일하게 차도록 한다.

⑤ 성형이 끝난 후 시험체는 습기함이나 습기실에 20~24시간 보관하며 24시간 이전에 시험체는 24시간이 될 때까지 습기함이나 습기실에 보관하고 24시간 시험을 할 때만 제외하고 시험체를 23±2℃ 온도의 저장조에 잠기도록 한다.

⑥ 각 시험체는 표면건조상태가 되도록 하며 시험기의 지지블록과 접촉할 면에 붙어 있는 모래알이나 다른 부착물을 없게 한다.

⑦ 하중은 틀의 정확한 평면과 접촉하는 시험체의 면에 대해 부하하며 시험체는 윗부분 지지블록의 중심에 맞추도록 주의한다.

⑧ 예측하는 최대하중이 13kN 이상인 시험체에 대해서는 예측하는 초기부하의 1/2까지 임의의 속도로 하며 13kN 이하인 시험체의 하중부하속도는 그 나머지 하중을 끊임없이 가하여 파괴되도록 한다.

⑨ 시험기가 나타낸 하중을 기록하고 하중을 단면적으로 나누어 압축강도 MPa로 계산한다.

⑩ 명백한 불안전 시험체 또는 같은 시료, 같은 시간에 시험한 시험체 중 평균값보다 10% 이상 강도차가 있는 시험체는 압축강도 계산에서 제외한다.

5) 시험결과 예

시멘트의 압축강도 시험결과의 예는 표 2.9와 같다.

표 2.9 시멘트의 압축강도 시험

<table>
<tr><th colspan="3">시험값</th><th colspan="2">계 산</th><th>결 과</th><th>관련규격</th></tr>
<tr><td>1</td><td>직경(mm)</td><td>50</td><td rowspan="2">압축강도
(MPa)</td><td rowspan="2">최대하중/단면적
91,091/2,500=36.4
(28일) 36.4, 35.2, 35.8</td><td rowspan="4">35.8
(MPa)</td><td rowspan="4">KS L 5105
(압축강도)</td></tr>
<tr><td>2</td><td>높이(mm)</td><td>50</td></tr>
<tr><td>3</td><td>단면적(㎟)</td><td>2,500</td><td rowspan="2">평균
압축강도
(MPa)</td><td rowspan="2">35.8</td></tr>
<tr><td>4</td><td>최대하중
(N)(28일)</td><td>91,091, 88,111,
89,701</td></tr>
</table>

6) 주의사항

① 시험체의 형태나 편심의 정도에 따라 강도편차가 크게 발생하므로 불안전 시험체 및 강도편차가 현저한 시험체는 계산에서 제외한다.

② 시험결과에 중대한 영향을 미치지 않는 경우 대안적 방법의 사용도 허용되나 애매한 경우 국제규격에서 기술된 절차만을 사용하며 2009년 이후는 KS L ISO679의 강도시험방법에 준하여 측정한다.

2.2.7 시멘트의 수용성 6가크롬(크로뮴) 분석방법

(Testing method for soluble hexavalent chromium of hydraulic cement)

1) 시험목적 및 관련규격

시멘트의 제조는 천연의 석회석, 점토, 규석 등의 주원·연료가 사용되지만 부원료로서 슬래그류 및 부연료로서 폐타이어와 폐플라스틱 등이 재활용 측면과 연료비 절약을 위해 이용되는데 천연 원료, 연료, 부산물, 폐기물 중에는 시멘트의 주요 구성성분 이외도 기타 중금속이 포함될 수 있다. 시멘트중의 수용성 6가크롬 분석방법은 KS에 규정되어 있지는 않으나 관련협회에서 분석방법을 정하여 관리하고 있다.

2) 사용기기

① 광전광도계 또는 광전분광광도계

② 삼각플라스크, 메스플라스크, 여과지(5B 정량용), 피펫, 비커 등

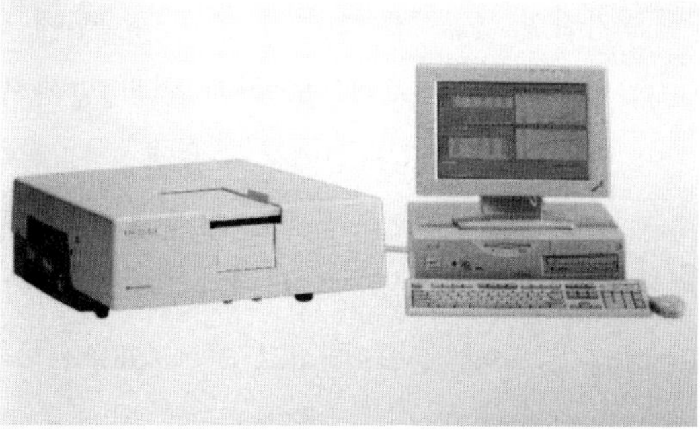

그림 2.5 광전분광광도계

3) 시료준비

(1) 측정용 시멘트

(2) 시약

① 크롬표준원액(0.5mg Cr/*ml*)

중크롬산칼륨 1.42g을 물에 녹인 후 1L의 메스플라스크에 넣고 표준선까지 첨가한다.

② 크롬표준용액(5μg Cr/*ml*)

크롬표준원액(0.5mg Cr/㎖) 10㎖를 정확하게 측량해서 1L의 메스플라스크에 넣고, 물을 표준선까지 첨가한다.

③ 황산

④ 디페닐카바지드 용액(1w/v%)

디페닐카바지드 0.5g을 아세톤 25㎖에 녹이고 물 25㎖를 첨가한다.

⑤ 에틸알코올(99.5 v/v%)

4) 시험방법

① 시료 약 1g을 0.1mg까지 정확하게 측량하여 삼각플라스크(200㎖)에 넣은 후 물 100㎖를 피펫을 이용하여 넣는다. 이후 삼각플라스크를 밀봉하고 10분간 섞은 후 즉시 여과지로 여과하고 여액을 시료 원액으로 한다.

② 시료용액으로부터 25㎖를 피펫으로 50㎖의 메스플라스크에 담아 황산 0.6㎖를 첨가하여 흔들어 섞은 후, 실온에서 냉각시킨 후 여기에 디페닐카바지드 용액(1w/v%) 1.0㎖를 첨가하며, 물을 표선까지 첨가하여 5분 후에 그 중 일부를 흡수셀(10mm)로 옮겨 540nm에서 흡광도를 측정한다.

③ 별도의 비커(100㎖)에 처음 채취한 시료원액과 동량을 취해 황산 0.6㎖ 및 에틸알코올 1~3㎖를 넣고 10~15분간 끓여 크롬산을 환원시킨다. 그 용액을 실온에서 냉각시켜 50㎖의 메스플라스크에 옮겨 담고, 여기에 디페닐카바지드용액 1.0㎖를 첨가하며 물을 표준선까지 넣고 5분 후에 그 일부를 흡수셀(10mm)에 옮긴다.

④ 이 용액을 대조액으로 하여 먼저 발색시킨 용액의 흡광도를 파장 540nm 부근에서 측정하여 검량선에서 수용액 6가크롬을 구한다.

⑤ 50㎖ 메스플라스크에 크롬표준액 0~10㎖를 단계적으로 취하여 황산 0.6㎖를 넣고 흔들어 섞고 실온에서 냉각시킨다. 여기에 디페닐카바지드 용액(1w/v%) 1.0㎖를 넣어 즉시 흔들어 섞고 물을 표준선까지 붓는다. 5분 후에 그 일부를 흡수셀(10mm)로 옮긴 후 파장 540nm 부근에서 물을 대조액으로 흡광도를 측정하고 검량선을 작성한다.

5) 시험결과 예

시멘트의 6가크롬 시험결과의 예는 표 2.10과 같다.

표 2.10 시멘트의 6가크롬 시험

시험값	계 산	결 과	관련규격

6) 주의사항

(1) 수용성 6가크롬의 함량이 낮은 경우에는 분취량을 늘리는 등의 조작을 한다.

(2) 발색시의 액체의 온도는 15~25℃가 바람직하다.

2.3 골 재

2.3.1 골재 종류와 품질규격(Aggregate type and quality of standard)

1) 개요

모르타르 혹은 콘크리트를 만들기 위해 시멘트와 물과 함께 섞는 모래, 자갈 등의 재료를 골재라 한다. 골재는 주로 경제적인 이유로 시멘트페이스트와 혼합되는 단순한 충전재로만 생각되어 왔으나, 시점을 바꿔보면 골재는 조적구조와 같이 시멘트페이스트에 의해 일체화 되는 건축재료로도 생각할 수 있다. 그러므로 골재는 단순한 충전재가 아니라 그 물리적 성질, 열적성질 혹은 화학적 성질은 콘크리트의 품질에 큰 영향을 미칠 수 있다. 그리고 골재는 콘크리트에서 용적의 65~85% 정도를 차지하는데 시멘트보다 가격이 저렴하여 골재를 가능한 한 많이 시멘트는 가능한 한 적게 사용하는 것이 경제적이다. 그러나 골재를 사용하는 것은 경제적인 이유뿐만 아니라 골재를 사용함으로써 시멘트페이스트만의 경우보다 용적변화가 적고 내구성이 좋아지는 것과 같은 상당히 기술적인 장점이 콘크리트에 주어진다.

골재의 성질은 콘크리트의 굳기 전·후의 물성에 큰 영향을 미친다. 따라서 골재가 구비해야 되는 성질, 성능은 콘크리트의 요구성능과 밀접한 관련을 가지게 된다. 콘크리트용 골재가 가지는 중요한 역할로는, 우선 굳기 전의 콘크리트의 작업성을 양호하게 하고 굳은 후에는 시멘트 페이스트와 완전히 밀착하여 구조물의 강도와 내구성, 수밀성을 소정의 내구연한까지 보전시켜야 함과 동시에 페이스트의 건조수축을 완화시켜야 한다. 따라서 골재는 큰 것과 작은 것이 적당히 혼합된 입도조성을 가지면서, 깨끗하고 단단하며 내구적인 것이고 유해한 흙, 점토, 유기불순물이 포함되지 않으며 경화페이스트의 강도보다 높은 강도를 가져야만 한다.

2) 골재의 분류

(1) 생산방식에 따른 분류

① 천연골재 : 천연작용에 의해 생긴 모래나 자갈

② 인공골재 : 천연의 암석을 파쇄하여 만듦(쇄석, 쇄사)

③ 부산골재 : 각종의 슬래그

④ 재생골재 : 경화된 콘크리트를 깨뜨려 만든 골재

(2) 채취장소에 따른 분류

강자갈, 강모래, 육지자갈, 육지모래, 산자갈, 산모래, 바닷자갈, 바닷모래, 화산암 모두 천연골재로서 취급함.

그림 2.6 하천골재(천연골재)

그림 2.7 쇄석(인공골재)

(3) 크기에 따른 분류

① 잔골재 : 잔골재는 10mm체를 전부 통과하고 5mm체를 질량으로 85% 이상 통과하는 골재

② 굵은골재 : 5mm체에 질량으로 85% 이상 남는 골재

(4) 밀도에 따른 분류(g/㎤)

① 보통골재 : 밀도가 2.6 전후(일반적인 강자갈과 쇄석의 밀도)

② 중량골재 : 보통골재보다 무거운 것

③ 경량골재 : 2.0 이하

④ 초경량 골재 : 펄라이트와 같이 특별이 가벼운 골재

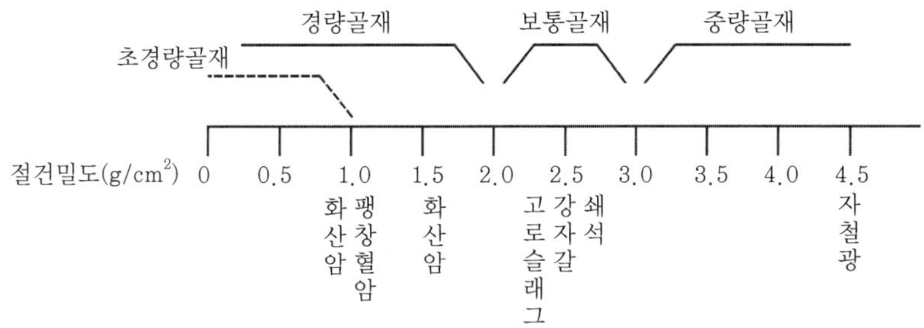

그림 2.8 밀도에 따른 분류

(5) 용도에 따른 분류

① 구조용 골재

② 비구조용 골재

③ 사용목적별(콘크리트용 골재, 도로용 골재)

3) 콘크리트와 관계되는 골재의 성질

(1) 내구성

(동결융해 저항성, 습윤건조 저항성, 온도변화 저항성, 마모 저항성, 알칼리골재 반응 저항성)

① 안정성, 공극률, 공극구조, 투수성, 포수 정도, 인장강도, 탄성계수, 점토의 존재

② 선팽창계수

③ 경도

④ 특수 실리카질 성분의 존재 유무

(2) 강도

강도, 표면의 조활, 청정, 입형, 최대치수

(3) 수축

탄성계수, 입형, 입도, 최대치수, 청정여부, 점토 존재

(4) 선팽창계수

(5) 열팽창계수

(6) 비열

(7) 단위용적질량

밀도, 입형, 입도, 최대치수, 함수량

(8) 탄성계수

탄성계수, 푸아송비

(9) 경제성

입형, 입도, 최대치수, 제조공정 생산량, 공급의 난이도

4) 콘크리트용 골재로서 갖추어야 될 조건(요구성능)

① 물리적으로 안정할 것
골재는 열이나 기상작용에 대해 안정해야 한다.

② 화학적으로 안정할 것
시멘트는 강알칼리성 물질이므로 이것에 대해 불안정한 것은 사용할 수 없다.

③ 유해물질을 함유하지 않아야 할 것
시멘트의 경화 즉, 수화반응에 유해한 물질(유기불순물, 특수한 염류 등)이 포함되지 않아야 한다.

④ 치밀하고 단단해야 할 것
골재의 강도는 콘크리트 중의 경화 시멘트페이스트의 강도 이상이어야 한다.

⑤ 입형이 둥글어야 할 것
골재입자의 형상은 납작하거나, 각이 지거나, 가늘고 긴 모양보다는 구형에 가까운 다면체 형상이 좋다.

⑥ 입도가 적절해야 할 것
콘크리트용 골재는 크고 작은 입자가 적당히 섞여 있어야 한다.

⑦ 시멘트페이스트와 부착력이 큰 표면조직을 가질 것

⑧ 소정의 밀도를 가질 것

⑨ 내화적일 것

⑩ 같은 종류의 골재로서 품질의 편차가 적을 것

5) 골재의 함수상태

골재는 콘크리트로 혼합할 때 물과 접촉하므로 건조해 있으면 물을 내부로 흡수하게

되어 굳지 않은 콘크리트의 워커빌리티나 슬럼프, 굳은 콘크리트의 강도, 내구성 등에 영향을 주게 된다. 그러므로 콘크리트의 성질을 고려하여 정해진 물성의 콘크리트를 만들기 위해서는 골재에 흡수된 물의 양을 파악하여 배합설계 시에 고려해 주어야만 한다. 따라서 콘크리트를 제조할 때에는 골재가 어느 정도의 물을 가지고 있는지 정확히 파악하여야하며, 이것은 양질의 콘크리트를 만들기 위해 극히 중요한 요소가 된다.

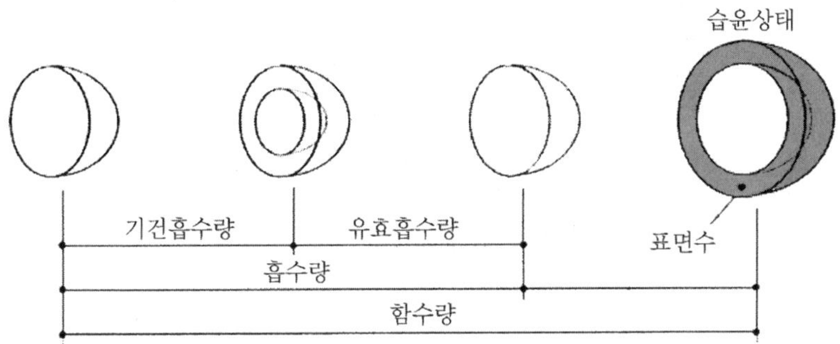

그림 2.9 골재의 함수상태

① 절대건조상태(절건상태) ; Oven dry condition
골재 내부의 공극에 포함된 물이 완전히 제거된 상태

② 공기 중 건조상태(기건상태) ; Room dry condition
공기 중에 상당기간 방치된 상태의 골재로 표면은 건조되어 있지만 내부에 어느 정도의 수분을 포함한 상태

③ 표면건조 내부포수상태(표건상태) ; Saturated surface dry condition
골재입자의 표면은 건조되어 있으나 골재 내부의 공극은 물이 가득 차 있는 상태

④ 습윤상태 ; Wet condition
골재 내부의 공극이 물로 가득 차 있고 표면까지 물이 부착되어 있는 상태

2.3.2 골재 시험방법 종류(Aggregate test method type)

표 2.11 골재 시험방법 종류

번호	규격 번호	실험명
1	KS F 2502	굵은골재 및 잔골재의 체가름 시험방법
2	KS F 2504	잔골재의 밀도 및 흡수율 시험방법
3	KS F 2503	굵은골재의 밎도 및 흡수율 시험방법
4	KS F 2509	잔골재의 표면수 시험방법

번호	규격 번호	실험명
5	KS F 2505	골재의 단위용적질량 및 실적률 시험방법
6	KS F 2510	콘크리트용 모래에 포함되어 있는 유기불순물 시험방법
7	KS F 2514	모르타르 압축강도에 의한 유기불순물을 함유한 잔골재 시험방법
8	KS F 2515	골재 중의 염화물 함유량 시험방법
9	KS F 2512	골재 중에 함유되는 점토 덩어리 양의 시험방법
10	KS F 2508	로스앤젤레스 시험기에 의한 굵은골재의 마모 시험방법
11	JIS A 1102	골재의 체가름 시험
12	JIS A 1109	잔골재의 밀도 및 흡수율 시험
13	JIS A 1100	굵은골재의 밀도 및 흡수율 시험
14	JIS A 1111	잔골재의 표면수율 시험
15	JIS A 1104	골재의 단위용적질량 및 실적률 시험
16	JIS A 1105	잔골재의 유기불순물 시험
17	JIS A 1103	골재의 미립분양 시험
18	JIS A 1121	굵은골재의 마모감량 시험

2.3.3 골재 체가름 시험
(Standard test method for sieve analysis of fine aggregates)

1) 시험목적 및 관련규격

(1) 시험목적

각 체에 잔류한 골재의 질량을 측정하여 입도곡선과 조립률을 구한다.

(2) 관련규격

ISO 6274 (Concrete-Sieve Analysis of Aggregates)

KS A 3251-1 (데이터의 통계적인 해석 방법 - 제1부)

KS A 5101 (시험용 체)

KS F 2502 (굵은골재 및 잔골재의 체가름 시험방법)

KS F 2523 (골재에 관한 용어의 정의)

2) 사용기기

① 체진동기

② 저울(시료 무게의 0.1% 이상의 정밀도를 가진 것)

③ 표준체(호칭치수 0.075mm, 0.15mm, 0.3mm, 0.6mm, 1.2mm, 2.5mm, 5mm, 10mm, 15mm, 20mm, 25mm, 30mm, 40mm, 50mm, 65mm, 75mm, 100mm)

④ 건조기(105±5℃의 온도 유지 가능한 것)

3) 시료준비

대표적인 시료를 사분법 또는 시료분취기에 의해 채취하고 건조 후 아래의 질량을 준비한다. KS규준의 경우 시료의 양은 잔골재에 대하여 원 국제규격(ISO)의 약 1/2배로 하였다.

표 2.12 시료의 양

	KS·JIS	ISO
잔골재 1.2mm 이하 (1.2mm체를 95%(무게비) 이상 통과하는 것)	100g	240g
잔골재 2.5mm 이하 (1.2mm체에 5%(무게비) 이상 걸리는 것)	500g	500g
잔골재 5.0mm 이하	–	1kg
굵은골재의 최대치수 10mm	1.0kg	2kg
굵은골재의 최대치수 15mm	2.5kg	3kg
굵은골재의 최대치수 20mm	5.0kg	4kg
굵은골재의 최대치수 25mm	10kg	5kg
굵은골재의 최대치수 40mm	15kg	8kg
굵은골재의 최대치수 50mm	20kg	10kg
굵은골재의 최대치수60mm	25kg	12kg
굵은골재의 최대치수 80mm	30kg	16kg
굵은골재의 최대치수 100mm	35kg	20kg

4) 시험방법

① 3.3.3의 시료를 0.1% 이상의 정밀도로 측정한다. 현장에서 시험하는 경우에는 시료의 정밀도를 0.5% 이상으로 측정하도록 한다.

② 시료는 골재 체가름 시험의 목적에 맞는 조합망체를 사용하여 체가름한다.

③ 잔골재(가열 골재 포함) 및 부순 잔골재는 75㎛ 체를 통과하는 양을 사전에 KS F 2511에 따라 측정하고, 잔골재 체가름 시험의 시료는 씻기 시험 후 잔류분(로건조 후)으로 시험한다.

④ 체가름은 수동 또는 기계에 의하여 체에 상하운동 및 수평운동을 주고 시료를 흔들어 시료가 끊임없이 체면에 균등하게 운동하도록 하고, 1분간 각체를 통과하는 것이 전 시료질량의 0.1% 이하로 될 때까지 작업을 한다.

⑤ 체 눈에 막힌 알갱이는 파쇄되지 않도록 주의하면서 되밀어 체에 남은 시료로 간주한다. 어떤 골재에서나 손으로 밀어서 무리하게 체를 통과시켜서는 안 된다. 다만, 큰 입자는 손으로 놓도록 하고 방향을 바꾸어 개개의 구멍에 맞추어 통과하는 것은 체를 통과하는 시료로 간주한다.

⑥ 4.75mm보다 작은 체에서는 체 작업이 끝난 시점에서 각 체에 남은 것이 다음의 값을 넘어서는 안 된다.

$$m_r = \frac{A\sqrt{d}}{300}$$

여기에서, m_r : 각 체에 남은 것의 질량(g)

A : 체의 면적

d : 체의 호칭치수

⑦ 각 체에 남은 시료를 전 시료 질량의 0.1% 이상까지 정확하게 측정한다. 각 체에 남은 것과 받침접시 안의 것의 총합은 체가름 전에 측정한 시료질량과 1% 이상 달라서는 안 된다.

(a) 잔골재용

체 뚜껑
10mm
No. 4(5mm)
No. 8 (2.5mm)
No. 16 (1.2mm)
No. 30 (0.6mm)
No. 50 (0.3mm)
No.100 (0.15mm)
접 시

(b) 굵은골재용

체 뚜껑
50mm
40mm
30mm
20mm
15mm
10mm
5mm
접 시

그림 2.10 체가름 시험시 표준체 순서

5) 시험결과의 계산방법과 정리

① 시험은 2회 이상 실시하고 평균치를 구한다.

② 각 체에 잔류하는 질량은 전체질량에 대하여 백분율로 나타낸다. 백분율의 표시는 이것에 가장 가까운 정수로 한다.

③ 결과의 표로부터 굵은골재의 최대치수(25mm), 조립률(F.M.)을 구한다.

6) 시험결과 예

표 2.13 체가름 시험결과의 예

잔골재 체가름 시험						
시 험 일	년 월 일 요일 날씨					
시험조건	실온 (℃)			습도 (%)		
시 료	채취장소		채취날짜		채취자	
체 크기 (mm)	잔골재			굵은골재		
	누가잔류량 (g)	누가잔류율 (%)	통과율 (%)	누가잔류량 (g)	누가잔류율 (%)	통과율 (%)
40	–	–	–	0	0	100
30	–	–	–	210	2	98
25	–	–	–	940	9	91
20	–	–	–	3500	35	65
15	–	–	–	5080	50	50
10	0	0	100	7630	76	54
5	9	2	98	9585	96	4
2.5	73	14	86	10000	100	0
1.2	128	26	74	–	100	–
0.6	301	60	40	–	100	–
0.3	413	83	17	–	100	–
0.15	482	96	4	–	100	–
접시	500	100	0	–	–	–

고 찰

〈잔골재의 조립률〉

$$FM = \frac{96+93+60+26+14+2}{100} = 2.81$$

〈굵은골재의 조립률〉

$$FM = \frac{500+96+76+35+0}{100} = 7.07$$

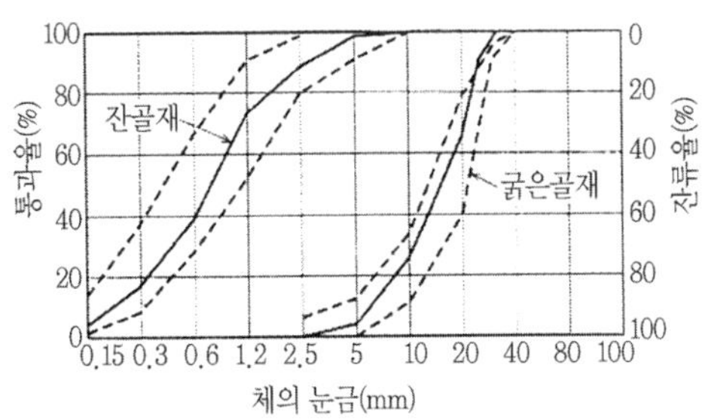

〈체가름 곡선〉

실험자	소속		성 명	□□
검 인	년 월 일		성 명	□□

7) 결과의 이용

콘크리트용 골재로서 공사 사용의 적부와 혼합골재의 적당한 비율의 결정 등에 이용한다.

① 배합설계에 필요한 입도를 조사한다.

② 입도조정 공법에 의한 노반재료의 적부를 조사한다.

8) 주의사항

① 시료는 시험할 재료로부터 4분법이나 시료 분취기를 사용하여 필요한 양만큼 채취하여야 한다.

② 체가름 중에 분쇄될 가능성이 있다고 판단되는 골재는 기계로 체가름하여야 한다.

③ 체가름할 때에 체 눈에 끼인 인자는 분쇄되지 않도록 주의하면서 다시 빼고 체에 걸린 시료로 간주한다.

④ 체가름 계량결과는 시료 전체무게에 대한 백분율로 소수점 이하 첫째 자리까지 계산하여 정수로 끝맺음한다.

9) 참고사항

표 2.14 체의 호칭번호와 호칭치수에 대한 체 눈의 크기(mm)

잔골재용	공칭치수	0.15	0.3	0.6	1.2	2.5	5	10
	체눈크기	0.146	0.297	0.59	1.19	2.38	4.76	9.52
굵은골재용	공칭치수	10	15	20	25	30	40	50
	체눈크기	9.52	15.9	19.1	25.4	31.7	38.1	50.8

표 2.15 보통 골재의 표준입도 (KASS 표 05010.5)

골재의 최대치수 (mm) \ 체의 공칭치수(mm)		굵은골재			잔골재
		40	25	20	
체를 통과하는 질량 백분율(%)	50	100	–	–	–
	40	95~100	100	–	–
	25	–	95~100	100	–
	20	35~70	–	90~10	–
	15	–	25~60	–	–
	10	10~30	–	20~55	100
	5	0~5	0~10	0~10	95~100
	2.5	–	0~5	0~5	80~100
	1.2	–	–	–	50~85
	0.6	–	–	–	25~60
	0.3	–	–	–	10~30
	0.15	–	–	–	2~10

2.3.4 잔골재 밀도 및 흡수율 시험
(Testing method for density and absorpt of fine agregates)

1) 시험목적 및 관련규격

(1) 시험목적

잔골재의 밀도로부터 잔골재 강도, 내구성의 정도를 판단한다.

(2) 관련 규격

KS F 2504 (잔골재 비중 및 흡수율 시험)

KS A 0021 (수치의 맺음법)

KS F 2523 (골재에 관한 용어의 정의)

2) 사용기기

① 저울

(감도 0.1g으로 용량 2kg 이상 및 감도 0.1mg 이상으로 용량 200g 이상)

② 플라스크 500*ml*

③ 표건상태 측정용 플로우 콘 및 다짐봉

④ 건조기(110℃ 유지 가능한 것)

⑤ 피펫 2*ml*

⑥ 드라이어
⑦ 깔때기
⑧ 항온수조(20±2℃)

그림 2.11 원뿔형 몰드와 다짐봉

3) 시료준비

4분법 등에 의해 대표적인 잔골재 약 2㎏(2회분)을 채취하고 24시간 흡수시켜 둔다. 수온은 20±5℃에서 최소한 20시간 이상 유지하도록 한다.

① 드라이어로 시료를 건조한다.
② 잔골재를 플로우 콘에 다지는 일이 없이 서서히 넣은 다음, 윗면을 평평하게 한 후, 힘을 가하지 않고 다짐봉으로 25회 가볍게 다진다. 다짐한 후 남아있는 공간을 다시 가득 채워서는 안 된다.

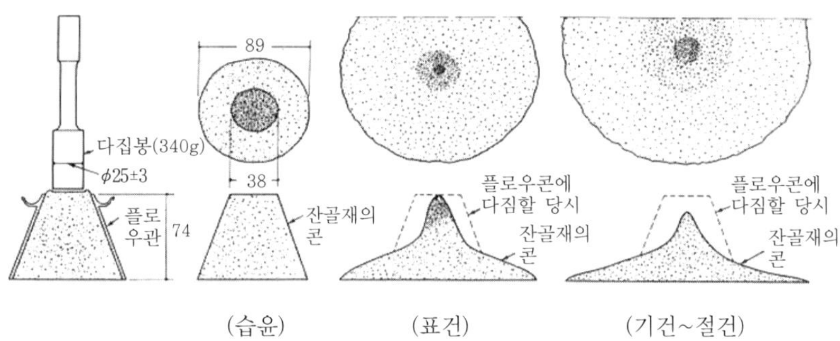

그림 2.12 잔골재의 표건상태의 분간법

4) 시험방법

① 표건시료의 질량 500(g)을 측정한다.
② 표건시료와 물을 플라스크에 넣고 공기를 빼낸 후, 검정선까지 정확히 물을 보급한다.
③ 표건시료, 물, 플라스크의 전 질량 C(g)를 측정한다.
④ 시료를 105±5℃로 항량이 될 때까지 건조하여 절건질량 A(g)를 측정한다.
⑤ 물로 채운 플라스크의 질량 B(g)를 측정한다.

5) 시험결과의 정리

잔골재의 밀도와 흡수율은 다음 식에 따라 계산한다.

$$표건밀도\,(d_s) = \frac{m}{B+m-C} \times P_w \ (g/cm^3)$$

$$절건밀도\,(d_d) = \frac{A}{B+m-C} \times P_w \ (g/cm^3)$$

$$흡\ 수\ 율\,(Q) = \frac{m-A}{A} \times 100 \ (\%)$$

여기에서, m : 표면건조 상태의 시료질량(g)

A : 절대건조상태의 시료질량(g)

B : 검정된 용량을 나타낸 눈금까지 물을 채운 플라스크의 질량(g)

C : 시료와 물로 검정된 용량을 나타낸 눈금까지 채운 플라스크의 질량(g)

P_w : 시험온도에서 물의 밀도(g/㎤)

P_w는 순수한 물의 밀도는 15℃에서 0.999g/㎤, 20℃에서 0.9982g/㎤, 25℃에서 0.997g/㎤이다.

결과는 2회 이상 시험한 값의 평균값으로 한다.

6) 시험결과 예

표 2.16 잔골재 밀도 및 흡수율 시험결과의 예

잔골재의 밀도 및 흡수량 시험				
시 험 일	년 월 일 요일 날씨			
시 험 조 건	실온 (℃)	습도 (%)	수온 (℃)	건조온도 (℃)
시 료	채취장소	채취날짜	채 취 자	
측 정 번 호			1	2
① 빈 플라스크의 질량	(g)		177.5	177.5
② 시료의 질량(표건상태) m	(g)		500	500
③ (플라스크)+(물)의 질량 B	(g)		677.5	677.5
④ (플라스크)+(물)+시료(①)의 질량 C	(g)		984.4	984.9
⑤ 물의 밀도 P_w	(g/㎤)		0.9982	0.9982
⑥ 잔골재의 표건 밀도 $d_s=\frac{m}{B+m-C}\times P_w$	(g/㎤)		2.584	2.591
⑦ 평균치로부터의 편차			0.007<0.01	
⑧ 평균치			2.59	
⑨ 건조된 시료의 질량 A	(g)		491.6	491.4
⑩ 잔골재의 절건밀도 $d_d=\frac{A}{B-m-C}\times P_w$	(g/㎤)		2.541	2.547
⑪ 평균치로부터의 편차	(g/㎤)		0.006<0.01	
⑫ 평균치			2.54	
⑬ 흡수율 $Q=\frac{m-A}{A}\times 100$			1.71	1.75
⑭ 평균치로부터의 편차			0.04<0.05	
⑮ 평균치			1.73	
실험자	소속		성명	□□
검인	년 월 일		성명	□□

7) 결과의 이용

잔골재의 흡수율과 밀도는 배합설계의 데이터에 이용한다.

① 잔골재의 밀도는 일반적으로 2.55~2.70 정도, 흡수율은 0.5~3.5% 정도

② 밀도는 평균치로부터의 편차를 나타내고 밀도시험의 경우는 1~5%, 흡수율시험의 경우는 0.55% 이하로 하여야 한다.

8) 주의사항

① 표건상태의 시료를 플로우 콘에 넣고 다질 때 시료의 표면을 다짐봉만의 질량으로 25회 가볍게 다진다.

② 시료를 플라스크에 넣기 전에 미리 물을 조금 넣어두면 플라스크가 깨질 염려가 없다.

③ 플로우 콘 시험은 반드시 골재에 약간의 표면수가 있을 경우에 해야 한다.

9) 참고사항

① 골재의 밀도라고 하는 것은 실제 밀도가 아니라 내부의 미세한 금과 표면이 가늘게 패인 것을 포함한 상태의 밀도를 말한다. 그래서 골재의 함수상태에 의해 밀도의 값이 바뀐다.

② 잔골재의 밀도는 표면건조 포화상태에 있어서의 골재의 밀도이며, 밀도가 큰 것은 일반적으로 강도가 크고 흡수율은 적으며 동결에 대한 내구성이 크다.

③ 골재의 채취장소 및 풍화의 정도에 따라 밀도와 흡수율에 변화가 생긴다.

④ 잔골재의 밀도는 보통 2.50~2.65g/㎤ 정도이고 흡수율은 암석의 종류에 따라 다르나 보통 1% 정도이다.

⑤ 흡수율이 3% 이상 되는 골재는 콘크리트의 강도나 내구성에 나쁜 영향을 끼친다.

표 2.17 잔골재의 밀도와 흡수율 일례

밀도(g/㎤)	흡수율(%)
2.50 이하	3.5 이하
2.50~2.65	1.5~3.5
2.65 이상	1.5 이하

2.3.5 굵은 골재의 밀도 및 흡수율 시험
(Testing method for density and absorption of coarse aggregates)

1) 시험목적 및 관련규격

(1) 시험목적

굵은골재의 밀도와 골재 내부의 공극 정도를 나타내는 흡수율을 구한다.

(2) 관련규격

KS F 2503 (굵은 골재의 밀도 및 흡수율 시험방법)

KS A 0021 (수치의 맺음법)

KS A 5101 (시험용 체)

KS F 2523(골재에 관한 용어의 정의)

2) 사용기기

① 저울 : 용량 5kg 이상, 감량 0.5g으로서 수중질량을 측정할 수 있는 것

② 철망태 : 직경 200mm, 높이 약 200mm, 눈금 5mm 이하

③ 수조

④ 건조기

⑤ 데시케이터

⑥ 시료 팬

⑦ 마른헝겊

그림 2.13 저울과 철망태

3) 시료준비

5mm의 체에 남는 굵은골재를 사분법 또는 시료분취기에 의해 필요한 양을 채취하고 시료를 물로 깨끗이 씻은 다음, 항량이 될 때까지 105±5℃의 온도로 건조시키고 1~3간 동안 실온으로 냉각시킨 뒤 24시간 동안 20±5℃의 물에 담근다.

표 2.18 밀도시험에 사용되는 시료의 질량

공칭 최대치수(mm)	시료의 최소질량(kg)
13 또는 그 이하	2
20	3
25	4
40	5
50	8
65	12
80	18
90	25
100	40
112	50
125	75
150	125

4) 시험방법

① 공기 중의 철망태의 질량 m_0(g)을 측정한다.

② 공기 중의 철망태과 시료의 질량 m_1'(g)를 측정한다.

③ 수중의 철망태의 질량 m_0'(g)를 측정한다.

④ 수중의 철망태과 시료의 질량 m_2'(g)을 측정한다.

⑤ 시료를 건조시키고 팬에 옮긴 후, 팬과 시료의 질량 m_3'(g)과 팬의 질량 m_0''(g)을 정하고 건조 후 시료의 질량 m_3을 구한다.

5) 시험결과 예

표 2.19 굵은골재의 밀도 및 흡수율 시험결과의 예

<table>
<tr><td colspan="6">굵은골재의 밀도 및 흡수율 시험</td></tr>
<tr><td>시 험 일</td><td colspan="5">년 월 일 요일 날씨</td></tr>
<tr><td rowspan="2">시 험 조 건</td><td>실온 (℃)</td><td>습도 (%)</td><td colspan="2">수온 (℃)</td><td>건조온도 (℃)</td></tr>
<tr><td></td><td></td><td colspan="2"></td><td></td></tr>
<tr><td rowspan="2">시 료</td><td>채취장소</td><td colspan="2">채취날짜</td><td colspan="2">채 취 자</td></tr>
<tr><td></td><td colspan="2"></td><td colspan="2"></td></tr>
<tr><td colspan="3">측 정 번 호</td><td colspan="2">1</td><td>2</td></tr>
<tr><td colspan="2">① 공기 중 철망태의 질량 m_0</td><td>(g)</td><td colspan="2">450.6</td><td>450.6</td></tr>
<tr><td colspan="2">② 공기 중 철망태와 시료의 질량 m_1'</td><td>(g)</td><td colspan="2">5450.6</td><td>5455.3</td></tr>
<tr><td colspan="2">③ 공기 중 시료의 질량 $m_1 = m_1' - m_0$</td><td>(g)</td><td colspan="2">5000.0</td><td>5004.7</td></tr>
<tr><td colspan="2">④ 수중의 철망태와 시료의 질량 m_2'</td><td>(g)</td><td colspan="2">3557.6</td><td>3556.4</td></tr>
<tr><td colspan="2">⑤ 수중의 철망태의 질량 m_0'</td><td>(g)</td><td colspan="2">440.5</td><td>440.5</td></tr>
<tr><td colspan="2">⑥ 수중의 시료의 질량 $m_2 = m_2' - m_0'$</td><td>(g)</td><td colspan="2">3117.1</td><td>3115.9</td></tr>
<tr><td colspan="2">⑦ 밀도 $\rho_g = \dfrac{m_1}{m_1 - m_2}$</td><td>(g/㎤)</td><td colspan="2">2655</td><td>2650</td></tr>
<tr><td colspan="3">⑧ 평균치로부터의 편차</td><td colspan="3">$0.0025 < 0.01$</td></tr>
<tr><td colspan="2">⑨ 밀도의 평균치 ρ_g</td><td>(g/㎤)</td><td colspan="3">2.65</td></tr>
<tr><td colspan="2">⑩ 건조 후 시료의 질량 m_3</td><td>(g)</td><td colspan="2">4926.1</td><td>4925.5</td></tr>
<tr><td colspan="2">⑪ 흡수율 $P = \dfrac{m_1 - m_3}{m_3} \times 100$</td><td>(%)</td><td colspan="2">1.504</td><td>1.512</td></tr>
<tr><td colspan="2">⑫ 평균치로부터의 편차</td><td>(%)</td><td colspan="3">$0.0055 < 0.03$</td></tr>
<tr><td colspan="2">⑬ 흡수율의 평균치</td><td>(%)</td><td colspan="3">1.51</td></tr>
<tr><td>실험자</td><td>소속</td><td colspan="2"></td><td>성명</td><td>□□</td></tr>
<tr><td>검 인</td><td colspan="3">년 월 일</td><td>성명</td><td>□□</td></tr>
</table>

6) 결과의 이용

배합설계의 경우, 단위굵은골재량과 단위수량의 계산에 사용한다.

① 굵은골재의 밀도는 일반적으로 2.55~2.70 정도, 흡수율은 0.5~3.5% 정도이다.
② 실험의 정밀도는 평균치로부터의 오차로서, 밀도시험의 경우는 0.01 이하, 흡수율 시험의 경우는 0.03% 이하로 하여야 한다.

7) 유의사항

① 시료의 표면건조포화상태 작업 중 골재 내부의 수분이 증발하지 않도록 주의해야 한다.
② 시료는 5mm체를 통과하는 것은 모두 버리고 물에 깨끗이 씻어야 한다. 그렇지 않으면 시험 중 철망태에서 빠져 오차가 생기기 쉽다.
③ 흡수율은 흡수시간과 온도에 따라 달라지므로, 흡수율을 계산할 때는 흡수시간과 시료의 온도를 알아두어야 한다.

8) 참고사항

① 일반적으로 굵은골재의 밀도라는 것은 표면건조포화상태에 있어서 골재알의 밀도를 말하는데, 밀도가 큰 것은 강도가 크고 흡수율은 적어 동결에 대한 내구성은 크다.
② 골재의 채취장소, 풍화의 정도에 따라 밀도, 흡수율에 변화가 생긴다.

표 2.20 보통골재의 품질

종류	절건밀도 (g/㎤)	흡수율 (%)	점토량 (%)	씻기시험에 의하여 손실되는 양 (%)	유기불순물	염화물(NaCl) (%)
굵은골재	2.5 이상	3.0 이하	0.25 이하	1.0 이하	–	–
잔 골 재	2.5 이상	3.5 이하	1.0 이하	3.0 이하	표준색보다 진하지 않은 것	0.04 이하

2.3.6 잔골재 표면수율 시험

(Methods of test for surface moisture in fine aggregate)

1) 시험목적 및 관련규격

(1) 시험목적

잔골재의 부착수량을 측정하고 표면수율을 구하여 배합설계에 이용한다.

(2) 관련규격

KS F 2509 (잔골재의 표면수 시험방법)

KS F 2504 (잔골재의 밀도 및 흡수율 시험방법)

KS F 2529 (구조용 경량 잔골재의 밀도 및 흡수율 시험방법)

2) 사용기기

① 저울

② 용기

3) 시료준비

잔골재 400g 이상

① 질량법 · 용적법의 시험에 대하여 각각 200g 이상 준비한다.

② 표면수율은 시료의 채취장소에 따라 다르기 때문에 대표적인 시료를 채취한다.

4) 시험방법

(1) 질량법

① 대표적인 시료 200g을 달아 채취한다. (m_1(g))

② 용기의 표시선까지 물을 채운 후, 물을 넣은 용기의 질량 m_2(g)를 측정한다.

③ 용기의 물을 따르고 시료를 침수시킬 수 있는 충분한 물을 용기 속에 넣는다.

④ 시료를 용기 속에 넣고 흔들거나 또는 휘저어서 시료 속의 기포를 제거한다. 그리고 용기의 표시된 부분까지 물을 넣고 용기, 시료 및 물의 합계 질량 m_3(g)을 측정한다.

(2) 용적법

① 대표적인 시료 200g을 달아 채취한다. (m_1(g))

② 시료를 충분히 침수시킬 수 있는 물의 양 $V_1(ml)$까지 측정하여 용기 속에 넣는다.

③ 준비된 시료를 용기 속에 넣은 후 흔들거나 또는 휘저어서 기포를 제거한 후, 시료와 물을 넣은 용적 $V_2(ml)$을 측정한다.

5) 결과의 정리

(1) 결과 계산

표 2.21 질량법과 용적법 결과의 계산

질량법	용적법
(1) $m = m_1 + m_2 - m_3$	(1) $V = V_2 - V_1$
(2) $m_3 = \frac{m_1}{d_3}$	(2) $V_3 = \frac{m_1}{d_3}$
(3) 표면수율 (H)	(3) 표면수율 (H)
$H = \frac{m - m_s}{m_1 - m} \times 100(\%)$	$H = \frac{V - V_s}{m_1 - V} \times 100(\%)$

(2) 골재의 표면수율

콘크리트 골재로서의 공사에의 사용 적부와 혼합골재의 적당한 비율의 결정 등에 이용한다.

표 2.22 골재의 표면수율

골재의 상태	표면수율(%)
젖은 자갈 또는 쇄석	1.5～2.0
심하게 젖어있는 모래 (손에 쥐어 손바닥이 젖는 정도)	5.0～8.0
보통 젖은 모래 (손에 쥐면 형태가 유지되고 손바닥에 약간 수분이 묻음)	2.0～4.0
젖은 모래 (손에 쥐어도 형태가 곧 흐트러지며 손바닥에 젖은 느낌)	0.5～2.0

※ 같은 정도의 표면수율로 보이는 경우에도 굵은 모래일수록 표면수율이 작다.

6) 시험결과 예

표 2.23 잔골재의 표면수율 질량법 및 용적법 계산결과의 예

<table>
<tr><td colspan="5">잔골재의 표면수율 질량법 및 용적법 계산</td></tr>
<tr><td>시 험 일</td><td colspan="4">년 월 일 요일 날씨</td></tr>
<tr><td rowspan="2">시 험 조 건</td><td>실온 (℃)</td><td>습도 (%)</td><td>수온 (℃)</td><td>건조온도 (℃)</td></tr>
<tr><td></td><td></td><td></td><td></td></tr>
<tr><td rowspan="2">시 료</td><td>채취장소</td><td>채취날짜</td><td>채 취 자</td><td>표건밀도</td></tr>
<tr><td></td><td></td><td></td><td></td></tr>
<tr><td colspan="3">측 정 번 호</td><td>1</td><td>2</td></tr>
<tr><td colspan="3">중 량 법</td><td colspan="2"></td></tr>
<tr><td colspan="3">① 시료의 질량 m_1 (g)</td><td>200.0</td><td>200.0</td></tr>
<tr><td colspan="3">② (표시선까지의 물)+(플라스크)의 질량 m_2 (g)</td><td>351.5</td><td>349.3</td></tr>
<tr><td colspan="3">③ (표시선까지의 물)+(플라스크)+(시료)의 질량 m_3 (g)</td><td>470.6</td><td>467.8</td></tr>
<tr><td colspan="3">④ 시료의 용적과 같은 물의 질량
$m=m_1+m_2-m_3$ (g)</td><td>80.9</td><td>81.5</td></tr>
<tr><td colspan="3">⑤ $m_s=\dfrac{m_1}{d_s}$ (g)</td><td>77.2</td><td>77.2</td></tr>
<tr><td colspan="3">⑥ 표면수율 $H=\dfrac{m-m_s}{m_1-m}\times 100$ (%)</td><td>3.01</td><td>3.50</td></tr>
<tr><td colspan="3">⑦ 평균치 (%) (%)</td><td colspan="2">0.25<0.3</td></tr>
<tr><td colspan="3">⑧ 평균치와의 차 (%) (%)</td><td colspan="2">3.26</td></tr>
<tr><td colspan="3">용적법</td><td colspan="2"></td></tr>
<tr><td colspan="3">① 시료의 질량 m_1 (g)</td><td>200.0</td><td>200.0</td></tr>
<tr><td colspan="3">② 시료에서 치환된 물의 양 V_1(mℓ) (mℓ)</td><td>154.8</td><td>155.0</td></tr>
<tr><td colspan="3">③ (시료)+(물)의 용적 V_2 (mℓ)</td><td>235.7</td><td>236.5</td></tr>
<tr><td colspan="3">④ $V=V_2-V_1$ (g)</td><td>80.9</td><td>81.5</td></tr>
<tr><td colspan="3">⑤ $V_d=\dfrac{m_1}{\rho_s}$ (g)</td><td>76.9</td><td>76.9</td></tr>
<tr><td colspan="3">⑥ 표면수율 $P=\dfrac{V-V_d}{m_1-V}\times 100$ (%)</td><td>3.36</td><td>3.88</td></tr>
<tr><td colspan="3">⑦ 평균치 (%)</td><td colspan="2">3.6</td></tr>
<tr><td colspan="3">⑧ 평균치와의 차 (%)</td><td colspan="2">0.24<0.3</td></tr>
<tr><td>실험자</td><td>소속</td><td></td><td>성명</td><td>□□</td></tr>
<tr><td>검 인</td><td colspan="2">년 월 일</td><td>성명</td><td>□□</td></tr>
</table>

7) 유의사항

① 표면수율은 시료의 채취장소에 따라 다르므로 여러 곳에 있는 골재에 대하여 시험한다.

② 시험은 동일 시료에 대하여 2회 행하고 그 오차가 0.3% 이하이어야 한다.

③ 시험의 정밀도는 잔골재의 표면건조포화상태의 밀도를 정확하게 측정하는 데 따라 좌우된다.

8) 참고사항

① 골재의 표면수란 골재의 표면에 붙어 있는 물을 말하며, 골재가 가지고 있는 물의 전 양에서 골재입자 속에 흡수되어 있는 물을 뺀 나머지 물을 말한다.

② 콘크리트의 배합설계는 골재의 표면건조포화상태를 기준으로 한다. 그러나 현장의 잔골재는 습윤상태에서 표면수를 가지고 있는 것이 보통이다. 이 표면수는 물 시멘트비에 영향을 미치게 된다.

③ 비슷한 표면수율로 보일 때도 굵은 모래일수록 표면수는 적다.

④ 시료의 크기와 용기의 치수만 정확하게 수정하면 같은 시험법으로 굵은골재의 표면수율 측정이 가능하다.

2.3.7 잔골재 중의 염화물이온 함유량 시험
(Testing method of chloride content in aggregate)

1) 시험목적 및 관련규격

(1) 시험목적

잔골재 중에 유해량의 염분이 함유되어 있는가를 시험하고 골재 사용의 적합 여부를 판단한다.

(2) 관련규격

KS F 2515 (골재 중의 염화물 함유량 시험방법)

KS F 2501 (골재의 시료 채취방법)

2) 사용기기

① 저울(감도 0.1g으로 용량 2kg 이상 및 감도 0.1mg 이상으로 용량 200g 이상)

② 비커 100*ml*

③ 삼각플라스크 100*ml*

④ 홀 피펫 50*ml*

⑤ dropping 피펫 2*ml*

⑥ 매스실린더 500*ml*

⑦ 건조기(110℃ 유지 가능한 것)

⑧ 뷰렛(갈색) 25*ml*

⑨ 유리막대

⑩ 데시케이터

⑪ 병(갈색) 1,500*ml*

⑫ 은박지 20×20cm

⑬ 매스플라스크(갈색) 100*ml*, 1000*ml*

3) 시료준비

(1) 0.1N 질산은 용액

질산은($AgNO_3$) 특급 시약을 110~150℃로 유지된 오븐 안에서 약 1시간 건조하고, 데시케이터에서 식힌 후 16.9873g을 정확히 달아 매스플라스크(1,000*ml*)에 넣고 소량의 증류수로 용해한 다음, 정확히 100*ml*가 되도록 증류수로 희석하여 유색 병에 보존한다.

(2) 5% 크롬산칼륨 용액

크롬산칼륨 시약(K2CrO_4) 5g을 매스플라스크(100*ml*)에 넣어 소량의 증류수로 용해한 다음, 100*ml*로 희석하여 시약 보존용 병에 보존한다.

4) 시험방법

① 채취한 골재를 잘 혼합하여 이 중 500g을 비커(1,000*ml*)에 취하고 105±5℃의 온도로 질량변화가 더 이상 없을 때까지 건조하여, 데시케이터에서 식힌 후 절대건조질량(W)를 구한다.

② 건조시킨 시료에, 증류수 C*ml*(500*ml*)를 가하여 3시간 후에 약 5분 간격으로 3회 이상 휘저어준 다음, 은박지로 덮고 부유물질이 침전하도록 놓아둔다.

③ 상등액 $C'ml$(평균 $50ml$)를 홀피펫으로 취하여 삼각 플라스크($100ml$)에 담고, 여기에 크롬산칼륨 용액 $1ml$를 피펫으로 첨가한 후 시험액을 휘저으면서 뷰렛에 채워둔 0.1N 질산은 용액을 한 방울씩 천천히 가한다.

④ 이때 용액의 색이 황색에서 적갈색으로 변하여 없어지지 않는 점을 종말점으로 하고, 소요된 질산은 용액의 양 (A)을 구한다.

⑤ 시험은 2회 이상 실시한다.

⑥ 바탕시험으로, 시험에 사용된 증류수 $50ml$에 크롬산칼륨 용액을 약 $1ml$ 가하고, 위의 방법에 따라 0.1N 질산은 용액으로 적정하여, 여기에 소요된 질산은 용액의 양 (B)을 구한다.

5) 염화물 함유량 계산

염화물 함유량은 다음 식에 따라 계산한다.

$$\text{염화물}(\%) = 0.00584 \times \frac{(A-B)10}{W} \times 100$$

여기에서, 염화물 : 염화나트륨(NaCl)으로 환산한 수치

0.00584 : 0.1N 질산은($AgNO_3$)용액 $1ml$의 염화나트륨(NaCl) 해당량

(다만 0.01N 질산은 용액 $1ml$의 염화나트륨 해당 양은 0.000584)

A : 시험에 사용된 0.1N 질산은($AgNO_3$) 용액 소비량(ml)

B : 바탕시험에 사용된 0.1N 질산은($AgNO_3$) 용액 소비량(ml)

C : 시료에 가한 물의 양(ml)

C' : 적정을 위해서 취한 물의 양(ml)

W : 추출에 사용된 잔골재의 절대건조질량(g)

결과는 2회 이상 시험한 값의 평균값으로 한다.

6) 결과의 이용

염화물 함유량에 의해 콘크리트용 잔골재로서의 적부판정에 이용하는 것이 가능하다. 시료에 함유된 염화물의 허용한도는 콘크리트표준시방서에 다음과 같이 규정되어 있다.

① 콘크리트 구조물의 종류

② 그 중요도

③ 환경조건

④ 기타에 의한 책임기술자가 정하는 것

7) 주의사항

① 용액을 보관하는 유리병을 선택할 때는 용기를 구성하고 있는 재료(안료나 그 밖의 부가물 포함)와 시약이 반응하거나 용기 벽을 통해 유출되는 일이 발생하여 시약의 농도가 변하지 않도록 주의를 기울여야 하며, 벽두께 0.50mm 이상인 고밀도 폴리에틸렌 용기가 적합하다.

② 침전이 가라앉지 않아 현탁한 상태로 있으면 이를 급속 여과지로 걸러 시험하거나, 경우에는 0.1N 질산은 용액 100㎖를 홀 피펫으로 취하여 매스플라스크에서 정확히 1,000㎖가 되도록 증류수로 희석한 것(0.1N $AgNO_3$)을 사용할 수 있다.

2.4 콘크리트

2.4.1 콘크리트 종류와 품질규격(Concrete type and Quality of standard)

1) 콘크리트의 분류

넓은 의미에서 콘크리트를 결합재의 종류에 따라 무기질 결합재, 유기질 결합재 및 유·무기질 결합재로 분류할 수 있으며 표 2.24에 나타낸 바와 같다.

한편, 건설교통부 제정 콘크리트표준시방서에 의하면 일반콘크리트, 레디믹스트콘크리트, 경량골재 콘크리트, 매스콘크리트, 한중콘크리트, 서중콘크리트, 수밀콘크리트, 유동화콘크리트, 고강도콘크리트, 수중콘크리트, 프리팩트콘크리트, 해양콘크리트, 팽창콘크리트, 숏크리트, 섬유보강 콘크리트, 방사선 차폐용 콘크리트, 강 콘크리트 합성구조, 공장제품 및 프리스트레스트 콘크리트로 구성되어 있다.

이들 콘크리트 이외에도 표 2.25에 나타낸 바와 같이 시멘트, 골재, 보강재, 공법 및 환경조건에 따라 분류할 수 있다.

표 2.24 결합재에 따른 콘크리트의 종류

결합재 구분	결합재 명칭	적요	콘크리트의 종류
무기질 결합재	시멘트류	포틀랜드시멘트, 혼합시멘트, 알루미나시멘트 등 규산염계 시멘트	시멘트콘크리트
	석회류	로만 시멘트(천연시멘트), 점토분을 포함한 불순석회의 소성소화물 또는 화산회, 암석풍화물 등과 활성규산염 또는 알루미나질과 소석회의 혼합물	석회콘크리트
	석고류	천연 및 부산물 석고와 이를 가공한 것	석고콘크리트
	유황	유황을 가열, 용융, 응고시킨 것	유황콘크리트
유기질 결합재	레진	천연 및 합성수지류(열경화성)로서 접착성이 높은 것	레진콘크리트
	아스팔트류	천연 아스팔트(rock asphalt, lake asphalt) 및 인공 아스팔트	아스팔트콘크리트
무기·유기질 결합재	폴리머시멘트	에멀션 또는 수용성 폴리머를 시멘트류에 가해서 사용	폴리머 시멘트콘크리트
	폴리머 함침	저점도 모노머를 고형체에 함침시켜 열 또는 방사선에 의하여 표면으로부터 고화시킨 것	폴리머 함침 콘크리트

표 2.25 특수재료, 특수보강재, 특수공법 및 특수 환경하의 콘크리트

구분	콘크리트종류	재료, 제조 방법, 특성 및 용도	관련규격
시멘트	팽창성 시멘트 콘크리트	에트린가이트계 팽창재 및 석회계 팽창재로 구분, 기능상으로 수축보상 콘크리트, 화학적 프리스트레스용 콘크리트 및 충전용 콘크리트	KS F 2563 콘크리트용 팽창재 KS L 5217 팽창성 수경성 시멘트
	고로슬래그 시멘트콘크리트	제철산업의 부산물을 재활용함으로써 에너지와 자원을 절약할 수 있는 장점을 가진 시멘트	KS L 5210 고로 슬래그시멘트
	초속경 시멘트 콘크리트	regulated set cement 또는 Jet cement로도 불림. 재령 1일에 40MPa 정도의 높은 압축강도 발현	-
	알루미나 시멘트콘크리트	high alumina cement 또는 calcium aluminate cement로도 불림. 재령 1일에 40MPa 정도의 높은 압축강도 발현	BS 915 High alumina cement
	유정 시멘트콘크리트	고온·고압 및 황산염에 대한 저항성이 큰 지하 석유탐사 구조물용 시멘트	API Specification Class A~J
골재	인공 경량골재 콘크리트	골재의 전부 또는 일부를 인공 경량골재를 사용하여 제조한 콘크리트로써 기건상태의 단위중량이 1,400~2,000kg/m^3	KS F 2534 구조용 경량골재
	고로슬래그 골재 콘크리트	제철산업의 부산물로 발생하는 고로슬래그를 서랭 및 급랭처리하여 잔, 굵은골재와 대체한 콘크리트	KS F 2544 콘크리트용 고로슬래그 골재
	재생골재 콘크리트	기존 콘크리트 구조물의 철거 또는 해체에서 얻어지는 폐콘크리트로부터 생산된 재생 굵은골재 및 잔골재	KS F 2573 콘크리트용 재생골재

표 2.25 특수재료, 특수보강재, 특수공법 및 특수 환경하의 콘크리트(계속)

구분	콘크리트종류	재료, 제조 방법, 특성 및 용도	관련규격
보강재	섬유보강 콘크리트	glass fiber reinforced concrete(GFRC) steel fiber reinforced concrete(SFRC) plastic fiber reinforced concrete(PFRC)	KS F 2564 콘크리트용 강섬유
	페로 시멘트 콘크리트	매트릭스는 모르타르이며, 적층 와이어 메시(wire mesh)를 보강재로 사용한 일종의 철근콘크리트로서, 28MPa 정도의 고인장강도	-
공법	숏크리트	도로 및 철도 터널공사(NATM공법)용 라이닝 시공시 건식과 습식공법이 적용됨. 재령 1일 강도 약 5~10MPa	-
	수중콘크리트	트레미, 콘크리트 펌프, 밑열림 상자 및 밑열림 포대 공법	-
	프리팩트 콘크리트	prepacked concrete 또는 preplaced aggregate concrete라 불림. 1940년대 미국 Berkely 대학에서 개발	-
	진동롤러다짐 콘크리트	rollre compacted concrete dam(RCCD) rollre compacted concrete pavement(RCCP)	-
환경 조건	해양콘크리트	항만, 해안 또는 해양에 위치하여 해수 또는 바닷바람의 작용을 받는 구조물에 사용	-
	극저온 콘크리트	극저온 하에서도 콘크리트의 성질이 상온과 크게 상이하지 않는 콘크리트	-
	내열콘크리트	200℃ 이상의 고온 하에 장기간 노출되어도 역학적 성질이 크게 변화하지 않는 콘크리트	-
	내식콘크리트	염산, 황산, 초산 등에 대하여 저항성이 좋은 콘크리트	-
	방사선 차폐용 콘크리트	X선, γ선 및 중성자선을 차단할 목적으로 사용되는 콘크리트	-

2.4.2 콘크리트 시험방법 종류(Concrete test method type)

표 2.26 콘크리트 시험방법 종류

번호	규격번호	규 격 명
1	KS F 2401	굳지 않은 콘크리트의 시료채취 방법
2	KS F 2402	콘크리트의 슬럼프 시험방법
3	KS F 2405	콘크리트 압축강도 시험방법
4	KS F 2408	콘크리트의 휨강도 시험방법
5	KS F 2409	굳지 않은 콘크리트의 단위 용적 질량 및 공기량 시험방법(질량법)
6	KS F 2411	굳지 않은 콘크리트의 씻기 분석 시험방법
7	KS F 2414	콘크리트의 블리딩 시험방법
8	KS F 2421	압력법에 의한 굳지 않은 콘크리트의 공기량 시험방법

표 2.26 콘크리트 시험방법 종류(계속)

번호	규격번호	규 격 명
9	KS F 2423	콘크리트의 쪼갬 인장 강도 시험방법
10	KS F 2427	굳지 않은 콘크리트의 반죽질기 시험방법(비비 방법)
11	KS F 2428	진동식 반죽 질기 측정기에 의한 콘크리트의 유동성 시험방법
12	KS F 2436	관입 저항침에 의한 콘크리트의 응결 시간 시험 방법
13	KS F 2437	공명 진동에 의한 콘크리트의 동 탄성 계수 및 동 포아송비의 시험방법
14	KS F 2449	굳지 않은 콘크리트의 용적에 의한 공기량 시험방법
15	KS F 2452	굳지 않은 콘크리트의 반죽 질기 시험 방법(다짐도 방법)
16	KS F 2453	콘크리트의 압축 크리프 시험방법
17	KS F 2456	급속 동결융해에 대한 콘크리트의 저항시험방법
18	KS F 2566	강섬유 보강 콘크리트의 휨인성 시험 방법
19	KS F 2587	염화물이온 선택 전극법에 의한 굳지 않은 콘크리트의 염화물 함유량 시험방법
20	KS F 2584	콘크리트의 촉진 탄산화 시험방법
21	KS F 2585	콘크리트의 알칼리 실리카 반응성 판정시험방법
22	KS F 2587	염화물이온 선택 전극법에 의한 굳지 않은 콘크리트의 염화물 함유량 시험방법
23	KS F 2594	굳지 않은 콘크리트의 슬럼프 플로 시험방법
24	KS F 2595	콘크리트의 건조수축 균열 시험방법
25	KS F 2596	콘크리트 탄산화 깊이 측정방법
26	KS F 2598	콘크리트 전염소 이온분포 측정방법
27	KS F 2711	전기 전도도에 의한 콘크리트의 염소이온 침투 저항성 시험방법
28	KS F 2713	콘크리트 및 콘크리트 재료의 염화물 분석 시험 방법
29	KS F 2714	모르타르 및 콘크리트의 산가용성 염화물 시험방법
30	KS F 2715	모르타르 및 콘크리트의 수용성 염화물 시험방법
31	KS F 2730	콘크리트 압축 강도 추정을 위한 반발 경도 시험방법
32	KS F 2731	콘크리트 압축 강도 추정을 위한 초음파 펄스 속도 측정 시험방법
33	KS F 2732	콘크리트 압축 강도 추정을 위한 인발 경도 시험방법
34	KS F 2737	지시약에 의한 콘크리트의 염화물 침투 깊이 측정방법
35	KS F 2438	콘크리트 원주 공시체의 정탄성 계수 및 포아송비 시험방법
36	KS F 4733	강섬유 보강 콘크리트판
37	ISO 2736-1	1986 Concrete test-Test specimens－Part 1 : Sampling of fresh concrete
38	ISO 6276	1982 Concrete, compacted fresh－Determination of density
39	ISO 4848	1980 Concrete-Determination of air contents of freshly mixed concrete-Pressuremethod
40	ASTM C 512-02	Test method for creep of concrete in compression
41	ASTM C 666-97	(Test method for resistance of concrete to rapid freezing and thawing)
42	JIS A 1148	2001, コンクリートの凍結融解試験方法

2.4.3 콘크리트의 슬럼프 시험방법(Method of test for slump of concrete)

1) 시험목적 및 관련규격

(1) 시험목적

이 규격은 콘크리트의 슬럼프 시험에 대하여 규정한다.

(2) 관련규격

KS F 2401 굳지 않은 콘크리트의 시료 채취 방법

KS F 2425 시험실에서 콘크리트 시료를 만드는 방법

2) 사용기기

① 슬럼프 콘 : 슬럼프 콘은 윗면의 안지름이 100mm, 밑면의 안지름이 200mm, 높이 300mm 및 두께 1.5mm 이상인 금속제로 하고, 적절한 위치에 발판과 손잡이를 붙이다.

② 다짐봉 : 다짐봉은 지름 16mm, 길이 500~600mm의 강 또는 금속제 원형봉으로 그 앞 끝을 반구모양으로 한다.

3) 시료준비

콘크리트 시료는 KS F 2401의 규정에 따라서 채취하거나 KS F 2425의 규정에 따라서 만든다.

4) 시험방법

① 슬럼프 콘은 수평으로 설치한 강으로 수밀성이 있는 평판 위에 놓고 누르고, 시료를 거의 같은 양의 3층으로 나눠서 채운다. 각 층은 다짐봉으로 고르게 한 후 25회 똑같이 다진다. 이 비율로 다져서 재료의 분리를 일으킬 염려가 있을 때는 분리를 일으키지 않을 정도로 다짐수를 줄인다. 각 층을 다질 때 다짐봉의 다짐 깊이는 그 앞 층에 거의 도달할 정도로 한다.

② 슬럼프 콘에 채운 콘크리트의 윗면을 슬럼프 콘의 상단에 맞춰 고르게 한 후 즉시 슬럼프 콘을 가만히 연직으로 들어 올리고, 콘크리트의 중앙부에서 공시체 높이와의 차를 0.5cm 단위로 측정하여 이것을 슬럼프로 한다. 그리고 콘크리드가 슬럼프 콘의 중심축에 대하여 치우치거나 무너지거나 하여 모양이 불균형하게 된

경우는 다른 시료에 의해 재시험을 한다.

③ 슬럼프 콘에 콘크리트를 채우기 시작하고 나서 슬럼프 콘의 들어올리기를 종료할 때까지의 시간은 3분 이내로 한다.

5) 시험상의 주의

① 수밀성 평판은 수평으로 움직이지 않도록 설치한다.

② 시료를 콘에 넣을 경우 스코프를 콘의 상단에 따라서 이동시켜 가면서 채우고 콘크리트가 콘 속에서 균일하게 채워지도록 채운다.

③ 제 1층의 콘크리트를 다질 때에 수밀성 평판이 다치지 않도록 한다.

④ 슬럼프 콘을 끌어 올릴 때에 수밀성 평판 위에 올라가서는 안 된다.

⑤ 슬럼프된 콘크리트가 현저하게 기울어졌을 때에는 시험을 다시 한다.

⑥ 슬럼프값의 측정에서는 콘크리트에 따라서 정면의 형태가 다소 일그러진 상태로 남거나 경사지는 경우 등이 있어 측정위치의 선정 판단이 어려운 경우도 생기나 상면의 중앙부 부분을 일단 기준으로 생각하여 측정하면 된다.

⑦ 슬럼프는 온도에 의해서 많이 변화하고 또한 비빔완료에서 시험까지의 시간동안에서도 수화반응의 변화 및 수분증발 등에 의한 영향을 받으므로 콘크리트의 온도 및 비빔완료에서 시험까지의 기간 등을 기록하여 두는 것이 바람직하다. 특히 여러 배치(batch)를 비비는 경우에는 시험을 재빠르게 실시하는 것과 비빔완료에서 시험까지의 시간 등을 일정하게 하는 것이 중요하다.

2.4.4 굳지 않은 콘크리트의 슬럼프 플로 시험방법 (Method of test for slump flow of fresh concrete)

1) 시험목적 및 관련규격

(1) 시험목적

이 규격은 굵은 골재의 최대치수가 40mm 이하인 고유동콘크리트 등의 슬럼프 플로 시험방법에 관하여 규정한다. 굵은 골재의 최대치수가 40mm를 넘는 경우에는 40mm를 넘는 굵은골재를 제거한다.

(2) 관련규격

KS F 2401 굳지 않은 콘크리트의 시료 채취방법

KS F 2402 콘크리트의 슬럼프 시험방법
KS F 2425 시험실에서 콘크리트 시료를 만드는 방법

2) 사용기기

① 슬럼프 콘 : 슬럼프 콘은 윗면의 안지름이 100mm, 밑면의 안지름이 200mm, 높이 300mm 및 두께 1.5mm 이상인 금속제로 하고, 적절한 위치에 발판과 손잡이를 붙이다.
② 다짐봉 : 다짐봉은 지름 16mm, 길이 500~600mm의 강 또는 금속제 원형봉으로 그 앞 끝을 반구모양으로 한다.
③ 평판 : 평판은 충분한 수밀성 및 강성을 갖는 강철제품 또는 그에 상응하는 성능을 지닌 재질의 제품으로 하고, 크기가 80cm×80cm 이상으로 표면이 평평한 것으로 한다. 손잡이를 붙인 경우에는 슬럼프 플로의 측정에 장애가 되지 않은 위치에 붙인다.
④ 버니어 캘리퍼스 또는 척도 : 버니어 캘리퍼스 또는 척도는 1mm까지 읽어서 이해할 수 있는 것으로 한다.
⑤ 콘크리트 용기 : 콘크리트를 담는 용기가 필요한 경우 12L 정도의 것을 준비한다.
⑥ 스톱워치 : 스톱워치는 0.1초까지 계측할 수 있는 것으로 한다.

3) 시료준비

콘크리트 시료는 KS F 2401의 규정에 따라서 채취하거나 KS F 2425의 규정에 따라서 만든다.

4) 시험방법

① 슬럼프 콘 및 평판의 설치 : 슬럼프 콘 및 평판은 내면 및 표면을 습포 등으로 닦아내고 슬럼프 콘은 수평으로 설치한 평판 위에 둔다.
② 시료 채우기 : 시료는 재료의 분리가 생기지 않도록 주의하여 채우고, 슬럼프 콘에 채우기 시작하고 나서 채우기가 끝날 때까지의 시간은 2분 이내로 한다. 고유동 콘크리트의 경우 콘크리트 시료를 미리 용기에 받아두고 균질한 상태로 섞어주며, 다지거나 진동을 주지 않은 상태로 한꺼번에 채워 넣도록 한다. 필요에 따라 3층으로 나누어 채운 후 각 층마다 다짐봉으로 5회 다짐을 실시하도록 힌다.

③ 슬럼프 플로의 측정 : 슬럼프 콘에 채운 콘크리트의 윗면을 슬럼프 콘의 상단에 맞춘 후 슬럼프 콘을 연직방향으로 들어올린다. 콘크리트의 움직임이 멈춘 후에 퍼짐이 최대라고 생각된 지름과 그 직교한 방향의 지름을 잰다. 측정횟수는 1회로 한다.

④ 50cm 플로 도달시간의 측정 : 50cm 플로 도달시간을 구하는 경우에는 슬럼프 콘을 들어 올리고 개시시간으로부터 확산이 평평하게 그렸던 지름 50cm의 원에 최초에 이른 시간까지의 시간을 스톱워치로 0.1초 단위로 잰다. 슬럼프를 측정하는 경우에는 코크리트의 중앙부에서 내려간 부분을 재는데 이것을 슬럼프라고 한다. 슬럼프는 0.5cm 까지 측정한다.

⑤ 플로 유동 정지시간의 측정 : 플로의 유동 정지시간을 구하는 경우에는 슬럼프 콘을 들어 올리는 시점으로부터 육안으로 정지가 확인되기까지의 시간을 스톱워치로 0.1초 단위로 잰다.

5) 시험상의 주의사항

① 수밀성 평판은 수평으로 움직이지 않도록 설치한다.

② 시료를 콘에 넣을 경우 스코프를 콘의 상단에 따라서 이동시켜가면서 채우고 콘크리트가 콘 속에서 균일하게 채워지도록 채운다.

③ 제 1층의 콘크리트를 다질 때에 수밀성 평판이 다치지 않도록 한다.

④ 슬럼프 콘을 끌어 올릴 때에 수밀성 평판 위에 올라가서는 안 된다.

⑤ 슬럼프 플로우값의 측정에서는 콘크리트에 따라서 장비와 단비의 차가 크게 되는 경우가 있으므로 다지기를 정확히 하여야 한다.

⑥ 슬럼프 플로우는 온도에 의해서 많이 변화하고 또한 비빔완료에서 시험까지의 시간 동안에서도 수화반응의 변화 및 수분증발 등에 의한 영향을 받으므로 콘크리트의 온도 및 비빔완료에서 시험까지의 기간 등을 기록해두는 것이 바람직하다. 특히 여러 배치(batch)를 비비는 경우에는 시험을 재빠르게 실시하는 것과 비빔완료에서 시험까지의 시간 등을 일정하게 하는 것이 중요하다.

2.4.5 압력법에 의한 굳지 않은 콘크리트의 공기량 시험방법
(Method of test for air concrete of fresh concrete by pressure method)

1) 시험목적 및 관련규격

(1) 시험목적

규격은 굳지 않은 콘크리트의 공기 함유량을 공기실의 압력 감소에 의해 구하는 시험방법에 대한 것이다.

(2) 관련규격

KS F 2401 굳지 않은 콘크리트의 시료 채취방법

KS F 2409 굳지 않은 콘크리트의 단위 용적 질량 및 공기량 시험방법

KS F 2425 시험실에서 콘크리트 시료를 만드는 방법

KS F 8004 콘크리트 봉형 진동기

2) 사용기기

① 공기량 측정기 : 공기량 측정기는 그림 4.1에 나타낸 바와 같다.

② 다짐막대 : 다짐막대는 그 앞 끝을 반구 모양으로 한 지름 16mm, 길이 50~60cm의 강 또는 금속제 둥근 막대로 한다.

③ 진동기 : 진동기는 KS F 8004에 규정하는 것으로 한다.

④ 나무망치 : 나무망치는 용기를 가볍게 두드리기 위한 작은 것과 세게 두드리기 위한 큰 것의 2종류로 한다.

3) 시료준비

콘크리트 시료는 KS F 2401의 규정에 따라서 채취하거나 KS F 2425의 규정에 따라서 만든다.

4) 시험방법

① 용기의 교정 : 용기의 플랜지를 수평으로 설치하여 고르개를 대고, 고르개의 아래 끝에 접할 때까지 살짝 물을 채우고 채울 물이 질량을 단다. 이 물의 질량에서 고르개의 아래 끝 면에서 아래 용기의 용적(V)을 산출한다.

② 골재의 수정계수 측정

$$G = 1.02\frac{V_a}{V} \times \frac{1}{10}$$

여기에서 G : 골재 수정계수(콘크리트의 용적에 대한 백분율)(%)

V_a : 용기를 굴린 후 내려간 수면을 눈금에 일치시키기 위하여 사용한 물의 전량 (ml)

V : 콘크리트의 용적 (L)

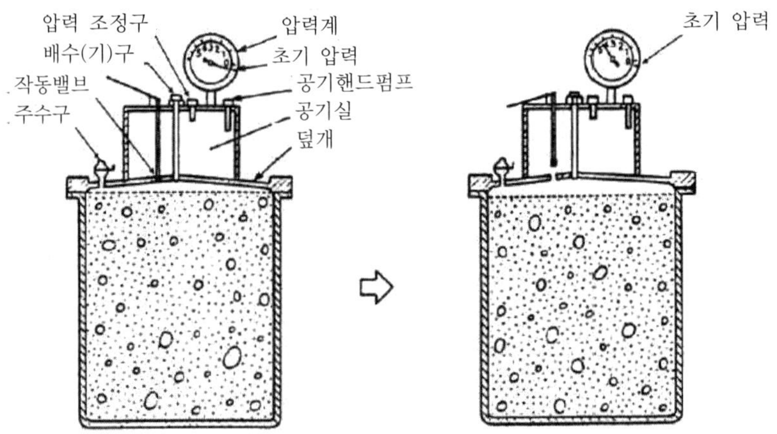

a) 공기실의 압력을 소정의 압력으로 높인 경우를 나타낸다.
(지침은 초기 압력을 나타내고 있다.)

b) 작동밸브를 열고 콘크리트에 압력을 가한 경우를 나타낸다.
(지침은 콘크리트의 겉보기 공기량을 나타내고 있다.)

그림 2.14 공기량 측정기

③ 콘크리트의 공기량 측정 : 콘크리트의 공기량 측정은 다음과 같이 한다.

(a) 시료를 용기의 약 1/3까지 넣고 용기 바닥에 닿지 않도록 다짐봉으로 25회 균등하게 다진다. 그 후 용기의 옆면을 10~15회 나무망치로 두드린다. 다음으로 용기의 약 2/3까지 넣고 전회와 같은 조작을 반복한다. 마지막으로 용기에서 조금 흘러넘칠 정도로 시료를 넣고 같은 조작을 반복한 후 자로 여분의 시료를 깎아서 평탄하게 한다. 다짐봉의 다짐 깊이는 거의 각 층의 두께로 한다. 진동기로 다지는 경우에는 KS F 2409의 5.2(진동기로 다지는 경우)에 준하여 실시하도록 한다.

(b) 용기의 플랜지의 윗면과 덮개의 플랜지의 아랫면을 완전히 닦은 후 덮개의 겉과 안을 통기할 수 있도록 하여 덮개를 용기에 부착하고 공기가 새지 않도록 조인

후 주수구에 물을 붓는다. 다음으로 모든 밸브를 닫고 공기 핸드펌프로 공기실의 압력을 가한다. 약 5초 후에 조절밸브를 서서히 열고 압력계의 바늘을 안정시키기 위하여 압력계를 가볍게 두드리고 압력계의 지침을 초기 압력의 눈금에 일치시킨다. 약 5초 지난 후 작동밸브를 충분히 연다. 그리고 용기의 측면을 나무망치로 두드린다. 다시 작동밸브를 열고 지침이 안정되고 나서 압력계의 눈금을 소수점 이하 첫째 자리로 읽는다. 그 눈금을 콘크리트의 겉보기 공기량 (A_1)으로 한다.

5) 시험결과

(1) 시료의 공기량

$$A = A_1 - G$$

여기에서 A : 콘크리트의 공기량(%)

A_1 : 콘크리트의 겉보기 공기량(%)

G : 골재 수정계수

(2) 체가름 전의 콘크리트 공기량 : 시험한 재료가 40mm보다 큰 최대치수의 골재를 사용한 콘크리트의 경우, 체가름 전의 콘크리트 공기량 (A_f)은 다음 식에 따라 산출한다.

$$A_f = 100 \times A \times V_c / (100 \times V_t - A \times V_a)$$

여기에서 V_c : 체가름 후의 콘크리트의 절대용적 원배치의 질량에서 구해진 용적(㎥)

V_t : 체가름 전의 콘크리트의 절대용적으로 무공기의 용적(m3)

V_a : 체가름 전의 콘크리트 중의 40mm를 넘는 골재의 절대용적, 원배치의 질량에서 구한 용적(㎥)

(3) 모르타르 부분의 공기량 : 콘크리트 중의 모르타르 부분의 공기량 (A_m)은 다음 식에 따라 산출한다.

$$A_m = 100 \times A \times V_c / [100 \times V_m + A(V_c - V_m)]$$

여기에서 V_m : 콘크리트 중 모르타르 성분의 절대용적(㎥)

6) 시험상의 주의사항

① 공기량 측정시 콘크리트의 상면이 평평하게 마감될 수 있도록 용기는 평평한 바닥에서 수평으로 움직이지 않도록 주의한다.
② 콘크리트의 다지고 두드리는 정도에 따라 측정값의 오차가 있을 수 있으므로 시험방법을 준수하여 정확한 횟수의 다짐과 두드림을 실시한다.
③ 본 시험에 앞서 측정값의 오차를 줄이기 위해 가측정을 실시한다.

2.4.6 관입저항침에 의한 콘크리트 응결시간 시험방법

(Testing method for time of setting of concrete mixture by penetration resistance)

1) 시험목적 및 관련규격

(1) 시험목적

이 규격은 슬럼프가 0보다 큰 콘크리트에서 체로 쳐서 얻은 모르타르에 대해 관입저항을 측정함으로써 콘크리트의 응결시간을 측정하는 시험방법에 대하여 규정한다.

(2) 관련규격

KS A 5101 시험용 체
KS F 2401 굳지 않은 콘크리트의 시료 채취방법
KS F 2402 포틀랜드 시멘트 콘크리트의 슬럼프 시험방법
KS F 2403 콘크리트의 강도 시험용 공시체 제작방법
KS F 2449 굳지 않은 콘크리트의 용적에 의한 공기량 시험방법

2) 사용기기

① 모르타르 시료용기 : 용기는 강하고 수밀하며, 비흡수성이고, 기름을 바르지 않은 금속제로서 그 단면은 원통형 또는 직사각형이어야 한다. 용기의 최소치수는 150mm이고 깊이는 적어도 15mm까지 모르타르 시료를 넣을 수 있는 것이어야 한다.
② 관입침 : 침은 재하장치에 붙어 있는 것으로 지지면적이 645㎟, 323㎟,161㎟, 65㎟, 32㎟, 16㎟라야 하고, 지지면에서 25mm 위의 둘레에 표시가 있어야 한다. 16㎟ 침은 길이가 90mm 이하라야 한다.

③ 재하장치 : 재하장치는 침의 관입을 일으킬 수 있을 만큼의 힘을 일으킬 수 있어야 하며, 정확도 10N으로 관입력을 잴 수 있고, 최소용량 600N을 가진 것이라야 한다. 3등분점 하중을 재하하기 위한 장치는 소정의 처짐량까지 시험체의 변형을 다소라도 구속하는 구조이어서는 안 된다.

④ 다짐막대 : 원형의 곧은 강봉으로, 지름 16mm, 길이 약 600mm로서 한쪽 끝이나 양쪽 끝이 지름 16mm의 반구형이라야 한다.

⑤ 피펫, 온도계

3) 시료 채취, 시험편 및 시험장치의 준비

(1) 현장조건에서 시험할 때는 각 콘크리트 시료당 세 개의 시험편을 준비한다.

(2) 실험실 조건에서 시험할 때는 시험편의 수는 시험목적에 따라 달라진다.

① 재료가 요구성능에 맞는지를 평가하는 시험에서는 각 시험대상 변수에 대해 적어도 세 번의 서로 다른 배치를 만들어서 각 배치마다 한 번의 응결시간 시험을 실시한다.

② 다른 시험은 각 변수당 하나의 배치에서 세 개의 시험편을 준비한다.

(3) 시멘트와 배합수가 처음으로 접촉한 시간을 기록한다.

(4) 현장조건에서 시험할 때는 KS F 2401에 따라 굳지 않은 콘크리트의 대표시료를 채취한다. 실험실 조건에서 시험할 때에는 KS F 2403에 따라 콘크리트를 만든다. 굳지 않은 콘크리트의 슬럼프와 공기량을 기록한다.

(5) 슬럼프, 공기량 시험에 사용되지 않은 콘크리트에서 시료용기에 최소 40mm 깊이까지 채울 수 있을 만큼의 모르타르를 얻을 수 있는 충분한 양의 대표 시료를 고른다.

(6) KS F 2401에 따라 콘크리트에서 4.75mm 체를 사용하여 습윤 체가름 방법으로 모르타르 시료를 채취한다.

(7) 비흡수성의 판 위에서 모르타르를 손으로 잘 되비빈 다음, 모르타르의 온도를 측정하여 기록한다. 모르타르 시료를 한 층으로 용기에 채운 후, 시료에서 공기포를 제거할 수 있도록 다지고 표면을 고른다. 다짐이 끝나면 시료용기의 측면을 가볍게 두들겨서 진동이나 다짐대로 다짐할 때 생긴 간극을 채우고 시료 표면을 다시 수평으로 고른다. 블리딩수를 모으고 제거하는 공간을 확보하고, 보호막과 모르타르면이 닿지 않도록 하기 위해서는 시료의 준비가 끝났을 때 모르타르의 표면이 용기의 상단에서 적어도 10mm 아래에 있어야 한다.

4) 시료의 보관

① 실험실 조건에서 시험할 때에는 시험편을 20~25℃ 범위 또는 시험자가 별도로 정한 온도에서 보관한다.

② 현장조건에서 시험할 때에는 시험편을 외기온도 또는 시험자가 별도로 정한 온도에서 보관하며, 시험편이 직사광선에 노출되어서는 안 된다.

③ 시험의 시작과 종료시 외기온도를 측정하고 기록한다. 습기가 지나치게 증발되지 않도록 시료 위에 시험기간 중 적절한 재료로 덮는다. 떠오른 물을 제거하거나 관입 시험을 할 때에만 열어야 한다.

5) 시험방법

① 관입시험 직전에 피펫이나 기타 적당한 기구를 사용하여 블리딩수를 제거한다. 블리딩수를 모으기 쉽도록 물을 제거하기 2분전에 시험편의 한쪽에 블록을 괴어 수평면에 대해 약 10도 정도 조심스럽게 기울인다.

② 모르타르의 경화상태에 따라 적당한 치수의 침을 관입저항 기구에 붙여 침의 지지면을 모르타르 표면에 접촉시킨다. 천천히 그리고 균등하게 기구를 아래쪽으로 연직력을 작용시켜 침을 모르타르 안으로 25±2mm 깊이까지 관입한다. 소요시간은 10±2초로 하며, 25mm 관입에 소요된 힘의 크기와 처음 시멘트와 물을 접촉시킨 후의 경과시간을 기록한다. 기록된 하중을 침의 지지면적으로 나누어 관입저항을 계산하고 기록한다. 다음의 관입 시험에서는 이전의 시험에 의해 흐트러진 면을 피해야 한다.

③ 보통의 배합에 대해 20~25℃ 온도의 실험실에서 최초의 시험은 시멘트와 물이 처음 접촉한 이후로부터의 경과시간이 3~4시간일 때에 하고, 이후의 시험은 30분~1시간 간격으로 실시한다. 응결 촉진제를 사용한 배합이나 실험실 조건보다 고온에서 시험할 때에는 최초의 시험은 경과시간 1~2시간일 때에 하고, 그 뒤의 시험은 30분마다 하는 것이 좋다. 응결 지연제를 사용한 배합이나 실험실 조건보다 저온에서 시험할 때에는 최초의 시험을 4~6시간 경과할 때까지 미룬다. 모든 경우 시험의 시작간격은 응결속도에 따라 필요한 수의 관입값을 얻을 수 있도록 필요에 따라 조절한다.

④ 만족할 만한 관입저항-경과시간 곡선을 얻을 수 있는 시간 간격으로 6회 이상 시험하며, 관입저항 측정값이 적어도 28.0MPa 이상이 될 때까지 시험을 계속한다.

⑤ 결과도시 : 시험결과를 도시하여 응결시간을 얻기 위해 핸드피팅에 의한 방법, 선

형회귀 분석에 의한 방법, 컴퓨터를 이용하는 방법 등의 절차 중에 한 가지를 사용한다.

6) 계산

① 각 조사대상 변수에 대해 세 번 이상의 응결시험 결과를 따로 도시한다. 이때 나머지 측정점들에서 정의한 경향에서 명백히 벗어나는 점은 버린다.

② 각 그래프에서 관입저항이 3.5MPa, 28.0MPa이 될 때의 시간을 각각 초결시간과 종결시간으로 결정한다. 핸드피팅에 의한 방법의 경우 그려진 그래프를 눈으로 관측하여 응결시간을 결정한다. 선형회귀 분석에 의한 방법, 컴퓨터를 이용하는 방법의 경우에는 최적 곡선으로부터 보간하여 응결시간을 결정한다.

③ 각 조사대상 변수에 대해 각 응결시험의 결과의 평균값을 구하여 초결시간과 종결시간을 계산한다. 평균 응결시간을 시, 분으로 5분까지 기록한다.

7) 시험상의 주의사항

① 시험체의 저장 및 측정장소에 의해 측정값이 변화할 수 있으므로 온도 및 습도조건을 일정하게 유지시키는 것은 중요하다.

② 시험대상을 관입하는 속도에 따라 측정값이 변화할 수 있으므로 일정한 속도로 관입하는 것에 주의한다.

③ 관입하는 위치 사이가 가까워질수록 먼저 관입한 위치의 영향으로 측정값에 오차가 발생할 수 있으므로 관입위치의 조정을 주의해야 한다.

2.4.7 압축강도시험
(Standard Test Method for Rebound Number of Hardened Concrete)

1) 시험목적 및 관련규격

(1) 시험목적

경화콘크리트의 공시체의 압축강도를 측정하기 위한 시험방법이다.

(2) 관련 규격

KS F 2405 콘크리트 압축강도

ISO 4012 Concrete-Determination of compressive strength of testspecimens

2) 공시체의 검사

① 공시체 KS F 2403에 따라 제작한다.

② 지름을 0.1mm, 높이 1mm까지 측정한다. 지름은 공시체 높이의 중앙에서 서로 직교하는 2방향에 대하여 측정한다.

③ 손상 또는 결함이 있고 시험결과에 영향을 준다고 생각될 때는 시험을 하지 않거나 또는 그 내용을 기록한다.

④ 질량을 질량의 0.25% 이하의 눈금을 가진 저울로 측정한다. 질량은 공시체 표면의 물을 모두 닦아낸 후 측정한다.

⑤ 공시체는 소정의 양생이 끝난 직후의 상태에서 시험을 할 수 있도록 한다.

3) 시험장치

① 압축시험기 : 압축시험기는 KS B 5533에 규정하는 1등급 이상의 것이어야 한다.

② 상하의 가압판 : 상하의 가압판의 크기는 공시체의 지름 이상으로 하고 두께는 25mm 이상으로 한다. 가압판의 압축면은 연마가공으로 하고, 그 평편도는 100mm당 0.02mm 이내이며 그 쇼어 경도는 70HS 이상으로 한다.

③ 구면 시트 : 위 가압판은 구면 시트를 가진 것으로 한다. 구면 시트는 가압판 표면 위에 그 중심을 가지며 가압판의 회전각을 3℃ 이상 얻을 수 있는 것으로 한다.

4) 시험방법

① 공시체의 상하 끝면 및 상하의 가압판의 압축면을 청소한다.

② 공시체를 공시체 지름의 1% 이내의 오차에서 그 중심축이 가압판의 중심과 일치하도록 놓는다.

③ 시험기의 가압판과 공시체의 끝면은 직접 밀착시키고 그 사이에 쿠션재를 넣어서는 안 된다. 다만, 언본드 캐핑에 의한 경우는 제외한다.

④ 공시체에 충격을 주지 않도록 똑같은 속도로 하중을 가한다. 하중을 가하는 속도는 압축 응력도의 증가율이 매초 (0.6±0.4)MPa이 되도록 한다.

⑤ 공시체가 급격한 변형을 시작한 후에는 하중을 가하는 속도의 조정을 중지하고 하중을 계속 가한다.

⑥ 공시체가 파괴될 때까지 시험기가 나타내는 최대하중을 유효숫자 3자리까지 읽는

다.

5) 시험결과

① 공시체의 지름은 0.1mm까지 측정하여 다음 식에 따라 산출한다.

$$d = \frac{d_1 + d_2}{2}$$

여기에서, d : 공시체의 지름(mm)

d_1, d_2 : 2방향의 지름(mm)

② 압축강도는 다음 식에 따라 산출하여 유효숫자 3자리로 끝맺는다.

$$f_c = \frac{P}{\pi\left(\frac{d}{2}\right)^2}$$

여기에서, f_c : 압축강도(MPa)

P : 최대하중(N)

③ 겉보기 밀도는 다음 식에 따라 산출하여 유효숫자 3자리로 끝맺는다.

$$\rho = \frac{m}{h \times \pi\left(\frac{d}{2}\right)^2}$$

여기에서, ρ : 겉보기 밀도(kg/m³)

m : 공시체의 질량(kg)

h : 공시체의 높이(m)

d : 공시체의 지름(m)

6) 시험상의 주의사항

① 압축강도시험에 있어 콘크리트에 사용되는 재료, 즉 시멘트, 골재, 혼합용수의 품질에 의한 강도변동 영향이 크므로 재료의 품질관리가 요구되어진다.

② 동일 재료, 동일 배합으로 제작된 동일 형상, 치수의 공시체라도 재료 자체가 갖는 불균일성, 배합의 미묘한 변동, 취급방법의 인위적인 차이로 인한 발생되는 강도변화에 주의한다.

2.4.8 콘크리트의 쪼갬 인장강도 시험방법
(Standard Method of test for splitting tensile strength of concrete)

1) 시험목적 및 관련규격

(1) 시험목적

이 규격은 경화콘크리트의 쪼갬 인장강도 시험방법에 대하여 규정한다. 다음에 나타내는 규격은 이 규격에 인용됨으로써 이 규격의 규정 일부를 구성한다. 이들 인용 규격은 그 최신판을 적용한다.

(2) 관련규격

KS A 0021 수치의 맺음법

KS B 5533 압축시험기

KS F 2403 콘크리트의 강도 시험용 공시체의 제작방법

2) 시험장치

① 시험기는 KS B 5533의 6.(시험기의 등급)에 규정하는 1급 이상의 것으로 한다.

② 상하의 가압판의 압축면은 연마가공으로 하고 평면도는 편평한 부분의 가장 높은 곳과 낮은 곳을 지나는 두 개의 평행한 평면만을 고려하여, 이 평면 사이의 거리로 나타낸다.

3) 공시체

공시체는 KS F 2403에 따라 제작한다. 또한 공시체는 소정의 양생이 끝난 직후의 상태에서 시험을 할 수 있어야 한다.

① 시험을 하는 공시체의 재령이 지정되어 있지 않은 경우에는 1주, 4주, 및 13주 또는 그 중 어느 쪽으로 한다.

② 콘크리트의 강도는 공시체의 건조상태나 온도에 따라 상당히 변화하는 경우도 있으므로 양생을 끝낸 직후의 상태에서 시험을 하여야 한다.

4) 시험방법

① 공시체의 하중을 가하는 방향에서의 지름을 2개소 이상에서 0.1mm까지 측정하고, 그 평균값을 공시체의 지름으로 하여 KS A 0021에 따라 소수점 이하 1자리로 끝

맺는다.

② 시험기는 시험시의 최대하중이 칭량의 1/5에서 칭량의 범위에서 사용한다.

③ 공시체의 측면 및 상하의 가압판의 압축면을 청소한다.

④ 공시체를 시험기의 가압판 위에 편심하지 않도록 그림 4.2와 같이 설치한다. 이 경우, 가압판과 공시체의 접촉선을 표시하여 표시한 양자의 접촉선이 정확하게 일치하도록 공시체를 설치하여야 한다.

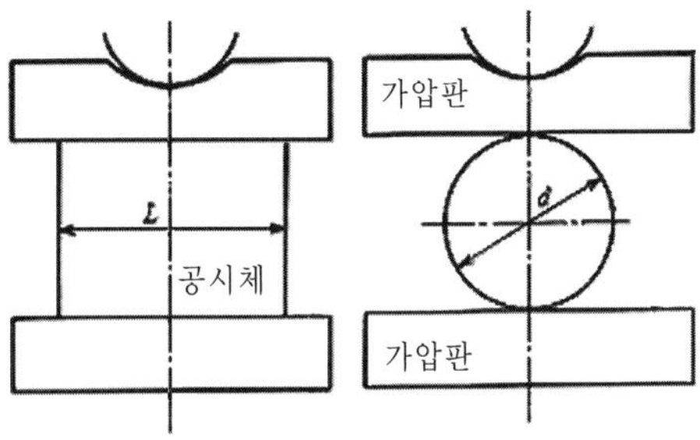

그림 2.15 공시체의 설치방법

⑤ 공시체에 충격이 가하지 않도록 똑같은 속도로 하중을 가한다. 하중을 가하는 속도는 인장 응력도의 증가율이 및 0.06±0.04(MPa) (= N/㎟)이 되도록 조정하고, 최대하중에 도달할 때까지 그 증가율을 유지하도록 한다.

⑥ 공시체가 파괴될 때까지 시험기에 나타내는 최대하중을 유효숫자 3자리까지 읽는다.

⑦ 공시체가 쪼개진 면에서의 길이를 2개소 이상에서 0.1mm까지 측정하여 그 평균값을 공시체의 길이로 하고 KS A 0024에 따라 유효숫자 4자리로 끝맺는다.

5) 계산

인장강도는 다음 식에 따라 계산하고 KS A 0021에 따라 유효숫자 3자리로 끝맺는다.

$$f_{sp} = \frac{2P}{\pi dl}$$

여기에서, f_{sp} : 인장강도(MPa) (= N/㎟)

P : 최대하중 (N)

d : 공시체의 지름 (mm)

l : 공시체의 길이 (mm)

6) 시험상의 주의사항

① 공시체의 하중을 가하는 방향에 있어서 지름을 2개소 이상 0.25mm까지 측정하여 그 평균값을 공시체의 지름으로 한다.

② 공시체를 시험기의 가압판 중심에 편심하지 않도록 주의하여 설치하고, 가압판과 공시체의 접촉선에 있어서 틈이 발생하지 않도록 주의한다.

2.4.9 콘크리트의 휨강도 시험방법 (Method of test for flexural strength of concrete)

1) 시험목적 및 관련규격

(1) 시험목적

이 규격은 3등분점 재하법에 따른 경화콘크리트 공시체의 휨강도 시험방법에 대하여 규정한다. 다음에 나타내는 규격은 이 규격에 인용됨으로써 이 규격의 규정 일부를 구성한다. 이들 인용 규격은 그 최신판을 적용한다.

(2) 관련규격

KS A 0021 수치의 맺음법

KS B 5533 압축시험기

KS F 2403 콘크리트의 강도 시험용 공시체의 제작방법

2) 공시체

① 공시체는 KS F 2403에 따라서 제작한다. 그리고 공시체는 소정의 양생을 끝낸 직후의 상태에서 시험을 할 수 있도록 한다.

② 공시체의 길이, 너비, 높이 및 질량을 측정한다. 또 질량은 공시체의 잉여수를 모두 닦아낸 후에 측정한다.

③ 공시체의 겉보기 밀도는 측정한 질량을 측정한 치수에 따라 계산으로 구한 체적으로 나누어 산출한다.

3) 장치

① 시험기 시험기는 KS B 5533에서 규정하는 1등급 이상의 것으로 한다.

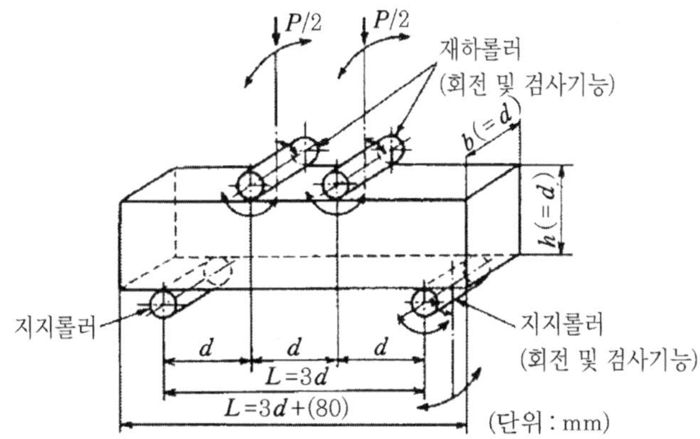

그림 2.16 3등분 재하장치의 보기

② 3등분점 재하 장치 : 3등분점 하중을 재하하기 위한 장치는 3등분점 하중을 연직으로, 또한 중심이 치우치지 않도록 가할 수 있으며, 공시체를 설치하였을 때 안정되고, 그 밖에도 충분한 강성을 가지는 것으로 한다. 그림 2.16은 시험장치 원리의 보기를 나타낸 것으로, 2개의 지지롤러와 2개의 재하롤러로 이루어진다. 또, 롤러는 모두 강제로 하며, 지름 20~40mm의 원형 단면을 가지고 공시체의 너비보다 적어도 10mm 긴 것으로 한다. 그리고 1개를 제외한 모든 롤러는 그 축을 중심으로 회전할 수 있는 것으로 한다.

4) 시험방법

① 시험기는 시험시의 최대하중이 용량의 1/5에서 용량까지의 범위에서 사용한다. 같은 시험기에서 용량을 바꿀 수 있는 경우는 각각의 용량을 별개의 용량으로 간주한다.

② 지간은 공시체 높이의 3배로 한다. 주) 공시체의 높이는 공칭 값을 사용한다.

③ 공시체는 콘크리트를 몰드에 채웠을 때의 옆면을 상하면으로 하며, 베어링 너비의 중앙에 놓고 지간의 3등분점에 상부 재하장치를 접촉시킨다. 이 경우 재하장치의 접촉면과 공시체 면과의 사이 어디에도 틈새가 없도록 한다.

④ 공시체에 충격을 가하지 않도록 일정한 속도로 하중을 가한다. 하중을 가하는 속도는 가장자리 응력도의 증가율이 매초 0.06±0.04MPa(=N/mm^2)이 되도록 조정하고, 최대하중이 될 때까지 그 증가율을 유지하도록 한다.

⑤ 공시체가 파괴될 때까지 시험기가 나타내는 최대하중을 유효숫자 3자리까지 읽는다.

⑥ 파괴 단면의 너비는 3곳에서 0.1mm까지 측정하고 그 평균값을 KS A 0021에 따라서 소수점 이하 첫째자리에서 끝맺음한다.

⑦ 파괴 단면의 높이는 2곳에서 0.1mm까지 측정하고 그 평균값을 KS A 0021에 따라서 소수점 이하 첫째 자리에서 끝맺음한다.

5) 계산

① 공시체가 인장쪽 표면 지간 방향 중심선의 3등분점 사이에서 파괴되었을 때는 후미강도를 다음 식으로 산출하여 KS A 0021에 따라서 유효숫자 3자리에서 끝맺음한다.

$$f_b = Pl / bh^2$$

여기에서, f_b : 휨강도(MPa)(= N/㎟)

P : 시험기가 나타내는 최대하중(N)

l : 지간(mm)

b : 파괴단면의 너비(mm)

h : 파괴단면의 높이(mm)이다.

② 공시체가 인장쪽 표면의 지간 방향 중심선의 3등분점의 바깥쪽에서 파괴된 경우는 그 시험결과를 무효로 한다.

6) 시험 주의사항

① 시험에 사용되는 공시체는 소정의 양생을 끝낸 직후의 상태에서 시험을 실시한다.

② 공시체는 콘크리트를 몰드에 채워 넣었을 때의 측면을 상하의 면으로 하여 지지블록 등의 중심에 공시체의 중심이 오도록 놓아야 하며, 스팬의 3등분점에 상부가압장치를 접촉시킨다.

③ 공시체의 면과 재하장치의 접촉면과의 사이에 틈이 있을 경우에는 접촉부의 공시체의 표면을 평활하게 연마 또는 캐핑 가공하여 접촉이 가능하도록 주의한다.

④ 하중은 충격이 가해지지 않도록 일정하중을 가하며, 하중의 속도는 파괴하중의 약 50%까지는 비교적 빠른 속도로 설정하나 그 후는 연응력도의 증가를 표준으로 매분 8~10kgf/㎠로 되도록 주의한다.

2.4.10 원주 공시체의 정탄성 계수 및 푸아송비 시험방법
(Testing method for static modulus of elasticity and Poision's ratio in compression of cylindrical concrete specimens)

1) 시험목적 및 관련규격

(1) 시험목적

성형한 콘크리트 원주 공시체 및 다이몬드로 뚫은 콘크리트 코어가 세로 압축응력을 받았을 때의 탄성계수 및 푸아송비를 구하는 방법에 대하여 규정한다.

(2) 관련 규격

KS F 2438 콘크리트 원주 공시체의 정탄성 계수 및 푸아송비 시험방법

2) 사용기기

① 시험기 : 규정된 크기 및 속도로 하중을 가할 수 있는 것이어야 한다.

② 콤프레소미터 : 지름 반대쪽에 2개의 게이지 선을 각각 축과 평행하게 공시체 높이의 중간에 붙여서 25.4mm에 대해 0.127㎛까지의 정밀도로 평균 변형을 측정한다.

③ 엑스텐소미터 : 푸아송비를 구할 경우의 가로 변형을 측정하려면, 공시체 높이 중앙에서의 지름 변형을 접착시키지 않은 엑스텐소미터로 0.635㎛까지 읽는다. 2개의 접착한 스트레인 게이지를 공시체 높이 중간에 지름 반대쪽 점에 원주를 따라 붙이고, 원주 변형을 25.4mm에 대해 0.127㎛까지 정확하게 읽는다.

④ 저울 : 감도 50g의 저울이어야 한다.

3) 시험체 준비

① 성형한 원주 공시체 : KS F 2403에 의해 성형하고 캐핑한다. 규정된 양생상태로 유지해야 하며, 꺼낸 후 1시간 이내에 시험한다. 꺼낸 공시체는 젖은 천으로 덮어 습윤상태를 유지해야 한다.

② 드릴로 도려낸 코어 공시체 : KS F 2422의 압축강도 공시체에 대한 드릴링 단면을 준비하여 함수조건 및 캐핑에 맞아야 한다.

③ 시험 공시체의 지름은 길이 중앙에시의 지름을 시로 직각인 두 방향에서 버니어 캘리퍼스로 0.25mm까지 측정 평균을 구한다. 단면적은 평균의 지름을 사용 계산

한다.

④ 같은 조의 공시체가 없을 경우 또는 공시체의 근사 단위질량이 명확하지 않을 때에는 공시체를 시험 직전에 실험실에서 공기 중 질량을 50g의 정밀도로 측정한다.

4) 시험방법

① 시험 중의 온도와 습도는 가급적 일정하게 유지하며, 온도 및 습도에 변동이 생기면 기록해 둔다.

② 만일 같은 조 공시체를 이용할 수 있을 때에는 탄성계수의 시험에 앞서 KSF 2405에 의해 압축강도를 구한다.

③ 공시체는 변형 측정장치를 붙여 시험기의 하판 또는 기기블록 위에 두며, 공시체의 축을 바로 하여 구좌 상부 지지블록의 압력의 중심과 일치시킨 후 변형 지시계를 읽고 기록해 둔다. 구좌블록을 공시체 위에 내려 블록의 가동부분을 손으로 회전시켜 균등한 가압이 되도록 한다.

④ 공시체에는 하중을 2회 이상으로 하여 하중결과 평균으로 한다.

⑤ 극한 하중이 불명확한 경우 세로 변형이 표. 48값에 도달하였을 때각 하중 사이에 제 2조의 읽음을 읽는다. 보통콘크리트에서 변형은 하중이 극한 하중의 50% 범위에 도달할 때 생긴다.

⑥ 탄성계수 및 강도는 동일 하중에 대하여 구해지고, 게이지는 계속해서 사용하든지 제거하든지 또는 연속 하중에 견디도록 잘 보호한다.

표 2.27 최대 변형값

단위 : ㎛/25.4mm

시험시의 단위질량 kg/㎥	다음 재령에서의 최대변형	
	7일 이상	7일 미만
3,280 이상	7.62	5.08
2,640~3,264	9.53	6.35
2,160~2,624	11.4	7.62
1,840~2,144	13.3	8.89
1,680~1,824	15.2	10.2
1,520~1,664	17.1	11.4
1,360~1,504	19.1	12.7
1,200~1,344	20.9	13.9

⑦ 만일 중간 읽음을 취할 경우에는 3회 시험 각각의 결과를, 세로 변형을 가로축으로 하고 압축응력을 세로축으로 하여 플롯한다. 시험하중을 공시체 단면적으로 나누어 압축응력을 계산한다.

5) 시험결과

① 탄성계수를 350MPa (N/㎟)까지 다음 식으로 계산한다.

$$E = \frac{S_2 - S_1}{\varepsilon_2 - 0.000050}$$

여기에서, E : 탄성계수 [MPa (N/㎟)]

S_1 : 세로 변형 0.000050cm 에 대한 응력 [MPa (N/㎟)]

S_2 : 가해진 최대 하중에 대한 응력[MPa (N/㎟)]

ε_2 : 응력 S_2로 생긴 세로 변형이다.

② 푸아송비는 0.01까지 다음 식으로 계산한다.

$$\mu = \frac{S_{t2} - S_{t1}}{\varepsilon_2 - 0.000050}$$

여기에서, μ : 푸아송비

ε : 응력 S_1으로 공시체 높이의 중앙에 생긴 가로 변형

ε_2 : 응력 S_2로 공시체 높이의 중앙에 생긴 가로 변형이다.

6) 시험상의 주의사항

① 탄성계수를 측정하기 위해 접착 또는 접착하지 않은 측정장치를 사용하고, 지름 반대쪽에 게이지 선을 각각 축과 평행하게 공시체 높이의 중간에 부착하여 25.4mm에 대하여 0.127㎛까지의 정밀도로 평균변형을 측정한다.

② 각 게이지 라인의 유효길이는 콘크리트에 사용한 굵은골재 최대치수의 3배 이상, 공시체 높이의 2/3 이하로 하며, 보통 사용할 수 있는 길이는 공시체 높이의 1/2로 한다.

③ 시험 원주 공시체는 KS F 2403에 의하여 제작되어 캐핑해야 하며, 공시체는 요구되는 탄성체의 역학적 성질을 만족하는 규정된 양생상태를 만족해야 한다.

④ 공시제는 양생실 또는 저장실에서 꺼내진 지 1시간 이내에 시험에 사용되어셔야 한다.

2.4.11 콘크리트의 압축 크리프 시험방법
(Testing method for creep of concrete in compression)

1) 시험의 목적 및 관련 규격

(1) 시험목적

크리프는 지속 응력 하에 있는 콘크리트가 시간에 따라 계속적인 변형을 일으키는 현상을 말한다. 이 시험은 같은 상태에서 보존한 동일 형상 및 동일 치수의 공시체를 재하한 것과 재하하지 않은 것의 변형률을 비교한 차이를 구하기 위함이다.

(2) 관련규격

KS F 2403 콘크리트의 강도 시험용 공시체 제작방법

KS F 2405 콘크리트의 압축 강도 시험방법

2) 시험기구

① 몰드 : KS F 2403에 규정된 원통형 몰드

② 재하장치 : 공시체가 변형하더라도 소요하중을 지속적으로 균등하게 가할 수 있는 것

③ 측정장치 : 공시체의 세로 변형률을 100만분의 10까지 측정할 수 있는 것

3) 공시체

(1) 공시체의 크기

ϕ15×30cm의 원통형인 것으로서, KS F 2403에 따라 제작된 것

(2) 공시체의 제작

① 굵은골재의 최대치수는 50mm를 초과하여서는 안 되며 KS F 2403에 따라 제작하여야 하며 공시체의 양면을 캐핑하여야 한다.

② 수평공시체는 KS F 2403에 따라 제작하여야 하며 다짐대나 진동기로 다질 때 스트레인 미터가 다치지 않도록 주의하여야 한다.

(3) 공시체의 수

① 각 시험조건에 대하여 적어도 6개의 공시체를 만들고 2개는 압축강도시험에 사용하고 2개는 하중을 재하하여 변형을 측정하고, 나머지 2개의 공시체는 하중 이외의 원인으로 일어나는 변형을 조사하기 위해 재하하지 않고 둔다.

② 공시체는 어느 것이나 재하시험에 사용될 공시체와 같은 배치의 콘크리트로 만들어야 하며, 같은 상태로 양생하고 보존하여야 한다.

4) 공시체의 양생 및 저장

① 표준양생 : 탈형하기 전 20±2℃의 온도를 유지하여야 하며, 습윤상태로 둔다. 성형 후 24~28시간 양생한 후 탈형하여 재령 7일까지 20±2℃로 습윤양생한다. 습윤양생이 끝난 후 공시체는 온도 20±2℃, 습도 50±4%인 상태에서 저장하여야 한다.

② 피복양생 : 저장과 측정기간 동안 수분 증발과 증가를 막기 위하여 제작 및 탈형시 공시체는 방습 재킷으로 피복하여야 하고, 시험기간 전체 동안 이 상태를 유지한다.

③ 온도양생 : 시간-온도 관계 및 변동에 대한 허용범위를 설정하여야 한다.

④ 기타 양생 조건 : 특정 목적을 위하여 시험할 경우에는 조건을 바꾸어도 좋으며 이 때 시험조건을 자세히 보고하여야 한다.

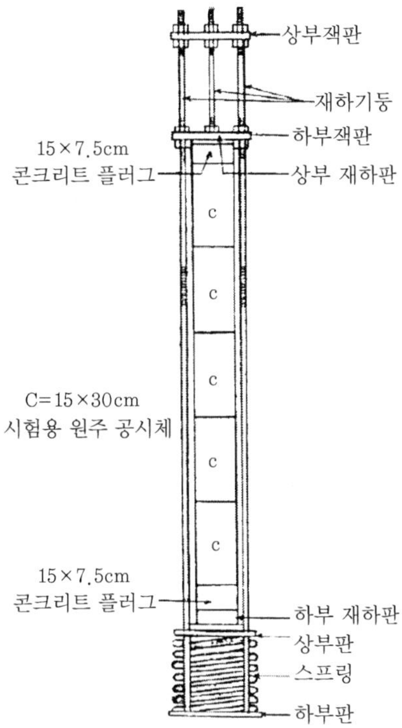

그림 2.17 재하장치

5) 시험방법

① 재하재령 : 시험목적이 서로 다른 콘크리트의 크리프 전위를 비교할 때는 최초로 재령 28일의 시험편에 하중을 가하며, 주어진 콘크리트의 전체 크리프 거동을 비교할 때는 재령 2일, 7일, 28일 및 90일, 그리고 1년일 때의 하중을 비교한다.

② 하중 : 재하하기 직전 KS F 2405에 따라 압축강도를 측정한다. 피복하지 않은 공시체를 재하장치에 놓을 때에는 수분의 증발을 방지하기 위해 공시체의 양끝을 덮는다. 공시체에 가하는 하중은 재하시 재령에서 압축강도의 40%까지 가하며 변형을 측정하기 전에 하중을 측정하고 그 하중이 지정값보다 2% 이상 변할 때는 소정의 하중으로 되게 조정하여야 한다. 재하한 공시체와 같은 요령으로 표준공시체의 변형을 측정한다.

③ 계산 : 크리프 공시체와 표준공시체의 평균 변형률의 차를 평균응력으로 나눈 값

을 단위응력에 대한 합계 변형률로 한다.

$$\varepsilon = (1/E) + F(K) l_n (t+1)$$

여기에서 ε : 단위응력에 대한 총 변형률(MPa)

E : 순간탄성계수(MPa)

$F(K)$: 크리프율

t : 재하시간(일)

$1/E$: 단위응력에 대한 초기 탄성 변형률이다.

④ 정밀도 : 크리프 변형률이(250~2000)×10-6의 범위를 벗어날 때는 단일 배치의 정밀도는 ±4% (RIS%), 복수 배치는 ±9% (RIS%)로 한다. 그러므로 단일 배치에서 실행한 공시체의 시험결과는 2개 평균값이 6% 이내, 서로 다른 배치에서 실행한 공시체의 시험결과는 2개의 평균값이 13% 이내이어야 한다.

6) 시험상의 주의사항

① 재하가 신속히 이루어지지 않으면 약간의 크리프가 발생할 가능성이 있으므로 이와 같은 경우에는 최소 제곱법을 이용하여 재하 0시간에 대한 변형률을 외삽법으로 구하여 이 값을 1/E로 한다.

② 이 시험방법에서 대수표시를 사용한 것이 크리프 변형률과 기간의 변형률과 기간의 관계를 정확한 대수함수로 표시할 수 있다는 것을 의미하는 것은 아니다. 그러나 1년 정도의 기간에서는 이 표시방법이 보통의 크리프 특성을 어느 정도 정확하게 나타내어 콘크리트의 비교에 유용한 파라미터로 계산할 수 있다.

③ 시험에 사용되는 공시체는 3개를 원칙으로 하며 각 시험조건에 대하여 적어도 6개의 공시체를 제작하며 2개는 압축강도시험에 사용하고 2개는 하중을 재하하여 변형을 측정하며, 나머지 2개의 공시체는 하중 이외의 원인으로 일어나는 변형을 조사하기 위하여 재하하지 않고 둔다.

④ 크리프 공시체에 재하하기 직전에 KS F 2405에 따라 압축강도를 측정하며, 피복하지 않은 크리프 공시체에 재하장치를 놓을 때 수분의 증발을 방지하기 위해 공시체의 양끝을 덮는다.

⑤ 공시체의 재하시 압축강도의 40%까지 재하하며, 변형측정은 재하 직전, 직후 및 2~6시간 후, 처음 1주일간은 매일, 처음 1개월간은 매주, 1년까지는 매달 측정한다.

⑥ 변형을 측정하기 전에 하중을 측정하고 그 하중이 지정값보다 2% 이상 변할 시

소정의 하중이 되도록 조정해야 한다.

2.4.12 콘크리트의 건조수축균열 시험방법
(Method of test for drying shrinkage cracking of restrained concrete)

1) 시험목적 및 관련규격

(1) 시험목적

콘크리트의 건조수축균열 시험은 균열 발생의 가능성을 판단할 경우 균열 발생일수를 확인하는 것이 좋다. 그러나 실구조물 균열을 예측할 목적인 경우에는 균열이 발생하는 조건과 기구를 검토하여 균열 발생일수와 그 외에 구속수축 변형률, 구속형강의 변형률 및 자유수축 변형률 등도 측정하여야 한다.

(2) 관련규격

KS D 3530 : 일반 구조용 경량형강

KS F 2403 : 콘크리트의 강도 시험용 공시체 제작방법

KS F 2424 : 모르타르 및 콘크리트의 길이 변화 시험방법

KS F 3110 : 콘크리트 거푸집용 합판

2) 시험기구

(1) 구속기구 : 구속기구는 구속판 및 단부판으로 구성되며 그림 2.18에 나타낸 것과 같다.

(2) 거푸집 : 거푸집은 저판, 측판 및 단부판으로 구성되어 있다.

3) 공시체

(1) 공시체의 치수 : 구속수축 변형률 측정용 공시체의 형태, 치수는 그림 4.12에 나타낸 것으로 한다.

(2) 공시체의 개수 : 자유수축 변형률 측정용 공시체의 개수는 동일 조건의 시험에 대해서 3개 이상이어야 한다.

(3) 공시체의 제작 및 양생

① 공시체는 KS F 2403에 준한다.

② 공시체의 제작 및 양생 중의 온도는 표준으로서 20±3℃로 한다.

③ 공시체는 거푸집 탈형까지 습윤상태에서 양생하여야 한다.

④ 공시체의 몰드 탈형은 재령 7일로 한다. 또한 시험의 목적에 의해 특별히 정한 조건이 있는 경우는 그 조건에 의한다.

(4) 공시체의 보존

① 공시체는 거푸집을 탈형한 후 곧 건조를 개시한다. 보존기간 중 공시체의 주변온도는 20±3℃, 습도는 60±5%로 한다.

② 공시체의 보존기간 중 공시체 주변의 환경조건과 공시체 개개의 보존조건이 동일하도록 하며, 각 공시체의 주변은 약 3cm 이상의 간격을 두어야 한다. 구속수축 변형률 측정용 공시체는 세워서 그대로 보존하는 것을 원칙으로 하고 이 경우 전도를 방지할 조치를 강구하여야 한다. 공시체를 횡치해서 보존할 경우에는 각 공시체를 지지해야 할 위치는 공시체를 2곳에서 지지하여야 한다.

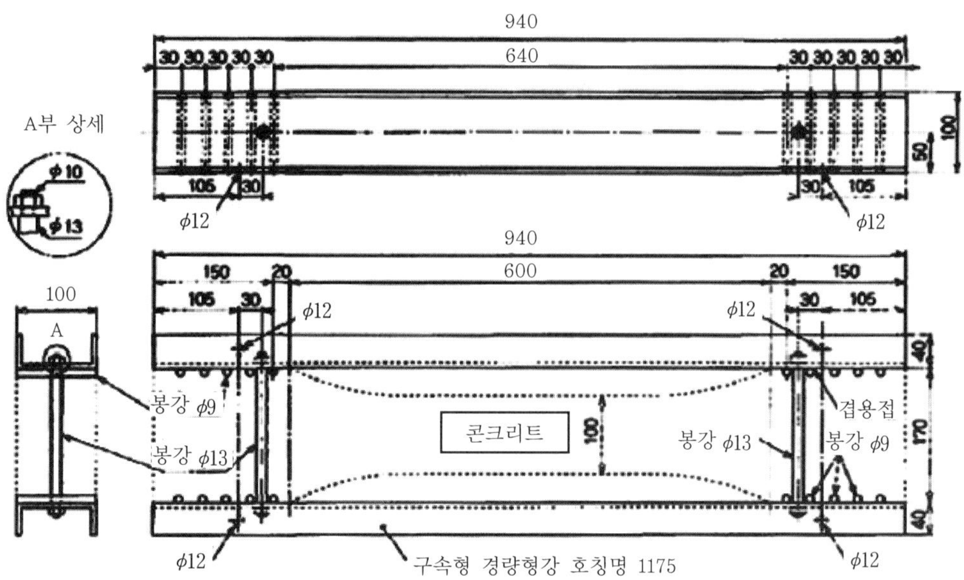

그림 2.18 구속기구 및 공시체

4) 길이 측정방법

① 길이 측정위치 : 자유수축 변형률 및 구조수축 변형률은 공시체의 상·하면 또는 양 측면의 직선부의 중앙위치에서 200mm 이상의 위치에서 동일한 측정기를 이용하여 측정하여야 한다. 구속판의 변형률은 구속판의 중앙부를 지나 중심위치를 통하는 4측면에서 실시한다.

② 길이 측정시점 : 공시체에 발생한 균열의 확인은 보통 매일 1회 한다.

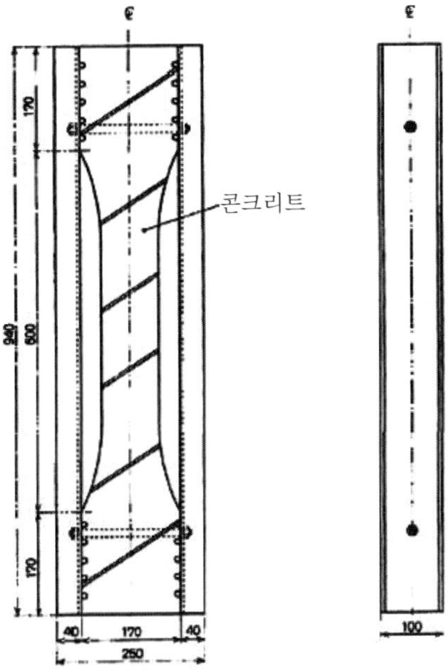

그림 2.19 공시체의 치수(단위 : mm)

5) 시험상의 주의사항

① 경량콘크리트 및 고강도콘크리트와 같이 탄성계수의 적용범위가 다른 경우와 팽창콘크리트와 같이 화학적 프리스트레스가 도입된 경우의 균열 발생일수는 반드시 실구조물과 같은 균열 발생의 편리성을 반영할 수는 없다. 또한 고강도콘크리트의 경우는 온도수축의 영향으로 인해 자기수축이 커서 조기에 균열이 발생하게 된다. 이 시험방법에서는 이러한 영향이 고려되지 않는다.

② 공시체의 제작 및 양생 중의 온도는 20±3℃로 설정한다. 공시체의 보존기간 중에는 주변 환경조건과 보존조건을 동일하게 유지하도록 주의하여야 한다. 각 공시체는 약 3cm 이상의 간격을 두고 보존하도록 하여야 한다. 또한 공시체는 세워서 보존하는 것이 원칙이지만 불가피하게 횡치할 경우 공시체 양단부의 정착부 하부 2개소에서 지지하여 공시체에 유발되는 정부 모멘트를 최대한 감소시켜야 한다.

③ 측정은 공시체의 탈형 직후(건조 개시 시)에 하고, 이후 공시체에 균열이 발생 할 때까지 원칙적으로 2일에 1회 측정한다. 또한 구속판에 관해서는 참고하기 위해 공시체 성형 직전에도 측정한다. 구속판, 자유수축 변형률 및 구속 변형률의 길이 측정은 모두 건조 개시시점에서 한다.

④ 변형 측정은 콘크리트 게이지 등을 이용한 기계적 방법으로 측정하는 경우에 게이지를 공시체 거푸집 탈형 후 공시체의 소정의 위치에 신속하게 붙인다. 또한 와이어 스트레인 게이지 등을 이용한 전기적 측정법으로 측정할 경우에는 게이지를 구속 기구 및 거푸집을 조립하는 시점 또는 조립 이전에 구속형강의 소정의 위치에 붙인다. 콘크리트 타설 중 남은 물로 인해 게이지가 침수되는 것을 막기 위해 게이지에 방수처리할 필요가 있다.

2.4.13 콘크리트 촉진 탄산화 시험방법
(Standard test method for accelerated carbonation of concrete)

1) 시험목적 및 관련규격

(1) 시험목적

이 규격은 실험실에서 이산화탄소 농도를 증가시킨 후 탄산화를 촉진시키는 실험에 관한 규격으로서 이에 대한 탄산화 깊이의 측정방법을 규정한다.

단, 이 시험방법은 콘크리트 구조물에 있어서 탄산화 저항성의 직접적 평가 또는 탄산화 저항성에 따라 결정되는 콘크리트 구조물의 내구수명을 예측하기 위한 것은 아니다.

(2) 관련규격

KS F 2403 : 콘크리트의 강도 시험용 공시체 제조 방법

KS F 2425 : 실험실에서 콘크리트 시료를 만드는 방법

KS F 2596 : 콘크리트 탄산화 깊이 측정방법

KS M 1105 : 액화이산화탄소(액화탄산가스)

KS M 8238 : 페놀프탈레인(시약)

2) 시험기구

① 시험용 장치 : 공시체에 촉진 탄산화 조건을 만드는데 필요한 온도 및 습도 제어장치, 이산화탄소 농도 제어장치, 시험대, 온도 및 습도 측정장치, 이 산화탄소 측정장치로 이루어지며, 온도는 1℃, 상대습도는 1%, 이산화탄소는 0.1% 단위로 조절 및 측정할 수 있는 장치를 기본으로 한다.

② 측정용 장치 및 기구 : 압축시험기, 휨시험기, 해머, 콘크리트 커터, 드라이어, 분무기, 솔 또는 전기청소기

3) 이산화탄소

시험에 사용하는 이산화탄소는 KS M 1105에 적합한 액화이산화탄소 또는 이것과 동등한 품질을 가지는 것으로 한다.

4) 공시체

① 공시체의 형상 및 크기

(a) 공시체의 단면은 정방형으로 그 한쪽의 길이는 100mm로 하고 공시체의 길이는 400mm로 한다.

(b) 굵은골재의 최대치수는 공시체 단면 한쪽의 3분의1 이하로 한다.

(c) 1회 측정을 목적으로 할 경우 100mm×200mm 또는 150mm×300mm의 실린더 공시체를 제작하여도 무방하다.

② 공시체의 개수 : 공시체의 개수는 동일 조건의 시험에 대해 3개로 한다.

③ 공시체의 제작방법 : 공시체 제작방법은 KS F 2403, KS F 2425에 따른다.

④ 거푸집의 제거 : 거푸집의 제거는 콘크리트를 모두 타설한 뒤 경화를 기다렸다가 수행한다. 거푸집의 제거시기는 타설한 뒤 16시간 이상 3일 이내로 한다. 이 동안 공시체의 진동, 충격 및 수분의 증발은 막아야 한다.

⑤ 탄산화 시험 전의 양생 : 공시체는 거푸집을 제거한 뒤, 재령 4주까지 온도 20±2℃의 습윤상태에서 양생을 행한다. 습윤상태를 유지하기 위해서는 공시체를 수중 또는 습윤상태에 둔다. 재령 4주 후 상대습도 60±5%, 온도 20±2℃의 항온 항습실에 재령 8주까지 정치한다. 재령 7~8주 동안에 공시체의 타설면, 저면, 양단면을 이산화탄소를 차단하는데 충분한 것으로 거푸집 체결 구멍이 없도록 봉인한다.

5) 시험방법

① 탄산화 시험방법 : 탄산화 촉진 조건은 상대습도 60±5%, 온도 20±2℃, 이산화탄소 5±0.2%로 한다. 공시체 개개의 환경조건이 같게 바닥과 연직이 되도록 설치한다.

② 탄산화 깊이의 측정방법 : 측정면은 소정의 촉진기간에 달한 시점에서 공시체의 길이 방향과 직각이고, 공시체의 단부로부터 60mm의 떨어진 위치에서 할렬 또는 절단면으로 한다. 탄산화 깊이를 측정할 때 이용하는 시약에는 KS M 8238에서 규정한 페놀프탈레인 용액 또는 이와 같은 성능을 가지는 시약을 이용한다. 지시약으로 사용되는 페놀프탈레인 용액은 95%의 에탄올 90㎖에 페놀프탈레인 분말 1g을 녹이고 물을 첨가하여 100㎖로 한 것이다. 단 공시체가 매우 건조한 경우에는 95%의 에탄올 양을 70㎖로 하여 첨가하는 물의 양을 많게 할 수 있다. 이후

이 시약을 분무기 등으로 분사한 뒤 적자색으로 변색된 구간까지의 깊이를 표면으로부터 측정하도록 한다. 측정면의 준비 및 측정방법은 KS F 2596에 따른다. 계측장소는 1측면을 6등분한 5곳으로 한다. 탄산화 깊이의 측정위치는 그림 4.13과 같다. 한편 1회 측정을 목적으로 한 실린더 시험편을 제작한 경우에는 쪼갬시험 또는 절단면에 대하여 탄산화 깊이를 측정하도록 한다.

③ 탄산화 깊이의 측정시기 : 탄산화 깊이의 측정시기는 촉진시험 개시 후, 촉진시기가 1, 4, 8, 13, 26주가 되었을 때 실시한다.

6) 계산

탄산화 깊이의 계산은 3개의 공시체에 대하여 각 공시체의 2면, 10점의 평균값, 즉 합계 6면 30점의 탄산화 깊이 평균값을 각각 계산하여 0.5mm 단위로 반올림한다.[1)]

주 1) 탄산화 속도를 나타내는 방법으로서, 탄산화 깊이를 촉진 개시시부터의 기간(주)의 평방근으로 나누어 구한 탄산화 속도 계수 $\alpha[\alpha = d/\sqrt{t}$, d : 탄산화 깊이(mm), t : 탄산화 기간(week)]가 이용되는 경우가 있다.

7) 시험상의 주의

① 측정 오차나 탄산화 진행의 분산이 어느 정도인가를 판단하기 위해서는 동일 조건에서 3개의 공시체로 시험을 수행하여야 한다.

② 탄산화 깊이의 측정시기는 기존의 연구에 따라 다르지만 시험의 목적에 따라 정해야 하는 것이 바람직하다.

2.4.14 급속 동결융해에 따른 콘크리트의 저항시험 방법
(Testing method for resistance of concrete to rapid freezing and thawing)

1) 시험목적 및 관련규격

(1) 시험목적

저온 한랭지에서는 콘크리트 내의 수분이 동결함에 의하여 체적이 팽창하고 미소 균열이 발생하여 강도저하 및 박리현상이 일어난다. 이러한 현상을 동결이라 하고, 이 시험은 콘크리트의 품질변화가 특정 동결융해 사이클에 대한 콘크리트의 저항에 미치는 영향을 판단하기 위하여 행한다.

(2) 관련규격

KS F 2403 콘크리트의 강도 시험용 공시체 제작방법

KS F 2424 모르타르 및 콘크리트의 길이 변화 시험방법

KS F 2437 공명진동에 의한 콘크리트의 동 탄성 계수 및 푸아송비 시험방법

2) 시험기구

① 동결융해장치 : 공시체가 소정의 동결융해 사이클을 받는데 적당한 챔버, 동결 및 가열장치, 소정의 요구 온도 하에서 연속적이고 자동적으로 재현성 사이클을 발생시킬 수 있는 조절장치로 구성된다.

② 온도 측정장치 : 온도계, 저항온도계 또는 열전대로 구성되어 있고, 공시체 용기 내의 여러 점과 조절용 공시체의 중심점 온도를 1℃ 이내까지 측정할 수 있어야 한다.

③ 동탄성 계수 측정장치 : KS F 2437의 규정에 따른다.

④ 저울 : 용량은 공시체 질량보다 50% 이상 크고, 감도가 5g 이하의 정밀도를 가진 것이어야 한다.

⑤ 조절수조 및 콤퍼레이터

3) 시험방법

① 동결융해 사이클의 조건은 다음과 같다.

복 합 법		최저온도	최고온도	융해시간 (1사이클 공정)	1사이클 소요시간
A법	수중동결 수중융해법	−18±2℃	4±2℃	25% 이상	2~4시간
B법	기중동결 수중융해법			20% 이상	

② 시험에 사용되는 공시체는 각주 공시체로 하고 KS F 2403에 따라 공시체를 만들고 양생하여야 한다.

③ 소정의 양생기간이 끝나면 즉시 공시체를 6±3℃의 상태로 옮겨 동 탄성계수 측정을 하여 무게를 알고 KS F 2437에 따라 측정한다. 공시체는 양생이 끝나는 시간부터 동결융해 사이클이 개시되는 기간까지 함수량이 변하지 않게 보호해야 한다.

④ 사이클 중 동결상태의 초기에 융해수 내에 공시체를 넣고 동결융해시험을 시작한다. 동결융해 사이클이 36사이클을 초과하지 않는 범위의 간격으로 융해상태에서 장치로부터 공시체를 꺼낸다. 다음에 바로 6±3℃의 온도조건 하에서 동 탄성계수 측정을 하고 무게를 단 후 다시 시험장치 내로 옮긴다.

⑤ 시험은 300사이클의 동결융해작용을 받을 때까지 또는 공시체의 중량이 동결융해 개시 직전의 중량이 75% 또는 상대탄성계수가 60%로 될 때까지 시험을 계속한다.

⑥ 동결융해 사이클이 계속될 수 없을 때는 동결상태로 공시체를 저장해야 한다.

4) 시험결과 및 계산

(1) 공시체 중량비

$$\alpha[\%] = (W_n / W)\times 100$$

여기에서 α : 동결융해 C 사이클 후의 공시체 중량비

W_n : 동결융해 0 사이클에서의 공시체 중량

W : 동결융해 C 사이클에서의 공시체 중량

(2) 상대동탄성계수

$$P_c[\%] = (n_1^2 / n^2)\times 100$$

여기에서 P_c : 동결융해 C 사이클 후의 상대동탄성계수[%]

n : 동결융해 0 사이클에서의 가로 1차 진동주파수

n_1 : 동결융해 C사이클에서의 가로 1차 진동주파수

(3) 내구성 지수

$$DF[\%] = PN/M$$

여기에서 DF : 시험용 공시체의 내구성 지수

P : N 사이클에서 상대동탄성계수[%]

M : P가 시험을 단속시킬 수 있는 소정의 최소값이 된 순간의 사이클 수 또는 동결융해의 노출이 끝나게 되는 순간의 사이클 수

N : 동결융해에 노출이 끝날 때의 사이클 수

5) 시험상의 주의

① 열교환 매개체의 용도가 용기의 바닥을 통하여 공시체 아래쪽 전면에 전달되어 공시체의 하부 상태가 다른 부분과 동일한 조건이 되도록 용기 바닥에서 공시체를 지지하여야 한다. 이 경우 용기 바닥에 3mm 철선으로 만든 평면형 나선철선을 두는 것이 좋다.

② 열교환 매체의 온도는 동결과 융해가 바뀌는 순간을 제외하고는 모든 공시체의 표면 어느 곳에서 언제 측정하더라도 3.3℃ 이내로 균등하여야 한다.

③ 대부분의 경우, 장치 내에서 공시체의 저항하중을 일정하게 유지하면 쉽게 균등한 온도와 시간조건을 조절할 수 있다. 공시체의 저항하중을 이용할 수 없을 경우에는 빈 공간을 임의의 모조 공시체로 채워야 한다.

④ 공시체의 질이 급격히 저하될 우려가 있을 경우, 초기 동결융해 시의 변형진동의 1차 공명 진동수 측정은 10사이클을 초과하지 않는 범위 내에서 하여야 한다.

⑤ 상대 동탄성 계수가 50% 이하로 떨어진 후에는 공시체의 시험을 계속하여서는 안 된다.

⑥ 종 진동의 1차 공명 진동수 측정은 시험 초기의 의문점이 발생할 때 검사를 하기 위해서 측정되므로 정확도에 주의를 기울여야 한다. 비틀림 진동의 1차 공명 진동수 측정은 초기 및 주기적으로 푸아송비를 검사하기 위하여 실시된다.

2.4.15 콘크리트 전염소 이온 분포의 측정방법
(Standard test methods for distribution of total chloride ion of concrete)

1) 시험목적 및 관련규격

(1) 시험목적

실제 구조물에서 전염소 이온의 농도 분포를 조사하고, 염소이온 겉보기 확산 계수를 산출해 염해에 관한 열화 예측을 수행하는 것은 콘크리트 구조물의 유지 관리에 있어서 중요하다. 그러나 이러한 평가방법에 대한 기준은 현재까지 존재하고 있지 않으며, 각각 독자적인 방법으로 내구성 평가를 수행하고 있는 실정이다. 따라서 실제 구조물에 있어서 콘크리트의 전염소 이온의 분포를 측정하는 방법에 관한 기준 필요하므로 이에 대하여 규정하고자 한다.

(2) 관련규격

KS F 2713 콘크리트 및 콘크리트 재료의 염화물 분석 시험방법

KS F 2714 모르타르 및 콘크리트의 산-가용성 염화물 시험방법

KS F 2422 콘크리트에서 절취한 코어 및 보의 강도 시험방법

KS F 2596 콘크리트 탄산화 깊이 측정방법

2) 사용기기

드릴링으로 얻을 수 있는 분말을 시료로 하는 경우

① 철근 탐사계 : 철근의 위치, 간격, 피복두께 측정이 가능한 것.

② 콘크리트용 드릴 : 지름이 20mm 이상의 것.

③ 분쇄용 기구 : 쇠그릇, 진동 분쇄기

④ 공칭 눈금이 150㎛인 그물체

3) 시료준비

(1) 분말의 채취 세트 수

전염소이온 분포의 측정목적, 구조물의 중용도, 환경조건, 채취장소를 고려하여 분말의 세트 개수를 결정한다.

(2) 분말의 채취

① 구조물의 표면에서 깊이 방향의 일정한 간격으로 드릴링하여 각각 적당한 수량으로 여러 위치에서 콘크리트 분말을 채취한다.

② 3개소의 드릴링에 의해 얻어진 같은 깊이의 분말을 서로 혼합한다.

4) 시험방법

(1) 탄산화 깊이의 측정

① 철근 탐사계를 이용해 철근의 위치를 확인한 후에 측정용 분말을 채취한 장소의 가장 가까운 지점을 드릴링 장소로 선정한다.

② 1% 페놀프탈레인 용액을 여과지에 분무하여 여과지를 충분히 습윤시킨다.

③ 콘크리트용 드릴로 전염소이온 측정용 분말을 채취한 장소의 가장 가까운 위치부근에서 드릴링하고, 이때 발생한 분말을 여과지로 받는다.

④ 발생한 분말이 여과지상에서 붉게 변색되면 즉시 드릴링을 중지하고 그 시점에서의 드릴링 깊이를 버니어 캘리퍼스 등을 이용하여 1mm 단위까지 측정한다.

(2) 분석방법

① KS F 2714에서 규정하는 전염소이온 농도의 측정법에 따라 각각의 시료에 대해 전염소 이온을 정량한 값을 전염소이온 농도로 환산한다.

5) 시험결과

(1) 측정결과의 정리

① 전염소 이온 분포 : 위의 분석방법에 요구된 전염소이온 농도와 시료채취 깊이 관계를 정리한다.

② 겉보기 환산계수의 계산 : 다음의 식이 나타내는 Fick의 제2법칙에 근거한 확산 방정식의 해를 이용한다.

$$C(x,\ t) - C_i = C_{0s}\left[1 - erf\left(\frac{x}{2\sqrt{D_{aps} \cdot t}}\right)\right]$$

여기에서 x : 콘크리트 표면으로부터 전염소이온 농도를 측정한 부분까지의 거리(cm)

t : 사용기간(년)

$C(x,\ t)$: 사용기간 t(년)에 거리 x(cm)에서 측정한 전염소 이온 농도(kg/m³),

C_{0s} : 실구조물로부터 채취한 콘크리트의 표면에서의 전염소이온 농도(kg/m³),

C_i : 초기 함유 전염소이온 농도(kg/m³)

D_{aps} : 실구조물로부터 채취한 콘크리트의 겉보기 확산계수(cm²/년)이다.

erf : 오차 함수, $erf(s) = \frac{2}{\sqrt{\pi}} \int_0^s e^{-\eta^2} d\eta$

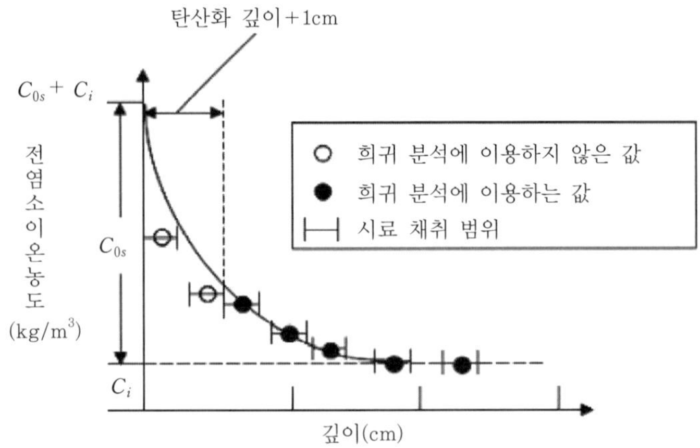

그림 2.20 시료채취 깊이와 염소이온 농도의 관계

6) 시험상의 주의

실제 환경에서 장기간 노출된 콘크리트는 탄산화가 진행되고 있는 경우가 많으므로, 탄산화의 진행으로 인해 콘크리트의 염소이온은 내부에서 농축된다. 탄산화 영영에 있어서 염소이온의 분포는 농도 확산만을 구동력으로 하는 분포와는 또 다른 분포가 발생하게 된다. 따라서 염소이온 겉보기 확산계수를 산출할 때, 탄산화 영역으로부터 얻을 수 있던 측정값은 이용하지 않도록 한다.

2.4.16 전기 전도도에 의한 콘크리트의 염소이온 침투저항성 시험방법

(Testing method for electrical indication of concrete' s ability to resist chloride ion penetration)

1) 시험목적 및 관련규격

(1) 시험목적

콘크리트 중으로 침투하는 염분, 수분, CO_2 등의 물질은 철근부식 및 팽창을 발생시켜 내구성에 중대한 영향을 미친다. 이 규격은 콘크리트의 염소이온의 침투 저항성을 빠른 시간에 알아내기 위한 목적으로, 콘크리트의 전기 전도도를 결정하는 시험방법에 대해 규정한다.

(2) 관련규격

KS F 2403 콘크리트의 강도 시험용 공시체 제작 방법

KS F 2422 콘크리트에서 절취한 코어 및 보의 강도 시험방법

2) 시험기구

(1) 진공포화장치의 구성

분리용 깔때기, 비커(1000*ml* 이상), 진공 데시케이터, 진공펌프, 진공게이지 또는 압력계

(2) 도막용 기구 및 재료

도막제(coating), 천칭 또는 저울, 종이컵, 나무주걱, 일회용 솔

(3) 시험편 절단 장비

이동식·수랭식 다이아몬드 톱 또는 실리콘 카바이드 톱

3) 시료준비

① 시험편-셀 봉합제(sealant)

② 3.0% 염화나트륨 용액, 0.3N 수산화나트륨 용액

③ 시험셀(test cell) : 두 대칭형의 폴리메틸메타크릴레이트로 된 용기로서 전기 전도성을 가진 망과 외부 연결부를 가지고 있어야 한다.

④ 전압 작용 및 데이터 측정장치 : 전압계, 분로저항, 정압 전원공급장치, 전선

4) 시험편

(1) 시험편의 선정

① 재료 또는 배합비를 평가할 경우 : 시험용 슬래브나 지름이 큰 실린더 공시체로부터 채취한 코어 또는 지름 100mm의 타설 공시체로 한다.

② 구조물을 평가하는 경우 : 구조물로부터 채취한 코어나 현장에서 타설, 양생된 지름 100mm의 실린더 공시체로 한다.

(2) 양생 실린더 공시체를 실험실로 운반 시 플라스틱 가방에 잘 봉하여 운반

(3) 수랭식 다이아몬드 톱 또는 실리콘 카바이드 톱을 사용하여 코어나 실린더 공시체를 윗면과 평행하게, 50±3mm 두께의 조각으로 절단하여 시험편으로 사용한다.

5) 시험방법

① 시험편을 물에서 꺼내어 물기를 제거한 후, 시험편의 상대습도가 95% 이상으로

유지될 수 있는 밀폐된 깡통이나 다른 용기로 옮긴다.

② 시험편 장착 : 바깥지름 100mm, 안지름 75mm, 두께 6mm의 원형 가황 고무개스킷을 시험셀의 각각에 정착한다. 시험편을 끼우고 시험셀의 두 쪽을 연결하여 밀봉한다.

③ 시험편의 윗면과 면하고 있는 시험셀을 3.0% NaCl 용액으로 채운다. 시험셀의 다른 쪽은 0.3N NaOH 용액을 채운다.

④ 리드선을 시험셀의 바나나 플러그에 연결한다. 전원공급장치와 데이터 측정장치를 적절하게 연결한다.

⑤ 시험 중 시험편 주변 공기의 온도는 20~25℃를 유지해야 한다.

⑥ 적어도 30분마다 전류를 측정, 기록한다. 전류 측정을 위해 전압계를 분로저항과 함께 사용한다면, 전압 측정값을 전류값으로 바꾸는 적절한 변환 인수를 사용해야 한다.

⑦ 6시간 이후 시험을 종결한다.

⑧ 시험편을 때어낸 다음, 시험셀을 수돗물로 잘 헹구고 남은 봉함제를 벗겨내어 제거한다.

6) 계산 및 결과 해석

① 시간(sec)에 따른 전류변화를 도시하고, 측정 데이터를 연속된 곡선으로 그리고, 곡선의 아랫부분의 면적을 계산하여 총 6시간 동안의 전하량을 결정한다. 혹은 시험이 진행되는 동안 또는 시험이 종료된 후에 면적을 자동으로 계산하여 전하량을 결과로 제시하는 자동 데이터 처리장치를 사용한다.

$$Q=900(I_0+2I_{30}+2I_{60}+\cdots+2I_{300}+2I_{330}+I_{360})$$

여기에서 Q : 통과 전하량(coulombs)

I_0 : 전압을 가한 직후의 전류(amperes)

I_t : 전압을 가한 후 t분 경과 후의 전류(amperes)이다.

② 만약 시험편의 지름이 95mm가 아니라면, 통과 전하량은 (1)에서 계산된 값에 기준 시험편과 실제 시험편의 단면적의 비를 곱하여 수정한다.

즉, $Q'_s=Q_x\times\left(\dfrac{95}{x}\right)^2$

여기에서 Q'_s : 지름 95mm 시험편에 대한 통과 전하량(coulombs)

Q'_x : 지름×mm시험편에 대한 통과 전하량(coulombs)

x : 비표준 시험편의 지름(mm)이다.

③ 시험결과를 평가할 때에는 표 2.28을 사용한다.

표 2.28 전하량에 따른 염소이온 침투성

통과 전하량 (C)	염소이온 침투성
>4000	높음
2,000~4,000	보통
1,000~2,000	낮음
100~1,000	매우 낮음
<100	무시할만함

7) 시험상의 주의

① 시험편의 설치 시 용액이 시험편의 단면 전체와 시험기간 동안 계속 접해 있도록 하여야 한다.

② 콘크리트의 염소이온 침투 저항성은 콘크리트의 조직구조에 따라 결정된다. 상당 기간이 경과한 후에도 수화반응은 지속적으로 일어나기 때문에 시간이 경과하면서 콘크리트의 조직구조는 더욱 치밀해진다. 따라서 시간이 경과하면 염소이온의 침투 저항성도 아울러 향상되므로, 같은 시험편이라 하더라도 시간에 따라 서로 다른 침투 저항성을 나타낼 수 있음에 유의해야 한다.

③ 주로 방청제로 널리 사용되는 아질산칼슘은 콘크리트의 전기 전도도를 변화시킬 수 있는 것으로 보고되고 있다. 따라서 이 시험방법을 적용하면 장기 침지시험과 상반된 결과를 나타낼 수 있다. 따라서 아질산칼슘을 사용한 콘크리트에 대해서는 이 시험방법을 적용해서는 안 된다. 이외에도 콘크리트 시험편의 전도성에 영향을 줄 수 있는 다른 물질, 즉 철근이나 기타 전도성 물질이 전류방향으로 연속적으로 매설된 경우에는 역시 이 시험법을 적용하지 않는 것이 바람직하다.

④ 시험편의 두께는 시험결과에 큰 영향을 미치기 때문에 50±3mm 범위를 벗어나지 않도록 해야 한다. 시험편의 절단 후 시험편의 표면을 매끄럽게 하는 것은 시험셀에 시험편이 완전히 밀착할 수 있도록 하기 위함이다. 만약 시험편이 매끄럽지 못하거나 모서리가 파손되어 완전한 밀착이 이루어지지 않으면, 시험하는 동안

용액이 계속 샐 가능성이 높기 때문에 주의를 요한다.

⑤ 용액의 온도는 콘크리트의 종류에 따라 다르지만 시험기간 동안 지속적으로 상승한다. 용액의 온도가 지나치게 상승하면 시험에 영향을 줄 수 있기 때문에, 용액이 끓지 않도록 온도를 계속 관찰하는 것이 좋고, 시험 시작 시의 온도를 20~25℃ 이하로 유지하는 것이 매우 중요하다.

2.4.17 초음파 속도법

(Testing method for velocity of ultrasonic pulses to conclude compressive strength of concrete)

1) 시험목적 및 관련규격

(1) 시험목적

콘크리트 구조물의 일정거리를 통과하는 발진자와 수진자 사이의 펄스 통과시간으로부터 초음파 속도를 측정함으로써 콘크리트의 압축 강도를 추정하기 위한 것이다. 시험방법에 의해 결정되는 초음파 펄스 속도는 콘크리트의 탄성계수, 균열깊이, 내부 결함 등 콘크리트의 품질 평가수단으로 이용될 수 있다.

(2) 관련규격

KS F 2731 콘크리트 압축 강도 추정을 위한 초음파 펄스 속도 시험방법

2) 사용기기

① 전지적 펄스 발생회로, 한 쌍의 탐촉자(발진자, 수진자), 수진 증폭기, 디스플레이 유닛, 시간측정 회로 및 연결 케이블로 구성된다.

② 장치의 영보정 시험장치를 사용하기 위해서는 영보정 방법을 정해야 한다. 표시값이 영향 요인으로 간섭받지 않기 위해서 시간지연 조정을 해야 한다. 시간지연 조정은 전달시간이 정확히 알려진 레퍼런스 바의 대향면에 탐촉자를 쌍으로 연결시켜 실시한다. 레퍼런스 바에 탐촉자를 설치하는 방법은 항상 일정해야 한다. 최소량의 접촉 매질을 사용하고 탐촉자는 바의 끝에 견고하게 압착되어야 한다. 레퍼런스 바 위에서 탐촉자를 미끄러지게 하는 것은 영보정의 오차를 일으키므로 피해야 한다. 시험장치의 정확한 영보정을 위해 시간지연 조정은 시험장치나 탐촉자가 교체될 때마다, 또는 길이가 다른 케이블이 사용될 때마다 매번 실행되

어야 한다. 또한 전자 회로나 케이블의 안정성을 확인하기 위해 수시로 영보정을 재확인할 필요가 있다.

③ 펄스 전 시간의 정확도 확인 : 펄스 전달시간 측정의 정확도는 시간 측정회로의 정확도와 펄스의 첫 신호를 감지하는 장치의 민감성에 의해 좌우된다. 펄스 전달시간이 정확하게 알려진 2개의 레퍼런스 바로 전반적인 성능을 검사한다. 2개의 레퍼런스 바는 각각 약 25㎲와 100㎲의 펄스 전달시간을 가져야 한다. 짧은 레퍼런스는 3.2의 영보정을 위해 사용된다. 긴 레퍼런스 바는 시간측정의 정확성을 확인하는데 사용된다. 양 끝에 발·수신자를 배열하고 전달시간을 읽음으로써 레퍼런스 바에 대한 측정을 한다. 측정값은 관련 표준값과 ±0.5% 이상 차이가 나면 안 된다.

④ 투과거리 측정의 정확성 : 투과거리 측정의 정확도는 ±1% 이하이어야 한다. 투과거리를 직접적으로 시험하는 것이 물리적으로 불가능한 경우 설계자가 제공하는 호칭치수와 오차 허용범위를 이용하고 그 내용을 기록해야 한다.

3) 시험방법

① 탐촉자의 배치 : 2개의 탐촉자를 대향면으로 배치하여 펄스속도를 구한다. 그림 4.9는 콘크리트의 대향면에 탐촉자를 배치한 예이다. 펄스속도 시험의 정확도가 주로 투과거리 측정의 정확도에 의해 좌우되며, 이 경우 탐촉자 간의 에너지 이동이 최대이기 때문에 압축강도 추정 시에는 대향면 배치방법을 이용한다.

② 콘크리트에 대한 탐촉자 연결 : 발진자에서 발생하는 초음파 펄스가 콘크리트를 통과하여 수진자에 확실하게 도달되기 위해서는 콘크리트와 각 탐촉자의 앞면에 적절한 음향학적 연결조치가 필요하다.

③ 가능한 탐촉자는 거푸집 또는 성형 몰드에 맞닿아 제조된 콘크리트 표면과 접촉되어야 한다. 다른 방법에 의해 성형된, 예를 들면 흙손으로 마무리된 표면은 재료의 본질과는 다른 특성을 나타낼 수 있다. 그런 표면에서 시험을 해야 할 필요가 있다면, 보다 긴 투과거리를 통해서 시험이 이루어져야 한다. 성형 몰드에 맞닿지 않고 제조된 표면의 최

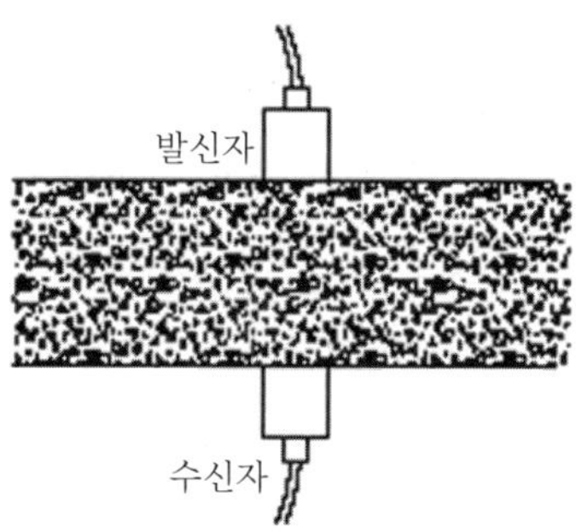

그림 2.21 초음파 펄스시험을 위한 탐촉자 배치방법

소 투과거리는 150mm가 적절하다.

④ 콘크리트 표면이 매우 거칠고 일정하지 않을 때는 탐촉자가 접촉되는 표면을 평활하게 하고 시험체의 양면을 수평되게 해야 한다. 이 경우 표면상태 조정을 위해 초속경 에폭시 레진이나 플라스터를 사용할 수 있다. 이때 이들 매개층은 최대한 얇아야 한다.

4) 시험결과

다음 식에 따라 계산한다.

$$V = \frac{L}{T}$$

여기에서, V : 펄스속도(m/s)

L : 투과거리(m)

T : 유효시간(s)

5) 시험상의 주의사항

① 장치부속의 교정용 기준 바를 이용하여 장치의 교정을 행하며, 수신자와 발진자를 콘크리트의 상대하는 면에 그리스 등으로 밀착시켜 시험한다.

② 동일한 음속이라도 콘크리트의 배합요인이나 매입된 철근에 의해서 결과 값이 상이하게 나타나는 점에 유의한다.

③ 시험에 사용되는 접촉매질은 오일, 바셀린, 그리스 등을 사용하며, 접촉매질로 인한 콘크리트의 시험값이 연속될 수 있으므로, 접촉매질의 층이 얇아져 최소값이 얻어질 때까지 시험을 반복한다.

④ 콘크리트 시험면이 매우 거칠고 일정하지 않을 때에는 탐촉자가 접촉되는 표면을 평활하게 시험체의 양면을 수평하게 만든다.

⑤ 콘크리트 내의 함수량, 수화조건, 양생조건의 차이 및 공극 내에 있는 자유수의 존재로 인해 발생되는 부재의 특성을 고려한 펄스속도를 보정하는데 주의한다.

⑥ 콘크리트 내 수분은 음속에 큰 영향을 미치며, 습윤상태일수록 파속은 커져 함수율이 1% 증가하면 음속은 약 50~100m/s 증대하므로 강우 등에 의해 콘크리트가 습윤상태일 경우 시험을 자제한다.

⑦ 시험의 투과거리는 길수록 좋으며, 최소투과거리는 사용골재 최대치수가 20mm미

만인 콘크리트의 경우 100mm 이상으로 하고, 골재 최대호칭치수 20~40의 경우 투과거리는 150mm 이상이어야 한다.

⑧ 시험의 위치는 파 경로에 평행하는 철근과 가까운 곳을 되도록 피하며, 불가능한 경우 펄스속도의 시험값은 철근의 위치를 고려하여 보정한다.

2.4.18 공명진동에 의한 탄성계수 및 동 푸아송비의 시험방법
(Testing method for dynamic modulus of elasticity, rigidity anddynamic Poisson's ratio of concrete specimens by resonance vibration)

1) 시험목적 및 관련규격

(1) 시험목적

콘크리트의 원주형 및 각주형 공시체의 종 진동, 변형 진동 및 비틀림 진동의 1차 공명 진동수를 구하여, 여기에서 동 탄성계수, 동 전단 탄성계수 및 동 푸아송비를 구하는 시험에 대한 규정이다.

(2) 관련규격

KS F2437 공명 진동에 의한 콘크리트의 동 탄성 계수 및 동 푸아송비의 시험방법

2) 사용기기

구동회로, 픽업회로,

3) 시험 준비

① 공시체의 질량과 길이는 ±0.5% 이내의 정밀도로 측정하여야 하며 단면치수는 ±1% 이내의 정밀도로 구하여야 한다.

② 종 진동의 경우 공시체의 단면치수는 10cm 이상으로 하고, 공시체의 길이와 단면치수의 비는 2 이상으로 한다.

③ 변형진동의 경우 공시체의 길이와 진동방향의 두께와의 비는 3~5의 범위를 표준으로 한다.

4) 시험방법

(1) 종진동 경우의 공명 진동수 결정

① 공시체는 양 끝 자유 종진동으로 될 때는 너무 구속하지 않고 진동되도록 지지대 위에 놓아야 한다. 구동력은 공시체의 끝 면에서 여기에 직각으로 가한다. 픽업은 공시체의 진동방향으로 작동하도록 콘크리트의 다른 끝 면에 접촉시켜야 한다.

② 발진기의 진동수를 바꾸고, 여기에 따라 공시체가 진동하도록 구동력을 가하면서 증폭된 픽업의 출력전압을 관측한다.

(2) 변형진동의 공명 진동수 결정

① 공시체는 양 끝 자유스러운 변형진동을 할 때는 너무 구속되지 않고 진동되도록 지지대 위에 놓아야 한다. 구동력은 공시체에 변형진동을 주는 방향으로 가하여야 한다. 또 구동력을 주는 위치는 진동의 파절에서 떨어진 위치로 한다.

② 발진기의 진동수를 바꾸고, 여기에 따라 공시체가 진동하도록 구동력을 가하면서 증폭도나 픽업의 출력전압을 관측한다. 지시기에 명확한 최대의 흔들림이 나타나며, 또 진동의 파절을 측정한 결과 1차 공명변형 진동임을 확인하였을 때에는 그 경우의 진동수를 변형진동의 1차 공명 진동수로 한다.

(3) 비틀림 진동의 공명 진동수 결정

① 공시체는 양 끝 자유인 비틀림 진동을 할 때는 너무 구속되지 않고 발진기의 진동수를 변화시킴에 따라 공시체가 진동되도록 구동력을 가하면서 증폭된 픽업의 출력전압을 관측한다.

5) 시험결과

(1) 동 탄성계수의 계산

① 종 진동인 경우

$$E_D = C_1 W f_1^2$$

다만, $C_1 = 400 \times 10^{-5} \dfrac{L}{A}$

여기에서, E_D : 동탄성계수(MPa)(= N/㎟)

f_1 : 종 진동의 1차 공명 진동수(Hz)

A : 공시체의 단면적(㎟)

W : 공시체의 질량(kg)

L : 공시체의 길이(mm)

② 변형진동의 경우

$$E_D = C_2 W f_2^2$$

다만, $C_1 = 400 \times 10^{-5} \dfrac{L}{A}$ (원주형 공시체)

$C_1 = 400 \times 10^{-5} \dfrac{L}{A}$ (각주형 공시체)

여기에서 ED : 동탄성계수(MPa)(= N/㎟)

f_2 : 변형진동의 1차 공명 진동수(Hz)

d : 원주 공시체의 지름(mm)

b, t : 각주 공시체 단면의 각 변의 길이(mm), t는 진동방향의 변의 길이

T : 회전 반지름 k

W : 공시체의 질량(kg)

L : 공시체의 길이(mm)

(2) 동 전단 탄성계수의 계산

$$G_D = C_3 W f_3^2$$

다만, $C_1 = 400 \times 10^{-5} \dfrac{LR}{A}$

여기에서 G_D : 동탄성계수(MPa)(=N/㎟)

f_s : 비틀림 진동의 1차 공명 진동수(Hz)

R : 형상계수 = 1(원주 공시체)

= 1.183(정사각형 단면의 각주 공시체)

$= \dfrac{a/b + b/a}{4a/b - 2.52(a/b)^2 + 0.21(a/b)^6}$

(직사각형 단면의 각주 공시체에서 $b > a$)

W : 공시체의 질량(kg)

L : 공시체의 길이(mm)

A : 공시체의 단면적(㎟)

(3) 동 푸아송비의 계산

$$\mu_D = \frac{E_D}{2G_D} - 1$$

표 2.29 수정계수의 T

k/L	T(13)	k/L	T(13)
0.00	1.00	0.09	1.60
0.01	1.01	0.10	1.73
0.02	1.03	0.12	2.03
0.03	1.07	0.14	2.36
0.04	1.13	0.16	2.73
0.05	1.20	0.18	3.14
0.06	1.28	0.20	3.58
0.07	1.38	0.25	4.78
0.08	1.48	0.30	6.07

6) 시험상의 주의사항

① 사용되는 발진기는 ±2% 이내의 오차로 진동수를 조절할 수 있는 것이어야 한다.

② 공시체의 지지대는 공시체가 너무 구속되지 않고서 진동될 수 있는 것이어야 하고 지지대의 치수는 그 고유진동수가 사용하는 진동수의 범위 외에 있도록 해서는 안 된다.

③ 공시체는 양끝 자유 종진동으로 할 시에 심하게 구속하지 않은 상태에서 진동될 수 있도록 유의한다.

④ 구동력은 공시체의 끝에 직각으로 하도록 한다.

⑤ 시험에 있어 발진기의 진동수를 바꾸며, 이에 따른 공시체가 진동하도록 구동력을 가하며 구동력의 가해지는 위치는 진동의 파절에서 떨어져 있는 위치(공시체의 중앙부)로 한다.

2.4.19 콘크리트 압축강도 추정을 위한 반발경도 시험방법
(Standard Test Method for Rebound Number of conclude compressive strength of concrete)

1) 시험목적 및 관련규격

(1) 시험목적

스프링 작동식 테스트 해머를 사용하여 현장 콘크리트의 반발경도를 측정함으로써 콘크리트의 압축강도를 추정하기 위한 것이다. 이 시험방법에 의해 결정되는 반발 경도는 콘크리트의 균등성을 평가하고 품질이 저하되었거나 시멘트의 수화작용에 의해 발생된 콘크리트의 특성 변화를 평가하는데 이용할 수 있다. 또한 반발경도는 거푸집 및 동바리를 제거할 수 있는 시간을 결정할 때 이용할 수 있다.

(2) 관련규격

KS F2730 콘크리트 압축 강도 추정을 위한 반발 경도 시험방법

2) 사용기기

① 테스트 해머 : 테스트 해머는 스프링에 의해 장전된 한 개의 중추로 구성되며 이 중추의 제어장치가 풀렸을 때 콘크리트의 표면과 접한 반구형 선단의 타격봉을 때릴 수 있어야 한다. 스프링 작동식 해머는 일정한 속도 조건에서 움직여야 한다. 타격봉이 콘크리트 면을 타격한 후 반발하는 물리량(반발간격)을 시험기의 지침을 읽는다.

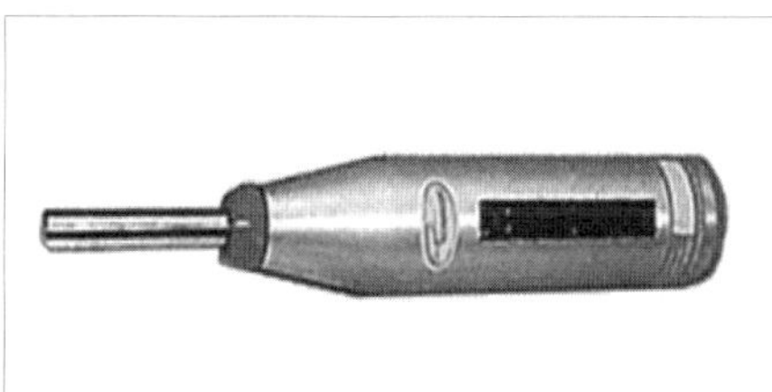

(a) 슈미트해머(L형)

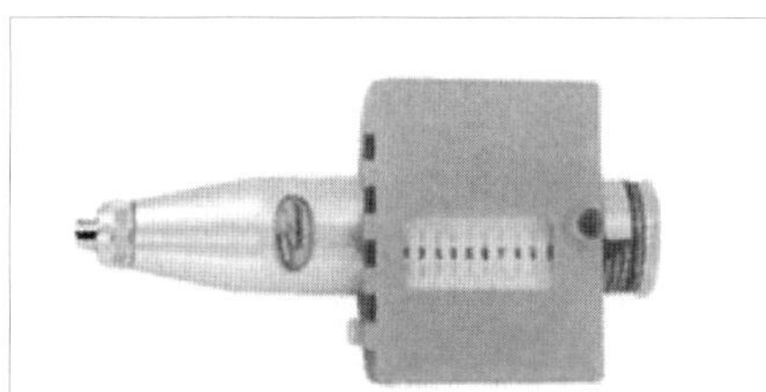

(b) 슈미트해머(NR형)

(c) 슈미트해머(P형)

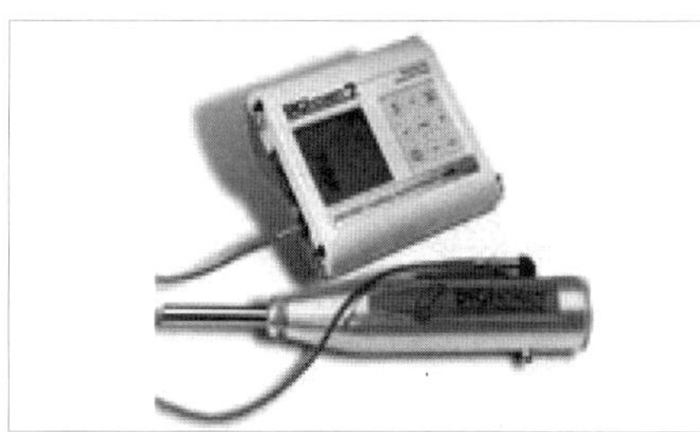

(d) 슈미트해머(DIGITAL)

그림 2.22 슈미트해머의 종류

② 연삭숫돌 : 연삭숫돌은 중간 거칠기의 탄화규소 또는 그에 준하는 재료로 구성되어야 한다.

③ 테스트 앤빌 : 테스트 해머의 검정 시에는 테스트 앤빌을 이용하는데, 이는 지름 150mm의 타격면을 갖는 금형의 원주체이다. 조작 시 테스트 해머를 테스트 앤빌의 중앙에 위치시키고 타격면에 대해 연직하게 하여 시험한다. 테스트 앤빌은 테스트 해머와 동일한 제조사의 제품을 사용해야 한다.

3) 시험방법

① 시험부위의 결정 : 시험할 콘크리트 부재는 두께가 100mm 이상이어야 하며, 하나의 구조체에 고정되어야 한다. 시험면은 다공질의 조약한 면은 피하고 평활한 면을 선택해야 한다. 사용된 거푸집의 재질이 다르거나 미장 및 도장이 되어 있는 면은 평활한 콘크리트의 반발경도와 크게 차이가 있으므로 마감면을 완전히 제거한 후 시험을 해야 한다.

② 시험준비 : 시험영역의 지름은 150mm 이상이 되어야 한다. 거친 콘크리트면 및 푸석푸석한 콘크리트면은 연삭숫돌로 평활하게 연마한다.

③ 시험절차 : 타격봉이 시험면에 수직으로 위치할 수 있도록 하며, 한 위치에서 시험기구를 움직이지 않게 고정한다. 타격봉이 중추에 부딪힐 때까지 타격봉에 대한 압력을 서서히 증가시킨다. 타격봉이 중추에 부딪힌 후, 지침상의 값을 읽고 이 값을 기록한다. 타격위치는 가장자리로부터 100mm 이상 떨어지고 서로 30mm 이내로 근접해서는 안 된다. 각 시험영역으로부터 20개의 시험값을 취한다. 타격 후 표면의 흔적을 검사한 다음 타격에 의해 시험면이 파손되었거나 균열이 발생하는 경우 해당 시험값을 버린다.

4) 시험결과

시험값 20개의 평균으로부터 오차가 20% 이상이 되는 경우의 시험값은 버리고 나머지 시험값의 평균을 구한다. 이때 범위를 벗어나는 시험값이 4개 이상인 경우에는 전체 시험값 군을 버리고, 4.와 동일한 시험절차를 통해 시험범위 내의 새로운 위치에서 20개의 반발경도를 구한다.

(1) 영향을 미치는 요인

① 콘크리트 내부의 온도 : 0℃ 이하의 온도에서 정상보다 높은 값이 나오므로 내부가 완전히 융해된 후에 시험해야 한다.

② 테스트 해머의 온도 : 테스트 해머 자체 온도가 반발경도에 영향을 줄 수 있으므

로 외기온도가 극심하게 변동되는 경우 시험을 자제한다.

③ 콘크리트 표면의 함수상태 : 콘크리트의 함수율이 증가함에 따라 강도가 저하하고 반발경도도 저하되므로 젖지 않은 상태에서 시험을 해야 한다.

④ 탄산화 : 탄산화 효과는 콘크리트의 반발경도를 증가시킨다. 재령계수 보정을 통해 반발경도의 변화를 보상한다.

⑤ 타격의 방향 : 수평타격을 원칙으로 하며, 이외의 경우 테스트 해머 제조사가 제시하는 보정값을 적용하여야 한다.

⑥ 테스트 해머의 종류 : 종류마다 시험값 ±1~3 정도의 오차가 나므로 동일한 테스트 해머 사용해야 한다.

⑦ 콘크리트의 거동 : 시험 시에는 큰 진동과 콘크리트의 움직임이 없어야 한다.

5) 시험상의 주의사항

① 시험할 콘크리트 부재의 두께는 100mm 이상이 되어야 하며 하나의 구조체에 구속되어야 한다.

② 시험면은 다공질의 조악한 면을 피하고 평활한 면을 사용하여야 한다.

③ 사용된 거푸집의 재질이 다르거나 미장 및 도장이 되어 있는 시험체면의 경우 평활한 면의 반발경도 값과 차이를 나타낼 수 있어 마감면을 완전히 제거한 후 시험을 해야 한다.

④ 타격봉이 시험면에 수직으로 위치할 수 있도록 하며 시험중 위치가 변경되지 않도록 시험에 주의한다.

⑤ 타격위치는 가장자리로부터 100mm 이상 떨어지고 서로 30mm 이내로 근접해서는 된다.

⑥ 각 시험의 영역으로는 20개의 영역을 취하며 타격 후 표면흔적을 검사한 후에 타격으로 인해 시험면이 파손되었거나 균열이 발생하는 경우 해당 시험값은 무효가 된다.

⑦ 구조물의 전체 또는 불특정 위치에 대한 분포측정보다는 300×300mm를 넘지 않는 하나의 지점을 지정하여 시험을 실시하는 것이 정확하다.

2.4.20 콘크리트 압축강도 추정을 위한 인발강도 시험방법
(testing method for pullout strength to conclude compressive strength of concrete)

1) 시험목적 및 관련규격

(1) 시험목적

본 실험은 콘크리트 시험 시료 또는 콘크리트 구조물에 매립된 금속 인서트를 뽑아낼 때 요구되는 힘, 즉 인발력을 측정함으로써 콘크리트의 압축강도를 추정하기 위한 것이다.

(2) 관련규격

KS F2732 콘크리트 압축 강도 추정을 위한 인발 강도 시험방법

2) 사용기기

① 매립 인서트 : 인서트의 재질은 시멘트에 반응하지 않는 금속이어야 한다. 인서트는 굳지 않은 콘크리트에 매립되는 원통형의 가력 플레이트를 구성하고 있어야 한다. 매립부의 깊이를 정하기 위한 샤프트는 이 플레이트에 견고하게 부착되어야 한다.

② 재하장치 : 반력 링이 샤프트와 동심을 이룰 수 있도록 하고, 작용하중이 샤프트와 한 축을 이루면서 반력 링과는 수직이 되며, 이 하중이 균일하게 적용될 수 있도록 해주는 집중지물이 포함되어 있어야 한다.
여기에서 반력 링은 가력 플레이트 지름에 대해 2.0~2.4배 크기의 안지름을 가져야 하며, 이러한 안지름에 대한 최소 1.25배 크기의 바깥지름을 가져야 한다. 반력 링의 두께는 가력 플레이트 지름의 0.4배 이상이어야 한다.

③ 하중 측정장치 : 게이지는 예상 사용범위 내에서 최소값의 5%를 넘지 않는 최소의 눈금간격을 가져야 한다.

3) 시험방법

① 시험부위 결정 : 인서트의 간격은 가력 플레이트 지름의 최소 10배 이상이 될 수 있도록 인발시험 위치를 이격시킨다. 인서트와 콘크리트 가장자리 사이의 간격은 가력 플레이트 지름의 최소 4배 정도 떨어져야 한다. 인서트는 그것의 인발로 인

한 원뿔형 파괴면이 철근지름 또는 굵은골재의 최대치수 중 큰 값 이상으로 철근과 이격되도록 위치해야 한다.

② 시험준비 : 콘크리트 타설 앞에 적절한 위치에 인서트를 고정시키는 볼트를 사용하거나 또는 다른 적절한 방법이나 조치를 취하여 거푸집에 인서트를 부착하도록 한다. 동일한 시험에서 모든 인서트는 똑같은 깊이로 매립되어야 하며, 샤프트는 콘크리트 성형면과 수직을 이루어야 한다.

③ 시험절차 : 인발시험 직전 인서트를 제 위치에 고정시키기 위해서 사용된 모든 부속물을 제거한다. 재하장치를 부착하기 전에 콘크리트 표면에 붙어 있는 이물질을 모두 제거하여 매끄러운 반력면이 인서트 축과 수직을 이룰 수 있도록 하여야 한다.

샤프트를 기준하여 동심으로 반력 링을 위치시킨 다음, 인발볼트를 유압식 램에 연결시킨 후 반력면에 대해 인발 어셈블리를 충분히 죄어준다. 이때 반력 링이 샤프트를 중심으로 위치하고 있으며 콘크리트와 밀착되어 있는지 확인한다.

인발시험이 120±30초 이내에 인발파괴가 발생할 정도의 균일한 속도로 하중을 가하여, 각 시험영역으로부터 5개의 시험값을 취한다. 다이얼 게이지에서 최소구획의 절반 근사 값까지 최대 게이지 시험값을 기록한다. 정해진 합격수준까지만 시험하려는 경우 120±30초 이내에 정해진 수준에 이를 정도의 균일한 속도로 하중을 가한다.

4) 시험결과

① 측정된 데이터를 근거로 하여 시험값을 인발력으로 변환한다.

② 응력계산은 식(1)과 같이 원뿔대의 면적으로 인발력을 나눈 후 그 결과를 꼭지각의 1/2의 사인값과 곱하여 가상의 원뿔형 단면에 대한 공칭응력을 계산한다.

$$f_n = (P/A)\sin a$$

$$\sin a = (d_3 - d_2)/2s$$

$$A = \pi S(d_3 + d_2)/2$$

$$S = \sqrt{h^2 + [(d_3 - d_2)/2]^2}$$

여기에서 f_n : 공칭응력(MPa)

P : 인발력(N)

a : 원뿔대 꼭지각의 1/2 또는 $\tan -1(d^3 - d^2)/2h$

A : 단면부 표면적(㎟)

d^2 : 가력 플레이트의 지름(mm)

3 : 반력 링의 안지름 또는 가상 원뿔대 큰 밑변의 지름(mm)

h : 가력 플레이트로부터 큰 밑변의 표면까지 원뿔대의 높이(mm)

S : 원뿔대의 기울기 높이(mm)

5) 시험상의 주의사항

① 인서트는 콘크리트와의 접착을 최소화 하기 위하여 박리제 칠을 하여야 한다.

② 시험 중 측면마찰을 최소화하기 위하여 테이퍼 처리를 한다.

③ 시험 수행 전 샤프트가 회전하지 않도록 노치와 같은 장치가 가력 플레이트에 포함되어야 한다.

④ 나선처리된 모든 장치물 설치에 앞서 원활히 움직이는지 점검하며, 장치의 해체가 용이하도록 구속하는데 신중히 한다.

2.5 강 재

2.5.1 강재의 종류 및 품질규격(Steel type and quality of standard)

우리나라에서 생산되는 강재의 재료, 성분, 단면성능 및 크기는 한국산업규격(KS)에서 규정하고 있다. 표 2.30에 강재의 종류 및 품질규격을 나타낸다. 표 2.30에서는 강재의 종류를 압연형강, 철근콘크리트용 봉강, 구조용 강판 및 강대, 구조용 강관으로 구분하고 있으며 각각의 종류에 따라 세부품목의 품질규격을 나타내고 있다. 표 2.30과 같이 강재는 종류에 따라 화학성분, 기계적 성질, 외관, 형상 및 수법, 중량 등이 KS에 규격화 되어져 있으며, 이러한 규격에 합격한 강재가 KS제품으로 인정을 받게 된다. 한편, 각 강재에게 요구되어지는 품질에 대한 평가시험방법 또한 KS에 규격화되어 있으며, 이러한 규격화된 시험방법에 근거하여 각종 강재의 다양한 품질을 시험하고 평가한다.

표 2.30 강재의 종류 및 품질규격

종 류	구 분	규 격	규 격 명
압연 형강	H형강, T형강, ㄱ형강, ㄷ형강, I형강	KS D 3502	열간압연 형강의 모양·치수 및 무게와 그 허용차
	H형강 말뚝	KS F 4603	H형강 말뚝
	강 널말뚝	KS F 4604	열간압연강 말뚝
	용접 경량 H형강, 경량형강	KS D 3530	일반구조용 경량 형강
철근콘크리트용 봉강	철근, 일반 건설부품	KS D 3504	철근콘크리트용 봉강
		KS D 3527	철근콘크리트용 재생 봉강
	에폭시 철근	KS D 3629	에폭시 피복철근
	아연도막 철근	KS D 3613	철근콘크리트용 아연도금 봉강
구조용 강판 및 강대	일반구조용 압연강재	KS D 3503	일반구조용 압연 강재
	용접구조용 압연강재	KS D 3515	용접구조용 압연 강재
구조용 강관	일반구조용 탄소강관	KS D 3566	일반구조용 탄소 강관
	일반구조용 각형 강관	KS D 3568	일반구조용 각형 강관
	강관 말뚝	KS F 4602	강관 말뚝

2.5.2 강재의 시험방법(Method of testing steels)

강재의 기계적 성질은 인장시험, 휨시험, 충격시험, 경도시험 및 피로시험 등의 재료시험에 의해 결정되며 이러한 강재의 재료시험은 하중을 가하는 속도, 시험체의 크기, 시험장소의 환경 등에 영향을 받는다. 따라서 각 국에서는 자국에 적합한 시험방법을 규정하고 있으며 한국산업규격(KS)에서도 표 2.31과 같은 강재의 시험편 및 시험방법을 규정하고 있다.

표 2.31 강재의 시험방법(KS)

관련규격	번호	규 격 명
KS	B 0802	금속재료 인장 시험방법
	B 0804	금속재료 굽힘 시험방법
	B 0810	금속재료 충격 시험방법
	B 0805	브리넬 경도 시험방법
	B 0806	로크웰 경도 시험방법
	B 0807	쇼어경도 시험방법
	B 0811	금속재료의 비커스 경도시험방법
	B ISO 12106	금속재료의 피로시험-축 방향 변형제어 방법
	B ISO 12107	금속재료의 피로시험-데이터의 통계적 분석방법
	B ISO 12108	금속재료의 피로시험-피로균열성장 방법
	D 0244	철근콘크리트용 봉강의 가스 압접이음의 감사방법

표 2.32 강재관련 국제시험 규격(일본, JIS)

관련규격	번 호	규 격 명	관련 KS
JIS	Z 2241	Method of tensile test for metallic materials	B 0802
	Z 2248	Metallic materials-Bend test	B 0804
	Z 2242	Method for Charpy pendulum impact test of metallic materials	B 0810
	Z 2243	Brinell hardness test-Test method	B 0805
	Z 2244	Vickers hardness test-Test method	B 0811
	Z 2245	Rockwell hardness test-Test method	B 0806
	Z 2246	Shore hardness test-Test method	B 0807
	Z 2273	General Rules for Fatigue Testing of Metals	

2.5.3 강재의 인장 시험방법(Method of Tensile Test for Metallic Materials)

1) 시험목적 및 관련규격

강재의 인장시험은 인장하중을 받는 강재의 역학적 성질이 KS에 규정되어 있는 인장강도, 항복점, 연신율 등의 기계적 성질의 적합여부를 판정하거나 강재의 각종 역학적 성질을 평가하기 위한 것으로 KS B 0802(금속재료 인장 시험방법)에 준하여 실시한다. 또한 관련규격으로는 KS B 0801(금속재료 인장 시험편), KS B 5521(인장시험기), KS B 5518(금속재료 인장 시험용 연신율계), KS D 0048(철강용어), KS A 3251-1(데이터의 통계적인 해석방법-제1부 : 데이터의 통계적 기술) 등이 있으며 본 절에서는 KS B 0802(금속재료 인장 시험방법)에 대해 알아본다.

2) 사용기기

인장시험기는 일반적으로 인장, 압축, 굽힘하중의 재하가 가능한 만능시험기를 이용하며, KS B 5521(인장시험기)에 인장시험에 사용되는 시험기에 대해 규정하고 있다.

3) 시료준비

① 시험편 : KS B 0801(금속재료 인장 시험편)에 준하여 제작한다.

② V블록 : V형의 홈을 가진 것으로서 표시 및 펀칭작업이 용이한 것을 사용한다.

③ 그 외 표시침, 펀치, 망치, 버니어 캘리퍼스, 마이크로미터 등을 준비한다.

4) 시험방법

① 시험편의 모양에 적합한 손잡이 장치를 사용하여 시험중 시험편에는 축방향의 하중만이 가해지도록 한다.

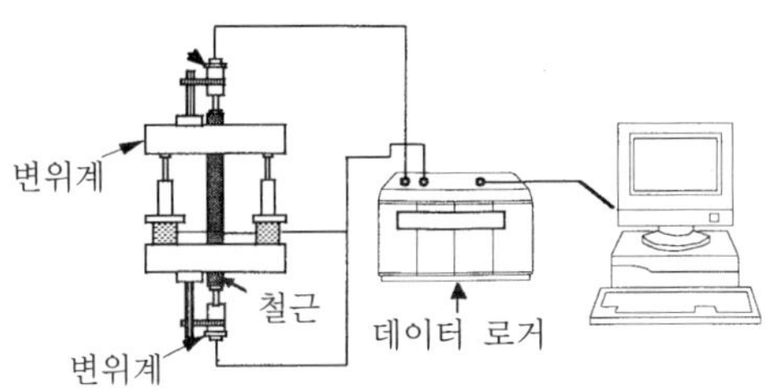

그림 2.23 인장강도 시험의 개요

② 하중을 가하는 속도는 균일한 것이 바람직하며 그 지정은 ① 응력 증가율, ② 변형 증가율, ③ 경과시간 중 한 가지 방법에 따른다.

③ 시험온도는 10~30℃의 범위 내로 하고, 필요하다면 시험온도를 기록한다. 특히 온도관리가 필요할 때에는 23±5℃로 한다.

④ 강재의 인장강도, 항복점, 연신율 등은 다음과 같이 계산한다.

(a) 인장강도 σ_U(N/㎟)

$$\sigma_U = \frac{P_U}{A_o}$$

(b) 항복점강도 σ_Y(N/㎟)

$$\sigma_Y = \frac{P_Y}{A_o}$$

(c) 연신율 δ(%) 또는 변형 ε(%)

$$\delta = \varepsilon = \frac{l - l_o}{l_o} \times 100$$

(d) 파단강도 σ_b(N/㎟)

$$\sigma_b = \frac{P_b}{A_o}$$

여기서, P_U는 인장하중(N),

P_Y는 항복하중(N)

P_b는 파단하중(N)

A_o는 공칭단면적(㎟, 환강에 대해서는 실측하고 이형봉강의 경우는 공칭 단면적을 이용한다.)

l는 파단 후의 표점간 거리(mm), l_o는 표점간거리(mm)이다.

5) 시험결과 예

강재 인장강도 및 항복점 강도의 계산 일례를 표 2.33에 나타낸다. 또한, 표 2.34에 철근의 인장강도 시험결과 보고 예를 나타낸다.

표 2.33 강재 인장강도 및 항복점 강도의 계산 일례

시험값	계 산		결 과
A_o=132.7(㎟) P_U=53,700(N) P_Y=51,700(N)	인장강도	53,700/132.7	405(N/㎟)
	항복점강도	51,700/132.7	390(N/㎟)

6) 주의사항

시험결과에는 시험편의 종류, 번호, 절단위치를 표기한다.

표 2.34 시험결과 보고 예(이형철근)

철근의 인장시험					
시험일		200○년 ○월 ○일			
공시체		2호 시험편			
시험체 번호		1		2	
시험체 명칭		D25		D25	
단면치수(mm)[1]	측정횟수	최대경 D_1	최소경 D_2	최대경 D_1	최소경 D_2
	1	–	–	–	–
	2	–	–	–	–
	3	–	–	–	–
	평균	25.4		25.4	
단면적 A_0(㎟)		506.7		506.7	
표점거리 L_0(mm)		203.2		203.2	
항복하중 P_Y(N)		191,200		194,200	
항복점	σ_Y(N/㎟)	377		383	
	평균	380			
최대하중 P_U(N)		262,400		266,300	
인장강도	σ_U(N/㎟)	518		526	
	평균	522			
연신율	$L - L_0$(mm)	42.5		44.9	
	δ(%)	20.9		22.1	
	평균	21.5			
절단위치에 의한 기호		(A)		(A)	
판 정		합 격			

1) 이형철근의 경우 공칭직경을 이용한다.

7) 참고자료

① KS B 0802 금속재료 인장 시험방법

② 日本建築学会, 建築材料実験用教材

③ JIS Z 2241 Method of tensile test for metallic materials

④ 日本材料学会, 建設材料実験

⑤ 오상균 외3, 건축재료실험

2.5.4 강재의 굽힘 시험방법
(Method of Bend Test for Metallic Materials)

1) 시험목적 및 관련규격

강재의 굽힘 시험은 강재의 변형능력을 평가하는 시험과 굽힘 강도를 측정하는 시험으로 구분되며, 본 절에서 기술할 강재의 굽힘 시험방법은 강재의 굽힘 가공성(변형능력)을 평가하기 위한 시험으로서 KS B 0804(금속재료 굽힘 시험방법)에 준하여 실시한다. 즉, 시험편을 규정의 안쪽 반지름으로 굽힘 각도가 규정의 수치로 될 때까지 구부릴 때, 굴곡부의 바깥쪽에 터짐 및 기타 결점의 유무를 조사한다. 본 절에서는 KS B 0804(금속 재료 굽힘 시험방법)에 대해 알아본다.

2) 사용기기

강재의 굽힘 시험에는 일반적인 압축시험기를 사용하는 1) 눌러 굽히는 방법 ($\theta \leq 170°$), 전용의 굽힘 시험기를 이용하는 2) 감아 구부리는 방법과 3) V블록법으로 구분된다.

3) 시료준비

시험편의 채취 및 제작은 각 재료 규격에 따라 실시하며, 특별한 지정이 있을 때를 제외하고는 시험편으로 되는 부분에 불필요한 변형 또는 가열을 피하여야 한다.

4) 시험방법

(1) 눌러 굽히는 방법

① 받침과 누름쇠의 축과는 서로 평행해야 한다. 또, 누름쇠 및 받침이 시험편에 접하는 면에는 기름칠을 하여도 무방하다.

② 누름쇠의 끝부분은 규정된 안쪽 반지름과 같은 반지름의 원통면을 가지며, 원통면의 길이는 시험편의 너비보다 커야 한다.

③ 받침이 시험편에 접하는 부분은 원통면으로 하고, 그 반지름은 10mm 이상으로 한다. 또, 받침 사이의 거리는 다음 식에 따른다(그림 2.24 참조).

$$L = 2r + 3t$$

여기서, L : 2개의 받침 사이의 거리(mm)
r : 안쪽 반지름(mm)
t : 시험편의 두께, 지름, 변 또는 맞변거리(mm)이다.

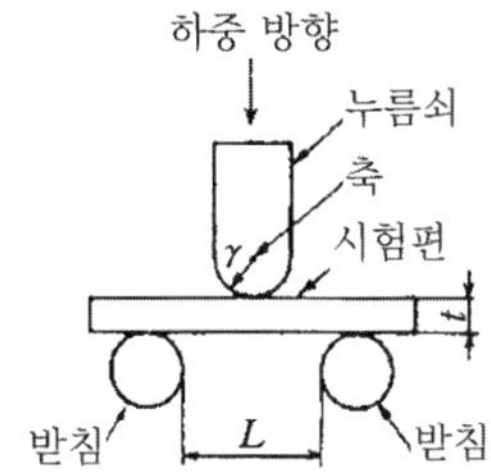

그림 2.24 눌러 굽히는 방법

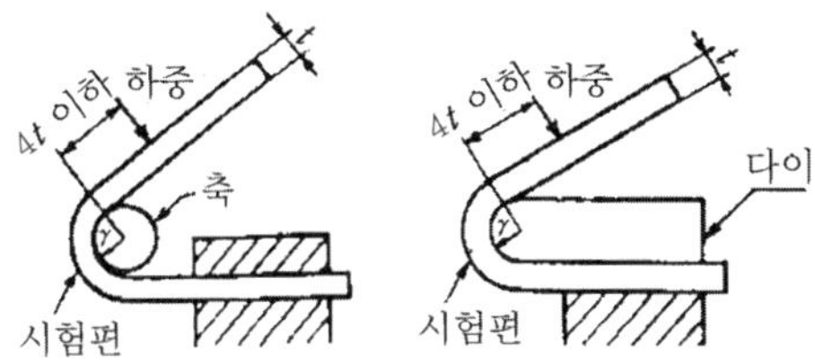

그림 2.25 감아 굽히는 방법

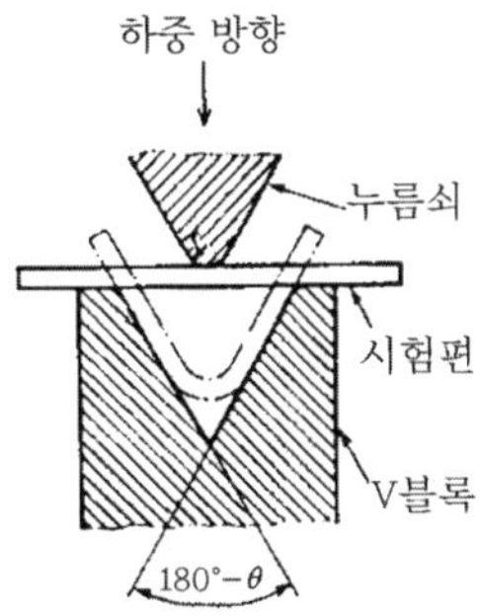

그림 2.26 V블록법

(2) 감아 굽히는 방법

① 시험편의 대략 중앙부분이 규정된 모양이 되도록 시험편의 한쪽을 누르고 다른 쪽을 축 또는 다이에 규정된 굴곡각도까지 감아 구부린다.

② 굽힘 각도는 180°이고, 안쪽 반지름의 특별히 작거나 또는 밀착하는 경우에는 (1) 눌러 굽히는 방법 등으로 적당한 안쪽 반지름을 가지고 180°까지 굽힌 후, 이것을 그림 2.25의 방법으로 규정된 안쪽 반지름이 되도록 시험편의 양끝을 서로 누른다.

(3) V블록법

① V블록법의 사용은 각각의 재료 규격의 지시에 따라 시험한다. 이 경우의 V블록 및 누름쇠의 모양, 치수는 재료 규격의 지시에 따른다.

5) 시험결과 예

강재의 눌러 굽히는 방법에 의한 굽힘 시험의 일례를 표 2.35에 나타낸다.

표 2.35 강재의 눌러 굽히는 방법에 의한 굽힘 시험의 일례

시험값	평가방법	결 과
시험편의 길이 $(l)=260$(mm) 시험편의 직경 $(t)=16$(mm) 지지롤 간격 $(L=2r+2t)=112$(mm) 안쪽 반지름 $(r)=32$(mm) 온도 $(T)=19$(℃)	휨의 각도 (170°)로 굽힌 후, 굴곡부의 바깥쪽에 터짐 및 기타 결점의 유무를 조사	합격 (결함 무)

6) 참고자료

(1) KS B 0804 금속 재료 굽힘 시험방법

(2) 日本建築学会, 建築材料実験用教材

2.5.5 철근콘크리트용 봉강의 가스 압접이음의 검사방법 (Method of Inspection for Gas Pressure Welded Joint of Steel Bars for Concrete Reinforcement)

1) 시험목적 및 관련규격

철근콘크리트용 봉강의 가스 압접이음의 검사방법은 구조물의 철근으로서 KS D 3504에 규정한 봉강을 사용할 경우의 가스 압접이음의 검사방법에 대한 규정으로서, KS D 0244(철근콘크리트용 봉강의 가스 압접이음의 감사방법)에 준하여 실시한다. 또한 관련규격으로는 KS B 0106(용접 용어), KS B 0802(금속재료 인장 시험방법), KS B 0804(금속재료 굽힘 시험방법), KS D 3051(열간 압연봉강 및 코일봉강의 모양·치수 및 무게와 그 허용차), KS D 3504(철근콘크리트용 봉강) 등이 있으며 본 절에서는 KS D 0244(철근콘크리트용 봉강의 가스 압접이음의 감사방법)에 대해 알아본다.

2) 사용기기

가스 압접이음의 검사시험은 1) 겉모양 시험과 2) 인장시험으로 구분된다. 다만, 불가피한 경우에는 인장시험을 3) 굽힘 시험으로 대치하여도 좋다. 각 시험의 사용기기는 이하 기술할 각각의 시험방법에서 규정하는 방법에 준한다.

3) 시료준비

시험편은 가스 압접한 그대로 한다. 다만, 굽힘 시험에 대하여는 시험편을 바르게 굽히기 위하여 압접부의 압접 덧살에 공구가 닿는 쪽을 모재 외접선까지 깎아도 좋다.

시험편의 치수는 1) 인장 시험편은 ($10d^{(2)}$+물림부분)이상, 2)굽힘 시험편은 ($10d$+100) 이상(다만, 최소 300mm)으로 한다. 또한, 이형봉강은 공칭지름이 25.4mm 이상, 봉강은 KS D 3051에서 표시한 표준지름이 25mm를 초과하는 경우는 5d를 적용하여도 된다. 그림 2.27에 가스 압접이음 시험편의 모양을 나타낸다.

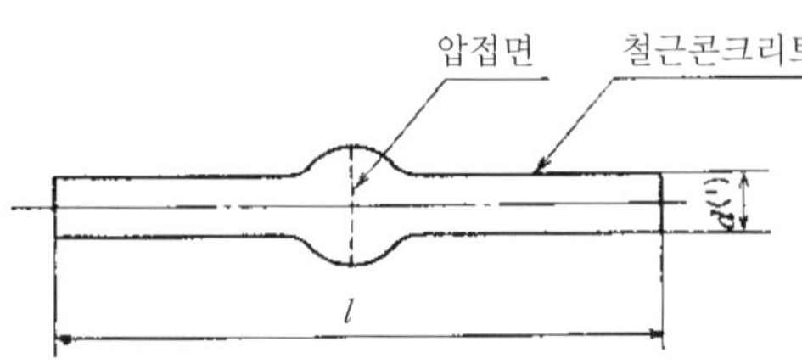

그림 2.27 가스 압접이음 시험편의 모양

4) 시험방법

(1) 겉모양 시험

압접부의 겉모양 시험은 철근 중심축의 편심량, 굽음, 압접 덧살 모양·치수 기타 해롭다고 인정되는 결함의 유무 등에 대하여 육안검사 또는 필요에 따라 버니어 캘리퍼스, 자 등의 기구를 사용하여 한다.

(2) 인장시험방법

인장시험방법은 KS B 0802에 따른다. 다만, 이음의 인장강도를 구하는 경우의 단면적은 이형봉강에 대하여는 KS D 3504에 규정한 공칭 단면적으로 하고, 봉강에 대하여는 KS D 3051에 표시한 표준지름에 의하여 구한 단면적으로 한다.

(3) 굽힘 시험방법

굽힘 시험방법은 KS B 0804에 규정한 눌러 굽히는 방법에 따른다. 다만, 굽힘 각도는 90°이상으로 하고 안쪽 반지름은 KS D 3504에 규정한 지름의 1/2로 한다.

5) 판정기준

(1) 겉모양 시험의 결과는 모든 시험편이 다음 각 항목을 만족시켜야 한다.

① 압접부에 있어서 서로의 철근 중심축의 편심량은 철근의 지름 또는 공칭지름의 1/5 이하

② 압접부의 압접 덧살의 지름은 원칙적으로 철근의 지름 또는 공칭지름의 1.4배 이상

③ 압접부는 심한 테 모양, 처짐이나 굽음 등이 없을 것

(2) 인장시험의 결과는 모든 시험편의 인장강도가 KS D 3504의 규정에 합격하여야 한다.

(3) 굽힘 시험의 결과는 어느 시험편도 압접면에 파단 또는 균열이 없어야 한다.

6) 참고자료

(1) KS D 0244 철근 콘크리트용 봉강의 가스 압접이음의 감사방법

(2) KS B 0802 금속 재료 인장 시험방법

(3) KS B 0804 금속 재료 굽힘 시험방법

(4) KS D 3051 열간 압연 봉강 및 코일 봉강의 모양·치수 및 무게와 그 허용차
(5) KS D 3504 철근 콘크리트용 봉강

2.6 마감재

2.6.1 마감재의 종류, 관련규격 및 시험방법 종류
(Finishing materials type, quality of standard and test method kinds)

수많은 건축물 속에서 살고 있는 오늘날, 건축물을 평가하는 방법은 각각 다르지만, 건물의 첫 인상을 결정짓는 것은 건축물의 외관일 것이다. 마치 우리가 사람을 만날 시 그 사람의 첫 인상뿐만 아니라 어떤 옷을 입고, 어떻게 꾸몄는가가 큰 영향을 미치는 것처럼 말이다. 건축물에 있어서도 외관을 통한 건물의 인상, 즉 가치를 결정짓는 데에는 외부 디자인과 함께 마감재료는 중요한 결정요소이다.

하지만 외부 디자인 향상을 위해 미려한 마감재를 선택하였다 하더라도, 마감재가 내오염성 부족, 강도의 부족으로 인한 파괴 및 잔금 발생, 접착력 부족에 의한 박리, 박락 등이 발생하는 낮은 품질의 제품은 건축의 안정성 및 경제성, 아름다움을 저하시킨다.

따라서 각 마감재는 물리적·화학적 성질이 다르지만 최소의 기준성능이 요구되며, 국내에서는 마감재의 품질을 규격화하고 있다. 표 2.36은 마감재의 종류 및 관련규격, 품질 시험 규격을 나타낸다.

마감재의 종류는 다양하여 석재, 벽돌, 도자기질 타일, 바름재, 도료 외, 기타 마감재료로 플라스틱, 접착제, 실링재로 구분하여 정리하였다.

표 2.36 마감재의 종류, 관련규격 및 시험방법

마감재의 종류	관련 규격	번호	관련규격 및 시험방법
석재	KS	F 2530	석재
벽돌		F 4004	콘크리트 벽돌
도자기질 타일		L 1001	도자기질 타일
바름재		F 4715	얇은 마무리용 벽 바름재
		F 4716	시멘트계 바탕 바름재
		F 3514	경량골재 마감용 바름재
도료		F 4921	콘크리트용 에폭시 수지계 방수, 방식 도료
		F 4929	세라믹 메탈계 방수 방식 도료
플라스틱		F 2821	플라스틱 건축재료의 내후성 평가방법
실링재		F 4910	건축용 실링재
		F 4935	누수보수용 주입형 실링재
		F ISO 13638	건축용 실링재의 장기 수중 침지조건에서의 저항성 시험방법
		F ISO 13640	건축용 실링재의 시험용 피막체 제작방법
		F 2621	건축용 실링재 시험방법

표 2.37 마감재의 종류, 관련규격 및 시험방법

마감재의 종류	관련 규격	번호	관련규격 및 시험방법
접착제	KS	F 3213	벽판 부착용 접착제
		F 3214	천장용 보드류 접착제
		F 3217	벽지용 전분계 접착제
		F 3218	비닐계 바닥재용 접착제
		F 3219	플라스틱 폼보드 용 접착제
		L 1593	도자기질 타일 접착제
		F 2217	천장용 보드류 접착재의 접착 강도 및 공법의 접착강도 시험방법
		F 2218	벽용 보드류 접착재의 접착 강도 및 공법의 접착강도 시험방법
석재	JIS	A 5003	석재
도자기질타일		A 5209	도자기질 타일
바름재		A 6916	건축용 바탕 바름재
실링재		A 1439	건축용 실링재의 시험방법
		A 5757	건축용 실링재의 용도별 성능
		A 5758	건축용 실링재
접착제		A 6922	벽지 시공용 전분계 접착제
		A 1611	나무벽돌 접착제의 접착강도, 그 접착공법의 접착강도 시험방법
		A 1612	벽 천장 보드용 접착제의 접착강도, 그 접착공법의 접착강도 시험방법
		A 5536	비닐계 바닥재용 접착제
		A 5537	나무벽돌용 접착제
		A 5538	벽 천장 보드용 접착제
		A 5547	플라스틱 폼 보드용 접착제
		A 5548	도자기질 타일용 접착제
		A 5549	조작용 접착제
		A 5550	바닥 장선용 접착제
벽돌	GB	T 2542-1992	Test method for wall bricks
		T 5101-1998	Fired common bricks
도자기질 타일		T 3810.1-1999	Test method of ceramic tiles-Part 1
		T 3810.2-1999	Test method of ceramic tiles-Part 2
		T 3810.3-1999	Test method of ceramic tiles-Part 3
		T 3810.4-1999	Test method of ceramic tiles-Part 4
		T 3810.5-1999	Test method of ceramic tiles-Part 5
		T 3810.6-1999	Test method of ceramic tiles-Part 6
		T 3810.7-1999	Test method of ceramic tiles-Part 7
		T 3810.8-1999	Test method of ceramic tiles-Part 8
		T 3810.9-1999	Test method of ceramic tiles-Part 9
		T 3810.10-1999	Test method of ceramic tiles-Part 10
		T 3810.11-1999	Test method of ceramic tiles-Part 11
		T 3810.12-1999	Test method of ceramic tiles-Part 12

2.6.2 석재, 벽돌, 도자기질 타일(Stone, Brick, Ceramic tiles)

1) 개요

석재에는 그 생성과정별로 화성암, 퇴적암 및 변성암이 있고 화성암, 변성암 등은 천연작용에 의해 가열되어진 것으로, 인공으로 가열한 벽돌 및 도자기와 서로 비슷한 성질이 있다고 볼 수 있어, 이것들이 하나의 공통적인 재료특성을 갖는 것으로 간주할 수 있다. 그러나 퇴적암 등은 소성품과는 재질에서 근본적으로 다른 점도 있고, 그 용도에 의해 공통의 시험방법을 적용할 수 없는 경우도 있다.

일반적으로 석재, 벽돌 및 도자기질 타일에 공통인 시험항목으로서는 1) 흡수율, 2) 겉보기 비중, 3) 압축강도 혹은 휨강도, 4) 내동해성, 5) 내마모성 등이 있다. 이것들은 공통적인 시험항목이지만 재료별 용도에 따라 이것들 외에 1) 치수의 정도, 2) 내화성, 3) 전단강도 등이 있다. 또, 같은 항목에 대해서도 그 시험방법을 다르게 하는 경우도 있다.

석재, 도자기류의 성상(性狀) 연구에는, 그 구조조직에 관한 재료의 진비중, 겉보기 비중, 공극률 및 흡수율 등의 값을 실험적으로 구하는 것이 효과적이다. 여기에서, 진비중 ρ_0는 그 재질 중에 공극을 포함하지 않는 상태의 값으로, 미립시료(보통경 0.15≫0.088mm 정도)를 사용하여 측정한다. 대표적인 재료 특성값 및 상관관계는 표 2.38에 나타냈다. 물질의 흡수율 β_1은, 그 흡수율의 질량에 대한 비로 표시되지만, 그 흡수량을 재질의 용적에 대한 비로 나타내는 흡수율 β_2로 표시한다면, 그 재질이 가진 공극의 흡수성상을 직접 표시하는 것이 가능하여 효과적이다.

표 2.38 재료특성 및 상관관계

재료특성 및 기호		정 의	상관계수
진비중	ρ_0	W_0 / V_0	–
겉보기 비중	ρ_a	W_0 / V	$\rho_a(1-\alpha)$
공극률(%)	α	$a / W_0 \times 100$	–
흡수율(%)	β_1	$(W - W_0) / W_0 \times 100$	–
용적흡수율(%)	β_2	$(W - W_0) / V \times 100$	$\rho_a \times \beta_1$
포수계수	S	$(W - W_0) / a$	β_2 / α, $\beta_1 \times \rho_a / \alpha$
비 고	W_0	: 건조시의 질량	
	W	: 흡수시의 질량	
	V_0	: 공극을 포함하지 않는 용적	
	V	: 공극을 포함하는 겉보기 용적	
	a	: 전공극량	

2.6.3 벽돌의 종류 및 품질(Kinds and quality of brick)

1) 개요

건축재료로써 벽돌은 보통벽돌, 경량벽돌(다공질벽돌, 공동벽돌) 등의 점토제품, 모르타르 벽돌, 광재벽돌, 아스벽돌 등의 시멘트계 제품 등이 있지만, 후자는 소위 벽돌형으로 형성한 것이기 때문에, 일반적으로 벽돌이라 하면 보통벽돌(소위 적벽돌)을 말한다. 또, 보통벽돌 이외의 각 벽돌은 현재 거의 제조되지 않는다.

여기서는 보통벽돌의 품질판정상의 시험방법에 대해 다르나, KS F 4004(콘크리트 벽돌)에 의하면, 벽돌은 외관의 관찰과 흡수율 및 압축강도의 물리적 시험을 통하여 품질을 판정하여 A종, B종, C종 1, 2급으로 구분한다.

2) 벽돌의 종류

(1) 모양에 따른 구분

① 기본벽돌

② 이형벽돌

(2) 품질에 따른 구분

① A종 벽돌

② B종 벽돌

③ C종 1급 벽돌, C종 2급 벽돌

비고 : 벽돌은 사용 골재 종류에 따라 구분할 수 있다.

3) 모양 및 치수

① 겉모양 : 겉모양이 균일하고 비틀림, 해로운 균열, 홈 등이 없어야 한다.

② 치수 및 허용차 : 벽돌의 모양, 치수 및 그 허용차는 표 2.39와 같다.

4) 품질

벽돌은 6.3.7에 따라 시험하여 표 2.40의 규정에 적합하여야 한다. 또한 A종 벽돌과 B종 벽돌은 경량골재를 사용한 경량벽돌이고, 보통골재만을 사용한 벽돌은 표 2.40의 C종 벽돌에 적합하여야 한다.

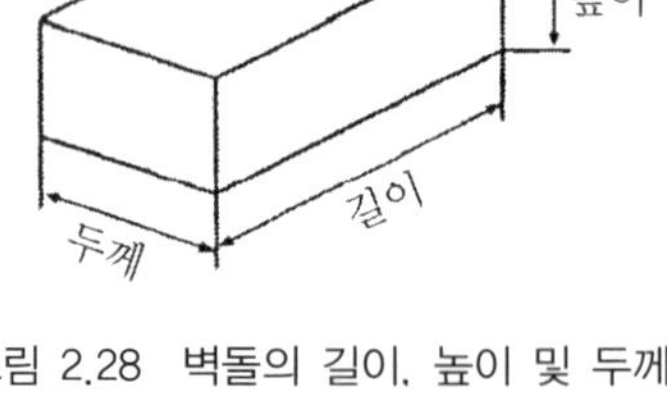

그림 2.28 벽돌의 길이, 높이 및 두께

표 2.39 벽돌의 모양, 치수 및 허용차단위 : mm

모양	길이	높이	두께	허 용 차
기본 벽돌	190	57 90	90	±2

표 2.40 벽돌의 품종 및 특징

구분		기건 비중	압축 강도 N/㎟	흡수율 %
A종 벽돌		1.7 미만	8 이상	–
B종 벽돌		1.9 미만	12 이상	–
C종 벽돌	1급	—	16 이상	7 이하
	2급	—	8 이상	1 0이하

5) 검사방법

겉모양, 치수 및 치수 허용차, 압축강도, 흡수율 및 기건비중에 대하여 검사한다.

① 겉모양, 치수 및 치수 허용차 검사는 30.000개를 1로트로 하고, 1로트에서 무작위로 10개의 시료를 채취하여 규정에 적합하면 로트 전부를 합격으로 한다.

② 압축강도, 흡수율 및 기건비중 검사는 30,000개를 1로트로 하고, 1로트에서 무작위로 각각 3개의 시료를 채취하여 2.2의 시험을 하여 표1의 규정에 합격하면 그 로트를 합격으로 한다.

6) 표시

(1) 제품의 표시

벽돌에는 다음 사항을 표시하여야 한다.

① A종 벽돌에는 2줄, B종 벽돌에는 1줄의 선을 표시

② C종 1급 벽돌에는 1급인 것을 표시

③ 제조자명 또는 그 약호

④ 이형벽돌의 경우 길이×높이×두께

(2) 납품서의 표시

납품서에는 다음 사항을 표시한다.

① 재조 연월일 또는 로트번호

② 종류

③ 제조자명 또는 그 약호

7) 벽돌의 기건비중 시험방법

(Testing method for bulk air dried specific gravity of brick)

(1) 시험목적

벽돌의 기건체적 및 질량을 측정하여 벽돌의 기건비중을 구한다.

(2) 관련규격

KS F 4004 (콘크리트 벽돌)

(3) 사용기기

① 저울

② 시험체의 용적을 잴 수 있는 눈금 있는 비커

(4) 시험체

① 시험체는 KS F 4004의 8.4에서 규정한 1차 초기의 실내 양생이 끝난 후 7일 간 보존한 전체 모양 그대로, 또는 벽돌이 길이를 잘라낸 것으로 한다.

② 또한 이형벽돌 중 구멍 및 속빈 부분이 있는 벽돌의 경우, 절단한 시험체에 의한 시험결과와의 상관관계가 명확한 경우에는 벽록 전체 모양 또는 벽돌의 길이를 절단한 것을 사용해도 된다.

(5) 시험방법

① 기건비중 시험에 사용하는 시험체는 벽돌 전체 모양 그대로를 사용하며, 시험체의 질량(M)을 측정하여 기건비중을 다음 식을 이용하여 계산한다.

$$\text{기건 비중} = \frac{M}{V}$$

여기에서 M : 시험체의 질량(g)

V : 시험체의 순 체적(ml)

(6) 시험결과의 예

벽돌의 기건비중 시험결과의 예는 표 2.41과 같다.

표 2.41 벽돌의 기건비중 시험결과의 예

시험값	계 산	결 과	관련규격
1. 시험체의 질량 : (g) 2. 세험체의 순 체적 : (mℓ)	기건 비중= $\frac{M}{V}$		KS F 4004 (콘크리트 벽돌)

(7) 시험 시 주의사항

① 벽돌의 기건상태는 소요강도를 얻도록 1차 실내양생(500℃)이 끝난 후 7일간 보존한 상태이다.

2.6.4 도자기질 타일(Ceramic tile)

1) 개요

도자기질 타일의 사용목적은 콘크리트 구조부분의 내구적 보수와 벽체, 바닥 등의 표면마감에 있다. 타일은 사용목적에 의해 외벽용, 내벽용, 바닥용이 있고 형상, 치수는 여러 가지가 있으며, 타일을 대상 표면에 붙여 연결한 것을 유닛타일이라고 부른다. 또, 타일 바탕의 질은 도기질, 석기질, 자기질로 구분되며, 표면에 유약을 바른 것, 바르지 않은 것, 표면이 부드러운 것과 꺼칠한 것이 있다.

그림 2.29는 대표적인 타일의 종류를 나타낸다. 도자기질 타일의 재료실험도, 벽돌과 동일한 외관 관찰, 물리적 시험에 의한 품질을 판정하는 것으로 되어 있다.

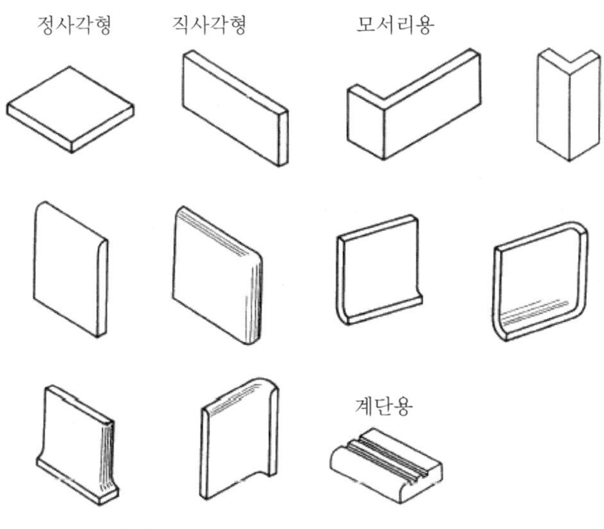

그림 2.29 타일의 모양도

2) 도자기질 타일의 종류

(1) 호칭명에 따른 구분

① 내장 타일, ② 외장 타일, ③ 바닥 타일, ④ 모자이크 타일(표면 넓이가 90㎠ 이하)

(2) 소지의 질에 따른 구분

① 자기질 타일, ② 석기지 타일, ③ 도기질 타일

(3) 유약의 유무에 따른 구분

① 시유 타일, ② 무유 타일

3) 도자기질 타일의 품질

도자기질 타일의 겉모양 품질은 표 2.42에 따라 조사하여 표 2.43의 규정에 적합하여야 한다. 구성 타일인 경우는 표 2.43 및 표 2.44의 규정에 적합하여야 한다. 도자기질 타일의 겉모양 외 주요품질 평가항목 및 기준은 표 2.45와 같다. 이러한 도자기질 타일의 품질 평가항목 및 시험방법은 KS L 1001(도자기질 타일)에 규격화 되어 있으며, 이 중 주요한 시험방법을 정리하였다.

표 2.42 타일 상호간의 결점조사에 필요한 시료 수

타일의 표면면적	평타일	부속 타일
15㎠ 미만	약 1.0m^3	약 0.3m
15㎠ 이상 60㎠ 미만	약 0.3m^3	약 1m
60㎠ 이상 400㎠ 미만	약 1m^3	
400㎠ 이상	약 2m^3	약 2m

표 2.43 타일의 결점 및 판정기준

결점 종류		부속 타일
1개의 타일에서의 결점	금, 금 갈라짐, 박리층, 현저한 뒷면 흠집, 깨어짐	없어야 한다.
	소지 떨어짐, 핀홀, 오목, 표면 흠집, 이물질의 부착, 장식 얼룩, 색 얼룩, 광택 얼룩, 변형	약 1m 거리에서 바라보았을 때, 눈에 띄지 않을 것.
타일 상호 간의 결점	색조의 불균일, 광택의 불균일	표 2.42를 만족하는 데에 필요한 개수의 타일을 펴놓고, 약 2m 거리에서 바라보았을 때 눈에 띄지 않을 것.

표 2.44 구성 타일의 결점 및 판정기준

결점 종류		부속 타일
1개의 구성 타일의 결점	첨지 나옴 첨지 찢어짐	없어야 한다. 다만, 겉붙임 첨지의 경우 시공에 지장이 없으면 관계없다.
	줄눈의 불균일	약 1m 거리에서 바라보았을 때 눈에 띄지 않을 것.
	두께의 불균일	경사방향에서 바라보았을 때 눈에 띄지 않을 것.
구성타일 상호간의 결점	색조의 불균일 광택의 불균일	9매의 구성 타일을 정사각형 모양으로 펴놓고, 약 2m 거리에서 바라보았을 때 눈에 띄지 않을 것.
	줄눈 틀림	9매의 구성 타일을 정사각형 모양으로 펴놓고, 약 1m 거리에서 바라보았을 때 눈에 띄지 않을 것.

표 2.45 도자기질 타일의 품질 평가항목 및 규정기준

평가항목			규정기준
흡수율	자기질		3.0% 이하
	석기질		5.0% 이하
	도기질		18.0% 이하
	클링커 타일		8.0% 이하
내균열성			오토클레이브 시험 후, 균열 및 금 발생이 없어야 함.
내마모성			마모시험 후 마모감량이 0.1g 이하이어야 함.
꺾임강도 (1cm 당 꺾임파괴 하중) N/cm	내장타일		12 이상
	외장타일 바닥타일	155mm 이하	80 이상
		155mm 초과	100 이상
	모자이크 타일		60 이상
내동해성			동결융해 시험 후 균열 및 금 발생이 없어야 함.
내약품성			내약품성 시험 후 소지 및 유약의 변색이 없어야 함.

4) 도자기질 타일의 흡수 시험방법

(Testing method for absorption of ceramic tile)

(1) 시험목적

도자기질 타일의 건조 및 흡수 질량을 측정하여 타일의 흡수율을 구한다.

(2) 관련규격

KS L 1001 (도자기질 타일)

(3) 사용기기

① 저울

② 건조기

③ 데시케이터

(4) 흡수시험방법

① 흡수시험은 시험체를 15~25℃의 깨끗한 물 속에 담그고 24시간 경과 후 꺼내어 곧바로 각 표면을 젖은 수건으로 닦은 직후 무게를 측정하여 흡수 무게 (m_2)로 한다.

② 다음에 이 시험편을 105±5℃로 유지된 공기 건조기에 넣어 3시간 동안 건조한 후 꺼내어 무수 염화칼슘 또는 실리카겔로 조습된 데시케이터에 넣어 상온까지 냉각시킨 후 무게를 측정하여 건조무게 (m_1)로 한다.

③ 흡수율 (W)은 다음 식에 의하여 구한다.

$$W(\%) = \frac{m_2 - m_1}{m_1} \times 100$$

여기에서 W: 흡수율(%), m_1 : 건조무게(g), m_2 : 흡수무게(g)이다.

(5) 시험결과의 예

도자기질 타일의 흡수율 시험결과의 예는 표 2.46과 같다.

표 2.46 도자기질 타일의 흡수율 시험결과의 예

시험값	계 산	흡수율	관련규격
1. 시험체의 흡수 무게 (m_2) : (g) 2. 시험체의 건조 무게 (m_1) : (g)	$W(\%) = \frac{m_2 - m_1}{m_1} \times 100$	(%)	KS L 1001 (도자기질 타일)

(6) 시험 시 주의사항

무게 측정은 각각 0.1g까지 측정하되, 시험편의 무게가 500g을 넘을 경우 0.2g까지 측정할 수 있는 저울을 사용하여도 좋다.

5) 오토클레이브 시험(내균열성 시험)방법

(Testing method for autoclave of ceramic tile)

(1) 시험목적

도자기질 타일의 균열저항 성능을 알아보기 위해 오토클레이브를 이용하여, 고온고압으로 양생한 후 타일의 균열 유무를 관찰한다.

(2) 관련규격

KS L 1001 (도자기질 타일)

(3) 사용기기

① 오토클레이브 시험기

(4) 시험방법

① 시험 중 소비될 물의 양을 고려하여 충분한 양의 물을 시험기 내에 넣는다.

② 시험체를 오토클레이브 내에서 물에 잠기지 않도록 유지한다. 이 때 시험체는 오토클레이브의 내벽 및 시험체와 다른 시험체 사이의 거리를 10mm 이상 떼어 놓는다.

③ 오토클레이브 뚜껑을 밀폐한 다음 약 1시간에 1MPa의 압력이 되도록 온도를 높인 후, 이 가압상태에서 1시간 동안 유지한다.

④ 다음에 가열을 중지하고 증기를 배출시켜 상온까지 냉각시킨 다음, 뚜껑을 열고 시험체를 꺼내어 부착된 이물질 등을 헝겊으로 닦고 소지의 균열 및 금 갈라짐의 유무를 조사한다.

(5) 시험결과의 예

도자기질 타일의 오토클레이브 시험결과의 예는 표 2.47과 같다.

표 2.47 도자기질 타일의 오토클레이브 시험결과의 예

오토클레이브 가압시간	오토클레이브 가압력	균열 유무	관련규격
시간	MPa	(○, ×)	KS L 1001 (도자기질 타일)

(6) 시험 시 주의사항

오토클레이브 시험장치는 고온·고압의 장치로 압력유지를 위해 뚜껑을 기밀하게 잠그며, 고압에 의해 뚜껑이 날아가지 않도록 잠김 여부를 확실히 확인해야 한다.

6) 마모시험(Testing method for abrasion of ceramic tile)

(1) 시험목적

도자기질 타일을 역삭재가 낙하하기 전·후의 무게를 측정하고 무게 감량을 측정하

여 도자기 타일의 내마모 성능을 측정한다.

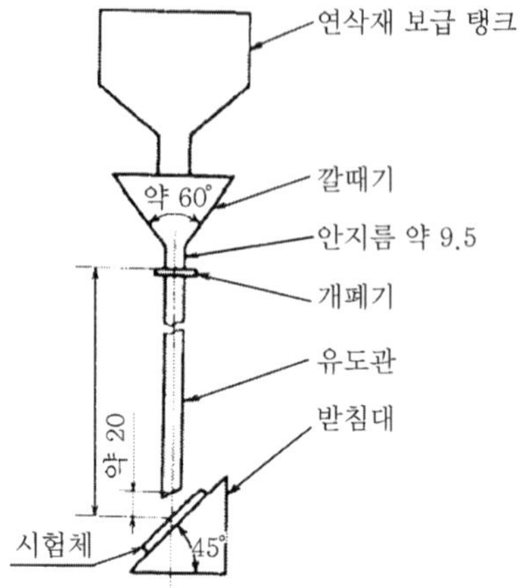

그림 2.30 낙사식 마모 시험장치

(2) 관련규격

KS L 1001 (도자기질 타일)

(3) 사용기기

① 저울

② 낙사식 마모 시험장치

(4) 시험방법

① 그림 2.30에 규정한 낙사식 마모 시험장치를 사용하여 시험체(40~50mm 정사각형으로 절단하여 무게 100g 이내로 조정한다.) 무게를 측정 (m_1)한다.

② 시험체를 수평면과 45°의 각도로 경사지게 장치하고 1100mm의 높이에서 KS L 6508에 규정한 탄화규소 연삭재 C의 입도 20번을 무게 10kg 낙하시킨다.

③ 다음, 시험체에 부착된 가루를 잘 털어내고 타일의 무게를 측정 (m_2)하여 그 무게 감량을 마모감량으로 한다. 무게는 0.01g까지 측정한다. 이때 낙하시간이 8분 이상이 되도록 조정한다.

(5) 시험결과의 예

도자기질 타일의 내마모 시험결과의 예는 표 2.48과 같다.

표 2.48 도자기질 타일의 내마모 시험결과의 예

시험값	계 산	무게감량	관련규격
1. 역삭재의 낙하 전 무게 (m_2) : (g) 2. 역삭재의 낙하 후 무게 (m_1) : (g)	$m_1 - m_2$	(g)	KS L 1001 (도자기질 타일)

(6) 시험 시 주의사항

낙사식 마모시험은 연삭재가 바람에 의해 날리지 않는 조건에서 실시해야 한다.

2.6.5 바름재(Coating material)

1) 개요

바름재는 규사, 인공경량골재, 바라이트 등의 골재, 무기질계 분체 및 시멘트, 고분자 재료 등의 결합재를 주원료로 벽, 천장면의 바름 마무리에 사용하는 재료의 총칭으로, 그 공법에는 사용하는 도구인 분사, 롤러, 붓에 따라 구분된다. 한편 분사재는 암면 등의 무기질 유지재료로 시멘트, 규산소다 등의 결합재를 주원료로 한 것으로, 주로 철골부재의 내화피막용 혹은 벽·천장 등의 부위의 단열·보온용에 사용되는 재료이다. 사용되는 공법은 압력공기를 이용한 분사공법이다.

KS 규격에 있는 바름재의 종류는 그림 2.31과 같고, 이것들 중 KS 규격에 규정되어 있는 바름재에 관한 품질규정 항목을 표 2.49에 나타내었다. 이러한 규정항목 중 얇은 마무리용 벽 바름재를 중심으로 그 시험방법의 개요를 소개한다.

바름재
- 얇은 마무리용 벽 바름재 : KS F 4715
- 경량 골재 마감용 바름재 : KS F 3513
- 시멘트계 바탕 바름재 : KS F 4716

그림 2.31 바름재의 종류별 KS 규격

표 2.49 바름재에 따른 품질규정 항목

	얇은 마무리용 벽 바름재 KS F 4715	경량골재 마감용 바름재 KS F 3513	시멘트계 바탕 바름재 KS F 4716
저온 안정성	○	–	–
초기건조에 따른 내잔 갈링성	○	–	○
부착강도	○	○	○
온냉 반복작용에 대한 저항성	○	–	○
물흡수 계수 측정	○	–	○
내세척성	○	–	–
내충격성	○	–	○
내알칼리성	○	○	–
내후성	○	–	–
습기 투과성	○	○	○
내변퇴색성	○	–	–
난연성	○	○	–
가요성	○	–	–
열전도율	–	○	–
잔향실법 흡음률	–	○	–
연도 변화	–	–	○

2) 시험

(1) 양생실 및 시험실의 상태

양생실의 상태는 20±2℃, 습도 (65±10)%로 한다. 또 시험실의 상태는 20±15℃, 습도 (65±20)%로 한다.

(2) 시험용 밑판

시험용 밑판은 시험항목에 따라 다르며, 표 2.50에 주요시험에 대한 시험용 밑판을 나타낸다.

표 2.50 시험항목에 따른 시험용 밑판

시험 항목	시험용 밑판
초기 건조에 따른 내잔갈림성 시험	KS F 4001의 규정에 적합한 제품으로 표면에 붙은 더러움, 부착물 등을 와이어 브러시, 천 등으로 제거하고 7일 동안 양생실에서 양생한 것으로 300mm×300mm×60mm의 것.
부착강도 시험	70mm×70mm×20mm의 모르타르판
온랭 반복작용에 대한 저항성 시험	70mm×7mm0×20mm의 모르타르판
내후성 시험	KS L 5114에 규정하는 두께 4mm의 플렉시블판을 150mm×50mm의 크기로 절단한 것.

(3) 시료의 조제

시험체 제작용 시료의 조제는 다음과 같이 한다.

① 혼합한 형인 경우 : 얇은 바름재의 용기 내에서 충분히 휘저어 균등질로 한 뒤 3kg 이상을 꺼내어 표준 가수량 또는 배합에 따라 필요한 양을 묽게 하기 위한 액체를 가해 균등하게 혼합하여 시료로 한다.

② 사용 시 혼합하는 형인 경우 : 배합 및 표준 가수량에 따라 필요한 성분과 물의 필요량을 준비한다. 다음에 이 원료들을 금속제 용기에 넣고 균등하게 되도록 혼합해서 시료로 한다. 다만, 분체의 얇은 바름재는 핸드믹서 등으로 이겨서 균등질하게 한다.

(4) 시료 또는 시험체의 수

각각의 시험항목의 시료 또는 시험체의 수는 3개로 한다.

3) 초기 건조에 따른 내잔갈림성

(Testing method for bearing performance against splitting in early dry)

(1) 시험목적

얇은 마무리용 벽 바름재로 만든 시료에 공기의 흐름을 주어 초기 건조에 따른 바름재의 내잔갈림성을 평가한다.

(2) 관련규격

KS F 4715 (얇은 마무리용 벽 바름재)

(3) 사용기기

① 풍속 조정이 가능한 공기 흐름통

(4) 시험방법

① 바탕판의 표면에 6.5.2 3)에 따라 조제한 시료를 2mm의 두께가 되도록 흙손으로 바른다.

② 시험체를 바로 풍속 3m/s±10%로 조정한 공기 흐름통 내에 넣어 시험체를 기류에 평행이 되도록 놓는다.

③ 6시간 후에 시험체를 꺼내어 표면에 잔갈림이 발생하였는지의 여부를 육안으로 관찰한다.

(5) 시험결과의 예

얇은 벽 바름재의 초기 건조에 따른 내잔갈림성 시험결과의 예는 표 2.51과 같다.

표 2.51 얇은 벽 바름재의 초기 건조에 따른 내잔갈림성 시험결과의 예

얇은 벽 바름재의 종류	공기흐름 속도	바람에 노출한 시간	잔갈림 여부	관련규격
	m/s±10%		(○, ×)	KS F 4715 (얇은 마무리용 벽 바름재)

(6) 시험 시 주의사항

① 공기 흐름통 내의 공기는 20±2℃, 습도 (65±10)%로 유지해야 한다.

4) 부착강도 시험방법

(Testing method for sticking intensity of coating material)

(1) 시험목적

70mm×70mm×20mm 모르타르 밑판에 바탕재를 시공한 후 부착강도 시험기를 이용하여 바름재의 부착강도를 평가한다.

(2) 관련규격

KS F 4715 (얇은 마무리용 벽 바름재)

KS F 3513 (경량 골재 마감용 바름재)

KS F 4716 (시멘트계 바탕 바름재)

(3) 사용기기

① 부착강도 시험기

(4) 시험체의 제작

① 표 6.12에 표시한 시험용 밑판의 표면에 그림 2.31과 같이 다에 따라 조제한 시료를 2mm 두께가 되도록 흙손으로 바르고 윗면을 평탄하게 마무리한다.

② 그 뒤 양생실에 14일 동안 가만히 놓아둔다. 또한, 침수 후의 부착강도 시험에 사용하는 시험체의 4측면은 양생기간 종료 3일 전에 에폭시수지 도료로 도포한다.

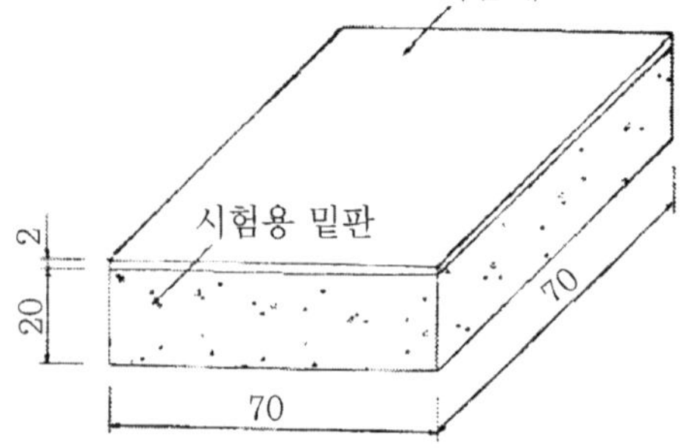

그림 2.31 부착강도 시험용 시험체 제작

(5) 표준상태의 시험방법

① 소정의 양생이 끝난 시험체를 양생실 내에서 수평으로 간직하고, 시료 바름면에

접착제를 칠한 후 그림 2.32와 같이 상부 인장용의 강철제 지그를 가만히 올려놓고 가볍게 문지르듯이 접착시킨 후, 다시 그 위에 질량 약 1kg의 추를 얹어 주위에 비어져 나온 접착제를 신중히 제거한다.

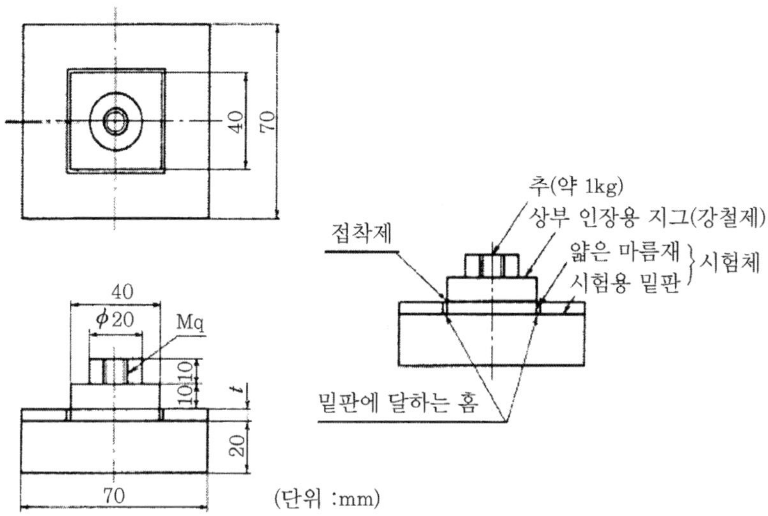

그림 2.32 상부 인장용 지그 및 시험체 접착 그림

② 24시간 가만히 놓아둔 후 추를 제거하고, 강철제 지그 주변을 따라 얇은 바름재의 밑판에 닿을 때까지 홈을 내고 그림 2.33에서와 같은 밑 인장용 강철제 지그와 그림 2.34에서와 같은 강철제 받침판으로, 그림 2.35와 같이 시료면에 대하여 연직방향으로 인장력을 가하여 최대인장 하중을 구한다. 부착강도는 다음 식에 의해 산출하고 소수점 이하 1자리로 끝맺음한다.

$$\text{부착강도}\ (N/\text{mm}^2) = \frac{T}{1,600}$$

여기에서 T : 최대인장하중(N)

주의) 끊길 때까지의 하중속도는 1,500~2,000N/min로 한다.

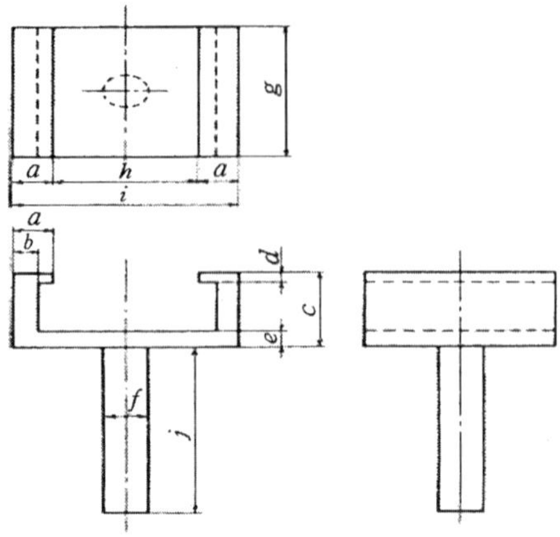

그림 2.33 인자용 강철제 지그

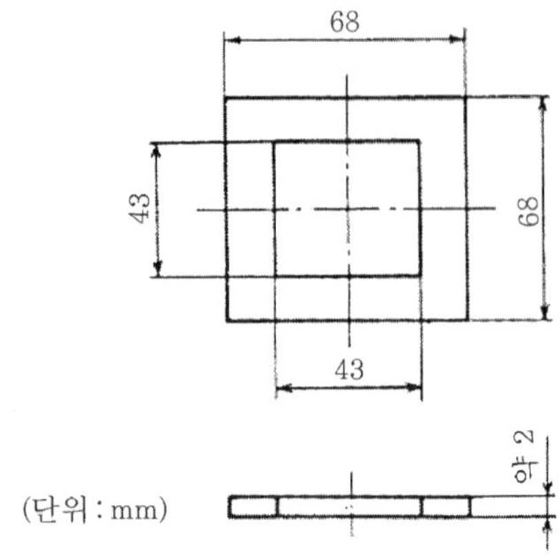

그림 2.34 강철제 받침판

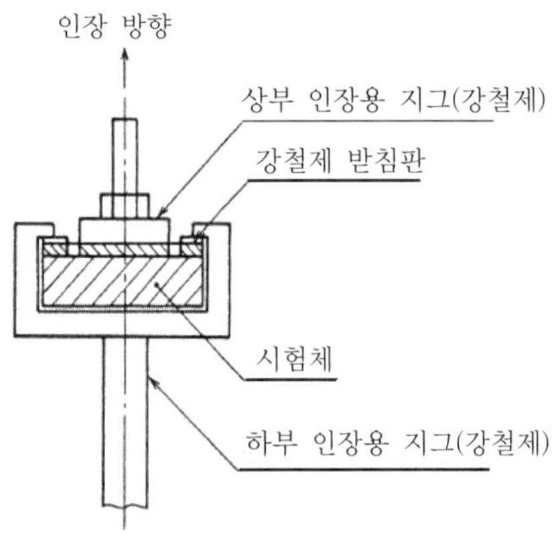

그림 2.35 결합된 상하부 인장용 지그

단위 : mm

부위	치수	부위	치수
a	17	f	18
b	10	g	75
c	45	h	58
d	5	i	92
e	10	j	100

(6) 시험결과의 예

바름재의 부착강도 시험결과의 예는 표 2.52와 같다.

표 2.52 바름재의 부착강도 시험 예

바름재의 종류	최대인장하중(T)	계산	부착강도	관련규격
	N	$\frac{T}{1,600}$	N/mm^2	KS F 4715 KS F 3513 KS F 4716

(7) 시험 시 주의사항

① 인장 시험기의 물리개는 자동 조절형이 바람직하나, 자동형이 아닐 시에는 균일한 실험조건을 위하여 가능한 비슷한 정도의 압으로 상부 인장용 지그를 물리개에 결합한다.

② 하중속도는 끊길 때까지 가능한 비슷한 속도로 재하한다.(수동형 부착강도 시험기의 경우, 레버를 균일한 속도로 회전시킨다.)

5) 온랭 반복작용에 대한 저항성 시험방법
(Testing method for bearing performance against hot-cold repeating action)

(1) 시험목적

바탕재가 온랭 반복작용에 따르는 내구성능을 평가하기 위한 것으로 온수 및 냉수에 보관을 반복한 후 부착강도를 측정, 초기 부착강도와 비교하여 저항성능을 평가한다.

(2) 관련규격

KS F 4715 (얇은 마무리용 벽 바름재)

KS F 4716 (시멘트계 바탕 바름재)

(3) 사용기기

① 항온 수조

② 부착강도 시험기

(4) 시험체의 제작

앞의 4) 부착강도 시험체의 제작순서에 따라 제작한 것을 시험체로 한다.

(5) 시험방법

① 시험체를 20±2℃의 물 속에 18시간 담가둔다.

② 그 후 -20±3℃의 항온 탱크 속에서 3시간 냉각시킨다.

③ 이어서 50±3℃의 다른 항온 탱크 속에서 3시간 가온한다.

④ 이 24시간을 1사이클로 하는 조작을 10회 반복한 뒤 시험실에 2시간 가만히 놓는다.

⑤ 2시간 경과 후 얇은 바름재의 표면에 벗겨짐, 잔갈림, 부풂이 있는가 여부를 육안으로 관찰하는 동시에, 변색 및 광택 저하의 정도를 기준의 시험체와 비교한다. 또한 시험 후 사에 따라 부착강도를 실시하고 그 결과값을 초기 부착강도와 비교한다.

(6) 시험결과의 예

바름재의 온랭 반복작용에 대한 저항성 시험결과의 예는 표 2.53과 같다.

표 2.53 바름재의 온랭 반복작용에 대한 저항성 시험

수중 보관시간			반복횟수	부착강도		관련규격
20±2℃	−20±3℃	50±3℃		초기	시험 후	
시간	시간	시간	회	N/mm^2	N/mm^2	KS F 4715 KS F 4716

(7) 시험 시 주의사항

온냉 반복작용 사이클 실험 시, 온도 및 시간 조건을 준수한다.

2.6.6 건축용 보드(Board for buildings)

1) 개요

건축용 보드류라 함은 건축물에 사용되는 구성재 중 어느 정도 강성을 가진 것으로, 주로 인조 비금속판을 말한다. 보기를 들면 석고보드, 시멘트판, 섬유판, 파티클보드, 함판 등이 해당된다.

건축용 보드는 두께가 30mm 정도 이하인 강성을 가진 판상제품의 총칙으로, 주로 건축의 내·외벽, 천장, 지붕, 바닥 등의 마감재 또는 하지재로서 사용되고 있다.

건축용 보드의 특성상 휨강도, 난연성 및 내충격성의 품질은 특별히 중요하기 때문에, 이것들에 대해서는 시험방법의 KS가 다음으로 규정되어 있다.

−KS F 2263 : 건축용 보드류의 휨 시험방법

−KS F 2819 : 건축용 얇은 재료의 방염성 시험방법

−KS F 2221 : 건축용 보드류의 충격 시험방법

2) 시험체의 채취 및 함수상태의 조정

보드의 시험에 사용되는 시험체는 일정한 시험을 거친 제품인 원판으로 소정의 치수로 절단하여 제작한다. 이 경우, 시험체는 그 보드의 대표적인 성능을 나타내보일 수 있도록 원판의 가능한 중앙부에서 채취한 것으로 한다.

또 시험체의 함수상태에 의해 시험결과에 차이가 발생하는 경우가 많기 때문에, 시험시에 함수상태에 대해서는 다음 3가지의 상태를 기준으로 해서 조정하기로 하고 있다.

① 기건상태 : 시험체를 통풍이 좋은 실내에 7일 이상 방치한 상태

② 건조상태 : 시험체를 60±2℃의 공기건조기중에 일정 질량이 될 때까지 방치한 상태.

③ 습윤상태 : 시험체를 온도 20~40℃, 습도 약 90%의 실내 또는 용기중에 보존하여 거의 일정질량에 도달한 상태.

3) 건축용 보드류의 휨 시험방법

(1) 시험목적

시험편에 적합한 실험조건으로 실험을 실시하여 건축용 보드류의 휨 파괴 하중 및 모멘트, 중앙 스팬부의 최대처짐을 구한다.

(2) 관련규격

KS F 2263 (건축용 보드류의 휨 시험방법)

(3) 사용기기

① 압축 시험기(KS B 5533의 표 1에 규정하는 1등급 이상의 것)

② 지지대

③ 재하봉

(4) 시험편의 크기 및 채취방법

시험편의 크기는 표 2.54와 같고 시험편은 시료 중 원판의 중앙부에서 표 6.16에 규정한 시험편을 잘라낸다. 시험편은 판의 긴 축 방향과 이에 직교하는 짧은 축방향의 2 방향으로 한다.

표 2.54 시험편의 크기(단위: cm)

1호	120×100
2호	70×60
3호	50×40
4호	30×25
5호	20×15

(5) 시험방법

① 시험은 통풍이 없는 실내에서 시험편을 기건, 건조, 습윤 또는 포수상태 중 택일하여 해당조건에서 꺼내어 즉시 한다.

② 스팬은 그림 6.11과 같으며, 시험편의 표면에서 집중하중을 스팬 중앙의 전체너비에 가한다. 그리고 필요한 때에는 시험편을 뒤집어서 하중을 가하여 그 결과를 기록한다.

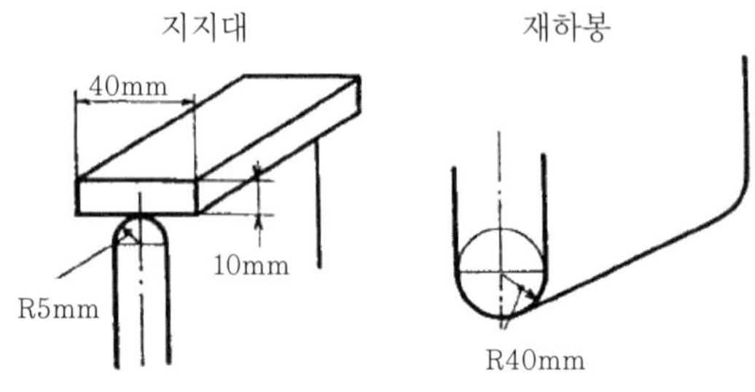

그림 2.36 시험편 지지대 및 재하봉

③ 시험편의 지지와 재하에는 그림 2.36과 같은 강제 장치를 사용한다.

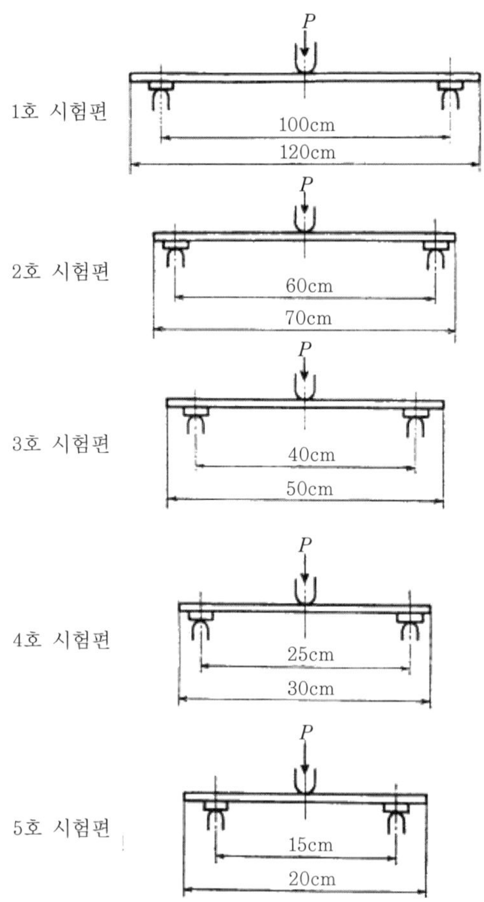

그림 2.37 시험편에 다른 스팬길이

④ 평균 하중속도는 1~3분에 예상 최대하중에 달할 수 있는 정도로 한다.

⑤ 이 시험에서는 a) 휨 파괴하중(N), b) 최대 휨 모멘트(N · mm), c) 최대 휨응력도(N/㎟), d) 스팬 중앙부의 최대 처짐량(mm), e) 스팬 중앙부의 자중에 의한 처짐량(mm)을 구한다.

(6) 결과의 표시

건축용 보드류의 휨 시험결과의 예는 표 2.55와 같다.

표 2.55 건축용 보드류의 휨 시험결과의 예

보드류의 종류	시험편			휨 파괴하중	최대 휨 모멘트	최대 휨 응력도	스팬 중앙부		관련규격
	크기	상태	재령				최대 처짐량	자중 처짐량	
				N	N · mm	N/㎟	mm	mm	KS F 2263

(7) 시험 시 주의사항

반드시 통풍이 없는 실내에서 시험한다.

2.6.7 도료(Paint)

1) 개요

건축에 있어서 도장공사에 이용되는 도료는 다양한 요구에 부응하기 위하여 꽤 많은 종류가 개발되어 사용되고 있다.

도료는 공장에서 생산되어 건축현장에 반입되어 도장작업을 용이하게 하기 위하여 혼합물을 첨가하여 얇고 넓게 칠할 수도 있고, 고체화 건조를 통해 연속피막이 된다. 형성된 도막은 설계에서 요구된 성능을 발휘하여 도장계획의 목적을 충분히 달성해야 한다.

이러한 도장공사의 일련의 흐름중의 도료의 단계, 도장작업의 단계 및 도막단계의 개별 시점의 각종 성능은 다음과 같다.

(1) 도료상태에 있어서의 성능

반입된 도료는 그 상태에 이상이 있으면 될 수 없기 때문에, 도료의 기본적인 성질인 비중이나 점도 등을 시험으로 정상적인 상태의 재료인지 아닌지를 판단한다. 또한 장기 저장시킨 도료는 그때의 온도, 습도 등의 환경변화에 의한 재질의 변화가 있을 경우가 생기기 때문에 작업 전에 도료의 상태가 정당한지 아닌지 검사를 할 필요가 있다. 그 방법은 정성적인 수법으로 많이 있지만 판정방법으로는 꽤 확실하고 유효한 것이 있다.

(2) 시공 시에 있어서의 성능

도료를 도포할 경우에 요구된 기본적인 성능으로써 균일하게 도막을 형성할 수 있는 성능과 적정한 건조시간에 도막이 형성되는지 여부를

(3) 도막의 성능

경화된 도막은 기초에 충분히 부착하여 장기간에 걸쳐 부착되어야 한다. 또한 도막 특유의 색채와 기초를 보호하는 기능을 하며, 동시에 장기간 존속되지 않으면 안 된다.

이상과 같이 도료에는 각각의 단계에서 특색이 없으면 안 되는 여러 가지 성능이 있으므로 대응하는 시험의 방법도 상당한 수에 이르고 있어, 본 절에서는 일반적인 몇 가지 실험방법에 대하여 정리한다.

2) 도료의 주도 시험방법(크레브스-스토머 점도계)
(Testing method for viscosity of paint)

(1) 적용범위

이 규격은 스토머 점도계로서 도료의 주도를 측정하는 방법에 대하여 규정한다.

(2) 관련규격

KS M 5451 (도료의 주도 시험방법)

(3) 사용기기

① 점도계 : 패들형(paddle type)의 회전축이 달린 스토머 점도계로서 그림 2.38 및 그림 2.39와 같은 것이다.

② 시험컵 : 안지름 약 8.6cm , 용량 약 0.47L의 컵

③ 시계 : 0.2초 이하까지 눈금을 읽을 수 있고 60분 주기 이상 시험했을 때 0.1% 이하의 오차를 가진 스톱워치 또는 다른 시간 측정기구

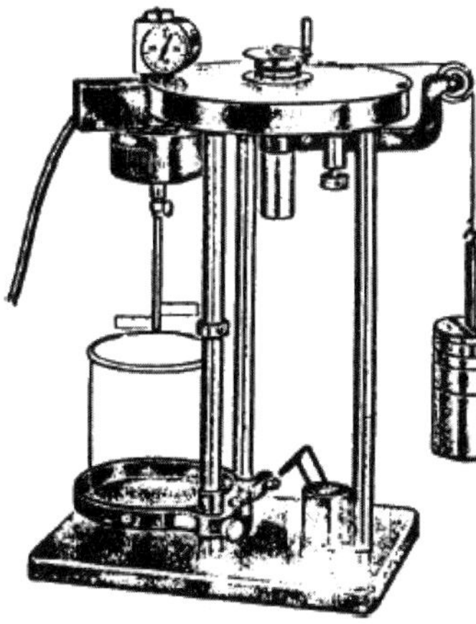
그림 2.38 스토머 점도계

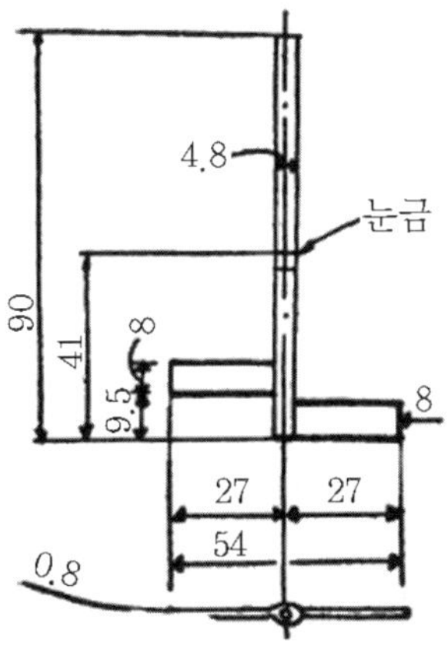

그림 2.39 스토머 점도계용 회전축(단위 : mm)

(4) 시료의 조제

시료를 잘 섞어서 시험컵에 약 3/4 정도 담고 약 1시간 방치하여 거품을 제거한다.

(5) 시험방법

① 기구와 시료를 25±0.5℃로 유지시키고 거품이 생기지 않도록 조심하여 시료를 저은 후 점도계의 받침대 위에 시료가 담긴 컵을 올려놓고 회전축에 새겨진 눈금이 액면과 일치되도록 받침대의 높이를 조절한다.

표 2.56 크레보스-스토머 주도 환산표

분동의 무게(g) / 100회전 하는 데 소요되는 시간(초)	75	100	125	150	175	200	225	250	275	300	325	350	375	400	425	450	475	500	525	550	575	600	625	650	675	700	725	750	775	800	825	850	875	900	950	1,000
24	42	52		65		75		83		90		95		99		103		108		111		115		118		122		125		128		130		132		136
25	45	54		66		76		84		90		95		100		104		109		112		116		119		122		125		129		131		133		137
26	47	56		68		78		85		91		96		101		105		110		113		117		120		123		126		130		132		134		138
27	49	57	63	69	74	79	83	86	89	92	95	97	100	102	104	106	109	111	113	114	116	118	120	121	123	124	126	127	129	130	131	132	133	134	136	138
28	51	59	65	70	75	80	84	87	90	93	96	98	100	102	105	107	110	112	114	115	117	118	120	121	123	124	126	127	129	130	131	132	133	134	137	139
29	53	60	66	71	76	81	85	88	91	94	97	99	101	103	105	107	110	112	114	115	117	119	121	122	124	125	127	128	130	131	132	133	134	135	137	139
30	54	61	67	72	77	82	86	89	92	95	98	100	102	104	106	108	110	113	114	116	118	120	121	122	124	125	127	128	130	132	133	134	135	136	138	140
31	55	62	68	73	78	82	86	90	93	95	98	100	102	104	106	108	111	112	115	116	118	120	122	123	125	126	128	129	131	132	133	134	135	136	138	140
32	56	63	69	74	79	83	87	90	93	96	99	101	103	105	107	109	111	113	115	116	118	120	122	123	125	126	128	129	131	132	133	134	135	136	138	140
33	57	64	70	75	80	84	88	91	94	96	99	101	103	105	107	109	112	114	116	117	119	121	122	123	125	126	128	129	131	132	134	135	136	137	139	141
34	58	64		75		84		91		97		102		106		110		114		118		122		124		127		130		132		135		137		141
35	59	65		76		85		92		98		102		106		110		114		118		122		124		127		130		133		135		137		142
36	60	66		76		85		92		98		103		107		111		115		118		122		125		128		130		133		135		137		142
37	61	67		77		86		93		99		103		107		111		115		119		123		125		128		131		133		136		138		142
38	62	68		78		87		93		99		104		108		112		116		119		123		126		129		131		134		136		138		142
39	62	68		78		88		94		100		104		108		112		116		120		124		126		129		131		134		136		138		143
40	63	69		79		88		94		100		104		108		112		116		120		124		127		130		132		134		136		138		143

② 여러 가지 추를 사용하여 회전축이 100회전하는데 소요되는 시간이 27~33초가 되도록 추를 선택한다. 시간측정은 회전축이 10회전 이상 한 다음에 기준점을 정하고 100회전할 때까지의 소요시간을 측정하여 다음 표 6.21에 따라 환산한다.

(6) 결과의 표시

도료의 주도 시험결과의 예는 표 2.57과 같다.

표 2.57 도료의 주도 시험결과의 예

도료의 종류	추의 무게	100회전하는데 소요되는 시간	주도 환산값	관련규격
	kg	초		KS M 5451

(7) 시험 시 주의사항

① 시료를 저을 시 거품이 생기지 않도록 조심하며 기구와 시료를 25±0.5℃로 유지시킨다.

3) 도료의 연화도 시험방법(Testing method for a softening degree of paint)

(1) 적용범위

이 규격은 도료 중 안료의 분산도(일반적으로 연화도라 한다.)를 측정하는 방법에 대하여 규정한다.

(2) 관련규격

KS F 5463 (도료의 연화도 시험방법)

(3) 기구

기구는 그림 2.40과 그림 2.41에 표시된 것과 같이 입도계와 스크레이퍼의 2개로 되어있다.

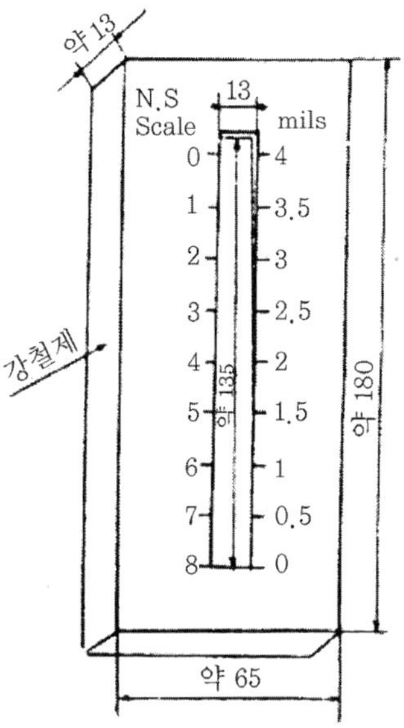

그림 2.40 입도계

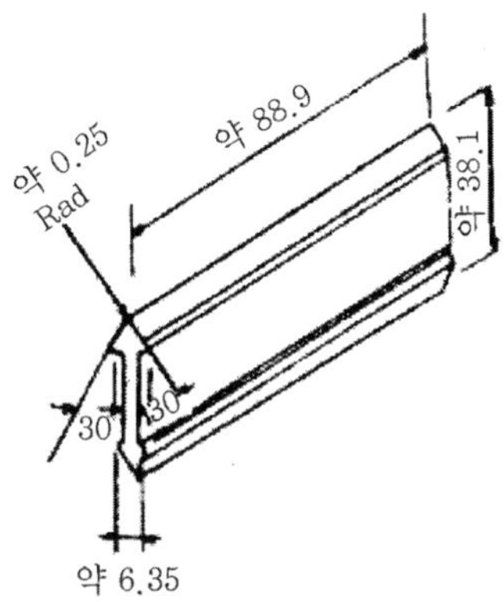

그림 2.41 스크레이퍼

① 입도계

다음 표 2.58에 따라 연화도를 NS(North Standard graduations) 단위로 0부터 8까지 측정 또는 환산할 수 있는 그림 2.40과 같은 형태의 입도계

② 스크레이퍼

그림 6.14와 같이 양쪽에 날이 달린 쐐기 모양의 것으로서 강철제로 되어 있고, 길이를 따라 있는 양쪽의 가장자리는 반지름의 0.025cm 인 반원형으로 되어 있는 것

표 2.58 NS에 의한 연화도의 환산

NS단위	깊이(mil)	깊이(μ)
시료 넣는 곳	4	101.6 이상
0	4.0	101.6
1	3.5	88.9
2	3.0	76.2
3	2.5	63.5
4	2.0	50.8
5	1.5	38.1
6	1.0	25.4
7	0.5	12.7
8	0	0

(4) 시료의 조제

시료 적당량을 충분히 혼합하여 용기에 넣고 1시간 이상 방치하여 흡수된 공기를 제거한다.

(5) 시험방법

① 깨끗이 닦은 입도계를 평평하고 미끄럽지 않은 곳에 놓고 입도계의 시료 넣는 곳에 시료를 충분히 부어 약간 넘치게 한다.

② 스크레이퍼를 홈 방향과 직각이 되게 입도계면과 수직이 되게 하여 홈의 제일 깊은 곳의 근처에 놓고 스크레이퍼를 적당한 힘으로 누르면서 NS8 지점까지 균일한 속도로 내려 긋는다.

③ 홈의 긴 축에 대하여 90°의 방향과 입도계 표면에 대하여 20~30°의 방향에서 즉시 관찰하여 시료가 뚜렷하게 얼룩진 곳의 NS값을 기록하고, 이 값을 연화도로 보고한다.

(6) 결과의 표시

도료의 연화도 시험결과의 예는 표 2.59와 같다.

표 2.59 도료의 연화도 시험결과의 예

도료의 종류	NS 값	관련규격
		KS M 5463

(7) 시험 시 주의사항

시료를 만든 후 연화도의 측정까지 가능한 식속하게 실시한다.

2.6.8 마감재의 열전도율 측정방법(평판 비교법)

(Testing method for thermal transmissions properties of finishing materials)

(1) 시험목적

시험체의 열류량, 온도차 등을 측정하여 열전도율을 구한다.

(2) 관련규격

KS L 9016 (보온재의 열전도율 측정방법)

(3) 사용기기

① 정사각형으로 1변의 길이가 (200±2)mm인 고열판 및 저열판

② 고온측정기

(4) 시험체

① 시험체는 평판으로 그 모양은 정사각형이며 양면은 평활한 면으로 한다.

② 또, 압축되기 쉬운 시험체에는 필요에 따라 그 주위에 열저항이 큰 압축되기 어려운 재료로 만든 간격판을 사용한다. 이 경우, 시험체의 두께는 간격판의 높이로 한다.

③ 시험체의 치수는 1변의 길이가 (200±2)mm, 두께는 25mm 이하로 한다.

(5) 시험방법

① 열전대의 측온 접점을 그림 2.42와 같이 각 경계 각각의 면 중앙에 설치하고 전체를 고정한다.

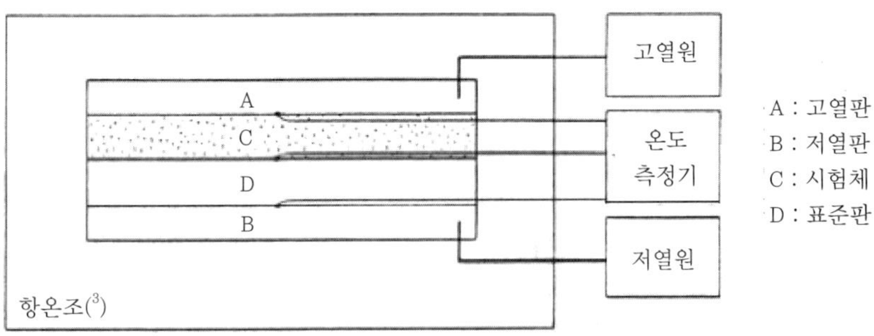

그림 2.42 측정장치의 구성

② 시험체 주위를 충분히 단열하거나 측정장치 몸체를 항온조 속에 수용하여 시험체 외곽에서의 열손이 적게 되도록 항온조의 온도를 조절한다.

③ 표준판 및 시험체 각각의 양면에 5℃ 이상의 온도차를 부여한다.

④ 정상상태에 도달한 것을 확인하기 위해 표준판 및 시험체의 표면온도를 10~30분 간격으로 측정한다.

⑤ 정상상태에서 30분 간격으로 측정한 3점의 측정값에서 각각 밑의 식에 의해 산출한 값의 최대값과 최소값이 3점의 평균값에 대하여 1% 이상 차이가 없는 것을 확인하고 측정을 종료한다.

$$열\ 전도율\ (W/m\cdot K) = \frac{l}{R_c}$$

$$R_c = \frac{l_0}{\varDelta_0} \times \frac{\varDelta\theta}{\varDelta\theta_0}$$

여기에서 l : 시험체의 두께(m)

R_c : 시험체의 열저항 $(m^2 \cdot K/W)$

l_0 : 표준판의 두께(m)

λ_0 : 표준판의 평균온도에 대한 열전도율 $(W/m\cdot K)$

$\varDelta\theta$: 시험체 온도차 (K)(℃)

$\varDelta\theta_0$: 표준판 온도차 (K)(℃)

⑥ 산출결과는 유효 숫자 2자리까지 표시한다.

(6) 시험결과의 예

마감재 열전도율 측정결과의 예는 표 2.60과 같다.

표 2.60 마감재 열전도율 측정결과의 예

시험값	계 산	결 과	관련규격
1. 시험체의 두께 : (m) 2. 시험체의 열저항 : $(m^2\cdot K/W)$ 3. 표준판의 두께 : (m) 4. 표준판의 평균온도에 대한 열전도율 : 5. 시험체 온도차 : (K)(℃) 6. 표준판 온도차 : (K)(℃)	$열전도율 = \frac{l}{R_c}$ $R_c = \frac{l_0}{\lambda_0} \times \frac{\varDelta\theta}{\varDelta\theta_0}$		KS L 9016 (보온재의 열전도율 측정방법)

(7) 시험 시 주의사항

상기 시험법은 보온재의 열전도율 측정방법을 참고로 작성한 것으로, 해당 마감재별 요구성능 중 열전도율이 있을 시 관련규격을 참고하여 실시토록 한다.

2.6.9 마감재의 잔향실법 흡음률 측정방법(Measurement of finishing material's sound absorption in reverberationroom)

(1) 시험목적

음향재료의 흡음계수 또는 가구, 사람, 흡음체 등 물체의 등가 흡음면적을 잔향에서 측정하고자 한다.

(2) 관련규격

KS F 2805(잔향실법 흡음률 측정방법)

KS F ISO 11654(건축물용 흡음재의 흡음 성능 평가방법)

(3) 사용기기

① 잔향실 용적 : 잔향실 용적은 150㎥ 이상으로 하고 신설한 경우는 200㎥ 이상을 권장한다. 그러나 용적이 500㎥ 이상이면 공기 흡음으로 인해 고주파수 대역에서의 흡음 측정결과가 정확하지 않을 수 있다.

② 잔향실 향상 : 잔향실의 향상은 다음의 조건이 만족되도록 한다.

$$I_{max} < 1.9V^{1/3}$$

여기에서 I_{max} : 잔향실의 경계 내에서 가장 긴 직선거리(m)

V : 잔향실의 용적

③ 음장의 확산 : 잔향실에서 감쇠되는 음장은 충분히 확산적이어야 한다. 잔향실 형상에 관계없이 확산을 만족하기 위해서는 정지되거나 매달린 확산체 또는 회전날개형 확산판이 일반적으로 필요하다.

④ 흡음면적 : 1/3옥타브 밴드별로 결정되는 빈 잔향실에서의 등가 흡음면적은 표 2.61의 값을 초과해서는 안 된다.

표 2.61 잔향실 용적 $V = 200\text{m}^3$인 경우 최대 등가 흡음면적

주파수 (Hz)	100	125	160	200	250	315	400	500	630
등가 흡음 면적(㎥)	6.5	6.5	6.5	6.5	6.5	6.5	6.5	6.5	6.5
주파수(Hz)	800	1000	1250	1600	2000	2500	3150	4000	5000
등가 흡음 면적(㎥)	6.5	7.0	7.5	8.0	9.5	10.5	12.0	13.0	14.0

잔향실 용적이 200㎥와 다른 경우는 표 1에 주어진 값에 $(V/200\text{m}^3)^{2/3}$를 곱한다.

(4) 시험편

① 시험편 면적은 10~12㎡로 한다. 용적이 200㎥ 이상이라면 시험편 면적의 상한값은 $(V/200\text{ m}^3)^{2/3}$를 곱한 값까지 증가시킨다. 시험편 면적은 잔향실 용적과 시험편의 흡음력에 의존한다.

② 시험편은 폭과 길이의 비율이 0.7~1.0인 직사각형으로 한다. 시험편의 어떤 부분도 잔향실 모서리로부터는 1m, 경계면에서는 0.75m 이상 떨어지게 한다. 시험편의 모서리는 잔향실내 가장 가까운 모서리와 평행하게 설치해서는 안 된다. 필요하다면, 무거운 시험편은 잔향실 벽체를 따라 수직으로 설치하거나 직접 잔향실 바닥에 설치해도 된다. 이 경우 0.75m 이상의 요구조건은 고려하지 않아도 된다.

(5) 시험방법

① T_1과 T_2 잔향시간의 계산

각 주파수 밴드별 잔향시간은 해당 주파수 밴드에서 측정한 총 잔향시간의 산술적 평균으로 표시한다. 시험편의 설치 유·무에 따른 각 주파수 밴드별 평균 잔향시간 T_1과 T_2는 적어도 소수 둘째자리까지 계산한다.

② A_1과 A_2 그리고 A_r 잔향시간의 계산

빈 잔향실의 등가 흡음면적 $A_1\,(\mathrm{m}^2)$은 다음 식으로 계산한다.

$$A_1 = \frac{55.3V}{cT_1} - 4Vm_1$$

여기에서 V : 빈 잔향실의 용적(m³)

c : 공기 v중 음속 (m/s)

T_1 : 빈 잔향실에서의 잔향시간(s)

m_1 : 측정하는 동안 빈 잔향실에서 기후조건을 사용하여 ISO 1913-1에 따라 계산되는 파워 감쇠수 (m^{-1})이다. m는 감쇠계수 α로부터 계산할 수 있으며 ISO 9613-1의 식 $[m=\alpha/10\log(e)]$에 따른다.

시험편을 포함한 잔향실의 등가 흡음 면적 $A_2\,(\mathrm{m}^2)$는 다음 식으로 계산한다.

$$A_2 = \frac{55.3V}{cT_2} - 4Vm_2$$

여기에서 T_2 : 시험편을 설치한 후 잔향실에서의 잔향시간 (s)

시험편의 등가 흡음면적 $A_T(m^2)$는 다음 식으로 계산한다.

$$A_T = A_2 - A_1 = 55.3V\left(\frac{1}{c_2T_2} - \frac{1}{c_1T_1}\right) - 4V(m_2 - m_1)$$

여기에서 c_1 : 온도 T_1일 때의 음속

c_2 : 온도 T_2일 때의 음속

평면 흡음체 또는 흡음체의 배열에 의한 흡음계수 α_s는 다음의 식으로부터 계산된다.

$$\alpha_s = \frac{A_T}{S}$$

여기에서 S : 시험편으로 덮어지는 면적(㎡)

(6) 시험결과의 예

마감재의 잔향실법 흡음률 측정결과의 예는 표 2.62와 같다.

표 2.62 마감재 흡음률 측정결과의 예

시 험 값	계 산	결 과	관련규격
1. 빈 잔향실의 용적 : (m^3) 2. 공기 중 음속 : (m/s) 3. 빈 잔향실에서 잔향시간 : (s) 4. 시험편를 설치한 후 잔향실에서의 잔향시간 : (s) 5. 파워 감쇠 계수 : 6. 온도 T_1일 때의 음속 : (s) 7. 온도 T_2일 때의 음속 : (s) 8. 시험편으로 덮어지는 면적 : (m^2)	흡음계수 $\alpha_s = \frac{A_T}{S}$		KS F 2805 (잔향실법 흡음률 측정 방법)

(7) 시험 시 주의사항

상기 시험법은 흡음재의 잔향실법 흡음률 측정방법을 참고로 작성한 것으로, 해당 마감재별 요구성능 중 흡음률이 있을 시 관련규격을 참고하여 실시토록 한다.

2.6.10 유리(Glass)

1) 개요

유리는 철·시멘트와 함께 3대 건축재료로서 현대건축에서 빼놓을 수 없는 중요한 재료이다. 유리는 광선을 투과시키는 반영구적이고 내구성이 있는 불연재료로서 품질이 균일하며 대량생산이 가능한 재료이나 충격강도가 약하여 파손되기 쉽고 파손된 파편이 날카로워 위험하며, 연소에 약하고 두께가 얇아 단열, 차음효과가 작은 결점을 가지고 있다.

그러나 강도를 보통 유리의 3~5배로 높이거나(강화유리) 물체와 격돌하여 파열되어도 파편이 비산되거나 붕락하는 일이 없도록 하거나(망입유리), 2장 또는 3장의 유리를 겹쳐 유리 사이를 진공상태로 만들어 단열, 차음효과를 높이는(복층유리) 등 유리의 결점을 보완하여 건축재료로 다양하게 개발되어 쓰이고 있다.

2) 유리의 분류

(1) 용도에 의한 분류

표 2.63 골재 시험방법 종류

일반적 용도	특수 용도	가공품
보통판유리 무늬유리 연마판유리 플로트유리 망입유리	자외선투과유리 자외선흡수유리 자외선차단유리 열선흡수유리 열선반사유리 착색강화유리 방호용납유리	거울 안전유리 합판유리 강화유리 방탄유리 복층유리 접합유리

3) 유리 관련규격 및 시험방법 (Related standard of Glass and Test Methods)

표 2.64 유리 관련규격 및 시험방법

규격번호 / 규격명 / 시험방법	KS L 2002 강화 유리	KS L 2003 복층 유리	KS L 2004 접합 유리	KS L 2005 무늬 유리	KS L 2006 망판유리 선판유리	KS L 2008 열선 흡수 판유리	KS L 2012 플로트 판유리 마판유리	KS L 2014 열선 반사 유리	KS L 2015 배강도 유리
겉모양 시험	○	○	○		○			○	○
두께의 측정	○	○	○	○	○	○	○	○	○
변의 길이 측정	○	○	○	○	○	○	○	○	○
만곡 측정	○		○						
낙구충격시험	○		○						
파쇄시험	○								
쇼트백 시험	○		○						
이슬점 시험		○							
봉착의 가속 내구성 시험		○							

표 2.64 유리 관련규격 및 시험방법(계속)

시험방법 \ 규격번호	KS L 2002	KS L 2003	KS L 2004	KS L 2005	KS L 2006	KS L 2008	KS L 2012	KS L 2014	KS L 2015
규격명	강화유리	복층유리	접합유리	무늬유리	망판유리 선판유리	열선흡수 판유리	플로트 판유리 마판유리	열선반사 유리	배강도 유리
냉열반복시험		○							
광학 박막 성능의 내구성 시험		○							
내광성 시험			○						
내열성 시험			○						
품질의 시험				○		○	○		
가열시험					○				
가열 후 충격시험					○				
태양열 취득률						○			
태양열 차폐성								○	
내광성 시험								○	
내마모성 시험								○	
내산성 시험								○	
내알칼리성 시험								○	
휨의 측정									○
표면 압축 응력 측정									○

4) 겉모양 시험(Appearance Test)

겉모양 시험은 제품을 시료로 하여 시료 정면의 적절한 조명 아래에서 육안으로 한다. 이빠짐의 치수는 KS B 5246에 규정된 최소눈금 0.5mm의 금속제 곧은 자를 사용하여 측정한다.

5) 두께의 측정(Measurement of Depth)

유리의 종류별로 측정방법이 약간씩 다르므로 표 8.2의 관련규격을 참고한다. 예로 평면 강화유리의 두께의 측정은 변 가장자리에서 15mm 이상 떨어진 부분에 대하여 KS B 5202에 규정된 최소눈금 0.01mm의 마이크로미터, 또는 이것과 동등 이상의 정밀도를 가진 측정기를 사용하여 실시한다. 두께의 표시값은 KS A 3251에 따라 소수점 이하 1자리로 표시한다.

6) 변의 길이의 측정(Measurement of side Length)

유리의 종류별로 측정방법이 약간씩 다르므로 표 8.2의 관련규격을 참고한다. 예로 평면 강화유리의 변의 길이는 KS B 5209에 규정하는 최소눈금 1mm의 강제 줄자를 사용하여 변 가장자리에서 약 15mm 떨어진 위치에서 변에 평행하게 측정한다.

7) 낙구 충격 시험방법(Testing method for dropped ball's impact of Glass)

(1) 시험목적

시험체의 표면에 일정 높이에서 강구를 떨어뜨려 파괴강도를 측정한다.

(2) 관련규격

KS L 2002 (강화유리)

KS L 2004 (접합유리)

(3) 사용기기

① 시료 6매(시료의 크기 : 610mm×610mm)

② 철제 틀

③ 강구(호칭 $2\frac{1}{2}$, 무게 1,040±10g : KS B 2001 참고)

(4) 시험방법

① 시료를 그림 2.43과 같은 철제 틀에 수평이 되도록 놓는다.

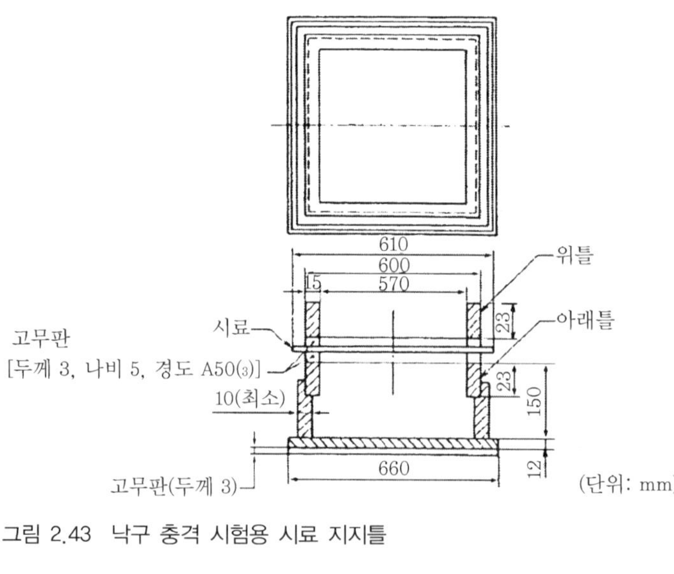

그림 2.43 낙구 충격 시험용 시료 지지틀

② 3)의 ③에 해당하는 강구를, 시료 표면에서 100cm 높이에서 시료면의 중심부를 향하여 자유 낙하시킨다.(충격점은 시료면 중심에서 25mm 이하의 범위)

④ 충격 후 충격점의 파괴 유무를 관찰한다.

⑤ 6매를 시험하여, 1매 이하 파괴인 경우 합격, 3매 이상 파괴인 경우 불합격으로 한다.

(5) 시험결과의 예

유리의 낙구 충격 시험결과는 표 2.65와 같다.

표 2.65 유리의 낙구 충격 시험결과의 예

시료의 두께	강구의 무게 및 호칭	파괴 유무							관련규격
시험체의 두께 : mm		1	2	3	4	5	6	합격/불합격	KS L 2002 KS L 2004

(6) 시험 시 주의사항

① 시험은 상온에서 실시한다.

② 낙구의 충격점은 중심점에서 25mm 이하의 범위에 들어가야 한다.

③ 강구를 낙하 시, 정지상태에서 힘을 가하지 않고 시료의 중심부를 향하여 자유낙하시킨다.

④ 무늬 강화유리 시험 시, 충격면은 무늬가 없는 면으로 한다.

⑤ 1매의 시료에 대한 충격은 1회만으로 측정한다.

8) 쇼트백 시험방법(Testing method for short bag's impact of Glass)

(1) 시험목적

줄에 매달은 쇼트백으로 세워 놓은 시험체를 가격하여 파괴 유무를 관찰한다.

(2) 관련규격

KS L 2002 (강화유리)

KS L 2004 (접합유리)

(3) 사용기기

① 시험틀(그림 6.18-19 참고)

② 가격체(그림 6.19 참고)

③ 시료 4매(시료의 치수 : 1930mm×864mm)

(4) 시험방법

① 시료를 그림 2.44와 같은 시험틀에 그림 2.45와 같이 목제 조임틀을 사용하여 고정한다.

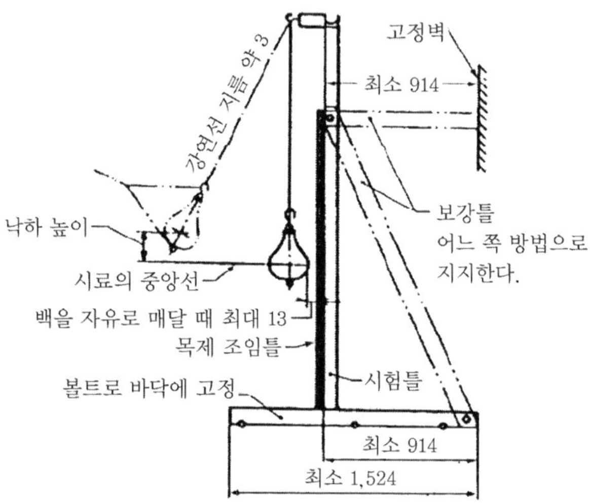

그림 2.44 시험틀

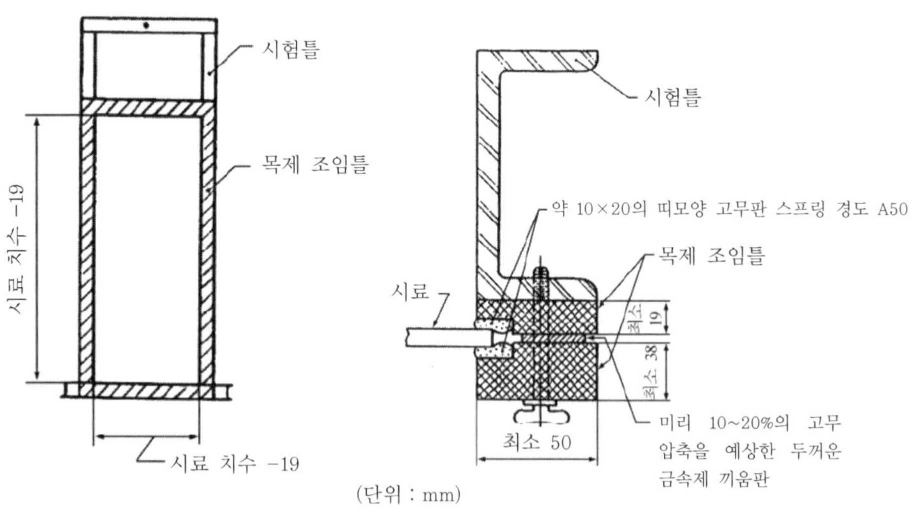

그림 2.45 시료의 고정방법

② 가격체를 지름 약 3mm의 강연선으로 시료의 중심에서 5cm 이내인 위치에 달아 맨다.

③ 가격체의 최대지름 중심이 정지상태 위치로부터 30cm 높이로 들어올린 후 진자식으로 자유낙하시켜 중심점 부근에 1회 충격을 가한다.

④ 파괴되지 않는 경우는 다시 낙하높이를 75cm로 올려서 같은 시료의 중심점 부근에 1회 충격을 가한다.

⑤ 그래도 시료가 파괴되지 않는 경우는 다시 낙하높이를 120cm로 올려서 같은 시료의 중심점 부근에 1회 충격을 가한다.

⑥ 시료가 파괴된 경우 5분 이내에 유리파편 중 가장 큰 것으로부터 10개를 채취하여 무게를 단다.

⑦ 10개 파편의 무게의 합계가 시료의 65㎠ 면적에 상당하는 무게를 넘지 않거나 낙하높이 120cm에서 파괴되지 않으면 합격이다.

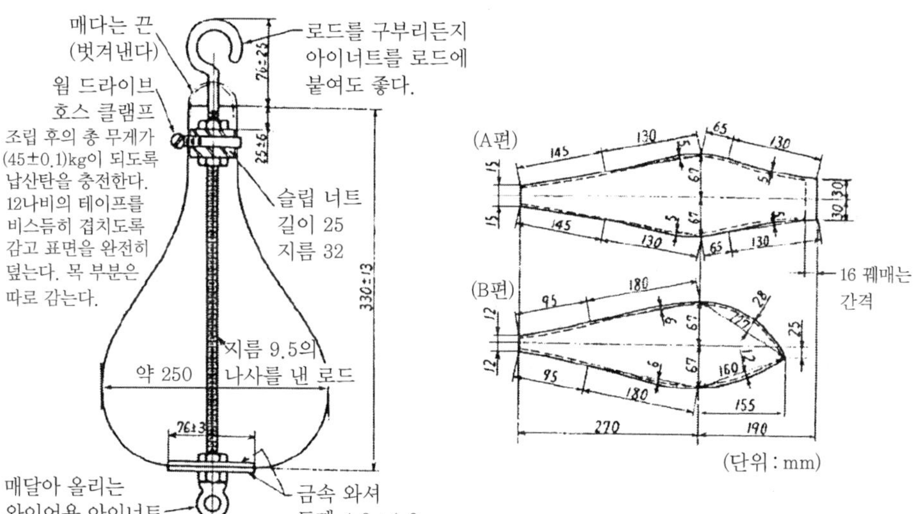

그림 2.46 가격체

(5) 시험결과의 예

유리의 쇼트백 충격 시험결과는 표 2.66과 같다.

표 2.66 유리의 쇼트백 충격 시험결과의 예

시료의 두께	파괴 유무						관련규격
	횟수 / 낙하높이	1회	2회	3회	4회	파편 질량합	
시험체의 두께 : mm	30cm						KS L 2002 KS L 2004
	75cm						
	120cm						

(6) 시험 시 주의사항

① 시험은 상온에서 실시한다.

② 파쇄된 유리의 질량은 실험 후 5분 이내에 재도록 한다.

9) 내마모성 시험방법(Testing method for hard-face performance of Glass)

(1) 시험목적

시편의 마모시험 전후의 투과율을 측정하여 내마모성을 측정한다.

(2) 관련규격

KS L 2014 (열선 반사 유리)

(3) 사용기

① 마모시험기(그림 6.20 참고)

매분 65±10 회전속도로 회전하는 수평 회전 테이블과 65±3mm 간격으로 고정된 원활하게 회전하는 1쌍의 마모 휠로 구성되어 있다.

② 시료 1매(시료의 치수 : 약 100mm×100mm)

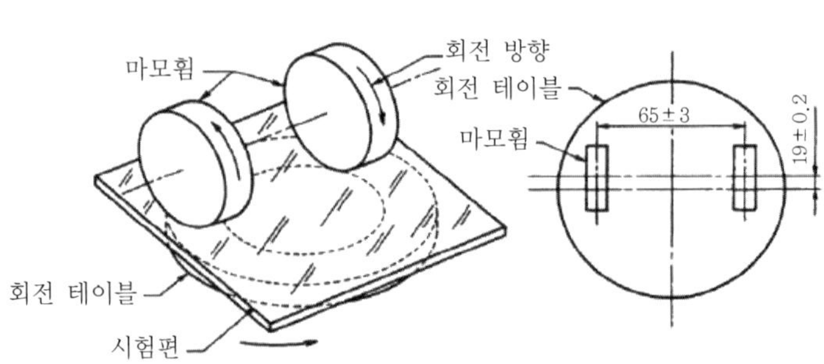

그림 2.47 마모시험기

(4) 시험방법

① 마모 전 시험편에 대해 가시광선 투과율 측정장치를 이용하여 그림 2.48과 같이 ○로 표시한 1점의 가시광선 투과율(%)을 구한다.

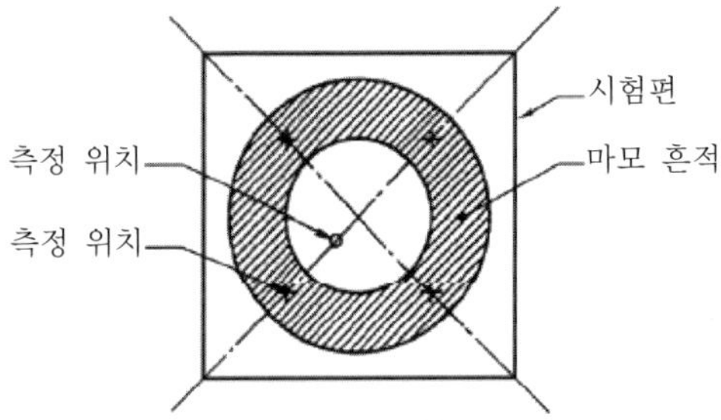

그림 2.48 측정위치

② 시험편을 마모 시험기의 회전 테이블 위에 방사 막면쪽이 마모면이 되도록 설치한다.

③ 시험편을 표 2.67에 따라 회전시켜서 마모시킨다.

표 2.67 마모 시험에서의 회전수

내구성에 따른 구분	회전수
A 류	200회
B 류	100회

④ 마모 후의 시험편에 대하여 가시광선 투과율 측정 장치를 이용하여, 그림 2.68의 ×로 표시한 4점의 가시광선 투과율(%)을 구하여 그 평균값을 계산한다.

⑤ ①의 투과율과 ④의 평균투과율의 차이의 절대값을 구한다.

⑥ 차이의 절대값이 4% 이하이면 합격이다.

(5) 시험결과의 예

유리의 내마모성 시험결과는 표 2.68과 같다.

표 2.68 유리의 내마모 시험결과의 예

내구성 등급	회전수	투과율의 측정							투과율 차의 절대값	관련규격
		마모 전	마모 후							
A, B 류	100, 200회	%	위치	1	2	3	4	평균		KS L 2014
			투과율							

(6) 시험 시 주의사항

① 시험은 상온에서 실시한다.

② 마모시험기 사용 시 사용상 안전에 유의한다.

2.7 보수재료

2.7.1 보수재료의 종류 및 품질규격 (Repair material type and quality of standard)

표 2.69에 보수재료의 종류를 나타낸다. 표 2.69에 의하면 보수재료는 1) 콘크리트 구체부 처리제, 2) 철근방청 처리제, 3) 단면 수복재, 4) 하지 조정재, 5) 마감재, 6) 균열주입재 등으로 구분되며, 상기의 각 보수재료는 표 2.69와 같이 구성재료에 따라 세분화 된다.

표 2.69 보수재료의 종류

<table>
<tr><th colspan="2">보수재료의 종류</th><th colspan="2">재료명 및 조성</th></tr>
<tr><td rowspan="3">콘크리트
구체부
처리재</td><td rowspan="3">도포함침제</td><td>침투성 흡수
방지제</td><td>실리콘계, 실란계, 변성 폴리에스테르수지계 등</td></tr>
<tr><td>침투성
고화재</td><td>무기계 : 규산염계, 콜로이드실리카계, 규불화물계 등
유기계 : 에폭시수지계, 아크릴수지계, 우레탄수지계, 폴리에스테르수지계 등</td></tr>
<tr><td>무기질
침투성
방수제</td><td>(시멘트, 규산소다, 수용성실리카, 알루미나, 산화칼슘 등의 혼합물)+(물) 또는(폴리머 디스퍼션)</td></tr>
<tr><td rowspan="3">콘크리트
구체부
처리재</td><td rowspan="2">도포함침제</td><td>침투성
알칼리성
부여</td><td>규산리튬 등</td></tr>
<tr><td>도포형
방청제</td><td>아초산칼슘계, 아초산리튬계 등</td></tr>
<tr><td>폴리머함침제</td><td colspan="2">메타크릴산메틸모노머와 스틸렌모노머 가교제, 개시제 등을 배합한 물질</td></tr>
</table>

표 2.69 보수재료의 종류(계속)

보수재료의 종류		재료명 및 조성
철근방청 처리재	폴리머시멘트계	SBR계, PAE계 등의 폴리머 시멘트페이스트(방청제 첨가제 포함)
	합성수지계	에폭시수지계, 아크릴수지계, 우레탄수지계 등의 합성수지계 플라이머와 도료
	청전화 도료	인산, 유기산, 킬레이트화제 등을 배합한 도료
단면 수복재 (패칭재)	폴리머시멘트 모르타르	SBR계, EVA계, PAE계 등의 폴리머 시멘트모르타르(방청제 첨가제 포함), (프리믹스형태 제품 이용 증가)
	폴리머모르타르	폴리에스테르수지계, 에폭시수지계, 아크릴 수지계 등의 폴리머 모르타르(레진모르타르) (경량골재 이용한 것이 많음)
	시멘트모르타르 또는 콘크리트	OPC(1종 시멘트), 조강 시멘트, 초속경시멘트 등의 시멘트, 골재, 콘크리트 혼화용 화학혼화제 등을 배합한 보통 시멘트모르타르 또는 콘크리트
하지 조정재 보호재	폴리머시멘트 모르타르	위와 같음
	폴리머모르타르	위와 같음
마감재 (피복재)	침투성흡수 방지재	위와 같음
	도료	아크릴수지계, 아크릴우레탄수지계, 아크릴실리콘수지계, 불소수지계 등의 도료
	마무리도재	시멘트계, 폴리머시멘트계, 합성수지에멀션계, 합성수지 용제 등의 마무리도재(박막, 후막형, 복층형)
	도막방수재	아크릴고무계, 우레탄고무계 등의 도막방수재와 폴리머시멘트계 도막방수재
	성형품·프리캐스트제품	금속, FRC 및 GRC제 피복패널, 폴리머 시멘트 모르타르 함침콘크리트제의 형틀(영구형틀)
균열주입재	에폭시수지계	주입용 에폭시수지계, 주입용가소성 수지
	폴리머 시멘트계	OPC와 초미립자 시멘트를 사용한 폴리머시멘트 슬러리(페이스트)
	씰링재	실리콘계, 우레탄계, 폴리설파이드계 등

한국산업규격(KS)에서는 2002년부터 건설구조물 보수보강 표준화 연구가 진행되고 있으며, 현재 제정된 관련규격은 표 2.70과 같다. 한편, 국외의 콘크리트 구조물 보수 및 보호시스템에 대한 규격화는 유럽에서는 비교적 체계화 되었으며 외국의 규격 동향은 표 2.71과 같다.

표 2.70 콘크리트 보수재료 관련 KS규격

규격 번호	규 격 명	제정연도	비 고
KS F 4923	콘크리트 구조물 보수용 에폭시수지	2000년	균열주입재
KS F 4042	콘크리트 구조물 보수용 폴리머 시멘트모르타르	2002년	단면복구재
KS F 4043	콘크리트 구조물 단면보수용 에폭시수지 모르타르	2003년	단면복구재
KS F 4936	도막형 콘크리트 표면 보호재	2003년	표면보호재
KS F 4935	콘크리트 균열 및 조인트 접합부 누수보수용 주입형 실링재	2003년	균열주입재

표 2.71 국외의 콘크리트 구조물 보수재료 관련규격

규격 번호	규 격 명
EN BS 1542	"Products and Systems for the Protection and Repair of Concrete Structures" Test Methods－Measurement of Bond Strength by Pull-Off
EN BS 1504-1	"Products and Systems for the Protection and Repair of Concrete Structures" Definitions, Requirements, Quality Control and Evaluation of Conformity Part 1 : Definitions
EN BS 1766	"Products and Systems for the Protection and Repair of Concrete Structures" Test Methods－Reference Concretes for Testing
EN BS 1799	"Products and Systems for the Protection and Repair of Concrete Structures" Test Methods－Tests to Measure the Suitability of Structural Bonding Agents for Application to Concrete Surface
EN BS 1881-1	"Products and Systems for the Protection and Repair of Concrete Structures" Test methods－Part 1: Pull-out test; uncracked concrete
EN BS 12615	"Products and Systems for the Protection and Repair of Concrete Structures" Test Methods－Determination of Slant Shear Strength Supersedes
prEN 1504-6	"Products and Systems for the Protection and Repair of Concrete Structures" Definitions, Requirements, Quality Control and Evaluation of Conformity Part 6 : Grouting to anchor of reinforcement or to fill to external voids
prEN 1504-7	"Products and Systems for the Protection and Repair of Concrete Structures" Definitions, Requirements, Quality Control and Evaluation of Conformity Part 7 : Reinforcement corrosion prevention
prEN 1504-8	"Products and Systems for the Protection and Repair of Concrete Structures" Definitions, Requirements, Quality Control and Evaluation of Conformity Part 8 : Quality Control and Evaluation of Conformity

표 2.71 국외의 콘크리트 구조물 보수재료 관련규격(계속)

규격 번호	규 격 명
prEN 1504-9	"Products and Systems for the Protection and Repair of Concrete Structures" Definitions, Requirements, Quality Control and Evaluation of Conformity Part 9 : General principles for the use of products and systems
prEN 1504-10	"Products and Systems for the Protection and Repair of Concrete Structures" Definitions, Requirements, Quality Control and Evaluation of Conformity Part 10 : Site application of products and systems, and quality control of the works
prEN 13687-1	"Products and Systems for the Protection and Repair of Concrete Structures" -Test methods-Determination of thermal compatibility-Part1:Free-thaw cycling with de-icing salt immersion
prEN 13687-2	-Part 2 : Thunder-shower cycling(thermal shock)
prEN 13687-3	-Part 3 : Thermal cycling without de-icing salt impact
prEN 13687-4	-Part 4 : Dry cycling
ASTM D 4542	Pull-Off Strenth of Coatings Using Portable Adhesion Testers
ASTM C 881	Epoxy-Resin-Base Bonding Systems for Concrete

2.7.2 보수재료의 시험방법(Method of testing Repair material)

본 절에서는 다양한 보수재료 중 철근의 부식에 의해 열화한 철근콘크리트 구조물의 보수재료로 광범위하게 사용되고 있는 1) 단면복구재, 2) 방청 처리제, 3) 균열 보수재에 대한 각 품질규격별 시험방법을 나타낸다. 표 2.72는 단면복구재의 시험방법을 나타내며, 표 2.73과 표 2.74은 각각 방청 처리재와 균열 보수재의 품질규격에 대한 시험방법을 나타낸다.

표 2.72 단면복구재의 시험방법

<table>
<tr><th colspan="2" rowspan="3">항 목</th><th colspan="3">국 외</th></tr>
<tr><th colspan="2">규 격</th><th rowspan="2">시험방법</th></tr>
<tr><th>일본 건축 마감재 공업규격</th><th>일본 콘크리트 공학협회</th></tr>
<tr><td colspan="2">단위 용적질량</td><td>1.8 이상</td><td></td><td>NSKS-002</td></tr>
<tr><td rowspan="3">처짐</td><td>처짐량</td><td></td><td></td><td rowspan="3">NSKS-002
NSKS-005</td></tr>
<tr><td>표면상태</td><td>균열 발생 없을 것</td><td></td></tr>
<tr><td>바름상태</td><td></td><td></td></tr>
<tr><td colspan="2">압축강도(kgf/㎠)</td><td>102 이상</td><td>100 이상</td><td>NSKS-002
NSKS-005</td></tr>
<tr><td>휨강도 (kgf/㎠)</td><td>표준</td><td>51 이상</td><td>40이상</td><td>NSKS-002</td></tr>
<tr><td rowspan="5">접착강도 (kgf/㎠)</td><td>표준</td><td>10.2 이상</td><td>10 이상</td><td rowspan="5">NSKS-002
NSKS-005</td></tr>
<tr><td>저온시</td><td>7.1 이상</td><td></td></tr>
<tr><td>냉온 후</td><td>5.1 이상</td><td>A31 이상 B21~30 C10 이상</td></tr>
<tr><td>휨접착</td><td></td><td>40 이상</td></tr>
<tr><td>전단접착</td><td></td><td>40 이상</td></tr>
<tr><td colspan="2">내충격성</td><td>파열/기판과 떨어짐이 없을 것</td><td></td><td>NSKS-002</td></tr>
<tr><td rowspan="2">흡수성</td><td>흡수량(gf)</td><td>20 이하</td><td></td><td>NSKS-002</td></tr>
<tr><td>흡수율(%)</td><td></td><td>15.0 이하</td><td>NSKS-002</td></tr>
<tr><td rowspan="2">투수성</td><td>투수량(mℓ/h)</td><td>0.5 이하</td><td></td><td rowspan="2">NSKS-002
NSKS-005</td></tr>
<tr><td>투수량(gf)</td><td></td><td>30 이하</td></tr>
<tr><td colspan="2">보수율</td><td></td><td></td><td></td></tr>
<tr><td colspan="2">길이변화(%)</td><td>0.15 이하</td><td>0~0.15</td><td></td></tr>
<tr><td colspan="2">건조수축</td><td></td><td></td><td></td></tr>
<tr><td colspan="2">탄산화 저항성</td><td></td><td>A21 이상 B21~50C51~90</td><td>주택공단
「특별공통시방서」
JCI 폴리머 시멘트모르타르
시험규준(안)</td></tr>
<tr><td colspan="2">염화물이온 침투저항성 (%)</td><td></td><td>A50 이상 B51~70 C71~90</td><td>JCI폴리머 시멘트모르타르 시험규준(안)</td></tr>
</table>

표 2.73 방청 처리재의 시험방법

항 목		규 격	시험방법
강 도 (kgf/㎠)	휨	40 이상	JIS A 6203
	압축	100 이상	JIS A 6203
	접착	10 이상	JIS A 6203
변형률(%)		0~0.150	JIS A 6203
흡수율(%)		15 이하	JIS A 6203
투수량(g)		30 이하	JIS A 6203
연도변화(%)		-15~15	JIS A 6916
접착강도 (kgf/㎠)	표준	10 이상	JIS A 6916
	저온	7 이상	JIS A 6916
내균열성		균열이 발생하지 않을 것	JIS A 6916
내충격성		균열 및 벗겨지지 않을 것	JIS A 6916
흡수량(g)		1.0 이하	JIS A 6916
내구성		균열, 박리와 부풀어오름 등이 없고, 부착강도가 10kgf/㎠ 이상일 것	JIS A 6916

표 2.74 균열보수재의 시험방법[무기계]

항 목		국 외		
		규 격		시험방법
		건설성(일본)	JH시험연구소	
균열 진행도		-	진행도 A	JIS K 6833
균열폭		-	0.8~5.0	-
점도(cps)		10,000 이하	-	-
유하시간(초)	1회째	-	30 이내	NSKS-003
	2회째	-	45 이내	
유동성(초)	소성점도	-	-	JSCE-F 521의 P로드
	항복값	-	-	
블리딩률(%)		-	-	-
가사시간(분)	P로드	30 이상	-	-
	J로드		-	-
경화시간(시간)		16 이내	-	-
접착강도 및 부착강도	습윤	30 이상	-	JIS A 6204
	건조	60 이상	41 이상	
휨강도(kgf/㎠)		-	41 이상	JIS A 6204
압축강도(kgf/㎠)		-	-	JIS K 7208 JIS K 6911
흡수율(%)		-	15 이하	40×40×160mm의 성형한 시험체의 48시간 흡수율을 측정
경화수축률(%)		0.1 이하	3.0 이하	JIS K 6911 JIS A 1129

2.7.3 단면 복구재의 시험방법(Testing method for density of hydraulic cement)

1) 시험목적 및 관련규격

단면 복구재는 폴리머 시멘트모르타르가 주류를 이루고 있으며 시험방법은 따로 규정되어 있지 않고 국내외 모두 시멘트모르타르 측정방법을 채택하고 있다. 또한 단면복구재의 경우, 실제 사용되고 있는 재료에서 폴리머의 비율이 높기 때문에 폴리머 시멘트모르타르와 관련해서 KS F 4042와 JIS A 6203이 제정되어 있다. 관련규격으로는 KS F 4042(콘크리트 구조물 보수용 폴리머 시멘트 모르타르), KS L 5105(수경성 시멘트 모르타르 압축강도 시험방법), KS F 2476(폴리머 시멘트 모르타르 시험방법), KS L 5109(수경성 시멘트 페이스트 및 모르타르의 기계적 혼합방법)이 있다.

2) 사용기기

(1) U.T.M(만능재료시험기기), (압축강도 시험 및 인장강도 시험)

(2) 공시체 성형용 형틀, 다짐봉, 믹서기

(3) 저울, 스푼, 수조, 온도계, 수분제거용 타월 등

3) 시료준비

(1) 분체분체는 시멘트, 골재 및 혼화재료로 이루어진다.

(2) 시멘트는 KS L 5201 또는 KS L 5204에 규정하는 포틀랜드 시멘트계를 사용하는 것으로 한다.

4) 시험방법

(1) 압축강도시험

① 시험용 기구 압축강도 시험기는 KS F 2476에 규정된 것이나 그와 동등한 성능을 가진 것으로 한다.

② 시험방법 압축강도 시험은 휨강도 시험을 행한 1조 3개 공시체의 절단된 시험편 6개로 휨강도 시험 직후 행한다. 공시체를 성형한 때의 양 측면을 가압면으로 하고, 40mm×40mm×40mm 하중용 가압판(강철제)을 이용하여 매초 800±50N의 하중속도로 재하하여 최대하중을 구한다. 압축강도는 다음 식에 의해 산출하고, 공시체 6개의 평균값으로 하여 소수점 이하 한 자리로 끝맺음한다.

$$\sigma_c = \frac{P}{1,600}$$

여기서, σ_c : 압축강도(N/㎟), P : 최대하중(N)이다.

(2) 휨강도시험

① 휨강도 시험기는 KS F 2476에 규정된 것이나 그와 동등한 성능을 가진 것으로 한다.

② 휨강도 시험은 지간의 거리를 100mm로 하고 공시체의 중앙을 매초 50±10N의 하중속도로 재하하여 최대하중을 구한다. 휨강도는 다음 식에 의해 산출하고 공시체 3개의 평균값으로 하여 소수점 이하한 자리로 끝맺음한다.

$$\sigma_b = P \times 0.00234$$

여기서, σ_c : 휨강도(N/㎟), P : 최대하중(N)이다.

(3) 부착강도시험

부착강도 시험체의 제작은 KS F 4716에 따라 제작한 밑판에 안쪽 치수 40mm×40mm×2mm의 금속제 또는 합성수지제 형틀을 놓고 조제한 시료를 채워, 쇠 흙손 또는 쇠주걱을 사용하여 윗면을 평탄하게 마무리하여 성형한다.

$$\text{부착강도(N/㎟)} = \frac{T}{1,600}$$

여기서, T : 최대인장하중(N)이다.

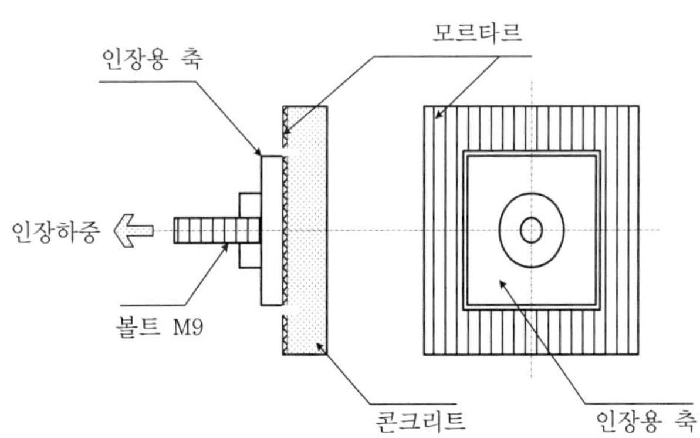

그림 2.49 부착강도시험 측정장치

(4) 투수시험

투수시험 KS F 4916에 따라 시험하고 3개의 공시체의 평균값으로 하여 소수점 이하에서 끝맺음한다.

(5) 물 흡수계수 측정

물 흡수계수 측정은 KS F 2609에 따라 시험하고 3개의 공시체의 평균값으로 하여 소수점 이하 한 자리에서 끝맺음한다.

(6) 습기 투과 저항성 시험

습기 투과 저항성 시험은 KS F 4716에 따라 시험하고 3개의 공시체의 평균값으로 하여 소수점 이하에서 끝맺음한다.

(7) 염화물이온 침투 저항성 시험

염화물이온 침투 저항성 시험은 KS F 2711에 따라 시험하고, 공시체 5개에 대하여 측정값 중 최고값과 최소값을 제외한 공시체 3개의 평균값으로 하여 소수점 이하에서 끝맺음한다.

(8) 길이변화 시험

시험은 KS F 2424(모르타르 및 콘크리트의 길이변화 시험방법)에 따라 실험체의 중심축 길이변화를 측정하는 방법(다이얼 게이지 방법)을 이용하였으며, 측정을 위하여 실험체 양 단부 중앙에 스테인리스제 게이지 플러그를 매립하여 콘크리트 내부의 잉여수 증발에 따른 수축변화 정도를 관찰하였다.

(9) 내충격성

내충격성 시험은 KS F 4716(시멘트계 바탕 바름재)에 따라 KS L 5105(시멘트 강도 시험용 표준사)에서 규정하는 모래 위에 전체면 지지방법으로 수평하게 유지한 시험체 표면에 구형 추 W2~1000을 높이 50cm 에서 떨어뜨려 시험체의 잔갈림 및 밑판과의 벗겨짐 유무를 육안으로 관찰한다. 이 시험은 1개의 시험체에 대하여 5cm 이상 떨어진 3곳에서 실시한다.

(10) 흡수율

흡수율 시험은 KS F 2451(건축용 시멘트 방수제 시험방법)과 KS F 4919(시멘트 혼입 폴리머계 방수제 시험방법)에 따라서 실시한다.

2.8 보강재료

2.8.1 보강재료의 종류 및 품질규격 (Reinforcement material type and quality of standard)

콘크리트 구조물의 보강공법은 1960년대 중반 이후 남아프리카와 프랑스에서 처음 시공된 이후 철근콘크리트 구조물을 강판과 에폭시수지를 이용하여 보강하는 공법이 많이 적용되고 있다. 강판에 의한 보강공법은 원 구조체를 거의 변화시키지 않는 장점과 비교적 공정이 단순하고 적용이 쉽다는 장점을 갖고 있다.

한편, 보강섬유 복합재(Fiber Reinforced Polymer : FRP)를 이용하여 철근콘크리트 구조물을 보강하는 기법이 최근 현장에 많이 적용되고 있다. 강판 보강공법에 비교하여 FRP를 이용한 보강은 FRP의 우수한 기계적 성질과 내부식성, 조인트 없이 시공할 수 있는 시공의 간편함 등의 장점이 있다. FRP는 주로 연속적인 일방향의 유리섬유(Glass Fiber), 탄소섬유(Carbon Fiber), 아라미드섬유(Aramid Fiber) 등에 에폭시수지를 함침시켜 시공한다.

또한 무수지 일방향 탄소섬유시트 보강공법은 일방향으로 배열된 탄소섬유시트를 상온 경화형 에폭시수지를 이용하여 구조내력이 부족한 콘크리트 단면에 접착, 보강함으로써 구조물의 강도, 강성, 내구성 및 내진성능을 개선하는 보강공법이다. 무수지 일방향 탄소섬유시트의 사용범위는 건축-토목용 구조물의 노후화, 부실시공, 균열발생 및 기타 원인으로 인하여 보수·보강이 필요한 범위에 적용한다.

표 2.75 주요 보강 공법별 보강재료의 종류

보강공법	보강재료	공법 개요
단면확대공법	철근 혹은 PS강재, 에폭시 수지, 그라우트재, 폴리머 모르타르 및 콘크리트	내력이 부족하여 단면을 확대하여 내부에 철근이나 PS강재를 넣고 콘크리트 혹은 폴리머 모르타르를 채우는 공법
철근매입공법	철근, 에폭시 수지, 그라우트재, 폴리머 모르타르	단면의 크기는 문제가 없으나 철근이 부족한 경우 단면에 철근을 매입한 후 폴리머 모르타르 등으로 채우는 공법
강판 접착 공법	강판, 에폭시 수지, 앵커볼트	에폭시 수지를 이용하여 부재의 외부에 강판을 접착하여 보강하는 공법
섬유보강공법(FRP)	탄소섬유, 유리섬유, 아라미드섬유, 에폭시 수지	에폭시 수지를 이용하여 외부에 섬유를 접착하여 보강하는 공법
프리스트레스 도입공법	PS강재, 탄소섬유선, 아라미드섬유선, 정착구	PS 강재 혹은 섬유를 이용하여 보강이 필요한 부분에 적절한 프리스트레스를 도입하여 보강하는 공법

2.8.2 보강재료의 시험방법(Method of testing Repair material)

본 절에서는 다양한 보강재료 중 탄소섬유시트 보강공법 사용재료인 1) 탄소섬유시트, 2) 에폭시 함침수지, 3) 프라이머, 4) 퍼티에 대한 품질 시험방법을 나타낸다. 표 2.76은 탄소섬유시트의 품질 시험방법을 나타내며, 표 2.77과 표 2.78, 표 2.79는 각각 퍼티와 에폭시 함침 수지, 프라이머의 품질 시험방법을 나타낸다.

표 2.76 탄소섬유시트 함침 수지 시험방법

규격 / 시험항목	시험규격			비고
	KS	JIS	ASTM	
F.A.W(Fiber Area Weight) (gf/m²)	KS M 3707	JIS K 7071		
인장강도(N/㎟)	KS F 2241	JIS K 7073	ASTM D 3039	
탄성계수(N/㎟)	KS F 2241		ASTM D 3039	
신율(%)	KS F 2241	JIS K 7073	ASTM D 3039	
겹침길이	KS F 2241	JIS K 7073	ASTM D 3039	
콘크리트와 의 접착강도 (N/㎟)	KS M 3705 KS M 3722 KS M 3734	JIS A 6909 JIS K 5400		
콘크리트와의 인장 · 접착강도 (N/㎟)	규격 없음	규격 없음	규격 없음	

표 2.77 퍼티 시험방법

규격 / 시험항목	시험규격			비고
	KS	JIS	ASTM	
비중	KS M 3821	JIS K 6883		KS M 3016 JIS K 7112
가사시간	발열온도 상승시간 측정법(KS 규격 없음)			
건조시간		JIS K 5400		
콘크리트와의 인장 · 접착강도 (N/㎟)	KS M 3705 KS M 3722 KS M 3734	JIS K 5400		

표 2.78 에폭시 함침 수지 시험방법

시험항목 \ 규격	시험규격			비고
	KS	JIS	ASTM	
점도	KS M 3825	JIS K 7117		
비중	KS M 3821	JIS K 6883		KS M 3016 JIS K 7112
가사시간	발열온도 상승시간 측정법			규격 없음.
건조시간		JIS K 5400		
인장강도	KS M 3006	JIS K 7073	ASTM D 638	
휨강도	KS M 3008	JIS K 7203	ASTM D 790	
압축강도	KS M 3816	JIS K 7208	ASTM D 695	
인장전단 접착강도	KS M 3734	JIS K 6850	ASTM D 1002	
콘크리트와의 인장 · 접착강도 (N/㎟)	KS M 3705 KS M 3722 KS M 3734	JIS K 5400		

표 2.79 프라이머 시험방법

시험항목 \ 규격	시험규격			비고
	KS	JIS	ASTM	
점도	KS M 3825	JIS K 7117		
비중	KS M 3821	JIS K 6883		KS M 3016 JIS K 7112
가사시간	발열온도 상승시간 측정법 (KS 규격 없음)			
건조시간		JIS K 5400		
콘크리트와의 인장 · 접착강도 (N/㎟)	KS M 3705 KS M 3722 KS M 3734	JIS K 5400		

2.8.3 에폭시 수지의 압축강도 시험
(Method of Compressive Strength Test for Epoxy Resin)

1) 시험목적 및 관련규격

에폭시 수지의 압축강도를 파악하는데 적용하며, 관련규격으로는 KS M 3816, KS M 3015, JIS K 7208 등이 있다.

2) 사용기기

압축강도 시험기는 일반적으로 인장, 압축, 굽힘 하중의 재하가 가능한 만능시험기를 이용하며, KS B 5533(압축시험기)에 압축시험에 사용되는 시험기에 대해 규정하고 있다.

3) 시료준비

① 23±2℃로 보존한 시료를 KS M 3816의 5.(시험편의 표준)에 나타내는 정사각형으로 하고 23±2℃ 상태에서 7일간 양생한 시험체 5개를 준비한다.

② 시험체는 23±3℃, 50% RH에서 24시간 이상 조절한다.

③ 시험체 크기는 높이 30mm, 너비 및 폭은 10.4mm로 한다.

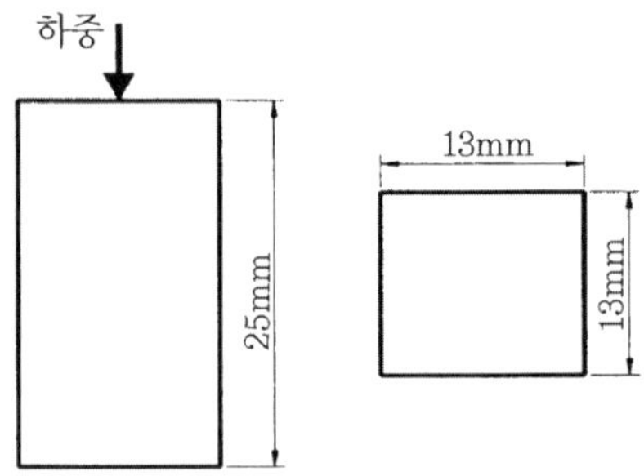

그림 2.50 압축강도 시편

4) 시험방법

① 시험체의 높이, 너비 및 폭을 0.5mm까지 측정한다.

② 시험속도를 2mm/min으로 하여 실시한다.

③ 압축강도는 압축 시험중에 시험체에 가해진 최대하중을 원래의 최소단면적으로 나누어 산정한다. 또한, 압축탄성률은 압축응력-변형 곡선의 초기 직선부분의 구배로부터 산정한다.

$$\sigma_c = \frac{P}{A}$$

여기서, σ_c : 압축강도(N/㎟), P : 시편이 파괴될 때의 하중(N), A : 시편의 면적(㎟)이다.

2.8.4 에폭시 수지의 인장강도 시험
(Method of Tensile Strength Test for Epoxy Resin)

1) 시험목적 및 관련규격

에폭시 수지의 인장강도를 파악하는데 적용하며, 관련규격으로는 KS M 3006, KS M 3015, JIS K 7113, JIS K 7073 등이 있다.

2) 사용기기

인장시험기는 일반적으로 인장, 압축, 굽힘 하중의 재하가 가능한 만능시험기를 이용하며, KS B 5521(인장시험기)에 인장시험에 사용되는 시험기에 대해 규정하고 있다.

3) 시료준비

그림 2.50에 인장 시험체의 형상 및 수법을 나타내며, 23±2℃로 보존한 시료를 형틀에 충진하고 23±2℃ 상태에서 7일간 양생한다. 시험체는 인장시험 전에 소정의 탭을 접착하며, 23±3℃, 50% RH에서 24시간 이상 조절한다.

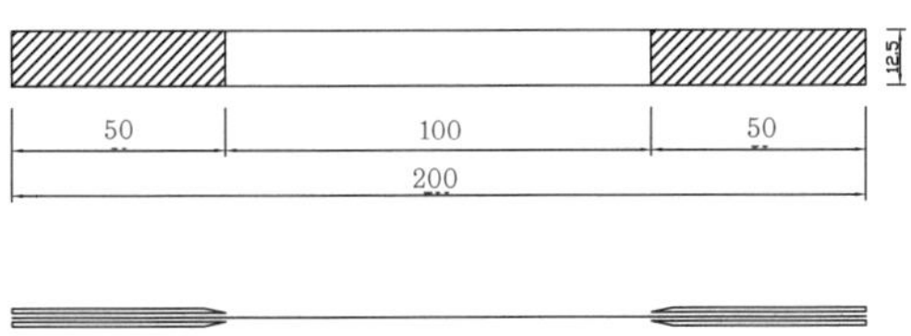

A : 전장 200mm 이상, B : 양단의 폭 : 12.5mm, C : 두께 약 1mm
D : 게이지 길이 100mm 이상, E : 척 길이 35mm 이상
F : 타브 두께 1~2mm, G : 타브 길이 50mm 이상

그림 2.51 인장 시험체의 형상 및 수법

4) 시험방법

① 시험체 평행부의 폭과 두께를 중앙부에서 1개소, 중심에서 5mm 내측의 1개소에서 0.01mm까지 측정하고 최소단면적을 산출한다.

② 시험속도를 2mm/min으로 한다.

③ 인장강도는 다음 식에 따라 계산한다.

$$\sigma = \frac{F}{A}$$

여기서, σ : 인장강도(MPa), F : 최대하중 (N), A : 최소단면적(㎟)이다.

2.8.5 에폭시 수지의 점도시험
(Method of Viscosity Test for Epoxy Resin)

1) 시험목적 및 관련규격

에폭시 수지 및 프라이머 등은 액체상태로 시공되므로 각각의 목적에 부합되는 점도를 지니고 있어야 한다. 따라서 각 재료에서 요구되는 점도의 평가 및 시험을 위하여 본 시험방법을 적용한다. 관련규격으로는 KS M 3825, JIS K 7117 등이 있다.

2) 사용기기

시료의 점도는 브룩필드형 회전 점도계(S법)로 측정한다.

3) 시료준비

① 동일 제품에서 대표시료를 채취하여 잘 혼합한다.
② 항온조건(23±0.2℃)을 유지하도록 한다.
③ 에폭시 수지의 주제 및 경화제를 별도로 검사한다.
④ 에폭시 수지의 주제 및 경화제를 사용량에 따라 혼합하고 시료를 기포가 혼입되지 않도록 시료용기에 넣는다.

4) 시험방법

① 점도계에 스핀들을 붙인다. 스핀들은 회전수와 스핀들 번호의 조합에 의해 점도측정 시에 메모리판의 지침이 20~100%의 범위에 있는 것을 선정한다.
② 시료용기를 스핀들에 닿지 않도록 주의하면서 점토계에 붙인다.
③ 승강 핸들을 돌려 점도계를 조용히 하강시켜 스핀들의 침액위치의 중앙이 액면에 달하면 멈춘다.
④ 점도계 변속을 소정의 회전수에 설정한다.(10min-1이 바람직함)
⑤ 시료온도가 23±0.5℃가 되면 전원을 켜서 스핀들을 회전시킨다.
⑥ 메모리판의 지침표시가 안정된 때, 또는 회전개시에서 소정시간 후에 지침값을 1/4메모리까지 읽는다.
⑦ 시험은 매회 새로운 재료를 사용하여 2회씩 측정한다.
⑧ 점도는 다음 식으로 산출하고 유효숫자를 3행으로 정리한다. 프로그램이 되어 있는 경우는 프로그램 표시값을 이용한다.

$$\eta = K \times \theta$$

여기서, η : 점도(mPa · s), K : 환산승수, θ : 점도계 지시값 평균이다.

2.9 맺음말

본 고에서는 건축재료 중에서 가장 널리 사용되는 시멘트 · 콘크리트, 강재, 마감재, 보수 · 보강재에 대하여 KS규격과 외국의 규격을 표로 정리함과 동시에 실험빈도가 높거나 다른 책에 없는 내용을 중심으로 건축재료실험법을 요약 정리하였다. 여기에 없는 건축재료 실험방법은 국제규격(ISO)이나 국가규격을 참조하기를 바라며, 특히 새로운 건축재료의 출현으로 인한 새로운 실험방법은 건축관련 학회 및 협회 등에서 단체규격으로 작성한 것도 있으므로 이를 참조하기를 바란다.

이상에서 살펴본 바와 같이 건축재료실험은 건축물의 구조안전성 확보, 품질관리 향상 및 내구성 향상을 위해 가장 기초적으로 수행되어야 하는 것이며 특히, 건축물의 성능을 평가하는 연구자들에게 있어서는 반드시 숙지해야 하는 기본사항이다. 이러한 실험은 실험의 전체과정인 ① 실험계획 ② 실험방법 및 상태 ③ 실험용 기기와 그 성능 ④ 얻어진 결과 ⑤ 결과에 대한 판단과 고찰 순으로 정밀하게 진행되어야 한다. 특히, 실험은 정성을 다하면 정확한 결과를 얻을 수 있으며, 표준시험방법이 있는 실험은 방법의 충실성 및 신뢰도 고찰이 중요하고, 표준시험방법이 없는 실험은 채용한 시험방법과 그 결과의 고찰이 중요하다고 판단된다.

또한, 실험에서 얻어진 실험식의 적용에 있어서는 그 한계를 명확히 해야 하고, 실험범위 외의 것이 알고 싶은 경우에는 실험을 추가하여 그와 같은 범위에서도 실험식이 관계가 성립하는 것을 검토해야 한다. 한편, 실험을 잘 하기 위해서는 실제로 많은 실험을 경험해야 하며 특히, 장비에 관한 상세한 지식이 필요하며 실험결과를 통계 및 확률에 의하여 고찰하는 습관이 중요하다고 판단된다.

또한, 실험은 가능한 최소한으로 하고 이론해석 또는 수치해석으로 범용적인 관계를 설정하며, 이를 반드시 최소한으로 실험으로 검증해야 한다는 생각을 가지고 수많은 실험을 실시하기 전에 반드시 충분한 연구목적을 가지고 사전 예비실험 혹은 사전 시뮬레이션을 통하여 최소한의 실험으로 최대의 효과를 내는 자세가 무엇보다도 중요하다고 판단된다.

관련시험기관

(1) 한국건설기술연구원, www.kict.re.kr

(2) 한국건자재시험연구원, www.kicm.re.kr

(3) 요업기술원, www.kicet.re.kr

(4) 대한주택공사, huri.jugong.co.kr

(5) 建材試驗センター(건재시험센터), www.jtccm.or.jp

(6) 日本建築總合試驗所(일본건축총합시험소), www.gbrc.or.jp

(7) 日本セメント協會硏究所(일본시멘트협회연구소), www.jcassoc.or.jp

(8) Better Living, www.blhp.org

(8) CBMA(China Building Materials Academy), www.cbma.com.cn

(9) UL(Underwriters Laboratories), www.ul.com

(10) BRE(Building Research establishment Limited), www.bre.co.uk

(11) SP(SP Technical Research Institute of Sweden), www.sp.se

(12) TNO, www.tno.nl

chapter 3

구조실험

제3장 구조실험

3.1 정적실험

3.1.1 개요

정적실험은 지진력 등의 하중이 작용할 때의 시간축의 영향을 무시하고 정적인 유압잭 등을 이용하는 실험으로, 대상구조물이나 부재가 어느 정도의 내력, 변형성능을 가지고 있는가를 검증하는 수법이다. 다른 실험과 비교해서 비교적 간단한 설비로 실험을 할 수 있어서 구조실험 중에는 제일 많이 이용하는 실험방법이다.

3.1.2 실험체의 축척비

1) 축척비 효과의 정의

콘크리트 구조물이나 부재의 역학거동을 실험적으로 조사하기 위해서는 축소된 모형실험체를 이용한 재하시험을 하는 것이 일반적이다. 그러나 실험체의 축소율에 의한 실험체의 거동이 다르게 나타나는 경우가 발생한다. 일반적으로는 실험체의 축적비가 클수록 그 역학성능이 저하되는 경우가 많고, 모형실험의 결과를 일반화한 설계에 반영시키는 경우에 문제가 된다.

콘크리트는 완전한 탄성체로 응력규준에 의하여 파괴된다(구조물내의 응력이 재료특유의 한계응력(강도)에 달하면 파괴된다)고 한다. 축척비가 n이라는 실험체를 가정하고, 기준실험체의 대표축척을 d_o, 파괴하중 및 그때의 변위를 각각 P_o, δ_o로, 축척비가 n배의 실험체의 파괴하중 및 그때의 변위를 각각 P_n, δ_n로 하자. 이때 파괴시의 응력 σ_u와 변형률 ε_u가 일정하다고 한다면,

$$\delta = \frac{P_o}{d_o^2} = \frac{p_o}{(n d_o)^2} \qquad \therefore \; P_n = n^2 P_o \qquad \text{식(3.1)}$$

$$\sigma_u = \frac{\delta_o}{d_o} = \frac{\delta_n}{n d_o} \qquad \therefore \; \delta_n = n\delta_o \qquad \text{식(3.2)}$$

여기서, 일반적으로 위의 식이 성립하는 경우를 「축척비 효과가 없다」고 하며, 위의 식이 성립하지 않는 경우를 「축척비 효과가 존재한다.」고 말한다. 당연한 일이지만, 실제의 콘크리트와 철근은 응력레벨이 낮으면, 즉 파괴가 문제되지 않는 하중레벨이면 탄성체라고 취급해도 되므로 축척비 효과는 무시해도 지장이 없으나, 하중레벨이 높아져 파괴될수록 축척비 효과가 나타나는 경우가 있어 외관상 파괴강도 (P_u/d^2)의 변화를 「강도의 축척비 효과」라고 한다. 파괴시 외관상의 변형 (δ_u/d)의 변화는 엄밀히 말하면 「변형률의 축척비 효과」라고 해야 하지만, 통상은 「변형의 축척비 효과」 혹은 「변위의 축척비 효과」라고 부른다. 더욱이 실험체에 있어서 손상영역의 상대적인 크기(예를 들면, 균열간격이나 소성힌지 등)이 변화하거나 혹은 파괴모드가 변화하는 경우도 있어, 이들을 전부 「축척비 효과」라고 부른다.

2) 축척비 효과의 실례

–콘크리트의 축척비 효과

철근콘크리트를 구성하는 콘크리트 자체에 축척비 효과가 존재한다는 것은 실험적으로는 이전부터 알려져 있어, 이미 몇몇 논문으로 정리되어 있다. 그렇지만 축척비 효과의 원인, 메커니즘에 대해서는 거의 알려져 있지 않아 설계단계에서는 축척비 효과는 무시되거나, 또는 실험데이터가 존재하는 경우에는 그 범위에서의 실험식에 의존하여 고려하고 있는 것이 현실이다.

콘크리트에서 축척비 효과의 원인으로는 여러 가지를 생각할 수 있다. 그 중 재료에 대한 일반적인 것으로는 다음과 같은 것이 있다.

① 결함의 확률분포

축척비가 커지면 결함이 포함된 확률이 커지게 되므로, 대표적인 것으로 Weibull의 최약 링크모델이 있다. 륜(링크)이 직렬로 묶어놓은 쇠사슬의 강도는 가장 약한 링크의 강도에 지배를 받으므로, 링크가 많아지면 많아질수록 강도가 작은 링크가 포함될 확률이 많아 쇠사슬 전체의 강도가 작아진다는 것이다.

② 에너지의 변환기구

파괴역학을 바탕으로 하는 것으로, 파괴를 외부 힘에 의한 물체 내에 저장된 변형에너지의 파괴에너지(파괴면을 형성하는데 필요한 에너지)로의 변환과정이다 라고 생각하면, 구조물이 커지면 변형에너지는 그 체적에 비례하므로 축척비의 3승에 비례하여 커지는 것에 대하여 파괴면의 면적은 축척비의 2승에 비례하므로 에너지의 공급과다가 되어 파괴하중이 저하한다는 것이다. 파괴역학의 이론에 의하면 강도는 축척비의 제곱근에 반비례하여 저하한다.

또한, 콘크리트특유의 원인으로는 다음과 같은 것이 있다.

③ 연화

콘크리트는 취성재료가 아니고 강도이강, 연화에 맞는 의사취성 재료로 여겨지고 있다. 이 연화특성 때문에 구조체가 최대내력에 달할 때 구조체내 일부 영역은 이미 연화되어 응력의 재배분되는 것이 일반적이다. 이 연화된 영역의 크기가 구조체의 축척비가 커지면 상대적으로 작아지기 때문에, 응력의 재배분의 정도가 변화해 축척비 효과가 나타난다는 것이다. 이 전형적인 예로서 그림 3.1과 같은 콘크리트 굽힘 강도가 있다. 또 같은 메커니즘에 의한 앵커볼트의 뽑힘 강도의 축척비 효과나 전단보강근이 없는 보의 경사 인장파괴강도의 축척비 효과가 해석적으로 재현되고 있다.

④ 균열면의 전단전달

파괴 시의 균열패턴에 축척비 효과가 존재하지 않는다고 가정하면, 실험체 축척비에 대하여 상대적인 변형량이 같을(평균변형이 같을) 때, 균열폭의 절대치는 실험체의 축척비에 비례해서 커지게 된다. 균열폭이 커지면 균열면을 끼우고 전달시킨 전단응력(골재의 맞물린 효과)이 저하하는 일이 요소실험으로 알려져 있어, 구조체의 내력도 저하하게 된다. 더욱이 파괴 시의 균열패턴이 축척비에 의하여 변화한다고 한다면 그 자체가 축척비 효과가 된다.

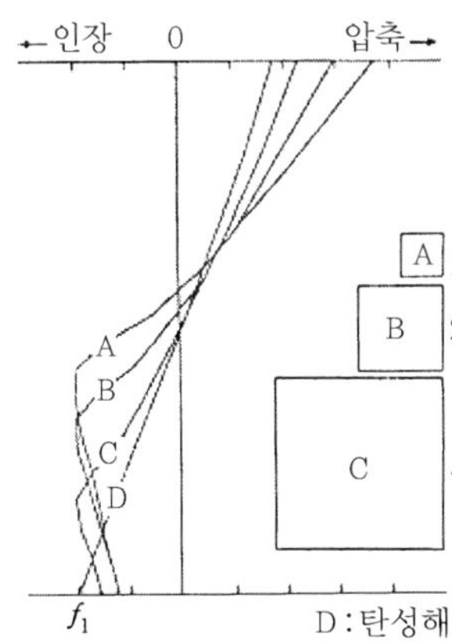

그림 3.1 최대하중시의 보단면의 응력분포

⑤ 초기응력

콘크리트에는 건조나 수화열에 의한 초기응력이 존재한다. 이 초기응력이 구조체의 축척이나 형상의 영향을 받는 일은 능히 예상할 수 있지만, 실제의 구소물 혹은 실험체의 초기응력을 정량적으로 정밀하게 예측하는 것은 실험체의 환경조건의 정량화는 당연한 일이지만, 재령에 따른 콘크리트 특성의 변화, 나아가서 환경조건에 따른 물적 성질의 변화까지도 고려할 필요가 있어 내부응력의 예측은 현재의 기술이라도 극히 어려운 문제이다. 따라서 현상에서는 정성적으로는 초기응력이 축척비 효과의 원인이 될 수 있다고 할 수 있으나 그 영향도가 정량적으로는 확실히 밝혀지지 않았다.

⑥ 골재축척비

일반적으로 축척비가 큰 구조물에서는 축척비가 큰 골재가 사용되어 모형 실험체에서는 작은 골재가 사용된다. 골재축척비를 실험체의 축척비에 비례시키면 축척비 효과가 작아진다는 보고가 있으나, 골재축척비를 변화시킨다는 것은 콘크리트의 배합을 변화시킨다는 것이고, 당연히 콘크리트 자체의 특성이 변화하는 것이기 때문에 엄밀한 의미에서의 축척비 효과라고는 할 수 없다. 더욱이 압축강도는 같아도 골재축척비가 커지면 파괴에너지가 커지고 골재축척비가 큰 편이 맞물림 효과가 커진다는 것 등은, 골재축척을 실험체의 축척비에 비례시키면 축척비 효과가 작아진다는 현상에 관계하고 있다고 여겨진다.

⑦ 재료의 방향성

석판이나 콘크리트가 접한 주변에는 조골재의 충전비율이 작아져 내부보다 모르타르 양이 많은 구조가 된다(석판효과). 그 때문에 실험체의 축척비가 작을수록 그 영향은 커지고, 축척비가 커지면 그 영향은 소멸된다.

또 작은 실험체와 큰 실험체에서는 시공에 의한 응고의 정도도 다를 것이고, 나아가 블리딩이나 중력에 의한 압력밀도에 의해 축척비의 증가와 더불어 높은 방향의 콘크리트의 특성에 차가 생기기 쉽다. 더욱이 재하시험의 방법도 외관상 축척비의 원인이 된다.

⑧ 재하시험

일반적으로 소형 실험체는 단시간에 시험이 이루어지는데 비하여 대형 실험체의 경우에는 계측 등에 시간이 걸려 결과적으로 실험체의 축척비가 클수록 재하속도가 줄어드는 경향이 있다. 단, 이것은 단지 속도효과이고 축척비 효과라고는 할 수 없다.

또한, 3.2.2절에서 서술한 바와 같이 시험의 제어방법에 따라 재하장치의 강성이 실험체 외관의 강도에 영향을 미칠 가능성이 있어 제어방법이 문제가 된다. 그러나 이것도 실험체의 축척비 효과는 아니고 경계조건의 변화로 생각할 필요가 있다.

이상과 같이 축척비 효과의 원인으로 여러 가지를 생각할 수 있으나, 실제로는 이들이 복합적으로 얽혀 실험결과가 나타나므로 각각의 원인이 정량적으로 어느 정도 영향을 미치는지는 확실치 않은 것이 사실이다. 축척비 효과를 생각할 경우, 콘크리트를 등방 균질한 이상 재료로서가 아니라 공시체 자체를 구조체로 하고, 나아가 파괴강도(최대하중점)라는 단일 파라미터로 생각하지 않고 탄성, 미세균열의 발생, 거시균열의 발생과 진전, 국소화, 붕괴라는 파괴과정을 받아들일 필요가 있다.

축척비 효과는 실험에서는 피할 수 없는 문제이며, 실험계획을 세울 경우, 혹은 실험결과를 예측하는 경우에는 반드시 염두에 두어야 할 사항이다. 또한 축척비 효과의 문제를 실험적으로 해결하는 것에는 역시 물리적 · 경제적으로 한계가 있어, 이후에는 이론 혹은 수치해석모델에 의하여 해명될 수 있기를 바란다.

- 철근콘크리트 전단강도의 축척비 효과

철근콘크리트에 있어서의 축척비 효과에 대해서도 지금까지 다양한 보고가 있었다. 일반적으로 연성적인 파괴가 생기는 휨파괴의 경우에는 강도의 축척비 효과는 현저하게는 나타나지 않고, 취성적 파괴를 가져오는 전단파괴의 경우에 강도의 축척비 효과가 나타난다. 즉, 철근의 항복이 선행하는 휨파괴의 경우에는 기본적으로 인장력은 철근의 강도에 의해 정해지므로 강도의 축척비 효과는 나타나기 어렵다. 한편, 콘크리트의 균열의 진전, 혹은 콘크리트의 압괴에 의하여 내력이 정해지는 전단파괴의 경우에는 축척비 효과가 나타난다. 더욱이 휨파괴의 경우에 있어서도 종국 시 변형에 관해서는 축척비 효과가 나타나기도 한다.

여기서 아래에서는 철근콘크리트 전단강도의 축척비 효과에 관한 대표적인 실험과 함께 현재의 각종 설계기준 중에서 축척비 효과가 어느 정도 고려되고 있는지 간단하게 소개한다.

(1) 철근콘크리트 전단강도의 축척비 효과에 관한 실험

축척비 효과에 관한 실험은 그 규모가 커지기 때문에 실험시설의 규제 등으로 곤란한 경우가 많다.

그러나 지금까지 비교적 대형의 실험체를 이용한 실험결과가 몇 가지 보고되어 있으므로 다음에 열거한다.

· Kani의 실험(1967)

· 유효높이가 109cm까지의 보 실험

· Taylor의 실험(1972)

· 골재축척을 변화시킨 유효높이가 93cm까지의 보 실험

· 시오무라 등의 실험(1984)

· 등분포하중을 받은 유효높이가 3m까지의 보 실험

· 요코자와 등의 실험(1986)

· 유효높이가 2m까지의 보 실험

그 후에도 고강도콘크리트를 이용한 경우의 전단강도의 축척비 효과에 관한 실험등, 특히 토목분야에서 실험에 행해지고 있어, 어떠한 실험에 있어서도 전단강도에 명확한 축척비 효과가 존재함이 보고되고 있다.

과거의 실험 중 세계적으로 가장 대규모의 실험은 위의 시오무라 등의 실험일 것이다. 그래서 다음에 시오무라 등의 실험의 개요를 소개한다.

그림 3.2와 같이, 유효높이 (d)가 10cm~3cm의 전단보강근이 없는 RC보에 대한 실험이 행해졌다.

$d \leq 60$cm 이하의 실험체에서는 골재의 최대축척비 (G_{max})을 10mm로, $d \geq 2$m의 경우에는 $G_{max}=25$mm로, $d=1$m의 실험체에 대해서는 $G_{max}=10$mm와과 $G_{max}=25$mm 2개의 실험체가 제작되어 골재축척비의 영향에 관한 검토가 이루어졌다. 재하시험시의 콘크리트 압축강도는 20MPa~28MPa이다. 철근은 D6에서 D25까지의 철근이 사용되어 있으나, 배근에 관해서는 제작상 완전한 상이율은 가지고 있지 않다. 하중은 그림 3.3과 같이 고무백에 물을 주입하는 등분포하중으로 하는 점도 이 실험의 특징이다.

실험의 결과, 유효높이 60cm 이상의 실험체는 모두 사면인장파괴가 생기고, 그림 3.2와 같이 전단강도에 명확한 축척비 효과가 확인되어 전단강도는 $\sqrt{4} of d$에 반비례하여 저하하는 결과가 되었다. 또 전단강도는 골재축척비의 영향을 받아 $d=1$m의 경우, $G_{max}=$ 10mm와 $G_{max}=25$mm에서는 전단강도에 20% 정도의 차가 생기는 것이 나타나 있다.

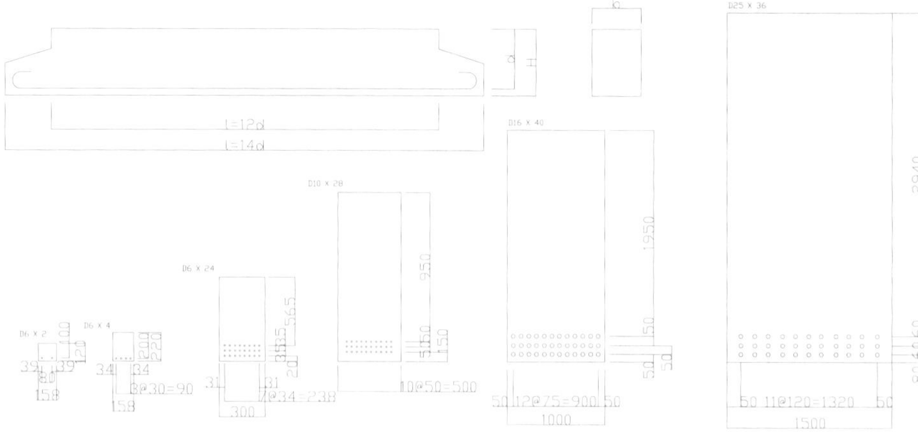

그림 3.2 대형 철근콘크리트보

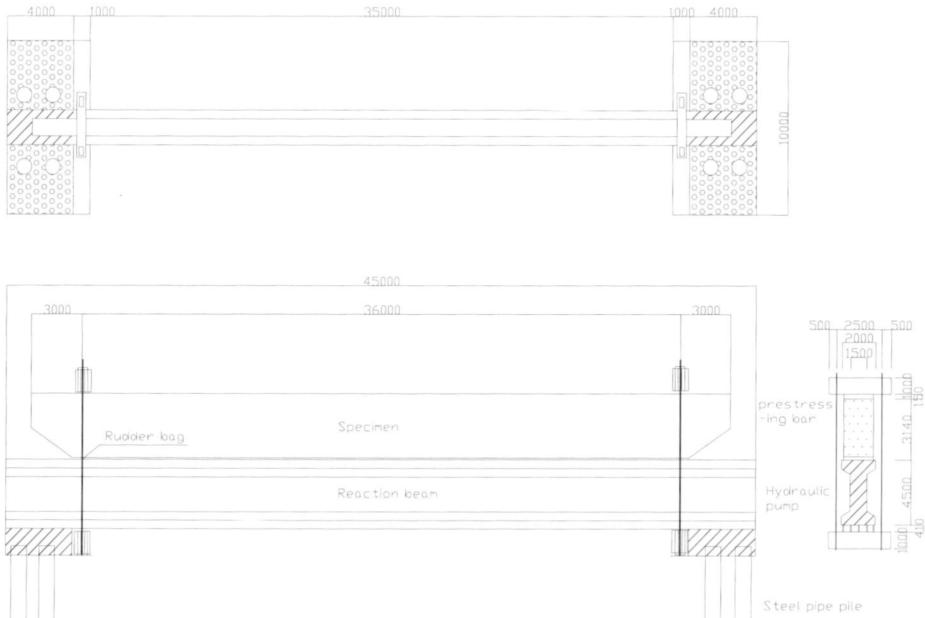

그림 3.3 등분포하중의 재하방법

(2) 각국의 설계코드에 있어서 전단강도의 축척비 효과

시오무라 등의 실험결과를 참고로 현행의 토목학회콘크리트 표준시방서에서는 니우 등에 의해 제시된 식을 기초 식으로 한 전단내력식이 채용되고 있다. 이 설계식 중에는 콘크리트가 분담하는 전단강도는 d = 1m를 기준으로 $\sqrt{4} of 1/d(d$: m)에 비례하는 것으로 되어 있다. 또한 면부재의 오시누끼 전단내력, deep beam의 전단내력에도 같은 축척비 효과가 고려되고 있는 것이다. 현행의 도로교시방서 내진설계편에 있어서도 그림 3.4과 같이 RC교각의 전단내력에 축척비 효과를 고려하게 되었다.

표 3.1 교각의 전단내력에 대한 유효높이에 관한 보정계수 C_e

유효높이(㎜)	1,000 이상	3,000	5,000	10,000 이상
c_e	1.0	0.7	0.6	0.5

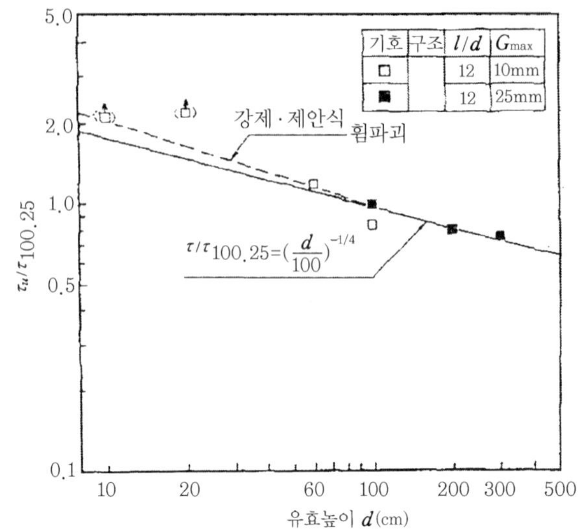

그림 3.4 전단강도의 축척비 효과

구미의 코드를 보면, ACI코드에서는 전단강도에 축척효과는 고려되고 있지 않다. BS8110 및 Eurocord2에서는 전단강도식으로 다음 식이 채용되고 있다.

BS8110 $v_c = 0.79(pf_{cu})^{\frac{1}{3}}(400/d)^{\frac{1}{4}}/\gamma_m$ $d \leq 400\,\text{mm}$ 식(3.3)

EC2 $v_c = 0.0525 f_{ck}^{\frac{2}{3}}(1.2+0.4\rho)(1.6-d/1,000)\gamma_m$ $d \leq 600\,\text{mm}$ 식(3.4)

두 식 모두 축척비 효과를 고려하고는 있으나 d=400mm 내지 600mm 이상에서는 강도저감을 정지시키고 있다. 한편, 1990 CEB-FIP모델코드에서는 전단균열 발생 내력으로 다음 식이 쓰이고 있다.

CEB-FIP $v_c = 0.15(3d/a)^{\frac{1}{3}}(1+\sqrt{200/d})(100\rho f_{ck})^{\frac{1}{3}}bd$ d : m 식(3.5)

• 소성변형성능에 영향을 미치는 축척비 효과

철근콘크리트 교각의 소성변형성능에 관해 단면의 축척비 효과가 생기는 원인에는 단면의 정착화에 직접 기인하는 것과 축소모형에 이용한 재료나 배근조건이 실 교각들을 완전히 축소되지 않은 것에 기인하는 것 크게 두 가지로 생각할 수 있다. 축척비 효과를 논할 때에는 이 두 가지의 요인은 배제할 필요가 있어, 본래는 전자를 축척비 효과로 간주해야 한다. 그러나 보통 이와 같은 연구에서 주로 사용되는 단면축척비로 30~60cm 정도의 축소모형에 있어서, 실 교각의 구조상세 전부를 충실하게 축소스케일 다운되지 않는 경우가 많다.

이 경우 축소모형과 실 교각의 실험결과를 단순히 비교하면, 이 두 가지 요인이 혼재한 형태로 소성변형성능의 차이가 나타나게 되어, 이를 축척비 효과라고 해석하는 방법도 있다. 그러나 축소모형의 설계에 있어서 실제의 모형을 가능한 한 충실하게 축소시키고 있으나, 재료의 규격이나 모형제작상의 제약 등으로 모든 구조제원이 완벽하게 스케일 다운될 수 있는 것은 아니다. 따라서 본 실험에 있어서도 스케일다운의 차에 의해 발생하는 영향이 다소 결과에 포함된다. 이와 같은 점을 근거로, 여기에서는 위의 두 가지 요인에 기인하여 발생하는 영향을 종합하여「축척비 효과」라 부르기로 한다.

철근콘크리트 교각의 소성변형성능에 관해서 축척비 효과를 가져올 수 있는 요인을 정리하면 다음과 같다.

(1) 횡구속근에 의한 구속효과의 저하

횡구속근에 관한 조건을 일정하게 하고 단면축척비만을 길게 하면, 당연히 횡구속근에 의해 내부 콘크리트의 구속압은 저하한다.

예를 들면, Mander등에 의하면, 횡구속근에 의해 생기는 유효구속압 f_l은 다음 식과 같이 주어진다.

$$f_l' = k_e \frac{2f_{yh}A_{sp}}{D's} \quad \text{(원형단면)} \qquad \text{식(3.6)}$$

$$f_{lx}' = k_e \frac{f_{yh}A_{sx}}{d_c s} \quad \text{(단형단면 } x\text{방향)} \qquad \text{식(3.7)}$$

$$f_{ly}' = k_e \frac{f_{yh}A_{sy}}{b_c s} \quad \text{(단형단면 } y\text{방향)} \qquad \text{식(3.8)}$$

여기서, k_e : 단면형상에 따른 구속효과계수(보통 원형단면 0.95, 단형단면 0.75)

f_{yh} : 횡구속근의 항복강도

A_{sp} : 횡구속근의 단면적

D' : 원형단면에 대한 구속단면의 직경

d_c, b_c : 단형단면에 대한 구속단면의 길이

s : 횡구속근의 폭

식(3.4)및 식(3.5)로부터 알 수 있듯이, 유효구속압과 단면축척은 반비례 관계로 가정되어 있음을 알 수 있다. 또 Hoshikuma등의 구속효과의 평가모델은 구속효과의 지표인 구속 콘크리트교도비 (f_{cc}/f_{co})가 다음 식으로 표시되어 있다.

$$\frac{f_{cc}}{f_{co}}=1+3.8\alpha\frac{\rho_s f_{yh}}{f_{co}} \qquad \text{식(3.9)}$$

여기에, f_{cc}, f_{co} : 구속 콘크리트 및 비구속 콘크리트의 압축강도

α : 단면형상에 따른 구속효과계수(원형단면 1.0, 단형단면 0.2)

ρ_s : 횡구속근의 체적비로 다음 식에서 정의됨

$$\rho_s=\frac{4A_{sp}}{D's} \qquad \text{식(3.10)}$$

즉, Hoshikuma등의 모델에 있어서도 구속효과는 단면축척에 반비례하는 것으로 가정되어 있다. 이들 구속효과의 평가모델은 모두 단면축척으로 50cm 정도의 구속 콘크리트 주모형 공시체에 대한 일축압축 재하실험 결과에 근거하여 제시된 것으로, 그보다 큰 단면축척비의 철근콘크리트 단면에 적용될 것인가는 확실치 않다.

그림 3.5는 철근콘크리트 교각의 구속효과에 대한 축척비 효과에 관하여 생각할 수 있는 발생 메커니즘을 표시한 것이다. 예를 들면, 원형단면의 경우, 단면직경이 커짐에 따라 대철근의 곡률이 작아진다. 이것을 마이크로로 보면 대철근은 점점 스트레이트 바에 가까워지게 된다. 이 극한이 원형단면보다도 구속효과가 작은 단형단면임을 생각해보면, 물론 그 도중이 어떤 것인가가 중요하지만, 단면축척비가 커짐에 따라 구속효과가 저하되어 감을 생각할 수 있다.

또 단형단면에서는 그림 3.5와 같이 구속단면 길이 혹은 중간 대철근이 있는 경우에는 그 간격을 스팬이라는 아치액션에 의해 비구속영역이 생겨, 구속효과를 저하시킨다고 알려져 있다. 따라서 축척비 효과의 이론에 있어서는 이 아치액션이 어떠한 분포로 기인하여 발생하는가가 중요한 열쇠가 된다. 즉, 아치스팬의 작은 축소모형에 생긴 아치액션이 실교각에 있어서의 아치액션과 유사할 것인가이다.

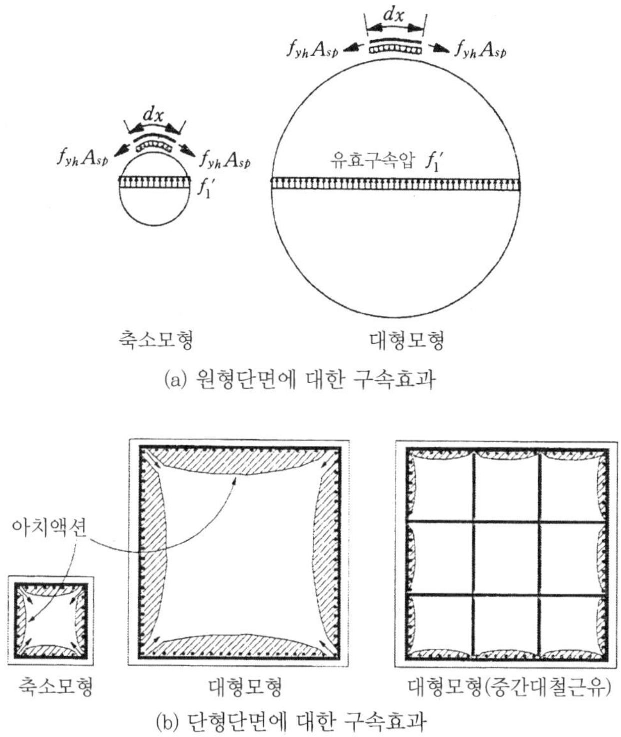

그림 3.5 대철근에 대한 구속효과

(2) 소성힌지길이

철근콘크리트 교각에 있어서 소성힌지는 피복콘크리트의 박리는 생겨도 대철근이나 중간 대철근이 축방향 철근의 좌굴을 억제하고, 동시에 내부 콘크리트를 구속하면서 형성된다. 이처럼 소성힌지길이에 관해서는 축방향 철근의 좌굴현상이 유익한 영향을 주고 있다고 생각된다. 과거의 실험 및 해석적인 연구에서도 교각높이나 단면축척비 이외에도 축방향 철근지름, 대철근지름, 대철근의 설치간격에 의한 소성힌지길이가 변화하는 것이 지적되고 있다. 즉, 축방향 철근비가 동일하여도 축방향 철근지름이 커지면 좌굴길이가 길어지고, 또 철근지름을 크게 하여 설치간격을 작게 하면 축방향 철근을 구속하는 힘이 증가해 좌굴강도가 좌굴강도가 높아지는 것이 밝혀졌다.

이 점을 근거로 실 교각과 축소모형의 거동을 비교하고 소성힌지길이에 관해 축척비 효과가 생긴다고 하면, 이것은 축소모형에 있어서 축방향 철근지름이나 대철근지름, 대철근 간격이 실교각의 그것들과 서로 비슷하지 않은 것에 그 원인이 있다고 생각할 수 있다.

(3) 축방향 철근의 좌굴변위

철근콘크리트 교각의 소성변위성능을 평가한 결과, 축방향 철근 압축에서의 좌굴의 영향이 중요함이 잘 알려져 있다. 축방향 철근의 좌굴이란, 소성힌지 단면인 교각기부에 있어서 축방향 철근에 큰 소성인장변형이 발생하는데, 그 변형이 푸칭 내부까지 진전하여 그 변형의 누적이 교각기부에 축방향 철근의 좌굴이라는 형태로 나타나는 것이다.

이 축방향 철근의 좌굴은 정착길이 부족에 의한 「뽑힘」과는 당연히 구별되는 현상이고, 미국에서는 철근콘크리트 교각의 소성변형성능의 평가에 이 영향을(Strain Penetration)을 가미하고 있다.

한편, 축방향 철근의 좌굴변위에 관한 과거의 산정 식으로부터 알 수 있는 것은, 축소모형에 있어서 콘크리트의 특성을 실 교각에 맞추고, 또한 축방향 철근의 지름과 설치간격에 관하여 실 교각의 그것을 충실히 축소하면 좌굴의 변위도 단면축척비의 상이율에 맞게 변화해 상대적인 차는 생기지 않는다는 것이다. 다시 말하면 축소모형에 있어서, 축방향 철근에 대한 구조조건이 실 교각을 충실하게 축소되어 있지 않으면 저절로 축척비 효과가 생기는 것을 시사하고 있다.

(4) 콘크리트의 압축특성

콘크리트에 대해서는, 일반적으로 축소모형에 있어서도 실 교각과 동등한 강도를 가진 콘크리트가 쓰인다. 콘크리트 압축특성의 축척비 효과에 관한 요인으로는 물시멘트비의 차, 조골재축척비의 상대적인 차, 프리징에 의한 높이방향의 강도분포의 차등을 들 수 있다. 콘크리트 압축강도에 관해서는, 만약 축척비 효과에 의해 실 교각과 축소모형에서 다소 유의한 차가 생겼다 해도, 그보다 철근콘크리트 교각의 변형성능에 미치는 영향은 현저하다고는 할 수 없다.

다만, 조골재의 상대적인 차이에 대해서는 유의할 필요가 있다. 즉, 단면에 대한 조골재의 비가 실 교각과 축소모형으로 다르면 골재 간의 맞물림 강도와 변형에 효과가 생겨 이것이 콘크리트 전단강도의 축척비효과의 원인이 된다고 지적되어, 또한 변형도 연화역에서의 응력-변형도 특성에 영향을 미치는 것이 염려되고 있다.

3.1.3 가력방법 및 가력사이클

1) 가력방법과 실험결과

① 요소실험(일축 압축시험)

같은 배치에서 얻어진 같은 양생을 가한 콘크리트라도, 그 압축강도는 각종 시험조건의 영향을 받으므로 실험장치 등의 실험환경에 의해 다른 시험결과를 얻게 되는 일이 있다. 그 영향요인의 하나로,「단면처리상태」가 있다. 단면처리공법으로는 ① 캡핑, ② 기계연마, ③ 압판과 공시체 간의 함감재를 끼움, ④ 기계적 작용 등의 방법이 있다. JIS A 1132, 콘크리트의 일축압축(인장)시험에서는 기본적인 캡핑을 행함으로써 재하중 콘크리트와 캡핑재의 역학성질의 차이에 기인하는 수평력이 실험체 단면에 생기지 않고, 또 콘크리트보다도 먼저 캡핑재가 파괴되어서는 안 된다. 또한 캡핑의 평면도를 0.0mm 이하로 하여 공시체 단면을 연마해 같은 정밀도로 해야 한다는 것도 적고 있으나, 실제로는 이 정밀도로 캡핑하는 것은 어렵다고 한다. 기계연마의 경우는 능변이 없어지기 쉽고 강도가 저하한다. 감마재에 대해서도 폴리프로필렌 시트와 실리콘 그리스를 겹쳐서 투입하는 방법 등이 시도되고 있으나 완전하게 마찰을 없애는 것은 어렵다.

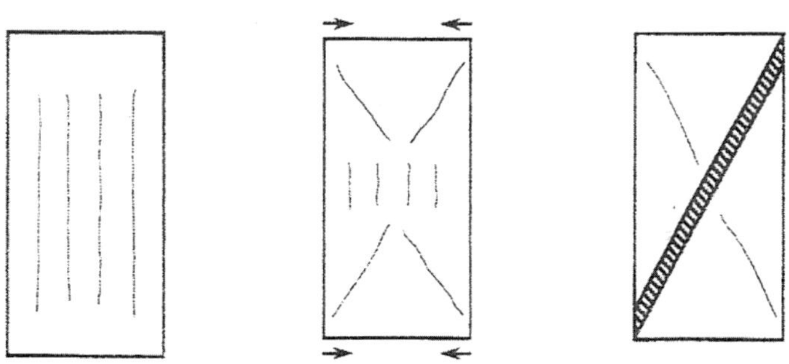

(a) 압괴형 ($\mu \approx 0$) (b) 전단압괴형 ($\mu \approx 0.4$) (c) 전단형

그림 3.6 파괴패턴

공시체의 재하면과 시험기의 압축면 간에 작용하는 마찰력은 시험기압판과 공시체의 탄성계수 및 푸아송비의 차에 의해 압판의 횡변형보다 한층 작아지는 것에 기인한다. 이 때문에 마찰력에 의해 압판이 콘크리트의 횡변형을 구속한다. 단면내의 전단응력으로서 부가된 마찰력의 구속효과는 단면에서 멀어짐에 따라 감소하며, 공시체의 횡폭의 $\sqrt{3/2}$ 정도 단면에서 멀어지는 무시할 수 있는 정도가 된다.

이 결과, 표준 원주공시체에서는 그림 3.6(a)와 같이 양단에 파괴되지 않는 원추상의 부분이 존재하여, 중앙부의 극히 작은 부분만이 단축압축상태로 파괴되는 것이다. 이 영향이 공시체 높이와 횡폭의 축척비가 작아질수록 외관상 강도가 상승하는 요인이다. 이 마찰력을 없애기 위해 압판과 공시체 간의 고무패드 같은 부드러운 재료를 투입하면, 이들 재료가 주변방향으로 밀려나가 횡방향의 인장응력을 부가하게 된다. 실제에는 마찰을 완전히 없애는 것은 곤란하고, 그림 3.6(b)와 같이 종파괴가 단면까지 관통하지 않고 (a)와 (c)의 중간적인 파괴를 하는 경우가 많다.

② 부재실험(기둥실험체)

축력은 기둥, 주량접합부, 라멘, 내진벽 등의 부재실험에 주어진다. 개개의 부재실험 사례에 대해서는 나중에 기술하므로, 축력 도입장치의 종류와 변동축력하의 실험 예만을 소개한다.

철근콘크리트 부재에 대한 정부교방재하실험에서 축력의 도입방법에 따라서는 수평방향의 하중계에 의한 수평하중과 실제로 실험체에 작용하는 수평하중이 다를 수 있다. 이러한 경우 $p-\delta$ 효과의 보정이나 변위가 크게 된 경우의 수평방향 분력의 보정이 문제가 된다. 축력도입장치는 3개로 크게 나눌 수 있다. 그림 3.5에 몇 개의 연구기관에 있는 재하장치의 예를 나타낸다.

(i) 축력 잭이 수평이동하는 경우
(ii) 한 점을 핀 고정한 축력 잭
(iii) PC강봉의 긴장에 의한 축력의 도입

통상 축방향력은 일정하중으로 주어지나, 고층건축 구조물의 하층계 외부기둥의 응력상황에 대응시켜 압축하중에서 인장하중까지를 변화시키는 변동 축방향 하중으로 하는 경우도 있다. 그러나 인장에서 압축까지 큰 폭으로 변동하는 축력 하의 전단강도나 전단저항기구의 변화에 대해서는 불분명한 점이 많다. 여기에서 여러 가지 축력 하에 있는 RC기둥의 전단강도 및 전단저항기구의 영향을 실험적으로 해명한 연구사례를 소개한다.

실험체는 그림 3.6과 같이 기둥단면 250mm×250mm, 전단스팬비가 1의 동일 축척비, 배근의 4체로, 전단파괴하게 설계되어 있다. 축력과 부재각 이력은 표 3.2와 같다. 실험체 K1, K2에서는 일정축력. K3에서는 층간변위를 일정하게 유지하고 축력을 변동시키는 경우와 축력을 일정하게 유지하고 층간변위를 주는 경우를 조합했다(그림 3.7(a)). 실험체 K4에서는 축력과 층간변위를 동시에 변동시킨다(그림3.7(b)).

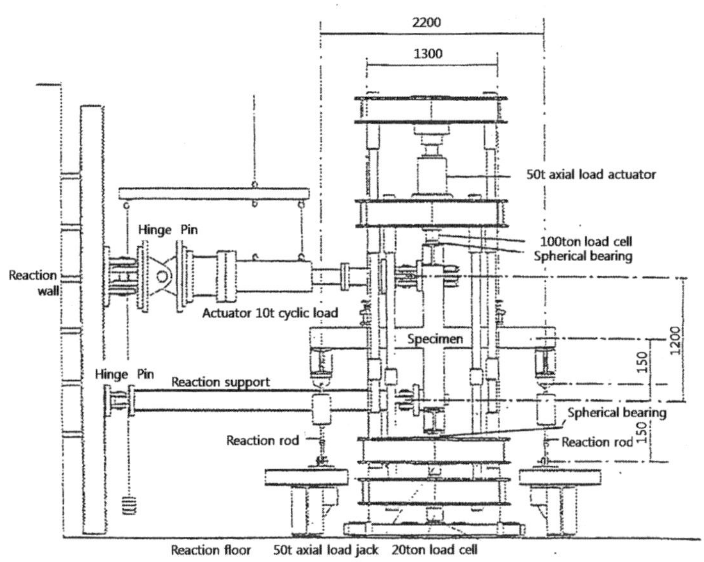

(a) (iii)의 재하장치 예(홋카이도대학)

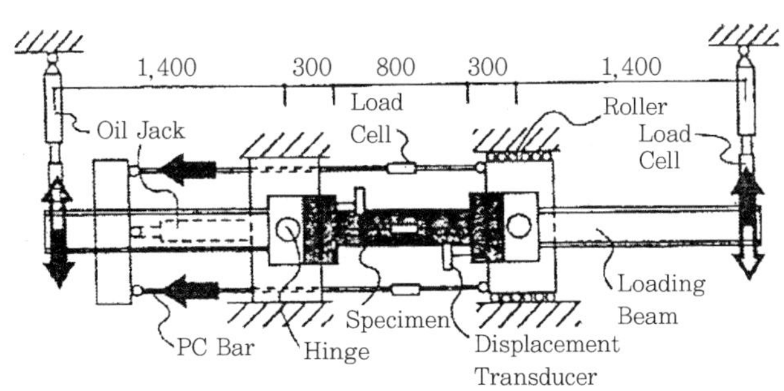

(b) (iii)의 재하장치 예(동경공업대학)

그림 3.7 축력의 재하장치

그림 3.8에 $p-\delta$효과를 고려하여 보정한 전단력-층간변위관계를, 표 3.2에 전단강도의 실험치와 계산치를 나타낸다. 이들 실험을 고찰한 결과, 다음과 같이 정리되었다.

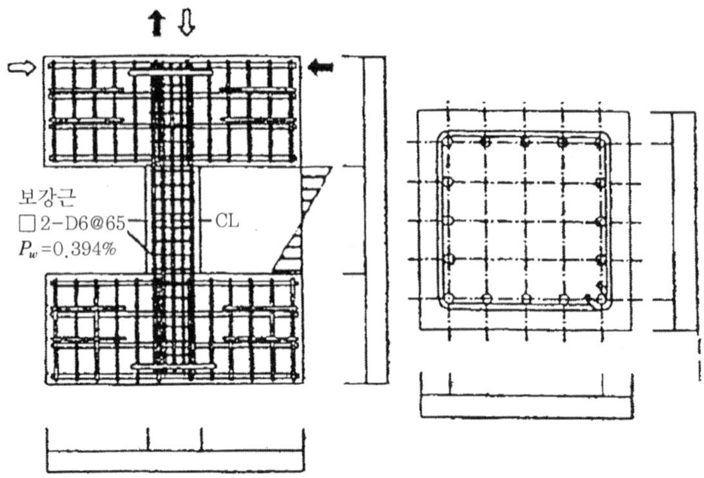

P_g: 주근비　　l_w: 전단보강근비

그림 3.8　실험체배근도

표 3.2　축력과 부재각

부재각	1/400	1/200	1/100	1/50	1/25	대변형
cylce	1	2,3	4,5	6,7	8,9	10
가력 (kN)	K1	-490 인장				
	K2	882 압축				
	K3 K4	-147~294	-294~588	-490(인장) ~882(압축)		

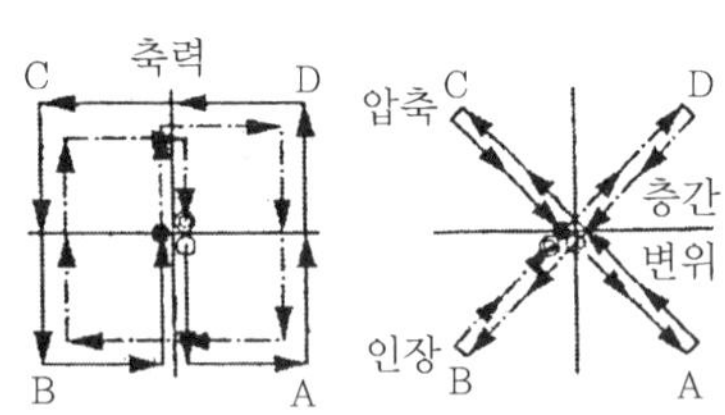

(a) 실험체　　(b) 실험체

점선 : 1st cycle　　○ 1st cycle 시점
실선 : 2nd cycle　　● 1st cycle 종점
◎ 2nd 종점

그림 3.9 실험체 K3, K4의 가력상황

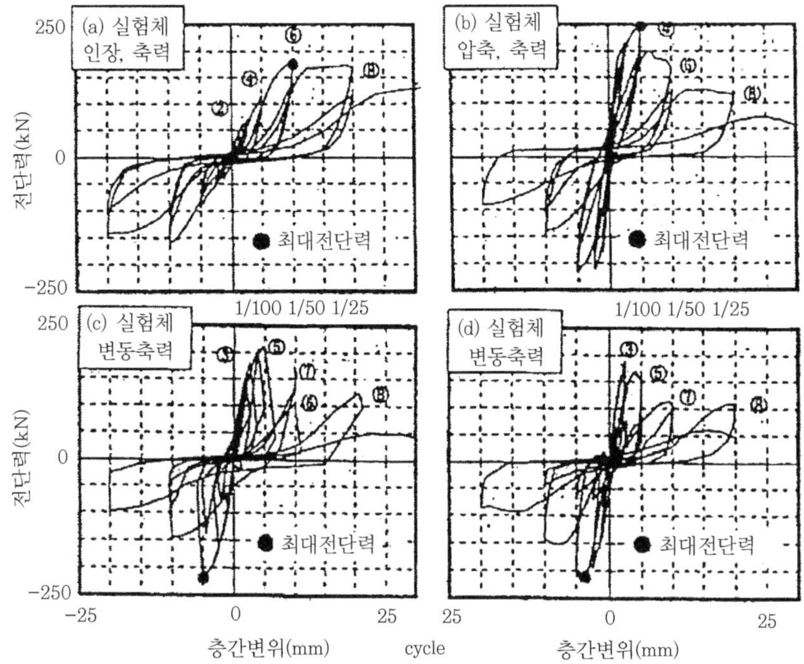

그림 3.10 전단력-층간변위관계

표 3.3 전단강도

실험체	축력	전단강도	전단강도시의 층간변위	전단강도 도달싸이클		AIJ 종국강도형 지침식	AIJ 인성보증형 지침식
	kN	kN			kN	kN	kN
K1	-481.7	175.3	10.0	+6peak	173.0	184.3	135.2
K2	882.0	247.2	5.0	+4peak	212.7	189.0	150.9
K3	-478.2	131.7	10.0	A6peak	177.4	189.0	135.2
	882.0	-219.0	-50	C4peak	212.7	189.0	150.9
K4	-490.0	109.4	20.0	A8peak	179.4	191.2	135.2
	662.5	-211.7	-3.7	C4peak	191.2	191.2	152.9

① 변동축력을 받은 기둥의 전단강도는 인장, 압축일정축력 하의 그것과 비교해 62~75%, 86~89%로 저하했다.

② 인장축력을 고려할 수 없는 AIJ 종국강도형지침식, 아라카와 mean식 모두 실험치를 과대평가했다. 인장축력을 고려한 AIJ 진성보증형지침식은 인장일정축력 시에는 완전하게 평가되고, 실험치는 그보다 30% 컸다.

③ 축력에 관계없이 트러스기구의 부담전단력은 거의 일정하여, 축력이 변동함에 따라 영향을 받는 것은 아치기구임이 실험에 의해 확인되었다.

④ 트러스기구 및 아치기구의 부담비율은 축력의 변동 및 전단력 증감의 영향을 받았다.

⑤ 인장축력 하에서는 압축 주변형각도와 트러스기구의 콘크리트 압축속의 각도가 거의 같고, 아치기구는 형성되기 어려웠다. 이에 비해 압축축력 하에서는 균열을 옆으로 잘라 압축력이 전달되어 아치기구가 형성되었다.

2) 가력의 제어

구조실험을 하는 경우, 오일에 의해 펌프를 제어하는 방식(유압식)과 나사나 톱니바퀴에 의해 구동하는 방식(기계식, 나사구동식, 톱니바퀴식)의 두 가지로 크게 나뉜다. 유압식 시스템에서는 펌프를 이용하여 유압잭을 작동시키는 것으로 가력제어가 이루어진다.

실제의 구조실험에서는 유압잭이나 실험체의 반대 힘을 얻으므로 강성이 높은 바닥이나 벽이 필요하며, 그것이 없는 경우 H형강 철 등으로 프레임을 만들어 재하할 필요가 있다.

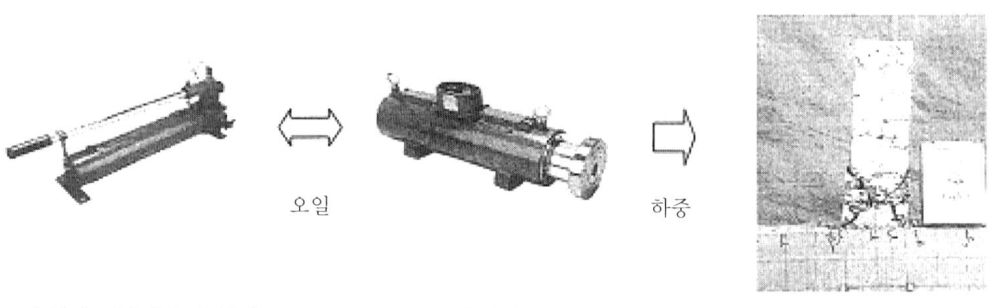

그림 3.11 구조실험의 모식도

그러한 가력장치는 개발메이커독자의 사양에 의해, 시마츠식, 인스트론식, 암스라식(진자식), 릴레이식, 오르젠식, 전기유압서브식(서브actuator시스템)등으로 불리나 상세한 사양에 관해서는 그다지 알려져 있지 않다. 근래에는 구조실험의 자동화를 꾀하고 가력제어의 고정밀화 및 성력화를 추진하므로, 가력용 유압잭을 제어하는 전동유압펌프가 정적으로 자동 제어되는 시스템이 일반화되어 가고, 컴퓨터 제어에 의하여 용이하며 안전하게 그리고 더욱 경제적으로 실험을 할 수 있게 되었다.

① 유압펌프

유압잭의 원동력은 유압펌프에서 보내진 오일이다. 유압펌프는 수동식(수동부하식)과 전동식(자동부하식)으로 크게 나뉜다. 유압펌프는 기계적인 에너지를, 오일을 넣어 유체에너지로 변환시키는 기구이다. 오일탱크 내의 작동오일을 흡수하고 토출하지만 다음 3종류가 있다(그림 3.11).

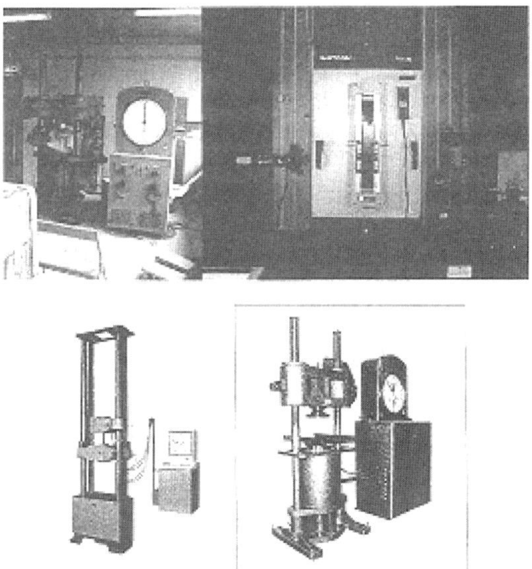

그림 3.12 만능시험기

(a) 기어펌프 : 기어펌프는 맞물려 있는 기어의 케이스와 기어의 공간에 차있던 기름이 기어의 회전과 함께 바깥쪽으로 이동하여 톱니바퀴부분에서 흡입측에의 역류를 막아 펌프작용을 한다(그림 3.13).

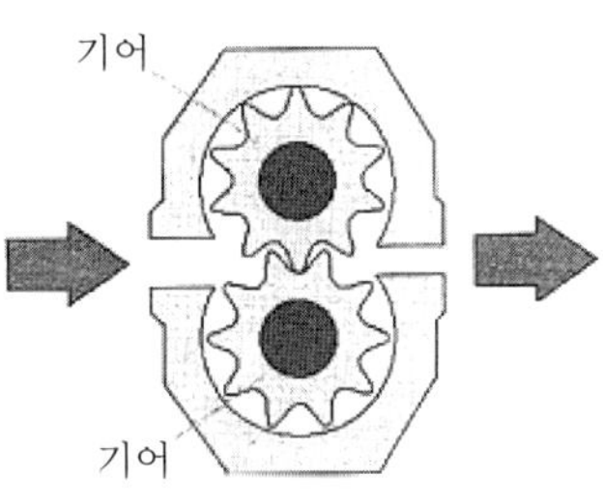

그림 3.13 기어펌프의 명칭

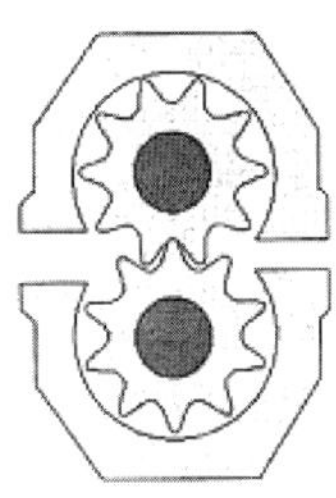

그림 3.14 기어펌프의 회전

(b) 벤펌프 : 벤펌프는 구동축과 일체가 되어 회전하는 로터에 방사상의 배수구를 두어 이 구에 벤(날개)을 끼운 구조이고, 벤의 수는 8~12개가 일반적이다(그림3.13). 로터의 구에 투입된 벤 간의 용적이 회전중에 증가하는 것으로, 벤 사이의 기름을 흡입쪽에서 토출측으로 보낸다. 또한 벤펌프에는 컴링 중심에 비해 로터중심이 편심한 가변용량형(비평형형)과 2조의 흡입구멍, 흡출구멍이 축대칭의 위치에 위치한 정용량형(평형형) 2개가 있다. 또 벤펌프는 기어펌프에 비해 고정밀도가공을 필요로 하는 부분이 많고, 구조도 약간 복잡하지만 소형이고 토출흐름의 맥동이나 운전음이 작고 벤이 마모되어도 효율저하가 작다는 등의 특징이 있다.

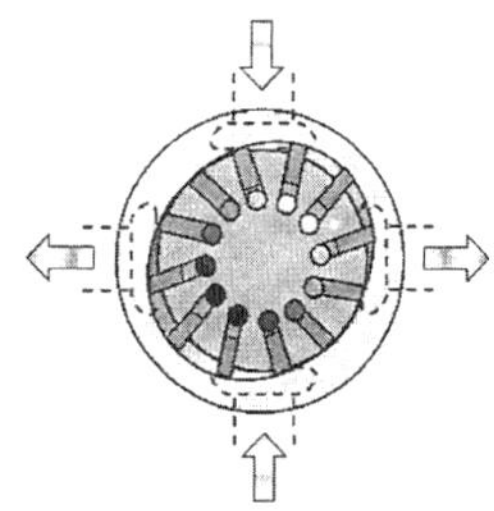
그림 3.15 벤펌프

(c) 피스톤펌프 : 피스톤펌프는 피스톤의 왕복운동에 의해 펌프작용을 한다(그림 3.15). 소형이고 맥동을 적게 하기 위해서는 고속회전을 할 필요가 있어, 다피스톤 형으로 피스톤 수는 맥동을 방해하므로 5개, 7개, 9개인 기수로 사용된다. 피스톤펌프에는「엑셀 피스톤펌프」와「레디얼 피스톤펌프」의 2종류가 있다. 또 엑셀 피스톤펌프는 다시「사판식」「사축식」의 두 가지가 있다. 작동원리는 기본적으로 같지만 입력축과 실린더블럭이 동일축에 있어 이것에 경사판이 붙어있는 것이 사판식이고, 입력축과 실린더블럭이 비스듬히 되어 있는 것이 사축식이다.

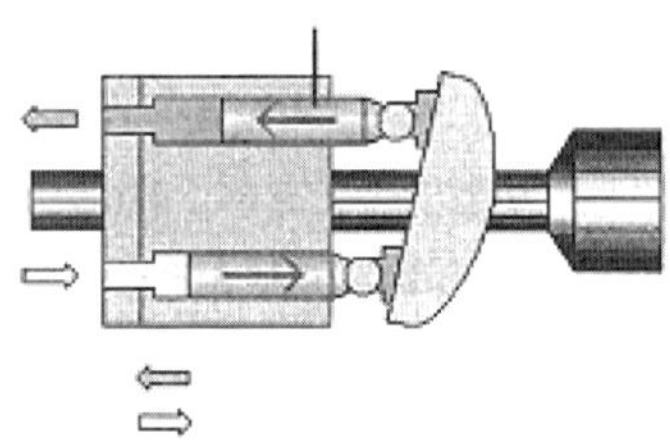
그림 3.16 피스톤펌프의 왕복운동

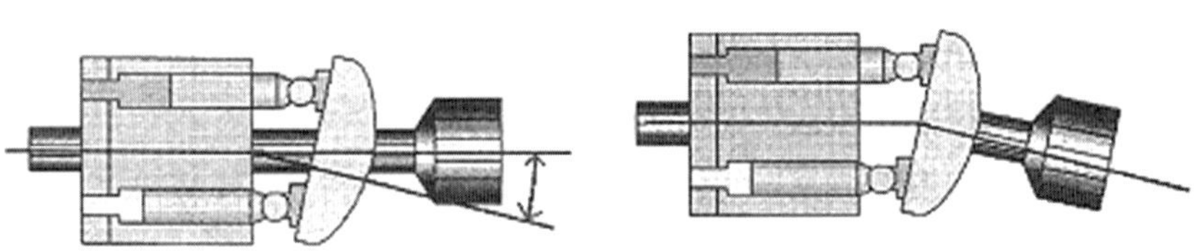
그림 3.17 피스톤펌프의 종류(좌: 사판식, 우: 사축식)

② 유압잭

유압잭의 구조는 펌프에 의해 보내어진 오일의 압력으로 실린더상의 잭 본체에서 렘(피스톤)이 돌출한다는 것이다. 펌프의 유압을 컨트롤함에 따라 mm단위의 제어도 가능해졌다. 유압실린더는 피스톤, 로드, 실린더로 구성되어 실린더 안으로 펌프에서 보내어진 기름에 의해 피스톤이 움직인다. 기름의 출입구에 기름을 교대로 흘리면 피스톤을 왕복운동 시킬 수 있다(그림 3.18).

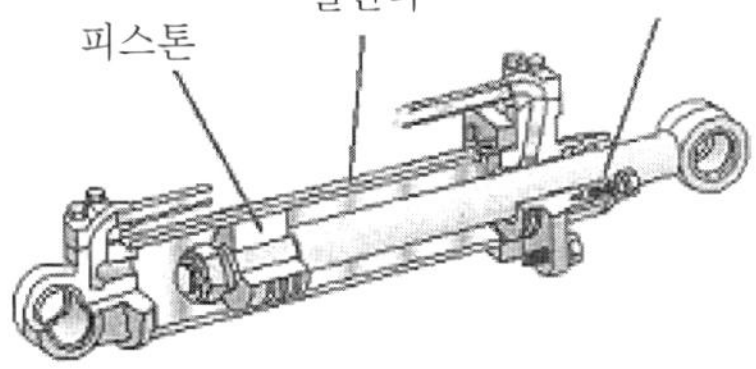

그림 3.18 유압실린더의 구조

③ 제어시스템

수동으로 펌프에 오일을 보내는「수동제어」와 전동펌프를 이용하는「전동제어」로 나뉜다. 전동제어는 더욱 제어의 고정 밀도화 및 성력학을 꾀하기 때문에「서버actuator 시스템」「자동제어가력시스템」「인버터모터구동제어시스템」등이 개발되었다. 자동제어정적가력시스템은 다음 항에서 상세히 소개하기로 하고, 여기에서는 서버actuator시스템에 대하여 간단히 소개한다.

서버actuator시스템의 "서버"란, 물체의 위치, 속도, 자세 등을 부여한 목표치의 임의의 변화에 속도 동시에 정밀도를 추구한 것이므로 피드백 시켜 조작되는 제어방식이다. 이러한 제어기구를 가지고 있는 시스템을 서버기구, 또는 서버송신기구라 부르며, 로봇이나 NC공작기구처럼 기계적인 위치, 속도, 각도 등의 변화량을 지령에 따라 움직인다. 제어성능에서는 빠른 응답속도, 높은 위치 결정도, 외란 제거, 혹은 제어계의 안정성이 요구된다. 가장 일반적인 구성은 파워일렉트로닉스의 발달도 있어, 전기모터와 감속기(볼나사)를 actuator로 사용하고, 제어대상의 위치 등을 센서로 검출해 피드백제어계를 구성한다.

유압시스템에 있어서 그 에너지를 받아 움직이는 것이 actuator이다. 현재 실용화되어 있는 actuator는 기계식 · 전기식 및 유체식(유공압)의 3종류로 크게 나눌 수 있다. actuator란 구동기기류의 총칭으로, 모터, 실린더, 팬, 펌프, 밸브 등을 꼽을 수 있으나, 구조실험에서 이용하는 경우는 제어계통에 사용하는 서버변(전기 기타 신호의 관수로, 유량 또는 압력을 제어하는 밸브)과 실린더의 총합체이고, 유압actuator가 일반적이다.

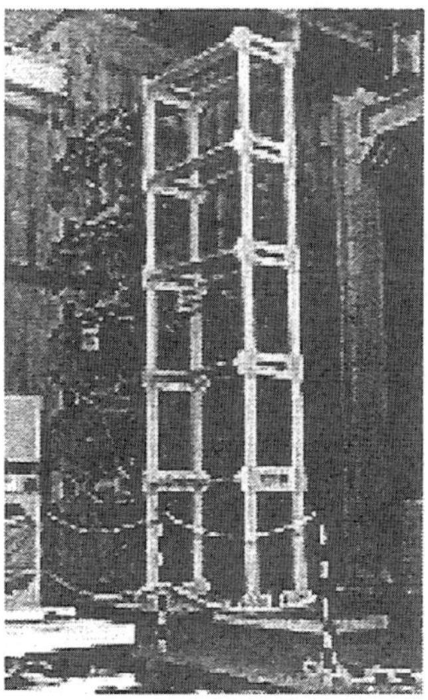
그림 3.19 actuator시스템의 예
(시마츠제작소 : 정적잭시스템J시리즈)

운동형식에 따라 직선형과 회전형의 2가지로 나

눌 수 있다. 직선형의 실린더에는 로드가 양끝에 나와 있는 양로드와 한쪽에만 나와 있는 편로드로 나눌 수 있다. 실린더의 스트록은 특별한 제한이 없어, 예를 들면 유압 엘리베이터의 잭은 15m 정도에 달한다. 출력에서도 1,000 정도의 크기로 1배 수천톤의 것이 있다. 회전형에는 각도제한이 있는 요동형 actuator와 제한이 없는 유압모터가 있다.

3) 가력지지 장치와 실험결과

구조물실험체의 가력실험을 할 때 힘의 방향을 확실하게 정할 필요가 있다. 가력장치는 상정된 그대로의 방법의 힘을 실험체에 더하는 것이어야 한다. 가력점 및 지지점이 완전하게 가까운 핀, 롤러지점이 되지 않으면, 실험체의 응력상태가 이상적으로 상정된 것과 달라져 데이터를 해석할 때에 굉장히 성가신 일이 되므로, 2차응력의 영향에 의해 이론과 실험이 크게 차이가 나게 된다. 이하에 여러 지승의 사례를 나타낸다.

① 나이프 에지 지지

건축분야에서는 스터브를 세워 재하판을 사용하지 않는 일이 많으나(그림 3.21(a)), 토목분야에서는 교량형의 이미지가 있어 재하판을 사용하는 실험이 많다(그림 3.21(b)). Dl 재하판 등의 가력치구가 재하면의 구속조건에 영향을 미치는 일이 있다.

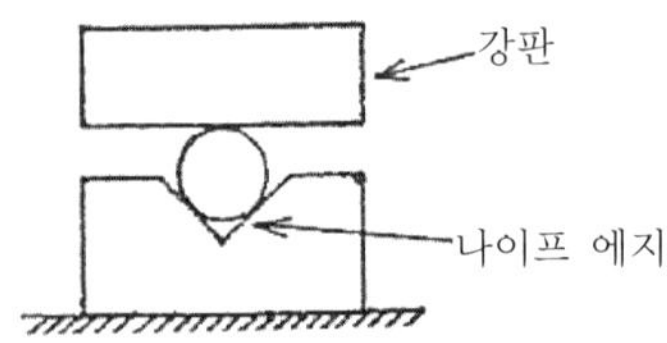

그림 3.20 검증실험에 이용한 나이프 에지지승

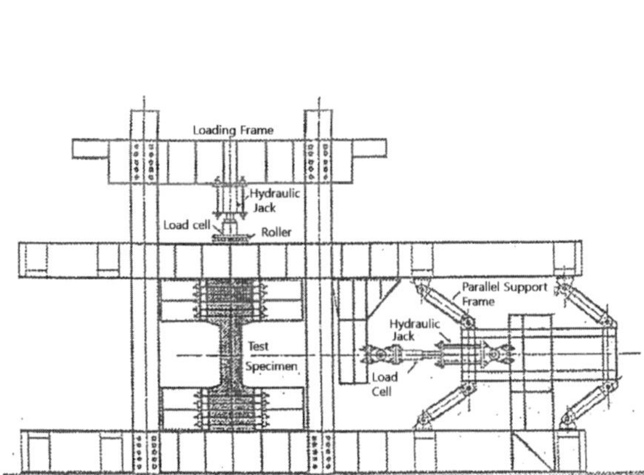

(a) 건축분야

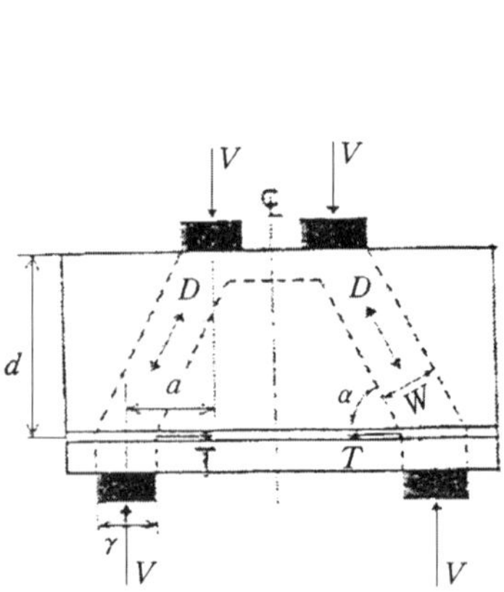

(b) 토목분야

그림 3.21 구조실험의 예

보는 지승에서의 변위 등의 구속의 영향을 검토하기 위해, 동일한 방법에 대하여 지승으로 그림 3.21에 나타낸 것과 같은 나이프·에지를 이용한 경우와 회전과 변위의 양방이 자유롭게 통상의 롤러지승을 사용한 경우를 실험하고 있다. 그림 3.22에 측정된 작용전단력과 상대변위의 관계를 나타낸다. 이 그림에서 인정된 것처럼 a/d의 여하에 관계없이 나이프·에지지승을 이용한 것은 롤러지승을 이용한 것보다도 보 전체의 강성이 높고 내하력도 30% 이상의 증가가 확인된다. 이 중 $a/d=2.18$로 나이프·에지지승을 이용한 것은 굴곡파괴에 의해 내하력이 지배되어, 굴곡내력에 여유가 있는 경우에는 더욱 하중의 증가에 저항할 수 있다고 생각된다.

이와 같이 지점에 대한 지지조건은 a/d의 작은 부재의 전단내하력에 큰 영향을 미치는 것으로, 지승에 대한 수평방향의 변위 등의 구속에 의해 초래된 축압축력 때문에 전단내하력은 많이 증가한다고 생각된다. 따라서 지승에 대해서는 지승판의 형상 이외에 실험에서의 지지조건을 만족시키는 것이 중요하다고 생각된다.

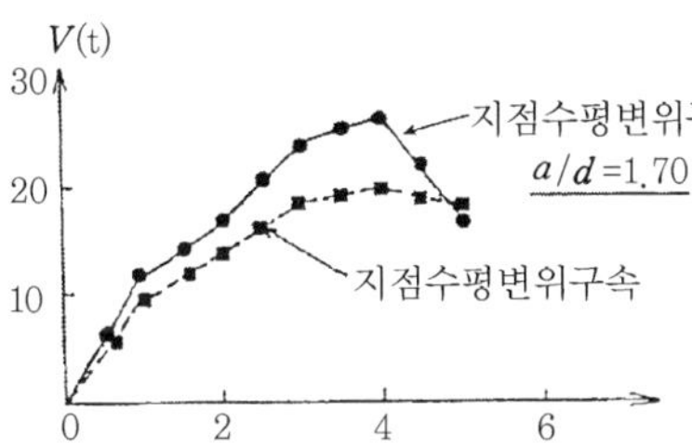

그림 3.22 나이프·에지지승 및 롤러지승에 의한 전단력변위관계

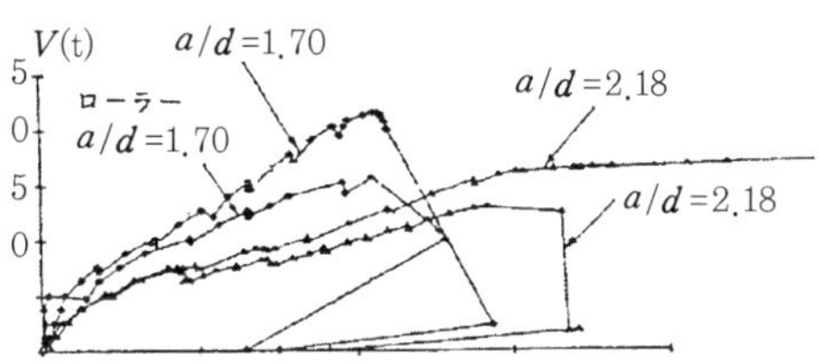

그림 3.23 FEM해석에 의한 전단력 변위관계의 예측

지점에의 구속의 영향은 수치실험에서도 예측되었다. 그림 3.24는 검증실험을 한 $a/d=1.70$의 보의 해석결과이다. 지점에의 수평방향 변위를 구속한 경우에 분명히 보 전체의 강성 및 내하력이 상승하는 것이 인정된다.

② 롤러지지

구조물 실험체의 가력실험을 할 때에 실험체에 가해지는 힘의 방향은 확실히 정할 필요가 있지만, 실험체의 형태, 실험의 방법에 의해 지지점을 롤러지승으로 해야 할 경우와 불필요한 경우가 있다. 지점에 롤러를 사용한 경우 선접촉의 접촉압은 Hertz의 식

$$b=3.045\sqrt{\frac{P_r}{El}}(v=0.3) \qquad \text{식(3.11)}$$

$$\sigma_{max} = 0.42\sqrt{\frac{PE}{lr}} \qquad 식(3.12)$$

으로 표시되지만 그림 3.3.4-6, 반력이 커지면 접촉면이 항복하여 롤러지승의 역할을 하지 않게 되므로, SS41급으로 10t/㎠, SM급으로 12t/㎠까지로 막아야 한다. 롤러에는 접촉압이 지나치게 커지는 대하중의 경우에는 테프론 등을 이용한 지승을 이용해야 한다.

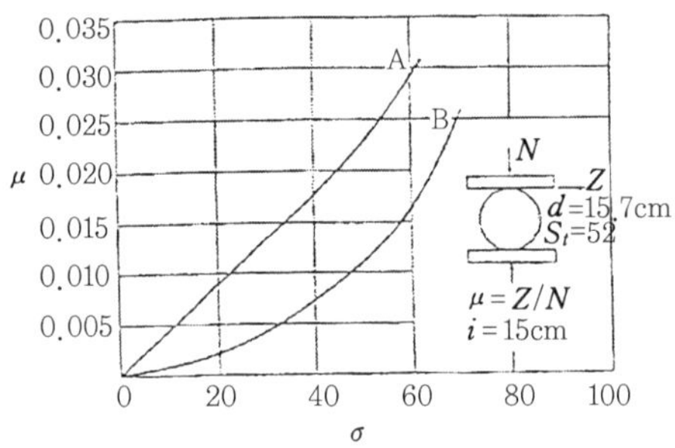

그림 3.24 롤러의 마찰계수

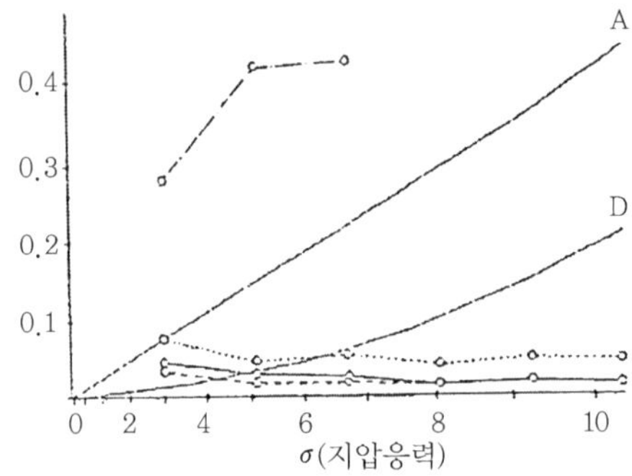

그림 3.25 지압응력도와 마찰계수의 관계

③ 미끄럼지지

가력점 혹은 지점에 있어 마찰력이 실험데이터에 미치는 영향은 의외로 크다. 그림 3.25는 롤러의 접촉압과 마찰저항의 측정치이나 마찰계수는 접촉압과 함께 늘어나고 있다. 롤러 마찰계수의 측정에 관해서는 지압응력도가 높아짐에 따라 롤러의 마찰계수가 점증되는 실험 예에 대하여, 롤러와 접촉하는 강판의 조합에 의해서는 지압응력도가 높아져도 마찰계수는 거의 변하지 않고 마찰계수의 수치는 약 1/1,000~4/1,000 정도라는 보는 예도 있다.

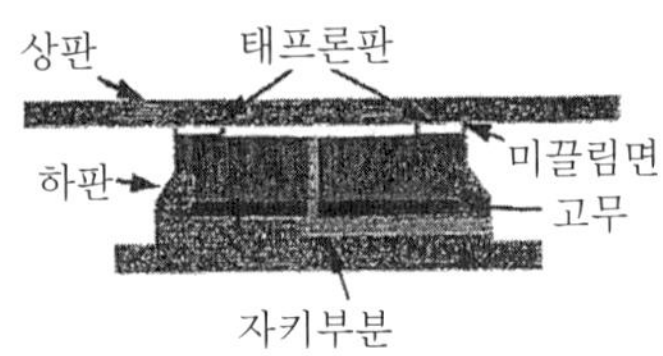

그림 3. 26 슬립 지승의 응용 예

롤러에서는 접촉압이 지나치게 커지는 대하중 때에 미끄럼지승을 이용해야 한다. 평행한 2면에서 접촉시켜 이 면에 접촉계수가 적은 것을 사용하여 미끄러지게 하는 식의 그레피트를 이용한 케르멘트지승, 테프론을 사용한 그레이트지승이 있어, 교량 등에서 일부 실용되고 있다. 또, 미끄럼지승은 면진장치로서 면진건물에 많이 사용되고 있다. 종래의 면진구조방식은 적층고무지승을 사용한 것이 주류이며, 주로 중량이 큰 건물에 채용되어 왔다. 이 방식에서는 3~4층 건물 이하의 저층건물의 면진화(경량면진)는 성능면 · 비용면에서 충분하다고는 할 수 없었지만, 근래에는 〈미끄럼지승 + 복원고무〉방식에 의한 고성능 · 저비용의 경량면진을 실현하고 있다.

④ 단순보 형식의 마찰력의 영향

단순보 형식의 경우, 가력점 혹은 지점에서의 마찰력이 실험데이터에 미치는 영향은 의외로 크지만 종래의 실험에서는 그 영향을 고려치 않은 경우가 많았다.

여기에서 철근콘크리트보형 실험체의 단순보 형식의 실험에서 지승방법을 바꾸어 지승점의 영향을 조사해 검토결과를 적는다.

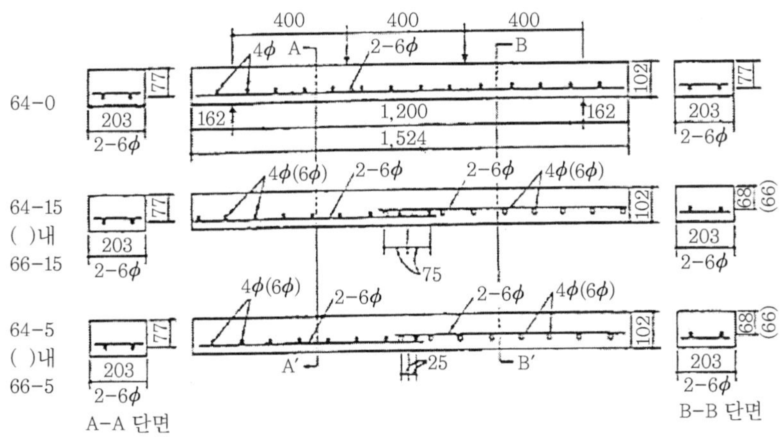

그림 3.27 실험체

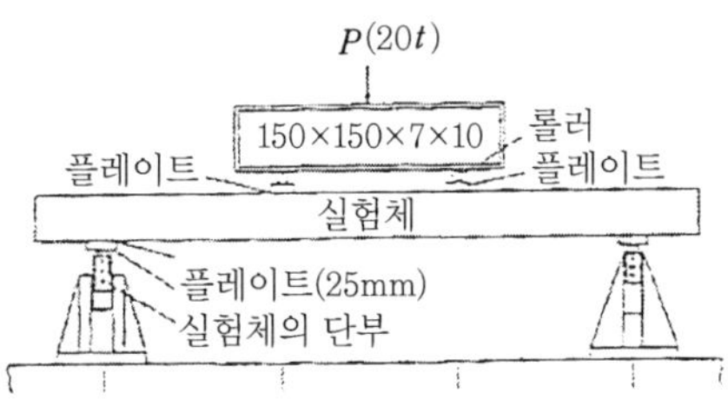

그림 3.28 시리즈 1 실험방법

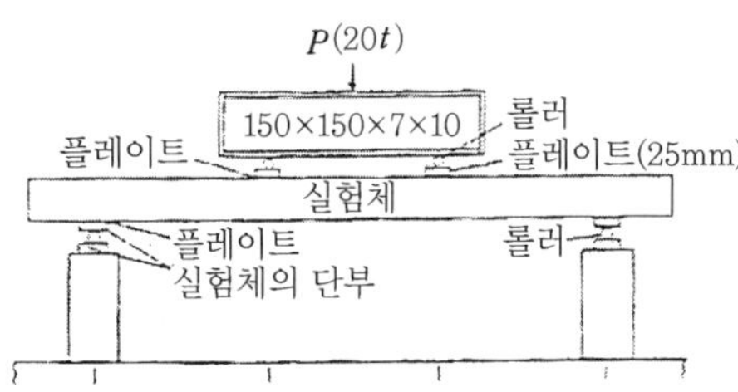

그림 3.29 시리즈 2 실험방법

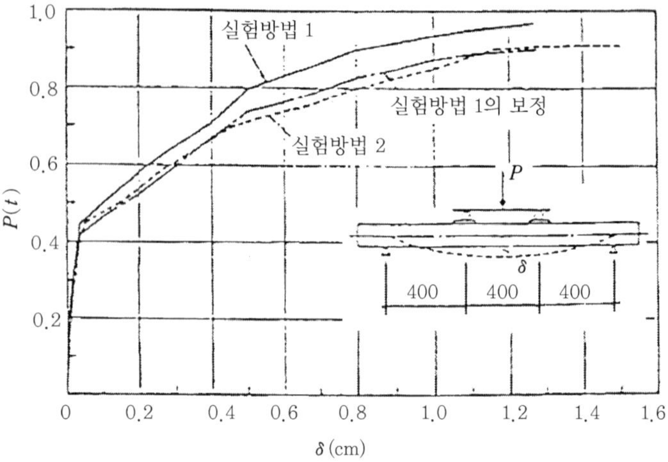

그림 3.30 $P-\delta$ 곡선

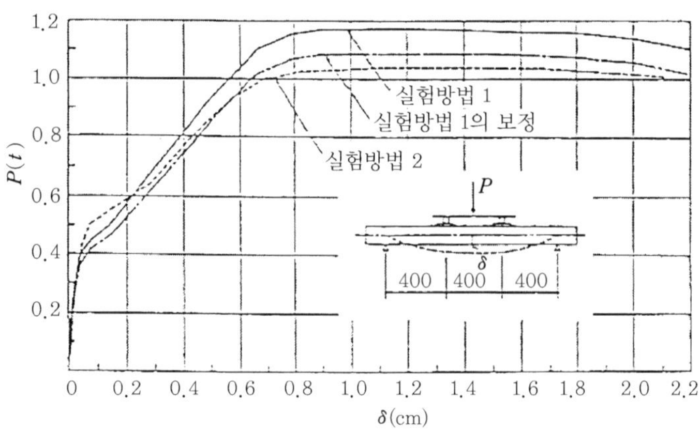

그림 3.31 $P-\delta$ 곡선

(a) 실험의 개요

(ⅰ) 실험체

실험에 이용된 실험체는 그림 3.24와 같이 폭 203mm, 높이 102mm, 스팬 1,200mm이며, 철근으로 주근 6mm의 용접금망을 사용하고 있다. 용접금망은 뚜렷한 항복점이 없고 인장강도는 500~530N/㎟이다.

(ⅱ) 실험방법

실험체 각 2개 중 1개는 시험기의 지승을 사용하여 그림 3.28과 같이 가력하고(시리즈1), 다른 1개는 롤러지승으로 3. 29와 같이 가력했다.

(iii) 실험결과

그림 3.30 그림 3.31에 하중-굴곡곡선의 예를 나타낸다. 시리즈1에서는 지점의 마찰에 의해 압축력이 구속력으로 작용한 것이 확실하다. 초기강성은 시리즈1, 2에서 거의 일치하고 있다. 균열하중, 최대하중 모두 지점의 마찰이 있으면 크게 되고 균열폭, 변형에 대하여는 반대로 작아진다.

(b) 지승의 영향

롤러의 회전에 의한 미끄럼마찰이나 가력점의 재축방향에의 이동도 고려한 방법을 생각할 필요가 있다. 마찰의 영향은 2가지가 있어, 하나는「마찰력에 의한 모멘트감소」, 다른 하나는「마찰력에 의한 축력의 증대」이다. 마찰에 의한 위기단면의 모멘트는,

$$M = Qa - \mu Q(0.5D + t) \qquad \text{식(3.13)}$$

이며, RC보에서 그 단면의 저항모멘트 M은,

$$M = Tj_1 + Cj_2 = Tj_1 + Tj_2 + \mu Qj_2 \qquad \text{식(3.14)}$$

로 가정하면

$$M = M' + \mu Q(0.4D) \qquad \text{식(3.15)}$$

을 얻는다. 여기에 M'은 마찰계수가 없을 때의 저항모멘트이다.

식(3.13)과 식(3.14)에서 다음 식을 얻는다.

$$M' = Qa\left(1 - \mu\frac{0.9D + t}{a}\right) \qquad \text{식(3.16)}$$

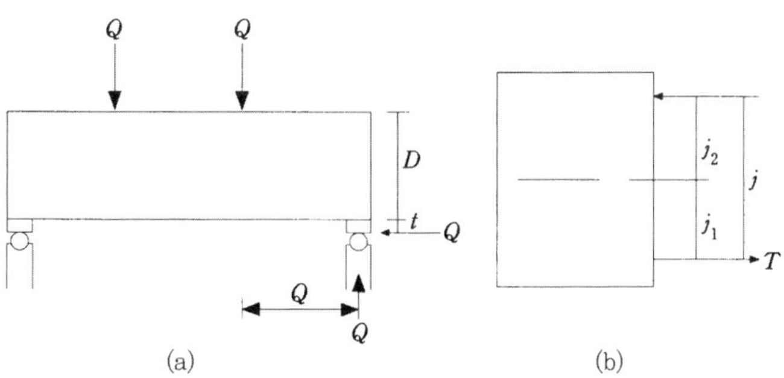

그림 3.32 실험체에 작용하는 응력[2]

마칠을 고려하지 않는 경우에는, 구부림 모멘트 M'은 Qa에 동일하다는 결과를 직접

비교하고 있다. 그러나 실제로는 마찰을 고려하면 식(3.16)과 같이 $\left(1-\mu*\frac{0.9D+t}{a}\right)$배 하여 수정할 필요가 있다. 식(3.16)에서, $t=0.1D$ 정도라 하면 a/D의 값에 의해 표 3.5와 같은 수정할 필요가 있다.

이처럼 마찰의 영향은 키의 높이 (a/D의 작은) 실험체로 특히 뚜렷하다.

표 3.4

μ	$a/D=1$	$a/D=2$	$a/D=3$	$a/D=4$
0.10	1.10	1.05	1.03	1.02
0.20	1.20	1.10	1.07	1.04
0.30	1.30	1.15	1.10	1.06

이상의 결과로부터 지점의 마찰력이 철근콘크리트 시험의 단순보 실험데이터에 큰 영향을 주는 것을 알 수 있다.

실험 본래의 목적에 의하면, 지점에 마찰 등은 있어서는 안 된다. 마찰의 영향은 식(3-16)에서 볼 수 있듯이, 키 큰 실험체는 특히 뚜렷하다. 그러나 이 경우처럼 작고, 하중도 작은 실험체에 있어서도 그 영향은 결코 작지 않다.

4) 가력사이클의 설정

① 가력사이클 패턴과 실험결과

철근콘크리트 교각의 소성변형성능을 실험적으로 검증하는 경우, 보통 정부교번재하실험이 행해지는 일이 많다. 진동대실험이나 복합실험은 어느 입력지진동이 작용할 때의 거동을 실험적으로 검증하는 수법인데, 정부교번재하실험은 당해 교각이 어느 정도의 소성변형성능을 보유하고 있는가를 검증하는 수법이어서 일반적으로는 입력지진동의 특성과는 무관계로 실험이 행해지고 있다.

한편으로는 이 정부교방재하실험에서는 재하반복횟수나 재하이력에 의해 결국 변위나 인성률 등 소성변형성능을 표시한 지표에 영향이 생기는 것이 지금까지의 많은 연구에서 지적되고 있다. 그림 3.30은 다케무라 가와지마에 의해 실시된 동일의 구조조건인 3개의 휨파괴형 철근콘크리트 교각에 대한 실험결과를 나타낸 것이다.

여기에서 타입 1의 실험에서는 항복변위 δ_y를 기준변위로서 $\pm1\delta_y\rightarrow\pm2\delta_y\rightarrow\pm3\delta_y\rightarrow\pm4\delta_y$……와 같이 $1\delta_y$씩 재하변위를 점차 증가시켜, 각 재하변위의 반복횟수는 3회

로 한 재하패턴이다. 타입 2의 실험에서는 재하변위를 점차 증가시키는 방법은 타입 1과 동일하나, 각 재하변위의 반복횟수는 1회로 한 재하패턴이다. 타입 3의 실험에서는 재하변위를 $\pm 3\delta_y \rightarrow \pm 6\delta_y \rightarrow \pm 9\delta_y \rightarrow \cdots$와 같이 $3\delta_y$씩 재하변위를 점차 증가시켜 각 재하변위의 반복횟수는 1회로 한 재하패턴이다. 수평력-수평변위관계의 이력곡선의 포물선을 비교한 결과가 그림 3.33이다. 여기에서 재하패턴이 수평내력에 미치는 영향은 없으나, 수평력이 저하하기 시작한 때의 변위에는 큰 차이가 있음을 알 수 있다. 실험결과에 의하면, 수평력이 저하하기 시작한 것은 대체로 축방향 철근이 좌굴하여 피복콘크리트가 떨어지는 때에 해당되어, 내진설계상 중요한 종국변위의 평가치가 재하패턴에 의해 크게 달라지는 것을 시사하고 있다.

또한, 이외에도 재하방법의 파라미터로서 재하속도가 있다. 지금까지 정부교번재하실험에 있어서 재하속도가 실험결과에 미치는 영향에 대해서도 검토되어 있으나, 100cm/sec까지의 범위이면 재하속도의 영향은 거의 없음이 보고되어 있다. 따라서 재하속도에 관해서는 그다지 문제가 되지 않는다고 생각된다.

한편, 철근콘크리트 교각에 대한 정부교방재하실험에서는 일반적으로 항복변위를 기준변위로 하여 그 정수배의 변위를 순차적으로 부여하는 방법이 채용되고 있으나, 각 재하스텝에 있어서의 반복횟수는 연구자에 따라 다른 경우가 있다. 또 정부교번재하실험에서 재하반복횟수의 설정근거를 입력지진동의 특성과의 관계로 명확히 설명한 연구는, 미국 강구조의 분야에서 보고사례가 있으나 일본의 지진동의 특성을 반영한 연구는 지금까지 거의 없다.

이러한 배경으로부터 진폭의 반복특성이나 계속시간이 다른 많은 지진기록을 이용한 비선형 시각력 응답해석의 결과로부터 철근콘크리트 교각에 생기는 소성응답의 반복횟수 특성에 대하여 검토한 예가 있다. 그래서 본 항에서는 철근콘크리트 교각에 생기는 현실적인 소성응답의 반복횟수나 누적소성변형률, 이력흡수에너지에 착목하여 해석결과의 정리가 행해져, 그 위에 종래 행해졌던 정부교번재하실험에서의 재하방법과의 비교에 대하여 고찰된 연구 예를 소개하기로 한다.

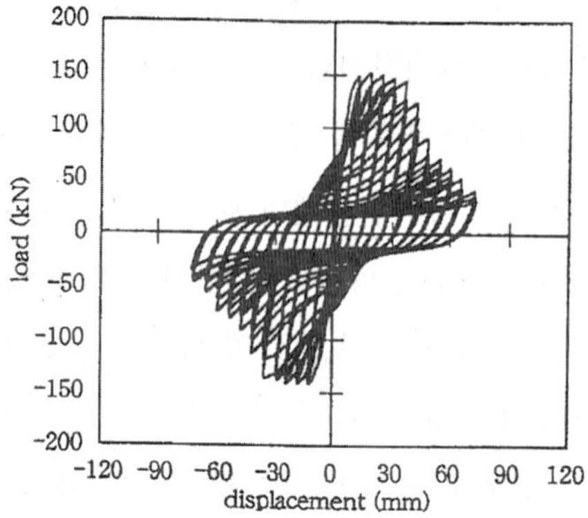

(a) 타입 1의 재하패턴

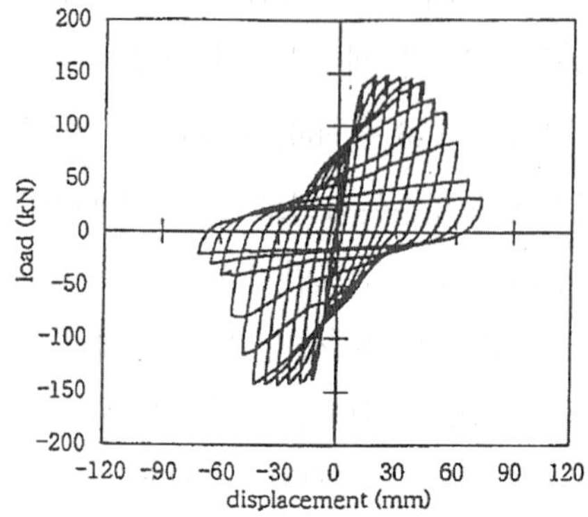

(b) 타입 2의 재하패턴

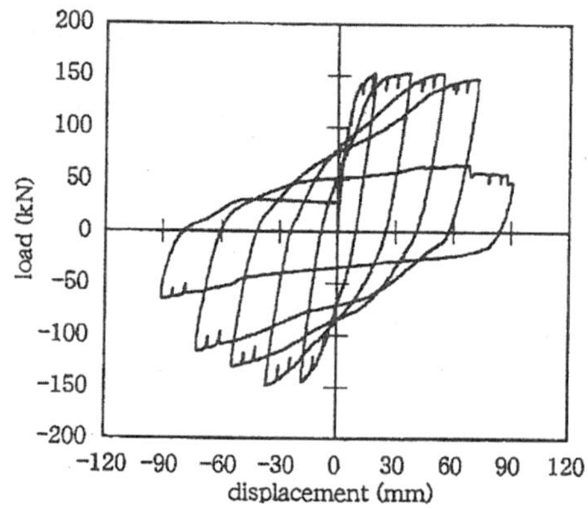

(c) 타입 3의 재하패턴

그림 3.33 재하패턴이 수평력-수평변위관계의 이력곡선에 미치는 영향

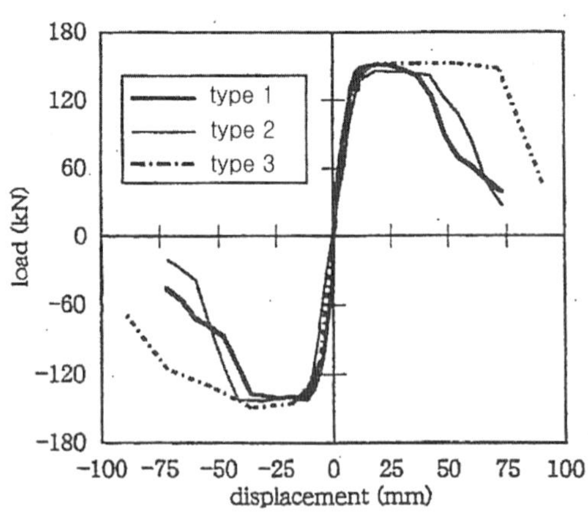

그림 3.34 재하패턴이 수평력-수평변위 관계의 포물선에 미치는 영향

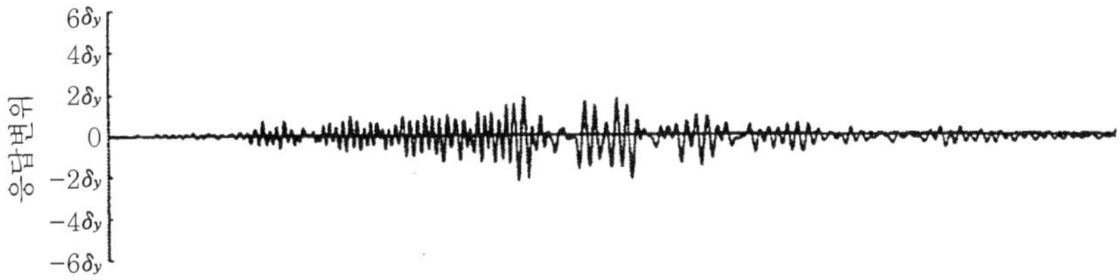

(a) 진각대교 근방 지반(1983년 일본해중부지진)

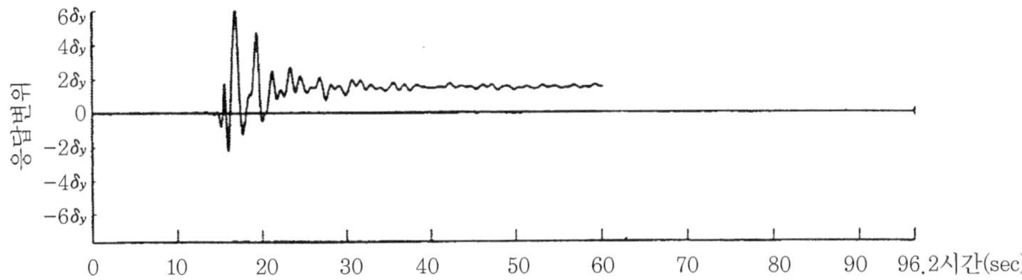

(b) 동고베 근방 지반(1995년 효고현 남부지진)

그림 3.35 교각 천단에 생기는 응답변위 파형의 해석 예

② 표준적인 가력사이클 설정 예

앞서 기술한 것과 같은 철근콘크리트 교각에 생기는 비선형응답의 반복횟수 특성에 근거하여, 단주식 철근콘크리트 교각에 대한 정부교번재하실험에서의 재하패턴 설정의 예를 그림 3.36에 나타낸다. 여기에는 타입 I 지진동에 대한 재하패턴과 타입 II 지진동에 대한 재하패턴 2종류를 나타낸다.

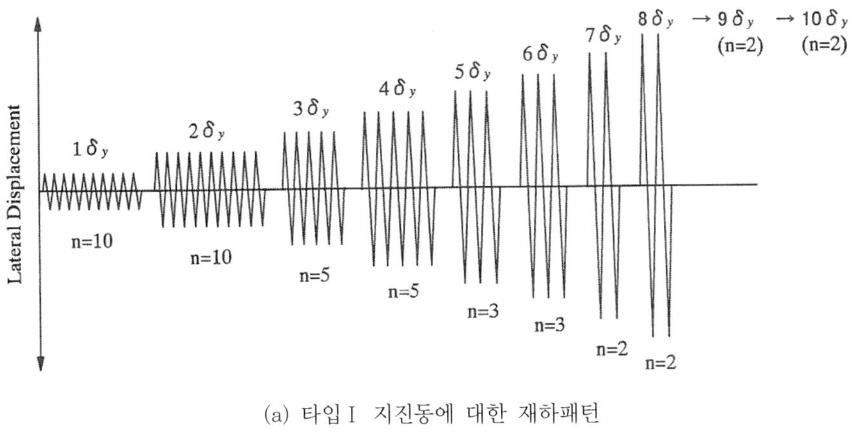

(a) 타입 I 지진동에 대한 재하패턴

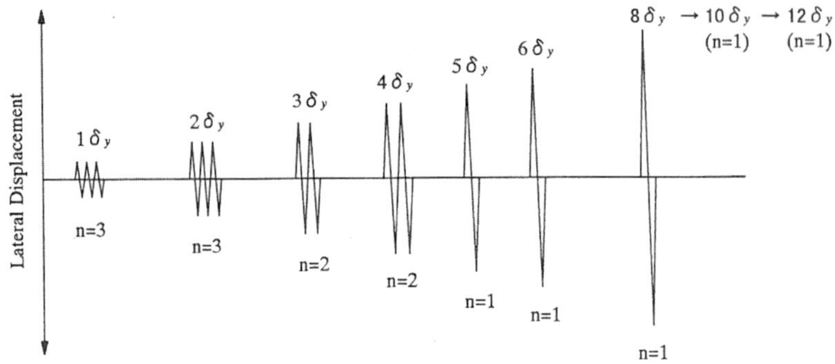

(b) 타입Ⅱ 지진동에 대한 재하패턴

그림 3.36 철근콘크리트 교각에 대한 정부교번재하실험에서의 재하패턴

3.1.4 변위계측

1) 변형계측방법

실험에 있어서, 공시체의 국부적인 응력이나 변형의 상황을 아는 수단으로 변형계측이 행해진다. 변형계측은 변형게이지를 이용하는 것이 일반적이다.

변형게이지는 1938년에 미국의"Simmons & Ruge"에 의해 고안되어, 일본에서는 1962년부터 박변형 게이지의 제조가 개시되었다.

변형게이지에 의한 측정은,

① 구조가 간단하고 질량, 용적이 작아 측정대상물의 응력상태를 혼란시키지 않는다.
② 표점거리가 짧게 되고 국소적인 평가가 가능하다.
③ 주파수 응답성이 좋고 응력의 급격한 변화에 추수 가능하다.
④ 여러 점의 동시측정, 원격측정이 가능하다.
⑤ 출력이 전기량이므로 데이터처리가 용이하다.

등에 우위가 있다. 다음에 변형게이지에 의한 변형계측방법을 설명한다.

③ 변형게이지의 구조

변형게이지는 얇은 전기절녹물의 베이스 위에 격자상의 저항선 또는 포토엣칭가공한 저항박을 형성하여 인출한 선을 붙인 것이다. 그림 3.38에 변형게이지의 구조약도를 나타낸다.

④ 변형게이지의 측정원리

금속(저항체)은 외력을 가하여 신축되면, 어느 범위에서 그 저항치가 증감한다. 따라서 변형이 생기는 측정대상물에 전기절녹물을 넣어 부착하여 두면, 측정대상물의 신축에 비례하여 금속(저항체)이 신축하고 저항치가 변화한다. 변형게이지(전기저항식)는 그 저항변화를 이용하여 변형을 계측한다. 발생한 변형에 대응한 저항변화와 변형의 관계는 다음 식과 같다.

$$\varepsilon=\frac{\Delta L}{L}=\frac{\Delta R/R}{K} \qquad \text{식(3.17)}$$

여기에서 ε : 구하는 변형

R : 게이지저항

ΔR : 변형을 받을 때의 저항변화량

K : 게이지율(게이지 패키지에 기재)

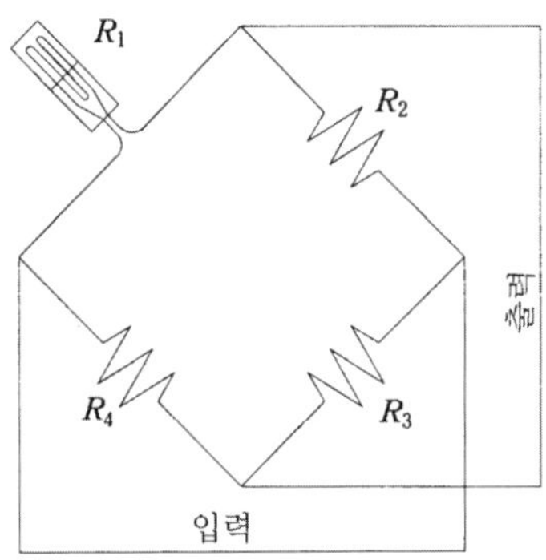

그림 3.37 호이트스톤 브리지회로

변형게이지의 저항변화는 미소한 수치이라는 점에서 호이트스톤 브리지회로를 이용하여 전압으로 변환한다.

회로의 출력전압은,

$$e=\frac{R_1R_3-R_2R_4}{(R_1+R_2)(R_3+R_4)}E \qquad \text{식(3.18)}$$

여기에서, e : 출력전압

E : 입력전압

R_1 : 변형게이지의 저항치

$R_2 \sim R_4$: 고정저항의 수치

가 된다.

$R=R_1=R_2=R_3=R_4$로 하면 변형게이지에 신축이 더해지고, 변형게이지의 저항 R이 $R+\Delta R$로 될 때의 변형에 의한 출력압력 Δe(변화분)는

$$\Delta e=\frac{\Delta R}{4R+2\Delta R}E \qquad \text{식(3.19)}$$

$$\Delta R\leq R$$

$$\Delta e=\frac{\Delta R}{4R}E=\frac{E}{4}K_\varepsilon \qquad \text{식(3.20)}$$

변형게이지를 변형측정기에 접속하면 호이트스톤 브리지회로가 구성되어 브리지회로의 입력전압(브리지 전원)이 변형측정기에서 공급되므로 변형량 (ε)을 디지털 표시나 아날로그 출력 등으로 측정하는 것이 가능하다. 표 3.5에 변형게이지에 의한 측정방법 및 결선방법을 나타낸다.

⑤ 변형게이지에서의 변형측정의 유의점

변형게이지는 많은 편리성을 가지고 있으나, 변형게이지의 종별에 따라 각각 측정한계와 사용한계가 있다. 습도, 변형량, 피로 등의 조건, 환경조건 등에 대하여 일정의 사용한계가 있으므로 사전에 한계를 연구하여 변형게이지를 사용할 필요가 있다.

2) 변위계에 의한 곡률 및 전단변형 측정방법

① 변위계에 의한 곡률 측정

변위계를 이용하여 공시체의 곡률을 직접 측정하는 경우가 있다. 측정방법으로는, 단면의 압축록, 인장록에 변위계를 설치하고, 평면유지의 원칙이 성립하는 것을 전제로, 이들 변위계의 값에서 곡률을 직접 측정하는 것이다.

측점부는 공시체에 어느 정도의 손상이 생겨도 곡률이 측정되도록 가는 강봉을 내부 콘크리트에 정착시킴과 동시에 피복콘크리트의 박리에 따른 강봉의 변형을 방지하기 위해, 피복콘크리트와 강봉의 부착을 없애는 경우가 있다. 그림 3.38, 그림 3.39에 곡률 측정의 예로서 변위계설치의 상황을 나타낸다.

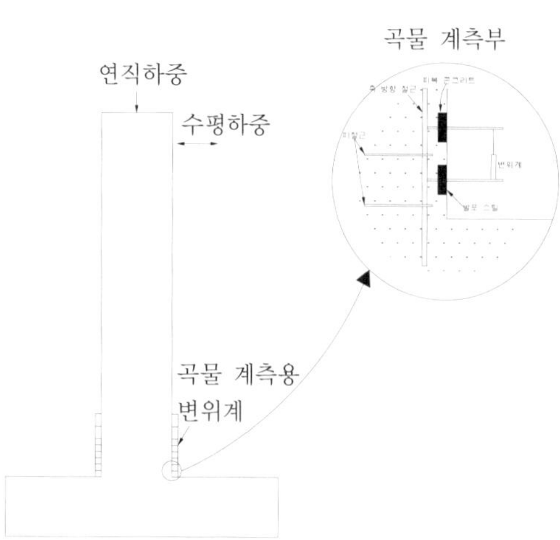

그림 3.38 곡률측정변위계의 설치 예

그림 3.39 곡률측정변위계의 설치상황의 예

단면의 압축록, 인장록에 설치한 변위계의 측정치로부터 곡률의 실험치는 다음 식을 이용하여 산정된다.

$$\phi = \frac{\Delta T - \Delta C}{Di \cdot h} \qquad \text{식}(3.21)$$

여기에서, ϕ : 곡률

ΔT, ΔC : 계측구간에 따른 인장측 및 압축측면의 상대변위

Di : 인장측면과 압축측면에 배치된 변위계의 거리

h : 계측구간 거리

② 변위계에 의한 평균전단변형의 측정방법

공시체의 재하방향 측면에서 임의의 2점에의 상대변위의 측정치로부터 공시체의 평균전단변형을 파악하는 것이 가능하다. 공시체 임의의 상대변위는 콘크리트에 묻은 볼트 등을 표점으로 하여, 이 사이에 변위계를 설치하는 것으로 측정을 행한다.

표점부의 볼트 등은 주철근의 내측에 견고하게 부착할 필요가 있으므로 번선 등을 이용하여 소정의 위치에 고정한 후 콘크리트의 타설을 하고 있다. 그림 3.40에 상대변위를 측정하기 위한 변위계 설치 예를 나타낸다.

평균전단변형은 상대변위량을 표점간 거리에서 제하고 구할 수 있다. 한편 공시체의 전단변위량은 평균전단변형의 적분치로서 다음과 같이 평가된다.

$$\delta_s = \Sigma \gamma_i \cdot \Delta y \qquad \text{식}(3.22)$$

여기에서, δ_s : 공시체의 전단변위량

r_i : i 번째의 측정구간에서 측정된 평균전단변형

Δy : 평균전단변형 측정구간 길이

평균전단변형은 측정단면의 주기부로부터의 거리뿐 아니라 단면 내의 위치에 의해서도 변화하는 경우가 있으므로 표점의 위치에도 주의가 필요하다.

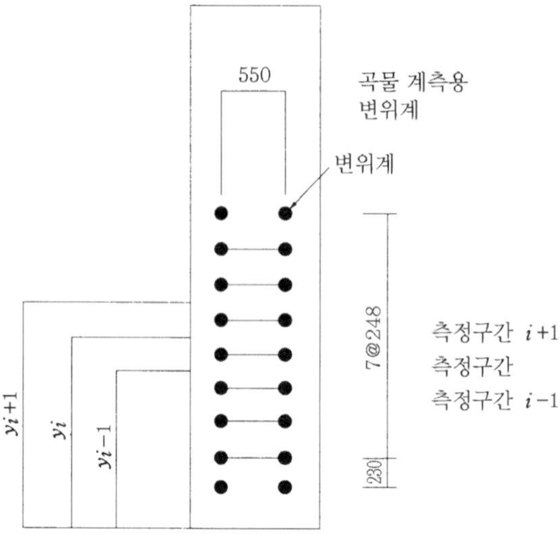

그림 3.40 전단변형 계측시의 변위계 설치 예

3) 균열계측방법

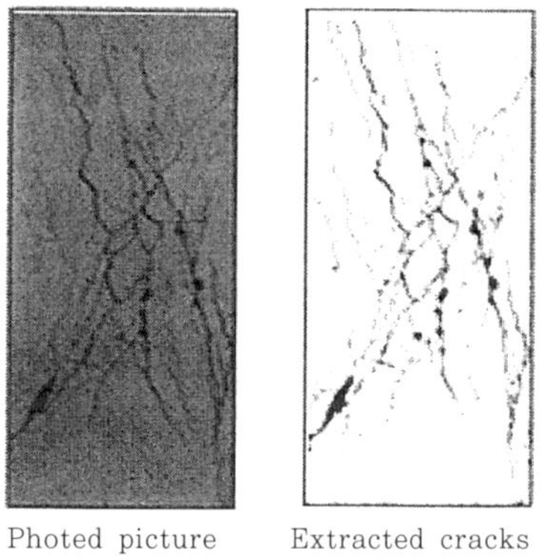

그림 3.41 실험체의 균열

콘크리트에 발생하는 균열은 내진성, 재료의 열화도 등을 추정하는 중요한 판단재료이다. 콘크리트에 발생하는 균열의 물리량으로는 ① 균열폭, ② 균열간격, ③ 균열깊이, ④ 균열길이 및 ⑤ 균열밀도를 들 수 있다. 그 중에 특히, 균열폭에 관해서는 손상을 정의하기 위한 척도가 되는 경우가 있어, 여기에서는 균열폭의 계측방법을 알아본다. 균열폭의 계측은 일반적으로 클락스케일이나 콘택트 게이지를 이용해 행하고 있다. 그러나 눈으로 균열폭의 계측을 하는 클락스케일은 측정정밀도에 문제가 있다고 생각된다. 한편, 콘택트 게이지에서는 측정정밀도는 높으나, 측정범위가 좁고 부분적이다. 이러한 이유로 최근에는 비디오카메라나 디지털카메라를 이용하여 균열화상을 취득하여 균열폭을 평가하는 방법이 제안되고 있다. 디지털카메라에 의한 균열계측의 일례로, 고해상도의 디지털카메라를 이용하여 촬영한 화상에서의 균열만의 추출을 그림 3.41에 나타낸다. 균열폭의 계측은, 균열화상의 휘도정보를 이용한 화상처리기술에 의하여 1픽셀(화소)보다도 작은 단위인 서브픽셀처리에 의해 픽셀 이하의 정밀도도 가능케 되었다. 그림 3.41에 종래 이용하고 있는 클락 스케일에 의한 계측과 디지털카메라에 의한 계측결과의 비교를 나타낸다.

4) 부착-미끄럼 측정방법

기둥이나 교각 등을 대상으로 한 교번재하실험에서는 계측된 재하점의 수평변위에 공시체의 〈 체의 변형과 후칭 등의 접합부에서 축방향 철근의 신장에 따른 회전변위량도 포함한다. 축방향 철근의 신장에 따른 회전변위량은 실험결과를 평가하는데 중요하다.

축방향 철근의 신장량의 측정방법으로는 다음과 같은 방법이 이용되기도 한다.

① 기초부에 변위계를 설치하여 측정하는 경우

이 방법은 사전에 후칭 측면에 빈 상자와 같은 스페이스를 만들어, 그 속에 변위계를 설치하고, 변위계와 축방향 철근은 후칭 윗면에 계측용 와이어를 묶어 측정을 행한다. 측정용 와이어는 ϕ10mm 정도의 스테인리스파이프로 방호하고, 파이프 내에는 와이어와 파이프내 면이 접촉하여도 마찰에 의한 영향을 최대로 제거하기 위하여 실리콘 튜브 등을 미리 스테인리스파이프 내에 투입하고 있다.

② 실험체 저면부의 상하변위 신장에 따른 회전각을 직접 계측하는 경우

공시체의 기부(후칭 상면 근방)에 강철봉 등을 붙이고, 철봉선단을 변위계로 측정하여 공시체 기부에의 회전각을 직접 측정한다. 이 방법에서는 피복콘크리트의 박락이나 축방향 철근의 부풀림이 생기면 현저하게 측정치의 신뢰성이 저하하게 되므로 주의가 필요하다. 대개 이 방법에서의 계측범위는 실험체의 최대하중을 유지하고 있는 변위 정도까지이다.

5) 측정용 프레임

재하중의 공시체 변위를 계측하는 경우, 변위계를 설치하는 부동점 정하는 것에 주의가 필요하다. 재하중에 변위계의 위치가 어긋나거나 변위계 자체를 이동하거나 하면, 측정치의 신뢰성이 현저하게 저하하게 되어 실험결과 자체의 신빙성에 관계되는 것이 된다.

변위계는 공시체 근방에 측정용 플레임이 부착되는 경우가 많다. 측정용 플레임에는 부착한 변위계로부터의 반대 힘에 대한 충분한 강성을 가지고 부동점으로서 재하중에도 안정되어 있는 것이 요구된다. 또 공시체의 축척비에 따라 비교적 간단하게 세트나 전환되는 것이 실험을 부드럽게 진행하는 중요한 요건이 된다.

6) 변위계 종류

계측에 이용되는 변위계는 콘크리트 구조물을 대상으로 한 실험에 한정시켜도 그 종류는 많다. 실험에 이용하는 변위계는 측정조건, 재하조건, 설치위치 등을 감안해 측정 렌지나 측정정밀도에 맞는 것을 선정할 필요가 있다.

주요변위계로는 다이얼 게이지형 변위계, 태엽형 변위계, 파이형 변위계, 캔틸레버형 변위계, 크립형 변위계, 고감도 변위계 등이 있다. 또 최근에는 레이저식 변위계도 이용되기도 한다.

일반 변위계는 계측대상물(실험에서는 공시체)에 직접 접촉하여, 혹은 치구 등의 개재물을 끼워 계측을 한다. 한편, 레이저 변위계는 타깃을 측정대상에 붙여 접촉하지 않고도 측정이 가능하다.

변위계는 아주 많은 종류가 있다. 사용목적과 사용처에 따라서도 다종다양하다. 변위계측을 적절하게 행하기 위해서는 측정위치의 상황을 감안해 적절한 변위계를 선정할 필요가 있다.

3.1.5 각종 부재의 구조실험

1) 부착 및 정착실험

(1) 인장을 가하지 않은 PS강연선의 부착특성 실험

① 실험목적

인장을 가하지 않은 강연선의 정착길이 산정을 위해 실험적 연구를 수행하였으며 강연선의 지름, 강연선의 묻힘 길이, 콘크리트의 피복두께를 실험 변수로 결정하여 이를 바탕으로 인장을 가하지 않은 강연선의 부착특성을 파악하기 위하여 실험적 연구를 수행하였다.

② 실험계획

(a) 강연선의 직경(9.3mm, 12.7mm)과 묻힘 길이 ($10d_b \sim 60d_b$), 콘크리트의 피복두께 (45mm, 70mm, 100mm)를 선정하여 실험을 수행하였다.

(b) 실험의 변수에 따라 총 60개의 강연선을 콘크리트 실험체로 제작하여 부착거동을 고찰하였다.

(c) 묻힘길이의 조절은 P.V.C. 파이프를 삽입하여 P.V.C. 파이프의 길이를 조정하여 제작하였다.

표 3.5 실험재료의 역학적 특성

종류	f_y(MPa)	ε_y $(\times 10^{-6})$	f_u(MPa)	E_s(GPa)	연신율(%)
12.7mm	1750	9,200	1940	211.8	3.5
9.3mm	1689	9,120	1864	201.3	3.5

③ 실험방법

(a) 뽑힘(인발)시험법을 채택하여 부착거동을 연구하였다.

(b) 실험체에 매입된 강연선의 한쪽을 300kN 단동실린더를 이용하여 강연선을 잡아 당겼으며 콘크리트와 강연선 사이의 미끄러짐은 자유단에서 변위계(LVDT)로 측정하였다.

(c) 실험 도중 실험체의 이동을 측정하기 위해 양쪽에 변위계(LVDT)를 설치하여 측정하였다.

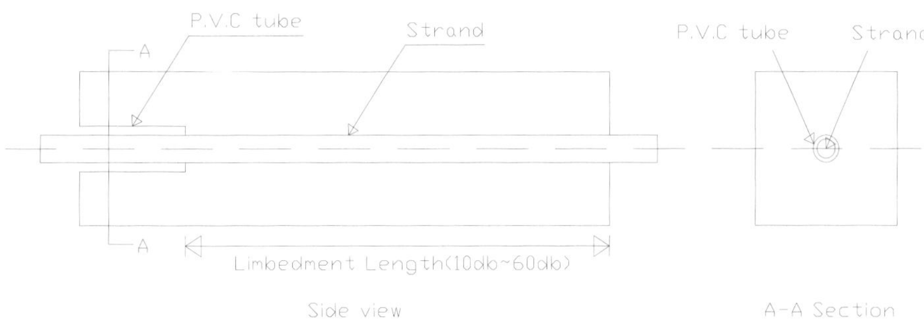

그림 3.42 실험체 상세

(d) 실험 시 강연선의 미끄러짐량은 하중단과 자유단에서 측정하였으며 실험결과 분석에서의 매입 인발하중과 이에 상응하는 미끄러짐의 관계는 자유단의 변위를 사용하였다.

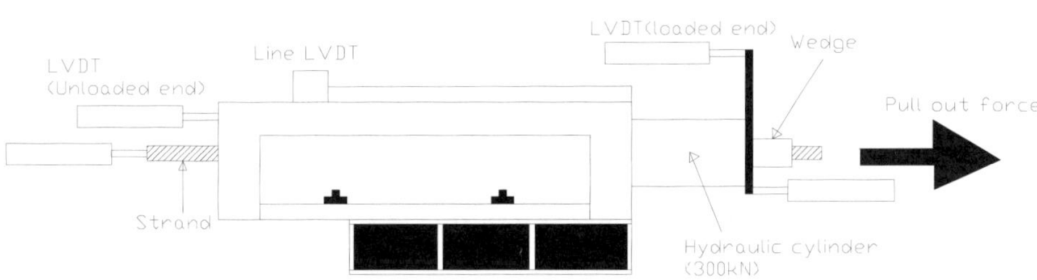

그림 3.43 실험체 SETUP

(2) 인장을 가하지 않은 PS강연선의 정착길이에 대한 실험

① 목적

본 연구는 인장을 가하지 않은 PS강연선의 정착길이 산정을 위해 실험적 연구를 수행하였으며, 이를 바탕으로 효율적인 응력전달과 정착성능을 가진 정착길이를 규명하고자 하였다.

② 실험체 개요

본 연구에서 고려된 실험변수는 PS강연선의 지름(9.3mm, 12.7mm)과 이형철근의 정착길이 산정 식을 기초로 한 정착길이의 변화를 주어 총 54개의 PS강연선에 대해 실험을 하였다.

인장을 가한 강연선의 정착길이 : $l_{d3}=0.145(f_{ps}-\dfrac{2}{3}f_{pc})d_b$

표 3.6 실험체 일람표

실험체명	실험변수(9.3mm)		실험체명	실험변수(12.7mm)	
	강연선 정착길이 (cm)			강연선 정착길이(cm)	
AP-1,2,3	식(1) 적용	214	BP-1,2,3	식(1) 적용	310
A120-1,2,3	120%	174	B120-1,2,3	120%	257
A110-1,2,3	110%	158	B110-1,2,3	110%	233
A100-1,2,3	100%	142	B100-1,2,3	100%	210
A90-1,2,3	90%	127	B90-1,2,3	90%	187
A80-1,2,3	80%	111	B80-1,2,3	80%	163
A70-1,2,3	70%	95	B70-1,2,3	70%	140
A60-1,2,3	60%	79	B60-1,2,3	60%	117
A50-1,2,3	50%	63	B50-1,2,3	50%	93

(a) PS 강연선의 종류와 정착길이에 따라 총 54개의 PS 강연선을 콘크리트 블록에 배치.

(b) 각 변수별 3개씩 PS 강연선을 제작하여 실험체 제작과정과 실험 중 발생하는 오차를 최소.

(c) 일정한 콘크리트 블록 내에 강연선의 정착길이를 조정하기 위해 강연선 지름과 같은 PVC 파이프를 연결.

③ 실험체 설치 및 가력방법

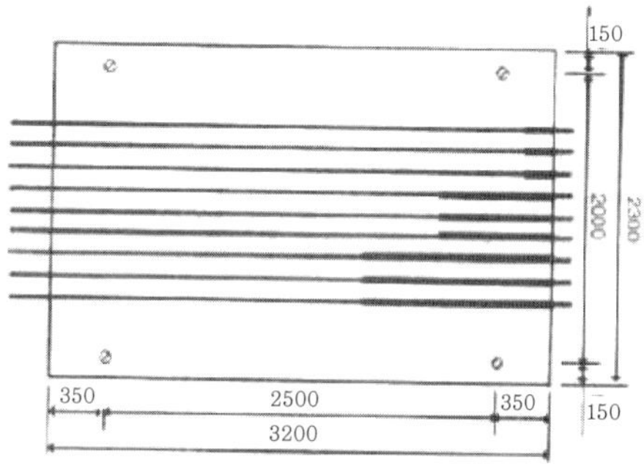

그림 3.44 실험체 도면

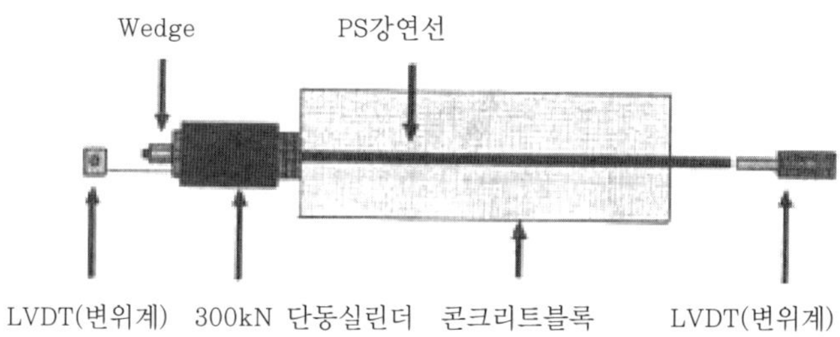

그림 3.45 실험체 세팅

(a) 일면 인발시험법을 채택하여 부착거동 실험을 실시
(b) 실험체에 매입된 강연선의 한쪽을 300kN 단동실린더를 이용하여 PS 강연선을 잡아당겼으며 콘크리트와 PS 강연선 사이의 미끄러짐(slip)은 LVDT로 측정
(c) 인발하중과 이에 상응하는 슬립은 자료획득 장치를 통해 측정

(3) 강재를 이용한 조립 및 접착이 가능한 내진보강에 관한연구

① 목적

본 논문에서는 기존의 건물에 대해 내진보강을 하는 경우에 저소음, 저분진 공법에 의해 거주병행 공사가 가능하고 공기를 크게 줄일 수 있는 보강공법을 실현하기 위해 접착제를 이용하고, 양중계획을 함께 고려한 현장에서의 조립이 가능한 보강공법을 연구하는 것을 목적으로 한다.

② 실험체 개요

(a) 내진보강 공법의 차이(앵커 타설식, 접착공법)

(b) 내진보강 철골 프레임의 조립법(공장제작형, 현장조립형)

(c) 내력보강 및 성능제어형 내진보강기법

표 3.7 실험체 일람표

실험체명	보강법	보 (f_y =39.2kN/cm^2)			기둥 (f_y =39.2kN/cm^2)		
		주근	Hoop	단면치수	주근	Hoop	단면치수
BF	순수프레임	10-D29	D13@100 D13@300	600×600 800×600	8-D22	D10@300 D10@900	400×400
RC+S (Mortar)	기존공법 (무수축 모르타르)	10-D29	D13@100 D13@300	600×600 800×600	8-D22	D10@300 D10@900	400×400
RC+S (Epoxy)	접착공법 (에폭시)	10-D29	D13@100 D13@300	600×600 800×600	8-D22	D10@300 D10@900	400×400
RC+s (splice) (Epoxy)	조립+접착공법 (에폭시)	10-D29	D13@100 D13@300	600×600 800×600	8-D22	D10@300 D10@900	400×400
RC+S (brace)	접착공법 (에폭시)+ 브레이스	10-D29	D13@100 D13@300	600×600 800×600	8-D22	D10@300 D10@900	400×400
RC+S (damper) (Epoxy)	접착공법 (에폭시)+댐퍼	10-D29	D13@100 D13@300	600×600 800×600	8-D22	D10@300 D10@900	400×400

③ 실험체 설치 및 가력방법

BF 실험체

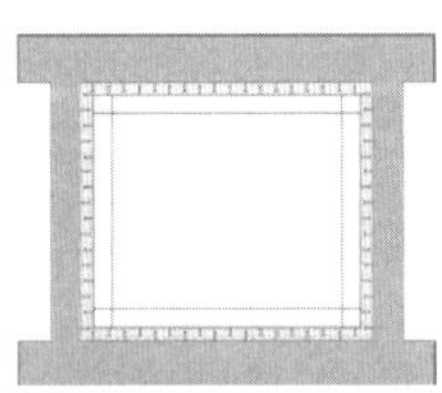

RC+S(Motar)

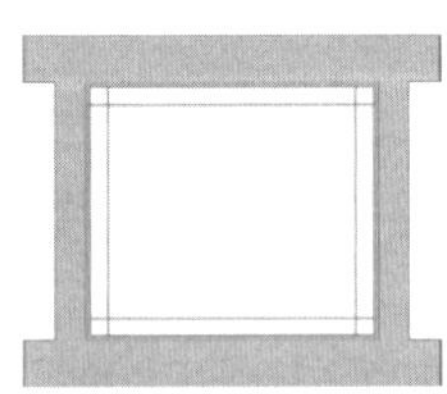

RC+S(Epoxy)

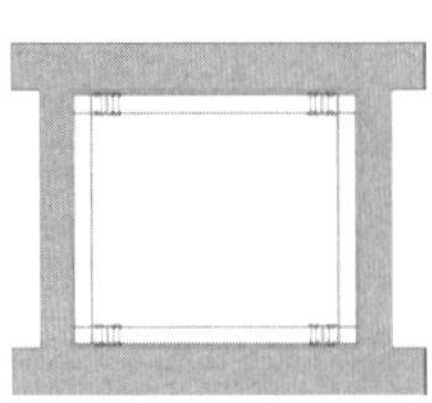

RC+S(splice-Epoxy)

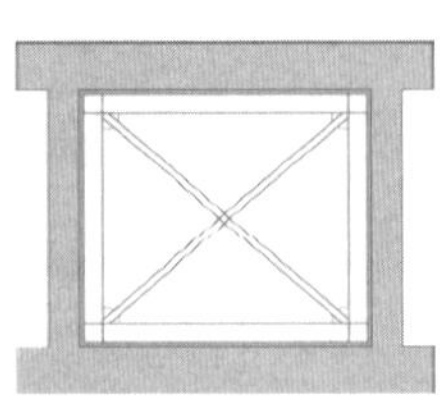

RC+S(brace+Epoxy)

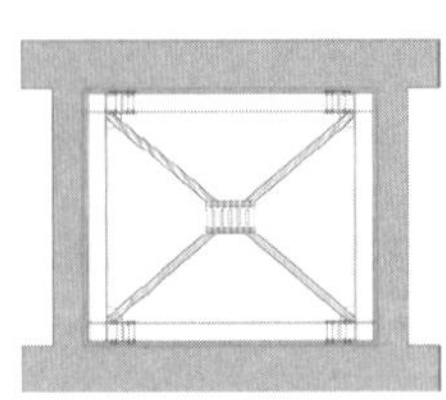

RC+S(brace+Epoxy)

그림 3.46 실험체 세팅상황

실험체는 철골 프레임 4개를 세운 후 그 사이에 실험체를 설치하였다. 반력벽에 매달려있는 2,940kN 용량의 actuator를 상부 보와 접합되어 있는 가력 프레임에 설치하여 실험체에 정적 반복가력 한다. actuator로 실험체를 밀 때를 (+)방향 가력이며, 당길 때를 (−)방향 가력한다.

하중제어는 지반가속도 0.2gdmf 기준으로 할 때의 변위 4.125mm를 기준으로 하여 0.4g(8.25mm), 0.6g(12.375mm), 0.8g(16.5mm)으로 증가하며 가력한다. 동일 변위에 대하여 2회 반복하여 가력하여 동일 변위 가력시의 강성 및 강도저하 특성을 파악하고자 한다. 실험 종료시점은 각 사이클에서의 최대하중이 실험체 최대하중의 80% 이하도 떨어졌을 때로 한다.

2) 보의 실험

(1) 합성섬유 로드로 휨보강한 철근콘크리트 보의 휨강도에 관한 실험

① 실험목적

새로운 보강재를 이용한 보의 휨보강효과에 대하여 실험을 통하여 규명하며, 우리나라 실정에 맞는 보강설계법 제정에 필요한 기초자료를 확보하고자 한다.

② 실험계획

(a) 실험체는 “극한강도설계법에 의한 철근콘크리트 구조설계기준”에 따라 설계하였으며, 실제 건물에서의 보와 비슷한 단부구속력을 갖도록 단부를 고정하였다.

(b) 보강모르타르의 타설은 보강할 기존 실험체의 표면을 칩핑한 후 보강재와 함께 타설한다.

(c) 보강재의 휨보강 효과를 파악하기 위하여 보강재의 종류, 보강방법, 보강량을 수요변수로 하여 실험체를 제작하였다.

표 3.8 실험체 일람표

NO	실험체명	시공방법	사용재료	실험변수
1	FBN			기준 실험체
2	RT-TP	보강모르타르 사용	Aramid & Carbon rod	밑면 일부보강
3	RT-TA			밑면 전부보강
4	RT-TPSU	보강모르타르 & 에폭시 접착	Rod & Sheet 사용	밑면 보강 단부 U형보강
5	RT-TASU			
6	crRT-TASU			초기균열도입
7	AM-TPSI	보강모르타르 사용	Aramid mesh	밑면 일부보강 단부 측면 I형 보강
8	GM-TPSI		Glass mesh	
9	CM-TPSI		Carbon mesh	
10	AM-TPSI	에폭시 접착	Aramid mesh	
11	CM-TPSI		Carbon mesh	

③ 실험방법

(a) 실험체는 양단 고정보로 설치하였고, 단부를 액츄에이터(Actuator)로 고정하고 중앙부에서 오일잭(Oil Jack)을 이용하여 2점 가력하는 것을 원칙으로 하였다.

(b) 균열도입은 실험체는 가력 후 실험체 중앙부의 변위가 스팬의 1.100인 27mm가 되었을 때 하중을 제거하여 계획된 변수에 따라 보수·보강한 후 다시 실험을 수행하였다.

(c) 단부고정은 완전고정 시의 내력계산에 의한 이론값과 실험값을 비교하여 그 정도를 57%로 평가하였다.

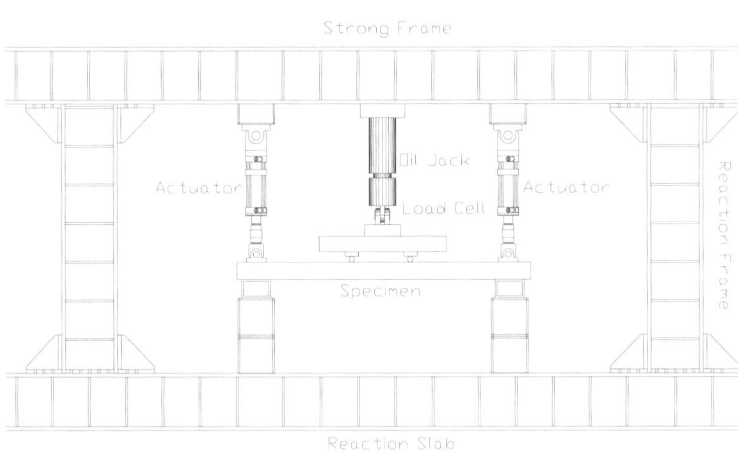

그림 3.47 실험체의 설치상황

(2) 전단부위가 손상된 철근콘크리트 보의 숏크리트 충전효과에 관한 실험

① 목적

본 연구에서는 전단부위가 손상된 철근콘크리트 보에 있어서의 강도평가와 숏크리트형 보수재료를 충전한 경우 보수재의 충전효과에 대한 평가를 목적으로 하였다.

② 실험체 개요

(a) 손상된 부위의 충전재는 숏크리트형인 MDF 시멘트모르타르를 이용하였으며, 충전한 경우 충전효과를 검토하기 위하여 손상된 철근콘크리트 보를 설계한 후 숏크리트 충전깊이를 변수로 하여 그 거동특성을 실험적으로 검토하였다.

(b) 실험변수는 모재 콘크리트 강도, 전단부위 손상깊이, 전단보강근 유무로 하였다.

표 3.9 실험체 일람표

NO	실험체명	압축강도(kgf/cm^2)		전단 경간비 (a/d)	단면(cm)		인장 철근량	보강범위(cm)		전단 보강근
		콘크리트	MDF 모르타르		폭	유효깊이		두께	폭	
#1	B45-N-OO	450	570	2.5	25	40.00	4-D22	-	40	-
#2	B45-N-05	450	570	2.5	25	40.00	4-D22	5	40	-
#3	B45-N-10	450	570	2.5	25	40.00	4-D22	10	40	-
#4	B45-N-05	240	570	2.5	25	40.00	4-D22	5	40	-
#5	B45-N-10	240	570	2.5	25	40.00	4-D22	10	40	-
#6	B45-N-00	450	570	2.5	25	37.65	6-D22	-	40	D10@250
#7	B45-N-05	450	570	2.5	25	37.65	6-D22	5	40	D10@250
#8	B45-N-10	450	570	2.5	25	37.65	6-D22	10	40	D10@250

(c) 실험체는 부재가 휨파괴 전에 전단파괴될 수 있도록 인위적으로 보의 전단내력이 휨내력시 전단력을 하회하도록 설계

(d) 실험체의 변수별 손상부위를 인위적으로 만들기 위하여 거푸집 제작시 스티로폼을 이용하여 손상부위에 콘크리트가 타설되지 않도록 함.

(e) 거푸집 탈형 후 모재강도가 충분히 발현될 수 있도록 28일이 경과된 후 MDF 시멘트 모르타르를 손상된 부위에 타설하였으며, 충전재 타설 후에도 충분한 강도를 발현할 수 있도록 4주 이상 기간양생

(f) MDF 시멘트모르타르 충전

(3) 주근이 겹침이음된 철근콘크리트 보의 골재종류에 따른 음향방출 실험

① 목적

본 연구에서는 주근이 겹침이음된 철근콘크리트 보에서 사용된 골재의 종류에 따른 전반적인 거동 특성 및 균열 진전과정에 따른 AE 신호 특성을 분석하고 철근콘크리트 보의 미시적인 손상 및 파괴특성을 비파괴적으로 평가하여, 향후 철근콘크리트 건설 시설물의 온라인 모니터링 및 기존 시설물의 건정성 평가 시스템 구축을 위한 기초적인 자료를 제시하고자 한다.

② 실험체 개요

순환골재의 구조부재에 대한 적용 가능성을 평가하기 위해 사용 골재를 변수로 하여 주근이 겹침이음된 철근콘크리트 보의 균열 및 파괴양상을 비교-평가하고, AEDML 신호 특성을 분석하여 부재의 손상과 AE의 관계를 실험적으로 규명하고자 하였다.

표 3.10 변수분석

실험체명	폭×깊이 (유효깊이) (mm)	길이 (순경간) (mm)	설계기준 강도 f_{ck} (N/mm^2)	주근인장 강도 f_y (N/mm^2)	인장 철근비 (A_s, ρ)	전단보강근비 (pitch, ρ_s(%))
$C30-1.0L_d$	170×300 (270)	2120(1820)	30	429	D13 3ea (381, 0.83)	D6@80 0.416
$RS30-1.0L_d$						
$RG30-1.0L_d$						

③ 실험체 설치 및 가력방법

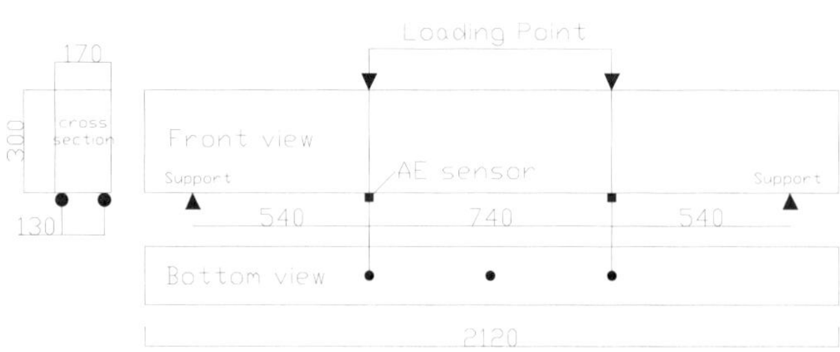

그림 3.48 AE 센서 부착위치

그림 3.49 AE 측정상황

(a) 실험체의 지점은 단순지지 조건으로 회전 또는 이동이 가능하도록 특수 제작하여 사용

(b) 보의 전체적인 수직 처짐량을 측정하기 위하여 보 지점부에 설치된 앵글 위에 변위계를 고정하여 보의 순수한 처짐량을 측정

(c) 균열발생 등 철근콘크리트 보의 손상에 따른 AE센서를 총 3개 설치하여 실험종료 시까지 AE신호를 측정

(4) 철골 커플링 보의 파괴 및 변형특성 실험

① 목적

본 논문에서는 철근콘크리트 전단벽과 철골 커플링 보 접합부의 보강 상세를 주요변수로 철골 커플링 보의 파괴 및 변형특성을 규명함으로써 합리적인 철골 커플링 보 및 철근콘크리트 벽체 접합부 설계에 대한 기초자료를 제시하고자 한다.

② 실험체 개요

실험체 설계시 고련된 변수는 철근콘크리트 벽체와 철골 커플링 보 접합부의 보강방법으로 총 5개의 실험체를 계획한다.

표 3.11 실험체 일람표

실험체명	스터드 볼트			구속철근	FBP	벽체 철근	
	개수	직경(mm)	길이(mm)	중앙부	두께(mm)	중앙부	매립부
SCB-SB	12	19	125	–	–	HD13@230	HD13@230
SCB-SBVR	12	19	125	–	–		HD13@100
SCB-SBVRT	12	19	125	HD 10×4	–		HD13@100
SCB-SBVRF	12	19	125	–	12		HD13@100
SCB-SBVRTF	12	19	125	HD 10×4	12		HD13@100

· 벽체단면 : 300mm×1,000mm

· 철골보 : H-350×175×7×11(SS400)

표 3.12 변수 분석

SCB-SB	수직철근의 커플링 보의 거동 및 접합부 파괴에 대한 기여도를 평가하기 위해서 스터드 볼트만을 보강한 실험체
SCB-SBVR	스터드 볼트와 벽체 수직철근을 동시에 보강한 실험체
SCB-SBVRT	커플링 보의 상하 플랜지 하부로부터 높은 집압응력이 작용되는 부위에 구속철근을 보강한 실험체
SCB-SBVRF	매립부 철골 커플링 보에 스티프너 보강판으로 보강된 실험체
SCB-SBVRTF	

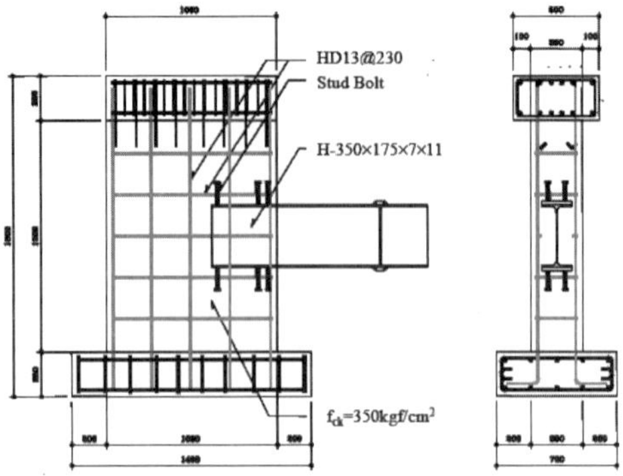

(a) SCB-SB

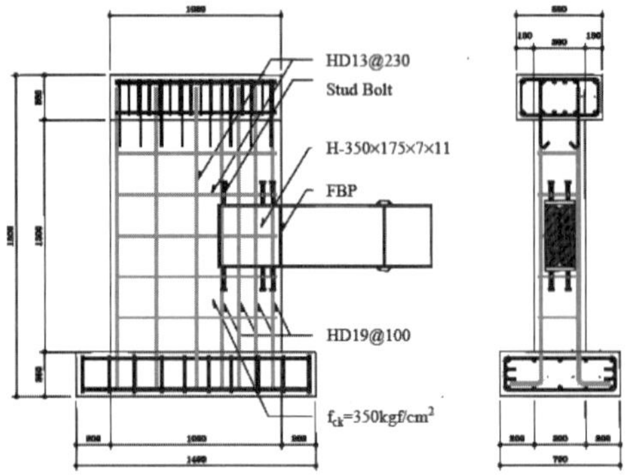

(b) SCB-SBVR

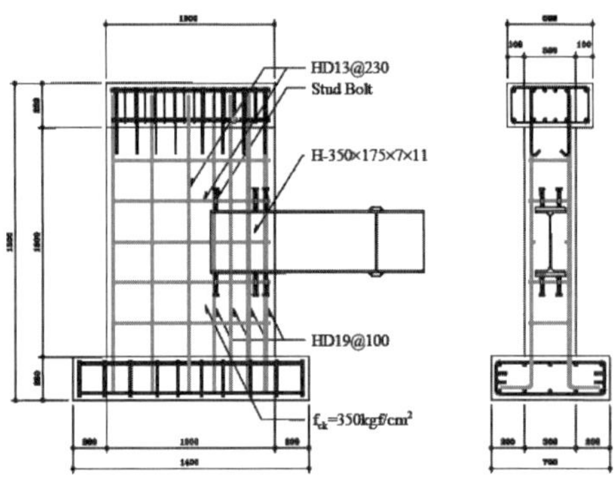

(c) SCB-SBVRT

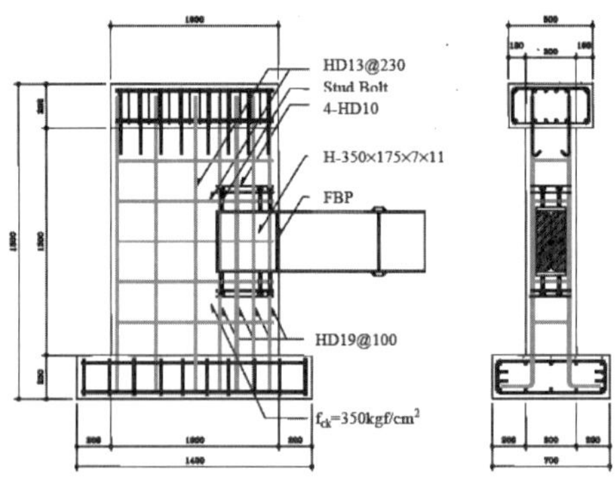

(d) SCB-SBVRF

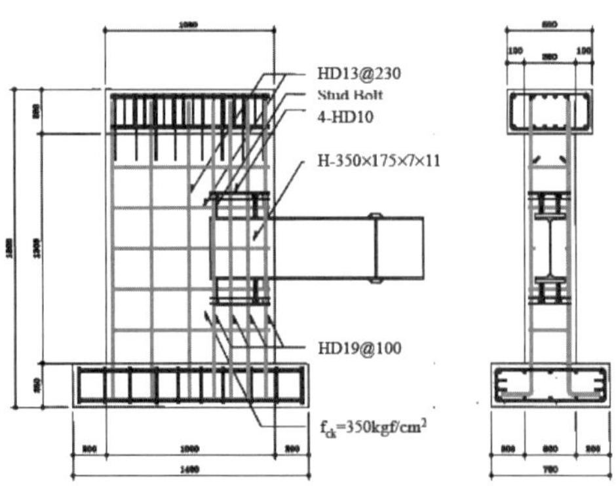

(e) SCB-SBVRTF

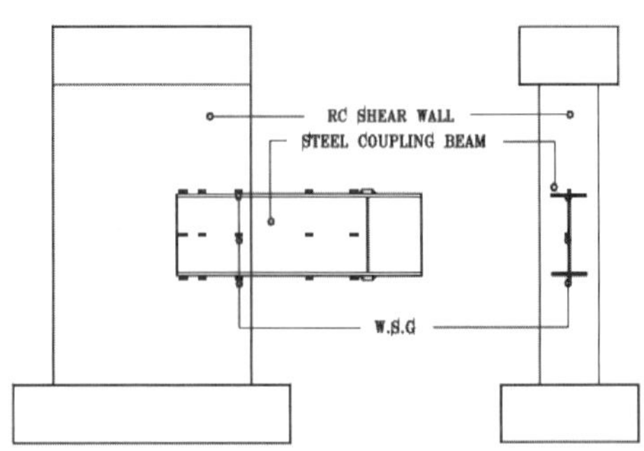

(f) 게이지 부착상황

그림 3.50 실험체 상세 및 게이지 부착상황

③ 실험체 설치 및 가력방법

(a) 벽체에 축하중을 도입하기 위하여 200tonf 용량의 오일잭과 로드셀을 사용

(b) 철골 커플링 보에 반복하중을 도입하기 위하여 100tonf 용량의 오일잭과 로드셀을 각각 사용

(c) 도입된 하중에 따라 철근콘크리트 벽체에 매립된 철골 커플링 보의 하중-변위 관계를 파악하기 위하여 철골 커플링 보 단부, 즉 재하점에서 27cm 떨어진 위치에 설치한 변위계로 도입된 하중별 변위를 측정

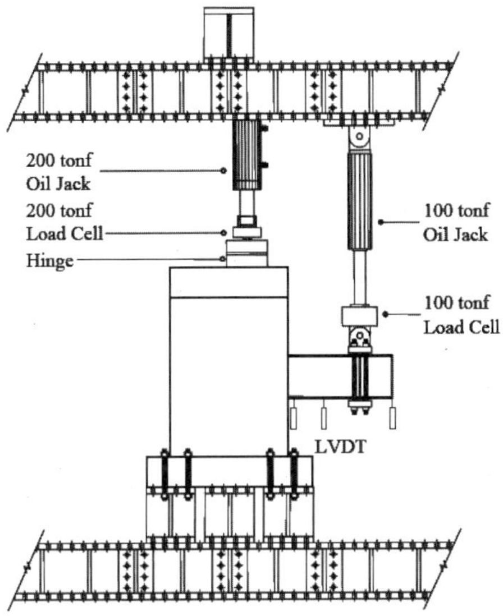

그림 3.51 실험체 설치상황

(d) 수직철근, 철골보 및 스터드 볼트의 변형상태를 파악하기 위하여 wire strain gauge를 부착하여 변형률을 측정

(e) 동일변위에서 3사이클씩 반복가력하며, 사이클별 최대강도가 항복하중의 50% 이하로 저하되었을 때 실험을 종료

(5) 탄소섬유 메시를 사용한 철근콘크리트 보의 휨보강실험

① 목적

본 연구에서는 CFM을 철근콘크리트 보의 구조적인 보강재로써 적용 가능성을 검토하기 위하여 CFM으로 휨 보강된 철근콘크리트 보의 보강효과를 평가하고, 아울러 철근콘크리트 보의 CFM 보강시 CFM 보강비에 대한 한계값 등을 제시함으로써 CFM에 의한 철근콘크리트 구조물의 보강기법 개발을 위한 기초자료를 제공하고자 한다.

② 실험체 개요

(a) CFM 보강 유무 및 보강면의 표면 칩핑 유무, CFM 단부고정 정착크립의 유무, 정착크립의 개수 등을 주요변수로 하였다.

표 3.13 실험체 일람표

실험체명	실험변수	표면처리	단부크립	CFM보강
ST#1	표준 실험체	–	–	×
ST#2	보강 실험체	○	○	○
ST#3	정착철물 무	○	×	○
ST#4	칩핑 무	×	○	○
ST#5	정착철물 개수	○	○	○

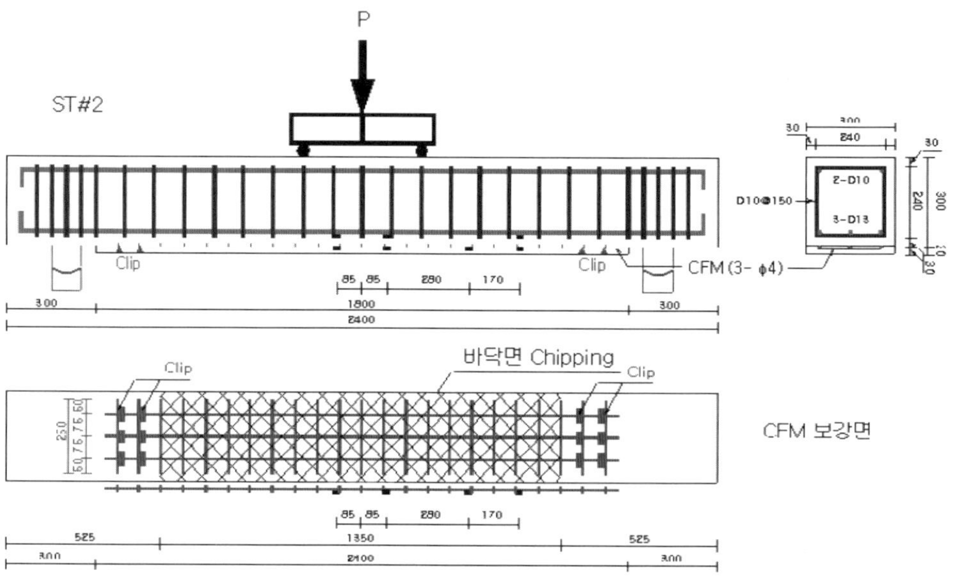

그림 3.52 실험체 형상

(b) CFM으로 휨보강된 철근콘크리트 보의 보강효과를 평가하기 위하여 전술한 방법에이 의해 제작된 실험체는 단순지지 조건하에서 4점 재하되었다.

(c) 가력 및 도입하중의 측정은 50tonf 용량의 유압잭 및 30tonf 용량의 로드셀을 이용하였다.

(d) 하중재하방법은 실험체의 항복하중까지는 하중조절방식, 그 이후부터는 변위조절방식에 의하여 가력

(e) 보 받침부의 지압파괴를 방지하기 위하여 두께 10mm 고무판을 설치하고 받침부에도 플레이트 판과 고무판을 설치하였다.

(f) 보의 중앙부 및 가력부 하단의 처짐을 측정하기 위하여 3개의 변위계를 설치

(g) 보 주근의 변형률을 측정하기 위하여 순수 휨 구간 내 중앙부 철근에 2개, 구간

밖에 1개의 Wire Strain Gauge를 부착

(h) CFM 보강 실험체의 경우에는 휨인장측 철근과 CFM의 응력 분담률을 측정하기 위해 CFM 4개소에 Wire Strain Gauge를 부착

(6) CFRP 판으로 휨 보강된 철근콘크리트 보의 음향방출실험

① 목적

본 연구에서는 외력에 의해 발생된 탄성파 특성을 근거로 내부 손상에 관한 객관적인 데이터를 제고하며, 실사용 구조물에서 결함의 실시간 계측이 가능한 음향방출 기법을 사용하여 FRP 보강부재의 파괴기구를 규명하고자 하였다. 이를 위해 보강 매수와 보강방법을 변수로 하여 CFRP판으로 보강된 철근콘크리트 보를 계획하였으며 CFRP의 보강효과에 따른 AE 신호특성을 분석함으로써 부재 내의 손상 메커니즘을 비파괴적으로 비교 분석하고자 하였다.

② 실험체 개요

표 3.14 실험체 일람표

실험체명	보강형태	단면 (b×d) (mm)	길이 (순경간) (mm)	콘크리트설계 기준압축강도 (f_{ck}, N/mm^2)	철근항복강도 (f_y, N/mm^2)	인장철근비 (A_s, ρ) (mm^2,%)	전단보강근 비(pitch, ρ_s(%))
CB	무보강	20× *270	2,000 (1700)	37	516	D13 4ea (508,0.98)	D13@80, 1.59
P1-C1.0-S0-A	하부1매						
P2-C1.0-S0-A	하부2매						
P1-C1.0-S0.4-A	하부1매 +측면40%						

CFRP로 보강된 철근콘크리트 보의 AE 신호특성을 평가하기 위하여 보강매수와 보강방법을 변수로 하여 총 4개의 실험체를 계획

(a) CFRP를 무보강한 기준실험체 CB

(b) 밑면에 판을 1매 보강한 P1-C1.0-S0-A

(c) 판을 길이방향으로 2매 병렬 부착하여 보강한 P2-C1.0-S0-A

(d) 측면 단부 구속효과를 알아보기 위하여 밑면 1매와 시트로 측면 단부를 40% 보강한 P1-C1.0-S0.4-A

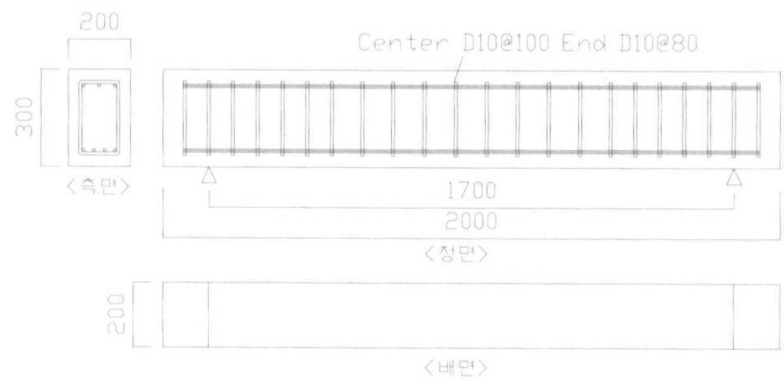

(a) CB

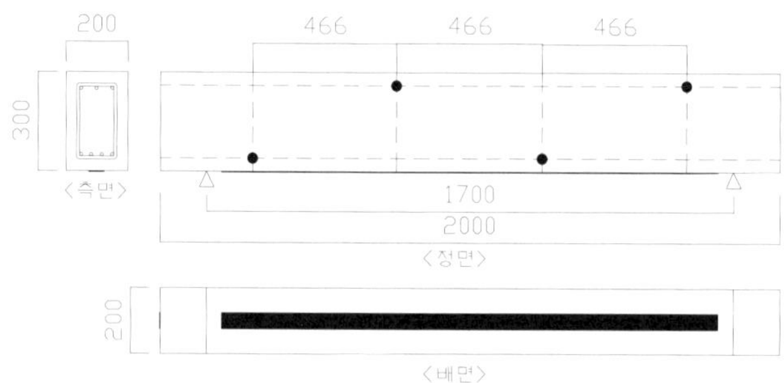

(b) P1-C1.0-S0-A

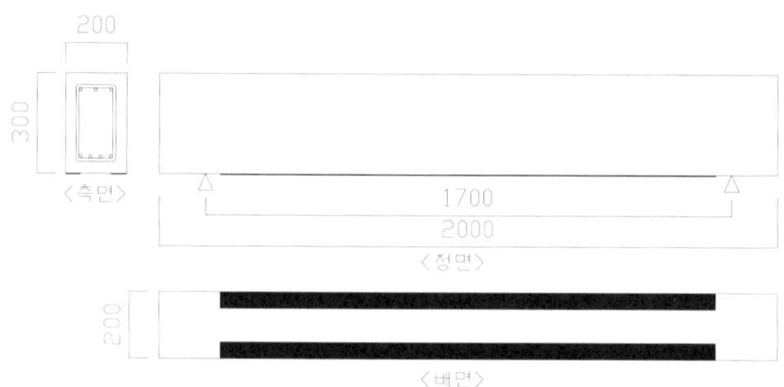

(c) P2-C1.0-S0-A

(d) P1-C1.0-S0.4-A

그림 3.53 실험체 상세

③ 실험체 설치 및 가력방법

(a) CFRP로 보강된 철근콘크리트 보의 손상진전에 따른 AE 신호특성을 측정하기 위해 2000kN 용량의 만능재료시험기(UTM)를 사용하여 3점 가력

(b) 하중의 증가에 따른 균열의 진전을 파악하기 위하여 150kN 이전까지는 10kN을 주기로 하중제어하였으며 150kN 이후 실험체의 파괴 시까지 하중을 지속적으로 가함

(c) AE신호는 삼각형 탐사기법을 사용하여 측정

3) 기둥 실험

(1) 탄소섬유시트로 전당보강된 철근콘크리트 기둥의 거동실험

① 실험목적

CFS로 전단보강된 철근콘크리트 기둥의 전단실험을 통하여 CFS의 전단보강량에 따른 철근콘크리트 기둥의 이력특성을 파악하고 최대강도, 연성비, 에너지 흡수능력 등을 비교함으로써 CFS에 의한 전단내력 향상과 연성확보와 같은 전단보강성능을 평가하고자 한다.

② 실험계획

(a) CFS의 보강량에 따른 전단내력의 향상효과와 기둥의 연성확보 여부를 평가하기 위하여 총전단보강비 (ΣP_W)가 다른 총 5개의 실험체를 계획하였다.

(b) 모든 실험체에는 D13의 주근이 12개 ϕ6의 전단철근이 130mm 간격으로 배근되었다.

(c) 기둥의 단면은 30cm×30cm의 정방형 기둥으로 높이는 90cm이다.

(d) 주두부분을 단면 90cm×70cm, 높이 60cm로 계획하였다.

표 3.15 실험체 일람표

실험체명	배근 및 보강방법		전단보강비(%)				
	전단보강	보강방법	CFW ($_SP_W$)	전단철근 ($_jP_W$)	ΣP_W(1)	ΣP_W(2)	ΣP_W(3)
CF-NO	7- ϕ6@130	–	–	0.151	0.151	0.151	0.151
CF-40W	7- ϕ6@130+W40	횡보강	0.0228		0.174	0.178	0.260
CF-85W	7- ϕ6@130+W85	횡보강	0.0484		0.200	0.208	0.382
CF-1PLY	7- ϕ6@130+1PLY	횡보강	0.0740		0.225	0.239	0.504
CF-2PLY	7- ϕ6@130+2PLY	횡보강	0.1480		0.299	0.326	0.856

③ 실험방법

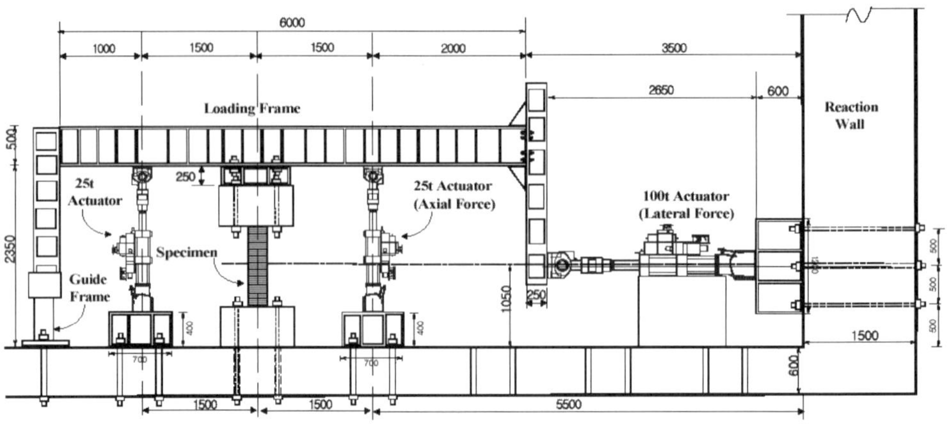

그림 3.54 실험체 설치상황(단위 : mm)

(a) 실험체는 기둥의 하부 주두가 완전고정 상태가 되도록 4개의 ϕ65mm 강봉을 반력 슬래브에 긴결시켰으며, 횡력 탄소섬유시트로 전단보강된 철근콘크리트 기둥의 거동이 가력되는 동안 축하중에 의한 면외좌굴이 발행하지 않도록 보조 프레임과 볼지그를 설치하였다.

(b) 실험체 양쪽에 25tonf actuator 2개를 사용하여 48.6tonf 크기의 압축력을 가력하였으며, 이후 반력벽에 설치된 100tonf actuator를 이용하여 변위제어 방식으로 횡하중을 주었다.

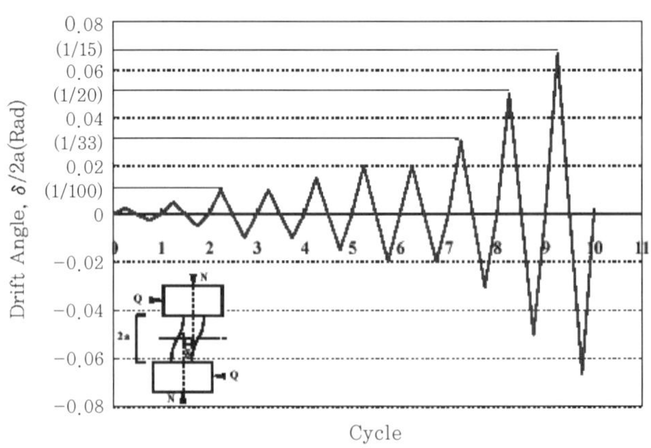

그림 3.55 실험체에 적용된 변위이력

(c) 횡력의 가력방식은 실험체의 횡변위를 가력점의 높이로 나눈 부재각에 따라 1/400, 1/200, 1/100, 1/67, 1/50, 1/33, 1/20, 1/15까지 단계별로 점증 가력하여 측정하였다.
(d) 실험체 외부에 총 8개의 LVDT를 설치하여 실험체의 횡변위, 수직변위, 회전, 슬립을 측정하였다.
(e) 실험체의 내부 응력분포, 철근변형 상태와 실험체의 항복을 결정하기 위하여 PL-60(60mm) 게이지를 부착하였다.

(2) 고강도콘크리트를 충전한 강관 단주에 관한 실험적 연구

① 목적

합성부재는 이질재료의 결합에 의한 상호 보완적 요소를 갖고 있기 때문에 강관과 콘크리트의 강도 조합에 따른 역학적 거동을 알아보기 위해 본 연구에서는 일반강도를 갖는 강관과 고강도콘크리트와의 조합에 따른 단주의 축하중-변위 관계 실험을 통하여 파괴모드, 초기강성, 최대 변형도비, 콘크리트 충전에 따른 내력 상승효과, 하중-변형도 관계 등을 비교·분석하고자 한다.

② 실험체 개요

냉간가공 강관은 제작 고정에 있어서 용접 및 소성 가공에 의하여 단면 내에 잔류응력이 존재하게 된다. 단주 압출실험은 이와 같은 영향을 파악하고 축압에 대한 체계적인 거동을 파악하기 위해 실시한다. 실험체의 길이는 단면폭 또는 지름의 3배로 계획하였으며 SP400급 원형강관 CE(F)10-1, CE(F)10-2, CE(F)10-3, CE(F)10-4의 4종류와 각형강관 SE(F)10-1, SE(F)10-2, SE(F)10-3, SE(F)10-4에 대해서 충전 및 비충전 실험체를 각각 2개씩 총 32개를 제작하였다.

표 3.16 실험체 일람표

실험체명	강판실측크기 (mm)	$D(b)/t$	A_s (cm^2)	A_c (cm^2)	A_s/A_{total} (%)	σ_y (tf/cm^2)
CF10-1	101.6×3.77	27	11.58	69.45	14.29	3.72
CF10-2	76.3×2.07	37	4.82	40.88	10.55	3.00
CF10-3	89.1×2.5	36	6.80	55.52	10.91	2.98
CF10-4	114.3×2.48	46	8.71	93.85	8.49	3.45

표 3.16 실험체 일람표

실험체명	강판실측크기 (mm)	$D(b)/t$	A_s (cm^2)	A_c (cm^2)	A_s/A_{total} (%)	σ_y (tf/cm^2)
SF10-1	50×50×2.93	13	5.52	19.48	22.08	3.48
SF10-2	75×75×2.95	22	8.50	47.75	15.11	4.34
SF10-3	100×100×2.89	31	11.23	88.77	11.23	3.75
SF10-4	100×100×2.14	43	8.38	91.62	8.38	2.20

C : 원형강관, S : 각형강관, E : 비충전, F : 충전, 1,2,3,4 : 강판의 크기 분류, 폭-두께비 순

D/t : 원형 지름-두께비, b/t : 각형 평판부 폭-두께비, A_s/A_{total} : 전체단면적에 대한 강재면적의 백분율

σ_y : 단주 실험으로 구한 항복응력

③ 실험체 설치 및 가력방법

실험체 형상 및 측정위치는 가력은 100톤 및 200톤급 유압식 만능시험기로 중심압축이 되도록 하였고, 일정 가력 후 부착된 변형도 게이지의 값을 확인한 후 초기치를 잡고 본 실험을 실시하였다.

변형도 측정은 실험체 중앙부에 길이방향과 강관방향으로 1축 변형도 게이지를 2면에 직각이 되게 부착하였고 축변위를 측정하기 위한 50mm LVDT를 대각방향으로 모서리 부분에 4개 설치하여 그 평균치를 변위량으로 하였다.

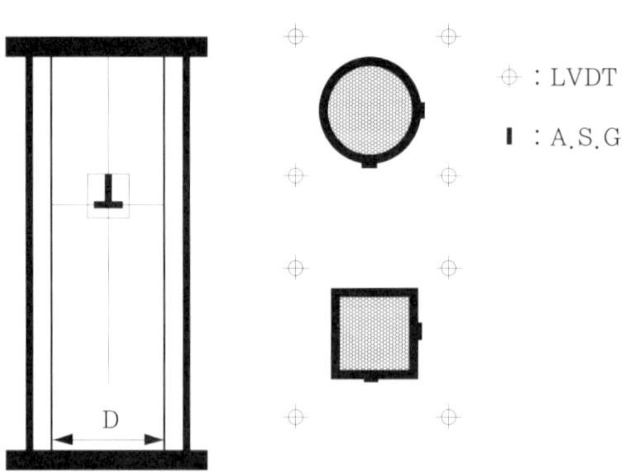

그림 3.56 실험체 형상 및 측정위치

(3) 원형 및 각형강관에 고강도 콘크리트를 충전한 단주의 축압축 거동실험

① 목적

본 연구는 고강도콘크리트와 일반강도 강관과의 축압축 단주실험을 통하여 콘크리트의 강도 조합에 따른 역학적 거동을 알아보기 위해 파괴모드, 초기강성, 최대변형률비,

콘크리트 충전에 따른 내력 상승효과, 하중-변형률비 관계 등을 비교·분석하고 각국의 규준 비교를 통하여 고강도콘크리트의 CFT 적용을 위한 기초적 자료를 축적하고자 한다.

② 실험체 개요

냉간가공 강관은 제작과정에 있어서 용접 및 소성 가공에 의하여 단면 내에 잔류응력이 존재하게 된다. 단주압축시험은 이와 같은 영향을 파악하기 위해 실시한다. 그러나 본 시험에서는 이러한 잔류응력을 측정하지 않았고 기성제품을 이용한 실험체 제작 길이는 단면폭 또는 지름의 3배로 계획하였으며 SPSR400급의 각형강관(□－50×50×2.9, □－75×75×3.2, □－100×100×3.2, □－100×100×2.3)와 SPS400급 원형 강관(SPS400 ϕ－101.6×3.6, ϕ－76.3×2.3, ϕ－89.1×2.4, ϕ－114.3×2.3)에 대해서 충전 및 비충전 실험체를 각각 2개씩 총 48개를 제작하였다.

③ 실험체 설치 및 가력방법

실험체 형상 및 측정위치는 그림 3.57과 같다. 가력은 100톤 및 200톤급 유압식 만능기로 중심압축이 되도록 하였고, 탄성범위 내의 가력 후 부착된 변형률 게이지의 값을 확인한 후 초기치를 설정하고 실험을 실시하였다.

축변위를 측정하기 위한 50mm 변위계(다이얼게이지, LVDTs)를 대각방향으로 모서리 부분에 4개 설치하여 그 평균치를 변위량으로 하였다. 변형률은 콘크리트를 충전하기 전에 부착한 테이프를 제거하고 샌드페이퍼를 면갈이를 한 다음 아세톤을 이용하여 표면의 불순물을 제거하고 실험체 중앙부에 길이방향과 강관방향으로 1축 변형률 게이지를 2면에 직각이 되게 부착하여 데이터 로거를 이용하여 측정하였다.

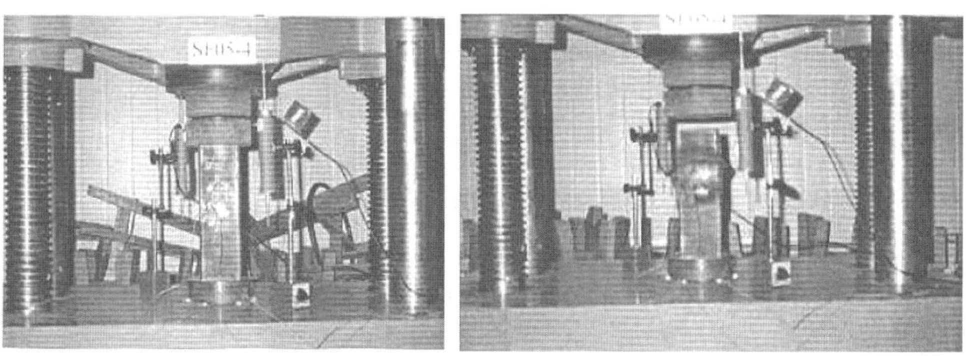

(a) 가력 전 상황　　(b) 가력 종료 상황

그림 3.57 가력 상황

4) 전단벽체의 실험

(1) 2방향 반복하중을 받는 L형 RC 벽체의 횡보강 상세에 따른 내진성능의 평가실험

① 목적

본 연구에서는 L형 벽체가 이방향 수평하중을 받는 경우, 접합부에 하중이 집중되어 코너부에서 압축파괴될 가능성이 매우 높은 L형 벽체를 선정하고, 구조실험을 통해 얻은 결과를 토대로 L형 벽체의 적절한 횡보강 설계를 위한 기초자료를 제공하고자 한다. 또한, 설계시 코너부의 구속면적과 횡보강근의 영향이 고려된다면 효과적인 수평저항 요소가 될 것으로 판단된다.

② 실험체 개요

L형 벽체의 특성을 고려하여 횡보강근의 구속영역과 시공성을 고려한 배근상세를 주요변수로 하여 실험체를 계획하였다.

표 3.17 실험체 일람표

No	실험체명	형상비	단부 및 코너부의 배근				
			코너부 구속범위	코너부 철근 수직철근비	구간	코너부 횡보강근	단부 횡보강근
1	LCU	1.88	13cm(0.15lw)	8-D13 (0.024)	s*	D10@35	D10@35
			코너부		s**	D10@75	D10@75
2	LCU-alb	1.88	13cm(0.15lw)	8-D13 (0.022)	s*	D10@70	D10@35
			코너부		s**	D10@150	D10@75
3	LCU-a2b	1.88	26cm(0.15lw)	12-D13 (0.024)	s*	D10@70	D10@35
			코너부		s**	D10@150	D10@75
4	LCU-b1	1.88	13cm(0.15lw)	8-D13 (0.024)	s*	D10@35	D10@35
			코너부		s**	D10@150	D10@150

* 코너부의 배근상세는 ACI 318-99 기준에 제시되어 있는 강지지역에 대한 단부보강 상세를 적용
· 기준실험체인 LCU 실험체는 횡보강근을 코너부에 집중한 것
· LCU-alb 실험체는 코너부에 집중된 횡보강근을 양 벽체 내측으로 이동시킨 것
· LCU-a2b 실험체는 코너부에 집중된 횡보강근의 구속영역을 증가시킨 것
· LCU-b1 실험체는 코너부 상부의 횡보강근 간격을 2배로 증가시킨 것을 제외한 것

(2) 개구부 설치를 위해 부분적으로 절단한 철근콘크리트 장방형 전단벽의 실험

① 목적

본 연구에서는 전용 18평형 공동주택을 대상으로 다음 그림과 같이 인접세대간의 벽을 개구부를 목적으로 철거하여 세대를 병합하는 세대병합형 리모델링 수법을 적용하

였다.

이러한 세대병합에 따라 기존 벽식구조 아파트의 리모델링 시 예상되는 내력벽의 부분적인 절단 또는 해체 시 손상 이전과 손상된 이후 전단벽체의 구조성능을 비교·분석하기 위하여 절단된 개구부의 면적에 따른 전단벽의 구조성능을 평가하고 벽체의 응력손실을 고려하여 손상된 전단벽체가 소정의 내진성능을 활보할 수 있는 보강설계기법을 제안하기 위한 기초자료를 제시하고자 한다.

또한 개구부를 갖는 전단벽의 전단강도 특성과 현행 규준 식에 대한 적용 가능성을 평가하고자 한다.

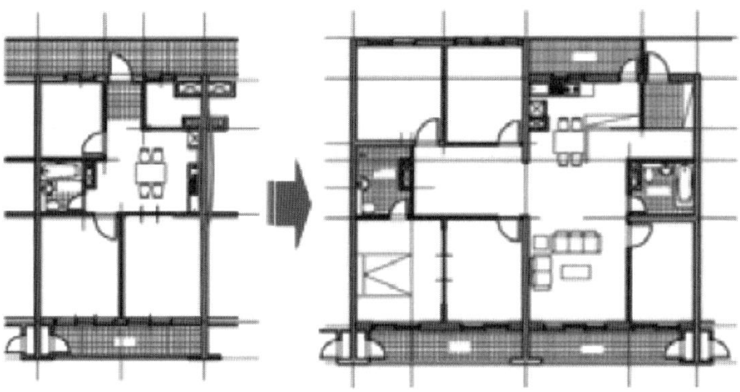

그림 3.58 본 연구에 사용된 세대병합형 리모델링 유형

② 실험체 개요

실험체는 실제 현장타설과 유사하도록 하기 위하여 수직으로 타설하도록 계획하였다. 그림 3.61에서 나타낸 바와 같이 절단되는 개구부는 벽체의 타설 후 절단하여 설치되어야 타당하지만 1/3로 축소한 실험체 벽체두께가 70mm로 직접적인 절단이 곤란하여 타설 전 철근을 절단하고 개구부 보강 없이 거푸집을 설치하여 제작하였다.

표 3.18 실험체 일람표

실험체명	콘크리트 압축강도	벽두께 (mm)	개구부 면적비	축하중(kN)	벽체		
					$l_w \times h_w \times t$ (mm)	ρ_v(%)	ρ_h(%)
Prototype	21.23	70	0.00	323.62	2,000×900×70	0.34	0.66
Wall-0.30			0.30				
Wall-0.39			0.39				

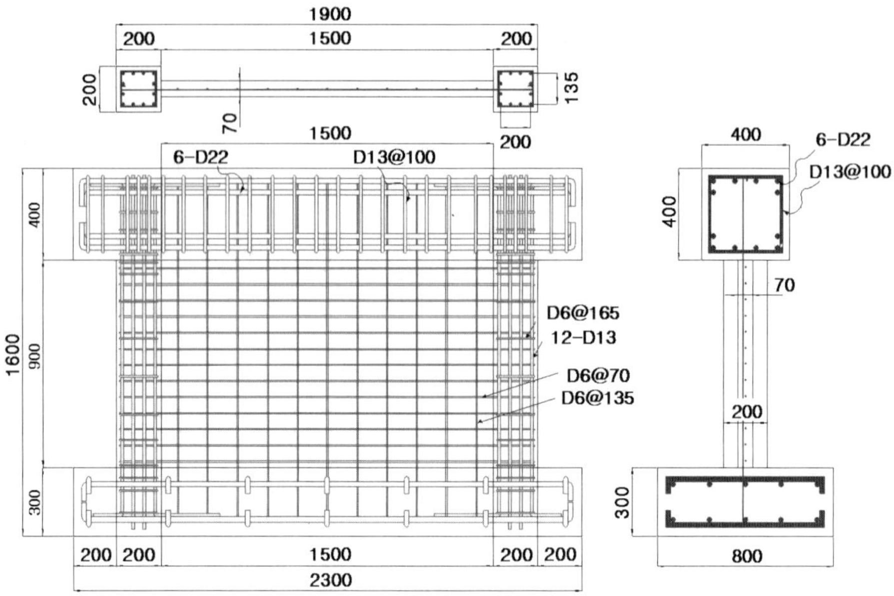

(a) Prototyp

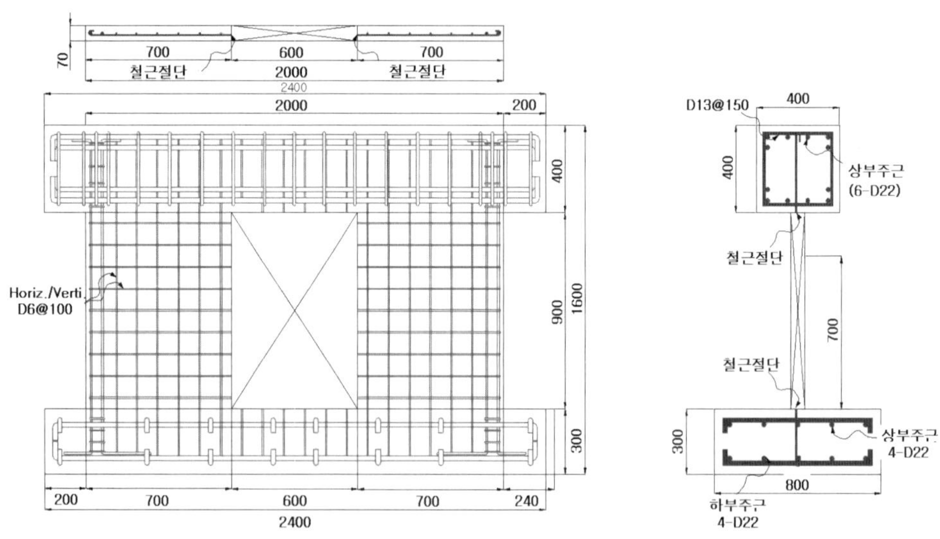

(b) Wall-0.30

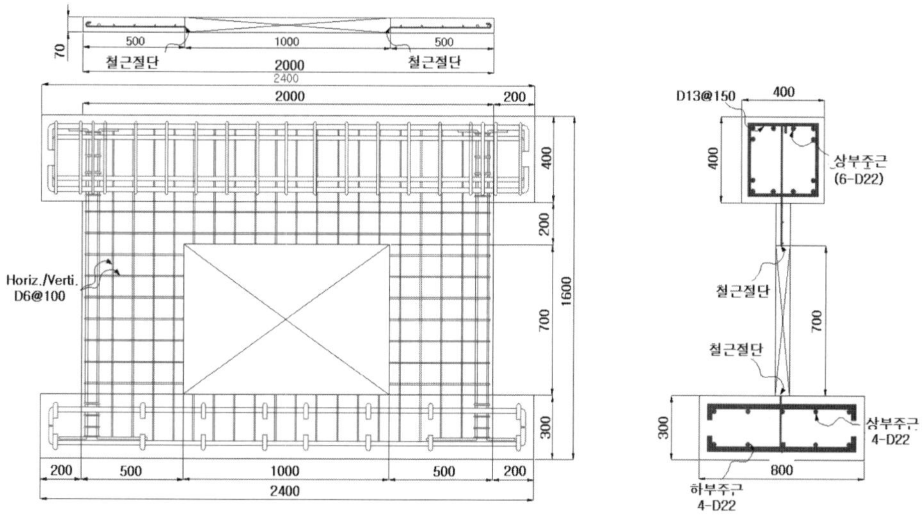

(c) Wall-0.39

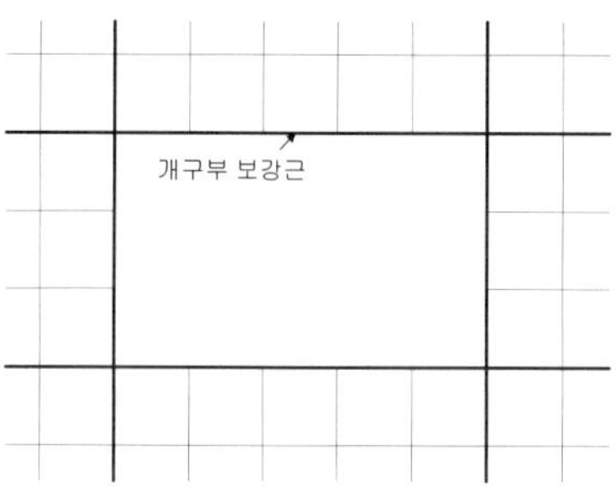

(d) 개구부 보강근을 갖는 전단벽

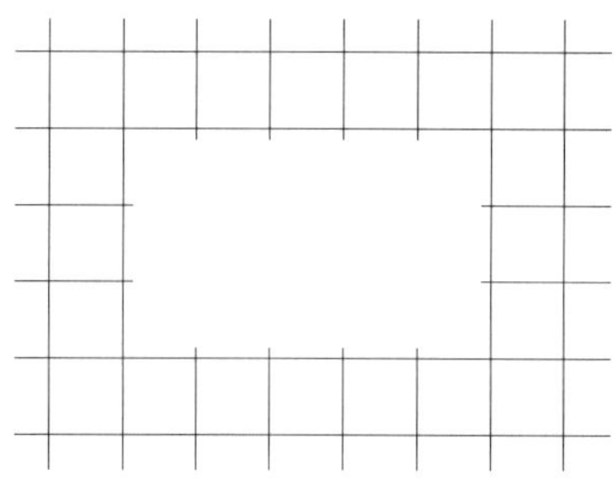

(e) 전단되어 개구부 보강근이 없는 전단벽

그림 3.59 실험체의 배근 및 상세

· Prototype : 손상이전의 전단벽 실험체

· Wall-0.30 : 개구부의 면적비가 0.30인 실험체

· Wall-0.39 : 개구부의 면적비가 0.39인 실험체

③ 실험체 설치 및 가력방법

(a) 기초부가 완전고정 상태가 되도록 강봉을 사용하여 반력바닥에 긴결

(b) 횡방향 하중이 가력되는 동안 실제 건축물에서의 슬래브의 벽체 횡지지 효과 및 축하중에 의한 면외좌굴이 발생하지 않도록 횡하중 가력선상에 좌굴방지용 보 및 볼지그를 추가적으로 설치

(c) 횡하중은 반력벽에 설치된 1,000kN 용량의 Actuator를 이용하여 변위제어방식으로

가력

(d) 축력은 1층 벽체에 작용하는 축하중을 재현하기 위하여 반력바닥 하부에 설치된 1,500kN 용량의 오일잭을 이용하여 $0.1A_g f_{cu}$의 하중을 실험종료 시까지 일정하게 유지

(e) 횡력은 부재각으로 제어

(f) 실험체의 외부면에 각 실험체의 층변위, 벽체의 곡률, 휨 및 전단변위를 측정하기 위하여 총 16개의 변위계(LVDT)를 설치

(g) 실험체 내부의 응력분포, 철근변형률 게이지(Wire strain gauge)를 수직 및 수평철근에 각각 부착

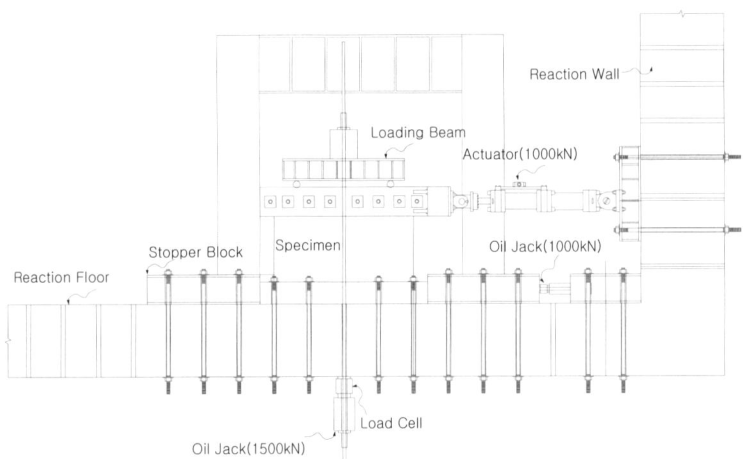

그림 3.60 실험체 설치상황

(3) 개구부가 있는 현장타설 끼움벽의 구조성능과 전단강도실험

① 목적

본 연구에서는 개구부가 있는 끼움벽의 내진성능 규명을 위하여 비내진 상세를 갖는 골조 실험체와 개구부 유무에 따른 현장타설 끼움벽의 거동 및 대각선 보강철근의 기여도를 실험결과를 통하여 분석하고, 이론값을 통하여 개구부가 끼움벽에 끼치는 많은 영향을 검증하고 한다. 이를 위하여 4개의 실험체에 반복횡하중 재하실험이 선행되었으며, 이 결과를 바탕으로 일본 현장타설 끼움벽 규준 식을 통하여 그 성능을 검토하고 CIP 끼움벽의 전단강도 및 변형능력 특성을 분석하여 CIP 끼움벽의 적용을 위한 기초자료를 제시하고자 한다.

② 실험체 개요

표 3.19 실험체 일람표

<table>
<tr><th rowspan="2">실험체명</th><th rowspan="2">f_{cu}
(MPa)</th><th rowspan="2">P_n
(kN)</th><th colspan="6">벽체</th><th colspan="4">경계부재</th></tr>
<tr><th>$l_w \times h_w \times t$
(mm)</th><th>ρ_v
(%)</th><th>ρ_h
(%)</th><th>η</th><th>ρ_a
(%)</th><th>ϕ</th><th>$B \times D$
(mm)</th><th>ρ_v</th><th>ρ_h</th><th>ϕ</th></tr>
<tr><td>LRCF</td><td rowspan="4">21.23</td><td rowspan="4">282.24</td><td>–</td><td>–</td><td>–</td><td>–</td><td>–</td><td>–</td><td rowspan="4">200×200</td><td rowspan="4">1.07</td><td rowspan="4">1.10</td><td rowspan="4">D13</td></tr>
<tr><td>CIW-1</td><td rowspan="3">1,500×900×70</td><td>0.31</td><td>0.70</td><td></td><td rowspan="3">0.32</td><td rowspan="3">D6</td></tr>
<tr><td>CIW-01</td><td>0.39</td><td>0.75</td><td rowspan="2">0.39</td></tr>
<tr><td>CIW-02</td><td>0.51</td><td>0.95</td></tr>
</table>

· LRCF : CIP끼움벽의 구조성능을 실험으로 규명하기 위해 비내진 상세를 갖는 골조실험체
· CIP-1 : 개구부가 없는 현장타설 끼움벽
· CIP-01 : 개구부가 있는 현장타설 끼움벽
· CIP-02 : 개구부 양 옆을 대각선 철근으로 보강한 끼움벽 실험체

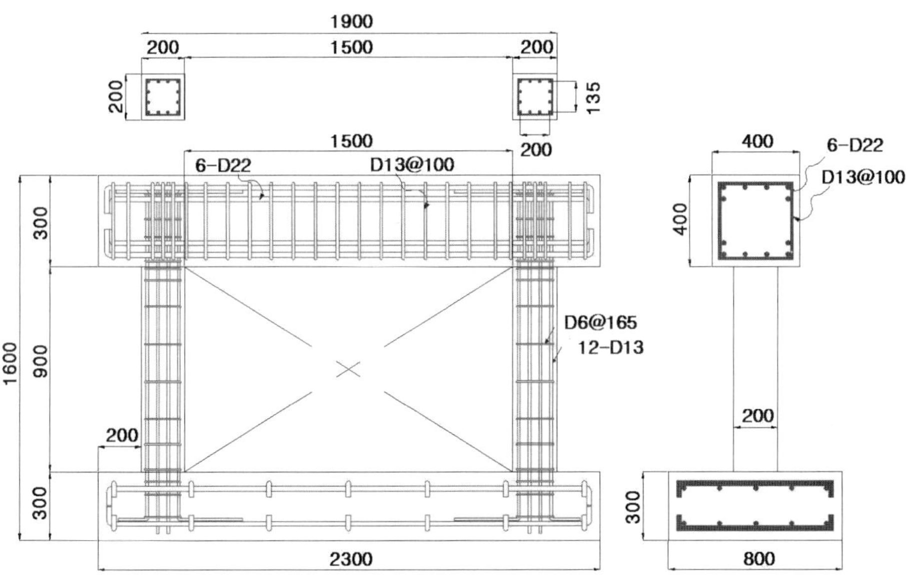

(a) LRCF

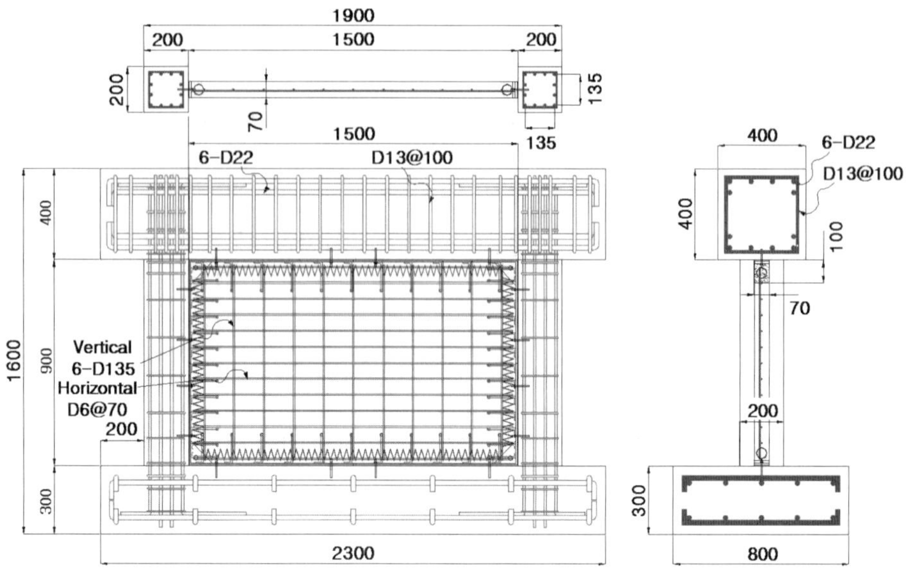

(b) CIW-1

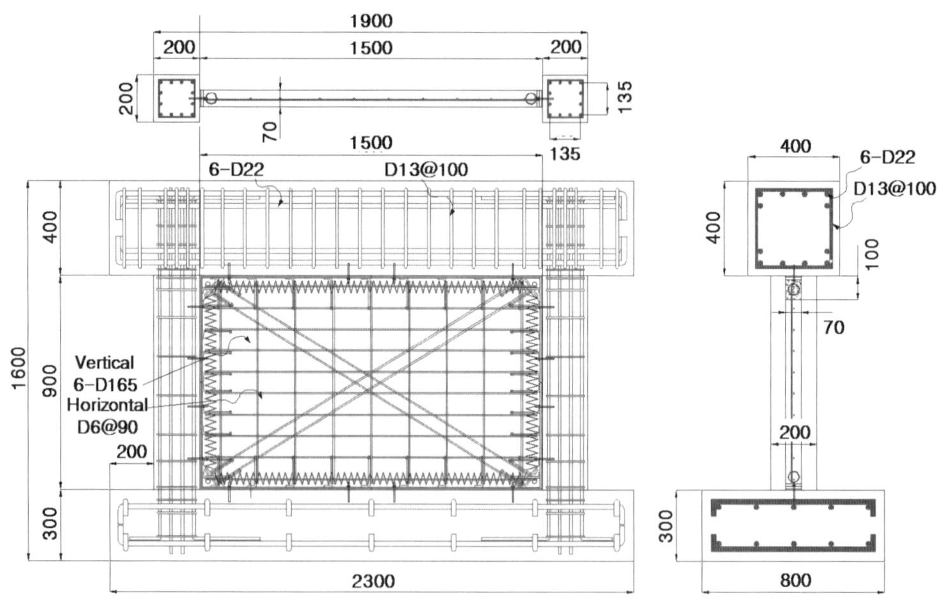

(c) CIW-01

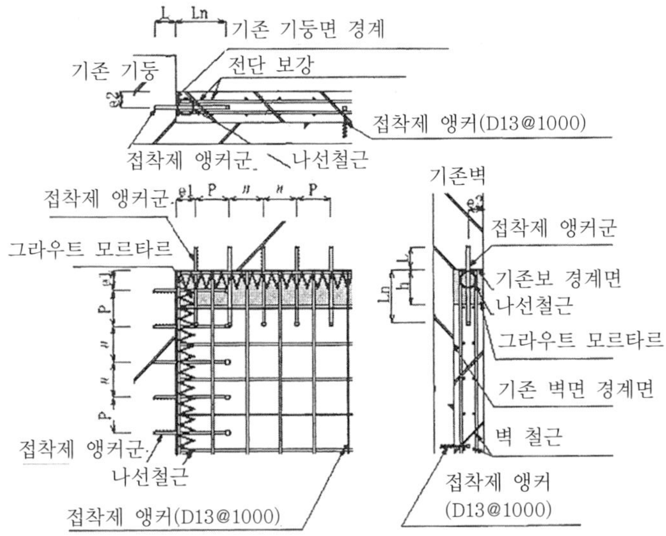

그림 3.61 실험체별 배근 및 끼움벽 보강 상세

③ 실험체 설치 및 가력방법

(a) 실험체 상부에 1500kN 용량의 오일잭으로 $0.1A_g f_{cu}$의 축하중을 일정하게 유지

(b) 횡하중은 1,000kN 용량의 actuator로 변위제어

(c) 동일 변위각 하에서 3회 반복하여 점증가력

(d) 벽판의 좌굴방지를 위하여 볼지그를 설치

(e) 실험체는 반력바닥에 완전 고정상태가 되도록 강봉 및 실험체 좌우의 고정철물로 고정

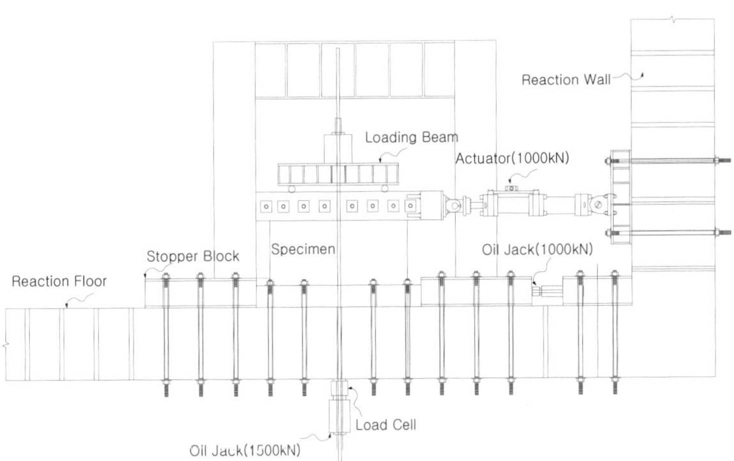

그림 3.62 실험체 설치상황

(4) 개구부를 위해 인위적 손상을 입은 철근콘크리트 장방형 전단벽의 실험

① 목적

본 연구에서는 비내진 상세를 갖는 철근콘크리트 전단벽의 거동에 미치는 개구부의 영향을 분석하고 이에 대한 구조적 문제점을 도출하여 리모델링 공사 후 손상된 전단벽체가 소정의 내진성능을 확보할 수 있는 보강설계기법을 제안하기 위한 기초자료를 제시하고자 한다.

② 실험체 개요

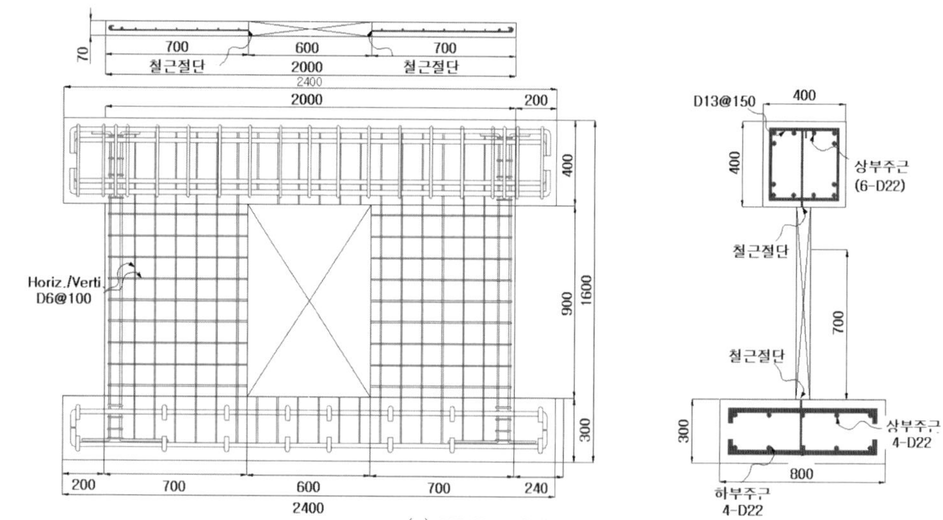

(a) Wall I-0.30

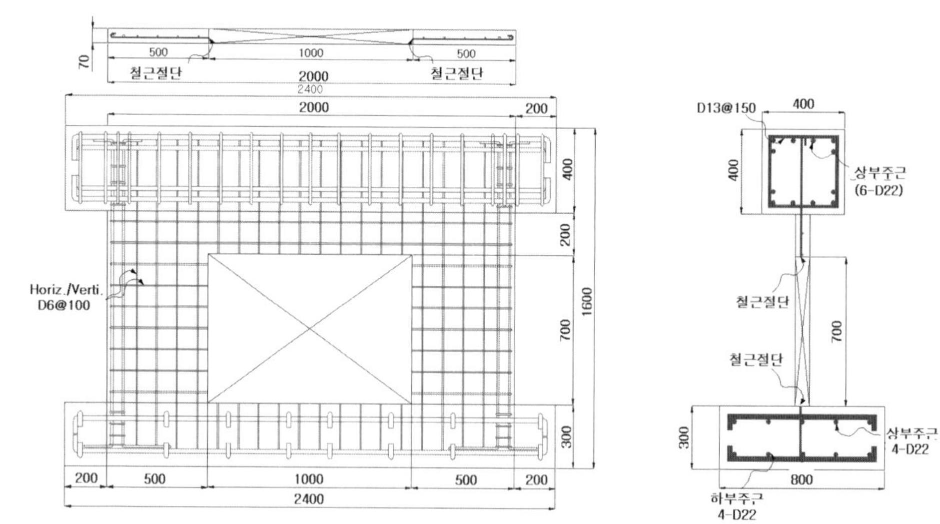

(b) Wall II-0.39

그림 3.63 실험체 상세

· Wall I-0.30 개구부의 면적비－30%

· Wall II-0.39 개구부의 면적비－39%

③ 실험체 설치 및 가력방법

실험체 설치상황

측정장치

그림 3.64 실험체 상황

(a) 벽체의 기초부가 완전고정 상태가 되도록 강봉으로 반력바닥에 설치

(b) 횡방향 하중이 가력되는 동안 축하중에 의한 면외좌굴이 발생하지 않도록 횡하중 가력선상에 좌굴방지용 보 및 볼지그를 추가적으로 설치

(c) 횡하중은 반력벽에 설치된 1,000kN 용량의 actuator를 이용하여 변위제어방식으로 가력

(d) 축력은 1층 벽체에 작용하는 축하중을 재현하기 위하여 반력바닥 하부에 설치된 1,500kN 용량의 오일잭을 이용하여 $0.1A_g f_c'$의 하중을 실험종료 시까지 일정하게 유지

(e) 실험체의 외부면에 설치된 총 16개의 변위계(SDT & LVDT)는 각 실험체의 층변위, 벽체의 곡률, 휨 및 전단변위를 측정하기 위하여 설치

(f) 실험체 내부의 응력분포, 철근의 변형상태와 실험체의 항복을 결정하기 위하여 철근 게이지를 주요 수직, 수평철근에 부착

(g) 횡가력 방식은 실험체의 횡변위를 측정점의 높이로 나누어준 부재각으로 제어

(h) 반복가력 시 강도저하를 평가하기 위하여 각각의 부재각별로 3회씩 반복가력하도록 제어

(i) 초기 시이클은 가력 및 계측장치의 점검을 위하여 탄성범위 내에서 가력하도록 계획

(5) 경량 합성벽체의 전단성능 및 압축내력실험

① 목적

본 연구에서는 기존의 스틸스터드 벽체의 내부에 경량 기포모르타르를 타설하고 석고보드 OSB 등의 면재를 부착하거나 경량 기포모르타르 자체로 마감한 경량 합성벽체에 대한 전단 및 압축성능에 대하여 평가하고자 하였다.

② 실험체 개요

실험체는 스틸스터드 조립 패널에 경량 기포모르타르를 타설한 경량 합성벽체를 기본으로 하였으며, 기존 시틸스터드 조립 패널과 비교하여 경량 기포모르타르의 비중, 수직재인 스틸스터드의 배치간격, 면재의 종류, 브레이스 보강 유무 등을 변수로 하여 총 22개의 전단 실험체를 제작하였다.

표 3.20 실험체 일람표

실험체명	면재		경량 기포모르타르	브레	벽단	실험인자
	외부	내부	타설(비중값)	이스	위	실험의 목적
M-LL08-1P	LM	LM	유(0.8)	·	1P	1P표준
C-LL08-1P	LM	LM	유(0.8)	·	1P	±반복가력
M-LL08-2P(45)	LM	LM	유(0.8)	·	1P	2P표준, 스터드간격
C-LL08-2P(45)	LM	LM	유(0.8)	·	2P	2P표준, ±반복가력
M-LL08-2P(60)	LM	LM	유(0.8)	·	2P	스터드간격
M-LL08-2P(90)	LM	LM	유(0.8)	·	2P	스터드간격
M-LL0.6-1P	LM	LM	유(0.6)		1P	경량기포모르터 비중
M-LL1.0-1P	LM	LM	유(1.0)		1P	경량기포모르터 비중
M-LL1.2-1P	LM	LM	유(1.2)		1P	경량기포모르터 비중
M-LL0.8(S)-1P	LM	LM	유(0.8+스티로폼)	·	1P	마감면재 종류
M-LG0.8-1P	LM	GB	유(0.8)	·	1P	마감면재 종류
C-LG0.8-1P	LM	GB	유(0.8)	·	1P	±반복가력
M-OL0.8-1P	OSB	LM	유(0.8)	·	1P	마감면재 종류
C-OL0.8-1P	OSB	LM	유(0.8)	·	1P	±반복가력
M-OG0.8-1P	OSB	GB	유(0.8)	·	1P	마감면재 종류
M-NN0.0X-1P	–	–	–	X	1P	기존형과 비교
M-LL0.8X-1P	LM	LM	유(0.8)	X	1P	브레이스 형태 : X형
C-LL0.8X-1P	LM	LM	유(0.8)	X	1P	±반복가력
M-LL0.8F-1P	LM	LM	유(0.8)	·	1P	브레이스형태 : –형
M-NNE-1P	–	–	–	·	1P	기존 시스템
M-OGE-1P	OSB	GB	–	·	1P	기존 시스템
M-OGEX-1P	OSB	GB	–	X	1P	기존 시스템
V-LL0.8	LM	LM	유(0.8)	·	1P	1P 표준
V-LL0.8(S)	LM	LM	유(0.8+스티로폼)	·	1P	스티로폼 삽입
V-OG0.8	OSB	GB	유(0.8)	·	1P	마감면재 종류
V-OGE	OSB	GB	–	·	1P	기존 시스템

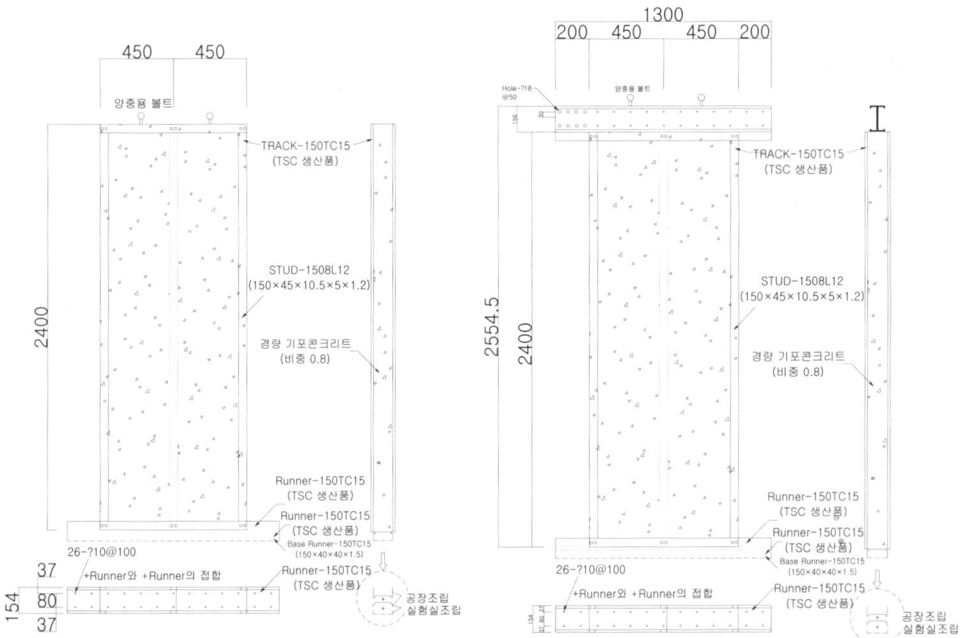

압축실험체 형상(V-LL0.8 기본형)

전단실험체 형상(M-LL0.8-1P) 기본형

그림 3.65 실험체 개요

③ 실험체 설치 및 가력방법

(a) 가력은 MST사의 50TF급 Actuator를 사용

(b) 가력 스케줄은 그림 3.67과 같이 일본건축센터「저층 건축물의 구조내력성능 평정에 관한 기술규정(철강계)」에 근거하여 ±1/200을 1회, ±1/100을 2회, ±1/50을 1회 반복한 후 종국상태에 이르기까지 반복 가력하는 방법

(c) 가력 헤드 부분의 수평변위는 DT1, Actuator, DT2를 이용하여 가력보의 상·중·하에서 가력보와 실험체 사이의 상대변위 여부를 측정

(d) DT3, DT6을 통해 베이스 블록과 실험체 사이의 상대변위를 측정

(e) DT4와 DT5를 이용하여 벽체의 회전변위를 측정

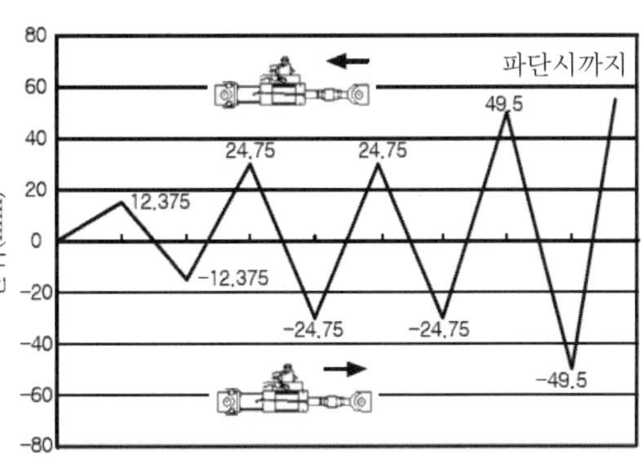

그림 3.66 반복가력 계획

(a) 반복가력실험 세팅

(b) 압축실험 세팅

그림 3.67 실험체 세팅상황

(f) 압축실험은 300tf급 Actuator를 사용

(g) 가력 헤드에 가력보를 설치하여 실험체 상부면에 압축력이 등분포되도록 하였다.

(h) 가력속도는 전단실험에서와 동일한 0.05mm/sec로 함

(i) 핀 상태로 연결되어 있는 가력 헤드의 회전은 최대한 억제

(j) 가력시 실험체가 면외로 전도되는 것을 방지하기 위해 실험체 전면과 배면을 롤 베어링으로 지지

(k) 변형의 측정은 2개의 변위계를 가력보 좌우 하단에 설치하여 측정

(l) 두 측정값의 평균값을 각 실험체의 수직 변위량으로 결정하여 항복하중 및 강성을 평가하는데 사용

(6) 고인성 시멘트 복합재료를 사용한 현장타설 끼움벽 골조의 실험

① 목적

본 연구에서는 비내진 상세를 갖는 기존 철근콘크리트 골조가 소정의 구조성능을 확보하게 하기 위한 보강기법 중 고인성－고내구성을 갖는 섬유보강 시멘트 복합체의 현장타설을 통한 끼움벽체를 적용하여 비내진 상세를 갖는 기존 철근콘크리트 구조물 시스템의 보강기법과 그 성능을 규명하고자 한다.

② 실험체 개요

현장타설 콘크리트 및 섬유보강 시멘트 복합체를 이용한 보강벽체의 파괴양상 및 거동특성을 실험적으로 규명하기 위하여 비내진 상세를 갖는 철근콘크리트 골조와 골조에 보강벽체를 이용하여 증설한 끼움벽 골조를 다음 그림과 같이 1/3로 축소하여 실험체를 제작하였다.

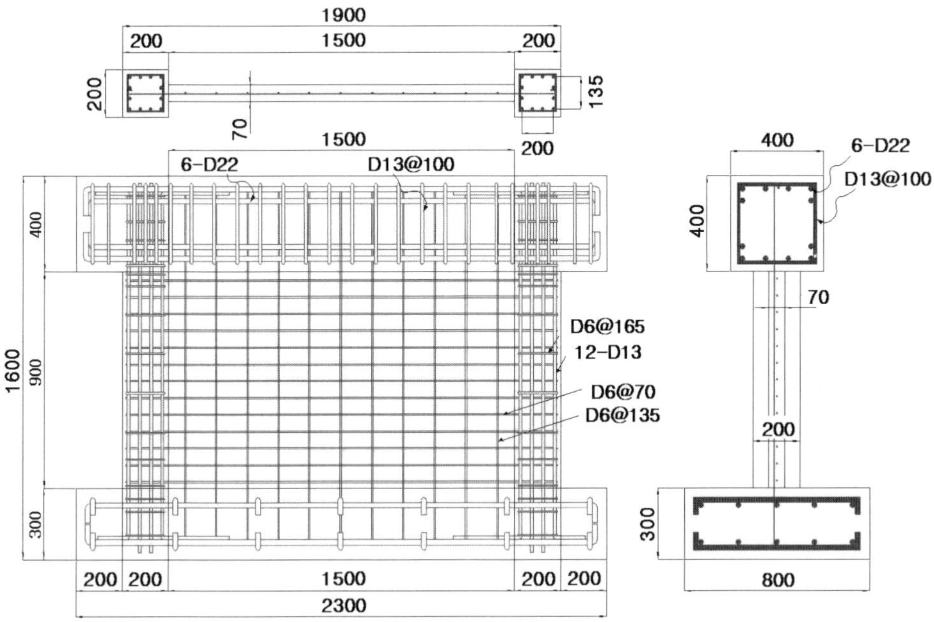

(a) LRCF 실험체

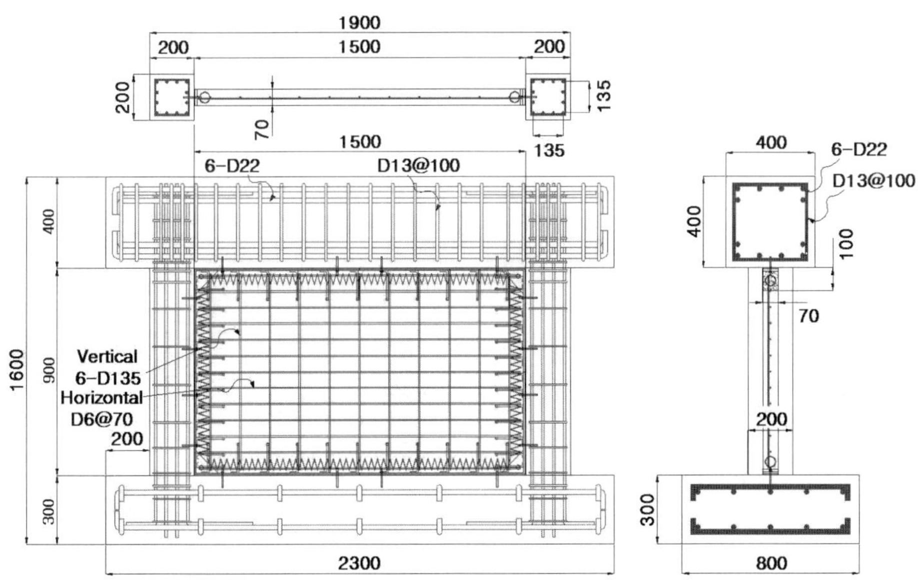

(b) CIP-C 및 CIP-H 실험체

그림 3.68 실험체의 배근 및 상세

표 3.21 실험체 일람표

실험체명	콘크리트 압축강도 (MPa)	벽두께 (mm)	축하중 (kN)	벽체			경계부재		
				$l \times h \times t$	ρ_v (%)	ρ_h (%)	$B \times D$	ρ_v (%)	ρ_h (%)
LRCF	21.00	70	282.24	–	–	–	200×200	0.38	0.15
CIP-C				1500×900×70	0.23	0.13			
CIP-H									

* CIP-C : Cast In Place by Conrete
* CIP-H : Cast In Place by HPERCCs

③ 실험체 설치 및 가력방법

(a) 벽체의 기초부가 완전고정 상태가 되도록 강봉을 사용하여 반력바닥에 긴결

(b) 횡방향 하중이 가력되는 동안 실제 건축물에서의 슬래브의 벽체 횡지지 효과 및 축하중에 의한 면외좌굴이 발생하지 않도록 횡하중 가력선상에 좌굴방지용 보 및 볼지그를 추가적으로 설치

(c) 횡하중은 반력벽에 설치된 actuator를 이용하여 변위의 배율로 점증되는 변위제어 방식으로, 부재각별로 각각 3회씩 반복가력

(d) 축력은 1층 경계부재에 작용하는 축하중을 재현하기 위하여 반력바닥 하부에 설치된 오일잭을 이용하여 $0.1A_g f_{cu}$의 하중을 실험종료 시까지 일정하게 유지

(7) 단부구속 효과에 따른 철근콘크리트 T형 벽체의 구조성능평가에 관한 실험적 연구

① 목적

본 연구에서는 T형 벽체의 강도 및 연성도 확보를 위한 횡보강근의 적절한 범위와 수직간격, 그리고 구속면적을 구조실험을 통해 평가하고자 한다.

그림 3.69 실험체 설치상황

② 실험체 개요

실험체 계획을 위한 부재의 모델링은 50층 규모의 중심코어와 외부 철골조로 이루어진 복합구조에서 철근콘크리트 T형 전단벽을 선정하여 실제 부재 크기를 1/4로 축소하여 제작하였다. 본 연구는 단부 횡구속 효과에 따른 T형 전단벽의 구조성

능을 평가하기 위한 것으로서 이형벽체의 플랜지부분과 복부부분의 횡보강근의 구속면적과 수직간격을 주요 변수로 설정하였다.

표 3.22 실험체 일람표

실험체명	변 수
TC	ACI 기준에 의해 단부를 구속
TC-aw	Wallace가 제안한 복부단부의 구속영역 적용
TC-b1	복부 양단부의 횡보강근 수직간격을 변화
TC-b2	

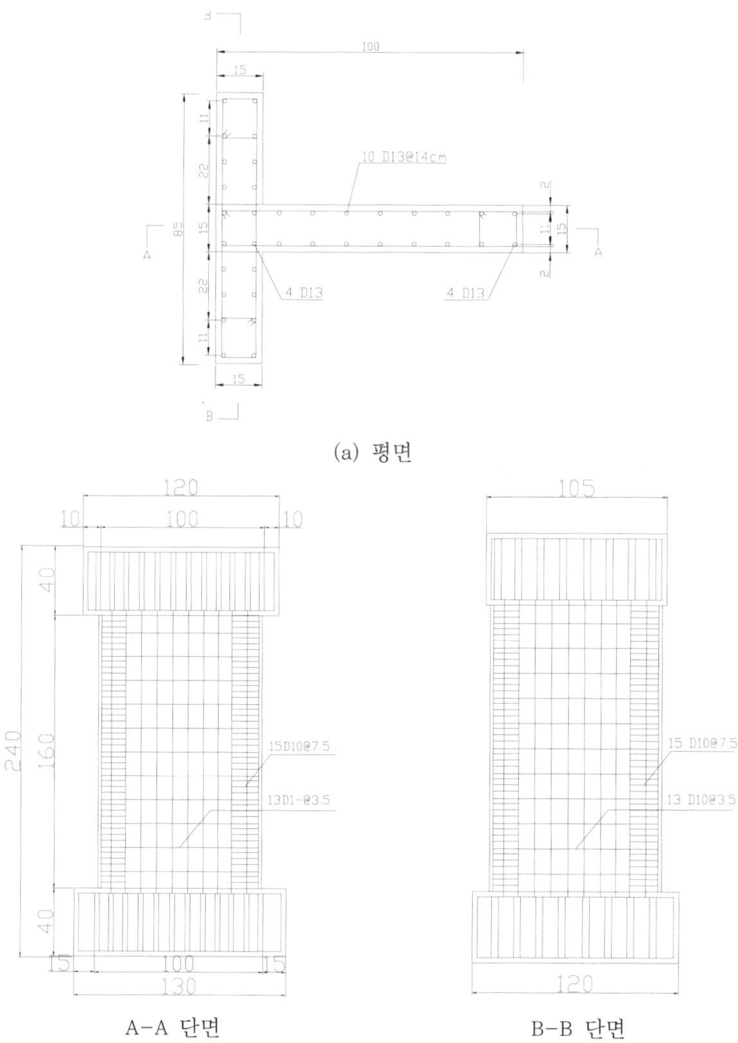

그림 3.70 실험체 형상 및 TC 실험체의 배근상황

(a) 횡구속 면적

복부 단부의 구속면적은 현행 설계 방식에 따라 벽체길이의 15%에 해당하는 부분을 구속한 실험체(TC)와 콘크리트 압축변형도가 0.004를 초과하는 범위에 대해 구속해야 한다는 Wallace의 제안을 적용한 실험체를 비교 분석하여 T형 전단벽 복부에서의 콘크리트 구속면적에 따른 전단벽의 최대내력과 변형능력 등을 검토

(b) 횡보강근 구속범위 및 수직간격

TC-b1과 TC-b2 실험체를 비교하여 적절한 횡구속 범위에 대해서 검토하고자 한다.

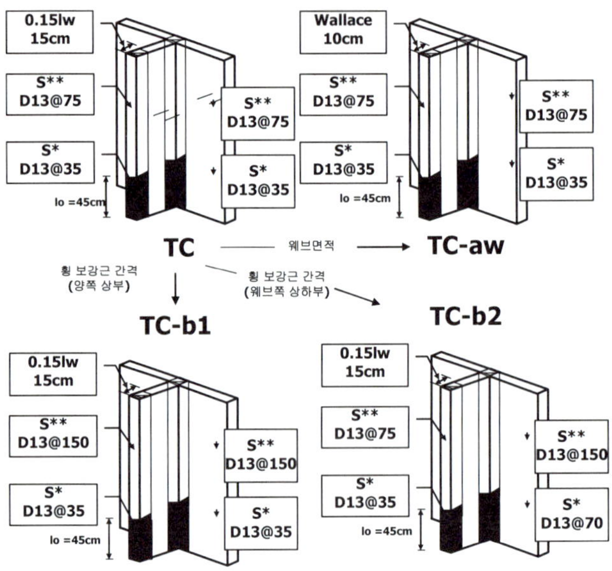

그림 3.71 변수별 상관도

③ 실험체 설치 및 가력방법

(a) 실험체는 하부기초판이 완전고정상태가 되도록 $\phi 70$인 강봉으로 반력슬래브에 설치

(b) 횡력이 가해지는 동안 일정 축하중을 가력하기 위해 상부 가력판에 설치된 스트롱 프레임 양 끝에 100tonf 액추에이터를 이용

(c) 횡력은 반력벽에 설치된 200tonf 액추에이터를 이용하여 변위제어방식으로 가력

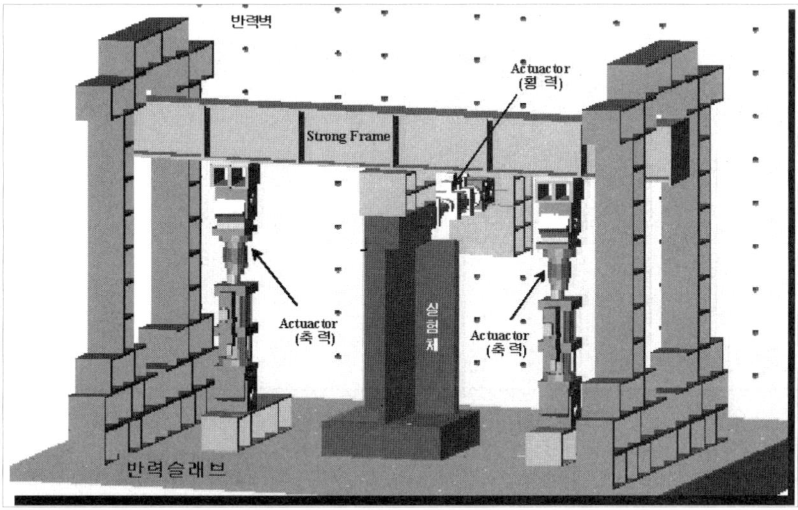

그림 3.72 실험체 설치상황

횡력의 가력방식은 실험체의 횡변위를 가력점의 높이로 나누어준 부재각(1/600, 1/400, 1/300, 1/200, 1/150, 1/100, 1/75, 1/50, 1/35, 1/25)으로 제어하였으며, 각 단계에 적용된 변위이력은 강도와 강성의 저하에 대한 자료를 얻을 수 있도록 각 사이클별 3회씩 점증 가력하였다.

(8) 단부구속 효과에 따른 RC T형 벽체의 구조성능에 관한 실험적 연구

① 실험목적

본 연구에서는 T형 벽체의 강도 및 연성도 확보를 위한 횡보강근의 적절한 범위와 수직간격, 그리고 구속면적을 변수로 한 구조실험을 수행하고, 플랜지부분과 복부부분의 횡보강근 배근상세가 T형 벽체의 구조성능에 미치는 영향을 파악하고자 한다.

② 실험계획

(a) 실험체는 총 4개로서 ACI318-99 기준에 의해 단부를 구속한 TC 실험체와 Wallace가 제안한 복부 단부의 구속영역을 적용한 TC-aw 실험체, 복부벽체 양단부의 횡보강근의 수직간격을 변화시킨 2개의 실험체를 계획하였다.

(b) 주요변수–이형벽체의 플랜지부분과 복부부분의 횡보강근 구속면적과 수직간격을 주요변수로 선정하였다.

(c) 횡구속 면적

복부 단부의 구속면적은 벽체 길이의 15%에 해당하는 부분을 구속한 실험체(TC)

와 콘크리트 최대압축 변형도가 0.004를 초과하는 범위에 대해 구속해야 한다는 Wallace의 제안을 적용한 실험체(TC-aw)를 비교 분석하여 T형 벽체 복부에서의 콘크리트 구속면적에 따른 부재의 내력, 변형능력 및 에너지 소산능력 등을 평가하고자 한다.

(d) T형 벽체의 복부와 플랜지부분의 변화를 다시 하부와 상부로 구분하여 횡보강근의 간격을 변화시켰다.

표 3.23 실험체 일람표

실험 체명	형상비	축력비	f_{ck}	f_y	횡보강근 수직간격(D10)			
	h_w/l_w	$N/f_{ck}A_G$	kgf/cm^2	kgf/cm^2	복부(cm)		플랜지(cm)	
					하부*	상부**	하부*	상부**
TC	1.6	0.06	350	3,500	3.5	7.5	3.5	7.5
TC-aw	1.6	0.06	350	3,500	3.5	7.5	3.5	7.5
TC-b1	1.6	0.06	350	3,500	3.5	15.0	3.5	15.0
TC-b2	1.6	0.06	350	3,500	7.0	15.0	3.5	7.5

(e) 실험체 하부에 해당하는 l_o구간은 벽체에 대한 기준이 독립적으로 마련되어 있지 않기 때문에 기둥의 보강방법을 적용하였다.

③ 실험방법

(a) 실험체의 하부기초판과 상부가력판에 사용된 철근은 D19, 수직철근과 수평철근은 모두 D13, 횡보강 철근은 D10을 사용하여 폐쇄형 직사각형 형태로 수직철근 내의 콘크리트를 구속하였다.

(b) 하부기초판이 완전고정상태가 되도록 ϕ70인 강봉으로 반력슬래브에 설치하였다.

(c) 강성골조 양 끝에 설치된 100tonf 액츄에이터를 이용하였고, 횡력은 반력벽에 설치된 200tonf 액츄에이터를 이용하여 변위제어방식으로 가력하였다.

(d) 횡하중에 따른 실험체 변위와 내부 철근의 변형률을 측정하기 위하여 변위계와 변형게이지를 설치하였다.

(e) 실험체의 휨 및 전단변위, 곡률 등을 측정하기 위하여 총 15개의 변위계를 설치하였으며, LVDT의 위치는 소성힌지의 높이 l_o=45cm를 고려하여 하부와 상부로 나누어 설치하였다.

(f) 변형게이지는 실험체 내부 철근의 변형상태와 실험체의 항복 등을 결정하기 위하여 수직 및 횡보강근에 부착하였으며, 휨파괴가 예상되는 실험체 하부에 집중시켜 부착하였다.

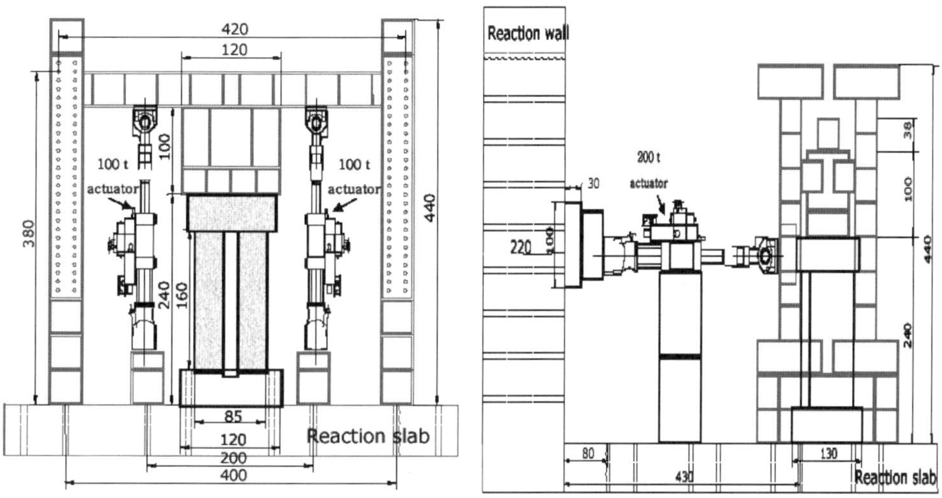

(a) 정면 (b) 측면

그림 3.73 실험체 설치상황

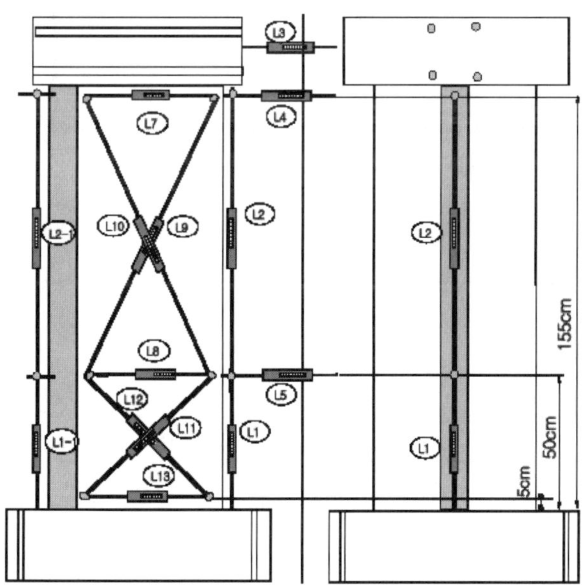

(a) 측면 (b) 입면

그림 3.74 LVDT 설치위치

(9) 블록 끼움벽과 현장타설 끼움벽으로 보강된 비내진 상세 철근콘크리트 골조의 구조성능에 관한 실험

① 목적

본 연구에서는 끼움벽의 큰 분류인 조적조 블록 끼움벽과 현장타설 철근콘크리트 끼움벽의 구조성능의 비교를 통하여 그 거동을 규명하고자 한다.

② 실험체 개요

재생골재 블록의 증설방법은 그림 3.76과 같으며 철근배근과 블록조적을 병행하여 끼움벽 보강 실험체를 제작하였다.

그리고 블록 끼움벽에 배근되는 철근은 기존 골조에 고정시킨 채널을 통해 배근함으로써 그 성능을 충분히 발휘할 수 있도록 하였다.

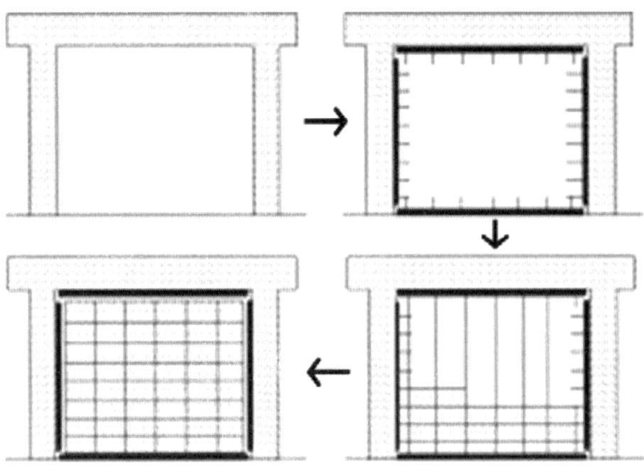

그림 3.75 재생골재 블록에 의한 보강방법

표 3.24 실험체 일람표

실험체명	벽두께 (mm)	축하중 (kN)	벽체			경계부재		
			$l_w \times h_w \times t$	ρ_v(%)	ρ_h(%)	$B \times D$(mm)	ρ_v(%)	ρ_h(%)
LRCF	–	282	–	–	–	200×200	1.07	1.10
BIW	70	282	1,500×900×70	0.33	0.70	200×200	1.07	1.10
CIW	70	282	1,500×900×70	0.33	0.70	200×200	1.07	1.10

· LRCF : 비내진 상세를 갖는 철근콘크리트 골조

· BIW : 기존 골조에 재생 세골재 콘크리트블록 끼움벽으로 보강된 실험체

· CIW : 기존 골조에 현장타설 철근콘크리트 끼움벽으로 보강된 실험체

③ 실험체 설치 및 가력방법

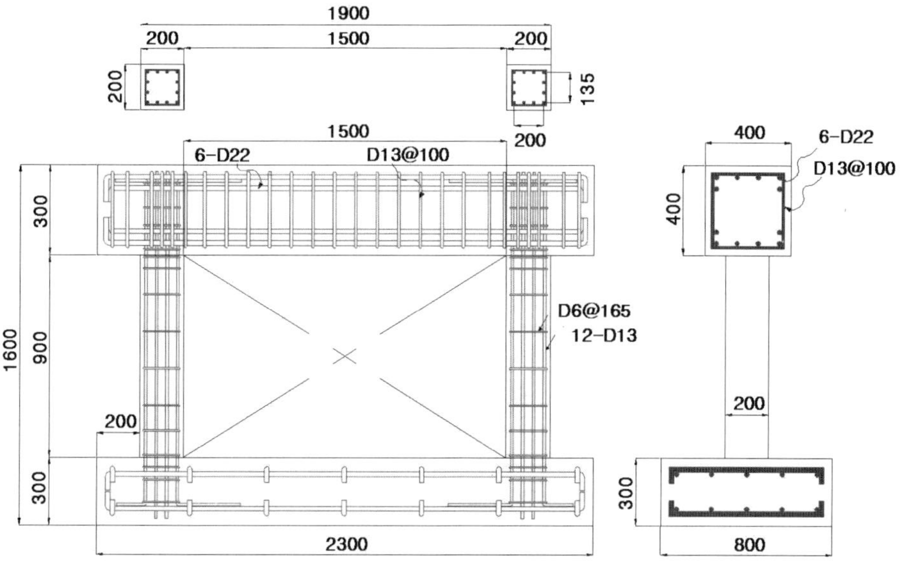

(a) LRCF

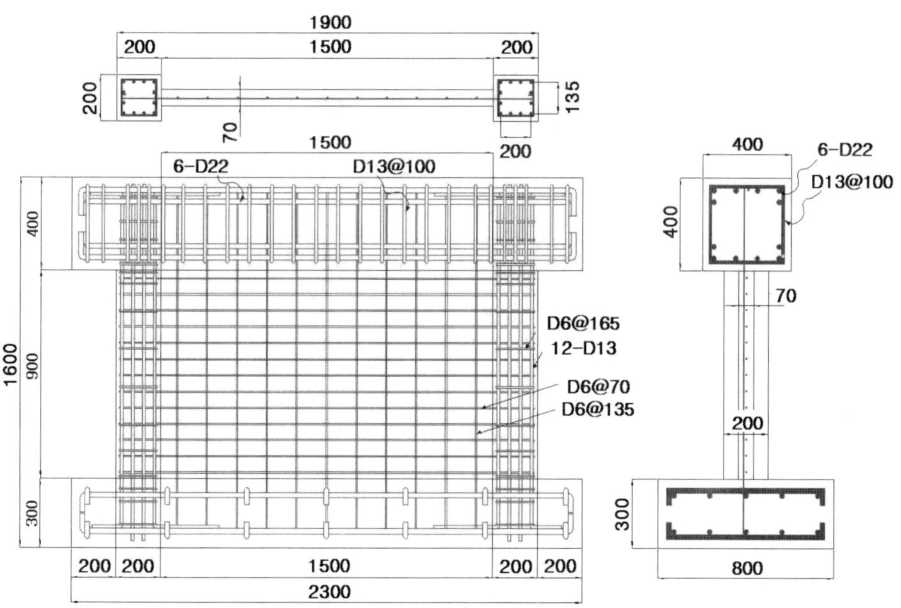

(b) BIW

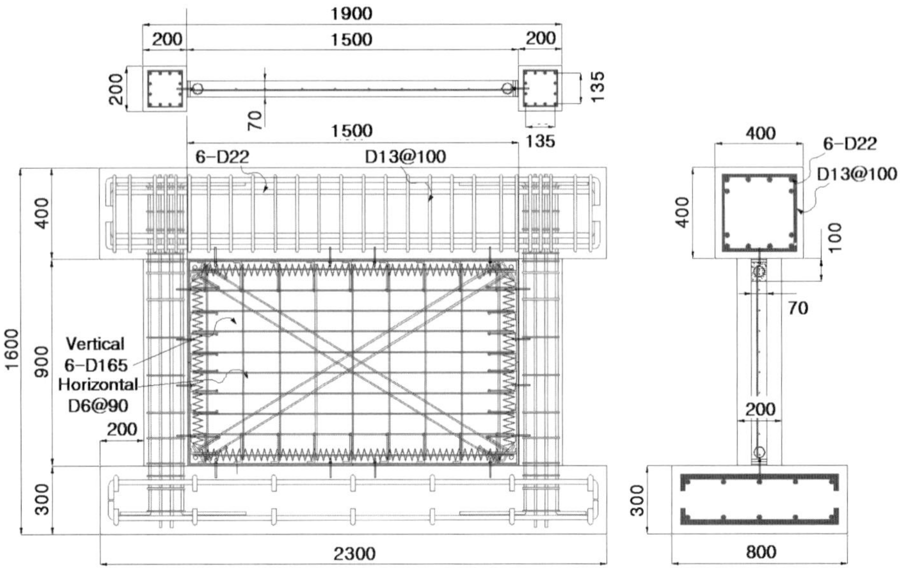

(c) CIW

그림 3. 76 실험체 배근도

그림 3.77 실험체 설치상황

(a) 축하중을 도입하기 위하여 반력바닥 하부에 설치된 두 대의 1,500kN 용량의 오일잭을 사용하여 경계부재 상부에 $0.1f_{ck}$의 하중을 실험종료 시까지 일정하게 가력

(b) 실험체의 수평하중은 실험체에 맞추어 제작한 가력철물을 통하여 반력벽에 설치된 1,000kN 용량의 액츄에이터로 반복가력

(c) 변위이력은 동일 변위각에서 3회 반복하여 점증가력

5) 접합부의 실험

(1) 강선 이음형 PC보-기둥 외부 접합부의 구조적 거동에 관한 실험

① 실험목적

강선을 이용한 효율적인 접합부 상세에 대하여, 프리스트레스를 가하지 않은 강선을 PC보-기둥 외부 접합부에 적용했을 때 나타나는 구조적 특성을 파악하고, 본 시스템이 중진지역에서의 접합부 요구 성능을 만족하고 있는지를 실험적으로 평가하고자 한다.

② 실험계획

(a) RC 코어와 PC 골조로 이루어진 14층 높이의 구조물로서 경간은 8.1m이다.

(b) 외부 접합부의 기둥 상하 중간지점과 보 경간 중간을 대상으로 하였다.

(c) PC기둥과 하프 PC보 부재를 제작한 후 PC 기둥과 하프 PC보를 조립하여 상부 철근을 배근한 다음 덧침 콘크리트를 타설하였다.

(d) 하프 PC보 제작- 하부 주근 위치에 강선을 매립하고 PC보 외부에 폐쇄형 U형이 되도록 하고, 덧침 콘크리트 두께는 12cm로 하였고, 상부의 레이턴스를 제거한 후 상부면을 거칠게 제작하였다.

(e) PC 기둥의 경우- 접합부 하부 기둥은 PC로 제작하였으며 접합부 상부 기둥은 하프 PC보를 접합부에 설치하고 PC보 상부 주근을 배근한 후에 덧침 콘크리트와 동시 타설되었다.

(f) 강선수를 Q US수로 하여 외부 접합부의 구조적 특성을 평가하고자 하였다.

표 3.25 실험체 일람표

구분	접합부	기둥		보		
	띠근	주근	띠근	상부철근	이음재(EA)	늑근
S4-1	D13@100	8-D29	D13@100	6-D19	2(강선)	D10@80
S4-2					3(강선)	
B4-1					2-D22(철근)	

③ 실험방법

(a) 실험체는 실험실의 여건과 안전을 위하여 눕힌 상태로 설치하였다.

(b) 반력벽에 설치된 300kN 오일잭을 이용하여 기둥에 일정 축력을 가력한 후 하프 PC보에 설치된 250kN actuator를 이용하여 반복가력하였다.

(c) 실험체 사방으로 콘크리트 블록을 바닥슬래브에 설치하여 일정축력과 수평하중

이 가력됨에 따라 발생되는 변위를 제어하도록 설치하였다.

(d) 하중이력은 부재각(R)에 따라 0.2%, 0.25%, 0.35%, 0.5%, 0.75%, 1%, 1.5%, 2%, 2.75%, 3.5%, 4.25% 순으로 점증 반복가력하였다.

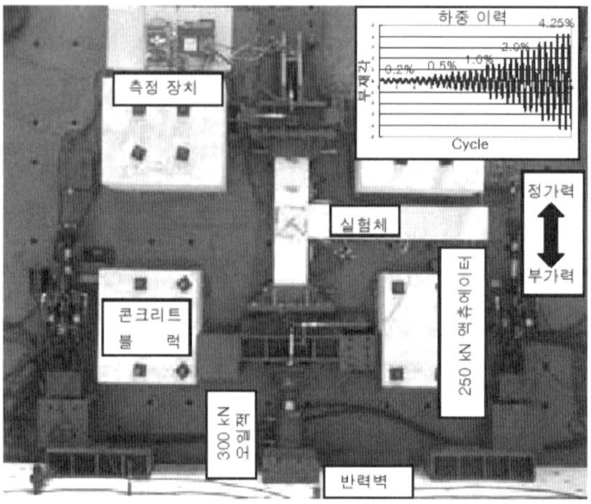

그림 3.78 실험체 설치상황

(2) 고력볼트를 사용한 엔드플레이트 형식 충진 콘크리트 각형강관 기둥-H형강 보 접합부의 거동에 관한 실험

① 목적

콘크리트 충전 각형강관을 기둥재로 다이어프램이 없는 고력볼트를 이용한 두께 중복형 엔드플레이트 접합방식을 개발하여, 고력볼트의 매입형식과 두께 중복판의 길이에 따른 반강절 접합부의 내력, 변형능력 및 강성의 증가효과를 살펴보고, 중층 철골조 건축물의 공업화에 대한 적용 가능성을 검토해 본다.

② 실험체 계획

기존의 연구에서는 각형강관을 기둥부재로 사용하여 여러 가지 우수한 특성을 나타내고 있지만 구조물에 사용할 경우 국부좌굴의 발생 우려가 있다. 이러한 문제점을 해결하기 위해 엔드플레이트나 두께 중복판을 보강하여 고력볼트로 각형강관과 H형강보를 접합한 새로운 접합부를 개발하여 실험을 실시하였다.

표 3.26 실험체 일람표

기둥부재	□-250×250×6
보 부재	H-350×175×7×11
엔드플레이트, 두께 중복판	두께 20mm인 SS400
고력볼트	F10T M22
충전콘크리트 평균압축강도	227 kg/cm^2
볼트구멍	22mm에 1.5mm의 여유를 두어 23.5mm하였다

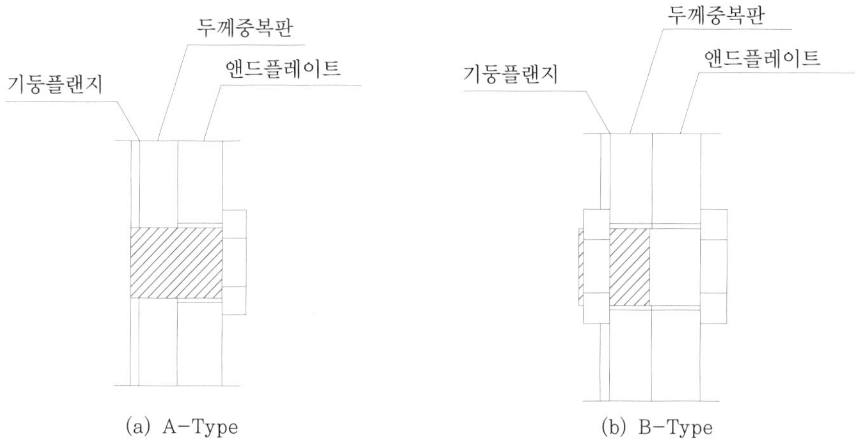

그림 3.79 고력볼트의 매입형식

표 3.27 변수 분석

실험체	강관 기둥(mm)	엔드 플레이트 두께(cm)	두께 중 길이 (cm)	고력 볼트
MT-1A	□-250×250×6	20	510	F10T M22
MT-2A	□-250×250×6	20	610	F10T M22
MT-3A	□-250×250×6	20	710	F10T M22
MT-1B	□-250×250×6	20	510	F10T M22
MT-2B	□-250×250×6	20	610	F10T M22
BS	H-350×175×7×11	-	-	-

고력볼트를 위 두 형식으로 한 것은 볼트 체결시 시공상 편의를 도모하고 볼트나 강관이나 플레이트가 일체로 거동하도록 유도한다.

③ 실험체 설치 및 가력방법

가력은 유압식 만능시험기(U.T.M)를 사용하여 난순 새하하는 방빕으로 실시하였으며, 실험체 양단의 지지조건을 단순지지 조건으로 그림 3.80과 같이 접합부에 휨모멘트가 가해지도록 설치하였다.

측정방법은 각형강관 및 H형강 보의 플랜지와 웨브에 변형도 게이지(W.S.G.)를 설치하여 응력전달 상황을 관찰하고 하중을 제어하였으며, 변위계를 그림 3.80과 같이 설치하였다.

측정은 변위계를 이용하여 부재변형, 접합부의 변형을 측정하였다. D1은 실험체 중앙에 설치하여 중앙점의 수직 처짐량을 D2, D3은 접합부의 인장과 압축측에 각각 설치하여 접합부의 상대 회전각을 축정하였고 D4, D5는 실험체 양 지점의 침하량을 측정하여 전체 수직방향 처짐량을 보정하였다.

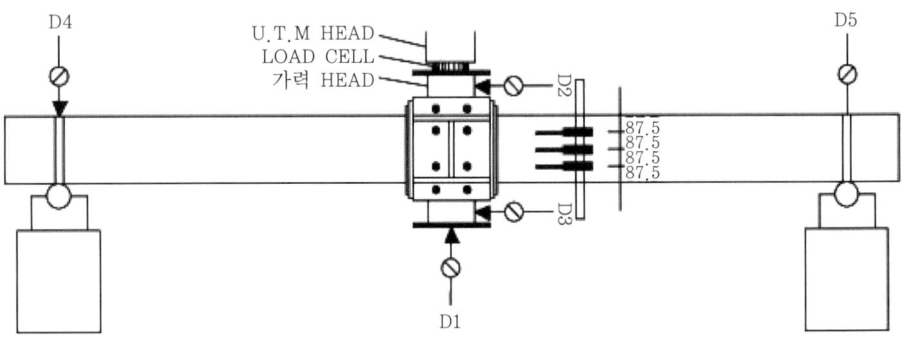

그림 3.80 실험체 가력, 측정상황 및 W.S.G. 부착위치

(3) 내부 포스트텐션 플랫 플레이트 슬래브 기둥 접합부의 실험

① 실험목적

중력하중의 크기와 강선 배치형태를 주요 변수로 선정하여 PT플랫 플레이트 내부 접합부의 이력 특성을 실험적 방법을 통하여 파악하고 또한 실험적 결과를 통하여 지진지역에서 PT 플랫 플레이트의 적절한 설계를 위하여 고려해야 하는 사항을 정리하였다.

② 실험계획

(a) 층고 3.5를 갖는 10층 건물로서 전형적인 주거용 건물이라고 가정한다.

(b) 고정하중-5.66kPa, 활하중 1.96kPa 활하중-1.96kPa

(c) 대상건물이 IBC(2003)에서 분류한 지진설계 분류 E에 속하게 하고, 설계 밑면 전단력-0.29W(*W : 건물 총 중량)

(d) 슬래브의 두께-22cm

(e) 실험체는 약 60% 축소모델로 계획함.(슬래브의 양 방향 길이-4,800mm, 가력 방향과 수직인 방향의 슬래브 길이-3,600mm)

(f) 프리스트레싱 긴장력에 의해 작용되는 콘크리트 단면의 평균압축응력(f_{pc})
-1.21MPa

(g) 강선-SWPC 7B(7연선 12.7mm)를 사용하고, 내부표면에 윤활제가 도포되어 있는 폴리에틸

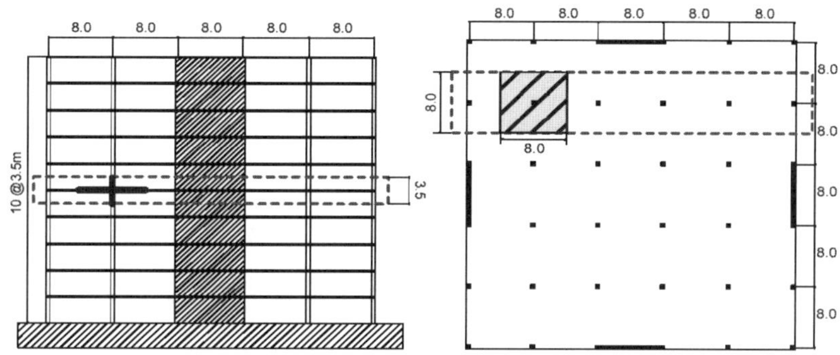

(a) Elevation (b) Plan

그림 3.81 대상건물

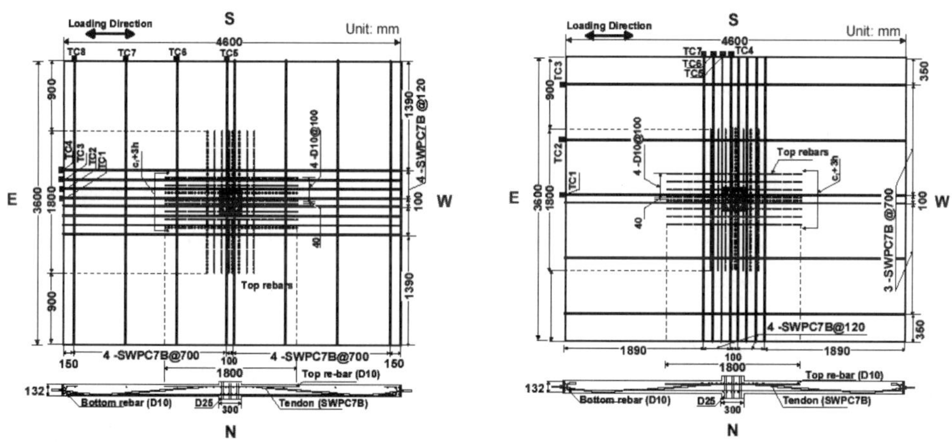

그림 3.82 PI-D50와 PI-D30 실험체 상세도

③ 실험방법

(a) 기둥하단은 로드셀과 유압잭에 연결되어 있고, 기둥 상부는 횡하중 가력을 위한 250kN actuator와 연결되어 있다.

(b) 실험체의 네 모서리는 4개의 양단 핀 조건의 강봉으로 지지한다.

(c) 슬래브의 수직하중은 하부기둥에 연결된 가력장치와 슬래브 상부에 재하된 하중

블록으로 묘사하였다.

(d) 횡하중은 250kN 액츄에이터를 이용하여 변위제어를 통한 유사 정적 반복 횡가력을 적용하였다.

(e) 철근의 변형률을 측정하기 위하여 스트레인 게이지를 설치가하고 강선에서 발생되는 응력을 측정하기 위해서 Tendon Load Cell을 설치하였다. 또한 LVDT를 이용하여 변위를 측정하고 비틀림의 유무를 실험간 실시간으로 측정하였다.

(4) 바닥슬래브에 의해 구속된 철골모멘트 접합부의 내진보강에 관한 실험

① 목적

본 연구에서는 수평요소의 형상 및 크기와 RBS상세를 변수로 해서 실대형 합성보 접합부 실험을 실시하였고, 합성보의 조기 파단지양·변형능력 향상에 유효한지를 검증하였다.

② 실험체 개요

(a) 각 실험체는 중층규모 철골건물의 외측부분의 일부를 절취한 접합부로 형상이 ㅏ형이다.

(b) 본 실험은 합성보 접합부의 변형능력에 주목하였기 때문에 기둥의 축력은 무시하였고, 특히 패널존은 기둥과 달리 B-Box-450×450×32×22로 제작하여 접합부가 종국상태에 이르렀을 때에도 탄성에 머물도록 계획

(c) SSP-01 실험체는 기존의 각형강관 기둥과 철골보를 기둥 관통형 다이어프램을 사용하여 용접접합한 종래 형의 디테일을 가진 실험체로써, 보강된 4개의 실험체와 비교대상인 표준실험체이다.

(d) ISP-02 실험체는 RBS공법을 적용한 실험체이다.

(e) ISP-03 실험체는 김영주(2002)등의 연구에서 합성보의 변형능력에 우수한 결과를 보인 수평스티프너를 하부플랜지에 보강한 상세로서, 기존의 수평스티프너와 달리 원호상으로 절취한 개량스티프너 상세이다.

(f) ISP-04 실험체는 기존의 수평스티프너 상세와 RBS상세의 장점을 결합하여, 기둥면에서 어느 정도의 거리에 소성힌지를 생성하게 하는 상세

(a) ISP-05 실험체는 ISP-03실험체와 유사한 형태이며, 소성힌지 생성 가능 위치를 기둥 단부쪽으로 조금 이동한 것

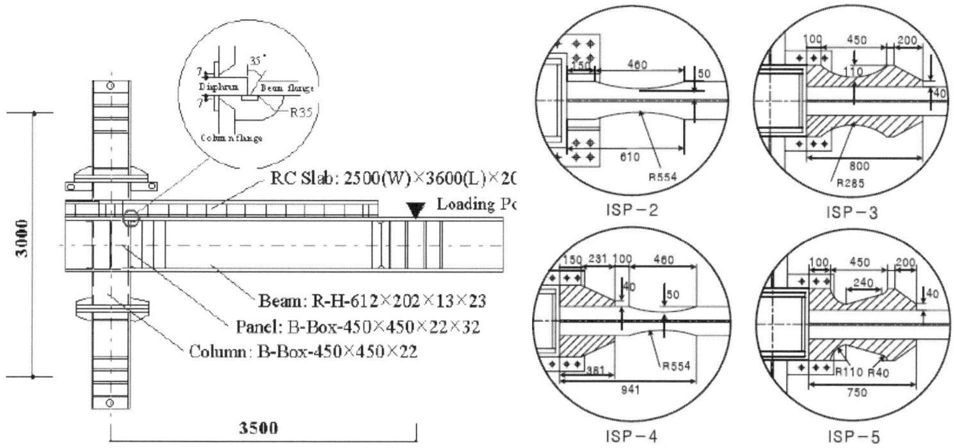

표준실험체 상세　　　　　접합부 보강 상세

그림 3.83 실험체 상세

표 3.28 실험체 일람표

실험체	상세	구분	보강위치
SSP-01	종래형 상세	표준접합부	-
ISP-02	RBS 공법	개량접합부	하부 플랜지
ISP-03	개량 수평스티프너 I	개량접합부	하부 플랜지
ISP-04	수평스티프너+RBS 공법	개량접합부	하부 플랜지
ISP-05	개량 수평스티프너 II	개량접합부	하부 플랜지

③ 실험체 설치 및 가력방법

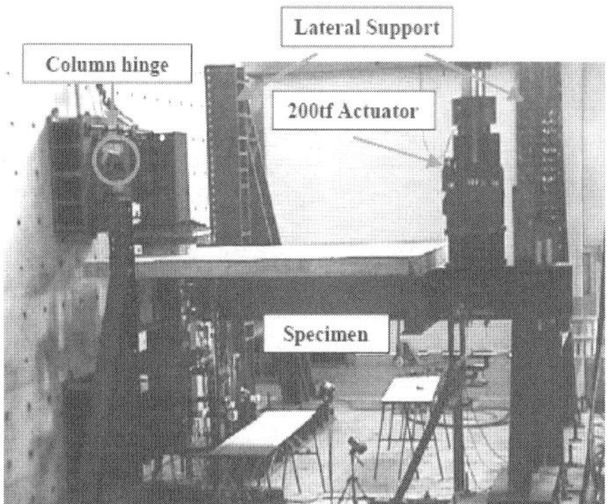

그림 3.84 가력장치

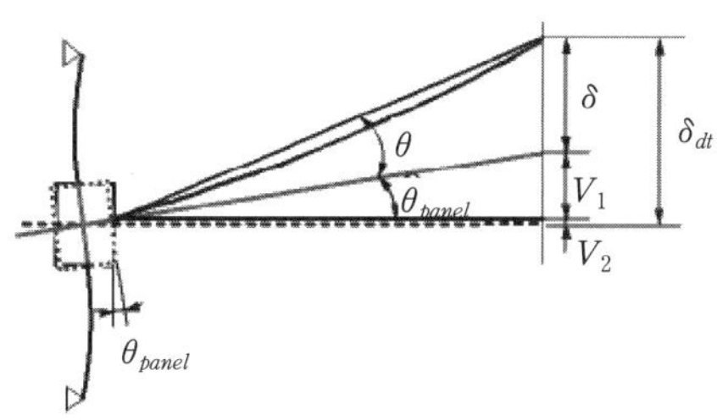

그림 3.85 목표 회전각

(a) 실험은 최대하중용량 200t, 스트로크 용량 ±300mm의 성능을 가진 정적 액츄에이터를 사용하여 가력

(b) 실험체와 반력벽과의 접합은 기둥 상·하단에 대해 핀접합부이고, 기둥 직교보의 끝부분과 실험체 자유단에 면외변형을 구속하는 횡방지 구좌를 설치

(c) 가력패턴은 탄성역에서 가력 후 변형진폭증분 $2s\theta p$의 점증변위로 반복재하

(d) 변위 및 변형도를 측정하기 위해 변위계 및 변형도 게이지를 설치

(5) 인장력을 받는 스터드 볼트 접합부의 거동에 관한 실험적 연구

① 실험목적

스터드 볼트로 접합된 철근콘크리트 보와 철골의 접합부에 있어, 접합부의 인장 변형 능력에 영향을 주는 주근과 전단보강근비, 스터드 볼트 접합을 보완할 이형철근을 이용한 접합상세 등을 중요변수로 인장실험을 실시하여 이들 변수들이 접합부의 거동에 미치는 영향을 파악하고자 한다.

② 실험계획

(a) 기준 실험체(CF-A)를 중심으로 5개의 실험체, 접합부에서의 변형능력 증진 또는 내력 증진을 위하여 3개의 실험체를 제작하였다.

(b) 변형능력 또는 내력 증진을 위한 보강상세는 C형, U형이다.

(c) H형강의 규격 : 300×150×6.5×9로써 ϕ13의 스터드 볼트 4개가 용접되어 있다.

(d) 콘크리트 보 부재의 단면-30cm×40cm, 길이-70cm

(e) C형 철근을 이용한 실험체는 스터드 볼트와 같은 직경을 가지는 HD13을 C형 모양으로 제작하여 스터드 볼트 대신 H형강에 용접을 하였다.

표 3.29 실험체일람표

실험체명	주근	전단보강근	C형 보강근	U형 보강근	스터드 개수(13mm)	비고
CF-A	5-D13	7	-	-	4	기준실험체
CF-B1	-	-	-	-	4	무근실험체
CF-B2	10-D13	ϕ6@125	-	-	4	주근변화
CF-C1	5-D13	ϕ6@75	-	-	4	전단보강근 변화
CF-C2	5-D13	ϕ6@175	-	-	4	전단보강근 변화
CF-D1	5-D13	ϕ6@125	Closed Type	-	-	C형 보강근
CF-D2	5-D13	ϕ6@125	Open Type	-	-	C형 보강근
CF-D2a	5-D13	ϕ6@125	-		4	U형 보강근

(f) U형 실험체는 파괴부위를 확산하기 위해 스터드 볼드와 U형의 HD13 철근으로 보강된 실험체이다.

③ 실험방법

(a) 작용하중은 스트롱 프레임(Strong Frame)에 고정시킨 100tonf의 actuator를 이용하여 H형강에 압축력을 가하여 접합부에 인장력이 발생하도록 하였다.

(b) 콘크리트 부재와 철골이 접합된 부분에서 분리되어 완전 분리되어 파단될 때까지 하중을 가력하였다.

(c) 띠장과 철골의 접합면에 2개의 LVDT를 설치하고 이의 평균값을 이용하였다.

(d) 스터드 볼트의 콘형 파괴에 의한 콘크리트 변형을 파악하기 위하여 스터드 볼트 사이에 콘크리트 매립게이지 2개를 설치하였고, 주근과 전단보강근 및 스터드 볼트에 작용하는 인장력에 의한 변형을 측정하기 위하여 철근 게이지를 부착하였다.

(6) 인장웨브재 형태에 따른 각형강관 갭K형 접합부의 실험

① 목적

인장 웨브재의 형태에 따른 갭K형 접합부의 거동에 대해 비교·고찰하는 것으로, 고장력 강봉 사용에 따른 연결플레이트를 가지는 갭K형 접합부에 대해서 실험연구를 수행하고, 기존의 각형강관 갭K형 접합부에 대한 실험결과(김홍준, 1999)와 비교함으로써 인장 웨브재에 고장력 강봉의 사용에 대한 적정성을 보고한다.

② 실험체 개요

실험체의 계획은 기본적인 트러스 형태인 와렌 트러스에 적용하는 것을 대상으로 K형 접합부에 대한 것으로 하였으며, 제작이 용이하고 일반적으로 사용되는 갭 타입으로 하였다.

갭K형 접합부의 웨브재 형태의 변화에 따른 거동의 차이를 알아보기 위해 인장 웨브재의 형태가 정방형 각형강관과 고장력 인장강봉으로 서로 다른 두 실험에서 주관의 폭두께비가 33.3으로 동일한 것을 대상으로 하였다.

표 3.30 실험체 일람표

Specimen		chord		Tension brace		Compression		β	β
		size	$2y$	b_2	β_2	size	β_1		
강봉웨브형	KSA100-a	200×200 ×6.0	33.3	84	0.42	100^2×6.0	0.50	0.63	0.75
	KSA150-a					150^2×6.0	0.75	0.76	0.57
	KSA100-b			124	0.62	100^2×6.0	0.50	0.68	0.75
	KSA125-b					125^2×6.0	0.63	0.74	0.66
	KSA150-b					150^2×6.0	0.75	0.81	0.57
	KSA175-b					175^2×6.0	0.88	0.87	0.48
	KSA125-c			164	0.82	125^2×6.0	0.63	0.79	0.57
	KSA150-c					150^2×6.0	0.75	0.86	0.48
강관웨브형	KSD-1	150×150 ×4.5	33.3	60×60×4.5				0.40	0.43
	KSD-2			75×75×4.5				0.50	0.29
	KSD-3			100×100×6.5				0.67	0.06
	KSD-4			125×125×6.5				0.83	−0.18

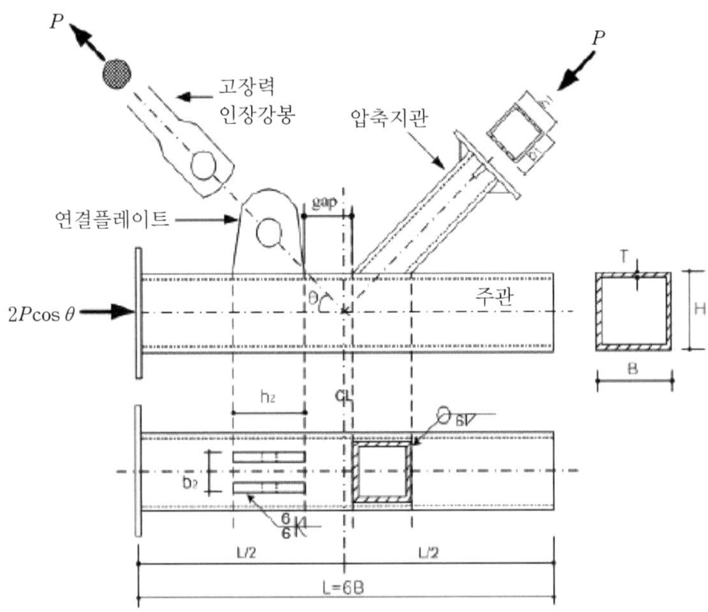

(a) 강봉 웨브형의 갭K형 접합부

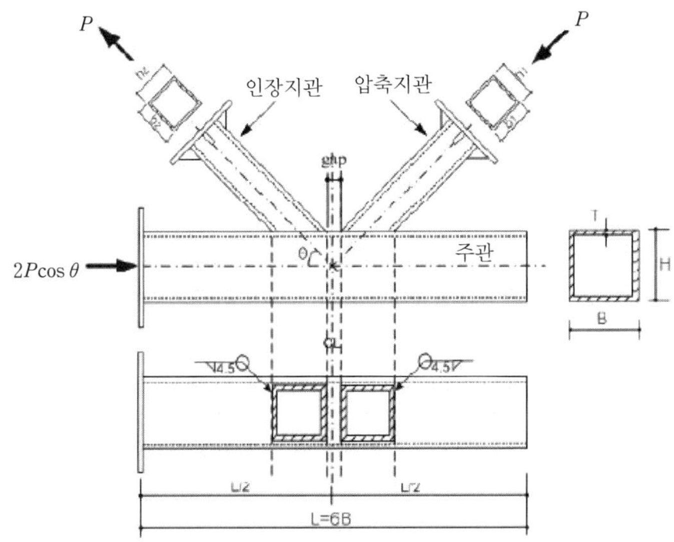

(b) 강관 웨브형의 갭K형 접합부

그림 3.86 갭 K형 접합부 실험체의 형상

(a) 실험체 모두 주관의 길이는 주관 폭의 6배로 계획하였는데, 이것은 지지길이가 너무 짧으면 단부의 구속효과가 접합부의 거동에 영향을 줄 수 있으며 반대로 너무 길면 주관의 휨변형으로 파괴되는 것을 방지하기 위한 것.

(b) 압축지관의 길이도 지관 자체에서의 국부좌굴이 발생하지 않도록 하며 주관 접합면의 파괴를 유도하고 실험시 실험체 세팅을 원활히 하기 위해서 지관 뒷굽에서부터 단부 플레이트까지 지관폭의 3~4배로 계획하였다.

③ 실험체 설치 및 가력방법

(a) 실험체를 가력 프레임 내의 반력용 블록과 actuator 사이에 위치시키고 전동공구를 사용하여 고력볼트로 체결

(b) 다림추를 이용하여 실험체의 수직을 확인

(c) 실험체에 초기응력이 도입되는 것을 방지하기 위해서 각 지관과 반력블록 사이의 틈은 다양한 두께의 낄판을 이용하여 최대한 밀착

(d) 하중은 액츄에이터에 부착한 유압센서를 이용하여 측정하고 변위는 LVDT를 이용하여 측정

(e) 주관에 대한 압축지관과 인장 웨브재 연결플레이트의 상대적 변위를 측정하기 위해서 지관에 부착한 LVDT를 주관과 지관의 중심선이 만나는 위치에 용집해 놓은 볼트에 강선으로 연결하고, 지관 양측면에 LVDT를 1개씩 총 4개를 설치

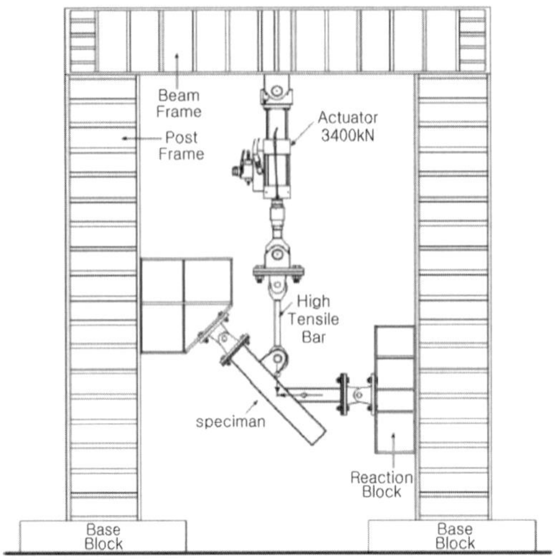

그림 3.87 실험체의 설치 상황

그림 3.88 실험체 가력 및 변위계 부착상황

(7) 철근 관통형 프리캐스트콘크리트 보-기둥 외부접합부의 구조적 거동에 관한 실험

① 실험목적

PC를 이용한 다층 골조시스템의 시공성과 경제성을 향상시키기 위하여 철근연결재의 정착형태로서 90°및 180°표준갈고리와 시공성 향상을 위해 새로이 제안한 평면 ㄷ자형 갈고리를 사용한 보-기둥 외부접합부가 내진성능을 만족하는지를 실험적으로 평가하고자 한다.

② 실험계획

3개의 실험체 모두 보의 상부 주근은 RC 구조와 동일하게 기둥코어 내부에서 90°표준갈고리로 정착하도록 계획하였으며, 이는 하프 PC보를 기둥에 설치한 후 배근하게 되므로 하프 PC보에서 기둥 코어 내부에 이르기까지 연속성을 확보하고 있다.

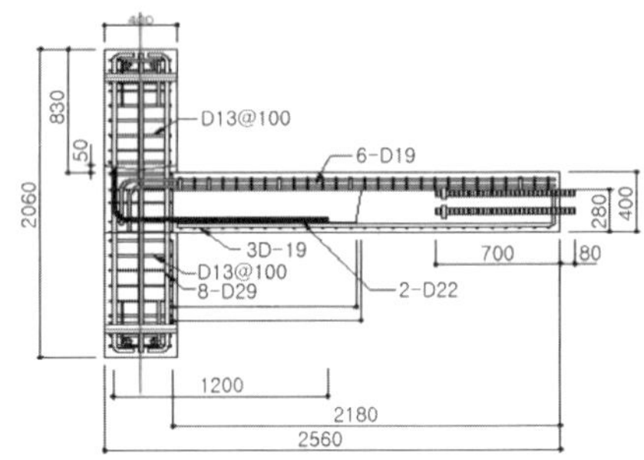

(a) B4-1 실험체 형상

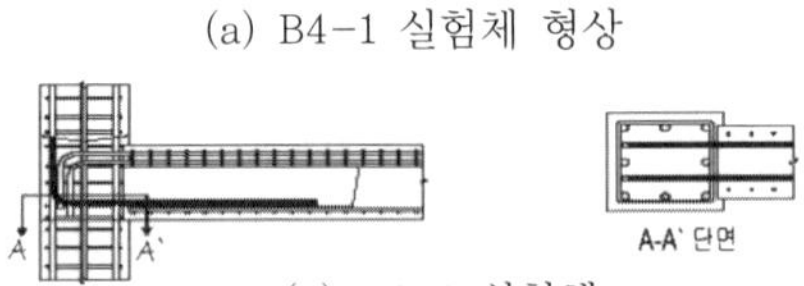

(b) B4-1 실험체

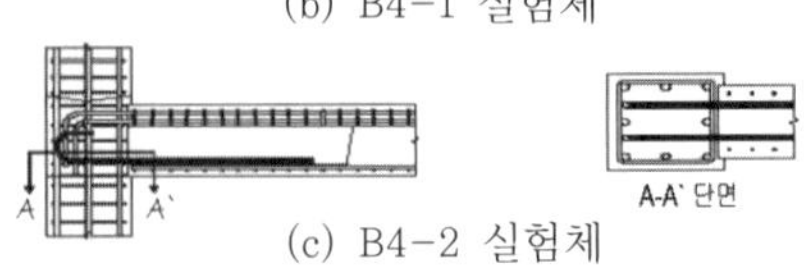

(c) B4-2 실험체

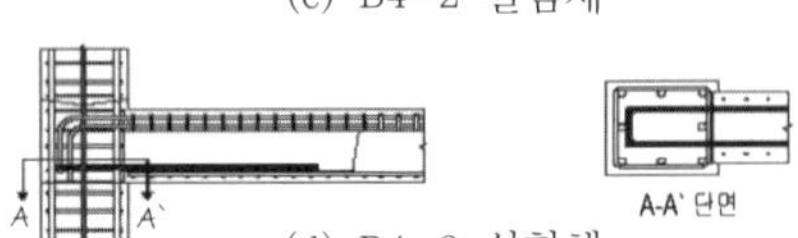

(d) B4-3 실험체

그림 3.89 실험체 상세

(a) 하부주근-기둥 코어 내부에 정착되는 철근연결재의 형태를 90°표준갈고리, 180° 표준갈고리, 평면 ㄷ자형 갈고리의 3가지 형태로 하였다.

(b) 철근연결재는 모두 D22를 사용하였다.

(c) 겹침이음길이는

$$l_d = \frac{0.9 \times d_b \times f_y}{\sqrt{f_{ck}}} \times \frac{\alpha\beta\gamma\lambda}{\left(\dfrac{c + K_{tr}}{d_b}\right)}$$

식을 사용하여 계산하였다.

(d) 접합부 내부의 횡보강근은 D13을 사용하여 10cm 간격으로 3개의 실험체 모두 동일하게 배근하였다.

③ 실험방법

(a) 실험은 기둥에 일정축력을 가한 상태에서, 하프 PC보 단부에 250kN actuator를 설치하여 변위제어로써 반복가력하였다.

(b) 변위제어는 하프 PC보의 길이로 나눈 값인 부재각(0.2%, 0.25%, 0.35%, 0.5%, 0.75%, 1%, 1.5%, 2%, 2.75%, 3.5%, 4.25%)으로 각 사이클마다 3회씩 점증가력하였다.

(c) 실험은 하중의 증가에 따라 하프 PC보의 항복에 의한 내력저하 또는 접합부의 전단파괴에 의한 내력저하 등 급격하게 강도가 저하되는 것으로 판단될 때까지 실험을 진행하였다.

(d) 급격한 내력감소가 발생하지 않는 경우에는 최대 4.25%의 부재각까지 실험을 진행하였다.

(8) 철근콘크리트 병렬 전단벽과 철골 커플링 보 접합부의 내진성능

① 목적

본 연구에서는 중·고층 건축물의 주요한 횡하중 저항요소로 널리 활용되고 있는 철근콘크리트 병렬 전단벽의 내진성능을 개선하기 위한 연구의 일환으로 철근콘크리트 전단벽에 작용되는 압축응력 크기 및 분포, 철골 커플링 보 매립부 벽체 및 철골보의 보강여부를 주요변수로 전단벽과 철골 커플링 보 접합부의 이력특성을 규명하고자 한다.

② 실험체 개요

실험체 설계 시 고려된 변수는 벽체와 철골 커플링 보 접합부에 작용되는 축응력 크기 및 분포, 벽체에 매립된 철골 커플링 보 상하부 플랜지에 용접된 스터드 볼트 및 접합부에서 벽체에 추가로 보강된 수직 보강철근의 유무에 따른 영향 등이다.

표 3.31 실험체 일람표

실험체명	스터드 볼트(mm)			벽체철근		축하중 작용점 (mm)
	개수	직경	길이	중앙부	매립부	
SCB-STAN	-	-	-	HD13@230	HD13@230	-50
SCB-STAN-OM	-	-	-	HD13@230	HD13@230	+150
SCB-SBVR	12	19	125	HD13@230	HD13@100	-50
SCB-SBVR-OM	12	19	125	HD13@230	HD13@100	+150

벽체단면 : 300mm×1000mm

철골보 : H-350×175×711(SS400)

SCB-STAN-OM
- OM — 벽체 단부의 전도모멘트 영향(압축응력 분포)
- STAN — 벽체 단부의 보강 및 비보강
- SCB — Steel Coupling Beam

축하중 작용점은 벽체 중심선으로부터 이격거리 ←(−) l (+)→

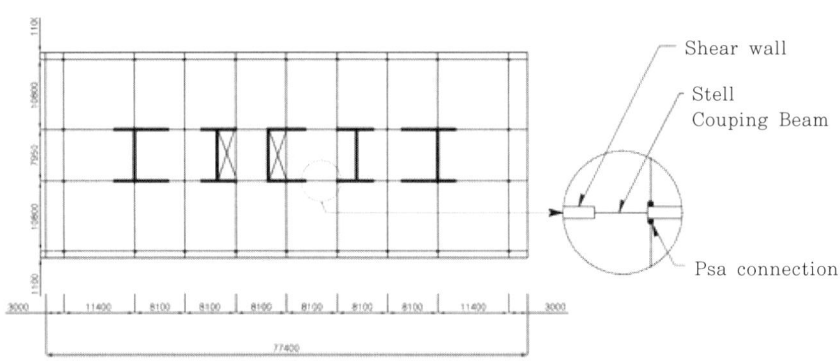

그림 3.90 대상건물 평면

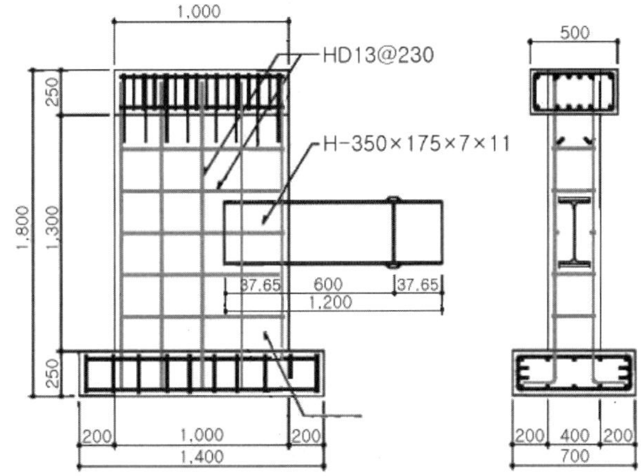

(a) SCB-STAN(-OM) 실험체

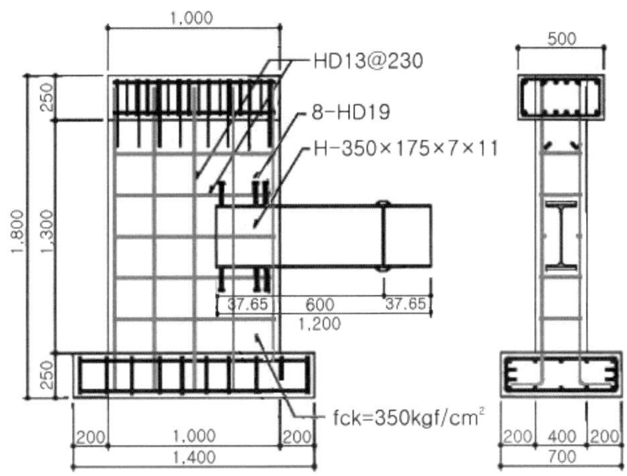

(b) SCB-SBVR(-OM) 실험체

그림 3.91 실험체 형상 및 치수

③ 실험체 설치 및 가력방법

(a) 철골 커플링 보 단부의 하중점에서 27cm 떨어진 위치에 설치한 변위계로 도입된 하중별 변위를 측정하면서 각 사이클별로 의도된 변위이력에 따라 가력

(b) 철골 커플링 보 매립부의 수직철근, 철골보 및 스터드 볼트의 도입된 하중에 따른 변형상태를 파악하기 위하여 해당부위에 스트레인 게이지를 미리 부착하여 변형률을 측정

(c) 실험을 진행하는 동안 측정된 자료는 TDS-601A를 이용하여 일정한 간격으로 자동 저장

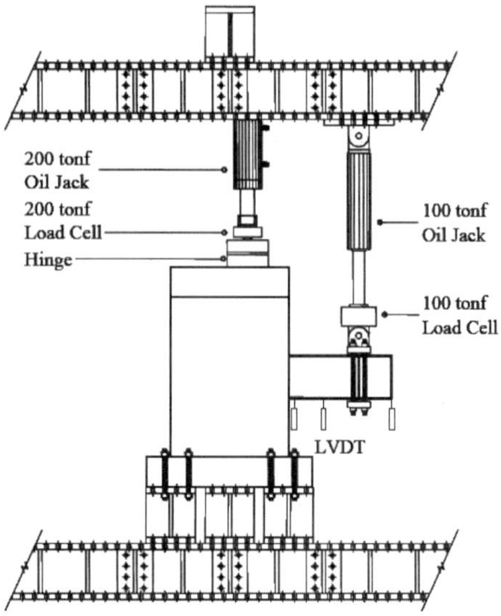

그림 3.92 실험체 설치상황

(d) 벽체에 매립된 철골 커플링 보의 상하부 플랜지의 변형률을 참고하며, 하중-변위 관계 곡선에서 급격하게 강성이 변화되는 시점으로 정의된 부재 항복시 변위 (δ_y)의 배율로 점증되는 변위이력에 따라 실험체를 가력

(e) 동일변위의 반복시 강도저하를 평가하기 위하여 동일변위에서 3사이클씩 반복가력 하였으며, 사이클별 최대강도가 항복하중의 50% 이하로 저하되었을 때 실험을 종료

(9) 철근의 수직 비접촉 겹침에 대한 실험

① 실험목적

철근 관통형 PC보-기둥 접합부의 성능평가실험에 앞서 접합부에 접합되는 보에 정모멘트가 작용하여 보 내부의 철근 연결재가 인장력을 받을 경우 서로 비접촉 겹침되는 철근 연결재와 보 하부철근의 이음성능을 평가한다.

② 실험계획

(a) 연결재 종류와 겹침이음 길이를 변수로 6개의 이음성능평가를 위한 실험체를 계획하였다.

(b) 실험체는 실제 철근 관통형 PC보-기둥 접합부를 대상으로 기둥과 접한 PC보가 대칭으로 접하도록 하고 단면 및 배근형상은 2/3 크기로 계획하였다.

표 3.32 실험체 일람표

NO	실험체명	철근 연결재	이음길이(mm)	변수 설명
1	B2-1	3-D19	590	기준 실험체 (이음길이 : 국내 콘크리트 구조설계 기준식 적용)
2	B2-2	3-D19	470	이음길이 : 기준 실험체의 0.8배
3	B2-3	3-D19	710	이음길이 : 기준 실험체의 1.2배
4	B2-4	3-D19	820	이음길이 : 기준 실험체의 1.4배
5	B2-5	2-D25	980	철근 연결재 변화 (이음길이 : 국내 콘크리트 구조설계 기준식 적용)
6	B2-6	2-D22	850	철근 연결재 변화 (이음길이 : 국내 콘크리트 구조설계 기준식 적)

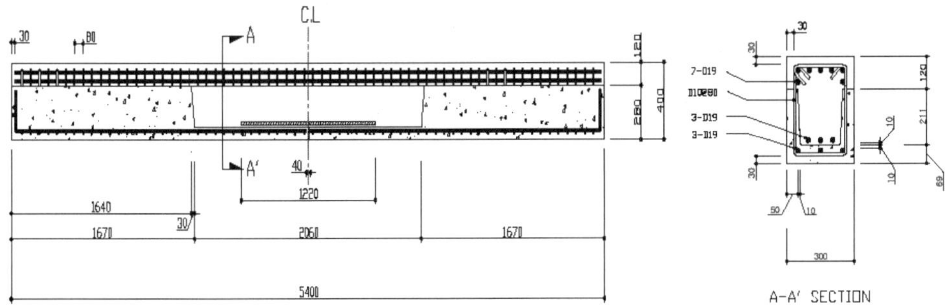

그림 3.93 실험체 형상

(c) 부분 PC보 하단부 철근은 3-D19, 2-D22, 2-D25 등 3 종류로 계획하였다.

(d) 실험체 보 단면은 300×400mm, 길이는 5400mm, 순경간은 5000mm이다.

(e) 횡보강근은 D10의 철근을 80mm 간격으로 기둥과 접하게 되는 중앙부에 배근하였다. 양단부에도 동일하게 배근하였다.

③ 실험방법

(a) 겹침이음 구간 바깥으로 2점 가력이 되도록 구조용 만능시험기(10000kN UTM), 지지대, 가력 프레임 등을 설치하였다.

(b) 중앙부에 수직하중을 주어 중앙부 접합면에 정모멘트가 발생하여 겹침이음부가 인장력을 받도록 하였고, 보-기둥 접합이음길이가 작은 경우 조기 파괴될 가능성을 고려하여 예상 항복하중의 75%까지는 하중제어로, 그 이상은 변위제어로 중앙부 수직변위가 25mm, 50mm, 75mm, 100mm가 되도록 1회씩 점증가력 하였다.

(c) 보의 처짐을 측정하기 위해 순경간의 1/2, 2/4, 3/4, 되는 지점에 변위계를 설치하였다.

(d) 철근의 변형률을 측정하기 위하여 철근 연결재의 중앙부와 겹침이음 중간부, 보 하부 철근의 겹침이음 시작부와 중앙부, 압축철근 중앙부, 전단철근 등에 철근변형게이지를 설치하였다.

그림 3.94 실험체 설치상황

(10) 커버 플레이트형 상세를 지닌 복합구조(RCS)접합부의 역학적 거동에 관한 실험

① 실험목적

전단내력식 개발을 위한 기초연구로 실험을 통해 얻어진 자료에서 접합부 응력기구들의 응력전달 거동 특성 파악 및 ASCE식의 평가를 하고자 한다.

② 실험계획

내부 접합부에 대하여 RCS구조를 사용하였다.

(a) 외부 접합부에 대하여는 RCS구조와 철근콘크리트 구조를 혼용하여 사용하였다.

(b) 부재에 횡력이 작용할 때 RCS구조의 접합부에 발생하는 응력이 가장 큰 지점을 중심으로 단면을 선정하였다.

(c) 실제 구조물의 2/3 크기로 축소한 보와 기둥으로 구성된 6개의 실험체를 제작하였다.

(d) 실험체는 기존형(LCS)과 커버 플레이트형(LCC 시리즈)으로 나뉜다.

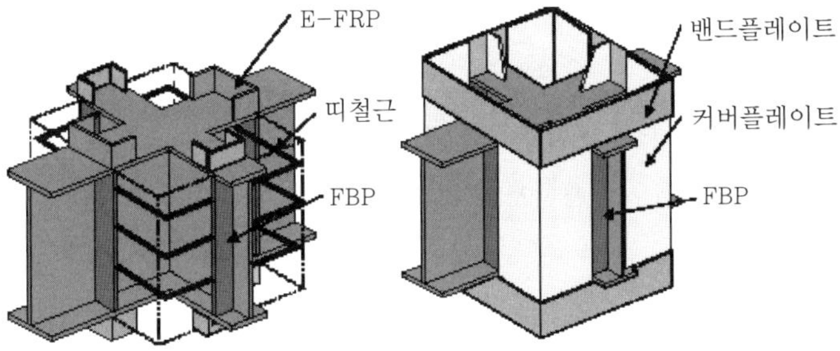

그림 3.95 실험체 접합부 상세

③ 실험방법

(a) 반력벽에 300tonf 오일잭을 프레임에 고정시키고 반대편 프레임에 실험체를 눕혀 기둥 하부를 힌지와 연결하고 상부 기둥은 반력벽에 부착된 힌지와 긴결시켰다.

(b) 실험체 반복가력 시 기둥 상하의 힌지에 생기는 전단력에 의해 힌지가 움직이는 것을 방지하기 위하여 콘크리트 블록을 바닥 슬래브와 고정시켜 힌지와 연결된 프레임을 지지하였다.

(c) 강재보 단부를 100tonf 액츄에이터에 볼트로 연결하여 가력하였다.

(d) 가력방법은 부재각(R)에 따라 1/500, 1/400, 1/285, 1/200, 1/133, 1/100, 1/66, 1/50, 1/40, 1/33, 1/25, 1/20, 1/27까지 단계별로 점증 가력하며 측정하였으며, 정·부의 반복가력으로 각각 2회씩 반복가력하면서 부재각에 따른 변위제어방식으로 가력하였다.

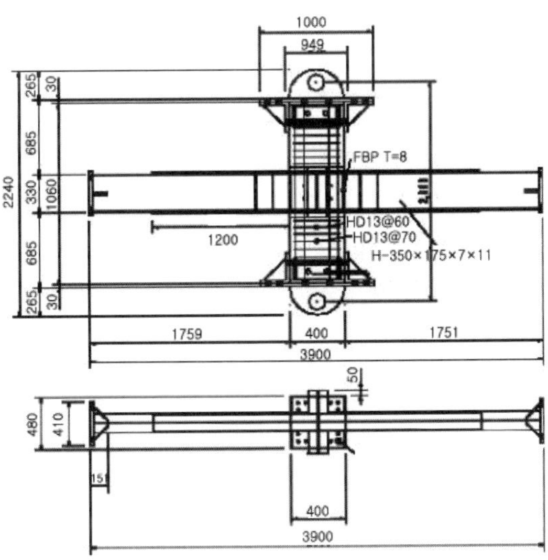

그림 3.96 실험체 제작 상세도

(11) 행거로 보강된 스터드 접합부의 인장거동에 관한 실험

① 실험목적

스터드 묻힘길이가 적어 콘크리트 브레이크아웃 파괴되는 스터드 접합부를 대상으로 보강상세로 행거를 사용할 시 접합부의 인장내력 및 변형거동에 대한 영향을 파악하고자 한다.

② 실험계획

(a) TN1-P 실험체와 TN2-P 실험체는 각각 4개, 6개의 스터드로 접합되어 있으며 주철근과 전단보강근 및 행거가 배근되어 있다.

(b) TN1-R1실험체와 TN2-R1실험체는 무근 실험체이며 TN1-R2실험체와 TN2-R2실험체는 주철근과 전단보강근은 배근되어 있지만 행거가 설치되지 않은 실험체이다.

(c) RC보 부재 단면은 40cm×60cm이며 길이는 콘크리트 브레이크아웃 파괴면적을 고려하여 100cm로 계획하였다.

(d) 스터드가 용접되는 엔드 플레이트로 사용된 강판은 두께만큼 콘크리트에 매립하였으며, 인장력에 의한 휨변형을 줄이기 위하여 두께 20mm로 계획하였다.

(e) 사용된 스터드의 몸통 직경은 16mm이고 머리부분을 제외한 묻힘길이는 70mm이다.

(f) 주철근은 D16의 이형철근을, 전단보강근과 행거는 D13의 이형철근을 사용하였다.

표 3.33 실험체 형상 및 배근 상황

실험체명	스터드	주철근 배근	전단 보강근 배근	행거
TN1-P	4- ϕ16	압축철근 : 5-D16@75, 압축철근 : 5-D16@75	D10@100	2-D10
TN1-R1	4- ϕ16	-	-	-
TN1-R2	4- ϕ16	압축철근 : 5-D16@75, 압축철근 : 5-D16@75	D10@100	-
TN2-P	6- ϕ16	압축철근 : 5-D16@75, 압축철근 : 5-D16@75	D10@100	4-D10
TN2-R1	6- ϕ16	-	-	-
TN2-R2	6- ϕ16	압축철근 : 5-D16@75, 압축철근 : 5-D16@75	D10@100	-

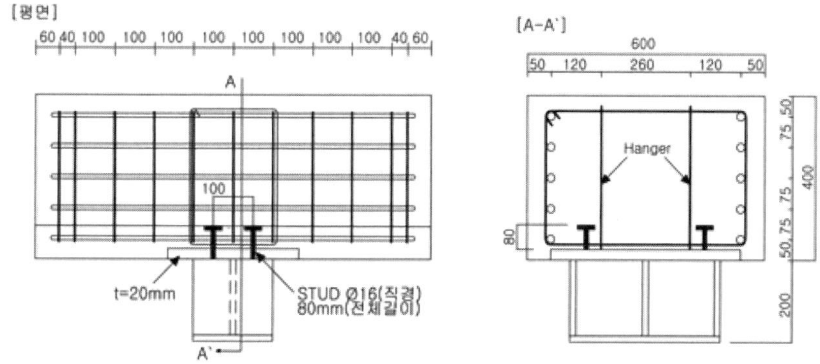

(a) TN1−P

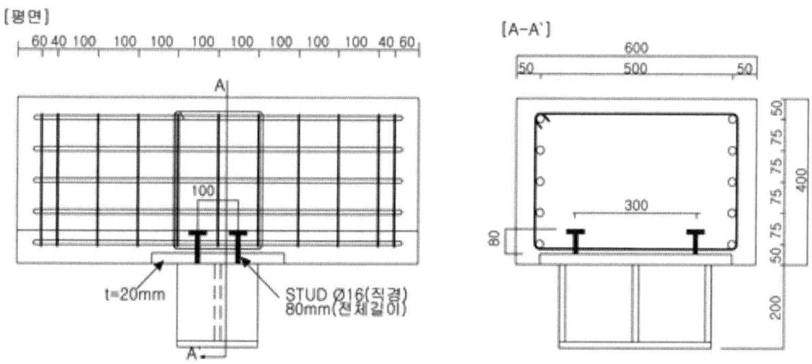

(b) TN1−R1

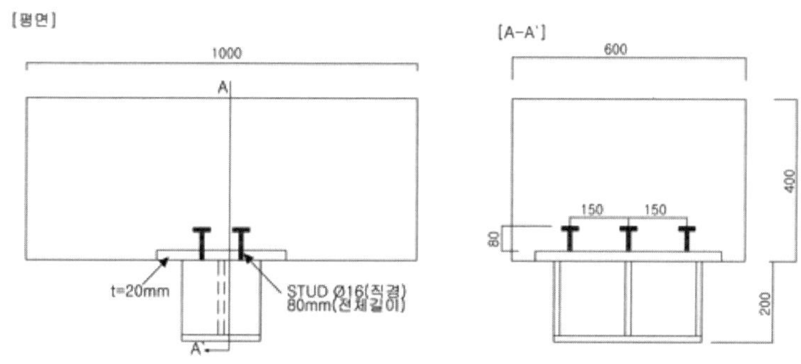

(c) TN1−R2

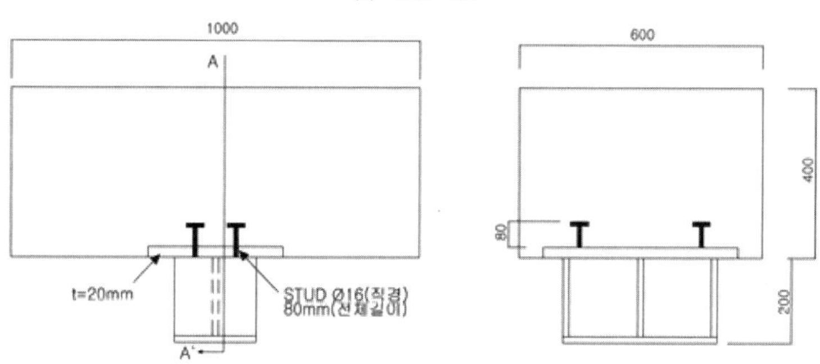

(d) TN2−P

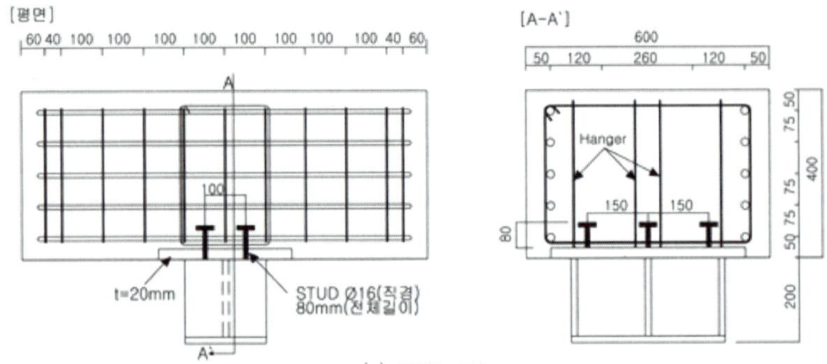

(e) TN2-R1

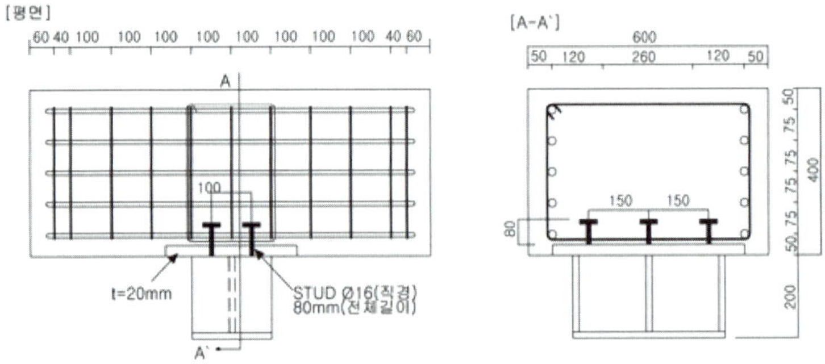

(f) TN2-R2

그림 3.97 실험체 일람표

③ 실험방법

(a) RC 보의 끝단에 지지점을 두고 오일잭을 이용하여 철골부재에 인장력을 가하여 접합부가 인장파괴되도록 하였다.

(b) 엔드 플레이트의 4면에 변위계(LVDT)를 설치하고 변위를 측정하여 이를 평균한 값을 인장변위로 산정하였다.

(c) RC보의 변형을 측정하기 위하여 RC보의 외측면에도 변위계를 설치하였으며, RC 부재 내 철근과 연결재에 작용하는 인장력에 의한 변형을 측정하기 위하여 철근 게이지를 부착하였다.

(12) 관통형 고력볼트를 사용한 엔드 플레이트형식 콘크리트 충전 각형관 기둥 H형강 보 접합부의 실험

① 목적

본 연구에서 접합부 패널의 전단내력에 대하여 고찰하고, 강재 및 콘크리트의 응력-변형도 관계를 모델화하여 접합부 패널의 탄소성 거동을 해석한다. 또한 접합부 파괴

모드를 1. 기둥의 좌굴 2. 엔드 플레이트의 소성화 3. 접합부 패널의 전단항복 4. 보의 휨파괴 4가지의 파괴모드로 예상하여 내력을 평가한다.

② 실험체 개요

접합부의 내력 및 강성을 평가하기 위해 일반적인 내진설계 개념인 약보-강기둥 형식과는 달리 강보-약기둥 형식으로 기둥 및 접합부 패널에서 파괴가 유도되도록 실험체를 계획한다. 실험체는 H형강 보(SS400, H350×175×7×11)에 엔드 플레이트를 용접하고, 이를 기둥부재인 각형강관(SPSR400, □250×250×6)에 8개의 관통형 고력볼트 (F10T M20, F10T M22)로 접합하였다. 실험체의 변수는 엔드 플레이트의 두께(16mm, 25mm)와 볼트의 직경(20mm, 22mm)

표 3.34 실험체 일람표

실험체명	강관기둥	H형강보	엔드 플레이트	고력볼트
LBE16A-2C	□250×250×6	H350×175×7×11	16	F10T M22
LBE16B-2C			16	F10T M20
LBE25A-2C			25	F10T M22
LBE25B-2C			25	F10T M20

LBE□□-□□
LBE(엔드 플레이트 두께)(A : 고력볼트 F10T M22 B : 고력볼트 F10T M20인 경우)-(볼트의 위치)(반복가력)

③ 실험체 설치 및 가력방법

본 실험에서 실험체는 가력 프레임에 각형 관 기둥 상하단의 지지조건을 핀으로 하였으며, 가력부인 보의 양단부에도 가력용 힌지구좌를 설치하여 오일잭 상하단에서 회전이 가능하도록 한다.

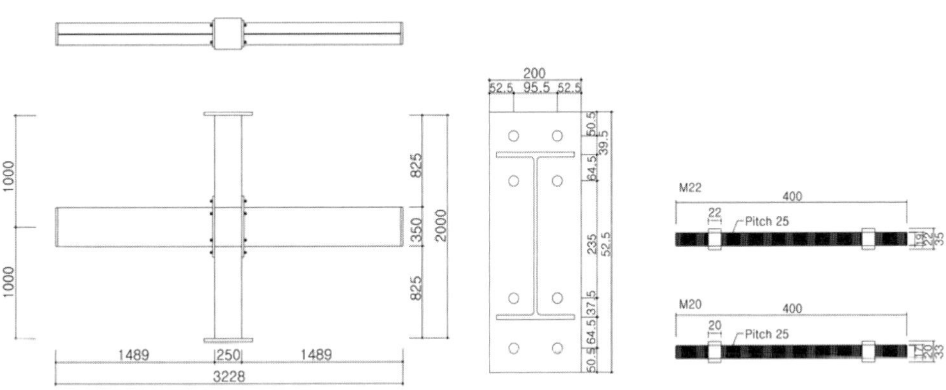

그림 3.98 가력장치

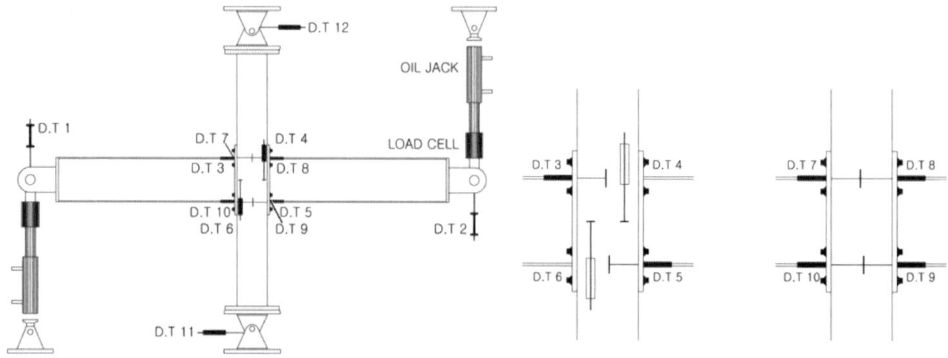

그림 3.99 가력 및 측정방법

가력방법은 일반적인 구조물의 경우 기둥에 축력이 작용하는 것을 고려하여 20~30% 정도의 일정축력을 가한 상태에서 실험을 실시하지만, 본 실험에서는 실험실 여건상 무축력상태에서 역대칭 반복가력한다. 하중측정은 인장 압축 복동식 로드셀을 사용하여 가력하중의 크기를 측정하며, 변위측정은 9개의 변위계를 이용하여 가력부인 보의 양단부의 변위와 보-기둥 집합부의 회전각, 패널존의 전단변형 및 변형각을 측정한다.

(13) 철근콘크리트 외부 보-기둥 접합부 실물크기 실험체의 이력거동에 관한 실험

① 목적

본 연구에서는 외부 보-기둥 접합부 반복가력실험을 위하여 접합부 후프 근의 유무와 X형 전단철근의 사용에 따른 접합부 후프 근이 배근된 실험체와 배근되지 않은 실험체, 그리고 접합부 전단내력을 향상시키기 위한 2개의 실험체를 제작하였다. 이를 통해 접합부 후프 근의 유무와 X형 전단철근의 사용에 따른 접합부의 전단강도 및 내진성능을 비교·분석하여 접합부 상세에 따른 접합부 거동 특성을 파악하고자 한다.

② 실험체 개요

외부 보-기둥 접합부 실험체를 계획하여 실물크기 사이즈로 제작하였다. NS 실험체는 기둥과 보의 전단철근 간격을 20cm로 하였고 S실험체는 접합부 부근에서 전단철근의 간격을 10cm 간격으로 배근하였다. SX 실험체는 접합부 전단성능의 향상을 위해 접합부에 X형 전단철근을 추가로 배근하였고, X실험체는 SX실험체에서 접합부 후프 근을 배제하였다.

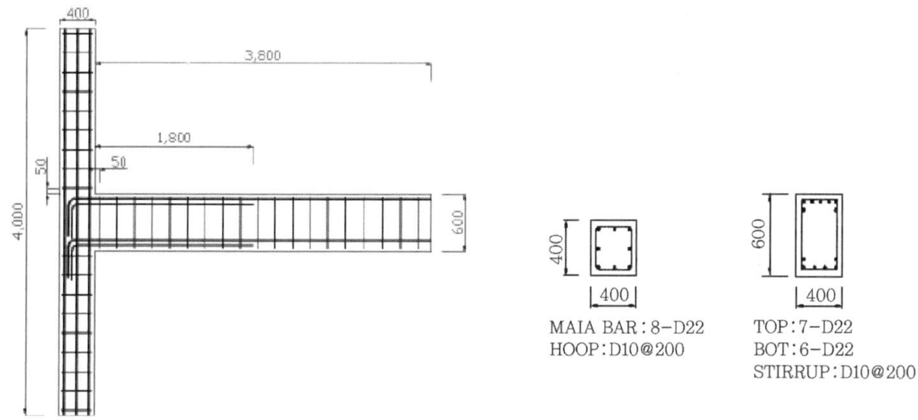

(a) 실험체 배근도(NS)　　(b) 기둥, 보 배근

그림 3.100 실험체 단면

표 3.35 실험체 일람표

실험체명	휨강성비	보 stirrup 간격 (cm)	기둥 hoop 간격(cm)	접합부	
				Hoop (간격 : cm)	X형 배근
NS	1.34	20	20	무	무
S		10	10	유(10)	무
SX		10	10	유(10)	유
X		10	10	무	유

③ 실험체 설치 및 가력방법

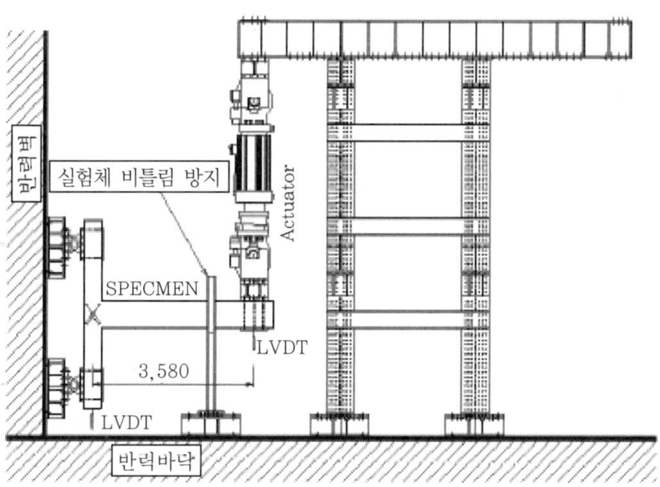

그림 3.101 실험체 세팅

기둥은 무축력으로 양단부를 힌지로 고정하였고, 보 단부에서 200tf 액츄에이터를 사용하여 0.003Hz의 속도로 7단계로 상하 반복가력하였다. 예상 항복변위(16mm)의 0.5배(8mm), 1배(16mm), 2배(32mm), 3배(48mm), 4배(64mm), 5배(80mm), 6배(96mm) 까지를 측정하였다. 기둥 힌지 간격은 3m, 기둥 중심과 가력점까지의 거리는 3.58m이다.

보의 좌·우 비틀림을 방지하기 위하여 보 양쪽으로 버팀대를 실험체와 약 5mm의 간격을 띄워 설치하였다. 보 가력의 위치에 전기식 LVDT를 설치하였고, 접합부 전단변형을 측정하기 위해서 대각방향으로 LVDT를 설치하였다. 또한 가력시 실험체의 상·하 미끌림을 측정하기 위하여 기둥 하부에 LVDT를 추가하였다.

(14) 슬래브의 합성작용을 고려한 기존 철골모멘트 접합부의 실험

① 목적

본 연구의 목적은 크게 두 가지로 요약된다.

첫째로, 일본 효고현 남부지진에서 발생된 기둥-보 접합부에서의 보 플랜지의 파단현상에 합성보의 슬래브가 큰 영향이 있다는 관점에 주목해서, 기둥-보 접합부의 파단현상을 실험적으로 재현하고, 슬래브 합성효과가 파단현상에 주는 영향을 밝히고자 한다.

둘째로, 효고현 남부지진 이전에 설계된 접합부의 변형능력을 높이기 위한 내진보강 방법을 연구대상으로 해서, 내진보강에 따른 접합부의 변형능력 및 에너지 흡수능력을 정량적으로 평가하고자 한다.

② 실험체 개요

본 실험에서는 슬래브의 효과를 명확히 하기 위해서 철근콘크리트 슬래브를 사용한다.

본 연구에서 실험체는 크게 두 가지 시리즈로 나누어진다. 시리즈 I은 종래형의 기둥-보 접합부 상세를 갖는 순철골 및 합성보 실험체이다. 시리즈 I에는 SP-1과 SP-2의 2개의 실험체가 있고 실험변수는 슬래브의 유무이다. 시리즈 II는 시리즈 I의 SP-2 실험체와 같은 기존 합성보 실험체에 대해서 내진보강 개념을 적용한 실험체들이다.

표 3.36 실험체 일람표

실험체명	합성유무	구분	보강위치
SP-1	순철골보	철골보	-
SP-2	합성보	표준합성보	-
SP-3	합성보	논스캘럽 보강	하부 스캘럽
SP-4	합성보	수평스티프너 보강	하부 플랜지
SP-5	합성보	하부덧판 보강	하부 플랜지

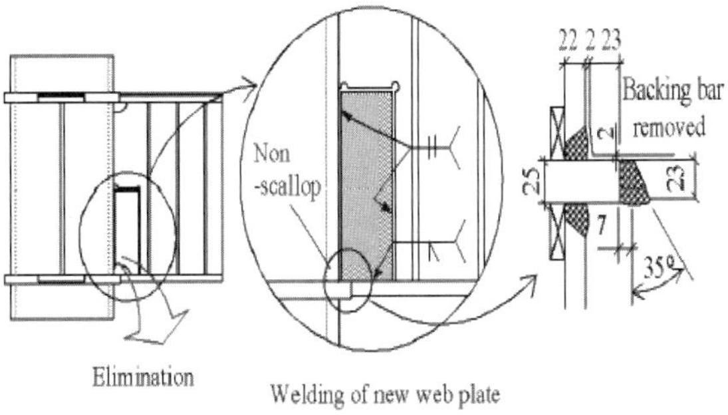

(a) SP-3

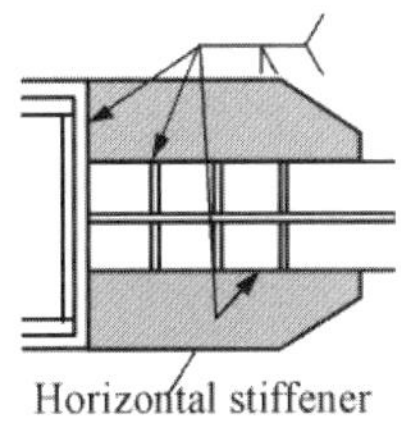

(b) SP-4

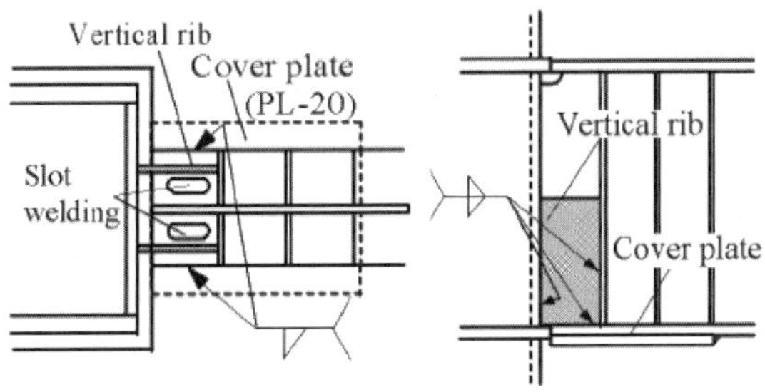

(c) SP-5

그림 3.102 실험체 사진

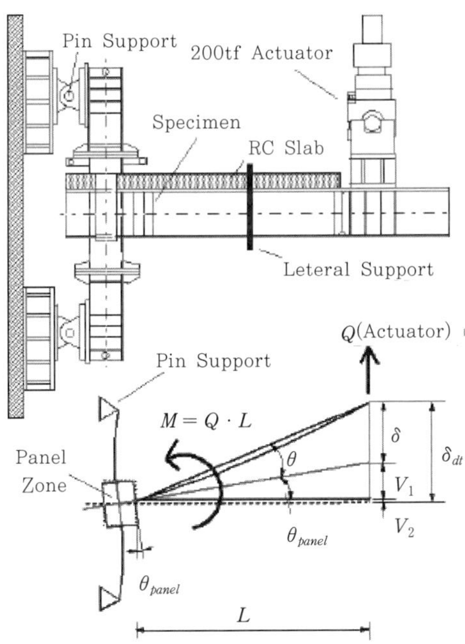

그림 3.103 실험체 가력장치도 및 계측방법

③ 실험체 설치 및 가력방법

가력은 부재각 θ에 따라 제어되었다. 그림과 같이 목표된 부재각 θ는 가력점의 연직변위 δ_{dt}에서 패널존 변형각 θ_{panel}에 의한 변위 V_1과 연직변위 V_2를 제외한 δ를 기둥면에서 가력점까지의 거리(L = 3,275mm)로 나눈 순수 보만의 회전각이다. 가력패턴은 탄성역에서 가력후 변형진폭증분 2 $_s\theta_p$의 점증변위 반복재하이력으로 한다. 여기서 $_s\theta_p$는 순철골보의 전소성모멘트에 상응하는 회전각을 의미하며, 그 값은 약 0.0082rad. 이다.

(15) 플레이트로 보강한 냉간성형 각형강관 T형 접합부의 거동에 관한 실험

① 목적

본 논문에서는 냉간성형 각형강관으로 제작된 T형 접합부에서 텐션구조용 핀접합부에 플레이트를 적용시킨 형상으로 주관 플랜지 파괴모드가 지배하는 접합부에 대해 주관 플랜지 파괴모드가 지배하는 접합부에 대해 주관 상부면을 플레이트로 보강한 형상을 연구대상으로 설정하였다.

본 연구에서는 이미 보고되어 제안된 냉간성형 각형강관 T형 접합부의 상부면 보강에 따른 접합부의 내력증대 및 파괴모드 변화 등에 실험을 통하여 평가하고자 한다.

② 실험체 개요

주관의 길이는 주관폭의 3배로 설정하였으며, 지관의 길이는 지관 플레이트의 길이의 2배로 하여 압축실험시 지관 플레이트의 편심으로 인한 세장효과를 최소화 하였다. 또한, 주관의 폭 두께비 (2γ)에 따라 3종류, 주관 상부면에 접합된 지관 플레이트 접합형상과 보강판 유무, 보강판 두께 (t_p)에 따라 총 11개의 실험체를 계획하였으며, 보강판의 폭 (b_p)은 주관폭의 크기와 같게 제작하였다. 그리고 주관 상부면 보강판의 길이 (l_p)는 주관 상부면의 휨변형으로 발생하는 응력이 주관 측벽면으로 원활히 전달될 수 있도록 하였다.

표 3.37 실험체 일람표

<table>
<tr><th rowspan="2">실험체명</th><th colspan="2">주관</th><th colspan="3">지관
플레이트(mm)</th><th rowspan="2">g</th><th rowspan="2">b_1
$(=2t_1+g)$</th><th rowspan="2">β_p
(b_1/B)</th><th colspan="3">상부보강판
(mm)</th></tr>
<tr><th>단면크기
$(B\times H\times T)$</th><th>2γ
(B/T)</th><th>두께
t_1</th><th>길이
h_1</th><th>높이
$2h_1$</th><th>폭 b_p</th><th>두께
t_p</th><th>길이
l_p</th></tr>
<tr><td>TEA^{1}62-D0</td><td rowspan="7">200×200×6</td><td rowspan="7">33.3</td><td>30</td><td rowspan="7">150</td><td rowspan="7">300</td><td rowspan="5">64</td><td rowspan="5">124</td><td rowspan="5">0.62</td><td>×</td><td>–</td><td>–</td></tr>
<tr><td>TEA^{1}62-D2</td><td>30</td><td rowspan="6">200</td><td>2</td><td rowspan="4">386</td></tr>
<tr><td>TEA^{1}62-D3</td><td>30</td><td>3</td></tr>
<tr><td>TEA^{1}62-D4</td><td>30</td><td>4</td></tr>
<tr><td>TEA^{1}62-D6</td><td>30</td><td>6</td></tr>
<tr><td>TEA^{1}30-S3</td><td>60</td><td>–</td><td rowspan="2">60</td><td rowspan="2">0.30</td><td>3</td><td rowspan="2">290</td></tr>
<tr><td>TEA^{1}30-S6</td><td>60</td><td>–</td><td>6</td></tr>
<tr><td>TED^{1}30-S0</td><td rowspan="2">100×100×4
.5</td><td rowspan="2">22.2</td><td>30</td><td rowspan="2">75</td><td rowspan="2">150</td><td>–</td><td rowspan="2">30</td><td rowspan="2">0.30</td><td>×</td><td>–</td><td rowspan="2">145</td></tr>
<tr><td>TED^{1}30-S4.5</td><td>30</td><td>–</td><td>100</td><td>4.5</td></tr>
<tr><td>TEC^{2}30-S3</td><td rowspan="2">100×100×6</td><td rowspan="2">16.7</td><td>30</td><td rowspan="2">75</td><td rowspan="2">150</td><td>–</td><td rowspan="2">30</td><td rowspan="2">0.30</td><td rowspan="2">100</td><td>3</td><td rowspan="2">145</td></tr>
<tr><td>TEC^{2}30-S6</td><td>30</td><td>–</td><td>6</td></tr>
</table>

(16) 인장지관 연결플레이트를 갖는 무편심의 냉각성형 각형강관 갭K형 접합부의 실험

① 목적

국내에서 생산되는 고장력 인장강봉과 냉간성형 각형강관을 사용한 접합부와 절점형상에 따른 각형강관 접합부의 내력과 변형성상에 대한 구조적 안정성을 확보하기 위한 실험이 필요하다.

이에 각형강관 접합부 형상 중 갭K형에서 기존의 일반적인 접합형태인 정방형에 대한 내력 및 변형성상에 대해서 우선 실험연구를 통하여 규명하고자 한다. 또한 향후의 이론해석 및 유한요소해석과 실험결과를 비교·분석하여 국산 자재의 특성을 반영한 설계용 내력식을 제안하는 것이 본 연구의 최종목표이다.

② 실험체 개요

본 연구에서는 인장지관에 연결용 플레이트를 사용한 무편심 갭K형 접합부에 대한 기초적인 실험으로 위의 변수들 중 주관두께, 주관에 대한 지관의 폭비, 갭 크기를 접합부의 주요변수로 하여 실험체를 계획하였다. 나머지 변수들에 대한 영향은 관련 연구에서 수행하는 것으로 하였다. 여기서는 주관과 지관은 동일한 강종의 강관을 사용하고, 주관폭은 200mm, 주관과 지관의 각도는 45노로 일정하세 하였으며, 주괸의 폭괴 두께는 국내 강관구조 설계기준에 나타낸 B, T로 각각 나타내었다.

표 3.38 실험체 일람표

	주관		인장지관		압축지관		폭비	갭 크기비
	단면	2γ (B/T)	플레이트 폭 (b_2)	β_2 (b_2/B)	단면	β_1	(β)	g/B
KSA100-a	200×200×6.0	33.3	84	0.42	100×6.0	0.50	0.63	0.75
KSA150-a					150×6.0	0.75	0.76	0.57
KSA100-b			124	0.62	100×6.0	0.50	0.68	0.75
KSA125-b					125×6.0	0.63	0.74	0.66
KSA150-b					150×6.0	0.75	0.81	0.57
KSA175-b					175×6.0	0.88	0.87	0.48
KSA125-c			164	0.82	125×6.0	0.63	0.79	0.57
KSA150-c					150×6.0	0.75	0.86	0.48
KSB125-b	200×200×9.0	22.2	124	0.62	125×6.0	0.63	0.74	0.66
KSB175-b					175×6.0	0.88	0.87	0.48
KSC100-b	200×200×12	16.7	124	0.62	100×6.0	0.50	0.68	0.75
KSC150-b					150×6.0	0.81	0.81	0.57

K S A 100 - a
(1) (2) (3) (4) (5)
(1) K : 접합부 형상
(2) S : 압축지관 형상(정방형)
(3) 주관두께비 A=33.3, B=22.2, C=16.7
(4) 압축지관의 크기
(5) 인장지관 폭비
a=0.42, b=0.62, c=0.82

③ 실험체 설치 및 가력방법

그림 3. 103 실험체 설치상황

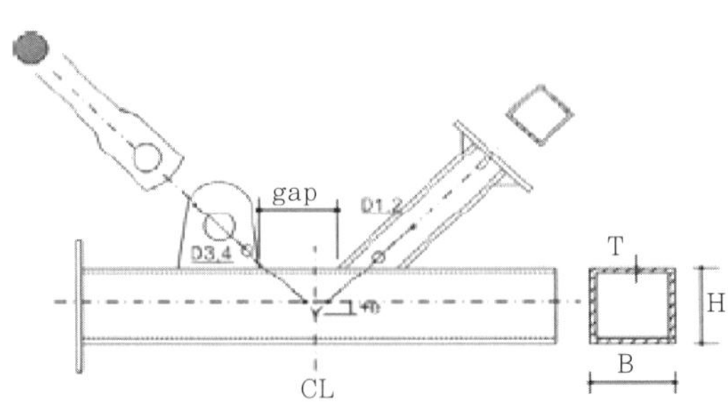

그림 3.104 변위계 설치상황

실험체를 가력 프레임내의 반력용 블록과 actuator 사이에 위치시키고 전동공구를 사용하여 유압잭과 고력볼트로 체결한다. 이때 다림추를 이용하여 실험체의 수직을 확인하였으며, 인장력이 도입되는 고장력 인장강봉의 실험체 주관 상부면 인장용 플레이트와 actuator의 연결은 원형단면으로 열처리 가공된 고강도 핀을 이용하여 연결한다. 고장력 인장강봉 지관 측의 주관 단부와 45° 반력블록의 연결은 고력볼트를 이용하여 체결하고, 압축지관과 가력 프레임도 역시 인력으로 체결한다.

액츄에이터로 고장력 인장강봉 인장지관에 인장력을 작용시키면 압축지관에 P, 주관에는 $2P\cos\theta$ 크기의 압축력이 반력으로 도입되도록 가력장치를 계획한다. 정적 actuator를 이용하여 고장력 인장강봉과 핀으로 연결된 연결봉 플레이트를 통해 실험체에 인장력이 도입된다. 가력은 접합부의 최대내력이 결정되고 실험체가 심한 국부형으로 더 이상 가력하기에 불안정한 상태가 되었을 때 종료하였다.

(17) 인장지관 연결플레이트를 갖는 냉각성형 각형강관 갭K형 지관의 실험

① 목적

접합부의 편심비 및 지관각도 변화에 따른 내력 및 변형성상에 대해서 주요 변수로 선정하여, 이에 따른 내력 및 변형성상에 대해서 주요변수로 선정함으로써 이에 따른 거동을 규명하고자 한다. 또한, 본 연구의 접합부에 대해서는 향후 이론해석 및 유한요소해석과 시험결과를 비교·분석하여 국내 실정에 적합한 내력 식은 물론 국제수준의 설계 식을 제안하는 것이 본 연구의 최종목표이다.

② 실험체 개요

표 3.39 실험체 일람표

<table>
<tr><th rowspan="2">실험체명</th><th colspan="2">주관</th><th colspan="2">인장지관</th><th colspan="4">압축지관</th><th>편심비</th><th>갭 크기</th><th>갭 크기비</th></tr>
<tr><th>단면</th><th>2γ (B/T)</th><th>플레이트폭 (b_2)</th><th>β_2 (b_2/B)</th><th>단면</th><th>b_1/t_1</th><th>β_1 (b_1/B)</th><th>β_1 $(\sqrt{2}\beta)$</th><th>e/B</th><th>g</th><th>g/B</th></tr>
<tr><td>KSA125-b</td><td rowspan="9">200×200×6.0</td><td rowspan="9">33.3</td><td rowspan="8">124</td><td rowspan="8">0.62</td><td>125^2×6.0</td><td>20.8</td><td>0.63</td><td></td><td>0</td><td>131.6</td><td>0.66</td></tr>
<tr><td>KSA125-b-30</td><td>125^2×6.0</td><td>20.8</td><td>0.63</td><td></td><td>0</td><td>373.2</td><td>1.87</td></tr>
<tr><td>KSA125-b-60</td><td>125^2×6.0</td><td>20.8</td><td>0.63</td><td></td><td>0</td><td>−7.86</td><td>−0.04</td></tr>
<tr><td>KSA125-b-E1</td><td>125^2×6.0</td><td>20.8</td><td>0.63</td><td></td><td>+0.500</td><td>331.6</td><td>1.66</td></tr>
<tr><td>KSA150-b-E2</td><td>125^2×6.0</td><td>20.8</td><td>0.63</td><td></td><td>+0.375</td><td>281.6</td><td>1.41</td></tr>
<tr><td>KSA175-b-E3</td><td>125^2×6.0</td><td>20.8</td><td>0.63</td><td></td><td>+0.125</td><td>181.6</td><td>0.91</td></tr>
<tr><td>KSA125-b-E4</td><td>125^2×6.0</td><td>20.8</td><td>0.63</td><td></td><td>−0.125</td><td>81.6</td><td>0.41</td></tr>
<tr><td>KSA125-b-E5</td><td>125^2×6.0</td><td>20.8</td><td>0.63</td><td></td><td>−0.125</td><td>31.6</td><td>0.16</td></tr>
<tr><td>KSB125-c</td><td>164</td><td>0.82</td><td>125×6.0</td><td>20.8</td><td>0.63</td><td></td><td>0</td><td>113.9</td><td>0.57</td></tr>
</table>

표 3.39 실험체 일람표(계속)

<table>
<tr><th rowspan="2">실험체명</th><th colspan="2">주관</th><th colspan="2">인장지관</th><th colspan="4">압축지관</th><th>편심비</th><th>갭 크기</th><th>갭 크기비</th></tr>
<tr><th>단면</th><th>2γ (B/T)</th><th>플레이트폭 (b_2)</th><th>β_2 (b_2/B)</th><th>단면</th><th>b_1/t_1</th><th>β_1 (b_1/B)</th><th>β_1 $(\sqrt{2}\beta)$</th><th>e/B</th><th>g</th><th>g/B</th></tr>
<tr><td>KSB125-b</td><td rowspan="2">200 × 200 × 6.0</td><td rowspan="2">33.3</td><td>124</td><td>0.62</td><td>$125^2 \times 6.0$</td><td>20.8</td><td>0.63</td><td>0.88</td><td>0</td><td>95.0</td><td>0.48</td></tr>
<tr><td>KSC125-c</td><td>164</td><td>0.82</td><td>$125^2 \times 6.0$</td><td>20.8</td><td>0.63</td><td>0.88</td><td>0</td><td>95.0</td><td>0.48</td></tr>
</table>

K S A 125 - a - 30(E1)
(1) (2) (3) (4) (5) (6)
(1) K : 접합부 형상 (2) S : 압축지관 형상(정방형)
(3) 주관두께비 A=33.3, B=22.2, C=16.7
(4) 압축지관의 크기
(5) 인장지관 폭비
a=0.42, b=0.62, c=0.82
(6) 지관각도변화 또는 편심비 변화

② 실험체 설치 및 가력방법

(a) 실험체 설치상황

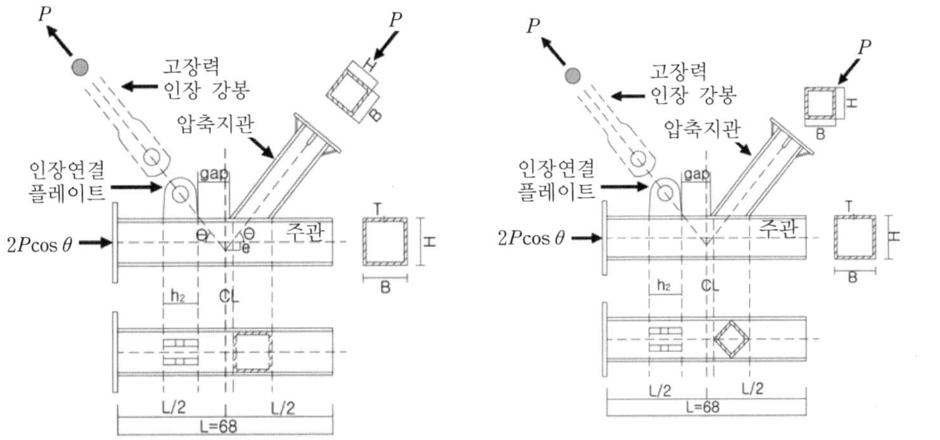

(b) 정방형 실험체　　(c) 압축지관 45° 회전형 실험체

그림 3.105 실험체 설치상황

실험체를 가력 프레임 내의 반력용 블록과 actuator 사이에 위치시키고 전동공구를 사용하여 유압잭과 고력볼트로 체결한다. 이때 다림추를 이용하여 실험체의 수직을 확인하였으며, 인장력이 도입되는 고장력 인장강봉의 실험체 주관 상부면 인장용 플레이트와 actuator의 연결은 원형단면으로 열처리 가공된 고강도 핀을 이용하여 연결한다. 고장력 인장강봉 지관측의 주관단부와 45°반력블록의 연결은 고력볼트를 이용하여 체결하고, 지관각도가 다른 실험체는 15°반력블록을 추가로 부착하여 30°60°를 형성하였다. 압축지관도 가력 프레임에 부착된 반력블록에 체결하였다.

액츄에이터로 인장지관에 인장력을 작용시키면 압축지관에 P, 주관에는 2Pcos θ 크기의 압축력이 반력으로 도입되도록 가력장치를 계획한다. 정적 actuator를 이용하여 인장 지관 플레이트에 연결된 힌지와 고장력 인장강봉을 통해 실험체에 인장가력하였다. 가력은 접합부의 최대내력이 결정되고 실험체가 심한 국부형으로 더 이상 가력하기에 불안정한 상태가 되었을 때 종료하였다.

(18) 접합부의 두께를 보강한 콘크리트 충진 각형강관 기둥-H형강 보 접합부의 실험

① 목적

본 연구는 스틸하우스의 보급에 따른 안정성을 확보할 목표에 관련된 구조시스템의 구조성능을 확보할 목표에 관련된 구조시스템의 구조성능을 확인하고자 수행된 실험연구의 일부분으로, 스틸하우스 주요 구조부재인 조립벽체가 연직하중과 수평하중에 충분한 내력과 소성변형능력 등에 대하여 구조성능, 사용성 성능을 실험적으로 규명함이 연구의 목적이다.

② 실험체 개요

본 연구는 벽체의 단위, 브레이스의 유무 및 종류, 면재의 유무, 나사의 간격, 가력방법을 변수로 두고 실험한다. 벽체단위는 벽체 1단위(90cm×90cm), 벽체 2단위(180cm×210cm)로 나누어진다.

표 3.40 실험체 일람표

실험체명	면재		브레이스		벽체단위	나사간격	가력방법
	內	外	內	外			
W-1P	무	무	무	무	1P	-	면내전단
W-2P	무	무	무		2P	-	면내전단
WS-1P	무	무	수평	수평	1P	-	면내전단
WS-2P	무	무	수평	수평	2P	-	면내전단
WX-1P	무	무	X형	X형	1P	-	면내전단
WX-2P	무	무	X형	X형	2P	-	면내전단
WF-1P100	유	유	무	무	1P	100/200	면내전단
WF-2P100	유	유	무	무	2P	100/200	면내전단
WF-1P150	유	유	무	무	1P	150/300	면내전단
WF-2P150	유	유	무	무	2P	150/300	면내전단
WC-1P150	유	유	무	무	1P	150/300	단순압축
WC-2P150	유	유	무	무	2P	150/300	단순압축

③ 실험체 설치 및 가력방법

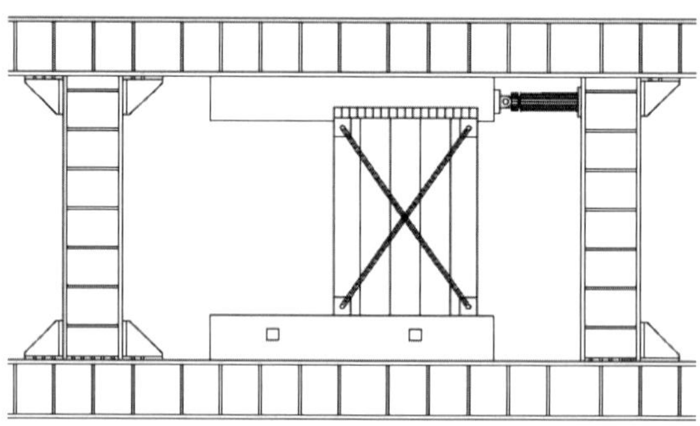

그림 3.106 실험체 설치상황(면내전단실험)

면내전단 실험은 스트롱 프레임에 설치한 압축용량 50ton 유압잭을 이용해 가력헤드를 수평방향으로 단순가력, 하중은 유압잭 피스톤에 부착한 하중계를 이용하여 측정.

변위는 변위계를 이용하여 수평변위 측정. 단순압축 실험은 100ton용량 만능시험기를 사용해 하중이 등분포로 작용할 수 있도록 가력빔 설치하고 변위는 수직변위를 측정한다. 이 두 실험에서 가력은 최대하중 이후 실험체가 파괴되거나 소성거동을 보일 때까지 실시한다.

6) 골조실험

(1) 현장타설 끼움벽으로 보강된 비내진 상세를 갖는 철근콘크리트 골조의 실험

① 목적

본 연구는 내진성능의 향상이 요구되는 중저층 철근콘크리트 건축물에 대한 내진보강 방안으로 현장타설 콘크리트 끼움벽으로 내진보강된 골조와 기존 비내진 상세를 갖는 골조의 반복 횡하중 재하시의 강도 및 파괴 특성 등의 내진거동을 비교 분석하고, 궁극적으로는 끼움 전단벽 공법의 현장적용 타당성의 기초자료를 제시하는데 그 목적이 있다.

② 실험체 개요

본 연구에서 채택한 보강공법은 일본건축종합시험소의'철근콘크리트 증설벽 내진보강설계 및 시공지침'에 기초한 것으로 매립 앵커볼트에 대한 전단실험 결과를 근거로 기존 골조와 끼움벽의 거동 및 내진성능을 평가하였다. 기존골조와 끼움벽의 일체화를 위하여'ㄱ'자 프레임을 제작하여 앵커볼트로 고정하였으며 벽체 경계면에서 스프링을 설치하여 벽체의 응력의 집중을 방지하며 연성을 확보하도록 하였다.

표 3.41 실험체 일람표

실험체명	콘크리트 압축강도 (MPa)	벽두께 (mm)	축하중 (kN)	벽체			경계부재		
				$l \times h \times t$	ρ_v (%)	ρ_h (%)	$B \times D$	ρ_v (%)	ρ_h (%)
Frame	21.23	70	282.24	-	-	-	200×200	0.38	0.15
CIP-1	21.23	70	282.24	1,500×900×70	0.23	0.13	200×200	0.38	0.15
CIP-2	21.23	70	282.24	1,500×900×70	0.22	0.14	200×200	0.38	0.15

· Frame 실험체는 비내진 상세를 갖는 순수 골조로 제작
· CIP-1 실험체는 순수골조에 대각선 철근이 없는 끼움벽으로 보강
· CIP-2 실험체는 끼움벽에 대각선 철근을 배근하여 전단에 대한 연성을 확보하도록 설계

③ 실험체 설치 및 가력방법

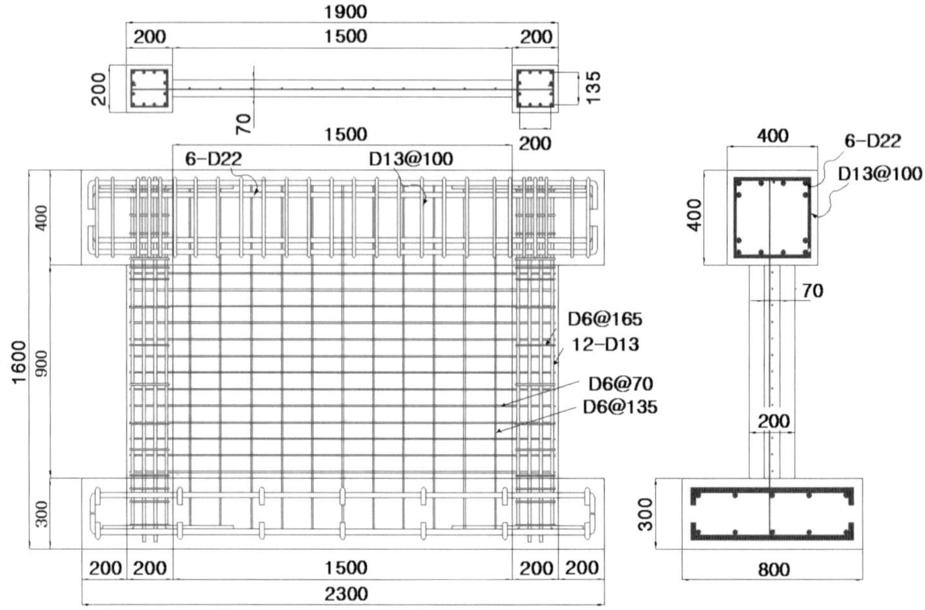

(a) Frame

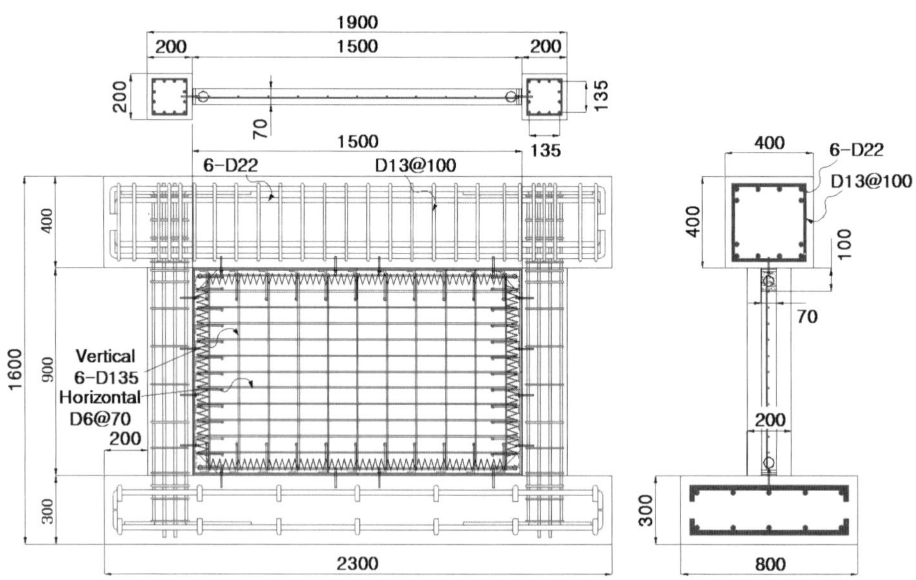

(b) CIP-1

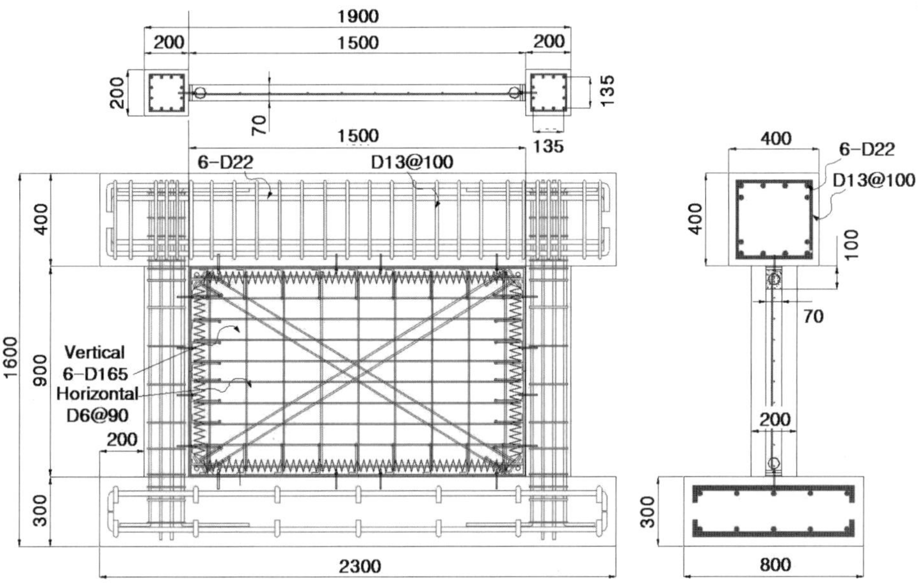

(c) CIP-2

그림 3.107 실험체 배근도

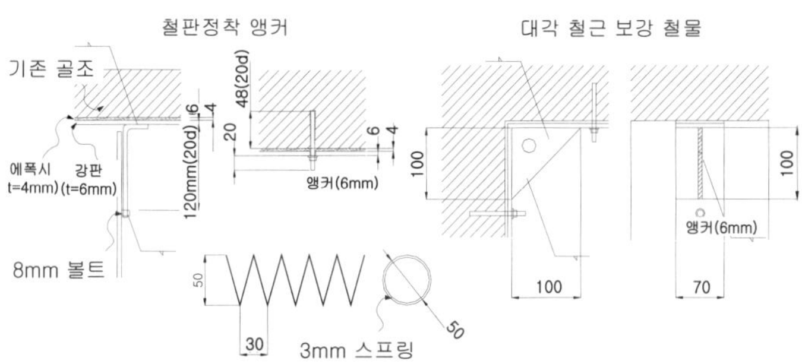

그림 3.108 실험체 보강상세

그림 3.109 실험체 설치상황

(a) 실험체에 축하중을 도입하기 위하여 반력바닥 하부에 설치된 두 대의 1500kN 용량의 오일잭을 사용하여 경계부재 상부에 282.24kN의 하중을 실험종료 시까지 일정하게 가력

(b) 실험체의 수평하중은 실험체에 맞추어 제작한 가력철물을 통하여 반력벽에 설치된 1,000kN 용량의 actuator로 반복가력

(2) 현장타설 끼움벽으로 보강된 비내진 상세를 갖는 철근콘크리트 골조의 실험

① 목적

본 연구는 접합부의 외부를 T-스티프너 보강하고 접합부의 내부를 관통요소로 보강하는 새로운 접합부 상세를 개발하고, 접합부의 취성파괴를 방지할 수 있는 새로운 용접방법과 적정한 스티프너의 길이와 높이를 제시하고자 한다.

② 실험체 개요

본 연구에서 채택한 보강공법은 일본건축종합시험소의 '철근콘크리트 증설벽 내진보강설계 및 시공지침'에 기초한 것으로 매립 앵커볼트에 대한 전단실험 결과를 근거로 기존 골조와 끼움벽의 거동 및 내진성능을 평가하였다. 기존골조와 끼움벽의 일체화를 위하여 'ㄱ'자 프레임을 제작하여 앵커볼트로 고정하였으며 벽체 경계면에서 스프링을 설치하여 벽체의 응력의 집중을 방지하며 연성을 확보하도록 하였다.

표 3.42 실험체 일람표

실험체명	관통요소(강도비)	수직스티프너	수평스티프너
RB16T200	HD16(57%)	200×80(200)	200×37×9
RB19T200	HD19(83%)		
RB19T200	HD19(83%)	200×80(250)	250×37×9
PL16T200	PL16(81%)	200×80(200)	200×37×9
PL22T200	PL22(112%)		
PL22T250	PL22(112%)	200×80(250)	250×37×9
ST200	-	200×80(200)	200×37×9
ST250	-	200×80(250)	250×37×9

RB : 철근보강형
PL : 강판보강형
S : 스티프너형
철근의 직경 및 강판두께
T200 : 스티프너의 길이 200mm
T250 : 스티프너의 길이 250mm

③ 실험체 설치 및 가력방법

실험체는 가력 프레임을 사용하여 각형강관 기둥의 상·하단에 힌지를 설치, 구속조건을 핀으로 하고, 가력부인 보의 양 선단부에도 가력용 힌지구좌를 설치하여 오일잭 상·하단에서 회전이 가능하도록 한다. 또한 가력점인 보의 양 선단부의 가력 힌지구좌는 H형강의 전단중심에 일치시켜 가력시 보에 면외좌굴이 발생하지 않도록 설치하였다.

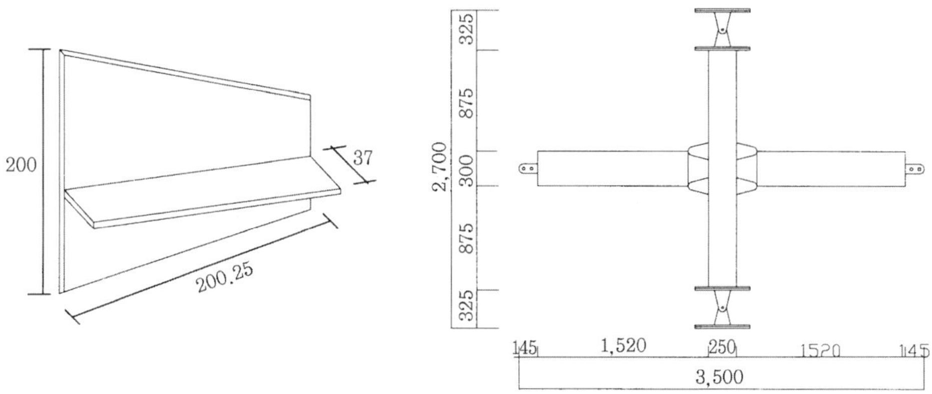

그림 3.110 실험체 형상 및 치수

가력방법은 실험실 여건상, 무중력 상태에서 점증변위 제어방법으로 하중을 제어하며 역대칭 반복가력 한다. 하중의 측정은 인장·압축 복동식 로드셀을 사용하고, 9개의 변위계를 이용하여 가력부인 보의 양단부의 변위와 보-기둥 접합부의 회전각, 패널존의 전단변형 및 기둥단부의 회전각을 측정한다. 또한, 패널존과 스티프너의 단부 등 주요 부위에 W.S.G.를 부착하여 변형도 분포를 파악한다.

3.2 동적실험

3.2.1 능동제어 개론

1) 건축구조물의 능동제어

건축구조물은 항상 변화하는 외부하중에 대하여 안전성과 사용성이 확보되도록 설계되어야 한다. 특히 병원, 응급시설, 고층건물과 같이 외부하중에 의하여 붕괴나 사고시에 엄청난 재난을 일으키는 구조물에 대해서는 어떠한 하중조건하에서도 견딜 수 있도록 설계할 필요가 있다. 이러한 구조물은 외부조건에 대해서 안전성과 사용성을 만족하도록 대처해 나가는 동적 시스템으로의 역할을 할 수 있도록 설계함으로써 더욱 안정적인 시스템이 되도록 할 수 있다. 즉 초기의 일괄적인 설계로 외부하중에 대해서 수동적으로 견디는 무감각한 덩어리가 아니라 외부하중조건에 따라 가장 경세적이며 적극적으로 대처해나가는 살아있는 유기체와 같이 거동하도록 하는 것이다. 이와 같이 동적거동을 하는 구조물에 인위적인 조작을 통하여 시스템으로써의 기능을 수행할 수 있도록 거동을 조절하는 것을 능동제어라 한다.

이러한 구조물의 능동제어는 자연현상에 대한 인간의 적극적이며 능동적인 대처방안과 60,70년대 활발하게 진행되었던 우주개발과 결부된 기술의 발달에 기인하고 있다. 이 당시에 제안된 여러 가지 제어 알고리듬이 건축, 토목 분야의 구조물에 적용된 것은70-80년대에 들어서이지만 구조물의 응답을 줄여야 하는 것이 구조 기술자에게 부과되어왔던 오래된 문제였던 만큼 그 태동은 훨씬 이전이라고 볼 수 있다.

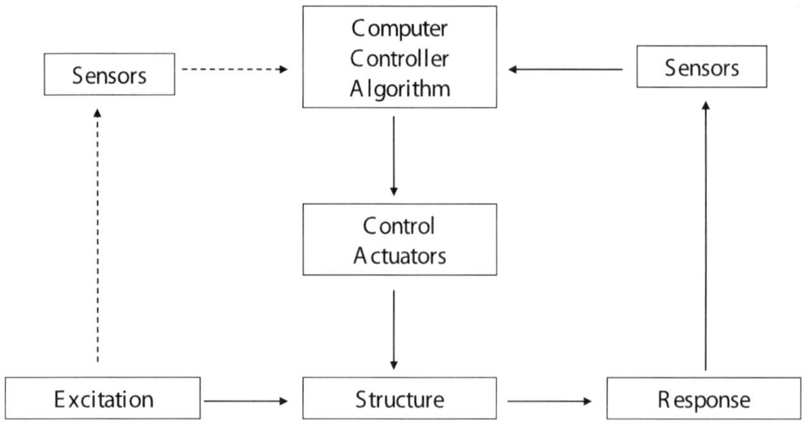

그림 3.111 능동제어 개념도

구조물의 능동제어를 위해서는 우선 인간의 신경과 비교될 수 있는 센서를 통하여 구조물의 거동을 파악한 후 이를 바탕으로 제어력을 산정하게 된다. 제어력을 산정하는 알고리듬은 구조물과 동력원의 특성, 해석 대역(analysis domain)에 따라 다양한 형태가 존재한다. 이 알고리듬에서 발생한 신호는 실제 건물에 제어력을 전달하는 동력기에 전달되게 된다. 이 일련의 과정이 그림 1에 나타나 있다.

그림 1에서 점선으로 표시된 것은 외력이 제어력을 계산하는데 사용되는 것을 의미하는 데 보통 건물의 응답만을 이용하여 제어력을 계산하게 된다. 이와 같이 센서를 통하여 거동을 파악하는 것에서부터 실제 제어력을 구조물에 전달하는 과정이 순간적으로 (on-line real time)이루어져야 한다.

구조물의 능동제어에 사용되는 구성요소는 크게 제어의 대상이 되는 구조모델, 제어력을 산정하는 제어 알고리듬, 구조물의 거동을 감지하는 센서, 제어력을 최종적으로 구조물에 전달하는 동력기(actuator)로 나누어볼 수 있다. 이 사이의 신호전달 및 처리 과정은 이들 기본 4 요소에 포함되는 것으로 볼 수 있기 때문이다. 그러므로 제어의 효율성은 이 4가지 기본 구성요소에 의해 결정된다고 볼 수 있다.

이를 감안하여 구조물 모델에 대한 불확실성이 제어에 미치는 영향, 각 제어알고리듬의 효율성, 동력기의 힘전달 방식 및 적용의 용이성. 센서의 감지능력 등이 구조물의 능동제어에 미치는 영향에 대한 타당성검토가 있어야 한다.

2) 구조물 모델

실제의 물리적인 구조물의 특성을 알기 위해서는 다양하고 반복적인 검증이 필요하다. 이러한 작업을 통하여 간단한 시스템에 대해서 어느 정도 그 특성을 파악할 수 있지만 구조물이 더욱 복잡해지고 커지게 되면 한계가 있을 수밖에 없다. 이러한 시스템은 저차의 자유도를 가지는 모델로 치환하거나 축소모델을 사용하여 단순화 하게 된다. 이 모델을 기본으로 하여 수학적인 방정식을 유도하고 해석을 한 후 다시 설계를 하게 된다. 그러므로 실제시스템을 모델링하는 것은 매우 중요한 문제이며 이것이 곧 실제시스템의 설계의 완성도를 판가름 하게 되는 중요한 인자가 된다. 모델링은 실제시스템의 어떠한 측면을 고려할 것인가에 따라 달라질 수 있다. 이것은 곧 실제시스템의 완전한 이해만이 가장 합리적인 모델을 얻을 수 있음을 의미한다.

지진하중을 받는 건축 구조물은 시간에 따라 특성이 달라지며 비선형적인 거동을 하는 것으로 알려져 있다. 이러한 불확실성을 가지는 구조물의 제어를 위해서는 매순간마다 구조물의 특성을 재구성하고 이에 합당한 제어력을 산정하는 방법에 대해서 고려해보아야 한다. 또한 구조물의 불확실성이 제어에 미치는 영향을 제어 전에 충분히 검토하여 견실한 제어가 되도록 하여야 한다.

3) 제어 알고리듬

능동제어 알고리듬은 타 분야에서 수십 년 전부터 여러 가지 경험, 실험 등을 통하여 어느 정도 체계가 정립되어있는 제어이론들에서 부터 현재 연구가 이루어지는 단계에 있는 것까지 다양하다. 제어 알고리듬은 해석영역에 따라 연속시간영역기법(continuous time domain), 이산화시간영역기법(digital time domain), 진동수영역기법(frequency domain)으로 크게 나누어 볼 수 있다.

(1) 연속시간영역기법(Continuous Time Domain)

① LQR (linear quadratic regulator)

제어기법 중에서 가장 이상화되어 있는 제어 알고리듬이다. 시스템의 정확한 정보와 모든 상태변수(state variable)는 이용가능하며 성능을 나타내는 목적함수가 상태변수의 이차 행렬식으로 나타내어진다. 최적제어방식을 통하여 상태변수에 선형인 제어 알고리듬을 구현하게 된다.

② LQG (linear luadratic gaussian)

구조물 제어에 사용되는 센서의 수로 시스템의 모든 상태변수를 알 수 없을 때 센서에서 얻어진 정보와 관측기(observer)를 통하여 얻어진 정보를 이용하여 상태되먹임(state feedback)을 하는 제어기법이다. 센서의 소음(noise)원이 가우시안(Gaussian) 확률특성을 가지고 있기 때문에 이렇게 불린다. 소음원의 특성을 고려한 최적의 관측기의 구현과 LQR 방식을 이용한 최적의 제어기 구현으로 이루어진 2원적 체계를 가진다.

③ **출력상태 되먹임** (output feedback)

관측기의 계산처리속도 등에 의하여 상태되먹임의 신뢰성이 떨어지거나 복잡한 계산과정을 피하기 위하여 센서로 부터 얻어진 상태에 대한 정보만을 제어력에 사용하는 기법이다. 구조물과 같이 몇 개의 저차모드가 시스템의 거동을 지배하는 경우에 매우 유용하게 사용하는 방법이라고 볼 수 있다. 제어력은 센서에 의해 얻어진 출력(output)에 선형으로 표현되며 센서의 위치, 제어기의 위치에 따라 제어효과가 달라진다.

④ **고유값 지정제어** (pole assignment)

시스템의 거동을 지배하는 pole을 설계자가 원하는 임의의 위치에 있게 하는 제어기법이다. 앞서 소개된 제어알고리듬이 최적제어방식에 기초를 두고 이루어졌기 때문에 오직 한 개의 최적해를 가지는 반면 고유값 지정(pole assignment) 제어기법은 특성상 여러 개의 해를 가질 수 있으며 pole을 옮기는 방식에 따라 다양한 알고리듬이 있다.

(2) 이산화 시간영역기법(Digital Time Domain)

컴퓨터를 사용한 진동제어에서는 연속된 데이터의 입력이 불가능하고 이산화된 데이터가 입력되기 때문에 디지털화된 제어 알고리듬이 요구된다. 이는 기존의 제어이론을 이산화시간(discrete time)영역에서 다시 정립하도록 하였을 뿐만 아니라 새로운 디지털 제어이론인 적응제어(addaptive control), 예측제어(predictive control) 알고리듬 개발에 있어서 기초가 된다. 적응제어, 예측제어는 바라는 방향으로 결과(출력)가 나오도록 만들어 주는 제어 신호를 계산하는 것이다. 이와 같은 예측제어를 위해서는 기존의 제어이론을 이산화하는 방법도 있지만 좀더 직접적으로 예측제어를 적용하기 위해서는 디지털제어 이론을 바탕으로 제어 알고리듬이 필요하게 된다.

① **디지탈화된** LQR, LQG

연속시간에서의 제어이론인 LQR, LQG를 이산화시간영역으로 치환하여 이 영역에 맞게 제어기법을 수정한 것이다. 연속시간영역기법에서 필요로 하는 과정이 매우 유사하며 디지탈제어에 맞게 변형된 것이라고 볼 수 있다.

② **적응제어**(Adaptive Control)

구조물의 동적 특성이 매시간 변화한다든가 알수 없는 시스템에 대하여 매 순간마다 시스템의 특성을 시스템정체(system identification)기법을 통하여 알아낸 뒤 이 추정된 시스템을 기초로 실제 시스템을 제어하는 것이다. 이 기법에는 self tuning regulator, model-reference adaptive control, auto tuning, gain scheduling등과 같은 다양한 기법들이 있다.

③ **진동수 영역기법**(Frequency Domain)

기존의 최적 제어방식은 정확한 시스템의 모델이 주어지며 이 모델을 기초로 제어법칙이 이루어진다. 자연계의 시스템은 정확한 모델링이 어렵고 계산상의 문제 등으로 인하여 축소모델을 사용한다.

이러한 과정에서 모델링되지 않은 부분이 시스템에 영향을 미쳐 제어효율성이 저하될 수 있으며 극단적으로 안정성을 상실하여 시스템의 파괴를 야기할 수 있다. 또한 시스템의 불확실성을 매 순간마다 인지하는 제어방식은 많은 계산량과 소요시간을 요구하기 때문에 실시간 제어의 신뢰성이 떨어진다. 시스템의 불확실성, 축소모델에서 고려하지 않은 비모델 시스템은 보통 진동수 영역에서 표현된다. 이렇게 진동수영역에서 표현되는 불확실한 모델이 항상 안정성(stability)을 가지도록 제어기를 구현하며 이 중에서 최적의 제어기를 선택하는 기법이다. 구조물에 작용하는 지진이나 바람같은 하중은 대부분 진동수영역으로 표현될 수 있기 때문에 하중의 특성을 고려하는 제어기가 가능하며 불확실성에 대한 어느 정도의 견고성이 있으므로 실제 응용이 쉬어진다. 이 진동수영역에서의 제어기법에는 강인제어(robust control), H^2, H^∞ 제어 등이 있으며 현재 활발한 연구가 진행 중이다.

4) 동력기(actuator)

능동제어 알고리듬을 구조물에 적용하기 위해서는 제어력을 효과적으로 구조물에 전달하는 동력기의 개발이 매우 중요한 문제이다. 이들은 동력기의 특성에 따라 다양한 검증작업, 실험 작업을 필요로 한다. 성공적인 구조물의 능동제어를 위해서는 훌륭한 제어알고리듬과 효과적인 힘의 전달방식이 통합적으로 이루어져야 하며 이들이 실험을 통하여 완전한 검증이 이루어져야 하는 것이다. 다음은 현재 미국, 일본에서 개발되어 고층건물에 응용되고 있는 동력기의 종류와 간략한 특성을 나타낸다.

(1) AMD(Active Mass Driver)

수동제어기의 일종인 TMD에 인위적인 힘을 가하여 수동제어기가 가지고 있는 제어력을 더욱 크게하여 제어의 폭을 확대시킨 능동제어기이다. 능동제어기의 가장초보적인 단계로 이를 기초로 다양한 형태의 능동제어기가 개발되고 있다.

(2) DUOX

TMD의 질량체에 또다시 소형의 AMD를 설치하여 제어하는 방식으로 주구조물인 건물, 부구조물인 TMD에 제3의 부가 장치인 AMD로 이루어진 3원적인 구조체계를 가진다.

(3) TRIGON

컴퓨터로 조절되는 모터가 결합된 V형태의 레일위에 질량체가 진자처럼 운동함으로써 제어력을 전달하는 제어장치로 주구조물과의 진동수동조는 V형태의 레일의 폭을 조절함으로써 이루어진다. 공간을 적게 차지며 기존의 진자시스템보다 높은 성능을 가지며 가격이 저렴하다.

(4) HMD(Hybrid Mass Damper)

기존의 AMD와 같은 메커니즘을 통하여 제어력을 전달하는 방식으로 AMD가 강성과 질량체를 조정하여 구조물의 1차 모드와 동조시킨 반면 이 HMD는 진자의 원리를 이용하여 제어하는 방식이다. 이 진동제어장치는 강풍과 약진에 효과적이며 진자의 진동수를 구조물의 진동수와 동조시키는 방식이 매우 쉽게 이루어지며 보통 구조물의 가속도를 1/2 - 2/3 정도 줄이는 것으로 알려져 있다.

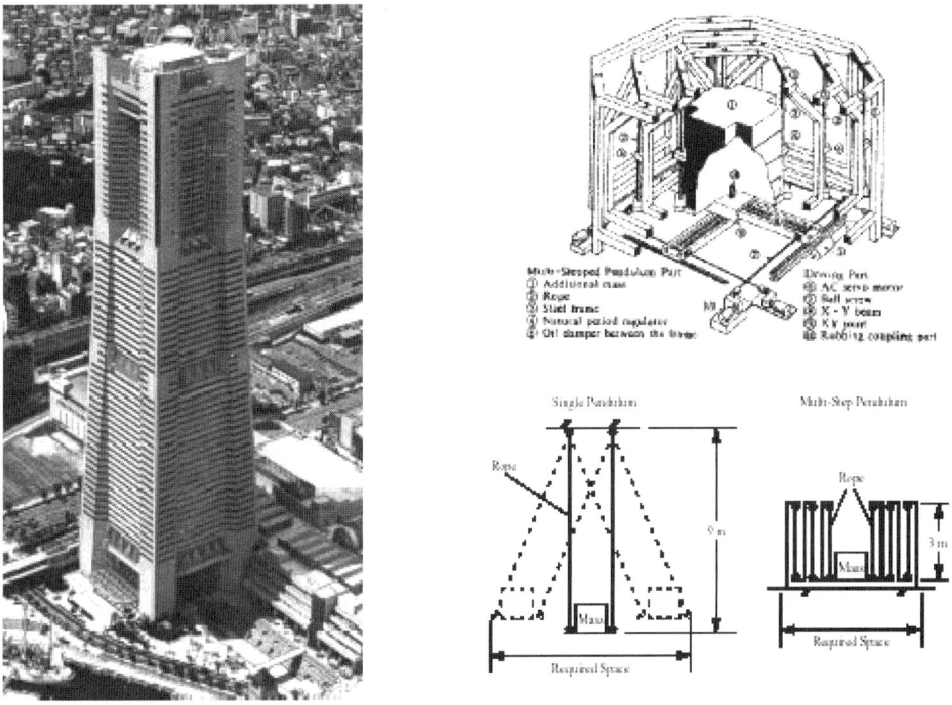

그림 3.112 진자형식의 능동제어장치가 설치된 요코하마 랜드마크 타워 건물

대규모의 유연한 구조물을 제어하기 위한 전통적인 가력 방법에 대한 대안이 최근 연구, 개발의 주관심사였다. 큰 구조물에서 내장된 감지기와 가력 물질이 있는 구조부재의 사용은 특히나 흥미롭다. 왜냐하면 그것들이 원자 또는 분자 수준에서 스마트 구조물의 건축용 블록으로 사용되어 질 수 있기 때문이다. 그것들은 감지기와 제어기가 재료 자체의 미세 구조의 일부가 될 수 있도록 성형할 수 있다.

위에서 기술한 신경 네트워크에 대한 연구는 이러한 방향의 한 예이다. 이 분야에서의 다른 활동들에는 다음과 같은 것이 있다.

(5) 전자 유동물질(electro-rheological(ER) materials)

구조적 적용을 위한 ER 물질이 개발되고 있다. 그것은 작용된 전기장의 변화에 따라 거의 순간적으로 재료의 성질을 바꿀 수 있는 능력을 가지고 있다. 이런 빠른 가역성의 변화는 토목구조물의 진동제어를 위해 사용하기 적합하다. 스마트 구조물에의 ER 물질의 사용가능성이 실험적으로 연구되었다. 간단한 구조물 모델에 제어 가능한 ER 감쇠기가 설치되기도 했다.

부가질량의 관성력에 의해 만들어진 짧은 주기의 힘펄스를 이용하는 제어안이 조사되었다. 이 힘들은 시간적으로 외력에 반대되어, 반응을 줄일 수 있도록 조정되었다. 초기의 결과는 이러한 재료들이 빠른 반응시간을 가지며, 실제적인 능동 구조 제어에 성공적으로 적용할 수 있게 하는 넓은 범위의 효과적인 점성을 나타낼 수 있음을 보여준다.

부분적으로라도 ER 물질로 구성된 능동 축력 구조 부재가 개발되고 있다. 현재 실험실에서 시험되고 있는 장치는 일련의 인접한 사각형 모양의 평형한 평판으로 구성되어 있다. 평판 사이의 공간은 전자유동적인 물질로 채워져 있다. 한쪽 평면은 전기장(electrical ground)에, 다른 쪽 평면은 고전압, 저전류 전원 공급장치에 연결되어 있다. 초기 시험으로부터 원형장치(prototype device)가 기대했던 것보다 훨씬 더 큰 힘을 받을 수 있으며 콤팩트한 실물 크기의 형상화가 가능하다는 것이 밝혀졌다.

(6) 압전 소재(piezoelectric layers)

압전기의 가력기는 현재 주목받고 있는 새로운 형태의 가력 장치 중의 한 예이다. 예를 들면 지반입력을 받고 있는 캔틸레버 보를 이용해 합성재에서의 압전기 가력기의 진동제거 성능을 조사하고 있다. 객체 지향 프로그래밍 기술을 이용하여 운동 제어 시스템에 기초한 프로그램이 개발 중에 있다. 토목 구조물의 진동 제어를 위한 새로운 압전기 가력기도 또한 개발되고 있다. 그것은 두 개의 구조부재 사이에 끼워져 구속된 압전기의 막으로 이루어져 있다. 제안된 가력기와 전통적인 가력기 사이의 가장 중요한 차이는 구속된 압전기의 막이 압전기 효과의 두께 전단 모드(thickness shear mode)를 사용한다는 것이다. 이것은 가력기 막이 있는 주구조물에 훨씬 더 큰 제어력을 작용하게 하여 최소 휨 변형을 일으키게 할 수 있다. 그래서 비교할만한 휨 모멘트를 만들기 위해서 훨씬 더 낮은 전압이 필요하다.

(7) 형상 기억 합금(shear memory alloys, SMA)

형상 기억 합금은 고체상태 상 변환(phase transformation)을 하며 온도 또는 응력에 의해서 생긴 상 변환을 통해 큰 변형으로부터 원상태로 복구할 수 있는 능력이 있는 금속 합금 중의 하나이다. 구조물의 수동 또는 능동 제어를 위해 이러한 형상 기억 합금의 특성을 탐구하는 것이 이 분야의 최근 연구의 기본이다. SMA 에너지 소산기가 있는 모델 구조물에 대한 몇 번의 지진 모의실험이 수행되었다. 결과를 살펴보면 형상 기억 합금들이 구조물에 부가적인 감쇠와 제어된 강성을 제공하는 것을 알 수 있다.

5) 센서(sensor)

센서는 시스템의 상태를 정확하게 감지해내고 이를 곧바로 제어력 계산에 사용되어야 하기 때문에 그 선택에 있어서 분해능을 매우 중요하게 고려해야 한다. 건물은 다른 동적인 시스템과 달리 저주파 진동수구역에서 거동하기 때문에 이 신호를 제대로 감지하기위해서는 센서의 진동수대역을 올바로 선택하여야 한다.

건물의 거동은 주로 가속도계에 의하여 감지되며 이 가속도로부터 속도와 변위를 구하게 된다. 구조물이 더욱 복잡해지고 정교해질수록 이러한 구조물을 더욱 효율적으로 제어를 하기 위해서는 그 거동을 감지해내는 센서에 대한 연구가 더욱 절실해지게 된다. 구조물의 진동제어에 대한 응용을 위하여 현재 연구가 진행 중인 센서에 광학센서가 있다.

(1) 가속도계

① 종류

압전형 가속도계에서 사용하는 것은 압전 소자(Piezoelectric materials)의 역학적 성질을 전기적 성질로 변환시키는 효과를 이용한 것이다. 즉, 압전소자의 극성방향에 대해 힘을 가하면 양쪽 면에 전하가 발생하며 이에 의하여 전위차가 생기게 된다. 이 전위차는 가한 힘의 크기에 비례하므로 정확한 진동량을 측정할 수 있다.

이러한 압축력 이외에 전단력(shear force)를 가하는 경우도 똑같은 현상이 일어난다. 따라서 이 두 가지 방식 모두를 사용하여 가속도계를 제작하나 그 용도에 차이를 가진다. 이러한 압전형 가속도계는 어떤 다른 진동 측정 변환기보다 모든 영역에서 보다 좋은 특성을 나타낸다. 또 매우 넓은 주파수 범위와 그 영역에서의 좋은 선형성을 가지는 동적 범위를 가지고 있으며 비교적 튼튼하고 신뢰성이 있어서 장기간 동안 특성이 변하지 않는다.

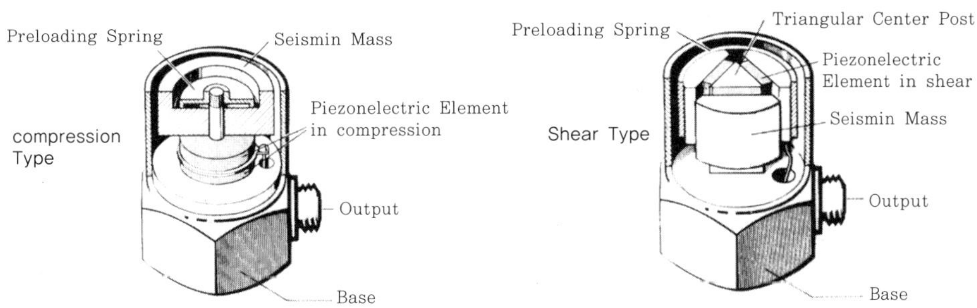

그림 3.113 가속도계의 종류

(a) 압축형 가속도계(Compression Type) : 질량(mass)이 압전소자에 압축력을 가하는 형으로 심한 충격(shock) 측정이나 특수목적에 특별히 사용된다.

(b) 전단형 가속도계(Shear type) : 질량이 압전소자에 전단력을 가하는 형으로, 제품을 매우 작게 만들 수 있다는 이점을 가진다. 따라서 이 방식의 가속도계는 가벼운 구조물의 진동측정이나, 제한된 공간에서의 진동 측정 등에 사용가능하다.

(c) 델타 전단형 가속도계(Delta shear type) : 델타 전단형은 실제적으로 어떤 용도에도 사용가능하다. 이 방식은 뛰어난 사양(specification)을 가지며 측정 환경조건에 영향을 받지 않는다는 이점이 있다.

② 가속도계의 특성-감도, 질량, 동적범위

일반적으로 가속도계에서 제일 먼저 고려되어지는 특성은 감도(Sensitivity)이다. 가속도계가 받고 있는 가속도의 크기가 일정하다면, 가속도의 주파수가 달라져도 가속도계의 공진주파수(Resonance frequency) 보다 약간 낮은 주파수 범위까지의 넓은 범위에 걸쳐서 가속도계는 일정한 크기의 출력(Output)을 발생시킨다. 이상적인 가속도계로는 이 출력이 매우 높으면 좋겠지만 고감도의 가속도계는 구성되는 압전체의 크기가 증가하므로 결과적으로 크고 무거운 가속도계가 되고 사용 가능 최대 주파수도 낮아지므로, 적절한 절충이 요구된다. 보통의 경우 전치증폭기(Preamplifier)가 낮은 레벨의 신호를 처리해 주므로 심각한 문제는 아니다.

가속도계의 질량(Mass)은 측정지점에서 진동의 크기와 주파수를 심각하게 변화시키므로 시료를 측정하고자 할 때 가속도계의 질량은 중요한 변수이다. 일반적으로 가속도계의 질량은 설치하고자 하는 진동부분의 동적질량의 1/10을 넘어서는 안 된다.

가속도계의 동적범위(Dynamic range)는 매우 높거나 낮은 가속도레벨을 측정하고자 할 때 고려되어 진다. 가속도계의 하한한계(Lower limit)의 경우는 가속도계에 의해서 직접 결정되는 것은 아니라, 연결 케이블과 증폭회로로부터의 전기적 잡음에 의해 결정되어 지는데 보통 0.01㎨ 정도이다. 상한한계(Upper limit)는 가속도계의 구조강도에 의해 결정되는데 일반용도의 가속도계는 50,000~100,000㎨ 까지 선형적으로 변한다.

③ 가속도계의 주파수영역

기계적 시스템은 대부분의 진동에너지가 10~1000Hz 사이의 비교적 좁은 주파수 영역에 존재한다. 그러나 가끔 보다 높은 주파수에도 관심이 있으므로 측정은 약 10kHz 까지 한다. 그러므로 가속도계를 선택할 때 가속도계의 주파수 범위가 관심 영역을 포함할 수 있는가를 확인해야 한다.

가속도계가 정확한 출력을 낼 수 있는 저주파수 영역은 두 가지 요소에 의해서 제한된다. 첫째는, 증폭기의 저주파 차단으로, 이것은 그 한계가 보통 1Hz 이하이므로 문제가 되지 않는다. 두 번째는, 가속도계가 민감하게 반응하는 주위 온도 변화에 대한 영향이다. 최근의 전단형 가속도계에서는 이 영향이 작아서 1Hz 이하의 측정도 가능하다.

상한 한계는 가속도계 자체의 질량-스프링계의 공진 주파수에 의해 결정된다. 경험적으로 상한한계를 가속도계 공진주파수의 1/3로 정한다면 상한 주파수 한계에서 측정된 진동 성분은 +12% 이내의 오차를 갖게 되는 것이다. 그리고 필터(Fiter)를 가속도계와 함께 사용하면 가속도계의 공진에 의한 측정오차와 적분오차를 크게 줄일 수 있다.

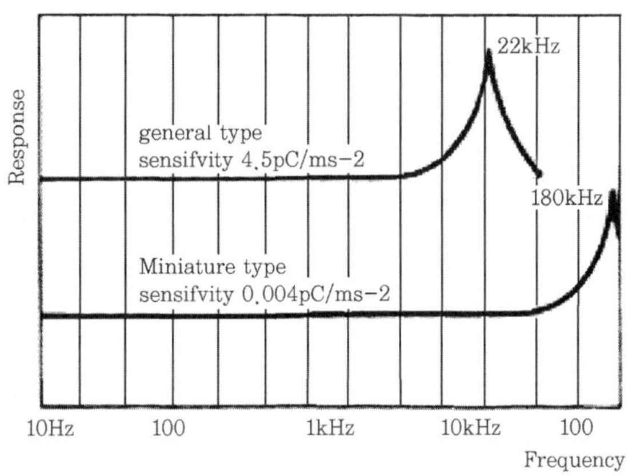

그림 3.114 가속도계의 주파수 영역

(2) 광섬유 감지기(optical fiber sensors)

거대한 토목구조물을 평가하기 위한 광섬유 감지기의 설치 가능성이 검토되었다. 그러한 감지기가 비록 항공, 해양, 생체의학 시스템에서 최초로 특수한 적용을 위해 과거 15년 동안 개발되었지만 이 방법을 토목 구조물의 평가에 적용하는 데에 관심이 모아지고 있다. 이 분야에서의 광섬유 감지기의 중요한 이점은 잔자기적 간섭에 대한 고유한 면역성과 토목 구조시스템에서 일반적인 먼 거리에 걸친 실용적인 다양한 측정, 거친 환경에서의 광섬유 요소의 강건성 그리고 측정의 미세함과 정확성을 들 수 있다.

토목 구조물에의 적용을 특별히 목표로 하며 스마트 물질(smart materials) 또한 개발되고 있다. 예를 들면 환경하중의 결과로 생긴 균열이 언제 어디에서 생기더라도 자기치유가 가능한 스마트 합성물질이 개발 중에 있다.

6) 필터링

일반적으로 가속도계에서 측정한 가속도 신호를 그대로 사용하기 보다는 적분과정을 통하여 속도나 변위로 변환하여 사용하게 된다. 그러나 가속도 신호는 전치증폭기에서 오차보정 루틴을 지원하지 않을 경우 오차를 가지며, 특히 압전형 가속도계가 아닌 저항식 가속도계는 불규칙한 DC(Direct Current) 성분을 가지게 되어 오차보정에 있어 어려운 점이 있다.

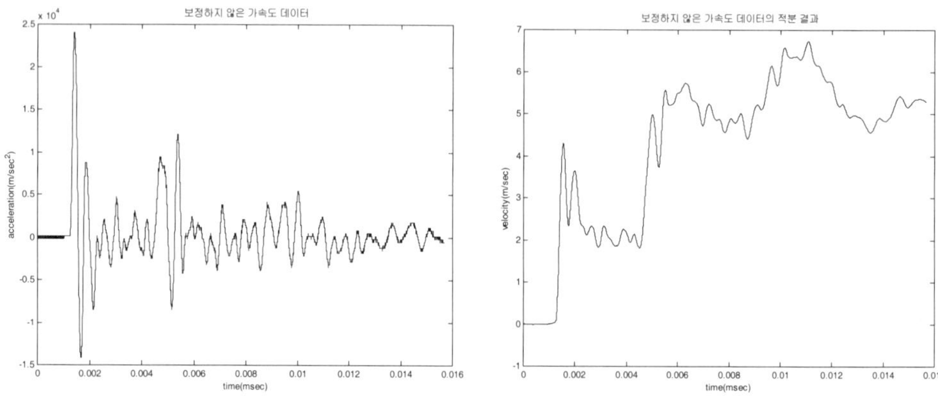

그림 3.115 필터를 사용한 신호 보정

오차를 보정하지 않을 경우에는 전체 적분 과정을 통하여 오차가 계속 누적되어 감으로서 시간 영역 뒤쪽에서는 상당한 오차가 발생하여 신호를 신뢰할 수 없게 되며, 속도를 사용하여 에너지를 측정한다거나 변위를 구할 때 논리성이 전혀 없는 값을 얻을 수 있다. 따라서 가속도계의 오차 보정은 필수적이다.

가속도계의 오차를 보정하는 방법 중 하나는 필터링(Filtering)이다. 필터링은 입력 신호(input signal)에서 노이즈를 제거하거나 감소시키는 데 주로 사용되며, 신호로부터 특정 정보를 분리하기 위한 방안으로도 사용할 수 있다. 또한 특정 신호가 다른 주파수 대역의 여러 개의 신호로 이루어져 있을 때, 이를 근사적으로 분리해 내기 위한 방법을 제시한다. 구조물의 신호를 획득하였을 때 구조물의 자체 신호는 저주파 대역이 주를 이루는 반면, 노이즈는 고주파 대역이 주를 이루므로 필터링을 통하여 노이즈를 제거해 낼 수 있다.

필터의 종류는 다음과 같다.

① 저역통과 필터(lowpass filter) : 차단 주파수보다 낮은 주파수는 통과시키고 차단 주차수보다 높은 주파수는 제거한다.

② 고역통과 필터(highpass filter) : 차단주파수보다 높은 주파수는 통과시키고 그 아래는 제거한다.

③ 대역통과 필터(bandpass filter) : 특정대역 안에 있는 주파수들은 통과시키고 나머지들은 제거 시킨다.

④ 대역제거 필터(bandstop filter) : 특정대역 안에 있는 주파수를 제거하고 나머지는 통과시킨다.

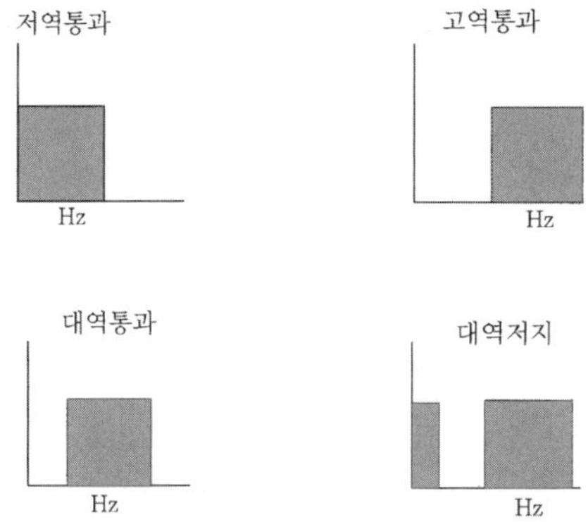

그림 3.116 필터의 종류

가속도계에서 받아들인 신호에 포함되어 있는 DC 성분은 0~0.005Hz 대역의 가장 저주파 부분에 밀집되어 있으므로, 이 부분을 필터링하여 DC성분을 제거할 수 있다. 따라서 DC성분을 제거하려는 목적으로는 고역통과 필터(high pass filter)를 사용하여야 하며, DC 성분의 주파수 분포 범위에 대해서는 경험 및 통계적인 측면에서 보다 자세한 연구가 이루어져야 효율적인 필터링이 가능할 것으로 생각된다.

한편 실제적인 파동해석에 있어서는 고역 통과 필터를 사용하여 저주파 대역을 제거하는 한편, 유압 모터에 의한 기계 진동이나 이에 의해 수반되는 노이즈 등을 제거하기 위해서 저역 필터(low pass filter)를 사용하는 것이 좋다.

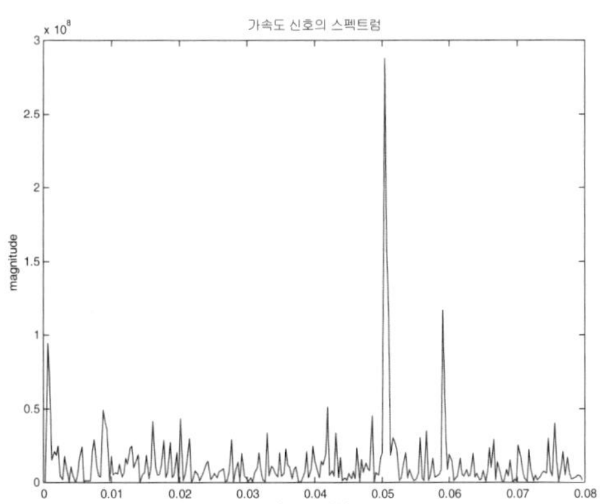

(a) 필터링 전

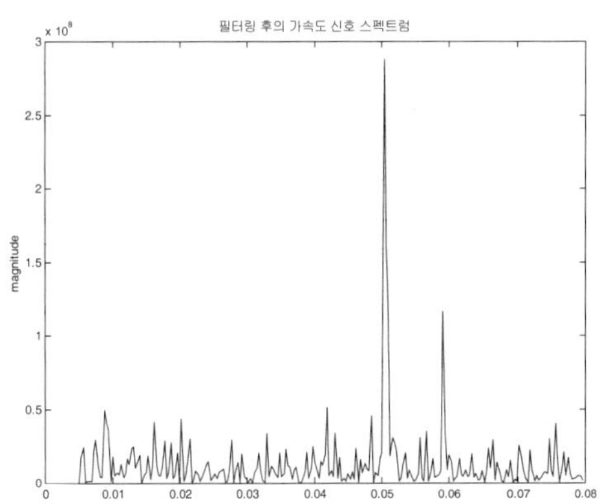

(b) 필터링 후

그림 3.117 가속도 응답 스펙트럼

3.2.2 제진설계 개론 및 감쇠기 모델

1) 개론

자원이 부족한 국내의 상황과 건설산업의 경쟁력 고양을 위해서 자원절약과 공기단축 및 원가절감은 필연적이라 할 수 있다. 즉 내진설계되어 있지 않은 건축물을 내진 리모델링할 때에 내진보강량을 줄여 원가절감을 할 수 있는 기술 개발이 절실히 필요하다. 특히 주거용 건축물을 내진 리모델링할 때에는 환기, 채광 등의 이유로 보강에 한계가 있으므로 지진하중을 흡수할 수 있는 진동제어 효과가 매우 우수한 감쇠기가 설치된 제진구조는 현실적으로 매우 효과적일 것으로 판단되므로, 기존의 전통적인 내진보강방법의 문제점을 해결할 수 있는 대안으로 제진구조를 고려할 필요가 있다.

(1) 구조물의 내진성능 향상방법

기존 건물의 내진성능을 향상시키는 방법으로 건물의 강도와 강성을 증가시키는 방법, 건물의 변형능력을 향상시키는 방법, 면진장치나 에너지 소산형 감쇠기를 설치하는 방법 등을 제시하고 있다. 이중에서 감쇠기에 의한 방법은 구조물의 감쇠비를 증가시킴으로써 지진에 의한 진동에너지를 열에너지로 소산시켜 구조물에 발생하는 동적 응답을 효과적으로 저감하며, 비교적 장치의 설치가 간편하고 상대적 소요비용이 적어 신축 건물 뿐 아니라 기존 건물의 내진성능 향상을 위해서 많이 적용되고 있다.

(2) 성능에 기초한 내진설계의 개념

최근 내진설계 분야에서는 성능에 기초한 설계(performance based design)에 관한 관심이 높아지고 있다. 이 방법은 특정한 지역에서 발생할 가능성이 있는 다양한 크기의 지진에 대해 구조물의 설계거동 수준을 정하고 이를 만족하도록 설계하는 것이다. 기존의 내진설계기준에서는 시설물의 등급을 주로 인명손상에 대한 내진 안전성을 기초로 분류해온 반면 새로운 방법에서는 이와 함께 지진발생 후의 복원, 보수, 가동상태 등을 복합적으로 고려하여 정하도록 하고 있다. SEAOC Vision 2000에서는 이와 관련하여 지진의 크기를 평균 재현주기 또는 초과확률에 따라 4개의 설계지진수준(design earthquake level)으로 나누고 구조물의 허용 손상상태를 성능수준(performance level)으로 표현하고 각 단계별 지진에 대해 완전기능(fully operational), 기능(operational), 인명안전(life safe), 붕괴방지(collapse prevention)등 네 개의 성능 수준을 정의하였다.

(3) 감쇠기를 이용한 내진설계의 장점

기존의 내진설계 개념은 일정규모 이상의 지진이 발생할 경우 구조물의 크고 작은 손상을 허용하고 있으며 성능에 기초한 설계방법에서도 인명안전이나 붕괴방지 성능수준에서 구조부재의 소성변형이 발생하게 된다. 이러한 경우 대부분의 구조부재는 마감재로 감추어져 있으므로 지진에 의해 손상된 부재를 찾아내어 보수하기 위해 막대한 비용과 시간이 필요하게 된다. 그러나 부가적인 감쇠기를 구조물의 적재적소에 배치하여 주어진 설계지진 수준에 대하여 요구되는 성능수준을 만족하도록 설계할 경우 감쇠기에 손상을 집중시킬 수 있어 주요 구조부재의 소성변형을 방지하고 구조물의 보수에 필요한 시간과 비용을 절감할 수 있는 장점이 있으므로 지진 발생 후 구조물의 기능을 시급히 복원하는 것이 중요한 구조물에 있어서 적합한 방법이며 성능에 기초한 설계를 효과적으로 실현할 수 있는 장점이 있다.

(4) 감쇠기의 종류 및 분류

현재 세계 각국에서 적용되고 있는 감쇠기는 그 형태, 기능, 거동특성 등이 매우 다양하다. FEMA-273에서는 진동감쇠기를 크게 속도의존적 감쇠기(velocity-dependent device)와 변위의존적 감쇠기(displacement-dependent device) 및 기타 감쇠기 등으로 분리하고 있다. 이러한 방법은 감쇠기의 동적 특성에 따른 것이다. 속도의존적 감쇠기는 감쇠력이 속도에 비례하는 점성 및 점탄성감쇠기 등이 있다. 변위 의존적 감쇠기로는 소성감쇠기와 마찰감쇠기 등이 대표적이며 감쇠기 자체가 소성거동에 의하여 에너지를 소산하므로 감쇠성능을 파악하기 위하여 탄소성해석을 수행하여야 한다.

2) 감쇠기의 에너지 소산모델 및 응답

본 절에서는 속도의존형 감쇠기인 점탄성감쇠기, 변위의존형인 소성감쇠기, 마찰감쇠기, 그리고 기타의 분류에 속하는 능동감쇠기의 에너지 소산모델과 그에 따른 에너지 응답 및 시간이력거동을 알아본다.

(1) 점탄성감쇠기

① 에너지 소산 모델

점탄성 재료는 진동수와 온도에 의해 영향을 많이 받아 점탄성감쇠기의 이력거동에 있어 비선형적 거동을 보이고 있다. 그러나 해석을 쉽게 하기 위하여 등가강성과 등가감쇠로 표현하는 Kelvin-Voigt 모델로써 해석에 적용하고 있다. 식(3.23)을 이용 등가강성과 등가감쇠를 구하여 그림 1과 같이하여 감쇠기를 모델링한다. 여기서 $G'(\omega)$와 $G''(\omega)$ 는 각각 전단저장계수와 전단소실계수를 나타내며 ω는 구조물의 진동수이고 다자유도계의 경우 일반적으로 1차 모드의 진동수를 사용한다.

$$K_d = \frac{G''(\omega)A_s}{t} \qquad C_d = \frac{G''(\omega)A_s}{\omega t} \qquad \text{식(3.23)}$$

그림 3.119는 유니슨에서 개발하여 5층 철골구조물에 설치한 점탄성 감쇠기의 형상을 보여주며, 그림 3.120은 갤러리아 팰리스의 코어와 외부기둥을 연결하는 보의 가운데에 설치된 형상을 보여준다.

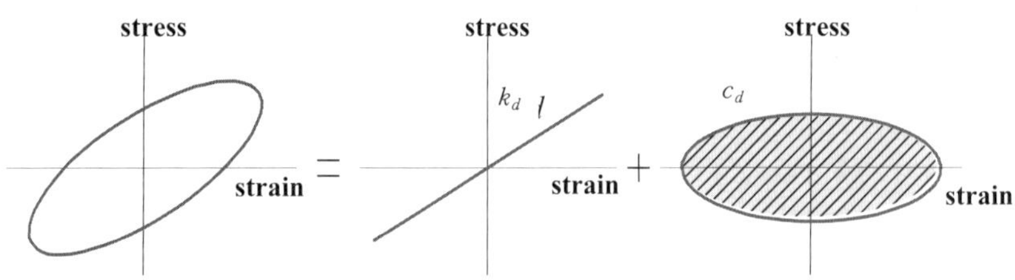

그림 3.118 점탄성감쇠기의 하중-변위 이력곡선

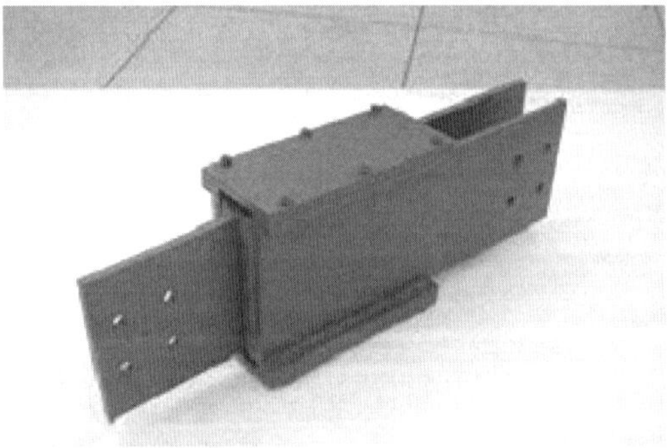

그림 3.119 점탄성 감쇠기 형상

그림 3.120 설치형상 (갤러리아 팰리스)

② 에너지 응답

EPA 0.308g의 인공지진파를 가했을 때 1층 건물의 응답을 비교하였다. 그림 3.121은 점탄성감쇠기 비 설치시의 에너지로써 지진입력에너지가 소성변형을 통하여 대부분의 에너지가 소산이 되나 감쇠기를 설치하면 그림 3.122와 같이 점탄성감쇠기에 의하여 열에너지로 소산되어 결과적으로 구조물이 탄성거동을 하는 모습을 보인다.

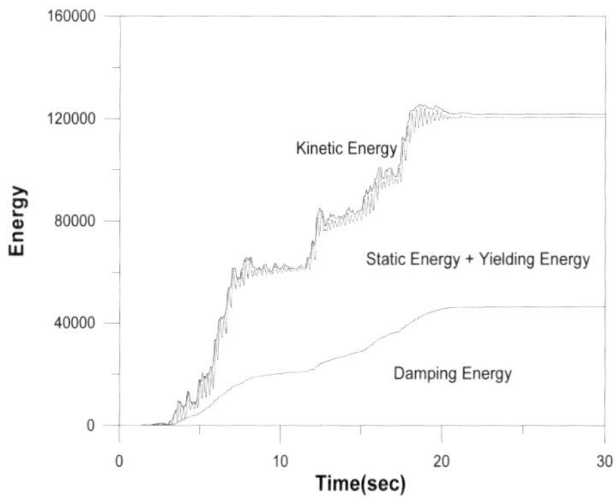

그림 3.121 설치 전의 에너지 응답

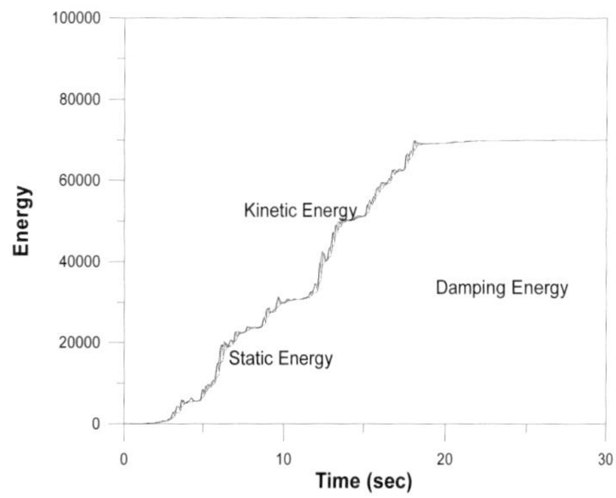

그림 3.122 설치 후의 에너지 응답

(2) 소성감쇠기

① 해석모델

탄소성 부재로 이루어진 소성감쇠기는 이력감쇠기(hysteretic damper)라고도 한다. 그림 3.123에서와 같이 가새형태로 층 사이에 설치되는 소성감쇠기의 강성 K_b는 설치될 층의 강성 K_s보다 크고, 항복점은 낮아서 주요 구조 부재들이 항복하기 전에 먼저 항복 구간에 들어가서 이력에너지로 입력에너지를 소산시켜 구조 요소들이 항복하지 않거나 혹은 피해를 적게 하는 장치이다. 감쇠기의 강성과 층 강성의 비를 의미하는 강성비 $SR(=K_b/K_s)$, 그리고 소성감쇠기의 항복강도는 에너지 소산을 결정짓는 중요한 변수이다.

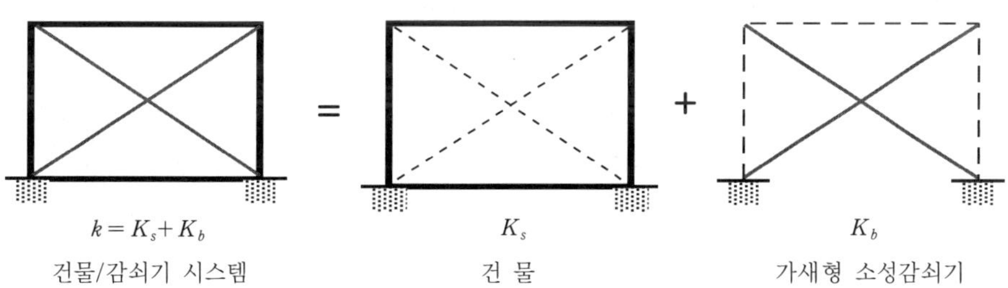

그림 3.123 가새 형태의 소성감쇠기

일반적인 소성감쇠기가 설치된 구조물의 힘-변위 관계는 다음 그림과 같다. 서로 다른 강성과 항복강도로 탄소성 거동하는 감쇠기와 구조물이 합쳐져 전체 시스템의 거동은 2개의 항복점을 갖는 trilinear 거동을 나타낸다.

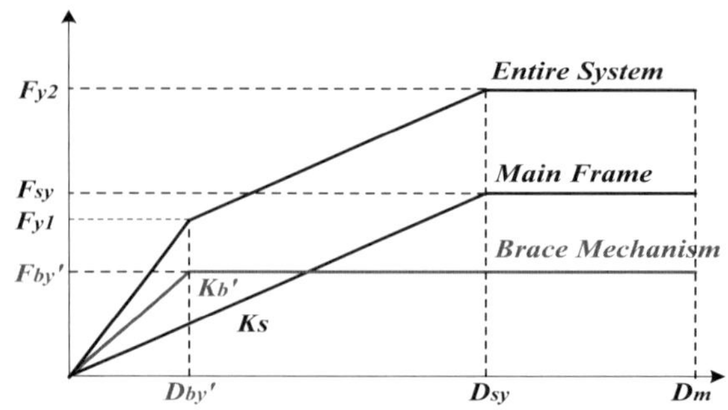

그림 3.124 가새형 소성감쇠기가 설치된 구조물의 거동

그림 3.125에서 F_{by}, D_{by}, K_{ba}는 감쇠기의 항복강도, 항복변위, 강성을 나타내고, F_{sy}, F_{by}'는 구조물의 횡 방향에 대한 구조물과 감쇠기의 항복강도를, D_{sy}, D_{by}'는 항복변위를, 그리고 K_s, K_b'는 강성을 나타낸다. 소성감쇠기를 설치함으로써 전체 구조물의 초기강성이 증가하고 구조물이 탄성인 범위에서도 소성감쇠기가 항복함으로써 에너지가 소산됨을 알 수 있다. 소성감쇠기에는 그림 8의 금속재의 항복을 이용한 금속항복형 감쇠기, 그리고 그림 3.126과 같이 철골부재 주위를 강관과 콘크리트로 보강한 비좌굴가새 등이 있다.

그림 3.125 금속항복형 감쇠기 설치형상

그림 3.126 비좌굴 가새 설치형상

3) 에너지 응답

그림 3.126은 내진성능 목표에 의해 산정된 EPA 0.308g인 인공지진하중을 가하고, 강성비 3인 감쇠기를 설치하여 설치 전후의 변위를 비교한 것이다. 소성감쇠기에 의하여 응답이 거의 3배가 감소하는 것을 알 수 있다. 그림 3.127은 건물의 감쇠기 설치 전후의 건물기둥의 하중-변위 이력 거동을 보여 주고 있다. 감쇠기인 탄소성 부재가 설치

됨으로써 건물의 변위가 작아졌고 초기 강성이 증가했으며, 에너지 소산 능력이 향상되었음을 알 수 있다.

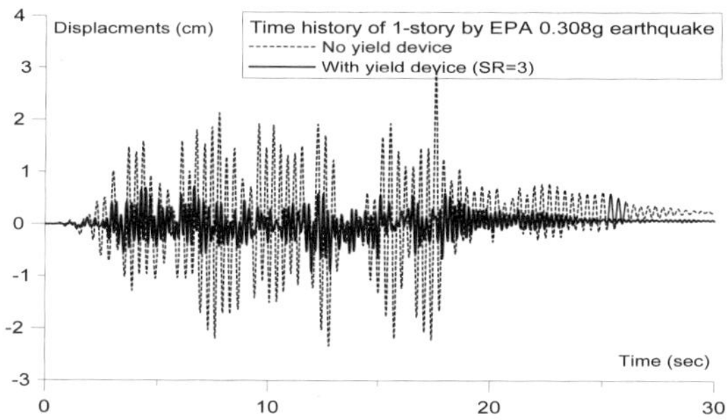

그림 3.126 변위응답

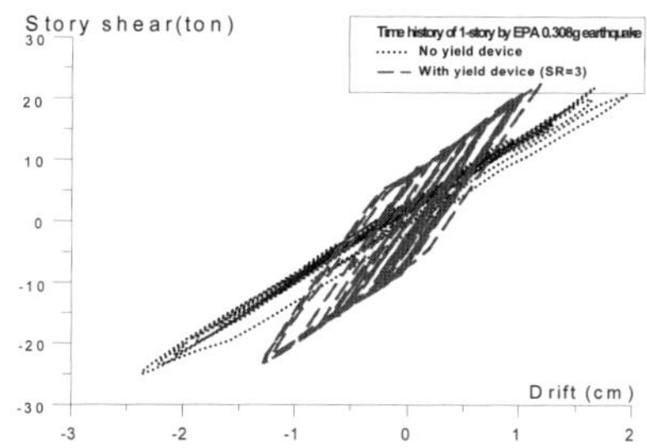

그림 3.127 하중-변위 이력곡선

(1) 마찰감쇠기

① 해석모델

마찰감쇠기는 고체의 마찰 원리, 즉 마찰을 통하여 입력된 에너지를 열에너지로 소산시킴으로써 구조물의 진동을 제어하는 감쇠기이다. 마찰감쇠기에 적용되는 마찰의 기본원리는 다음과 같다.

· 총 마찰력은 작용면에 수직으로 작용하는 힘의 크기에 비례한다.

· 저속으로 미끄러질 경우 총 마찰력은 속도에 무관하다.

· 쿨롱(Coulomb)의 법칙 적용이 적용된다.

쿨롱감쇠의 경우 다음 식으로 마찰형 감쇠기의 제어력을 표현할 수 있다.

$$F = F_{friction} sgn(\dot{x}) \quad \text{식(3.24)}$$

여기서, $F_{friction}$은 마찰력을 나타내고 $sgn(\dot{x})$는 속도의 부호를 나타낸다. 즉 마찰감쇠기의 제어력은 항상 구조물의 속도의 방향과 반대방향으로 일정한 크기의 제어력을 구조물에 전달함을 알 수 있다.

그림 3.128은 볼트의 미끄러짐을 이용한 마찰감쇠기 형상을 보여주고, 그림 3.129는 고무패드의 마찰력을 이용한 회전형 마찰감쇠기 형상을 보여준다.

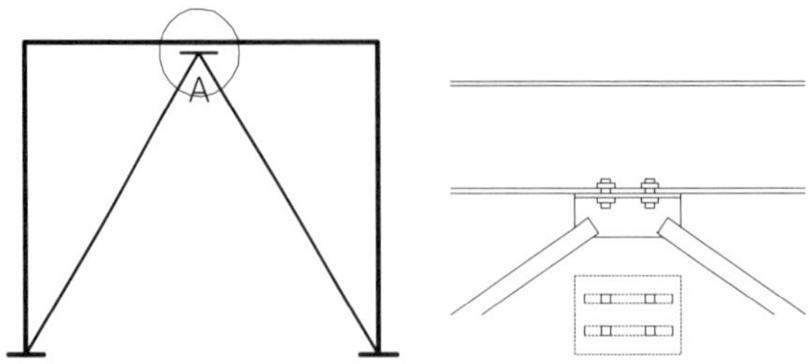

그림 3.128 볼트형 마찰감쇠기

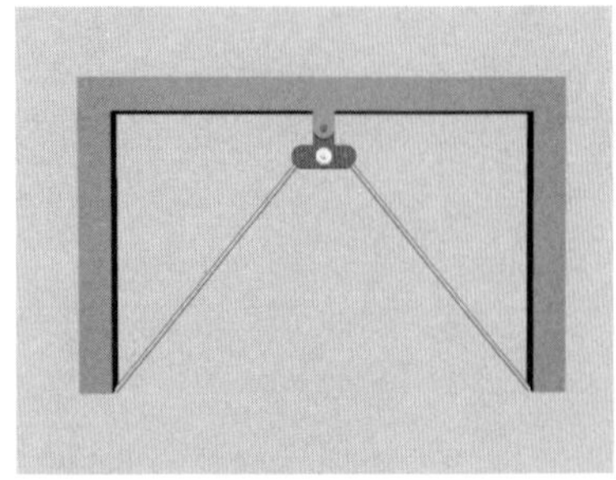

그림 3.129 회전형 마찰감쇠기

볼트형 마찰감쇠기는 미끄럼 하중(slip load)을 받을 때까지 가새와 같은 거동을 한다. 이후 미끄럼 하중 이상의 힘이 가해지면 볼트가 슬롯(slot)을 따라 미끄러지고 슬롯의 끝에 다다르면 볼트의 전단저항력이 작용하게 된다.

그림 3.130은 볼트형 마찰감쇠기의 하중-변위관계를 보여주고, 그림 3.131은 에너지소산 모델을 보여준다.

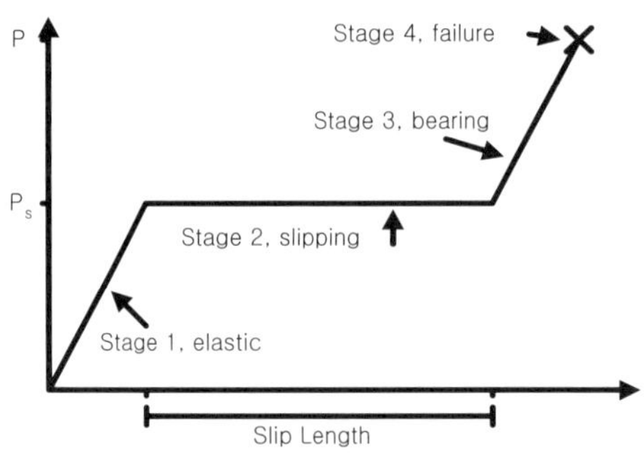

그림 3.130 마찰감쇠기의 하중–변위 관계

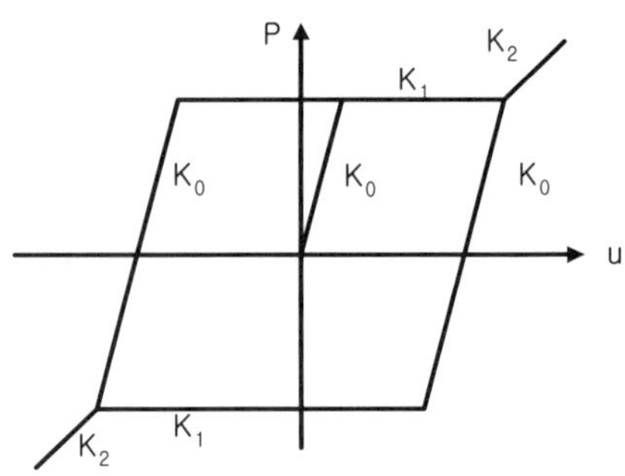

그림 3.131 마찰감쇠기의 에너지소산 모델

② 지진응답

1층 해석모델에 EPA 0.308g인 인공지진하중을 가하여 마찰감쇠기의 거동을 분석하였다.

다음 그림은 감쇠기 설치전후의 시간이력을 보여주고 있다. 많은 미끄러짐이 발생한 것을 알 수 있고, 에너지 소산 또한 많음을 알 수 있다.

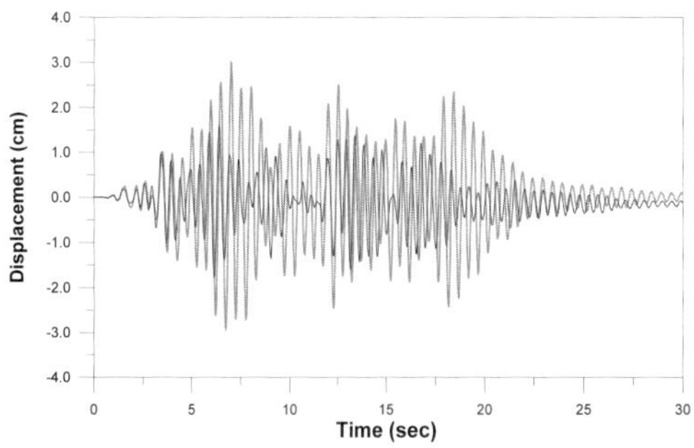

그림 3.132 마찰감쇠기 설치전후의 시간이력

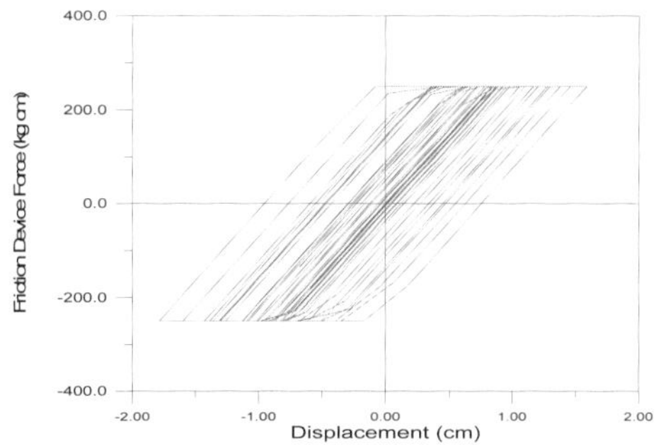

그림 3.133 하중-변위 이력 곡선

(2) 동조질량 감쇠기(Tuned Mass Damper)

① 해석모델

구조물의 동적 응답을 감소시키기 위해 질량체, 강성, 그리고 감쇠로 구성된 장치이다. 일반적으로 질량이 클수록 진동제어 효과가 우수해지나 과도한 질량의 증가는 고정하중의 추가적인 보강을 필요로 하기 때문에 일반적으로 2%이하의 질량비를 가지는 동조질량감쇠기를 설계한다. 동조질량감쇠기의 진동수는 구조물의 특정 진동수에 동조되어 그 진동수가 가진 될 때 감쇠기의 거동은 구조물의 거동과 반대의 위상으로 거동하게 되고 감쇠기의 관성력에 의하여 구조물의 에너지가 소산된다. 동조질량감쇠기는 그림 3.134와 같이 질량-감쇠-강성 단자유도 시스템이 부가적으로 설치된 모델을 사용하여 해석한다. 그림 3.135는 동조질량감쇠기의 실제형상을 보여준다.

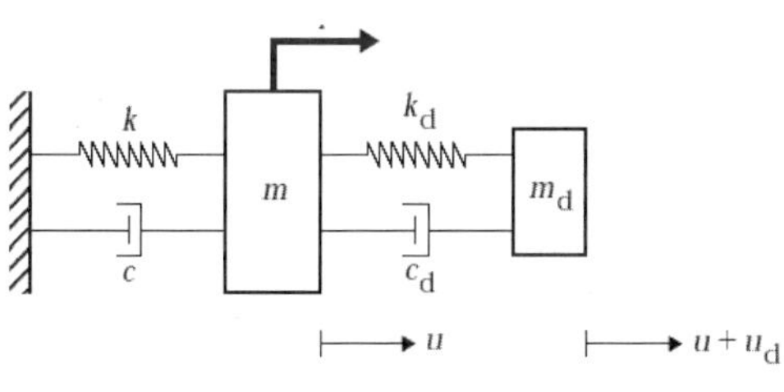

그림 3.134 동조질량감쇠기 해석모델

그림 3.135 동조질량감쇠기 실제형상

② 조화하중에 대한 거동

조화하중을 받는 동조질량감쇠기가 설치된 단자유도 구조물의 가진 진동수에 따른 최대 변위응답변화는 그림 3.136과 같다. 동조질량감쇠기가 설치되기 전은 하나의 진동수, 즉 구조물의 고유진동수에서 최대값을 가지나 설치된 후는 두 개의 최대값을 가지고 원 구조물의 진동수 근처의 일정한 진동수 대역에서 최대 변위응답을 크게 줄임을 알 수 있다. 동조질량감쇠기 자체의 감쇠가 증가할수록 두 개의 최대값은 점차로 줄어들며, 일반적으로 동조질량감쇠기의 최적감쇠비는 그림 3.137과 같이 이 두 개의 최대값이 동일한 크기를 가지는 값으로 설정된다.

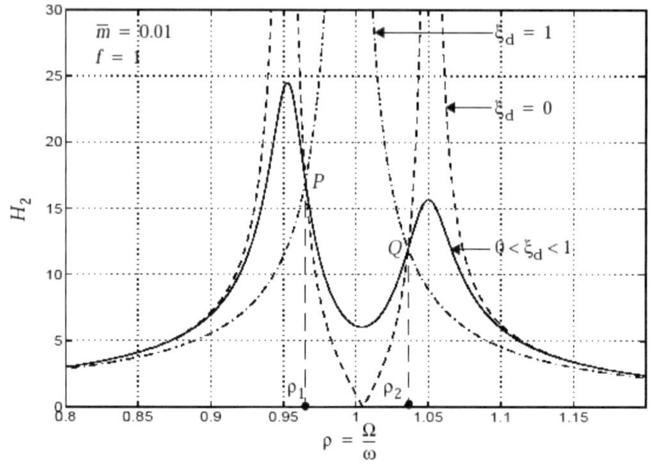

그림 3.136 조화하중시 최대 변위응답

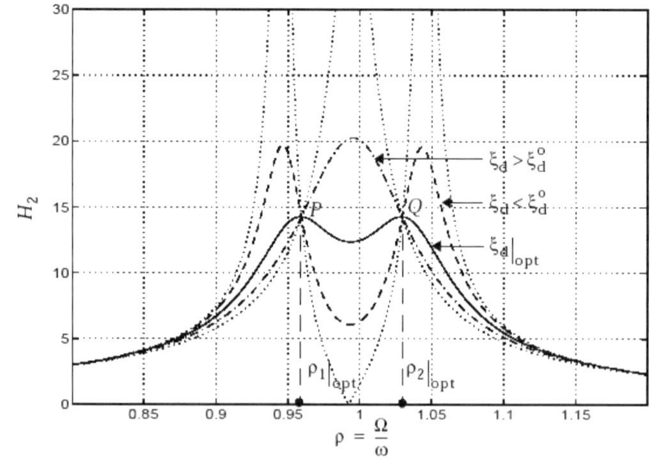

그림 3.137 최적감쇠비 동조질량감쇠기

(3) 능동감쇠기

점탄성감쇠기, 소성감쇠기, 마찰감쇠기, 그리고 동조질량형 감쇠기는 제어력의 크기를 임의로 조절할 수 없으며 주어진 재료 및 응답의 특성에 따라 일정한 특성을 가지는 감쇠력만을 구현하기 때문에 수동감쇠기라 하며, 감쇠기의 응답제어성능을 극대화하기 위해 제어력을 입력신호에 따라 임의로 구현할 수 있는 감쇠기를 능동감쇠기라 한다.

① 해석모델

그림 3.138은 외력에 의한 건물의 응답신호를 받아서 수치해석으로 제어력을 구한 뒤 서보모터로 보내어 건물모델의 부가 질량의 관성력으로 작용시켜 건물의 응답을 감소시키는 능동형질량감쇠기(Active Mass Damper, AMD)가 작동되는 일련의 과정을 보여주고 있다. 응답신호는 일반적으로 설치가 용이하고 경제적인 가속도 센서로 측정된 구조물 가속도 신호를 이용하며, 제어알고리즘은 대상구조물의 동적특성, 측정되는 신호의 종류, 그리고 제어목표에 따라 선형이차안정기(Linear Quadratic Regulator, LQR), 슬라이딩 모드제어, 퍼지제어 등의 다양한 기법들이 개발되어 사용되고 있다.

4) 에너지 응답

단자유도 구조물에 대한 수치해석을 통해 능동감쇠기에 의한 에너지 소산을 살펴보았다. 외력은 EPA가 0.28g인 El Centro지진(1940, NS성분)을 사용하였으며, 제어력 산정 알고리즘은 LQR을 사용하였다. LQR의 가중함수에는 다음 식과 같이 제어대상의 가중치와 제어력의 가중치가 포함된다.

$$\int_0^T (x^TQx + u^TRu)dt \qquad \text{식(3.25)}$$

여기서, x는 구조물의 응답인 변위 및 속도 벡터, 그리고 u는 제어력 벡터를 나타내고, Q와 R은 각각 응답 및 제어력에 대한 가중행렬이다. 본 절에서는 제어력의 가중치를 R=1로 고정한 다음 제어대상의 가중치를 변화시켜가며 적정 제어이득을 찾았다.

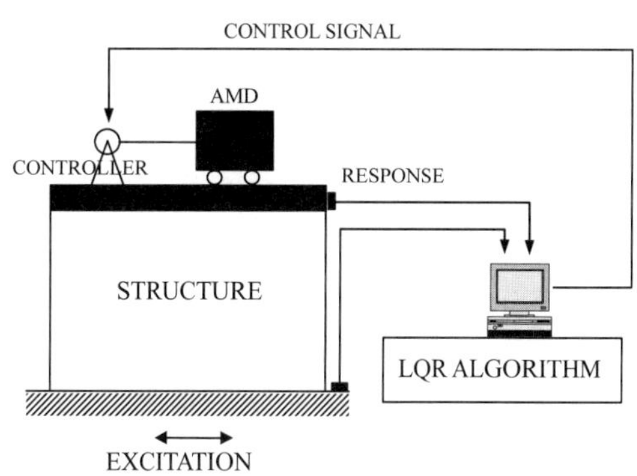

그림 3.138 능동감쇠기 신호 흐름도

그림 3.140과 그림 3.141은 각각 비제어시, 제어시의 구조물의 에너지 응답으로써 비제어시에는 소성거동과 소성에너지가 많은 부분을 차시하고 있으나 가중함수가 커짐에 따라 탄성거동과 감

쇠에너지가 대부분을 차지하게 됨을 알 수 있다. 이는 건물의 피해 정도가 작아지는 것을 의미한다.

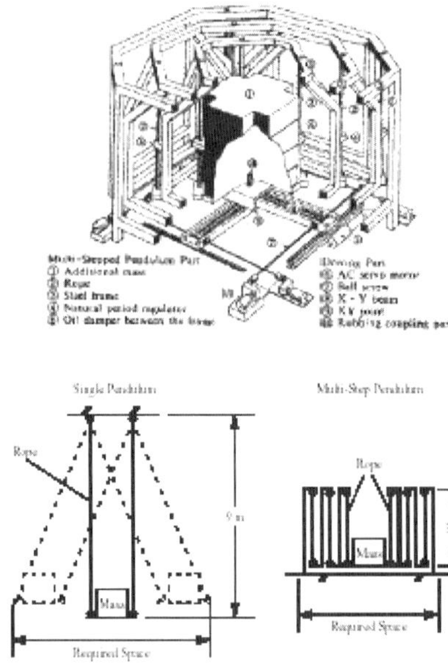

그림 3.139 진자형 능동감쇠기 설치건물

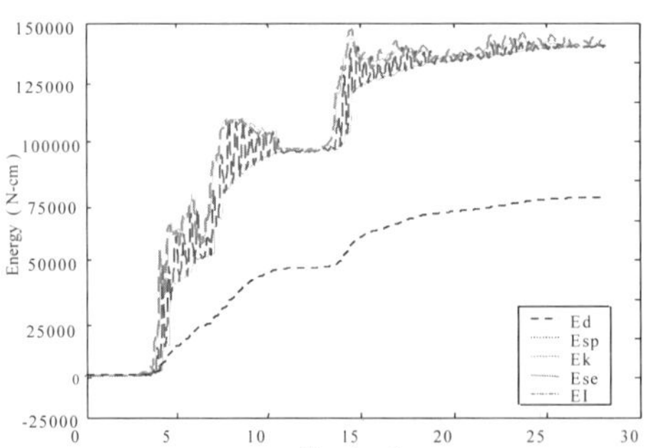

그림 24 비제어시 에너지 응답

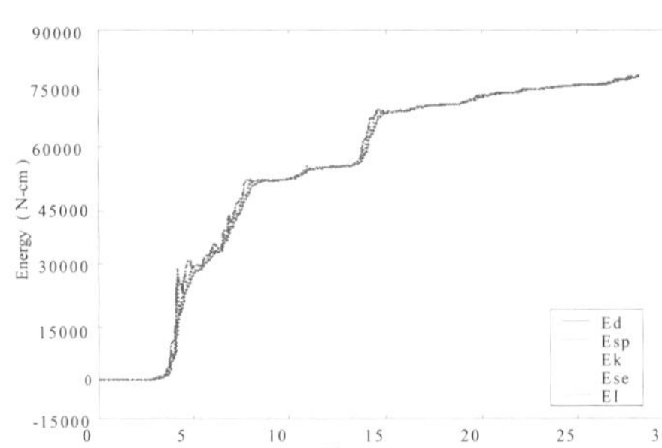

그림 25 제어시 에너지 응답

(1) 준능동(Semi-active) 감쇠기

능동감쇠기의 경우 우수한 제어성능을 가지고 있으나 안정성에 큰 문제를 가지고 있다. 능동감쇠기의 우수한 성능을 확보함과 동시에 수동형 감쇠기의 안정성을 가지고 있는 준능동 감쇠장치는 적은 전력을 가지고 우수한 제어성능과 안정성을 확보할 수 있으므로, 막대한 인명 및 재산 피해를 가져올 수 있는 강진하중을 받는 건축구조물, 교량, 그리고 대형토목구조물의 진동제어에 유리한 점을 가지고 있다. 준능동감쇠기에는 변환강성시스템, 변환점성시스템 등이 있으며, 최근에는 자기유변유체(Magnetorhelogical, MR)감쇠기는 자기신호에 따라 MR 유체의 점성을 쉽게 바꿀 수 있고, 대용량의 감쇠력도 감쇠장치 외의 특별한 기계적 장치 없이 쉽게 구현할 수 있어서 최근 들어 많은 학자들에 의하여 건축구조물에의 적용성에 대한 이론적, 실험적 연구가 수행되고 있다. 토목공학 분야에는 20톤 용량의 감쇠기가 설계되고 제작되어서 현재 미국 노트르담 대학에 설치되어 실험되었으며, 실제 적용사례는 사장교인 중국 후난(Hunan)의 동팅교(Dongting Bridge)의 진동을 막기 위해 MR 감쇠기가 설치되었다.

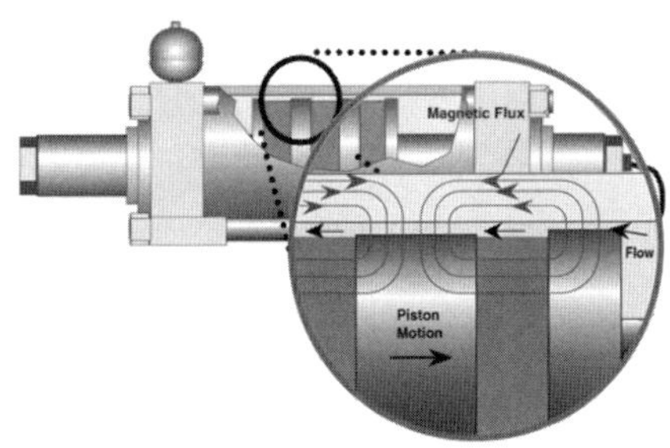

그림 3.142 20t 대용량 MR 감쇠기

그림 3.143 MR 감쇠기를 사용한 사장교 제어

① 해석모델

일반적으로 MR 감쇠기는 탄성, 점성, 그리고 마찰 특성 모두를 가지고 있으며, 자기장의 크기에 따라 그 크기가 변하기 때문에 매우 강한 비선형성을 가지고 있다. MR감쇠기의 힘-변위와 힘-속도 관계를 모사하기 위하여 Bingham, 이점성(biviscous), 이력 이점성(hysteretic biviscous), 단순 Bouc-Wen, 질량요소를 가지는 Bouc-Wen, 그리고 현상학 모델 등이 기존 연구에 의하여 사용되었다. 다음 식은 Bingham 모델로 단순히 자기장에 따라 크기가 변하는 마찰력과 점성의 조합으로 MR 감쇠기의 힘을 표현한다.

$$F = F_{friction}(\tau)\, sgn(\dot{x}) + C\dot{x} \qquad \text{식(3.26)}$$

여기서, τ는 자기장의 크기를 나타내며, C는 선형점성을 나타낸다. (2)식과 비교할 때, MR 감쇠기는 마찰형감쇠기와 달리 선형점성항을 가지고 있고 마찰력의 크기가 자기장에 따라 변하는 함수임을 알 수 있다.

② 제어해석

다음 그림은 최대가속도가 0.3g으로 크기 조정된 El Centro(1940, NS성분) 지진하중을 으로 가진된 3층 전단구조물에 MR 감쇠기를 설치한 경우의 각층 최대 변위 및 가속도를 보여준다. MR 감쇠기의 준능동 알고리즘은 LQR제어알고리즘을 사용하였으며, passive-off와 passive-on은 각각 전류가 0A, 1.5A인 경우이다. 준능동 MR 감쇠기는 passive-on MR 감쇠기와 동등한 변위제어성능과 함께, 절대가속도 제어에 있어서는 가장 우수한 응답감소효과를 보임을 알 수 있다.

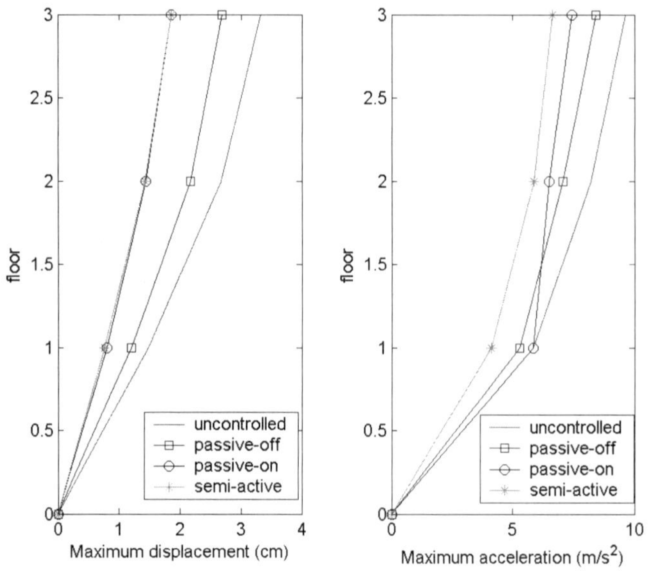

그림 3.144 3층 전단건물 최대응답

5) 응답예측 모델

감쇠기를 구조물에 설치하는 목적은 구조물의 응답을 목표성능 수준으로 줄이는 것이기 때문에, 구조물의 응답에 영향을 주는 주요 인자를 파악하고 응답스펙트럼의 특성에 따른 인자의 효과를 파악하는 것이 중요하다. 구조물의 응답스펙트럼 특성은 설계하중과 구조물의 동적 특성에 따라 결정된다. 하중의 특성을 결정하는 인자로는 크기, 지속시간, 주요 가진 진동수 등이 있으며, 구조물의 특성을 결정하는 인자에는 질량, 강성, 감쇠비, 항복강도, 연성도, 그리고 구조물의 형상 등이 있다. 이러한 인자들의 응답에 대한 영향이 효과적으로 파악될 수 있다면 설계자는 이러한 인자들 중에서 목표응답수준을 달성하기 위해 요구되는 인자의 변화량을 쉽게 결정할 수 있다. 예를 들어, 특정 응답수준을 획득하기 위해 추가로 요구되는 감쇠비의 크기가 주어진다면, 감쇠비를 추가하는 감쇠장치의 용량이 쉽게 결정된다. 본 절에서는 지진하중에 대한 최대 응답을 구조물의 전역 에너지 제한 컨벡스 모델과 설계스펙트럼을 사용하여 평가해 보고, 구조물의 지진최대응답에 영향을 주는 인자 중 감쇠비와 주기에 따른 효과를 파악하였다.

(1) 전역에너지 제한 컨벡스 모델(Global Energy Bound Convex Model)

불확실한 지진특성에 대한 구조물의 최대 응답을 예측하는 방법으로 통계적 방법(Statistical Method), 확률적 방법 등과 더불어 지진파의 불확실성을 일정한 함수로 나타내고 그것의 제한 값에 대하여 최대 응답을 예측하는 컨벡스 모델에 의한 방법이 제안되었다. 컨벡스 모델은 지진발생과 건물의 응답에 관계된 매우 제한되고 작은 정보만을 가지고도 구조물의 지진에 대한 최대응답을 예측할 수 있기 때문에 약간 보수적인 예측이 될 가능성은 있지만 지진과 관계된 정보가 크게 부족할 때 매우 유용한 방법으로 알려져 있다. 컨벡스 모델에서 지진의 불확실성을 나타내는 변수로는 다양한 것들이 사용될 수 있으며, 본 절에서는 일정 지진 지속시간 동안 지진파의 에너지를 변수로 사용한 전역 에너지 제한 컨벡스 모델(Global Energy Bound Convex Model)을 소개한다.

각 모드의 고유진동수와 감쇠비로 표현된 모드 분리된 구조물의 운동방정식은 다음 식과 같다.

$$y_i + 2\xi_i \omega_i y_i + \omega_i^2 y_i = \phi_i^T I_o X_g(t) \qquad \text{식(3.27)}$$

여기서, y_i, ξ_i, ω_i, ϕ_i는 i번째 모드의 변위, 고유진동수, 감쇠비, 모드형상을 나타낸다.

Duhamul 적분에 의해 구한 i번째 모드의 변위 응답은 다음과 같다. 또한 지반가속도는 에너지 제한 모델에 의해 다음과 같은 집합으로 표현될 수 있다.

$$S_{GEB} = \left\{ X_g(t) : \int_0^t [X_g(\tau)^2 d\tau \le E_{GEB}(t)] \right\} \qquad \text{식(3.28)}$$

식(3.27)의 운동방정식을 가지는 구조물에 식(3.28)의 에너지 제한조건을 가지는 지진이 오는 경우의 최대응답은 다음과 같다.

$$S_{yi}(T_i, \xi_1) = \frac{\phi_i^T I_o \sqrt{E} T^{3/2}}{4\pi \sqrt{2\pi\xi}} \qquad \text{식(3.29)}$$

식(3.29)은 컨벡스 모델에 의해 i번째 모드의 최대 변위응답을 지진에너지 E와 건물의 i번째 모드의 고유진동수, 감쇠비와 모드형상으로 표현한 것이다. 각 모드의 최대 변위응답을 바탕으로 전체 구조물의 최대 변위응답을 SRSS(Square Root of the Sum of Squares)방법으로 구하면 다음과 같다.

$$|X_{\max,j}| \cong \sqrt{\sum_{i=1}^{N} \phi_{ij}^2 S_y^2(\omega_i, \xi_i)} \qquad \text{식(3.30)}$$

구조물에 감쇠기를 설치하여 주기 혹은 감쇠비가 바뀌는 경우의 응답감소율은 다음과 같다.

$$R = \frac{S_{yi}(T_i, \xi_i)}{S_{yio}(T_{io}, \xi_{io})} = \frac{\phi_i^T I_o}{\phi_{io}^T I_o} = \left(\frac{T_i}{T_{io}}\right)^{3/2} \sqrt{\frac{\xi_{io}}{\xi_i}} \cong \left(\frac{T_i}{T_{io}}\right)^{3/2} \sqrt{\frac{\xi_{io}}{\xi_i}} \qquad \text{식(3.31)}$$

여기서, T_{io}, ξ_{io}는 각각 감쇠기 설치전 건물의 고유주기와 감쇠비이고, T_i, ξ_i는 각각 감쇠기 설치 후 건물의 고유주기와 감쇠비이다. I_o, ϕ_i는 각각 지진영향계수, i번째 모드형상이다. 식(3.28)에서 감쇠기 설치 전과 설치 후의 건물의 모드형상이 같다고 가정하였다. 따라서 식(3.31)을 통해 원하는 건물의 지진응답의 감소 비율은 각 모드의 고유주기와 감쇠비만으로써 예측할 수 있다.

(2) 설계스펙트럼

Chopra(2000)는 응답스펙트럼의 특성을 구조물의 주기 구간별로 감쇠비의 효과를 중심으로 파악하였다. 기준이 되는 주기는 T_a=0.035초, T_b=0.125초, T_c=0.5초, T_d=3.0초, T_f=15초이다.

① $T_n < T_a$: 아주 짧은 주기를 가지는 구조물로 강체거동을 하기 때문에 지반과의 상대변위가 아주 작으며, 모든 감쇠비에 대하여 지반 가속도와 동일한 가속도를 보인다.

② $T_a < T_n < T_b$: 주기가 증가함에 따라 가속도가 지반가속도보다 증가하고, 속도와 변위가 모두 급격히 증가하는 구간으로 감쇠비의 효과가 주기에 따라 변한다.

③ $T_b < T_n < T_c$: 지반가속도에 대한 구조물의 가속도의 비가 주기의 변화에 관계없이 감쇠비의 함수로 주어지는 구간이다. 즉, 지반가속도에 감쇠비에 따라 주어지는 일정한 계수를 곱하여 증폭시킨 크기의 가속도를 구조물이 가진다. 주기가 증가함에 따라 가속도는 일정하고 속도와 변위가 증가한다.

④ $T_c < T_n < T_d$: 중간크기의 주기를 가지는 속도 민감 구간으로 대부분의 구조물이 속하는 구간이다. 주기가 증가함에 따라 가속도의 크기가 줄어들고 속도의 크기는 변화 없으며 변위는 증가한다. 구조물의 응답에 대한 감쇠비의 영향이 가장 큰 구간으로 지반 속도에 대한 구조물의 속도의 증폭비가 감쇠비의 함수로 주어진다.

⑤ $T_d < T_n < T_f$: 장주기 구조물로 지반 변위에 대한 구조물의 변위의 증폭비가 감쇠비의 함수로 주어진다. 주기가 증가함에 따라 가속도와 속도는 감소하고 변위는 일정한 구간이다.

⑥ $T_f < T_n$: 극단적으로 긴 주기를 가지는 구조물로 너무 유연하기 때문에 지반에 대한 상대변위가 지반변위와 동일하게 발생하는 구간이다.

이러한 결과에 근거하여 판단할 때에 구조물의 주기를 가속도-민감 구역, 속도-민감 구역, 변위-민감구역으로 나누는 것이 합리적임을 알 수 있다. 주기가 0.5초 이하인 가속도 민감구역에서는 구조물의 응답이 주로 지반가속도와 밀접한 연관을 가지고 주기가 3.0초 이상인 변위 민감구역에서는 구조물의 변위가 지반변위와 밀접한 연관을 가진다. 그리고 주기가 0.5초 이상 3.0초 이하인 구조물의 속도는 지반속도와 밀접한 연관을 가진다. 그림 3.145는 El Centro 지진하중에 대한 구조물의 응답스펙트럼을 보여주고, 그림 3.146은 이러한 응답특성을 고려한 Newmark 설계스펙트럼을 보여준다. 구조물의 주기에 따라 응답특성이 크게 변함을 알 수 있다. α_A, α_V, α_D는 각각 감쇠비에 따라 결정되는 가속도 증폭계수, 속도 증폭계수, 그리고 변위 증폭계수를 나타낸다. 다음 식은 평균 응답스펙트럼에 대한 증폭계수이다. 감쇠기가 증가할수록 증폭비가 작아짐을 확인할 수 있으며, 로그함수이기 때문에 감쇠비가 작은 경우에는 감쇠비의 변화에 따른 평균 최대응답의 크기변화가 매우 크나, 감쇠비가 큰 경우에는 변화의 크기가 작음을 알 수 있다. 이것은 감쇠장치의 설치에 따른 효과는 원 구조물의 자체감쇠가 작은 구조물일수록 크다는 것을 의미한다.

$$\alpha_A = 3.21 - 0.68 \ln \xi \qquad \text{식(3.32)}$$

$$\alpha_V = 2.31 - 0.41 \ln \xi \qquad \text{식(3.33)}$$

$$\alpha_D = 1.82 - 0.27 \ln \xi \qquad \text{식(3.34)}$$

감쇠비는 지진응답스펙트럼에 큰 영향을 준다. 감쇠비가 작은 구조물의 응답은 주기의 변화에 따라 민감하게 변하나 감쇠비가 증가하면 주기에 따른 영향이 작아진다. 이러한 사실은 감쇠장치를 추가하여 구조물의 감쇠비가 증가하는 경우의 구조물의 응답 특성이 지진하중과 주기의 변화에 큰 상관없이 예측한 거동을 보이는 것을 의미하기 때문에 감쇠장치를 사용하는 경우 구조물의 응답을 정확하게 예측할 수 있으며 일관된 성능의 확보도 가능함을 알 수 있다.

일반적으로 감쇠비의 증가는 응답의 감소를 가져오나 주기가 속한 구역에 따라 응답이 감소하는 특성이 모두 다르다. 주기가 아주 짧은 강체 거동을 보이는 구조물과 주기가 아주 긴 유연한 구조물의 경우 감쇠비의 증가는 구조물에 아무런 영향을 주지 못한다. 감쇠비의 효과는 속도-민감 구역에 속하는 주기를 가지는 구조물에서 가장 확연하다. 또한 지진하중의 특성이 조화하중에 가까운 경우에 감쇠비의 효과는 더욱 분명해진다. 그리고 단위 감쇠비의 증가에 대한 응답감소율은 원 구조물의 감쇠비가 작을수록 크다. 이것은 감쇠비가 작은 구조물일수록 감쇠장치의 효과가 크며, 감쇠비가 큰 구조물의 경우에는 동일한 응답감소효과를 얻기 위해 요구되는 감쇠장치의 용량이 커진다는 것을 의미한다.

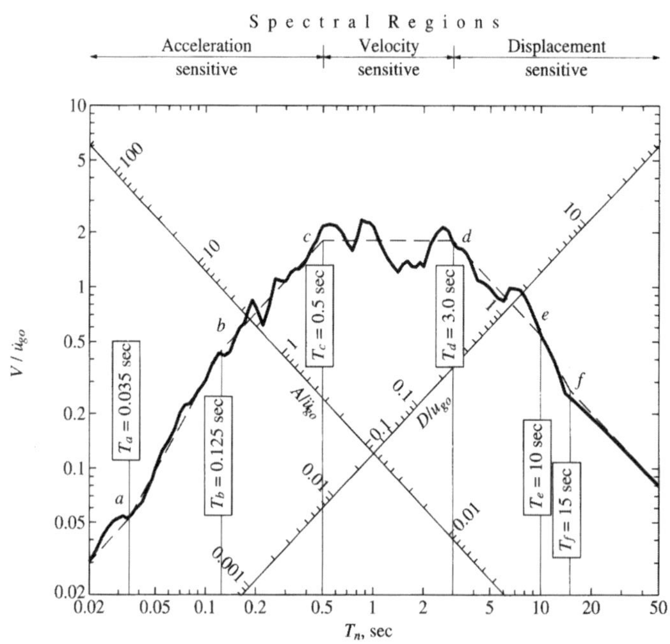

그림 3.145 El Centro 지진응답스펙트럼

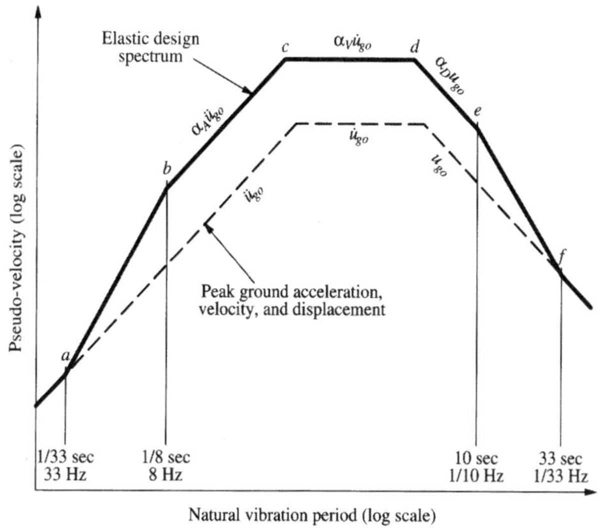

그림 3.146 Newmak 설계스펙트럼

6) 감쇠비

응답예측모델에서 살펴본 바와 같이 감쇠비는 구조물의 최대응답 크기를 결정하는 가장 중요한 변수이며, 일반적으로 감쇠장치는 구조물의 감쇠비를 증가시키는 역할을 한다. 본 절에서는 실험을 통해 감쇠비를 산정하는 방법과 감쇠기의 등가감쇠비를 계산하는 방법을 소개한다.

(1) 규준에서 정하는 구조물의 감쇠비

국내의 규준에서는 구조물의 감쇠비를 구체적으로 규정하는 항목이 없다. 다만 지진에 대한 동적 해석을 해야 할 경우 응답스펙트럼을 이용하는데, 주파수 구간별 최대가속도 산정식으로 제시된 반응 스펙트럼에 이미 구조물의 감쇠비가 반영되어 있다.

미국에서 규준으로 확립되기 전 단계에 이루어지는 많은 제안과 학문적 연구 성과를 제출하는 ATC(Applied Technology Council)와 NEHRP(National Earthquake Hazard Reduction Program), 연방 재난 관리국(FEMA ; Federal Emergency Management Agency) 등에서 제안하는 구조물의 감쇠비는 구조물의 선형 거동할 경우 1차 모드 감쇠비는 철골구조 2%, 콘크리트 프레임 구조 3% 등이고, 고차 모드 감쇠비는 공히 5% 등으로 제안하고 있다. 또한 구조물의 감쇠비에 대한 학자들의 연구도 많이 이루어졌는데, Newmark는 응력 수준을 항복점의 1/2 이하 상태와 항복점 근처로 나누어 구조물의 감쇠비를 제시하였다. Newmark가 제안한 각 구조물의 감쇠비는 표 3.43과 같다.

표 3.43 감쇠비 제안값

응력 수준	구조물의 조건, 형태	감쇠비(%)
작업 응력 (항복점의 1/2이하)	용접 접합한 강구조, 프리스트레스 콘크리트, 약간의 크랙이 있는 RC 구조	2-3
	상당한 크랙이 있는 RC 구조	3-5
	볼트, 리벳 접합한 강구조, 못과 볼트로 접합한 목구조	5-7
항복점 부근 응력	용접 접합한 강구조, 프리스트레스 콘크리트 구조 (프리스트레스가 완전한 상태)	5-7
	프리스트레스 콘크리트 구조 (프리스트레스가 소멸된 상태)	7-10
	RC 구조	7-10
	볼트, 리벳 접합한 강구조, 볼트 접합한 목구조	10-15
	못 접합한 목구조	15-20

(2) 자유진동

구조물이 초기 변형에 의해 진동할 때 시간이 지남에 따라 진동의 최대 진폭이 작아지는 현상을 이용하여 구조물의 감쇠비를 구할 수 있다. 이 실험을 자유 진동 실험(Free Vibration Test)이라 부른다. 자유 진동 실험은 간단한 실험 기구만으로 감쇠비 측정이 가능하다는 큰 장점이 있다. 주기가 j 사이클만큼 흐른 후의 응답감소비의 로그값은 다음과 같이 감쇠비의 함수로 표현된다.

$$\delta_j = \ln\frac{u_i}{u_{i+j}} = \frac{2\pi j\xi}{\sqrt{1-\xi^2}} \qquad \text{식(3.35)}$$

감쇠비가 작을 경우 다음 식과 같이 간략하게 감쇠비를 구할 수 있다, 일례로 감쇠비가 20%일 경우 오차는 대략 2% 정도이다.

$$\xi = \frac{\delta_j}{2\pi j} \qquad \text{식(3.36)}$$

구조물의 감쇠가 선형 점성 감쇠 형태를 보인다면 j사이클만큼의 주기 시간대에 상관없이 감쇠비는 항상 일정할 것이다. 그러나 실제의 구조물은 비선형적인 감쇠를 하므로 자유 진동 직후 비교적 큰 진폭이 나타나는 시간 영역에서와 시간이 흘러 진폭이 잦아든 후의 시간 영역에서의 감쇠비는 다르게 나타난다. 일반적으로 진폭이 큰 초기 시간대의 감쇠비가 진폭이 작은 시간대의 감쇠비에 비해 크다. 자유 진동 실험으로 감쇠비를 측정할 때에는 위와 같은 현상에 유의해야 한다.

(3) 공진실험

단자유도계 (SDF System)가 조화 하중(Harmonic Force) $p(t)=p_o \sin\omega t$를 받을 때 구조물의 정상 상태 변형(Steady-state deformation)은 다음과 같이 나타낼 수 있다.

$$u(t)=u_o\sin(\omega t-\theta)=\frac{p_o}{k}R_d\sin(\omega t-\theta) \qquad \text{식(3.37)}$$

여기서, 응답증폭계수 R_d는 다음과 같다.

$$R_d=\frac{u_o}{(u_{st})_o}=\frac{1}{\sqrt{[1-(\omega/\omega_n)^2]^2+[2\xi(\omega/\omega_n)]^2}} \qquad \text{식(3.38)}$$

만약 조화 하중의 진동수가 구조물의 고유 진동수와 같다면 구조물은 공진을 일으키는데, 이를 공진 실험(Resonance Test)이라 하고 위의 식(3.38)은 아래와 같이 감쇠비를 구할 수 있는 형태로 유도할 수 있다.

$$\xi=\frac{1}{2}\frac{(u_{st})_o}{(u_o)_{\omega=\omega_n}} \qquad \text{식(3.39)}$$

여기서, ω는 조화 하중의 진동수, ω_n은 구조물의 고유 진동수, $(u_{st})_o$는 정적 하중 p_o에 대한 구조물의 정적 변위를 나타낸다.

(4) 하프 파워법(Half-Power Bandwidth method)

조화 하중의 진동수 변화에 따른 구조물의 응답 변화를 나타내는 진동수-응답 곡선을 통해서도 구조물의 감쇠비를 계산할 수 있다. 만약 ω_a, ω_b가 진동수-응답 곡선상에서 R_d의 값이 최대값의 $1/\sqrt{2}$에 해당하는 값을 나타내는 가력 진동수라 하자. 진동수-응답 곡선을 통해 감쇠비를 구하는 식은 아래와 같다.

$$\xi=\frac{\omega_b-\omega_a}{2\omega_n} \qquad \text{식(3.40)}$$

(5) 등가 감쇠비(Equivalent Damping Ratio)

구조물의 감쇠 현상은 구조물이 가지는 에너지가 소산된 결과이다. 즉 진동하는 구조물이 보유하는 에너지가 빛, 열, 소음 등의 형태로 외부로 소산되므로 구조물은 진동을 유지하지 못하고 종국에는 정지하게 되는 것이다. 이와 같이 다양한 방식으로 소산하는 구조물의 에너지를 속도에 비례하는 감쇠력을 가진 등가의 선형 감쇠 형태로 나타내는 방식이 등가 감쇠비이다. 등가 감쇠비는 실제 구조물과 등가의 점성 시스템이 한 사이클에 소산하는 에너지를 같다고 하여 구한다. 단자유도계(SDF System)가 조화하중 $p(t)=p_o\sin\omega t$을 받을 때 1회 주기 조화 진동 중 점성 감쇠에 의해 소산된 에너지의 양은 다음과 같다.

$$E_D=\int f_D du=\int_0^{2\pi/\omega}(c\dot{u})\dot{u}dt=\int_0^{2\pi/\omega}c\dot{u}^2dt$$

$$=c\int_0^{2\pi/\omega}[\omega u_o\cos(\omega t-\phi)]^2dt=\pi c\omega u_o^2=2\pi\xi\frac{\omega}{\omega_n}ku_o^2 \qquad \text{식(3.41)}$$

식(3.41)은 다음과 같이 탄성에너지를 사용하여 표현할 수 있으며, 등가 감쇠비는 식와 같다.

$$E_D=4\pi\xi_{eq}\frac{\omega}{\omega_n}\left(\frac{1}{2}ku_0^2\right)=4\pi\xi_{eq}\frac{\omega}{\omega_n}E_{so} \qquad \text{식(3.42)}$$

$$\xi_{eq}=\frac{1}{4\pi}\frac{1}{\omega/\omega_n}\frac{E_D}{E_{so}} \qquad \text{식(3.43)}$$

(6) 감쇠기의 감쇠비 산정 방법

① 점탄성 감쇠기의 감쇠비 산정

식(3.23)에서와 같이 점탄성 감쇠기(Visco-elastic Dampers)는 변형을 통하여 에너지를 저장하는 강성 부분(저장 계수)과 변형 속도에 비례하여 에너지를 소산시키는 점성 부분(손실 계수)의 조합으로 표현될 수 있다. 점탄성 감쇠기로 쓰이는 점탄성 물질이 온도에 따라 성능이 달라지므로 점탄성 감쇠기의 성능 또한 온도에 민감한 편이다.

Chang 등(1993)은 철골조 구조물에 점탄성 감쇠기가 설치된 경우의 모드 등가 감쇠비를 다음과 같이 제안하였다.

$$\xi_i=(\eta_i/2)\left[1-\left(\frac{\phi_i^TK_e\phi_i}{\phi_i^TK_s\phi_i}\right)\right] \qquad \text{식(3.44)}$$

여기서, η_i는 손실비로 점탄성 감쇠기의 손실 계수 대 저장 계수의 비를 나타내며 K_e는 점탄성 감쇠기를 포함하지 않은 구조물의 강성 행렬을, K_s는 점탄성 감쇠기를 포함한 구조물의 강성 행렬을 나타낸다. 그리고 ϕ_i는 i번째 모드의 형상 벡터(Mode Shape Vector)를 나타낸다.

② 동조질량감쇠기의 감쇠비 산정

Den Hartog에 의해 제안된 동조질량감쇠기의 최적 진동수(Optimum frequency)와 최적 감쇠비(Optimum Damping Ratio), 그리고 동조질량감쇠기에 의해 증가된 등가 감쇠비(Equivalent Viscous Damping)의 크기는 다음과 같다.

다음 식은 동조질량감쇠기의 최적 고유 진동수와 감쇠비를 구하는 식이다.

(a) 바람하중인 경우

$$f_t = \frac{f_s}{1+\mu}, \quad \xi_{opt} = \sqrt{\frac{3\mu}{8(1+\mu)}} \qquad \text{식(3.45)}$$

(b) 지진하중인 경우

$$f_t = \frac{f_s\sqrt{1-0.5\mu}}{1+\mu}, \quad \xi_{opt} = \sqrt{\frac{3\mu}{8(1+\mu)}}\sqrt{\frac{2}{2-\mu}} \qquad \text{식(3.46)}$$

여기서, μ는 구조물에 대한 동조질량감쇠기의 질량비를 나타내고 f_s는 구조물의 고유 진동수이다. 위 식에서 알 수 있듯이 동조질량감쇠기의 고유 진동수 f_t는 주 구조물의 고유 진동수 f_s에 비해 다소 작다. 대략 주 구조물 고유 진동수의 95%~99% 정도이며, 질량비 에 비례한다.

동조 질량 감쇠기의 질량, 강성, 최적 감쇠비가 위와 같이 정해졌을 경우의 주 구조물의 감쇠비 증가량은 아래와 같이 제안되었다.

$$\xi_{eq} = \xi_o + \frac{1}{2}\sqrt{\frac{\mu}{2+\mu}} \qquad \text{식(3.47)}$$

(c) FEMA 273, 274에 제시된 부가 감쇠 장치의 감쇠비 산정

FEMA(미국 연방 재난 관리국, Federal Emergency Management Agency) 273, 274의 9장에 감쇠기에 의한 감쇠비 산정법이 제시되어 있다. 감쇠비를 선형과 비선형 과정(Linear, Nonlinear Procedure)으로 나누어 제시되어 있는데, 선형, 비선형 과정은 각각 정적, 동적 과정(Static, Dynamic Procedure)으로 세분류하여 제시하고 있다. 본 절에서는 선형 정적 과정에 의한 감쇠비 산정법을 소개한다.

변위 의존형 장치의 등가 감쇠비 산정법은 다음과 같다.

$$\xi_{eq} = \xi_o + \frac{1}{4\pi W_k}\sum_j W_j \qquad \text{식(3.48)}$$

여기서, W_j는 층 변위 δ_i가 일어나는 동안 감쇠 장치 j에 의한 한 주기당 일을 나타내며 W_k는 최대 탄성 에너지로 그 값은 식과 같이 계산된다.

$$W_k = \frac{1}{2}\sum_i F_i \delta_i \qquad \text{식(3.49)}$$

여기서, F_i는 i층의 관성력을 나타낸다.

속도 의존형 감쇠장치 j에 의한 한 주기당 일은 다음과 같다.

$$W_j = \frac{2\pi^2}{T} C_j \delta_{rj}^2 \qquad \text{식(3.50)}$$

여기서, T는 감쇠 장치를 포함한 구조물의 고유 주기, C_j는 감쇠 장치 j의 감쇠계수, δ_{rj}는 감쇠 장치 j의 양단 사이의 상대 변위를 나타낸다.

식(3.50)을 다른 형태로 나타내면 다음과 같다.

$$\xi_{eq} = \xi_o + \frac{T\sum_j C_j \cos^2\theta_j \phi_{rj}^2}{\pi\sum_i\left(\frac{w_i}{g}\right)\phi_i^2} \qquad \text{식(3.51)}$$

여기서 θ_j는 감쇠 장치 j의 경사각을 나타내며, ϕ_{rj}는 감쇠 장치 j양단의 1차 모드 상대 변위를 나타내며, w_i는 i층의 반력 중량(reactive weight)을 나타내며, ϕ_i는 i층의 1차 모드 변위를 나타낸다.

3.2.3 진동대 실험

1) 개요

지진공학 분야에서 구조물의 동적특성을 식별하고 내진성능을 평가하기 위한 강제진동실험은 진동대, 편심 가진기, 반력벽 등을 사용하여 축소 및 실규모의 구조물에 이르기 까지 폭넓게 수행되어져왔다. 질량, 감쇠 및 강성으로 구성된 구조물의 동적응답의 변화는 구조물의 고유주기 및 모드형상등과 같은 모드 특성의 변화로 나타나며, 강제

진동실험을 통해 얻어진 모드 특성을 이용하여 구조물의 해석모델을 수립하는 시스템 식별기법에 관한 연구가 수행되어졌다. 시스템식별의 주된 목적은 강제가진 실험시 얻어진 가진 하중과 측정응답의 관계를 모사할 수 있는 해석 모델을 구축하는 것이다.

구조물의 내진성능을 실험적으로 정확하게 평가하기 위해서는 실제 지진과 유사한 하중을 모사할 수 있는 진동대 실험을 수행해야 한다. 그러나 진동대를 이용하여 실물 크기 구조물을 가진하는 일은 매우 어려우며 일반적 실물 크기의 구조물의 축소모델을 제작하여 진동대 실험을 수행한다.

그림 3.147은 진동대를 사용하는 일반적인 소형건물 실험의 형상을, 그림 3.148은 신호의 흐름도를 보여준다. 그림 3.147의 지진모사를 위한 진동대는 모터와 모터 드라이브, 볼스쿠루와 너트, 모터와 볼스크루 사이의 타이밍 벨트, 바닥판, 가이드 레일, 그리고 강철 프레임 등으로 구성되어 있다. 지진의 모사는 모터의 회전이 타이밍 벨트를 통하여 볼스크루로 전달되고 바닥판 하부에 고정되어 있는 너트를 직선이동 시키면서 진동대 바닥판이 가이드레일 위로 이동하게 함으로써 구현된다. 진동대는 사용하는 모터의 작동

그림 3.147 진동대 실험 형상

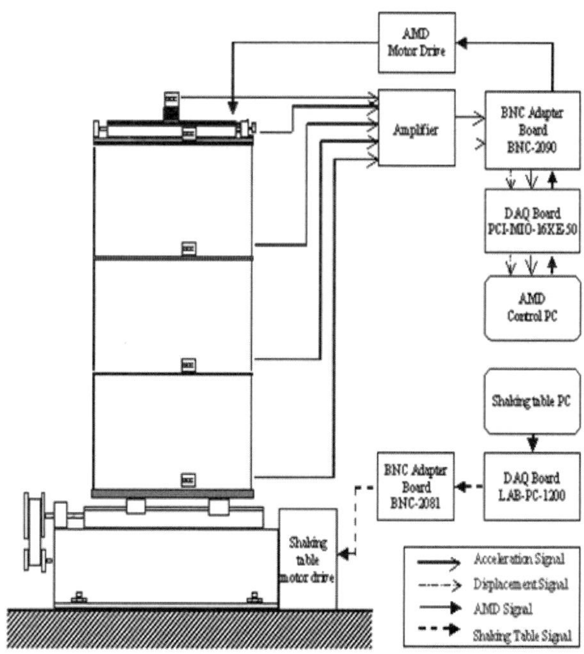

그림 3.148 신호흐름도

모드(속도 모드 또는 토크모드)와 회전수 및 최대 발생 토크에 따라 최대 발생 속도 및 가속도 등이 결정되므로 사용될 진동대의 사양을 미리 결정한 후 이에 따라 모터를 선택하여야 한다. 그림 3.148에서 진동대 모터 구동신호는 디지털 신호로서 D/A(digital-to analog)보드를 통하여 아날로그 신호로 전환되어 진동대 모터 드라이브로 보내진다.

2) 진동대 동특성보정

구조 진동 실험에 사용되는 진동대는 원래의 명령신호로서 움직이는 것이 이상적이다. 그러나, 일반적으로 진동대는 자신의 동적 특성을 가지고 있고 이것은 진동대에서 관측된 응답은 크기와 위상에서 자신의 명령신호와 다름을 나타낸다. 따라서 의도된 움직임으로 진동대를 구동하고 진동대의 명령추종성능(command tracking performance)을 명령신호로 진행시키기 위해 진동대의 동적 특성을 보정할 필요가 있고, 그림 3.149과 같이 동적특성을 보정위해 다음과 같은 폐루프 시스템을 구축해야 한다.

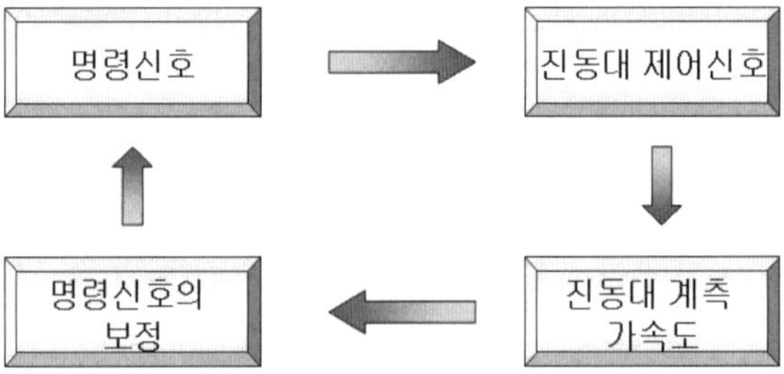

그림 3.149 동적특성 보정을 위한 폐루프 시스템

(1) 진동대 전달함수

전달함수는 일반적으로 입력과 출력사이의 관계를 말한다. 어떤 신호를 구조물에 통과시키면 원래의 입력신호가 계측되는 것이 아니라 구조물의 특성 때문에 크기와 위상이 달라진 신호가 계측된다. 따라서 계측된 신호를 원래의 입력신호로 나누어줌으로써 전달함수를 구할 수 있다. 진동대의 입력 볼트 신호로부터 진동대에 부착된 가속도계로 계측된 가속도까지의 전달함수는 진동대의 동적 특성에 의해 구할 수 있다. 그림 3.150은 진동대의 전달함수를 측정하기 위해 저주파통과 필터(low-pass filter)로 여과된 20Hz까지의 컷오프 주파수를 가지는 대역백색잡음을 제어컴퓨터에서 생성한 후 입력신호로써 데이터 신호처리보드의 디지털-아날로그채널을 통해서 진동대로 보내고 진동대를 임의대로 가진하여 진동대에 설치되어 있는 가속도계로 가속도를 계측한 후 데이터 수집보드의 아날로그-디지털 채널을 통해서 출력신호를 제어컴퓨터로 보내는 연속의 과정을 400초간 일정한 중첩구간을 가지도록 설계하여 전달함수를 구하는 과정을 보여주고 있다.

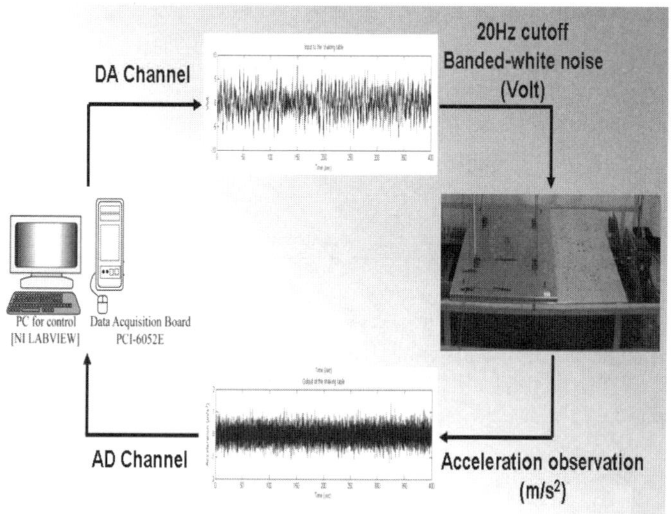

그림 3.150 전달함수의 측정과정

그림 3.151, 152는 이런 과정을 통해서 구해진 20Hz까지의 원래 진동대 전달함수 크기와 필터화하기 위해 조정한 것의 크기의 비교이고, 실선은 실험에 의해서 측정된 전달함수를 나타내고 점선은 측정된 전달함수를 필터화하기 위해서 조정한 것을 나타내고, 그림 3.153은 20Hz까지의 진동대 전달함수의 위상 보여주고 있다. 그림 3.154에서 보여지는 점선은 진동대에서 측정된 가속도의 시간이력, 실선은 전달함수를 통과한 데이터의 시간이력을 각각 나타내고 있으며, 두 데이터가 거의 일치함을 보여주고 있으므로 실험을 통해서 획득한 진동대의 전달함수는 올바르다고 판단된다.

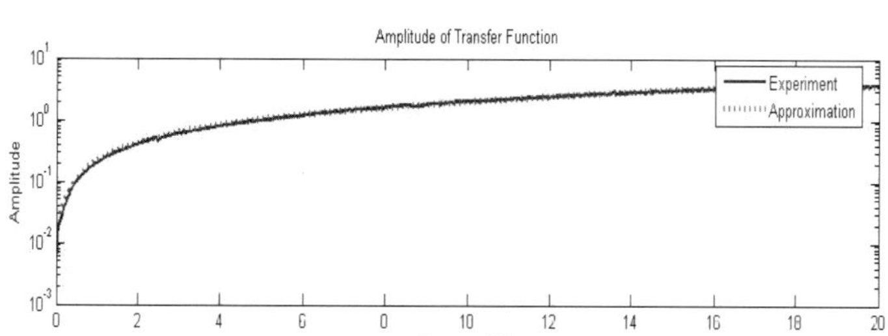

그림 3.151 진동대 전달함수의 크기 비교

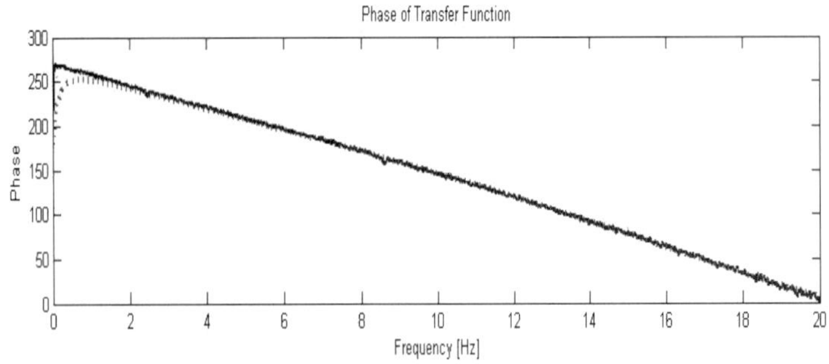

그림 3.152 진동대 전달함수의 위상

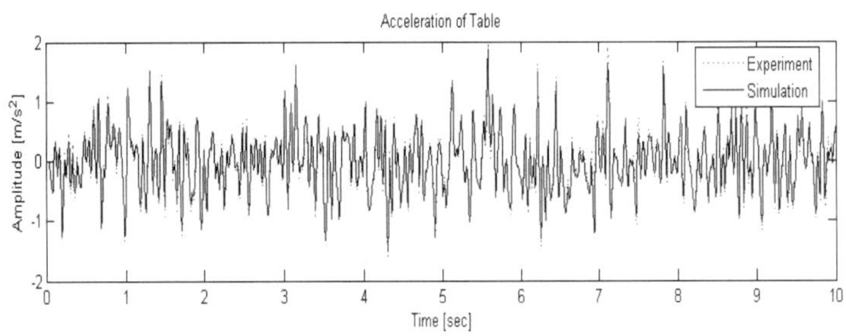

그림 3.153 측정된 진동대 가속도와 전달함수를 통과한 가속도의 시간영역에서의 비교

(2) 진동대 동적특성 보정

진동대는 DA채널을 통하여 제어컴퓨터에 의해 발생되는 제어신호에 의해 구동된다. 이때, 제어 컴퓨터로부터 진동대에 보내진 제어 가속도는 그들 사이의 동적 특성으로 인해, 크기와 위상이 진동대에서 측정된 가속도와는 다르다. 그러므로 진동대의 동적 특성을 상쇄시키기 위해서, 백색잡음을 가진 입력으로 하여 진동대에서 측정된 가속도와 제어컴퓨터 내의 명령가속도 사이의 진동대 역전달 함수를 실험적으로 측정하여야 한다.

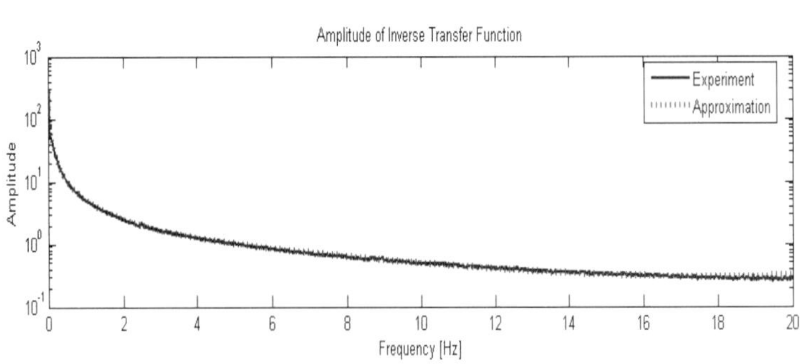

그림 3.154 진동대 역전달함수의 크기 비교

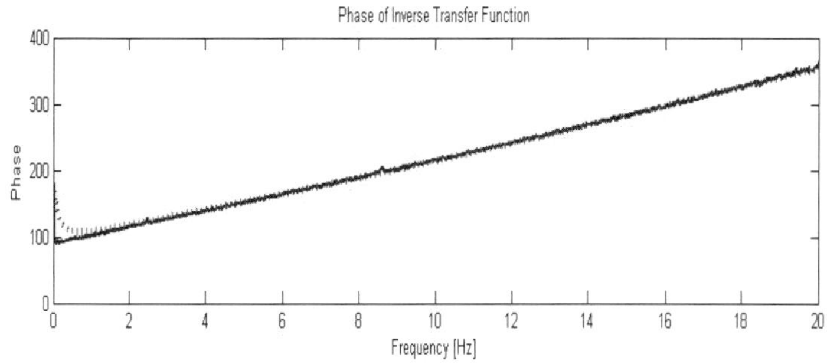

그림 3.155 진동대 역전달함수의 위상

그림 3.154와 3.155는 각각 진동대의 동적특성보정을 위해서 실험적으로 측정된 전달함수의 역전달 함수의 크기와 위상을 보여주고 있다.

실험적으로 측정한 진동대 전달함수를 가지고 이의 역전달함수를 구하고 Matlab 프로그램을 통하여 측정된 데이터의 주파수응답데이터를 조정한 후 이를 필터화 하여 제어기로서 사용한다.

그림 3.156은 El Centro 지진파와 Kobe파를 이용하여 진동대를 가진했을 때, 진동대에서 측정된 가속도와 원래의 명령가속도를 비교하고 있고, 둘의 결과가 서로 잘 일치함을 알 수 있다.

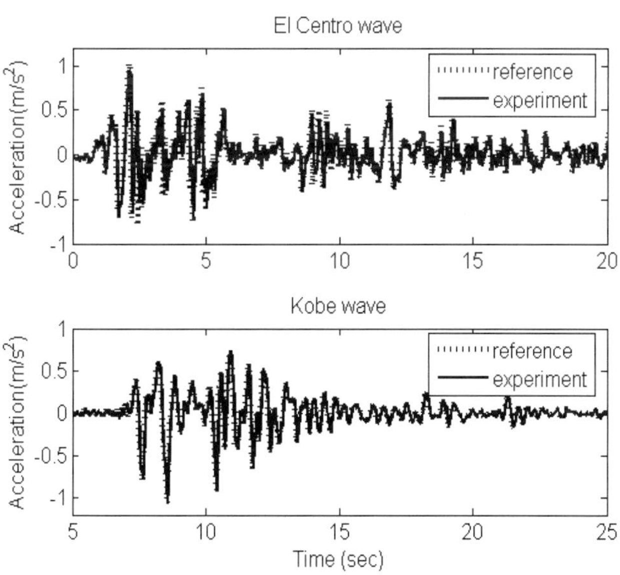

그림 3.156 명령가속도와 실험으로 측정된 진동대 가속도와의 비교

3) 진동대를 이용한 시스템 식별

(1) 시스템 식별 개요

시스템 식별이라 함은 구조물의 입력/출력 관계를 모사할 수 있는 수학적 모델, 즉 시스템을 구성하는 것을 의미한다. 여기서 입력은 일반적으로 구조물의 응답을 유발하는 요인 즉 고정하중, 적재하중, 지진하중, 바람하중, 교통하중 등과 같은 하중 및 가진기에 의한 외력 등을 의미하며, 출력은 구조물의 응답 즉 변위, 속도, 가속도, 변형율 등을 의미한다. 시스템 식별은 먼저 입출력 데이터를 수집한 다음 이 데이터에 의해 표현된 거동을 가장 근사하게 모사할 수 있는 수학적 모델을 구성하고, 최종적으로 모델의 유효성을 평가하는 과정으로 구성된다.

정적하중을 받는 선형 탄성시스템의 경우에는 입력과 출력이 같은 시간대에 발생하기 때문에 입력 값에 상수 행렬이 곱해진 형태의 시스템으로 간단히 식별할 수 있으나, 동적인 시스템의 경우에는 현재 출력에 대하여 현재 시간을 포함한 이전 시간에 구조물에 가해진 모든 입력이 영향을 주기 때문에 연속시간영역에서는 변화율을 포함하는 상태방정식의 형태로 주어지며, 이산시간영역에서는 Markov 파라미터의 형태로 표현된다. 주파수영역에서는 출력과 입력의 각각의 FFT한 결과의 분수형태, 즉, 선형정적인 경우와 유사하게 출력/입력의 형태로 표현된다.

그러나 건축-토목구조물의 경우에는 일반적인 시스템 식별기법에 의해 얻어지는 단순히 입출력관계만을 모사하고 물리적인 의미를 가지지 않는 모델보다는 유한요소(Finite Element, FE)모델을 구성하는 것이 공학적인 의미를 가진다. 따라서 실험으로부터 얻어진 결과를 이용하여 FE 모델을 수정하는 기법에 대한 많은 연구가 수행되어 왔다. FE 모델을 수정하는 것은 구조물의 강성저하를 탐지할 수 있기 때문에 손상감지기법으로도 많이 이용된다. 건축-토목구조물에서 제어장치 및 시스템 식별을 위한 가진장치로 많이 이용되는 능동질량가진기(Active Mass Driver) 및 복합질량가진기(Hybrid Mass Driver)의 경우에는 가진기의 최대제어력, 최대스트로크, 그리고 가진기를 운영하는 구조물의 응답의 크기 한계와 같은 다양한 제한조건 하에서 시스템식별을 수행해야 하며, 제한조건에 따라 시스템식별의 정확도가 다르다. 또한 지진하중을 구현해야 하는 경우에는 진동대를 사용한 시스템 식별을 수행한다.

시스템 식별기법 중에서 고유주기, 감쇠비, 고유벡터, 그리고 모드참여계수 등과 같은 모드 특성을 알아내는 것이 모달 파라미터 식별이며, 이러한 모드정보가 실제 구조물의 형태로 표현되는 것이 구조물-모달 파라미터 식별, 그리고 제어된 시스템의 모드

특성을 식별하는 것이 제어-모델 식별이다. 건축-토목 구조물의 경우 일반적으로 저차 모드가 지배적이기 때문에 저차 모드를 정확히 평가하는 것이 중요하다.

시스템식별의 정확도를 확보하는데 있어 가장 중요한 것은 잡음의 크기가 최소화된 양질의 데이터를 취득하는 것이다. 여기서, 잡음이란 식별하고자 하는 시스템의 정보를 표현하지 못하는 모든 정보를 의미하며, 잡음의 특성은 시스템에 따라 그리고 계측 시스템의 특성에 따라 달라지기 때문에 엔지니어에 의한 판단이 매우 중요하다. 잡음이 제거된 자료를 계측하기 위해 가장 먼저 결정할 것은 자료를 취득하는 시간간격의 크기이다. 자료를 취득하는 시간간격은 식별할 수 있는 주파수 영역의 크기를 결정한다. 즉, 시간간격의 역수의 절반으로 정의되는 Nyquist 주파수까지의 신호만이 계측 가능하다. 만일 이 주파수보다 큰 주파수 성분을 구조물이 가지고 있다면, 그 신호는 저주파수 대역의 성분인 것처럼 잘못 인식되며, 이를 얼라이어징(aliasing) 현상이라 한다. 따라서 시간간격은 Nyquist 주파수가 관심영역의 주파수대역보다 크도록 충분히 작게 설정되어야 한다. 일반적인 시스템 식별의 절차는 다음과 같다.

① 구조물의 해석모델을 구성한다. 이 해석모델은 실제 모델과 오차가 있으나 실제 모델과 유사한 거동을 모사하도록 구성되어야 한다.

② 해석모델과 예상 입력 가진원의 특성에 기초하여 발생할 수 있는 응답의 크기 수준을 결정한다. 일반적으로 구조물의 모델은 응답의 크기에 따라 바뀌는 비선형 특성을 가지기 때문에 선형모델에 기초하는 시스템 식별기법 결과는 고려되는 응답수준에 의존한다.

③ 계측 정보의 종류, 위치 그리고 정확도 수준을 결정한다.

④ 시스템 식별실험을 수행하고 입출력 데이터를 수집한다. 양질의 데이터를 얻는 것이 시스템 식별에 있어 가장 중요하며 이를 위해서는 관심 주파수 대역의 신호를 충분히 가진한 후 계측해야 하며 잡음을 최소화해야 한다.

⑤ 시스템 식별기법을 적용하여 시스템 행렬을 구성한다.

⑥ 얻어진 모델의 정확성을 평가한 후 필요하다면 모델을 수정한다.

(2) 전달함수를 이용한 시스템 식별

본 절에서는 진동대를 이용한 시스템식별기법 중에서 Li와 Reinhorn이 사용한 지반가속도에 대한 각 층 가속도 응답의 전달함수로부터 모드 정보를 추출하고, 강성 및 감쇠행렬을 구성하는 방법을 소개한다. 지진하중을 받는 n 자유도 구조물의 운동방정식은 다음과 같다.

$$M_s\ddot{x} + C_s\dot{x} + K_{sx} = MI\ddot{x}g \quad \text{식(3.52)}$$

여기서, M_s, C_s, 그리고 K_s는 각각 질량, 감쇠, 그리고 강성 행렬을 나타낸다. x는 크기 $n\times1$인 변위 벡터이고, I는 지진영향 벡터이다. 비례감쇠인 경우 (3.1)식은 다음과 같은 모드방정식의 형태로 표현된다.

$$\ddot{\eta} + \Lambda\eta + \Omega\dot{\eta} = \Gamma\ddot{x}_g \quad \text{식(3.53)}$$

여기서, $x=\Phi\eta$, 이고, Φ는 다음 특성방정식을 만족시키는 고유벡터로 질량에 대하여 정규화되었다

$$K_s\Phi = -M_s\Phi\Omega,\quad \Phi^TM_s\Phi = I \quad \text{식(3.54)}$$

여기서, Λ와 Ω는 다음과 같다.

$$\Omega = \Phi^TK_s\Phi = diag(\omega^2_{\ni}, i=1,\cdots,n)$$

$$\Lambda = \Phi^TC_s\Phi = diag(2\xi_i\omega_{\ni}, i=1,\cdots,n) \quad \text{식(3.55)}$$

여기서, $\omega_{\ni}$와 ξ_i는 각각 i차 모드의 고유진동수와 감쇠비이다.

i층 절대가속도 응답의 지반가속도에 대한 전달함수는 다음과 같다.

$$T_{ai}(w) = \ddot{X}_i(\omega)/\ddot{X}_g(\omega) = \left(\sum_{j=1}^{n}\phi_{ij}H_j(\omega)\Gamma_j\right) \quad \text{식(3.56)}$$

여기서, ϕ_{ij}는 Φ의 (i,j)성분을 말하며, $\ddot{X}_i(\omega)$, $\ddot{X}_g(\omega)$는 각각 i층 절대가속도 응답과 지반가속도의 퓨리에 변환이다. $H_j(\omega)$는 복소 주파수 응답함수로 다음과 같다.

$$H_j(\omega) = \frac{(\omega_j/\omega_j)^2 + 2\xi_j(\omega/\omega_j)i}{(1-(\omega/\omega_j)^2) + 2\xi(\omega/\omega_j)i} \quad \text{식(3.57)}$$

여기서, $i=\sqrt{-1}$

L_i와 Reinhorn은 각 모드의 주파수가 근접하지 않고, 떨어져 있는 경우 각 모드의 공진응답은 서로 영향을 주지 않는다고 가정한 후, 공진 시 전달함수를 다음과 같이 구하였다.

$$T_{ai}(\omega_k) = \phi_{ik}H_k(\omega_k)\Gamma_k \quad \text{식(3.58)}$$

각 k차 모드 벡터의 j층에 대한 i층의 비는 각층 절대가속도 전달함수의 비를 이용하여 계산될 수 있다. 각 모드 벡터의 비가 주어진다면, 주어진 질량행렬을 정규화

하는 모드 벡터가 결정된다.

$$\phi_{ik}/\phi_{jk} = T_{ai}(\omega_k)/T_{aj}(\omega_k) \qquad \text{식(3.59)}$$

주파수에서의 절대값은 다음과 같다.

$$|H_k(\omega_k)| = \frac{\sqrt{1+4\xi_k^2}}{2\xi_k} \qquad \text{식(3.60)}$$

식(3.58)과 식(3.60)으로부터, 각 모드의 감쇠비를 계산할 수 있다.

$$\xi_k = \left(2\sqrt{\left(\frac{T_{ai}(\omega_k)}{\phi_{ik}\Gamma_k}\right)^2 - 1}\right)^{-1} \qquad \text{식(3.61)}$$

얻어진 모드 진동수, 모드 감쇠비, 그리고 모드 벡터와 주어진 질량행렬을 이용하여 강성행렬과 감쇠행렬을 구할 수 있다.

$$K_s = M_s \Phi \Omega \Phi^T M_s \qquad \text{식(3.62)}$$

$$C_s = M_s \Phi \Lambda \Phi^T M_s \qquad \text{식(3.63)}$$

(3) 실험 예제

본 절에서는 그림 3.157과 같은 1경간을 갖는 3층의 철골조 구조물에 대한 진동대 실험을 통해 3.1절과 3.2절에 소개된 시스템 식별방법의 결과를 수록하였다. 실험체의 크기는 높이 120cm, 너비 60cm이다. 진동대의 일반적인 특성상 1축방향의 동적 신호를 측정하기 위하여 가진 방향으로 기둥의 약축방향을 위치하였다. 구조물의 질량행렬은 바닥판에 집중된 것으로 가정하였으며, 측정된 1, 2, 3층 질량은 각각 18.62kg, 18.62kg, 35.04kg이다.

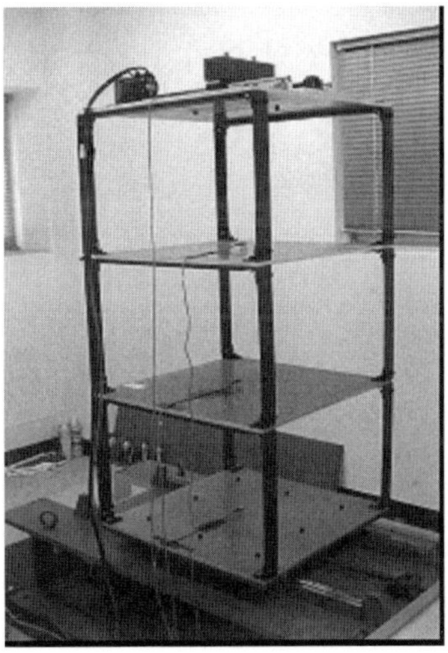

그림 3.157 3층 철골 구조물

① **자유진동 실험**(Free Vibration Test)

자유진동 실험은 기본적으로 입력신호가 존재하지 않기 때문에 전달함수를 구할 수 없다. 그러나 구조물의 응답이 충격응답(impulse response)과 유사한 거동을 보이기 때문에, 계측된 출력신호의 퓨리에 변환이 전달함수에 해당하는 구조물의 특성을 보여준다.

그림 3.158은 3층 구조물의 자유 진동 시 계측된 각층 절대 가속도의 시간이력을 보여준다. 3층 구조물의 최상층에 초기 변위를 줌으로써 자유진동을 유발시켰다. 그림 3.158로부터, 시간이 경과함에 따라 진동의 최대값이 점근적으로 줄어드는 전형적인 자유진동 거동을 보이고 있음을 알 수 있다. 그림 3.159는 각 층 가속도를 퓨리에 변환한 주파수 응답함수의 크기를 보여준다. 그림 3.159는 자유진동이 대부분 1차 모드의 거동만을 보였음을 확인해 준다. 이는 3층에 초기변위를 가하는 것이 1차 모드의 형상과 유사한 각층 초기 변위를 유발하여 1차 모드가 지배적인 거동이 되기 때문이다. 2차 모드는 매우 작은 크기가 존재하며, 3차 모드는 계측되지 못하였다. 자유진동응답으로부터 얻어진 1차, 2차 고유진동수는 각각 2.90hz, 9.53hz이다. 모드감쇠비와 모드벡터는 2차 모드가 충분히 가진 되지 못하였기 때문에 1차 모드 정보만을 추출하였다. 1차 모드 감쇠비는 다음 식(3.64)에 의해 결정되었으며, (3.59)식을 사용하여 얻어진 1차 모드 벡터는 $\phi_1^T = [0.4436 \quad 0.8028 \quad 1]$이다. 고유 벡터는 3층에 대하여 정규화 하였다.

$$\xi_1 = \frac{1}{2\pi j} \ln \frac{\ddot{x}_i}{\ddot{x}_{i+j}} \qquad 식(3.64)$$

식(3.64) 하나의 모드만을 가지는 단자유도 구조물에 적용가능하나, 대상 신호가 1차 모드가 지배적인 구조물이므로 근사적으로 적용 가능하다. 2차 모드에 비해 1차 모드의 상대적인 크기가 가장 큰 3층 절대가속도 응답을 이용하였으며, 1초시 응답과 80회 사이클을 반복한 후 감소된 응답의 크기의 비를 사용하였다. 이로부터 얻어진 구조물의 1차 모드 감쇠비는 0.55%이다. 그림 3.160은 3층 가속도 응답과, 얻어진 모드 진동수와 감쇠비를 이용하여 구한 포장함수(envelope function)를 보여준다. 그림 3으로부터, 포장함수가 사이클을 반복함에 따라 점근적으로 줄어드는 시간이력의 최대크기를 근사하게 표현했음을 알 수 있다.

질량행렬이 주어지는 경우, 대상 구조물이 다자유도 구조물이기 때문에 얻어진 1차 고유 진동수와 동일한 값을 가지도록 하는 강성행렬은 무한히 존재한다. 그러나 대상 구조물은 각 층의 기둥의 크기가 동일하도록 제작되었으며 횡방향의 자유도만을 가지는 전단거동을 한다. 만일 각 층의 횡강성의 크기가 동일하다고 가정하면 주어진 1차 모드 진동수만을 가지고도 층 강성을 결정할 수 있다. 즉, 각 층의 강성의 관계가 하나의 변수로 표현가능 하다면 실험을 통해 1차 모드 진동수만을 만족하는 강성행렬을 결정할 수 있다.

앞서 언급한 질량행렬에 대하여, 2.90Hz의 1차 모드 진동수와 0.55%의 1차 모드 감쇠비를 가지는 구조물의 강성행렬과 감쇠행렬은 다음과 같다. 층 강성과 층 점성은 각각 46.67kN/m과 28.0Ns/m으로 모든 층이 동일한 특성을 가지는 것으로 가정하였다.

$$\mathbf{K}=\begin{bmatrix}93.33 & -46.67 & 0\\ -46.67 & 93.33 & -46.67\\ 0 & -46.67 & 46.67\end{bmatrix}\text{kN/m},\quad \mathbf{C}=\begin{bmatrix}56.0 & -28.0 & 0\\ -28.0 & 56.0 & -28.0\\ 0 & -28.0 & 28.0\end{bmatrix}\text{N}\cdot\text{s/m} \quad \text{식(3.65)}$$

(3.65)식의 강성행렬에 의해 주어지는 구조물의 1차 고유 벡터는 $\phi_1^T=[0.4020\ \ 0.7507\ \ 1]$으로 계측에 의해 얻어진 값과 다소의 오차를 가진다. 일반적으로 고유진동수보다는 고유 벡터의 계측에 많은 오차가 있다.

또한, 대상구조물과 같은 저감쇠 시스템의 경우, 작은 감쇠의 변화에도 전달함수의 최대값이 크게 변하기 때문에 고유 벡터를 측정하기가 더욱 어려워진다. 1, 2, 3차 고유진동수는 각각 2.90hz, 9.05hz, 14.05hz이고, 고유 감쇠비는 0.55%, 1.71%, 2.65%이다. 고차로 갈수록 감쇠비가 증가한 것은 감쇠행렬이 질량행렬에 비례한 형태를 가지기 때문이다.

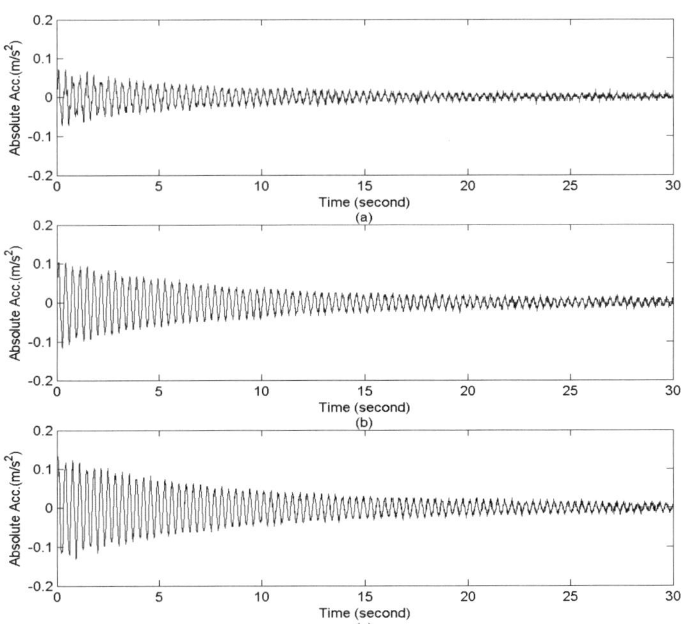

그림 3.158 자유진동 시간이력

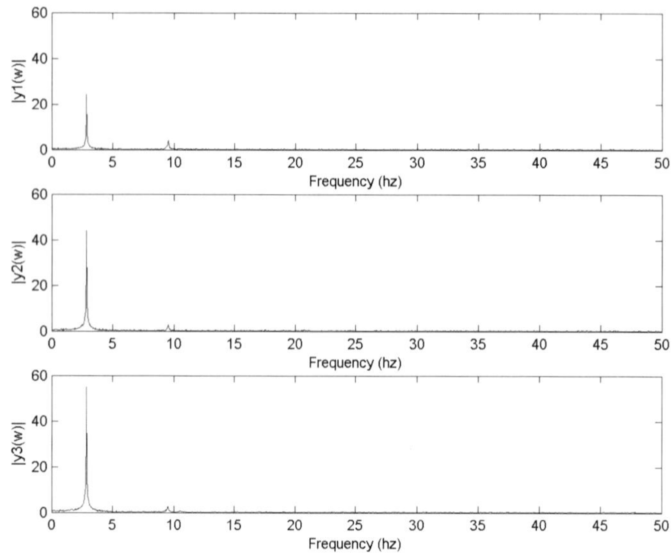

그림 3.159 자유진동시 주파수 응답함수

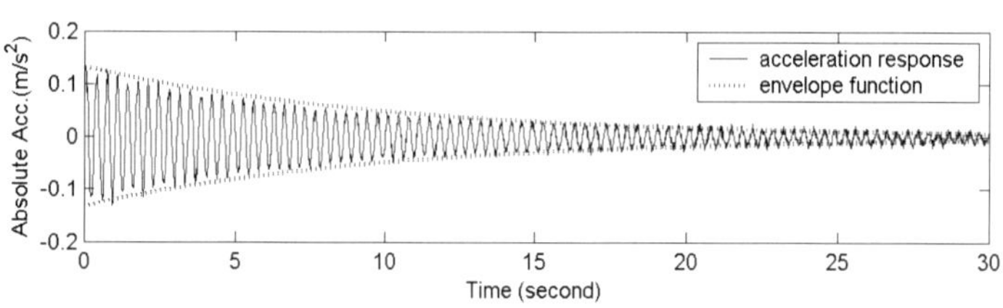

그림 3.160 시간이력과 포장함수

② 조화 가진 실험(Sine Swept Test)

조화 가진 실험은 전달함수를 구하기 위해 많은 시간노력을 요구한다. 이는 한번의 실험이 하나의 전달함수 중 가진 주파수에 해당하는 정보만을 제공하기 때문이다. 따라서 식별하고자 하는 대상 구조물의 주파수 대역 내에서 주파수의 크기를 변화시켜 가며 많은 수의 실험을 반복하여야 한다. 또한 전달함수는 정상상태의 응답 비를 의미하기 때문에 조화응답이 정상상태에 도달한 시점 이후의 자료를 사용해야 하며, 이 점이 더욱 많은 시간노력을 요구하게 되는 또 하나의 원인이 된다. 특히, 대상 구조물과 같이 작은 감쇠를 가지는 시스템은 정상상태에 도달하기 위해 많은 시간이 필요하며, 가진 주파수가 공진주파수와 아주 작은 크기로 다른 경우에도 공진응답과 큰 차이를 보이기 때문에, 고유진동수와 감쇠비를 식별하기가 어렵다. 요구되는 시간노력을 줄이기 위해 자유진동실험을 통해 식별된 모델을 이용하여 고유 진동수에 해당하는 구간에서는 주파수 간격을 촘촘히 하여 실험을 수행하였다.

그림 3.161과 그림 3.162는 각각 2.6hz의 정현파(sine wave)로 입력신호를 준 경우의 바닥판과 각 층 가속도 시간이력과 시간이력의 퓨리에 변환의 절대값을 보여준다. 그림 3.161, 그림 3.162로부터, 필터를 사용하지 않은 원래의 자료에는 많은 고주파성분의 잡음이 존재하며, 필터를 사용함으로써 고주파수 성분의 잡음이 제거됨을 알 수 있다. 5차의 2hz-4hz 대역통과 버터워쓰 필터를 사용하였다. 특히, 바닥판 가속도 자료에 많은 잡음이 존재하며, 층 가속도에는 비교적 잡음의 크기가 작음을 알 수 있다. 이는 구조물이 하나의 필터로 작용하여 고주파수 성분이 응답에는 나타나지 않은 결과이다. 또한, 바닥판 가속도는 2.6hz성분만 존재하나, 층 가속도에는 구조물의 1차 모드 성분도 존재함을 확인할 수 있다.

그림 3.163은 조화하중을 통해 얻어진 구조물의 전달함수의 크기를 보여준다. 예상한 바와 같이 3개의 모드가 존재하며, 1, 2, 3차 모드진동수는 2.9hz, 9.4hz, 15.3hz이다.

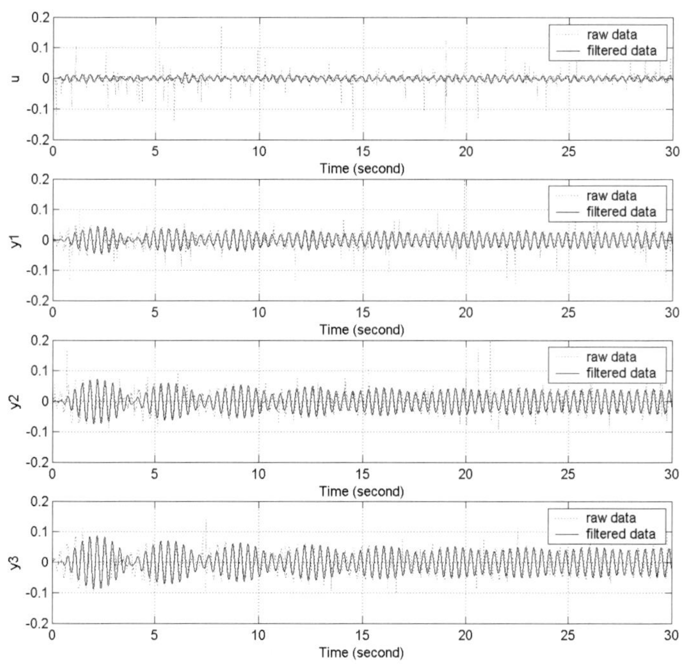

그림 3.161 2.6hz의 정현파 가진시 바닥판 가속도와 각층 가속도

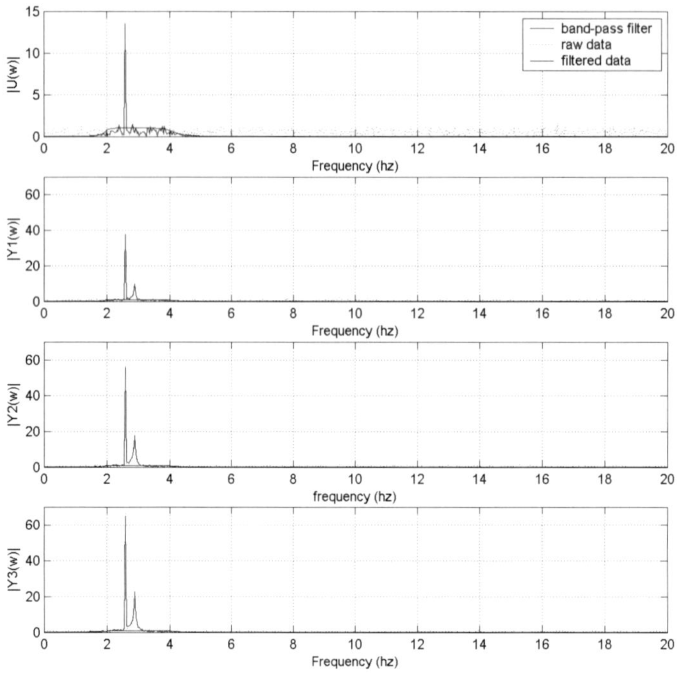

그림 3.162 2.6hz 정현파 가진시 주파수 응답함수

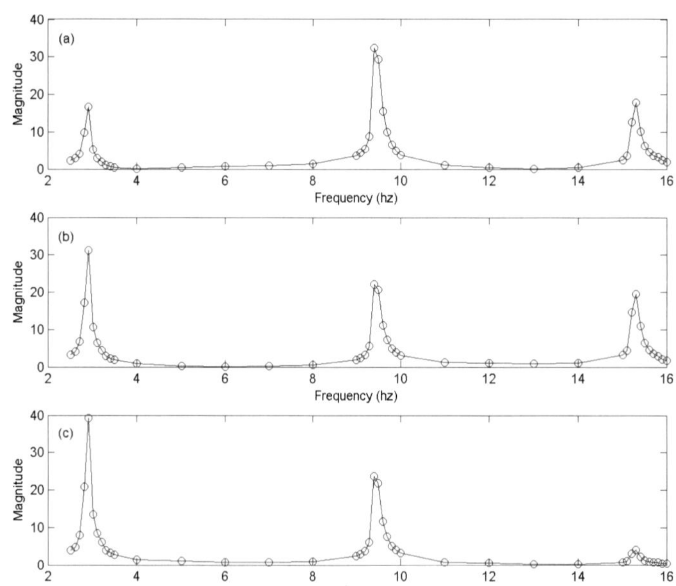

그림 3.163 조화하중 실험시 전달함수

식(3.59)를 사용하여 얻어진 구조물의 모드 벡터와 식(3.61)로부터 구한 모드 감쇠비는 다음과 같다. 모드벡터는 질량행렬에 대하여 정규화되었으며, 모드 감쇠비는 각 층 응답으로부터 얻어진 값들의 평균을 취하여 구하였다.

$$\mathbf{\Phi} = \begin{bmatrix} 0.0599 & 0.1474 & 0.1525 \\ 0.1124 & 0.1008 & -0.1678 \\ 0.1411 & -0.1076 & 0.0349 \end{bmatrix}, \quad \begin{bmatrix} \xi_1 \\ \xi_2 \\ \xi_3 \end{bmatrix} = \begin{bmatrix} 1.49 \\ 0.19 \\ 0.40 \end{bmatrix}\% \qquad \text{식(3.66)}$$

식(3.62)와 식(3.63)을 이용하여 구한 강성행렬과 감쇠행렬은 다음과 같다.

$$\mathbf{K} = \begin{bmatrix} 101.18 & -63.23 & -2.17 \\ -63.23 & 103.98 & -56.61 \\ -2.17 & -56.61 & 71.59 \end{bmatrix} \text{kN/m}, \quad \mathbf{C} = \begin{bmatrix} 8.65 & -4.43 & 3.32 \\ -4.43 & 10.76 & -1.03 \\ 3.32 & -1.03 & 17.70 \end{bmatrix} \text{N}\cdot\text{s/m} \qquad \text{식(3.67)}$$

③ **백색잡음 실험**(White-noise Test)

백색잡음 실험은 많은 실험을 요하는 조화 가진의 경우와 달리, 단 한번의 실험으로 전달함수를 구할 수 있는 장점을 가지고 있다. 그림 3.164는 백색잡음 실험을 통해 구한 전달함수의 크기를 보여준다.

전달함수는 250초간 0.01초 간격으로 측정된 전체 자료 중 6,250개의 샘플들의 평균으로 구했으며 해닝 윈도우(hanning window)를 사용하였다. 1, 2, 3차 모드진동수는 2.9hz, 9.5hz, 15.3hz이다. 전 절에서와 동일한 방법으로 계산된 모드 벡터, 모드 감쇠비, 강성행렬, 감쇠행렬은 다음과 같다.

$$\mathbf{\Phi} = \begin{bmatrix} 0.0632 & 0.1626 & 0.1509 \\ 0.1139 & 0.1104 & -0.1692 \\ 0.1397 & -0.0896 & 0.0350 \end{bmatrix}, \quad \begin{bmatrix} \xi_1 \\ \xi_2 \\ \xi_3 \end{bmatrix} = \begin{bmatrix} 1.64 \\ 0.56 \\ 0.35 \end{bmatrix}\% \qquad \text{식(3.68)}$$

$$\mathbf{K} = \begin{bmatrix} 106.36 & -59.35 & -0.14 \\ -59.35 & 108.79 & -55.44 \\ -0.14 & -55.44 & 56.82 \end{bmatrix} \text{kN/m}, \quad \mathbf{C} = \begin{bmatrix} 12.20 & -0.35 & -0.55 \\ -0.35 & 12.15 & -0.70 \\ -0.55 & -0.70 & 21.77 \end{bmatrix} \text{N}\cdot\text{s/m} \qquad \text{식(3.69)}$$

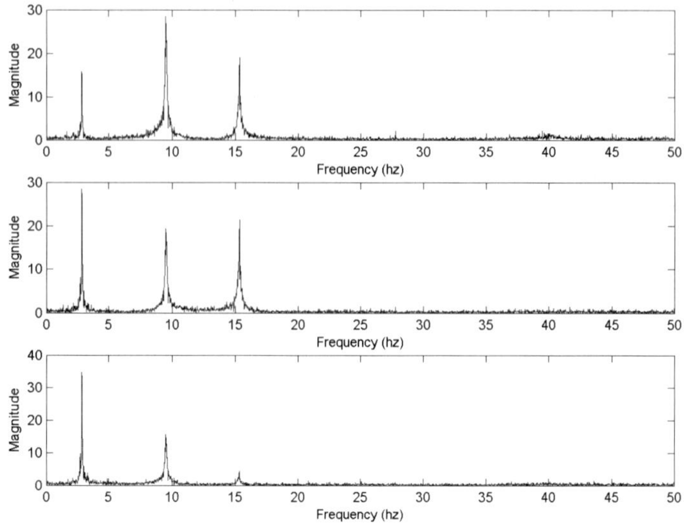

그림 3.164 백색잡음 실험시 전달함수

백색잡음 실험을 통해서는 일반적인 시스템 식별기법을 이용하여 상태방정식 형태의 시스템 행렬을 구할 수 있으며, 시스템 행렬이 주어지는 경우 CBSI기법을 이용하여 질량, 강성, 감쇠행렬을 구할 수 있다. 본 연구에서는 관측기/Kalman 필터기법을 이용하여 시스템 행렬을 구하였다.

4) 진동대 실험시 유의사항

(1) 가속도계 사양 점검 및 설치

① 일반적인 가속도계는 1g, 2g와 같이 최대용량의 제한치가 있으며, 작은 용량은 가속도계는 바닥판, 1층, 2층 등 작은 가속도가 예측되는 위치에 설치하고, 큰 용량의 가속도계는 3층 바닥 혹은 가력장치(AMD)의 질량체에 설치한다. 가속도계는 검정색 절연테이프로 구입하여 각 위치에 단단히 고정한다. 가속도계의 방향이 가진 방향과 일치하는지, 그리고(+－) 방향이 일치하는지 검토한다. 그리고 각 가속도계의 보정(calibration) 상수를 확인하여 변형도(strain)이 몇 g에 해당하는 지를 확인한다.

② 각 가속도계의 케이블에 번호를 표시하고, 보정 상수를 기입하여 항상 확인할 수 있도록 한다. 예를 들어 진동대는 진동대, 1층은 1, 2층은 2, 3층은 3, AMD는 AMD로 표시하고, 앰프의 입력채널 1, 2, 3, 4, 5에 차례로 연결한다. 그리고 이 순서가 혼동되지 않도록 항상 유의한다. 실험자가 원하는 채널에 임의로 연결하

여 사용하여도 되나, 중간에 많은 혼란을 가져올 수 있으므로 항상 어떤 채널에 어느 신호가 입력되고 있는지를 잘 확인하도록 한다.

(2) 엠프 설정

① DA 모드 확인

② 연결된 가속도계의 보정 상수에 근거하여 보정을 수행한다. 그 후 Vern값을 확인함으로써, 얼마의 변형도가 얼마의 볼트에 해당하는지를 결정한다. 결국, 우리가 컴퓨터에서 확인하는 신호는 앰프의 출력인 볼트신호이며, 이 몇 볼트가 몇 G인지를 반드시 확인한다.

③ range 확인 : 최대 변형도에 해당하는 값보다 크게 되도록 조정한다.

④ 항상 실험을 수행하기 전에 balancing 단자를 사용하여 움직이지 않을 때 항상 0 volt가 나오는지 확인한다. 만일 일정한 볼트가 나온다면 이 신호는 저주파수 잡음에 해당하며 가속도신호를 적분하여 속도를 구할 때 발산시키는 역할을 한다. 이를 최대한 0에 가깝게 하는게 중요하지만 완전히 제거할 수는 없으며, 프로그램에서 저주파 통과 필터 (low-pass filter)를 사용하여 없애야 한다.

(3) 엠프와 D/A 보드연결

엠프의 출력채널에 케이블을 연결하여 이를 D/A 보드의 입력신호에 연결한다. 이 케이블에도 가능하면 견출지로 신호의 종류를 표시한다. 그리고 D/A보드의 채널번호도 가능하면 일정한 순서가 되도록 연결하여 신호에 혼선이 없도록 한다.

(4) 컴퓨터 프로그램 실행

LABVIEW나 Matlab을 실행시켜, Data입출력을 수행할 수 있는 프로그램을 실행한다. 진동대 가진신호가 있는 경우 보드 초기화 프로그램을 실행시켜 보드의 출력채널로 항상 초기에 0볼트가 나오도록 조정한다. 0볼트가 출력되는지는 출력채널의 신호를 바로 입력채널에 연결하여 확인할 수 있다.

(5) 신호 확인

구조물을 결합하고, 상기 기술한 과정을 수행한 후, 구조물을 가진 시켜가며, 구조물의 신호가 적절히 계측되는 지 검토한다. 1층 바닥판 신호는 0에 가까운 신호가, 1층, 2층, 3층으로 갈수록 커지는 신호가 계측되어야 하며, 각 신호의 noise도 검토한다. 계측된 신호가 저장된 파일을 읽어 확인하도록 한다. 이를 통해 신호의 연결상태를 검토하고, 특정 채널에 noise가 많이 발생하는 경우 채널을 바꿔가며 각 채널의 이상 유무를 검토하고, 각 가속도계의 이상유무도 같이 검토하도록 한다.

3.3 실물실험

3.3.1 현장재하실험

1) 동경해상빌딩 구관의 파괴실험

동경해상빌딩 구관은, 대정 7년에 시공된 후 관동대지진에서 파괴를 피하고 안전하게 사용되어온 철골콘크리트 7층 건물이지만, 해체에 즈음하여 정적가력 및 진동실험이 행해졌다.

그림 3.165에 건물의 평면을 나타낸다. 실험의 대상은 슬래브 및 작은 보, 큰 보, 골조(B부), 건물의 일부(A부) 및 재료시험이다.

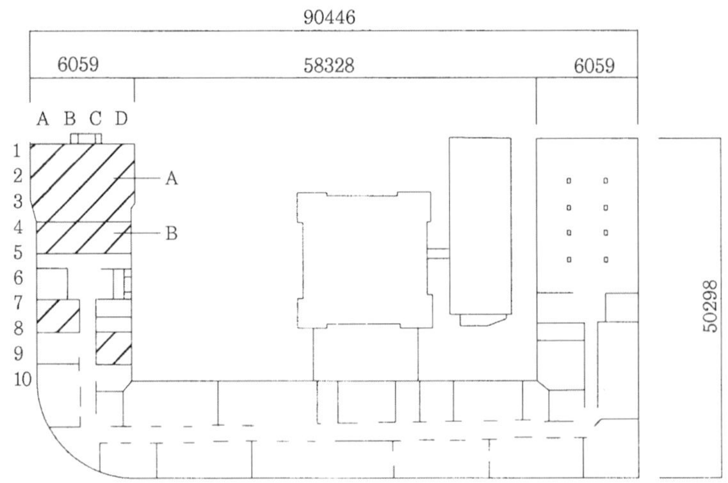

그림 3.165 건물의 평면

① 골조실험

골조실험의 실험체는 4길 골조를 옥상층부터 기초부분까지 그림 3.166, 그림 3.167과 같이 절단하여 간사절을 철거하고, 내외장은 그대로 둔 3스팬 7층의 골조이다.

가력은 R,6,4,2층에 대하여 정부양방향에 가력 했다. 가력에는 유압잭을 이용하고 절단한 양쪽의 건물을 반력이라 했다. 새로운 플레이트를 철근에 용접하여 가력면으로 하고, 가력점 주변에는 보강의 콘크리트를 타설하였다.

하중의 측정은 80ϕ, $L=150$mm의 로드셀을 제작하여 변형게이지에 의해 측정했다. 가력은 각층에 단독으로 가력하는 1점 가력(R, 6층은 10tonf까지, 4, 2층은 20tonf까지)과 4개의 층을 등분포하중으로 가력하는 전층가력(4×12tonf = 48tonf, 4×20tonf = 80tonf, 4×36tonf = 144tonf의 3단계)을 했다.

더욱이 각층의 자중은 대략 R층 55ton, 7~5층 60ton, 4~2층 67ton이므로 최대하중 144ton은 정적진도에서 0.33에 해당한다.

골조의 수평변위 및 바깥 기둥의 신축의 계측은 스틸자와 트랜싯 또는 레벨기로, 기초의 이동 및 부상침하의 계측은 다이얼게이지로 부재의 회전각은 경사계로 했다.

그림 3.168~169에 실험결과의 일례를 나타낸다. 최종하중 시 144tonf의 수평변위는 약 5cm가 되어 기초의 락킹양을 제하여도 굴곡각은 약 1/500이 되었다.

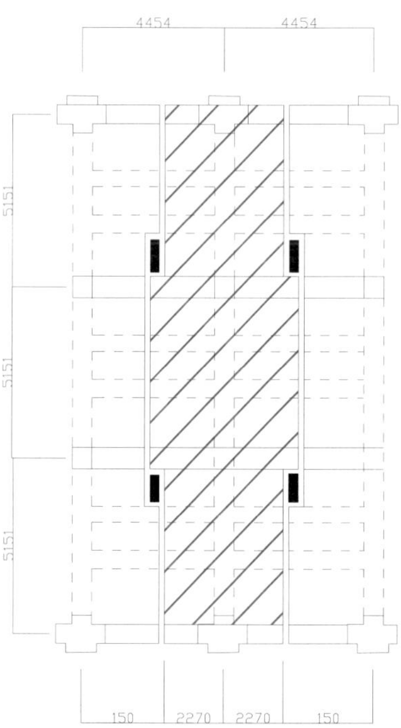

그림 3.166

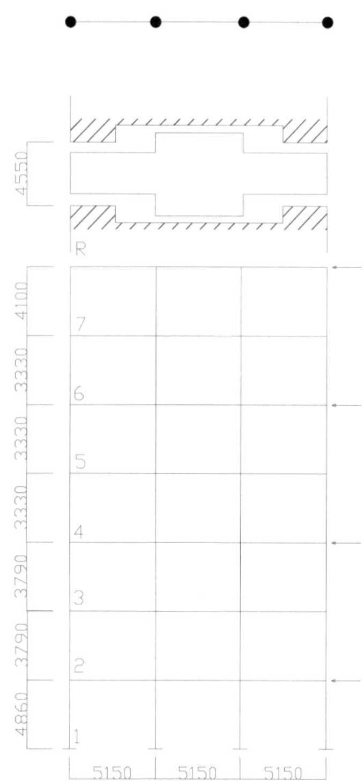

그림 3.167

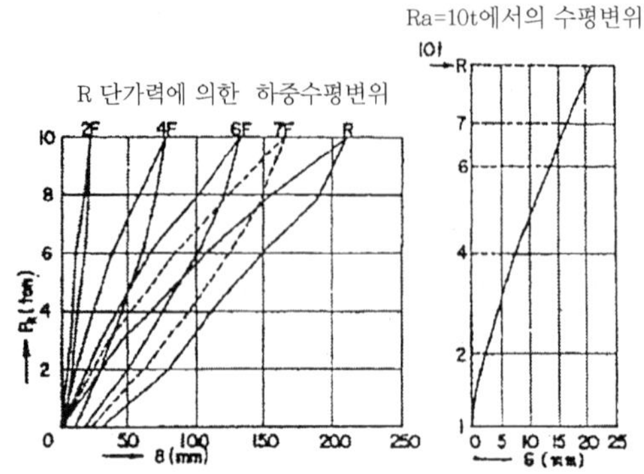

그림 3.168 R층 하중에 의한 각층 수평변위

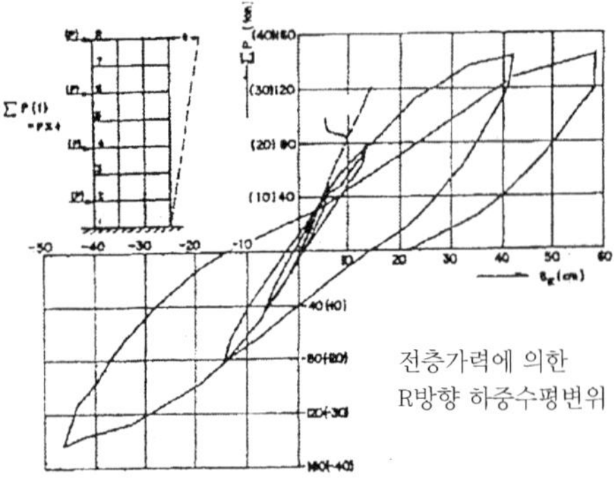

그림 3.169 각층 동시가력에 의한 R층 변위

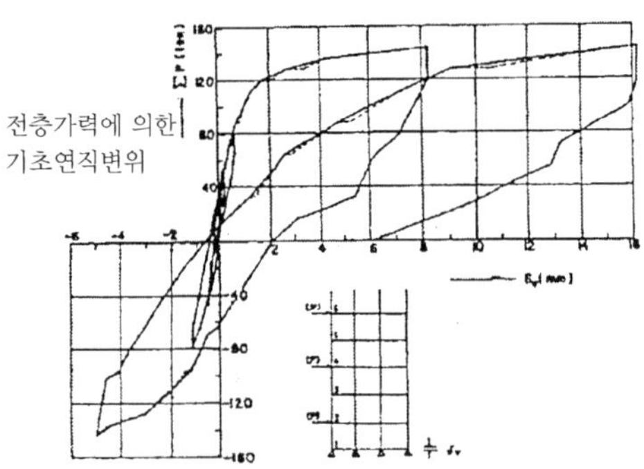

그림 3.170 각층 동시가력에 의한 기초연직변위

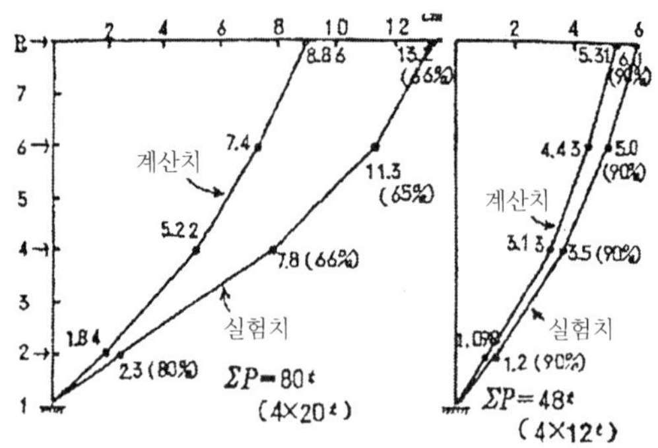

그림 3.171 수평변위 모드

2) 구 오오사카 중앙 전보국 국사의 파괴실험

구 오오사카 중앙 전보국 국사는 소화2년에 준공한 중력식 3스팬 6층의 RC구조이다. 해체에 즈음하여, 6층 1스팬의 플레임을 실험체로서 실제 파괴실험을 했다.

그림 3.166 및 그림 3.167에 실험체의 형상을 나타내었다. 실험은 정적가력실험과 진동실험을 교대로 5회 했다. 정적 가력실험은 연동식 잭으로 3점 등가하중으로 하고, 하중지시에는 로드셀을 이용했다. 수평변위의 계측에는 가력방향, 가력 직교방향 모두 각층 2곳에서 사용하고, 절점회전각은 각층 2곳에서 수관식 경사계(정도 1.2초)를, 수직변위는 옥상층과 최하층에서 레벨을, 부동점 체크는 옥상층에서 트랜싯을 사용했다.

그림 3.174에 실험결과를 나타낸다. 최대수평력 69.4tonf(베이스시어 계수 0.215에 해당)이며 옥상층 수평변위는 36.7cm였다. 이때 각층의 부재각은, 1/56~1/95였다. 강복 후 하중은 약간 저하했다. 실험에서 옥상층 수평변위 81.9cm까지 가고, 골조의 인성이 대단히 큰 것을 확인했다. 이때 각층의 부재각은 항복하지 않는 지층을 제외하고, 1/26~1/43이다. 탄성강성과 최대내력(68.8tonf)의 계산치는 실험치와 아주 일치했다.

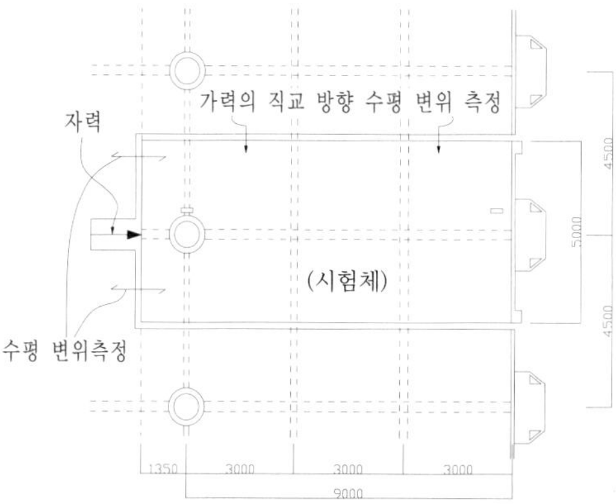

그림 3.172 실험체의 평면

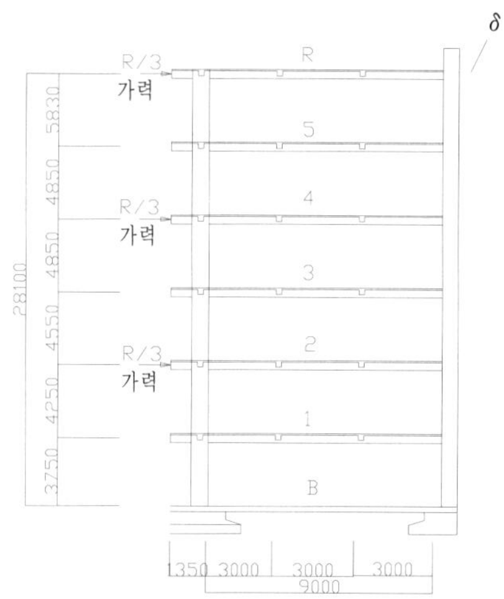

그림 3.173 실험체의 입면

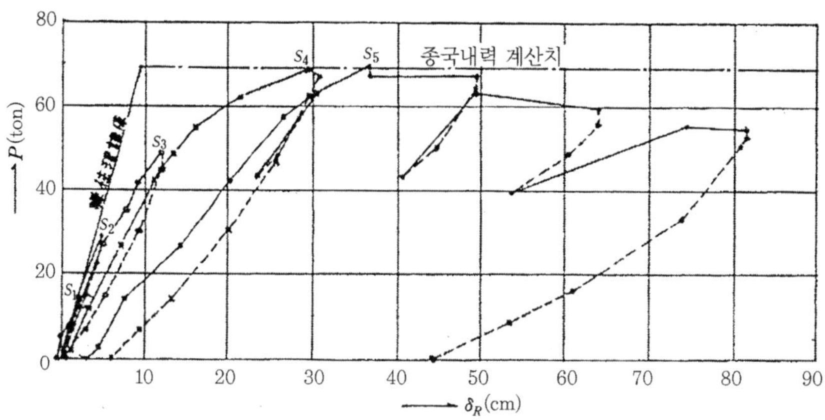

그림 3.174 하중-R층 수평변위

3) 하치노헤 공업고등전문학교의 구조실험

하치노헤 공업고등전문학교의 교사는 1968년 5월 16일의 십승충지진으로 큰 피해를 받아 건물의 일부는 보수하고 피해가 큰 곳은 해체하게 되었다. 이 기회에 현재의 건물을 직접 이용하고 피해원인을 규명하게 되었다. 건물은 RC구조로서, 소화38년 8월에 제1기 공사가 시작되어 43년 3월까지에 현재의 건물이 완성되었다.

그림 3.175에 교사 전체의 평면 및 파괴실험을 행한 곳을 나타낸다. 실험은 이하의 3곳에서 행해졌다.

(a) 교사 남동 A라멘 4기둥~6기둥까지의 2,3층 부분을 잘라내고, 2층 2스팬으로 진동 및 파괴실험을 실시했다(A실험체).

(b) 교사 남동 C라멘에 대하여 A실험체와 같은 실험을 실시했다(C실험체)

(c) 교사 남동의 A~C라멘, 1기둥~3기둥까지를 독립시켜 3층 2×2스팬의 건물로서 진동실험을 실시했다.

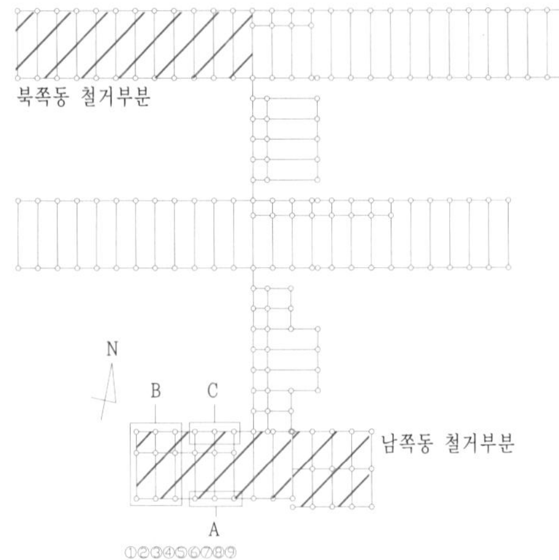

그림 3.175 교사의 평면 및 시험부분

① A실험체

그림 3.173에 A실험체의 입면을 나타낸다. 새시를 철거하고 내외장은 그대로 한 RC조 2층 2스팬의 실험체이다. 피해를 받은 1층 기둥(500×550, 주근 10-19 ϕ, 대근 2-9 ϕ@200)은 그대로의 상태에서 800×800의 크기로 증축했다. 2층의 기둥은 500×500, 주근 8-19 ϕ, 대근 2-9 ϕ@200)이다. 콘크리트의 분쇄 후, 옥상층 슬래브의 철근은 면 외에의 전도방지를 위하여 절단하지 않고 남겨두었다.

② C실험체

그림 3.176에 C실험체의 입면을 나타낸다. A실험체와 같이 빼내었다. 2층의 기둥은 500×450, 주근 8-19 ϕ, 대근 2-9 ϕ@200)이다. 가력장치의 제약 때문에 바깥기둥의 주요벽을 절단하여 강성, 강도를 모두 작게 하였기 때문에, 중간 기둥만이 실험대상이 된다. 중간 기둥에는 후에 서술하는 방법으로 축력을 재하했다.

③ 가력방법

가력은 2층 2스팬의 옥상층 및 3층에서, 정부 양방향으로 했다.

수평가력장치를 나타낸다. 수평가력은 유압잭을 이용하여 절단한 나머지 부분의 건물을 반력으로 했다. 가력면의 보강은 플레이트를 앵글을 넣어 보 주근에 용접하고, 3-25 ϕ 볼트로 2장의 플레이트 사이를 연결하여 평행한 면 및 정확한 가력면 간의 축척을 얻을 수 있도록 하여 콘크리트를 타설해야 한다.

가력장치는 50tonf 유압잭, 로드셀, 가이드용 플레이트, 핀을 일체로 하여 상부에서 2-25 ϕ가이드의 위에 얹었다. 양단의 핀은 로드셀에 편심력과 굽힘이 더해지는 것을 막기 위해서이며, 대변형이 되었을 경우 가이드에 의한 구속을 막기 위해 1단에는 테프론면과 폴리아미드수지 코트면에 의한 미끄러운 면으로 하였다. 가력은 전동펌프에 의해 3층과 옥상층의 유압잭을 연동시켜 층전단력은 3층에서 P, 2층에서 $2P$로 했다.

C라멘의 축력부하는 옥상바닥에 50tonf 유압잭 2대를 설치하고 옥상바닥과 2층 보 하단의 각 2개의 철골보를, 각층의 슬래브에 100ϕ의 구멍을 내어 30ϕ, L = 10m의 PC 철봉 4개에 의해 연결하여 늘렸다.

그림 3.185에 측정방법을 나타낸다. 하중은 직경 80mm, 높이 150mm, 두께 12mm의 원통형 로드셀을 제작하여 측정했다.

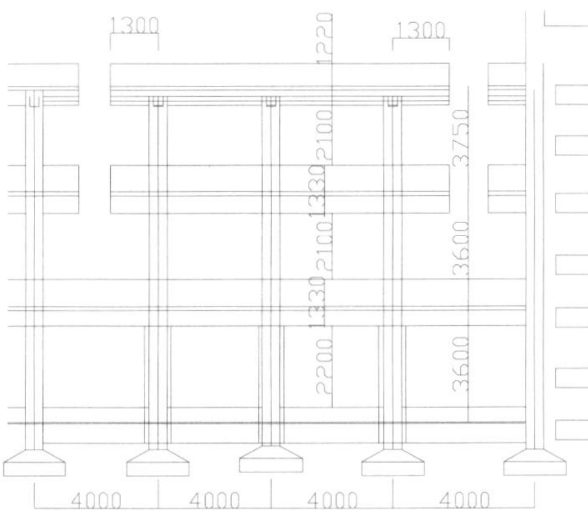

그림 3.176

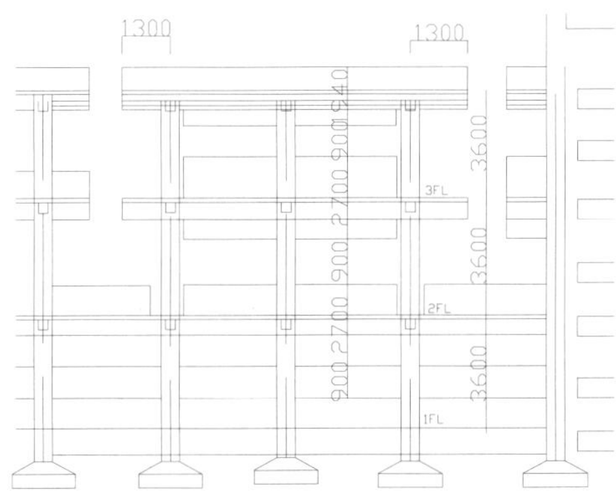

그림 3.177

④ 실험결과

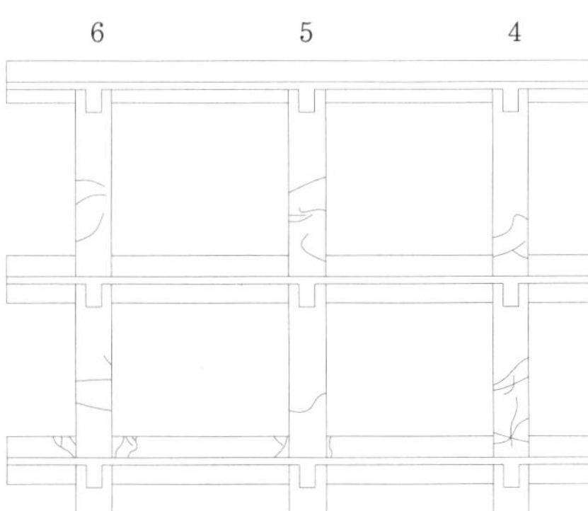

그림 3.178 A실험체 균열상황

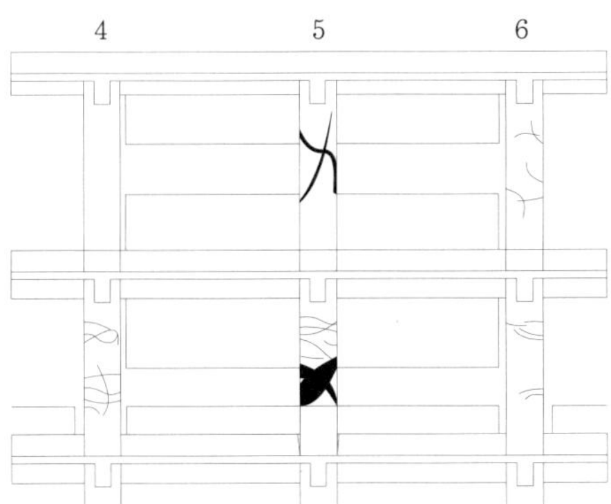

그림 3.179 C실험체 균열상황

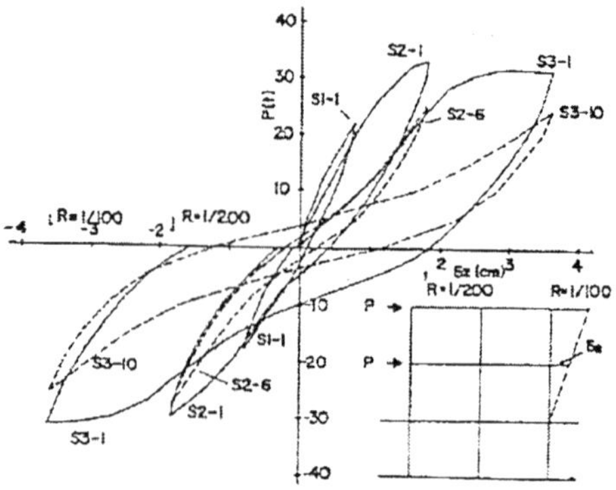

그림 3.180 A실험체 2층 층간변위

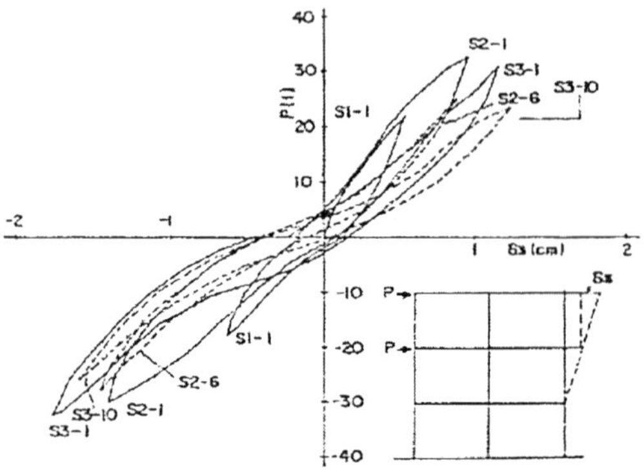

그림 3.181 A실험체 3층 층간변위

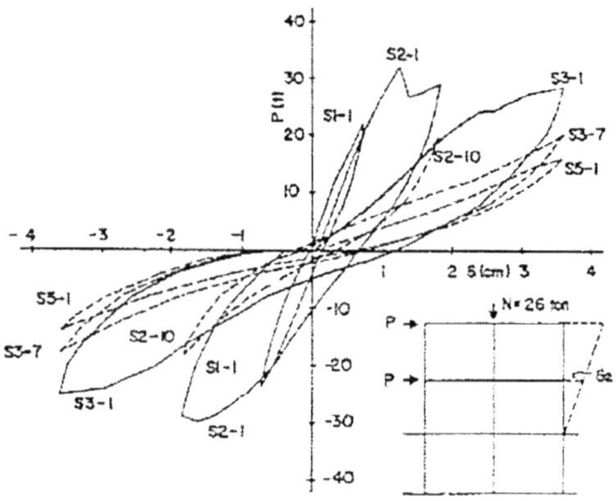

그림 3.182 C실험체 2층 층간변위

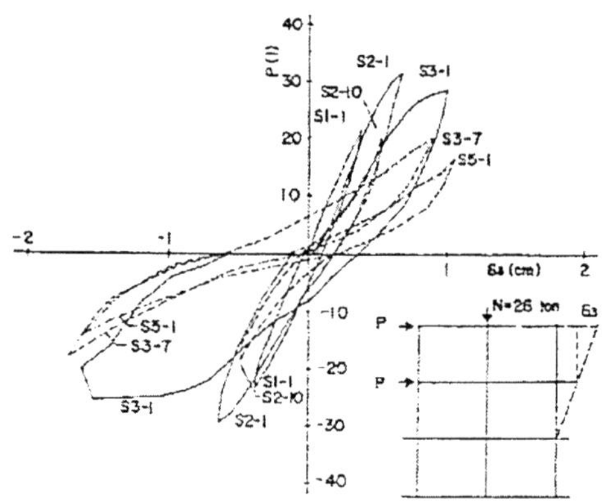

그림 3.183 C실험체 3층 층간변위

A실험체의 가력 사이클은 2층의 층간 부재각 R로 제어하고, R = 1/500rad.로 2회, R = 1/200rad.로 6회, R = 1/100rad.로 10회 반복한 후, 실험체의 면외좌굴이 커져 가력불능이 되었으므로 R = 1/86rad.에서 가력을 정지하고, 그 후 R = 1/200rad.에서 2회 반복하여 대진폭 후의 소진폭에의 루프특성을 조사 완료했다.

C실험체에서는 R = 1/500rad.로 2회, R = 1/200rad.로 10회, R = 1/100rad.로 7회 반복한 후, R = 1/200rad.에서의 반복을 하고 소진폭에서의 루프 특성을 조사했다. 그 후 2층 가운데 기둥의 주근을 전부 절단하고 부가축력을 없애고 2층 1스팬 라멘으로 R = 1/100rad.에서의 반복가력을 1회 하고, 바깥기둥(긴 기둥)의 복원력특성을 조사했다.

더구나 A 실험체의 가력표준은 1968년 5월 31일~6월 1일, 가력은 6월 2~5일, C실험체의 가력표준은 1968년 6월 6일, 가력은 6월 7~10일의 일정으로 행하였다.

⑤ 실험결과

그림 3.178~179에 균열상황을, 그림 3.180~183에 하중-변위곡선을 나타낸다. A실험체는 굽힘 파괴하는 라멘이고, 최대내력은 굽힘 종국내력의 계산치에 거의 일치하며, 층간변형각 $R=1/200$rad.정도의 때에 최대내력에 달한다. 반복에 의해 약간의 내력저하를 보이지만, 인성이 풍부한 파괴성상을 나타냈다. 또, C 실험체는 기둥이 전단파괴하는 라멘이며, 최대내력의 계산치를 밑돌고, 변형도 $R=1/300$rad.이었다. 더욱이 변형의 증대와 반복에 의해 급격하게 내력과 강성을 잃었다.

4) 가고시마대학 연구동의 구조실험

실험을 했던 가고시마대학 연구동은 소화 33년 준공의 경량 RC조, 지상3층 건물로, 남큐슈에서 광범위하게 산출되는 시라스(흰모래), 경사 및 경석을 세 · 조골재에 이용하고 있다.

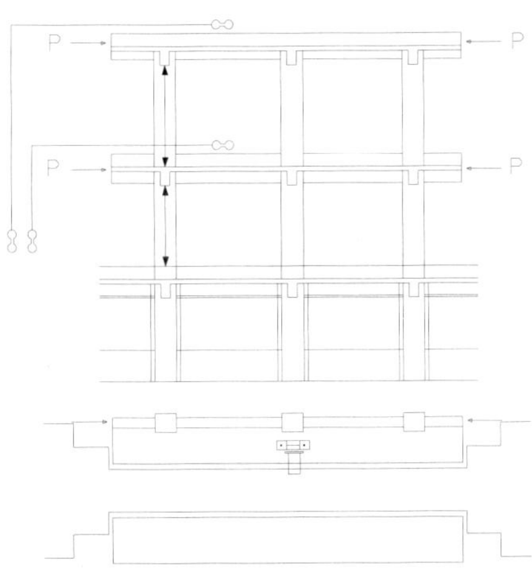

그림 3.184 수평가력장치

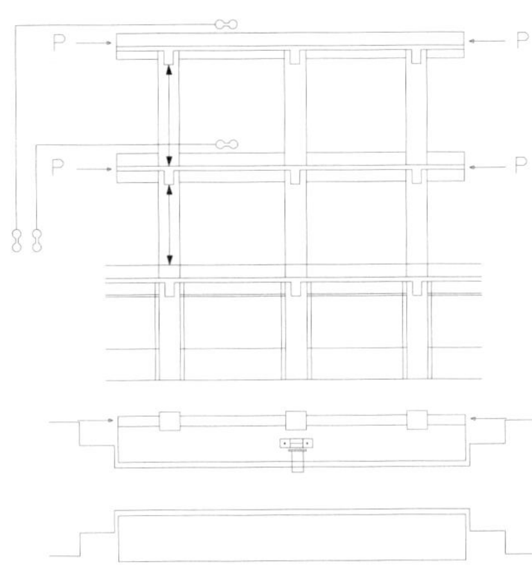

그림 3.185 측정방법

실시한 실험은 이하의 3종류이다.

(a) 유개구 내진벽의 수평가력실험

(b) 블록조 벽이 붙어있는 라멘의 수평가력실험

(C) 벽보를 가진 라멘의 수평가력실험

또한 그림 3.64에 나타낸 것과 같이, 지반의 재하실험을 실시하고 있다. 더욱이 경량콘크리트의 압축강도는 21개의 코어를 이용한 재료시험의 결과 130kgf/㎠ 였다.

(1) 유개구 내진벽의 수평가력실험

본 실험에 이용한 내진벽실험체는 그림 3.186중의 F-W부분으로, 1구면의 3층 1스팬 유개구 연층내진벽이다. 그림 3.188에 실험체의 단면을 나타낸다.

가력은 그림 3.187의 1~6처럼 또 8~15처럼 반력골조로서 했다. 가력은 그림 3.187에 나타낸 것처럼, 가력잭(50tonf) 및 로드쉘 4조를 인접하는 반력골조의 최상층에 고정하고 수평트러스를 넣어 실험체골조의 최상층을 가력했다. 수평변위는 그림 3.189 중의 표시된 위치에 mm단위의 물건을 고정하고, 각층의 비실험체 부분에 설치한 트랜싯으로 측정했다.

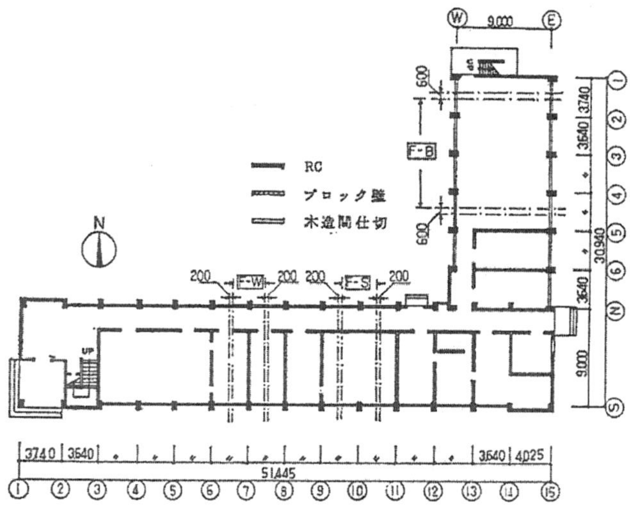

그림 3.186 1층평면도

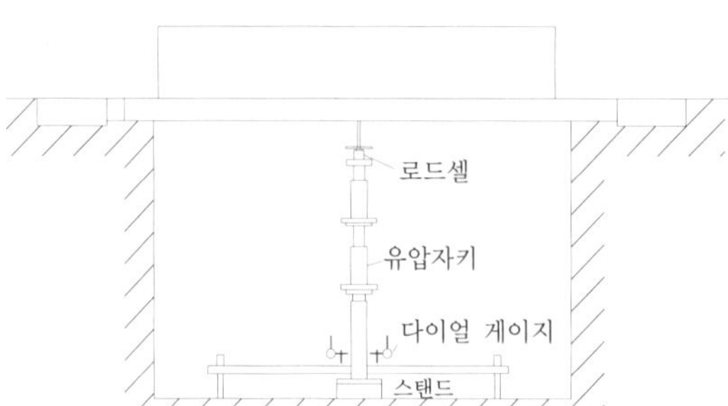

그림 3.187 지반의 재하실험

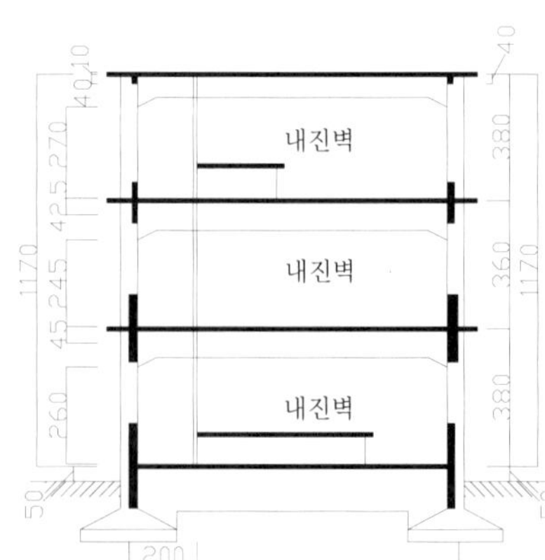

그림 3.188 실험체의 단면

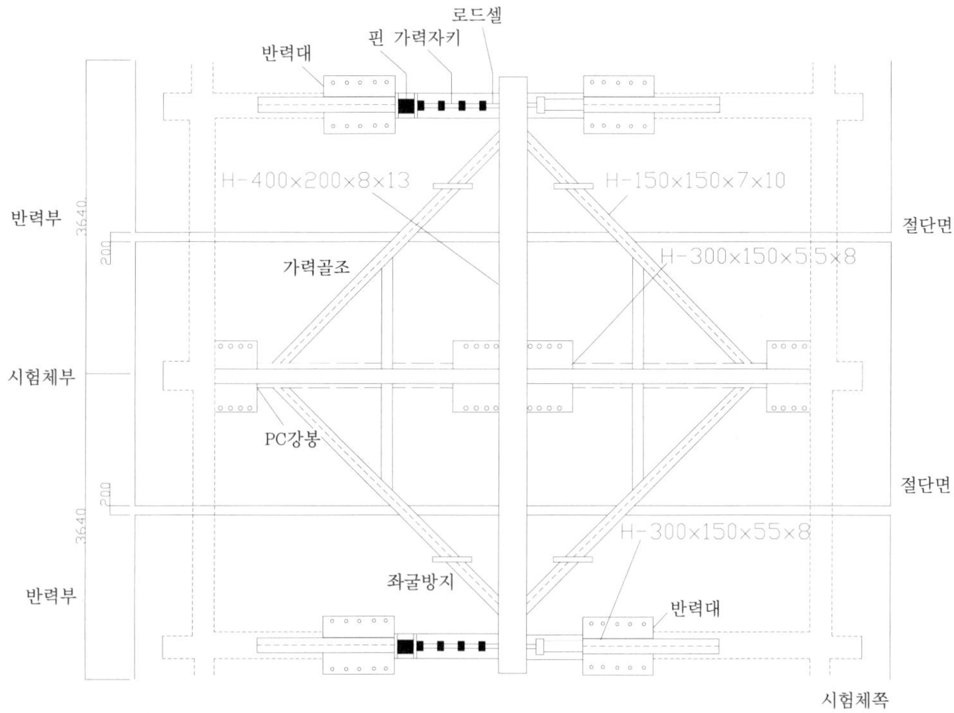

그림 3.189 가력장치

그림 3.190에 실험종료 시의 균열상황을, 그림 3.191에 수평력-최상층 수평변위곡선을 나타낸다. 첫 균열은 초기 재하과정에서 벽판에 발생하여, 39스텝에서는 1층 N통로 기둥에 균열이 발생했다. 222스텝, 249스텝까지에 벽판, 개구부의 보, 기둥-보 접합부 및 1층 슬래브에 비스듬한 균열이 다수 발생했다. 249스텝부터 실험종료 시까지에는 N기둥에 있어서 수평균열이 증가하여 직교한 가운데 보의 요벽부에 굽힘 균열이 발생했다.

292스텝에서는 N기둥의 기둥다리의 균열이 10mm에 달하고, 최상층에서의 구면외 변위가 약 50mm로 되어 하중-변위곡선도 거의 수평이 되었기 때문에 실험을 종료했다.

편측복도형식의 내진벽에서 복도부분이 개구부로 되어 있는 경우, 내진벽 구면의 땅속 보의 강성 및 균열내력이 작으면 땅속 보의 변형에 기인하는 벽판부의 강체회전성분이 커지게 됨을 알게 되었다.

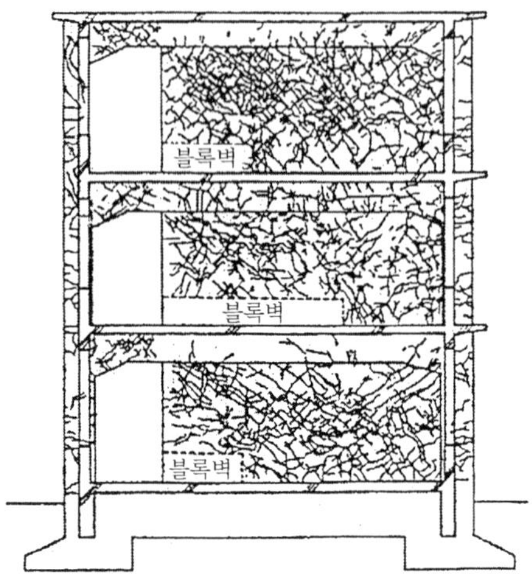

그림 3.190 실험종료 시의 균열

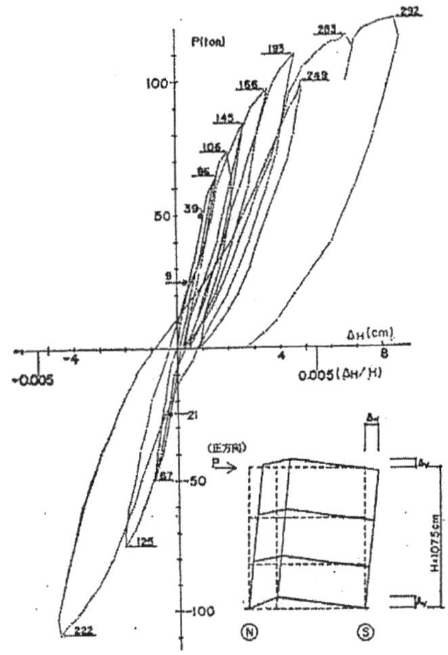

그림 3.191 수평력-최상층 수평변위곡선

(2) 블록조벽 라멘의 수평가력실험

본 실험에 사용된 실험체는 그림 3.43의 F-S부분으로, 2층 및 3층에는 콘크리트블록조의 칸막이벽(t = 87mm, 완성 모르타르 t = 27×2)이 설치된 1구면의 3층 1스팬 라멘이다. 그림 3.192에 실험체의 단면을 나타냈다.

그림 3.193에 실험종료 시의 균열상황을, 그림 3.194에 수평력-최상층 수평변위곡선을 나타냈다. 11스텝에서 N통로 기둥다리에 굽힘 균열이 발생했고, 37스텝에서는 2, 3층 모두 블록벽과 가구 경계의 균열폭이 10mm에 달했다. 72스텝에서는 S통로 기둥다리에 큰 전단균열이 발생하였고, 147스텝에서 S통로 기둥다리가 전단파괴했다.

블록벽이 압축장이 된 수평가력 방향에서는 가구의 수평강성 및 내력에 미치는 블록벽의 영향은 컸다.

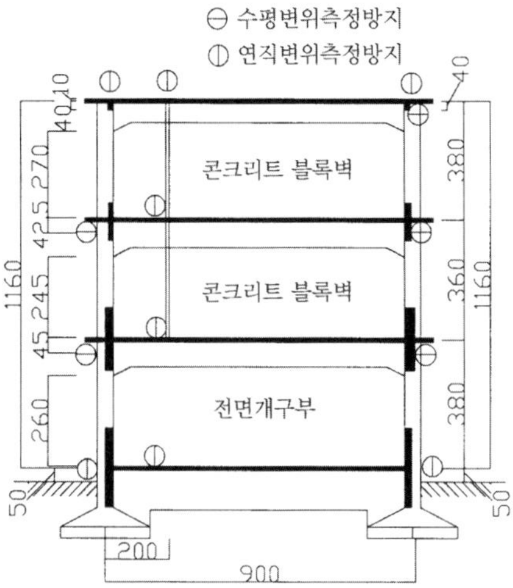

그림 3.192 실험체의 단면

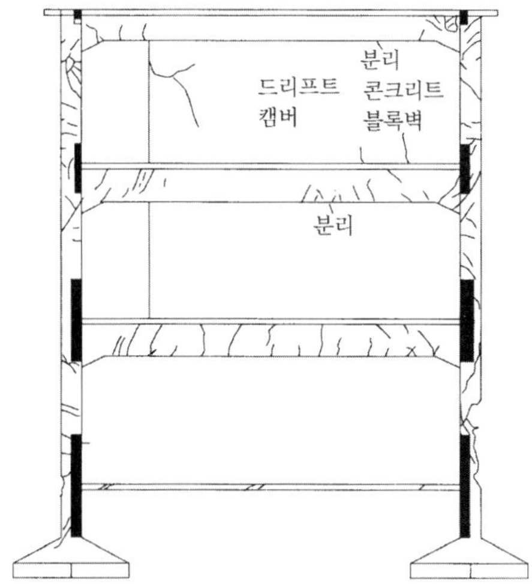

그림 3.193 실험종료 시의 균열

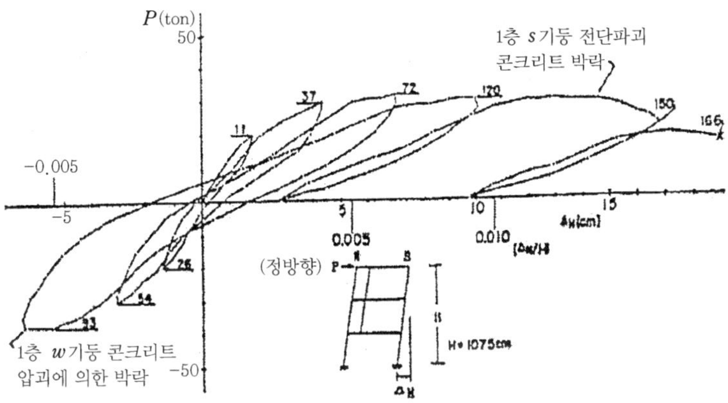

그림 3.194 수평력-최상층 수평변위곡선

(3) 벽보를 가진 라멘의 수평가력실험

본 실험의 실험체는 그림 3.186에서 F-B부분이다. 그림 3.192는 실험체의 단면이다. 그림중의 사선부분은 등분포 연직하중재하용(400kg/m²)의 루프를 나타내며, 2층 및 R층의 +인은 수평가력점을 나타낸다.

그림 3.187은 수평가력장치의 개요이고 그림 3.189는 상세를 나타냈다. 가력장치는 2층 및 R층의 스텝 위에 설치하고, 반력부(5~6통로의 비실험체부분)의 가력장치 양단에는 유압잭(50tonf)을 부착했다. 시험본측의 유압잭이 정가력용이고, 부가력용의 유압잭에 의한 수평력은 PC강봉을 넣어 했다.

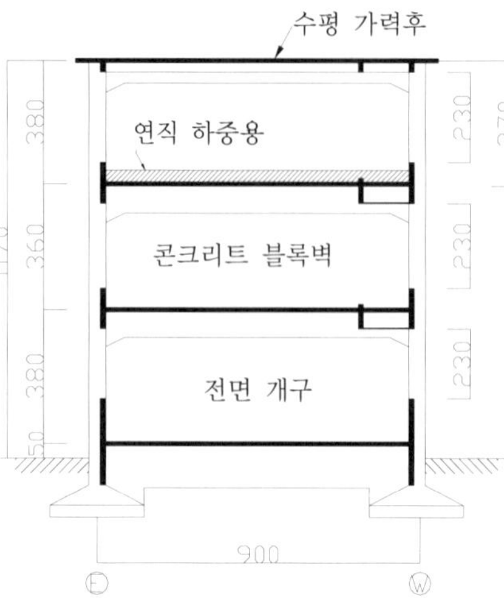

그림 3.195 실험체의 단면

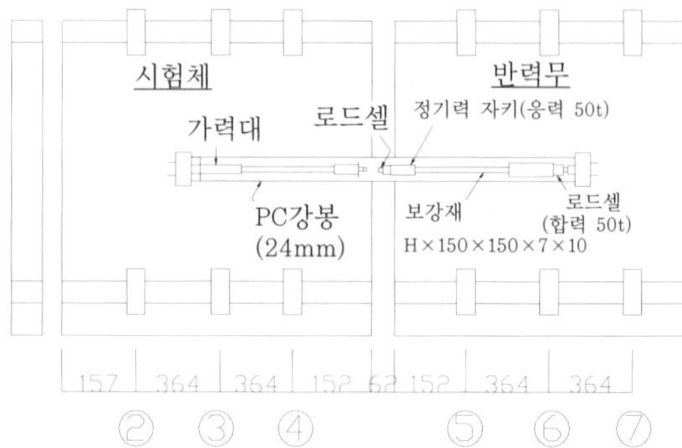

그림 3.196 수평가력장치의 개요

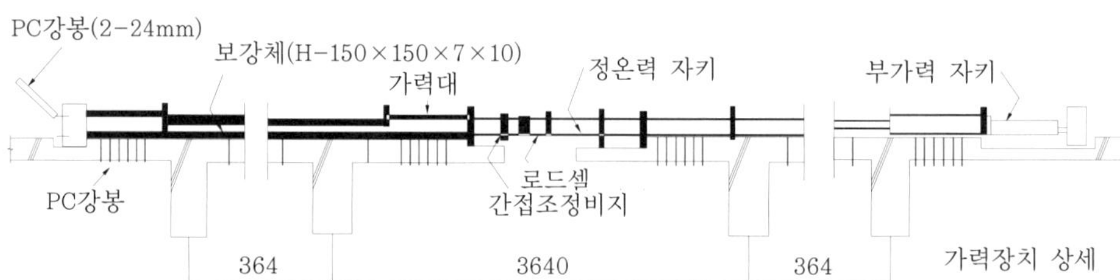

그림 3.197 수평가력장치의 상세

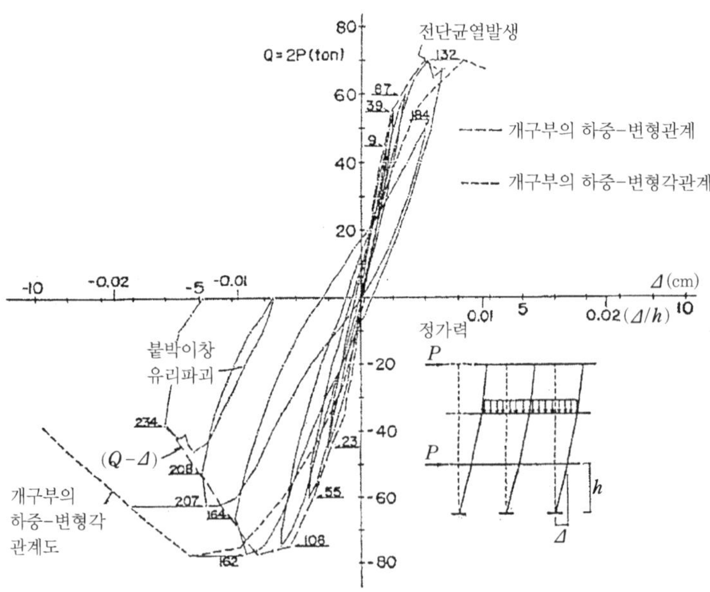

그림 3.198 수평력-최상층 수평변위곡선

그림 3.198에 수평력-최상층 수평변위곡선을 나타낸다. 9스텝으로 가는 재하 시에 1층 기둥에 굽힘 균열이 발생하고, 108스텝으로 가는 재하 시에 W4기둥에 전단균열이 발생했다. 162스텝에서 최대내력에 달하여 E2, W3, W4의 기둥에 큰 전단균열이 발생했다.

5) 마루노우치빌딩의 구조실험

마루노우치빌딩(구 마루빌딩)은 대정 12년(1923년)에 준공하여 74년간 공용된 후, 해체에 즈음하여 건축, 구조, 설비, 시공의 각 분야에서 조사가 이루어졌다. 건물 지상8층(일부9층), 지하1층, 남북 101.1m, 동서 83.5m이다. 표준스팬은 X·Y방향 모두 5.867m, 중앙 3스팬은 6.325m, 기준층 높이는 3.505m이다. 당초의 구조는 철골연와조이고, 기둥은 4개의 앵글재와 플레이트를 리베트로 꿰맨 조립H형이다. 그러나 준공 직전에 대정11(1922)년 4월 26일의 지진으로 대규모의 보강을 하고 기둥의 연와를 제거 RC조로 바뀌어 SRC조로 했다.

구조조사의 항목은 ① 진동특성조사, ② 부동침하 측정, ③ 실 부재의 구조내력실험, ④ 기둥·대보단면조사, ⑤ 소보, 내진벽, 바닥의 부재조사, ⑥ 재료물성조사(철근, 콘크리트, 강재, 연와), 및 ⑦해체 후 실시하는 조사(기초, 기둥다리)이다.

실 부재를 이용한 구조실험은, 과거 지진을 경험할 때마다 보수·보강이 이루어진 본 건물의 내진성능을 추정하기 위해 자료를 얻기 위한 목적으로서, 현지에서 수평가력실험을 했다.

그림 3.199에 실험의 모식도를, 그림 3.200에 가력위치 및 변위측정위치를 나타내었다. 가력은 그림과 같이, 3층 보 레벨에 1,000tonf 잭을 2대 설치하고 변위제어로 정부반복가력을 했다. 재하하중은 잭으로 부착한 유압센서에 의해 측정하고, 각 변위는 2층 바닥에 설치한 H형 철강을 부동점으로 하는 변위측정기구를 이용하여 행하였다.

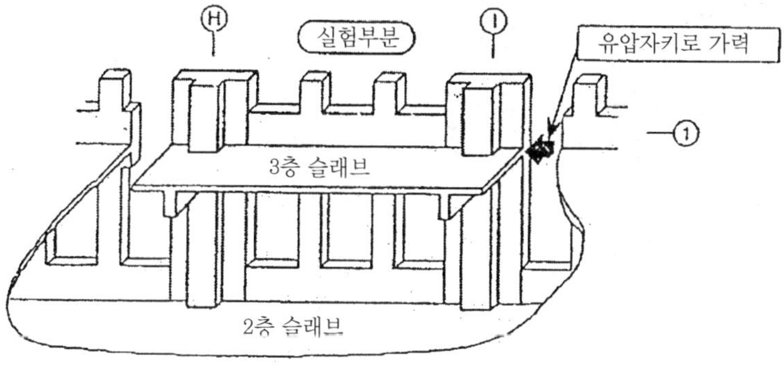

그림 3.199 실험의 모식도

그림 3.201에 최종 파괴상황을, 그림 3.202에 하중-변위곡선을 나타낸다. 실험의 결과, 파괴형식은 기둥의 전단파괴로, 정가력 시의 최대하중은 층간 변형각 1/152로 572.1tonf가 되었다. 이 최대하중은 일본건축방재협회의 SRC내진진단기준에 의한 계산치(평균식)로서 적절한 대응을 나타냈다(실험치/계산치=1.17).

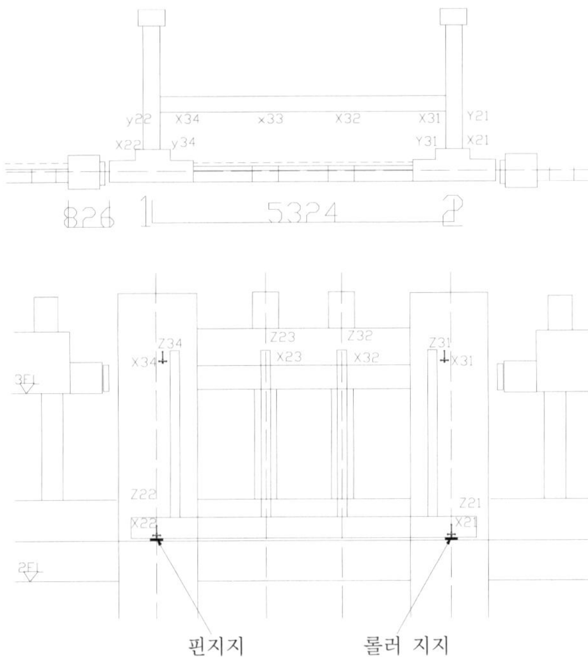

그림 3.200 가력위치 및 변위측정위치

그림 3.201 최종 파괴상황

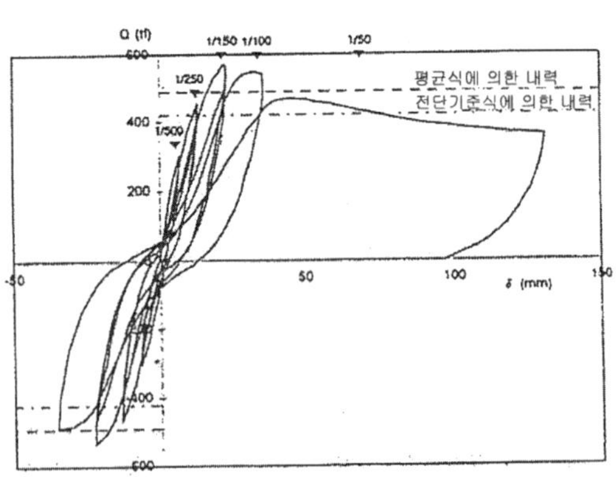

그림 3.202 하중-변위곡선

6) 해체된 철근콘크리트 학교를 이용한 제진보강효과 검토실험

그림 3.203에 실험을 실시한 기존 교사를, 그림 3.204에 가력방법을 나타내었다. X방향10스팬, Y방향 3스팬의 RC조 3층 건물로, X7-X11은 소화 44년에, X1-X7은 소화 48년에 준공한 학교교사이다.

실험체는 반력이 없어져 제진보강용의 브레이스가 부착된 장소이다. X5-X6, Y1-Y3의 1×3스팬으로 하여 X방향 사이드의 2, 3, R층의 보 및 슬래브를 구조기준선보다 1.5m의 위치에서 폭 50cm로 잘랐다. 나아가 X1-X4의 3스팬을 계측용의 부동점, X7-X11의 4스팬을 반력가구로 했다.

실험은 먼저 제진보강효과를 확인하기 위하여 제진 브레이스를 부착한 상태에서 제진보강실험1(El Centro 50kine), 실험2(El Centro 65kine)를 했다. 그 후, 제진 브레이스를 철거 후한 후 무보강실험1(El Centro 65kine)을 했다.

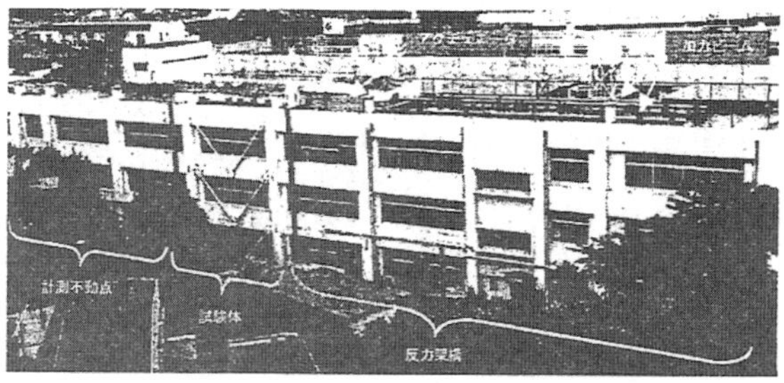

그림 3.203 실험을 실시한 기존 RC조 교사

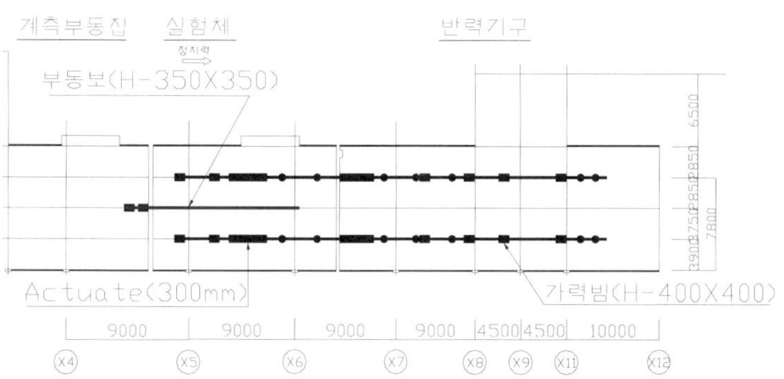

(a) 평면

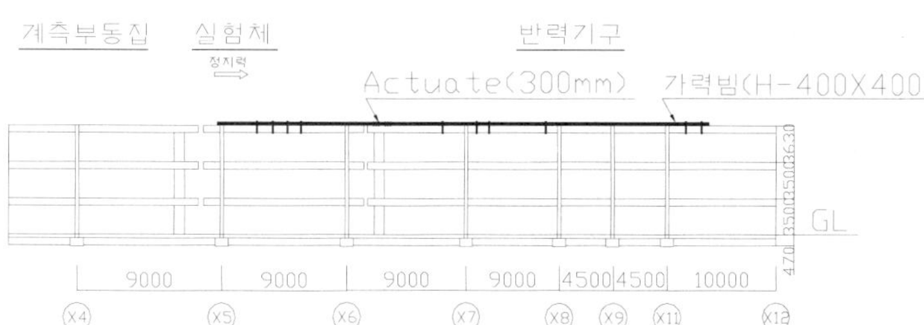

(b) 입면

그림 3.204 가력방법

나아가 최종적인 내력과 변형 성능 및 손상상황을 확인하기 위하여 실험체 정부변위 ±250mm까지의 파괴실험을 했다. 더욱이 각 실험 전후에는 진동실험을 하여 실험체의 진동특성을 파악했다. 가력은 실험체 및 반력가구의 옥상(Ya, Y2통로의 소보 및 대보)에 H형 철강을 가력빔으로서 부착하여, 그 가력빔의 실험체와 반력가구의 사이에 각각 actuator(+2,000 kN, −3,000kN, ±300mm)를 설치하고, 정부집중하중으로 가력했다. 계측은 actuator 선단의 로드 쉘과 R층 보에 부착한 디지털형 변위계로 했다.

그림 3.205에 응답변위 시각력의 실험치와 해석치를 비교하여 나타냈다. 실험 결과 제진보강실험의 응답치는 무보강실험 결과보다 밑돌고, 또 실험의 응답은 해석치와 대체로 좋은 대응을 나타내는 것을 알 수 있다.

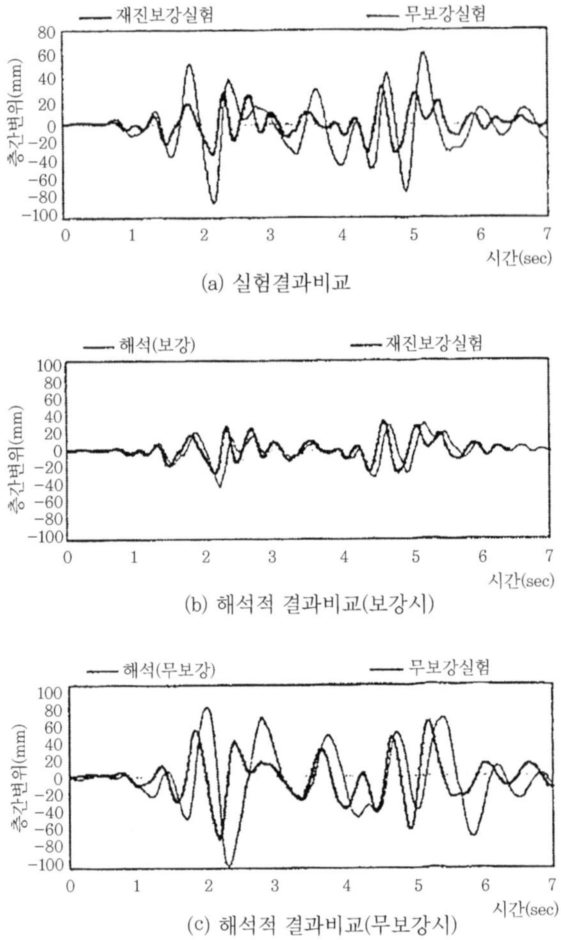

그림 3.205 응답변위 시각력

7) 30년간 사용된 철근콘크리트 건물의 구조실험

실험에 사용된 건물은 1970년에 건설된 RC조 지상2층의 건물로, 오오사카시 토요타시가 관리하는 지구센터이다. 실험 당시로 건축 32년을 맞이한 건물이다. 그림 3.206에 2층 바닥보복도를, 그림 3.207에 실험체를 포함한 구면의 축조도를 그림 3.208에 실험체가구의 개요를 나타낸다.

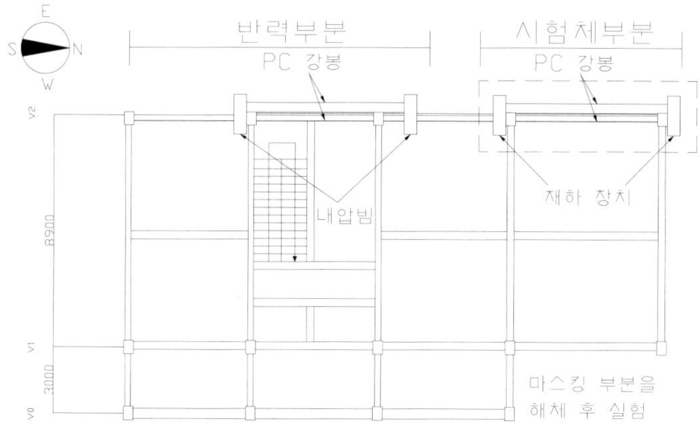

그림 3.206 2층 바닥 보복도

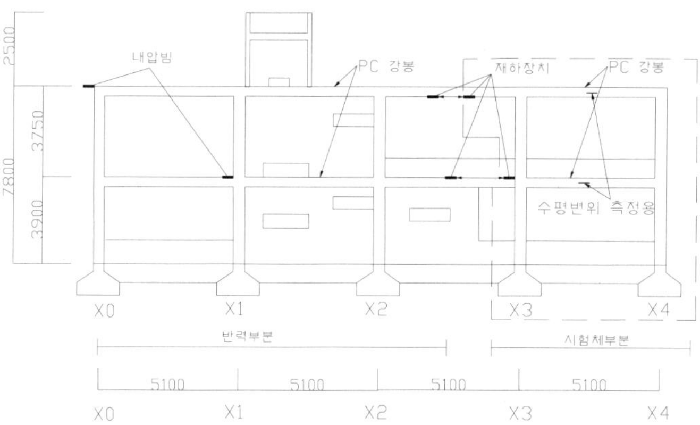

그림 3.207 실험체를 포함한 구면의 축조도

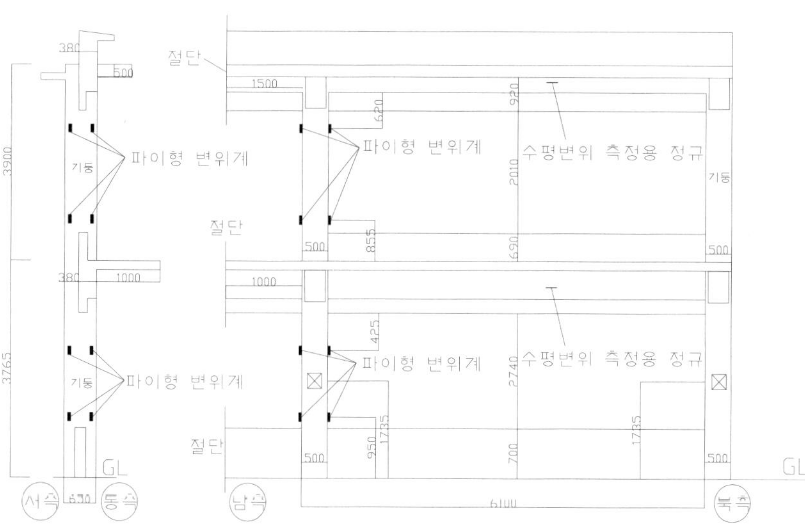

그림 3.208 실험체 가구의 개요

수평하중의 재하로는 남측의 비실험체 부분을 반력골조로 사용하고 2층 기둥다리부분과 *R*층 보부분으로 재하했다. 각 층 모두 재하를 1대의 유압잭(500kN)으로 행하고, 양 층에 가하는 수평력의 비율은 1 : 1로 했다. 수평변위는 그림 3.204에 표시한 위치에 첩부한 철강척의 눈금(최소눈금 1mm)을 지상고정점에 설치한 트랜싯으로 측정했다.

그림 3.209에 하중-수평변위곡선을 나타낸다. 파괴모드는 1층 남측 기둥의 전단파괴로, 최대내력은 743kN이었다.

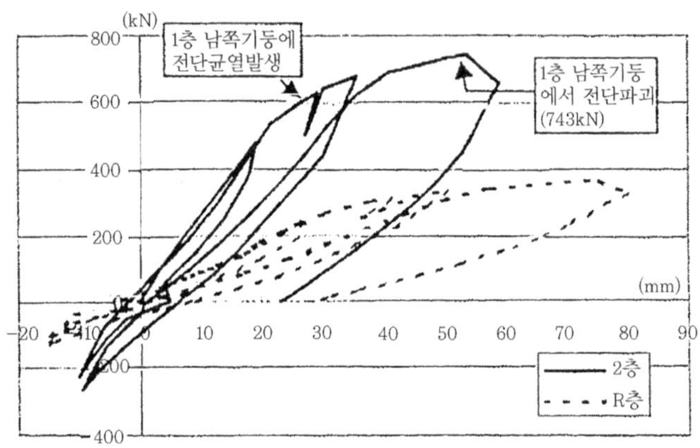

그림 3.209 하중-수평변위곡선

3.3.2 실제 건물에서 절단한 부재를 이용한 구조실험

1) 구 건축회관의 내진성에 관한 구조실험

구 건축회관은 지하1층, 지상6층 건물의 SRC구조로, 전쟁 전에 세워진 격자상의 철골을 사용한 31m급의 SRC건축의 선구가 된 건물이다. 구조설계는 시가지건축물법시행규칙에 의해 이루어져 설계진도는 각층 0.1로 하고 있다.

실험체는 그림 3.210의 햇지에 표시한 위치부터 기둥 및 대보를 각각 1개씩 잘라내 가력점 부근을 정형하여 실험실에 반입했다. 기둥은 3-C의 중간 기둥으로 1층과 2층의 중앙 부근에서 절단하였다. 보는 4통로 2층 바닥보에서 4-C의 기둥을 포함하

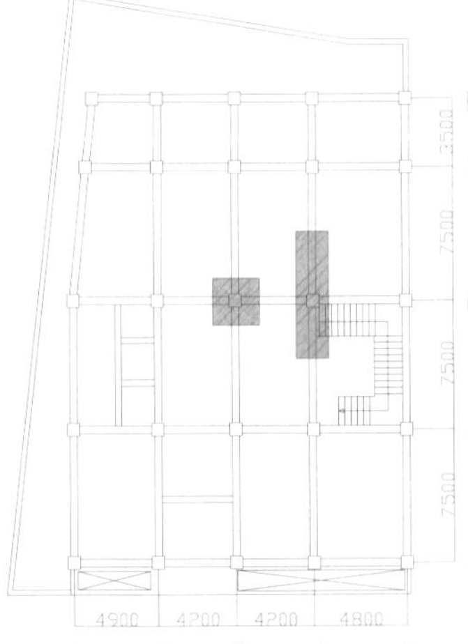

그림 3.210 바닥복도(1층)

여 양측 스팬 중앙 부근에서 절단했다. 그림 3.211에 2통로의 축조를, 표 3.44에 단면상세를 표시한다.

그림 3.212에 기둥실험체의 상세를 나타낸다. 철근의 상세는 실험 후 확인한 것이다. 양단의 지점에 해당하는 장소는 철골부분을 기계 가공하여 25mm의 강판을 용접했다. 철근의 단부는 정착용좌금을 용접했다. 그림 3.213에 보 실험체의 상세를 나타낸다. 그림에는 상하를 거꾸로 하고 가력 시의 상태로 나타낸다.

표 3.44 단면상세

<table>
<tr><th>단면</th><th>명칭</th><th>2층기둥</th><th>1층기둥</th><th>보단부</th><th>보중간부</th></tr>
<tr><td rowspan="3">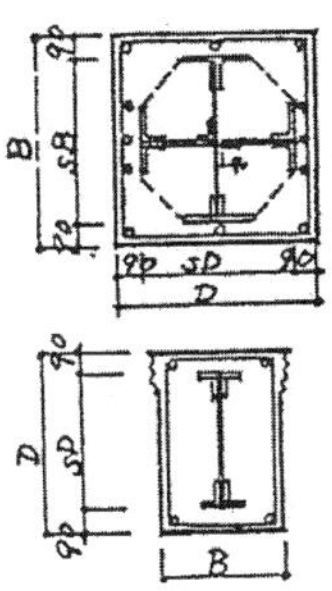</td><td>B cm
sB cm
Dcm
sD cm</td><td>80
62
80
62</td><td>85
67
85
67</td><td>40

85
67
상 6-19 φ
하 2-19 φ</td><td>40

70
52
상 4-19 φ
하 2-19 φ</td></tr>
<tr><td>주 근
재 료
Hoops, S.T
Web</td><td colspan="2">8Ls-130*90*13
2- φ@200
FB-130*12@510
2Ls-90*90-10</td><td colspan="2" rowspan="2">4Ls-90*90*13
2-9 φ @120
FB-130*12'</td></tr>
<tr><td>강재비

철근비</td><td colspan="2">ΣAs-244.08cm^2
3.8% 3.38%
ΣAr=34.03cm^2
0.53% 0.47%</td></tr>
</table>

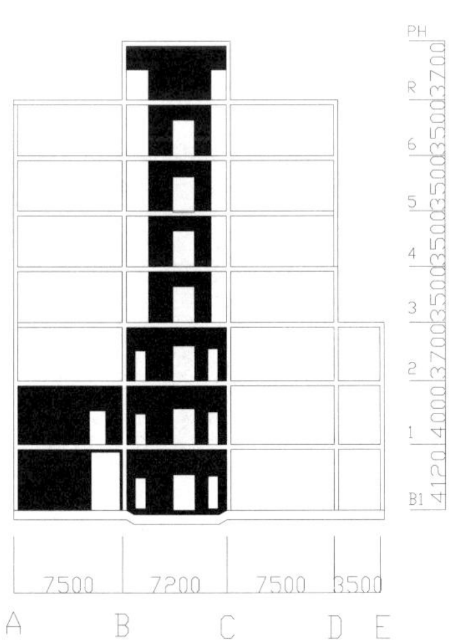

그림 3.211 2동로의 축조

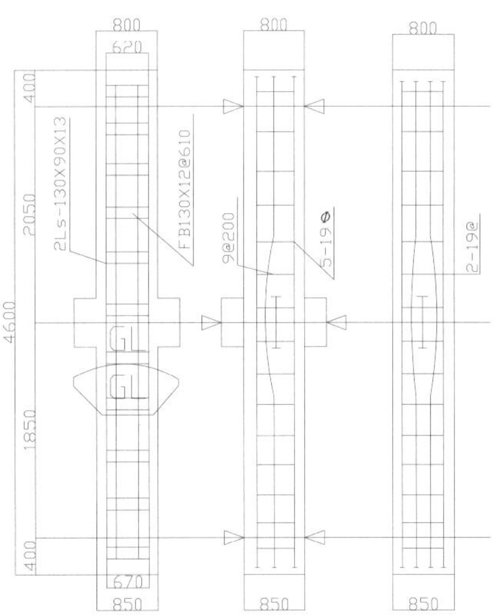

그림 3.212 기둥실험체의 상세

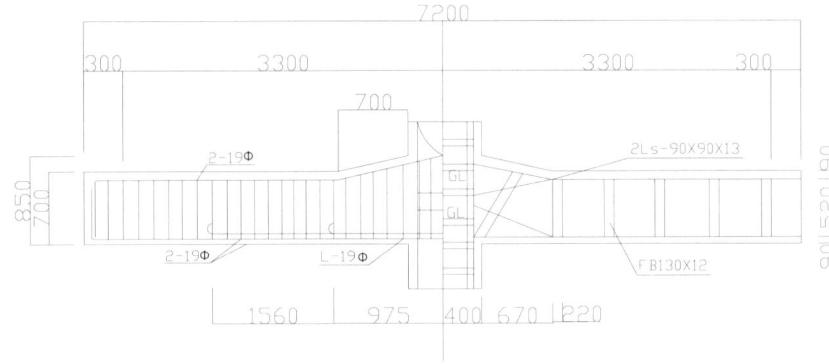

그림 3.213 보 실험체의 상세

그림 3.214에 기둥실험체의 가력상황을 나타낸다. 시험기에 의해 N=260tonf의 일정 축력(2층 기둥으로 40.6kgf/㎠로, 원 건물의 축력과 동일함)을 가해, 수평력은 2대의 300tonf잭으로 좌우에서 정부 교번반복하중을 가했다. 수평력의 반력은 PC철봉을 넣어 좌우로 직립시킨 철골보로 잡고, 이 철골보는 실험체의 변형에 따라 수평으로 이동할 수 있도록 했다. 하중 P와 전단력 Q의 관계는 $Q_{상}=0.474p$, $Q_{하}=0.526p$가 된다.

기둥의 가력이력은 부재각 $R=(\delta_{上}/h_{下})$=1/250, 1/150, 1/100으로 반복하고, 최종은 정하중의 1/60으로 종료했다.

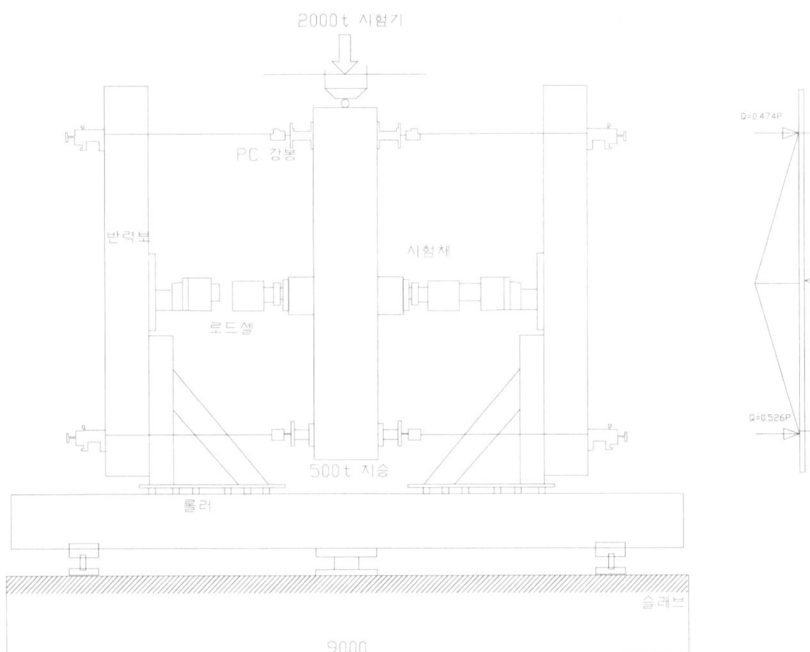

그림 3.214 기둥실험체의 가력상황

그림 3.215에 보 실험체의 가력상황을 나타낸다. 보는 상하를 거꾸로 하여, 최종적으로 부굽힘(그림에서 위에서의 하중에 의한 슬래브측이 인장된다)으로 파괴하도록 했다.

보의 가력이력은 $R=(\delta/h)$ = 1/200, 1/100, 1/50으로 반복하고 1/25에서 실험을 종료했다.

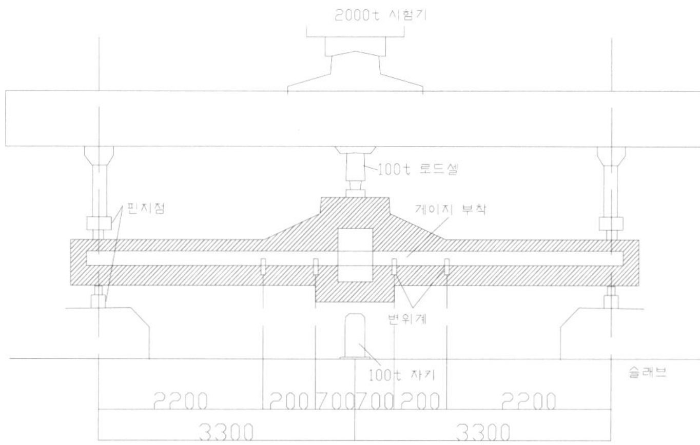

그림 3.216 보 실험체의 가력상황

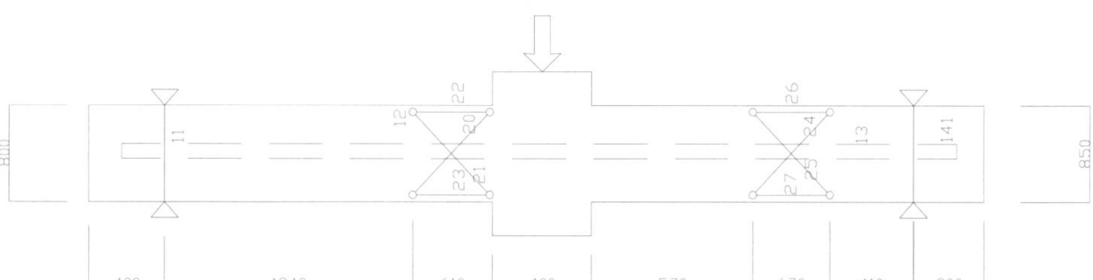

그림 3.217 기둥 실험체의 측정방법

변형의 측정방법에 대해 보 실험체는 그림 3.216에, 기둥 실험체는 그림 3.217에 나타내었다. 측정의 기선이 되는 게이지홀더는 실험체 중앙에서 철골로 용접하여 부착했다.

기둥은 전체변형과 중간위치에서 축방향 변형, 전단변형을 측정하고 X형에 부착한 2개의 변위에 의해 전단변형을 구했다. 보는 전체변형과 헌치 시단위치의 변형을 좌우 2장소에서 측정했다.

2) 1995년 효고현 남부지진에 의해 피해를 받은 건물의 부재실험

실 건물의 격자형 SRC기둥을 이용하여 내력 및 파괴모드를 검토했다. 그림 386에 실험체의 형상 및 상세를 나타냈다. 실험체는 2체이다. 1체는 하층기둥으로 보강 없는 상태에서 실험했다. 다른 1체는 상층기둥으로 강판보강에 의한 보강효과를 검토했다. 실험체는 모두 바깥기둥이므로 철골 플랜지의 위치가 편심하고 있다.

가력은 변형제어로 하여 장기축력 $(0.1N_u)$을 가한 상태로 교번반복의 역대칭 전단가력을 했다.

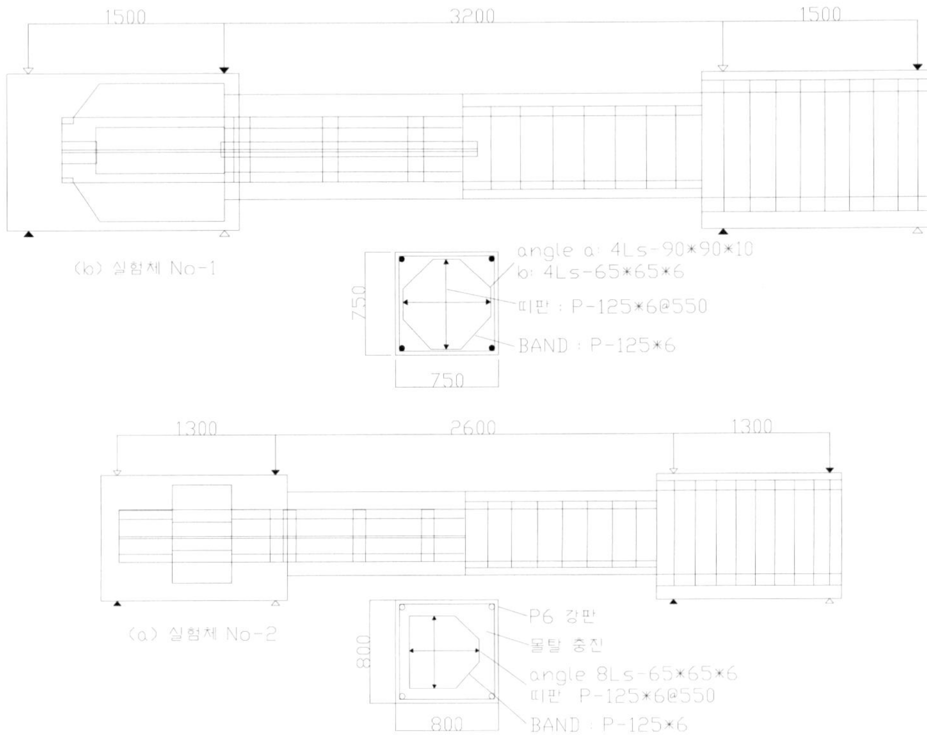

그림 3.218 실험체의 형상 및 상세

3.3.3 실제 건물 구조실험의 유의점

1) 콘크리트강도

실구조물의 경우, 품질관리용의 공시체에 의한 강도시험은 불가능하므로 반발경도법 등의 비파괴조사방법을 몇 개 조합하여 압축강도를 추정하거나, 보다 정확한 결과를 얻기 위해서 시험구간 또는 근접한 구조물의 적절한 위치에서 코어공시체를 채취하여 강도시험을 실시할 필요가 있다. 실구조물의 경우, 장소나 부위에 의해 강도의 변형이 보이는 경우가 많으므로 가능한 한 많은 곳의 강도를 조사하는 것이 바람직하다.

2) 철근강도

철근강도에 관해서는 시험구간 또는 근접하는 구조물의 적절한 위치에서 철근을 깎아내어 강도시험을 할 필요가 있다. 철근의 경우, 동일의 재종이 이용되고 있으면 강도의 변형은 적다고 생각되어지나 부식 정도의 비교가 필요하다.

3) 철근위치, 피복두께

철근위치나 피복두께를 조사하는 방법으로 전자파레이더법 등에 의한 비파괴검사방법이 있다. 또한 콘크리트 코어 채취적을 이용하여 콘크리트를 깎아 실제의 철근위치와 피복두께를 확인하는 것도 효과가 있다.

건설 당시의 배근도가 남아있지 않은 경우에는 배근상태를 조사하여 배근도를 복원하는 경우도 있다.

4) 철근변형

철근변형을 계측하기 위해서는 계측하는 위치의 피복콘크리트를 철거하고 철근을 노출시켜 변형게이지를 부착할 필요가 있다. 이를 위해 피복콘크리트의 두께나 배근상태에 의한 계측위치나 계측점수의 제약을 받는다. 또 변형게이지를 철근 측면이나 코어 콘크리트측에 부착하는 것은 어렵다. 피복콘크리트의 철거에 의해 철근과 콘크리트 부착성상에 영향을 미칠 수 있으므로 피복콘크리트의 철거량은 가능한 한 적게 할 필요가 있다. 그림 3.219에 변형게이지 부착의 예를 나타내었다.

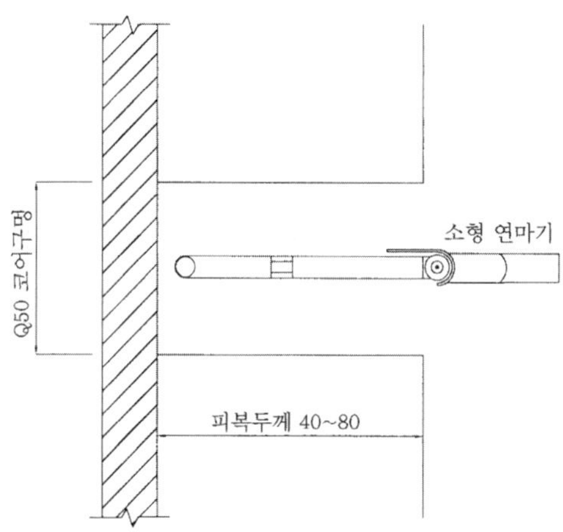

그림 3.219 변형게이지 부착방법의 예

5) 건물열화 상태

실구조물의 경우, 시공에 기인하는 초기결함이나 지진 등에 의한 손상, 시공 후의 경시변화에 따라 진행하는 열화 등, 여러 가지 변상이 발생할 가능성이 있다. 이 때문에 시험구조물이 어떠한 상태에 있는지 사전에 변상조사를 실시해둘 필요가 있다. 특히, 여러 해 공용되어 온 구조물이 대상이 되는 경우가 많으므로 열화상태의 조사는 중요하다. 항에 관해서는 공용기간 중에 변상을 관찰하는 일이 거의 불가능하므로 상부구조를 해체 · 철거한 후에 항간 폭, 항두레벨, 축척비 등의 조사를 실시해야 한다. 또한 재하실험에 의한 항이 손상되는 경우도 있으므로, 가능한 한 실험 전후의 항두조사를 하는 것이 바람직하다. 인발된 항을 이용한 재하실험(축력, 굽힘, 전단)이나 현지에서의 항의 재하실험(연직, 수평)도 생각할 수 있다.

6) 지반의 영향

실험대상이 기초나 지반을 포함하고 있는 경우, 재하에 따른 기초나 기초 주변의 지반이 움직일 경우가 있다. 이 때문에 변위계측에 있어서 부동점을 얻는 방법이 중요하다.

7) 반력을 취하는 방법

반력벽이나 반력바닥이 없으므로 잭의 부착위치나 재하방향이 제약을 받는 경우가 있다.

8) 기타

실구조물의 경우, 제3자나 주변에의 영향을 충분히 고려하여 실험장소를 선정할 필요가 있다. 피복콘크리트의 벗겨짐이나 구조물 붕괴의 위험성도 생각되므로 출입금지의 조치나 근접 구조물에의 영향을 고려한 재하계획을 세울 필요가 있다. 옥외의 경우는 기후의 영향을 크게 받으므로 여유를 가지고 공정계획을 세우는 것이 바람직하다.

chapter 4

풍동실험

제4장 풍동실험

4.1 개 요

4.1.1 풍동실험의 목적

건축물에 작용하는 풍에 의해 나타나는 각종 현상은 공기의 흐름 그 자체를 해석적으로 파악할 수 없기 때문에, 실험적 수법에 의해 이것을 추정할 수 있다. 많은 풍하중 기·규준에 나타나 있는 풍하중 산정을 위한 풍력계수는 원칙적으로 풍동실험에 의해 결정하는 것으로 되어 있다. 이 때문에 풍동실험이라면 단순히 풍력계수를 결정하기 위한 실험으로만 인식하고 있으나, 풍동실험은 단순히 풍력계수만을 구하기 위한 실험은 아니다.

풍동실험은 건축물의 내풍설계의 신뢰성을 증대시키는 것은 물론이지만 많은 경우, 경계적인 설계도 가능하게 한다. 일반적으로 풍동실험의 대상이 되는 것은, 풍의 영향을 강하게 받기 쉬운 건축물, 예를 들면 초고층 건축물, 관광타워, 굴뚝, 장대교량, 송전철탑, 장스팬 지붕, 냉각탑, 장대 크레인 등의 세장하고 유연한 구조물, 혹은 풍력계수를 추정하기 어려운 특수한 형상의 건축물, 국부풍압이 크게 발생할 것 같은 복잡한 현상을 한 건축물이나 특수한 외장재가 부착된 건축물 등이다.

이러한 풍동실험은 구조물에 작용하는 풍하중과 그 응답을 추정하기 위해 실시되는 경우가 많다. 복잡한 지형 위에 세워진 경우나 근접해서 큰 건축물이나 장애물이 있는 경우도 설계속도압이나 풍하중의 추정을 위해 풍동실험이 실시된다. 그러나 구조물의 구조적인 안정성만이 아니라 사용성, 거주성의 확보, 혹은 보행자나 주변 이용자의 안전성 확보를 위한 풍동실험도 자주 실시된다.

4.1.2 풍동실험의 종류

건축물의 내풍설계를 위하여 실시하는 풍동실험에는 풍압실험, 풍력실험, 공력진동 실험이 있고 이외에 건축물이나 특수한 지형의 주변에 대한 바람의 성상을 파악하기 위한 풍환경실험 등이 있다.

1) 풍압실험(Wind Pressure Test)

풍압실험은 모형에 작용하는 풍압력을 풍압계에 의하여 측정하는 실험이다. 이 실험은 건축물의 외장재설계용 풍하중을 평가하는 것이 목적이다. 밀폐된 건축물인 경우에는 외벽면에 작용하는 풍압계수를 평가하고 개방된 구조물인 경우에는 외장재 외면과 내면에 작용하는 풍압력의 차에 의한 풍압계수를 평가하여, 궁극적으로는 외장재설계용 풍하중을 제시한다.

풍압실험은 대상 건축물의 모형 및 주변 모형을 턴테이블 위에 고정시키고, 모형 벽면에 설치한 다수의 풍압측정공을 비닐튜브로 턴테이블 하부에 설치된 다점풍압계에 연결한 후 기준 속도압과의 차압으로 풍압을 측정한다. 모형은 일반적으로 강한 아크릴재를 사용한다. 그림 4.1은 풍동내 풍압실험 모습을 나타내고 있다.

그림 4.1 풍압실험

2) 풍력실험(High Frequency Force Balance Test)

풍력실험은 건축물 또는 부재 등의 전체에 작용하는 풍하중을 평가하기 위하여 행해지며, 설계대상 건축물의 구조골조용 풍하중으로 건축물 주측에 대한 풍하중, 전도모멘트 및 비틀림모멘트를 구하게 되며, 이렇게 구한 풍하중을 이용해서 선형응답의 범위 내에서 변동풍력의 건축물의 응답변위 및 응답가속도를 해석적 방법인 스펙트럼모드해석법(Spectral Modal Analysis Method)으로 추정하기도 한다. 그림 4.2는 풍동내 풍력실험 모습을 나타내고 있다.

그림 4.2 풍력실험

3) 공력진동실험(Aeroelastic Model Test)

공력진동실험(空力振動實驗)은 세장한 초고층 건축물, 타워 등과 같이 바람에 의해 진동하기 쉬운 건축물에 대해 진동발생과 부가적인 공기력(건축물의 진동이 주변기류에 새로운 운동을 발생시켜 양자의 상호작용에 의해 발생하는 공기력)에 의한 공력적인 불안정 진동(aeroelastic instability) 등을 예측하기 위한 실험이다. 그림 4.3은 풍동내 공력진동실험 모습을 나타내고 있다.

그림 4.3 공력진동실험

4) 풍환경실험(Wind Environment Test)

새롭게 건축물을 건설한 경우, 이 건축물 주변의 지표 부근에서 생기는 풍속의 변화 등 건설 전후에 따른 풍환경 변화의 파악 혹은 건설 후에 변화된 풍환경에 적절히 대처하기 위한 풍동실험이다. 그림 4.4는 풍동내 풍환경실험 모습을 나타내고 있다.

그림 4.4 풍환경실험

4.1.3 풍동실험방법

재료실험이나 구조실험 등 건축분야에서 행해지는 수많은 실험의 경우, 실험대상 건물의 일부를 그대로 추출해서 실험하고 있다. 그러나 풍동실험에서는 건물 전체에 작용하는 풍하중에 의한 효과 등을 평가하게 된다. 그런데 건물 전체가 들어갈 수 있을 정도의 큰 측정부를 갖는 풍동장치를 만드는 것은 대부분의 경우 곤란하므로 풍동실험에서는 일반적으로 축척모형이 사용된다.

축척모형을 사용하는 풍동실험의 경우, 어느 일정한 조건을 만족시키면 실제의 현상을 재현하는 것이 가능하여 모형실험의 결과로부터 실제 건물에 작용하는 풍하중 효과 등을 예측하는 것이 가능하게 되는데, 이와 같은 조건을 풍동실험에서의 상사법칙이라고 부른다.

1) 상사법칙

풍동실험과 같은 축척모형실험의 상사법칙에 있어서 실물과 모형에서 무차원량을 같게 한다고 생각하는 방식은 대단히 중요하다. 어떠한 물리상태를 나타내는 방정식은 물리량의 단위와 무관계한, 즉 단위와 관계없는 무차원의 정수 혹은 변수에 의해 기술할 수 있다. 즉 실험에 의해 얻어진 결과로부터 상호연관관계를 조사하는데 있어서 물리량 그 자체가 아닌 측정된 물리량으로부터 만들어진 무차원량을 조사하면 된다. 바꿔 말하면, 측정된 개개의 물리량은 그 크기가 다르더라도 이로부터 이루어지는 무차원량이 같다면 같은 현상을 나타내는 것이 가능하다고 보는 것이다. 결과적으로 실물과 모형에서 현상에 관계하는 물리량으로부터 만들어진 무차원량을 일치시키면 모형실험에 있어서 실물과 상사인 현상을 재현하는 것이 가능하다는 것이다.

예를 들면 바람에 의해 진동하고 있는 건축물에 대해서 생각해 보면 건축물의 진동은 식(4.1)과 같이 1질점계의 진동방정식으로 나타낼 수 있다.

$$m\frac{d^2x}{dt^2}+c\frac{dx}{dt}+kx=C_F\frac{1}{2}\rho V^2BH \qquad \text{식(4.1)}$$

여기서 m은 건물의 질량, c는 감쇠정수, k는 강성, ρ는 공기밀도, V는 풍속, B는 건축물의 폭, H는 건축물의 높이, C_F는 풍력계수로서 주로 건축물의 기하학적 형상 D/B, H/B 등에 따라 결정된다. D는 건축물의 깊이이다.

일반적으로 행해지는 것처럼 식(4.1)을 m으로 나누어 (4.2)식과 같이 변형한다.

$$\frac{d^2x}{dt^2}+4\pi\eta n_0\frac{dx}{dt}+4\pi^2 n_0{}^2x=C_F\frac{1}{2}\rho V^2\frac{BH}{m} \qquad \text{식(4.2)}$$

여기서 η는 감쇠정수, n_0는 고유진동수이다. 식(4.2)은 무차원 변수 사이의 진동방정식처럼 생각되나 식(4.2)에서 변수 x 혹은 t는 아직 무차원량이 아니므로 다음처럼 x, t를 무차원 변수 x^*, t^*로 나타낸다.

$$x=x^*B \qquad \text{식(4.3)}$$

$$t=t^*\frac{B}{V} \qquad \text{식(4.4)}$$

식(4.3), (4.4)를 식(4.2)에 대입해서 정리하면 다음 식(4.5)와 같다.

$$\frac{d^2x^*}{dt^{*2}}+4\pi\eta\left(\frac{n_0B}{V}\right)\frac{dx^*}{dt^*}+4\pi^2\left(\frac{n_0B}{V}\right)^2x^*=C_F\left(\frac{\rho B^2H}{2m}\right) \qquad \text{식(4.5)}$$

따라서 이 방정식에 관계하는 무차원량은 다음과 같다.

$$\frac{x}{B},\ \frac{tV}{B},\ \eta,\ \frac{n_0 B}{V},\ \frac{\rho B^2 H}{2m},\ C_F$$

여기서 $\frac{n_0 B}{V}$는 환산진동수, $\frac{\rho B^2 H}{2m}$은 질량비라고 불리운다.

식(4.5)를 풀면 건축물의 무차원 변위가 구해지고, 이것은 다음과 같이 나타낼 수 있다.

$$\frac{x}{B} = f\left(\frac{tV}{B},\ \eta,\ \frac{n_0 B}{V},\ \frac{\rho B^2 H}{2m},\ C_F\right) \qquad 식(4.6)$$

이와 관련해서 C_F는 D/B, H/B의 함수가 되므로 다음과 같이 나타낼 수 있다.

$$\frac{x}{B} = f\left(\frac{tV}{B},\ \eta,\ \frac{n_0 B}{V},\ \frac{\rho B^2 H}{2m},\ \frac{D}{B},\ \frac{H}{B}\right) \qquad 식(4.7)$$

조사의 대상이 되는 현상에서 어떠한 무차원량이 관계하고 있는가를 조사하는 경우, 현상을 지배하는 방정식이 반드시 명확할 필요는 없다. 이러한 경우, 현상에 관계하는 물리량을 배열해서 이로부터 구성되는 무차원량을 만드는 것만으로 충분하다. 예를 들면 건축물이 바람에 의해 진동하는 경우, x, t, m, c, k, ρ, V, B, D, H의 10개의 물리량이 관계하고 있다.

역학적인 문제인 경우, 물리량의 차원은 길이 L, 질량 M, 시간 T의 조합으로 나타낸다. 예를 들면 변위 x는 길이 L의 차원, 풍속 V는 L/T의 차원, 강성 k는 M/T^2의 차원을 가지고 있다. 기본이 되는 차원이 3가지이므로 일반적으로 4개의 물리량을 적당히 조합해서 1개의 무차원량을 만드는 것이 가능하다. 예를 들면 건물의 질량 m, 강성 k, 풍속 V, 건물의 폭 B로부터 만들어지는 무차원량을 Π라고 하면 Π는 다음과 같이 나타낼 수 있다.

$$\Pi = m^{\alpha_1} k^{\alpha_2} V^{\alpha_3} B^{\alpha_4} \qquad 식(4.8)$$

위 식에 각 물리량의 차원을 대입하면 다음 식(4.9)와 같이 된다.

$$[\Pi] = [M]^{\alpha_1} [M/T^2]^{\alpha_2} [L/T]^{\alpha_3} [L]^{\alpha_4} \qquad 식(4.9)$$

Π는 무차원량이므로 길이 L, 질량 M, 시간 T 각 차원의 지수는 0이 되지 않으면 안 된다. 따라서 각각의 지수 사이에는 다음과 같은 관계식이 성립한다.

$$\alpha_1 + \alpha_2 = 0$$
$$-2\alpha_2 - \alpha_3 = 0 \qquad \text{식(4.10)}$$
$$\alpha_3 + \alpha_4 = 0$$

위의 3개의 방정식에는 4개의 변수가 포함되어 있지만 이 중에서 1개는 임의로 선택하는 것이 가능하다. 예를 들면 $\alpha_1 = 0.5$로 하면 다른 멱지수의 값은

$\alpha_2 = 0.5$, $\alpha_3 = -1$, $\alpha_4 = 1$로 된다.

따라서 Π는 다음 식(4.11)과 같이 된다.

$$\Pi = m^{-0.5} k^{0.5} V^{-1} B = \sqrt{\frac{k}{m}} \frac{B}{V} = \frac{2\pi n_0 B}{V} \qquad \text{식(4.11)}$$

일반적으로 이러한 순서를 밟아서 만들어지는 무차원량의 수는 선택된 물리량의 수가 n개인 경우, $(n-3)$개로 된다. 이 예의 경우, $n=10$이므로 다음과 같이 된다.

$$\frac{x}{B},\ \frac{tV}{B},\ \eta,\ \frac{n_0 B}{V},\ \frac{\rho B^2 H}{2m},\ \frac{D}{B},\ \frac{H}{B}$$

무차원량의 곱이나 몫이 무차원량인 것에서 알 수 있는 것처럼 어떠한 무차원량을 이용하는가는 적절히 선택할 필요가 있다.

위에서 언급한 Π에 관한 내용은 차원변수를 보다 적은 무차원수로 나타내기 위한 방법 중의 하나이다. 즉 일종의 농축화 기법으로 주어진 물리현상에 영향을 미치고 있는 실험변수의 개수와 그 복잡성을 줄이는 방법이라고 할 수 있다. Π에 관한 내용에서 차원변수는 주어진 문제에서 실제로 변화하는 양을 의미하고, 예를 들면 역학적인 문제인 경우, x, t 등 차원상수는 경우에 따라 변할 수는 있지만 주어진 문제에 있어서는 일정하게 유지되는 양을 의미한다. 예를 들면 역학적인 문제인 경우 ρ, g 등이 이에 해당된다.

결과적으로 이러한 차원해석에 의해 어떤 현상이 n개의 차원변수와 관련되어 있다면 이 문제를 차원해석에 의해 단지 k개의 무차원 변수만을 갖는 문제로 귀착시킬 수 있다. 여기서 변수의 감소 $n-k$는 1,2,3 또는 4이며 이는 문제의 복잡성에 따라 정해진다.

차원해석의 목적이 변수를 줄이고 또 그들을 모아서 무차원 형태로 만드는 것에 있으므로 이로 인하여 여러 가지 부수적인 이득을 볼 수 있다. 즉 모형으로부터 얻은 정보를 기초로 원형에 대한 설계자료로 변환시킬 수 있는 축척법칙(scaling law)을 얻을 수 있다는 것이다. 여기서 유의해야 할 사항은 이러한 차원해석의 결과는 일반적으로 단순한 함수관계만을 기술하는 형태로 나타내기 때문에 현상을 지배하는 실제적인 해석적 관계를 도출해내기 위해서는 실험에 의하여 결정할 필요가 있다는 것이다. 즉 이러한 차원해석이 수학적인 측면에서의 접근이라면 물리적인 측면에서의 접근은 풍동실험이 이에 해당된다.

2) 상사조건

건축물에 있어서 풍동실험은 같은 축척모형을 이용하는 실험에 있어서 현상에 관계하는 각 물리량으로부터 이루어지는 무차원량을 일치시키는 것이 중요하다. 그런데 물리현상에 영향을 미치는 변수들을 찾아내고 그것들을 해석하는 것이 현실적으로 쉬운 일이 아니며, 다각적인 판단과 경험이 필요하다. 만일 변수가 선정되고 차원해석이 이루어졌다 하더라도 실험모형과 원형 사이의 상사성을 실현하는 데는 현실적으로 상당한 어려움이 존재한다. 따라서 공학적인 측면에서는 완전한 상사 대신에 개개의 상사형태에 대해서 언급할 필요가 있다.

이러한 경우, 일반적으로 기하학적 상사, 운동학적 상사, 역학적 상사 등으로 나누어 기술한다. 즉 건축물의 풍동실험에서 필요로 하는 상사조건으로는 실험대상인 건축물뿐만 아니라 주변의 인접한 건축물 혹은 지형 등의 기하학적인 형상을 실물과 모형에서 일치시켜야 하는 "기하학적 상사조건"과 실제의 건축물에 작용하는 자연풍과 같은 성질을 갖는 바람을 풍동내의 모형에 작용하도록 해야 하는"운동학적 상사조건", 그리고 현상을 지배하는 힘의 평형상태를 실물과 모형에서 일치시켜야 하는"역학적 상사조건"등으로 구분할 수 있고 이와 같은 건축물의 풍동실험에서 요구되는 각각의 상사조건으로는 다음과 같은 것이 있다.

(1) 기하학적 상사조건

대상 건축물 혹은 주변상황 등으로 대표되는 기하학적 현상 혹은 바람의 특성에 관한 길이의 척도를 축척률에 따라 실물과 일치시키기 위한 조건으로서 대표적인 상사파라메타로는 다음과 같다.

① 대상 건축물의 형상, 치수

② 주변의 지형 및 건축물의 형상, 치수
③ 기류의 난류 스케일
④ 기류의 경계층 고도

(2) 역학적 상사조건

공기역학적 현상을 지배하는 각종 힘의 비율을 실현상과 일치시키기 위한 조건으로 대표적인 상사 파라메타로서 다음과 같다.

① 레이놀즈수
② 환산진동수(환산풍속)
③ 질량비
④ 탄성 파라메타
⑤ 감쇠정수

진동하기 쉬운 대공간 구조물을 대상으로 하는 경우에는 대표적인 상사 파라메타로서 다음과 같은 것이 있다.

① 초기변형
② 무차원 음향강성
③ 무차원 음향감쇠
④ 프루드 수

(3) 운동학적 상사조건

축척모형에 작용하는 바람의 특성을 실제 건축물과 동일한 영향을 미치도록 축척률에 따라 일치시키기 위한 조건으로, 대표적인 상사 파라메타는 다음과 같다.

① 평균풍속의 분포
② 난류강도의 분포
③ 난류스케일의 분포
④ 난류의 파워스펙트럼 분포

(4) 상사조건 일람

표 4.1에 건축물의 풍동실험에서 필요로 하는 상사조건 및 상사조건에 있어서 주요 상사 파라메타를 나타내면 다음과 같다.

표 4.1 상사조건의 열람

상사조건	상사 파라메타		물리적인 의미	실험항목
기하학적 상사조건	구조물 치수	$\frac{H}{L}, \frac{D}{L}, \frac{B}{L}$	구조물의 형상, 치수의 상사	실험 전반
	지형, 지물의 영향		지형, 지물의 형상, 치수의 상사	실험 전반
	경계층 높이비	$\frac{Z_G}{L}$	지표면 상황이 기류에 영향을 미치는 범위를 나타내는 길이의 상사	실험 전반
	지표면 조도비	$\frac{\delta_0}{L}$	지표면 상황을 나타내는 길이의 척도	실험 전반
	난류의 스케일비	$\frac{L_u}{L}$	기류의 난류의 공간적인 크기를 나타내는 길이	실험 전반
운동학적 상사조건	풍속 분포	$\frac{U(z)}{U(z_{ref})}$	기류의 분포형상	실험 전반
	난류 강도 분포	$I_u(z)$		실험 전반
	난류의 스케일 분포	$\frac{L_u(z)}{L_u(z_{ref})}$		실험 전반
	난류의 파워스펙트럼	$\frac{nS_u(n)}{\sigma_u^2}$	기류의 난류 구조	실험 전반
역학적 상사조건	레이놀즈수	$\frac{UL}{\nu}$	기체의 관성력과 점성력의 비	실험 전반
	감쇠정수	η	건축물의 소산에너지와 탄성진동 에너지의 비	진동 실험 전반
	환산진동수 (환산풍속)	$\frac{n_0 L}{U}\left(\frac{U}{n_0 L}\right)$	기체의 점성력과 관성력의 비를 질량비와 환산진동수로 분할	진동 실험 전반
	질량비	ρ_s/ρ		진동 실험 전반
	탄성 파라메타	$\frac{E_{eq}}{\rho U^2}$	구조물의 탄성력과 기체의 관성력의 비	진동 실험 전반
	초기변형	$\frac{N_0}{EA_r}$	지붕의 초기장력과 면외강성의 비	대스팬 구조, 공기막 구조의 진동실험
	무차원 음향강성	$\frac{\pi L^4 \rho C_a^2}{N_0 V_0}$	실내공기의 압축성에 기인하는 구조강성	대스팬 구조, 공기막 구조의 진동실험
	무차원 음향감쇠	η_a	실내공기의 압축성에 기인하는 구조감쇠	대스팬 구조, 공기막 구조의 진동실험
	프루드수	$\frac{U}{\sqrt{gB}}$	기체의 관성력과 건축물의 중력의 비	대스팬 구조, 공기막 구조의 진동실험
	내압비	$\frac{p_i}{q}$	실내압과 대표 속도압의 비	공기막 구조의 진동실험

(실무자를 위한 건축물 풍동실험 가이드북/김영문 역)

3) 축척결정

(1) 모형 축척결정

앞에서 언급한 상사 파라메타 열람에서도 알 수 있듯이, 풍동실험에서 쓰이는 모형의 축척은 기본적으로 난류의 스케일 L_x와 건물의 스케일 H와의 비를 실물과 실험에서 일치시키는 것에 의해서 구할 수 있다.

$$(L_x/H)_{full} = (L_x/H)_{model} \qquad 식(4.12)$$

즉 모형의 축척을 자연풍의 난류의 스케일과 풍동기류의 난류의 스케일과의 비율에 따라 다음과 같이 결정한다.

$$H_{model}/H_{full} = L_{x,model}/L_{x,full} \qquad 식(4.13)$$

자연풍의 풍방향의 난류의 스케일은 지상 100m~180m 정도, 경계층 풍동 내에서 작성된 난류의 스케일은 30~60m 정도이므로 모형의 축척률은 1/300~1/600 정도로 된다. 더욱이 난류격자 등에 의해 작성된 기류를 이용할 경우에는 난류의 스케일이 5~10cm 정도로 작기 때문에 식(4.13)에 의해 모형의 축척을 결정할 경우, 축척률은 1/2,000~1/4,000 정도로 작아져 측정기술상의 어려움이 예상된다. 또한 주택 등의 소규모인 건축물의 경우에도 식 (4.13)에 의한 축척모형에서는 모형이 작아지게 된다. 이러한 경우에는 측정 가능한 모형을 이용해서 실험하고 난류의 스케일의 불일치를 어떤 방법에 의해 고려해서 결과를 평가하는 것이 좋다고 판단된다.

(2) 풍속 축척 결정

실험시 평균풍속은 이론상 레이놀즈수를 일치를 만족시키는 조건으로부터 선정할 수 있다.

$$(VB/\nu)_{model} = (VB/\nu)_{full} \qquad 식(4.14)$$

여기서 B 는 건물의 폭, ν는 동점성계수.

식(4.14)에서 동점성계수 ν는 실험과 실물에서 같은 값을 갖게 되므로 풍동실험과 실물에 작용하는 평균풍속의 비는 다음 식(4.15)과 같이 된다.

$$V_{model}/V_{full} = B_{full}/B_{model} \qquad 식(4.15)$$

일반적으로 풍동실험에서는 모형의 축척률이 1/300 ~1/600이 되므로 풍동내 풍속은 실물에 작용하는 자연풍속의 300~600배 정도가 된다. 그러나 이와 같은 풍속을 경계층 풍동 내에서 만든다는 것은 불가능하므로 건축물의 풍동실험에서는 레이놀즈수를 실물과 일치시킬 수는 없게 된다. 그러면 이러한 경우 어떻게 해서 풍속을 정하면 좋은 것인가? 결론적으로 레이놀즈수를 일치시키는 것을 단념한 이상, 풍속은 실험자가 임의로 결정하게 된다. 즉 풍속은 실험자가 판단해서 결정하는 것이 바람직하다. 그러나 이러한 경우, 측정기술상의 문제에서 다소의 제약이 있다.

예를 들면 풍압측정 실험에서는 압력변환기의 감도와 정밀도의 관계로부터 비교적 높은 풍속을 선정한다. 한편, 건물 주변 기류의 측정에서는 풍속계의 감도가 낮은 풍속에서도 양호하므로 풍압실험보다 낮은 풍속을 선정하게 된다. 또한 변동풍력의 측정에 있어서는 풍력변환기의 감도와 주파수 특성을 고려해서 풍속을 적절히 선정할 필요가 있다.

더욱이 레이놀즈수에 의해 흐름이 급변하는 것과 같은 각을 지니지 않는 반면, 예를 들면 원형단면을 가진 건물에 있어서는 모형 표면의 조도를 증가시키는 것 등에 의해 높은 레이놀즈수의 흐름을 실현한다. 이 경우, 실험시 흐름의 상태가 실물의 어느 레이놀즈수의 범위에 해당하는 것인가를 실험풍속에 따른 풍력의 변화 등에서 파악해서 실험결과를 평가하는 것이 중요하다.

(3) 시간축척 결정

풍동실험 시 모형의 축척률과 풍속의 축척률이 정해지면 다음과 같은 관계식으로부터 모형을 이용한 풍동실험의 시간 축척률에 근거해 풍동실험 시간을 결정하게 된다.

$$T_{model}/T_{full}=(B/V)_{model}/(B/V)_{full}=(B_{model}/B_{full})/(V_{model}/V_{full})$$

식(4.16)

예를 들면, 풍압측정실험에서 1/400의 모형을 사용하고 풍속의 축척률은 1/4(설계풍속 60m/s가 풍동풍속 15m/s에 대응한다)로 한 경우, 시간의 축척률은

$$T_{model}/T_{full}=(1/400)/(1/4)=(1/100) \qquad \text{식(4.17)}$$

로 된다. 그런데 풍동실험을 할 경우, 고려해야 할 시간의 척도(평가시간)로서는 다음의 2가지가 있다.

① 풍속, 풍압, 풍력, 변위의 시간평균치를 평가할 경우에 필요한 평가시간(관측시간)

② 풍압, 풍력, 변위, 가속도의 순간최대치를 평가할 경우에 필요한 평가시간(평균화 시간)

①의 관측시간은 일반적으로는 현재 기상관측에 있어서 평균풍속을 평가하는 기준이 되는 시간인 10분간을 식(4.16)에 기초해서 구한다. 예를 들면, 앞에서 언급한 예의 경우(1/400의 모형, 풍속의 축척률 1/4)에는 시간의 축척률은 식(4.17)에 보인 것처럼 1/100로 되므로 풍동실험에 있어서 평가시간은

$$T_{model} = 600\,\mathrm{sec} \times (1/100) = 6\text{초} \qquad \text{식(4.18)}$$

로 된다. 그러나 풍압변동이나 변동변위에서는 이보다도 긴 주기의 성분도 포함되어 있으므로, 경우에 따라서는 이 방법으로 정해진 평가시간으로 평균한 결과가 측정마다 다를 수 있다. 이러한 경우에는 장주기의 변동성분의 영향을 고려할 수 있도록 보다 긴 관측시간(식 4.17의 5~6배 정도)을 이용하는 방법이 좋다. 미국이나 캐나다의 기상관측의 경우, 평균풍속의 평가시간을 1시간으로 한다.

②의 최대치를 평가하기 위한 평균화시간은 측정의 목적에 따라 적절히 선정할 필요가 있다. 또한 정해진 평균화시간에 맞추어 측정 시스템의 응답특성이나 신호처리방법을 고려하는 것도 중요하다. 예를 들면 외벽의 유리창이나 외장재의 내풍설계를 위해서는 최대풍압을 구할 필요가 있다. 이러한 경우, 평균화시간은 설계대상인 유리창 등의 외장재의 하중부담면적이나 외장재의 재료특성이나 응답특성에 관계해서 대략 0.5초에서 1초 정도이다. 앞에서 언급한 바와 같이 1/400의 모형을 이용하고 풍속의 축척률은 1/4로서 풍동실험을 한다면 시간의 축척률은 1/100로 되고 실물에서 평가시간 1초는 다음 식에 따라 실험에서는 0.01초에 상당한다.

$$T_{model} = 1\text{초} \times (1/100) = 0.01\text{초} \qquad \text{식(4.19)}$$

따라서 이러한 경우, 적어도 평가시간 0.01초의 풍압변동을 정밀하게 측정할 수 있는 풍압측정 시스템을 선택할 필요가 있다.

4) 실험기류

(1) 자연풍의 모의

앞에서 언급한 바와 같이 건물의 풍동실험에서 필요로 하는 상사조건으로서 우선 고려해야 할 것은 실험하는 건물의 기하학적인 형상을 실물과 일치시키는 "기하학적 상사조건"이다. 이것 다음으로 필요한 것은 자연풍과 같은 특성을 가진 바람을 축적된 모형에 작용하게 하는 것이다. 이를 "운동학적 상사조건"이라고 부르며 예를 들면, 후술할 평균풍속이나 난류강도의 분포를 일치시키는 것이 이에 해당된다. 따라서 먼저

자연풍을 풍동에서 모의하기 위해서는 자연풍이 어떤 물리량에 의해서 특성이 부여받는지를 아는 것이 중요하다. 건물의 내풍설계에 있어서 문제가 되는 강풍의 경우, 바람의 특성은 주로 지표면의 상태에 따라 좌우되며 약풍시 문제가 되는 기온변화 등의 열적인 영향은 극히 작다. 이 때문에 강풍의 경우, 자연풍은 다음과 같은 2가지의 특성을 지닌다.

① 지상에서 멀어질수록 풍속이 증대된다.
② 바람은 늘 일정한 빠르기로 불지 않고 빨라졌다 느려졌다 한다. 즉, 풍속은 시간적으로도 공간적으로도 불규칙하게 변동한다.

더욱이 국내의 경우, 강풍의 주된 원인은 태풍이므로 태풍의 경우, 상기의 2가지 특성 외에도 평균풍속 또는 기압이 시간적으로 변화한다. 그러나 이 변화는 건물의 응답시간과 비교하면 느린 것으로서 건물의 응답을 좌우하는 시간대 사이에서는 일정한 평균풍속으로 바람이 분다고 생각해도 커다란 오차는 생기지 않는다. 그런데 강풍시 평균풍속의 높이 방향의 증대, 즉 연직방향의 평균풍속분포는 지수법칙 혹은 대수법칙에 따른다는 사실이 관측결과나 이론에서 명확해졌다. 지수법칙의 경우, 평균풍속의 분포는 다음과 같이 나타낼 수 있다.

$$\frac{V_Z}{V_R} = \left(\frac{z}{z_R} \right)^{\alpha} \qquad \text{식(4.20)}$$

여기서 z_R : 기준고도, V_R : 기준풍속, α : 풍속분포의 형상을 결정하는 지수계수
α는 지표면 상태에 따라 결정되며 해상에서는 0.1 정도, 대도시 중심부에서는 0.33 정도이다.

한편 대수법칙의 경우, 평균풍속분포는 다음과 같이 나타낸다.

$$V_Z = \frac{v^*}{k} \ln \frac{z}{z_0} \qquad \text{식(4.21)}$$

여기서 z_0는 풍속분포의 형상을 결정하는 계수로서 조도장이라 부른다. 조도장은 해상에서 0.003m, 대도시 내에서는 3m 정도이다. 더욱이 v^*는 마찰속도, k는 Karman 정수이다.

따라서 ①의 풍속의 높이방향의 증대를 모의하기 위해서는 평균풍속분포를 나타내는 계수 α 혹은 z_0를 실제와 상사시키면 된다. α는 무차원의 계수이므로 풍동실험에서도 자연풍과 같은 값을 사용하면 좋지만 z_0는 길이의 단위를 가지고 있으므로, 이로부

터 만들어진 무차원량을 자연풍과 일치시킬 필요가 있다.

건축물 하중기준 및 해설에서는 실용상 편리하게 풍속분포로서 지수법칙을 채용하고 있다. 이 때문에 국내에 있어서는 일반적으로 풍속분포를 상사하는데 있어서 Jensen 수 (H/Z_0)보다는 지수계수를 실험과 실측에서 일치시키는 경우가 많다.

표 4.2 평균풍속분포의 지수계수

	지표면 조도구분			
	A 고층 시가지	B 중층 시가지	C 저층 시가지	D 해안, 초원
풍속의 고도분포지수	0.33	0.22	0.15	0.10

(실무자를 위한 건축물 풍동실험 가이드북/김영문 역)

다음으로 풍속의 불규칙한 변동성분, 바람의 난류에 대해서 생각해 본다. 풍속의 높이 방향의 증대를 나타내는 평균 풍속분포와는 달리 바람의 난류의 특성을 나타내는 데는 다수의 물리적인 파라메타가 필요하다. 일반적으로 변동의 특징을 지닌 물리량으로서 먼저 중요한 것은 변동의 크기를 나타내는 분산 혹은 그 제곱근인 표준편차가 있지만 바람의 경우에는 풍속의 표준편차를 평균풍속으로 나눈 변동계수를 가지고 난류의 크기를 나타낸다. 이러한 변동계수를 난류강도라고 한다. 즉 난류강도는 다음과 같이 정의된다.

$$I_u = \frac{\sigma_u}{V} \qquad \text{식(4.22)}$$

여기서 σ_u : 변동풍속의 표준편차, V : 평균풍속

평균풍속이 높이방향으로 변화하는 것과 마찬가지로 난류강도도 높이방향으로 변화하므로 평균풍속과 같이 그 값만이 아니라 분포형상을 자연풍과 일치시킬 필요가 있다. 지금까지의 관측에 의하면 난류강도의 연직분포는 다음 식과 같이 나타낼 수 있다.

$$\frac{\sigma_u}{V} = I_{uR}\left(\frac{z}{z_R}\right)^{-\alpha-0.05} \qquad \text{식(4.23)}$$

여기서 σ_u : 변동풍속의 표준편차, V : 평균풍속, α : 풍속분포의 형상을 결정하는 지수계수, I_{uR}은 기준고도 z_R에서의 난류의 강도로서 높이 30m에서는 해상은 0.14 정도, 대도시 내에서는 0.34 정도이다.

바람의 난류를 모의하는데 있어서 난류강도는 매우 중요한 상사 파라메타이나 이것만으로는 바람의 난류의 특성을 나타낼 수는 없다. 왜냐하면 풍속변동은 다양한 주기를 가진 여러 가지 크기의 변동이 겹쳐져 불규칙한 변동을 형성하므로 각각의 주기의 변동의 크기가 자연풍과 상사되지 않으면 실험기류와 자연풍이 상사하다고 말할 수는 없다. 이러한 불규칙한 변동의 주기와 그 크기와의 관계를 나타내는 것이 파워스펙트럼 밀도이다. 관측에 의하면 자연풍의 난류의 파워는 수초에서 수십 초 이상의 장주기에 집중되어 있고 그의 무차원화 스펙트럼 밀도는 관측에 의하면 식(4.24)로 나타낼 수 있다.

$$\frac{nS_u(n)}{\sigma_u^2} = \frac{4n^*}{(1+70.8n^{*2})^{5/6}} \qquad \text{식(4.24)}$$

여기서 n^*는 무차원 진동수로서 이하와 같이 정의된다.

$$n^* = \frac{nL_x}{V} \qquad \text{식(4.25)}$$

여기서 L_x는 난류의 공간적인 넓이를 나타내는 길이의 척도로서 난류의 스케일이라고 불린다. 더욱이 파워스펙트럼 밀도를 무차원하기 위해서는 변동풍속의 표준편차로 나눔과 함께 주파수를 곱해야 한다는 것에 주의할 필요가 있다.

관측에 의하면 난류의 스케일은 높이와 함께 증대해서 식(4.26)로 나타낼 수 있다.

$$L_x = 100\left(\frac{z}{30}\right)^{0.5} \qquad \text{식(4.26)}$$

풍동실험에 있어서 파워 스펙트럼 밀도를 상사시키기 위해서는 횡축에 무차원주파수 nL_x/V를 가지고 플로팅한 $nS_u(n)/\sigma_u^2$의 값이 식(4.24)로 나타나는가를 확인하면 된다.

위에서 언급한 파라메타 이외에 자연풍의 모의에 있어서 고려하지 않으면 안 되는 파라메타의 하나로서 대기경계층 높이가 있다. 지상에서 충분히 떨어진 상공에 있어서는 지표면 조도의 영향이 무시되어지므로 풍속은 높이에 따라 변화되지 않고 기압배치로부터 계산된 결과와 같아진다. 이러한 높이를 경계층 높이라고 부른다.

이에 관해서는 실측결과가 적어서 정확한 값을 알기는 어려우나 500m~1,000m 정도라고 생각된다. 초고층 건축물을 제외한 대부분의 건축물들은 이러한 경계층 높이에 비해서 상당히 낮다. 따라서 건축물 모형이 풍동에서 만들어진 난류경계층 내에 충분히 들어간 상태에서 실험하는 것이 중요하다. 더욱이 경계층 높이의 대소는 난류강도의 분포에 반영되므로, 난류강도의 분포를 일치시키는 것으로서 대부분의 경계층 높이에 관한 조건도 만족된다고 판단된다.

(2) 실험기류 작성 및 측정

풍동 내에서 작성되는 기류의 특성은 풍동바닥면의 조도의 크기 혹은 밀도에 의해 좌우된다. 모의해야 할 기류를 작성하기 위하여 어느 정도 크기의 조도를 어느 정도의 밀도로 풍동바닥면에 배치하는가에 관해서는 기존의 문헌을 참고해서 결정한다. 그러나 뒤에 기술할 것처럼 풍동에 있어서 기류의 성상이 조도요소만으로 결정되지는 않고 실제로는 여러 가지 조도요소를 다양하게 배치한 상태에서의 기류성상을 측정하면서 목적의 조도 혹은 그 배치를 선정하는 시행착오가 필요하게 된다.

그런데 풍동 바닥면에 조도요소를 배치하는 것만으로는 다수의 경우, 난류경계층의 발달이 불충분하고 자연풍에 대응하는 충분한 두께의 경계층류를 얻을 수 없다. 20m 정도의 실험부를 사용해도 조도요소만으로서 자연스럽게 발달한 경계층 두께는 수 10cm 정도로 충분하지는 않다. 따라서 짧은 실험부에서도 충분한 경계층 두께를 가진 기류를 작성하기 위해서는 실험부의 입구 부근에 다음과 같은 보조적인 장치를 설치하는 경우가 많다.

① 경계층의 층류에서 난류상태로의 이행을 촉진하는 장치(barrier 등)
② 경계층내의 풍속분포에 따른 풍속결손을 만들어 내는 장치(spire 등) /그림 4.5
③ 풍동내에서 작성된 기류의 성상은 풍동바닥면의 조도의 크기 혹은 밀도에 의해 좌우된다. 조도블록(roughness block) /그림 4.6

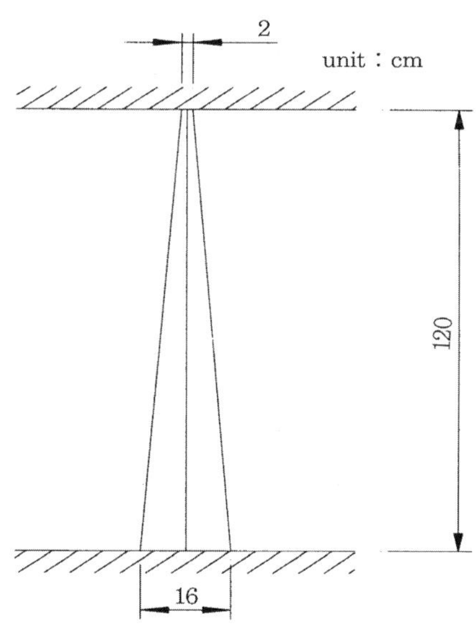

(실무자를 위한 건축물 풍동실험 가이드북/김영문 역)
그림 4.5 Spire

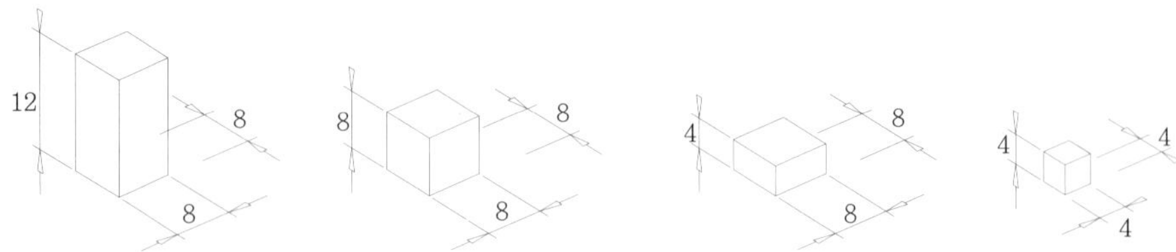

그림 4.6 조도블록

그림 4.7에서는 풍동 내에 이러한 장치를 조합시켜서 적절히 원하는 모의기류를 작성하고 있는 모습이다. 실험에 있어서는 이러한 장치의 특성을 충분히 이해한 후에 시행착오에 의해 최적이라고 생각되는 장치를 선정하게 된다.

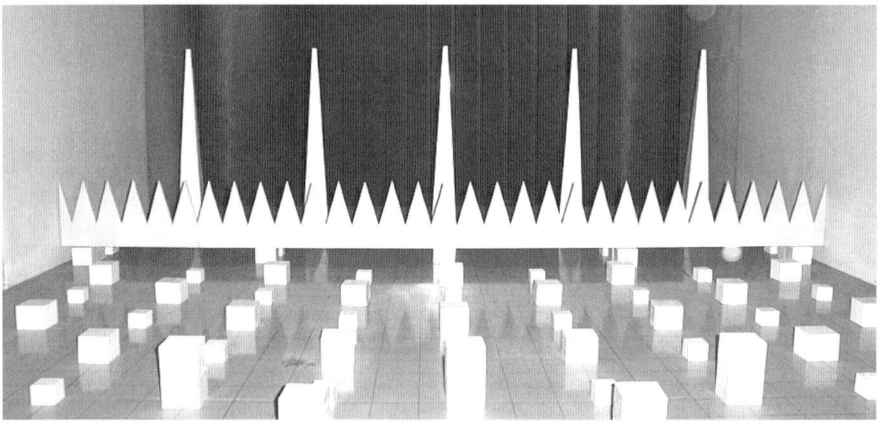

그림 4.7 배리어, 스파이어, 조도블록에 의한 난류경계층의 작성

또, 그림 4.7에 보인 것과 같은 여러 장치를 조합시켜 적절한 모의기류가 시행착오를 거쳐 작성되면 이러한 실험기류의 성질을 조사할 필요가 있다. 이러한 실험기류의 성질을 조사하는 경우, 모형 설치위치에서의 풍속을 측정할 필요가 있다. 풍속의 측정에서 일반적으로 쓰이는 것은 그림 4.8에 보인 것과 같은 열선풍속계이다. 열선풍속계는 응답특성이 극히 양호하고 센서부분을 연구해서 풍방향, 풍직각방향의 풍속성분을 동시에 측정할 수 있는 등 다수의 장점을 가진다. 그러나 온도변화나 센서의 먼지부착 등에 민

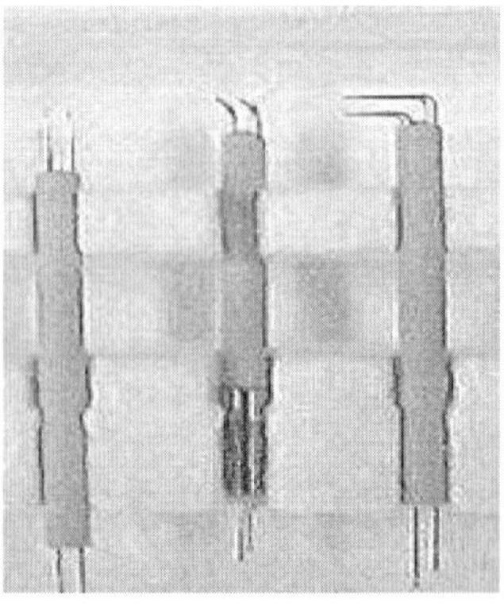

그림 4.8 각종의 열선풍속계의 센서부분

감하기 때문에 측정 전에 반드시 센서를 교정(calibration)할 필요가 있다.

따라서 풍동 내의 기준이 되는 풍속의 측정에는 적정하지 않다. 풍동 내 기준풍속의 측정에는 주로 피토 정압관이 쓰인다. 피토 정압관은 그림 4.9에 보인 것처럼 이중의 원관으로 외측의 원관을 따라 뚫린 구멍에 의해 기류의 정압을 내측의 관 전면의 구멍에 의해 총압을 측정해서 그 차로부터 다음 식에 따라 풍속을 산정한다.

$$V = C\sqrt{\frac{2(P_T - P_S)}{\rho}} \qquad \text{식(4.27)}$$

여기서 V는 풍속, P_T는 총압, P_S는 정압, C는 피토계수로서 피토관의 특성에 따라 결정되는 계수이며 통상 1이다. 더욱이 총압과 정압과의 차가 속도압이다. 총압 혹은 정압의 측정에는 압력계가 사용되는데 이러한 압력의 측정에 과거에는 기계식 마노메타가 사용되었으나 최근에는 전기식 압력계의 사용이 증가하고 있다.

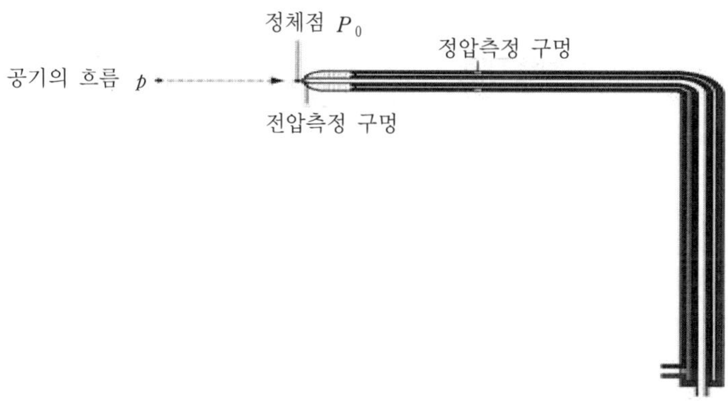

(실무자를 위한 건축물 풍동실험 가이드북/김영문 역)

그림 4.9 피토 정압관

4.2 풍압실험(Wind Pressure Test)

풍압실험은 모형에 작용하는 풍압력을 풍압계에 의해 측정하는 실험이다. 이 실험은 외장재설계용 풍하중 평가를 목적으로 하는 것이 대부분이지만 구조골조용 풍하중 평가에도 활용된다. 외장재의 풍압하중 산정에는 최대순간 풍압계수를 적절히 평가할 필요가 있다. 대한 건축학회 발행 건축물 하중기준 및 해설(2000)에서는 최대순간풍압을 설계속도압과 거스트 외압계수의 곱에 의해 산정한다. 그러나 건축물 하중기준 및 해설에 나타나 있는 기본형상 건축물에 대한 풍압계수는 한정되어 있으므로, 건축물의 평면형상이나 입면형상이 복잡한 경우는 외장재 설계용 풍하중을 추정할 수 없는 경우도 많다. 또한 건축물에 작용하는 풍압력은 주변 건축물의 영향을 크게 받으므로 하중을 적절히 평가하기 위해서는 풍동실험이 필요하게 된다. 풍동실험을 실시해서 적절한 풍하중이 추정되면 건축물의 안전성 확보만이 아니라 경제적인 설계도 기대할 수 있다.

4.2.1 실험개요

건축물의 풍압측정의 개요를 그림 4.10에 나타냈으며, 일반적으로 건축물 모형에 작용하는 풍압력은 벽면의 풍압 측정공에서 압력 튜브로 풍압계로 유도되어 기준 정압과의 차압으로 측정된다. 그림 4.11은 풍압 데이터를 얻는 체계의 개요를 나타내고 있다.

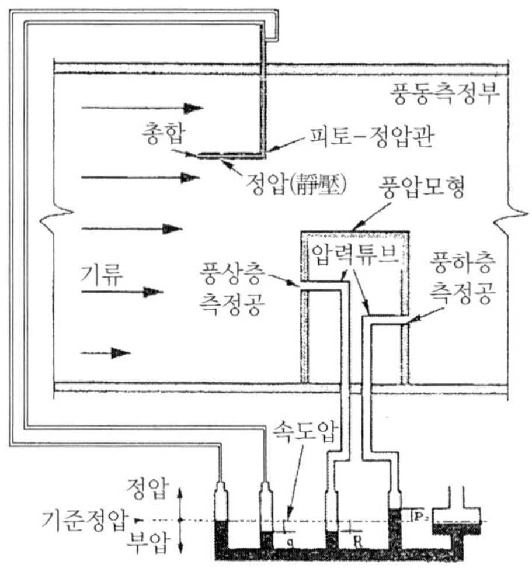

(실무자를 위한 건축물 풍동실험 가이드북/김영문 역)

그림 4.10 풍압측정의 개요

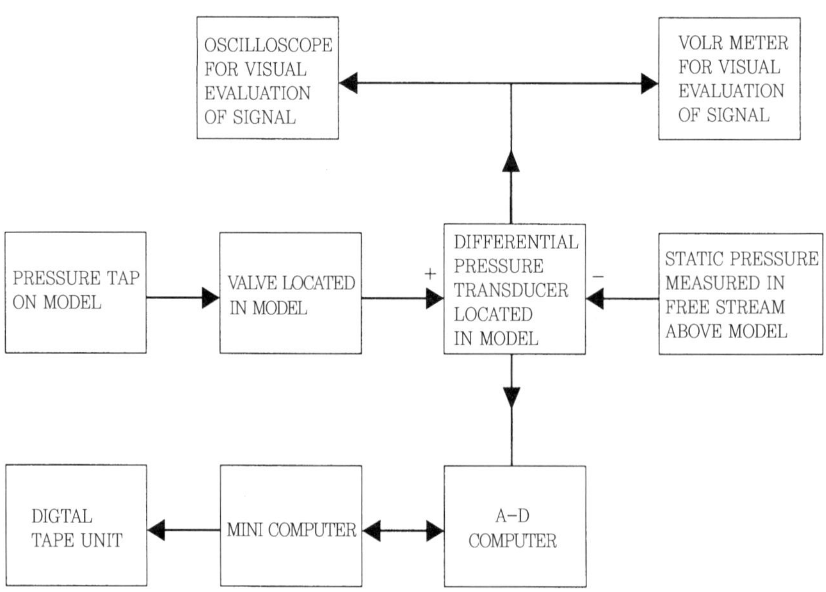

그림 4.11 풍압 데이터를 얻는 체계의 개요

4.2.2 측정 장치

압력 튜브에 의한 풍압측정방식의 풍압측정 장치에는 다음의 그림 4.12와 같은 종류가 있다.

1) 측정 장치의 종류

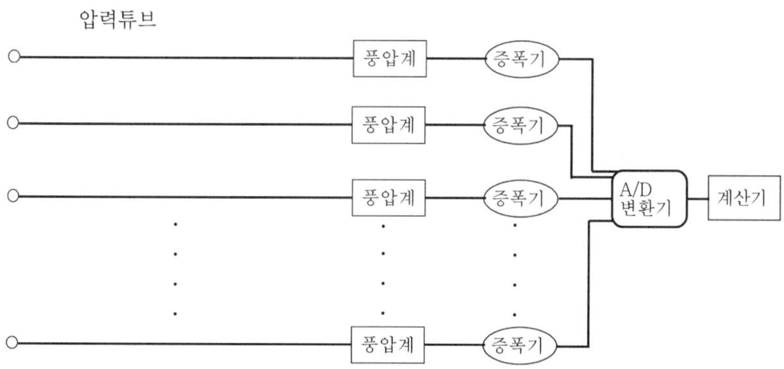

(a) 방식 1

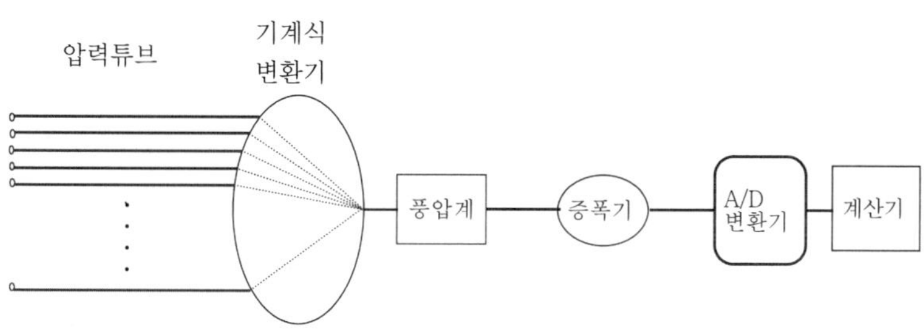

(b) 방식 2

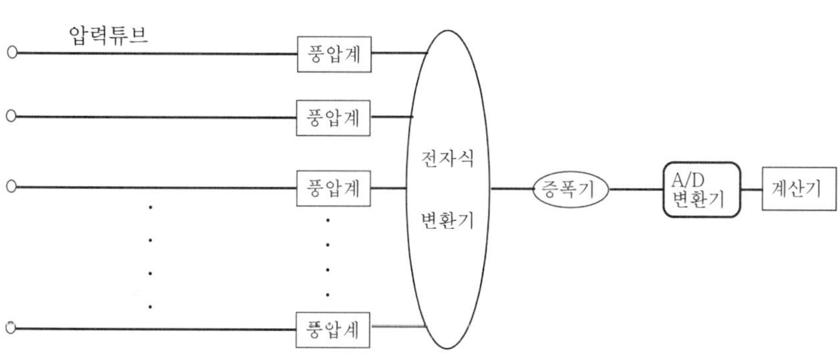

(c) 방식 3

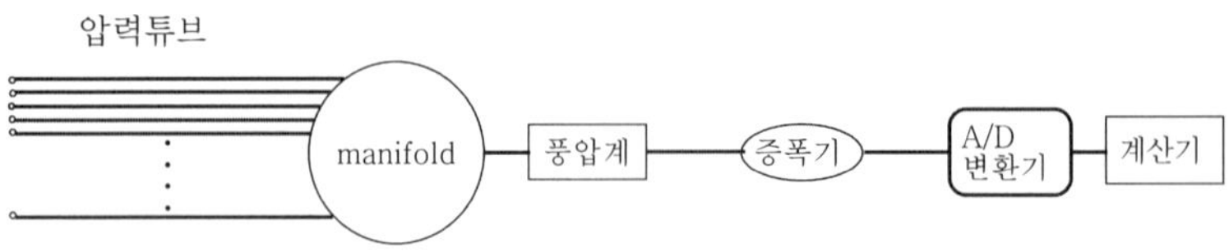

(d) 방식 4

(실무자를 위한 건축물 풍동실험 가이드북/김영문 역)

그림 4.12 압력 튜브에 의한 풍압측정방식

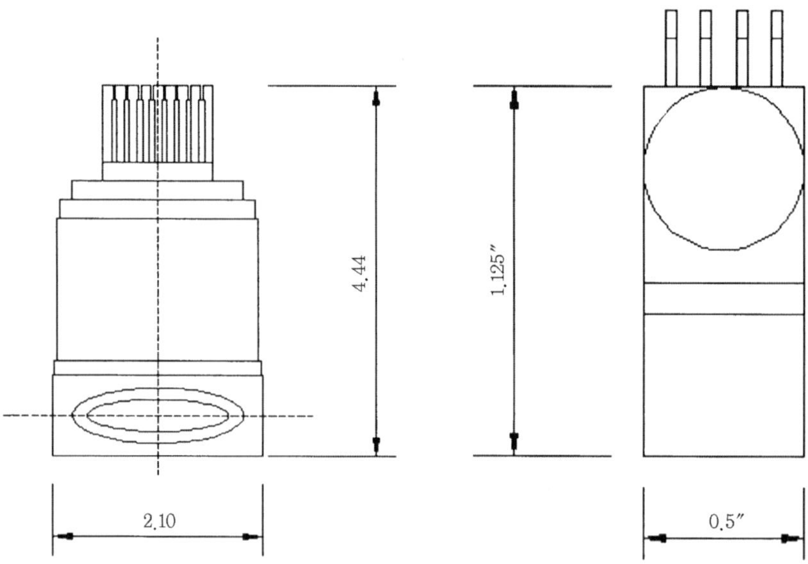

(실무자를 위한 건축물 풍동실험 가이드북/김영문 역)

그림 4.13 기계식 압력변환기의 예

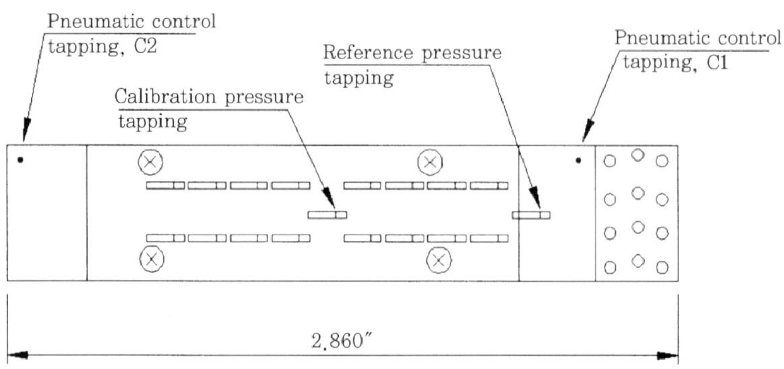

(실무자를 위한 건축물 풍동실험 가이드북/김영문 역)

그림 4.14 전자식 압력변환기의 예

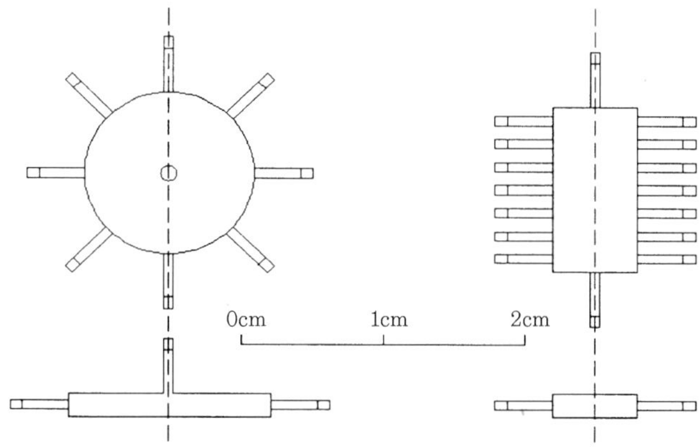

(실무자를 위한 건축물 풍동실험 가이드북/김영문 역)

그림 4.15 Manifold의 예

① 각 풍압측정공마다 풍압력을 압력 튜브로 풍압계로 유도해서 측정하는 방식[6](그림 4.12(a))

② 각 풍압측정공의 풍압력을 압력 튜브로 기계식의 압력 변환기(그림 4.13)로 유도해서 측정하는 방식(그림 4.12(b))

③ 각 풍압측정공의 풍압력을 압력 튜브로 각 압력계로 유도해서, 각 풍압계로부터의 전기신호를 전자식 변환기(그림 4.14)로 고속으로 변환하면서 측정하는 방식[7](그림 4.12(c))

④ 각 풍압측정공의 풍압력을 manifold(그림 4.16)로 유도해서, manifold에 의해 공기역학적으로 평균화한 풍압력을 압력 튜브로 풍압계로 유도해서 측정하는 방식 [8,9] (그림 4.12(d))

풍압계로부터의 전기신호는 A/D변환기로 입력해서 전산처리된다.

건축물을 대상으로 한 풍압실험은 풍압측정점의 수가 수백 점 정도로 되는 경우가 많고, 측정의 효율화를 위해 ②~④의 방식이 많이 이용된다. 건축물 전체에 작용하는 변동풍력이나 지붕이음재, 벽면패널 등에 작용하는 변동풍압의 측정에는 ③이나 ④의 방식이 많이 이용된다. 변동풍압력을 측정하는 경우는, 압력 튜브의 동특성보정이 필요하다.

풍압계는 측정가능 범위가 ±수백 Pa~±1Pa 정도의 차압형이 많이 이용된다. 또한 변동풍압력을 측정하는 경우는 동적응답성이 우수한 풍압계가 필요해서 1KHz 이상의 동특성을 가진 풍압계가 이용되는 경우가 많다. 더욱이 이러한 풍압계는 측성 시에 보정을 할 필요가 있다.

2) 풍압모형

일반적으로 풍압모형은 아크릴 판이나 놋쇠 판의 강모형(剛模型)으로 제작되며, 풍압 측정공이 설치된다. 풍압측정공에는 작용풍압력을 풍압계까지 연결하기 위한 압력 튜브가 부착된다(그림 4.16). 풍압 모형의 크기와 그 주변상황의 모형화 범위의 크기는 풍동기류의 기하학적 스케일과 풍동의 폐쇄율을 감안해서 결정된다. 풍압실험의 폐쇄율은 5% 정도 이하로 하는 경우가 많다.

풍압모형은 정확하게 모형화하는 것이 바람직하나 모형의 축척률의 제약으로부터 세부까지 상세히 모형화할 수는 없다. 그러나 곡면에 작용하는 풍압력은 표면의 凹凸의 상황에 크게 영향을 받기 때문에, 곡면부분을 모형화하는 경우에는 충분한 배려가 필요하다. 또 벽면 등에 간극이나 갤러리가 있는 건축물의 내측의 풍압력(실내압)을 측정하는 경우에는, 간극이나 갤러리의 모형화에 주의하는 것 외에 벽면 모형의 강성, 기밀성, 개구율 등에 충분한 배려가 필요하다. 모형의 풍압측정공에 붙어 있는 압력 튜브는 내경 1 mm 정도의 비닐튜브가 많이 이용된다.

풍압측정점은 측정면에 작용하는 풍압력의 분포상황을 예상하면서 설치할 필요가 있고, 큰 국부풍압의 발생이 예상되는 우각부, 능선부, 주변부, 돌기물 주변 등에는 측정점을 조밀하게 설치할 필요가 있다.

그림 4.16 풍압 모형

4.2.3 측정조건

1) 풍동기류

풍동기류는 해당 건축물을 건설하는 장소의 자연풍을 모의해서 작성한다. 이 때문에 풍압실험 대상건축물 주변의 지물의 상황을 지도 등을 참고해서 파악하고 지표면 조도를 판단한다. 이외에 해당 건축물에 영향을 미칠 것으로 예상되는 주변의 건축물 등의 재현에 유의한다.

2) 기준 정압과 기준 속도압

모형에 작용하는 풍압력은 측정부의 장(場)을 대표하는 기준 정압과의 차압으로서 측정되며, 기준 속도압에 의해 풍압계수로 변환된다. 이 기준 속도압은 보통모형의 지붕 평균높이에서의 속도압에 의해 정의된다. 이를 위해 속도압의 측정정도(精度)는 풍압계수에 크게 영향을 미친다. 정압이나 속도압은 일반적으로 피토-정압관에 의해 측정된다. 이 피토-정압관은 모형이나 기류의 난류의 영향을 받기 어려운 장소, 예를 들면, 모형의 상공 등에 설치하는 경우가 많다.

3) 실험풍속

실험풍속은 풍압계의 성능 및 상사법칙으로부터 설정된다. 예를 들면, 풍압계의 최소 분해능을 $p = 0.5\,\mathrm{kgf/m^2}$, 풍압계수의 분해능을 $C = 0.05$, 공기밀도 $\rho = 0.125\,\mathrm{kgf \cdot sec^2/m^4}$로 가정한 경우, 실험풍속은 $V \geq 12.6\,\mathrm{m/s}$로 된다. 또한 변동풍압력을 평가하는 경우에는 무차원 풍속($V^* = V/nB$)를 고려해서 설정한다. 예를 들면, 설계풍속을 $V_{full} = 60\,\mathrm{m/s}$로 상정하고, 기하학적 스케일 $L_{model}/L_{full} = 1/400$의 모형을 이용해 시간 스케일을 $T_{model}/T_{full} = 1/100$로 해서 피크 풍압력을 평가하는 경우의 실험풍속 V_{model}은,

$$V_{model} = V_{full} \times (L_{model}/L_{full}) \times (T_{full}/T_{model})$$
$$= 60(1/400) \times (100/1) = 15\mathrm{m/s} \qquad \text{식(4.28)}$$

로 된다.

4) 실험풍향

건축물에 작용하는 풍압력은 풍향에 따라서 크게 변화한다. 이 때문에 실험풍향을 설정하는 경우에 이 점을 충분히 배려할 필요가 있다. 큰 국부풍압이 예상되는 경우나 풍향의 변화에 대해서 풍압력의 변화가 특히 현저할 경우에는, 그 풍향 근방에서 실험풍향을 세밀히 변화시켜 측정할 필요가 있다.

5) 압력 튜브의 영향

압력 튜브에 의해 변동풍압력을 측정하는 경우에는 압력 튜브 내의 공기의 공명현상의 영향에 주의할 필요가 있다. 압력 튜브계의 동특성은 그림 4.17에 나타난 것과 같은 장치에 의해 조사할 수가 있다.

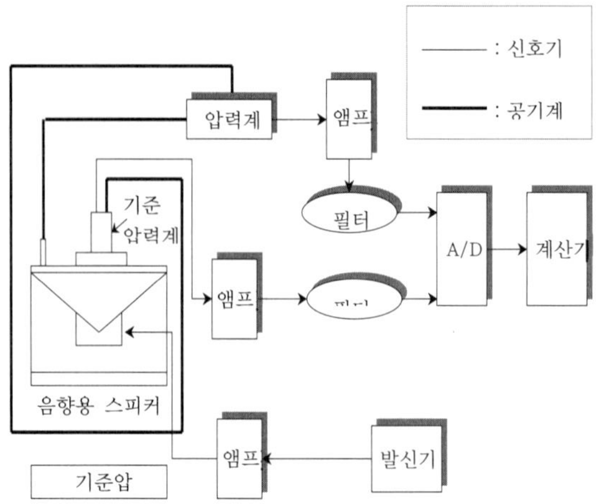

(실무자를 위한 건축물 풍동실험 가이드북/김영문 역)

그림 4.17 압력전달 특성의 측정방법

압력 튜브의 영향에 대처하는 방법으로는 주로 다음의 3가지 방법이 있다.

① 압력 튜브의 길이를 짧게 하거나 내경을 크게 하는 것으로 영향을 적게 한다.

② restrictor라고 부르는 저항관을 압력 튜브의 적절한 장소에 삽입해서 공명현상을 억제한다.[8)]

③ 압력 튜브의 압력전달특성 [6,7,8)]을 구해서 보정한다.

②의 restrictor를 이용해서 측정할 수 있는 변동풍압력의 주파수 범위는 0~100Hz 정도이다.

③의 방법에서는 고주파수까지 압력튜브의 영향을 보정하는 것이 가능하다.

6) 데이터 샘플링

풍압계로부터의 출력신호는 A/D변환기에서 디지털 값으로 변환(A/D변환)된다. 여기서 문제가 되는 이것은 A/D변환의 샘플링 시간과 샘플링 간격의 결정방법이다. 또, 노이즈를 제거하기 위한 필터링의 cut-off 주파수의 결정방법도 문제가 된다. 샘플링 시간이나 샘플링 간격은 풍압력의 평가시간과 풍동실험의 시간 스케일을 감안해서 결정한다. 여기서는 일례로서, 변동풍압력을 측정하는 경우의 샘플링 간격의 평가방법을 나타낸다. 설계풍속 $V_{full}=60\ \mathrm{m/s}$로 하고, 설험풍속 $V_{model}=15\ \mathrm{m/s}$로 하면, 풍속스케일은 $V_{model}/V_{full}=1/4$로 된다. 여기서, 실험시의 기하학 스케일을 1/400로 하면, 시간스케일 $T_{model}/T_{full}=1/100$로 된다. 그러므로 평가시간 10분(600초)에 상당하는 샘플링 시간은 6초로 된다. 일반적으로 6초 정도의 샘플링 시간에서는 데이터는 분산이 생기므로, 수개 정도의 앙상블 평균을 구할 필요가 있다. 또 100Hz까지의 변동풍압력을 평가하는 경우의 샘플링 간격은 샘플링정리로부터,

$$\Delta t = 1/(2\times 100) = 0.005\,\mathrm{sec} \qquad \text{식(4.29)}$$

로 된다. 그러나 실제는 2~4배 정도의 여유를 가지고 오버 샘플링하는 경우가 많다. 이 경우, low-pass filter의 cut-off 주파수는 200~400Hz로 한다.

4.2.4 측정 데이터 처리

측정된 풍압력은 다음에 나타내는 평균풍압계수, 변동풍압계수, 최대 및 최소 순간 풍압계수에 의해 평가한다. 더욱이 건축물 하중기준 및 해설(2000)에서는 최대 혹은 최소 순간풍압력과 평균풍압력의 비를 풍압의 거스트 영향계수라고 부른다.

$$C_p = \frac{\overline{p}}{q_H} \ : \text{평균풍압계수} \qquad \text{식(4.30)}$$

$$C_p{}' = \frac{\sigma_p}{q_H} \ : \text{변동풍압계수} \qquad \text{식(4.31)}$$

$$\widehat{C} = \frac{\widehat{p}}{q_H} \ : \text{최대순간풍압계수} \qquad \text{식(4.32)}$$

$$\breve{C} = \frac{\breve{p}}{q_H} \ : \text{최소순간풍압계수} \qquad \text{식(4.33)}$$

단,

$$\overline{P} = \frac{1}{N}\sum_{i=1}^{N} P_i \qquad \text{식(4.34)}$$

$$\sigma_p = \sqrt{\frac{1}{N-1}\sum_{i=1}^{N}(P_i - \overline{P})^2} \qquad \text{식(4.35)}$$

여기서, $P, \sigma_P, \widehat{p}, \breve{p}$: 각각, 풍압력의 평균치, 표준편차, 최대순간치 및 최소순간치, P_i : 풍압력의 i번째의 샘플링값, N : 샘플링 개수, q_H : 기순 속도압으로, 기준높이(보통, 모형 지붕의 평균높이) H에서의 속도압

4.3 풍력실험(High Frequency Force Balance Test)

풍력실험은 건축물 전체 혹은 그 일부에 작용하는 풍하중의 평가를 위해서 실시된다. 예를 들면 고층건축물의 내풍설계 시 설계용풍하중을 구하기 위해서 실시한다.

특히, 이 실험에서는 대상이 되는 건축물의 모형을 풍력계(High Frequency Force Balance) 위에 고정하고, 이렇게 고정된 모형 전체에 작용하는 풍하중을 측정한다. 이 때 모형은 진동하지 않는 강체모형을 사용한다. 단, 이 실험에서는 바람에 의해 건축물이 진동하고, 이로 인해서 생기는 부가적인 공기력에 대해서 예측하는 것은 할 수 없다.

부가적 공기력의 효과를 파악하기 위해서는 공력진동실험에 의존하게 된다. 또, 실험대상 건축물의 동적 특성이 명확하지 않은 시점에서도 건축물의 형상이 정해지면 건축물의 동적특성을 파라메타로서 변경하면서 응답을 측정할 수 있는 장점도 있다.

4.3.1 실험개요

고층건축물의 풍력측정 시의 실험장치 전체의 개요를 그림 4.18에 나타낸다. 풍동바닥면 아래에 설치된 풍력계라고 부르는 측정기 위에 대상이 되는 건축물의 강체(剛体) 모형을 설치한다. 이와 같은 일반적인 고층건물의 경우, 풍하중 측정은 수평 2방향의 풍하중 F_x, F_y와 Z축 주위의 비틀림 모멘트 M_z 그리고 X축, Y축에 대한 전도 모멘트 M_x, M_y의 5성분으로 측정하게 된다. 장스팬 구조물 등의 연직방향의 불어 올리는 힘을 측정하고자 할 경우에는 연직방향의 풍하중 F_z을 더해 6성분을 측정하는 풍력계가 필요하다. 그림 4.19에 일반적인 6분력계의 좌표축의 정의를 나타내고 있다.

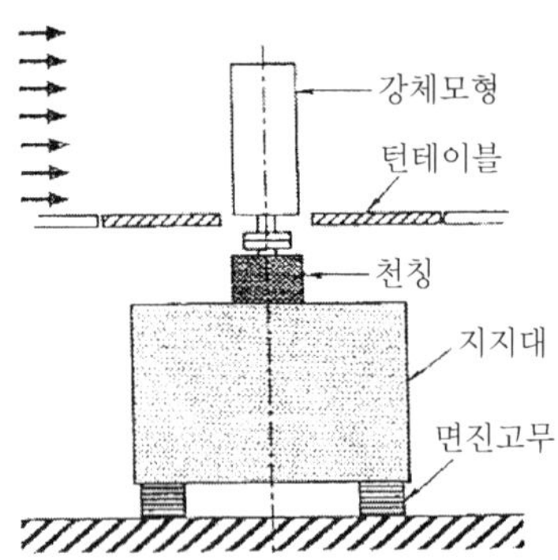

(실무자를 위한 건축물 풍동실험 가이드북/김영문 역)

그림 4.18 측정장치의 개요

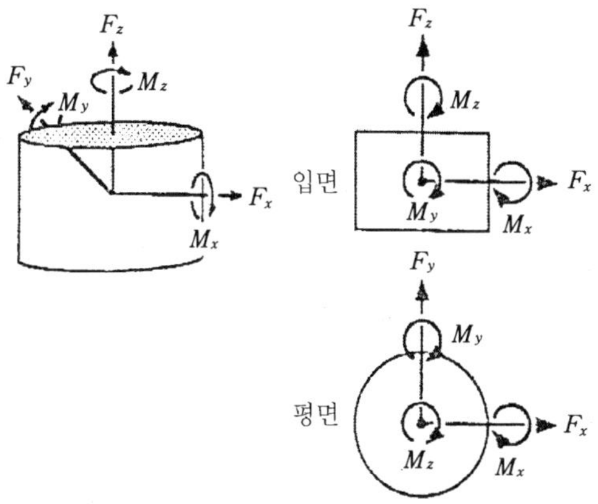

(실무자를 위한 건축물 풍동실험 가이드북/김영문 역)

그림 4.19 6분력 천칭의 좌표축의 정의

4.3.2 측정장치

1) 측정기

풍력의 측정에 이용되는 풍력계에도 측정대상에 따라 여러 종류가 있지만, 건축분야에서 일반적으로 사용되는 것은 외력에 의해 측정기 수감부의 미소한 변형을 스트레인게이지 등으로 측정하는 것이다(그림 4.20 참조). 이 수감부와 강체모형이 전체로 하나의 진동계를 형성해서 그림 4.21에 나타난 것과 같은 진동특성을 갖게 된다. 풍력의 평균치만을 대상으로 하는 경우라면 문제없지만, 변동을 측정할 때에는 필요로 하는 주파수 범위가 천칭 모형의 진동계의 공진범위에 들어가지 않도록 할 필요가 있다.

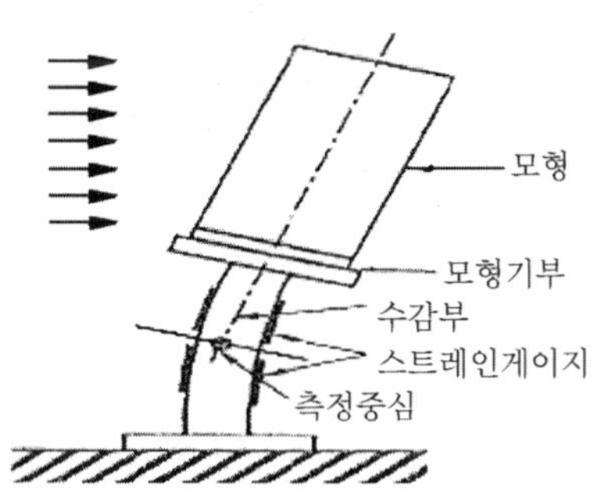

(실무자를 위한 건축물 풍동실험 가이드북/김영문 역)

그림 4.20 천칭의 원리

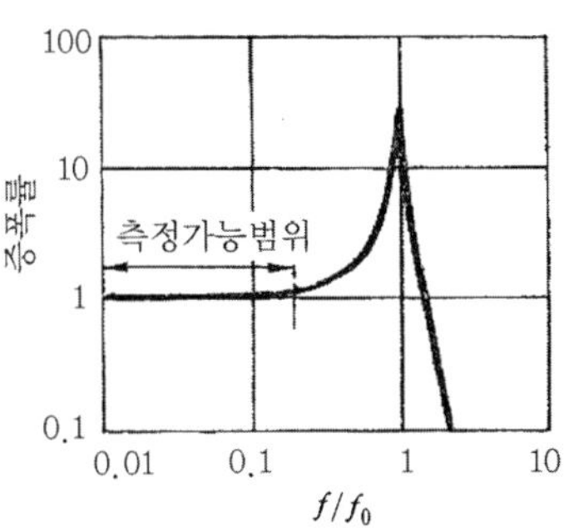

(실무자를 위한 건축물 풍동실험 가이드북/김영문 역)

그림 4.21 측정계의 진동특성

측정 주파수 범위를 광범위하게 취하기 위해서는 실험 모형의 고유진동수를 충분히 높게 하지 않으면 안 된다. 즉, 모형의 강성을 높이거나 중량을 적게 할 필요가 있다. 단, 모형의 강성을 높이기 위해서는 수감부의 강성을 높이게 되어 수감부의 감도(感度)를 떨어뜨리게 되므로 주의가 필요하다. 이외에 측정하는 풍력 외의 바닥이나 풍동 등에서의 진동에 의한 영향을 받기 쉽고 이러한 잡음문제에도 충분히 주의할 필요가 있다.

바닥이나 풍동 등에서의 진동에 대해서는 그림 4.18에 나타나 있는 것처럼 강(剛)하면서 한편으론 중량이 큰 지지대를 이용하고, 경우에 따라서는 면진(免震)장치 등을 이용하는 경우도 있다. 더 나아가서, 그림 4.20에 나타낸 바와 같이 측정되는 전도 모멘트의 측정중심(모멘트 중심)은 건축물 기부 상당의 위치와 다르게 되는 경우가 많아, 건축물 기부에서 모멘트를 구하는 경우에는 보정이 필요하다. 측정기에는 보통 실험방향을 변화시키기 위해 모형을 회전시키는 기구가 포함되어 있다. 회전의 방법으로서 측정기의 측정축을 건축물의 구조축에 일치시켜 모형과 함께 회전시키는 방식과, 측정축을 풍동축과 일치시킨 상태에서 모형만을 회전하는 방식이 있다. 어떠한 방식의 측정결과도 좌표변환을 하면 쉽게 다른 방법의 결과로 변환할 수 있지만, 측정의 목적 및 측정기의 방식을 충분히 이해해 둘 필요가 있다.

2) 풍력모형

풍력 측정용의 모형을 제작할 경우에 만족해야 할 상사조건은 기하학적인 조건이고, 동역학적인 상사조건에 대해서는 만족할 필요는 없다. 그러나 측정기기, 풍동장치의 조건 등에서 몇 가지 제약을 받는다. 우선 앞에서도 언급한 모형-풍력계의 고유진동수를 높이기 위해서 모형은 될 수 있는 한 가볍게 하지 않으면 안 된다. 그런 반면에 가볍게 하는 데만 주의를 기울여 강성이 적은 모형이 되면, 불필요한 진동을 일으키는 잡음의 원인이 된다. 그러므로 될 수 있는 한 가볍고 강성이 높은 모형을 제작한다.

그림 4.22 풍력 모형

모형의 축척은 기류의 상사조건을 만족하는 축적으로 하는 것이 가장 바람직하지만 앞에서 언급한 제약 등에서 기류의 상사조건을 만족시킬 수 없는 경우도 있다. 예를 들면 소규모 건축물인 경우, 기류의 상사조건을 만족하도록 모형을 제작하면, 매우 적은 모형이 되어 풍력 자체가 적게 되어 측정 정도(精度)의 측면에서 좋지 않게 되는 경우가 있다.

이 경우, 충분한 정도로 측정할 수 있을 때까지 모형을 크게 한다. 그러나 너무 크게 되면 풍동 단면에 대한 모형의 겉보기면적이 커져서 폐쇄율의 문제가 발생한다. 폐쇄율은 보통 5% 정도 이하로 할 필요가 있다. 또 모형이 크게 되면 중량도 무거워지고 고유진동수가 낮아지기 때문에 이 점에도 주의가 필요하다.

모형의 기하학적 상사조건을 일치시키기 위해서 될 수 있는 한 충실히 세부까지 재현하는 것이 바람직하지만, 모형을 가볍게 만드는 등의 제한이나 전체 풍력을 파악하는 것이 목적이므로 벽면의 작은 凹凸 등은 어느 정도 생략하는 경우도 많다. 단, 건축물 코너부의 형상은 와류의 발생에 미치는 영향이 크고 전체 하중에 대한 영향도 크기 때문에 가능한 한 충실히 재현할 필요가 있다.

4.3.3 측정조건

1) 풍동기류

자연풍을 풍동 내에 재현하고자 한 경우, 난류의 스케일 등의 상사조건을 만족시키고자 한다면, 보통 1 / 300~1 / 600의 축척으로 되는 경우가 많다.

한편, 모형의 축척은 측정기의 제약 등으로 반드시 이 범위의 모형축척이 얻어지지 않는 경우도 많다. 이 경우에도 난류강도 및 평균풍속의 연직분포의 상사만은 확보하는 것이 바람직하다. 또, 그림 4.23 [13]에 나타난 바와 같이 주변 건축물의 영향으로 응답이 크게 변화하는 경우도 있어, 영향을 미친다고 생각되는 범위의 건축물은 재현할 필요가 있다.

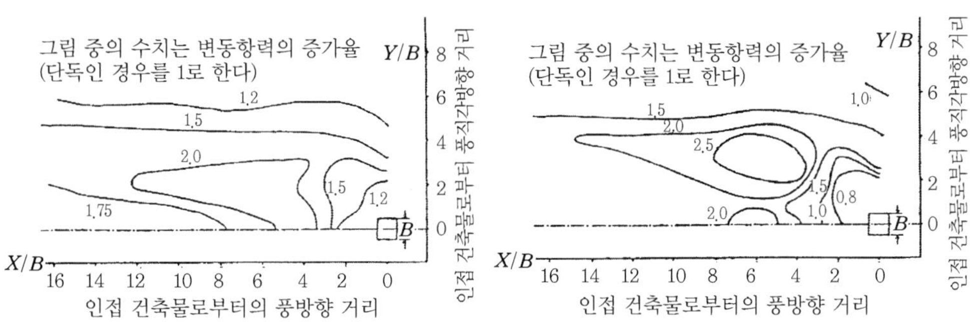

(실무자를 위한 건축물 풍동실험 가이드북/김영문 역)

그림 4.23 인접 건축물이 응답에 미치는 영향[13]

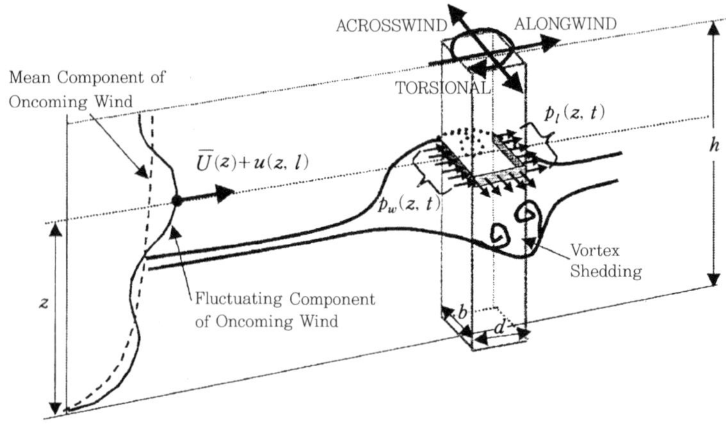

그림 4.24 구조물에 다가오는 바람의 범위와 특성

또 역으로 주변 건축물의 영향으로 응답이 적어지는 경우도 있고, 이 경우에는 단독으로 실시하는 경우도 많다. 참고로 그림 4.24은 바람의 영향을 받는 구조물에 다가오는 바람에 의해서 생기는 범위와 특성에 대하여 묘사하였다.[55)]

2) 실험풍속

실험풍속은 풍동장치나 측정기의 제약 및 상사법칙으로부터 설정된다. 실제의 풍동풍속의 실정 전에, 실험 시 자주 사용되는 물리량의 무차원화 표기법에 대해서 간단히 나타낸다.

우선, 풍속 V에 대한 무차원량인 무차원풍속 V^*는,

$$V^* = \frac{V}{n_0 \cdot B} \qquad \text{식(4.36)}$$

V : 풍속

n_0 : 건축물의 고유진동수

B : 대표길이로서 보통, 건축물의 폭

로 표시된다. 또, 무차원풍속의 역수는 무차원 고유진동수 n_0^*라고 부른다.

$$\frac{1}{V^*} = \frac{n_0 \cdot B}{V} = n_0^* \qquad \text{식(4.37)}$$

풍응답 해석은 스펙트럼을 이용한 응답해석에 의한 경우가 많고 스펙트럼으로 풍하

중의 변동특성을 나타내게 된다. 일반적으로 풍동실험에서 얻어진 변동외력의 스펙트럼(보통 파워스펙트럼 밀도로 나타내지만, 간단히 스펙트럼이라고 부른다.)을 표기할 경우, 횡축은 앞에서 언급한 무차원 진동수 n_0^*의 n_0를 진동수 일반의 n으로 바꾼 무차원 진동수로 나타내고, 종축의 스펙트럼 값도 이와 같이 무차원 스펙트럼 $n \cdot S(n)/\sigma^2$(n : 진동수, $S(n)$: 스펙트럼, σ^2 : 변동외력의 분산)으로, 그림 4.25와 같이 나타내는 경우가 많다.

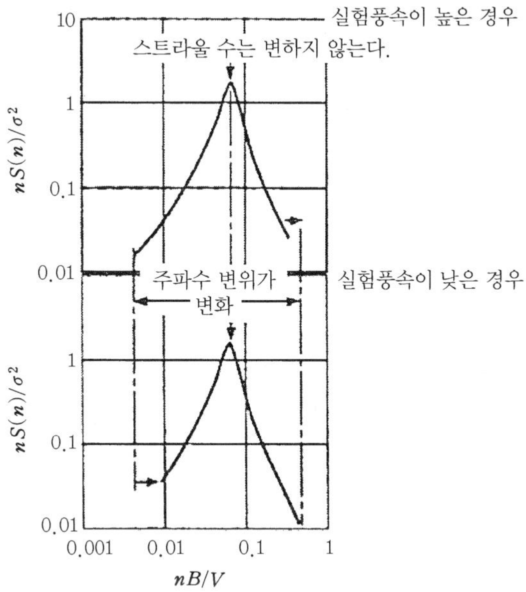

(실무자를 위한 건축물 풍동실험 가이드북/김영문 역)

그림 4.25 풍력의 스펙트럼

이와 같이 무차원화된 형태로 나타내면 스펙트럼의 형태는 레이놀즈수 등의 영향을 받지 않는 한, 풍동풍속을 변화시켜도 변하지 않는다. 단, 해석주파수 범위와 모형의 크기가 고정되어 있으므로 풍속의 변화에 따라 무차원 진동수의 범위는 변화한다.

그러므로 실험풍속은 하나의 스펙트럼으로서 검토풍속 범위 내의 응답해석이 가능하도록 측정한 외력의 무차원 진동수의 범위에 건축물의 무차원 고유진동수가 포함되도록 설정한다. 다음에 실험풍속의 설정 예를 나타낸다. 지금, 기본조건을

건축물 대표길이 : $B = 40\text{m}$

검토풍속 범위 : $V = 20 \sim 60\text{m/s}$

1차 고유진동수 : $n_0 = 0.25\mathrm{Hz}$

모 형 축 척 : 1/400

측정가능 범위 : 50Hz

로 한다. 이 경우 1차 고유진동수의 무차원진동수 n_0^*는,

$$n_0^* = \frac{0.25\,\mathrm{Hz} \times 40\mathrm{m}}{60\,\mathrm{m/s}} \sim \frac{0.25\,\mathrm{Hz} \times 40\mathrm{m}}{20\,\mathrm{m/s}} \qquad \text{식(4.38)}$$

$$= 0.167 \sim 0.5$$

로 된다. 한편, 측정 가능한 주파수의 상한은 50Hz이고, 모형의 대표길이가 10cm 이므로 실험풍속은

$$\frac{50\,\mathrm{Hz} \times 60.1\mathrm{m}}{V} > 0.5 \qquad \text{식(4.39)}$$

로 되고,

$$V < 10\mathrm{m/s}$$

로 된다. 해석범위를 확장하기 위해 함부로 풍속을 저하시키면 풍력이 적어지게 되고, 측정정도(精度)의 저하를 초래하기 때문에 주의할 필요가 있다.

3) 실험풍향

기본적으로는 건축물에 정면으로 대하는 풍향에서의 측정이 주된 것이 되나 주변의 건축물 상황을 고려할 경우는 16풍향으로 하는 경우도 많다. 건축물의 형상이 복잡한 경우는 다수의 풍향을 대상으로 하는 경우도 있다. (36방향, 10°간격) 또한 갤로핑의 검토를 위해 풍향각에 대해 횡력의 변화를 알기 위해서는 정면을 대하는 풍향을 중심으로 2~5도 간격 정도의 각도로 측정하는 경우도 있다.

4) 데이터 샘플링

데이터 수록의 방법은 A/D변환기를 이용한 디지털 처리가 일반적이다. 샘플링 조건의 설정방법은 기본적으로 풍압의 경우와 같다. 더 나아가, 데이터 처리상의 주의점으로서 풍력계에서의 출력이 대체로 적기 때문에 노이즈나 A/D 변환기의 분해능력 등에도 충분한 주의를 할 필요가 있다.

4.3.4 측정 데이터 처리

1) 데이터의 보정

건축물의 전도 모멘트의 중심과 측정중심이 다른 경우에는 다음과 같이 보정을 한다. 그림 4.26에 나타난 것처럼 측정기의 모멘트의 측정중심이 건축물의 기부(基部)보다 l_0만큼 아래에 있는 것으로 한다. 측정된 전체의 힘 $F_{(t)}$ 및 모멘트 $M_{(t)}$에서, 이때의 힘의 작용위치 $l_{(t)}$는,

$$l_{(t)}=M_{(t)}F_{(t)} \qquad \text{식(4.40)}$$

로 주어진다.

그러므로 건축물 기부에서의 모멘트 $M_{(t)}'$는,

$$M_{(t)}'=F_{(t)}\times(l_{(t)}-l_0)=M_{(t)}-F_{(t)}\times l_0 \qquad \text{식(4.41)}$$

로 된다. 이 보정을 시각력 데이터 상에서 수치계산 또는 아날로그 연산자를 이용해서 실시한다.

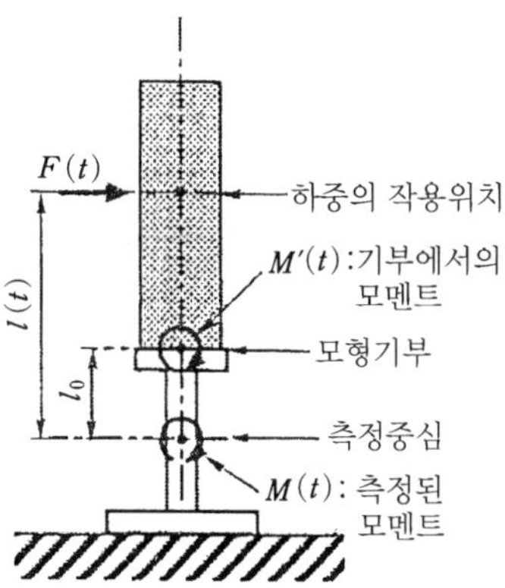

(실무자를 위한 건축물 풍동실험 가이드북/김영문 역)

그림 4.26 모멘트의 보정

2) 풍력계수

측정된 각 풍력은 풍력계수의 형으로 무차원화해서 포기되는 경우가 많다. 일반적으로 각 풍력계수는 다음 식으로 정의된다.

$$C_F=\frac{F}{q_H A} \qquad \text{식(4.42)]}$$

$$C_F = \frac{M}{q_H A L} \qquad \text{식(4.43)}$$

단, C_F, C_M : 풍력계수(C_F를 풍력계수, C_M를 모멘트 계수라고 부르는 경우도 있다.)

q_H : 기준속도압 = 1/2 $\rho \cdot V_{H^2}$

A : 대표면적

L : 대표길이(보통 X, Y축 주위의 경우에는 지분의 평균높이, Z축 주위의 경우에는 대표 폭으로 하는 경우가 많다.)

ρ : 공기밀도

V_H : 기준풍속(보통, 지붕 평균높이에서의 평균풍속)

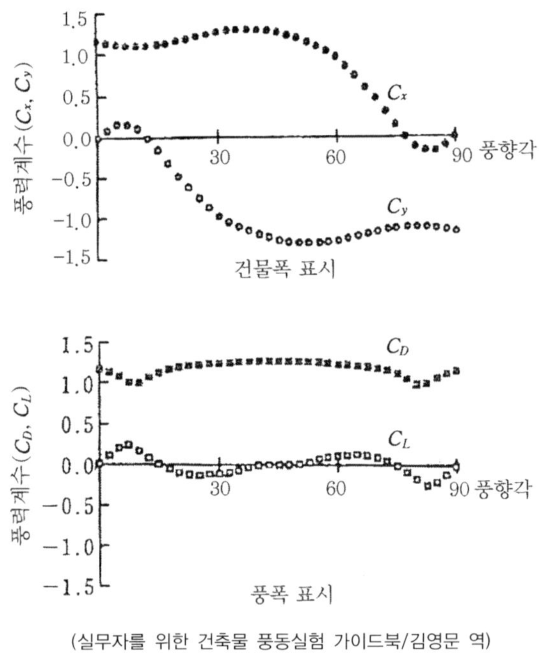

(실무자를 위한 건축물 풍동실험 가이드북/김영문 역)

그림 4.27 풍력계수의 측정 예

이와 같이 해서 정의된 풍력계수는 그림 4.27에 나타난 바와 같이 횡축을 풍향각과 종축을 풍력계수로 해서 나타내는 경우가 많다. 앞에서 언급한 바와 같이 풍향각을 변화시킬 때, 측정방법에 따라서 측정축과 건축물 구조축이 항상 일치하는 경우와 측정축이 고정되어 있는 경우가 있다. 측정결과도 이러한 측정방법에 따라서 겉으로는 다르게 되고 구조축과 측정축을 일치시킨 경우를『건축물축 표기』, 측정축이 풍의 흐름에 대해서 고정되어 있는 경우를 『풍축 표기』라고 부른다.

건축물축 표기의 경우, 나타내는 힘은 항상 구조축과 일치하고 있기 때문에, 구조설계 시 사용하기 쉽다. 반면에 풍축 표기는 건축물 축과 힘의 방향이 반드시 일치하지 않기 때문에 설계에 이용하기는 어렵지만, 힘의 방향을 풍의 흐름방향과 비교해서 정의하기 때문에 현상으로서 이해하기 쉽다. 이 풍향각과 풍력계수의 관계에서, 이러한 변화를 조사하는 것에 의해 준정상(準定常) 가정에 기초해서 갤로핑(galloping)에 의한 진동의 발산풍속을 추정하는 것도 가능하다.[14)]

3) 스펙트럼 해석

풍응답해석에 있어서는 주파수영역에서의 스펙트럼 해석법에 의한 방법 15), 16)이 일반적이고, 이 때문에 측정결과를 스펙트럼으로 표기하는 경우가 많다. 실제로 실험 데이터로부터 스펙트럼을 얻기 위한 스펙트럼 해석 수법에도 FFT, MEM, AR등 여러 가지가 있다. 각각 장단점이 있어서 일률적으로 어느 방법이라고는 말하기 어려우나 최근에는 MEM, AR법 등이 스펙트럼 분해능 등의 점에서 유리하다. 스펙트럼 해석수법의 상세에 대해서는 전문문헌을 참고하기 바란다. 응답해석에서는 앞에서 나타낸 무차원 스펙트럼으로 표기된 스펙트럼이 이용하기 쉽다.

4) 데이터의 응답평가

여기서, 스펙트럼 해석법의 개요와 풍력실험 결과와의 관계를 나타낸다. 해석은

① 변동풍력의 파워스펙트럼에 역학적 admittance를 곱해서, 건축물의 변동변위의 파워스펙트럼을 구한다.

② 변동변위의 파워스펙트럼을 전주파수영역에 대해서 적분해서 변동변위의 분산 σ^2을구한다.

③ 변동변위의 peak 값(최대진폭)과 분산의 평방근(표준편차)의 비(peak factor : g)를 확률론에 의해 구해서, 최대순간변위 X_{max}을 식(4.45) 에서 처럼 구한다.

$$X_{max} = \overline{X} + g \cdot \sigma \qquad \text{식(4.44)}$$

여기서, $\overline{X}$는 평균변위이다. 건축물의 1차진동이 탁원한 것으로 하여 다음에 응답평가의 개요를 나타낸다. 지금, 건축물의 변위를 일반화 변위와 진동모드의 곱으로서

$$x(z,\ t) = X_1(t) \cdot u_1(z) \qquad \text{식(4.45)}$$

$X_1(t)$: 1차 모드에 대한 일반화 변위

$\mu_1(z)$: 1차 진동 모드

로 나타내면, 일반화 변위에 관해서 다음의 운동방정식이 얻어진다.

$$M_1 \ddot{X_1}(t) + C_1 X_1(t) + K_1 X_1(t) = F_1(t)$$ 식(4.46)

여기서, M_1 : 1차 모드의 일반화 질량

$$M_1 = \int_0^H m(z) u_1(z)^2 dz$$

C_1 : 1차 모드의 일반화 감쇠

K_1 : 1차 모드의 일반화 강성

$K_1 = (2\pi N_0)^2 M_1$, n_0 = 1차 고유 진동수

F_1 : 1차 모드의 일반화 외력

$$F_1 = \int_0^H f(z,t) u_1(z) dz$$

이 경우, 운동방정식은 1질점계와 같은 형태가 되고, 일반화 변위의 파워스펙트럼은 일반화 외력의 파워스펙트럼에 역학적 admittance를 곱하는 것으로 해서 구해진다.

$$S_{x1}(n) = |x_1(n)|^2 \cdot S_{f1}(n)$$ 식(4.47)

$S_{x1}(n)$: 일반화 변위의 파워스펙트럼

$|x_1(n)|^2$: 역학적 admittance 식(4.48)

η_0 : 1차의 고유진동수

η_1 : 1차의 감쇠정수

$S_{f1}(n)$: 1차모드의 일반화 외력의 파워스펙트럼

이렇게 해서, 일반화 변위의 분산 σ^2은

$$\sigma^2 = \int_0^\infty S_{x1}(n) dn = \int_0^\infty |\chi_1(n)|^2 S_{f1(n)} dn$$ 식(4.49)

로 주어진다.

여기서 진동모드를 $\mu_1(z)=\dfrac{Z}{H}$로 가정 하면, 일반화 풍력 $F_1(t)$는

$$F_1(t)=\int_0^H f(z,t)\frac{z}{H}dz$$

$$=\frac{1}{H}M(t) \qquad \text{식(4.50)}$$

로 된다. 여기서,

$M_{(t)}$=전도모멘트

이다.

그러므로 일반화 외력의 파워스펙트럼 $S_{f1}(n)$은 전도모멘트의 스펙트럼 $S_M(n)$을 이용해서,

$$S_{f1}(n)=\frac{1}{H^2}S_M(n) \qquad \text{식(4.51)}$$

로 나타내는 것이 가능하다.

이상에서, 실험에서 얻어진 전도모멘트의 스펙트럼과 건축물의 동적특성 데이터를 이용해서 식(4.49)에 준거하여 응답변위의 표준편차 σ_x가 다음 식과 같이 구해진다.

$$\sigma_x=[(1/H)^2\cdot\int_0^\infty|\chi_1(n)|^2S_M(n)dn]^{1/2}$$

$$=\left[\frac{1}{(2\pi n_0)^2M_1^2}\cdot\int_0^\infty\frac{1}{1-(n/n_0)^2+4\eta^2(n/n_0)^2}\times\frac{S_M(n)}{H^2}dn\right]^{1/2}$$

식(4.52)

감쇠정수가 적은 경우, 일반화 변위의 스펙트럼은 고유진동수 부근에서 예리한 peak를 갖는 형태로 되고, 식(4.52)의 적분은 고유진동수 부근의 공진부분 (A_R)과, 그 이외의 비공진부분 (A_B)으로 나누어 평가해서 근사적으로 다음의 식(4.53)처럼 구할 수 있다.

$$\sigma_x=(A_B+A_R)^{1/2}$$

$$=\left[\frac{\sigma_M^2}{(2\pi n_0)^2\cdot M_1^2H^2}+\frac{\pi n_0\cdot S_M(n_0)}{4\eta_1\cdot(2\pi n_0)^2M_1^2\cdot H^2}\right]^{1/2}$$

$$=\frac{\sigma_M}{(2\pi n_0)^2M_1\cdot H}\left(1+\frac{\pi}{4\eta_1}\cdot\frac{n_0S_M(n_0)}{\sigma_m^2}\right)^{1/2} \qquad \text{식(4.53)}$$

여기서,

σ_M : 전도 모멘트의 표준편차

이다.

또, 일반화 변위의 평균치는 전도 모멘트의 평균치 M_{mean}에서

$$\overline{X}=\frac{M_{mean}}{(2\pi n_0)^2 M_1 \cdot H} \qquad \text{식(4.54)}$$

로 구해진다.

변동변위의 피크치(최대진폭)와 분산의 제곱근(표준편차)의 비(peak factor : g_x)는, 변동풍력을 정규정상확률 과정으로 가정해서

$$g_x=\sqrt{2ln(V_xT)}+0.577/\sqrt{2ln(V_xT)} \qquad \text{식(4.55)}$$

로 구할 수 있다. 여기서, T는 평가시간으로 보통 600초(10분)를 사용하고, V_x는 변위가 단위시간에 평균변위를 횡단하는 횟수(lever crossing수)로서,

$$V_x=\left(\int_0^\infty n^2 S_{x1}(n)\,dn/\int_0^\infty S_{x1}(n)dn\right)^{1/2} \qquad \text{식(4.56)}$$

로 구해진다. 이 계산도 감쇠정수가 적은 경우에는 공진성분의 적분치 A_R과 비공진부분의 적분치 A_B를 이용해서, 근사적으로

$$V_x=n_1\cdot[A_R/(A_R+A_B)]^{1/2} \qquad \text{식(4.57)}$$

로 구하는 것이 가능하다.

따라서 건축물 최상층에서의 최대응답변위는 평균변위와 변동변위의 합이므로 다음 식과 같이 주어진다.

$$X_{\max}=\overline{X}+g_x\cdot\sigma_x \qquad \text{식(4.58)}$$

한편, 건축물 각층에 발생하는 변동변위의 최대값 $x_{(\max)}(z)$은 다음 식과 같이 된다.

$$x_{\max}(z)=g_x\cdot\sigma_x(z)=g_x\cdot\sigma_x(H)\left(\frac{z}{H}\right) \qquad \text{식(4.59)}$$

이 최대변동 변위에 의해 총질량이 m_z인 건물 각층에는 다음 식과 같은 관성력인 최대변동 풍하중 $w_{(\max)}(z)$이 발생한다.

$$w_{\max}(z) = m_z (2\pi n_1)^2 x_{\max}(z) \qquad 식(4.60)$$

따라서 건축물의 각층에 작용하는 최대풍하중 $W(z)$는 식(4.62)로 주어지는 평균풍력에 의한 평균풍하중 $\overline{W}(z)$와 식(4.60)로 주어지는 변동풍력에 의한 최대변동풍하중 $\omega_{\max}(z)$의 합으로 구해진다.

$$\overline{W}(z) = C\left(\frac{z}{H}\right)^{\beta} q_H B \qquad 식(4.61)$$

단, $C = (C_F \cdot C_M) / (C_F - C_M)$,

$\beta = (2C_M - C_F) / (C_F - C_M)$

$$W(z) = \overline{W}(z) + \omega_{\max}(z) \qquad 식(4.62)$$

이상을 종합하여, 건물의 최상층 대표높이가 H이고, 지상높이가 z_i, 층고가 h_i인 임의 i층에 작용하는 풍하중 $W(z_i)$, 전단력 $Q(z_i)$, 전도 모멘트 $M(z_i)$ 및 비틀림 모멘트 $M_T(z_i)$를 산정하면 다음 식과 같이 된다.

$$W(z_i) = C\left(\frac{z_i}{H}\right)^{\beta} q_H B h_i + (2\pi n_1)^2 g_x \sigma_x(H) m(z_i)\left(\frac{z_i}{H}\right) \qquad 식(4.63)$$

$$Q(z_i) = \int_{z_i}^{H}\left[C\left(\frac{z_i}{H}\right)^{\beta} q_H B h_i + (2\pi n_1)^2 g_x \sigma_x(H) m(z_i)\left(\frac{z_i}{H}\right)\right] dz_i \qquad 식(4.64)$$

$$M(z_i) = \int_{z_i}^{H}\left[C\left(\frac{z_i}{H}\right)^{\beta} q_H B h_i + (2\pi n_1)^2 g_x \sigma_x(H) m(z_i)\left(\frac{z_i}{H}\right)\right](H - z_i) dz_i$$

식(4.65)

$$M_T(z_i) = \int_{z_i}^{H}\left[C_{M_z} q_H B D + (2\pi n_1)^2 g_x \sigma_\theta(H) I(Z_i)\left(\frac{z_i}{H}\right)\right] dz_i \qquad 식(4.66)$$

일반화 변위의 평균치 $\overline{X}$, 표준편차 σ_x, 및 peak factor g_x가 정해지면, 변위의 최대치와 평균치의 비로서 정의되는 거스트 계수가 다음 식에 의해 산정된다. 더 나아가서, 건축물 하중기준 및 해설(2000) 거스트 영향계수는 이 변위의 거스트 계수에 기초해서 정해지고 있다.

$$G_x = \frac{\overline{X} + g_x \sigma_x}{\overline{X}}$$

$$= 1 + g_x \frac{\sigma_x}{\overline{X}} \qquad 식(4.67)$$

한편, 응답가속도의 표준편차 σ_a는

응답가속도의 표준편차 = 응답변위의 공진성분의 표준편차×(각속도)^2 식(4.68)

로 가정하는 것에 의해 식(4.53)에 따라

$$\sigma_a = (A_R)^{1/2} \cdot (2\pi n_0)^2$$
$$= \left[\frac{\pi n_0 \cdot S_m(n_0)}{4\eta_1 \cdot (2\pi n_0)^2 M_1^{\,2} \cdot H^2} \right]^{1/2} \cdot (2\pi n_0)^2$$
$$= \frac{\sigma_M}{M_1 \cdot H} \left(\frac{\pi}{4\eta_1} \cdot \frac{n_0 S_M(n_0)}{\sigma_M^2} \right)^{1/2} \quad \text{식(4.69)}$$

로 구하는 것이 가능하다.

여기까지 나타낸 응답해석수법은 건축물의 모드 형태(mode shape)를

$$\mu(z) = z/H$$

로 가정했을 경우이다. 그러나 실제의 건축물에서 모드형이 다른 경우도 많고, 또 연직축 주위의 비틀림 모멘트의 경우, 모형기부에서 측정되는 모멘트는,

$$\mu(z) = 1$$

에 상당한다.

이와 같은 경우는, 모드에 관한 보정 18), 19), 20)이 필요하다. 예를 들면, $\mu(z)=1$로서 측정된 비틀림 모멘트를 이용해, 모드형이 $\mu(z)=z/H$인 경우의 응답을 구하는 경우의 보정계수 ϕ는, $\phi=0.59$로 된다. 또 $\mu(z)=(z/H)^k$에 대한 보정의 근사식으로서

$$\phi \fallingdotseq 0.27k + 0.73 \quad (0.5 \leqq k \leqq 2) \quad \text{식(4.70)}$$

이 있다.[15),16)]

5) 데이터 하중평가

풍력실험에는, 실시하는 실험의 레벨에 따라서

① 평균풍력계수
② 변동풍력계수
③ 변동풍력의 파워스펙트럼

등의 실험결과가 얻어진다. 어느 레벨까지 실험결과를 얻는가는, 실험목적, 실험장치에 따라 다르다. 실험결과를 이용한 풍하중의 평가방법도 얻어진 실험결과의 레벨에

따라서 다르게 된다. 아래에는, 얻어진 실험결과의 레벨에 따른 풍하중의 평가방법의 개요를 나타낸다.

(1) 평균풍력계수만을 얻는 경우

실험에서 얻어지는 것은 건축물 전체에 작용하는 풍력에 대한 풍력계수이고, 고층건축물이라면 건축물의 기부(基部)에서의 전도모멘트 계수 C_M 혹은 전단력 계수 C_F이다. 그러므로 이러한 계수를 이용해서 건축물의 기부에서의 설계용의 전도모멘트 M_B 및 층전단력 Q_B가 각각 다음 식에 의해 산정될 수 있다.

$$M_B = \begin{cases} C_M q_H AL & \text{: 기준법시행령} \\ C_M q_H G_f AL & \text{: 학회지침} \end{cases}$$ 식(4.71A) 식(4.71B)

$$Q_B = \begin{cases} C_M q_H A & \text{: 기준법시행령} \\ C_M q_H G_f A & \text{: 학회지침} \end{cases}$$ 식(4.72A) 식(4.72B)

여기서 A, L : 각각 풍력계수의 정의에 사용된 건축물의 대표면적, 대표길이, G_f : 거스트 영향계수, q_H : 풍력계수를 정의한 기준높이(보통, 지붕의 평균높이) H에서의 설계용 속도압으로 건축물 하중기준 및 해설에 의해 정한다.

고층건축물의 경우, 건축물 기부에서의 전도모멘트나 층전단력 외에 각층에서의 풍하중을 필요로 하는 경우가 많다. 그러나 각층에서의 풍하중을 구하기 위해서는 풍하중의 연직분포 형상을 가정하지 않으면 안 된다. 풍압실험 등에서 각층의 풍력계수가 구해지면, 이것을 참고로 해서 분포를 결정하는 것이 가능하지만, 이와 같은 데이터가 없는 경우는 다음과 같은 법칙에 준해서 정하는 것도 하나의 방법이다. 즉, 풍하중 분포 $W(z)$를 식(4.73)식과 같이 모델화해서, 계수 C, β를 (4.74), (4.75)식을 만족하도록 정하는 것으로, (4.74)식, (4.75)식은 각각 건축물 기부에서의 전도모멘트, 층전단력에 대해서, 실험치와 모델치를 일치시키기 위한 조건식이다.

$$W(z) = C\left(\frac{z}{H}\right)^{\beta} q_H B \quad \text{혹은} \quad C\left(\frac{z}{H}\right)^{\beta} q_H G_f B$$ 식(4.73)

$$C_F q_H B H^2 = \int_0^H C\left(\frac{z}{H}\right)^{\beta} q_H B \cdot z dz : M_B$$ 식(4.74)

$$C_M q_H B H = \int_0^H C\left(\frac{z}{H}\right)^{\beta} q_H B dz : Q_B$$ 식(4.75)

여기서, B, H는 각각 고층건축물의 겉보기 폭과 높이이고, 간단히 하기 위해서 겉보기 폭 B를 높이 방향으로 일정하다고 가정한다. 이로부터 C, β를 연립방정식(4.74), () 식을 풀어서

$$C=\frac{C_F C_M}{C_F-C_M} \quad \text{식(4.77)}$$

$$\beta=\frac{2C_M-C_F}{C_F-C_M} \quad \text{식(4.78)}$$

과 같이 된다.

(2) 변동풍력계수도 구해지고 있는 경우

건축물의 강성이 높고 바람에 의한 공진효과를 무시할 수 있는 경우, 건축물의 기부에서의 전도모멘트 M_B 및 전단력 Q_B는, 평균풍력계수 C_M, C_F 및 변동풍력계수 C'_M, C'_F에 의해

$$M_B=(C_M+g\cdot C'_M)\cdot q_H AL \quad \text{식(4.79)}$$

$$Q_B=(C_F+g\cdot C'_F)\cdot q_H A \quad \text{식(4.80)}$$

로 주어진다. 여기서, g는 변동하중의 최대치에 대한 표준편차의 비를 나타내는 peak factor이며, 보통 3.5~4 정도의 값으로 된다. 또, 속도압 q_H는 평균풍속에 기초한 설계용 속도압이며, 건축물 하중기준 및 해설(2000)에 따라서 정할 수가 있다.

풍하중의 연직방향 분포는 1)에 나타난 방법에 준해서 정할 수 있다.

(3) 변동풍력의 파워스펙트럼도 구해지는 경우

변동풍력의 파워스펙트럼까지 구해진다면, 4.3.4 3)항에 나타낸 방법에 의해, 건축물의 변동변위의 각층의 최대치 $X_{\max}(z)$를 구할 수가 있다. 이 변동변위에 의해, 건축물의 각층에서는 최대

$$W(z)=m_z(2\pi n_0)^2 X_{\max}(z) \quad \text{식(4.81)}$$

되는 관성력이 겉으로는 발생한다. 단, m_z은 건출물의 각층의 질량이고, n_0는 1차 고유진동수이다. 그러므로 건축물의 각층에 작용하는 풍하중 $W(z)$는 평균풍력에 기초한 각층의 평균 풍하중을 $\overline{W}(z)$

$$W(z) = \overline{W}(z) + m_z(2\pi n_0)^2 X_{\max}(z) \qquad \text{식}(4.82)$$

에 의해 정할 수가 있다. 여기서, 평균풍하중 $\overline{W}(z)$는 1)항에 준해서 정한다.

더 나아가서, 식(4.59)에 의해 거스트 영향계수 G_f를 정할 수 있다면, 1)에 준해서 $W(z)$를 간단히 산정할 수가 있다.

4.4 공력진동실험(Aeroelastic Model Test)

공력진동실험은 대상으로 하는 건축물의 동적응답, 특히 공력 불안정 진동이 예상되는 건축물 등의 진동응답 및 하중평가를 위해 실시한다. 이 실험은 많은 시간과 노력이 들며 실험비용도 매우 고가인 실험이므로 초기 설계단계에서 할 것인가를 잘 확인해 둘 필요가 있다.

초기설계단계의 기본 구상에서는 이전의 데이터나 풍하중 기준 등을 참고하는 것이 가능하지만 복잡한 형상이나 규모를 가진 건축물의 경우는 기본구상 혹은 기본설계의 초기 단계에서 진동발생, 특히 공력불안정 진동의 발생여부에 대해서 공력진동실험에 근거해서 기초적 검토를 하는 것이 필요하다. 일반적으로 풍력실험에서 응답예측을 한 후에 건축물의 안정성 확인을 위해서 설계상의 최종적인 구조특성을 이용해서 공력진동실험을 하는 경우가 많다.

4.4.1 실험개요

공력진동실험에서는 실험대상 건축물의 진동특성을 모의하기 위해서 여러 종류의 모형화 수법이 채용된다. 공력진동실험용 모형은 형상을 상사하면서 진동특성도 축척에 따라 재현할 필요가 있기 때문에 진동특성을 단순화해서 모형화를 용이하게 하는 경우가 많다. 그림 4.28에는 공력진동실험에 이용되는 모형의 진동특성을 모식적으로 나타낸 것이다. 또한 어떠한 모형화 방법을 채용하는가는 실험의 목적, 대상 건축물의 진동특성에 따라서 달라진다.

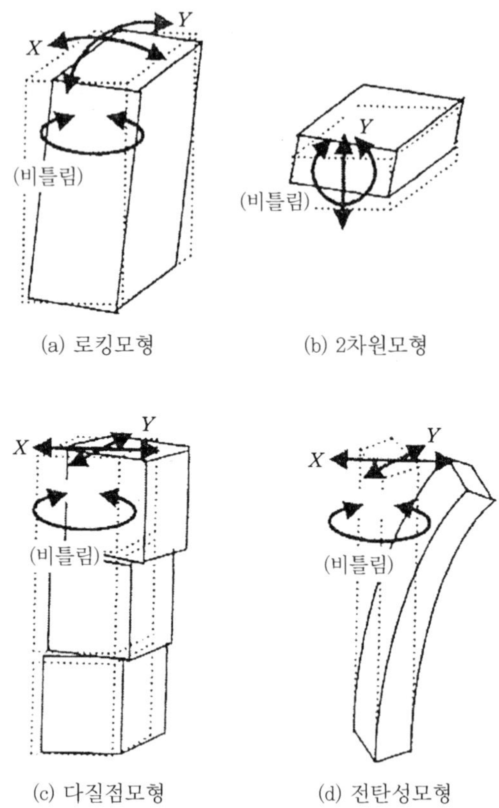

(실무자를 위한 건축물 풍동실험 가이드북/김영문 역)

그림 4.28 공력진동실험용 모형의 모식도

4.4.2 측정장치

1) 로킹진동실험의 측정장치

실험장치는 목적에 따라서 여러 종류의 형태가 있지만, 기본적으로는 모형에 진동의 자유도를 부여하는 짐발, 강성을 부여하는 스프링, 감쇠를 부여하는 감쇠장치, 응답의 검출장치 및 이것들을 지지하는 지지부로 구성된다.

보통, 실험장치는 큰 중량을 갖는 지지대 위에 설치된다. 그림 4.2에 대표적인 실험장치의 예를 나타내었다. 이 예는 X, Y 두 방향에 대한 2자유도의 실험장치이고 짐발의 하부에 전체 장치가 조립되어 있어서, 모형의 역학적 특성의 조정이 용이하도록 설계되어 있다.

짐발은 보통 2방향의 병진진동을 모의할 수 있도록 X, Y축 주위의 회전에 자유도가 주어지지만, Z축 주위의 비틀림 자유도가 주어지는 경우도 있다. 짐발의 움직임에 따른 마찰 혹은 덜거덕거림을 될 수 있으면 적게 하는 것이 실험상 바람직하므로, 베어링을 이용하는 등으로 해서 되도록 마찰을 적게 할 필요가 있다. 스프링에는 코일스프링, 판스프링 혹은 양자를 조합한 스프링이 사용된다. 감쇠장치에는 오일댐퍼, 전자댐퍼 등이 사용된다.

모형의 진동을 검출하는 장치는 여러 종류의 방법이 고려된다. 변위를 검출하는 경우에는 스프링에 설치된 스트레인 게이지 또는 스프링의 반력을 로드셀에 의해 검출하는 방법이 일반적으로 채용되고 있다. 또, 광학식의 비접촉형 변위계가 이용되는 경우도 있다.

가속도를 검출하는 경우에는 소형의 가속도계를 직접 모형에 설치해서 검출하는 것도 가능하다. 실험장치를 지지하는 지지대와 지지부에는 풍동의 작동에 의해 진동이 전달되지 않을 것, 모형이 진동해도 지지대 혹은 지지부가 측정진동수 범위 내에서 진동하지 않을 것이 요구된다. 그러므로 지지대는 충분한 중량을 갖게 하고 지지부는 충분히 강(剛)한 부재로 구성할 필요가 있다.

또, 지지대 및 실험장치를 풍동 본체와 절연시키거나, 혹은 지지대에 방진대책을 하는 등의 배려가 필요하다.

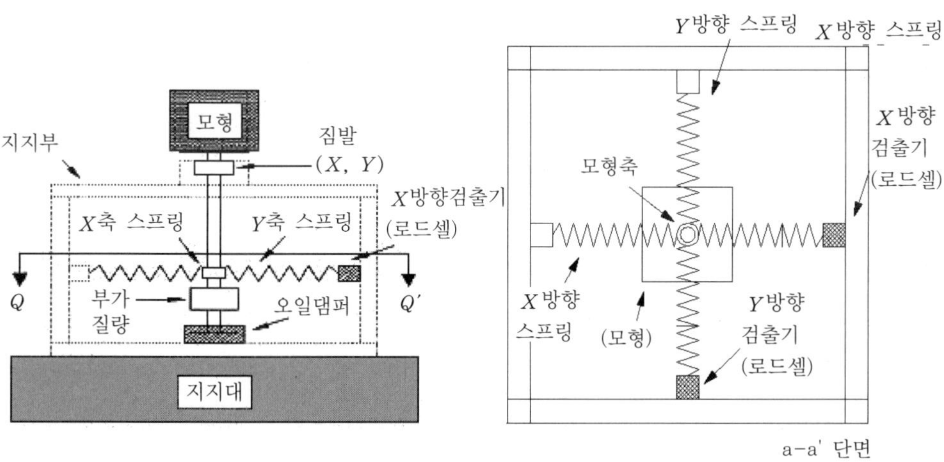

(실무자를 위한 건축물 풍동실험 가이드북/김영문 역)

그림 4.29 로킹진동 실험장치의 예

2) 다질점의 측정장치

진동특성이 조정된 실험용 모형은 모형의 진동에 의해 모형기부가 움직이지 않도록 충분한 중량을 갖는 지지대로 지지할 필요가 있다. 계측에 있어서는 모형의 진동이 로킹 모형의 경우와 비교해 복잡하게 되므로, 이것을 적절히 계측하기 위한 연구가 필요하다. 그림 4.30은 다질점 실험장치 모습이다.

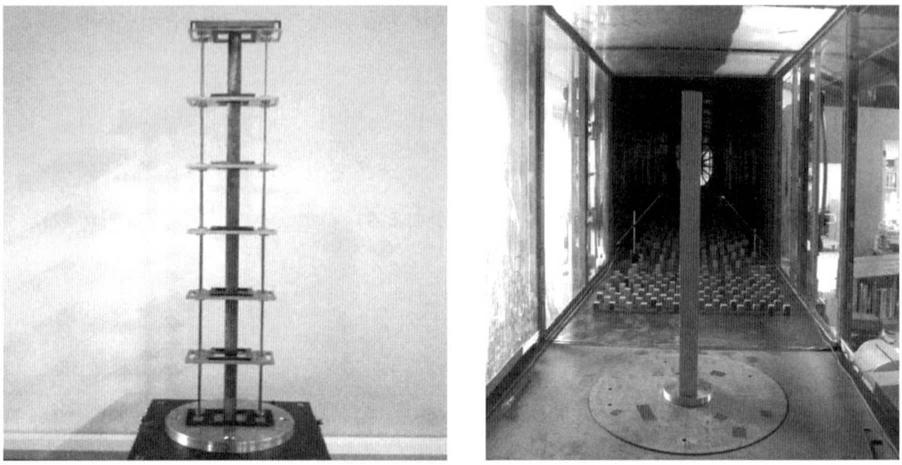

그림 4.30 다질점 실험장치의 예

4.3.3 측정조건

1) 상사조건

실험에 의해 필요한 정보를 얻는 데는 상사조건을 만족한 실험을 할 필요가 있다. 본 항에서는 운동학적 상사조건과 기하학적 상사조건이 만족되어지는 것으로서, 건축물의 진동특성의 모형화에 대해서 언급한다.

제 3장에 나타난 것처럼, 건축물의 진동특성의 모형화에 있어서 고려해야 할 상사조건은 탄성파라메타, 무차원진동수(무차원 풍속), 질량비의 3가지 파라메타 중에서 2가지와 감쇠정수로 합계 3가지의 파라메타를 실물과 모형에서 일치시키는 것이다. 이러한 상사조건은 실험용 모형의 모형화 방법에 따라서 표현을 변화시켜 적용되지만, 여기서는 고층건축물의 병진모드를 모의하는 경우를 예를 들어 나타냈다.

① 질량비 $M_j/(\rho B^2 H)$

② 무차원진동수 $n_j B/V$ (무차원 풍속 $V/n_j B$)

③ 감쇠정수 n_j

여기서, V : 풍속의 대표치

B, H : 건축물의 대표폭, 높이

ρ : 유체의 밀도

M_j : 건축물의 j차 모드의 일반화 질량

$$M_j = \int_0^H m(z) u^2_j(z) dz$$

n_j : 건축물의 j차 고유진동수

η_j : 건축물의 j차 모드감쇠정수

단, $m(z)$: 건축물의 높이방향 단위길이당 질량

$\mu_j(z)$: 건축물의 j차 모드

질량비는 실험과 실물에서 유체의 밀도가 같다고 한다면, 일반화 질량을 길이의 축척률의 3승분의 1로 한다는 사실을 나타낸다. 건축물의 탄성에 관한 상사파라메타는 보통 무차원 진동수로 나타낸다. 무차원 진동수는 구조체의 탄성과 풍속을 결부시킨 파라메타이고 풍속, 모형의 축적률과 고유진동수의 축척률의 관계를 나타낸다. 이 경우, 진동성상을 재현하기 위함이므로 대상으로 하는 각차의 모드형을 일치시켜 놓아야 한다.

길이의 축척률과 풍속의 축척률을 정하면 이외의 파라메타의 축척률은 자동적으로 정해진다. 예를 들면, 실물환산에서 최대풍속 100m/s에 상당하는 실험을 최대풍속 15m/s의 풍동을 이용해서 길이의 축척률 1/500로 실험하는 경우를 고려해 보자, 이 경우, 표 4.3에 나타난 축척률이 상사조건에서 얻어진다. 이와 관련해서, 실물의 고유진동수가 0.25Hz라면, 실험상의 고유진동수는 이때의 $\lambda_n = 75$배인 18.8Hz으로 된다.

표 4.3 대표적 파라메타의 축척률 예

요 소	축척률	비 고
길 이	λ_l=0.002	설 정 치
풍 속	λ_ν=0.15	설 정 치
일반화질량	$\lambda_m = 8\times10^{-9}$	$\lambda_m = \lambda_l^3$
고유진동수	λ_n=75	$\lambda_n = \lambda_\nu / \lambda_l$
시 간	λ_t=0.0133	$\lambda_t = \lambda_l / \lambda_\nu$

(실무자를 위한 건축물 풍동실험 가이드북/김영문 역)

2) 모형과 실험풍속

공력진동실험의 모형은 기하하적 상사조건과 건축물의 역학적 상사조건을 만족하지 않으면 안 되지만, 이외에도 실험장치나 측정기에서 몇 가지 제약을 받는다. 모형 축

척률은 기류의 상사조건을 만족(난류의 스케일의 축척률과 모형 축척률의 위치)하도록 설정하는 것이 바람직하나, 실험장치의 제약상 다음 점들도 고려해 넣어 모형 축척률을 결정한다.

① 모형의 풍방향 겉보기 면적은 풍동단면의 5% 미만 정도로 한다.

② 모형화 및 측정 가능한 모형의 크기를 확보한다.

모형의 기하학적 상사조건에 대해서는 세부까지 표현하는 것이 바람직하지만, 공력진동에 대해서 영향이 적은 세부의 모형화는 생략되는 경우도 많다. 또, 상사조건으로서 레이놀즈수의 영향을 고려할 필요가 있는 곡면 건축물의 경우의 취급은 풍력실험과 마찬가지로 곡면을 거칠게 해서 높은 레이놀즈수 상태를 만드는 것이 가능하다. 단, 공력진동실험에서는 후에 나타나는 바와 같이 풍속을 변화시켜서 실험하는 경우가 많기 때문에, 실험범위의 풍속의 변화에 따라 풍력의 성상이 변화하지 않는다는 사실을 확인해 두는 것도 필요하다.

공력진동실험의 경우, 상사조건에 의해 실험풍속과 실물환산풍속의 관계가 이루어지고 있다. 보통, 실험풍속은 건축물 정상부 등의 대표풍속으로 나타낸다. 상사조건(무차원진동수의 일치)으로부터 모형의 고유진동수를 일정하게 한 경우, 단순히 실험풍속과 실물환산풍속의 비례관계가 주어지지만 실험풍속이 적어진다면, 풍동기류의 연직분포가 변화하기도 하고 흐름의 패턴이 변화할 우려가 있다. 그러므로 실험풍속을 될 수 있는 한 높게 하는 것이 바람직하다.

4.4.4 로킹진동실험

1) 개요

고층건축물 등의 진동응답 예측에 있어서 가장 많이 실시된다. 주로 X, Y방향의 진동응답이 동시에 측정된다. 단, 강체모형을 사용해 로킹모드에서 실험을 하기 때문에 1차 모드의 진동을 대상으로 하는 것이 된다. 장치에 따라서는 비틀림 진동모드를 취급하는 것도 가능하지만 모형 연직축 중심에서 회전만을 하는 장치로는 실제 건축물의 비틀림 모드를 재현시키지 못한다는 점에 주의할 필요가 있다. 이 점에 대해서는 보정방법이 제안되어 있으므로 참고하기 바란다.

2) 실험모형 및 상사조건

로킹모형은 고층건축물을 대상으로 한 공력진동실험에서 자주 이용된다. 병진 1차의 진동모드를 로킹모드(직선 모드)로 근사시켜서 실험하는 방법으로, 고차진동은 실험대상에서 제외한다. 여기서는 2방향의 병진진동을 대상으로 한 2자유도의 실험에 대해서 설명하지만 비틀림을 더한 3자유도, 혹은 1방향만의 실험으로 하는 경우도 있다.

로킹진동 실험에서는 모형에 주어진 2개의 자유도에 대해서 역학적 상사를 고려하게 되므로, 고려해야 할 상사파라메타는 다음과 같이 간략화 될 수 있다. 더 나아가서, 보통 X, Y방향은 구조주축을 기준으로 한 직교계로 한다.

① 질량비 $M_x/(\rho B^2 H)$, $M_y/(\rho B^2 H)$

② 무차원 진동수 $n_x B/V$(무차원 풍속 $V/n_x B$)

③ 감쇠정수 η_x, η_y

여기서 B, H, V : 건축물의 폭, 높이, 풍속의 대표치

ρ : 유체의 밀도

M_x, M_y : X, Y방향의 일반화 질량

$$M_x = \int_0^H m(z)\mu_x^2(z)dz, \qquad M_y = \int_0^H m(z)\mu_y^2(z)dz$$

n_x, n_y : X, Y방향의 1차 고유 진동수

η_x, η_y : X, Y방향의 1차 모드 감쇠정수

단, $m(z)$: 건축물의 높이 방향 단위길이당 질량

μ_x, μ_y : X, Y방향의 1차 모드형

이러한 상사파라메타를 실물과 실험에서 일치시키면, 상사조건이 달성되는 것이 된다. 더 나아가서, 기부를 회전중심으로 한 회전관성 모멘트 $I(I_x$ 혹은 $I_y)$

로 질량비를 평가하는 경우에는 질량비는 $I_x/(\rho B^2 H^3)$로 된다.

3) 실험방법

(1) 모형의 진동특성의 조정 및 확인

모형의 역학특성을 상사조건에서 구한 목표치로 설정하기 위해서는 스프링, 질량, 감쇠정수를 조정한다. 위에서 언급한 바와 같이, 짐발 하부에서 역학특성을 조정할 수 있도록 해두면 비교적 용이하다.

모형의 일반회 질량은 짐벌 및 그 하부의 가동부도 포함한 값이라는 사실을 고려해두고, 대상 건축물의 모형을 가볍게 제작해 둔다. 일반화 질량의 조정은 짐발 하부에

부착시킨 부가질량의 증감에 의해 가능하다.

모형의 로킹 강성 k_θ는 스프링 자체의 강성 k와 스프링의 설치위치와 짐발의 회전 중심과의 거리 l에 의해 조정이 가능하다. 즉, 스프링 강성 k는

$$k = \frac{k_\theta}{l_2}$$

$$= \frac{I(2\pi n_0)^2}{l^2} \qquad \text{식(4.83)}$$

로 주어진다. 여기서,

I : 모형(부가질량 포함)의 로킹 중심에 관한 관성모멘트

n_0 : 고유진동수

질량과 스프링의 조정이 끝나면, 자유진동을 가해서 고유진동수가 목표치에 있는가를 확인한다. 더욱이 몇 개의 진폭레벨(필요한 진폭까지)에서 고유진동수를 조사해서 고유진동수의 진폭에 의한 변화가 적은 가를 확인한다.

감쇠정수는 감쇠기를 조정해서 소정의 감쇠정수에 맞춘다. 감쇠정수의 확인은 일반적으로 자유진동법이 이용된다. 이 방법은 무풍 중에서 모형을 자유진동시킨 경우에 얻어지는 파형을 분석하는 방법이다. 그림 4.31에 예시하는 파형으로부터 다음 식으로 감쇠정수를 구할 수 있다.

$$\eta = (1/2\pi)\ln(a_0/a_1), \text{ 또는 } \eta = (1/2n\pi)\ln(a_0/a_n) \qquad \text{식(4.84)}$$

또, 짐발의 마찰은 감쇠정수에 영향을 주기 쉬우므로 짐발의 마찰은 될 수 있으면 적게 하는 것이 바람직하다. 감쇠정수도 몇 개의 진동레벨에 대해서 조사해 두는 것이 바람직하다.

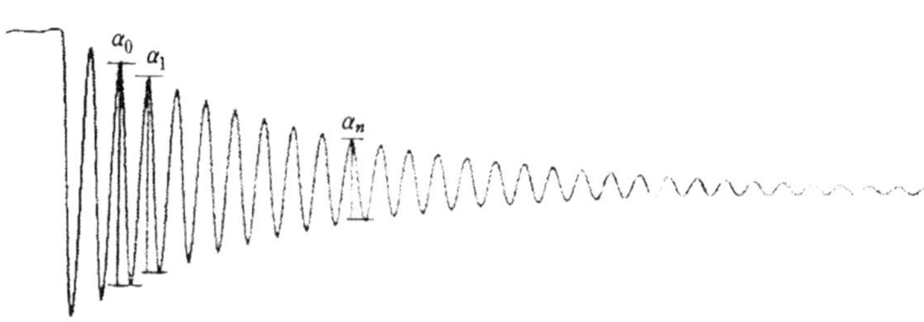

(실무자를 위한 건축물 풍동실험 가이드북/김영문 역)

그림 4.31 자유진동파형 예(감쇠정수 2%

모형 자체의 강성이 낮으면 실험목적의 로킹진동 이외의 진동이 발생할 우려가 있다. 그러므로 모형 자체의 강성에는 충분히 주의할 필요가 있다.

(2) 측정방법

측정계로부터의 출력과 모형의 진동 관계를 미리 보정하고 출력전압의 게인 조정을 해서 A/D변환기 등의 측정기기에 적합한 출력을 얻는다. 여기서는 A/D변환을 해서 디지털 처리를 하는 경우의 주의사항을 열거한다.

응답은 풍속에 대해서 급격히 변화하는 것도 있기 때문에 출력전압의 게인 조정에는 주의가 필요하다.

샘플링 길이는 설계풍속 시의 실물환산을 600초 정도에 상당하는 파형으로부터 5파 정도 얻어지는 시간으로 하는 것이 바람직하다.

즉, $T \doteqdot 5 \times 600(\lambda_l / \lambda_v)$ 식(4.85)

여기서, T : 샘플링 길이(s)

λ_l : 모형(길이)의 축척률

λ_v : 풍속의 축척률

얻어진 파형에서 피크 치를 구하기 위해 샘플링 주파수는 모형 고유진동수의 10배 이상의 주파수로 하는 것이 바람직하다.

실험데이터 포함되는 노이즈는 아날로그 혹은 디지털 필터를 이용해서 제거한다. 이 경우 cut-off주파수는 대상으로 하는 고유진동수의 2~3배로 하는 경우가 많다.

4) 실험결과의 분석

(1) 일반적 분석

평가시간(보통, 실물환산 600초) 마다 데이터를 잘라서 가각에 대해서 응답의 평균치, 표준편차, 최대치 등을 구하고, 그 위에 그것들을 앙상블 평균한다. 실 건축물의 진동 모드형이 로킹 모드와 크게 다른 경우에는 풍력실험의 장에서 나타낸 것처럼 모드 보정계수 식(4.62)를 이용해서 보정하는 것이 가능하다.

(2) 가속도

가속도의 실험치는 다음 식에 의해 실물 치로 환산할 수 있다.

$$\alpha_{H\,full} = \alpha_{H\,model} \cdot \lambda_l / \lambda_t^2$$ 식(4.86)

여기서, $\alpha_{H\,full}$, $\alpha_{H\,model}$: 정상부상당 가속도의 실물 환산치, 실험치

λ_l / λ_t : 길이, 시간의 축척률

변위를 환산해서 가속도 데이터를 구하는 경우에는 고주파수 성분에 부수되는 노이즈가 강조되므로 노이즈 제거에 충분히 주의할 필요가 있다.

(3) 설계용 풍하중

설계용 풍하중은 4.3.4항의 5)의 (3)에 준해서 정할 수 있다. 즉, 건축물의 각층에 작용하는 풍하중 $W(z)$을 다음 식으로 산정하는 것이다.

$$W(z) = \overline{W}(z) + m_z(2\pi n_0)^2 x_{\max}(z)$$ 식(4.87)

여기서, $\overline{W}(z)$: 평균풍하중

m_z : 건축물의 각층의 질량

n_0 : 건축물의 고유진동수

$x_{\max}(z)$: 건축물 각층의 변동변위의 최대치

평균풍하중 $\overline{W}(z)$는 평균풍력계수의 데이터가 있으면 4.3.4항 5)의 (1)에 준해서 정할 수 있다. 응답결과에 기초해서 정하는 경우에는 응답결과에 의해서 건축물 기부에서의 평균 전도모멘트 계수를 구해서, 각층의 풍력이 풍속의 2승에 비례한다고 가정해서 $\beta = 2\alpha$(α는 평균풍속의 연직분포의 멱지수)로 해서 (3.31)식을 운용해서 계수 C를 정한다.

4.4.5 다질점 진동실험

1) 개요

다질점진동실험 모델의 제작에는 상세한 탄성모델의 설계가 필요하다. 따라서 모형제작 시점에서 건축물의 구조특성을 미리 파악해둘 필요가 있다. 상사조건의 가운데 각 모드에 대한 감쇠정수의 조정은 상당히 고도의 기술을 요하므로 전문가의 도움을 필요로 한다.

2) 실험모형 및 상사조건

다질점 진동실험은 건축물의 진동모드가 복잡한 경우나 고차 모드를 재현하고자 할

경우 등에 이용되는 실험수법이다.

실험에는 구조체를 블록화 해서 필요한 진동모드에 관한 진동특성을 모형화한 다질점 모형이 사용된다. 다질점 모형에는 모의해야 할 진동모드마다 다음의 상사파라메타를 일치시킬 필요가 있다. 여기서, L은 블록의 대표길이이다. 다시 말하면 모드형의 재현성을 확인할 필요가 있다.

① 질량비 $M_j/(\rho L^3)$

② 무차원진동수 n_jB/V(무차원 풍속 V/n_jB)

③ 감쇠정수 n_j

①의 질량비는 블록마다 모형질량을 축척률 λ_l^3(λ_l : 길이의 축척률)로서 모형화하는 것에 의해 달성된다. 비틀림 진동을 대상으로 하는 경우에는 연직축 주위의 회전관성모멘트를 축척률 λ_l^5로서 모형화 한다. ②의 무차원진동수는 층간의 스프링 강성(전단의 경우)의 축척률을 $\lambda_\nu^2\lambda_1$(λ_ν : 풍속의 축척률)로 하는 것에 의해 달성된다.

고층건축물의 다질점 모형의 예로서, 모형을 몇 개의 블록을 분할해서 블록을 판 스프링으로 연결해서 진동성상을 조정한, 즉 블록 사이를 수평 스프링과 연직 스프링을 병용해서 연결하여 휨, 전단, 비틀림 모드의 근사를 시도한 (그림 4.32 참조) 등이 있다. 또, 그림 4.33은 문형의 건축물에 있어서 고차 모드의 영향을 조정하기 위한 모형으로, 블록을 판 스프링으로 연결해서 1방향만의 자유도를 부여한 예이다.

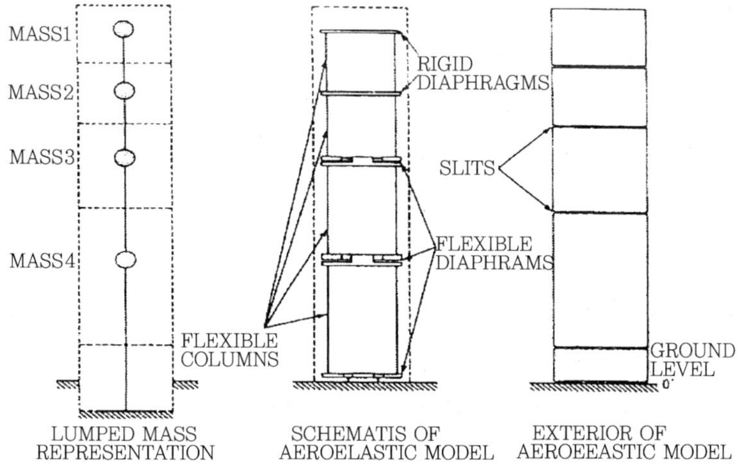

(실무자를 위한 건축물 풍동실험 가이드북/김영문 역)

그림 4.32 고층건축물의 다질점 모형(X, Y 비틀림용 모형)

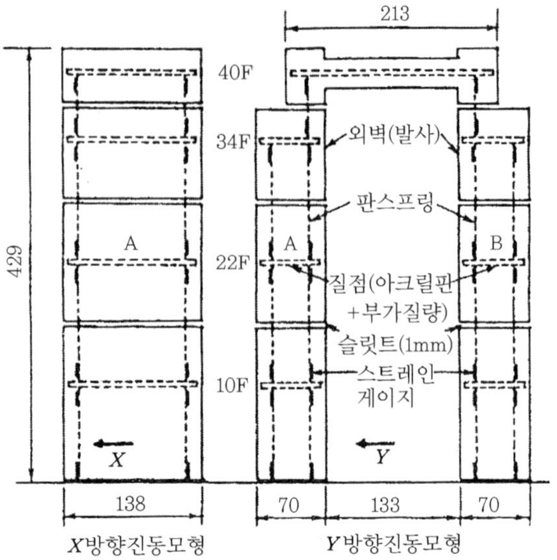

(실무자를 위한 건축물 풍동실험 가이드북/김영문 역)

그림 4.33 고층건축물의 다질점 모형(X방향용, Y방향용 2개)

3) 실험방법

기본적으로는 완성된 모형의 진동특성을 자유진동실험 등으로 조사해서, 상사조건에서 구한 모형의 진동특성의 목표치에 근사되고 있는 가를 확인한다. 실험상 목표로 하고 있는 모드의 고유진동수보다도 저진동수 범위에서 불필요한 진동현상 또는 전기신호가 없는가를 확인한다. 그렇지만 다질점 모형에서는 1개의 모드만, 특히 고차모드를 자유진동에서 생기게 하는 것은 어려운 경우가 많다. 이 경우, 모형을 진동대에 의해 강제가 진하거나, 혹은 hammering [26]법 등에 의해 진동특성을 파악한다.

더욱이 고유진동수에 대해서는 풍동기류 중에서 진동하는 모형의 거동을 스펙트럼 분석을 함으로써 알 수가 있다. 데이터 취득 시 고려하는 방법은 로킹진동 실험의 경우와 같다.

4) 실험결과의 분석

실험 모형은 건축물의 진동특성을 고차(블록수에 따른다)까지 모의하는 것이 가능하기 때문에, 고차진동을 포함한 응답평가가 가능하다. 각층 혹은 각층 간 응답의 평균치, 표준편차, 최대치 등의에 층간의 스프링 강성을 개입시켜 각층의 전단력, 모멘트를 평가할 수 있다.

4.5 풍환경 실험(Wind Environment Test)

새롭게 건축물을 세운 경우, 그 건축물 주변에 부는 풍속의 상황은 크거나 작거나 변화한다. 일반주택과 같은 비교적 저층의 소규모인 건축물의 경우, 이러한 건축물 주변에서의 풍속의 변화는 작고 변화하는 범위도 좁기 때문에 풍속의 상황변화에 따른 주변에의 영향도 적다. 이 때문에, 지형인자 등의 특별한 요인에 기인하는 경우를 제외하고는 풍속이 문제가 되는 경우는 적다. 그러나 고층·초고층 건축물, 혹은 대규모 건축물의 경우 풍속의 상황변화에 따른 영향은 무시할 수 없는 경우가 많고, 건설에 따른 문제나 장해의 발생을 미연에 막기 위해서 풍환경의 변화를 풍동실험 등의 방법에 의해 예측해서 사전에 조사·검토할 필요가 있다. 건축물 건설에 수반하는 풍속의 영향은 건축물에의 영향과 사람이나 자동차 등에의 영향과는 크게 구별된다. 건축물에의 영향 등에 대해서는 앞 장까지에서 나타낸 풍압실험, 풍력실험, 공력진동실험 등을 참조해서 조사·검토할 필요가 있다.

본 장에서는 다음에 나타낸 것처럼 보통「빌딩풍」이라고 부르는 문제를 대상으로 한 실험에 대해서 나타난다.

- 건축물 부지 내나 그 주변의 지표 부근에서 생기는 강풍에 의한 일반적인 보행·주행장해, 저층건축물 지역의 풍환경의 악화와 이에 수반하는 주변 건축물 이용자, 주변도로 이용자의 불쾌감의 증폭, 혹은 문제의 발생
- 건축물의 통로, 발코니 등, 주로 중·고층 건축물의 거주자가 이용하는 외부공간에서 생기는 강풍에 의한 풍환경의 악화에 수반하는 문제나 장해, 문제의 발생

이러한 풍환경의 악화나 생활장해의 발생을 사전에 방지하기 위해서는 건축물 건설에 따른 풍환경의 변화를 정확히 예측할 필요가 있다. 따라서 풍환경 변화의 예측에 유효한 데이터를 얻는 방법의 하나로서 풍환경 실험이 있다. 이를 위해, 보통은 조사검토가 필요한 장소에서의 실현상 10분간 상당의 평균풍속을 측정한다. 또, 필요에 따라 최대순간풍속, 기류의 난류 강도, 최빈도풍향, 평균풍향, 풍향의 변동폭 등을 측정하는 경우도 있다.

4.5.1 실험개요

실험에 의해 얻어진 정보와 실제의 정보와 대응시키기 위해서는, 앞에서 언급한 것과 같이 상사조건을 만족한 실험을 할 필요가 있다.

풍환경 실험의 경우, 기하학적 상사조건, 운동학적 상사조건과 시간에 관한 상사조건을 고려해서 실험을 할 필요가 있다.

풍환경 실험은 보통 다음에 나타난 순서로 실시된다.

① 대상 건축물을 포함해서 조사·검토할 필요가 있는 범위의 시가지를 기하학적 상사조건에 기초해서 모형화 한다.

② 대상 건축물의 상류의 기류를 운동학적 상사조건에 기초해서 풍동기류로서 재현한다.

③ 대상 건축물의 영향을 조사·검토하는 선상에서 필요한 측정항목 및 측정점을 설정해서 각각에 적합한 측정기기를 배치한다.

이상의 시험준비가 종료된 후에,

④ 대상 건축물을 포함한 시가지의 모형을 풍동기류 중에 설치하고, 필요로 하는 풍향에 대해 상사조건에 기초한 측정조건으로 측정을 하고 풍환경을 검토하는 선상에서 필요한 데이터를 얻는다. 이외에, 대상 건축물이 건설되기 전의 상황의 시가지 모형, 혹은 풍환경 대책을 실시한 상태를 재현한 시가지 모형을 사용한 같은 실험을 병행해서 실시해서 풍환경이나 그 변화를 검토하는 선상에서 필요한 데이터를 얻는 경우도 있다.

4.5.2 측정장치

1) 풍속의 측정

건물 주변에서의 기류는 3차원적인 복잡한 흐름으로 되므로 측정항목에 따른 측정장치 및 측정방법이 바람직하다.

대표적인 측정기기로서는 서미스터 풍속계, 열선풍속계(I형 열선풍속계, X형 열선풍속계, 3차원 열선풍속계 등), 탠덤형 열선풍속계 등이 있다. 또, 피토-정압관, 마노메타 등 풍압측정 기기를 이용해서 풍속을 구하는 경우도 있다.

사용하는 기기에 따라 응답특성이 다르고, 응답특성이 비교적 양호한 열선풍속계, 탠덤형 열선풍속계에도 응답주파수 범위가 수백 Hz 이하이므로, 순간치를 측정대상으로 하는 경우는 기기의 응답특성에 대해서 특히 주의할 필요가 있다.

2) 풍향의 측정

흐름의 가시화에 기초한 판정·측정방법과 계측기기에 의한 측정 등이 있다. 가시화에 의한 판정은 측정점에 깃발이나 태프트를 설치하거나 연기 등을 발생시켜 그 풍향이나 흐름상황을 관찰해서 판정한다. 또, 측정시간에 따른 노광시간으로 사진촬영을 해서 사진으로 기록된 태프트나 깃발의 변화에 의해서 구하는 방법도 실시되고 있다.

측정 데이터를 전기신호로 얻는 대표적인 측정기기로서는 깃발식 풍향계가 있다. 또, 열선풍속계를 이용하는 방법도 있다. 가시화와 측정기기에 의한 처리를 합친 형식으로서는 비디오 촬영을 포함하여 깃발 등의 변화를 촬영해서, 이것을 화상해석해서 디지털 데이터화 시켜서 처리하는 방법 등이 있다.

4.5.3 측정조건

1) 대상 시가지, 건축물의 모형화

(1) 주변 건축물, 시가지역 등의 재현범위

대상 건축물의 주변은 넓게 재현하는 것이 바람직하며, 적어도 대상 건축물의 영향을 고려해야 할 범위 내의 시가지역 등은 재현할 필요가 있다.

일반의 고층 건축물의 경우, 재현이 필요한 범위는 대상 건축물을 중심으로 반경 5블록이든가 5개의 도로의 범위 내(그림 5.1(a)[1]) 혹은 대상 건축물 높이의 2~3배 이내(그림 5.1(b)[2])의 범위로 한다.

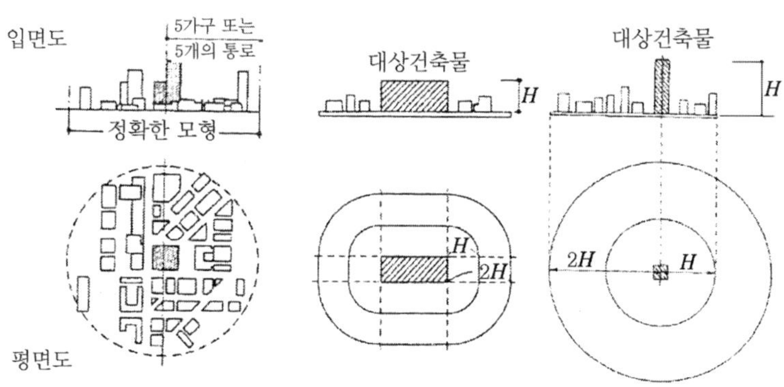

(a) 5가구의 범위내[1] (b) 높이의 2~3배 이내[2]

(실무자를 위한 건축물 풍동실험 가이드북/김영문 역)

그림 4.34 모형화가 필요한 재현 최소범위

단, 주변지역, 특히 풍상측에 고층건축물 등의 영향이 큰 구조물이 있는 경우, 배치관계에 따라서는 더욱 먼 곳까지 영향범위가 넓어지기 때문에 필요에 따라서 재현범위를 넓힐 필요가 있다.

(2) 지형의 재현

지형의 凹凸, 경사 등은 지표면 부근의 풍속에 미치는 영향이 크고 재현하는 것이 바람직하다. 그러나 모형상의 고저차가 수 mm로 극히 적은 경우는, 고저차에 의한 영향을 받는 범위가 좁게 되고 측정점 위치에서의 영향이 적다고 생각되기 때문에, 풍상측의 모형의 지면위치와 풍동 바닥면을 일치시키는 것에 의해 비교적 영향이 적은 풍하측의 고저차를 무시하는 수법이 채용되는 경우도 있다. 다소의 고저차가 있더라도 측정점 위치가 턴테이블 단부에서 떨어져 있기 때문에 고저차에 의한 영향을 받기 어려운 경우는, 같은 조치가 취해지는 경우도 있다.

또, 건설 전후 혹은 대책 후의 풍환경의 상대적인 변화의 파악을 목적으로 하는 경우, 건축물과 지형 상호간의 영향이 큰 경우를 제외하고 지형을 재현하지 않을지라도 최종평가에 미치는 영향은 적다.

지형의 상태를 재현한 경우, 턴테이블과 풍동 바닥면과의 경계부분에 고저차가 생기는 경우가 많고, 이 경계부분에서 「급격한 기류의 변화」라는 악영향이 생기지 않도록 연구가 필요하다.

예를 들면, 그림 4.35처럼 풍상측 턴테이블 단부에 테이퍼를 부착해 풍동 바닥면으로부터 비교적 자연스럽게 풍동기류가 목적으로 하는 모형 위로 진행되도록 하거나, 그림 4.36처럼 턴테이블 단부 부근의 형상을 변형시켜서 단부에서 풍동 바닥면과 자연스럽게 접하도록 모형을 제작하는 등의 연구가 실시되는 경우도 있다.

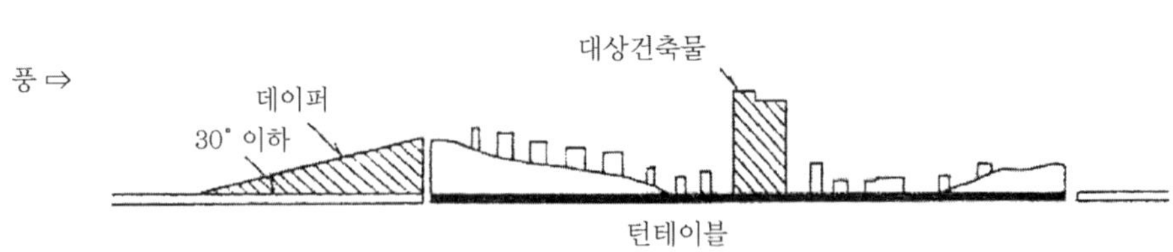

(실무자를 위한 건축물 풍동실험 가이드북/김영문 역)

그림 4.35 풍상측 턴테이블 단부에 테이퍼를 설치한 풍동지형 모형

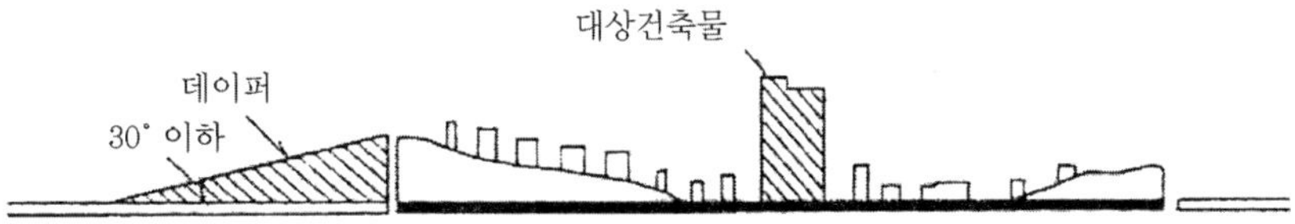

(실무자를 위한 건축물 풍동실험 가이드북/김영문 역)

그림 4.36 턴테이블 단부 부근의 형상을 변형시킨 풍동지형 모형

단, 테이퍼를 붙이는 경우는 풍향이 변할 때마다 풍상측 형상에 적합한 테이퍼를 부착할 필요가 있으며, 동시에 턴테이블 단부 부근까지 측정점이 설정되어 있는 경우 테이퍼의 각도로서는 3°도 이하가 바람직하다. 또, 턴테이블 단부 부근의 형상을 변형시키는 경우는, 그 변형시키는 범위와 상기 모형 재현 범위가 중복되지 않도록 주의할 필요가 있다. 이 외에 턴테이블, 측정단면 등의 크기와 다음에 언급하는 모형의 축척률과의 관계로부터 영향을 미치는 지형을 재현시키지 않는 경우가 있다. 이러한 경우, 지형만의 모형을 별도로 제작해서(그림 4.37), 풍동실험을 실시함으로써 지형의 영향을 파악하거나, 혹은 실측 데이터에 기초해서 지형의 영향을 파악하고 지형을 재현하지 않는 모형을 사용한 실험결과를, 이 영향의 일치에 대해서 보정하는 등의 방법에 의해 지형의 영향을 평가하는 경우가 있다.

이 경우에 사용하는 지형모형의 축척률은 다음에 언급하는 건축물 모형의 축척률에 관계없이 수천분의 1정도로 되는 경우가 많다.

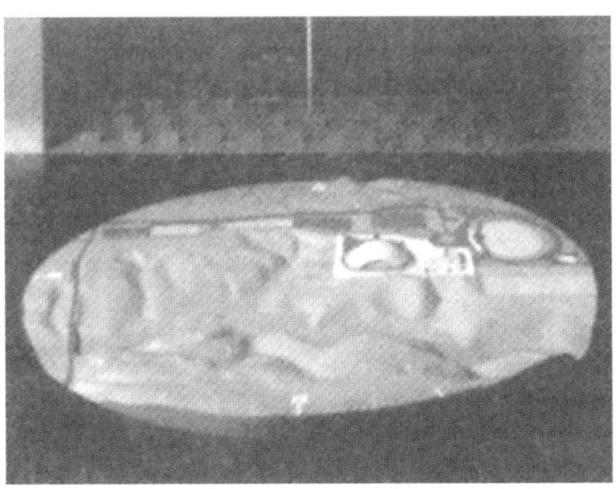

(실무자를 위한 건축물 풍동실험 가이드북/김영문 역)

그림 4.37 지형모형 사진

(3) 모형의 축척률

모형의 축척률은 사용하는 풍동측정부의 단면형상, 턴테이블의 크기, 모형화의 재현범위, 측정기기 특성, 폐쇄율, 벽효과, 풍동기류의 상사조건 등을 고려하면서 다음에 나타낸 조건이 만족되도록 결정한다.

① (1)에 언급한 모형 재현범위가 턴테이블 혹은 측정단면 내에 놓인다.
단, 풍동벽면 근처에서 풍동기류는 벽면의 영향을 받아서 기류성상이 달라지므로(벽효과), 측정범위가 벽면 근처까지 미치지 않도록 주의한다.

② 풍동기류의 조건이 측정위치에서 재현되고 있다.
모형 재현범위의 풍상측 선단에서의 풍동기류의 조건이 측정높이 부근까지 재현된다면, 측정위치에서의 풍동기류는 재현되고 있다고 볼 수가 있다. 주의해야 할 점은, 측정위치가 풍동 바닥면 근처를 지나가면 마찰 때문에 생기는 바닥면 부근의 경계층의 영향이 강해져서 측정위치에서의 기류의 재현이 어려워지는 경우이다. 이 때문에, 축척률이 적어지지 않도록 한다.

③ 측정위치에 측정기기가 설정 가능하다.
측정기기의 측정부위의 크기는 1 mm 정도로부터 수 mm이며, 축척률이 적어지도록 하면 측정위치에 측정기기를 설치하는 것이 불가능해진다. 특히 풍환경 풍동실험의 경우, 인간의 높이 위치에서의 측정이 실시되는 경우가 많고, 축척 2천분의 1의 경우의 측정높이는 1 mm 정도로 되므로, 직접 측정대상 위치에서의 측정은 곤란하게 된다.

④ 폐쇄율이 5% 정도 이하이다.
폐쇄율이 적은 경우는 영향도 적어서 측정결과에 대한 오차량으로서는 허용되나, 크게 되면 오차가 급격히 증대된다. 실험모형은 폐쇄율 5% 정도 이하가 되도록 제작하는 것이 바람직하다. 부득이하여 폐쇄율이 크게 되는 경우는 사전에 영향을 파악해서 보정할 필요가 있으나, 그것도 10% 정도까지가 한도이며 37), 이 이상의 폐쇄율에서의 측정에는 상당한 오차가 생긴다는 사실을 인식해야 한다.
단, 고층가의 일부에 건설되는 건축물과 같이, 재현화한 모형에 의한 폐쇄율이 클지라도, 대상 건축물 모형의 폐쇄율에 차지하는 비율이 적은 경우, 그렇지만 실험의 목적이 건설 전후 혹은 대책 후의 풍환경의 상대적인 변화의 파악인 경우에는 측정치에 미치는 폐쇄율의 영향은 건설 전후 혹은 대책 후로 대개 같은 정도라고 생각되기 때문에 폐쇄율이 다소 클지라도 유효한 데이터를 얻을 수 있다.

⑤ 풍동기류의 축척률과 모형의 기하학적 축척률을 일치시킨다.

평균풍속의 측정을 목적으로 하는 경우는, 다음에 언급(5.3.2항 참조)하는 바와 같이, 풍동기류의 축척률과 모형의 기하학적 축척률이 다소 다르더라도 유효한 데이터를 얻을 수 있기 때문에 기하학적인 상사조건을 우선시키는 것이 좋다. 단, 변동풍속이나 순간최대풍속을 측정의 목적으로 하는 경우는, 제3장에서 기재되어 있는바와 같이 풍속변동의 주기에 관한 상사파라메타는 난류의 스케일과 건축물의 대표길이와의 비 (H/L_x)로 나타내기 때문에 풍동기류의 축척률과 모형의 기하학적 축척률의 일치를 필요로 한다. 그러므로 풍동기류의 상사조건(운동학적 상사조건)에 의해 모형의 축척률이 일방적으로 결정되는 경우도 있다.

이상의 (1)~(5)의 조건이 만족된다면, 모형의 축척률은 될 수 있는 한 적게(실제 스케일에 가깝게) 하는 것이 바람직하다. 일반적으로는 수백분의 1에서 천분의 1 정도의 축척모형을 사용하는 경우가 많다. 이 이상 축척률이 큰 모형의 사용은 지형의 영향을 조사하는 경우에 많이 볼 수 있지만, 이 모형을 사용해서 보행자 레벨에서의 풍속 등의 측정은 곤란하므로 보통은 지형의 대국적인 영향의 파악을 목적으로 하는 경우에 한정하고 있다.

(4) 대상 건축물의 모형화와 정도(精度)

대상 건축물을 위에서 언급한 축척률에 따라 모형화한다. 이 경우, 건축물 자체의 진동에 의한 주변 풍환경에의 영향은 적다고 생각되므로, 보통은 강체(剛体)모형으로 한다. 모형의 정도로서는 조사·검토를 필요로 하는 측정점에 대해서 영향을 미치는 부분의 재현을 필요로 한다. 보통의 건축물 주변의 지상 부근의 강풍을 대상으로 하는 경우, 건축물의 바로 근처의 장소를 대상으로 하지 않는 한, 발코니와 같은 건축물 벽면의 凹凸까지 재현할 필요성은 적다.

그러나 건축물 표면에 연직방향으로 긴 돌기가 있는 경우에는 주변기류에 영향이 있다고 하는 보고도 있으므로, [36)]건축물의 윤곽에 대한, 특히 모서리 부분의 재현은 고려의 대상이 되며, 모형 위(그림 4.39)에서 1 mm 이상 되는 것과 같은 凹凸은 필요에 따라 재현하는 것이 바람직하다.

(실무자를 위한 건축물 풍동실험 가이드북/김영문 역)

그림 4.38 대상 건축물의 모형 예

대상이 건축물의 발코니, 출입구 부근, 애리나 등의 건축물 세부에까지 미치는 경우는 대상부분이 명확히 재현될 수 있는 정도(程度)로 모형화의 정도(精度)가 필요하게 된다(그림 4.39).

(실무자를 위한 건축물 풍동실험 가이드북/김영문 역)

그림 4.39 대상 건축물의 상세한 모형 예

2) 풍동기류

(1) 운동학적 상사조건

풍동기류에 관해서는 실제의 기류조건과 가능한 일치시키는 것이 바람직하다.

상사법칙으로서 고려해야 할 점은 제3장에서 언급한 바와 같이 다음에 나타낸 것이 있다.

① 평균풍속의 연직분포 α

② 경계층 높이 Z_G

③ 조도장 z_0

④ 난류의 스케일 L_χ

⑤ 난류강도 I_u

실제의 건축지역 상공에서의 이러한 상태가 파악되고 있는 것은 아니기 때문에 필요에 따라 상사조건을 만족하도록 기류를 작성할 필요가 있다. 단, 측정의 목적이 평균풍속의 경우는 최저한, 평균풍속의 연직분포와 경계층 높이 혹은 조도장을 고려하면 유효한 데이터를 얻을 수 있다. 그렇지만 평균풍속의 연직분포를 지수법칙에 기초해서 재현한다면, 조도장에 대한 배려는 거의 필요 없다. 변동풍속이나 최대순간풍속 등을 측정목적으로 한 경우에는 난류의 스케일이나 난류강도에 대한 상사법칙을 만족하는 것이 필요하다.

이러한 기류조건은 대상 건축물을 포함한 측정범위 내에서 만족할 필요가 있다. 단, 경계층 높이 등 높이방향에 관해서는 초고층 건축물 등의 경우는 건축물 높이의 1.5배 이상, 비교적 저층의 시가지에 관해서는 시가지 건축물 높이의 2~4배 정도까지 기류조건이 만족되고 있다면 지상 부근에서의 풍에는 큰 영향을 미치지 않으므로, 상기조건 중 높이방향의 높이까지의 기류조건이 만족된다면 실험결과에 미치는 영향은 적다. 더 나아가서, 시가지 모형화의 재현범위가 충분히 넓은 경우(각 측정점 부근의 평균 건축물 높이의 10~25배 이상인 한편 측정점 높이의 20배 이상)는 접근류가 균등류일지라도 대상 건축물 주변에서의 기류의 상사조건은 비교적 양호하다.[35)]

(2) 실험풍속의 결정

실험풍속(기준풍속 측정위치 혹은 경계층 높이 부근 등에서의 평균풍속)은 시간, 레이놀즈수 등의 상사조건, 실험결과의 평가방법, 측정기기의 성능을 고려해서 결정한다.

측정목적이 평균풍속인 경우는 일반적으로 다음에 언급하는 것과 같은 이유에서 측정기기의 성능을 우선으로 고려해서 실험풍속을 결정하고, 평균풍속 5~15m/s의 범위에서 실험을 하는 경우가 많다. 단, 변동풍속이나 순간최대풍속 등을 측정목적으로 한 경우에 무차원풍속(환산풍속)을 염두에 두고 실험 시의 데이터의 평가시간과의 균형으로부터 결정할 필요가 있다.

본래, 실험풍속은 무차원풍속($=tV/D$, t : 시간변수)이 실현상과 같아지게 되도록 실험 시의 데이터 평가시간과의 균형으로부터 결정된다. 단, 평가시간이 짧아지면 안정된 데이터가 얻어지지 않으므로 측정을 복수회 실시하고, 이들의 앙상블 평균을 구해서 안정된 데이터를 얻는 연구가 필요하다.

실제적으로는 평가시간보다도 물론 풍동의 성능, 측정기기의 성능에 따라 풍속을 결정하는 것이 유리하다. 결국, 지나친 저풍속에서 실험을 실시하면 풍동의 송풍기의 저풍속 부분에서의 기류의 안정성, 측정기기의 정도, 노이즈 등이 문제가 된다. 또, 측정부의 풍속은 실험풍속보다도 적어진다. 이러한 사실을 고려해서, 실험풍속은 약간 높게 5~15m/s의 범위에서 설정하는 경우가 많다.

레이놀즈수에 관해서는 전술한 바와 같이 실현상과 일치시키는 것은 사실상 곤란하지만, 건축물의 형상이 각진 경우는 건축물 주변의 흐름의 상태에 커다란 차이가 없으므로 레이놀즈수가 일치하지 않아도 유효한 데이터를 얻을 수 있다고 생각해도 좋다. 단, 곡면을 갖는 건축물의 경우, 레이놀즈수의 영향이 커지므로 모형을 제작하는 단계에서의 연구나 실험결과를 판단하는 단계에서의 충분한 고려가 필요하다.

(3) 기준풍속의 측정

실험을 실시할 경우, 측정 데이터의 기준이 되는 평균풍속을 측정할 필요가 있다. 기준풍속은 건축물의 영향을 받지 않는 대상지역 내를 부는 풍을 대표하는 것이고, 이 기준풍속과 기상관청의 기상 데이터 혹은 실측 데이터로부터 각 측정지점에서 부는 풍속을 추정하는 것이 가능하다.

이 때문에 기준풍속의 측정위치는 모형 등의 영향이 매우 적은 위치에 설정한다.

기준풍속을 측정하는 경우 실험에서 사용하는 풍속계를 사용해서 측정하는 경우가 많으나, 피토정압관 등에 의해 측정된 속도압을 기초로 풍속을 구하는 경우도 있다.

3) 실험풍향

실험풍향은 많은 것이 바람직하나, 적어도 대상 건축물 지역에서 연간 발생빈도가 높은 풍향, 발생빈도는 낮아도 태풍 등의 강풍이 발생하기 쉬운 풍향, 풍에 의한 영향을 고려해야 할 중요한 장소와 건축물에 대해서 영향이 미치기 쉬운 풍향, 주변의 건축물과의 관계에서 대상건축물에의 영향이 특히 크게 미칠 것으로 생각되는 풍향에 대해서는 실험을 실시할 필요가 있다. 일반적으로는 실험결과의 평가는 기상관청 등의 실측 데이터와 조합해서 실시하는 경우가 많으므로 16방위에 대해서 실험을 실시하는 경우가 많다.

4) 측정방법

보통 실시되는 풍환경 평가방법은 10분간 평균풍속에 기초해서 실시되고 있기 때문에, 건설에 수반하는 평균풍속의 예측, 혹은 건설 전후 혹은 풍환경 대책을 실시한 후의 평균풍속이나 그 변화의 파악을 목적으로 측정항목을 선정하는 경우가 많다. 이 때문에 보통은 측정항목으로서 각 측정점 및 기준점에서의 평균풍속이 선택된다. 단, 평균풍속의 데이터는 절대치보다도 무차원화된 풍속비(측정지점의 평균풍속/기준점에서의 평균풍속)로서 취급하는 경우가 많다.

이 외에, 필요에 따라서 다음과 같은 측정항목에 대해서 측정하는 경우도 있다.

① 풍속관계 : 최대순간풍속, 변동풍속의 표준편차, 거스트 계수 등

② 풍향관계 : 최빈도 풍향 혹은 평균풍향, 풍향의 범위 등

풍향 그 자체가 문제가 되는 것은 드물고, 보조 데이터로서 조사지역의 전체적인 풍속분포 상황을 파악하는 선상에서 사용되는 경우가 많다.

각각의 측정항목은 다음과 같은 목적에서 측정된다.

(1) 평균풍속

① 실험결과와 10분간 평균풍속의 기상 데이터를 조합해서 측정지점에 있어서 풍속의 초과확률이나 누적빈도를 구하기도 하고, 이 누적빈도를 기초로 해서 적당한 확률평가방법에 기초해서 측정지점에서의 풍환경 평가를 실시한다.

② 측정대상 지역 전체의 풍속분포 상황을 파악한다.

(2) 풍속비(측정지점의 평균풍속/기준점에서의 평균풍속)

① 건축물 건설 전후 혹은 대책 실시 전후의 풍속변화나 대책의 효과 등의 확인을 실시한다.

② 확률적인 풍환경 평가의 필요성의 판단을 실시한다.

(3) 최대순간풍속

평균풍속과 마찬가지로 기상데이터를 이용해서 측정지점의 순간풍속의 정도(程度)를 추정한다. 최대순간치 등의 통계 처리되지 않은 데이터의 평가를 할 경우에는 1회 실험데이터만으로 평가하는 것은 피해야 한다. 이런 경우, 복수회의 실험결과의 앙상블 평균을 구해 평가하거나 파형의 극치분포에 의해 통계처리를 하고, 최대치를 평가하는 등의 연구가 필요하다.

(4) 변동풍속의 표준편차

풍속변동의 대소를 파악, 확인한다. 예를 들면 건축물 근처의 와의 영향을 받는 것과 같은 장소에는 풍속변화가 크고 난류의 강도도 크게 된다.

(5) 최빈도 풍향 혹은 평균풍향

풍이 어느 풍향에서 불어오는가를 확인함과 동시에 방풍펜스나 식수(植樹) 등의 대책을 구상한 경우에는 설치위치를 결정할 때에 참고 데이터로 한다.

(6) 풍향의 변동폭

풍향변화의 급변을 파악하기 위한 유용한 데이터이며, 변동 폭이 큰 지점에는 풍이 춤을 추는 것과 같은 장소로 판단된다.

5) 데이터 샘플링 방법

(1) 측정시간

평균풍속을 측정목적으로 하는 경우, 측정시간의 총합으로서 15~40초 정도는 필요하다. 측정시간은 원칙적으로는 시간에 관한 아래의 상사조건으로부터 결정되며, 순간최대치 등을 측정하는 경우는 이 상사조건을 만족할 필요가 있다.

$$\frac{T_{model}}{T_{full}} = \frac{L_{model}}{L_{full}} \cdot \frac{V_{full}}{V_{model}} \qquad 식(4.88)$$

여기서, T : 건축물 대표길이

L : 풍속

V : 풍속

첨자 model : 실험시

full : 실스케일

기상 데이터를 사용해서 풍환경 평가를 할 경우에는 실 스케일에서 10분간에 상당하는 측정시간이 필요하다. 단, 측정점에 따라 장주기 변동을 갖는 것도 있고, 측정시간이 짧으면 측정결과에 분산이 나타난다. 그러므로 안정된 데이터를 얻기 위해서는 충분한 측정시간이 필요하다.

실험풍속과의 균형으로부터 충분한 측정시간이 얻어지지 않은 경우에는 복수회의 측정을 실시해서 앙상블 평균을 구해서 데이터를 평가할 필요가 있다. 측정시간으로서, 15초 이상이면 측정시간이 풍속평가에 미치는 영향은 적고 안정된 평균치가 얻어진다고 하는 연구결과[35)]도 있고, 측정시간의 총합이 15초 이하로 되는 경우는 데이터의 안정성을 확인할 필요가 있다.

일반적으로 평균풍속을 측정하는 경우, 측정시간이 상사조건을 만족하지 않더라도 상사조건을 만족하도록 결정된 측정시간보다도 길 경우 데이터가 안정되어 측정결과에 미치는 영향이 적어지므로, 측정시간으로서 15~40초 정도 확보되면 유효한 데이터를 얻는 것이 가능하다.

(2) 샘플링 간격

원칙적으로, 측정시간과 마찬가지로 시간에 관한 상사조건으로부터 결정하는 것이 바람직하다. 기상 데이터를 사용해서 최대순간치 등의 비교·검토를 하는 경우에는 평가시간 2~3초에 상당하는 데이터가 얻어지도록 샘플링 간격을 결정한다.

측정기기에 따라서는 시정수(時定數)가 필요로 하는 샘플링 간격보다 긴 것도 있음에 주의할 필요가 있다. 단, 평균풍속을 측정목적으로 하는 경우, 일반적으로 평균풍속, 난류 강도에 관해서는 시간에 관한 상사조건에 관계없이 측정시간 내의 샘플링 데이터 수가 200개 정도 이상이 되도록 샘플링 간격을 결정해도 유효한 데이터를 얻는 것이 가능하다.

4.5.4 측정 데이터 처리

일반적으로, 건설 혹은 풍환경 대책에 수반하는 풍환경 변화를 파악하는 경우는 풍향별 풍속비 혹은 건설 전의 풍속에 대한 건설 후, 대책 후의 풍향별 풍속비가 기본적인 역할을 다한다.

각 측정점에서의 풍환경의 평가를 할 경우는 기상 데이터와 풍속비의 데이터에 기초해서, 각 측정점에서의 풍속의 발생빈도 혹은 누적빈도분포로서 정리하는 경우가 많다.

1) 풍속비

풍속비(측정점에서의 풍속/기준점에서의 풍속)로 나타내는 방법으로는 다음과 같은 것이 있다. 각 측정전에서의 건설 전후, 대책 후의 풍속비를 그림 4.40에 나타낸 것처럼 같은 그림에 겹쳐 나타낸다.

이 경우, 건설 후, 대책 후의 풍속비가 건설 전보다도 같거나 적다면(그림 4.40에서 건설 후, 대책 후의 선이 건설 전보다 내측에 있으면), 건설 후, 대책 후의 풍환경은 건설 전에 비해서 동등하게 개선되고 있다고 생각된다.

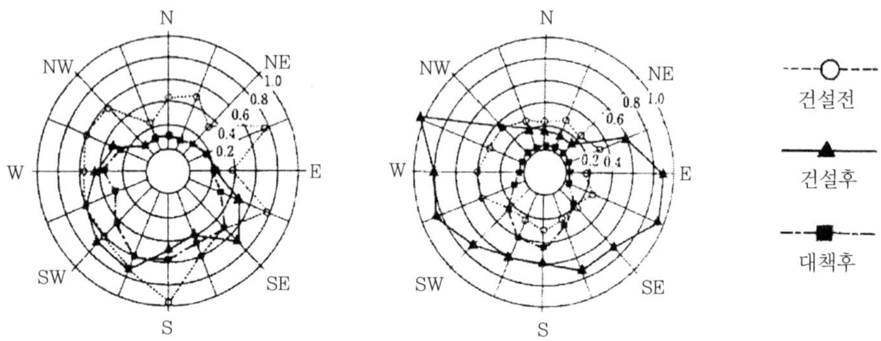

(실무자를 위한 건축물 풍동실험 가이드북/김영문 역)

그림 4.40 풍향별 풍속비 분포도

건설 전의 풍속에 대한 건설 후, 대책후의 풍향별의 풍속비(건설후의 풍속/건설전의 풍속, 대책후의 풍속/건설전의 풍속)로서 정리하는 경우도 있다. 풍속비로서 건설에 따른 풍환경의 악화가 인식되지 않으면, 구태여 4.5.4항 (2)에서 나타난 것과 같은 처리를 해서 풍환경을 평가할 필요성은 적다.

2) 풍속의 초과확률, 누적빈도

풍환경 평가를 할 경우, 어느 정도의 풍속이 어느 정도의 비율로 부는가가 평가의 판단기준이 되므로, 통계 처리된 풍속의 데이터로서 각 측정점에서의 풍속의 초과확률(발생빈도), 누적빈도(비초과확률, 누적확률)가 필요하게 된다. 이러한 것은 아래와 같이 해서 구한다.[31]

① 일본 각지에서의 풍속 발생빈도는 위블(Weibull)분포로 근사시킬 수 있으므로, 대상지역에서 부는 풍의 상태를 기상 데이터, 혹은 실측 데이터에 의해 파악하고, 이 데이터에 기초해서 풍향별 평균풍속의 위블계수 혹은 풍배(風配) 혹은 필요에 따라서 일 최대풍속, 일 최대 순간풍속의 위블계수 및 풍배를 미리 구한다.

② 풍향별로 각 측정점에서의 풍속과 실측 데이터 관측위치에서의 풍속과의 비 ($R(a)$: a는 풍향에 관한 변수)를, 실측에서 얻은 풍향별의 풍속비, 실 스케일로 고친 경우의 기준풍속 측정위치 상당에서의 평균풍속, 실측 데이터 관측위치에서의 평균풍속을 이용해서 다음 식과 같이 구한다.

$$R(a) = \text{풍향별풍속비} \cdot \frac{\text{기준풍속측정위치(실스케일)에서의평균풍속}}{\text{실측 데이터 관측위치 상당에서의평균풍속}} \qquad \text{식(4.89)}$$

실스케일로 고친 경우의 기준풍속 측정위치에서의 평균풍속과 실측 데이터 관측위치 상당에서의 평균풍속의 비는 식(4.89)에 기초해서 관측위치에서의 풍속의 profile에 기초해서 보정하여 산정하는 것이 가능하다.

③ 1)에서 구한 위블계수치 및 풍배와 ②에서 구한 R(a)의 값을 이용해서 닫음 식에 따라 측정점에서의 풍향별의 풍속의 초과확률을 구한다.

$$P(V \geq v,\, a) = A(a) \cdot e[-(v/R(a) \cdot C(a)^{K(a)})] \qquad \text{식(4.90)}$$

여기서, $P(V \geq v, a)$: 풍향 a에서의 풍속 v의 초과확률(발생빈도)

$A(a)$: 풍향 a의 발생빈도

$R(a)$: 식(4.89)에 따른다.

$C(a), K(a)$: 위블계수

④ 측정점에서의 풍속의 초과확률 혹은 누적빈도를 구한다.

$$P(V \geq v) = \sum_a P(V \geq v,\, a)$$

$$P(V < v) = 1 - P(V \geq v)$$

여기서, $P(V \geq v)$: 풍속 v의 초과확률

$P(V < v)$: 풍속 v의 누적빈도

구한 누적빈도는 누적빈도곡선으로서 표시하는 경우가 많다. 또, 평가곡선과 병기해서 정리하는 경우도 많이 실시된다. 기상 데이터(평균풍속)에 기초해서 풍향별로 위블계수와 풍배의 일례를 표 4.4에, 누적빈도곡선의 예를 그림 4.41에 나타내고 있다.

표 4.4 기상 데이터(평균풍속)에 기초한 풍향별로 위블계수와 풍배 예

풍 향	N	NNE	NE	ENE	E	ESE	SE	SSE
$A(\alpha)^*$	14.2	5.6	5.3	5.3	4.1	2.9	3.1	4.6
$C(\alpha)$	3.88	3.16	3.13	3.23	2.92	2.91	3.11	3.72
$K(\alpha)$	2.08	1.96	2.18	2.31	2.11	2.12	2.46	2.59
풍 향	S	SSW	SW	WSW	W	WNW	NW	NNW
$A(\alpha)^*$	8.0	5.4	7.9	1.8	1.6	1.1	4.4	24.5
$C(\alpha)$	4.57	5.03	4.44	2.26	1.79	2.85	3.72	4.83
$K(\alpha)$	2.50	2.38	1.82	1.62	1.49	1.49	1.56	2.14

* $A(\alpha)$는 % 표시　　(실무자를 위한 건축물 풍동실험 가이드북/김영문 역)

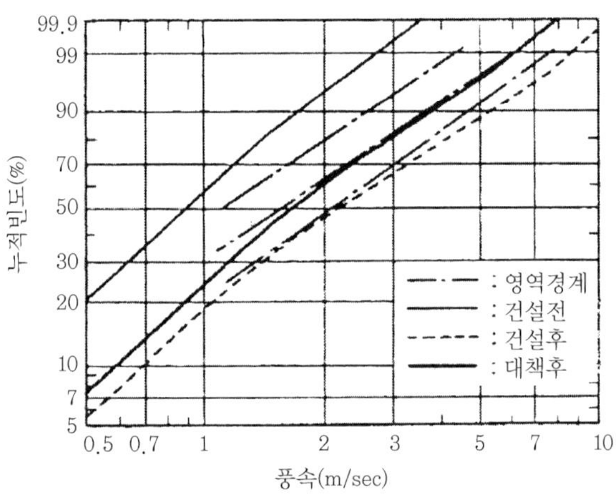

(실무자를 위한 건축물 풍동실험 가이드북/김영문 역

그림 4.41 누적빈도곡선 예

예제

풍동실험결과 측정점 A의 풍속비 $R(a)$가 전풍향에 걸쳐 $R(a)=0.8$로 얻어졌다. 기상대의 Weibull 계수 및 풍배는 표 4.4와 같다. 이 경우 측정점 A에서 3m/sec를 초과할 확률 및 누적빈도를 구하시오.

계산

풍향 N에 관한 초과확률을 계산한다.

$$P(V \geq 3, \mathrm{N}) = 0.142 \exp\left[-\left(\frac{3}{0.8 \times 3.88}\right)^{2.08}\right] = 0.0559$$

풍향 NNE에서는

$$P(V \geq 3, \text{NNE}) = 0.056 \exp\left[-\left(\frac{3}{0.8 \times 3.16}\right)^{1.96}\right] = 0.0138$$

이하 마찬가지로 계산하여 16방위에 관하여 각각 $P(V \leq 3, a)$을 구한다.

16방위 전부에서는

$$P(V \geq 3) = \sum_{16} p(V \geq 3, a) = 0.0559 + 0.0138 + \cdot\cdot\cdot\cdot\cdot\cdot\cdot + 0.1369$$
$$= 0.4027 = 0.4$$

따라서 A점에서 3 m/sec 이상의 바람이 불확률은 약 40%가 된다.

또한 누적빈도는 $p(V) = 1 - P(V) = 1 - 0.4 = 0.6$

결국 A점에서 3m/sec 미만의 바람은 전체 바람의 약 60%를 차지함을 알 수 있다.

3) 기타

건설점 주변에서의 풍의 상태를 파악하기 쉽도록 각 측정점에서의 풍향이나 풍속을 표시해서 정리하는 경우도 있다. 그 예는 아래에 나타낸다.

보통은 지표면 근처의 강풍을 대상으로 하는 경우가 많으므로 연직방향 성분의 풍향이 문제가 되는 경우는 적고, 풍향에 관해서는 풍향의 수평방향 성분을 수평면에 투상시킨(지도상에 표시한다) 표시방법을 채용하는 경우가 많다. 보통, 최빈도 풍향을 표시하고 풍향의 변동범위를 표시하는 경우도 있다. 지형의 영향이나 건축물 형상에 따라 연직방향 성분의 풍향의 검토가 필요한 경우에는 연직방향 성분의 풍향을 연직면에 투상시켜서 표시한다. 이 외에, 측정점별로 표로 표현하기도 하고 평면도면상의 각 측정점 위치에 풍향을 수치나 기호로 표현하는 경우도 있지만, 풍속과 합쳐서 벡터로 표시되는 경우가 많다. 그림 4.42는 풍향과 풍속의 벡터표시 예를 나타내고 있다.

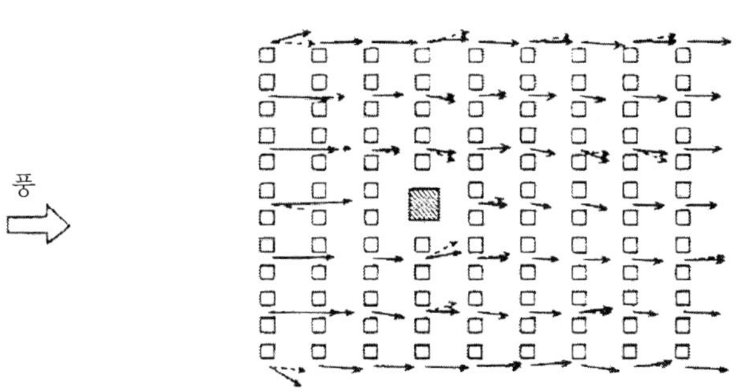

(실무자를 위한 건축물 풍동실험 가이드북/김영문 역)

그림 4.42 풍향 · 풍속의 벡터표시 예

참고문헌

1. 谷正雄,"强风の性质", 开发社, 1982
2. Cermak, J. E, "Wind Tunnel Modeling for Civil Engineering Application", Cambridge University Press, PP. 97~125, 1982
3. 谷, 小桥, 佐藤, "流體力學實驗法", 1977
4. 日本建築學會, "建築物荷重指針"同解說, 1993
5. Aynsley, R. M., Melbourne, W. and Vickery, B. J.,"Architectural aerodynamics, Applied Science Publishers LTD", London, 1977
6. 鈴木雅, 眞田早敏, 堀越清視, 南出州郎, "多点計測制御システムによる風揺れ 答序测", 第12回 风工学シンポジウム, 1992
7. 藤井邦雄, 日比一喜, 上田 宏, "非定常风压力の多点同时测定方法と建物模型への 用について", 风工学シンポジウム, 1986
8. Surry, D. and Stathopoulos, T., "An experimental approach to the economical measurement of spatially-averaged wind loads", Journal of Wind Engineering and Industrial Aerodynamics, 2, (1977), 1~10
9. Gumly, S. J., "Tubing systems for pneumatic averaging of fluctuating pressures", Journal of Industrial Aerodynamics, 12, (1983), 189~228
10. Irwin, H. P. A. H., Cooper, K. R. and Girard, R., "Correction of distortion effects cased by tubing systems in measurements of fluctuating pressures", Journal of Industrial Aerodynamics, 12, (1979), 93~107
11. 上田 宏, "动压力测定システムにおける动的应答性质とその補正について", 清水 建设研究所报 第35號, 昭和 57年 4月
12. 河井宏允, "チューブ系压力测定システムの应答特性のディジタル補正について", 日本建築学会大会学术讲演梗概集, 昭和 62年 10月
13. 谷池义人, 奥田泰雄, "连立する直方 建物まわりの流れと作用风力", 日本建築学会大会学术 讲演梗概集 B構造 I, pp. 147~148, 昭和 60年10月
14. 冈内功, 伊藤学, 宫田利雄,"耐风構造", 丸善
15. 日本建築学会风荷重小委员会, "建築物の耐风设计资料(その2)-风の动的作用と荷重評價", 风の动的作用と荷重評價に关するシンポジウム资料, 1991, 11
16. 日本建築學會, "建築物荷重指針・同解說", 1993
17. 日野幹雄, "スペクトル解析", 朝仓书占
18. 大熊武司, 小杉美树夫, 丸川比佐夫, "空港管制塔の空力特性", 日本风工学会誌, 第 35號, pp.17~33, 昭和 63年 4月
19. 大熊武司, 山崎真司, 片桐纯治, "みたとみらい21ランドマークーの空力特性および应答特性 その2 風力の铅直分布序测", 日本风工学会誌, 第 14號, pp.83~84, 平成元年 10月
20. 大熊武司, 谷秀範, 中村 修, "みたとみらい21ランドマークーの 空力特性および应答特性 その3振动应答の检讨", 日本风工学会誌, 第41號, pp. 85~86, 平成元年 10月

21. 丸川比佐夫, 大泰武司, 寺本隆辛, 北村春辛他, "动的天秤データを利用した 高层建築物の 時刻歷风力シミュレーションに关する研究", 第12回风工学シンポジウム论文集, 1992.12
22. 浅见豊, 山田正明, 大桥智树, "正方形断面柱型建物の变动空氣力-多ペ口ツク模型の风洞实 验による評價", 日本建築学会大会学术讲演梗概集 B構造 I, pp. 153, 154(东北) 1991年
23. 龜井勇, 丸田榮藏, 川口障久, "亂流場における高層ビル模型の振動實驗に关する研究 (その2)", 構造物の耐風性に关する 第 3回シンポジウム, pp.193~199, 1974
24. N, Isyumov, "The Aeroelastic Modeling of Tall Buildings", Wind Tunnel Modeling for Civil Engineering Applications" pp 373~07, Cambridge University Press, 1982
25. 大竹和夫, 又木义浩, 奥本英史, 久德敏治, "多质点振動模型を用いた超高层建物の振动实验", 建築學會大會梗概集, pp. 53~54, 1990
26. 大久保信行 : 機械のモーダルアナリシス, 中央大学出版部, 1982
27. 片桐纯治, 大熊武司, 丸川比佐夫, "法塔の风による振动に关する研究", 第8回风工学シンポジウム, pp. 199~206, 1984
28. Y. Tamura, I. Nisgimura, "Elastic Model of Reinforced Concrets Chimney for Wind Tunnel esting", Int. Colloquium on bluff body Aerodynamics and Its Applications", pp. 231~237, 1988
29. R. J. Kind,"The Aeroelstic Modeling of Membrane structure", Wind Tunnel Modeling for Civil Engineering Applications", pp. 429~439, Cambridge University Press, 1982
30. 日本建築学会, "物荷重指针・同解说", 1993
31. 风工学研究所, "新・ビル风の知识", 岛出版会
32. Standards association of Australia
33. National Building Code of Canada
34. ESDU
35. 日本建築セソター : 建築物周边氣流の风洞实验法に关する研究报告书, 1984.3
36. 风洞实验法委员会, 建築物周边に关する风洞实验の相似性, 1984, カラム No.94, pp. 33~48
37. R. E. Whitbread, "Model Simulation of Wind Effect on structures"Proc. Conf. on Wind Effects on Bldg. Struct, pp. 284~306, 1963
38. 村上周三, 岩佐义辉, 森川泰成, "居住者の日誌による风環境调查と評價尺度に关する研究", 日本建築学会论文报告集, 第 325, pp. 74~84, 1983. 3
39. A. D. Penwarden, A. F. E. Wise,"Wind environment around building", Building Research Establishment Report, H. M. S. O, 1975
40. A. G. Davenport, "Approach to human comfort criteria for environmental wind conditions", Colloquium on Building Climatology, Stockholm, 1972
41. A. G. Davenport, "Approaches to the design of tall building against wind", theme Report at Int. Conf. on planning and design of tall buildings, Lehigh Univ, Vol. 1 b 7, pp. 15~28, 1976
42. T. V. Lawson, "The wind environment of buildings : a logical approach to the establishment of criteria", University of Bristol Dept. of Aeronautical Engineering, Report No. TVL 7321, 1973
43. J. C. R. Hunt, E. C. Poulton, J. C. Mumford, "The effects of wind on people : new criteria based on wind tunnel experiments", Building and Environment, Vol. 2, pp. 15~28, 1976

44. W. H. Melbourne, "Criteria for environmental wind conditions", J. of Industrial Aerodynamics, Vol. 3, No. 2, 3, pp. 241~249, 1978
45. N. J. Cook, "Wind Tunnel Simulation of the Atmospheric Boundary Layer Method in Current Use Bristol", Sym. on External Flows, pp. 147~151, 1972
46. P. M. Jones, C. B. Wilson, "Wind Flow in an urban Area : Comparison of Full Scale and Model Flows", Building Science, Vol. 3, pp. 31~40, 1968
47. 日本建築学会環境工学委员会氣分科会 ： 风实に关するケーフスタディを对象とするる风洞模 型实验の方法に关するる申し合れせ, 建築誌 Vol. 96, No. 1181, 1981. 7
48. 宫田, 伊藤, 冈内 : 耐风構造, 丸善
49. 김영문,"실무자를 위한 건축물 풍동실험 가이드북", 풍공학회, 1985
50. ASCE, "Wind Tunnel Studies of Buildings and Structures", ASCE Manuals and Reports on Engineering Practice No.67
51. A. KAREEM, J. E. CERMAK, "Wind-Tunnel Simulation of Wind-Structure Interactions", ISA Transactions Vol.18, No.4
52. J. E. Cermak, "Aerodynamics of Builings", 1976
53. Jack E. Cermak *ab*, "Wind-tunnel development and trends in applications to civil engineering", Journal of wind Engineering and Industrial Aerodynamics 91, 2001
54. P.A. Blackmore, "The role of wind tunnel testing in the design of building structures", 1997
55. Tracy Kijewski, Fred Haan, Ahsan Kareem,"Wind-Induced Vibrations"

chapter 5

방 · 내화실험

제5장 방 · 내화실험

5.1 건축재료의 연소성능시험

5.1.1 건축재료의 불연성 시험(KS F 1182)

1) 시험개요

이 규격은 건축물의 균질의 건축재료와 실제 구성재인 불균질의 건축재료의 불연성능을 정하기 위한 시험방법에 대하여 규정한다.

2) 시험체

(1) 일반사항

시험체는 제품을 대표할 수 있을 만큼 충분한 크기의 샘플에서 취한다. 시험체는 원기둥 모양으로 해야 하며, 각각의 시험체의 부피는 76±8cm³, 지름 $45\,{}^{+0}_{-2}$mm와 높이 50±3mm를 가져야 한다.

(2) 준비

① 재료의 높이가 50±3mm가 되지 않으면 재료를 여러 층으로 겹쳐서 사용하거나 또는 재료의 두께를 조정해서 제조해야 한다.

② 층은 시험체 홀더에서 수평하게 하며, 층 사이에 공기층이 생기는 것을 방지하기 위해서 무리한 압력을 받지 않도록 하여, 지름은 0.5mm 이하의 2개의 가는 철사로 서로를 단단히 고정시킨다. 불균질 재료의 시험체는 외관과 밀도 등이 사용상 대표성이 있어야 한다. 시험체가 층으로 구성되어 있는 경우 시험체 전체의 밀도는 제조자에 의해 제공된 제품의 것과 가능한 가까워야 한다.

③ 시험체 수 : 5개의 시험체가 시험되어야 한다.

(3) 시험방법

① 시험환경

시험장치는 노 내부에서 불꽃의 관찰에 부정적 영향을 줄지도 모르는 통풍구나 강한 직사광선 또는 인공조명에 노출되어서는 안 된다.

② 장치 설치절차

(a) 시험체 홀더 : 노로부터 시험체 홀더와 지지대를 제거한다.

(b) 열전대 : 노 열전대를 참조2).3에서 규정한 대로 설치하고, 추가 열전대가 요구되면 3.4.4와 부속서 C에서 규정한 위치에 설치해야 한다. 모든 열전대는 보상 케이블을 이용하여 온도 지시계에 연결시켜야 한다.

(c) 전력공급 : 노의 가열부를 전압 안전장치(′), 가변 변압기와 입력 모니터 또는 그림 5.1에서 나타낸 것과 같은 전력 제어기에 연결시킨다. 노의 자동온도조절 장치는 시험 중에 사용하여서는 안 된다.

주(′) 가열부에서는 정상 상태의 조건 하에서 대략 100V에서 9~10A의 전류가 흐른다. 권선에 과부하가 걸리지 않도록 하기 위해서는 최대 전류가 11A를 초과하지 않는 것이 바람직하다. 새로운 노 튜브는 처음엔 천천히 가열시키도록 한다. 2시간에 약 200℃씩 노 온도를 증가시키는 것이 바람직하다.

(d) 노의 안정 : 노 열전대에 의해 표시되는 노의 평균온도가 적어도 10분 동안 750±5℃로 유지될 수 있도록 노에 대한 전력공급을 조절한다. 이 10분간 온도 변동(선형 회귀)이 2℃를 넘지 않아야 하며, 평균온도에서 최대 편차가 10분간에 10℃를 넘지 않도록 해야 한다. 온도는 계속해서 기록한다.

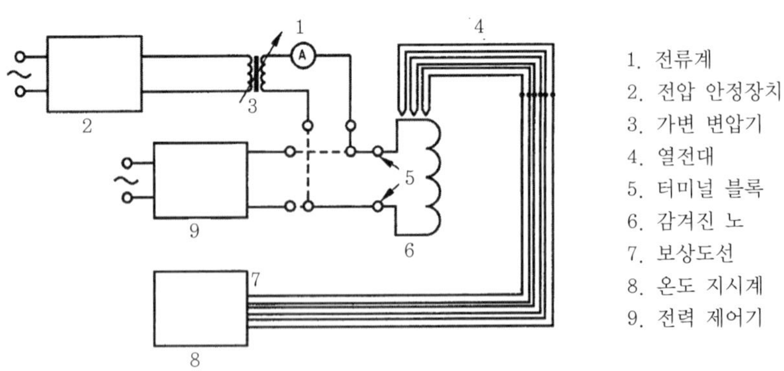

그림 5.1 장치와 추가 기기의 배치도

③ 시험절차

(a) 노를 안정시킨다. 사용된 기록계가 실시간 연산을 할 수 없으면 온도의 안정은 후에 체크되어야 하며, 조건이 충족되지 않았다면 시험을 다시 해야 한다.

(b) 시험을 시작하기 전에 모든 시험장치가 양호하고 정상적 상태에 있는지 확인한다. 예를 들면 통기안정장치는 청결한가, 시험체 삽입장치가 부드럽게 작동하는가, 그리고 시험체 홀더가 노에서 필요한 위치에 있는가를 확인한다.

(c) 준비된 시험체를 지지대에 매달린 시험체 홀더 속으로 삽입한다.

(d) 5초 이내에 지점의 노 속에 시험체 홀더를 놓는다.

(e) 시험체를 노 속으로 넣은 후 즉시 타이머 장치를 작동시킨다.

(f) 시험을 통해서 노 열전대에 의해 측정된 온도를 기록한다. 필요하다면 표면 열전대와 중심 열전대로 온도를 측정한다.

(g) 30분 동안 시험을 수행한다.

노 열전대에 의해서 측정된 온도의 변동(선형 회귀)이 10분 동안 2℃를 넘지 않을 때 이루어지는 최종 온도 평형이 30분 내에 이루어지면 시험을 끝낸다. 그러나 온도 평형이 30분 동안에 이르지 못한다면 5분 간격으로 평형온도를 체크하면서 시험을 계속한다. 한 번의 평형이 열전대에 확인되거나 또는 60분이 지나면 시험을 중단한다. 그리고 시험시간을 기록한 후 노에서 시험체를 제거한다. 시험의 종료는 마지막 5분 간격의 끝이거나 60분이 지난 후에 한다(부속서 D참조). 사용된 기록계가 실시간 계산이 안 되면 최종값은 시험 후에 확인되어야 한다. 위에서 요구조건이 만족되지 않으면 시험은 반복되어야 한다. 추가 열전대가 사용된 경우 최종 평형 온도가 사용된 모든 열전대에 대하여 이루어지거나 60분이 지난 후에 시험을 중지해야 한다.

(h) 데시케이터에서 주위 온도로 냉각시킨 후 시험체의 무게를 잰다. 시험 중 또는 시험 후에 시험체에서 떨어지거나 떨어진 숯, 재, 그 밖의 부스러기를 수거한다. 이들 모두는 불연소 시험체의 일부로 포함한다.

(i) 5개 시험체 모두를 시험한다.

④ 관찰사항

(a) 각 시험체에 대하여 시험 전후의 질량 및 시험 동안 시험체의 상황을 관찰하여 기록한다.

(b) 지속된 불꽃(잔염)의 발생을 관찰하고 불꽃의 기간을 초로 기록한다. 5초 또는

그 이상이 시험체에 화염이 계속해서 존재하는 것은 지속 불꽃(잔염)으로 간주한다. 불꽃을 확인하는 데에는 다소 차이가 있다. 어떤 시험체는 안정된 파란색의 밝은 가스 영역만 나타낸다. 즉 이것은 시간을 측정할 필요는 없으나, 시험 성적서에서 "시험 중 관찰" 사항으로 기록되어야 한다.

(c) 노 열전대에 의해 측정된 다음의 온도를 ℃로 기록해야 한다.

- 최초 온도 (T_i), 1.3.2.4에서 규정한 안정 기간의 최종 10분간의 평균온도
- 최고 온도 (T_m), 전체 시험기간 중 최고 온도
- 최종 온도 (T_f), 1.3.3.4.7에서 규정한 시험 종료의 최종 1분간의 평균온도

온도 기록의 예를 부속서 D에 나타내었다.

추가 열전대가 사용된다면 부속서 C에 나타낸 것처럼 온도를 기록해야 한다.

3) 교정절차

(1) 노 벽 온도

① 노 온도가 안정되었을 때 규정된 형태의 접촉식 열전대와 규정된 온도 지시계를 이용하여 노 벽의 온도를 측정한다. 측정은 노 벽의 수직 축 3곳에서 하되 각 축의 이격거리는 동일하게 한다. 노 튜브는 중간 높이 지점에 대응하는 위치와 중간 높이에서 상하 30mm 위치에 대응하는 각 축의 온도를 기록한다. 이 온도 측정 절차는 열전대 및 내열관이 붙은 열전대 주사 장치를 이용함으로써 간편히 이용할 수 있다. 위의 규정된 위치에서 열전대와 노 벽의 사이를 잘 유지하도록 특별한 주의가 필요하다. 각 측정지점에서 열전대에 의해 기록된 온도값은 안정된 상태이어야 한다. 9개의 온도 기록은 표 5.1에서 지시된 것처럼 $T_{i:j}$(i=축 1~3 ; j =+30mm, 0mm 및 −30mm에 대하여 a~c값)로 얻어진다.

표 5.1 노 벽 위치 온도값

	노 벽 위 치		
수직축	a(+30mm)	b(0mm)	c(−30mm)
1(0°)	$T_{1:a}$	$T_{1:b}$	$T_{1:c}$
2(120°)	$T_{2:a}$	$T_{2:b}$	$T_{2:c}$
3(240°)	$T_{3:a}$	$T_{3:b}$	$T_{3:c}$

② (a)에 기록된 9개의 온도값의 산술 평균을 계산하고 노 벽 평균온도(T_{avg})로 기록한다.

$$T_{avg}=\frac{T_{1:a}+T_{1:b}+T_{1:c}+T_{2:a}+T_{2:b}+T_{2:c}+T_{3:a}+T_{3:b}+T_{3:c}}{9} \quad \text{식(5.1)}$$

1)에서 읽은 3축의 온도의 산술 평균을 계산하고 노 벽 평균온도로 기록한다.

$$T_{avg.axis1}=\frac{T_{1:a}+T_{1:b}+T_{1:c}}{3} \quad \text{식(5.2a)}$$

$$T_{avg.axis2}=\frac{T_{2:a}+T_{2:b}+T_{2:c}}{3} \quad \text{식(5.2b)}$$

$$T_{avg.axis3}=\frac{T_{3:a}+T_{3:b}+T_{3:c}}{3} \quad \text{식(5.2c)}$$

노 벽 평균 온도로부터 3축의 온도 편차의 절대 백분율 값을 계산한다.

$$T_{dev.axis1}=100\times\frac{|T_{avg}+T_{avg.axis1}|}{T_{avg}} \quad \text{식(5.3a)}$$

$$T_{dev.axis2}=100\times\frac{|T_{avg}+T_{avg.axis2}|}{T_{avg}} \quad \text{식(5.3b)}$$

$$T_{dev.axis3}=100\times\frac{|T_{avg}+T_{avg.axis3}|}{T_{avg}} \quad \text{식(5.3c)}$$

각 3축에서의 평균 온도의 평균 편차(산술 평균) 및 노 벽 평균온도를 계산하고 기록한다.

$$T_{avg.dev.axis}=\frac{T_{dev.axis1}+T_{dev.axis2}+T_{dev.axis3}}{3} \quad \text{식(5.4)}$$

기록된 3개 높이의 온도의 산술 평균온도값을 계산하고, 3개 높이의 노 벽 평균온도로 기록한다.

$$T_{avg.levela}=\frac{T_{1:a}+T_{2:a}+T_{3:a}}{3} \quad \text{식(5.5a)}$$

$$T_{avg.levelb}=\frac{T_{1:b}+T_{2:b}+T_{3:b}}{3} \quad \text{식(5.5b)}$$

$$T_{avg.levelc}=\frac{T_{1:c}+T_{2:c}+T_{3:c}}{3} \quad \text{식(5.5c)}$$

노 벽 평균온도로부터 3개의 높이의 온도 편차의 절대 % 값을 계산한다.

$$T_{dev.levela} = 100 \times \frac{|T_{avg} + T_{avg.levela}|}{T_{avg}} \qquad \text{식(5.6a)}$$

$$T_{dev.levelb} = 100 \times \frac{|T_{avg} + T_{avg.levelb}|}{T_{avg}} \qquad \text{식(5.6b)}$$

$$T_{dev.levelc} = 100 \times \frac{|T_{avg} + T_{avg.levelc}|}{T_{avg}} \qquad \text{식(5.6c)}$$

노 벽 평균온도 및 3개 높이의 각각의 평균온도의 평균편차(산술평균)을 계산하고 기록한다.

$$T_{avg.levelc} = \frac{T_{dev.levela} + T_{dev.levelb} + T_{dev.levelc}}{3} \qquad \text{식(5.7)}$$

3개의 수직축에서 온도의 노 벽 평균온도로부터의 평균온도 편차 $T_{avg.dev.axis}(4)$는 0.5% 이하이어야 한다.

3개의 높이에서 온도의 노 벽 평균온도로부터의 평균온도 편차 $T_{avg.dev.level}(7)$은 1.5% 이하이어야 한다.

③ +30mm $T_{avg.dev.levela}(5a)$위치에서 벽 평균온도가 30mm $T_{avg.dev.levelc}(5a)$ 위치에서 벽 평균온도 이하인지를 확인한다.

④ 노 온도 : 온도가 안정되고, 노 벽 온도가 확인된 경우, 규정된 열감기기와 온도지시계를 사용하여 노 중심축을 따라 노의 온도를 측정한다. 열감지기의 위치를 정확하게 정하기 위해 적당한 위치조정 장치를 사용해야 한다. 수직위치의 기준점은 열감지기의 동관의 상부 표면에 있어야 한다. 노 튜브는 중간 위치점에 대응하는 위치에서 중심축을 따라 노 온도를 기록한다. 이 위치로부터 노 튜브의 아래에 이르기까지 최대 10mm 간 까지 최대 10mm 간격으로 가장 낮은 위치로부터 상부로 열감지기를 움직여 안정되면, 각 위치에서 온도를 기록한다. 노의 상부로부터 노의 가운데 위치에 이르기까지 10mm 간격으로 아래쪽으로 열감지기를 움직여 안정되며, 각 위치에서 온도를 기록한다. 각 위치에 대하여 2개의 온도, 즉 1개는 상부 쪽 또 1개는 하부 쪽을 기록하고, 거리에 따른 이들 온도의 산술 평균을 기록한다.

각 위치에서 계산된 평균온도는 규정된 한계 내에 있어야 한다.

$$T_{\min} = 541.653 + (5.901 \times X) - (0.067 \times X^2) + (3.375 \times 10^{-4} \times X^3) - (8.553 \times 10^{-7} \times X^4)$$

$$T_{\max} = 613.906 + (5.333 \times X) - (0.081 \times X^2) + (5.779 \times 10^{-4} \times X^3) - (1.767 \times 10^{-6} \times X^4)$$

여기에서 X는 노 높이(mm)이며, $X=0$mm는 노 밑면에 해당한다.

그림 5.2의 값은 표 5.2에 주어져 있다.

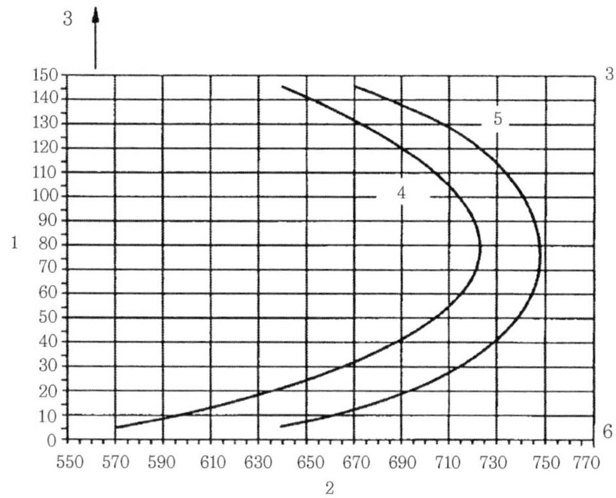

그림 5.2 중심축을 따라 열감지기로 측정된 노 온도

표 5.2 단면 높이별 노 온도값

노의 높이(mm)	T_{min}(℃)	T_{max}(℃)
145	639.4	671.0
135	663.5	697.5
125	682.8	716.1
115	697.9	728.9
105	709.3	737.4
95	717.3	742.8
85	721.8	745.9
75	722.7	747.0

표 5.2 단면 높이별 노 온도값(계속)

노의 높이(mm)	T_{min}(℃)	T_{max}(℃)
65	719.6	746.0
55	711.9	742.5
45	698.8	735.5
35	679.3	723.5
25	652.2	705.0
15	616.2	677.5
5	569.5	638.6

⑤ 교정 빈도 : 새로운 노 및 노 튜브, 전열선, 단열재 또는 전원공급장치가 바뀔 때마다 해야 한다.

4) 시험 성적서

시험 성적서는 최소한 다음의 자료를 포함해야 한다. 의뢰자가 제시한 데이터와 시료에서 얻어진 데이터에는 명백한 구분이 있어야 한다.

① 시험 규격명

② 규격의 시험방법과의 차이

③ 시험기관의 명칭과 주소

④ 시험 성적서의 날짜와 확인번호

⑤ 의뢰자의 이름과 주소

⑥ 제조자 및 공급자의 명칭과 주소

⑦ 시료 도착일

⑧ 제품의 동일성 확인

⑨ 샘플링 절차 관련 장소의 설명

⑩ 제품의 세부 제작형태와 함께 제품의 두께, 단위면적당 질량, 밀도를 포함하여 시험된 제품에 대한 일반적 기술

⑪ 양생조건

⑫ 시험일자

⑬ 교정결과

⑭ 추가 열전대가 사용된다면 부속서 C에 따라서 표현된 시험결과

⑮ 시험 중 발생한 관측사항

⑯ 다음과 같은 표현 : 이 시험결과는 오직 특별한 시험조건 아래에서 시험체의 거동과 관련이 있을 뿐이다. 이 결과는 사용되는 제품의 잠재적 위험을 측정한 유일한 기준으로서 의도된 것이 아니다.

▷부속서 C(규정) 추가 측정용 열전대

C.1 개요 : 노 내 온도 및 노 벽 온도 측정용 열전대 참조10)에 추가하여 필요에 따라 시험체의 기하학적 중심 및 표면의 온도 측정용으로 열전대를 추가하는 것이다. 이 2개의 추가 열전대의 상세 및 그 사용 방법을 C.2~C.4에서 나타내었다.

C.2 열전대의 위치

C.2.1 시험체 중심 열전대 시험체 중심 열전대는 열접점이 시험체의 기하학적 중심에 있도록 위치해야 한다. 이것은 시험체 상부에서 축 방향으로 만들어진 지름 2mm의 홀에 의해 위치할 수 있도록 할 수 있다.

C.2.2 시험체 표면 열전대 시험체 표면 열전대의 열접점은 시험 시작에서 시험체의 가운데에 접하는 위치에 놓아야 하며, 정반대에 노의 열전대를 두어야 한다.

C.3 시험절차 시험에 의하여 2개의 열전대에 의해 측정된 온도를 시험 중 계속 기록한다.

비 고 : 경우에 따라서 시험체 중심 열전대는 추가 정보 없이 제공되며, 이런 경우에 그것은 사용되지 않는다. 이것은 열적으로 불안정한 재료에 적용한다.

C.4 시험 중 관찰사항 추가 관찰사항은 다음을 기록한다.

a) 시험체 중심 열전대의 최고 온도 Ts(max)

b) 시험체 중심 열전대의 최종 온도 Tc(final)

c) 시험체 표면 열전대의 최고 온도 Ts(max)

d) 시험체 표면 열전대에 대한 최고, 최종 온도

C.5 결과 표현 온도 상승(℃)은 각각의 시험체에 대하여 다음과 같이 2개의 열전대로 기록된 온도로 계산한다.

a) 시험체 중심 온도 $\triangle Tc = Tc(max) - Tc(final)$

b) 시험체 표면 온도 $\triangle Tc = Ts(max) - Ts(final)$

▷부속서 D (참고)온도 기록

D.1 초기 온도 안정화 10분간의 조건은 아래와 같다.

- 평균온도 T_{avg}(℃) = 750±5℃
- $| T - T_{avg} | \leq 10$℃ 및
- 드래프트(선형 회귀)≤2℃

이것은 그림 5.3에서 나타냈다.

- 평균온도 : 750.4℃
- 최대온도 편차 = 4.3℃
- 드리프트 = 0.7℃

초기 온도의 정의인 T_i가 T_{avg}와 같다. 그림 5.3에서 나타내었으며 : T_i= 750.4℃ 이다.

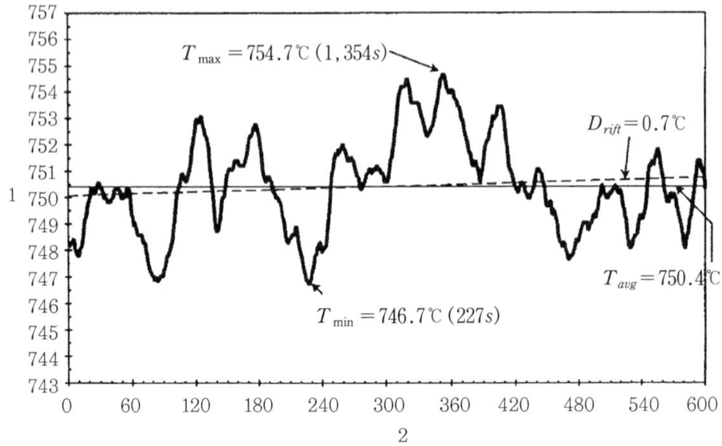

1. 온도(℃), 2. 시간(s)

그림 5.3 중심축을 따라 열감지기로 측정된 노 온도

D.2 최종 온도 안정화 안정화의 판단 기준에서 30분 이내에 이른다면 시험의 종료도 30분으로 한다. 안정화의 판단 기준에 30분에서 60분 사이에 도달하면 그 시간을 종료로 한다. 안정화 판단 기준에 이르지 않는 경우, 시험은 60분으로 종료한다. 안정화의 판단기준은 온도의 드리프트(드리프트 곡선)가 10분간에 5분마다 계산하여 2℃ 이내이면 달성된다.

이것은 그림 5.4와 표 5.3에서 나타내었다.

온도 드리프트(드리프트 곡선)는 35분과 45분(10분간) 사이에서 2℃ 이하이다.

그러므로 최종온도 안정화 판단기준은 45분에서 달성되고, 시험의 종료는 45분이다.

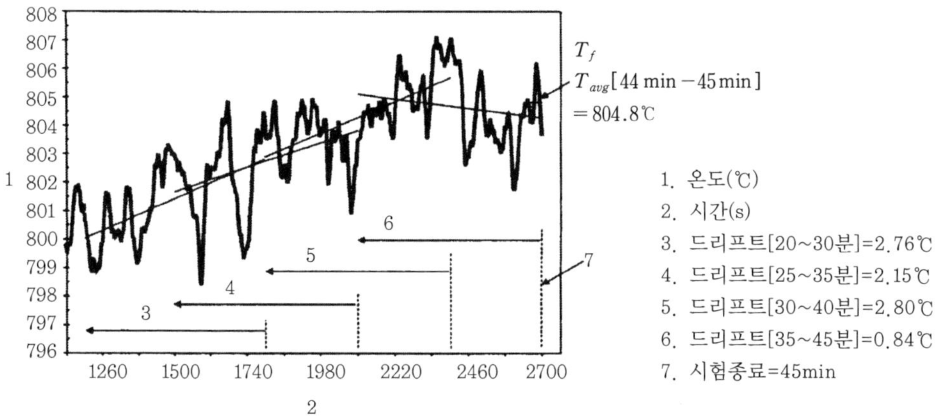

그림 5.4 최종 안정화의 예

D.3 온도 상승의 측정온도 상승은 T_m과 T_f으로부터 계산된다. 이 결과는 표 5.3 그림 5.5와 그림 5.6에 나타내었다.

표 5.3 시험결과

온도값 예	시험 종료	T_i	T_m	T_f	$T_m - T_f$
그림 5.5	30분	750.4℃	877.8℃	802.3℃	75.5℃
그림 5.6	45분	748.4℃	807.4℃	804.8℃	2.6℃

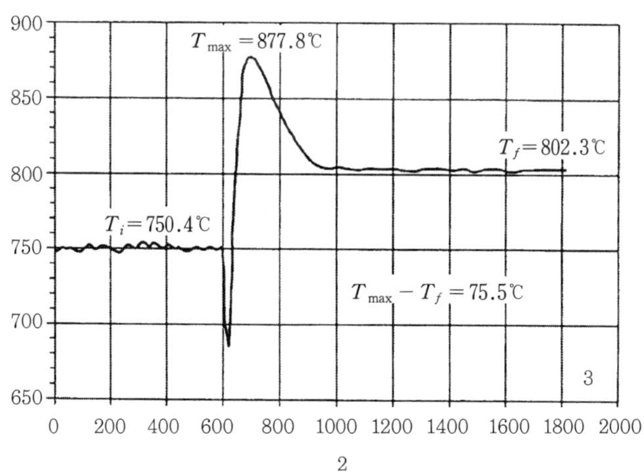

1. 온도(℃), 2. 시간(s), 3. 시험종료 30분

그림 5.5 A시험 중 온도기록의 예

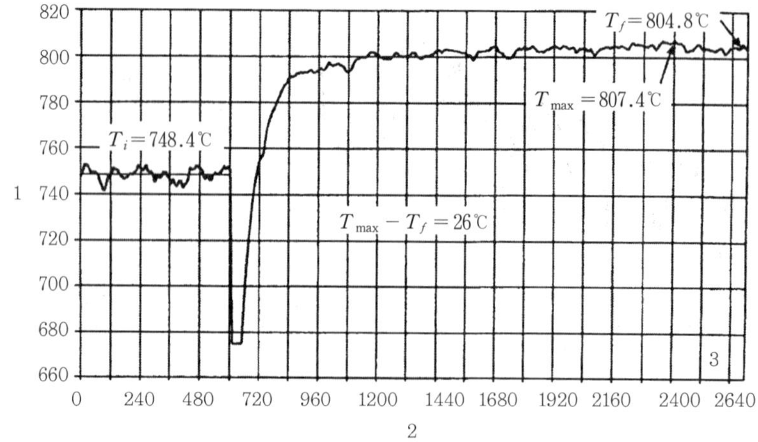

1. 온도(℃), 2. 시간(s), 3. 시험종료 45분

그림 5.6 B시험 중 온도기록의 예

5.1.3 건축물의 내장재료 및 구조의 난연성 시험(KS F 2271)

1) 시험개요

이 규격은 건축물의 내장에 사용하는 재료 및 구조의 화재 초기에서의 난연성 시험 방법에 대하여 규정한다.

또한 이 난연성 시험은 표 5.4에 나타내는 대로 난연성의 급별에 따라 기재시험, 표면시험, 부가시험 및 가스 유해성 시험을 한다.

표 5.4

난연성의 급별	시험방법
난연 1급	3.에 규정하는 기재 시험 및 4.에 규정하는 표면 시험
난연 2급	4.에 규정하는 표면 시험, 5.에 규정하는 부가시험 및 6.에 규정하는 가스 유해성 시험
난연3급	4.에 규정하는 표면시험 및 6.에 규정하는 가스 유해성 시험

2) 시험체 및 시험방법과 판정방법

(1) 기재시험

① 시험체

(a) 시험체의 재료 및 구성은 실제로 사용하는 것과 같은 것으로 한다. 다만 표면에 부가된 도장 및 그 밖의 치장 마무리층을 제거한 것으로 할 수 있다.

(b) 시험체의 개수는 3개로 한다.

(c) 시험체의 크기는 높이를 (50±3)mm, 다른 2변을 (40±2)mm 로 하고, 공시 재료에서 채취한다. 재료의 두께가 이 크기보다 작은 경우에는 공시 재료의 겉보기 비중과 거의 같아지도록 하고, 또 가연물이 최대한으로 포함되게 겹쳐 KS D 3552에 규정하는 선지름 0.5MM 이하의 철선으로 단단히 묶는다.

(d) 시험체는 제조 후 통풍이 잘 되는 실내에 약 1개월 이상 방치한 것을 35~15℃의 건조기 안에서 120시간 이상 건조한 후, 데시케이터 안에서 24시간 이상 방치하여 양생한 것으로 한다.

(e) 시험체 지지틀은 KS D 3698에 규정하는 냉간 압연 스테인리스 강판 및 KS D 3703에 규정하는 스테인리스 강선으로, 재질은 어느 쪽이나 STS304로 하고 그 무게는 15g 이하로 한다. 시험체 지지봉은 ks d 3576에 규정하는 재질, STS304 스테인리스 강관으로, 바깥지름 (4±0.1)mm, 두께 1mm 이하, 길이 (300±1)mm로 하여 제작한다. 지지봉에는 스토퍼를 부착시켜 시험체를 노 내부 위치에 신속히 넣을 수 있는 것으로 한다.

② 가열시험

(a) 가열시험은 시험체를 넣은 후 20분 동안 가열해야 한다.

(b) 노 내 온도의 측정은 KS C 1602에 규정하는 클래스 2 이상의 정밀도를 가진 소선의 선지름 0.65mm인 CA 열전대 및 전자관식 자동 평형 기록 온도계로 측정한다.

(c) 가열은 미리 시험체를 삽입하기 전에 KS L 3205에 규정하는 고알루미나질 내화벽돌의 2종 특급품으로 2.2.1.2.4에 규정하는 위치에 신속히 삽입하여 시험을 시작한다.

(d) 가열로에 삽입한 시험체의 위치는 시험체 옆면의 중심선과 노 내 온도 측정용 열전대의 열접점 위치가 거의 일치하도록 한다.

③ 판 정

3개의 시험체의 각각에 대하여 한 가열시험에서 시험체 삽입 후의 노 내 온도가 조정한 온도보다 50℃를 초과하여 상승하지 않는 경우를 합격으로 한다.

(2) 표면시험

① 시험체

(a) 시험체의 재료 및 구성은 실제로 사용하는 것과 같은 것으로 한다.

(b) 시험체의 개수는 3개로 한다.

(c) 시험체의 크기는 가로·세로 각각 220mm로 하고, 두께는 실제의 것과 같은 것으로 한다. 다만 두께가 15mm를 넘을 때에는 시험체의 방화상 성능을 증대시키지 않고, 또한 연기 발생 정도를 감소시키지 않는 방법으로 그 두께를 15mm까지 감소할 수 있다.

(d) 시험체는 제조 후 통풍이 잘 되는 실내에 약 1개월 이상 방치한 것을 35℃~45℃의 건조기 안에서 24시간 이상 건조한 후, 데시케이터 안에서 24시간 이상 방치하여 양생한 것으로 한다.

② 시험방법

표 5.5

난연성 급별	처음의 부열원만에 의한 가열시간(min.)	부열원 및 주열원에 의한 가열 시간(min.)	가열시간의 합계 (min.)
난연 1급	3	7	10
난연 2급	3	7	10
난연 3급	3	3	6

(a) 가열시험은 시험체 수열면의 크기를 가로·세로 각각 18cm로 하고, 처음에 부열원으로 3분 동안 가열한 후 다시 주열원을 가하여 난연성의 급별에 따라 표 5.5와 같이 가열한다.

(b) 배기온도의 측정은 KS C 1602에 따라 한다.

(c) 연기를 투과하는 광량의 측정은 가열시험 중 15초 이내마다 한다.

(d) 가열시험은 시험 개시 전에 표준판을 사용하여 예비 가열을 한 후, 뒤 뚜껑을 제거하고 배기온도를 측정하는 열전대의 눈금이 약 50℃로 강하한 후 시작한다. 다만 계속하여 시험을 할 때에는 표준판에 의한 예비 가열은 필요 없다.

③ 판 정

가열시험 결과 시험체 각각이 다음에 적합한 경우를 합격으로 한다.

(a) 시험체 전체 두께에 걸친 용융(합성구조인 경우 심재가 전부 용융, 소멸되는 것을 포함한다), 시험체 뒷면에 대한 균열(뒷면의 균열 너비가 전체 두께의 1/10 이상인 것에 한한다), 그 밖에 방화상 현저하게 해로운 변형 등이 없을 것.
이때 균열 유무는 시험종료 후 즉시 꺼내어 관찰하여 판정한다.

(b) 가열 종료 후 30초 이상 잔류 불꽃이 없어야 한다.

(c) 시험 결과의 배기온도 곡선은 가열시험 중 표준온도 곡선을 초과하지 않을 것.

(d) 배기온도 곡선이 표준온도 곡선을 초과하고 있는 부분의 배기온도 곡선과 표준온도 곡선으로 둘러싸인 부분의 면적(단위 ℃×분)이 난연 2급은 100 이하, 난연 3급은 350 이하이어야 한다.

(e) 다음 식에 따라 구한 단위면적당 발연 계수 C_A는 난연성의 급별에 따라 각각 표 6의 수치를 초과하지 않아야 한다.

$$C_A = 240 \log_{10} \frac{I_0}{I}$$

여기에서 I_0 : 가열시험 개시 시 빛의 세기 (l_x)

I : 가열 시험 중 빛 세기의 최저값 (l_x)

표 5.6

난연성 급별	단위 면적당 발연 계수 (C_A)
난연 1급	30
난연 2급	60
난연 3급	120

(3) 부가시험

난연 2급에 합격한 것에 대하여 다음 부가시험을 한다.

① 시험체

그림 5.7과 같이 시험체의 표면에서 뒷면으로 관통하는 지름 25mm인 구멍을 3개 뚫은 것으로 한다. 구멍을 뚫을 때는 시험체의 조성 및 구성을 손상하지 않도록 조심한다.

시험체의 개수 및 양생은 (b).의 ①, ④의 규정에 따른다.

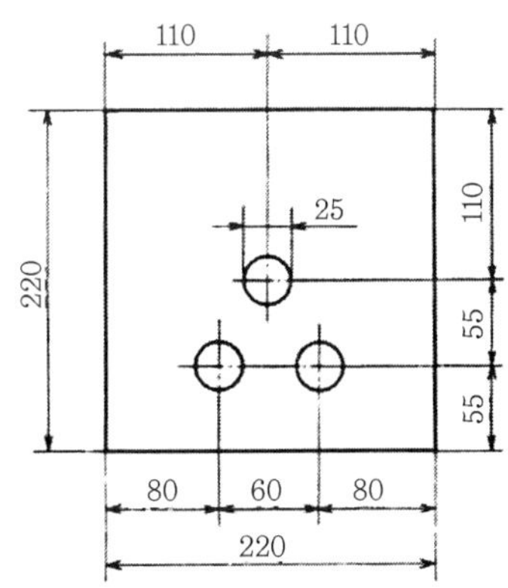

그림 5.7 시험체

② 시험방법

시험체 뒷면에 규정한 표준판을 밀착하여 노 내에 장착하고, 표 5.6에 규정한 난연 2급의 가열을 한다.

③ 판정

각 시험체가 표 5.7의 수치를 초과하지 않는 것을 합격으로 한다.

표 5.7

표준온도곡선을 넘는 온도시간 면적 (℃분)	단위 면적당 발연 계수 (C_A)	잔류 불꽃 시간 (s)
150	60	90

(4) 가스 유해성 시험

① 시험체

(a) 시험체는 실제로 사용하는 것과 같은 것으로 하며, 그림 5.7과 같이 시험체의 표면에서 뒷면으로 관통하는 지름 25mm인 구멍을 3개 뚫은 것으로 한다.

(b) 시험체의 두께는 실제의 것과 같은 것으로 한다. 다만 두께가 150mm를 넘을 때에는 시험체의 방화상 성능을 증대시키지 않고, 또한 연기 발생 정도를 감소시키지 않는 방법으로 그 두께를 150mm까지 감소할 수 있다.

(c) 시험체의 개수는 2개로 하며, 2의 ④의 규정에 따른다.

② 시험방법

(a) 가열시험은 시험체의 열을 받는 면의 크기를 가로, 세로 각각 180mm로 하고, 처음에는 부열원으로 3분간 가열한 후 다시 주열원으로 3분간 가열해야 한다.

(b) 공기는 가열중에 한하여 공급하며, 그 공급량은 가열로의 1차 공급 장치에 의해 매분 3.0L, 2차 공급 장치에 의해 매분 25.0L로 해야 한다. 가열시간 6분 동안 피검상자의 배기구는 개방해야 하며, 가열 후에는 피검상자의 가스가 배출되지 않도록 배기를 차단한다.

(c) 피검상자의 배출장치에 의한 기체는 가열 중에 한하여 배출하며, 그 배출량은 매분 10.0L로 해야 한다.

(d) 배기온도 측정은 3.3.2에 규정하는 열전대 및 온도계로 측정해야 한다.

(e) 가열시험은 시작 전에 표준판을 사용하여 4.의 2) ①~③에 규정하는 방법에 따

라 예비 가열한 후, 뒤 뚜껑을 제거하여 배기온도를 측정하는 열전대의 표시 온도가 약 50℃로 강하한 다음 시작하는 것으로 한다. 다만 계속해서 가열시험을 하는 경우에는 표준판에 의한 예비 가열을 하지 않는다.

(f) 가열시험은 시작할 때 피검상자 내의 온도는 30℃로 하고, 실험용 흰 쥐는 표 5.8에 해당하는 흰쥐를 1마리씩 넣은 그림 5.8과 같이 같은 회전 바구니(회전 바구니의 회전부분은 원칙적으로 알루미늄제로 하되, 무게는 75g 이하로 해야 한다.) 8개를 피검상자 내에 넣어야 한다.

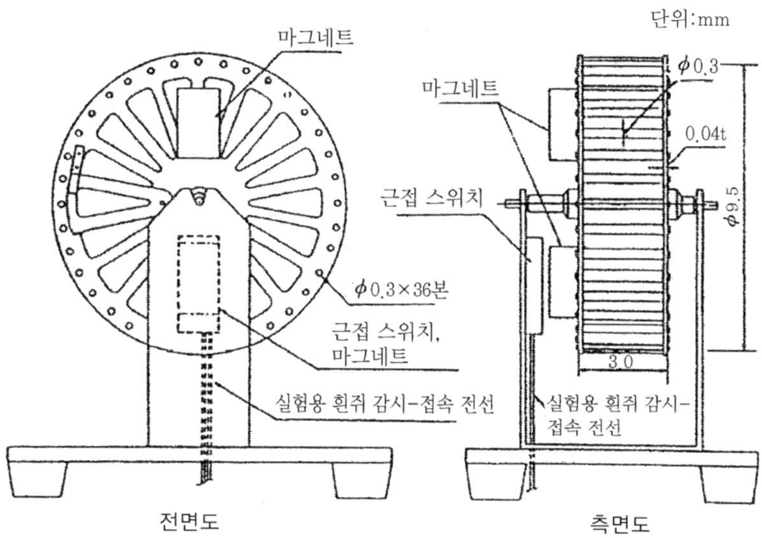

그림 5.8 회전 바구니

표 5.8

계 통	주 령	체 중
DD계 또는 ICR계 암놈	5주	18~22g

(g) 가열을 시작해서 시험용 흰쥐가 행동을 정지할 때까지의 시간(이하 행동 정지 시간이라 한다.)의 측정은 자동기록 할 수 있는 장치를 사용해야 하며, 가열은 시작 후 15분간 개개의 실험용 흰쥐마다 실시해야 한다.

③ 판정

시험체 2개에 대한 가열시험 및 계산 결과 시험체 각각의 흰쥐 평균행동 정지시간 (x)의 값이 9분보다 클 경우 합격으로 한다.

④ 시험 성적서

시험 결과의 보고서에는 다음 사항을 기재한다.

(a) 난연성의 급별

(b) 재료명, 모양·치수·구성·무게·함수율·표면 다듬질, 그 밖의 시방 개요

(c) 가열조건(열원의 종류, 가열시간, 조정 온도 등)

(d) 공시체의 조건(모양·치수·구성·무게·재령 등)

(e) 시험 결과의 개요

- 기재시험에 대하여는 노 내 최고 온도, 공시체의 변호 등
- 부가시험에 대하여는 배기 온도 및 발연량 곡선, 온도 시간 면적, 발연량 잔류불꽃 시간, 용융, 균열, 그 밖의 변형 등
- 가스 유해성 시험에 대하여는 배기온도와 흰쥐의 종류, 주령, 체중 및 흰쥐의 행동 시간 등

(f) 시험실시 일자, 시험기관명, 동 책임자명 및 시험 실시 담당자명

5.1.3 연소성능시험-열방출, 연기발생, 질량감소율-제1부 열방출률 (콘칼로리 메터법) (KS F ISO 5660-1)

1) 시험개요

본 시험은 점화장치가 부착된 수평방향의 콘 히터 복사열에 노출된 시편의 열 방출률을 평가하는 방법임. 이 시험방법은 “순연소열은 연소하는데 필요로 하는 산소의 양에 비례하는 것에 기초를 두고 있다. 즉 산소 1kg이 소비되면 약 13.1×103kJ의 열이 방출된다는 관계가 성립된다. 시편을 미리 결정된 0kW/m^{2}에서 100kW/m^2 범위의 복사열에 노출시켜 대기조건에서 연소시키고 이때의 산소농도와 배출가스 유량을 측정한다.

이 시험방법은 시험하는 제품이 화재에 노출되는 동안 열 방출률에 기여하는 정도를 평가하는데 사용되며, 소규모의 대표적인 시편에 대해서 측정한다.

2) 시험체

① 시편은 제품을 대표하는 것이어야 하고, 가로, 세로 각각 100mm인 정사각형이어야 한다.

② 두께가 50mm 이하인 제품은 그 제품의 두께대로 시험한다.

③ 두께가 50mm를 초과하는 제품은 비노출면을 절단하여 두께를 50mm로 감소시켜 시편을 준비한다.

④ 제품에 불규칙한 표면이 있는 경우에는 표면 중 가장 높은 지점이 시편의 중앙에 위치하도록 시편을 절단한다.

⑤ 두께가 6mm 미만이 제품은 실제 사용 조건에서 사용되는 기재를 사용하여 전체 시편의 두께를 6mm 이상이 되도록 하여 시험을 한다.

⑥ 시험체는 온도 23±2℃, 상대습도 (50±5)%의 전처리 조건에서 항량이 될 때까지 준비한다(시편의 질량을 24시간 간격으로 연속해서 측정하였을 때 그 차이가 시편 전체 질량의 0.1% 이하 또는 0.1g 이하인 상태에 도달하였을 때, 그 시편은 항량에 도달한 것으로 간주한다. 시편이 평형에 도달하는 것이 1주일 이상 소요되는 것은 전처리를 한 후에 시험을 실시할 수 있다. 이 기간은 일주일 이상이어야 하며 이것을 시험보고서에 기술해야 한다.

3) 시험방법

(1) 주의사항

건강상의 위해를 방지하기 위해 적절한 안전조치를 취하도록 하기 위하여 시편을 시험하는 동안 유독성 또는 유해성 가스가 방출될 수 있는 가능성을 모든 화재시험 관련자들에게 주지시켜야 한다.

(2) 이 시험절차는 고온 및 연소과정이 포함되어 있어 화상의 위험과 외부의 다른 물체 또는 의복 등에 착화될 위험성이 존재할 수 있으므로 시험자는 시편의 삽입 및 제거 시 내열장갑을 사용해야 한다. 내열장갑을 사용하는 경우를 제외하고는 콘히터나 관련된 장치를 뜨거울 때는 만지지 않아야 한다. 또한 10kV의 전압이 흐르는 점화장치에 접촉하지 않도록 주의해야 한다. 시험을 실시하기 전에 시험장치의 배출 시스템이 적절하게 동작하는지 확인해야 하고, 충분한 용량을 갖는 건물의 배출 시스템을 통하여 방출되어야 한다. 복사열을 받을 때 시편으로부터 고온의 용융물 또는 날카로운 파편이 급격하게 튀어나올 가능성에 대비해야 하며, 반드시 보안경을 착용해야 한다.

(3) 초기 준비

CO_2 트랩과 최종 수분 트랩을 점검한다. 필요하다면 CO_2 및 수분 제거제를 교체한다. 냉각트랩 분리 체임버 내에 축적된 물을 배수시킨다. 냉각트랩의 정상적인 작동온도는 4℃를 초과하지 않아야 한다. 점검하는 동안 가스 샘플링 라인에 있는 트랩이나 필터가 개방되어 있다면 환형 검침기에 가능한 가장 가까운 위치에 질소 공급원을 연결하여 샘플가스와 동일한 유량과 압력으로 순수한 질소가스를 주입하는 것과 같은 방법으로 샘플가스의 누설을 확인해야 한다. 이 때 산소 분석기는 0에 위치해야 한다.

- 콘히터의 바닥판과 시편의 상부 표면 사이의 거리를 조정한다.
- 콘히터와 배출 송풍기의 전원을 켠다. 매일 계속해서 가동하는 경우에는 가스 분석기, 질량측정 장치 및 압력 변환기의 전원을 끄지 않는다.

(4) 절차

데이터 수집을 개시한다. 1분 동안 기준 데이터를 수집한다. 연소시간이 짧을 것으로 예측되는 경우를 제외하고 표준 데이터 수집 간격은 5초로 한다. 복사열 차단장치를 제 위치에 삽입하고 질량측정 장치를 보호하고 있는 열 차단장치를 제거한다. 삽입 전의 복사열 차단장치의 온도는 100℃이하이어야 한다. 차단장치를 사용한 경우는 차단 장치를 제거한 후 1초 이내에 점화장치를 삽입하고 전원을 공급한다.

(5) 인화 또는 일시적인 불꽃 연소가 발생된 때에는 그 시간을 기록한다. 지속적인 불꽃 연소가 발생한 때에는 그 시간을 기록하고 스파크 전원과 점화장치를 제거한다. 만일 스파크 전원을 차단한 후에 불꽃이 꺼지면 점화기를 재삽입하고 5초 이내에 스파크를 가한 다음 시험이 완료될 때까지 스파크를 제거하지 않는다. 이러한 현상은 보고서에 기록한다.

(6) 다음의 어느 하나에 먼저 해당될 때까지 모든 데이터를 수집한다.

① 지속적인 불꽃 연소가 시작된 때부터 32분간(32분은 시험시간 30분과 시험 후 추가 2분간의 데이터 수집시간으로 구성되어 있다)

② 30분 경과 후에도 시편이 착화되지 않을 때

③ 10분 동안의 X_{o2}가 예비 시험산소 농도값의 100ppm 이내로 되돌아 갈 때

④ 시편의 질량이 0이 될 때

(7) 3개의 시편에 대해서 시험을 실시한다. 3개의 시편에 대해서 평균 열 방출률을 비교한다. 이들 180초 평균 열 방출률 값 중 어느 하나라도 3개 값에 대한 산술 평균값에서 10% 이상 차이가 나면 추가로 3개의 시편에 대하여 시험을 실시한다. 이 경우에는 시편 6개에 대한 산술 평균값을 보고한다.

(8) 표면특성

아래의 특성 중 어느 하나에 해당되는 제품은 본 시험에 적합한 것으로 본다.

① 노출면이 평평한 표면

② 노출면 전체에 걸쳐서 불규칙한 표면이 고르게 분포된 것으로서 다음에 해당되는 것

- 100×100mm 인 정사각형 시편표면의 최소 50% 이상이 노출면의 가장 높은 지점으로부터의 깊이가 10mm 이내에 있거나
- 균열, 틈 또는 구멍이 폭 8mm, 깊이 10mm를 초과하지 않는 표면의 경우, 이러한 표면의 균열, 틈 또는 구멍의 합계 면적이 시편 노출면 10×100mm인 정사각형 시료 표면적의 30%를 초과하지 않을 것.
- 노출면이 위의 조건을 만족하지 못할 경우, 그 제품은 가능한 표면조건을 만족시킬 수 있는 형태로 변형시켜서 시험을 실시해야 한다. 시험성적서에는 제품에 대한 시험이 변형된 형태로 실시되었다는 사실을 기재해야 하고, 변형방법에 대해 명확하게 기술해야 한다.

(9) 비대칭 제품

시험을 위해 제출된 제품은 양면이 각기 다르거나 양면이 각기 다른 재료들로 배열된 얇은 판들을 포함할 수 있다. 제품의 양면 중 어느 한쪽 면이라도 실내, 관통부 등에 노출될 수 있다면 양쪽 면 모두에 대하여 시험을 실시해야 한다.

(10) 연소시간이 짧은 재료

연소시간이 짧은 시편(연소시간이 3분 이내인 것)은 2초 이내의 간격으로 열 방출률을 측정해야 한다. 그 이상의 연소시간을 갖는 시편에 대해서는 5초 간격으로 열 방출률을 측정할 수 있다.

(11) 복합재료 시편

복합재료 시편은 실제 사용조건과 동일한 방법으로 노출시켰을 경우에만 시험에 적

합한 시편으로 본다.

(12) **불안정한 재료**

부풀어 오르거나, 변형되어 착화 이전에 점화장치와 접촉하거나 착화 이후에 콘히터의 바닥판에 접촉하는 시료들은 콘히터의 바닥판과 시편의 상부 표면과의 거리를 60mm 이격시켜 시험을 실시한다.

(13) 시편으로부터의 총방출열은 MJ/m^2로 나타낸다. 총방출열은 시험을 개시할 때 발생한 마지막 마이너스 열 방출률 값 다음의 판독값에서 시작하여 마지막 판독값까지 계산한다.

(14) 지속적인 불꽃 연소를 개시할 때의 질량(g)과 시험 후 남아있는 질량(g)

(15) 시료의 질량감소(g/m^2), 착화에서 시험이 종료된 때까지 사이의 시간 동안 계산된 시편의 평균질량 감소율($g/m^2 \cdot s$)

4) 판정방법

다른 계산 전에 식 (5.8)을 이용하여 산소 분석기의 시간지연을 계산한다.

$$X_{o2}(t) = X^1_{o2}(t + t_d) \quad \text{식(5.8)}$$

여기서 X_{o2} : 산소 분석기 눈금값

X^1_{o2} : 지연 시간 보정 이전의 산소 분석기 눈금값

t : 시간, s

t_d : 산소 분석기의 지연시간, s

식(5.9)로부터 열 방출률을 계산한다.

$$\dot{q}(t) = (\Delta h_c / r_o)(1.10)C\sqrt{\frac{\Delta p}{T_c}} \cdot \frac{X^0_{o2} - X_{o2}}{1.105 - 1.5X_{o2}} \quad \text{식(5.9)}$$

여기서 $\dot{q}(t)$: 열방출률, kW

Δh_c : 순연소열, kJ/g

r_o : 양론적 산소/연료 질량비

C : 오리피스 유량계 교정 상수

ΔP : 오리피스 미터 압력차

T_C : 오리피스미터 내에서 가스 절대온도

X^1_{o2} : 산소 분석기 눈금의 초기값

X_{o2} : 산소 분석기 눈금값

이때 시편에 대해 보다 정확한 $\Delta h_c / r_o$값을 알고 있지 않다면 $\Delta h_c / r_o$값은 13.1×103kJ/kg으로 하고, 1분 동안의 기준 측정에서 얻어진 평균 산소 분석기 값을 X^1_{o2}로 한다.

단위 면적당 열 방출률은 식(5.10)에 의해서 구할 수 있다.

$$\dot{q}_A(t) = \dot{q}(t)/A_s \qquad \text{식(5.10)}$$

여기서 A_s : 시료의 초기 노출면적(0.0088m^2)

$\dot{q}_A$: 단위면적당 열 방출률, kW/m^2

t : 시간, s

$\dot{q}$: 열 방출률, kW

5) 시험성적서

시험성적서는 가능한 포괄적이어야 하고, 시험을 실시하는 동안의 관찰사항과 시험 중에 겪은 어려움 등에 관한 사항을 포함시켜야 한다. 보고서에는 모든 측정에 대한 단위를 명확하게 표시해야 하며, 보고에 편리한 일부 특정 단위는 아래와 같다.

성적서에는 다음과 같은 정보가 기록되어야 한다.

(a) 시험기관의 명칭과 주소

(b) 의뢰자의 이름과 주소

(c) 제조자 / 공급자의 이름과 주소

(d) 시험일자

(e) 시험자

(f) 상품명, 시편확인 코드 또는 번호

(g) 구성성분 또는 구성요소 확인

(h) 시편의 두께(mm), 질량(g)복합재료와 조립품은 전체 밀도와 함께 각 구성품의 두께와 밀도

(i) 시편의 색

(j) 시험기관의 상세한 시편 준비 과정

(k) 시편설치, 시험한 면, 사용된 특수한 설치 절차(예 발포성 시편)

(l) 오리피스 유량 교정상수 c

(m) 복사열(kW/m^2), 배출장치의 유속(m^3/s)

(n) 동일한 조건으로 시험한 시편의 수

(o) 지속적인 불꽃 연소에 도달한 시간(초)

(p) 시험시간, 시험개시로부터 시험이 종료된 때 사이의 시간(초)

(q) 전체 시험시간 동안에 걸쳐 기록되어 곡선으로 표시되는 단위면적당 열방출률 (kW/m^2)

(r) 착화 후 180초 동안에 대한 평균 열 방출률 값과 300초 동안에 대한 평균 열 방출률 값 또는 적절한 시간 동안에서의 평균 열 방출률 값 및 최대열 방출률 값

5.1.4 바닥재의 연소시험방법(KS F ISO 9239-1)

1) 시험개요

이 규격은 시험 체임버(chamber) 내에서 수평 상태의 바닥 마감재가 복사 패널로부터 방사되는 규정된 복사열에 노출되었을 때, 파일럿(pilot) 불꽃에 의해 착화되어 화염 전파 및 연기가 발생하는 특성을 평가하는 방법이며, 연기 발생을 평가하는 세부사항은 부속서 1에 규정한다.

이 규격은 마감재로서의직물 카펫, 코르크, 목재, 고무, 플라스틱 등의 모든 바닥재에 적용할 수 있으며, 이 규격에 기술된 시험방법으로 얻어진 결과는 실제 사용되는 바탕재를 포함한 바닥재 성능을 반영하며, 바닥재의 뒷면재(backing)가 바탕재, 하층부재(underlay)와 결합되는 구조의 변경 또는 바닥재의 기타 변경은 이 시험 결과에 영향을 줄 수 있다.

이 규격은 제한된 실험실 조건 아래에서 열과 불꽃에 대해 반응하는 바닥재의 성능을 측정하고 설명하는 데 이용할 수 있다. 다만 이 기준만으로 실제 화재조건에서 바닥재의 화재 위험(fire hazard) 또는 화재 리스크(fire risk)에 관한 설명이나 평가로 이용해서는 안 된다.

비고 : 화재 위험(fire hazard)은 화재를 일으키거나 일으킬 우려가 있다고 판단된 물질이나 행위이며, 화재 리스크(fire risk)는 화재의 발생 가능성 및 화재 발생시 예상되는 인명이나 재산상의 손실 가능성을 말한다.

2) 시험체

① 시험체는 그것의 실제 사용되는 바닥재를 나타내어야 한다.

② 시험체 (1050±5)mm×(230±5)mm를 길이방향에서 3개(예를 들면, 제품 방향)와 폭 방향으로 3개, 6개의 시험체를 채취한다.

비고 : 시험체의 두께가 19mm보다 두꺼운 경우, 그 길이는 1025±5mm까지 줄일 수 있다.

③ 시험체가 타일로 구성되어 있다면 그것은 타일 간 이음매가 영점으로부터 250mm 위치에 오도록 설치되어야 한다. 타일이 접착되는 것이 아니라면 시험체의 주변 모서리는 기계적 방법으로 바탕재에 고정해야 한다.

④ 시험체는 실제 바닥을 반영한 바탕재 위에 설치되어야 하고 실제 설치상태와 같아야 한다. 시험체에 사용된 접착제는 실제 사용되는 것이어야 한다. 바탕재 사용에 관한 세부사항은 부속서 2에 따른다.

또한 실제 특정한 접착제가 사용된다면 그 시험체는 각각의 특정한 접착제를 사용하거나 접착제가 필요 없는 시험체가 준비되어야 하며, 시험체의 일부에 사용된 하층부재는 실제 사용된 것을 나타내어야 한다.

⑤ 가열시 열 수축되어 시험체 홀더의 고정 프레임으로부터 떨어지는 바닥재는 고정 정도에 따라서 다른 결과를 나타낼 수 있으므로, 열 수축 특성이 있는 바닥재는 개선된 고정방법을 강구하여 철저히 고정되도록 주의를 기울여야 한다.

⑥ 바닥재의 화재성능 측면에서 지속성 검사를 위한 세척 및 청소 절차는 관련 제품 기준에서 기술된 절차와 일치해야 한다.

⑦ 시험체 설치에 관한 부가적인 세부항목들은 관련한 제품기준에 따른다.

3) 시험방법

① 배기굴뚝에서 공기 흐름 속도를 확인한 후 더미 시험체를 제거하고 문을 닫는다. 패널을 점화시키고 체임버 온도가 안정될 때까지 적어도 한 시간 동안 시험장치를 예열한다.

② 복사 패닐의 표면 흑체온도를 측정한다. 흑체온도는 교정하며, 이 교정 중 기록

된 흑체온도 변화가 ±5℃ 범위에서 안정되어야 한다. 체임버 온도는 교정을 하는 동안 기록된 체임버 온도 변화가 ±10℃ 범위 안에 있어야 한다.

만약 흑체 또는 체임버 내 온도가 주어진 온도범위와 차이가 있다며, 복사 패널로의 연료가스 및 공기 공급량을 조정한다. 시험장치의 온도를 다시 측정하기 위해서는 시험장치를 안정시키기 위해 최소 15분 정도 기다려야 하며, 온도가 주어진 범위 안에 있으면 시험장치의 모든 준비절차가 완료된다.

연기 측정이 필요한 경우 연기 측정 시스템을 출력값을 100%로 조정한 후, 시험을 시작하기 전에 측정 시스템이 안정되었는지를 확인하고, 안정되지 않을 경우 다시 조정한다. 필요하다면 광원부(光源部)와 수광부(受光部) 시스템을 정화 공기로 세척 후 조정한다.

③ 시험체 홀더 안에 하층부재나 바탕재를 포함하는 시험체를 삽입한 후, 조립된 시험체의 뒤를 가로질러 강재 고정 조임쇠를 놓고 넌트로 견고히 조이거나 기타 고정장치를 사용하며, 직물 바닥재는 진공청소기를 이용하여 표면을 부풀린다. 미끄럼판 위에 시험체 홀더와 시험체를 설치한다.

시험체의 영점으로부터 적어도 50mm 이상 떨어진 상태에서 파일럿 버너를 점화시킨다. 체임버 안으로 미끄럼판을 밀어 넣고 즉시 문을 닫는다. 이것이 시험 시작이며, 이후 시간과 기록 장치를 작동한다.

시험체의 영점으로부터 적어도 50mm 이상 이격된 상태에서 파일럿 버너를 2분 동안 예열 후에, 참조 1)에 기술된 파일럿 버너의 불꽃을 시험체 홀더의 끝으로부터 10mm 지점에서 시험체와 접촉되도록 가져간다.

10분간 시험체 위에 파일럿 버너의 불꽃 접염을 지속한 후 시험체의 영점으로부터 적어도 50mm 떨어진 위치까지 파일럿 버너를 빼고 파일럿 버너의 불을 끈다. 시험하는 동안 복사 패널의 가스와 공기 흐름을 일정하게 유지해야 한다.

④ 시험 시작 후 10분경과 시마다 그리고 불꽃 소멸시간에서의 불꽃 선단과 영점에서 불꽃 선단까지의 진행 거리를 10mm 단위로 각각 거리를 측정한다. 그리고 융해, 발포, 불꽃 착화 및 소멸 시간과 위치, 바탕재에 관한 불꽃의 침두, 섬과, 일시 불꽃 등을 관찰 기록한다. 부가적으로, 시험을 하는 동안 그 불꽃이 50mm 간격의 각각의 지점과 불꽃이 가장 멀리 진전된 지점을 10mm 단위로 확인하고 각 지점에 도달한 시간을 기록한다.

의뢰자가 연장하여 시험을 요구하지 않는 한 시험을 30분 이내에 종결해야 한다.

⑤ 시험체가 방향성이 있는 경우 한 방향에서 1개(예를 들면, 제품방향)와 그 방향에서 수직 방향으로 1개를 먼저 시험한다. 이 시험결과가 CHF의 가장 낮은 값 또는 HF - 30으로 나타나는 경우 각 방향에서 시험을 반복해야 한다. 총 4회의 시험이 요구된다.

⑥ 흑체 온도와 체임버 내 온도가 3.3.2에서 기술된 것과 같이 될 때까지 다음 시험을 시작하지 않는다.

⑦ 연기 측정이 필요한 경우 부속서 1에 기술된 것과 같이 실시한다.

4) 교정절차

① 다음 교정절차는 시험장치 주요부분의 변경 후 또는 최소 한 달에 한 번 정도 교정되어야 한다. 만약 차기 교정에 변화가 없다면 이 간격은 6개월까지 연장될 수 있다.

② 체임버 내에 더미 시험체와 함께 화기 조절판과 미끄럼판을 위치시킨다. 배출 팬의 가동 후 시험체 출입문을 닫은 상태에서 배기 굴뚝의 공기 흐름 속도를 측정한다. 가급적 2.5±0.2m/s까지 조정하고 복사 패널을 점화시킨 후 체임버 온도가 안정될 때까지 적어도 한 시간 동안 지속한다. 파일럿 버너는 이 동안 꺼져 있어야 한다.

③ 열류계로 더미 시험체 410mm의 위치에서 열류량을 측정한다. 열류계의 감지 부분 표면이 더미 시험체 표면에서 2~3mm 정도 돌출되도록 열류계를 설치 구멍에 삽입하고 수평 더미 시험체면에 평행이 되도록 한다. 30초 후에 출력신호를 읽는다. 만약 그 열류량 이 5.1±0.2kW/m^{2}이면 표준 열 유속선 작성을 시작한다. 만약 그 열류량의 새로운 값을 읽어야 한다.

④ 표준 열유속선 작성 : 열 유속선 작성에 필요한 열류량은 측정은 더미 시험체에 차례로 각각의 구멍에 열류계를 삽입하고, 측정은 110mm 지점에서 시작하여 100mm 간격으로 실시하고 910mm 지점에서 종료한다. 측정시간과 열류계의 감지면이 설정되어 있는지를 확인한다. 이 측정 중에 열류량의 변화가 있는지를 확인하기 위해 910mm를 읽은 후에 다시 410mm에서 값을 체크한다.

⑤ 시험체 : 수평면상의 거리에 따라 열류량 데이터를 기록한다. 데이터 그래프의 점들을 연결하여 완만한 곡선을 주의하여 작성한다. 이 곡선이 열 유속선이다. 열 유속선이 표 5.9의 오차 범위 안에 있다면 시험장치는 교정 범위 내에 있으므로 그 열류량 교정 절차가 종결된다. 만약 그렇지 않으면 연료량을 주의하여 다

시 조정한 후, 체임버 온도가 안정되기까지 적어도 10분 정도 기다려야 하며, 작성된 열 유속선이 표 5.9에 기술된 사항의 범위 안에 있을 때까지 반복한다.

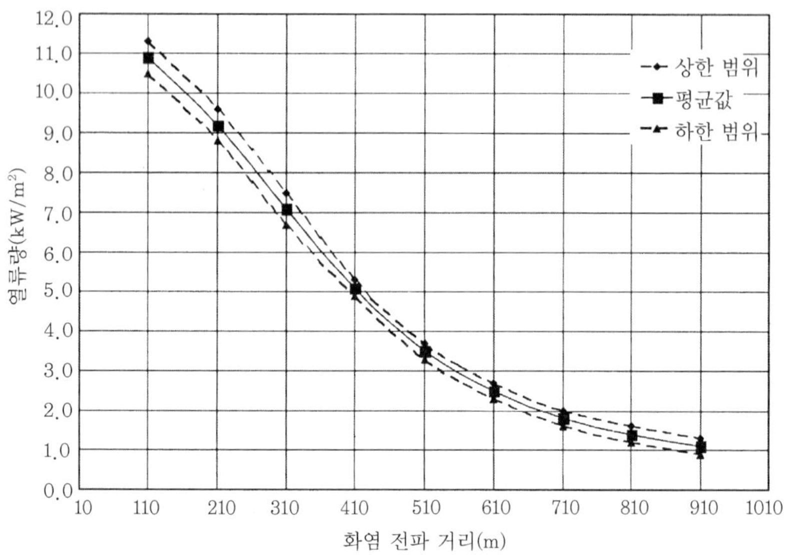

그림 5.9 열 유속선

표 5.9

시험체의 영점에서의 거리(mm)	복사 열류량(kW/m²)	허용오차(kW/m²)
110	10.9	±0.4
210	9.2	±0.4
310	7.1	±0.4
410	5.1	±0.2
510	3.5	±0.2
610	2.5	±0.2
710	1.8	±0.2
810	1.4	±0.2
910	1.1	±0.2

⑥ 더미 시험체를 제거하고 문을 닫은 다음, 5분 후에 체임버의 온도와 복사 패널 표면 흑체온도를 측정한다. 매일 교정값 결과를 기록한다.

⑦ 환기 조절판이 설치되는 구조의 장치는 복사열 패널의 표면 흑체온도 측정 시야가 차단되어 복사 고온계를 사용할 수 없기 때문에, 이러한 형태의 장치에 대하여는 110mm와 410mm에서의 열류량 레벨을 매일 측정한다.

5) 시험성적서

① 시험보고서는 다음에 기술된 내용을 포함해야 하며, 의뢰자에 의해 제공된 자료와 시험기관에 의해 측정된 결과를 명확히 나타내어야 한다.

(a) 적용 시험기준(규격 번호 및 최신 연도)

(b) 규정된 시험방법과 차이가 있는 사항

(c) 시험 기관의 이름과 주소

(d) 보고서의 증명 번호와 날짜

(e) 의뢰자의 이름과 주소

(f) 제조자/공급자의 이름과 주소

(g) 샘플 도착 날짜

(h) 제품의 설명서

(I) 관련한 샘플링 절차의 서술

(j) 시험체의 구조형태와 밀도, 단위 면적당 부피, 두께를 포함하는 시험된 제품의 일반적 서술

(k) 양생조건의 세부사항

(l) 시험 일자

(m) 10.에 따라서 명시된 시험 결과

(n) 시험을 하는 동안 이루어진 관찰사항

(o) "시험결과는 시험의 특정 조건 아래에서 시험체에 관한 특성을 나타낸 것이며, 실제 용도상의 제품의 잠재적 화재 위험성을 평가하는 유일한 기준을 의미하지는 않는다."는 공지사항 표기

5.2 건축부재의 내화성능시험

5.2.1 건축부재의 내화시험

1) 일반사항(KS F 2257-1)

(1) 시험개요

이 시험방법은 표준 화재조건에 노출시킨 건축부재의 내화성능을 측정하기 위한 시

험방법을 규정한 것이다. 내화성능은 시험자료에 근거하여 분류하며, 이는 표준 화재 조건에서 시험한 부재의 성능이 규정된 성능기준을 만족하는 시간에 의한다.

(2) 시험체

① 구조 시험체 제작에 쓰이는 재료와 시공 및 설치방법은 그 부재의 실제 사용방법에 따라야 한다. 마감재가 있는 경우는 마감재를 포함하여 건축물에서의 표준 시방에 의해 시험체를 제작해야 한다. 한 시험체에는 서로 다른 조인트 공법 등 어떠한 구조상의 변화도 포함되어서는 안 된다.

규정된 시험체 틀에 시험체를 설치하기 위해 변경한 어떠한 사항도 시험체의 특성에 큰 영향을 미치지 않아야 하며, 변경사항은 시험 성적서에 모두 기술되어야 한다.

② 크기 시험체는 일반적으로 실제 크기로 해야 한다. 실제 크기로 시험할 수 없는 경우의 시험체 크기는 개개의 부재에 대한 시험기준에 따라야 한다.

③ 수량 규정된 지지조건 또는 구속조건에 대하여 적어도 한 개 이상의 시험체를 시험하도록 한다. 비대칭 구획 부재로서 각 면의 내화성능이 요구될 경우에는 각 면에 대하여 시험을 실시하되, 특정 면에 한하여 내화성능이 요구되는 경우에는 해당 면에 한하여 시험을 실시한다. 다만, 어느 한 면이 내화상 불리한 것이 명확히 입증되는 경우에는 그 면에 대해서만 시험을 실시할 수 있다.

④ 양생시험 시 시험체의 강도 및 수분 함유량은 일반적인 사용조건과 부합되도록 한다. 만일 시험체가 흡수상태이거나 수분을 흡수하기 쉬운 상태에 있을 경우, 기건상태에 도달할 때까지 시험을 보류한다. 기건상태란 23℃에서 상대습도 50%로 건조 후 평형상태를 이루는 것으로 한다. 평형상태를 이루기 위한 한 가지 방법은 평형 습도에 도달하기까지 필요한 시간 동안 시험체를 최소온도 15℃, 최대 상대습도 75%의 밀폐공간에 보관하는 것이다. 이것은 24시간 간격으로 연속해서 2번 질량을 측정하여 시험체의 질량 차이가 0.1% 이내가 되도록 한다.

촉진양생은 화재 시 시험체의 성상에 영향을 미치는 시험체 내부의 수분 분포 또는 구성부재의 특성을 변화시키지 않는 방법을 강구하였을 때에 가능하다. 고온양생은 재료의 임계온도보다 낮은 온도에서 이루어져야 한다.

양생 후 규정한 수분 함유량 조건을 달성할 수는 없지만, 부재의 설계강도가 얻어진다면 그 시험체는 내화시험을 할 수 있다.

수분 함유량 측정을 위해서는 시험체와 함께 양생한 별도의 시료를 이용할 수 있다. 이것은 유사한 두께와 노출면을 갖도록 하여 시험체와 같은 수증기의 증발이 되도록 제작해야 한다. 시험체는 수분 함유량이 변하지 않을 때까지 양생해야 한다.

⑤ 확인시험 의뢰자는 시험에 앞서 시험기관에 구조상세, 주요 구성품의 목록 및 도면, 제조회사 및 공급자, 시험체 조립절차를 제출해야 한다. 시험기관은 시험체가 제출된 자료와 일치하는지를 확인해야 하며, 불일치되는 부분은 시험 시작 전에 수정되어야 한다. 부재에 대한 설명이 시험하고자 하는 부재와 일치하는지를 알기 위해서 시험기관은 부재의 구성을 확인하거나 1개 이상의 추가 시험체를 요구할 수 있다.

시험에 앞서 시험체 제의 일치성 여부를 모두 확인하는 것이 불가능하거나 적절한 증거를 얻지 못하여 시험 의뢰자가 제시한 자료에 의존할 경우, 시험 성적서에 이 사항을 분명히 기재해야 한다. 그럼에도 불구하고 시험기관은 시험체의 구성을 철저히 검토하여 시험 성적서에 구조 상세를 정확히 기재해야 한다. 특정 제품에 대한 시험방법에는 시험체 증명을 위한 추가적인 절차가 있어야 한다.

(3) 시험방법

① 구속의 적용

시험체의 설계에 따라 시험체 틀에 시험체를 설치함으로써 필요한 구속을 할 수 있다. 이러한 방법은 칸막이벽이나 특별한 형태의 바닥에 사용될 수 있다. 이 경우 시험체 끝부분과 시험체 틀 사이의 틈새는 단단한 재료로 채워야 한다. 구속은 유압이나 다른 재하 시스템을 이용하여 적용할 수 있다. 구속력 및 모멘트는 팽창, 수축 또는 회전에 저항하도록 조정할 수 있다. 이와 같은 경우, 이들 구속력 및 모멘트의 값은 유효한 자료이므로 시험 중 수시로 측정해야 한다.

② 재하 적용

내력부재의 경우, 시험하중은 적어도 시험 개시 15분 전에 실시하고 동적 영향이 발생하지 않는 비율로 실시한다. 관련되는 모든 변형을 측정해야 한다. 만일 시험체가 시험하중 수준의 변형을 일으키는 재료로 구성되어 있을 경우, 가열시험에 앞서 변형이 안정될 때까지 하중이 일정하게 유지되도록 해야 한다. 재하 적용 이후, 시험 진행 중에는 하중이 일정하게 유지되어야 하며, 시험체에 변형이 생길 경우, 재하 시스템은 동일한 하중값이 유지되도록 즉각 대응할 수 있어야 한다.

만일 시험체가 붕괴되지 않고 가열이 종료된 경우, 시험체가 하중을 견디는 능력을 지속적으로 관측할 필요가 없는 한, 즉시 재하를 중단할 수 있다.

재하능력을 지속적으로 관찰할 필요가 있는 경우, 시험 성적서에는 시험체의 냉각상태를 기록하고 냉각이 인위적 수단에 의한 것인지, 가열로의 분리로 인한 것인지 또는 가열로의 개방으로 인한 것인지를 분명히 기록해야 한다.

③ 시험의 시작

시험 시작 전 5분 이내에 모든 열전대로부터 읽은 초기 온도를 검사하여 온도가 일정한지를 확인하고 그 값을 기록해야 한다. 변형에 대해서는 검사한 값들이 유사해야 하고, 시험체의 초기조건이 기록되어야 한다.

시험 시작 시 시험체 내부의 초기 평균온도 및 비가열면 온도는 (20± 10)℃가 되도록 한다. 시험을 실시하기 전 가열로 온도는 50℃ 미만이어야 한다. 시험의 시작은 표준 가열온도곡선을 따라 프로그램이 시작되는 시점으로 한다. 경과시간은 이 시점부터 측정하고, 온도 측정 및 관측을 위한 모든 수동 LAC 자동시험장치는 이 시점부터 작동되어야 하고, 가열로는 온도조건에 일치하도록 조절되어야 한다.

④ 측정 및 관찰

시험 시작 이후 다음과 같은 측정 및 관찰이 이루어져야 한다.

(a) 비가열면 온도 : 이동 열전대를 제외한 모든 고정 열전대의 온도는 가열 중 1분 이내마다 측정 기록되어야 한다.

(b) 가열로 내 압력 : 가열로의 압력은 지속적으로 또는 시험 시작부터 5분을 초과하지 않는 간격으로 측정, 기록되어야 한다.

(c) 변형시험의 전 과정을 통하여 시험체의 변형을 측정하고 기록한다. 내력부재의 경우, 시험 재하 적용, 전후 및 가열 중 1분 간격으로 변형을 측정한다. 변형률은 다음의 측정기준에 근거하여 산정해야 한다.

- 수평 내력부재의 경우, 최대 변형이 발생할 것으로 생각되는 지점에서 측정을 실시한다(단순 지지부재의 경우 보통 스팬의 중앙지점)
- 수직 내력부재의 경우, 시험체 높이가 늘어남을 나타내는 신장은 정(+)으로 표시하고, 시험체의 높이가 줄어듦을 나타내는 수축은 부(−)로 표시한다.

(d) 차염성 : 구획부재의 차염성은 시험의 전 과정에 걸쳐 평가하고, 다음 사항을 기록한다.

- 면패드 : 착화시간과 착화발생 위치

- 균열 게이지 : 시험체에 발생한 구멍에 균열 게이지가 관통한 시간 및 틈새 발생부위를 기록한다.
- 화염발생 : 비가열면에서의 화염 발생 및 지속시간과 그 부위를 기록한다.

(e) 재하 및 구속조건 : 내력부재의 경우, 시험체가 시험하중을 견디지 못하는 시간을 기록해야 한다. 적용된 구속조건을 유지하기 위하여 필요한 힘이나 모멘트 값의 변동사항은 기록해야 한다.

(f) 일반적 성상 : 시험 중 시험체의 일반적인 성상을 관찰하고 시험체에 생기는 변형, 균열, 재료의 용융 및 누그러짐, 탈락 및 탄화상태 등을 기록한다. 시험체 비가열면에서 다량의 연기가 발생할 경우, 이들 성적서에 기재한다.

(g) 시험종료 : 시험은 다음과 같은 사유의 하나 또는 그 이상이 발생하는 경우 종료한다.

- 시험원의 안전 또는 시험 장치에 피해가 임박했을 때
- 선정된 성능기준에 도달
- 의뢰자의 요청

(4) 판정방법

① 일반사항

건축부재의 내화성능은 부재가 아래의 성능기준에 적합한 시간을 말하며, 성능기준은 내력부재의 구조안전성과 구획부재의 구획 효용성을 측정하기 위한 것이다. 시험체가 이 두 가지 기능을 모두 만족해야 하는 경우, 두 가지 모두의 측면에서 그 성능을 판정해야 한다.

② 성능기준

시험체의 내화성능은 다음과 같은 성능 기준의 하나 또는 그 이상으로 판단되어야 한다. 특정 건축부재에 대해서는 해당 기준에서 별도의 성능 기준을 요구할 수 있다.

(a) 하중지지력 : 하중지지력은 시험 중 시험체가 시험하중에 견디는 시간으로 한다. 시험하중에 대한 지지능력은 변형량 및 변형률 모두에 의해 결정된다. 안정된 상태에 도달할 때까지 상대적으로 급속한 변형이 생길 수 있으므로 변형률의 성능 기준은 변형량이 L/30을 초과할 때까지 적용하지 않는다. 이 규격에서 하중지지력은 다음의 두 가지 기준을 모두 초과하였을 때 부적합한 것으로 간주한다.

- 휨부재의 경우

변형량 $D = \frac{L^2}{400d}(\text{mm})$

또는

변형률 $\frac{dD}{dt} = \frac{L^2}{9000d}(\text{mm/min})$

여기서 L : 시험체의 스팬(mm)

d : 구조 단면의 최대 압축력을 받도록 설계된 위치에서 최대 인장력을 받도록 설계된 위치까지의 거리(mm)

- 축방향 재하 부재의 경우

변형량 $C = \frac{h}{100}(\text{mm})$

또는

변형률 $\frac{dC}{dt} = \frac{3h}{1000}(\text{mm/min})$

여기서 h : 시험체의 초기 높이(mm)

(b) 차염성 : 차염성은 시험 중 다음의 상황이 발생되지 않고 시험체가 구획 기능을 유지하는 경과시간으로 정한다.

- 면패드 적용 시 착화
- 균열 게이지의 관통
- 10초 이상 지속되는 시험체 비가열면에서의 화염 발생

(c) 차열성 : 차열성은 시험 중 시험체의 비가열면 온도가 다음과 같이 상승하지 않고 시험체가 구획기능을 유지하는 경과시간으로 정한다.

- 초기온도 보다 140K를 초과하여 상승하는 것.
- 이동 열전대를 포함한 모든 부분에서 초기 온도보다 180K를 초과하여 상승하는 것.

(5) 시험성적서

① 시험성적서에는 눈에 띄는 위치에 다음의 문구를 기재해야 한다.

“이 성적서는 특정 건축부재에 대하여 KS F 2257-1에서 규정한 절차에 따라 시험하여 얻은 시험체의 구조상세, 시험조건 및 시험결과를 제공한다. 시험체의 크기, 구조상세, 재하, 응력, 끝부분 조건 등에 대한 중대한 변경은 시험결과를 무효화할 수 있다”

② 성적서에는 시험체와 다음 항목 및 개별부재의 시험기준에서 요구하는 항목을 포

함하여 시험에 관한 모든 중요한 자료가 포함되어야 한다.

- 시험기관명 및 주소, 시험일자
- 의뢰자명, 주소, 시험체 제품 및 관련 부품(확인된 경우)제조사명
- 시험체의 구조상세와 사진(사진은 가능할 경우)
- 시험체의 지지, 구속조건 및 이론적 선정 근거
- 열전대 위치, 변형 및 압력 측정장치의 위치와 관련 자료, 시험 중 이러한 장치로부터 산출한 자료의 그래프 또는 표
- 시험종료 결정사항과 시험 중 시험체의 중요한 관찰사항
- 시험체의 내화성능
- 비대칭 구획부재의 경우, 시험을 실시한 시험체의 방향과 그 시험체의 반대면을 시험하였을 경우의 시험결과의 적합성

5.2.2 건축부재의 내화시험방법 - 수직 내력수직구획 부재의 성능조건 (KS F 2257-4)

1) 시험개요

이 규격은 수직 내력 구획부재를 한쪽 면에서 가열하였을 때의 내화성능의 측정방법에 대하여 규정한다.

(1) 시험체

① 구조 : 시험체는 요구되는 내화등급의 구조로서 여러 특징이 나타나도록 제조되어야 한다. 수직 구획 부재가 전기 접속구 등과 같은 설비를 포함하고 있고 이러한 것이 시험체의 일부인 경우, 시험체에 포함되도록 해야 한다.

② 크기 : 시험체 크기는 실제 구조의 높이가 3m 미만이거나 또는 너비가 3m 미만인 경우, 실제 크기로 해야 한다. 최소 3×3m인 가열로에 수용할 수 있는 크기보다 더 큰 부재에 대해서는 가열받는 시험체의 최소 크기는 3×3m보다 작지 않아야 한다.

③ 수량 : 대칭구조는 이 규격에서 다른 요구사항이 없는 한 시험체 수를 1개로 한다. 비대칭 구조의 경우, 시험체 수는 KS F 2257-1에서 규정한 조건에 따라야 한다. 외벽 구조에서는 시험체 수를 1개로 할 수 있고, 그러한 경우 시험체는 옥내에 면하는 쪽을 가열한다.

④ 양생 : 시험체의 강도 및 수분 함유량은 일반적인 사용조건에 부합하도록 해야 한다. 여기에는 내장재 및 결속재료도 포함된다. 양생은 KS F 2257-1에서 규정한 조건에 따라야 한다. 평형상태 도달 이후, 수분 함유량 또는 양생상태를 검사하고 이를 기록해야 한다. 지지구조는 시험체 틀의 덧댐 재료를 포함하여 이 조건을 적용하지 않는다.

⑤ 설치 및 구속 : 시험체는 의뢰자가 다른 요구조건을 제시하지 않는 한 그 수직 끝 부이 변형에 자유롭도록 해야 한다. 시험체가 시험체 틀의 개구부보다 작은 경우, 개구부를 소요 크기로 축소하기 위하여 지지구조를 사용해야 한다. 다만 지지구조는 시험체의 성능에 영향을 미치지 않는 한, 시험체 양생조건에 따를 필요는 없다. 지지구조가 이용될 경우, 구획 부재와 지지구조 간의 연결부분은 고정과 연결에 사용되는 재료를 포함하여 실제로 사용되는 것으로 하고, 시험체의 일부로 간주해야 한다. 지지구조는 시험체 틀의 일부로 간주해야 한다. 그림 5.10은 시험체 제조시 지지구조의 예를 나타낸 것이다. 시험체와 지지구조 간의 모든 결합은 시험체 틀을 포함하여 일반적인 구속상태를 재현할 수 있어야 한다. 지지구조의 보강 또한 일반적인 구속상태를 충분히 재현할 수 있어야 한다.

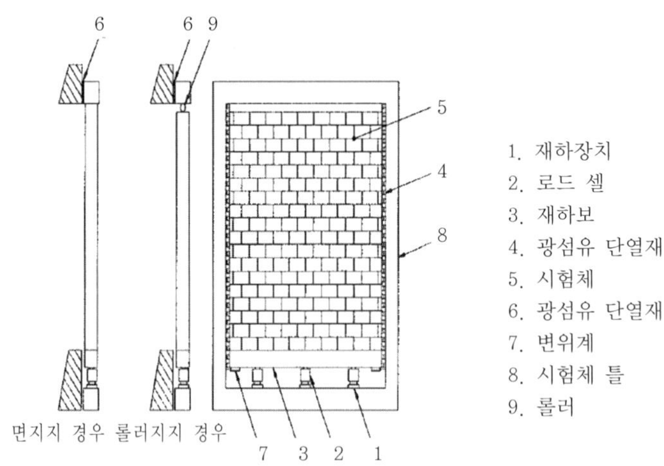

그림 5.10 시험장치의 예

(2) 시험방법

① 재하 적용 수직 부재에 대한 재하 및 조절은 KS F 2257-1에 따라야 한다.

② 가열로 조절 노 내 온도와 압력 측정 및 조절은 KS F 2257-1에서 규정한 조건에 따라야 한다.

③ 측정 및 관측시험 중 시험체가 하중 지지력, 차염성, 차열성 기준에 적합한지를 확인하고, KS F 2257-1의 규정에 의한 측정 및 관측을 실시해야 한다.

(3) 판정방법

수직 내력 구획 부재의 내화성능은 KS F 2257-1에서 규정한 하중 지지력, 차염성, 차열성 기준으로 판정해야 한다.

2) 건축부재의 내화시험방법

수평 내력 구획 부재의 성능조건(KS F 2257-5)

(1) 시험개요

이 규격은 수평 내력 구획 부재를 하부면에서 가열했을 때 내화성능의 측정방법에 대하여 규정한 것이다.

또한, 바닥이나 지붕 부재에 보가 설치되는 경우, 보를 포함한 수평 내력 구획 부재의 성능평가에도 적용한다.

(2) 시험체

① 구조시험체는 요구되는 내화등급의 구조로서 여러 특징이 나타나도록 제작되어야 한다. 시험체가 천장을 포함하는 경우, 천장의 크기는 시험체 가열 길이(Lexp)와 시험체 가열 너비(Wexp)에 부합하도록 하고, 그 성능은 전체 부재로서 평가되어야 하며, 다음의 조건에 적합해야 한다.

- 천장은 의뢰자가 제시한 설치 시방에 의한 방법 및 절차에 따라 시험체의 하부에 설치해야 하며, 실제 구조의 조건을 구현해야 한다.
- 시험체는 매달거나 고정, 팽창, 버팀을 위한 실제 구조의 구성부재들을 포함해야 한다. 천장이 형광등 또는 공조 시스템과 같은 설비들을 포함하고 있고, 이것이 천장구조의 일부인 경우, 이를 시험체에 포함해야 하고 실제 구조에서와 같이 배치되도록 해야 한다.
- 천장이 장변방향 및 단변방향의 조인트를 포함하는 경우, 시험체는 이들을 모두 포함해야 한다. 천장구조를 받치는 설비들은 제작 목적상 틈새를 요구하지 않는 한 설비 상호 간에 틈새가 없이 설치되어야 한다.
- 천장과 벽의 끝부분, 그리고 조인트와 조인트 재료는 실제 구조와 같도록 해

야 한다. 천장은 열적 팽창이 발생하지 않도록 설치해야 하며, 천장구조에서 허용된 것이 아닌 한, 끝부분에서의 장변방향 이동이나 양방향으로의 열적 팽창을 허용하지 않아야 한다.

- 격자는 격자와 팽창 설비의 열적 팽창 거동을 평가하기 위해 주변에 단단히 고정되어야 한다. 천장의 장변방향과 단변방향이 서로 다르게 구성되고, 시험체의 성능이 천장의 장변방향 축과 나란한 방향에 따라 다르게 나타나는 경우, 천장은 성능상 보다 불리한 구성요소를 장변방향과 나란하도록 배치하여, 보다 불리한 조건이 구현되도록 제작한다. 보다 불리한 방향을 규명하기 어려운 경우, 2회에 걸쳐 별도의 시험을 실시하되, 성능상 보다 불리한 구성요소가 장변방향 축과 나란하게 한 것과 장변방향 축에 직각이 되도록 한 것으로 한다.
- 천장설비가 천장의 일부를 구성하지는 않으나, 향후 천장의 내화성능에 영향을 줄 수 있는 방법으로 설치될 가능성이 있는 경우, 이러한 설비들을 포함한 시험체로 별도의 시험을 실시해야 한다.

② 크기

(a) 롤러 지지 시험체

- 롤러로 지지되는 시험체의 표준조건은 그림 5.11과 같다.
- 시험체 가열 길이(Lexp)는 최소 4m로 해야 한다. 시험체의 스팬(Lsup)은 시험체 가열 길이(Lexp)에 각 끝에서 최대 100mm를 더한 길이로 한다. 시험체 길이(Lspec)는 시험체를 시험체 틀에 설치하여 시험하는 경우 시험체 가열 길이(Lexp)에 각 끝에서 최대 200mm를 더한 길이로 하며, 시험체 틀에 설치하지 않고 시험하는 경우 시험체 가열 길이(Lexp)에 각 끝에서 최대 350mm를 더한 길이로 한다.

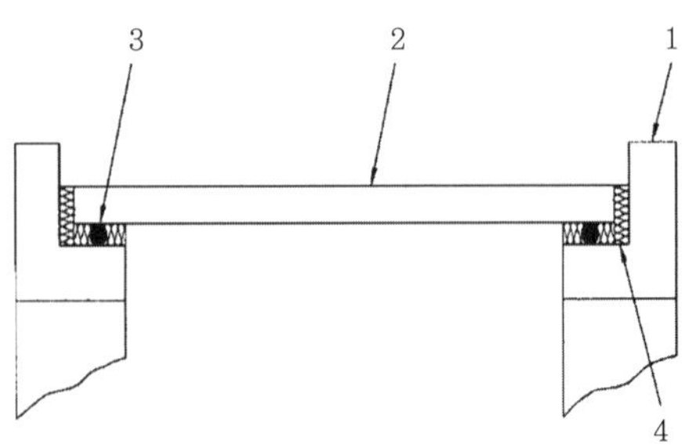

1. 시험체 틀, 2. 시험체, 3. 롤러, 4. 광섬유 단열재

그림 5.11 단순지지 시험체의 설치 예

- 시험체 너비(Wspec)는 시험체 가열 너비(Wexp)와 같아야 하고, 최소 3m로 해야 한다.

(b) 설치조건

- 실제 구조의 대표적인 시험체의 지지조건은 2의 2)~4)와 같다.
- 시험체 가열 길이(Lexp)는 실제 구조의 바닥의 가열 길이가 가열로에 수용할 수 있는 길이보다 긴 경우, 최소 4m로 해야 한다. 실제 구조가 4m 미만의 가열 길이를 갖도록 설계된 경우, 실제 가열 길이로 시험해야 한다. 내력 길이(length of bearing)는 실제 구조에서의 내력 길이를 초과하지 않아야 한다.

  구속된 보를 포함하고 있는 부재의 경우, 4m의 최소 스팬은 적합하지 않다. 이는 보의 일부만이 휨 상태이고, 나머지는 부분적으로 구속 메커니즘에 의해 지지되기 때문이다. 따라서 적어도 4m가 정(+)의 휨 모멘트를 받도록 하기 위해서는 보다 긴 스팬이 설정되어야 한다. 만일 보의 X%가 정(+)의 휨 상태로 예상되는 경우, 전체 가열 길이는 Lexp=4*100/X(m)로 산정해야 한다.
- 시험체 : 가열 너비(Wexp)는 최소 3m로 해야 한다. 실제 구조가 3m 미만의 가열 너비를 갖도록 설계된 경우, 실제 가열 너비로 시험해야 한다.
- 구조 : 부재를 포함하고 있는 2방향 스팬 구조의 경우, 단변 방향 스팬(Wsup)은 시험체 가열 너비(Wexp)에 각 끝에서 최대 100mm를 더한 길이로 한다. 시험체 너비(Wspec)는 시험체 가열 너비(Wexp)에 각 끝에서 최대 200mm를 더한 너비로 한다.
- 수량 : 시험체의 수량은 KS F 2257-1에서 규정한 조건에 따른다.
- 양생 : 시험 중 시험체의 강도 및 수분 함유량은 일반 조건에서 예측되는 것과 같은 조건으로 한다. 여기에는 모든 밀폐재 및 이음재료가 포함된다. 양생은 KS F2257-1에서 규정한 조건에 따른다. 평형상태 도달 후, 수분 함유량 또는 양생 상태를 측정하여 기록해야 한다. 시험체 틀을 포함하여 어떤 지지구조도 이 조건에서 예외로 하지 않는다.

(c) 설치 및 구속

- 수평 내력 구획 부재 시험체는 일반적으로 지름 50mm 이하의 롤러에 의한 단순지지로 시험하거나, 시제 단부조건을 구현하여 시험해야 한다. 지지 및 구속이 실제 구조의 조건을 재현하는 경우, 그러한 조건들을 성적서에 기술하고 시험결과는 제한적인 것임을 표현해야 한다.
- 바닥 또는 내력 지붕을 대표하는 시험체는 일반적으로 롤러지지로 시험해야한

다. 단부조건이 확인된 경우, 시험체는 실제 구조에서와 같이 평편한 콘크리트 면 또는 강판면에 설치할 수 있다.

- 단순지지 부재는 장변의 이동 및 수직 변형이 자유롭도록 설치하여 마찰저항으로 인한 어떠한 고정도 배제할 수 있도록 해야 한다.
- 축방향 또는 회전방향의 열팽창을 구속할 수 있도록 하기 위해 사용하는 장치는 열팽창 및 구속의 결과로 예상되는 힘을 반영한 것이어야 한다.
- 시험체에 하나 이상의 보가 설치되는 경우, 각각의 보는 규정된 조건에서 가열되도록 하고, 개별적으로 하중을 받도록 해야 한다.
- 경계 부위에 틈새가 있는 경우, 비구속의 불연 재료로 밀폐하도록 한다.
- 적절한 내화재료로서 지지점을 보호하고, 시험 중 단부조건에 영향을 주는 고온의 가스가 누출되는 것을 막아야 한다.
- 시험체가 시험체 틀 개구부보다 작을 경우, 지지구조는 필요한 크기의 개구부로 축소하여 사용한다. 지지구조는 시험체의 성능에 영향을 미치지 않는 한 시험체의 양생조건에 부합하지 않아도 된다. 지지구조는 시험체 틀의 일부로 간주한다.
- 시험체와 지지구조 또는 시험체 틀 사이의 모든 결합은 실제 구속상태를 재현해야 한다. 지지구조의 보강 또한 실제 구속상태를 충분히 재현해야 한다.

(3) 시험방법

① 재하 적용 : 수평 내력 구획 부재에 대한 재하 및 조절은 KS F 2257-1에 따른다.

② 가열로 조절 : 가열로 내 온도와 압력 측정 및 조절은 KS F 2257-1에서 규정한 조건에 따른다.

③ 측정 및 관측 : 시험체가 하중 지지력, 차염성, 차열성 기준에 적합한지를 확인하고, KS F 2257-1의 규정에 의한 측정 및 관측을 한다.

④ 판정방법 : 수평 내력 구획 부재의 내화성능은 KS F 2257-1에서 규정한 하중 지지력, 차염성, 차열성 기준으로 판정한다.

⑤ 시험성적서 : 시험성적서는 KS F 2257-1의 규정에 따라 작성해야 한다.

3) 보의 성능조건(KS F 2257-6)

(1) 시험개요

이 규격은 보의 내화성능 측정방법에 대하여 규정한다. 보는 일반적으로 하부면과 두 수직면이 완전히 가열되도록 한다. 그러나 4면 또는 3면 미만을 가열하는 경우, 적합한 가열조건을 재현해야 한다. 바닥 부재의 일부인 보는 열 시험은 이 규격에 의하며, 비재하 가열 시험이 필요한 경우 부속서 2에 따른다.

이 시험방법에 관한 일반지침은 부속서 1에 정해져 있다.

(2) 시험체

① 구조

(a) 보가 실제 구조의 바닥 또는 지붕 부재와 같이 시험될 경우, 바닥 또는 지붕 부재는 보를 이루는 시험구조의 일부가 된다. 단, 강재 보는 슬래브를 고밀 또는 경량 콘크리트 슬래브로 할 수 있다. 전자의 실험 결과는 후자에 적용할 수 없다.

(b) 보가 실제 바닥 또는 지붕 부재와 같이 시험될 경우, 슬래브 두께가 시험구조에 반영되어야 한다. 실제 바닥의 너비는 최소한 보 너비의 3배 또는 600mm 중 큰 것으로 하되, 가열로 크기에 따라 결정한다.

(c) 실제 구조의 바닥 또는 지붕 부재를 포함하지 않는 시험구조의 경우, 보 상부면에 다음의 조건에 맞는 덮개(topping)를 대칭이 되도록 설치해야 한다. 즉, 덮개는 별개의 단면으로서 사용상 연속되지 않는 보강재로 설계·제작되도록 하여 보에 부가적인 힘 또는 이러한 것들의 합성작용을 피하도록 해야 한다. 덮개는 밀도 (650±200)kg/m^{3}로써 각각 최대길이 1m 및 최소두께 (150±25)mm인 기포 콘크리트슬래브로 만든다. 덮개의 너비는 최소한 보 너비의 3배 또는 600mm 중 큰 것으로 한다. 실제 크기는 가열로 크기에 따라 결정된다.

(d) 속 빈 박스 피복 보(beams with hollow encasement)는 보에서 고온의 가스가 유출되지 않도록 끝부분을 막아야 한다. 시험체는 박스가 가열 존(zone)에서 중단되지 않도록 설치해야 하며, 그렇지 않으면 실제 적용과 상반되는 경우로서 팽창에 대한 구속으로 붕괴될 수 있다.

(e) 보가 그 길이를 따라 기계적 이음부를 가질 경우, 이것을 실제대로 또는 스팬(Lsup) 중앙에 두어야 한다. 피복재에 이음부가 있는 경우, 시험체는 대표적인 이음부를 포함해야 한다.

② 크기

(a) 단순지지(롤러 지지)되는 시험체의 가열 길이(Lexp)는 최소 4m로 해야 한다. 시험체의 스팬(Lsup)은 시험체 가열 길이(Lexp)에 각 끝에서 최대 100mm를 더한 길

이로 한다. 시험체 길이(Lspec)는 시험체 가열 길이(Lexp)에 각 끝에서 최대 350mm를 더한 길이로 한다. 단순지지(롤러 지지) 시험체의 일반적인 설치 예는 그림 5.11과 같다.

(b) 실제 구조의 보의 가열 길이가 가열로에 수용할 수 있는 길이보다 긴 경우, 시험체 가열 길이(Lexp)는 최소 4m로 해야 한다. 실제 구조가 4m 미만의 가열 길이를 갖도록 설계된 경우, 실제 가열 길이로 시험해야 한다.

(c) 구속된 보의 경우 4m의 최소 스팬은 적합하지 않다. 이는 스팬(Lsup)의 일부만이 휨 상태이고, 나머지는 부분적으로 구속 메커니즘에 의해 지지되기 때문이다. 따라서 적어도 4m 가정(+)의 휨 모멘트를 받도록 하기 위해서는 보다 긴 스팬이 설정되어야 한다. 만일 보의 X%가 정(+)의 휨 상태로 예상되는 경우, 전체 가열 길이는 Lexp=4*100 / X(m)로 산정해야 한다.

(d) 수량 시험체 수는 이 규격과 KS F 2257-1의 규정에 따른다.

(e) 양생시험 중 시험체의 강도 및 수분 함유량은 일반조건에서 예측되는 것과 같은 조건으로 한다. 여기에는 모든 밀폐재 및 이음재료가 포함된다. 양생은 KS F 2257-1에 규정한 조건에 따른다. 평형상태 도달 후, 수분 함유량 또는 양생상태를 측정하여 기록해야 한다.

(f) 설치 및 구속

- 보 시험체는 일반적으로 롤러지지로 하거나, 실제 단부조건을 구현하여 시험해야 한다. 지지 및 구속이 실제 구조의 조건을 재현하는 경우, 그러한 조건들을 성적서에 기술하고 시험결과는 제한적인 것임을 표현해야 한다.
- 보 시험체의 단부조건이 확인된 경우, 시험체는 실제 구조에서와 같이 평편한 콘크리트 면 또는 강판 면에 설치할 수 있다.
- 단순지지 부재는 장변의 이동 및 수직 변형이 자유롭도록 설치하여 마찰저항으로 인한 어떠한 고정도 배제할 수 있도록 해야 한다.
- 축 방향 또는 회전방향의 열팽창을 구속할 수 있도록 하기 위해 사용하는 장치는 열팽창 및 구속의 결과로 예상되는 힘을 반영한 것이어야 한다.
- 시험체에 하나 이상의 보가 설치되는 경우, 각각의 보는 규정된 조건에서 가열되도록 하고, 개별적으로 하중을 받도록 해야 한다.
- 덮개에 이음부가 있거나 경계 부위에 틈새가 있는 경우, 비구속의 불연재료로 밀폐하도록 한다. 보의 지지점은 적절한 내화재료로 보호하고, 시험 중 단부조건에 영향을 주는 고온의 가스가 누출되는 것을 막아야 한다.

- 지지목적을 위하여 가열로의 체임버를 벗어나는 보의 끝부분은 내화물이나 밀도 (120±30)kg/m³인 광섬유로 1회 두께가 (100±10)mm가 되도록 감싸서 단열되도록 해야 한다.
- 1개 또는 2개 지지점 위에서 구속되는 연속보 시험체는 비가열부 방향의 지지점에서 발생하는 변형각이 실제 구조에서 발생하는 것과 일관성을 갖도록 설치해야 한다.
- 보를 4면 가열하는 경우, 보의 상부로부터 가열로 덮개 슬래브까지의 최소 거리는 최소한 보의 너비와 일치해야 한다.

비고 : 비대칭 보 또는 한쪽 끝부분만을 구속하는 보를 시험할 때는 특별한 설치조건이 요구될 수 있다.

(3) 시험방법

① 재하 적용 보에 대한 재하 및 조절은 KS F 2257-1 및 이 규격의 6.3에 따른다.

② 가열로 조절 가열로 내 온도와 압력 측정 및 조절은 KS F 2257-1에 따른다.

③ 측정 및 관측 시험체가 하중 지지력 기준에 적합한지를 확인하고, KS F 2257-1 의 규정에 의한 측정 및 관측을 한다.

(4) 판정방법

성능 기준 보의 내화성능은 KS F 2257-1에 정한 하중 지지력으로 판정한다.

(5) 시험성적서

시험성적서 시험 성적서는 KS F 2257-1의 규정에 따라 작성해야 한다.

▷부속서 1 시험방법에 관한 일반지침

(a) 일반사항 : 실제로 보는 바닥 슬래브 도는 지붕 데크를 지지한다. 어떤 경우에는 바닥 슬래브나 지붕고 보의 연결이 합성작용을 할 수 있다. 이러한 경우, 이 부재는 보 또는 바닥 부재로서 시험할 수 있으며, 적용 하중은 구조의 전체적인 강성을 고려하여 조절해야 한다.

차염성 및 차열성에 대한 성능을 평가하는 것이 요구되는 곳에서는 KS F 2257-5에 따라 별도의 시험이 실시되어야 한다.

보의 내화성능평가는 보의 하부, 측면 및 때로는 상부면에 대한 화재의 영향에 관한 것이며, 보 끝부분으로의 열손실은 고려하지 않은 것이다.

이 부속서는 일반적으로 휨 응력을 받는 보에 대해 기술한 것이며, 원칙상 인장부재의 시험에 적용 가능하다.

(b) 시험체 보는 수직 지지 부재 이외에는 대개 구조적인 이음부를 포함하지 않는다. 어떤 형태의 보 구조는 이음부가 종종 포함되는데, 예를 들면 아교 라미네이트 목재보의 핑거 조인트(finger joint) 등이다. 그러한 이음부가 존재하는 곳에서는 대표적인 이음부가 시험체에 포함되도록 한다. 또한 보가 가열로를 벗어나는 곳은 어떤 변형에도 간섭받지 않도록 특별한 관심을 기울여야 한다.

시험구조에 사용되는 콘크리트의 밀도는 열적 관성 특성과 직접적인 관계를 갖고 있다. 저밀도 콘크리트는 고밀도 콘크리트보다 열전도가 낮으며, 이는 고밀도 콘크리트가 적용된 강재 보의 시험시 중요하다. 이 경우 높은 열전달이 강재와 고밀도 콘크리트 간에 발생하여 잠재적인 시험체의 온도상승 감소를 가져 온다.

실제 바닥구조 또는 표준 덮개(topping)의 너비는 재하틀의 틈새를 통한 가스의 누출을 방지할 수 있는 충분한 수치를 확보해야 한다.

(c) 지지 및 재하조건

① 시험체 설치 및 구속 : 시험체가 그 지지점에서 회전에 대해 고정되도록 하는 경우, 지지점 이후는 캔틸레버가 되게 하고 그 지지점은 고정함으로써 가능하다. 고정각은 캔틸레버 팔과 회전 모멘트에 저항하는 로드셀로 기록한 힘으로 결정할 수 있으며, 이때 캔틸레버 팔의 위치는 일정해야 한다. 이에 따라 캔틸레버 팔에서 로드셀로 기록한 힘은 시험체의 열 충격에 따라 다양한 값을 나타내게 된다.

② 재하 : 보를 실제보다 작은 스팬으로 시험하는 경우, 동일 하중에서 실제 크기의 부재에 존재하는 것보다 다른 응력의 형태 및 크기가 시험체에 발생된다. 축소된 스팬에서 특별한 단면의 보에 대한 시험은 신중히 검토하여 시험체에 발생하는 임계 응력이 실제 크기의 부재에서 존재하는 것과 같은 유형이 되도록 하고, 축소된 스팬에 보다 많은 하중을 재하함으로 인해 과다한 전단응력이 발생하지 않도록 한다. 이러한 사항은 필요한 응력을 적용하기 위한 재하의 선택 및 방법에 영향을 미칠 수 있으며, 휨 부재로서 보에 대한 평가와 관련되므로 단순지지 구조에서의 휨 응력은 실제 발생한 응력과 동등하다는 것이 중요하다. 또 한 이것은 인위적인 시험구성, 예를 들면 휨 응력은 비틀림 구속에 관한 조건 때문에 감

소하지 않는 것 등의 다른 조건들과 절충할 수 없다.

③ 구속 및 재하조건의 영향 : 보의 축방향 또는 회전방향으로의 열팽창에 대한 구속은 방향 수에 따라 적용될 수 있다. 시험체는 심각한 변형 없이 시험구조 부재의 축력에 반응할 수 있는 구속틀 내에 설치한다. 어떠한 경우 이러한 축력은 구속틀을 교정함으로써 측정할 수 있으며, 그 밖의 경우는 구조부재의 끝부분과 구속틀 간의 틈새가 팽창되도록 함으로써 측정할 수 있다. 이러한 설치는 구조부재를 그 깊이에 걸쳐, 그리고 구속틀의 깊이에 걸쳐 끝부분을 거의 고정에 가깝게 하기 때문에 회전에 저항할 수 있게 하며, 보다 정교한 설치에서는 구조 부재에 대하여 축방향으로 배치한 유압잭의 사용으로 구속 및 측정이 가능하다. 열팽창의 영향으로 구속된 곳에서는 내화시험 중 가열에 의해 관련 부재에 축방향의 압축력이 작용된다. 대부분의 경우 이러한 힘은 부재의 단면에서 발생하며, 이에 상응하는 휨 모멘트가 적용 하중으로 인한 휨 모멘트에 반작용하는 경향이 있다. 이는 파과 또는 불안정에 의해 실패의 가능성이 긍정적 효과보다 더 크지 않는 한 하중 지지력과 내화성능을 증가시킨다.

④ 온도 측정 : 시험체 내에 설치하는 열전대는 보온 온도 특성에 관한 유용한 자료를 얻기 위하여 사용되며, 이런 방법으로 얻은 자료는 동일한 피복 재료 및 다른 임계 온도를 갖는 보의 내화성능을 추정하는데 이용할 수 있다. 합성구조의 경우, 각 구성 부재의 온도에 대한 자료는 유용하며, 더 많은 자료에 대한 평가를 가능하게 한다.

⑤ 시험체의 특성 : 보 등 단순부재의 저온강도는 구조로도 가장 결정적인 특성 가운데 하나이며, 만일 시험 하중이 재료에 적용 가능한 통상적인 수치보다는 사용된 재료의 실제 강도와 관련될 때 시험시 보다 큰 적용 가능성을 얻을 수 있다. 완전히 동일한 재료에서는 이러한 자료를 전체 구조로부터 얻을 수 있으며, 내화시험에 앞서 상온에서의 재하시험으로 실제 응력/변형 관계를 규정할 수 있다. 그러나 상온에서의 시험은 재료의 인장강도에 영향이 없도록 탄성한계를 초과하지 않아야 한다. 그 밖의 내화성능에 중요한 영향을 미치는 요인은 다음과 같다.
   (a) 보의 길이에 걸친 단면적의 변화
   (b) 보 재료, 피복재의 밀도
   (c) 피복재의 평균 두께 및 비균일성
   (d) 보 구조에 사용된 모든 습윤재료, 내화피복재의 수분 함유량

▷ 부속서 2 내화피복된 보의 성능 조건

(a) 적용범위 : 이 부속서는 내화피복된 강재 보로서 설계상 하중을 필요로 하지 않는 경우의 내화성능평가에 적용한다.

(b) 시험체

① 크기 : 시험체 크기는 이 규격의 4.2.2에 따르되, 시험체 길이는 최대 5m로 할 수 있다.

② 수량 : 시험체 수는 이 규격의 4.2.3에 따른다.

③ 양생 : 시험체 양생은 이 규격의 4.2.4에 따른다.

④ 설치 및 구속 : 시험체 설치 및 구속조건은 이 규격의 4.2.5에 따른다.

(c) 측정장치의 운용

① 노 내 열전대 : 노 내 열전대는 이 규격의 참고 3)에 따른다.

② 시험체 열전대 : 시험체 열전대는 이 규격의 참고 4)에 따른다.

(d) 가열 시험 : 가열 시험은 비재하 가열시험으로 하고, 가열방법은 KS F 2257-1의 참고1) 및 참고 2)에 따른다.

(e) 성능기준 : 이 규격의 8.2에 따라 측정한 각 단면별 강재 평균 온도는 538℃를 넘지 않아야 하며, 온도가 측정된 어느 곳에서도 649℃를 넘지 않아야 한다.

참고

(a) 일반사항 : 가열조건, 노(爐) 내 압력, 재하조건은 KS F 2257-1의 규정에 따른다.

(b) 구속 및 경계조건 구속 및 경계조건은 KS F 2257-1 및 이 규격의 조건에 따른다.

(c) 노 내 열전대

① 1 내 열전대는 가열로 내부의 온도를 측정하기 위한 것으로서 KS F 2257-1에서 규정한 열전대를 사용해야 하며, 균등하게 분포시켜 시험체 부근의 온도에 대한 신뢰성을 줄 수 있어야 한다. 이러한 노 내 열전대는 KS F 2257-1에서 규정한 조건에 따라 제작·설치해야 한다.

② 노 내 열전대의 수는 보의 가열 길이 각 1m마다 최소 2개 이상이 되도록 한다.

③ 2노 내 열전대는 1.5m 이상 서로 이격되지 않아야 하며, 각각 보 하부면 아래로 (100±50)mm 보의 각 측면으로부터(100±50)mm에 위치해야 한다. 노 내 열전대는 균등하게 배치하여 어떠한 열전대도 가열로 측벽으로부터 500mm 이내에 위치해서는 안 된다.

④ 보의 춤이 500mm 이상인 경우, 노 내 열전대를 추가하여 설치하고 3).2와 같이 설치하되, 보의 하부가 아닌 보의 중간 높이에 위치하도록 한다.

(d) 시험체 열전대

① 보를 강재 또는 그 밖의 재료로 만든 경우로서 고온의 열 특성이 잘 알려진 경우, 시험체 온도 측정은 시험체의 성능 실패를 예측하는 데 도움이 되며, 그 결과는 평가방법에 사용될 수 있다.

시험체 열전대는 KS F 2257-1에서 규정한 조건에 따라 제작·설치해야 하며, 나사못, 용접, 핀 등의 사용은 시험체 열전대를 강재에 고정하는 데 적합한 것이어야 한다. 열전대 앞 끝 나선 선단의 최소 50mm는 열 접점에 대해 등온선 상태가 되도록 한다.

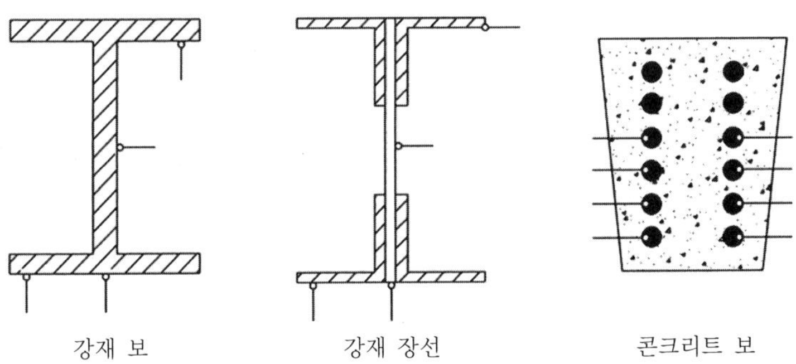

그림 5.12 보의 열전대 위치

② 열전대는 스팬 중앙, 스팬 중앙과 가열로 각 끝부분으로부터 500mm 지점 간의 그 중간 지점에 위치하도록 한다. 일반적인 보 시험체의 열전대 위치는 그림 5.12와 같다.

③ 콘크리트를 통한 온도 기울기를 결정하기 위하여 설치한 추가 열전대는 시험체의 성능 실패를 예측 하는 데 도움이 될 수 있으며, 그 결과는 평가기술에 사용할 수 있다. 인장 보강재가 8개 이상인 경우 대표적인 온도를 얻을 수 있는 8개의 위치에 열전대를 설치해야 하며, 인장 보강재가 8개 미만인 경우 각 인장 보강재에 열전대를 설치해야 한다.

4) 기둥의 성능조건(KS F 2257-7)

(1) 시험 개요

이 규격은 기둥의 내화성능 측정방법에 대하여 규정한다. 기둥은 일반적으로 모든 면을 가열한다. 그러나 실제로 가열면이 4면보다 적을 경우, 적절한 가열조건을 재형해야 한다. 내화피복된 강재 기둥의 재하 가열시험은 이 규격에 따르며, 비재하 가열시험을 실시하는 경우, 부속서 2에 따른다.

이 시험방법에 관한 지침은 부속서 1에 정해져 있다.

(2) 시험체

① 구조내화 피복재 적용시, 이음부가 발생할 때는 시험체는 적어도 1개의 내화피복재 이음부가 시험체 중간 높이에 있도록 한다.

속 빈 박스(hollow encasement)로 쌓인 기둥의 경우, 박스는 실제 가열 및 구속조건을 대표한 형식으로 마감되어야 한다. 상부 및 박스와 기둥 간의 틈새는 실제 조건에서와 같은 조건으로 밀폐되어야 한다.

내화피복된 기둥을 시험하는 경우, 재하로 인해 내화피복재에 인위적인 하중이 전달되지 않도록 해야 한다.

② 크기 : 시험체는 실제 크기로 한다. 높이 3m를 초과하는 부재의 경우, 가열되는 시험체의 최소 크기는 3m 이상으로 한다. 전체 높이는 가열 높이에 각 끝부분에서 300mm를 넘지 않도록 한다. 이 여분의 높이는 시험 중 시험체로부터 열전도를 막기 위한 최소 크기로 해야 하며, 기둥이 재하장치에 놓이는데 필요하며 또한 가열로 대기로부터 재하장치가 거리를 유지하도록 하기 위한 것이다.

③ 수량 시험체 수량은 이 규격의 요구사항 및 KS F 2257-1에 규정한 조건에 따른다.

④ 양생 시험지 시험체의 강도 및 수분 함유량은 일반조건에서 예측되는 것과 같은 조건으로 한다. 여기에는 모든 밀폐재 및 이음재료가 포함된다. 양생은 KS F 2257-1에 규정한 조건에 따른다. 평형상태 도달 후, 수분 함유량 또는 양생상태를 측정하여 기록해야 한다.

⑤ 설치 및 구속

(a) 기둥의 양 끝부분은 회전에 대해 완전히 구속하거나 힌지로 하여 실제 조건을 구현하도록 한다. 그러나 어떤 구속조건의 시험자료를 다른 구속조건의 자료로 직접 전용할 수 없다. 모든 자료가 요구되는 경우, 각각의 고정조건에서의 시험을 실시한다. 한쪽 또는 양쪽 끝부분이 힌지인 경우, 마찰저항이 없도록 주의해야 한다.

(b) 핀 이음일 경우 기둥의 한쪽 끝부분과 재하장치 사이에 둥근 힌지, 실린더 롤러

를 사용하거나 나이프 에지(knife edge)로 한다. 실린더 롤러 사용시 그 축은 기둥의 약축(weak axis)에 평행해야 한다.

(c) 기둥의 전 단면에 걸쳐 하중이 분포되도록 하기 위해 힌지를 하나는 재하장치에 속하고 다른 하나는 기둥과 접합에 긴결된 2개의 재하판 사이에 설치한다.

(d) 힌지는 기둥의 중심축에 정확히 오도록 하고 $L/500$(L은 기둥의 버클링 길이) 또는 최대 7mm의 하중편심을 허용한다. 힌지에서의 마찰을 최소화하기 위하여 특별한 주의를 기울어야 한다.

(e) 고정된 단부조건을 적용하는 경우, 재하판과 기둥 끝부분 사이의 접촉상태를 확인해야 한다.

(3) 시험방법

① 재하 적용

기둥에 대한 재하 및 조절은 KS F 2257-1 및 이 규격의 참고1)에 따른다.

② 가열로

노 내 온도와 압력조건의 측정 및 조절은 KS F 2257-1에 따른다.

③ 측정 및 관측

시험체는 하중 지지력에 대하여 기준에 일치하는 지 KS F 2257-1에 따라서 관련된 측정 및 관측을 실시한다.

④ 판정방법

기둥의 내화성능은 KS F 2257-1에서 정한 하중 지지력으로 판정한다.

⑤ 시험 성적서

시험 성적서는 KS F 2257-1의 규정에 따라 작성해야 한다.

참고

(a) 재 하

① 모든 기둥은 재하시 시험체의 구조설계 조건을 실현할 수 있도록 KS F 2257-1의 방법에 따라 의뢰자가 제시한 하중으로 시험해야 한다.
또한 하중 산정에 이용되는 재료의 특성을 잘 나타내야 하고, 그에 대한 자료를 제시해야 한다.

② 실제 기둥의 높이가 가열로에 수용할 수 있는 높이보다 큰 경우, 의뢰자는 시험이 실시되는 시험체의 세장비에 적합하도록 조정된 하중을 제시하여, 실제 크기의 구조부재와 동등한 수준의 하중이 시험체에 전달되도록 해야 한다.

③ 시험체의 끝부분은 고정 편심 조건에 맞도록 하고 시험하중이 재하판으로부터 시험체에 적절히 전달되도록 제작해야 한다. 기둥의 상부와 바닥 등 하중을 받는 면은 평평하게 하고 휨 모멘트의 발생을 피할 수 있도록 기둥축에 수직으로 한다.

④ 재하장치를 열로부터 보호하기 위하여 시험체 각 끝부분에 칼라(collar)를 부착해야 한다. 이것은 기둥이 제 위치에 있도록 하고 가열로 내부면과 적절히 밀폐되도록 제작되어야 하며, 가열 중 제 위치에서 효과가 유지되도록 해야 한다.

밀폐방법은 가열로 내에서 재하장비로부터 시험체로 전달되는 하중 및 시험체 끝부분의 고정에 영향을 주지 않으면서 시험체가 거동할 수 있도록 해야 한다.

⑤ 재하장치는 시험체의 최대 허용변형을 수용할 능력이 있어야 한다.

(b) 노 내 열전대 노 내 열전대는 노 내 온도를 측정하기 위한 것으로서 KS F 2257-1에서 규정한 열전대를 사용해야 하며, 시험체의 가열면에 걸쳐 온도의 신뢰성을 제시할 수 있도록 균등하게 분포시켜야 한다. 이러한 노 내 열전대는 KS F 2257-1에서 규정한 조건에 따라 제작·설치해야 한다.

노 내 열전대의 수는 최소 6개로 시험체를 기준으로 대칭되고, 기둥 가열 높이의 1/4,1/2,3/4 위치에 쌍을 이루어 각각 위치하도록 한다.

평판 온도계는 가열 개시 때 시험체 면으로부터 (100±50)mm의 위치에 두도록 하고, 가열로 상부로 400mm 이상 접근하지 않도록 해야 하며, 이 위치에서 시험 중 50mm 이상 변동되지 않도록 한다. 각 평판 온도계는 밑면이 가열로를 향하게 하고 단열된 부분이 시험체를 향하도록 한다.

(c) 시험체 열전대 기둥이 강재 또는 그 밖의 재료로 만들어지고 고온 특성이 알려진 경우, 시험체 온도 측정은 시험체의 성능 실패를 예측하는 데 도움이 되며, 그 결과는 평가기술에 사용할 수 있다. 나사못, 용접, 핀 등 적절한 방법을 사용하여 열전대를 강재에 부착해야 한다. 열전대 앞끝 나선의 최소 50mm는 열 접점에 대해 등온선 상태가 되도록 해야 한다.

열전대는 4개 분할면에 설치하되, 각 분할면에 최소 3개의 열전대를 설치한다. 최상부 최하부 분할면은 가열 받는 기둥의 양 끝부분에서 600mm 지점으로 하고, 나머지 2개의 중앙 분할면은 균등한 간격이 되게 한다. 제시된 열전대 위치는 그림 5.13과 같다.

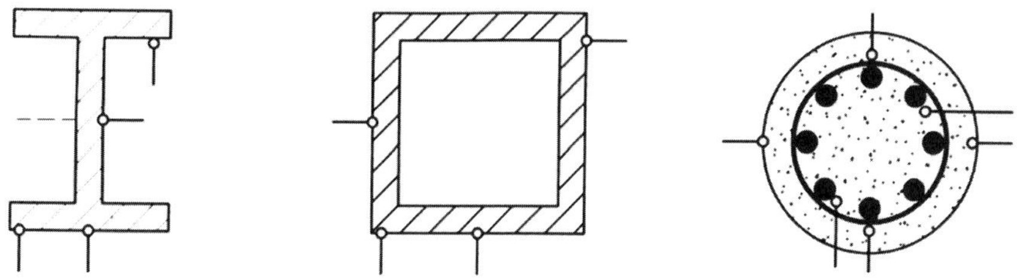

그림 5.13 강재기둥의 열전대 위치

▷ 부속서 1 시험방법에 관한 일반 지침

(a) 일반사항 : 이부속서는 압축력을 받는 수직 내력 부재의 시험에 적용하는 것으로 가정하여 작성되었지만, 시험방법은 인장력을 받는 부재의 평가에도 적용된다. 그러한 경우 지지장치는 적용 인장하중을 전달할 수 있어야 한다.

(b) 시험체 제작 고려사항

① 끝부분 지지조건 기둥이 수용할 수 있는 허용하중은 상당 부분 끝부분 조건에 의한다. 힌지조건으로서 단면적이 작은 기둥은 지지대 내의 마찰 때문에 적은 힘으로 하중 지지력을 상당히 증가시킬 수 있다. 화재 시험시 무의식적으로 끝부분을 구속하는 것은 내화성능을 향상시키는 역할을 한다. 구 또는 원주형의 끝부분 지지대를 사용하면 자유 회전이 가능하다.

② 끝부분 버팀대 양생 끝부분 버팀대가 기둥의 끝부분 주위를 콘크리트로 싸고 있는 경우, 시험 중 폭열, 과다한 증기 발생 또는 냉각효과를 피할 수 있도록 시험체와 유사한 상태의 건조상태에 양생하는 것이 중요하다.

③ 재하기둥은 현장 제작과 동등한 하중 및 지지조건 하에서 시험해야 한다. 실제의 화재시 발생하는 끝부분 모멘트 또는 하중의 변화로 인하여 시험시 재현이 되지 않을 수도 있다.

만일 현장 제작시의 재하 및 지지조건이 명확히 결정되고 가열로에서 재현 가능하면, 시험하중은 이러한 조건에 따라 산정해야 한다. 실제적인 현장조건을 재현하지 못하는 경우, 보편적인 시험조건이 되도록 하고 시험하중은 이것을 바탕으로 산정한다.

④ 온도 측정 시험체 열전대의 배치는 기둥의 온도에 대하여 가장 유용한 정보를 얻을 수 있는 위치로 선정한다.

합성구조(예 : 콘크리트 충전 강관기둥)의 경우, 개별 구성재에 대한 온도와 더불어 구조물의 온도 분포에 관한 정보를 얻을 수 있고, 향후 자료평가도 가능하게 한다.

열전대는 기둥과 내화피복재 사이의 온도를 측정하는 데 사용할 수 있다. 이와 같은 방법에 의해 얻은 정보는 같은 내화재료 또는 다른 온도조건에서의 기둥 재료와 형태에 따른 내화 복을 추정할 수 있다.

⑤ 시험 중 기둥의 거동 : 수직 부재의 축방향 변형은 열적 팽창에 의해 늘어나고, 시험체 구성요소의 선조 또는 재하시 유효 단면적의 감소나 강도의 저하에 의해 수착할 수 있다.

구조용 강재 기둥은 시험하중을 지지할 수 있는 동안 온도의 상승에 의하여 팽창한다. 적용된 하중에 대하여 더 이상 지지하자 못할 때, 강재의 처짐과 같이 부분적 또는 전체적으로 수축이 나타난다. 그러므로 기둥의 길이 변형은 최대 팽창 후 수축이 나타난다.

콘크리트 충전 강관 기둥은 더 복잡한 경이다. 강관은 하중을 받았을 때, 초기 변형은 구조용 강재 기둥과 유사하다. 강관의 온도가 상승함에 따라 수축이 일어나고 하중이 콘크리트로 전달되며, 내부의 콘크리트가 하중을 지지하게 된다. 콘크리트는 하중을 더 이상 지지하지 못하기 전까지 시험하중을 계속 지지한다.

낮은 열전도율을 가진 목재 기둥은 작은 초기 팽창을 나타내고 하중을 지지하는 단면의 평균온도는 차이가 없다. 시간이 경과하면, 탄화현상이 발생하고 유효 단면적이 감소하며 하중방향으로 축변형이 나타난다.

▷ 부속서 2 내화피복된 기둥의 성능조건

(a) 적용범위 : 이 부속서는 내화피복된 강재 기둥으로서 설계상 하중을 필요로 하지 않는 경우의 내화성능평가에 적용한다.

(b) 시험체

① 크기 : 시험체 크기는 이 규격의 5.2의 2에 따른다.

② 수량 : 시험체 수는 이 규격의 5.2의 3에 따른다.

③ 양생 : 시험체 양생은 이 규격의 5.2의 4에 따른다.

(c) 측정장치의 운용

① 노 내 열전대 : 노 내 열전대는 이 규격의 참고 2)에 따른다.

② 시험체 열전대 : 시험체 열전대는 이 규격의 참고 3)에 따른다.

(d) 가열시험 : 가열시험은 비재하 가열시험으로 하고, 가열방법은 KS F2257-1에 따

른다.

(e) 성능기준 : 이 규격의 참고 3)에 따라 측정한 각 단면별 강재 평균온도는 538℃를 넘지 않아야 하며, 온도가 측정된 어느 곳에서도 649℃를 넘지 않아야 한다.

5) 비내력 수직구획부재의 성능조건(KS F 2257-8)

(1) 시험개요

이 규격은 수직 비내력 구획 부재를 한쪽 면에서 가열할 때의 내화성능의 측정방법에 대하여 규정한다. 커튼월이나 문 또는 유리를 포함하고 있는 벽의 내화시험에는 적용하지 않는다.

(2) 시험체

① 구조

(a) 일반사항 : 시험체는 시험 중 시험체의 거동에 영향을 줄 수 있는 부착물을 포함하여 실제 사용되는 구조를 대표해야 한다.

(b) 실제 구조가 벽돌이나 블록과 같은 서로 다른 구조가 섞여 구성되지 않는 한, 시험체는 서로 다른 구조가 섞여 구성되지 않아야 한다.

(c) 설비 : 수직 구획 부재가 전기 접속구 등과 같은 설비를 포함하고 있고, 이러한 것이 시험체의 일부인 경우, 시험체에 포함되도록 해야 한다.

② 크기 : 실제 구조의 높이 또는 너비가 3m 이하인 경우, 시험체의 크기는 실제 크기로 하여 시험해야 한다. 실제 구조의 크기가 3m보다 큰 경우, 최소 3m가 되도록 하여 시험해야 한다.

③ 수량 : 대칭구조는 이 규격에서 다른 요구사항이 없는 한 시험체 수를 1개로 한다. 비대칭 구조의 경우 시험체 수는 KS F 2257-1에서 규정한 조건에 따라야 한다. 외벽 구조에서는 시험체 수를 1개로 할 수 있고, 그러한 경우 시험체는 옥내에 면하는 쪽을 가열한다.

④ 양생 : 시험체의 강도 및 수분 함유량은 일반적인 사용조건에 부합하도록 해야 한다. 여기에는 내장재 및 결속 재료도 포함된다. 양생은 KS F 2257-1에 규정한 조건에 따라야 한다. 평형상태 도달 이후, 수분 함유량 또는 양생상태를 검사하고 이를 기록해야 한다. 지지구조는 시험체 틀의 덧댐 재료를 포함하여 이 조건을 적용하지 않는다.

⑤ 설치 및 구속

(a) 일반 사항 : 시험체는 가능한 시험체 틀 또는 지지 구조의 노출된 수직면에 나란하도록 설치해야 하며, 시험체의 전체 면이 가열되도록 해야 한다.

(b) 지지구조 : 시험체의 크기가 시험체 틀의 개구부보다 작은 경우, 다음과 같이 보완하여 시험체 틀에 설치해야 한다.

- 시험체의 높이가 시험체 틀의 개구부 높이보다 작은 경우, 지지구조의 개구부를 적정한 높이로 축소해야 한다. 지지구조는 시험체의 안전에 지장이 없어야 한다.
- 시험체의 너비가 시험체 틀의 개구부 너비보다 작아 시험체 틀의 개구부에 공간이 발생하는 경우, 그 공안 시험체의 안전에 지장이 없는 지지구조로 밀폐되도록 해야 한다.
- 구속 : 실제 구조가 가열로의 전면 개구부보다 크지 않는 경우, 시험체의 끝부분은 실제와 같이 구속해야 한다. 실제 구조의 너비가 가열로의 전면 개구부보다 크지 않는 경우, 한쪽 수직 끝부분은 비구속으로 하고 시험체의 구속되지 않는 끝부분과 시험체틀 사이에는 25~50mm의 틈새를 두어야 한다. 이 틈은 광섬유와 같은 불연재료로 밀폐하여 시험체의 이동을 제한하지 않도록 해야 한다. 다른 한쪽은 실제와 같이 구속해야 한다.

(3) 시험방법

① 가열로 조절

노 내 온도와 압력 측정 및 조절은 KS F 2257-1에서 규정한 조건에 따라야 한다.

② 측정 및 관측

시험 중 시험체가 차염성, 차열성 기준에 적합한지를 확인하고, KS F 2257-1의 규정에 의한 측정 및 관측을 실시해야 한다.

(4) 판정방법

수직 비내력 구획 부재의 내화성능은 KS F 2257-1에 따른 차염성, 차열성 기준으로 판정해야 한다.

(5) 시험 성적서

시험 성적서는 KS F 2257-1의 규정에 따라 작성해야 한다.

6) 비내력 천장부재의 성능조건(KS F 2257-9)

(1) 시험개요

이 규격은 비내력 천장에 대하여 천장 하부면을 가열할 때의 내화 성능을 측정하기 위한 시험 방법에 대하여 규정한다. 이 규격은 지지틀 또는 상부 구조에 직접 고정되거나 매달린 천장 및 자립 천장의 평가에 적용한다.

비 고 : 천장이 상부의 내력 부재 보호를 위한 수평 구획 부재로 사용되는 경우에는 KS F 2257-5에 따른다.

(2) 시험체

① 시험체 제작

(a) 구조 상세 : 시험체는 원하는 소요 등급의 구조로서 세로 및 가로 방향의 이음부와 같은 구조 상세에 맞도록 제작한다.

(b) 배치 : 천장의 세로방향과 가로방향이 다르게 구성되고, 장축에 놓여지는 방향에 따라 시험체의 성능이 달라지는 경우, 불리한 구성방향을 장축에 평행하도록 설치된 것과 장축에 교차하도록 설치된 각각의 시험체에 대하여 시험을 실시한다.

(c) 천장설비 : 천장이 조명 또는 공조설비와 같은 설비를 포함한 경우, 실제와 같이 배치하여 설치한다.

② 크기 : 실제 구조가 4×3m 이상인 경우 시험체의 가열면은 적어도 4×3m로 제작되어야 하고, 4×3m 미만인 경우에는 실제 구조와 같은 크기로 시험체의 가열면을 제작하여 시험을 실시해야 한다. 천장의 스팬은 장방향으로 정한다.

③ 수량 : 시험체 수는 이 규격과 KS F 2257-1에 따른다.

④ 양생 : 시험 시 시험체의 강도 및 습도는 일반조건에서 예측되는 것과 같은 조건으로 해야 하며, 여기에는 모든 밀폐재 및 이음재료가 포함되어야 한다. 시험체의 모든 구성요소 및 재료의 양생은 KS F 2257-1에 따르도록 하며, 평 상태에 도달한 후 습도 또는 양생상태를 측정하여 기록해야 한다. 시험체 틀의 덧댐재를 포함한 지지구조에는 이 조건이 적용되지 않는다.

⑤ 설치 및 구속

(a) 일반사항

설치 : 천장은 의뢰자의 제작 및 시공방법에 따라 실제 사용되는 방법으로 설치해야 한다. 천장과 벽 사이의 마감, 이음부 및 그 재료는 실제 사용되는 것과 동일해야 하며, 시험체는 시험체의 거동에 영향을 줄 수 있는 고정장치를 포함해

야 한다. 내부설비 및 고정장치가 천장구조에 포함되지는 않으나, 천장의 내화성능에 영향을 줄 수 있는 경우에는 별도의 실제 크기 시험을 실시해야 한다.

천장이 장방향 및 단방향 이음부를 포함하는 경우, 시험체는 두 이음부를 모두 포함해야 한다.

(b) 측면부

천장의 지지격자가 팽창장치를 포함하는 경우 주위 앵글로 지지되는 격자의 끝부분은 팽창장치에 견고하게 접하도록 한다. 천장 패널이나 여러 구성요소는 설계상 틈새가 불필요한 경우 틈새가 없도록 해야 하며, 이러한 틈새는 실제 조건과 동일하도록 한다.

- 틈새 : 천장과 시험체간의 틈새는 고온 가스의 유출을 방지하고 천장 경계면을 구속하지 않도록 적절한 재료로 밀폐한다.
- 달반자 : 달반자 시험체는 스팬이 4,200mm 이상인 강재보로 지지되도록 하고, 그림 5.14와 같이 그 상부면은 개방되도록 한다.
- 구속 : 시험체는 열팽창이 없도록 시험체나 가열로에 설치해야 하며, 어느 방향에서도 끝부분의 거동이나 열팽창이 없도록 한다. 천장 격자는 격자와 팽창장치의 열팽창 거동을 정확히 측정하기 위해 시험체 틀이나 가열로 벽에 단단히 고정하고, 지지구조의 보강재는 일반적인 구속이 되도록 한다.

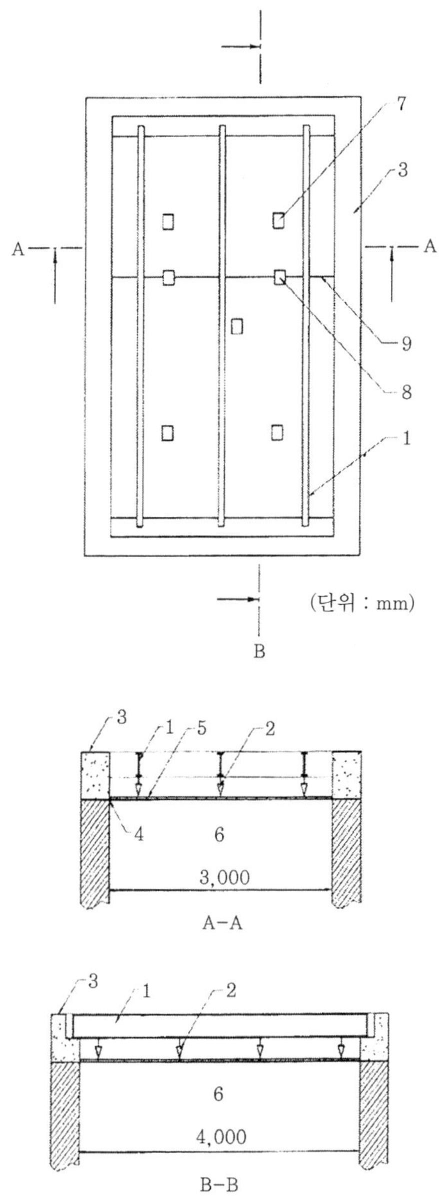

1. 강재보(스팬 약 4,200mm 이상)
2. 달대
3. 시험체 틀
4. 시험체 틀에 고정된 천장 주변 지지부
5. 천장(천장 패널 위에 단열재를 덮은 구조 포함)
6. 가열로
7. 비가열면 열전대의 표준 위치
8. 천장 이음부에 설치한 추가 비가열면 열전대
9. 천장 이음부

그림 5.14 하부로부터 가열하는 천장(달반자 또는 자립 천장)

(c) 고 정

- 일반사항 : 시험하고자 하는 천장이 실제 구조보다 한 방향 또는 양 방향에서 큰 경우에는 실제와 같이 고정하여 시험하도록 한다.
- 크기 : 시험체가 시험체 틀 개구부보다 작은 경우, 지지구조는 필요한 크기의 개구부로 축소하여 사용한다. 이 경우 시험체의 성능에 영향을 미치지 않는다

면 시험체의 양생조건에 부합하지 않아도 된다. 다른 지지구조가 필요한 경우, 시험체와 지지구조 사이의 결속은 고정물 및 재료를 포함하여 실제 사용하는 것으로 하고 시험체의 일부로 간주한다. 지지구조는 시험체 틀의 일부로 간주한다.

- 지지조건 : 시험하고자 하는 천장이 실제 구조보다 한 방향 또는 양 방향에서 작은 경우, 다음의 지지조건을 적용할 수 있다.
  - 자립 천장은 실제 스팬이 더 긴 쪽을 자유단으로 하며, 양 방향에서 끝부분의 종적 거동 및 열팽창이 없도록 한다.
  - 달반자는 양 방향에서 끝 부분이 종적 거동 및 열팽창이 발생하지 않도록 고정한다.

(3) 시험방법

① 가열로 조절 노 내 온도와 압력조건의 측정 및 조절은 KS F 2257-1에 따른다.

② 측정 및 관측 시험체가 차염성, 차열성 기준에 일치하는지를 KS F 2257-1에 따라 관련된 측정 및 관측을 실시한다. 다만 차염성 측정을 위한 균열 게이지의 적용이 불가능한 경우 육안으로 판단할 수 있다.

(4) 판정방법

비내력 천장의 내화성능은 KS F 2257-1에 따른 차염성, 차열성 기준으로 판정한다. 다만 차염성 기준 중 직접적인 균열 게이지의 적용이 불가능한 경우에는 육안으로 차염성능을 판정할 수 있다.

(5) 시험성적서 : 시험성적서는 KS F 2257-1에 따른다.

7) 방화문의 내화시험(KS F 2268-1)

(1) 시험개요

이 규격은 건물 벽체의 개구부에 설치하는 방화문의 내화성능시험 및 판정방법에 대하여 규정한다.

비 고 : 방화문은 실제 사용되는 고정 및 개폐 장치가 설치된 문짝과 문틀로 구성되어야 한다.

(2) 시험체

① 크기 : 시험을 위한 시험체는 실제 크기이어야 한다. 실제 크기의 어느 한쪽이 가열로에 수용할 수 있는 크기보다 큰 경우에는 가열로에 수용할 수 있는 최대 크기로 해야 한다. 이 때 적절한 너비 및 높이는 다음 치수 이상이어야 한다.

- 너비 : 2m
- 높이 : 2.5m

② 시험체 : 설치시험은 모든 지지물과 장치를 포함하여, 실제로 사용할 수 있게 제작된 방화문의 구성체로 시험한다. 시험체의 마감 및 형태는 실제로 사용되는 것을 대표하는 것이어야 한다.

방화문은 실제 사용되는 벽 구조에 설치하여 시험해야 하며, 특히 기성 조립식 또는 공장 제조 시스템의 일부에 해당되는 경우는 더욱 그러하다.

이런 사항이 규정될 수 없는 경우에는 실제 사용되는 벽제의 내화력과 동등 이상의 성능을 가진 벽에 설치하여 시험할 수 있다.

시험체는 문과 문틀 또는 주변에 적절한 틈새가 유지되도록 하여 실제로 사용되는 대표적인 방법으로 설치한다.

한지가 달린 목재 방화문일 경우에는 문 가장자리와 문틀 간의 틈새가 실제 적용되는 것을 대표할 수 있어야 하며, 이런 사항이 규정되어 있지 않은 경우에는 틈새가 3nm 이상이 되도록 한다. 틈새 간격은 시험 성적서에 기록한다.

문 구성체는 벽체의 이면에 평행하게 설치한 문틀에 장착한다.

다만, 문 정착시 특수한 방법이 필요하거나 가혹한 가열 노출조건을 감소시킬 수 있거나. 실제 사용구조를 대표할 수 없는 경우는 예외로 한다.

비 고 : 모든 지지물과 장치에는 경첩, 빗장(latch), 문 손잡이, 잠금장치, 열쇠구멍, 슬라이딩 기어, 닫힘장치, 전선 등, 시험 중 시험체의 내화성능에 영향을 줄 수 있는 것을 포함한다.

③ 양생 : 흡수성 재료 또는 습기에 영향을 받을 수 있는 재료가 포함된 시험체는 실험실 내의 일반적 조건에서 평형상태가 되도록 양생해야 하며, 양생조건은 다음 범위 이내이어야 한다.

- 온도(건구) : (25± 15)℃
- 상대습도 : 40~65%

문이 설치되는 벽체가 돌인 경우에는 시험 2주일 전, 콘크리트 벽체인 경우에는 시험 4주일 전에 제작되어야 한다.

콘크리트 벽체의 과도한 수분이 문틀의 온도에 미치는 영향을 최소화하기 위해 콘크리트 벽체는 평형상태가 될 때까지 양생이 필요하다.

(3) 시험방법

시험체는 KS F 2257-1에서 규정한 가열조건에 따라 한쪽 면을 노출시킨다.

시험은 2개의 시험체가 가열로에 서로 다른 면이 노출되도록 해야 하며, 시험 설비의 능력에 따라 두 개의 시험체를 각각 또는 동시에 시험할 수 있다. 특수한 조건에 맞추기 위함이거나 한 면이 다른 면보다 더 나쁜 결과가 예상되는 경우, 시험기관은 그 면에 대해 1개의 시험체로 시험할 수 있다. 시험 중 측정 및 관찰은 7.에 따라 해야 하며, 문의 성능이 성능기준에 불합격되었다고 판단되거나 의뢰자와 시험기관 간의 동의가 있을 경우 사전에 종료할 수 있다.

비 고 : 미닫이문이 가열로 쪽에 설치되어 문짝 면이 시험체 면으로 설정되는 경우를 제외하고, 노 내 온도 측정을 위한 열전대의 위치는 주위 벽체 면에 대하여 설정한다.

(4) 판정방법

문의 내화성능은 차열성 방화문과 비차열성 방화문으로 구분하며, 차열성 방화문은 1 및 2에 합격해야 하고, 비차열성 방화문은 1 의 b).c).d)에 합격해야 한다.

① 차염성

(a) 면 패드를 적용하여 착화되지 않아야 한다.

(b) 시험 중 문지방 부위를 제외하고 이면에 발생되는 모든 개구부에 6nm 균열 게이지를 적용하고, 게이지가 시험체를 관통하여 길이 150mm 이상 수평 이동되지 않아야 한다.

(c) 시험 중 이면에 발생되는 모든 개구부에 25mm 균열 게이지를 적용하고, 게이지가 시험체를 관통하지 않아야 한다.

(d) 시험 중 이면에 10초 이상 지속되는 화염 발생이 없어야 한다.

비 고 : 시험기관은 시험체 이면에서 개구부의 발생을 정확히 측정하기 위해 선택 사항으로 부속서에 기술된 캐노피(canpoy) 시험을 적용할 수 있다.

(e) 차열성 : 차열성은 시험 중 이면온도가 시험 시작시의 평균 이면온도보다 다음에 정하는 온도를 초과하여 상승하지 않아야 한다.

- 평균온도 : 140 K (5개의 고정 열전대)

- 최고온도 : 180 K (5개의 고정 열전대, 문틀에 설치한 열전대, 이동 열전대)

(5) 시험성적서

성적서에는 다음 사항이 포함되어야 한다.

① 시험기관의 명칭

② 의뢰자명

③ 시험일자

④ 제조자명 및 상품명(제품명)

⑤ 시험체의 제작 및 양생조건, 사용 재료 및 도면 : 의뢰자는 이 내용이 성적서에 포함되도록 시험기관에 제공해야 한다. 방화문과 문틀 사이의 간격 및 틈새는 자세히 기록되어야 한다.

⑥ 주위 벽체에 시험체를 고정하는 방법 또는 방화문 간, 주위 벽체 간 결합방법

⑦ 유리 부재 설치사항(설치된 경우)

⑧ 시험결과

- 가열로의 시간/압력 표 및 온도 곡선
- 차열성에서 요구하는 시간/온도·값
- 여러 성능기준에 불합격이 발생되는 시간

⑨ 방화문의 유효 흑체(black-body) 온도를 확정하기 위한 데이터 및 복사 열량이 규정 한계값을 초과하였을 때, 이면으로부터의 거리를 결정하기 위한 데이터

⑩ 시험 중 시험체 성능에 관한 기타 자료

8) 지붕의 방화시험(KS F 2269)

(1) 시험 개요

이 규격은 건물 외부 연소에 의한 지붕재의 화재 특성 측정방법을 규정한다. 가연성 또는 불연성 지붕 널판 위에 시공되는 지붕재에 적용하며 다음의 시험방법을 포함한다.

① 주기적 화염 노출시험

② 화염 전파시험

③ 불티 연소시험

④ 비화시험

⑤ 강우시험

(2) 시험재

① 다음 항에서 규정된 것을 제외하고 주기적 화염 노출시험, 불티 연소시험, 비화시험, 강우시험을 위한 시험 널판은 너비 1.0m×길이 1.3m 이어야 하고 수분 함유량이 8% 이상 12% 이하인 잣나무 판재로 만들어져야 한다. 이 판재는 큰 옹이, 변재, 썩은 부분 또는 송진 덩어리가 없어야 하며, 모서리 옹이도 없어야 한다. 각각의 널판은 호칭치수 25mm×200mm(마감치수 18.5mm×190mm) 크기의 판재이어야 한다. 판자들은 6.3mm 간격을 두고 시험 널판의 짧은 쪽 면으로 가로질러 놓여져야 하고, 아래에 위치한 2개의 받침 나무[호칭치수 50mm×100mm(마감치수 38mm×89mm)]에 안전하게 못으로 고정시키고, 널판의 바깥 측면과 동일 평면에 놓이도록 한다.

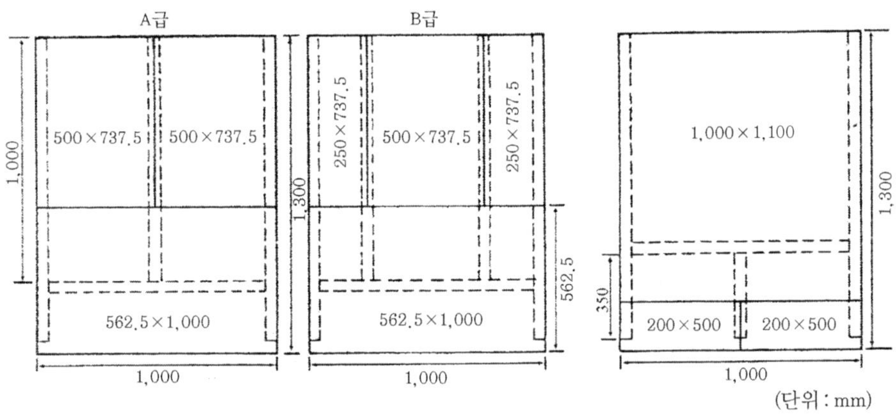

(a) 불티 연소시험을 위한 합판 널판

(b) 주기적 화염 노출시험을 위한 합판 널판(A급 또는 B급)

비고 : 합판은 받침 나무에서 31.3mm 돌출되고 있다. 지지대(50×100)는 점선으로 표시되어 있다. 합판 조인트 폭은 3.1mm이다.

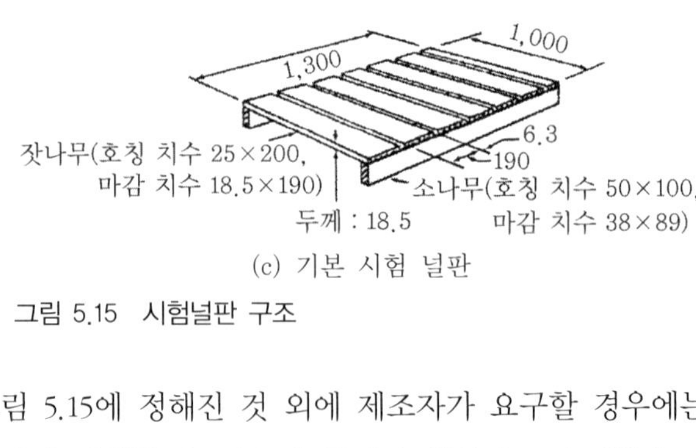

(c) 기본 시험 널판

그림 5.15 시험널판 구조

② 지붕재는 그림 5.15에 정해진 것 외에 제조자가 요구할 경우에는 최소 두께의 다른 시험 널판에서 시험할 수 있으며 주기적 화염에 노출시험은 2의 ①, 불티 연소

시험은 ② 화염 전파시험은 ③ 에 따른다.

(a) 합판이 사용된다면 표면은 A등급 미송, 뒷면은 B등급 미송 단판으로 구성되어야 한다. 주기적 화염노출 시험 합판 널판은 1,000mm 길이의 상단부 자비 끝에 평행하고 200mm 떨어진 위치에 3.1mm의 수평 이음부가 있어야 한다. 추가로 널판의 중앙에 있고 널판의 상단부 너비 끝에서 3.1mm의 수평 이음부까지 뻗어나가는 3.1mm의 수직 이음부가 있어야 한다. 수직 이음부는 호칭 크기 50mm×100mm 받침 나무 중앙에 위치한다.

(b) 호칭 크기 25mm×200mm 판재가 아닌 널판에서의 A급 및 B급 불티 연소시험에 있어서 널판의 상단부 너비 끝에 평행하고 562.5mm 떨어진 위치에 3.1mm 수평 이음부가 있어야 한다. A급 시험 널판은 상기 수평 이음부까지 뻗어나가는 널판 위 한가운데에 위치한 3.1mm 수직 이음부를 가져야 한다. B급 시험 널판은 널판의 측면에 평행하고 널판의 측면으로부터 250mm 떨어진 위치에 있는 두 개의 3.1mm 수직 이음부가 상기 수평 이음부까지 확장되어 있어야 한다. C급 불티 연소시험에 있어서 합판에 있는 이음부 사이에 최소 너비 3.1mm인 5개의 균일 간격 수평 이음부가 있어야 한다.

(c) 화염 전파시험을 위한 시험용 널판은 다음 사항을 제외하고 주기적 화염 노출 시험에서 특정 지어진 것과 같은 방법으로 제작한다.

- 수직 및 수평 이음부를 둘 필요는 없다.
- 널판의 길이는 A급 시험의 경우 2.4m, B급 시험의 경우 2.7m, C급 시험의 경우 3.9m 이상이어야 한다.

③ 시험체 수

(a) B급 또는 C급 시험을 위한 시험체는 14개 시험 널판으로 한다. 즉, 주기적 화염 노출 시험 2개. 화염 전파시험 2개, 불티 연소시험 2개, 비화시험 2개, 강우시험 6개이다.

(b) A급 시험을 위한 시험체는 16개 시험 널판으로 한다. 즉, 주기적 화염 노출시험 2대, 화염 전파시험 2개, 불티 연소시험 4개, 비화시험 2개, 강우시험 6개이다.

④ 시험체의 양생

완성된 시험 조립체는 16℃ 이상 32℃ 이하의 온도의 실내에서 30~60일 동안 양생되어야 한다.

(3) 시험방법

① 일반사항

(a) 지붕재가 불연성 널판(강철, 콘크리트, 석고) 위에서 사용되는 것은 화염 전파시험만을 실시한다.

(b) 지붕재가 가연성 널판 위에서 사용될 경우에는 주기적 화염 노출, 화염 전파, 불티 연소시험을 실시한다.

(c) 강우시험은 지붕재가 화재 지연처리된 것으로 그 처리능력이 물에 의해서 훼손될 가능성이 있을 때 실시한다.

(d) 비화시험은 지붕재가 불똥이 되어 바닥면의 가연재에 착화시킬 가능성이 있을 때 실시한다.

(e) 시험 널판과 틀 사이의 이음부는 불연성 모르타르로 채운다.

(f) 지붕재는 4/10 경사에서 시험한다. 기성의 지붕재는 4/10 경사를 초과하지 않는 범위 내에서 제조자가 지정한 최대 기울기에서 시험하며 사용된 경사는 보고서에 기록한다.

② 주기적 화염 노출시험

(a) 최소 2개의 시험 널판에서 실시한다. 다만, 시험되는 지붕재가 다양한 결과를 나타냈을 때는 최소수량 이상의 시험 널판이 추가 사용되어야 한다.

(b) 1.3m 길이의 시험 널판을 요구되는 기울기로 틀 위에 설치한 후 규정된 기류를 만들도록 공기량을 유지한다.

(c) 화염은 등급에 따라 표 5.10에 기술된 시간과 주기로 적용한다.

표 5.10 화염 방사 · 정지 적용 시간 및 주기의 수

등급	화염 방사 시간(분)	화염 정지 시간(분)	시험 주기의 수
A급	2	2	15
B급	2	2	8
C급	1	2	3

(d) 기류는 시험 중인 재료의 노출된 표면과 시험 널판의 밑부분으로부터 화염, 적열 및 연기가 모두 사라질 때까지, 또는 실패할 때까지 유지한다. 그러나 어떠한 경우에 있어서도 기류나 시험시간이 A급, B급 시험인 경우 마지막 화염 주기 후 1시간 초과 지속되거나, C급 시험인 경우 마지막 화염 주기 후 0.5시간 초과 지

속되어서는 안 된다.

(e) 화염의 방사 및 정지기간을 포함하여 주기적 화염 노출시험 동안에 시험 널판 아랫면의 지속적인 화염 발생, 시험체 일부가 화염을 내며 연소하거나 적열하는 불치 조각이 생성되는지 여부, 그리고 지붕널판 일부가 노출, 또는 탈락되는지를 관찰한다.

③ 화염 전파시험

(a) 최소 2개의 시험 널판에서 실시한다. 다만, 시험되는 지붕재가 다양한 결과를 나타냈을 때는 최소수량 이상의 시험 널판이 추가 사용되어야 한다.

(b) 시험 널판은 A급에서는 2.4m, B급에서는 2.7m, C급에서는 3.9m 이상의 길이로 한다.

(c) 시험시간

- A급, B급 시험의 경우 가스 화염과 기류를 10분간, 또는 화염(시험되는 재료의 실제화염)이 최대로 전파되는 시점에서 약해질 때까지의 둘 중 짧은 시간을 적용한다.
- C급의 경우 가스 화염과 기류는 4분간 적용한다.

(d) 시험 화염을 적용하는 동안 시험체는 재료의 화염 전파거리, 화염을 내며 연소하거나 적열하는 불티 조각이 생성되는지를 관찰한다.

④ 불티 연소시험

(a) A급에서는 최소 4개의 시험 널판으로, B급 또는 C급에서는 최소 2개의 시험 널판에서 실시한다. 다만, 시험되는 지붕재가 다양한 결과를 나타냈을 때는 최소수량 이상의 시험 널판이 추가 사용되어야 한다.

(b) 1.3m 길이의 시험 널판을 요구되는 기울기로 틀 위에 설치한 후 규정된 기류를 만들도록 공기량을 유지한다. 다만, 틀은 공기 덕트 출고로부터 1,500mm 이격되어야 하고 가스배관과 버너는 제거한다.

(c) 목재 모형의 크기와 제작 목재 모형은 그림 5.16과 같이 제조하며 41~49℃의 건조로에서 최소 24시간 동안 건조시킨다.

- A급 시험 목재 모형은 가로, 세로 291.3mm 격자로 두께는 55.5mm이며, 옹이나 송진 덩어리가 없는 건조한 미송으로 만들어서 구성되어야 한다. 25×25×300mm 호칭 규격의 36개 조각을 사용하여 사면을 18.5×18.5mm로 바무리한 후 각 조각간 6.3mm 이격 거리로 하여 12개씩 3개 층으로 쌓는다. 이 조각들

은 다음 인접 층과 직각으로 놓이고 한쪽 면 각 조각의 끝 부분을 못을 박고 (1) 다른 쪽 면은 대각선 형태로 박는다. 완성된 목재 모형의 건조 질량은 시험시에 2,000 ±150g 이어야 한다.

- B급 시험 목재 모형은 가로, 세로 142.5mm 격자로 두께는 55.5mm이며, 옹이나 송진 덩어리가 없는 건조한 미송으로 만들어서 구성되어야 한다. 25×25×150mm 호칭구격의 18개 조각을 사용하여 사면을 18.5×18.5mm로 마무리한 후 각 조각간 6.3mm 이격거리로 하여 6개씩 3개 층으로 쌓는다. 이 조각들은 다음 인접 층과 직각으로 놓이고 한쪽 면각 조각의 끝부분을 못 박고(1) 다른 쪽 면은 대각선 형태로 박는다. 완성된 목재 모형의 건조질량은 시험시에 500×50g 이어야 한다.
- C급 시험 목재 모형은 건조되고 수지가 없는 잣나무 관재로서 옹이와 송진 덩어리가 없고 38×38×18.5mm 규격에 너비는 3.1mm이어야 한다. 재료 두께의 1/2 정도까지 상부면과 하부면의 중심이 엇갈리게 톱자국을 내고 상·하면의 톱자국은 서로 직각을 이루어야 한다. 완성된 목재 모형의 건조질량은 시험시에 9.25±1.25g이어야 한다.

주(1) A급 목재 모형에 사용되는 못은 68개이며 못의 전체 질량은 42g이고, B급 목재 모형에 사용되는 못은 32개 이며 못의 전체 질량은 21g 이다.

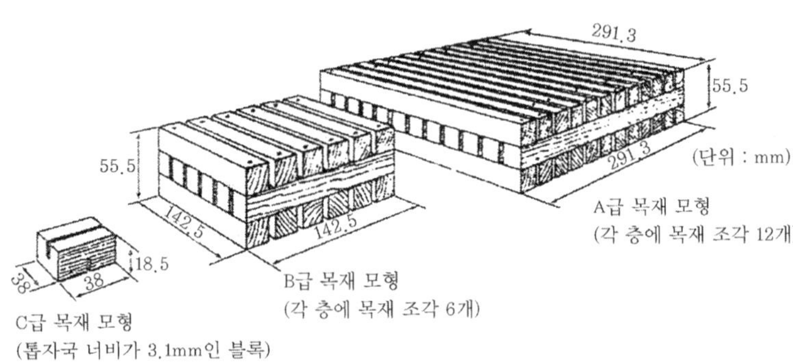

그림 5.16 A급, B급, C급 불티 연소시험을 위한 목재 모형

(d) 목재 모형의 점화시험 널판에 적용하기 전에 목재 호형은 아래 요구되는 시간동안 목재 모형이 버너 불꽃에 뒤덮일 정도의 크기인 가스버너 화염에 점화되도록 해야 한다. 점화 화염의 온도는 버너 상부 위 57.8mm에서 측정했을 때 888±28℃ 이어야 하고 외풍으로부터 보호되어야 한다.

- A급 시험 목재 모형은 5분 동안 화염에 노출시키며, 그 기간 다음과 같은 방법과 순서에 따라 면이 화염에 노출되도록 회전해야 한다.

  291.3×291.3mm 표면 각 30초(총 1분)

  55.5×291.3mm 표면 각 30초(총2분)

  291.3×291.3mm 표면 각 30초 다시(총 1분)

- B급 시험 목재 모형은 4분 동안 화염에 노출시키며, 그 기간 다음과 같은 방법과 순서에 따라 각 면이 화염에 노출되도록 회전해야 한다.

  142.5×142.5mm 표면 각 30초(총 1분)

  55.5×142.5mm 표면 각 30초(총 2분)

  142.5×142.5mm 표면 각 30초 다시(총 1분)

- C급 시험 목재 모형은 2분 동안 화염에 노출시키며 그 기간 38×38mm 표면들이 각 1분 동안 화염에 노출되도록 회전해야 한다.

(e) 시험조건

- A급 시험널판의 점화 관점에 가장 취약하다고 고려되는 곳에 각 시험 널판의 펴면 위에 목재 모형을 위치시키되, 어떠한 경우에도 널판의 양 측면에서 100mm, 널판의 상·하단으로부터 300mm보다 가까이 있어서는 안 된다, 최상층 및 최하층에 있는 조각들이 기류방향과 평행하게 그리고 목재 모형의 상부 모서리가 시험 널판 수평 이음부 위 75mm에 위치하도록 한다.
- B급 시험널판의 점화 관점에서 가장 취약하다고 생각되는 2개의 위치에 각 시험 널판의 표면 위에 목재 모형을 위치시키되, 어떠한 경우에도 널판의 양 측면에서 150mm, 널판의 상·하단으로부터 300mm보다 가까이 있어서는 안 된다. 목재 모형은 최하층의 목재 모형이 기류방향과 평행하게, 그리고 목재 모형의 상부 모서리가 널판의 있는 이음부 위 37.5mm에 위치하도록 한다. 두 번째 목재 모형은 첫 번째 목재 모형을 위치시킨 후 30분 후에 적용하거나 첫 번째 목재 모형이 모든 연소가 끝났을 경우에는 30분 이전에 실시한다.
- C급 시험 1~2분 간격으로 목재 모형은 널판의 점화에 대하여 가장 취약하다고 여겨지는 각각 20개 지점의 시험 널판 표면에 위치시킨다. 목재 모형의 상부 모서리가 널판에 있는 이음부 위 12.5mm에 위치하지만 어떠한 경우에도 널판의 양 측면에서 150mm, 널판의 상·하단으로부터 300mm보다 가까이 있어서는 안 된다. 목재 모형은 이전 목재 모형이 놓인 지점으로부터 100mm보다 가까이 놓여서는 안 되며 목재 모형의 널판면에 있는 톱자국은 기류방향과 평행하

게 한다.

(f) 시험시간

- A급, B급, 또는 C급 모두 각각 개별시험은 목재 모형이 완전히 전소되고, 그리고 화염, 불꽃, 연기들이 시험되는 재료의 노출된 표면과 시험 널판의 밑부분에서 사라질 때까지 또는 실패가 발생할 때까지 계속되어야 하지만 1.5시간을 초과해서는 안 된다.
- 목재 모형이 시험 널판에 올려진 후 현저한 진행이 보이지 않거나 전소되지 않은 시험결과는 무시한다.
- 만약 목재 모형을 교체한다면 무시된 목재 모형과 같은 동일한 지역에 위치해서는 안 된다.
- 관찰사항 : 불티 연소시험 동안 및 그 후에 시험 널판 아랫면의 지속적인 화염 발생, 지붕 마감재가 화염을 내며 연소하거나 적열하는 불티 조각이 생성되는지 여부, 시험체의 교체. 그리고 지붕 널판 일부가 노출 또는 탈락되는지를 관찰한다.

⑤ 비화시험

(a) 최소 2개의 시험 널판에서 실시한다. 다만, 시험되는 지붕재가 다양한 결과를 나타냈을 때는 최소수량 이상의 시험 널판이 추가 사용되어야 한다.

(b) 1.3m 길이 시험 널판을 3/10의 기울기로 틀에 장착한다. 살수노즐은 시험 널판 지역에 2~16℃의 물을 평균 0.005mm/s (1.78㎝/h)의 속도로 살수하도록 시험 널판 위 약 2.1m 위치에 설치한다. 시험 널판은 1주일 주기로 12번 반복된다. 각 주기는 96시간 (4일) 동안 물에 적시고 60℃에서 72시간(3일) 건조시간으로 구성한다.

(c) 시험주기는 다른 방법으로 대체할 수 있다. 각각 6개의 판으로 구성된 두 세트의 시험 널판은 교대로 7일간 물에 적시고, 2일간 배수시키고 60℃에서 5일간 건조시킨다. 이러한 주기는 7회째 물에 대한 노출은 6일로 줄어든다는 것을 제외하고는 7회를 반복한다.

(d) 마지막 건조 주기온도를 널판 판재의 수분 함유량이 8~12%가 되도록 조절한다. 합판 널판의 경우에는 수분 함유량이 8% 이하로 한다.

(e) 강우시험 후 주기적 화염 노출시험, 불티 연소시험, 비화시험을 실시한다.

⑥ 강우시험

(a) 이 시험은 6개의 널판에서 실시한다.

(b) 1.3m 길이 시험 널판을 3/10의 기울기로 틀에 장착한다. 살수노즐은 시험 널판 지역에 2~16℃의 물을 평균 0.005mm/s (1.78㎝/h)의 속도로 살수하도록 시험 널판 위 약 2.1m 위치에 설치한다. 시험 널판은 1주일 주기로 12번 반복된다. 각 주기는 96시간(4일) 동안 물에 적시고 60℃에서 72시간(3일) 건조시간으로 구성한다.

(c) 시험주기는 다른 방법으로 대체할 수 있다. 각각 6개의 널판으로 구성된 두 세트의 시험 널판은 교대로 7일간 물에 적시고, 2일간 배수시키고 60℃에서 5일간 건조시킨다. 이러한 주기는 7회째 물에 대한 노출은 6일로 줄어든다는 것을 제외하고는 7회를 반복한다.

(d) 마지막 건조주기 온도를 널판 판재의 수분 함유량이 8~12%가 되도록 조절한다. 합판 널판의 경우에서 수분 함유량이 8% 이하로 한다.

(e) 강우시험 후 주기적 화염 노출시험, 불티 연소시험, 비화시험을 실시한다.

(4) 판정방법

① 지붕재는 화재시험의 등급에서 다음 사항을 만족해야 한다.

② 주기적 화염 노출, 화염 전파, 불티 연소 시험 동안 또는 후 어떠한 시점에서도 다음을 만족해야 한다.

(a) 지붕재의 어느 부분이 바닥에 닿은 후 계속 화염을 내며 연소하거나 또는 적열하는 불티 조각의 형태로 시험 널판에서 떨어져서는 안 된다.

(b) 지붕 널판의 노출(2) (다만, 불연성 널판 위에서 사용하도록 제한한 지붕재는 제외)이 없어야 한다.

주(2) 지붕재가 제거되어 널판의 어느 부분이 보이는 경우 그 널판은 노출된 것으로 간주되어야 한다. 다만, 연소하는 목재 모형 바로 아래의 널판 부분 및 폭 3.1㎜ 이하의 균열 또는 틈은 이 요구사항에서 제외된다.

(c) 바닥에 닿은 후 계속 화염을 내며 입자의 형태로 떨어져 나온 지붕 널판의 부분이 없어야 한다.

③ A급, B급, C급 주기적 화염 노출 또는 불티 연소시험 동안에 널판 아래면의 지속적인 화염 발생이 없어야 한다.

④ 화염 전파시험 동안 화염은 A급에 대해서는 1.8mm, B급에 대해서는 2.4mm, C급에 대해서는 3.9mm를 널판의 상부에서 초과하여 전파되지 않아야 한다. 시험 화염에 식섭석으로 노출된 경로로부터 화염의 심각한 옆으로의 전파가 없어야 한다.

⑤ 비화시험에 있어서 바닥에 닿은 후 계속적으로 화염을 내는 조각, 비화하며 연소하는 불티 조각이 없어야 한다.

(5) 시험성적서

결과 보고서에는 다음 사항을 기재한다.

① 시험 널판의 제작 상세, 제조자의 제한사항 등을 포함하여 시험되는 지붕재에 대한 설명

② 시험 지붕 널판의 양생 조건

③ 시험시 시험 널판재와 지붕재의 함수율

④ 시험의 종류 및 등급

⑤ 시험널판의 기울기

⑥ 기류 측정, 화염온도 측정 등 교정사항

⑦ 강우시험 주기 종류

⑧ 화재시험 동안 및 후의 시험널판의 연소특성 관찰사항

⑨ 지붕재의 등급(A급, B급, C급)

9) 덕트의 내화시험(KS F 2841)

(1) 시험 개요

① 이 규격은 표준화재 조건하에서 수직, 수평덕트의 내화성능의 평가를 위한 시험방법 및 성능기준에 대해 규정한다.

② 이 시험의 목적은 특정한 덕트나 덕트 조립품에 대하여 방화댐퍼 없이 하나의 방화구획에서 다른 구획으로의 화재 전파를 막는 내화성능을 측정하기 위한 것이다.

③ 이 규격은 가지관, 연결부, 급·배기구, 고정장치 등을 갖춘 수직 또는 수평덕트에 적용된다.

④ 다음의 경우, 이 규격을 적용시킬 수 없으며 별도의 시험이 요구된다.

- 덕트가 천장재 속에 들어가 있어서 천장재가 내화성능을 대신하는 경우
- 덕트가 방화구획을 관측하는 구획선상에 방화댐퍼가 설치된 경우
- 덕트의 재료가 열적 자극에 매우 민감한 경우
- 배연덕트

비 고 : 열적 자극은 이 시험이 의도하는 효과와는 다른 방향으로 영향을 끼칠 수 있다. 그러나 그 열적 자극의 허용범위가 설정될 경우, 이 규격을 적용할 수 있다.

- 설치 시 가연성 물질이 덕트 내부에 부착된다든가 덕트의 내부에 가연성 물질이 쌓일 수 있는 경우(주방 덕트 등)

⑤ 이 규격은 주수시험으로 인한 물리적 및 열적 충격 또는 지지대나 인접 구조물의 붕괴 등으로 인한 충격의 영향에 대해서는 규정하지 않는다.

비 고 : 이 규격에 기술되어 있는 시험방법은 표준 가열 온도조건에서 화염 또는 열에 대한 덕트의 반응이나 성능을 측정하기 위한 것으로, 실제 화재조건 하에서의 덕트의 성능평가나 그 위험도에 대한 기술에 사용되어서는 안 된다.

(2) 시험체

① 크 기

(a) 시험체는 실제 크기로 한다.

(b) 실제 크기로 할 수 없는 경우, 시험체 노출부분의 크기는 다음의 최소 크기 이상으로 한다.

- 가열로 내부(그림 17, 18. 및 해설)
  - 수평 덕트 : 길이 3.0m
  - 수직 덕트 : 길이 2.0m
- 가열로 외부
  - 수평 덕트 : 길이 2.5m
  - 수직 덕트 : 길이 2.0m
- 가능한 한 시험은 단면의 짧은 쪽과 긴 쪽 비율이 1 : 4인 시험체로 시험한다. 긴 쪽은 가열로의 크기에 따라서 1m 또는 이와 유사한 치수로 한다.

② 수량 : 시험은 별도의 요구가 없는 한 해당 구조에 대해 1개의 시험체로 한다.

③ 양생 : 흡수성 물질의 시험체나 또는 습기에 영향을 받을 수 있는 시험체는 다음과 같은 조건에서 양생되어야 한다.

- 온도(건구) : (25±15)℃
- 상대 습도 : 40~65%

④ 시험체 설치

일반사항 : 시험은 차염성, 차열성 등 요구되는 성능이 구비된 덕트의 시험체로 실시한다. 덕트에 따라 다양한 설치방법이 요구되므로, 시험체 덕트는 실제 설치되는 주

변 조건에 맞도록 기열로 내외에서 고정 또는 지지해야 한다. 내화 충전제(fire stopping)는 덕트의 실제 시공시 적용되는 설치방법으로서 제조자의 시방에 따른다. 가열로 관통 지점에서 덕트 주위의 내화 충전재 시공을 위한 틈새가 명시되지 않은 경우 20mm로 한다.

덕트 B(그림 6.18)가 관통하는 덕트 주위 300mm 이내의 벽체는 두께 100mm 이내의 경량 콘크리트블록구조로 축조하거나 이와 동등 이상의 내화성능이 있는 구조로 한다.

⑤ 덕트의 설치

(a) 시험은 가열로 내에서 하나의 덕트만으로도 할 수 있다. 그림 5.17, 18과 같이 가열로 내의 공간이 충분한 경우 두 개 이상의 덕트를 동시에 시험할 수 있다.

(b) 덕트는 실체(그림 5.17, 18)와 같이 설치해야 한다.

수평 덕트의 한쪽 끝은 가열로 벽에 접하고, 다른 한쪽은 가열로 벽을 관통해야 한다. 가열로 내에 있는 덕트 A의 끝과 그곳에 부착된 가지관의 모든 끝부분은 내화력을 가진 물질 및 구조로 막는다.

(c) 수직 덕트(그림 5.17)는 가열로 지붕판에 세워서 가열로를 수직으로 관통해야 하고, 실제 바닥을 관통할 때와 같은 방법으로 고정한다.

(d) 수평 덕트의 경우, 가열로 내에서 최소한 두 개의 조인트, 바깥에서 최소한 하나의 조인트가 설치되어야 한다.

조인트는 가능한 덕트 지지대 사이에 위치시킨다.

(e) 수직 덕트의 경우, 조인트는 가열로 안과 바깥에 하나 이상은 있어야 한다.

(f) 모든 덕트의 개구부는 덕트 단면적은 1/2 이상이어야 한다. 개구부의 위치는 그림 5.17, 18에 나타낸 곳에 설치한다.

(g) 수평 덕트 A(그림 5.18)는 주 덕트와 동일한 단면적을 가지고 직각으로 연결되는 T형의 짧은 가지관을 포함해야 한다. 지지대와 고정 철물을 포함한 모든 구성체는 실제 사용되는 것으로 설치한다.

(h) 수평 덕트의 맨 윗부분과 천장 사이에는 (500±50)mm의 지점을 구속한다. 그러나 그 방향과 직각방향 이동에 대한 구속(대기 온도에서)은 하지 않으며, 그에 대한 팽창력과 응력 측정은 하지 않아도 된다. 그 외 가열로 외부의 시험체는 구속하지 않는다.

(3) 시험방법

① 시험조건

가열로 내의 덕트의 모든 부분은 정상적으로 가열되어야 한다.

시험은 실제 화재시처럼 사면에서 화염이 가해지도록 한다.

덕트의 부품에 대해서도 시험을 실시할 수 있다. 또한 실제 설치된 상황이 벽이나 바닥에 붙는 경우 그 상태를 재현하기 위하여 벽이나 바닥에 붙여서 시험할 수 있다.

② 차염성

측정을 위한 시험조건 시험 시작 후 20분 경과시 덕트 B(그림 5.17, 18)의 팬을 정지시킨다. 그리고 수평 덕트에 있어서 덕트 외부에서의 차염성을 측정할 때에는 수평 덕트 A(그림 5.18)의 팬을 약 5분간 정지시킨다. 이것은 가열로 외부의 덕트에 대해 팬 정지상태에서의 차염성 측정을 하기 위해서이다.

그 후 덕트 B의 팬을 작동시키고 가능하다면 수평 덕트 A의 것도 작동시킨다. 그리고 시험종료 10분전 5분간 정지시키고 차염성능을 측정하여, 그 외 팬 작동상태에서도 차염성능을 측정한다.

③ 측정과 관측

(a) 내화성능의 측정구조 안정성, 차열성, 차염성을 측정하기 위해 다음과 같이 측정, 관찰한다.

- 구조 안정성 지지대나 고정 철물이 덕트를 그 위치에 더 이상 고정시킬 수 없는 시간과 덕트의 단면이 붕괴되는 시간을 기록한다.
- 차열성 시험체 온도 측정의 규정과 KS F2257-1의 규정에 따라 고정 및 이동 열전대를 사용해서 시험체 이면에서의 평균과 최고 온도를 측정한다.
- 차염성
  - 차염성의 불합격을 의미하는 모든 틈새 및 개구부의 발생 등을 기록한다.
  - KS F 2257-1의 8.4.1 및 8.4.2의 규정에 의거, 가열로 외부 덕트에서 화염이나 뜨거운 가스가 관통되는 틈새 또는 개구부가 발생되는 시간을 기록한다.
  - 덕트 틈새로 들어오는 가스의 온도는 가열로 외부의 덕트 내부와 벽 관통지점 덕트 내부에서 측정, 기록한다.

(b) 응력, 열팽창 또는 열수축이 가능하다면 덕트 B(그림 5.18)의 관통부위에서 팽창 응력을 측정, 기록한다.

- 고정장치가 없는 경우, 덕트 A 관통부위에서 열팽창 또는 수축을 측정, 기록

한다.

(c) 기타 관찰사항 : 시험 중 성능기준에는 영향이 없더라도 실제 건물에 위험한 요소가 될 수 있는 모든 변화와 이상 발생 등을 관찰한다. 예를 들면

- 변 형
- 덮개나 내장재 등의 연소로 인한 덕트 이면으로 유독성 연기, 증기 등의 발생
- 덕트의 단면적 감소(배연덕트로서 사용 가능 여부 판정하기 위함)

④ 시험의 지속

(a) 일반적으로 시험체는 다음의 성능기준에 불합격될 때까지 가열해야 한다.

- 구조 안정성
- 차열성
- 차염성

(b) 구조 안정성에 대해서만 시험을 할 경우, 의뢰자와의 협의 하에 다른 두 성능기준의 불합격 후에도 시험체가 붕괴되지 않는 한 구조 안정성에 불합격될 때까지 계속 할 수 있다.

(c) 사전에 의뢰자와 시험기관과의 협의 하에 시험시간이 결정된 경우, 시험시간 동안 불합격되지 않더라도 시험을 종료할 수 있다.

(d) 시간의 경과는 시험 시작으로부터 그 시험체가 관련된 요구사항에 합격되는 시간을 분으로 표시한다.

(e) 교정 : 온도, 압력, 유속(공기) 및 응력 등을 측정하는 기구는 관련된 규격에 근거하여 교정해야 한다.

그리고 측정값들도 적절히 보정해야 한다. 측정의 어떠한 불확실한 부분도 기록해야 한다.

(4) 판정방법

① 일반사항

시험체는 5.1.1에 따라 시험하는 동안 구조 안정성, 차열성, 차염성 중 어느 하나가 불합격될 때까지 내화성능이 있어야 한다. 즉, 시험 중 불합격으로 시험 중단한 가장 짧은 시간까지는 내화력이 있어야 한다.

결과를 표시할 때는 구조 안정성? "차열성?" "차염성"의 단어 뒤에 분 단위로 결과를 표시한다.

비 고 : 구조 안정성 109, 차열성 120, 차염성 97등

② 성능기준

(a) 구조 안정성은 가열로 내에 설치된 덕트 A와 가열로 바깥에 설치된 덕트 A 및 B가 더 이상 정상 작동하지 못할 정도로 붕괴될 경우 불합격으로 한다.

(b) 차열성은 가열 중 가열로 외부 덕트의 이면온도가 초기 평균온도보다 다음 온도를 초과하여 상승하지 않아야 한다.

- 평균온도 140K
- 최고온도 180K (고정 열전대 및 이동 열전대)

비고 1. 초기 평균 온도는 시험 시작시의 평균 이면 온도

2. 그림 5.17,18은 구획벽 가까이에 개구부를 설치할 때 필요한 주의사항.

(c) 차염성 : KS F 2257-1 의 8.4.2 규정에 따라 가열로 바깥에 설치된 덕트에 화염이나 뜨거운 가스가 통과하는 틈이나 구멍 등이 발생되면 차염성의 불합격으로 한다.

또한 KS F 2257-1의 8.4.1 규정에 따라 면 패드를 적용하여 착화되거나, 가열로 바깥에 설치된 덕트의 이면에서 10분 이상 지속되는 화염이 나타나면 차염성의 불합격 사유 발생으로 본다.

(5) 시험성적서

성적서는 다음의 항복에 대해 언급되어야 한다.

① 시험이 실시된 시험기관명

② 의뢰자

③ 시험일자

④ 제조자와 제품의 상품명

⑤ 필수적인 첨부 도면, 시험체 제작에 필요한 자재의 물리적, 기계적 특성이 설명된 시험체의 고조와 양생조건, 그리고 가열로 내에서 시험체가 화염에 노출된 면의 수

⑥ 덕트가 응력을 받는지의 여부, 고정방법, 지지 및 설치방법 그리고 덕트가 관통하는 주위 벽체의 개구부와 덕트 사이의 틈새를 막는 실링재의 시공방법과 재료명

⑦ (만약 측정된 경우) 가열로 관통 지점에서의 응력을 시간 함수로 니디넨 그래프

⑧ (만약 측정된 경우) 그림 5.17, 18의 덕트 A의 열팽창과 열수축량

⑨ 8.3에 따라 관찰사항과 시간-온도 그래프가 포함된 시험 중 기타 관찰사항

⑩ 9.에 따른 시험결과, 관련 성능 기준에 따라 불합격되기 전에 시험이 종료되는 경우 이 사항을 기록한다.

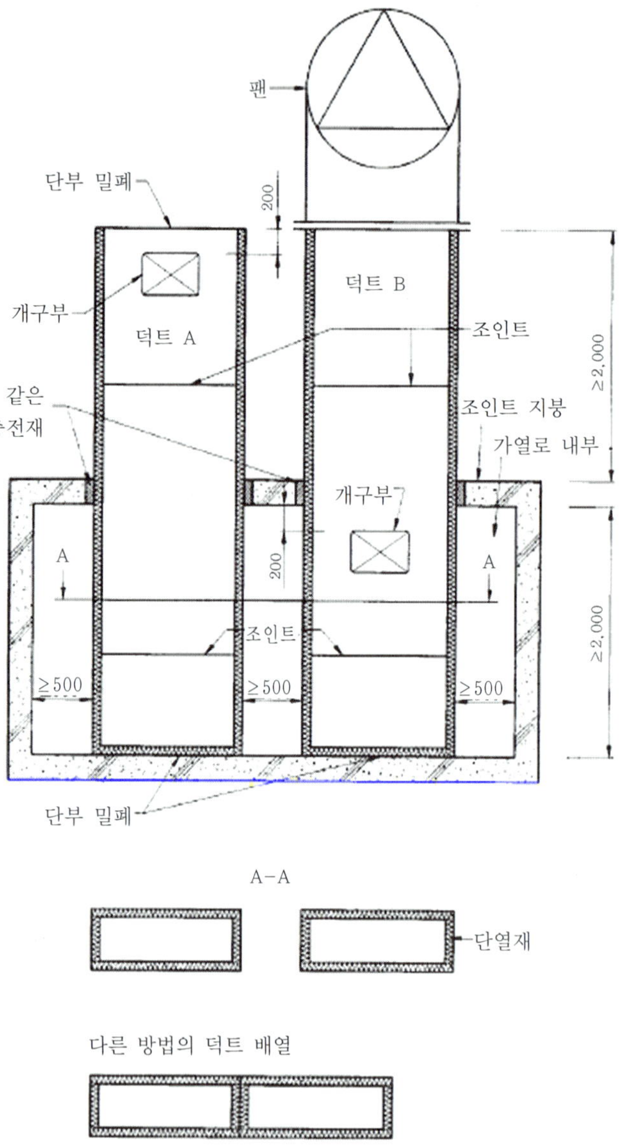

그림 5.17 수직 덕트의 시험체 설치도

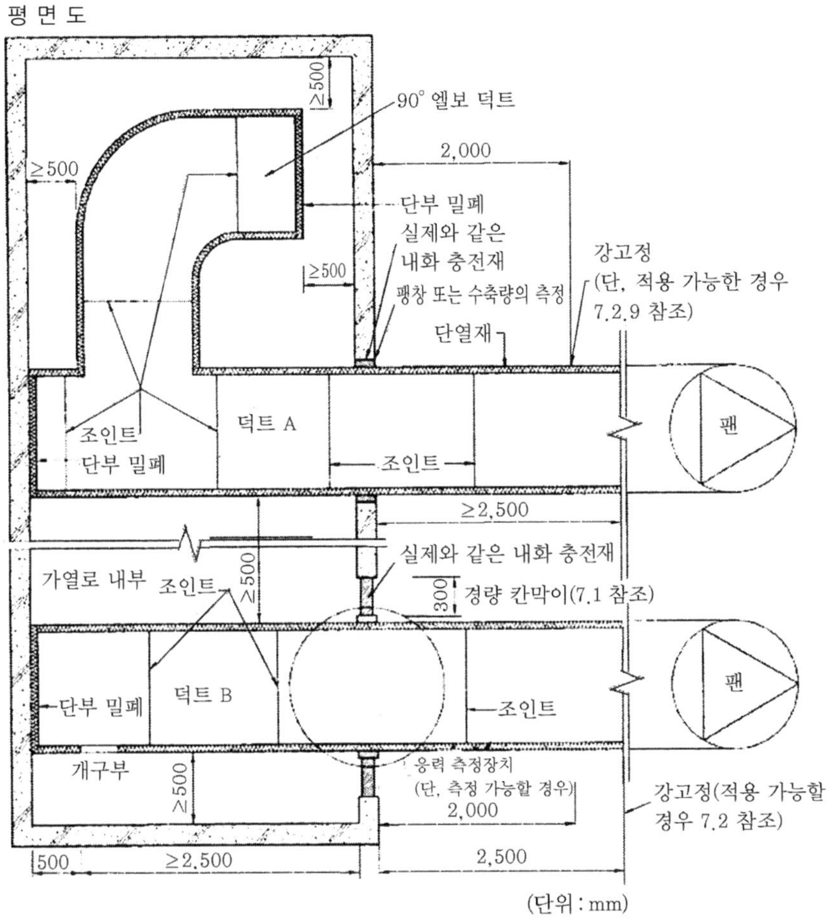

그림 5.18 수평 덕트의 시험체 설치도

10) 설비관통 부위의 충전구조에 대한 시험(KS F 2842)

(1) 시험 개요

이 규격은 파이프, 전선 케이블 등 건축 설비재가 바닥, 벽 등 건축구조 부재를 관통하는 부위에 생기는 틈새 등 개구부를 통해 화재가 확대하는 것을 방지하기 위하여 쓰이는 구조공법(이하 내화충전구조라 한다.)에 대한 내화시험방법에 대하여 규정한다.

(2) 시험방법

① 가열시험

(a) 시험체는 실제 크기로 해야 하며, 시험체 제작시 쓰이는 재료, 지지재, 시공 및

설치방법은 그 부재의 실제 사용을 대표할 수 있는 것으로 해야 한다.

(b) 관통제는 가열면으로부터 길이가 300mm, 이면으로부터 900mm 되도록 하여 배치한다.

(c) 가열면에 있는 관통재들의 각각의 끝부분은 캡 또는 밀폐재로 막는다. 또한, 대기로 배출 또는 개방되지 않는 폐쇄구조 관통재는 이면의 끝부분을 캡 또는 밀폐재로 막을 수도 있으며, 이 경우 압력 배출을 위한 구멍을 설치해야 한다.

(d) 내화충전구조의 주변은 시험 부재 두께의 1.5배 이상 EH는 가열로 가장자리에서 300mm 이상 이격되게 설치해야 한다.

(e) 시험체는 동일한 구조로 2개를 제작하여 각각 가열시험용과 주수시험용으로 사용한다. 다만, 벽체구조에 있어서 시험체가 비대칭성의 것은, 특정 면이 그 구조의 최소 성능으로 입증된 경우를 제외하고는 시험횟수를 추가하여 시험체 양면에 대해 시험한다.

② 시험체 양생

(a) 시험 전에 각 시험체와 시험 부재는 필요에 따라서 실제 시공되는 장소와 비슷한 장소와 비슷한 습도의 조건으로 양생되어야 한다.

(b) 양생은 온도 23℃, 상대습도 50%인 상태에서 함량이 될 때까지 행한다. 다만, 시험 부재는 시험체와 별도의 조건으로 행할 수 있다.

(c) 전 항의 양생이 가능하지 않으면 시험체와 시험 부재를 온도 23±3℃, 상대습도 50~70%에서 양생하여 함량이 되었을 때 시험을 행한다.

③ 시험조건

(a) 시험장치, 시험체 및 시험 부재는 시험결과에 영향을 줄 수 있는 바람, 날씨에 의하여 보호되어야 한다.

(b) 시험 시작시 주위 온도는 10~30℃의 범위 내에 있어야 하고, 시험체 이면의 공기 순환속도는 1.3m/s를 넘지 않아야 한다. 또한 기계식 환기장치가 되어 있는 시험장일 경우, 시험시 공기 흐름이 시험체 표면에 직접적으로 영향을 주지 않도록 해야 한다.

④ 노 내 온도

(a) 노 내 온도는 KS F 2257-1 의 표준 시간-가열온도 곡선(그림 5.19)의 범위 내에서 제어되어야 하고, 다음의 관계식을 따르도록 조절되어야 한다.

$$T = 345 \times \log 10(8t+1) + 20$$

여기서 T : 노 내 평균온도(℃)

t : 시간 (분)

(b) 표준 가열온도 곡선 면적 대 규정된 노 내 열전대로 기록된 평균온도 곡선 면적의 백분율 편차는 다음 범위 내에 있어야 한다.

$5 < t \leq 10$에서 $d_e \leq 15\%$

$10 < t \leq 30$에서 $d_e = 15 - 0.5(t-10)\%$

$30 < t \leq 60$에서 $d_e = 5 - 0.083(t-30)\%$

$60 < t$ 에서 $d_e = 2.5\%$

$$d_e = A - A_s / A_s \times 100(\%)$$

여기서 d_e : 백분율 편차

A : 실행 평균 가열시간/온도 곡선 면적

A_s : 표준 가열시간/온도 곡선 면적

t : 시간 (분)

(c) 가열온도는 KS F 2257-1에 따라 제작한 열전대로 규정한 위치에서 측정한다.

(d) 열전대 수는 최소 4개로 하고, 가열 면적 1.5㎡ 1개 이상 당 설치한다.

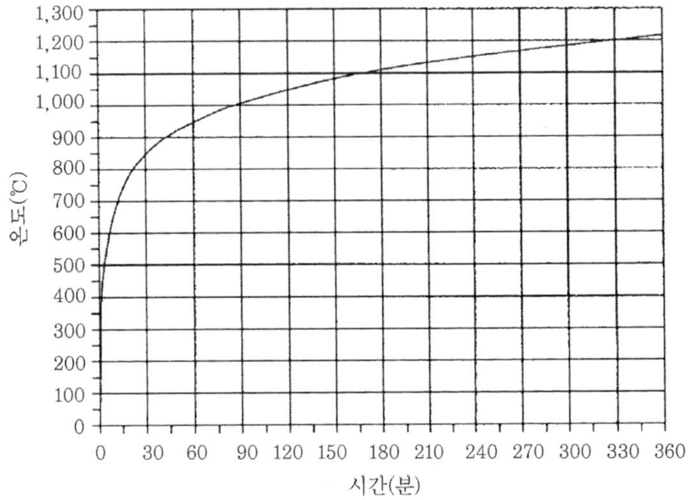

그림 5.19 표준시간 가열온도 곡선

(e) 온도 측정은 2시간 이내는 5분 간격으로, 2시간 이후에는 10분 이내 간격으로 측정한다.

⑤ **이면의 온도 측정**

(a) 열전대의 위치는 다음 (그림 5.20)과 같이 설치하며, 필요시 추가로 시험기관의 재량으로 설치할 수 있다.
- 각 종류의 관통재로부터 25mm 떨어진 시험 부재의 한 지점(D)
- 시험체가 시험 부재와 접합하는 부분의 한 지점(B)
- 관통제와 가장자리 사이, 관통재와 관통재 사이의 중간 거리에 있는 내화충전 구조
- 표면의 최소한 3개소의 지점(C)
- 개구부로부터 최소한 300mm 떨어진 표면 지점(A)
- 이면으로부터 25mm 떨어진 각 관통재의 한 지점, 이면의 관통재가 단열, 피복되었다면 열전대는 단열재나 피복재 위에 설치한다. 단열과 피복이 관통재 전 길이에 걸쳐 되어 있지 않다면 추가 열전대를 단열 또는 피복지점에서 25mm 떨어진 관통재 위에 위치한다.

(b) 시험체의 이면 온도는 동 원판 열전대로 측정한다. 열전대의 열접점은 지름 0.5mm의 열전대 선을 두께 0.2mm 지름 12mm의 등 원판에 납땜 또는 용접하고, 이것을 30×30mm, 두께 2±0.5mm로서 밀도가 900±1,000kg/m³인 무기질 단열 패드로 덮는다. 동 원판과 시험체 표면 사이 또는 동 원판과 단열 패드 사이에는 접착재가 묻지 않도록 하여 단열 패드를 시험체 표면에 접착한다.

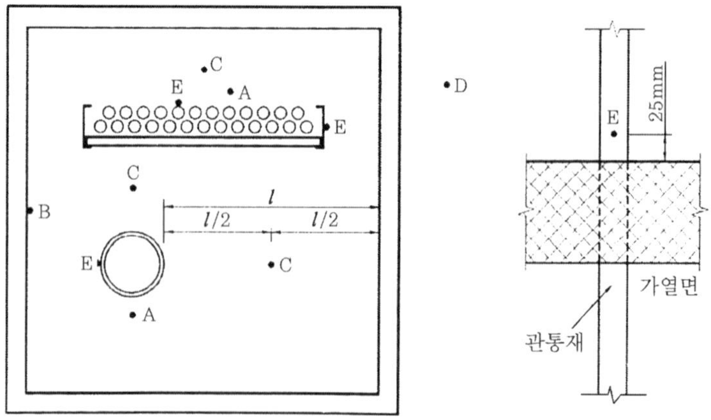

그림 5.20 열전대 위치 및 모양

(c) 이면온도는 100℃까지는 15분 이내 간격으로 측정하고, 그 이후는 5분 이내 간격으로 측정해야 한다.

⑦ 노 내 압력

(a) 가열시험 중 노 내 압력은 수직구획 구조체에 설치하는 내화충전구조에 있어서는 KS F 2257-4 수평구획 구조체에 설치하는 내화충전구조에 있어서는 KS F 2257-5에서 정한 조건에 따라 유지되도록 조절한다.

(b) 시험 의뢰자의 요구에 따라 특별한 압력조건(차압)에 의해 시험할 경우에는 처음 10분을 제외하고 제시된 압력의 ±20% 이내로 유지되도록 조절해야 한다.

(3) 주수시험

① 주수시험은 가열시험에 의한 가열 등급의 1/2과 동일한 시간, 최대 1시간으로 가열시험 실시 후 표 5.11에 기술된 압력과 시간으로, 주수시험에 의한 충격, 침식, 냉각 효과를 받을 수 있도록 시험체의 중앙부분으로부터 서서히 방향을 변화시키면서 가열면의 모든 부분에 즉시 실시한다.

② 시험 의뢰자가 원할 경우, 주수시험은 가열시험을 실시한 시험체에 대하여 실시할 수 있다.

③ 주수는 시험체 가열면에 대하여 지름 29mm의 노즐로서 6m 전방에서 실시한다.

표 5.11 주수 압력 및 적용 시간

내화 시간	노즐에서의 수압(kPa)	가열 면적당 적용 시간(s/㎡)
4시간 이상 6시간 미만	310	32
2시간 이상 4시간 미만	210	16
1.5시간 이상 2시간 미만	210	10
1.5시간 미만	210	6

(4) 판정방법 및 시험 성적서

결과 보고서에는 다음 사항을 기재한다.

① 주재와 재료의 설명 : 내화충전구조의 관통부 확인과 기술, 시험 부재 내의 내화충전구조의 기하학적 묘사, 정확한 크기(길이, 폭, 두께), 위치의 도면화

② 가능하다면 시험 부재와 내화충전구조의 상대습도

③ 가열시험 동안 가열로와 이면의 온도

④ 내화시간 내의 각 내화충전구조의 F급과 T급

⑤ 가열시험 동안 측정된 시험 부재의 가열면과 이면 사이의 차압, 차압이 노 내 압력의 ②의 특별한 압력상태에 따라 수행되었을 때는 근거 기술

⑥ 가열시험 동안의 내화충전구조의 주요 거동과 가열 후 중요한 관찰사항(균열, 변형, 화염 및 가열시험 후의 내화충전구조가 계속적으로 타는 것도 포함)

11) 유리구획부재의 내화시험(KS F 2845)

(1) 시험개요

이 규격은 건축물에 설치되는 유리구획 부분의 한 면이 화재에 노출될 때의 내화성능을 측정하기 위한 시험방법에 대하여 규정한다.

비 고 : 이 규격은 비내력 구조의 평면 유리구획 부분에 적용하며, 피라미드형의 비평면 유리구획 부분의 내화시험은 부속서 1에 따른다. 문의 일부 또는 전부가 유리로 구성된 문에 대해서는 이 규격을 적용하지 않는다.

(2) 시험체

① 수량 : 시험체가 대칭구조인 경우 시험체는 한 개로 하고 비대칭 구조인 경우 각 면을 시험한다. 수평 또는 경사진 시험체는 각 면이 화재에 노출될 것으로 예상되지 않는 한 한 개의 시험체에 대하여 하부 면을 가열하여 시험한다. 경사진 유리구획 시험체로서 가열면이 정해진 경우에는 그 면만을 가열하여 시험한다.

② 크기 : 수직 유리구획 시험체의 경우, 시험체 크기는 실제 구조의 높이가 3m 미만이거나 또는 너비가 3m 미만인 경우 실제 크기로 해야 한다. 실제 구조의 크기가 최소 3m×3m 가열로에 수용할 수 있는 것보다 클 경우, 시험체의 크기는 3m×3m가 되도록 한다.

③ 수평 : 유리구획 시험체의 경우, 실제 구조가 3m×4m 미만의 가열면을 갖도록 설계되지 않는 한 시험체 크기는 3m×4m로 한다.

④ 구조 : 시험체는 실제 사용되는 구조와 같은 구조가 되도록 하고 필요한 모든 구성체를 포함하도록 한다. 시험체의 크기가 시험체 틀 개구부보다 작은 경우, 시험체와 시험체 틀 사이의 공간은 지지구조로 밀폐해야 한다. 지지구조는 실제 사용되는 구조로 하되, 이것이 규정되어 있지 않는 경우에는 다음 중 하나로 한다.

- 온도(건구) : 25±5℃
- 상대습도 : 40~65%

시험체를 벽돌에 설치하는 경우 최소 시험 2주 전, 콘크리트에 설치하는 경우 최소 시험 4주 전에 제작되어야 한다. 콘크리트의 과도한 수분이 시험체에 미치는 영향을 최소화하기 위하여 콘크리트는 평형상태가 될 때까지 양생해야 한다.

(3) 시험방법

① 노 내 온도

측정 노 내 온도는 KSF 2257-1에 의한 노 내 연련대에 의하여 측정하고, 온도측정은 KS F 2257-1에 따른다.

② 노 내 압력측정

노 내 압력 측정은 KSF 2257-1의 6.2에 따른다.

③ 비가열면 온도 측정

시험체의 비가열면 온도는 KS F 2257-1에 따른 비가열면 열전대를 사용하여 측정한다. 열전대는 유리 및 틀에 설치하되 중간 선틀과 중간막이가 있는 경우 이를 포함한다. 열전대는 차열성을 측정하지 않는 시험체의 어떤 면에서도 100mm보다 근접하여 설치하지 않아야 한다. 시험체의 구조형태에 따른 비가열면의 온도 측정용 열전대의 일반적인 설치 예를 그림 5.21~25에 나타내었다.

(a) 평균상승온도 : 시험체가 중간 선틀 또는 중간막이에 의해 분할되지 않을 경우, 시험체의 비가열면 평균 상승온도 측정은 시험체 중앙, 그리고 4분할면 각 중앙에 설치한 열전대로 측정한다. 시험체가 중간 선틀 또는 중간막이에 의해 분할된 경우는 시험체 면적 각 1.5m2마다 1개의 열전대를 설치하되, 각 유리에 최소 2개의 열전대가 설치되도록 한다. 2개의 열전대는 각 유리를 4등분하여 2개 등분에서 대각선으로 마주하도록 중앙지점에 설치한다.

(b) 최고 상승온도 : 시험체의 상승온도 측정을 위하여 다음의 각 부위에 최소 1개 이상의 열전대를 추가로 설치해야 한다.

- 수직 및 수평방향 틀의 각 중앙지점
- 중간 선틀의 중앙지점
- 중간막이의 중앙지점
- 중간 선틀과 중간막이의 교차지점
- 유리와 유리 이음부의 중앙지점

④ 면 패드 측정

면패드의 구성은 KS F 2257-1의 5.5.5.1에 따르며, 면 패드의 적용방법은 KSF 2257-1의 8.4.1에 따른다.

⑤ 균열 게이지 측정

시험중 시험체에 발생한 균열이나 구멍 부위에는 KS F 2257-1의 5.5.5.2에 따른 균열 게이지를 차례로 적용하되 다음의 현상이 발생하지 않아야 한다.

(a) 6mm 균열 게이지가 시험체를 관통하고 틈을 따라 길이 150mm를 이동하지 않을 것.

(b) 25mm 균열 게이지가 시험체를 관통하여 가열로 내부로 삽입되지 않을 것.

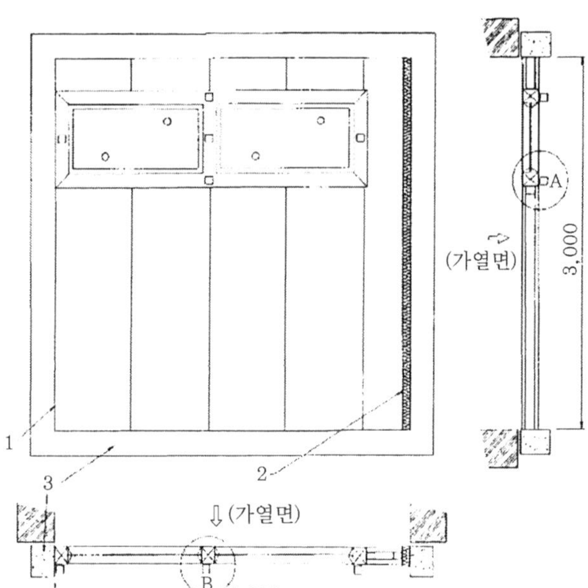

○ 평균 상승온도 및 최고 상승온도 측정용 열전대 위치
□ 최고 상승온도 측정용 추가 열전대 위치
1. 고정단
2. 자유단
3. 시험체 틀

그림 5.21 차열 유리구획 시험체의 비가열면 온도측정 열전대 위치

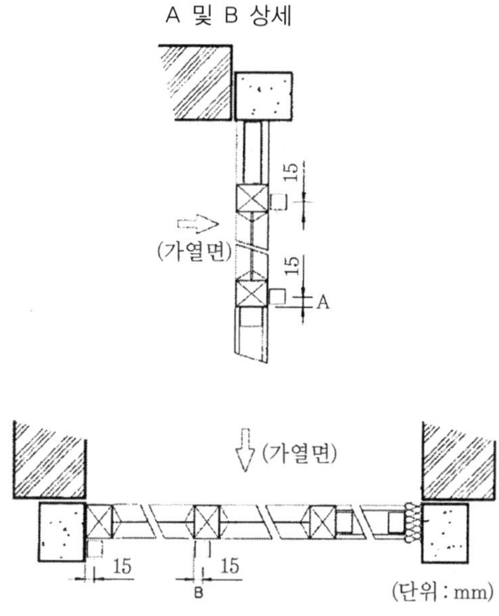

그림 5.22 차열 유리구획 시험체의 비가열면 온도측정 열전대 위치 상세

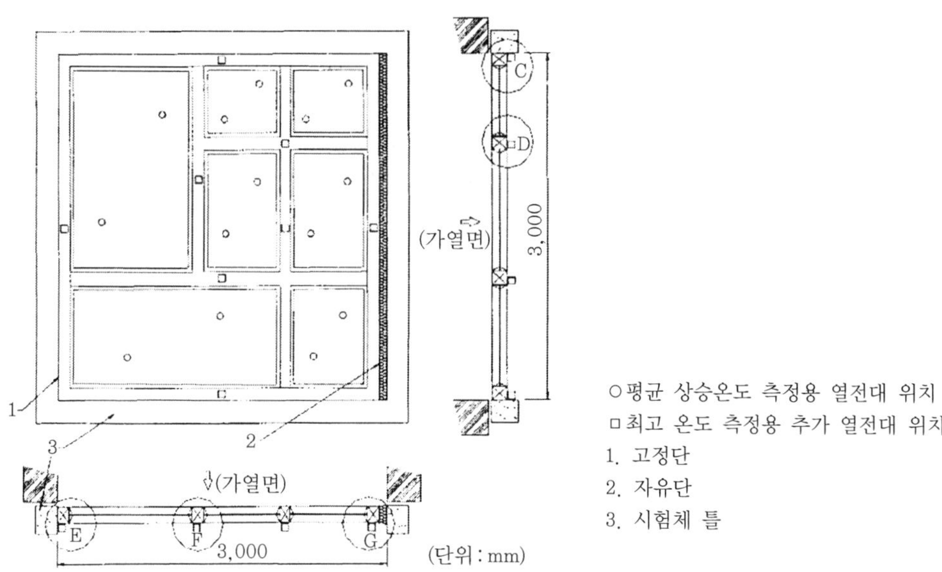

그림 5.23 차열유리구획 시험체의 비가열면 온도 측정용 열전대 위치

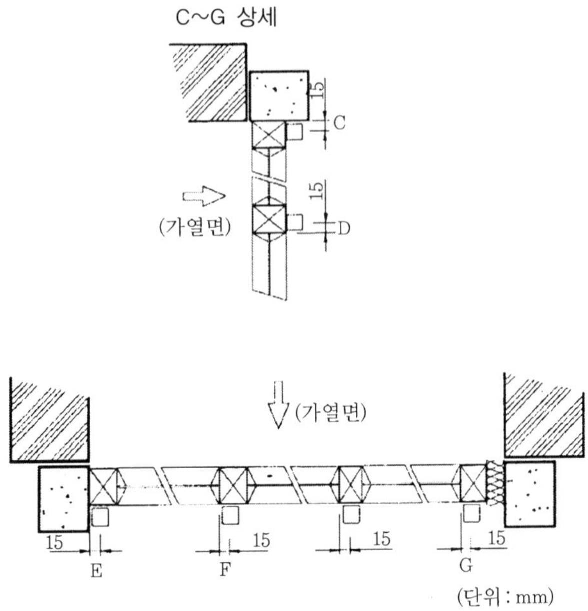

□ 최고 온도 측정용 추가 열전대 위치

그림 5.24 차열 유리구획 시험체의 비가열면 온도측정용 열전대 위치 상세

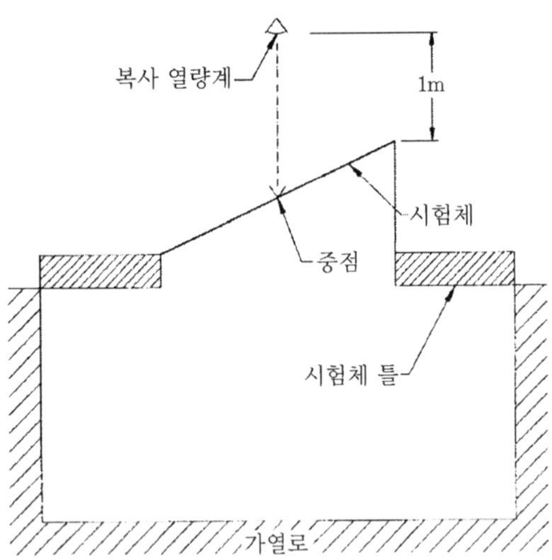

그림 5.25 경사진 유리구획 시험체의 복사열 측정

⑥ 비가열면 복사열 측정

시험기관은 의뢰자의 요청에 따라 시험체 비가열면으로부터의 복사열을 측정할 수 있다. 복사열 측정시 복사 열량계는 시험체 비가열면에 평행하도록 하고 시험체 비가

열면의 중점으로부터 1m 떨어진 지점에서 측정한다. 경사진 유리구획 시험체의 복사열은 그림 5.25와 같이 시험체의 변형을 측정하고 기록한다.

⑦ **변형 측정**

시험의 전과정을 통하여 최대 변형이 발생하리라고 예상되는 부위에서 시험체의 변형을 측정하고 기록한다.

(4) 판정기준

시험체의 내화성능은 비차열성능과 차열성능으로 구분하며, 비차열성능이 요구되는 시험체는 차염성의 b), c)에 합격해야 하고, 차열성능이 요구되는 시험체는 차염성, 및 차열성 모두 합격해야 한다.

① 차염성

- 면 패드 측정에 따른 면 패드 작용시 착화되지 않을 것.
- 균열 게이지 적용시 균열 게이지의 관통 및 이동이 없을 것.

② 차열성 : 차열성은 시험 중 시험체의 비가열면 온도가 시험 시작시의 평균 비가열면 온도보다 다음에 정하는 온도를 초과하여 상승하지 않아야 한다.

- 평균 상승 온도 : 140K (평균온도 측정을 위하여 설치된 열전대의 평균온도)
- 최고 상승 온도 : 180K

(5) 시험 성적서

성적서는 KS F 2257-1에서 정한 바에 따라서 하며, 다음 사항이 포함되어야 한다.

① 시험기관의 명칭

② 의뢰자명

③ 시험 일자

④ 제조자명 및 제품명

⑤ 구조 상세 및 시험체, 사용재료의 양생

⑥ 시험체의 시험체들 또는 주위 벽체와의 구속 상세

⑦ 시험결과

- 가열로의 시간/온도 곡선
- 차염성 및 차열성(분)

⑧ 비가열면 으로부터 일정 거리에서 측정한 복사 열량(kW/m²)

⑨ 변형측정 결과(mm)

⑩ 그 밖의 관찰사항

12) 방화문의 차연시험(KS F 2846)

(1) 시험개요

이 규격은 건축물에 설치되는 방화문을 통한 연기의 누설량을 측정하기 위한 시험 방법에 대하여 규정한다.

(2) 시험체

① 크기

시험을 위한 시험체는 실제 크기이어야 한다. 실제 크기의 어느 한쪽이 압력 상자에 수용할 수 있는 크기보다 큰 경우에는 압력 상자에 수용할 수 있는 최대 크기로 해야 한다. 이 때 적절한 너비 및 높이는 다음 치수 이상이어야 한다.

- 너비 : 2m
- 높이 : 2.5m

② 시험체 설치

시험은 모든 부속품 및 기타 장비를 조립하여 실제로 사용되는 완전한 방화문으로 수행한다. 시험체의 끝마감 상태 및 형상은 사용하고자 하는 위치에 설치된 것과 같은 문의 마감상태 및 형상과 같아야 한다.

시험체의 설치방법은 실제 사용을 대표하고, 문짝과 문틀 사이에 적절한 틈새가 존재하도록 해야 한다. 문 가장자리와 문틀 사이의 틈새는 각 변의 3개 지점에서 측정되어야 한다. 공기 누설량을 측정하기 전에 문틀과 문틀 주위의 틈새나 연결부는 밀폐되어야 한다.

시험체가 내화성능을 측정하기 위하여 시험체 틀에 설치되어 시험해야 할 경우에는, KS F 2268-1의 시험체 설치에 규정한 추가적인 요구사항을 적용한다. 이 시험체 틀은 표면의 밀폐에 대하여 주의해야 한다.

비 고 : 부속품 및 기타 장비는 시험체의 성능에 영향을 미칠 수 있는 경첩, 빗장(latches), 손잡이, 잠금장치(locks), 열쇠 구멍(열쇠포함), 편지 투입구, 슬라이딩 기어(sliding gear), 닫힘장치, 전기배선 등 시험체의 성능에 영향을 술 수 있는 기타의 구성품을 포함한다.

③ 양생

흡수성 재료 또는 습기에 의해 영향을 받을 수 있는 재료를 포함하고 있는 시험체는 실험실 내의 일반적인 조건에서 평형상태가 되도록 양생해야 하며, 양생조건은 다음 범위 이내여야 한다.

- 온도(건구) : 25± 15℃
- 상대습도 : 40~65%

(3) 시험방법

① 시험조건

시험은 시험체 설치에서 규정한 조건하에서 수행되어야 한다.

② 작동시험

방화문을 시험체 틀에 설치하고 시험 체임버에 결합시킨 후, 문짝 및 구성재의 작동부재를 10번 개폐하여(자동폐쇄장치가 있는 경우에는 자동폐쇄장치 사용) 정상적으로 작동하는지를 확인한다.

비 고 : 이 시험은 사용 중에 발견되는 마모 및 찢김을 나타내는 내구성 시험을 하기 위한 것이 아니다.

③ 시험장치의 공기 누설 측정

실험을 실시하기 위에 앞서 문의 모든 틈새를 폐쇄하고 필요한 시험 압력(차압)에서 측정하여 시험장치의 공기 누설량을 결정한다. 시험장치의 표준조건으로 보정된 누설량은 100Pa에서 1㎥/h를 초과하지 않아야 한다.

④ 방화문의 공기 누설 측정

(a) 방화문은 시험체에 따라 설치해야 하고 문을 잠근 상태에서 시험하되, 문의 양쪽면을 모두 시험해야 한다.

비 고 : 특별한 경우이거나 또는 문의 한쪽에서 다른 쪽으로의 누설이 그와 반대 방향에서의 누설보다 현저하게 높을 것으로 예상되는 경우, 시험기관은 현저히 높은 누설이 발생할 것으로 예상되는 방향으로 하여 한 개의 방화문으로 시험할 수 있다.

(b) 문지방에 의하여 누설되는 공기 누설량에 대한 자료만이 요구되는 경우, 방화문을 문턱 수준의 틈새를 갖게 한 상태에서 그 틈새를 밀폐하지 않고 시험한 후 불침투성 재료로 밀폐하여 시험한다.

(c) 편개 문의 경우, 문짝 면으로부터 100±10mm가 이격된 곳에 체임버 내부의 압력을 측정하기 위한 압력 측정 헤드를 문의 수직축을 따라 문의 상부에 한 개, 바닥에 한 개를 설치한다. 양개 문의 경우에는 한쪽 문의 상부 중앙에 한 개, 다른 쪽 문의 바닥 중앙에 한 개를 설치한다(그림 5.26).

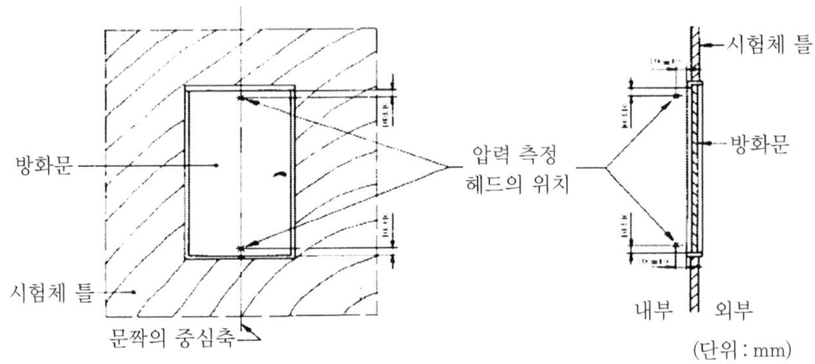

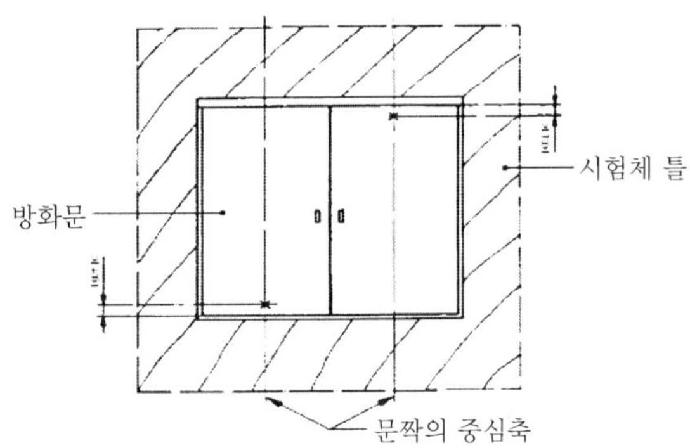

그림 5.26 시험 체임버 내부의 압력 측정 헤드 위치

⑤ 시험은 다음과 같이 진행한다.

(a) 실험실 내의 대기압(Pa), 온도(Ta) 및 상대습도(Mw)를 측정한다.

(b) 팬을 작동시키고 공기 유속을 기록한다.

(c) 3)에서 규정한 2개의 측정 지점에서 원하는 압력이 ±2Pa로 차압을 유지한다.

(d) 시험조건이 최소 3분 동안 안정되면 바로 방화문을 통한 총 공기 누설량을 측정한다.

(e) 문의 양쪽 면에서 5-10-25-50-70-100Pa의 차압에 이르기까지 공기 누설량을 측정한

다음 다시 5Pa의 차압에서 공기 누설량을 측정한다. 그리고 최대 차압(100Pa)에서 한 번 더 공기 누설량을 측정한다.

(4) 시험성적서

시험 성적서는 다음 사항을 포함해야 한다.

(a) 시험기관의 명칭

(b) 의뢰자 명칭

(c) 시험일자

(d) 제조자명, 제품명 및 제품의 모델 번호가 있는 경우 모델 번호

(e) 시험체의 설계도, 구조 상세도 및 물리적 측정, 양생(문과 문틀 사이의 간격 및 틈새는 정확하게 기록해야 한다.)

(f) 측정장치를 포함한 시험장치의 설명과 적용 가능한 경우, 방화문과 관련한 공기 유동방향

(g) 주위 벽체와 시험체와의 고정물 및 방화문과 주변 벽체에 연결부가 있는 경우 연결부에 대한 설명

(h) 유리창이 있는 경우 유리창의 설명

(i) 시험하고자 하는 문의 면

(j) 시험 결과

- 시험장치의 공기 누설량(m^3/h)
- 문의 각 면에서의 공기 누설량($m^3/min \cdot m^2$)

표 5.12 방·내화시험분야 시험기관 현황

국 명	기 관 명	홈페이지	가능 시험분야
대한민국	1. 방재시험연구원	www.filk.re.kr	방화 및 내화시험, 건축환경 및 소방시험, 종합화재시험
	2. 한국건설기술연구원	www.kict.re.kr	방화 및 내화시험. 종합화재시험, 기타 건축전반
	3. 한국건자재시험연구원	www.kicm.re.kr	방화시험, 건설자재전반
	4. 한국조선기자재연구원	www.komeri.re.kr	내화시험
일 본	1. (재)日本建材試驗센터	www.jtccm.or.jp	방화 및 내화시험, 기타건축 전반
	2. (재)日本建築總合試驗所	www.gbrc.or.jp	
	3. (재)Better Living	www.blhp.org	

표 5.12 방·내화시험분야 시험기관 현황(계속)

중 국	1. 四川消防研究所	www.fire-research.net	방화 및 내화시험
미 국	1. UL(Underwriters Laboratories inc.)	www.ul.com	방화시험, 내화시험, 소방, 전기. 기계, 화학, 해양등
	2. FMRC(Factory Mutual Research Center)	www.fmglobal.com	방화시험, 소방설비, 종합화재시험
영 국	1. BRE(Building Research Establishment)	www.bre.co.uk	방화시험, 내화시험, 소방설비, 종합화재시험, 기타 건축전반
	2. Wrington Research Institute		방화시험, 내화시험. 종합화재시험
스웨덴	1. SP(Swedish National Testing and Research Institute)	www.sp.se	방화시험, 내화시험. 종합화재시험, 기타 건축전반
호 주	1. CSIRO	www.csiro.au	방화시험, 내화시험, 종합화재시험, 기타 건축 전반

1. (재)日本建材試驗센터(Japan Testing Center for Construction Materials)
   대표전화 : 03-3664-9211
   中央試驗所 : 0489-35-1991
   中國試驗所 : 0836-72-1223
2. (재)日本建築總合試驗所(General Building Research Corporation of Japan)
   대표전화 : 06-872-0391
3. (재) Better Living 筑波建築試驗센터(Tsukuba Building Test Laboratory)
   대표전화 : 0298-64-1745

※ CSIRO(the Commonwealth Scientific Industrial Research Organisation)
- Building, Construction and Engineering

chapter 6

환경실험 설비

제6장 환경실험 설비

6.1 기상요소의 측정

6.1.1 측정의 목적

건물의 실내공간은 외부 기상조건의 변화에 따른 직접적인 영향으로 열환경이 형성된다. 건물 외부의 열환경은 주로 기상요소를 관측하여 평가할 수 있다. 기상이란 어느 장소, 어느 시점의 대기상태로 표시되며, 기상요소에는 외기온도, 습도, 일사량, 대기복사, 풍량·풍속, 강수량, 기압, 운량, 일조율 등이 있다. 기상요소의 변화에 따라 건물 외벽구조체(building envelope)에서는 복사, 대류, 전도에 의한 열전달이 발생하고, 실내공간으로 열이나 바람이 이동한다. 여기서는 기상요소를 대상으로 한 측정을 통하여 외부열환경의 특성을 파악하고 실내의 열환경에 미치는 영향을 평가하고자 한다. 기상요소는 그 지역의 지리적 특성과 계절적 특성에 의해 다르게 나타나며, 또한 건물이 위치한 지형, 지표면의 형상과 시각에 따라 다양하게 변화한다.

본 장에서는 건물의 주변에서 각종 기상요소를 약 1주일 정도 연속적으로 관측하고 외부기상의 시각별 변동추이를 평가하며, 각 기상요소 사이의 상호관계에 대하여도 전문지식을 이해하고 탐구하여 건물 열환경에의 영향을 파악하는 것을 측정의 목적으로 한다. 또한 건축열환경 해석에 필요한 외부 기상자료의 처리방법을 연습한다.

6.1.2 기초사항

1) 외기온도

외기온도는 대기의 온도를 나타내며, 간단히 기온이라고 한다. 기온은 대기가 열을 포함한 정도에 의하여 결정된다. 표 6.1은 지표면 부근의 대기에 대한 표준상태의 건조공기(dry air)의 평균조성(수증기는 제외함)을 나타낸다.

기온 형성의 원인은 주로 일사이며, 일사가 지표면에 입사되면 지면의 온도가 상승하고 따뜻해진 지면의 열이 공기로 전해져 공기의 온도는 상승한다. 야간에는 지면이 냉각되어 기온이 하강한다. 외기온도는 각 지역의 기상대나 측후소에서 지상관측에 의하여 측정하며, 주변 건물이나 지형의 영향을 받지 않는 노출된 평활지에서 지표면으로부터 1.2~1.5m 높이에서 측정한다. 단위는 ℃(섭씨온도, celsius degree)를 사용하고 소수점 1자리 수까지 관측한다.

종래부터 기온과 습도는 주로 백엽상에 설치된 내부의 통풍식 건습구 온도계를 이용하며 측정기기마다의 오차를 보정하여 측정하는 방법이 사용되어 왔다. 최근에는 백금저항 온도계와 염화리튬 노점온도계를 이용한 자동기록용 온도, 습도 측정장치가 많이 사용되고 있다. 건습구온도계로써 아스만(assmann) 통풍식 건습구온도계를 사용하여 온도와 습도를 측정할 수도 있다. 6.1은 전동식 아스만 통풍식 건습구온도계를 나타낸 것이다. 아스만 통풍식 건습구온도계는 건구온도계(dry bulb)와 물에 젖은 가제로 싸여있는 습구온도계(wet bulb)로 구성되며, 각각의 온도계에 5m/sec 정도의 기류속도를 유지하여 건구온도와 습구온도를 읽어 온도와 습도를 측정하는 방법이다. 일반적으로 자동기록이 되지 않는 단점이 있다. 온도와 습도는 전기적 신호로 검출할 수 있는 자동기록용 온습도 계측기를 사용하면 장기간 관측 후 데이터를 간단히 처리할 수 있는 장점이 있다. 그림 6.2는 자기 온습도계에 의한 외기온도, 습도의 측정 모습을 나타낸 것이다.

건물의 열환경 측정에는 실내공기의 온도, 습도의 측정과 동시에 외기조건에 대해서도 온도, 습도 등의 기상요소를 측정하게 된다. 건축물 주변의 외기온도를 측정할 때는 지표면이나 외벽의 외표면에 의한 복사열의 영향을 받지 않도록 주의해야 한다. 건물의 열환경을 측정할 경우에 외기온도는 몇 개의 대표적인 측정점을 선정하여 측정오차를 최소화시키는 것이 바람직하며, 이때 측정점은 통풍이 잘되는 곳을 선정한다.

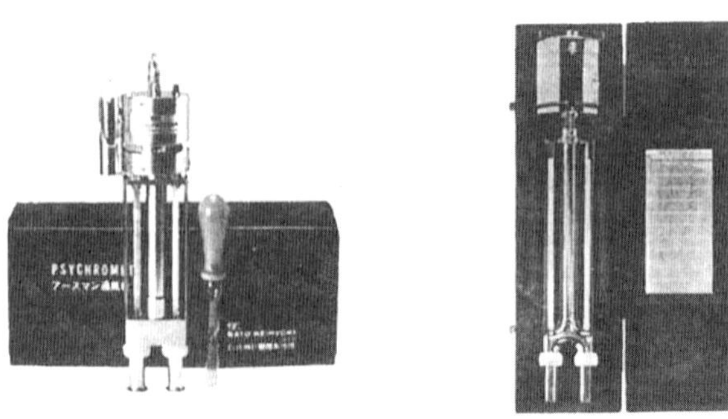

그림 6.1 진동식 아스만 통풍식 건습구온도계

표 6.1 표준상태 건조공기(dry air)의 평균조성

기체의 종류	기호	용적[vol%]	분자량 또는 원자량
질소	N_2	78.084	28.0134
산소	O_2	20.9476	31.9988
아르곤	Ar	0.934	39.948
이산화탄소	CO_2	0.0314	44.00995
네온	Ne	0.001818	20.183
헬륨	He	0.000524	1.0026
크리프톤	Kr	0.000114	83.80
크세논	Xe	0.0000087	131.30
수소	H_2	0.00005	2.01594
메탄	CH_4	0.0002	16.04303
일산화질소	N_2O	0.00005	44.0128
오존	O_3	夏 0-0.000007 冬 0-0.000002	47.9982
아황산가스	SO_2	0-0.0001	64.0628
이산화질소	NO_2	0-0.000002	46.0055
암모니아	NH_3	0-미량	17.03061
일산화탄소	CO	0-미량	28.01055
요오드	I_2	0-0.00001	253.8088

그림 6.2 자가습도계

2) 습도

대기는 일반적으로 수증기를 포함하고 있으므로 건조공기와 수증기의 혼합기체라 할 수 있으며, 이를 습한 공기 EH는 습공기(wet air)라고 한다. 지표면 부근의 대기는 건조공기에 수증기가 포함된 습공기이다. 습공기에서는 수분의 응결이나 승발 등에 의하여 상변화에 의한 잠열의 형태로 내부에너지가 변화하며, 대기의 열적인 상태에 영향을

미친다. 또한 수증기가 응축되면 구름을 형성하여 운량에 의한 일사의 영향에 크게 작용할 뿐만 아니라, 적외선의 흡수와 방출에 의하여 대기 복사열의 변화에 대해서도 가장 큰 요인으로 작용한다. 더욱이 대기 중의 수증기는 강수현상의 원인이 되며 지표면과 대기 사이에서 물의 순환을 일으키게 된다.

대기 중에 포함된 수증기 함유량을 나타내는 기본적인 지표를 습도라 하며, 습도는 대기의 건조, 습윤상태를 나타내는 기본적인 기상요소라 할 수 있다. 즉, 공기 중에 포함된 수증기량은 습도로 표시되며, 습한 공기는 온도와 습도를 측정하여 그 상태를 표시할 수 있다. 습도의 표시방법에는 일반적으로 수증기압[mmhg], 상대습도[%], 절대습도[g/kg], 습구온도[℃], 노점온도[℃] 등이 있으며, 표 6.2와 같이 매우 다양한 종류로 나타낼 수 있다. 습한 공기의 상태는 건구온도와 표 6.2 중에 표시된 어느 한 가지 값만을 알게 되며 그 상태를 알 수 있다.

예를 들어, 임의의 상태인 습한 공기의 온도, 습도를 알 수 있다면 대기의 전압(기압)이 760mmHg(1기압)일 때, 다음 그림 6.3과 같이 습공기 선도에서 상태점을 표시할 수 있으며, 이때 상태점이 결정되면 습한 공기가 지닌 다른 요소들도 모두 파악할 수 있다. 따라서 습도의 측정은 건구온도와 함께 그림에 표시된 어느 한 가지 요소만 측정하면 다른 요소들로 변환할 수 있다. 단, 이때 동시에 기압을 측정할 필요가 있다. 표 6.3은 아스만 통풍식 건습구온도계에 의하여 건구온도와 습구온도를 측정하였을 경우에 습구온도와 건구온도, 습구온도의 차이로부터 상대습도를 산출할 수 있는 환산표를 나타낸 것이다.

표 6.2 습공기 중의 수증기 함유량의 표시방법과 관계식

구 분	기호	단위	내 용	관계식
1. 습구온도 (wet bulb temp)	θ	℃	건구온도계의 감온부를 가제로 덮어 습구 온도계를 작성. 습구의 기류가 약 5m/sec 이상이면 단열 포화온도와 같아진다.	$f=f_s(\theta')^{*1)}-\frac{k^{*2)}}{T55}\times F^{*3)}(\theta-\theta')$
2. 노점온도 (dew point temp)	θ	℃	대기압이 일정할 때 대기중 수증기압을 포화수증기압으로 한 가상온도	$f=f_{(s)}(\theta'')$
3. 수증기분압 (vapor pressure)	f	mmHg (mb)	습공기 중의 수증기분압	$f=\frac{760}{1013.25}e$
4. 질량절대습도 (humidity ratio)	x	kg/kg'	건조공기 1kg'중에 포함된 수증기의 질량	$f=\frac{x}{0.622+x}F$
5. 용적절대습도 (absolute humidity)	y	kg/m³	습공기 1m³ 중의 수증기 질량	$f=yR_v^{*1)}T^{*)}$

표 6.2 습공기 중의 수증기 함유량의 표시방법과 관계식(계속)

구 분	기호	단위	내 용	관계식
6. 비습 (specific humadity)	q	kg/kg	습공기 질량에 대한 수증기 질량	$f=\dfrac{q}{0.622+0.378q}F$
7. 비용적 (specific volumn)	v	m^3/kg'	건조공기 1kg'을 함유한 습공기의 용적	$v=0.004555(x+0.622)\times10^5+1.84647\times10^3\theta)$
8. 엔탈피 (enthalpy)	i	J/kg'	어떤 온도(일반적으로 0℃)를 기준으로 건조공기 1kg을 포함한 습공기의 총열량	$i=1004.88\,\theta+x(2.50090\times10^5+1.84647\times10^3\theta)$
9. 상대습도	φ	%	어떤 상태의 습공기 수증기분압과 그 때 포화상태의 수증기압과의 비를 백분율로 표시한 것.	$\varphi=\dfrac{f}{f_s}\times100$
10. 비교습도	Ψ	%	어떤 상태의 습공기 질량 절대습도와 그때의 포화상태 질량 절대습도의 비를 백분율로 표시한 것	$\Psi=\dfrac{x}{x_s}\times100$

표 6.3 통풍식 건습구 온도계용 습도표

습구 ℃	건구온도와 습구온도의 차 $t-t'$ (dex)																																							
	0.0	0.2	0.4	0.6	0.8	1.0	1.2	1.4	1.6	1.8	2.0	2.2	2.4	2.6	2.8	3.0	3.5	4.0	4.5	5.0	5.5	6.0	6.5	7.0	7.5	8.0	8.5	9.0	9.5	10.0	10.5	11.0	11.5	12.0	12.5	13.0	13.5	14.0	14.5	15.0
40	100	99	98	96	95	94	93	92	91	89	88	87	86	85	84	83	81	78	76	73	71																			
39	100	99	97	96	95	94	93	92	90	89	88	87	86	85	84	83	80	78	75	73	71	69	67																	
38	100	99	97	96	95	94	93	91	90	89	88	87	86	85	84	83	80	78	75	73	71	68	66	64	62															
37	100	99	97	96	95	94	92	91	90	89	88	87	86	84	83	82	80	77	75	72	70	68	66	64	62	60	58													
39	100	99	97	96	95	94	92	91	90	89	88	87	85	84	83	82	79	77	74	72	70	68	65	63	61	59	58	56	54											
35	100	99	97	96	95	94	92	91	90	89	87	86	85	84	83	82	79	77	74	72	69	67	65	63	61	59	57	55	53	52	50									
34	100	99	97	96	95	93	92	91	90	88	87	86	85	84	83	82	79	76	74	71	69	67	64	62	60	58	56	55	53	51	49	48	46							
33	100	99	97	96	95	93	92	91	90	88	87	86	85	84	82	81	79	76	73	71	68	66	64	62	60	58	56	54	52	50	49	47	46	44	43					
32	100	99	97	96	95	93	92	91	89	88	87	89	84	83	82	81	78	76	73	70	68	66	63	61	59	57	55	53	52	50	48	46	45	43	43	41				
31	100	99	97	96	94	93	92	90	89	88	87	85	84	83	82	81	78	75	73	70	68	65	63	61	59	57	55	53	51	49	47	46	44	43	41	40	38	37	36	
30	100	99	97	96	94	93	92	90	89	88	86	85	84	83	82	80	77	75	72	69	67	65	62	60	58	56	54	52	50	48	47	45	43	42	40	39	38	36	35	34
29	100	99	97	96	94	93	91	90	89	88	86	85	84	82	81	80	77	75	72	69	66	46	62	60	57	55	53	51	49	48	46	44	43	41	40	38	37	35	34	33
28	100	99	97	96	94	93	91	90	89	87	86	85	83	82	81	80	77	74	71	68	66	63	61	59	57	55	53	53	49	47	45	43	41	40	39	37	36	35	33	32
27	100	98	97	95	94	92	91	90	89	87	863	84	83	82	81	79	76	73	71	68	65	63	60	58	56	54	52	52	48	46	44	43	40	39	38	37	356	34	32	31
26	100	98	97	95	94	92	91	90	88	87	85	84	83	81	80	79	76	73	70	67	65	62	60	57	55	53	51	50	47	45	44	42	39	39	37	36	34	33	32	30
25	100	98	97	95	94	92	91	89	88	86	85	84	82	81	80	78	75	72	69	67	64	62	59	57	54	52	50	48	46	44	43	41	39	38	36	35	33	32	31	29
24	100	98	97	95	94	92	91	89	88	86	85	83	82	81	79	78	75	72	69	66	64	61	58	56	54	51	49	47	45	43	42	40	38	37	35	34	32	31	30	28
23	100	98	97	95	93	92	90	89	87	86	84	83	82	80	79	78	74	71	68	65	63	60	58	55	53	51	48	46	44	42	41	39	37	36	34	33	31	30	28	27
22	100	98	97	95	93	92	90	89	87	86	84	83	81	80	78	77	74	71	68	65	63	59	57	54	52	50	47	45	43	41	40	38	36	35	33	31	30	29	27	26
21	100	98	97	95	93	92	90	88	87	85	84	82	81	79	78	77	73	70	67	64	62	58	56	53	51	49	46	44	42	40	39	37	35	33	32	30	29	28	26	25
20	100	98	96	95	93	91	90	88	86	83	83	82	80	79	77	76	73	69	66	63	61	58	55	52	50	48	45	43	41	39	37	35	33	32	31	29	28	26	25	24
19	100	98	96	95	93	91	89	88	86	85	83	81	80	78	77	76	72	69	65	62	59	57	54	51	49	47	44	42	40	38	36	34	33	31	29	28	26	25	24	22
18	100	98	96	94	93	91	89	87	86	84	83	81	79	78	76	75	71	68	65	62	59	56	53	50	48	45	43	41	39	37	35	33	31	30	29	27	25	24	22	22
17	100	98	96	94	92	91	89	87	85	84	82	80	79	77	76	74	71	67	64	61	58	55	52	49	47	44	42	40	38	36	34	32	30	28	27	25	24	22	21	20
16	100	98	96	94	92	90	89	87	85	83	82	80	78	77	75	74	70	66	63	60	57	54	51	48	45	43	41	38	36	34	32	30	29	27	25	24	22	21	19	18
15	100	98	96	94	92	90	88	86	85	83	81	79	78	76	74	73	69	65	62	59	55	52	50	47	44	42	39	37	35	33	31	29	27	25	24	22	21	19	18	16
14	100	98	96	94	92	90	88	86	84	82	81	79	77	75	74	72	68	64	61	57	54	51	48	45	43	40	38	35	33	31	29	27	25	24	22	20	19	17	16	15
13	100	98	96	94	92	90	88	86	84	82	80	78	76	75	73	71	67	63	60	56	53	50	47	44	41	39	36	34	32	29	27	25	24	22	20	19	17	16	14	13
12	100	98	96	93	91	89	87	85	83	81	79	77	76	74	72	70	66	62	59	55	52	48	45	42	40	37	35	32	30	28	26	24	22	20	18	17	15	14	12	11
11	100	98	95	93	91	89	87	85	83	81	79	77	75	73	71	69	65	61	57	54	50	47	44	41	38	35	33	30	28	26	24	22	30	18	16	15	13	12	10	
10	100	98	95	93	19	88	86	84	82	80	78	76	74	72	70	69	64	60	56	52	49	45	42	39	36	33	31	28	26	24	22	20	18	16	14	13	11	10		
9	100	98	95	93	90	88	86	84	81	79	77	75	73	71	69	68	63	59	56	51	47	44	40	37	34	32	29	26	24	22	20	18	16	14	12	10				
8	100	97	95	2	90	88	85	83	81	79	76	74	72	70	68	66	62	57	53	49	46	42	39	36	32	29	27	24	22	19	17	15	13	11	10					
7	100	97	95	92	90	87	85	82	80	78	76	73	71	69	67	65	60	56	52	48	44	40	37	33	30	27	24	22	19	17	15	13	11							
6	100	97	94	92	90	87	84	82	79	77	75	72	70	68	66	64	58	55	50	46	42	38	34	31	28	25	22	19	17	15	12	10								
5	100	97	94	91	89	86	84	81	79	76	74	71	69	67	65	63	57	53	48	44	40	36	32	29	25	22	19	17	14	12	10									
4	100	97	94	91	88	86	83	80	78	76	73	70	68	66	63	61	56	51	46	42	37	33	30	26	23	20	17	14	11											
3	100	97	94	91	88	85	82	79	77	74	72	69	67	64	62	60	54	49	44	39	35	31	27	23	20	17	14	11												
2	100	97	93	91	87	84	81	78	76	73	70	68	65	63	60	58	52	57	42	37	33	28	24	21	17	14	11													
1	100	97	93	90	87	83	80	77	75	72	69	66	64	61	59	56	50	44	39	34	30	25	21	17	14	10														
0	100	96	93	99	86	83	80	76	73	70	67	65	62	59	57	54	48	42	37	31	27	22	18	14	10															

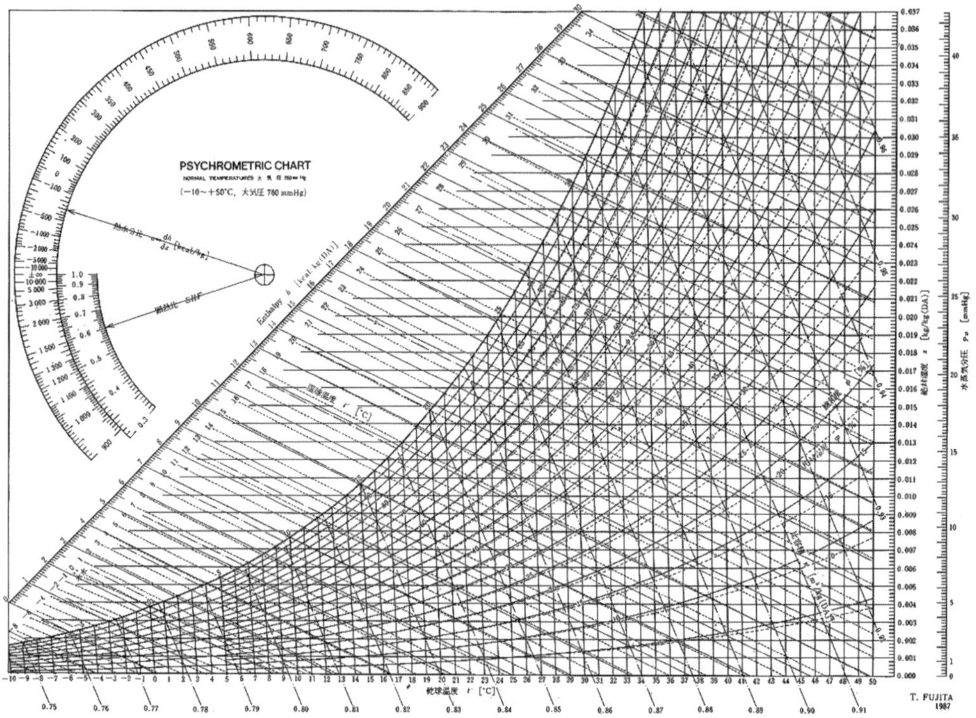

그림 6.3 공기선도

그림 6.4는 외기온도와 습도를 측정하기 위하여 고안된 측정장치의 모습을 나타낸 것이며, 그림 6.5는 일사와 주변의 복사열의 영향을 피하고 외기 온습도를 측정하기 위한 백엽상의 모습을 나타낸 것이다.

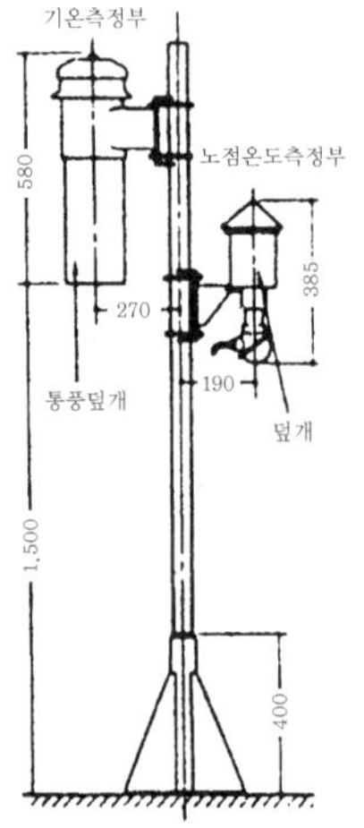

그림 6.4 외기온습도 측정장치

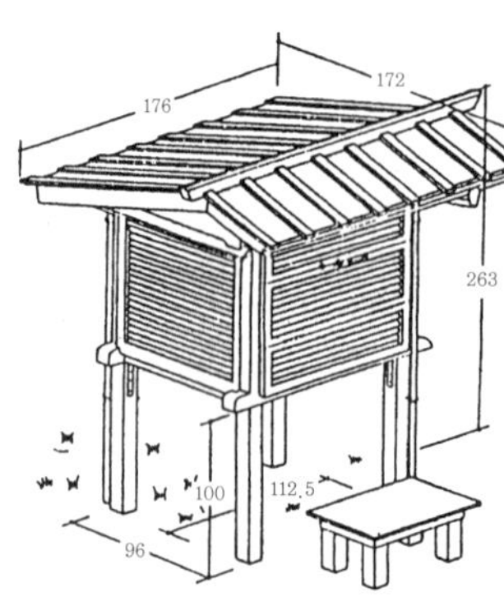

그림 6.5 백엽상의 모습

3) 일사와 대기복사

- 직달일사, 천공일사 — 파장 0.3㎛-2㎛ 정도, 자외선, 가시광선, 적외선의 전자기파
- 대기복사 — 10㎛ 전후의 장파장 복사파

지구에너지의 근원인 태양에너지가 대기권을 통과하여 지면과 열교환하는 메커니즘을 이해하는 것은 건축, 도시기후의 형성과정을 알 수 있는 기본이 된다.

태양으로부터 방사되는 일사는 대기권을 통과하여 직접 지표면에 도달하는 직달일사성분, 대기 중에서 산란되어 지표면으로 향하는 청공일사성분, 대기 중의 수증기, 먼지 등에 흡수된 후 대기의 온도에 따라 재복사하는 대기복사성분 등으로 구분된다. 그림 6.6은 지표면의 태양에너지(일사)의 열교환 메커니즘을 나타낸 것이다.

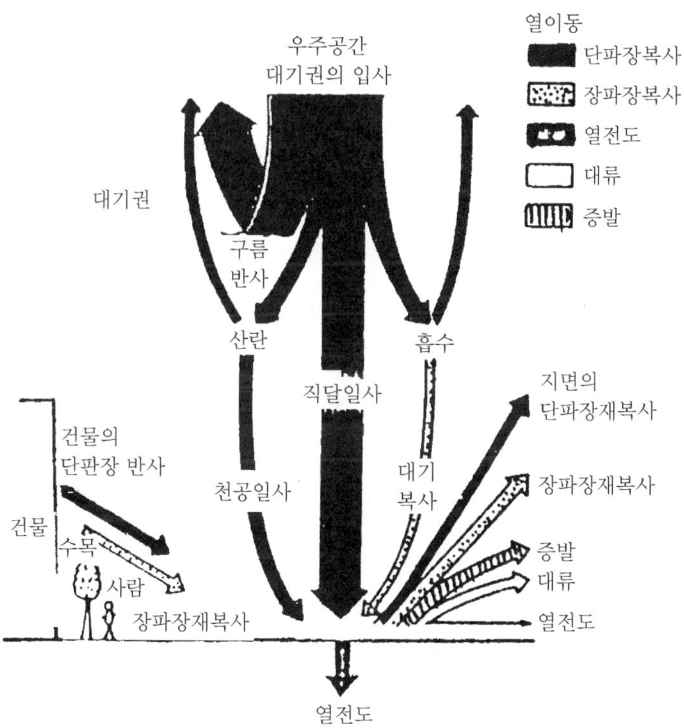

그림 6.6 지표면에서 태양에너지(일사) 열교환 메커니즘

지표면에 도달한 일사는 일부가 반사되며 나머지는 흡수되어 지표면을 가열시킨다. 흡수된 에너지는 표면 부근의 공기와 대류에 의한 열이동이 발생하고, 표면온도와 복사율에 의한 복사열을 재방출하고 나머지는 지중으로 열전도에 의하여 열이동이 발생

한다. 이때, 지표면에 수분이 존재하면 증발에 의한 잠열성분이 추가되어 냉각작용의 영향을 받게 된다. 실제 건물의 외부공간은 건물과 지표면 사이에 다중반사와 재복사에 의한 열교환이 일어나며, 지표면의 피복재료와 외부공간의 형태에 따라 건물 주변에서는 특유의 미기후(micro-climate)가 형성된다.(예, 도시형 기후)

대기권 밖에서의 일사(태양열)는 파장범위가 약 10^{-3}~10^{8}㎛이다. 태양열의 전체 에너지는 1,353~1,370W/m²의 범위를 보이며, 전체 에너지의 98%는 0.2~0.4㎛의 단파장 영역에 포함되어 있다. 대기권 밖의 일사는 대기층을 통과하면서 대기 중의 원자와 분자에 의해 자외선 영역의 거의 모든 파장이 흡수되어 전리층이나 오존층을 형성한다. 적외선 영역의 거의 모든 파장도 오존, 공기분자, 수증기 등에 의해 선택적으로 흡수된다. 또한, 전체 파장영역에 있어서 공기분자에 의하여 Ray Leigh 산란과 부유입자(에어로졸)에 의한 Mie 산란에 의해 감쇠된다. 이로 인하여 지표면에 도달하는 직달일사는 대기권 밖의 태양에너지의 약 60%에 달한다. 이 에너지의 99%는 0.3~2.5㎛의 파장영역에 집중되어 있으며, 대부분 직달일사의 형태로 지표면에 작용하고 일부는 천공 확산일사의 형태로 지상에 도달한다.

지상에서 관측되는 일사는 직달일사와 천공일사로 구분된다. 직달일사는 태양의 방향으로부터 직접 도달하는 일사이며, 천공일사는 대기 및 대기 중의 먼지, 구름의 산란, 반사에 의해 지상에 도달하는 일사성분이다. 기상자료에는 법선면 직달일사량과 수평면 천공일사량이 일사의 기본량으로 표시되며, 이를 합한 것을 수평면 전천일사량이라고 한다.

지표면에 도달한 일사의 일부는 지표면으로부터 대기로 다시 반사되고, 지표면에 흡수된 성분도 열복사, 대류 열전달, 잠열 전달에 의하여 다시 대기 중으로 열이 전달된다. 지표면 부근의 기층(氣層)의 열에너지는 난류 열확산에 의해 대기의 상층부분으로 이동된다. 한편, 가열된 대기로부터의 복사에너지의 일부는 대기복사열로써 지상에 도달한다.

대기복사나 지표면으로부터의 복사는 일사에 비하여 파장 10㎛ 전후에서 최대 에너지를 지닌 장파장 영역의 복사열이다.(예를 들어, 100℃의 표면에서 방사되는 복사에너지의 99.9%는 3㎛ 이상의 장파장 영역에 포함된다.)

일사나 대기복사열은 지상에서 측정할 경우에 복사열 측정장치가 필요하다. 일사의 측정은 0.3~3㎛의 파장영역에서 거의 일정한 투과성능을 갖는 유리구를 장착한 측정기기를 사용한다. 그림 6.7은 전천일사계(로비치일사계)의 외부 모습을 나타내며, 그림 6.8은 태양열 추적장치가 부착된 직달일사계, 그림 6.9는 직달일사 차폐장치가 부착된 확산일사계를 나타낸다.

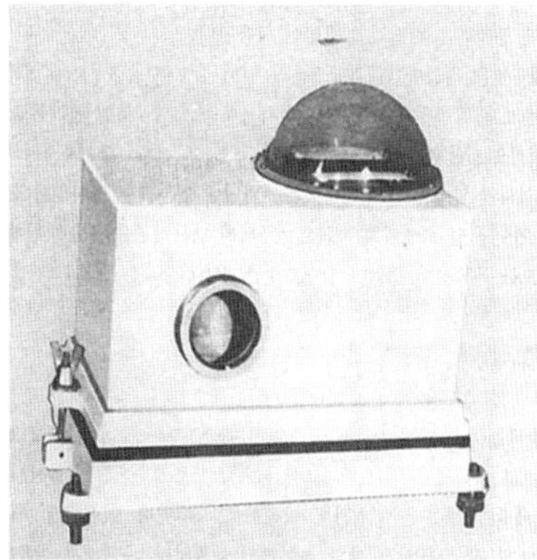

그림 6.7 전천일사계

한편, 대기복사열의 측정은 파장 3㎛ 이상의 장파장 영역에서 일정하게 투과하는 재료가 없기 때문에 일반적으로 폴리에틸렌과 같이 투과영역이 넓은 재료를 부착하여 전파장 영역의 복사열 측정기기를 제작하여 측정하고, 별도의 일사량을 동시에 측정하여 장파장 성분을 분리하는 간접적인 방법이 사용된다.

일반적으로 태양열을 취급할 때 직달성분의 일사강도는 천공성분에 비하여 매우 크고 지향성이 있으므로 방향성을 지닌 직달일사성분으로 취급하여 평가하고 있다. 천공일사성분은 공학적으로 등방향 성분으로 취급하고 있다. 또한, 대기복사와 천공확산 일사의 계산에는 임의의 입사각, 방위각을 갖는 벽면에 입사하는 복사열량으로 계산하게 되며, 이때 지표면이나 인근 건물의 외벽으로부터의 반사성분을 포함하여 해당 벽체 표면에 입사하는 모든 복사량에 대하여 형태계수를 적용하여 근사치로 계산할 수 있다.

그림 6.8 태양열 추적장치가 부착된 직달일사계

그림 6.9 직달일사 차폐장치가 설치된 확산일사계

4) 풍향 · 풍속

지상에서 관측되는 바람은 기압분포와 밀접한 관계가 있다. 일반적으로 바람의 성질은 풍향과 풍속으로 나타낼 수 있으며, 풍향은 기압의 등압분포선(등압선)과 30° 정도의 기울기를 갖게 되며, 풍속은 기압차에 비례하여 나타난다. 지상에서 바람의 측정은 평활한 넓은 장소의 지상 10m 이상의 높이에서 측정하며, 수평으로 이동하는 대기의 흐름으로 측정, 평가할 수 있다. 그림 6.11~그림 6.13은 각종 풍향·풍속계를 나타낸다.

바람의 측정은 관측시각 전의 10분간 평균 풍향과 평균 풍속으로 표시한다. 풍속의 변화가 심한 경우에는 순간풍속을 기록하여 평균값으로 표시하며, 풍향은 보토 16방위 또는 32방위로 표시한다. 풍속이 0.2m/sec 이하인 경우에는 정온상태로 표시한다. 건축물에 작용하는 바람을 측정할 때는 건물 옥상에 2m 이상의 지주를 세우고 풍향·풍속계를 설치하여 측정한다.

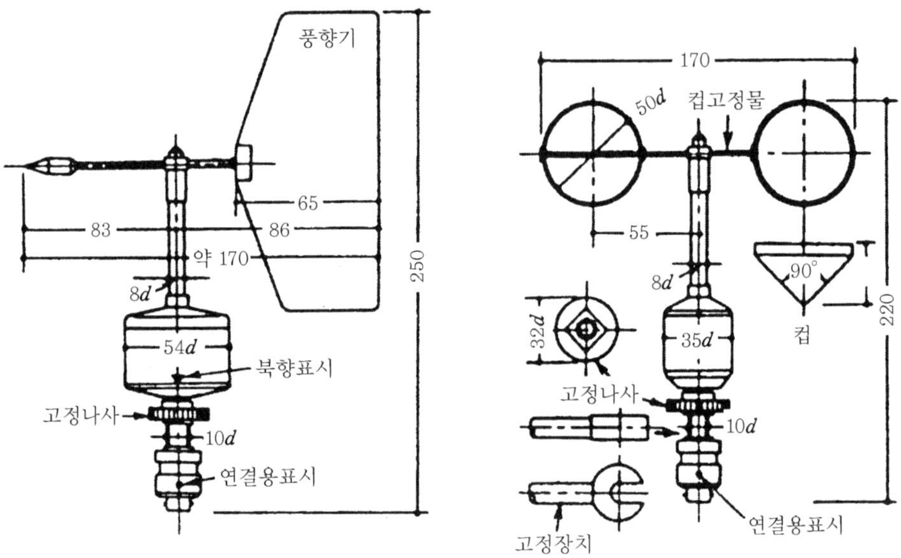

그림 6.10 광전발신형 풍향 · 풍속계 구동부의 구조

그림 6.11 풍배형 풍향 · 풍속계(1)

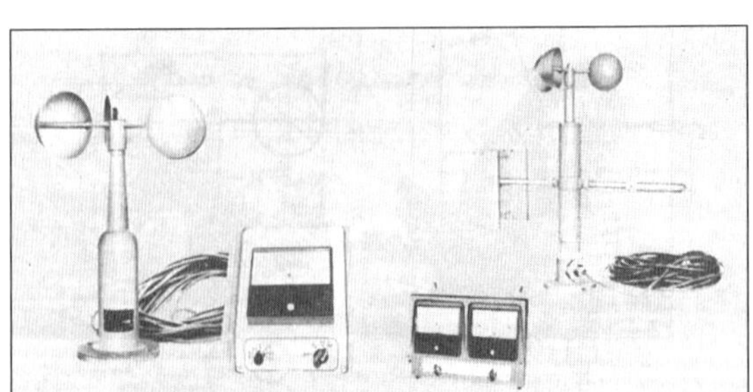

그림 6.12 풍배형 풍향 · 풍속계(2)

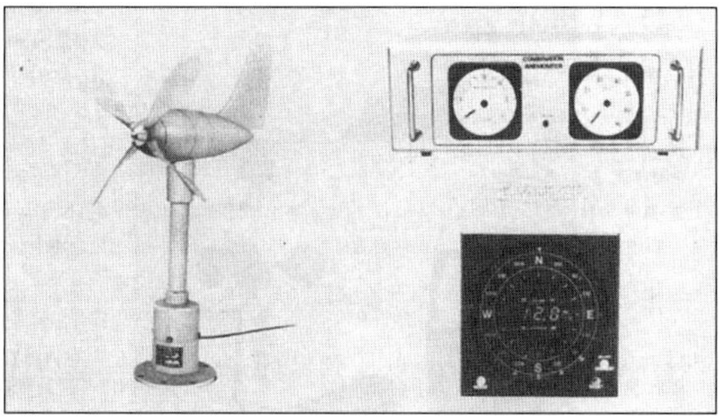

그림 6.13 프로펠러형 풍향 · 풍속계

5) 기타 기상요소

(1) 운량(구름량)

운량은 흐린 날씨에 하늘을 덮고 있는 구름의 정도를 나타낸 것이며, 맑게 게인 상태를 0으로 하고 완전히 구름에 덮여있는 상태를 10으로 하여 천공의 구름상태를 천공(天空)에 대한 10분비로 표시하여 나타낸다. 운량이 2 이하인 경우를 쾌청(快晴), 3~7인 경우를 청천(晴天), 8 이상인 경우를 담천(曇天)이라 한다.

(2) 강수량

강수량은 대기 중에서 물의 순환현상의 한 과정으로 강우, 강설, 우박 등을 포함하고 그 양은 수심으로 환산하여 mm로 나타낸다. 일반적으로 물방울 지름이 0.5mm 이상인 것을 비, 그 이하의 것을 이슬비라고 한다. 수증기를 포함한 대기가 상승하면 상공에서 기압이 낮아지므로 대기의 팽창이 일어나며, 이때 자체의 에너지를 소비하여 스스로 온도가 내려간다. 이 결과 노점에 달하면 물이 응결하여 비나 눈으로 되어 강하한다.

6.1.3 측정 준비 및 측정기기의 취급방법

외부 기상요소인 외기온도, 습도, 일사, 대기복사, 풍향 · 풍속 등의 측정에는 여러 가지 방법이 있으며 측정기기도 다양하다. 여기서는 다음의 몇 가지 방법에 대하여 알아보고자 한다.

① C-C 열전대에 의한 외기온도의 측정

② 염화리튬 노점온도계에 의한 외기의 노점온도 측정

③ 일사계에 의한 전천 일사량의 측정

④ 풍속계에 의한 풍향·풍속의 측정

1) 외기온도의 측정(C-C 열전대 이용)

종류가 다른 2가지 금속을 접촉시키면 밀도가 다른 금속 내부에서 자유전자의 확산에 의하여 접점온도에 따라 접점에서는 전위차(電位差)가 발생한다. 이를 제백효과(Seebeck effect)라 한다. 예를 들어 구리(COPPER ; 銅)와 콘스탄탄(constantan : 동 55%, 니켈 45%의 합금)과 같이 2종류의 금속선을 그림 6.14와 같이 연결하고, 한쪽의 기준접점으로 하여 일정한 온도로 유지하고 다른 쪽을 측정범위의 온도로 유지하면 접점 사이의 온도차에 의하여 열기전력(熱氣電力)이 얻어진다. 이 기전력으로부터 온도 환산계수를 적용하여 온도를 측정하는 방법이다.

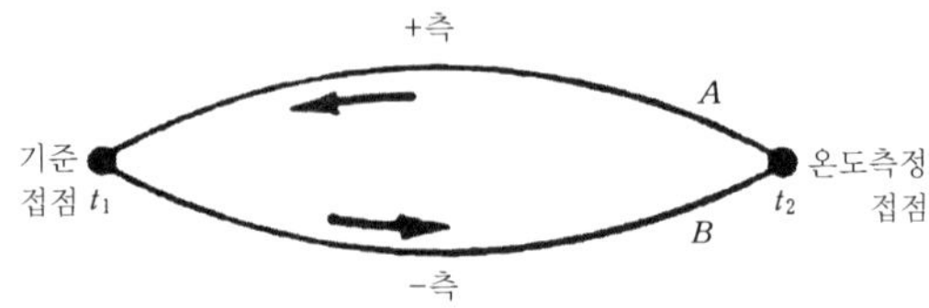

그림 6.14 열전대(화살표는 $t_2>t_1$인 경우의 전류의 방향임)

표 6.4 열전대의 종류와 구성재료

종류 (기호)	구성재료 직경		도선의 온도 [mm]	사용 한계온도 [℃]	단시간 사용 [℃]
	+ 측 단자	- 측 단자			
PR	리튬 13%인 백금-리튬합금	백금	0.5	1400	1600
CA	니켈, 크롬합금	니켈합금	0.65 1.00 0.60 2.30 3.20	650 750 850 900 1000	850 950 1050 1100 1200
CRC	니켈, 크롬합금	동, 니켈합금	0.65 1.00 1.60 2.30 3.20	450 500 550 600 700	500 550 650 750 800
IC	철	동, 니켈합금	0.65 1.00 1.60 2.30 3.20	400 450 500 550 600	500 550 650 750 800
CC	동	동, 니켈합금	0.32 0.65 1.00 1.60	200 200 250 300	250 250 300 350

열전대에는 일반적으로 C-C 열전대를 포함하여 5가지 종류가 있다. 표 6.4는 열전대의 종류와 구성재료를 나타낸다.

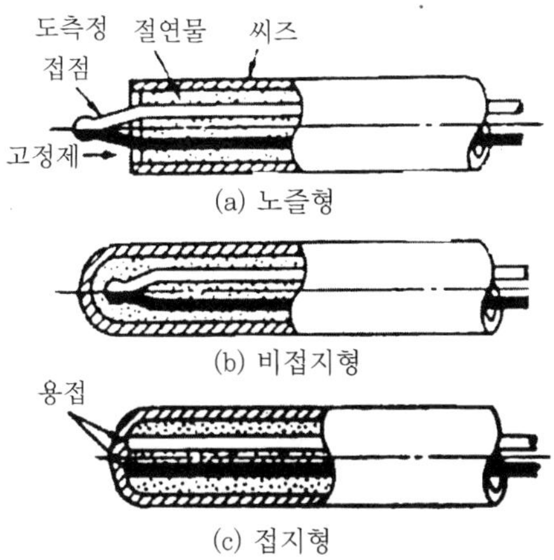

그림 6.15 씨즈형 열전대의 종류

표 6.5 씨즈형 열전대의 종류

종류 \ 외경[mm]	1.0	1.6	3.2	4.8
CA	450	650	750	850
IC	300	450	650	750
CC	300	300	350	350
CRC	450	650	750	850

C-C 열전대는 가격이 저렴하고 외기온도나 실내온도의 측정에 충분한 적용범위를 지녀 널리 사용된다. 또한 상온에서의 온도측정에는 빠른 응답시간이 요구되므로 열전대의 직경은 0.3~0.6mm를 주로 사용한다. 그러나 피복이 안 된 나선이나 에나멜 피복의 단일선을 사용하면 단선이 일어날 수 있으므로 일반적으로 내열성 비닐피복선(테프론 수지 코팅)을 사용하는 것이 바람직하며, 외부의 유도전압을 방지할 수 있도록 개발된 것을 사용하는 것이 좋다. 현장측정을 위하여 열전대를 제작하는 방법은 우선 측정장소에서 기록장치까지의 거리를 고려하여 적당한 길이로 절단하고, 측정접점 부분을 벗겨내어 납땜이나 가스 또는 아크용접으로 접속시킨다. 또한 열전대의 측정 감온부위를 보호할 수 있도록 제작된 씨즈 열전대(metal sheathed ceramic insulated thermocouple)를 사용하는 것이 편리하다. 표 6.5는 씨즈 열전대의 종류를 나타낸 것이다.

외기온도는 일사나 복사열의 영향에 의하여 측정점의 온도가 상승할 수 있다. 이를 방지하기 위하여 접점부분에 흡수율이 낮은 백색도료 또는 알루미늄으로 피복한 것을 사용하거나 가공된 알루미늄 원통을 이용하여 복사열을 차단해야 한다. 알루미늄 원통을 이용할 경우에는 바람이 약한 시각에 내부에 열이 정체되어 온도가 2℃ 정도 상승하게 되므로 주의해야 한다. 가능하다면 전동식 아스만 건습구온도계를 이용하여 내부에 열전대를 설치한 후에 외기온도를 측정하는 방법을 고려할 수도 있다.

최근에는 자동 기록장치로써 디지털신호를 처리할 수 있는 데이터 로거(data logger)

가 개발되어 널리 이용되고 있다. 그림 6.16은 데이터로거 기록장치를 나타낸다. 기록장치의 입력단자에 (+)단자 ; 동(cu), (−)단자 ; 콘스탄탄(con.)을 접속한다. 특히, 디지털 방식의 기록장치는 열기전력을 장치 내부의 A/D변환회로에서 2진법화된 10진법 신호(BCD 신호)로 변환하고 mV로부터 (℃)로 단위를 환산한 데이터를 프린트하는 장치이며, 필요에 따라 컴퓨터 등 다른 기억장치로 전송할 수도 있다. 또한, 측정시 각종 장애현상을 조기에 발견하고 측정 데이터를 점검하기 위하여 아날로그 타입의 기록장치를 병행하여 측정하고 측정값을 비교하는 것도 매우 효과적이다.

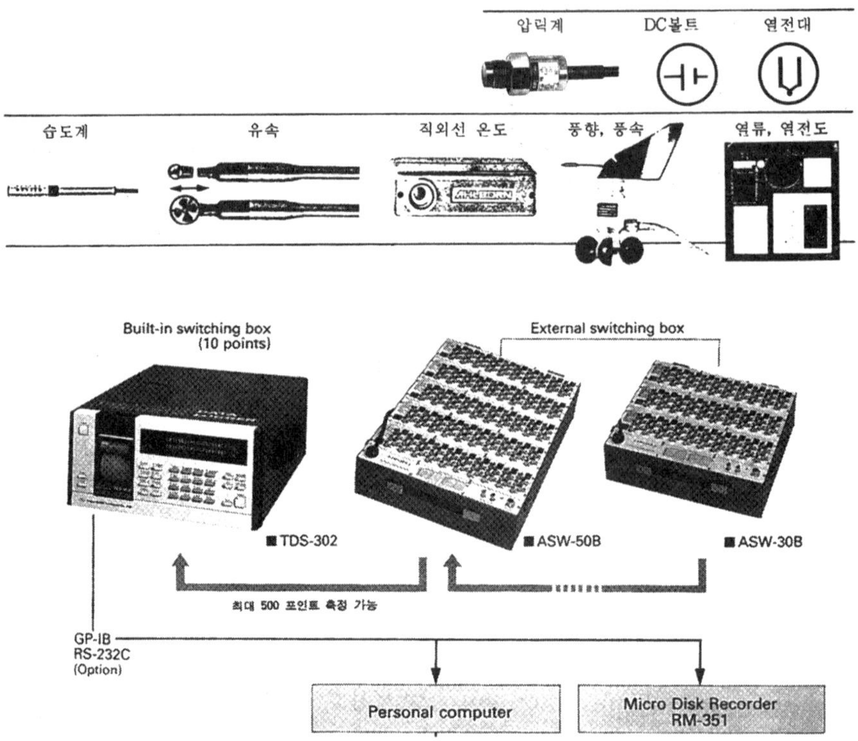

그림 6.16 데이터 로거 기록장치의 예

2) 노점온도의 측정(듀셀 노점온도계)

그림 6.17은 듀셀(dew-cell) 노점온도계의 모습을 나타낸 것이다. 듀셀 노점온도계의 감온부는 표면을 전기적으로 절연한 니켈 열저항체에 염화리튬(LiCl)을 도포한 유리섬유를 장착하고, 그 위에 교류전압 25V의 가열용 전선을 감아놓은 구조로 되어 있다. 이 전선은 외기 중에서 습기를 흡수하고 염화리튬 수용액의 전도성으로 인하여 발열하게 된다. 그 결과 염화리튬은 전도성을 잃게 되며 용액온도는 낮아진다. 온도가 낮아

지면 용액의 포화수증기압도 낮아지며, 다시 외기중의 수분을 흡수한 것에 의하여 전선이 발열한다. 외기의 수증기압과 평형인 용액의 노점온도를 감습부에 내장된 열 저항체로 검출하고, 이에 따라 외기의 노점온도를 측정하게 된다.

측정준비는 듀셀 노점온도계의 감온부와 변환기를 5개의 케이블(전극용-청색, 적색, 열저항체용-흑색, 녹색, 백색)에 접속하고 감습부의 유리섬유에 염화리튬 수용액을 충분하게 침투시킨다. 감온부 센서에는 보호관을 씌워 비바람을 막아줄 수 있도록 한다. 듀셀 노점온도계는 다음과 같은 방법에 의하여 외기습도를 측정하고 그 정확도를 점검할 수 있다. 야간 또는 흐린 날에 일사의 영향과 온도의 변화가 적을 때를 택하여 외기의 노점온도와 동시에 아스만 건습구온도계로부터 측정한 후 산출된 노점온도를 비교한다. 이때 노점온도의 차이가 1℃ 이하이면 듀셀 노점온도계의 측정치는 정상적인 것으로 취급한다.

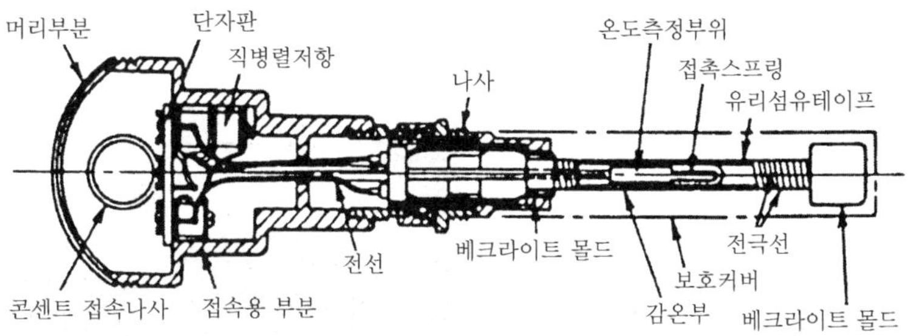

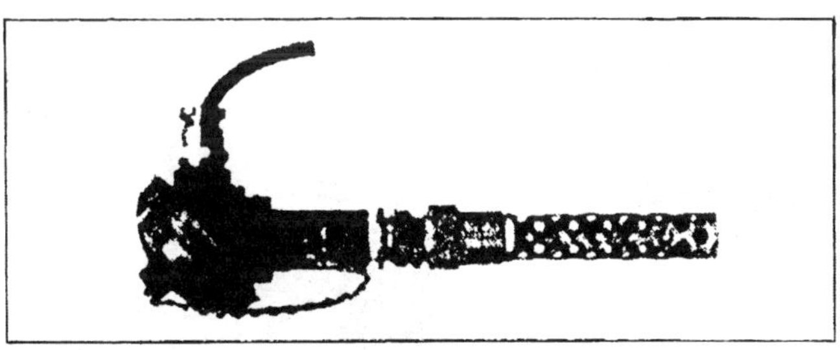

그림 6.17 듀셀 노점온도계의 구조

3) 일사량의 측정

일사계는 그림 6.18과 같이 방사상으로 배열된 백색, 흑색의 수감부에 일사가 작용하면 온도차가 발생하고, 이를 열전대에 의하여 검출하여 일사량으로 환산 측정하는 측정기기이다. 백색면에는 주로 내습성이 우수하고 반사율이 높은 황산바륨, 흑색면에는 흡수율이 높은 옵티컬 블랙이 칠해져 있다.

전천일사량을 측정할 때는 천공의 형태계수가 거의 1에 가까운 장소를 선정하며, 일사계는 부착된 수준기에 의하여 수평으로 설치해야 한다. 측정이 장시간 계속될 때는 수시로 수준계로 수평을 확인하고, 유리구(glass dome)를 정기적으로 청소하여 청결할게 유지하며, 유리돔 내부에 실리카겔 등의 흡습제를 내장시켜 결로를 방지해야 한다. 전천 일사량의 간이 측정에는 실리콘 다이오드에 의한 측정기기를 사용할 수 있다. 이는 측정 파장범위가 약 0.4~1.1㎛이며 소형이고 가격이 저렴하다.

또한, 태양을 자동적으로 추적할 수 있는 태양의(太陽儀)가 비치된 직달일사계와 직달일사 차폐장치를 이용하여 법선면 직달일사량이나 수평면 천공일사량을 측정할 수 있다. 측정기기는 지정된 방위에 정확하게 설치한다. 직달일사 차폐장치가 없는 경우에는 전천일사 수감부에만 음영을 형성할 수 있도록 차폐판을 측정기기로부터 1m 정도 이격하여 고정 배치하는 방법으로 특정한 시각의 천공 확산일사량을 측정할 수 있다.

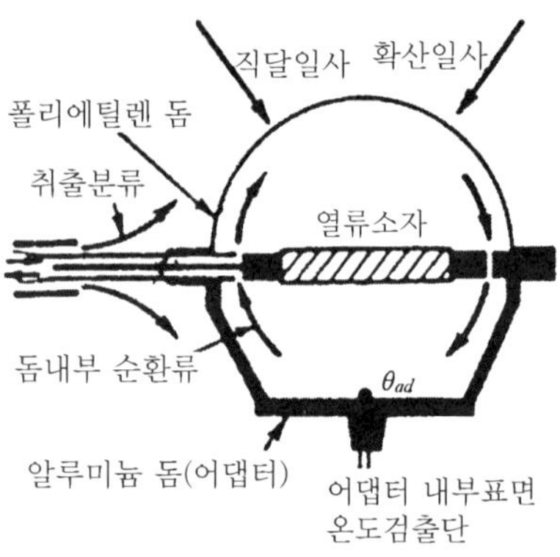

수감부 상세도

하측에 어댑터가 붙은 통풍식 전파장 일사계

통풍식 전파장 일사계

그림 6.18 일사계의 수감부

직달일사를 측정하기 위한 자동 태양 추적장치인 태양의(太陽儀)는 값이 비싸기 때문에 일반적으로 수동형을 많이 사용한다. 이때에는 맑은 날을 선정하여 9시, 12시, 15시 등 일정한 시각을 정하여 측정하게 된다.

또한, 전파장 복사열 측정기기가 준비된 경우에는 일사량의 측정과 동시에 전파장의 복사열을 측정할 수 있다. 일사량과 대기복사량에 대한 측정기기의 파장별 감도의 차이는 거의 무시할 수 있다. 측정기기의 출력을 V[mV], 센서의 표면온도를 θ_{ad}[℃], 전천일사량을 TH[W/m^2]로 하면, 대기복사량 AH[W/m^2]는 다음 식으로 계산하여 산출할 수 있다. 출력단자의 V는 야간에 (−)값이 되므로 아날로그 타입인 경우에는 이를 0점 처리할 수 있는 기기를 사용한다.

$$AH = K_L \cdot K_L + \sigma(273.15 + \theta_{ad})^4 - TH$$

여기서 AH : 대기복사량 AH[W/m^2]

K_L : 측정기기의 정수 보통, K_L=140[W/m^2 · mV]

V : 측정기기의 출력[mV]

σ : 스테판·볼츠만 상수 $\sigma = 5.67 * 10^{-8}$[W/m^2· k^8]

θ_{ad} : 센서의 표면온도[℃]

TH : 전천일사량[W/m^2]

천공 확산일사계의 수감부는 직달일사 성분의 차폐막에 의하여 천공의 일부가 은폐되기 때문에 이에 대한 보정이 필요하다. 방사열 측정기기를 설치할 때 정확한 방위를 알기 위해서는 맑은 날 태양의 남중시각에 태양 그림자(일영)를 이용하여 남북을 결정하는 방법이 효과적이다.

또한, 일사량과 복사열은 운량에 따라 변화가 심하므로 디지털 타입은 기록계의 측정시간 간결을 짧게 하거나 측정기기에 아날로그 적산기록계를 부착하여 순간 값의 적산치를 기록하는 방법이 바람직하다.

4) 풍향 · 풍속의 측정

외부의 풍속을 측정할 때는 주변의 건물이나 장애물의 영향을 최소한으로 피할 수 있도록 풍향풍속계의 설치위치를 선정해야 하며, 건물 옥상에서 적어도 2m 이상의 지주대를 세우고 풍향풍속계의 센서부위의 설치위치를 결정해야 한다. 풍향계는 방위를 정확히 맞추고, 방위를 나타내는 전압차가 정확한가를 확인해야 한다. 풍속은 지시계의 밴드 스위치의 위치(0~10m/sec, 0~20m/sec)에 따라 전압차가 정확하게 유지되는가를 확인할 필요가 있다.

6.1.4 측정자료의 처리방법

1) 기상요소의 측정

외부 기상요소를 측정할 장소에 각종 측정기기를 설치하고 기록장치, 변환기기, 지시계 등을 이용하여 측정자료를 수집한다. 기록계가 준비된 경우에는 측정 시간간격을 30분 또는 60분으로 유지하여 1주일 정도의 기간에 연속적으로 측정하고 기상요소의 특성을 분석한다면 측정자료의 처리와 분석방법을 이해하는데 도움이 된다.

(1) 태양의 위치

태양의 위치는 태양의 고도 (h)와 방위각 (A)으로 표시한다. 태양의 고도는 수평선으로부터 상향의 각도로 나타내며, 태양의 방위각은 태양이 정남향일 때를 0으로 하고, 서향(시계방향)일 때를 (+)로 한 각도로 나타낸다.

태양의 고도와 방위각은 그 지역의 위도 Φ, 일적위 δ, 시각 T의 3가지 요소에 의해 결정된다. 위도 Φ는 건물이 위치한 지역의 위도, 일적위 δ는 태양의 위치를 결정하기 위한 날(日)에 대한 고유의 값으로 연중 몇 번째 날인가에 의해 결정된다. 시간 T는 그날의 시각 t로부터 산출된다.

① 일적위 (δ)

지구의 자전축은 23°27' 만큼 기울어져 있으면서 1년을 주기로 태양 주위를 공전하기 때문에 태양과 지구상의 어느 지점이 이르는 각도가 변화하며 일적위도 날마다 달라지게 된다. 일적위를 산출하고자 하는 날을 1년 중에서 1월 1일을 출발점으로 Y번째 날이라고 하면, 이때 Y날의 1년을 주기로 하는 각도는 w가 되며, 다음 식에 의해 일적위 δ를 산출할 수 있다.

$$\begin{aligned}\delta = 0.3622133 - 23.24763\cos(w+8.7749) \\ - 0.3368908\cos(2w+11.86589) \\ - 0.1852646\cos(3w+35.53079)\end{aligned}$$

단, $w = \dfrac{360}{366} \times Y$

w, δ의 단위 : (°도)

② 시각 (T)

지구는 1년을 주기로 태양을 공전하고 공전면과 지구축이 23°27' 만큼 기울어져 있으며, 공전궤도는 타원에 가깝고 태양의 위치도 원의 중심이 아니다. 따라서 1일에 대한 매 시각별 태양의 각도는 차이가 나타난다. 이를 보정하기 위하여 평균시차 ΔT는 진태양시-평균 태양시로 표시되며, 다음 식으로 나타낼 수 있다.

$$\Delta T = -0.0167 - 7.3663 \times \cos(w + 85.84690) - 9.9275$$
$$\times \cos(2w - 72.28126) - 0.3212 \times 0.3212 \times \cos(3w - 66.29695)$$

따라서 시각 T는 다음 식으로 표시된다.

$$T = T_m + (L - 135) \times 4 + \Delta T$$

여기서, L : 경도

T : 진태양시

4 : 경도 1°에 4분의 위치 시차를 나타낸다(24시간 ÷ 360°= 4분)

135 : 표준시 경도(한국의 표준시를 나타내는 경도)

ΔT : 평균시차

이와 같이 ϕ, δ, T가 결정되면 이로부터 태양의 위치를 고도(h)와 방위각(A)으로 나타낼 수 있다.

$$\sinh = \sin \Phi \cdot \sin \delta \cos \Phi \cdot \cos \delta \cdot \cos T$$

$$\cos A = \frac{\sinh \cdot \sin \Phi - \sin \delta}{\cosh \cdot \cos \Phi}$$

T : 시각(남중시 0°)

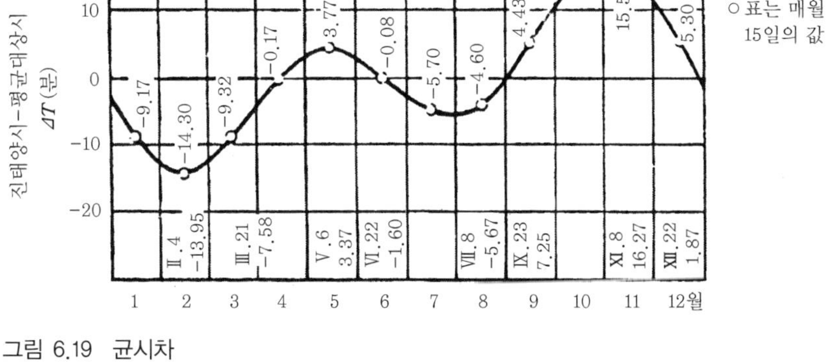

그림 6.19 균시차

남중 이후에는 1시간에 +15°/ h 만큼 가산하고, 남중 이전에는 1시간에 −15°/ h 만큼 보정하여 결정한다.

(2) 일사량의 직산분리

일사량은 건축계획 및 공기조화, 냉난방계획에 있어서 기상조건 중에서 가장 중요한 요소 중의 하나이다. 일반적으로 기상대나 실제로 관측되는 일사량은 수평면 전(천)일사량이 보통이다. 건물에서의 열해석을 위해서는 수평면 일사량뿐만 아니라 수직면이나 경사면에서의 일사량을 알아야 한다. 따라서 수평면 전일사량을 경사면 일사량 또는 수직면 일사량으로 변환해야 한다. 이러한 방법으로는 전(천)일사량을 직달성분과 산란(확산)성분으로 나누어 생각할 수 있다.

전천일사량 = 직달일사량 + 확산일사량(산란성분)

$$I_{TH} = I_{DH} + I_{dH}$$
$$= \sinh I_{DN} + I_{dH}$$

여기서, I_{TH} : 수평면 전 일사량

I_{DH} : 수평면 직달일사량

I_{dH} : 수평면 확산일사량

I_{DN} : 법선면 직달일사량

h : 태양고도

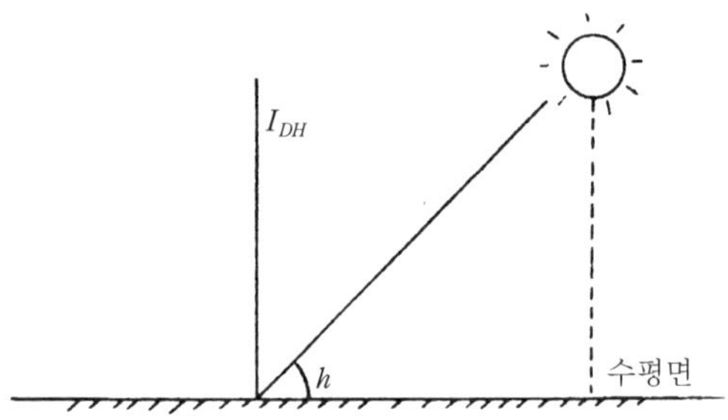

그림 6.20 수평면 직달일사량 및 법선면 직달일사량

① 수직면의 직달일사량

수직면에 작용하는 일사량의 직달성분은 벽면의 방위에 따라 변하며, 벽면에 대한 태양의 방위각 r가 주어지면 그 방위의 벽면에 대한 수직면 직달일사량 I_{DV}는 다음 식에 의해 나타낼 수 있다.

$$I_{DV} = I_{DN} \times \cosh \times \cos r$$

여기서, r : 벽면에 대한 태양 방위각

A : 태양 방위각

ε : 벽면의 방위각

② 수직면의 산란일사량

수평면과 θ의 각도를 이루는 경사면에서의 산란일사량은 수평면 산란일사량 I_{dH}에 경사면의 천공에 대한 형태계수(configuration factor 또는 angle factor)를 적용하여 산출할 수 있다. 경사면과 수직면의 산란일사량은 다음과 같이 산출할 수 있다.

$$I_d\theta = \cos^2\frac{\theta}{2} I_{dH}$$

단, $I_d\theta$: 경사면의 산란일사량

I_{dH} : 수평면 산란일사량

$\cos^2\frac{\theta}{2}$: 경사면의 천공에 대한 형태계수 $= (1+\cos\theta)/2$

여기서, 수직면의 경우 $\theta = 90°$이므로 수직면의 산란일사량은 다음 식과 같다

$$I_d\theta = \frac{1}{2} I_{dH}$$

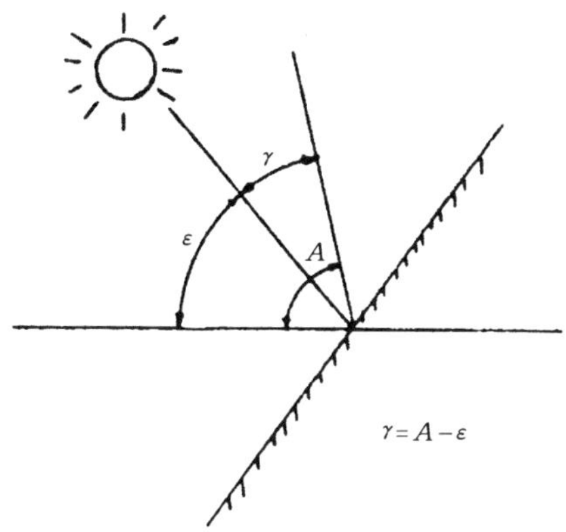

그림 6.21 수직면 직달일사량

③ 형태 계수

지상에 놓인 어떤 면이 천공복사를 받을 경우에 대한 형태계수는 다음과 같이 간단히 표시할 수 있다.

수평면과 반구면 전체에 대한 형태계수는 1이 되며, 수직면의 경우 반구의 절반에 해당하는 것으로 보아 형태계수 Φ를 1/2로 가정한다.

경사면의 경우

$$\Phi = \cos^2\frac{\theta}{2} = \frac{1+\cos\theta}{2}$$

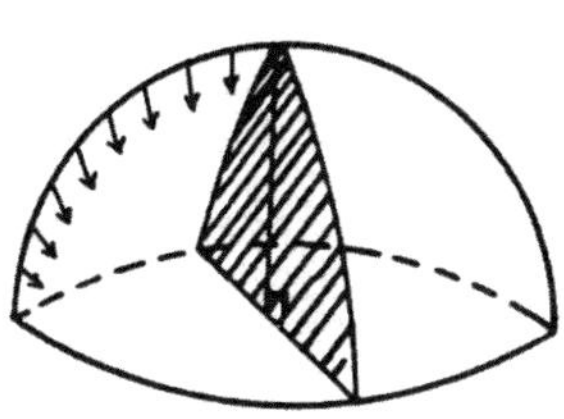
그림 6.22 수직면의 형태계수

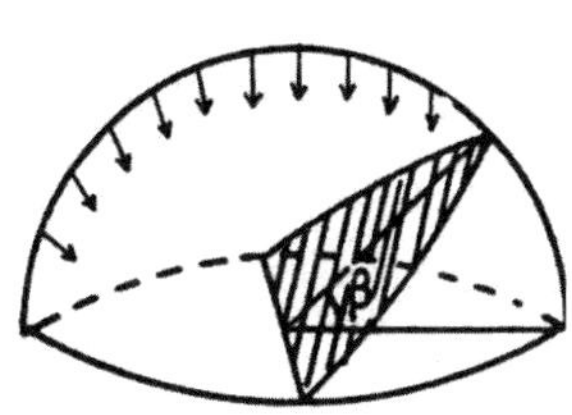

그림 6.23 경사면의 형태계수

(3) 방위별 수직면의 일사량

건물의 외표면에 작용하는 일사의 영향을 파악하기 위해서 각 방위별 수직면 또는

경사면의 일사량을 산출해야 한다. 일사량의 관측치인 수평면 전일사량으로부터 각 방위의 수직면 일사량을 산출하기 위해서는 우선 전일사량에 대한 직달성분과 산란성분으로 나누어야 한다.

2) 상당외기온도(sol-air temperature)

건물의 외벽 표면에 일사가 닿으면 그 영향에 의해서 표면 부근의 온도가 상승하게 된다. 일사에 의해서 외표면의 열적인 영향을 나타낼 수 있는 것이 상당외기온도(sol-air temperature)의 개념이다. 1946년 Mackery & Wright에 의해 제창된 상당외기온도는 다음의 3가지 요소로 표시된다.

- 외기온도
- 외표면에 입사하여 흡수된 일사성분
- 주위환경과 외표면과의 장파장 복사열교환

어떤 구조체에서 상당외기온도에 관한 열적 해석은 구조체 표면과 그 부근의 공기온도가 서로 복사열교환이 일어나지 않는다는 이론적인 가정에서 구조체의 외표면 온도는 부근의 공기온도와 같다는 개념이다. 일사의 영향으로 상승된 외표면 온도는 구조체를 통과하여 내표면 온도에도 영향을 미치게 되며, 건물의 열부하 계산에 고려해야 한다. 일반적으로 상당외기온도는 다음과 같이 표시된다.

- 외기온도
- 외표면에 입사하여 흡수된 일사성분
- 주위환경과 외표면과의 장파장 복사열교환

여기서, $\varepsilon(\sigma T^4 - LR)$은 지면, 천공, 주위환경 등과 외표면과의 장파장 복사열 교환성분을 나타낸 것이며, $(\sigma T^4 - LR)$은 대기복사량이라고 한다. 이 식을 사용하여 t_{SAT}를 구하는 것은 계산이 복잡해지므로, 이때 장파장 복사에 의한 열교환 성분이 그다지 크지 않을 경우에는 다음 식을 이용하여 간단히 t_{SAT}를 산출할 수 있다.

$$t_{SAT} = t_o + \frac{a \cdot I}{\alpha_o}$$

6.1.5 보고서 작성

외부 기상요소의 전체 측정기간에 대하여 관측일지를 작성하고 각각의 기상요소의 변화를 그래프로 작성하여 분석 평가한다.

6.2 실내 열환경(실내기수)의 측정

6.2.1 측정의 목적

건축물의 실내 열환경은 외부 기상조건이나 실내의 재실자, 사용상황에 의하여 다양하게 변화한다. 실내온열환경은 실내기후라고도 하며, 주요 환경요소에는 ① 온도, ② 습도, ③ 기류속도, ④ 복사열 등이 있다. 이를 온열환경의 4요소라고 한다. 실내의 재실자에 대한 온열환경요소의 영향을 종합적으로 나타내고, 특히 인공환경인 실내에서의 온열환경요소의 영향을 충분히 이해하는 것이 필요하다.

여기에서는 온열환경 4요소의 측정방법을 습득하여 실내에서 실측을 통한 온열환경요소의 측정값을 분석하고 평가하는 방법에 대하여 이해하는 것을 목적으로 한다.

6.2.2 기초사항

1) 인체의 쾌적조건과 영향요소

인체를 둘러싸고 있는 온열환경은 인체의 생리적인 영향, 인체에 영향을 미치는 주위환경의 물리적 영향에 의하여 복잡하게 구성된다. 인체는 인간의 활동에 의하여 에너지를 소비하고 음식물을 섭취하여 에너지를 공급받게 되며, 이를 에너지대사라고 한다. 에너지대사는 생물체에만 있는 특유의 과정이며, 생명현상을 유지하기 위한 근원인 동시에 열역학 법칙의 지배를 받는다.

인체가 주위환경과의 사이에 열적으로 불균형을 이루면 열적 스트레스를 받게 되며, 인체는 어떠한 반응을 일으키게 된다. 즉, 인체 내부에 에너지가 축적되면 일을 함으로써 평형상태로 이행하게 되며, 인체와 환경과의 사이에 물리적, 화학적 평형상태가 성립되도록 노력하게 된다.

인체의 내부에 축적된 에너지는 주로 대류, 복사, 전도, 수분증발 등에 의하여 외부로 열방산이 일어나며, 그 중에서 수분증발에 의한 열방산은 폐와 피부로부터 발생한다. 체온이 적절한 온도를 초과하면 땀을 흘리게 되어 수분증발에 의한 냉각작용으로 열방산량이 증가하게 된다. 그림 6.24는 인체와 주위환경과의 열방산 특성을 도식화하여 나타낸 개념도이다.

인체의 에너시대사와 수위와의 열방산량의 관계를 나타내는 식을 인체의 열평형식이라 하며 다음과 같이 표시할 수 있다.

$$M = \pm R \pm C \pm E \pm S \qquad \text{식(6.1)}$$

M : 에너지 대사량 [kcal/h]

R : 복사에 의한 열방산 [kcal/h]

C : 전도, 대류에 의한 열방산 [kcal/h]

E : 수분증발에 의한 열방산 [kcal/h]

S : 인체 내에 축적된 열량 [kcal/h]

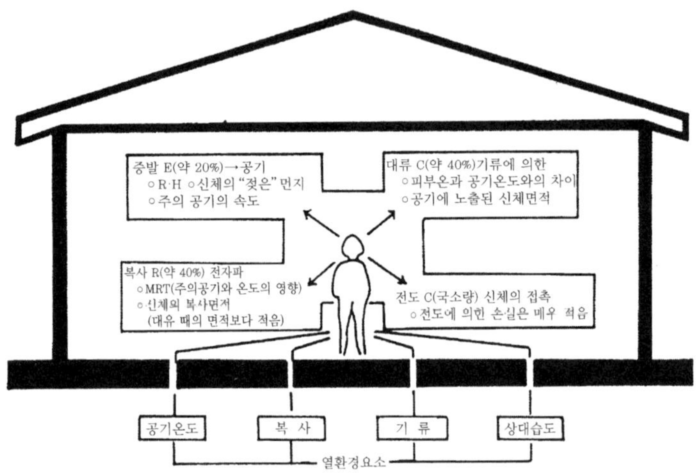

그림 6.24 인체와 주위환경과의 열방산 특성

Energy 대사량과 열방산량이 평형을 이룰 때 즉, 위의 식중 $S=0$일 때의 열환경을 열적중성점(thermal neutral point)이라 하며, 이 상태에서는 추위와 더위에 대한 느낌을 갖지 않게 된다. 반면 $S>0$일 때는 덥게 느껴지며, $S<0$일 때는 춥게 느껴진다. 따라서 이러한 느낌을 갖게 될 때 인체는 체내에서 열을 방출하거나 보존하는 생리적 조절기능을 하게 한다.

한편, 인간이 생존할 수 있는 체내의 온도범위는 35℃~40℃ 사이이며, 일반적으로는 36.5℃ 정도로 일정하게 유지된다. 체내의 열이 흘러나갈 수 있도록 피부온도(33~34℃ 정도)는 항상 내부온도보다 낮아야 한다. 또한 열이 방산될 수 있도록 주위의 환경온도는 피부온도보다 낮아야 한다. 이러한 열의 방산이 적당히 이루어지는 주위 환경온도의 범위는 인간에게 쾌적감을 주게 된다.

표 6.6은 환경인자, 열전달, 생리적 반응, 생리적 상태 및 감각 사이의 관련을 열평형 중심으로 대략적으로 나타낸 것이다.

- 물리적 조건
  건구온도, 평균복사온도, 습도, 기류 등
- 생리적 요소
  대사량, 개인차(연령, 성별, 신체조건 등)
  쾌적도(관습, 지리적인 위치 등)
- 유동적 요소
  활동량(대사량과 기류속도에 영향을 받음)
  의복량(의복의 열저항치), 재실시간, 주변사항

표 6.6 환경인자, 열전달, 생리적 반응, 생리적 상태 및 감각 사이의 관련성

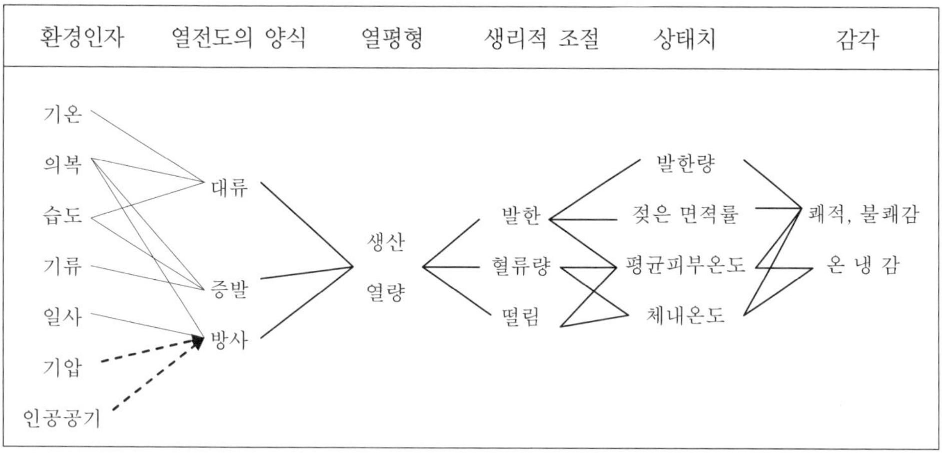

이와 같이 인체의 쾌적조건은 물리적, 생리적 요소 등에 의하여 어떠한 환경에서 재실자의 80% 이상이 열적으로 쾌적감을 유지하는 것을 말하지만 실제로는 그 방법에 있어서 매우 어려운 경우가 있다.

2) 온도

실내의 온도는 실온이라 한다. 재실자의 온열적 쾌적환경을 주로 취급하며, 거주공간의 평균적인 공기의 온도로써 취급되어진다. 실내의 열부하를 계산, 검토할 때에는 실내공간 전체의 평균온도로 취급하는 방법을 연습할 필요가 있다.

온열환경 요소로써의 실온은 측정위치가 바닥위로 부터 75~120cm의 범위에서 측정한다. 바닥 위 120cm는 재실자가 의자에 앉을 때의 호흡선과 같은 높이이다. 실내의

온도는 수평(평면)방향 및 수직방향에 따라 달라지며, 분포의 특성은 기류분포 및 재실자 분포 등에 의하여 큰 차이가 나타난다. 또한 벽면, 유리창, 출입구 부근에서는 온도의 변화가 현저하게 나타난다. 따라서 실내의 평균온도를 산출하기 위하여 실내에 몇 점의 장소에서 온도를 측정할 필요가 있다.

3) 습 도

온열환경에 영향을 미치는 습도는 주로 상대습도로 표시된다. 상대습도와 온도는 서로 밀접한 관계가 있으므로 동일한 장소에서 동일한 시각에 파악되어야 한다. 실내습도의 측정은 정밀도가 높고 간편한 아스만(Assmann)통풍식 건습구온도계를 사용한다.

습도는 다음과 같이 산출한다.

(1) 수증기분압의 계산

$$f = f_s' - 0.5(t - t') \times \frac{P}{1,007 \times 10^5} \qquad \text{식(6.2)}$$

f : 수증기 분압(Pa)

$f_{s'}$: t'(℃)

t : 건구온도(℃)

t' : 습구온도(℃)

P : 대기압(Pa)

이 식을 Sprung의 식이라 하며, 감온부가 동결되지 않은 경우에 적용할 수 있다.

(2) 습도의 계산

$$\varphi = \frac{f}{f_s} \times 100 \qquad \text{식(6.3)}$$

ϕ : 습도 (상대)

f : (1.3.1)식에서 구한 수증기 분압 (Pa)

f_s: t(℃)에서의 포화수증기 분압 (Pa)

아스만 건습구온도계의 건구온도와 습구온도를 측정하여 식 (6.2), 식 (6.3)에 적용하여 상대습도를 계산할 수 있으며, 또는 표에 의하여 습구온도와 건구, 습구온도의 차이로부터 상대습도를 산출할 수 있다.

4) 기류속도

실내의 기류는 자연환기에 의한 통풍위치 또는 환기설비(공조를 포함)의 취출구, 흡입구에 따라 차이가 있다. 온도와 같이 쾌적성을 주로 할 때는 거주공간의 기류를 대상으로 하며, 열부하계산시 표면열전달 특성을 파악하는 경우에는 벽면 부근의 기류속도가 대상으로 된다. 거주영역의 기류속도는 속도가 크면 재실자에게 국부적인 냉각효과를 주고, 너무 클 때에는 불쾌감 등을 야기시킨다. 기류속도는 보통 0.5m/s 이하로 유지하는 것이 바람직하다. 따라서 실내 기류속도의 측정에는 0.5m/s 이하의 미풍속이 측정될 수 있는 정밀한 측정기기를 필요로 한다.

기류의 방향은 특별히 측정할 필요는 없으나 기류방향을 알 필요가 있을 때는 연기나 섬유 등을 이용하여 간단히 관측할 수 있다.

5) 복사열

실내의 주위벽면이 가열 또는 냉각되는 경우에는 복사열의 영향을 검토할 필요가 있다. 복사열의 영향을 파악하기 위하여 글로브 온도계가 사용된다. 글로브 온도계와 주위 벽과의 위치관계 및 벽면과의 관계로부터 복사효과가 같은 균일한 주벽면 온도를 평균복사온도 MRT(Mean Radiant Temperature)라고 하며, MRT는 다음 식으로 표시된다.

$$\mathrm{MRT} = t_g + 2.35v(t_g - t_a) \qquad \text{식}(6.4)$$

MRT : 평균방사온도 (℃)

t_g : 글로브온도 (℃)

t_a : 실온 (℃)

v : 기류속도 (m/s)

식(2.4)는 v = 0.18(m/s)일 때 다음과 같이 표현된다.

$$\mathrm{MRT} = 2t_g + t_a \qquad \text{식}(6.5)$$

따라서

$$t_g = \frac{MRT + t_a}{2} \qquad \text{식}(6.6)$$

또한, 작용온도 OT(Operative Temperature)는 글로브 온도로 표시할 수 있다.

$$\mathrm{OT} = t_g \qquad \text{식}(6.7)$$

6.2.3 측정준비 및 측정기기의 취급방법

실내 열환경의 측정에는 장시간 동안에 연속하여 측정할 필요가 있는 경우와 단시간에 측정을 종료할 필요가 있는 경우로 나눌 수 있다. 실내의 수평분포를 측정할 경우에는 다수의 측정점에 대하여 단시간에 측정할 필요가 있으며, 본 연습에서는 단시간에 측정을 실시하는 방법을 알아본다.

1) 온도, 습도의 측정

(1) 아스만 건습구 온도계

온도계로서 유리 봉상온도계를 이용한다. 2개의 온도계 중에서 하나는 헝겊을 씌우고 수분을 공급한 습구온도계로 하고, 온도계의 감온부에는 일정한 기류속도를 유지하는 통풍장치를 한다. 건구온도는 실내의 공기온도이다. 습도는 건구, 습구온도계에서 측정된 값으로부터 산출한다. 아스만 건습구 온도계에 대한 취급 시 주의할 점은 다음과 같다.

① 온도계는 최소눈금 0.2℃의 수은봉입 유리 봉상온도계(2중관)의 검정품을 사용한다. 유효기간이 경과한 것은 재검정하거나 또는 신품으로 교환한다.

② 통풍장치는 온도계의 감온부에 충분한 기류속도(2.5m/s 이상, 표준 5m/s)를 유지해야 한다. 통풍장치의 기류속도가 다소 작아질 때는 통풍장치가 안정된 기류를 확보할 수 있는가를 점검하고, 통풍장치만의 교환이 가능한가에 대하여 검토한다.

③ 통풍관의 외측, 내측은 2중으로 구성되어 주변의 복사열의 영향을 방지해야 한다.

④ 습구온도계의 헝겊은 장시간 사용하면 오염되고, 오염되면 정확한 측정이 불가능하므로 새로이 교환한다.(사용빈도가 높을 때는 1주간마다 교환) 가제 및 헝겊은 그림 6.25에 나타낸 것 같이 헝겊을 적당한 크기로 자르고 물을 적실 수 있도록 구성하고 감온부를 감싼 구조로 한다.

◈ 측정시 유의사항

① 습구온도계 부분에 수분을 공급할 때는 전용 스포이드를 사용한다. 이때 내측 통에 물이 닿지 않도록 주의한다.

② 온도의 눈금을 읽을 때 아스만 건습구온도계에 가까이 하면 측정자의 체온에 의

하여 따뜻한 공기가 흡입되어 온도에 변화를 줄 수 있으므로 주의해야 한다.

③ 온도의 측정은 통풍장치를 작동시킨 후 안정된 상태에 이르렀을 때 읽어 측정한다. 최초에 측정할 때나 수분을 보급한 후에 측정은 통풍장치를 작동시킨 후 10분 정도 경과하여 안정시킬 필요가 있으며, 실내를 이용하여 측정할 때는 3분 정도 안정시킨 후에 측정하는 것이 좋다.

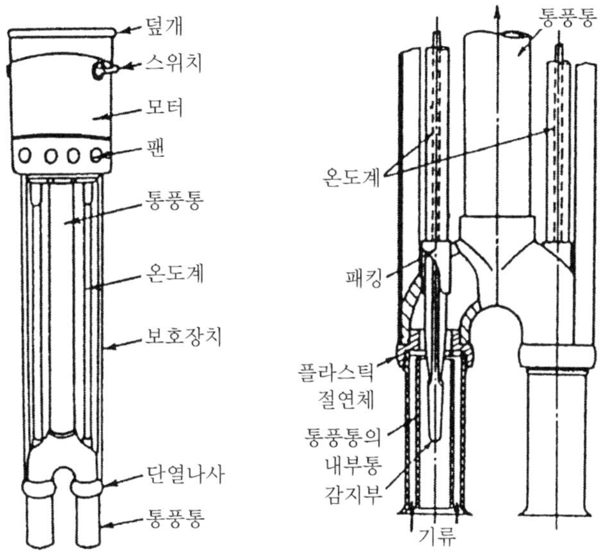

그림 6.25 아스만 건습구온도계의 감온부의 구조

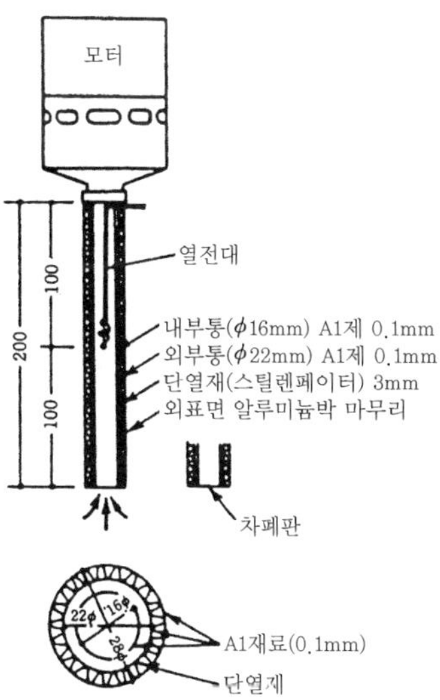

그림 6.26 통풍형 온도계

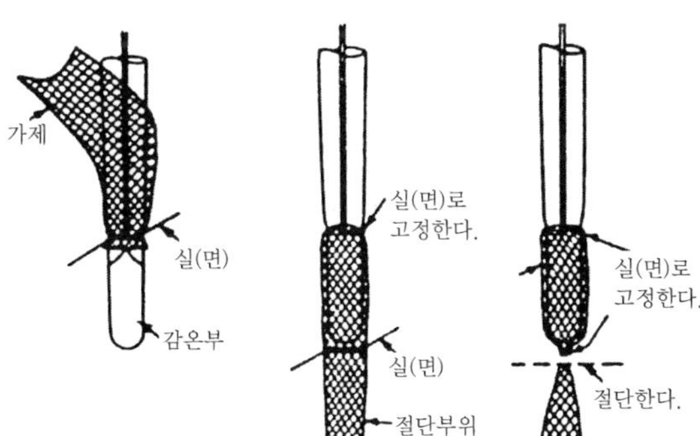

그림 6.27 습구온도계의 작성방법

(2) 자기온습도계

장시간 연속하여 측정하여 온습도의 기록이 필요할 때에 이용된다. 온도는 팽창계수가 다른 2종류의 금속판을 사용한 바이메탈을 이용하며, 습도는 흡습에 의한 모발의 신축을 이용하여 각각의 검출부로 사용한다. 그림 6.28과 같이 기록지의 상부에 온도를 하부에 습도를 기록한다. 검출부는 일반적으로 온도용이 본체의 하부측에, 습도용이 상부측에 부착된다. 기록지를 원통형 드럼에 부착하며, 드럼의 회전에 의해 측정치가 기록된다. 1일 또는 7일마다에 1회전한다.

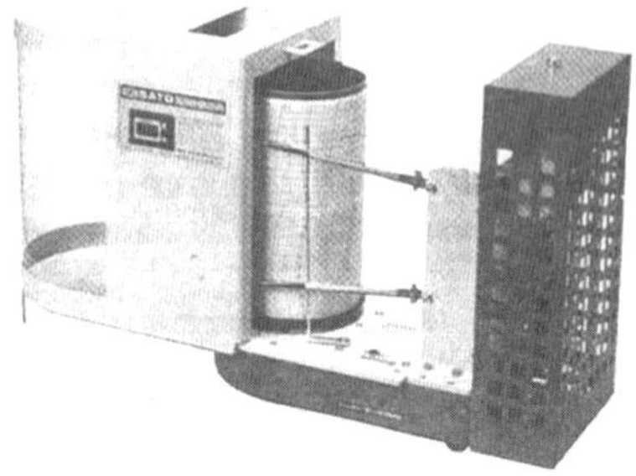

그림 6.28 자기 온습도계 및 기록지

자기온습도계의 취급시 주의사항은 다음과 같다.

① 검출부의 경시변화, 변위전달 부분의 기계적 정확도에 대해서는 정기적으로 또는 사용할 때마다 아스만 건습구온도계로 교정한다.

② 진동에 대해 취약하므로 이러한 장소에 사용기에 부적당하다.

③ 습도 검출부의 모발은 항상 청정하게 보존하고 불필요한 장력을 가하지 말아야 한다. 특히 저습 및 고습, 고온 등에 보관하거나 설치하지 말아야 한다.

(3) 기 타

습도를 측정하는 방법에는 듀셀(Dew-cell) 노점온도계에 의한 노점온도의 측정과 동시에 온도를 측정하여 상대습도를 산출하는 방법이 있다. 데이터로거에 의한 측정방법은 연속측정이 가능하지만 측정점이 여러 개 필요한 수평분포의 측정에는 부적당하다.

2) 기류속도의 측정

(1) 카타 한냉계

온열환경의 쾌적성을 대상으로 하는 실내기류의 측정에는 순간치보다 평균치를 측정할 수 있는 쪽이 바람직하다. 기류의 방향은 불특정하기 때문에 지향성이 없는 측정기기가 필요하다.

카타온도계는 이러한 조건을 만족하면서 가격이 싸고 취급도 용이한 측정기기이다. 카타온도계의 감온부위는 인체를 모의한 것으로 온열환경요소 중에서 온도와 기류속도에 의한 냉각력을 측정하기 위하여 고안되었다. 그림 6.29는 카타온도계의 모습을 나타낸 것이다.

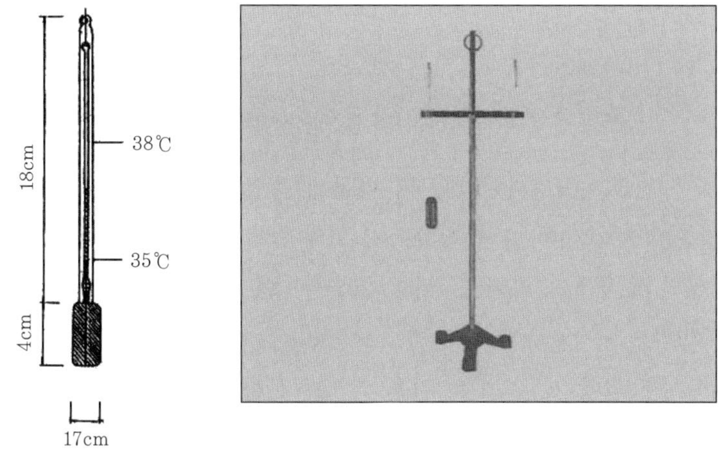

그림 6.29 카타온도계

표 6.7 카타온도계의 계산표

H/θ	v m/s	H/θ	v m/s	H/θ	v m/s	H/θ	v m/s
0.20	0.00	0.40	0.25	0.60	1.00	0.80	2.02
0.21	0.00	0.41	0.28	0.61	1.05	0.81	2.08
0.22	0.00	0.42	0.31	0.62	1.09	0.82	2.14
0.23	0.01	0.43	0.33	0.63	1.13	0.83	2.20
0.24	0.01	0.44	0.36	0.64	1.18	0.84	2.27
0.25	0.02	0.45	0.39	0.65	1.23	0.85	2.34
0.26	0.03	0.46	0.42	0.66	1.27	0.86	2.41
0.27	0.03	0.47	0.45	0.67	1.32	0.87	2.48
0.28	0.04	0.48	0.49	0.68	1.37	0.88	2.55
0.29	0.05	0.49	0.52	0.69	1.42	0.89	2.62
0.30	0.07	0.50	0.56	0.70	1.47	0.90	2.68
0.31	0.08	0.51	0.60	0.71	1.53	0.91	2.75
0.32	0.09	0.52	0.64	0.72	1.53	0.92	2.82
0.33	0.11	0.53	0.68	0.73	1.63	0.93	2.90
0.34	0.12	0.54	0.72	0.74	1.68	0.94	2.97
0.35	0.14	0.55	0.76	0.75	1.74	0.95	3.05
0.36	0.16	0.56	0.80	0.76	1.80		
0.37	0.18	0.57	0.85	0.77	1.85		
0.38	0.20	0.58	0.90	0.78	1.91		
0.39	0.23	0.59	0.95	0.79	1.96		

카타온도계의 냉각력은 다음 식에 의해 표시된다.

$$H = \frac{F}{T} \qquad 식(6.8)$$

H : 카타냉각력

F : 카타계수

T : 상부표선에서 하부표선까지 하강(냉각)하는 시간 (s)

카타계수는 카타온도계마다 다르기 때문에 측정기기 제작 시에 결정된다. 카타온도계의 정밀도는 카타계수 F의 정확도에 의해 달라지며, 최근의 실험에 의하면 F값이 최대 20.7%의 오차를 나타내고, 이때 기류속도의 측정오차는 67.4%에 이르고 있다고 발표되고 있다.

카타온도계에 의한 기류속도는 다음 식으로 산출할 수 있다.

① $H/\theta \geq 0.6$일 때(다음 식에서 $v \geq 1\,\mathrm{m/s}$일 때)

$$v = \frac{(H/\theta) - 0.13}{0.47} \qquad \text{식(6.9)}$$

② $H/\theta \leq 0.6$일 때(다음 식에서 $v \leq 1\,\mathrm{m/s}$일 때)

$$v = \frac{(H/\theta) - 0.20}{0.40} \qquad \text{식(6.10)}$$

여기서 θ는

상온용 (N) $\theta = 36.5 - t$ 식(6.11)

고온용 (H) $\theta = 53.0 - t$ 식(6.12)

t : 실온

카타온도계는 상부표시선이 38℃, 하부표시선 35℃인 상온용과 상부표시선이 55℃, 하부표시선 52℃인 고온용이 있다. 식 (6.11) 및 식 (6.12)의 36.5, 53.0은 각각의 중간값을 나타낸 것이다. 공기온도가 높고 상온용의 카타계로 냉각시간을 측정하여 T가 2분 이상이 될 때에는 고온용의 카타계를 사용한다. 표 6.7은 식 (6.9), 식 (6.10)의 계산을 위한 표를 나타낸다. 여기서 H/θ를 알면 기

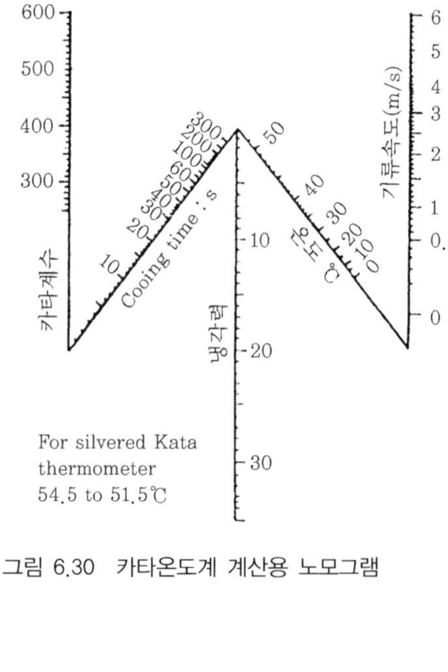

그림 6.30 카타온도계 계산용 노모그램

류속도 v를 구할 수 있다.

측정순서와 주의사항은 다음과 같다.

① 카타온도계는 비커에 상온용은 44℃, 고온용은 65℃ 정도의 온수를 담고 그 속에 카타계를 담근다. 2~3 분쯤 경과한 후에 카타계의 알코올이 안전 표시선까지 상승한다.

② 카타계를 꺼내어 면수건으로 물기를 닦아 내고 스탠드에 고정하여 설치한다. 카타계가 냉각되면 알코올이 상부표시선 이하로 하강하기 시작한다. 이때부터 시간을 측정하기 시작한다.

③ 카타계로부터 충분한 거리를 유지하고 초시계로 알코올이 상부표시선에서 하부표시선까지 냉각되는 시간을 측정한다.

④ 냉각시간의 기록과 동시에 카타계의 카타계수와 상온용인가 또는 고온용인가를 기록한다.

⑤ 아스만 건습구온도계에 의해 동일한 측정점에서 실온을 측정한다.

⑥ 계산에 의해 기류속도를 산출한다.

비커에는 수온을 측정하기 위한 봉상온도계를 설치하고 수온이 낮아지면 온수를 재가열하여 적당한 온도를 유지한다. 카타계에 의한 기류속도의 측정은 복사열의 영향을 크게 받아 평균복사온도가 실온보다 4℃ 정도 높을 때 카타계에 의한 측정치는 30% 낮게 되므로 주의를 요한다.

(2) 열선풍속계

열선풍속계는 전기적인 방법에 의한 기류속도의 측정기기이며, 휴대가 간편하고 취급이 용이하여 많이 사용된다. 실내 기류속도 측정용으로는 미풍속(0.5m/s 이하)의 측정 정밀도, 검출부(센서)의 지향특성, 기류속도의 평균치 측정 등에 적합한 기기를 선정해야 한다.

그림 6.31은 열선풍속계의 지향특성의 예를 나타낸다. 풍속계 B와 D는 지향특성이 우수하므로 실내 기류속도의 측정에 적당하다. 실내기류는 수시로 변화하므로 평균치의 측정이 필요하며 응답특성이 다소 나빠도 평균치의 측정에는 큰 차이가 없다. 측정기기의 눈금의 작동은 Fast와 Slow로 변환할 수도 있다.

풍속계는 정기적으로 교정을 실시하여 정밀도를 확인해야 한다. 장기간 사용하는 사이에 검출부에 먼지 등으로 오염된 경우에는 외부에서 세정해야 하며, 센서에 따라서는 세정할 수 없는 것이 있으므로 주의해야 한다.

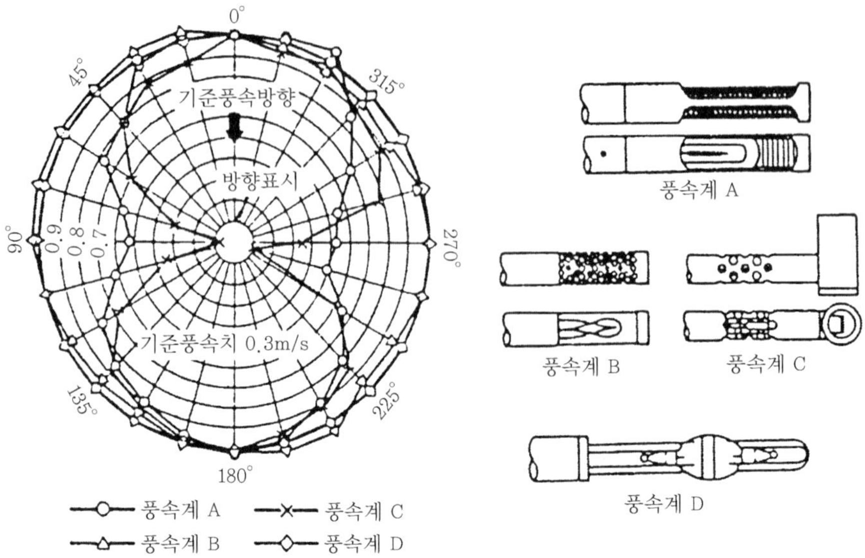

(a) 지향특성 (b) 검출부

그림 6.31 열선풍속계와 검지부의 지향특성의 예

3) 복사열의 측정

글로브온도계를 사용하여 복사열을 측정한다. 글로브온도계는 Vernon에 의해 고안되었으며, 그림 6.33과 같이 얇은 동판(두께 0.5 mm 정도)으로 제작된 직경 15cm의 공(中空球) 모양을 이루고 있다. 표면에는 흑색도료를 칠하고 내부에 봉상온도계의 감온부를 중심에 위치하도록 설치하고 고무마개로 고정시킨다.

측정의 순서와 주의사항은 다음과 같다.

① 봉상온도계는 아스만 건습구에 사용하는 것과 동일한 종류를 사용한다.

② 글로브온도계를 실내의 측정점에 설치하고 약 15분 경과한 후에 봉상온도계의 온도를 읽는다.

③ 아스만 건습구온도계와 같은 동일한 측정점에서 실온을 측정한다.

④ 글로브온도계의 표면은 더러워지지 않도록 청결하게 보관해야 하며, 또한 변형되지 않도록 보관, 운반에도 주의해야 한다.

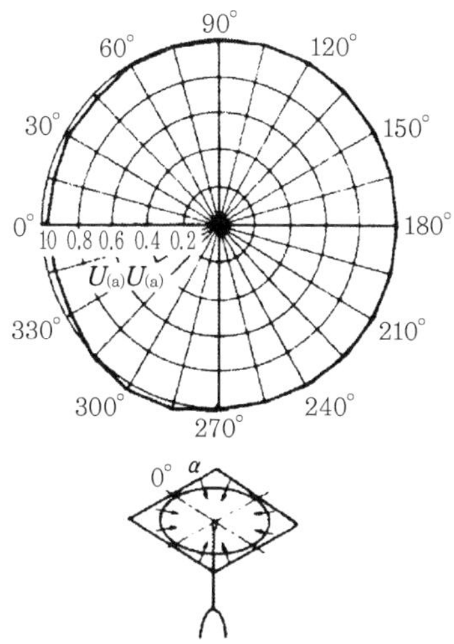

(검출부의 지향 특성)

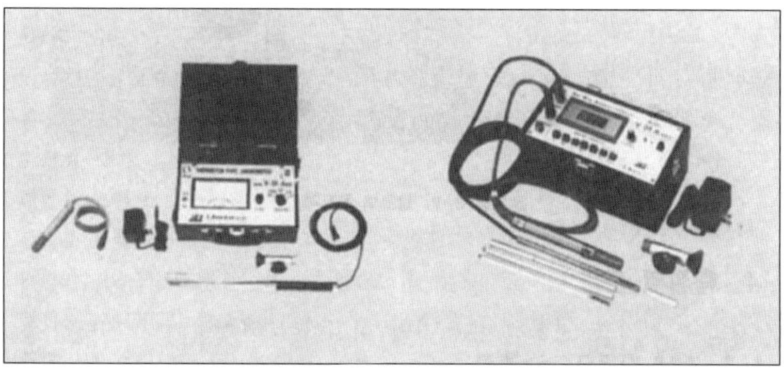

그림 6.32 열선풍속계의 모습

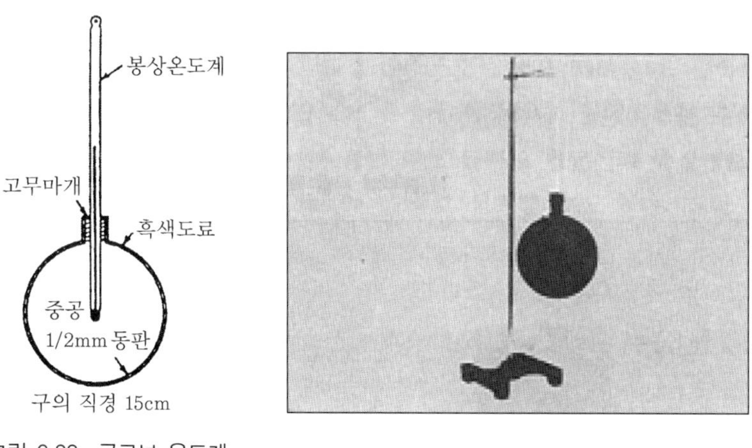

그림 6.33 글로브 온도계

6.2.4 측정의 진행

1) 실내 환경요소의 측정

실내기후의 측정은 가장 기초적인 것이며 응용할 분야가 많다. 따라서 측정방법을 정확히 이해하고, 측정기기의 관리, 정비가 가능하도록 훈련이 필요하다. 여기서는 실내의 각종 온열환경요소의 측정을 연습한다.

(1) 온도, 습도

온도와 습도의 측정은 아스만 건습구온도계를 사용하여 측정을 실시한다. 우선 아스만 건습구온도계의 습구온도계의 가제 부분의 교환, 통풍장치의 점검 등을 실시한다.

① 아스만 건습구온도계의 통풍구를 본체에서 떼어낸다. 본체에 고정된 통풍구는 수차례 회전하면 분리된다. 다음에 본체내의 습구온도계의 감온부에 가제를 부착한다.

② 습구온도계의 가제를 적당한 길이만 남기고 가위나 칼로 절단한다.

③ 본체에 통풍구를 다시 연결하여 장착한다.

④ 통풍장치를 작동하여 송풍용 팬의 회전이 적당하고 통풍량이 충분한가를 확인한다. 통풍량의 확인방법으로는 열선풍속계를 사용하여 흡입구의 풍속을 측정하여 알 수 있다. 통풍량이 부족할 때는 건전지를 교환한다.

⑤ 통풍장치의 건전지를 교환하여도 팬의 회전이 불규칙하거나 원활하지 않으면 통풍장치의 모터를 수리하거나 교환한다.

(2) 기류속도

기류속도는 카타온도계를 이용하여 측정하는 방법을 설명한다. 준비물은 다음과 같다.

① 카타온도계 : 상온용, 고온용
② 비커 : 카타계용 2개
③ 봉상온도계 : 10－100℃
④ 초시계 : 2개
⑤ 받침용 스탠드
⑥ 건조용 헝겊
⑦ 아스만 건습구온도계
⑧ 열선풍속계 (비교, 참고용)
⑨ 소형 선풍기
⑩ 기타 (온수 또는 가열장치)

2개의 비커에 봉상온도계를 설치하고 상온용(44℃)과 고온용(65℃)의 2종류의 온수를 채운다. 상온용과 고온용의 카타온도계의 감온부를 각각 비커의 온수에 잠기게 설치한다.

카타온도계의 카타계수 F의 검정을 실시한다. 이때 기류의 흐름이 약할 때는 소형 선풍기를 사용하여 기류속도 (0.2~0.5m/sec 정도)를 유지하고, 열선풍속계의 기류속도와 비교한다.

카타계에 의한 기류속도의 측정순서에 의하여 실습을 실시한다. 동일한 카타계에 대하여 수차례 측정하여도 기류속도에 20~30% 이상의 차이가 있을 때에는 카타계수 F의 재검정을 실시해야 하므로 사용이 불가능하게 된다. 실습을 할 때는 표 6.8에 나타난 기록용지를 이용하면 측정작업의 효율을 높일 수 있다.

다음에 실습용 실내의 기류속도를 측정하는 연습을 실시한다. 동일한 지점에서 동일한 카타계에 의하여 3회 정도 측정하고 평균치를 구한다. 상온용과 고온용에 대하여 동일한 방법으로 실습을 실시한다. 상온용에서 냉각시간 T가 2분(120초)이상일 때는 고온용만으로 측정한다.

표 6.8 카타온도계에 의한 기류속도의 측정용 기록지

장소	횟수	상온용(N) 고온용(H)	카타계수 (F)	냉각시간 T(sec)	기온 t(℃)	카타 냉각력 $H=H/T$	N용 $\theta=36.5-t$	H용 $\theta=53-t$	H/θ	기류 속도 (m/sec)
위치 1	1									
	2									
	3									
	4									
위치 2	1									
	2									
	3									
	4									
위치 3	1									
	2									
	3									
	4									
위치 4	1									
	2									
	3									
	4									
위치 5	1									
	2									
	3									
	4									

(3) 복사열

복사열의 측정은 글로브온도계를 사용하며, 측정준비물과 측정순서는 다음과 같다.

① 측정 준비물

- 글로브온도계(직경 15cm) 2~3개
- 봉상 온도계(0－50℃) 2~3개
- 스탠드 2~3개
- 아스만 건습구온도계 1대
- 기류속도 측정기기(카타계 또는 열선풍속계) 1대
- 기타

② 측정순서

- 실습용 탁자에 글로브온도계를 스탠드에 고정시켜 설치한다.
  봉상온도계는 아스만 건습구온도계와 동일한 종류를 사용한다.
- 일반적으로 실습실에서는 복사열이 약하므로 실습목적을 위하여 전기 복사패널을 준비하여 실습하면 효과적이다.
- 글로브온도 측정순서에 의하여 측정을 실시한다.
  측정횟수는 동일한 조건이라면 1회만으로 충분하다.
- 측정치로부터 MRT(평균복사온도)를 산출한다.

2) 측정자료의 분석

실내의 조건에서 측정을 실시하고 측정자료의 처리방법, 평가방법에 대하여 이해한다. 실험실은 바닥면적 300m^2 정도가 적당하며, 공조설비의 유무에 대해서는 그다지 문제가 되지 않지만 창을 열어 놓는 것은 측정 연습의 성격에 적합하지 않다.

실내의 평균적인 온열환경요소를 산출하기 위해서는 실내의 몇 개 장소에서 측정할 필요가 있다. 측정점을 여러 개 선정하면 실내의 환경분포 특성을 정확하게 알 수 있지만 측정시간이 오래 소요된다.

측정점을 결정할 때는 다음의 상황을 고려할 수 있다.

① 실내의 재실자의 점유범위를 모두 포함하여 균등하게 측정점을 선정한다.

② 바닥면적 15~20m^{2}당 1개의 측정점을 선정한다.

③ 측정점은 바닥위 120cm를 기준으로 설치하며 필요에 따라 바닥에서 10~20cm 위치에도 추가로 실시할 수 있다.

측정결과로부터 온열환경요소의 분포도(Contour graph)를 작성하면 실내의 상황을 명확히 이해할 수 있다.

열환경요소에 따른 측정기기는 다음과 같다.

① 온도, 습도 : 아스만 건습구온도계

② 기류 속도 : 카타온도계, 지향성이 없는 열선풍속계

③ 복사열 : 글로브 온도계

측정대상 실이 결정되면 평면도에 책상, 의자, 가구 등의 배치도를 작성하고 측정점을 결정한다. 측정은 몇 개의 측정 팀으로 편성하여 운영한다.

표 6.9 실내 온열환경 측정기록지의 예

<table>
<tr><td>측정장치</td><td colspan="2"></td><td>바닥위 (　　)cm</td><td rowspan="8">평면도</td></tr>
<tr><td>측정일시</td><td colspan="3">년　월　일,　시- 시까지</td></tr>
<tr><td>기상조건</td><td>날씨</td><td></td><td>외기 t=　　t'=
조건 φ=</td></tr>
<tr><td rowspan="4">측 정
기 기</td><td colspan="2">온도</td><td></td></tr>
<tr><td colspan="2">습도</td><td></td></tr>
<tr><td colspan="2">기류속도</td><td></td></tr>
<tr><td colspan="2">글로브온도</td><td></td></tr>
</table>

측정점	1	2	3	4	5	6	7	8	9	10	11	12	13
t													
t'													
φ													
v													
t_g													
ET^*													
MTR													

측정점	14	15	16	17	18	19	20	21	22	23	24	25	26
t													
t'													
φ													
v													
t_g													
ET^*													
MTR													

t	최대	최소	차이	평균	편차
t'					
φ					
v					
t_g					
ET^*					
MTR					

6.2.5 측정보고서 작성

현장에서의 측정자료는 표 6.9와 같은 기록지에 기입하고, 그 결과를 분석하여 측정 보고서를 작성한다. 측정결과로부터 신 유효온도 ET^*를 산출하고, 평균복사온도를 계산하여 그 특성을 파악한다. 또한 습도, 기류속도, 신 유효온도 등의 분포도를 작성하여 실내의 상황을 파악한다.(그림 6.34)

최종적으로 실내의 환경을 기준치와 비교하여 실내환경의 특성을 평가한다.

	t	ϕ	v	ET
max	23.3	50.0	0.50	20.3
min	2.5	35.0	0.02	17.3
diff	2.8	15.0	0.48	3.0
σ	0.753	5.110	0.106	0.682
M	22.06	42.84	0.161	19.17
$\frac{\sigma}{M}\times100$	3.41	11.93	65.63	3.55
δ	96.59	88.07	34.37	96.45

σ : 표준편차

M : 중앙치

$\frac{\sigma}{M}\times100$: 공기분포율

$\delta = 100 - \frac{\sigma}{M}\times100$

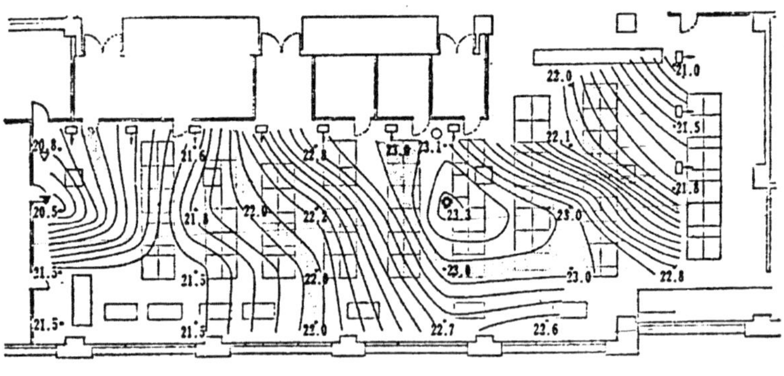

중간기, 기온(t)분포
(6층)
1971.11.12(금)
9 : 36~10 : 41

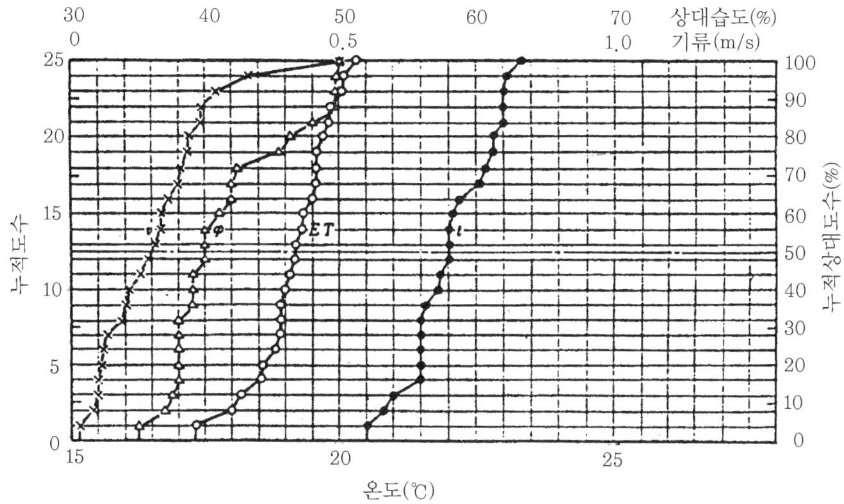

그림 6.34 A-건물에서의 온열요소 : 기류 v, 상대습도 φ, 유효온도 ET 및 기온 t의 25점의 공간분포(중간기, 바닥위 20cm)

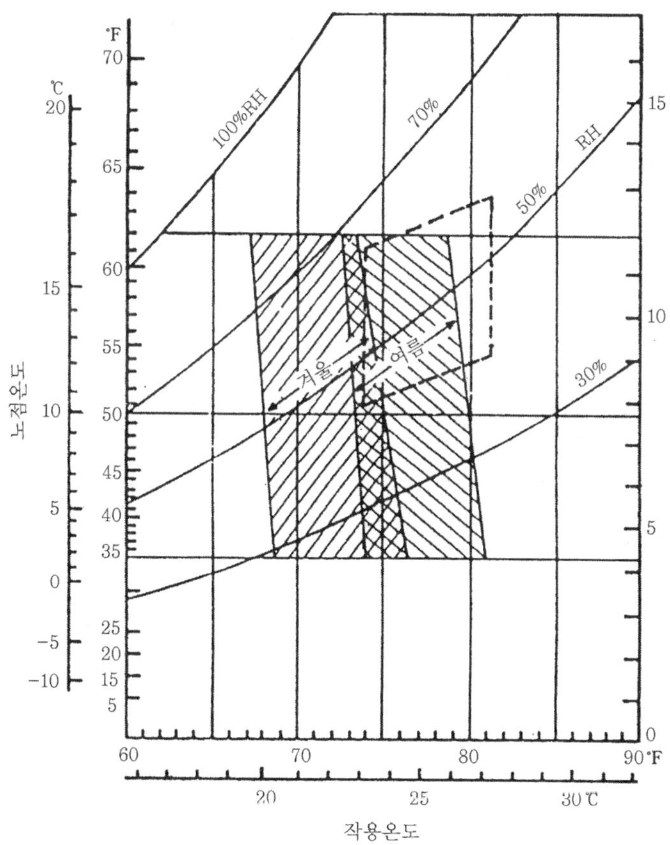

그림 6.35 공기선도에 표시된 쾌적범위

장소	B건물	바닥위 20cm
일시	1993年2月28日(水) 11時15分~12時00分	
날씨	맑음	외기 t=10.0℃ t'=4.5℃ φ=40%
측정기기	온도	아스만 건습계
	습도	〃
	기류	열선풍속계
	복사열	글로브온도계

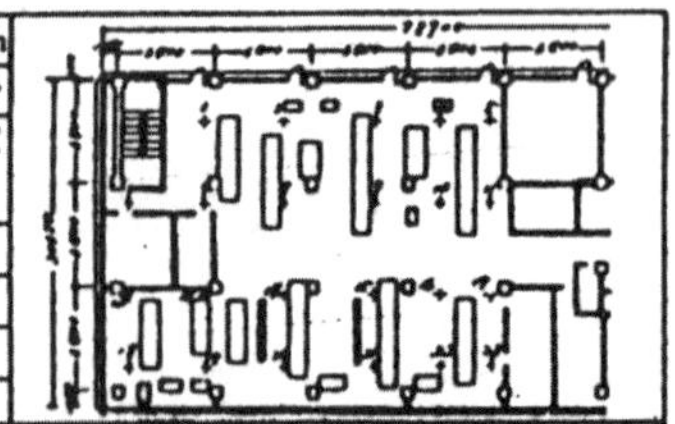

측정점	1	2	3	4	5	6	7	8	9	10	11	12	13
t	24.2	24.9	25.2	25.3	25.7	24.8	24.6	25.0	25.1	25.4	25.7	23.2	24.6
t'	16.7	16.5	17.0	16.5	16.7	16.1	16.0	16.5	16.0	16.1	16.4	15.0	16.8
φ	47	41	43	40	38	40	38	40	38	38	38	40	46
v	0.12	0.17	0.11	0.10	0.15	0.13	0.11	0.09	0.14	0.10	0.11	0.09	0.13
t_g	24.5		24.6		26.0	24.8		25.2		25.5			24.6
ET*	24.1	24.6	25.1	25.2	25.3	24.5	24.3	24.8	25.2	25.2	25.2	23.0	24.5
MRT	24.8		24.0		26.3	24.8		25.4		25.6			24.8
	14	15	16	17	18	19	20	21	22	23	24	25	26
t	24.8	25.0	24.8	25.0	23.2	23.8	24.4	25.0	25.0	24.8			
t'	16.9	16.3	16.0	16.2	14.5	15.3	14.7	16.5	16.5	15.1			
φ	45	39	41	38	40	39	34	40	40	34			
v	0.07	0.11	0.08	0.12	0.10	0.07	0.12	0.15	0.10	0.08			
t_g		25.2		25.0	23.3		24.4		25.1				
ET*	24.5	24.6	24.7	24.6	23.0	23.5	24.1	24.8	24.7	24.5			
MRT		25.4		25.0	23.4		24.4		25.2				

	최대치	최소치	편차	M	σ
t	25.7	23.2	25	0.64	24.8
t'	17.0	14.5	25	0.69	16.1
φ	47	34	13	31	40
v	0.17	0.07	0.10	0.026	0.11
t_g	26.0	23.3	27	0.64	24.9
ET*	25.3	23.0	23	0.63	24.5
MRT	26.3	23.4	29	0.73	24.9

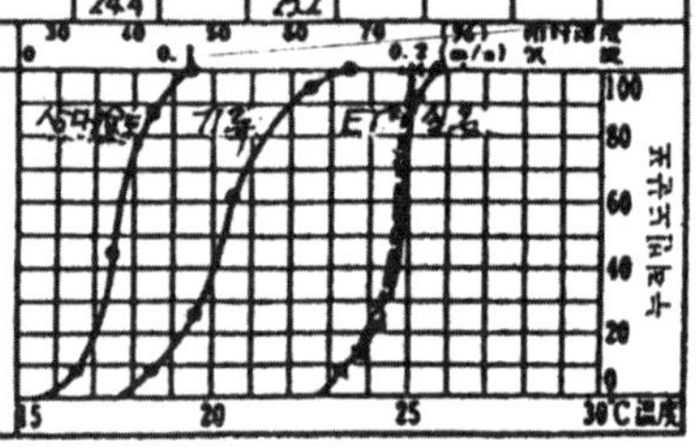

t : 건구온도(℃), t' : 습구온도(℃), ϕ : 상대습도(%), v : 기류속도(m/s), t_g : 글로브 온도(℃), ET^* : 신유효온도(℃), MRT : 평균복사온도(℃), M : 중앙값, σ : 표준편차

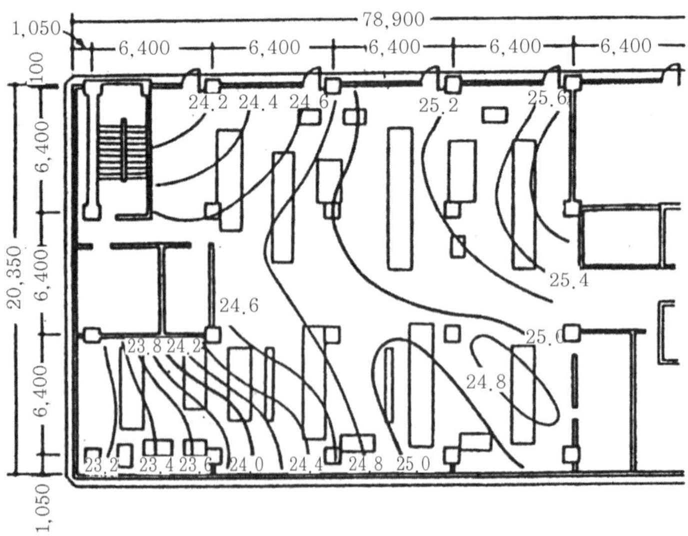

그림 6.36 온도분포도(실측 예)

6.2.6 온열환경 평가지표

실내 온열환경은 단일요소로 평가될 수 없으므로 쾌적감각에 영향을 미치는 온도, 습도, 기류속도, 복사열 등의 온열환경요소에 의하여 종합적으로 평가되어야 한다. 온열환경의 종합평가 방법에는 20세기 초반부터 연구되어져 여러 가지 방법이 제안되고 있다. 이들 연구는 재실자의 주관적 온열감에 의한 연구가 주종을 이루며, 다수의 재실자를 대상으로 여러 가지 환경상태에서 온열환경요소의 주관적 반응을 기록하게 하여 이를 통계적으로 분석하는 것이다. 한편, 생리학자나 의학자들은 신진대사, 맥박, 혈압, 체온, 발한율, 피부온도 등의 생리적 요소로 측정하여 그 결과를 분석하였다.

그 평가지표는 측정에 의한 방법, 경험과 이론에 의한 방법, PMV와 PPD에 의한 평가 등으로 대별할 수 있다.

1) 측정에 의한 평가방법

(1) 카타온도계(Kata Thermometer)

1916년 Leonard Hill이 고안한 것으로 유리로 된 알코올온도계이다. 상하에 38℃와 35℃의 눈금이 있고, 눈금 사이의 중앙이 인간의 체온과 거의 일치한다. 알코올기둥이 하강하기 시작해서 상부눈금(38℃)으로부터 하부눈금(35℃)까지 통과하는 시간 T를 측정하고, 각 카타온도계의 고유 값인 카타계수(Kata Factor) F를 T로 나누어 카타냉각력 H(mg · cal/cm · s)를 얻을 수 있다.

$$H = F / T \qquad \text{식(6.13)}$$

(2) 글로브 온도계(Globe Theremometer)

H. M. Vernon에 의하여 1930년에 고안된 것으로 직경 약 15cm의 구리로 만든 속이 빈 구체이며, 중심부에 막대온도계를 넣고 눈금을 읽도록 구성된 것이다. 이때 측정온도는 복사대류온도(Radiation Convection Temperature)라고 하며, 대류와 복사에 의한 종합효과를 표시한 것이다. 1935년에 T. Bedford와 C. Warner는 글로브온도계에 대하여 이론적으로 분석하여 글로브온도의 유효성에 대하여 논증하고 냉방과 환기를 연구하는데 상당히 가치가 있다고 밝혔다. 또한 글로브온도계의 측정치로부터 평균복사온도(MRT : Mean Radiation Temperature)를 구하는 약산 식은 식 (6.14)와 같다.

$$MRT = t_g + 0.237 \cdot v(t_g - t_a) \qquad \text{식(6.14)}$$

기온과 평균복사온도가 같을 경우에 글로브온도는 풍속의 영향을 받지 않지만 평균복사온도가 기온보다 낮으면 글로브온도는 낮아진다. 그러나 기온과 평균복사온도가 서로 일정하고 풍속이 클 경우, 글로브온도는 기온에 가까워져 체감에 반대되는 현상이 나타나는 것을 보고 정도가 높은 온열환경을 측정하기 위해서는 기온과 카타온도의 측정과 더불어 등가온도, 기류, 평균복사온도, 카타계의 냉각력을 파악할 필요가 있다.

(3) 유파씨오스코프(Eupatheoscope)

1920년 A. F Dufton에 의해 난방의 자동제어를 위하여 고안되었다. 난방시의 쾌적함은 기온뿐만 아니라 벽체의 온도와도 관계가 있기 때문에 복사의 영향을 고려한 측정기기이다. 직경 19cm, 높이 56cm의 흑색 칠을 한 구리로 만든 원추 가운데 20Watt의 전기열원을 장치하고 조작하여 원추의 온도를 25℃로 유지시키는 것이다.

(4) 쾌적환경 측정기(Comfort Meter)

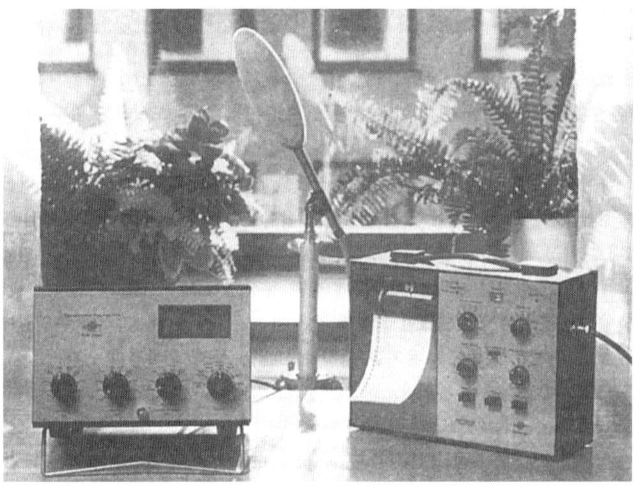

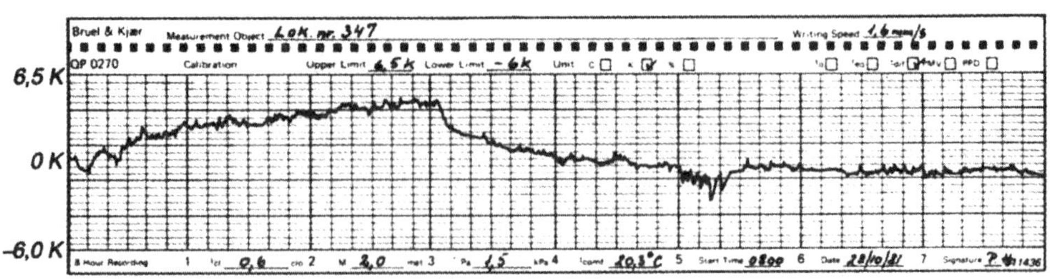

쾌적환경 측정기에 의하여 8시간 동안 측정된 온도의 변화를 기록한 예

그림 6.37 쾌적환경 측정기의 측정모습

Fanger의 쾌적방정식에 기초를 두어 표현하는 상상온열감반응(P.M.V:Pedicted Mean Vote), 상상불만족도(P.P.D : Predicted Percentage of Dissatisfied)를 직접 측정하고, 온열환경에서 일어나는 인체의 쾌적성을 결정하는 측정장치이다. 그림 6.38은 그 외관을 나타낸다. 작업강도, 착의량, 수증기압의 조건을 재실자의 조건에 따라 적절히 고려한다. 이 측정기의 감지부는 온열환경 측면에서 볼 때 인체와 아주 유사하게 되어 있다. 또한 내부발열도 조절할 수 있다.

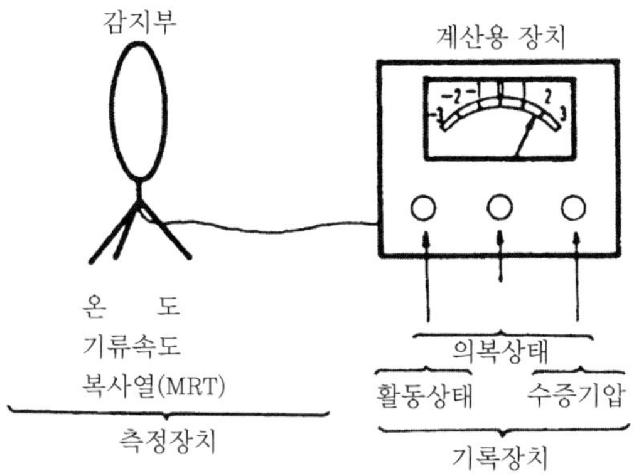

그림 6.38 쾌적환경기(comfort meter)

2) 실험 및 이론에 의한 평가방법

실내의 온열환경에 영향을 주는 요소로는 온도, 습도, 기류, 복사열 등이 있다. 따라서 실내의 온열환경을 어느 단일지표로써만 평가할 수는 없고 이러한 모든 요소를 고려하여 종합적으로 평가해야 한다.

이러한 환경의 평가방법은 이미 오래전부터 연구되어 왔으며, 현재까지도 계속하여 새로운 방법들이 제안되고 있다. 현재까지의 지표로서는 가장 간단한 건구온도(dry bulb temperature), 글러브온도(globe temperature)와 여러 가지 요소를 고려한 E.T (effective temperature), C.E.T(corrected effective temperature), O.T(operative temperature) 등이 있다. 이에 대한 각각의 특징에 대하여 알아본다.

(1) 유효온도(effective temperature ; E.T)

온열환경 조건을 표시할 때 많이 이용되는 지표로써 실감온도라고도 한다. 기류가 거의 없고 습도는 포화상태인 상대습도 100% 상태를 기준으로 하고, 그 때의 값을 유효온도로 하여 다른 환경상태가 이와 같은 감각을 느낀다고 생각되는 경우에 이를 유효온도로 정한 것이다. 즉, 같은 크기로 2개의 실험실을 만들고 기준이 되는 실은 무풍, 포화상태로 하고, 다른 한 실은 비교 실험실로 하여 기온, 습도, 기류속도를 임의로 변화시킨다. 피험자를 2실 사이로 이동하게 함과 동시에 온열감 신고를 할 때, 비교실험실의 조건은 기준실에서 나타냈던 기온과 같은 유효온도로 된다. 그러나 온열감에는 개인차가 있고 주변의 열복사의 효과를 고려하지 않는 등의 문제점이 있다.

(2) 수정유효온도(corrected effective temperature ; C.E.T)

유효온도에 복사열의 영향을 고려한 것으로, 건구온도 대신에 글러브온도를 이용하고 습구온도 대신에 상당습구온도를 이용한다. 이를 습공기선도에서 건구온도 대신 글로브온도, 습구온도 대신 건구온도와 습구온도의 교점을 수평으로 연장시켜 글로브온도의 교차하는 점에서 구한 상당습구온도를 이용한다.

(3) 신유효온도(new effective temperature ; E.T*)

이론적으로 환경조건을 해석하고 이를 조합한 지표로 ASHRAE의 습공기선도 상에서 습도 50%에 해당하는 점으로부터 등 wettedness 선을 긋는다. 그 선상의 조건을 상대습도 50%인 기온과 같은 ET* 라고 한다.

유효온도 ET가 상대습도 100%를 기준으로 한데 비하면 신유효온도의 습도 50%는 일반적으로 직접 경험하는 조건이며, 이를 기준으로 하여 ET*를 일상생활에 적용하기 위해 도표로 나타냈다. 착의량으로는 0.6clo가 기준이다.

(4) 작용온도(operative temperature ; OT)

인체와 환경 사이의 열교환에 기초를 두어 기온, 기류속도, 복사열의 영향을 이론적으로 종합한 것으로, 대류에 의한 열전달율과 복사에 의한 열전달률에 의해 기온과 평균복사온도를 가중 평균한 것이며, 다음 식 (6.15)로 표현하였다.

$$OT = \frac{h_c \cdot t_a + h_r MRT}{h_c + h_r} \qquad \text{식(6.15)}$$

단, h_c : 대류에 의한 열전달률[kcal/m^2·h·℃]

h_r : 복사에 의한 열전달률[kcal/m^2·h·℃]

t_a : 기온[℃]

MRT : 평균복사온도[℃]

(5) 등가온도(equivalent temperature, E_qT)

측정기(euphatheoscope)를 읽은 값을 등가온도라고 하였지만 이에 기초를 두고 실험식으로 해서 식 (6.16)의 등가온도를 제안하였다.

$$E_qT = 0.522 \cdot t_a + 0.478 \cdot MRT - 0.1474v(100 - t_a) \quad \text{식(6.16)}$$

단, t_a : 기온[℃]

MRT : 평균복사온도[℃]

v : 풍속[m/s]

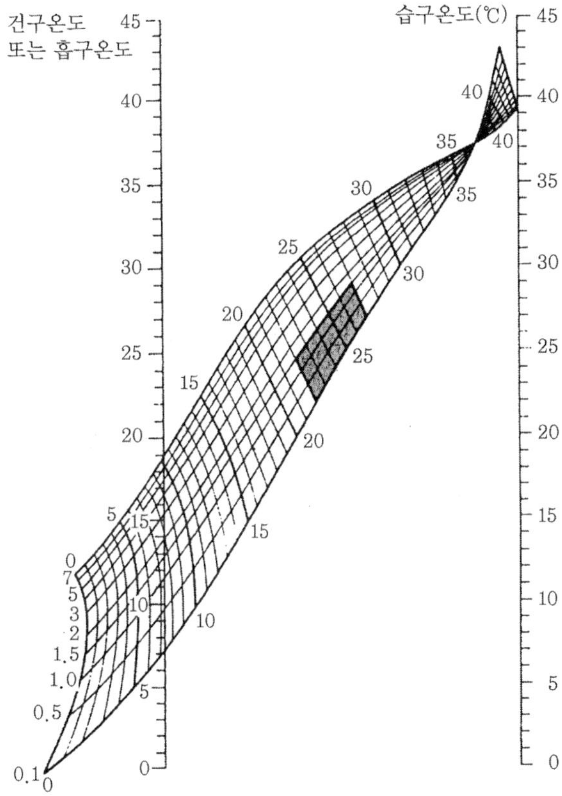

그림 6.39 유효온도 선도

(6) 불쾌지수(discomfort index ; DI 또는 temperature humidity index ; I_{th})

미국 기상대(U.S Weather Bureau)에서 기후의 쾌적도를 온도 및 습도만의 단일척도로 표시하기 위하여 이용되는 것으로 미국에서는 식 (6.17)로 표시한다. 이 시수는 날씨가 더운 경우에 대한 것이며, 70보다 낮을 때에는 의미가 없다.

$$h = 0.72x(t_a + t_w) + 40.5 \quad \text{식(6.17)}$$

단, t_a : 건구온도[℃]

t_w : 습구온도[℃]

여기서 h 70 이상 : 일부 불쾌

75 이상 : 반수 불쾌

80 이상 : 전원 불쾌

또 일본에서는 불쾌지수 DI라고 하는 표현을 써서 식 (6.18)로 표시한다.

$$DI = 0.99 \cdot t_a + 0.36 \cdot t_d + 41.5 \quad \text{식(6.18)}$$

단, t_d : 노점온도 [℃]

여기서 DI가 75% 이상 : 약간 덥다

80% 이상 : 더워서 땀이 난다

85% 이상 : 더워서 참을 수 없다

(7) 습작용온도(Humid Operative Temperature, HOT)

작용온도 OT에 습도의 영향을 고려한 것으로 인체의 피부와 환경과의 사이에 열교환에 의한 열평형식에 기초를 두어서 식 (6.19)와 같이 나타낸다.

$$HOT = \frac{h_c \cdot t_a + h_r \cdot MRT + h_e \cdot t_d}{h_c + h_r + h_e} \quad \text{식(6.19)}$$

h_e : 1.4L hc·w

L : Lewis 관계 정수[℃/Torr]

w : 젖은율[−]

3) PMV와 PPD에 의한 평가

(1) 상상온열감 반응 (PMV)

상상온열감 반응(PMV)은 활동(기초대사량)과 착의(열저항)가 산정되고 공기온도, 평균복사온도, 풍속 및 수증기압의 환경요소가 측정될 때 계산된다.

PMV지표는 인체 내의 열평형을 기초로 한다. 인간은 열생상과 환경으로 손실되는 열이 같을 때 열적으로 평형을 이루게 된다. 이와 같이 인간은 어떠한 환경 속에서도 피부온도의 변화와 발한으로 자동적 열평형을 보존하려고 하는 열조절 시스템이 움직이기 시작한다. *PMV*지표에서는 1,300명 이상의 피험자에 의한 열감각의 통계가 열조절 시스템의 생리학적 반응으로서 표현되고 있다. *PMV*는 식 (6.20)에 의해 계산된다.

$$PMV=(0.303e-0.36M+0.028)[(M-W)-3.05\times10^{-3}\times$$
$$5,733-6.99(M-W)-P_a-0.42x(M-W)-58.15$$
$$-1.7\times10^{-5}M(5,867-P_a)-0.0014M(34-t_a)-3.96\times10^{-8}$$
$$f_{cl}\times(t_{cl}+273)4-(t_r+273)4-f_{cl}\cdot h_c(t_{cl}-t_a)] \quad \text{식(6.20)}$$

단,

$$t_{cl}=35.7-0.028(M-W)-I_{cl}[3.96\times10-8f_{cl}$$
$$\times t_{cl}+273)4-(t_r+273)4+f_{c\cdot llhc}(t_d-t_a)] \quad \text{식(6.21)}$$

$$h_c=2.38(t_{cl}-t_a)0.25\,(2.38(t_{cl}-t_a)0.25>12.1v\text{일 때})$$
$$12.1v \qquad (2.38(t_{cl}-t_a)0.25<12.1v\text{ 일 때}) \quad \text{식(6.22)}$$

$$f_{cl}=1.00+1.29I_{cl}(I_{cl}<0.078\,\mathrm{m}^2\cdot ℃/W\text{의 경우})$$
$$1.05+0.645I_{cl}(I_{cl}>0.078\,\mathrm{m}^2\cdot ℃/W\text{의 경우}) \quad \text{식(6.23)}$$

여기서 M : 체표면적의 신진대사량[1met = 58 W/m^2]

W : 외부일 (대부분의 일은 0이다) [W/m^2]

I_{cl} : 의복의 열저항[m^2·℃/W]

f_{cl} : 나체시 피부표면적에 대한 착의시의 피부노출표면적의 비율[−]

t_a : 공기온도[℃]

t_r : 평균복사온도[℃]

v : 상대풍속[m/s]

P_a : 수증기분압[Pa]

h_c : 대류열전달률[W/m^2·℃]

t_{cl} : 의복의 표면온도[℃]

식 (6.10)에서와 같이 신진대사율, 의복, 공기온도, 평균복사온도, 풍속, 습도의 다양한 소합에 의해 PMV를 계산할 수 있나. *PMV*시표는 많은 사람에세 나음의 7단계 평가단계에 의해 기입, 회답하여 받은 지표이다.

+3 : 덥다　　+2 : 따뜻하다　　+1 : 약간 따뜻하다　　0 : 덥지도 춥지도 않다
−1 : 약간 서늘하다　　−2 : 서늘하다　　−3 : 춥다

*PMV*자료는 −2와 +2 사이의 응답수치를 사용되는 것이 권장되고 있다. 이러한 *PMV*지표는 6개의 중심적 변수가 다음의 범위 내에 있게끔 사용되는 것이 권장되고 있다.

M = 46~232 [W/m^2] (0.8~4met)

I_{cl} : 0~0.310 [m^{2}C/W] (0~2 C_{lo})

t_a : 10~30 [℃]

t_r : 10~40 [℃]

V_{ar} : 0~1 [m/s]

(2) 상상불만족도(*PPD*)

*PMV*지표는 같은 환경에 처해 있는 많은 사람의 열적평가, 평균치를 나타낸 것이다. 그러나 각각의 응답은 평균치 가까이에서 분산되며 더운 것과 추운 사람의 수를 아는 것도 중요하다. *PPD*는 열적으로 불쾌감을 느끼는 사람의 비율을 나타낸 것이다. 즉, 덥다 (+3), 따뜻하다 (+2), 서늘하다 (−2), 춥다 (−3)라고 응답한 사람의 수를 나타낸 것이다. PMV 값이 정해지면 PPD는 식 (6.24)에 의하여 구할 수 있다.

$$PPD = 100 - 95 \times e - (0.03353 \times PMV4 + 0.2179 \times PMV2) \qquad \text{식(6.24)}$$

즉, *PPD* 지표는 다수의 사람들 중에서 열적으로 불만족을 느끼는 사람의 수를 나타낸다.

(3) 쾌적으로 느껴지는 열적환경

열적으로 쾌적이라 함은 온열환경에 만족을 표시한 기분의 상태로 정의된다. 불만족은 *PMV*와 *PPD* 지표로써 나타내는 몸 전체 불쾌감에 기인한다. 그러나 열적 불만족은 인체에 있어서 특정부분에서의 희망하지 않은 난방과 냉방에 그 원인이 있는 경우도 있다. 이를 국소적 불쾌감라고 한다. 개인의 차이로 인하여 모든 사람이 만족하는 온열환경을 특징짓는 것은 불가능하다. 왜냐하면 항상 불만족을 나타내는 사람이 있기 때문이다. 따라서 비록 모든 사람이 열적으로 쾌적하게 느끼는 환경의 조성은 불가능하다 할지라도 대부분 인원이 열적으로 만족을 느낄 수 있는 환경의 창출이 필요하다.

4) 설문조사

실내환경에 대한 재실자의 주관적 반응을 파악하기 위하여 온열환경에 대한 측정과 동시에 설문조사를 실시한다. 설문의 형식은 (1)과 (2)로 구분되며, 표 6.10은 각 형식의 기본내용을 나타낸다.

표 6.10 설문의 기본내용

설 문(1)	설 문(2)
응답자의 일반사항	전신온열감 및 쾌적감
건강 상태	국부온열감 및 쾌적감
평소의 체질	전신기류감 및 복사감

온열감 및 쾌적감의 척도는 여러 가지 있으며, 온열감, 쾌적감의 척도는 ASHRAE(미국 공기조화학회)에서 제안한 「생리, 심리학적 반응 척도」를 이용하여 온열감을 "덥다"에서 "덥지도 춥지도 않다" "춥다"까지의 7단계 척도로, 쾌적감은 "쾌적하다"에서 "불쾌하다"까지의 4단계 척도로 구분할 수 있다. 그림 6.40은 설문에서의 온열감, 불쾌감의 반응척도를 나타낸다.

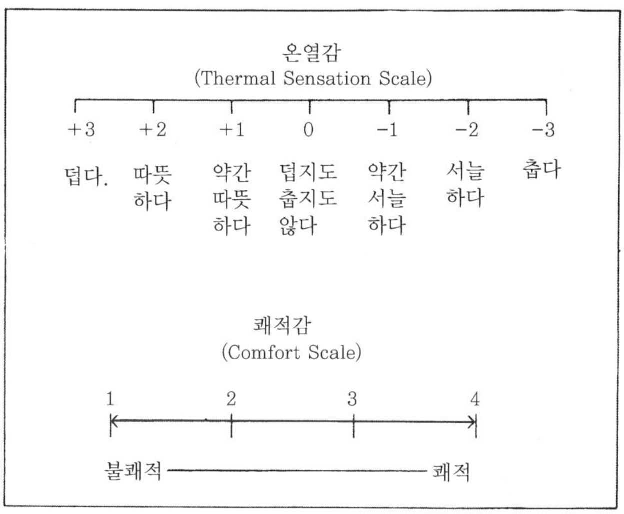

그림 6.40 온열감, 쾌적감의 응답신고 척도

6.3 기류분포의 측정

건축환경에서 취급하는 공기의 흐름은 실내에서의 공기흐름과 건물외부(건물주변)에서의 공기흐름으로 구분할 수 있다. 2가지 종류의 공기흐름의 특성은 서로 다르며, 각각 적절한 성능을 지닌 측정기기(풍속계)를 사용하여 측정 · 조사해야 한다.

6.3.1 실내 기류특성

1) 측정의 목적

실내의 기류속도를 측정하여 기류분포를 파악한다. 실내 공기의 흐름을 전체적으로 파악하기 위해서는 실내의 여러 지점에 측정점을 설정하고 적절한 측정기기와 측정방법을 이용하여 기류속도를 파악해야 한다.

2) 기초사항

실내의 기류는 실내로 침입한 공기와 같이 그 속도가 비교적 크고 기류방향이 명확한 부분과 기류속도가 작고 기류방향의 변화가 심한 부분이 있다. 공기조화가 실시되는 실내에는 취출구에서 공급되는 바람의 방향이 명확한 영역이 있지만 재실자가 있는 영역(거주영역)에서는 풍속이 그다지 크지 않도록(일반적으로 거주영역은 0.5m/sec 이하가 유지되도록 한다) 설계되므로 대부분 기류속도가 작게 나타난다.

(1) 피토튜브에 의한 기류속도 측정

피토튜브는 그림 6.41과 같이 피토-정압관과 전압관으로 구성되며, 원형덕트와 같이 유선이 평행에 가까운 흐름에 대하여 기류속도의 측정 정밀도가 매우 양호하다.

유체의 흐름에서 베르누이의 정리에 의하면 동압 P_d [mmAg]는 전압 P_t와 정압 P_s로 부터 다음 식으로 표시할 수 있다.

$$P_d = P_t - P_s \qquad \text{식(6.25)}$$

흐름이 지속될 때의 동압(속도압)은 유체의 속도 V(m/sec)의 제곱에 의해 표시되며, 이로부터 유속 V를 산출할 수 있다.

$$P_d = (r/2g)V^2 \qquad \text{식(6.26)}$$

$$V = \sqrt{(2g/r)P_0} \qquad \text{식(6.27)}$$

g : 중력 가속도 9.8(m/sec^2)

r : 비중량 1.2(kg/m^3)

따라서 피토튜브를 이용하여 전압관의 압력과 정압관의 압력의 차이 즉, 동압을 마노메터로 측정하고 식 (6.27)에 의해 유속 V를 산출한다. 마노메터에는 U자관이 있으며, 미차압을 측정할 때는 차압을 확대하여 읽을 수 있는 경사형 마노메터가 이용된다.

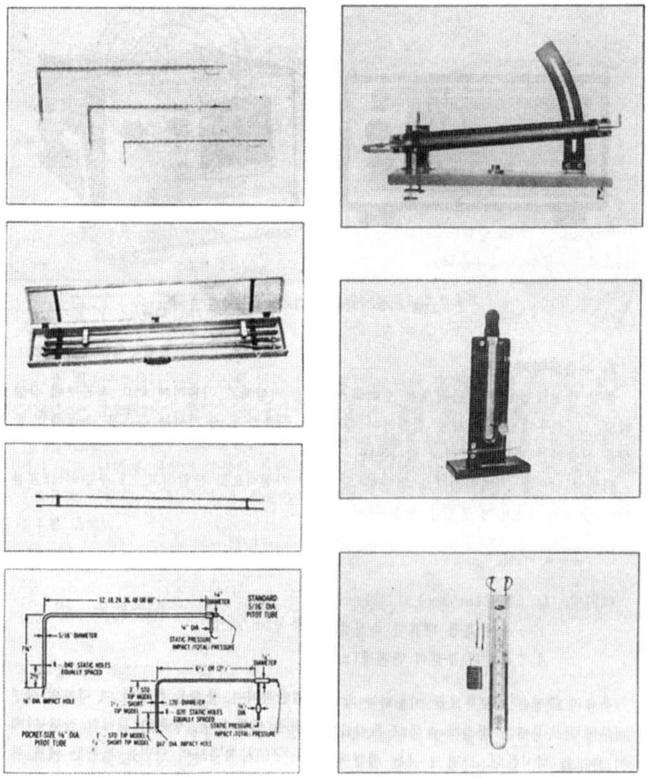

그림 6.41 피토튜브의 구성

(2) 취출풍량의 측정

풍량 측정방법에는 일반적으로 오리피스관을 저항체로 이용하여 덕트 직관부에 삽입하고 그 전후에서 압력차로 검출하여 풍량을 산출한다. 여기서는 풍속을 측정하고 풍량을 산출하는 방법에 대하여 알아본다.

덕트의 단면을 기하학적으로 절단한 것처럼 가상적으로 분할하고, 그 부분의 대표점에서 풍속을 측정하여 풍량을 산출한다.

$$Q = \Sigma V_i A_i \qquad \text{식(6.28)}$$

Q : 풍량 (m³/sec)

V_i : A_i 부분을 대표한 측정점의 풍속 (m/sec)

A_i : 분할된 부분의 단면적 (m²)

풍속의 측정은 피토튜브를 이용하는 것이 일반적이며, 풍속을 측정할 때 덕트의 단면 내부에 풍속분포가 정상적 흐름이 유지되는 위치(예, 충분한 길이의 직관부)에서 측정을 실시한다. 그림 6.42는 원형덕트와 구(각)형덕트의 단면을 분할한 예를 표시한다. 덕트의 직관부분이 충분하지 않은 경우에는 보조덕트를 이용하면 편리하다.

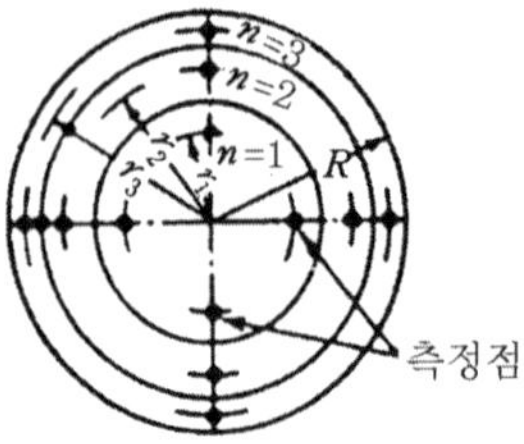

$$r_2 = R\sqrt{\frac{i-(1/2)}{n}}$$

단, R = 원관의 반경

$i = 1,\ 2, \cdots n$

(그림에서는 $i = 1,\ 2,\ 3$)

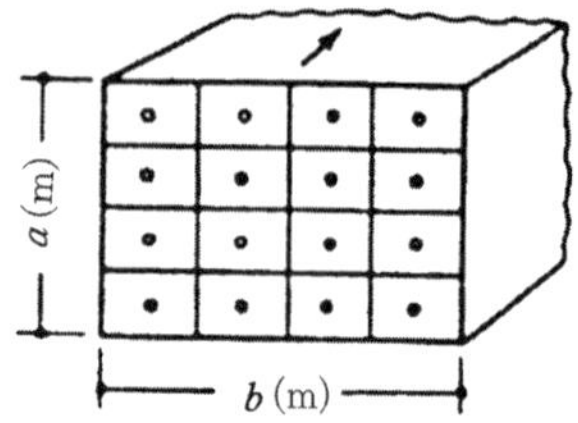

그림 6.42 원형덕트와 구(각)형덕트의 단면 분할 예

(3) 등온 자유분출류

각종 취출구로부터 공급공기에 의한 분출류는 주변의 공기를 유인 혼합하여 확장되고 속도는 감소된다. 무한히 넓은 공간에 취출되는 분출류를 자유분출류라고 하고, 주변의 경계에 의해 분출류가 영향을 받는 경우를 제한분출류라고 한다. 취출구 입구의 크기가 실의 단면에 비하여 충분히 작은 경우(단, 가까이에 벽면이 없을 때)에는 자유분출류로 취급할 수 있다. 등온 취출이란 취출공기의 온도와 실내온도의 차이가 없는 경우를 말한다.

6.3.2 측정준비

1) 측정점의 선정

취출구의 기류분포를 측정하는 경우에는 취출구로부터 중심축과 수직을 이루는 단면 내에서 기류속도의 분포를 측정한다. 그림 6.43과 같이 취출구로부터 일정한 거리(취출구 직경의 정수배 되는 거리)만큼 떨어진 3~5점을 측정점으로 선정하고 각 점의 단면 내에서 수직방향과 수평방향에서 10점 정도의 측정점을 설정한다.

실내의 기류분포를 측정하는 경우에는 바닥에서 1.0~1.5m 높이의 수평면상에 측정점을 선정하고, 실내의 평면도에 등속선을 표시할 수 있도록 적절한 위치를 선정한다.

풍속측정에 사용하는 측정기기의 특성을 파악하여 적절한 기기를 채택하지 않으면 정확한 기류속도의 측정값을 얻을 수 없다.

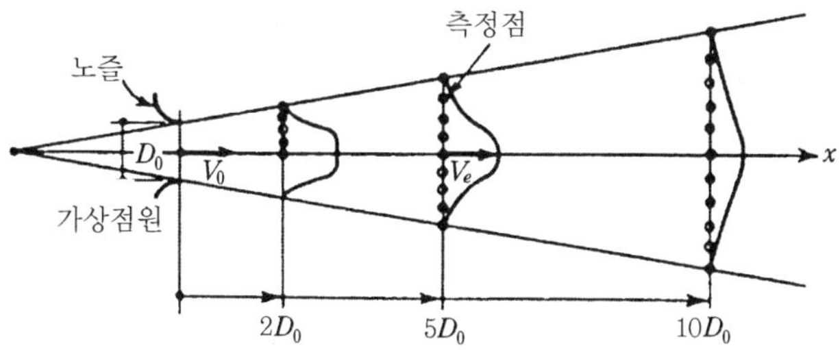

그림 6.43 취출구의 측정점 위치

2) 풍속 측정기기

기류속도를 측정할 수 있는 풍속계는 열선풍속계, 카타한냉계, 피토튜브 등이 있다. 피토튜브는 기류에 의한 압력을 이용하여 속도를 산출하며, 나머지는 기류에 의한 냉각력을 이용하여 풍속을 측정하는 방식이다.

풍속계는 지향성(기류에 대한 풍속계의 감지부 방향에 따라 감도가 다르다)을 갖게 되므로 기류방향에 따라 측정센서의 사용에 주의해야 한다. 실내 거주영역의 미기류는 풍향의 변화가 심하므로 지향성이 적은 기기나 무지향성 풍속계를 사용하는 것이 바람직하며, 평균적인 풍향을 조사하고, 이 방향에 대하여 풍속계의 감도가 좋은 쪽을 이용하여 측정한다. 즉, 측정점에서 풍속계 감지부를 회전하여 가장 높은 풍속이 나타나는 쪽으로 센서의 감지부를 설치할 필요가 있다. 그림 6.44는 열선풍속계의 지향성에 대한 측정 예를 표시한다.

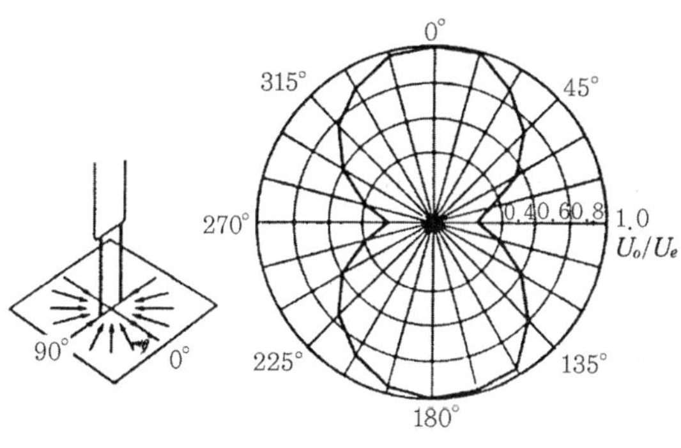

그림 6.44 열선풍속계의 지향성

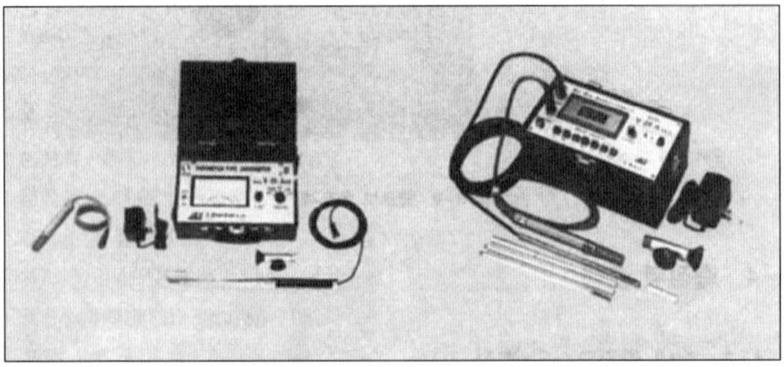

그림 6.45 풍속계의 종류

측정 시에는 풍속의 변화가 크기 때문에 1점의 측정에 2~3분 정도의 측정시간이 필요하며, 이때의 평균치를 읽어 기류속도를 측정한다. 기록계가 설치된 경우에는 수 분간 측정치를 출력하고, 이를 평균하여 이용한다. 열선풍속계는 특히 충격에 약하므로 측정장치의 파손에 주의한다.

6.3.3 실습방법 및 보고서 작성요령

1) 측정 실습방법

기류속도를 파악하기 위한 측정실습은 환기 또는 공기조화가 실시되는(강제대류가 실시되는 室) 장소를 측정대상 실로 선정하는 것이 바람직하며, 다음의 2가지로 구분하여 측정연습을 실시한다.

(1) 측정연습 I (공기조화설비의 취출구 풍속분포)

① 사용 풍속계의 교정

② 취출 풍량의 측정

③ 취출구의 거리별 기류속도 분포

(2) 측정연습 II (실내의 기류속도 분포)

실내 거주영역의 수평 기류속도 분포

2) 보고서 작성방법

(1) 취출구 주변의 기류속도 분포

측정된 기류속도의 측정조건에 따라 그 결과를 표 6.11에 기입한다.

표 6.11 취출구 주변의 기류분포 기록지

측정점 및 측정위치		측 정 위 치			
		취출구	2D	5D	10D
수평방향	1				
	2				
	3				
	4				
	5				
수직방향	1				
	2				
	3				
	4				
	5				

측정된 기류속도의 분포를 그림 6.46과 같이 취출속도의 측정값으로부터 평균값을 산출하여 콘터그래프(contour graph)로 표시한다. 또한 측정된 취출구의 등온 자유분류의 이론치와 측정치를 비교한다.

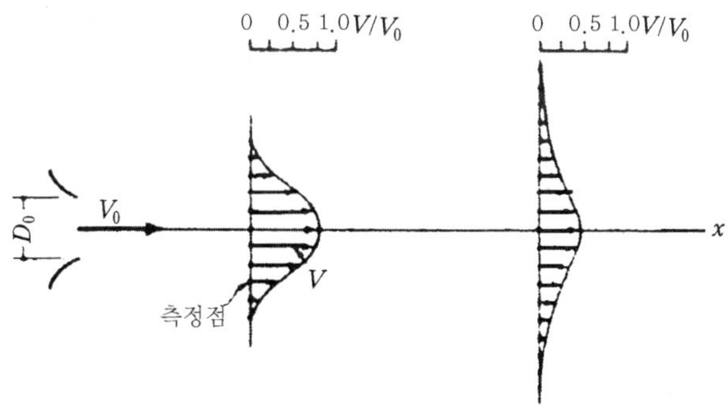

그림 6.46 취출속도의 측정값으로부터 산출된 기류속도의 분포

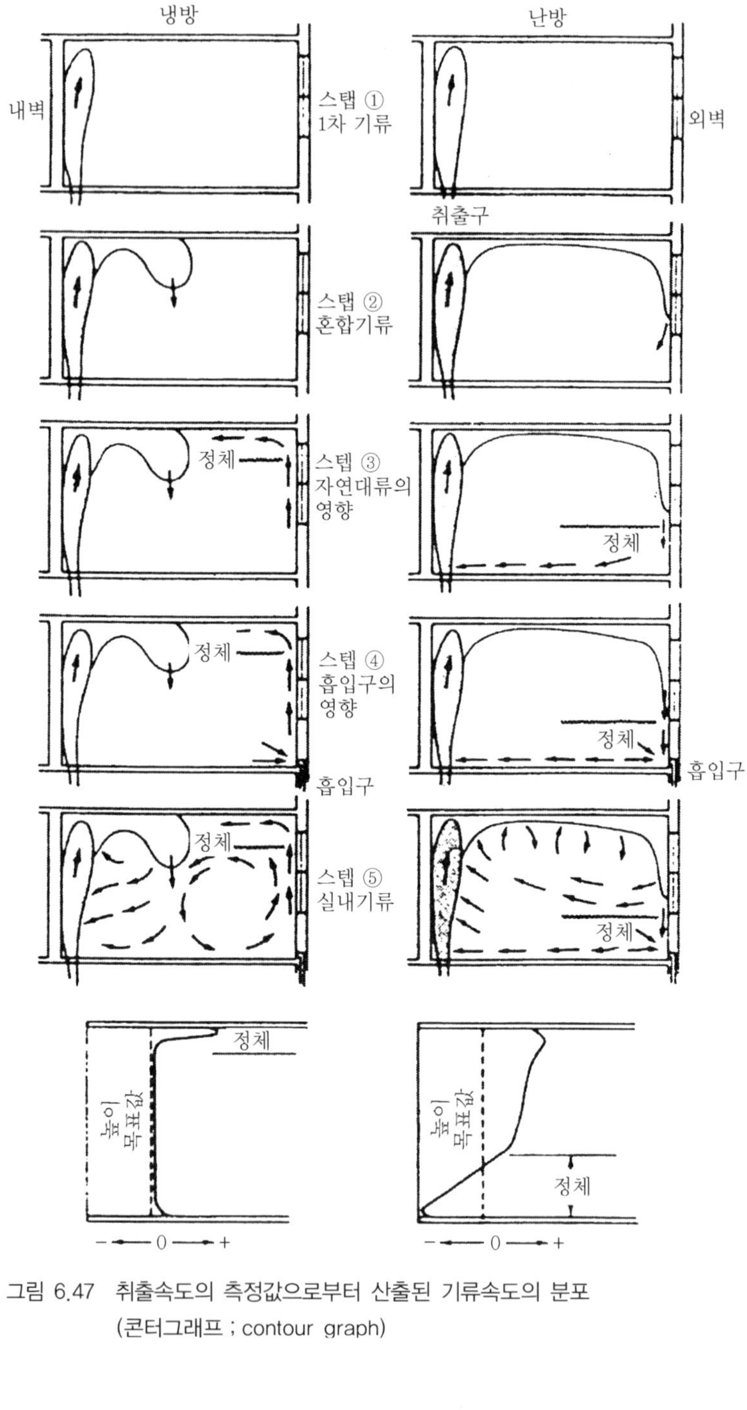

그림 6.47 취출속도의 측정값으로부터 산출된 기류속도의 분포
(콘터그래프 ; contour graph)

(2) 취출구의 풍량 산출

기류속도의 측정조건에 따라 취출구의 풍향을 산출하고 그 결과를 표 6.12와 같이 작성한다.

표 6.12 기류속도의 측정값에 따른 취출구의 풍향 산출용 기록지

측 정 점		Δh [mmAq] : 마노메터의 측정치	풍 속 V_1 [m/sec]
수평방향	$i=1$		
	2		
	3		
	4		
	5		
	6		
	7		
	8		
	9		
	10		
수직방향	$i=1$		
	2		
	3		
	4		
	5		
	6		
	7		
	8		
	9		
	10		
$\sum_{i=1}^{10} V_i =$			
$V = \sum_{i=1}^{10} V_i / i$			
$Q = V \times A\,[\mathrm{m}^3]$			

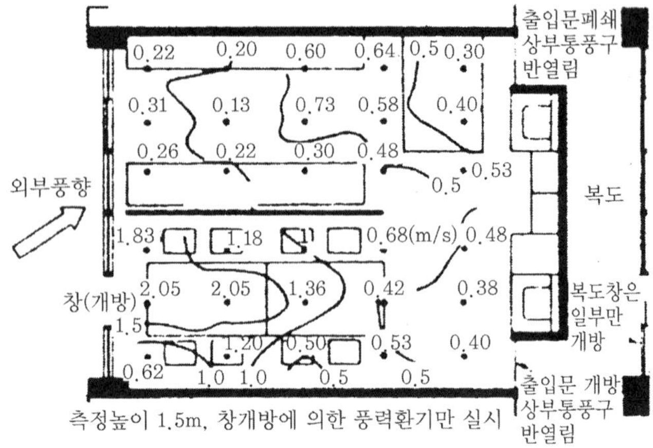

그림 6.48 실내수평기류 분포

(3) 실내의 수평 기류분포

실내의 수평방향의 기류속도를 측정한 결과를 이용하여 실내 측정점에 대하여 기류속도의 분포를 등속선 그래프(contour graph)로 표시한다. 실내기류로 적당하지 않은 0.5m/sec 이상과 0.1m/sec 이하로 나타나는 영역을 명확하게 표시하고, 실내 전체의 기류분포 특성을 파악하며, 문제가 나타나는 영역에 대하여 개선방법을 고찰한다.

6.3.4 건물주변의 풍속측정

1) 측정의 목적

건물 주변의 풍향·풍속을 측정하기 위해서는 외부 바람의 측정방법과 표시방법에 대하여 이해해야 하며, 강풍이 발생하는 장소나 바람이 약한 장소를 파악하여 바람에 대한 건물의 영향을 평가하는 것을 측정연습의 목적으로 한다.

2) 기초사항

(1) 대기 경계층

대기의 상층부에는 기압의 경도력, 원심력 등에 의해 빠른 공기의 움직임이 있지만, 지표면 부근에는 지형, 지물의 영향(마찰력)에 의하여 풍속이 작아지는 것이 보통이다. 지면 마찰력의 영향이 미치는 범위를 대기 경계층이라고 한다. 이 범위를 지표면으로부터의 높이로 표시하고 이를 경계층의 두께라고 한다. 경계층의 두께는 보통 1,000m 정도로 생각되며 대기의 안정도, 지표면의 상황에 따라 다르며, 일반적으로 건축물은 경계층 내에 위치한다고 생각할 수 있다.

경계층 내의 흐름 중에도 특히 건축적인 문제와 관련이 깊은 것은 경계층의 아래쪽 흐름으로 생각되지만 지표면의 형상에 따라 영향을 직접 받게 되므로 일반적으로 그 특성을 표현하기는 어렵고, 관측에 의하여 특성을 찾아내는 것이 일반적인 방법이다.

그림 6.49는 대기 경계층의 개요를 표시한 것이다.

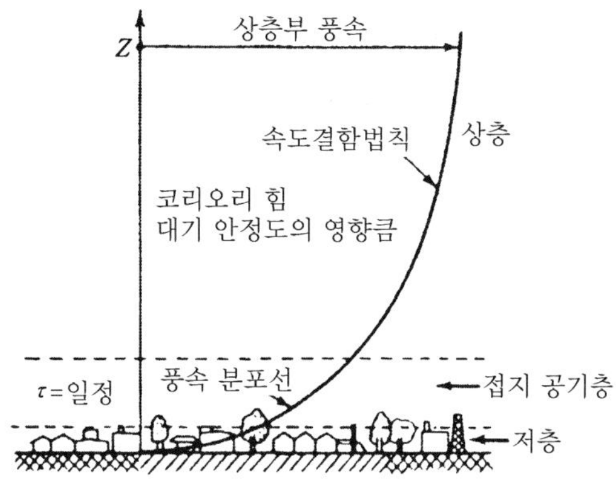

그림 6.49 대기 경계층의 개요

(2) 지표면 부근 풍속의 수직분포

경계층 내의 풍속과 지표로부터 높이와의 관계는 이론적으로는 대수관계의 분포를 나타내어 다음과 같이 표시할 수 있다.

$$U = \frac{U_{ko}}{k} l_n \frac{Z}{Z_o} \qquad \text{식}(6.29)$$

여기서, k : 칼르만 정수

U_{ko} : 마찰속도

Z_o : 조활도의 길이

한편, 그 동안의 여러 가지 관측된 예에 의한 경험식으로 수직분포는 다음과 같이 표시된다.

$$\frac{U}{U_1} = \frac{Z}{Z_1} \qquad \text{식}(6.30)$$

여기서, U_1 : 높이 Z_1에서의 풍속

이 식이 적절한 실험식인가에 대해서는 전문가들도 의견이 다양하지만 구조물의 내풍압설계에 관한 규준에서는 많은 국가에서 채택하고 있다. 식 (6.30)에서 α의 값은 지표면의 지형적 특성에 따라 다른 값을 갖게 되며, 보통 다음과 같은 정도의 값을 갖는다.

해안 등의 평활지 : 1/10 - 1/8

나무가 있는 지역 : 1/7 - 1/6

교외의 주택지 : 1/5 - 1/4

대도시 대형건물이 있는 지역 : 1/4 - 1/2.5

이러한 지표면의 상황에 따른 바람의 수직분포는 그림 6.50과 같이 나타낼 수 있다.

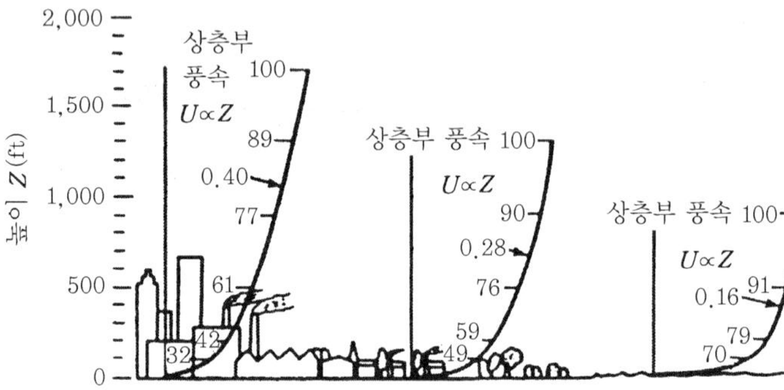

그림 6.50 지표면의 상황에 따른 바람의 수직분포

(3) 풍속비

지상의 지표면 부근(보통 사람의 높이인 1.5m 정도)에서 풍속을 측정한 경우 측정값이 매우 크게 되든가, 또는 그 측정점은 바람이 부는 위치인가 등을 측정값만으로 판단하기는 곤란하다. 이것은 식 (6.30)에서는 지표 부근의 풍속은 상층부분의 풍속과 관련이 있으므로 상층부의 풍속이 클 때 지표면 부근에서 측정한다면 그 측정값이 커지는 것은 당연하고, 상층부의 풍속은 기압배치 등에 의하여 결정되므로 시각을 정하여 예측하지 않으면 안 된다. 따라서 지표면 부근의 풍속은 상층부의 풍향·풍속과 관련시켜 표현하지 않으면 일괄성이 없게 된다. 상층부의 풍향·풍속으로는 대기경계층 상단의 풍향·풍속을 사용하는 것이 이상적이지만 현실적으로 관측이 불가능하므로 일반적으로 건물옥상과 같이 지상구조물의 영향을 직접 받지 않는 위치에 기준점을 설정하는 것(가능한 한 높은 위치)이 바람직하다. 건물의 옥상에 수m의 지지대를 세우고 풍향·풍속계를 설치하는 방법을 이용하여 기준 풍향·풍속을 측정한다. 이때 지표면 부근의 풍향·풍속도 동시에 관측한다.

지표면 부근의 풍속 U와 동시에 측정된 기준 풍속 UT의 비율을 풍속비 또는 무차원 풍속이라고 한다.

$$\text{풍속비} \quad r = U/UT \qquad \text{식(6.31)}$$

풍속비는 기준풍속이 크고 풍향도 안정되었을 때(경험적으로 5m/sec 이상) 거의 변화가 없는 것으로 알려져 있다.

지상 부근에서 풍속비 $r=0.2$ 라면 그 점에서는 항상 기준풍속의 약 20% 정도의 바람이 관측된다고 생각할 수 있다. 또한 관측시각이 다른 또 다른 측정점에서의 측정값의 비교도 풍속비를 사용하면 가능하게 될 것이다. 지표면 부근 풍속의 표현방법은 현장측정에 의한 방법만이 아니고, 풍동 모형실험에 의한 건물 주변의 바람에 대한 검토에서도 용이하게 이용할 수 있다.

(4) 건물주변의 기류

건물주변의 기류는 단순한 형상의 건물에 대해서는 그림 6.51과 같이 여러 가지 종류의 기류분포가 나타난다.

건물주변에서 발생하는 강풍은 건물이 기류의 흐름을 차단하고 흐르던 공기가 갑자기 가로 막히게 되어 발생한다. 각종 건물이 복잡하게 배치되는 지역에서는 단독건물의 경우와 달리 매우 복잡한 흐름이 형성되어 그 특성을 예측하기는 곤란하다.

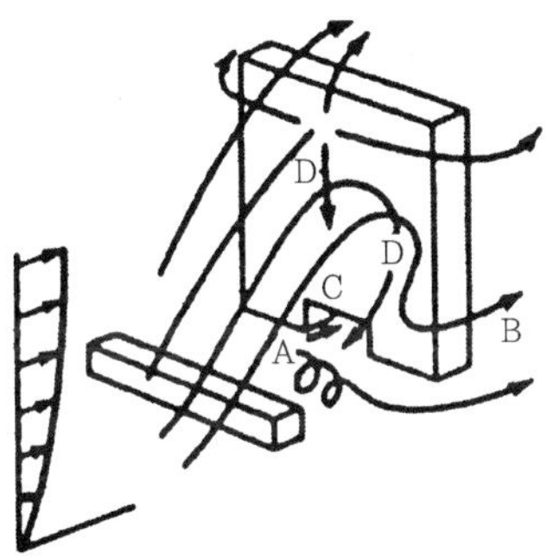

A : 하강기류가 지상에 도달하여 발생되는 작은 돌풍
B : 건물에 의해 발생되는 강풍
C : 틈새에 의해 발생되는 강풍
D : 하강기류

그림 6.51 건물주변의 기류

(5) 바람에 대한 건물의 영향

지상 부근의 풍향·풍속에 대한 건물의 영향은 대상건물로부터 그 건물높이의 3배의 수평거리 범위에 까지 미치게 된다. 그러나 건물에 영향을 주는 정도는 건물로부터 거리가 많이 떨어져 있을수록 작게 되고, 강풍에 의한 각종 피해의 발생률도 건물에서 가까운 지역일수록 크게 나타나는 것으로 조사되었다.

6.3.5 측정준비

1) 측정점의 선정

측정 대상지역의 지도를 사용하여 지상의 표고차를 이용하여 측정지점을 약 10개 정도 선정한다. 측정점 수는 많을수록 좋지만 측정시간을 고려하여 결정한다. 10분간의 평균 풍향·풍속을 측정하게 되므로 1점에 대하여 다음 측정지점까지의 이동과 준비시간을 고려하며, 1지점마다 15분 정도가 소요된다.

측정점을 선정할 때는 대상건물의 형상과 상층부의 풍향을 고려하고 상대적으로 강풍이 예상되는 위치와 약풍이 예상되는 위치를 예상하며, 또한 사람의 통행이 빈번한 위치 등과 같이 특징이 있는 장소를 선정하는 것이 좋다.

기준 풍향·풍속의 측정점은 그 지역의 상층부 풍향·풍속을 대표하는 지점을 고려한 가장 높은 위치로 선정하여 풍향·풍속계를 설치한다. 경우에 따라 그 지역의 기상청의 10분간 평균 풍향·풍속을 이용할 수도 있다.

2) 측정기기

건물주변 바람의 측정기기에는 풍향풍속계를 사용한다. 풍향풍속계는 3배형 풍향풍속계, 풍차형 풍향풍속계, 초음파 풍향풍속계 등이 있다. 그림 6.52는 주요 풍향풍속계를 나타낸다.

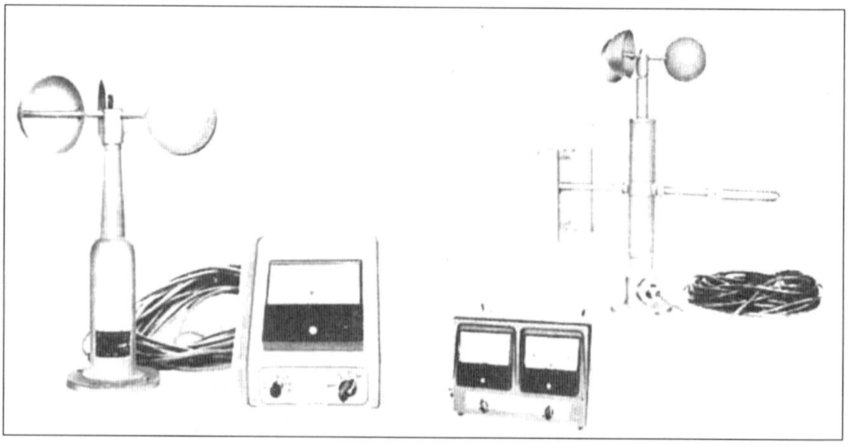

그림 6.52 주요 풍향풍속계

6.3.6 측정의 진행방법 및 보고서 작성요령

1) 측정연습의 진행

(1) 풍향 · 풍속의 측정연습

선정된 지상 Level의 측정점과 기준 풍향 · 풍속의 측정점에서 10분간 평균 풍향 · 풍속을 동시에 측정한다. 즉, 지상부근의 측정점에서 10분간 평균 풍향 · 풍속을 측정하고 동시에 10분간의 기준 풍향 · 풍속을 측정하며, 다음 측정점에서도 같은 요령으로 반복 측정한다.

기록장치가 부착된 풍향풍속계는 1점에 대하여 10분 간격의 기록을 사용하고 기록지상에서 평균하며, 기록장치가 없는 직독식의 측정기기는 측정 개시 후 2분마다 눈금 또는 적산된 표시눈금치를 읽어 5회 연속 측정하여 평균값을 산출한다. 풍향은 일반적으로 16방위로 읽는다.

(2) 측정자료의 분석

측정자료를 정리하고 풍속비와 평면도상에 풍향 · 풍속을 표시하고, 기류의 패턴, 풍속의 크기에 대하여 고찰한다.

2) 보고서 작성요령

① 지상부근의 각 측정점의 측정결과에 대한 일람표를 작성하며 표 6.13과 같이 정리한다.

② 풍속 벡터 그래프를 평면도(건물배치도) 위에 표시한다.

③ 측정결과에 대하여 고찰한다.

표 6.13 건물 주변의 기류속도 측정용 기록지

측정점 No.	측정 시간	지상부근의 풍향·풍속(측정높이 m)				기준점의 풍향 · 풍속		풍속비
		2분간 평균 풍속 $U_r=2$	2분간 순간 풍속 $\theta_r=2$	10분간 평균 풍속 $U_r=0$	10분간 평균 풍속 $\theta_r=10$	10분간 평균 풍속 U_r	10분간 평균 풍속 θ_r	$U_r=10/U_r$
1		1						
		2						
		3						
		4						
		5						
2		1						
		2						
		3						
		4						
		5						
3		1						
		2						
		3						
		4						
		5						
4		1						
		2						
		3						
		4						
		5						

6.4 공기환경의 측정

6.4.1 측정의 목적

폐쇄된 공간인 실내에서 다수인이 장시간 체류하면 호흡에 의한 산소의 소비, 탄산가스나 수증기의 방출, 신체와 의복 등으로부터 각종 냄새, 분진, 세균 등이 공기를 오염시키며 불쾌감을 준다. 여기에 흡연이나 가스스토브 등의 개방형 연소기구를 사용하면 실내의 오염발생 물질은 한층 증가한다.

이러한 오염물질은 환기를 통하여 실내의 오염농도를 희석하거나 제거하지 않으면 안 된다. 실내 오염물질의 농도를 적당한 수준이하로 억제하든가, 반대로 실내의 공기 청정도를 적정한 수준까지 관리하든가에 대하여 항상 조사하고, 건강과 안전을 위한 쾌적한 실내환경을 유지할 수 있도록 노력해야 한다.

여기에서는 실내공기의 오염물질 중에서 대표적인 CO_2, CO, 부유분진 등을 취급하며, 다음과 같은 기본사항을 평가하기 위한 것을 측정의 목적으로 한다.

① 측정방법의 숙지

② 측정결과로부터 실내 공기환경의 객관적인 평가

③ 공기오염 농도의 예측

④ 공기조화설비의 평가

⑤ 실내오염 방지대책 등의 수립을 위한 기본사항

6.4.2 기초사항

1) 공기오염

(1) 농도의 표시법

① 체적비에 의한 표시 : 공기중의 유해가스의 체적을 표시하는 방법에는 [%]와 (ppm : parts per million)이 있다.

② 질량에 의한 표시 : 공기 $1m^3$ 중에 포함된 유해가스의 질량을 [mg] 또는 [mg/m^3]로 표시한다.

(2) 실내의 주요 오염물질

실내에서 발생하는 주요한 오염물질은 표 6.14와 같이 여러 가지 종류가 있으며, 일반적으로 다음과 같은 성상의 변화로 나타난다.

① 재실자의 체열 증발로 인한 온도의 상승과 습도의 증가

② 산소의 감소, 탄산가스의 증가

③ 취기의 증가

④ 거동, 의복에서 생기는 부유분진의 증가

⑤ 세균의 증가

⑥ 일산화탄소 등 유해가스의 발생

⑦ 담배연기로 인한 탁한 공기의 조성

표 6.14 실내에서 발생하는 주요 오염물질

발생원	오염물질의 예
인 체	체취, CO_2, 암모니아, 수증기, 비듬, 세균
담 배 연 기	분진(타르, 니코틴, 기타), CO, CO_2, 암모니아, NO, NO_2, 탄화수소류 각종 발암물질
사람의 활동	모래먼지, 섬유, 미생물, 세균
연 소 기 기	CO, CO_2, NO, NO_2, SO_2, 탄화수소, 매연
사 무 기 기	암모니아, 오존, 용제류
살 충 제 류	분사제(불화탄화수소), 살충제, 살균제
건 물	포름알데히드, 아스베스토스섬유, 유리섬유, 라돈, 접착제, 용제, 미생물, 부유세균, 진드기
유 지 관 리	용제, 세제, 모래먼지, 진균

표 6.15는 공기중의 O_2농도의 증가에 따른 인체에의 영향을 나타낸다. 표 6.15는 신선외기(흡기)와 호기의 조성이며, 호기는 신선외기에 비하여 산소는 약 6% 적고, 탄산가스는 100배 이상의 농도로 증가하고 있다. 따라서 실내 공기는 인간의 호흡작용에 의하여 차츰 산소가 감소되고 탄산가스가 증가한다. 실내에서의 취기는 인체에서의 취기 외에 끽연이나 조리 냄새 등이 고려되는데 취기입자가 후각을 자극하여 냄새가 느껴진다.

표 6.15 공기중의 O_2 농도와 인체의 증상

O_2 농도(%)	증 상
15~14	호흡이 깊어지고, 맥박수가 증가, 노동이 곤란해진다.
11~10	호흡곤란, 졸음이 온다. 동작은 완만 내지 불가능해진다.
7	안색이 없어진다. 정신혼란, 감각이 둔중해진다.
6	40초 이내에 지각을 잃고 졸도한다.
4 이하	

표 6.16 흡기와 호기의 조성

	O_2	CO_2	N_2	수증기
흡기	21%	0.035%	79%	대기와 같음
호기	16%	4.04%	79%	포 화
증감	−5	+4	0	증 가

(3) 오염가스의 성질

실내에서 오염가스상 물질에는 CO_2(이산화탄소), CO(일산화탄소), NOx(질소화합물), SOx(황화합물), HCHO(포름알데히드) 등이 있다.

① **이산화탄소**(CO_2)

CO_2는 그 자체가 독성으로 문제가 되는 고농도는 일반 환경에 존재하지 않으므로 일반적으로 무해한 것으로 판단하고 있다. 그러나 CO_2 농도는 실내의 종합적인 공기오염 정도를 단적으로 대표하는 수치로 나타내며, 공기오염 지표로 중요한 의미를 갖는다. 표 6.17은 탄산가스 농도의 허용한도로서 일반적으로 0.1%, 장시간 재실하는 경우는 0.07%가 채용되고 있다.

표 6.17 이산화탄소의 농도와 인체에의 영향

농도(%)	영 향
0.1	호흡기, 순환기, 대뇌 등의 기능에 영향이 나타난다(Eliseeva 說)
4	이명, 두통, 혈압상승 등의 징후가 나타난다(Lehmann 說)
8~10	의식혼미, 경련 등을 일으켜 호흡이 멎는다(Lehmann 說)
20	중추장해를 일으켜 생명이 위험해진다(Lehmann 說)

② **일산화탄소**(CO)

일산화탄소는 탄소를 포함한 모든 물질이 연소할때 발생하며 특히 산소의 공급이 부족할 때 그 발생량은 급증한다. 따라서 취사, 난방으로 인한 각종 연소과정에서부터 끽연에 이르기까지 우리의 생활 주변에서 발생하고 있는 가스로 발생한 즉시 인체에 흡입될 수 있다. 극히 저농도에서도 표 2.6에서와 같이 생명에 영향을 미치므로, 공기오염의 원인 중 가장 큰 문제로 작용한다. 최근 건물의 기밀성 향상은 일산화탄소가 발생하기 쉬운 상태를 조성하고 있다.

일반적으로 실내에서 발생하는 유해가스이며 주로 개방형 연소기구를 사용하는 경우에 실내농도에 크게 영향을 준다. 또한, 자동차의 통행이 빈번한 도심지의 건물에서는 외기의 취입구의 위치에 따라 배기중의 고농도 CO 가스가 실내로 유입될 수 있으므로 주의할 필요가 있다. 또한 흡연이 많은 실내에는 분진과 함께 CO 농도가 상승한다.

표 6.18은 일산화탄소(CO) 농도와 인체에의 영향을 나타낸다. 일산화탄소에 의한 중독의 한도는 농도, 폭로시간, 작업강도, 호흡강도, 개인의 차이 등에 따라 다르다.

표 6.18 일산화탄소(CO) 농도와 인체에의 영향

농도(ppm)	폭로시간	영 향
5	20분	고차 신경계의 반사작용 변화
30	8시간 이상	시각. 정신기능 장해
200	2~4시간	전두부 두중, 경도의 두통
500	2~4시간	각렬한 두통, 무기력, 시력장해, 허탈감
1,000	2~3시간	맥박항진, 경련을 수반하는 실신
2,000	1~2시간	사망

2) 부유분진

(1) 분진의 성질

분진은 대기중에 부유하거나 하강하는 미세한 고체상의 입자성 물질을 말하는 것으로 그 농도뿐 만 아니라 크기(5~0.3㎍의 분진은 폐포에 부착한다)나 형, 단단함, 화학적 성질에 따라 인체에 미치는 영향이 달라진다.

분진의 종류와 크기를 그림 6.53에 표시하며, 질량 농도에 따른 인체에의 영향을 표 6.19에 나타낸다. 인체에 영향을 미치는 분진은 대부분 공기중에 부유하는 1㎛ 이하이며, 이를 특히 호흡성분진이라고 한다.

표 6.19 부유분진의 인체에의 영향

농도 (mg/m^3)	영 향	비 고
0.0025-0.05	기본적인 농도	0.1mg/m^3 이상 되면 사망률이 증가한다.
0.075-0.1	다수인이 만족하는 농도	
0.1-0.14	시정 감소	
0.15-0.2	다수인이 '더럽다' 고 느끼게 되는 농도	
0.2이상	다수인이 '아주 더럽다' 고 느끼게 되는 농도	

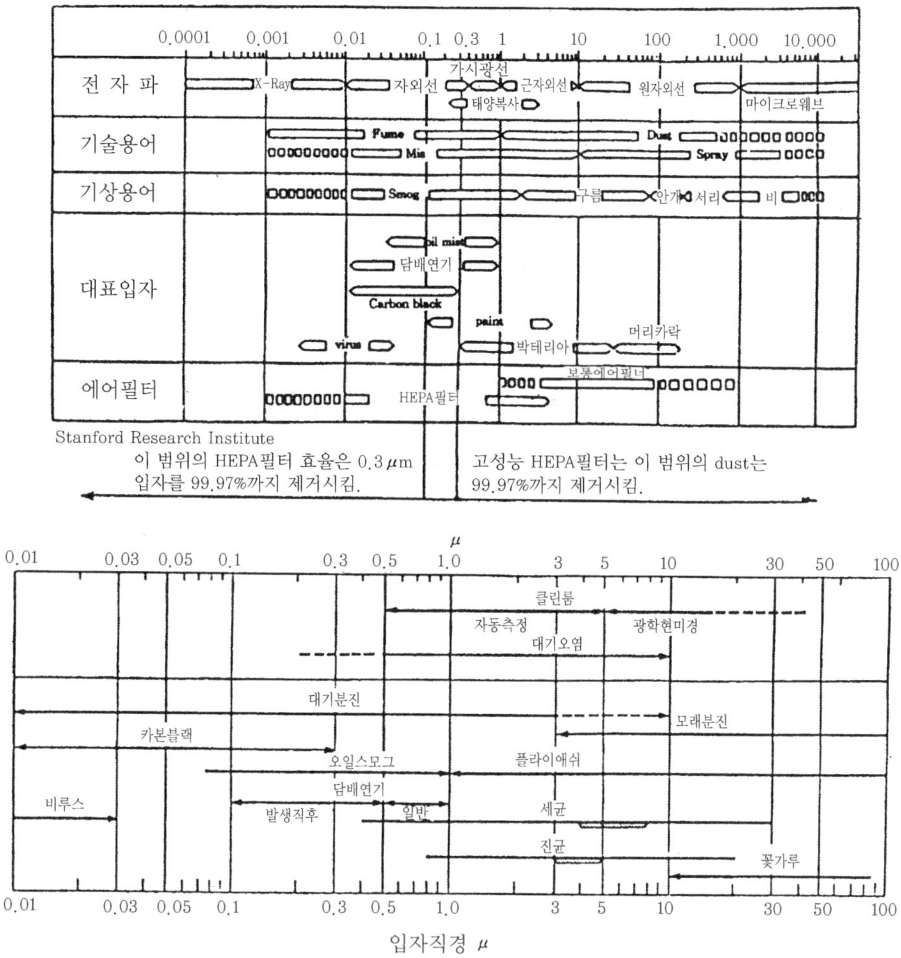

그림 6.53 분진의 종류와 크기

한편, 실내의 분진에 대한 인체의 영향으로 분진(특히 유기성 분진)에 부착되어 세균이 부유하는 것이 더욱 큰 문제로 된다. 세균은 일반적으로 곰팡이균과 같이 무해한 잡균이지만 병원성의 세균이나 바이러스 등이 부유하는 수가 있으며, 이는 공기감염의 원인이 되므로 주의가 필요하다. 또한, 곰팡이나 진균류는 알레르기 등 호흡기 장애, 피부질환의 원인으로 작용하기도 한다.

미생물은 대부분 분해효소를 생산하고, 각종 유기물을 분해하며, 생태계에서 평형을 유지하는 작용을 하고 있다. 일반적으로 보건 위생상 공중부유균을 유해하다고 간주한다.

(2) 분진의 표시방법

① **계수법** : 단위체적의 공기중에 함유된 분진의 입자수.

단위는 [개/cm^3], [개 / l] 등을 사용한다.

② **질량법** : 단위체적의 공기중에 함유된 분진의 질량.

단위는 [mg/m^3]를 사용한다.

분진의 입자는 크기에 의해 질량증가에 기여하는 것이 높으므로 보통 10㎛ 이상의 입경을 지닌 분진은 제외한 측정방법을 사용한다.

③ **상대 농도법** : 분진에 의한 산란과의 강도, 진동수의 변화 등의 물리량에 의하여 직접적으로 또는 질량 농도로 환산한 형태의 농도 표시 방법이다.

(a) 변색도법 : 여과지의 색변화를 보고 판단한다.

단위는 광학농도(OD : Optical Density) 를 사용한다. 분진의 채진 전후의 여과지에 대한 투과 광랴의 비를 질량농도의 대수값에 비례하여 다음 식으로 표시한다.

$$OD = -\log \frac{T_1}{T_0} \qquad \text{식(6.32)}$$

T_o : 채진 전의 투과 광량

T_1 : 채진 후의 투과 광량

(b) 산란광법 : 공기중의 분진에 의한 산란광의 강도 변화로부터 카운트하는 방법이다. 단위는(cpm : Count per minute : 1분간의 카운트 수).

(c) 기타 : Piezo Balance, β선 투과율법, 낙하분진 계수법 등.

3) 실내 오염물질의 지표

다수인이 생활하는 건물에서 중앙관리 방식의 공조설비를 갖춘 실내에 대해서는 건축법 시행규칙 제 23조에 의하여 실내공기에 대하여 적용할 수 있는 기준이 마련되어 있다. 표 6.20은 현재 우리나라의 건축법과 환경보존법에서 정하는 공기의 환경기준이다.

표 6.20 건축법과 환경보존법에서 정하는 공기환경기준

항 목	건축법 시행규칙	대기의 환경보존법	
부유분진(TSP)	0.15 mg/m^3	연평균치	150μg/m^3
		24시간	300μg/m^3
		1시간	400μg/m^3
이산화탄소(CO_2)	1,000ppm	–	–
일산화탄소(CO)	10ppm	연평균치	8ppm
		8시간	20ppm
온 도	18℃ – 27℃	–	–
상대습도	40 % – 70 % RH	–	–
기류속도	0.5 m/sec	–	
아황산가스(SO_2)	–	연평균치	0.05ppm
		24시간	0.15ppm
		1시간	0.27ppm
탄화수소(HC)	–	연평균치	3ppm
		8시간	10ppm
오존(O_3)	–	연평균치	0.02ppm
		8시간	0.10ppm

실내에 잔유하는 일산화탄소(CO), 부유분진, 이산화질소(NO), 포름알데히드(HCHO), 라돈(Radon) 등의 물질에 대한 일반환경의 일본, WHO 등에서 정한 기준치는 표 6.21 –표 6.26과 같다. 이에 대해 우리나라는 보사부에서 정한 공중위생법에서 CO, CO_2, 분진에 대한 기준치가 설정되어 있을 뿐이다.

표 6.21 일산화탄소(CO)의 환경기준치 (단위 : ppm)

구분	Scale (10 20 30 40 50)	비 고
일반생활환경	10	일본건축기준법 및 빌딩위생 관리법
	20	〃 (외기오염이 심한 경우)
	20	일본학교 위생기준 (지도기준)
	9(10mg/m^3)	WHO Indoor Air Quality 8hr치
	30(40mg/m^3)	WHO Indoor Air Quality 1hr치
	10	일본 공중욕장 위생관리
	10	일본 공해대책 기준법 24hr치
	20	일본 공해대책 기준법 8hr치

표 6.22 이산화탄소(CO^2)의 환경기준치(단위 : ppm)

구분	Scale: 50 100 150 200 250(×10)	비 고
일반생활환경	1,000	일본건축기준법 및 빌딩위생 관리법
		일본학교 위생기준
	920	WHO Indoor Air Quality 8hr치
	1,500	일본흥행장조례 여관업 위생관리
	1,500	일본 옥내 Pool(도조례세칙)

1ppm = 1964μg/m^3 1μg/m^3 = 5.09 10-4ppm (0℃, 1latm)

표 6.23 부유분진(TSP)의 환경기준치(단위 : mg/m^3)

구분	Scale: 0.1 0.2 1 2 5 10	비 고
일반생활환경	0.15	일본건축기준법 및 빌딩위생 관리법 건축기준법
	0.1	일본 대기환경기준 1일 평균치
	0.2	일본 대기환경기준 1시간치
	0.075	미국 EPA (연평균)
	0.06	캐나다 장시간
	0.12	캐나다 단시간
	0.1	WHO EUROPE 30분 평균치
	0.1~0.12	WHO EUROPE 8시간치
	흡광도 0.1 약 0.3mg/m^3	일본학교 환경위생

표 6.24 이산화질소(NO_2)의 환경기준치(단위 : [ppm], [mg/m^3])

구분	Scale: 0.05 0.1 1.0 5.0	비 고
일반생활환경	0.04~0.06ppm	일본공해대책기본법 대기오염에 대한 기준
	0.21ppm(400μg/m^3)	WHO for Europe 1hr치
	0.08ppm(150μg/m^3)	WHO for Europe 24hr치
	0.05ppm(0.1mg/m^3)	대개환경기준 (미국)

1ppm = 1880μg/m^3 1μg/m^3 = 5.32 · 10-4ppm

표 6.25 포름알데히드(HCHO)의 환경기준치 (단위 ; [ppm], [mg/m^3])

구분	Scale (0.1 / 1.0 / 10.0 / 50)	비 고
일반생활환경	0.1ppm	참고 : 대기오염 기준. 미국
	0.1ppm 30분치	WHO for Europe
	4ppm(용기·포장)	일본 식품 위생법
	75ppm	일본 가정용품
	0.5mg/1 F1(타F2등)	일본 농림 규격

1ppm(20-25℃)=1.2mg/m^3 1mg/m^3 = 0.833ppm

표 6.26 라돈(Radon)의 환경기준치 (단위 ; [Bq/m^3])

구분	Scale (100 / 500)	비 고
일반생활환경	100	WHO . EUROPE 신축주거
	70	스웨덴 기준 신축주거 (장기)
	200	스웨덴 기준 신축주거
	400	스웨덴 기준 신축주거
	148(4pci)	미국 환경청
	800	캐나다

1PCi/l = 37Bq/m^3(1Bq/m^3= 0.027pci/l)1WL = 3700Bq/m

6.4.3 측정방법의 분류

1) 가스농도

가스농도의 측정방법은 기본적으로 화학 분석법과 기기 분석법으로 구분할 수 있다. 표 6.27에 CO_2 가스와 CO 가스에 대한 주요 측정방법을 나타낸다.

표 6.27 가스농도 측정법

	CO_2	CO
화학분석	검지관법 수산화바륨법	검지관법
기기분석	가스 간섭계법 적외선 흡수법 가스 크로마토그래프법	적외선 흡수법 가스 크로마토그래프법 정전위 전해법

2) 부유분진

분진의 측정방법은 분진의 부유상태 그대로 측정하는 부유측정방법(직접방법)과 일단 포집하여 측정하는 포집측정방법(간접방법)으로 구분된다.(JIS Z 8813; 부유분진 농도측정법 통칙)

일반적으로 실내분진 오염농도의 측정방법은 표 6.28에 나타낸다.

표 6.28 분진농도 측정기기의 종류

	측정 기기	측정 원리	농도 표시
부유 측정법	디지털 분진계	광 산란식	cpm(mg/m^3)
	자동 미립자 계측기	광 산란식	개/m^3
포집 측정법	Low-Volume air sampler	여 과 식	mg/m^3
	여과지 진애계 적선형 여과지 진애계	여 과 식	OD(mg/m^3)
	수정 발진식 질량농도계	Piezo Balance 법	mg/m^3

Low-Volume air sampler(이하 LV법이라고 함)는 대기오염이나 실내 공기오염에 대한 표준측정법으로 지정되어 있다. 간편한 측정기기를 사용하여 측정할 경우에는 측정치를 질량농도로 표시하게 되며, 이러한 측정기기는 LV법에 의한 측정치와 비교하여 정확한 질량농도로 환산할 수 있도록 보정계수를 산출해야 한다.

6.4.4 실내 오염물질의 측정법

1) CO_2 측정법

(1) 검지관법

공기중의 가스농도를 간편하게 측정할 수 있도록 개발된 방법이며, 측정 전에 특별한 준비나 샘플링 후에도 분석이 간단한 방법이다. 이것은 측정대상의 가스와 반응하는 착색물질을 유리관에 봉입한 검지관을 사용하며, 진공펌프를 사용하여 검지관의 한쪽에서 일정한 양의 공기를 흡입하고, 착색되는 정도와 길이에 의하여 가스의 농도를 결정하는 방법이다. 그림 6.54는 검지관과 흡입 펌프를 나타낸다.

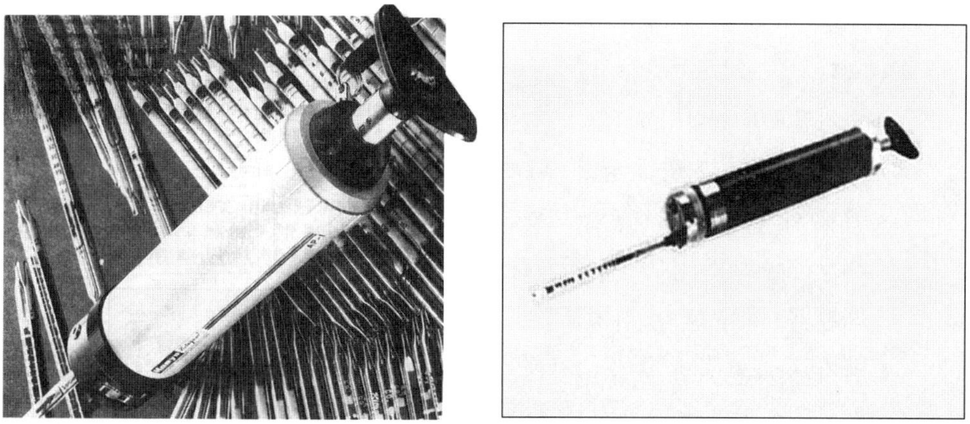

그림 6.54 검지관과 흡입 펌프

(a) 흡인펌프의 점검

- 펌프의 청소 : 오리피스(흡인속도 조절판), 검지관 취입구의 유리 파편이나 구리스 오일을 제거한다.
- 공기 흡입과정 점검 : 양쪽 끝을 잘라내지 않은 검지관을 장착하고 에어펌프의 손잡이를 잡아 당겨 90도 회전한 후에 정지 눈금에 고정한다. 펌프의 용량은 100ml 이며, 약 5분 이후에 핸들을 정지·고정 눈금에서 탈착시켜도 핸들이 원 상태로 복귀된다면 펌프와 패킹부위에 누기가 없는 것으로 판단할 수 있다. 만약 누기가 발생한다면 그 원인을 조사하고 다음과 같은 조치를 취한다.
  - 피스톤의 구리스를 보충한다.
  - 검지관 부착용 고무패킹을 교환한다.
  - 오리피스 부분을 세정하거나 교환한다.
  - 가스 출구를 점검한다.
- 오리피스의 통기 테스트 : 검지관을 부착하지 않은 상태에서 핸들을 한번 잡아 당겨 정지 눈금에 고정시키고, 50초 후에 사용하지 않은 검지관으로 검지관 취입구를 밀봉하고 핸들을 정지눈금으로부터 탈착시킨다. 이때 피스톤의 공기 흐름이 30~40ml(흡인량 60~70ml) 정도라면 정상 가동상태이다. 흡인량이 60ml 미만인 경우는 오리피스의 세정이 필요하다.

(b) 측정 조작순서

- 검지관의 양단을 펌프 끝부분의 카터로 절단한다.
- 그림 6.54의 우측과 같이 검지관의 한쪽 끝 (화살표 방향)을 공기펌프에 고정

시킨다. 이때 공기펌프 내부의 공기는 완전히 방출시킨 것을 확인한 후 실시한다.

- 공기펌프의 손잡이에 있는 빨간색 점을 공기펌프 본체의 빨간색 점과 일치되도록 핸들을 한 번에 당긴 후 90도 회전하여 고정시킨다.
- 그 후에 규정된 시간동안(보통 5분간) 공기 중에 방치한다. 시료공기를 100ml 이상 채취하는 경우에는 검지관은 그대로 설치된 상태에서 규정된 시간이 경과된 후 다시 한 번 흡입작용이 이루어지도록 반복 시행한다.
- 공기 채취를 끝낸 후에 검지관으로부터 농도를 읽어낸다.
- 농도표는 일반적으로 공기온도 20℃를 기준으로 한 것이며, 농도표에 온도보정표가 있는 경우는 공기의 온도에 따라 보정한다.

(2) 가스 간섭계

광속은 통과하는 물질의 굴절률에 반비례하는 것을 이용하여 광선을 2분 동안 각각 굴절률이 다른 가스 사이를 통과시킨 후 다시 합류시키면 간섭이 일어나는 방법을 이용하여 CO_2 농도를 알 수 있게 된다.

이러한 이동 광량의 측정은 시각에 의한 방법과 자동화된 방법이 있다. 실내환경 측정용에는 농도범위 0-2500ppm의 자동계측기가 주로 사용된다.

(3) 적외선 흡수법

CO_2를 비롯하여 CO, NH_3 등 각종 오염가스는 그 분자량에 따라 다른 적외선 영역의 광선을 흡수하는 성질이 있다. 한편, 공기의 주성분인 N_2, O_2, Ar 등에는 이러한 성질이 없는 점을 이용하여 오염농도를 측정하는 방법이며, 정밀도가 높고 연속적으로 자동측정이 가능하다.

이러한 원리에 의한 적외선 분석계는 그림 6.55와 같은 구성을 갖게 되며, 물리적으로 조정된 분석부분의 셀(Cell)에 의하여 오염농도가 검출된다. 교정은 측정 전후에 실시하는 것이 바람직하며, 교정용 가스는 제로(Zero)가스로 N_2, 스팬(span)가스로는 이미 농도를 알고 있는 CO_2와 N_2의 혼합가스를 이용한다.

CO_2 가스 측정기기로 최근에는 소형이고 휴대가 가능한 형태가 보급되었으며 정밀측정기기이므로 취급에 주의해야 한다. 측정 전에 15~60분 정도의 warm-up이 필요하다.

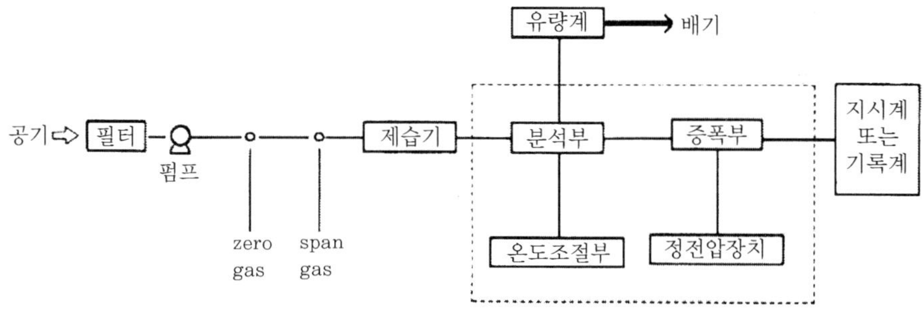

그림 6.55 적외선 가스분석계의 구성

2) CO 측정법

(1) 검지관법

검지관에 의한 측정법은 CO_2와 같은 방법으로 실시하면 된다.

(2) 적외선 흡수법

CO_2 측정법과 같은 원리이며 사용법도 동일하다.

(3) 정전위 전해법

이것은 측정대상 공기중에 함유된 CO를 전기화학적으로 산화시키고 농도에 따라 변화하는 전해 전류를 검출하는 것이다. 이에 대한 반응의 원리는 다음과 같다.

$$CO + H_2O \rightarrow CO_2 + 2H^+ + 2e \qquad \text{식(6.33)}$$

교정용 가스로는 농도를 알고 있는 스팬(span) 가스(CO와 N_2의 혼합기체)를 이용한다. 또한, 본 측정기기의 센서 부분은 소모품이며, 6개월~1년마다 교체해야 한다.

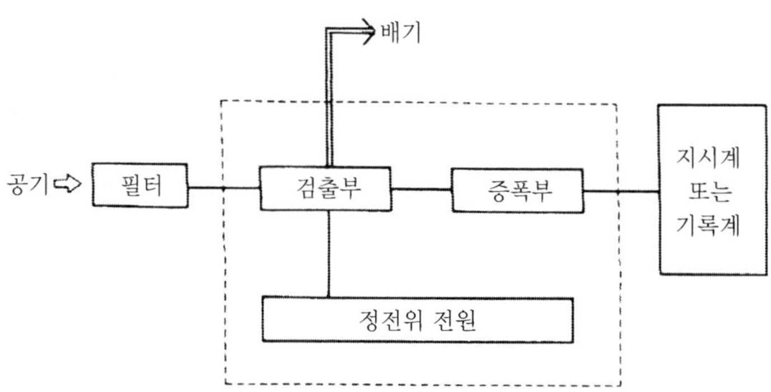

그림 6.56 정전위 전해법에 의한 CO 분석법의 구성도

3) 부유분진 측정법

(1) LV법(Low-Volume air sampler, 로우 볼륨 에어샘플러)

① 구성

LV (Low-Volume air sampler) 는 다음과 같이 구성된다.

(a) 여과지 : 0.3㎛의 스테아린산 입자를 99.9% 이상 포집할 수 있는 성능의 필터가 필요하며, 유리섬유제의 여과지가 적합하다.

(b) 세퍼레이터 : 분진 입자중에 큰 입자(보통 10㎛ 이상)를 분리 제거하기 위한 것으로 다단형의 것을 사용한다.

(c) 유량계 : 일반적인 포집방식에 의하여 측정을 실시할 경우 흡인 공기량을 정확히 측정해야 한다. 유량계로 사용되는 로더메터, 오리피스 등은 일반적으로 압력의 영향을 받으므로 사용 상태에서 교정할 수 있는 것이 적당하다. 또한 펌프에 맥동이 있을 경우 맥동을 흡수하기 위하여 서지탱크를 펌프 전후에 장착하는 것이 바람직하다.

(d) 펌프 : 여과지 및 서지탱크 등의 저항에 대하여 20~30 l/min의 흡인량이 장시간 안정되게 유지할 수 있는 것이 적당하다.

(e) 정밀 천칭 : 포집 전후의 여과지를 정밀 천칭에 의해 계량한다. 감도는 0.1mg 까지 안정적으로 측정 가능한 것이 필요하다.

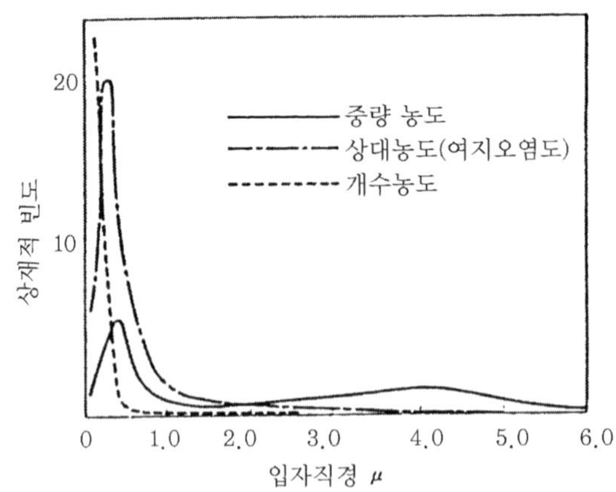

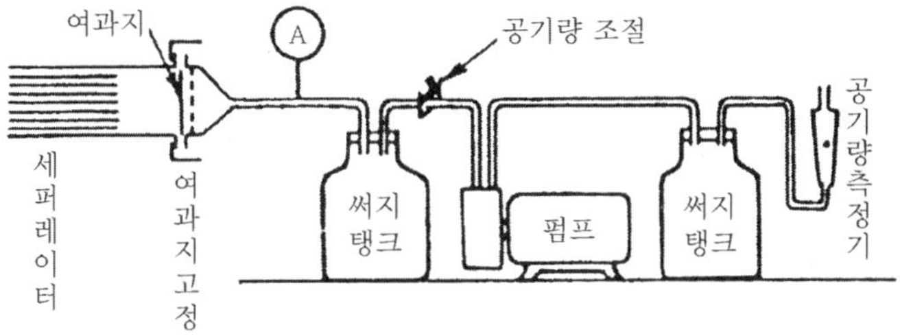

펌프의 맥동이 없는 경우에는 써지탱크가 불필요하다.
Ⓐ 위치에 공기량측 정기를 설치하면 공기량 측정값의 보정이 필요하다.

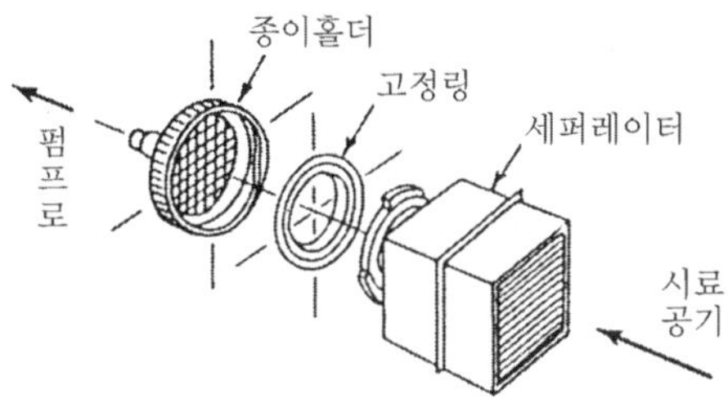

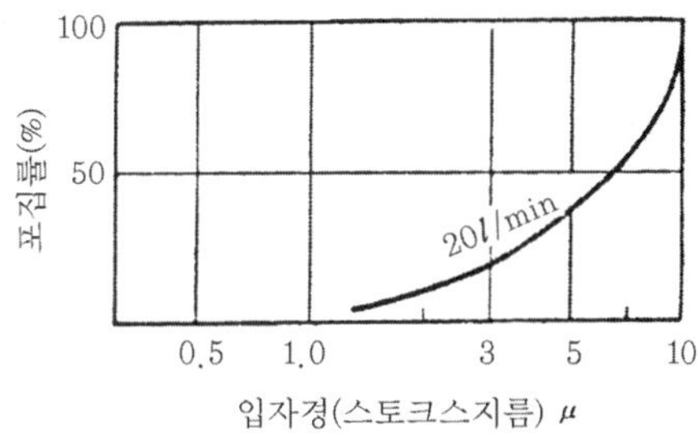

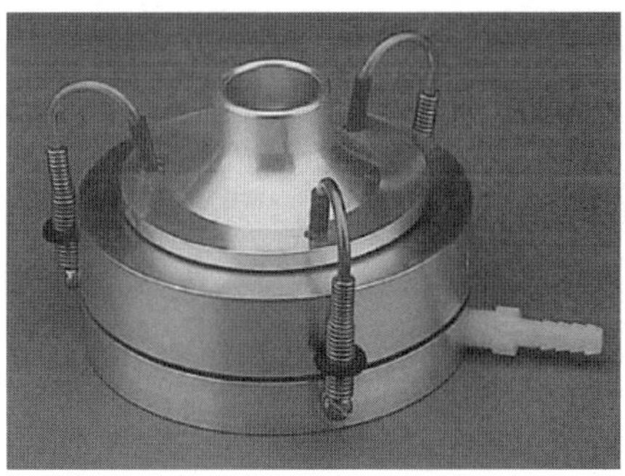

그림 6.57 LV 법 로우 볼륨 에어샘플러(low-volume air sampler)

② 측정 조작순서

(a) 여과지를 여러 매씩 무게를 달아 페트리 접시에 1매씩 보관한다. 여과지는 평형 핀셋으로 신중하게 취급한다.

(b) 측정점에 LV를 설치하고 여과지 홀더로 여과지를 고정한다. 여과지의 습기 흡수

에 의한 영향을 보정하기 위하여 2매를 중첩하는 것이 좋다.

(c) 측정 개시 후 바로 흡인유량을 조정한다. 보통 20~30 l/min로 한다. 샘플링 중에도 수시로 유량조정을 점검할 필요가 있다.

(d) 습도나 측정오차를 고려하여 분진포집 절대량은 적어도 1~2mg 정도는 필요하므로 일반적인 실내환경에서 $8m^3$ 이상의 흡인공기량까지 측정을 계속한다. 운전시간은 보통 6~8 시간이다.

(e) 샘플링 종료 후 여과지의 질량을 측정한다. 2매의 여과지를 사용한 경우에 습도조절시간을 줄이기 위하여 직접 계량하고 다음 식에서부터 질량농도를 산출한다.

$$C = \frac{1}{V}\{(W11 - W10) - (W21 - W20)\} \qquad \text{식(6.34)}$$

C : 질량농도 (mg/m^3)

V : 흡인 공기량 (m^3)

W11 : 포집후의 상류측 여과지의 질량 (mg)

W10 : 포집전의 상류측 여과지의 질량 (mg)

W21 : 포집후의 하류층 여과지의 질량 (mg)

W20 : 포집전의 하류층 여과지의 질량 (mg)

(2) 디지털 분진계

① 디지털 분진계의 특성과 구성

부유분진으로 인하여 산란광의 강도는 분진의 물리적 성질이 일정한 경우에 분진의 질량농도에 비례하므로 이것을 광전자 증폭관을 통하여 광전류로 변환하고 증폭시켜 디지털 수치로 치환하여 표시한 것이다.

분진농도는 1분간의 계수(cpm ; counts per minute)로 표시되고, 0.3㎛의 스테아린산 표준입자를 기준으로 하여 이에 대한 분진농도를 치환할 수 있도록 설계된 것이다. 예를 들면, 일본 SIBATA사의 P-3형은 1cpm = 0.01mg/m^3, P-5H 형에서는 1cpm = 0.001 mg/m^3의 감도를 갖도록 교정되어 있다.

그러나 측정대상인 부유분진은 반드시 스테아린산 입자와 동일한 질량농도에 대하여 동일한 방법으로 주어져야 하므로 지역의 대기오염 상황, 건물용도 등에 따른 LV에 의한 표준농도 측정법과의 동시 비교측정을 실시하고 질량농도의 환산계수를 구해야 한다.

본 측정방법은 취급이 간편하고 응답이 빠른 것이 장점이다. 1분 동안에 1개의 측정값을 얻을 수 있지만 실제로는 시간적 농도 변동의 영향을 피하기 위하여 3분 정도의 측정을 실시하고 1분간의 평균치를 산출하는 것이 좋다. 실내에서는 특히 담배연기에 민감한 응답이 나타난다. 고농도의 연기에 이상한 응답을 표시하게 되면 센서부분이 손상될 수 있으므로 주의해야 한다.

그림 6.58은 디지털 분진계의 외관을 나타내며, 그림 6.59는 실제 건물에서 측정된 LV에 의한 표준측정법과 디지털 분진계의 측정값의 비례관계를 나타낸다.

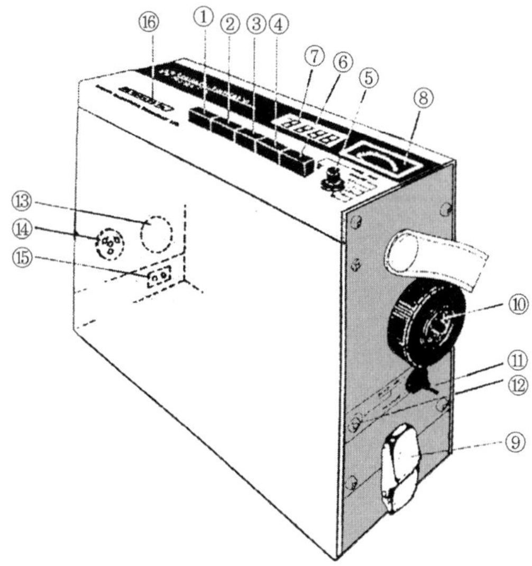

① 전원스위치	② 배터리 체크
③ 팬	④ X10(감도의 1/10조정) 고농도 장소에서 사용
⑤ 측정시간 스위치	⑥ 시작/정지 스위치
⑦ 카운터 눈금	⑧ 카운터 눈금(직독용)
⑨ 건전지 케이스 고정장치	⑩ 흡입구
⑪ 감도조정스위치	⑫ 감도조정장치
⑬ 배기구	⑭ 출력용 콘덱터
⑮ 교류전원	⑯ H : 고감도용, L : 저감도용

(a) 분진계의 외부모습과 명칭

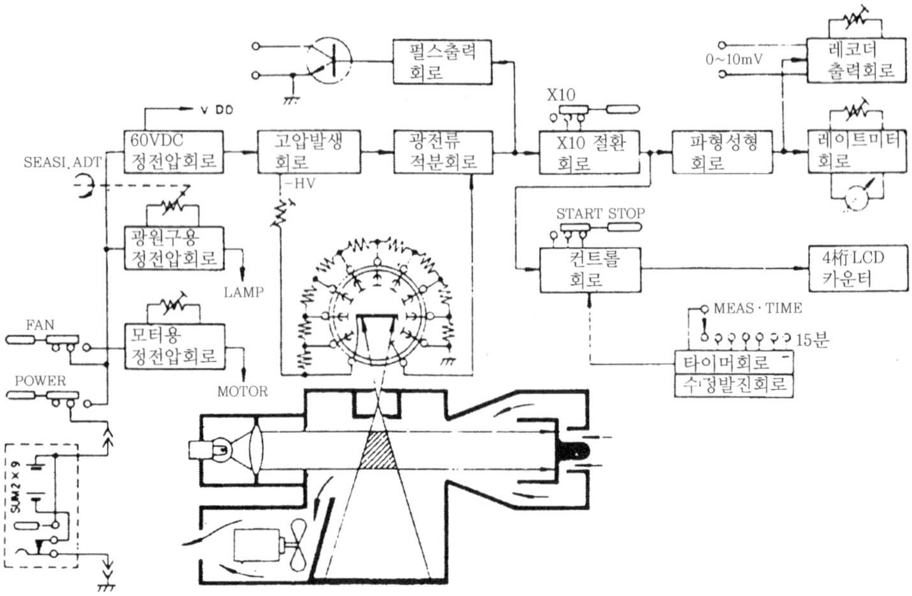

(b) 분진계의 구성도

그림 6.58 디지털 분진계

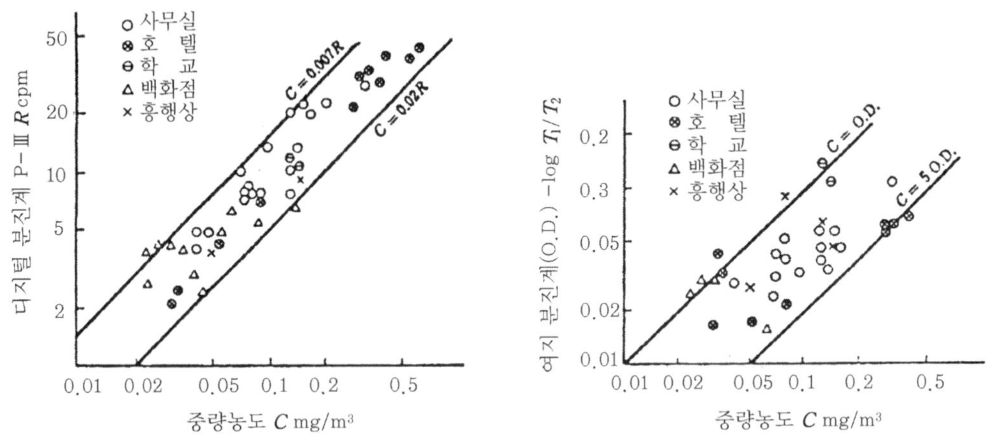

그림 6.59 LV에 의한 표준측정법과 디지털 분진계의 측정값의 관계

다음은 디지털 분진계 P-5형의 사용법에 대한 설명이다. 같은 원리에 의한 다른 디지털 분진계의 사용법도 비슷하다.

② 조작순서

(a) 감도확인 : 측정을 실시하기 전에 기기검사표에 표시된 감도 수치를 이용하여 측정기의 감도를 확인한다.

- power를 ON 위치에 놓고, BATT(배터리) 스위치를 눌러 적색범위 내에 들어오는가를 확인한다.
- 감도조정 스위치를 SENSI. ADJ에 위치시키고 그 상태에서 광원이 안정될 때까지 3분간 기다린다.
- 감도조정용 소형 드라이버로 감도조정 수치에 눈금(또는 디지털 수치)을 조정한다.
- 감도확인을 다시 실시하기 위하여 타이머 스위치를 MINUTE에 위치시키고 START 버튼을 누른 후 1분간 카운트한다. 카운트 값이 감도조정 수치와 1~2%의 오차 내에 들어오면 된다. 이 범위를 벗어나면 ③, ④의 조작을 반복한다.
- 감도수치가 적합하다면 감도조정 스위치를 MEASURE 의 위치로 돌려놓는다.

(b) 측정순서

- Power를 ON으로 하고 BATT 버튼을 눌러 지시계가 적정 범위 내에 있는지를 확인한다. 측정 직전에 감도확인을 실시한 경우는 POWER를 ON 상태로 놓으면 된다.
- TIMER를 원하는 측정시간 (0.1분, 1분, 2분, 3분, 5분, 10분)에 맞춘다. 그 이외의 시간은 MANU(수동조작)를 사용한다.
- FAN 버튼을 누르고 다시 BATT를 확인한다.
- FAN을 ON으로 하고 10~15초 후에 확산광 발생부의 공기가 완전하게 치환되었을 때까지 기다린 후 START 버튼을 누른다.
- 측정시간 경과 후 Timer 조작의 경우는 자동적으로 카운터를 멈추게 되고, 수동조작의 경우는 STOP 버튼(START 버튼 겸용)을 누르면 정지된다.
- 측정 종료 후 바로 다음 측정을 실시하지 않을 때는 FAN 버튼을 눌러 OFF시켜 건전지의 소모를 방지한다. 단, Power 쪽은 다음 측정 시까지 20~30분이 필요하지 않을 경우에는 OFF시킬 필요는 없다. 건전지의 사용시간은 보통 3시간 정도이다.
- 측정목적이 단순히 분진농도의 시간적, 공간적 변동을 추적하거나 여과장치의 효율을 측정할 때에는 분진농도는 상대농도로 다음 식에 의해 표시한다.

$$\text{상대농도} = R - D\ (\text{cpm}) \qquad \text{식(6.35)}$$

R : 1분당의 기운티수(cpm)

D : 측정기기 고유의 Background 수(검출부에 무진공기를 통과한 경우에 전자

회로의 잡음(Noise)에 의해 발생한 카운트 수(cpm)

- 상대농도로부터 질량농도로의 환산은 다음 식을 사용한다.

$$C=(R-D)\times K \qquad \text{식(6.36)}$$

K : 질량농도 환산계수

(평균 입경 0.3㎛의 스테아린산 입자의 경우 $K=0.001\text{mg/m}^3$, P-3형; $K=0.01\text{mg/m}^3$, 일반 사무소건물에서는 $K≒0.0013\text{mg/m}^3$, P-3형; $K=0.013\text{mg/m}^3$)

(3) 적산형 여과식 분진계

앞에 보여준 LV는 대표적인 여과식 분진 측정기기이다. 여과지를 통하여 분진을 측정하는 것이므로 질량 이외의 농도평가를 하는 것이 몇 가지 종류로 구분되며, 여과지의 오염 정도를 투과 광량의 변화로부터 측정하는 방법도 있다.(예 : Dust-2000)

그림 6.60은 Dust-2000의 구성을 나타낸다. 시료 공기는 10㎛ 카트 세퍼레이터(seperator)를 통과하고 유리섬유 필터로 여과되며 여과지 위에 부착된 분진에 의하여 광학농도의 상승이 지시계에 표시된다. 12 l/min의 공기 흡입속도로 5분간 작동할 때 OD 값으로 표시된다.

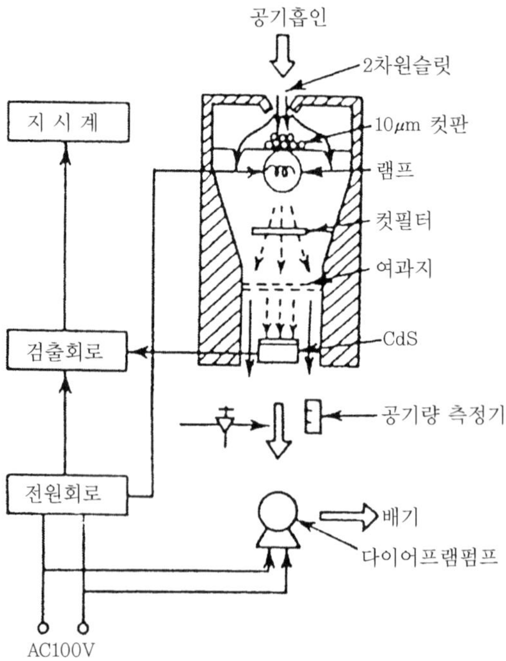

그림 6.60 Dust-2000의 구성

(4) 수정 발진식 질량농도계(PIEZO BALANCE 분진계)

비교적 최근에 개발된 측정기기이며 분진의 상대적 농도를 검출하는 것이지만 원리적으로는 질량농도와 거의 일치하는 것이 특징이다.

일정 조건으로 진동하는 수정판(압전 결정소자)의 표면에 이와 등가인 물체를 균일한 상태로 부착하면 그 질량에 비례한 진동수의 변화가 발생한다. 이러한 현상을 이용한 것이므로 수정 전극상에 분진을 정전포집하고 진동수의 변화로부터 분진농도를 mg/m^3의 형태로 표시한 측정기기이다.

분진계는 비교적 경량이며 소형이고, 사용법도 간편하며 수감부의 세정을 위한 전처리 단계가 필요하다. 측정시간은 2분 정도로 짧고 기능적으로 우수하다.

그림 6.61은 PIEZO BALANCE 분진계의 모습을 나타낸다.

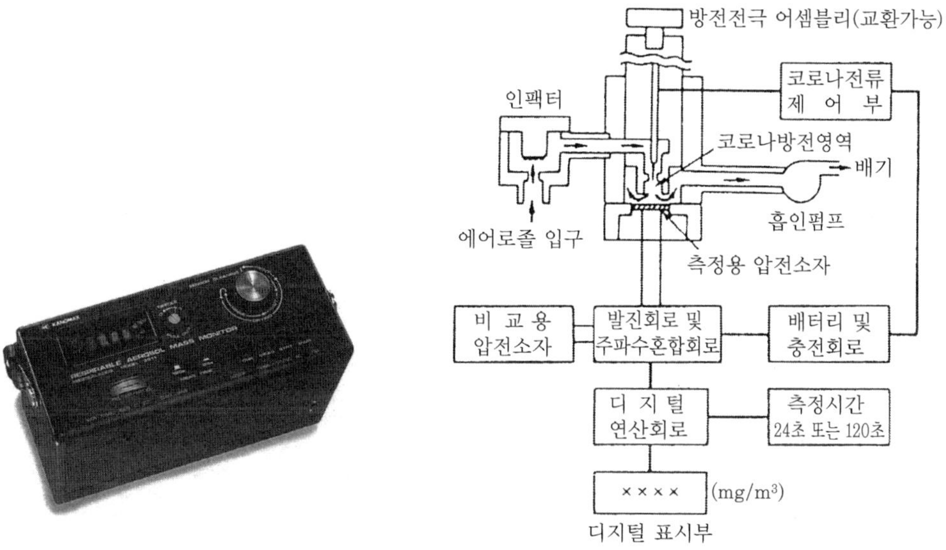

그림 6.61 PIEZO BALANCE 분진계

6.4.5 실습의 진행

공기오염의 측정연습은 광범위하므로 실험횟수, 시간, 측정기의 설비상황 등을 고려하고 앞에서 기술된 몇 가지 방법 중에서 가능한 것을 선택하여 실시할 수 있다. 실험자는 개인적으로 가스농도(CO_2 또는 CO), 분진농도를 각각 1회 이상 측정하여 연습을 실시하는 것이 바람직하다.

측정위치는 바닥으로부터 75~120cm(인체의 호흡선) 높이가 적절하며, 몇 가지의 오염물질을 측정할 때는 반드시 동일한 높이에서 측정하여 기록하도록 한다.

1) 동일 위치의 변화특성

한 실내의 대표적인 지점을 측정점으로 선정하고 그 장소에서 시간적으로 변화하는 오염농도의 상황을 조사할 수 있다.

① 시간과 측정기기의 허용범위에 따라 장시간에 걸쳐 일정한 시간간격으로 측정한다. 예를 들면, 13시~17시 사이에 30분 간격으로 측정하여 각종 오염농도의 변화를 살펴볼 수 있다.

② 1회 측정시간이 1~2분 정도인 측정기기를 이용하는 경우에는 30분 또는 60분간에 짧은 시간 동안인 1~2분 간격으로 연속적으로 측정하고 시간에 따른 변화를 정밀분석할 수 있다.

측정 시에는 오염농도에 영향을 미치는 요인(예, 재실자수→CO_2, 분진; 흡연상황→CO, 분진 ; 개방형 연소기기→CO_2, CO, 분진; 개구부 개폐상황, 공조기 운전상황→모든 오염농도의 구성관계 등)을 동시에 파악할 필요가 있다. 가능하다면 외부공기의 오염농도도 동시에 측정하여 참고자료로 활용할 수 있도록 측정계획에 포함시키는 것이 바람직하다. 한편, 1회 측정에 시간 To-T1까지 소요되는 경우의 측정값은 To 시의 측정치로 취급한다.

2) 여러 점의 동시측정 또는 이동측정

오염농도의 측정방법에는 1가지의 측정기기를 이용하여 여러 개의 측정점을 설정하여 측정함으로써 오염농도의 공간적(평면적) 분포를 파악할 수 있다. 가능한 한 측정점의 측정순서를 정하여 규칙적으로 여러 점을 측정한다면 오염농도의 구성을 살펴볼 수 있다.

(1) 실내 오염농도의 평면 분포

실내를 크기에 따라 종방향, 횡방향으로 일정하게 몇 m 간격으로 나누고(또는 기둥이나 보를 이용하여 구분) 그 격자점 또는 각 기둥의 대각선의 교차점을 이용하여 측정점(sampling point)으로 선정할 수 있다. 동시 측정의 의미에서 동일한 측정기기로 여러 점을 순차적으로 측정하며, 측정대상 물질을 측정할 수 있는 측정기기를 운반할 수 없을 경우는 측정기기 1대로 일정한 지점에 위치시키고 샘플링 백(sampling air bag)을 이용할 수도 있다.

측정위치에서 샘플링 백에 시료공기를 채취하고 위치와 측정시각을 기록하며 측정기기의 설치장소까지 운반한다. 단, 샘플링 백은 흡착성이 없고 변형이 없는 재질로 제작된 것이 바람직하다. 분진을 측정할 경우에는 이 방법은 불가능하다.

디지털 분진계가 2대 이상인 경우에는 사전에 감도를 확인하고, 각 측정기기의 오차를 확인할 필요가 있다.

(2) 실의 용도별 농도 변화

동일 건물 내에서 각 실의 용도, 사용상황에 따라 각 실의 대표적인 지점의 오염상황을 동일한 시점에서 측정하고, 건물 전체 특히, 공조시스템과 관련된 오염대책을 수립할 목적으로 측정하는 방법이다. 측정방법은 앞의 방법과 유사하다. 또한 외기의 상태도 적정한 위치를 선정하여 측정할 필요가 있으며, 측정결과를 분석할 때에 참고자료로 활용할 수 있다.

3) 오염 발생량의 측정

공기오염 측정을 위한 전용 실험실이 있는 경우는 각종 오염물질의 발생량을 파악하기 위한 실험을 할 수 있다. 오염 발생원의 평가를 위한 연습에는 개방형 연소기구나 담배연기(흡연물질) 등이 적당하다. 단, 측정기기의 측정한계를 초과하지 않는 농도 범위 내에서 실험이 가능하며, 실의 용적, 발생원의 크기 등을 초기 단계에서 예측해야 한다. 환기를 실시하지 않는 상태 또는 환기량을 이미 알고 있는 상태에서 실험실내에서는 선풍기를 이용하여 실내농도가 균일하게 유지되도록 한다.

4) 측정 결과치의 상관관계

(1) 각종 오염물질의 상관성

2가지 종류 이상의 오염농도에 대하여 측정시간을 동일하게 설정하고 오염농도를 측정하여 상관성을 조사할 수 있다. 동일한 점의 경시 변화에 대해서나 다수의 측정점에 대해서도 동시에 동일한 점에 대한 측정치를 조사할 수 있다면 전체적인 오염농도의 특성을 평가하는데 매우 용이하게 된다.

(2) 분진 상대 농도 측정기기의 질량농도 환산계수

LV에 의한 절대 질량농도와 간편한 방법인 다른 상대농도 측정기기와의 측정값을 비교하여 질량농도 환산계수를 산출하면 상당질량농도로써 다른 종류의 기기에 의한 측정치의 비교도 가능하며, 측정기기의 정확도도 검증할 수 있다.

환산계수를 구하기 위해서는 측정기기를 LV와 동일한 측정점에서 동일한 시간에 연속 또는 간헐적으로 측정을 하면 일정한 시간에 측정을 실시한 것이 된다. LV방법은 6~8시간의 측정기간 동안 평균농도로써 1개의 측정값을 얻을 수 있고, 이러한 경우 다른 측정기기의 측정값도 1개의 평균치만이 의미가 있는 것이 되므로 신뢰성이 있는 환산계수를 결정하기 위해서는 평균값에 대응한 많은 측정 데이터를 수집해야 한다.

6.4.6 보고서 작성방법

측정 보고서는 다음 순서에 의해 작성한다.

1) 측정목적

2) 측정개요

① 일시, 장소(또는 건물명, 소재지명), 건물의 용도, 구조, 규모, 측정대상층, 측정대상실, 공조시스템 등의 개요

② 측정 항목(오염물질 종류, 관련 사항) 및 측정기기

③ 측정점(도면에 표시), 측정방법 : 일정한 지점의 농도변화, 실내의 공간분포 등

3) 측정 결과

① 측정 데이터 (1차) 의 일람표 작성

② 데이터의 도식화

- 계통을 세워 측정된 자료는 단순히 측정 데이터를 표로 정리하는 것이 아니고, 도식화 (가시화) 하여 전체의 경향을 알아볼 수 있도록 정리하는 것이 바람직하다.
- 동일한 지점에서 측정 결과에 의한 시간에 따른 농도의 변화, 평면 분포의 측정에 따른 농도의 등고선 등의 그림을 작성한다.
- 시간에 따른 농도의 변화에는 필요에 따라 재실자 수, 흡연자 수 등의 참고자료를 그려 놓고, 공조시스템의 운전시간대, 개방형 연소기구의 사용시간 때 개구부의 개폐 상황 등의 관련사항을 병행하여 그림을 작성한다.

③ 통계적 처리에 의한 2차 데이터의 작성

측정치에 대한 경향성을 알기 위하여 빈도분포, 누적도수 분포 등을 그래프로 작성한다.

그림 6.62는 CO_2 농도의 수평분포를 나타내며, 그림 6.63은 빈도분포와 누적빈도수를 나타낸다. 2개실 이상의 평면 분포에 대해서는 단순히 등고선만을 표시하면 그 특성을 비교하기 곤란하지만 빈도분포와 누적도수 분포에 의하여 실태의 수량적 파악과 상호 비교가 가시화되어 분석하기가 쉽고, 중앙값(50% 값), 최대값, 최소값, 90% 레인지 등의 값을 읽을 수 있어 편리한 방법이 된다.

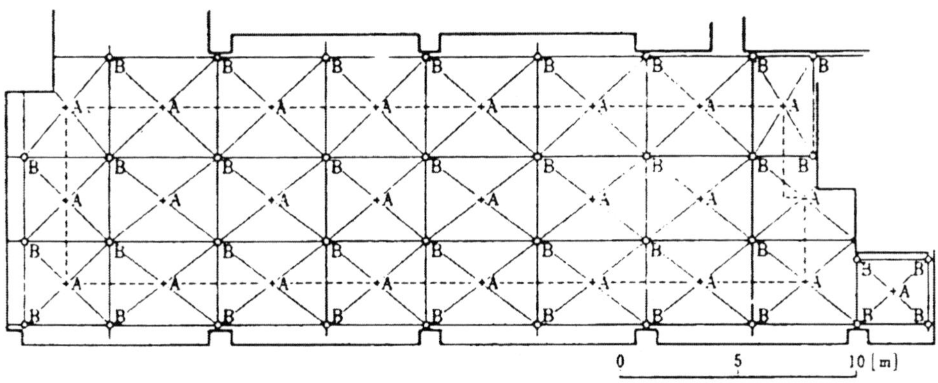

1) 실내를 일정한 면적으로 균등하게 분할하고 분할 면적당의 중앙 (A점)을 측정함으로 선정한다.
2) 실내오염물질의 농도를 조사하여 등고선(콘터그래프)으로 표시하고자 할 때에는 B점을 측정점으로 선정하는 것이 바람직하다.

(a) 측정점의 위치

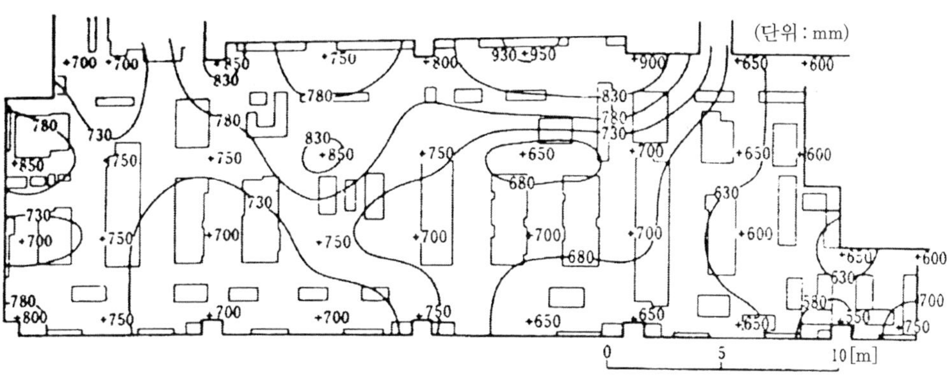

(b) CO_2농도 분포 예

그림 6.62 CO_2 농도의 수평분포

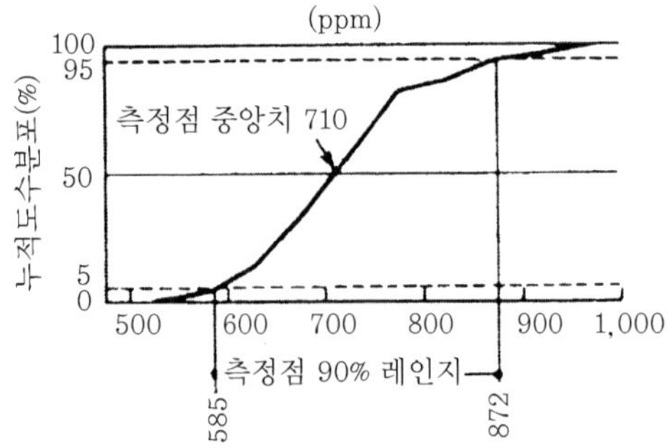

(a)

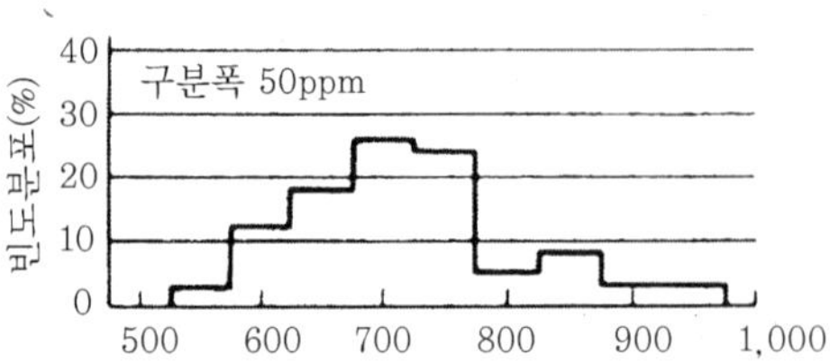

(b)

그림 6.63 CO_2 농도의 누적도수분포 (a)와 빈도분포 (b)

④ 상관도의 작성

2차 데이터 분석의 일부로써 1차 데이터로부터 상관도를 작성하며, 상관계수와 회귀식을 산출하여 표현할 수 있다.

4) 결과분석 및 고찰

측정자료를 중심으로 1차 데이터와 2차 데이터에 대하여 고찰한 내용을 기술하고, 참고문헌이나 다른 자료 등과 비교 검토한다.

5) 결론

측정자료의 분석과 고찰을 통하여 가장 중요하다고 생각되는 항목을 간결하게 정리하여 결론으로 기술한다. 또한 측정 기술상의 문제점, 의문점 등을 기술한다.

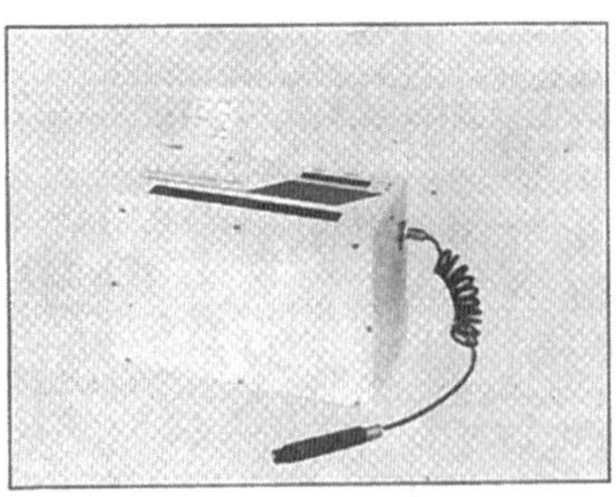

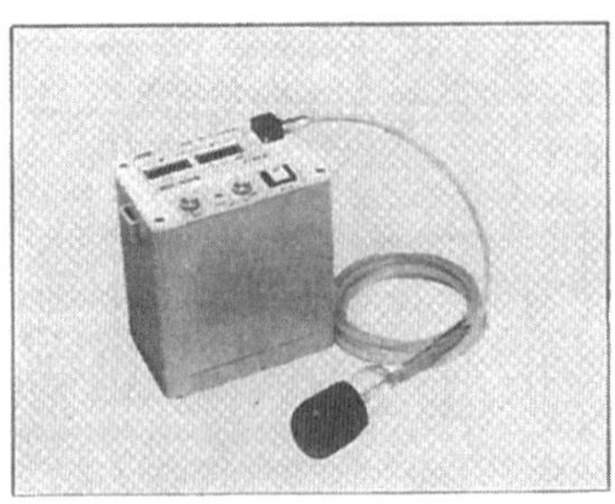

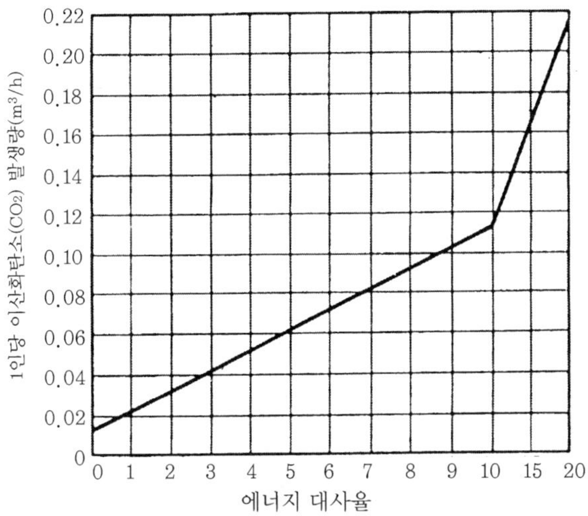

그림 6.64 인체에서의 CO_2 발생량

6.4.7 실내공기질 관련법규와 시험방법

1) 환경부의 다중이용시설 실내공기질관리법

환경부는 2003년 5월에 개정·공포된 『다중이용시설등의 실내공기질관리법』을 2004년 5월 30일부터 시행하고 있으며, 동법 공정시험방법에 의거하여 다중이용시설(17개 시설군) 및 신축공동주택을 측정하도록 정하였다.

(1) 신축공동주택

신축공동주택 실내공기질 시험방법은 일정규모(100세대) 이상의 신축공동주택을 대상으로 건물 건축시 사용되는 건축내장재 등에서 방출되어 실내공기를 오염시키는 포름알데히드(HCHO)와 휘발성유기화합물(VOC)를 대상으로 시료를 채취하고 분석하는 방법이다.

측정지점은 100세대를 기본으로 저층부, 중층부, 고층부 3개 지점으로 하며, 100세대가 증가할 때마다 1개 지점씩 증가한다. 이때 중층부, 저층부, 고층부 순으로 증가하는 것을 원칙으로 하고, 단지가 여러 동으로 구성되어 있을 경우는 측정지점 수 내에서 각 동에서 측정하며, 한 단지에 시공사가 여러 개인 경우는 시공세대로 구분하여 측정지점을 선정한다.

그림 6.65는 신축공동주택의 측정지점을 나타낸 것이다.

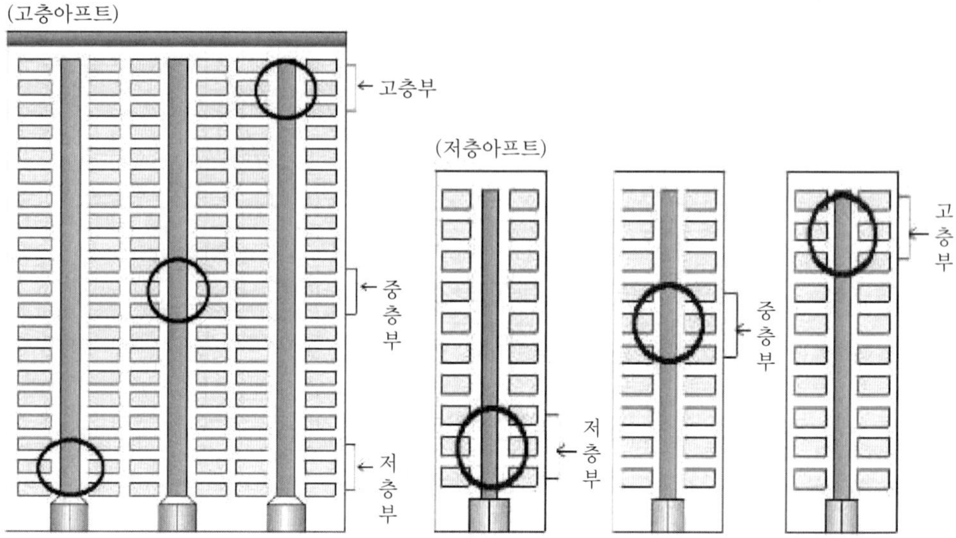

그림 6.65 신축지점 측정방법

측정방법은 측정단위세대의 창, 문, 내장가구의 문 등을 모두 개방하고 30분 이상 사전 환기시킨다. 사전 환기 후 외부공기에 접한 창, 문, 개구부 등은 모두 닫고 5시간 이상 밀폐상태를 유지한다. 이때 내장가구의 문은 열어둔다. 밀폐 후 정해진 유량으로 30분간 2회 시료를 채취한다. 이때 시료채취는 거실 중앙부에서 실시하며, 바닥면에서 1.2∼1.5m 높이에서 측정한다.

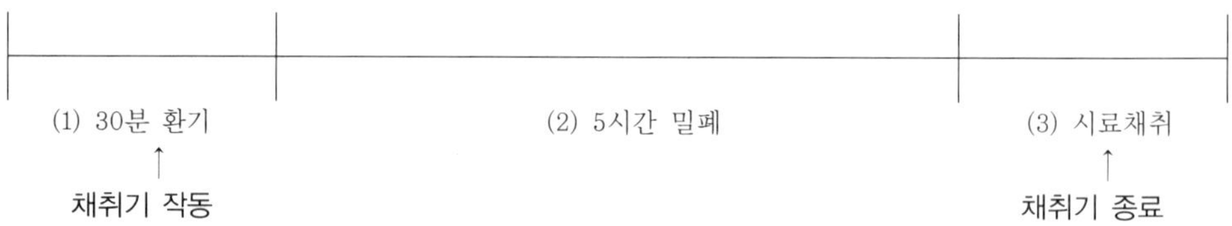

① 휘발성 유기화합물(VOC)

휘발성 유기화합물은 Tenax-TA, Carbotrap 300 또는 이와 동등이상의 성능을 갖는 고체 흡착관을 이용하여 유량 50∼200mL/min으로 시료를 채취하거나 캐니스터를 이용하여 시료 채취한다. 고체흡착관으로 채취된 시료는 열탈착 방치(TD)에 연결하여 열탈착한 후 시료를 주입하거나 용매추출하여 분석기기인 기체 크로마토그래프(GC)로 주입한다. 캐니스터로 채취된 시료는 직접 기체 크로마토그래프로 주입한다.

주입된 시료는 비극성 캐필러리컬럼(예 : HP-1, OV-1 등)을 이용하여 분리한 후 질량분석계(MS)로 분석한다. 휘발성유기화합물의 분석조건은 표 6.29와 같다.

표 6.29 휘발성유기화합물 분석조건

열탈착장치	
탈착온도	300℃ (relative with sorbent)
탈착유량	30 mL/min, 15 min
저온농축 트랩	Liq. N2 or sorbent
저온농축의 탈착	325℃
기체크로마토그래프	
주입기 온도	300℃
운반기체	He, 1.8 mL/min
컬럼	OV-1 capillary column (0.32mm×60m×1㎛)
온도 프로그램	50℃ (5 min) – 8℃/min – 200℃ (until all target compounds elute)
질량분석계	
인터페이스 온도	250℃
이온원 온도	200℃
이온화 방법	Electron Ionization (70 eV)
질량범위	Scan, m/z 35 to m/z 350

② 포름알데히드(HCHO)

포름알데히드는 오존스크루버를 장착한 DNPH 카트리지를 이용하여 유량 200∼1,000 mL/min으로 시료를 채취한 후 DNPH 카트리지를 아세토니트릴 용매 5㎖를 이용하여 추출한다. 추출한 용액 일부를 HPLC에 주입하며, 360nm UV 검출기를 이용하여 정량한다. 표 6.30은 일반적으로 많이 사용하는 HPLC 조건이다.

표 6.30 포름알데히드 분석조건

운 전 인 자	조 건
컬 럼	C-18 컬럼(ODS, 길이 250mm×내경 4.6mm), 또는 이와 동등 이상의 성능을 갖는 것
이동상	아세트니트릴/물 = 60/40 (v/v) 또는 분리 분석에 적당한 용매
검출기	360 nm 자외선
유 량	1.0 ㎖/min
시료 주입량	20㎕

(2) 다중이용시설

다중이용시설 등의 실내공기질 측정은 지하역사, 터미널, 대합실, 병원 등 불특정 다수인이 이용하는 시설에서 실내오염물질을 측정·분석하는 방법이다. 실내오염물질로는 유지기준 오염물질인 미세먼지, 포름알데히드, 일산화탄소, 이산화탄소, 총부유세균과 권고기준 오염물질인 휘발성유기화합물(VOC), 라돈, 석면, 오존, 이산화질소 등 총 10종이다.

시료채취는 해당시설의 실제 운영조건과 동일하게 유지되는 일반환경 상태에서 측정하는 것을 원칙으로 하고 시료채취 위치는 원칙적으로 주변시설 등에 의한 영향과 부착물 등으로 인한 측정 장애가 없고, 대상시설의 오염도를 대표할 수 있다고 판단되는 곳을 선정하는 것을 원칙으로 하며, 기본적으로 시설을 이용하는 사람이 많은 곳을 선정한다. 또한 인접지역에 직접적인 발생원이 없고 대상시설의 내벽, 천장에서 1m 이상 떨어진 곳을 선정하며, 바닥면으로부터는 1.2~1.5m 위치에서 측정한다. 각 시설별 세부 시료채취 위치 및 지점수는 표 6.31과 같다.

표 6.31 다중이용시설의 시료채취 위치

대상시설	지점수	채취위치	비 고
지하역사	2개소 이상	승강장 및 대합실의 중앙점 (연결통로의 중앙점) 바닥으로부터 1.2~1.5 m	환승역사의 경우 역간 연결통로 중앙점을 측정에 포함
지하도 상가 및 지하상점가	2개소 이상	주 보행공간의 중앙점 및 주요 상점의 내부 중앙점 바닥으로부터 1.2~1.5 m	
- 여객자동차 터미널의 대합실 - 공항시설중 여객터미널 - 항만시설 및 철도역사의 대합실	2개소 이상	대합실 및 승강장 중앙점 바닥으로부터 1.2~1.5 m	승강장이 외기에 노출되어 있을 경우, 대합실만 측정
도서관	1개소 이상	주 열람실 또는 개방형서고 중앙점 바닥으로부터 1.2~1.5 m	주 열람실을 우선적으로 측정
박물관 및 미술관	1개소 이상	주 관람 또는 전시실 중앙점 바닥으로부터 1.2~1.5 m	주 관람실을 우선적으로 측정
종합병원	2개소 이상	대기실 및 주요 병실 중앙점 바닥으로부터 1.2~1.5 m	
실내주차장	1개소 이상	층별 주차공간의 중앙점 바닥으로부터 1.2~1.5 m	지하층이 있는 경우 지하층 필히 포함
보육시설 및 노인복지시설	1개소 이상	주요 휴식시설(수면실 및 침실 포함)의 중앙점 바닥으로부터 1.2~1.5 m	
대규모 점포	2개소 이상	층별 대상시설의 주요 활용공간 중앙점 바닥으로부터 1.2~1.5 m	지하층이 있는 경우 지하층 필히 포함
찜질방	1개소 이상	주요 휴식공간 또는 찜질실 중앙점 바닥으로부터 1.2~1.5 m	주요 휴식공간을 우선적으로 측정

측정시간은 각 오염물질별로 규정하는 것을 원칙으로 하며, 주간시간대(오전 8시∽오후7시)에 실시하는 것을 원칙으로 한다. 오염물질별 시료채취방법 및 측정시간은 표 6.32와 같다. 지하역사 및 지하역사와 연결된 지하도 상가에서 미세먼지를 측정하는 경우에는 20시간 측정한다. 다만 2005년 12월31일까지는 24시간 측정한다.

표 6.32 다중이용시설에서의 오염물질별 시료채취방법 및 시간

측정항목	시료채취 방법 및 시간
휘발성 유기화합물	주간시간대(오전 8시∽오후 7시) 유속 50∽200mℓ/min로 30분간 2회 측정
포름알데히드	주간시간대(오전 8시∽오후 7시) 유속 200∽1,000mℓ/min로 30분간 2회 측정
미세먼지(PM10)	주간시간대에(오전 8시∽오후 7시) 2∽7ℓ/min으로 8시간 측정
석면	주간시간대에(오전 8시∽오후 7시) 10ℓ/min으로 1시간 측정
일산화탄소	주간시간대에(오전 8시∽오후 7시) 1시간 측정
이산화탄소	
오존	
질소화합물	
라돈	주간시간대(오전 8시∽오후 7시) 8시간 연속 측정
총부유세균	주간시간대(오전 8시∽오후 7시) 총 포집량 200~1,000ℓ으로 1회 측정

① 포름알데히드

다중이용시설에서의 포름알데히드 측정방법은 공동주택에서의 포름알데히드 시험방법과 동일하다. 단 다중이용시설에서는 실제 운영조건과 동일한 일반환경에서 측정하므로 사전환기 및 밀폐 과정이 없이 시료를 채취한다.

또한 다중이용시설에서 포름알데히드를 측정할 경우에는 현장측정방법도 적용되는데, 현장측정방법으로 측정한 결과가 유기기준의 1/2 이상 초과하는 경우에는 주시험방법으로 시험한다.

현장측정방법으로 사용되는 측정기기는 다음과 같은 조건을 갖추어야 한다.

① 측정가능 농도는 0.01mg/m^3 이상이어야 한다.

② 시료채취와 기기조작이 용이해야 한다.

③ 소형 및 경량으로 운반이 편리해야 한다.

④ 가능한 별도의 전원이 필요 없고 저가이어야 한다.

⑤ 온도 및 습도의 영향을 받지 않아야 한다.

⑥ 공존물질에 의한 방해가 최소화된 상태에서 측정이 가능해야 한다.

② 미세먼지(PM-10)

미세먼지 측정방법으로는 소용량공기포집법, 저용량공기포집법, 베타선흡수법, 광산란법, 광투과법 등이 있으며, 이 중 소용량공기포집법이 주 시험방법이다. 광산란법 및 광투과법으로 미세먼지를 측정한 결과가 유지기준의 1/2 이상 초과하는 경우에는 주 시험방법으로 측정해야 한다.

(a) 소용량 공기포집법(Mini volume air sampling method)

소용량 공기포집기는 분립장치, 여과지홀더, 흡인펌프, 유량계 등으로 구성되며, 0.3㎛의 입자상물질에 대해 99% 이상의 초기 포집률을 갖는 여과지를 사용한다. 시료채취에 사용될 여과지는 미리 온도 20℃, 상대습도 50%에서 24시간 이상 항량이 될 때까지 보관하였다가 0.001mg 이상의 감도를 갖는 분석용 저울로 정확히 칭량하여 사용한다. 시료채취는 2∼7L/min 유량으로 8시간 연속 채취한다. 단, 지하역사인 경우에는 실제 운영시간동안 측정할 수 있다. 시료채취한 여과지는 0.001mg 이상의 감도를 갖는 분석용 저울로 정확히 칭량하여 시료채취 전후의 여과지 무게 차이를 20℃, 1기압으로 환산한 총 포집유량으로 나누어 농도를 계산한다.

(b) 저용량공기포집법(Low volume air sampling method)

기본 구성은 흡인펌프, 분립장치, 여과지홀더, 유량측정부이며, 시료채취량과 채취시간은 10∼30L/min 유량으로 8시간 연속 채취를 원칙으로 한다. 단, 지하역사인 경우에는 실제 운영시간동안 측정할 수 있다.

(c) 베타선 흡수법

실내공기 중에 부유하고 있는 10㎛이하(단, 분립장치에 따라 채취입자의 크기를 조절할 수 있음)의 입자상 물질을 일정시간 여과지 위에 채취하여 베타선을 투과시켜 입자상 물질의 중량농도를 연속적으로 측정하는 방법이다. 이 측정방법은 베타선을 방출하는 광원으로부터 조사된 베타선이 여과지 위에 채취된 먼지를 통과할 때, 흡수/소멸되는 베타선의 차이로서 측정되어진다.

(d) 광산란법

실내공기중의 입자상물질에 빛을 조사하면 입자상물질에 의해 빛이 산란하게 된다. 물리적 성질이 동일한 입자상 물질에 빛을 조사하면 산란광의 양은 질량농도에 비례하게 된다. 이러한 원리를 이용하여 산란광의 양을 측정하고 그 값으로부터 입자상 물질의 농도를 구하는 방법이다. 측정장치는 유량계, 공기흡인부, 광전자증배관, 광전류적분기, 타이머, 광원부 등으로 구성된다.

(e) 광투과법

실내공기중의 입자상 물질을 일정시간(1시간 이상) 여과지 위에 포집한 후 빛(파장 : 400nm 정도)을 조사해서 빛의 두 파장을 측정하고, 그 값으로부터 입자상 물질이 농도를 구하는 방법이다. 이 방법에 의한 포집입자의 입경은 0.1∼10㎛의 범위이며 입자상 물질의 입경, 반사경 등의 물리적 성질이 동일하면 빛의 투과량은 질량농도에 비례하게 된다. 측정장치는 유량계측정부, 공기흡인부, 여과지교정부, 시간조절부, 시료채취부, 광투과량측정광원부 등으로 구성된다.

③ 이산화탄소

이산화탄소는 비분산적외선법으로 측정한다. 이 방법은 이산화탄소에 의한 적외선 흡수량의 변화를 선택성 검출기로 측정해서 실내공기 중 포함되어 있는 일산화탄소의 농도를 연속측정한다.

이산화탄소 측정기는 0∼2000ppm 또는 0∼500ppm과 유사한 측정범위를 갖고 분해능은 10ppm 미만이어야 한다.

이산화탄소 측정기는 시료채취부, 적외선분석계, 교정용 가스, 지시기록계 및 기타 부속장치로 구성되며, 측정은 먼저 제로가스와 스팬가스를 이용하여 측정기를 교정한 후 일정 유량으로 연속 측정한다.

④ 총부유세균

실내에서 부유세균을 측정하는 방법으로는 충돌법, 세정법, 여과법이 있으며, 충돌법에 의한 방법이 주 시험방법이다.

(a) 충돌법

실내공기를 부유세균측정기(Bioairsampler)로 일정량 흡입하여 측정기내에 미리 설치한 배지에 충돌시켜 공기중의 부유세균을 채취한다. 부유세균이 채취된 배지를 배양기에 배양하여 증식된 균의 집락수를 세어 포집된 공기의 단위체적당 균수(CFU/m^3)로 산출한다.

(b) 세정법

실내공기를 부유세균측정기(Bioairsampler)로 일정량 흡입하여 측정기에 연결된 완충액이 들어 있는 장치를 통과시켜 공기중의 부유세균을 채취한다. 부유세균이 포집된 이 완충액을 전량 여과하여 이 여과지를 배지위에 놓고 배양하여 증식된 균의 집락수를 세어 포집된 공기의 단위체적당 균수(CFU/m^3)로 산출한다.

(c) 여과법

실내공기를 부유세균측정기(Bioairsampler)로 일정량 흡입하여 측정기에 설치된 여과지를 통과시켜 공기중의 부유세균을 채취한다. 부유세균이 포집된 이 여과지를 배지위에 놓고 배양하여 증식된 균의 집락수를 세어 포집된 공기의 단위체적당 균수(CFU/m^3)로 산출한다.

표 6.33 부유세균 측정법

측정법		측정기기	기기구성	소모품 및 기구	비 고
충돌법	Impaction법	Andersen 방식의 포집장치 (Bio air sampler)	유량계 풍속계 펌프(모터)	한천배지 페트리 디쉬 세균배양기	운반성, 편의성 및 경제성 양호
세정법	Impinger법	Impinger 방식의 포집장치 (Bio air sampler)	유량계 풍속계 펌프(모터) 완충액 탱크	완충액(액체배지) 멤브레인 여과지 한천배지 페트리 디쉬 세균배양기	
여과법	Filtration법	Filtration 방식의 포집장치 (Bio air sampler)	호스(Holder) 유량계 풍속계 펌프(모터)	젤라틴 여과지 한천배지 페트리 디쉬 세균배양기	

⑤ 일산화탄소

일산화탄소는 비분산적외선법으로 측정한다. 이 방법은 일산화탄소에 의한 적외선 흡수량의 변화를 선택성 검출기로 측정해서 실내공기중 포함되어 있는 일산화탄소의 농도를 연속측정한다.

측정기의 측정눈금은 0∼50ppm 이상으로 하고, 스팬드래프트와 제로드래프트는 ±2% 이내여야 한다.

일산화탄소 측정기는 시료채취부, 적외선분석계, 교정용 가스, 지시기록계 및 기타 부속장치로 구성되며, 측정은 먼저 제로가스와 스팬가스를 이용하여 측정기를 교정한 후 일정 유량으로 연속 측정한다.

⑥ 휘발성유기화합물(VOC)

다중이용시설에서의 VOC 시험방법으로는 신축공동주택에서의 VOC 시험방법과 동일하다. 또한 다중이용시설에서의 VOC는 GC 크로마토그램상의 핵산에서 핵사데칸까지의 물질의 총 합을 의미하며, 모든 VOC는 톨루엔으로 환산하여 정량한다. 이때 천연자재에서 방출된 것으로 확인되고, 국제적으로 인체에 무해한 것으로 입증된 화합물은 정량에서 제외한다.

⑦ 이산화질소

(a) 화학발광법

이 방법은 실내공기중의 일산화질소와 오존과의 반응에 의해 이산화질소가 생성된 후 안정된 이산화질소로 될 때 생기는 화학발광 광도가 일산화질소 농도와 비례관계가 있는 것을 이용하여 시료공기중의 일산화질소 농도를 측정한다.

또한 질소산화물($NO+NO_2$)을 측정할 경우 시료공기중의 이산화질소를 컨버터를 통하여 일산화질소로 변환시킨 후 일산화질소 측정과정과 같은 방법으로 측정하여 질소산화물에서 일산화질소를 뺀 값이 이산화질소가 된다.

(b) 살츠만법

이 방법은 흡수발색액(살츠만 시약)을 사용하여 흡광광도법에 의해 시료공기중의 일산화질소와 이산화질소를 동시에 연속측정한다.

흡수발색액 N-(1-나프틸)에틸렌디아민[N-(1-Naphthyl)ethylene diamine]2염산염, 설파닐산 및 초산의 혼합액에 일정유량의 시료공기를 일정기간 통과시켜서 이산화질소를 흡수시켜 흡수발색액의 흡광광도를 측정해서 시료공기중에 포함되어 있는 이산화질소 농도를 연속적으로 측정한다. 일산화질소는 흡수발색액과 반응하지 않으므로 산화액(황산산성과망간산칼륨 혼합액)으로 이산화질소로 신화시켜 이산화질소와 같은 방법으로 측정한다.

⑧ 라돈

라돈 측정은 단계적으로 1차 측정 및 2차 측정을 실시한다. 1차 측정은 현재 라돈 농도에 대한 신속한 판단을 목적으로 대상시설의 주 활용공간에서 8시간 연속 측정하는 것을 원칙으로 하며, 1차 측정결과가 4pCi/l (0.148Bq/l) 이상일 경우에는 2차 측정을 실시한다.

(a) 1차 측정

1차 측정은 단기측정으로 라돈농도가 일정수준 이상일 것으로 판단되는 공간을 대상으로 8시간 연속 측정한다. 측정기기로는 연속모니터측정기(Continuous Radon Monitors), 활성탄흡착기(Activated Charcoal Adsorption Devices)를 주로 사용한다.

1차 측정은 측정시작 2시간 전부터 측정이 종료될 때까지 밀폐된 조건하에서 이루어져야 하며, 실외 풍속이 10m/h 이상으로 강하거나, 기압이 변화가 심한 경우에는 측정을 실시하지 않는다.

(b) 2차 측정

2차 측정은 장기측정으로 1차 측정결과가 일정치(4pCi/l)를 넘어서는 경우에 필요한 측정을 말하며, 짧게는 90일에서 길게는 1년간 측정한다. 측정기기는 알파비적검출기(Alpha Track Detector), EICs(Electret-ion Chambers)를 주로 사용한다.

⑨ 석면

석면 측정방법으로는 위상차현미경법, 주사전자현미경법, 투과전자현미경법 등이 있으며, 위상차현미경법이 주 시험방법이다. 단, 위상차현미경법으로 석면과 비석면의 구분이 안 될 경우에는 주사전자현미경으로 측정한다.

(a) 위상차현미경법

실내공기중 맴브레인 필터로 포집한 부유먼지중의 석면섬유를 위상차현미경을 사용하여 계수하는 방법으로 석면 농도 표시는 20C, 1기압 상태의 기체 1mL중에 함유된 석면섬유의 개수(개/mL)로 표시한다. 시료채취시 멤브레인 필터는 셀룰로오스 에스테르제를 사용하며, 펌프는 로터리펌프 또는 다이어프램 펌프를 사용한다. 채취된 시료는 아세톤-트리아세틴법으로 투명화한 후 위상차현미경을 이용하여 길이 5㎛ 이상이고, 길이와 폭의 비가 3 : 1 이상인 섬유를 석면섬유로 계수한다.

(b) 전자현미경법

전자현미경법에는 주사전자현미경(SEM)과 투과전자현미경(TEM) 2종류가 있다. 주사전자현미경은 초점이 잘 맞추어진 전자빔을 표본의 표면에 주사하고, 주사된 전자선이 표본의 한점에 집중되면 일차전지만 굴절되고 표면에서 발생된 이차전자가 검파기에 의해 수집된다. 그 결과 생긴 신호들이 여러 점으로부터 모여들어 음극선관에 상을 형상하는 원리를 이용한다. 이 방법은 석면 관찰뿐만 아니라 에너지 분산 엑스레이미세분석기(EDXM)을 병용하면 석면 한 개 한 개의 원소분석도 가능하다. 시료채취시 멤브레인 필터는 뉴클레오 필터를 사용하며, 흡인유량은 위상차현미경과 같으나 채취량은 다소 많아야 한다.

투과전자현미경은 시편의 영상 이외에도 구조 및 성분에 대한 정보를 얻는 점과 가시광선 대신에 전자빔을 사용한다는 점 이외에는 광학현미경과 작동원리가 동일하다. 이 방법은 전자선이 표본을 투과할 때 생기는 산란흡수, 회절, 위상 3가지의 대조(contrast) 발생원리를 이용하며, 전자선은 광선과 비교하면 물질과의 상호작용이 현저히 크기 때문에 시료는 매우 얇아야 하며, 진공중에 놓여야 한다.

⑩ 오존

(a) 자외선광도법

이 방법은 파장 254nm 부근에서 자외선 흡수량의 변화를 측정하여 실내공기중의 오존농도를 측정한다.

측정기의 측정눈금은 0.0∼0.5ppm 이상으로 하고, 스팬드래프트와 제로드래프트는 ±2% 이내여야 한다.

측정기는 시료채취부, 필터(테플론 먼지제거필터), 유량계, 흡입펌프, 측정셀, 광원램프, 검출기, 증폭기 및 지시기록계 등으로 구성되며, 측정은 먼저 제로가스와 스팬가스를 이용하여 측정기를 교정한 후 일정 유량으로 연속 측정한다.

(b) 화학발광법

이 방법은 실내공기중의 오존과 에틸렌가스가 반응할 때 생기는 발광도가 오존농도와 비례하는 것을 이용하여 오존농도를 측정하며, 최소감지농도는 0.003ppm 이다.

측정기는 시료채취부, 시료공기 흡입펌프, 검출부, 유량제어부, 배출가스부 등으로 구성된다.

2) 국외의 실내공기질 시험방법

국외의 실내공기질 측정은 다음과 같은 국제규격을 바탕으로 이루어지고 있다. 주요 국제규격으로는 ISO(국제표준화기구 ; International Standard Organization), EPA(미국환경보호국 ; US. Environmental Protection Agency), ASTM(미국재료시험학회 ; American Society for Testing Materials), NIOSH(미국국립산업안전보건연구소 ; National Institute for Occupational Safety and Health), CEN(유럽연합표준위원회 ; European Committee for Standardization) 등이 있으며, 국외의 규격 중 가장 상위개념이라 할 수 있는 ISO를 중심으로 국내 시험방법의 주 시험법이 설정되었다.

다음의 표 6.34는 실내공기 오염물질의 측정 및 분석을 위한 국제 규격을 나타낸 것이고, 표 6.35는 국내외 일본의 측정방법을 비교한 것이다.

표 6.34 실내공기질 오염물질의 측정 및 분석을 위한 국제 규격

오염물질	규격	규 격 명	측정법
미세먼지	ISO 8672	Air quality – determination of the number concentration of airborne in organic fibers by phase contrast optical microscopy – Membrane fliter method	멤브레인 필터법
이산화탄소	NIOSH 6603	CO_2	가스크로마토 그래피
일산화탄소	ISO 4224	Air quality – determination of CO – non – dispersive infrared spectro metry Method First Edition	비분산적외선 분석법
	ASTM D3162	Standard test method for CO in the at–mosphere (continuous measurement by NDIR spectro metry)	비분산적외선 분석법
이산화질소	ISO 7996	Ambient air – determination of the mass concentration of nitrogen oxides – chemiluminescence method first edition	화학발광법
포름알데히드	ISO 16000-3	Indoor air – determination of formaldehyde (HCHO) and other carbonyl compounds – Active sampling method	2,4-DNPH 유도체화 분석법
	EPA TO-11	Determination of HCHO in ambient air using adsorbent cartridge followed by high per–formance liquid chromatography(HPLC) – Active sampling	2,4-DNPH 유도체화 분석법
	NIOSH 2016	HCHO	2,4-DNPH 유도체화 분석법
	ASTM D5014	Standards test method for measurement of HCHO in indoor air (Passive sampler me–thodology)	MBTH test method
	ASTM D5197	Standard test method for determination of HCHO and other carbonyl compounds in air – Active sampler methodology)	2,4-DNPH 유도체화 분석법
오존	ISO 13964	Air quality – determination of O_3 in ambient air – ultraviolet(UV) photometric method, First Ed.	자외선광도법
	ASTM D5156	Standard test methods for continuous measurement of in O_3 in workplace, indoor, and ambient air(UV absorption)	자외선광도법

표 6.34 실내공기질 오염물질의 측정 및 분석을 위한 국제 규격(계속)

오염물질	규격	규 격 명	측정법
총휘발성 유기화합물	ISO 16200-1	Workplace air quality sampling and analysis of VOCs by solvent desorption/GC Part 1 : pumped sampling method, First Edition	용매탈착 - 가스크로마토 그래피법
	ISO 16200-2	Workplace air quality sampling and analysis of VOCs by solvent desorption/GC Part 2 : diffusive sampling method, First Edition	용매탈착 - 가스크로마토 그래피법
	ISO 16017-1	Indoor, ambient and workplace air - Sampling and analysis of VOCs by sorbent tube - thermal desorption/capillary GC Part 1 : Pumped sampling	고체흡착 열탈착법
	ISO 16017-2	Indoor, ambient and workplace air - Sampling and analysis of VOCs by sorbent tube - thermal desorption/capillary GC Part 2 : Diffusive sampling	고체흡착 열탈착법
	EPA TO-17	Determination of volatile organic compounds in ambient air using active sampling onto sorbent tubes	고체흡착 열탈착법
	ASTM D6196	Standards practice for selection sorbents and pumped sampling/thermal desorption analysis procedures for VOCs in air	고체흡착 열탈착법
	NIOSH 2549	VOCs(Screening)	고체흡착 열탈착법
라돈	ASTM D6327	Standard test method for radon(Rn) decay product concentration and working level in indoor atmospheres by active sampling on a filter	필터측정법
석면	ISO 10312	Ambient air - determination of asbestos fibers - direct - transfer transmission electron microscopy method, First Edition	직접이송투과형 전자현미경법
	ISO 13794	Ambient air - determination of asbestos fibers -indirect - transfer transmission electron microscopy method, First Edition	간접이송투과형 전자현미경법
	ISO 8672	Air quality - determination of the number concentration of airborne inorganic fibers by phase contrast optical microscopy - membrane fliter method, First Ed.	위상차현미경법
	NIOSH 7402	Asbestos	투과형 전자현미경법

표 6.34 실내공기질 오염물질의 측정 및 분석을 위한 국제 규격(계속)

오염물질	규격	규 격 명	측정법
납	ISO 15202-2	Workplace air-determination of metals and metalloids in airborne particulate matter by inductively coupled plasma atomic emission spectrometry(ICP-AES) -Part2 : Sample preparation	원자흡광광도법
	ASTM D4185	Standard Practice for Measurement of Metals in Workplace Atmosphere by Flame Atomic Absorption Spectrophotometry(AAS)	원자흡광광도법
악취	ASTM D4339	Standard test method for determination of the odor of adhesives	직접비교관능법
	ASTM E679	Standard practice for determination of odor and taste thresholds by a forced-choice ascending concentration series method of limits	olfactometer법 (위해도측정방법)
	ASTM E544	Standard practice for referencing supra threshold odor intensity	olfactometer법 (강도측정방법)
아황산 가스	ISO 4221	Air quality-determination of the mass concentration of sulphur dioxide(SO_2) in ambient air-thorin spectrophotometric method, First edition	Thorin 분광광도법
	ISO 6767	Ambient quality-determination of the mass concentration of sulphur dioxide(SO_2)-tetra chloromercurate(TCM)/Pararosaniline method, First Ed.	TCM / 파라로자닐린법
	NIOSH 6004	SO_2	이온크로마토그래피법

표 6.35 국내와 일본의 측정방법 비교

항 목	교육뷰 학교보건법 (2002.4.18)	보건복지부 공중이용시설위생관리 기준에 대한 공정시험법 (1990.12.29)	환경부 실내공기질 공정시험법	일본문부성 학교환경위생기준 (2004.2.10)
온도	없음	아스만통풍건습계		아스만통풍건습계
실효복사온도				흑구온도계
상대습도	없음	아스만통풍건습계		아스만통풍건습계
기류		Kata 온도계, 풍속계		Kata 온도계, 풍속계
조도	없음	조도계		조도계
이산화탄소	없음	비분산적외선법, 검지관법	비분산적외선법,	검지관법

표 6.35 국내와 일본의 측정방법 비교(계속)

항 목	교육뷰 학교보건법 (2002.4.18)	보건복지부 공중이용시설위생관리 기준에 대한 공정시험법 (1990.12.29)	환경부 실내공기질 공정시험법	일본문부성 학교환경위생기준 (2004.2.10)
소음	없음	소음계		소음계
미세먼지 (PM10)	없음	저용량공기포집법, 임핀저법	소용량공기포집법, 저용량공기포집법, 베타선 흡수법 등	
일산화탄소		비분산적외선법, 검지관법		검지관법
퇴적분진량		중량법		
총부유세균			충돌법	
이산화질소			화학발광법, 살츠만법	살츠만법
포름알데히드			2,4-DNPH 유도체화 HPLC 분석법	2,4-DNPH 유도체화 HPLC 분석법
오존			자외선광도법	
라돈			연속모니터측정법	
석면			주사전자현미경법 위상차현미경법	
부유분진				저용량공기포집법, 상대농도계
낙하세균				표준한천배지
Toluene 등 (TVOCs)			고체흡착/열탈착법 GC-MS 분석 등 3가지	고체흡착/용매추출법 GC-MS분석 등 3가지
진드기, 진드기 알레르겐				진공청소기(1min/m²) 현미경계수, 효소면역측정법

3) 국내외 실내공기질 관련 기준

(1) 우리나라의 실내공기질 관리현황

환경부에서는 다중이용시설과 신축되는 공동주택의 실내공기질을 알맞게 유지하고 관리함으로써 그 시설을 이용하는 국민의 건강을 보호하고 환경상의 위해를 예방함을 목적으로 2003년 5월에 개정·공포된 『다중이용시설등의 실내공기질관리법』을 2004년 5

월 30일부터 시행하고 있다.

그 외에도 교육인적자원부, 노동부, 보건복지부, 건설교통부 등 여러 부처가 개별법에 의해 학교, 사무실, 공중이용시설 등에 대한 실내공기질 관리한다.

표 6.36 우리나라 실내공기질 관리현황

소관부처	관리대상	근거법령	법 목 적
환 경 부	다중이용시설, 신축공동주택	다중이용시설등의 실내공기질관리법	지하역사 등 17개 시설군 관리
노 동 부	사무실, 작업장	산업안전보건법 산업보건기준에관한규칙	작업장과 사무실의 실내 공기질 관리
교육인적자원부	학 교	학교보건법	학교의 실내공기질 관리
보건복지부	공중이용시설	공중위생관리법	업무시설, 공연장 등 공중 이용 시설 관리
건설교통부	주차장(2,000m² 이하)	주차장법	다중법에 포함되지 않은 주차장

표 6.37 각 부처별 공기질 관리현황

담당부처 / 기준물질	환경부	보건복지부	노동부	교육인적자원부
적용대상	다중이용시설 (지하역사, 의료기관, 찜질방 등 17개 시설군)	공중이용시설 (학원, 공연장, 업무시설, 등)	사무실, 작업장	학교
근거법	다중이용시설등의 실내공기질관리법	공중위생관리법	산업보건기준에 관한규칙	학교보건법
미세먼지	100~200μg/m³	150μg/m³	150μg/m³	150μg/m³
CO	10~25ppm	25ppm	10ppm	-
CO_2	1,000ppm	1,000ppm	1,000ppm	1,000ppm
NO_2	0.05~0.3ppm	-	-	-
HCHO	120μg/m³	-	0.1ppm	-
총부유세균	800CFU/m³	-	-	-
라돈	4pCi/l	-	-	-
휘발성유기화합물	400~1,000μg/m³	-	-	-
석면	0.01개/cc	-	-	-
오존	0.06~0.08ppm	-	-	-

〈환경부〉

· 관리대상 : 기존 시설(지하역사, 지하도상가(2000㎡ 이상)) + 여객터미널(버스, 기차, 항만, 공항) · 도서관 · 박물관 · 미술관 · 의료기관 · 실내주차장, 신축 공동주택
· 관리항목 : CO, 총부유세균, PM10, CO_2, HCHO, NO_2, 라돈, TVOC, 석면, 오존 등 10개
· 관리방법
- 다중이용시설에 유지기준 준수의무
- 다중이용시설에 실내공기질 측정
- 다중이용시설 관리책임자 교육
- 다중이용시설에 환기설비 설치
- 오염물질방출 건축자재 사용제한
- 신축 공동주택 공기질 측정 · 공고

(다중이용시설등의 실내공기질관리법)

〈보건복지부〉

· 관리대상 : 업무시설(3000㎡이상)
복합건물, 학원, 예식장
대규모점포, 공연장,
실내체육시설(1천석 상),
지하상가(2000㎡이상)
· 관리항목 : CO, PM10, CO_2,
· 관리방법 : 공기정화시설 교체, 청소

(공중위생관리법)

※ 규개위 심사과정에서 대규모점포만 포함되고 나머지는 제외

〈시행령에서 추가〉

- 지하에 위치한 장례식장
(국회포함 요구시설)
- 보육시설
- 노인의료시설
(신종다중이용업소)
- 찜질방
- 산후조리원
(소방법)

다중이용시설등의 실내공기질 관리법으로 통합

〈건설교통부〉

· 관리대상 : 주차장(실내)
· 관리항목 : CO
· 관리방법 : 적정환기설비 설치

(주차장법)
* 2000㎡이상의 실내주차장만 이관

〈교육인적자원부〉

· 관리대상 : 학교
· 관리항목 : CO_2, 미세먼지
· 관리방법 : 연1회 점검의무 및 적정조치강구

(학교보건법)

〈노 동 부〉

· 관리대상 : 작업장, 사무실
· 관리항목 : 호흡성분진, CO_2, CO, HCHO
· 관리방법 : 필요시 사무실 공기평가, 실외오염물질의 유입방지, 건물 개보수시 공기오염관리

(산업안전보긴법)

그림 6.66 실내공기질 관리체계 현황

(2) 다중이용시설

① 현황

(a) 적용대상 다중이용시설을 종전 지하역사, 지하도상가의 2개 시설군에서 도서관, 의료기관, 찜질방, 대규모점포 등 15개 시설군을 추가하여 17개 시설군으로 확대

(b) 다중이용시설 실내공기질 유지기준 설정(법 제5조) : 실내공기질 오염물질중 미세먼지(PM10), 이산화탄소(CO_2), 포름알데히드(HCHO), 총부유세균, 일산화탄소(CO) 등 5개 물질에 대해서는 유지기준을 설정하고 위반시 과태료부과, 개선명령 등 제재 조치

표 6.38 실내공기질 유지기준

<table>
<tr><th>오염물질 항목
다중이용시설</th><th>PM10
($\mu g/m^3$)</th><th>CO_2
(ppm)</th><th>HCHO
($\mu g/m^3$)</th><th>총부유세균
(CFU/m^3)</th><th>CO
(ppm)</th></tr>
<tr><td>지하역사, 지하도상가,
여객 자동차터미널의 대합실,
철도역사의 대합실,
공항시설 중 여객터미널,
항만시설 중 대합실,
도서관, 박물관, 미술관,
장례식장, 찜질방,
대규모 점포</td><td>150 이하</td><td rowspan="3">1,000 이하</td><td rowspan="3">120 이하</td><td>–</td><td rowspan="2">10 이하</td></tr>
<tr><td>의료기관, 보육시설, 노인의료시설,
산후조리원</td><td>100 이하</td><td>800 이하</td></tr>
<tr><td>실내주차장</td><td>200 이하</td><td>–</td><td>25 이하</td></tr>
</table>

(c) 다중이용시설 실내공기질 권고기준 설정(법 제6조) : 외부에 오염원이 있거나 위험도가 비교적 낮은 이산화질소(NO_2), 라돈(Rn), 총휘발성유기화합물(TVOC), 석면, 오존(O_3) 등 5개 오염물질에 대해서는 권고기준을 설정하여 자율적 준수 유도

표 6.39 실내공기질 권고기준

<table>
<tr><th>오염물질 항목
다중이용시설</th><th>NO_2
(ppm)</th><th>Rn
(pCi/ℓ)</th><th>TVOCs
(μg/㎥)</th><th>석면
(개/cc)</th><th>오존
(ppm)</th></tr>
<tr><td>지하역사, 지하도상가
여객자동차터미널의 대합실,
철도역사의 대합실,
공항시설 중 여객터미널,
항만시설 중 대합실,
도서관, 박물관, 미술관,
장례식장, 찜질방,
대규모 점포</td><td rowspan="2">0.05 이하</td><td rowspan="3">4.0 이하</td><td>500 이하</td><td rowspan="3">0.01 이하</td><td rowspan="2">0.06 이하</td></tr>
<tr><td>의료기관, 보육시설, 노인의료시설, 산후조리원</td><td>400 이하</td></tr>
<tr><td>실내주차장</td><td>0.30 이하</td><td>1,000 이하</td><td>0.08 이하</td></tr>
</table>

(d) 실내공기질 측정의무 부여(법 제12조)

- 다중이용시설의 관리책임자는 유지기준 오염물질은 연 1회, 권고기준 오염물질은 2년에 1회 측정하고 그 결과를 매년 1월 31일까지 시·도지사에게 보고
- 스스로 측정하거나 환경부장관이 공고한 실내공기질측정대행업등록등에관한규정(환경부예규 제240호, '04. 6.18)의 기준에 적합하다고 고시한 측정대행업자에 의뢰하여 측정가능

■ 참고문헌

1. 국립환경연구원, 실내공기질공정시험법도출연구, 한국건설기술연구원, (2004)
2. 환경부, 실내공기질 관리 중장기 종합대책(안)(2004)
3. 환경부, 실내공기질 대책연구, (2004)
4. 고려대 손 종렬, 서울시정개발연구원 , 서울시 다중이용시설 및 공동주택 실내공기질 측정 (2004)
5. 고려대 손종렬, 학교 교사내 환경위생 및 식품위생 실태조사(2005)
6. 환경부, 다중이용시설 등의 환기설비 설치기준 연구, (2005)
7. 환경부, 신축 공동주택의 실내공기질 기준설정연구(I), (2005)
8. 한국산업위생학회, 사무실 공기질 측정제도 개선에 관한 연구, (2005)

9. 국립환경과학원, 신축공동주택의 실내공기질 권고기준 설정연구 용역사업 결과에 대한 공청회(2005)
10. 서울특별시, 다중이용시설 실내공기질 기준 조례 개정을 위한 공청회, (2005)
11. 손종렬, 학교 실내공기질 관리, 국립환경연구원환경연수부, (2003)
12. 손종렬, 한국실내 · 산소연구회, 실내공기와 건강, (2004)
13. 환경부, (사)한국공기청정협회, 오염물질방출건축자재선정관련연구, (최종보고서)(2003)
14. 환경부, 서울시립대 도시과학연구원, 실내공간 실내공기오염 특성 및 관리방법 연구(최종보고서)(2002) 등

6.5 환기량의 측정

6.5.1 측정의 목적

환기의 목적은 건물 내부에 신선한 외기를 공급하여 실내공기의 오염물질을 제거하거나 오염농도를 희석시키기 위한 것이다. 실내 공기의 오염물질 농도를 예측하고 제어함으로써 환기의 역할을 이해하는 것이 환기량 측정연습의 목표이다.

6.5.2 기초사항

1) 실측에 의한 환기량의 측정방법

자연환기는 건물의 개구부나 틈새를 통하여 실내외 온도차에 의해 발생하는 중력환기와 외부의 풍속에 의한 풍력환기로 구분한다. 기계환기는 송풍기의 효과에 의해 여러 가지 형태로 구분한다.

자연환기량과 기계환기량의 실측에 의한 측정방법에는 환기의 성상과 계산조건의 변화에 따라 다음과 같이 구분할 수 있다.

① 평균 환기량 측정방법

② 환기량 변동특성 측정방법

③ 불균일 환기량 측정방법

평균 환기량 측정방법에는 측정대상과 측정항목에 따라 틈새바람량의 측정법, 가스발생 감쇄법(탄산가스법), 다종가스 발생법, 급배기 압력차법, 급배기 실내압법, 풍동법,

부분가압 급배기법 등이 있다.

여기서는 평균 환기량 측정방법에서 탄산가스법에 의한 자연환기량을 측정하는 방법을 알아보고자 한다. 이것은 측정대상 실내에서 탄산가스 농도의 감쇄 또는 증가를 시간 변화에 따라 조사하고, 계산에 의해 환기량을 산출하는 방법이다. 측정방법은 준비 → 실측 → 계산 순으로 구성되고, 건물의 환기성능을 분석하기 위해서는 실내와 외부의 온도차, 외부 풍향 · 풍속 등이 중요한 요소로 작용하므로 동시에 측정하여 그 특성을 파악해야 한다.

2) 실내 CO_2 농도의 예측방법

실내 CO_2 농도의 시간변화 특성을 측정하고 환기량 계산에 필요한 실내의 CO_2 농도를 예측하는 방법이다.

〈기본 가정조건〉

① 실내에 침입 또는 실내에서 발생한 CO_2는 순간적으로 일정하게 확산한다.

② CO_2 는 흡착 또는 화학적 변화를 일으키지 않는다.

③ 유출입 공기의 온도 변화는 무시한다.

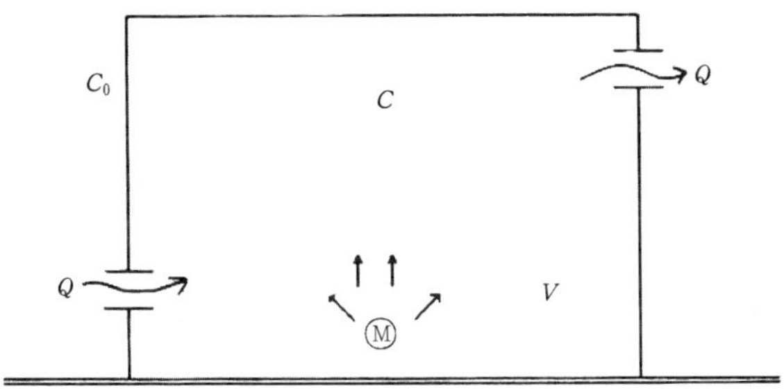

C : 실내의 CO_2 농도 $[m^3/m^3]$
C_0: 외기의 CO_2 농도 $[m^3/m^3]$
Q : 환가량 $[m^3/h]$
M : 실내의 CO_2 발생량 $[m^3/h]$
V : 실의 용적 $[m^3]$

그림 6.67 실내의 환기 및 CO_2 농도의 변화

그림 6.67에서 미소시간 dt 사이에 실내 CO_2 농도는 dc 만큼 변화한다면 실내의 CO_2변화량은 기본 가정조건으로부터 다음 식으로 표시된다.

$$V \times dc = M \times dt + C_0 \times Q \times dt - C \times Q \times dt \qquad \text{식(6.37)}$$

최초 $(t=0)$의 실내 CO_2 농도를 C_1, t 시간 경과후의 CO_2 농도를 C라고 하면

$$C = C_0 + (C_1 + C_0)\, e^{-Q/V \times t} + \frac{M}{Q}\,(1 - e^{-Q/V \times t}) \qquad \text{식(6.38)}$$

3) CO_2 농도 감쇄에 의한 환기량 계산

(6.2)식에서 CO_2 발생량이 없다고 ($M=0$) 가정하면 우변의 3항이 0이 되어 다음 식으로 된다.

$$C = C_0 + (C_1 + C_0)e - Q/V \times t \qquad \text{식(6.39)}$$

환기량을 상용대수로 변환하면 다음 식으로 된다.

$$Q = 2.303 \times \frac{V}{t} \times \frac{C_1 - C_0}{C - C_0} \qquad \text{식(6.40)}$$

4) CO_2 농도 증가에 의한 환기량 계산

실내에서 CO_2 발생이 있는 경우에는 식 (6.38)로부터 다음과 같이 나타낼 수 있다.

$$Q = \frac{M(1 - e^{-Q/V \times t})}{C - C_0 - (C_1 + C_0)e^{-Q/V \times t}} \qquad \text{식(6.41)}$$

이 식을 사용하여 환기량을 계산할 수 있지만 식 (6.38)에서 충분한 시간이 경과되면 ($t \to \infty$), 환기량과 CO_2 발생량, 실내농도, 외기농도가 정상상태로 도달하여 다음 식이 성립된다.

$$Q = \frac{M}{C - C_0} \qquad \text{식(6.42)}$$

이상의 자연환기의 기본식은 기계환기를 포함한 환기량 계산식으로도 이용이 가능하다.

5) 계산식의 성립조건과 적용범위

앞의 기본 가정조건에서 1)은 동일한 확산의 과정으로써 균일한 CO_2 농도분포가 필요하고 측정 중에 외기 CO_2 농도와 CO_2 발생속도가 일정한 조건이 갖추어져야 한다. 직접 외기에 면한 개구부를 통하여 환기가 발생하고, 건물부근에 CO_2 발생량이 존재하지 않는다면 어느 특정한 실내에 대해서도 적용이 가능하다. 또한 2실 이상에서도 CO_2 의 트레이서 가스(tracer gas)가 실내에서 충분히 확산된다면 이에 대하여서도 적용이 가능하다.

6) 작도에 의한 환기량(환기횟수)

식 (6.40)에서 $(C_1 - C_0)/(C - C_0) = 10$으로 될 때를 T로 하면, 다음 식으로 표시된다.

$$Q = \frac{2.303 \times V}{T} \qquad \text{식}(6.43)$$

또는 환기횟수 $N = \dfrac{2.303}{T}$ 식(6.44)

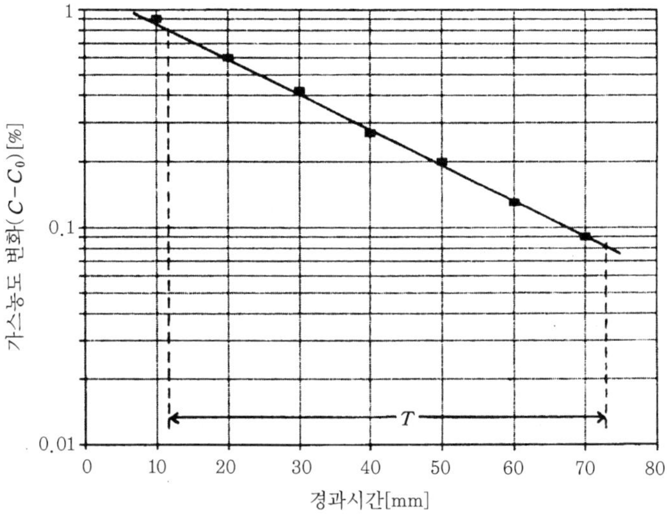

그림 6.68 환기량(또는 환기회수) 산출을 위한 CO_2 농도의 대수 그래프

그림 6.68과 같이 횡축에 시간을, 종축에 CO_2 농도를 표시하고 대수 그래프로 작성하면 간편하게 환기량(또는 환기횟수)을 산출할 수 있다.

6.5.3 측정 준비

1) CO_2가스 농도 측정기기

표 6.40 CO_2 가스농도 측정기기의 종류

측정방법의 종류	작 동 방 법	정확도	비 고
수산화바륨법	포기병에 의한 방법, 시간이 오래 걸리며 다점측정이 불가능함	양 호	-
간이 정량법	측정이 간편하지만 지시약의 변색점에 의해 판별시간이 오래 걸림	보 통	-
검지관법	측정이 간편하지만 가스농도를 판독할 때 오차가 발생함	보 통	0.01~0.7%, 0.1~2.6% 등의 종류가 있다. 검지관의 소모로 비용 증가
가스간섭계법	간편하지만 다소 숙련을 요함. 다점측정에 적합함	보 통	CO2 전용 0~3% 이내
적외선 가스 분석계법	측정방법이 숙달되면 사용이 간편함	양 호	기기가 고가이다. 검출감도가 양호

2) 측정 대상실

환기량 측정 대상실의 선정은 측정계획시에 매우 중요한 요소이며, 실내조건만이 아니라 외부조건도 파악할 필요가 있다. 실내조건에는 건물의 종류와 용도, 방위, 구조와 내장재, 창과 환기구의 위치와 종류, 측정대상 틈새의 위치 및 면적, 가구류의 배치 및 체적, 재실자의 위치 및 공조방식, 흡배기구의 위치, 실용적, 바닥면적 등이 있으며, 외부조건에는 건물부근에서 CO_2 발생원이 있는가를 주의하여 선정한다.

실험실 실험에서 인체의 호기에 의한 CO_2 발생량 등을 인위적으로 제어해야 하는 실험에는 실 용적을 산출하고, 환기량의 제어가 가능한 창의 개폐가 자유로운가 등에 의해 대상 실을 선정해야 한다. 정확한 공기의 체적을 산출하기 곤란한 실에서는 환기 횟수를 산출한다.

일반적으로 측정대상 실에서 실내 CO_2 농도의 감쇠에 의하든가 또는 증가에 의하든가에 의해 환기량을 계산하고 실험실 실험이 적당한가 또는 현장실험이 적당한가를 결정한다.

3) CO_2 가스의 발생과 확산

CO_2 농도 측정기의 정확도에 따라 산출된 환기량의 정확도에도 차이가 있다. 식 (6.40) 식을 이용하는 경우에는 실내의 최초 CO_2 농도 C1을 0.5% 이상으로 유지할 필요가 있다. 또한 가스발생 위치는 실내 중앙부로 설정하고 농도분포가 균일하도록 송풍기에 의하여 골고루 확산시킨다. 단, 감쇄농도 측정 중에 송풍기에 의하여 각반시키는 것은 환기를 촉진시킬 수 있으므로 금지하는 것이 좋다. 식 (6.41)을 이용하는 경우에는 CO_2 가스 발생량을 유량계 등으로 정확히 파악하는 것이 중요하다.

(1) 소규모 실험실 측정

CO_2 가스 발생은 가스봄베나 드라이아이스를 이용하는 것이 편리하며, 식 (6.41)을 이용할 경우 가스의 온도를 실내온도 정도까지 가열할 필요가 있다. 가스 봄베를 이용할 경우에는 히터를 부착한 압력 레귤레이터를 사용할 수 있지만, 드라이아이스를 이용하는 경우에는 CO_2 연속 발생장치를 고안 제작하고 CO_2 발생위치를 가열시에는 바닥부근, 비가열시에는 천장부근에 설정하는 것이 실내의 균일한 농도분포를 위하여 유리하게 된다. 또한 봄베의 가스를 대형 에어백에 담고 측정대상 실의 온도가 되도록 방치한 후 에어펌프에 의해 정상적으로 발생시키는 방법도 드라이아이스를 이용하는 경우의 실내 최초농도에 따른 개략적인 드라이아이스 중량은 다음식과 같이 계산할 수 있다.

표 6.41 호흡에 의한 CO_2 방출량

작업 중 에너지대사율	CO_2 호출량 (m^3/h)	노동시간 8시간 중의 평균 에너지대사율	노동시간 8시간 중의 평균 CO_2 호출량(m^3/h)
0 앉아서 휴식	0.011	–	–
0~1.0 사무작업	0.0129~0.0230	0.8	0.0129~0.0184
1.0~2.0 (가벼운 보행)	0.0230~0.0330	0.8~1.5	0.0184~0.0248
2.0~4.0 (가벼운 운동)	0.0330~0.0538	1.5~2.6	0.0248~0.0350
4.0~7.0 (중(中)노동)	0.0538~0.0840	2.6~3.5	0.0350~0.0420
70이상 (중(重)노동)	0.0840 이상	3.5 이상	0.0420 이상

$$G = 2 \times C_1 \times V \qquad \text{식}(6.45)$$

G : 드라이아이스 중량(kg)

C_1 : 실내의 CO_2 농도(m^3/m^3)

V : 실 체적(m_3)

(2) 대공간의 실험

실험실 실험에서는 봄베의 CO_2 가스 또는 드라이아이스로 고농도의 가스 발생이 가능하고 송풍기에 의한 각반이 가능하지만, 현장실험에서는 측정기간 중에 실내의 출입 인원수와 체재시간을 조사하고, 인간의 호흡에 의한 CO_2 가스 증가를 이용하여 식 (6.41) 또는 식 (6.42)식에 의하여 환기량을 산출하는 것이 일반적이다. 표 6.40은 인체의 호흡에 의한 CO_2 발생량을 나타낸다.

(3) 개방형 연소기구에 의한 CO_2 발생

CO_2 가스 발생에는 석유나 가스를 연료로 사용하는 개방형 연소기구도 이용된다. 이것은 연료 조성을 정확하게 알 수 있다면 연소반응에 의한 가스 발생량을 추정할 수 있다. 표 6.42는 각종 연료의 종류에 따른 이론적 CO_2 발생량을 나타낸다.

표 6.42 각종 연료에 의한 이론 CO_2 발생량

연료	단위당	발열량 (Kcal)	이 론 공기량 (m³)	발생탄소 가스(m³)	이론폐기가 스량(m³)	조 성(%)
도시가스①	1m³	5,000	4.58	0.50	5.34	
도시가스②	1m³	3,600	3.12	0.43	3.93	
LP가스 (프로판 주성분)	1kg	12,200	11.8	1.49	12.78	C_3H_8 98.6%, C_nH_m 1.4%
부탄가스	1kg	7,000	6.67	0.96	7.43	C_4H_{10} 24%, 공기 76%
LNG ①	1m³	4,500	4.10	0.48	4.61	CH_4 47.7%, 공기 52.3%
LNG ②	1m³	9,500	7.89	0.98	9.17	CH_4 98%
등 유	1kg	10,500	10.9	1.57	11.61	

4) 측정위치

실내 공기를 각반하여 측정하는 경우에는 특히 수직 방향의 불균일 분포가 발생할 수 있으며, 천장 부근, 바닥 부근, 인체의 호흡선(바닥위 1.2m 부근)을 포함하여 3~5점, 수평방향으로 4~5m마다 중앙부분에 측정 위치를 설정하는 것이 바람직하다. 외기는 급기에 영향을 주는 측정대상 실 상류측에서 측정한다.

5) 농도분포와 변화

(1) 수평, 수직방향의 농도분포

현장 실험의 경우 CO_2 가스 농도는 재실자의 배치, 가구류의 배치, 출입구 및 창의 위치, 공조 방식, 취출구와 흡입구 위치 등에 의해 불균일한 분포가 발생한다. 또한 분포의 시각변동도 측정위치에 따라 다르지만 측정치의 산술 평균치를 산출하여 실내 평균농도로 한다. 그러나 공조기가 설치된 경우에는 흡입구 농도가 실내 평균농도와 거의 같은 것으로 보는 경우가 많다.

(2) 농도의 변동

농도의 변화에는 공간적 변동과 시간적 변동이 있다. 시간적 변동은 외기의 농도, 실내의 CO_2 발생량, 환기량 등의 시간 변화에 따라 영향을 받는다. 시간적으로 변동하는 환기량은 외기와 실내의 CO_2 농도를 연속적으로 측정하고 산출된 농도로부터 (2.3.5) 식을 근사적으로 적용 가능한 시간대를 선정하고 평균적 환기량의 시간변화를 산출한다.

6) 측정시간 간격과 측정횟수

환기량에 비하여 실용적이 크다면 실내의 환기횟수가 작아지며, 측정시간을 길게 설정하는 것이 가능하며, CO_2 농도의 시간변화를 연속적으로 표시할 필요가 있다. 그러나 이것은 CO_2 농도의 측정방법에 의하여 적용 여부가 결정되며, 식 (6.40)을 이용할 때에는 실내의 최초 CO_2 농도 C1에 의해 영향을 받는다. 또한 실의 종류와 규모, 공조기의 유무와 풍량, 환기량의 크기와 농도 변동에 의해 적절한 시간간격을 변경할 경우가 있다

일반적으로 20분 이내에 1회를 측정하여 5회 이상 측정을 반복하며, 최저 4회의 환기량을 산출한다. 측정시간 간격을 결정하는 것은 실내의 농도와 외기의 농도를 실험 도중에 측정하여 그래프를 작성하여 판단할 필요가 있으며, 예비측정에 의하여 예측하는 것이 바람직하다.

7) 실내공기의 포집방법

실내 공기의 포집시간은 시간경과에 따른 농도변화의 영향을 작게 하기 위하여 가능한 한 짧은 시간으로 하여 수십 초 이내가 바람직하다. 포집공기량은 실의 용적과 CO_2 농도 측정기기에서 필요한 공기량이면 되고, 환기량에 영향이 없는 2l 정도이면 충분하다. 식 (6.41)을 이용하는 경우는 측정인, 재실자, 가스 발생장치로부터 방출되는 CO_2가스를 직접 포집하지 않도록 주의해야 한다.

(1) 직접 측정방법

측정인가 항상 대기 상태로 있고 식 (6.41)을 이용하는 경우에는 CO_2 농도 측정기기는 어느 것을 사용해도 되지만 CO_2 가스 검지관을 사용할 경우에는 농도의 검출시간(보통 5분 정도)의 영향을 고려해야 한다. 또는 에어백을 사용하여 시료공기를 채취하는 것이 바람직하다.

(2) 에어 샘플링 백(air sampling bag) 이용

에어백은 일반적으로 염화비닐 봉지나 테플론 봉지를 사용하며, 에어펌프에 의해 에어백 내에 측정공기를 채취한다. CO_2 농도 측정기기에는 커넥터가 필요하며 공기의 포집 전에 에어백 내를 신선공기로 세정하고 완전히 공기를 제거하며 누기가 발생되지 않도록 주의한다. 공기를 채취한 후에는 흡착이나 누기를 방지하기 위하여 신속히 CO_2 가스농도를 측정한다.

(3) 샘플링 튜브(sampling tube)의 이용

측정대상 실내의 실험용 공기를 별도의 실에서 포집하는 경우에 고무제품이나 염화비닐 제품의 관을 사용하여 직접 가스농도 측정기에 접속하고 소유량 펌프(다이어프램형 에어펌프)에 의하여 포집 공기백에 압입하든가 또는 배관 내의 공기를 실험용으로 사용할 수 있다.

8) 트레이서 가스를 사용한 환기량 측정

CO_2가스 이외에도 CO가스, C_nH_m 가스나 스모크 테스터(smoke tester), 발연통 등에 의한 분진이 환기량 측정에 이용한다.

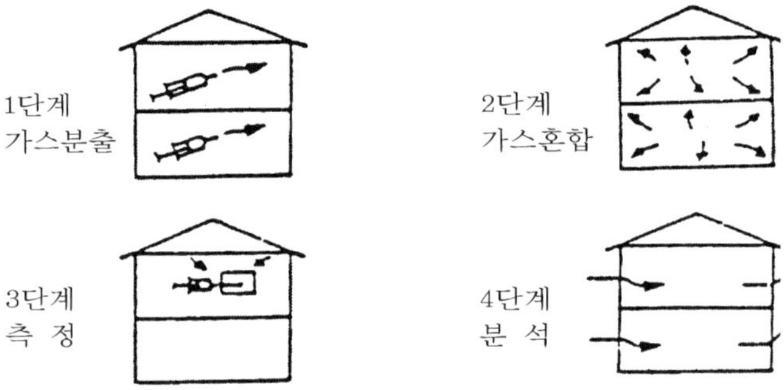

(a) 트레이서 가스법에 의한 환기량 측정방법
(concentration-decay method)

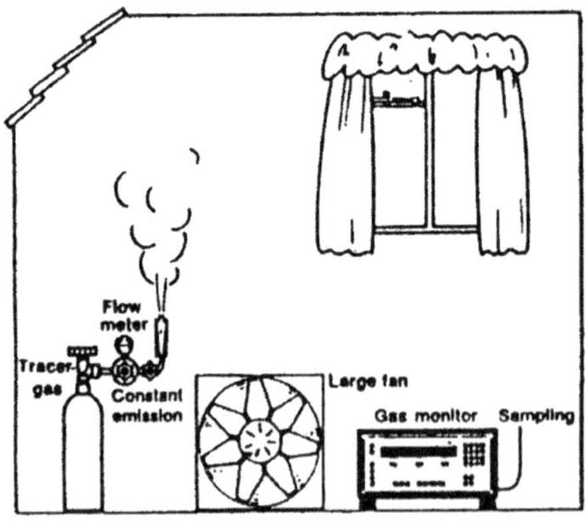

(a) 일정량 방출방법(constant-emission method)

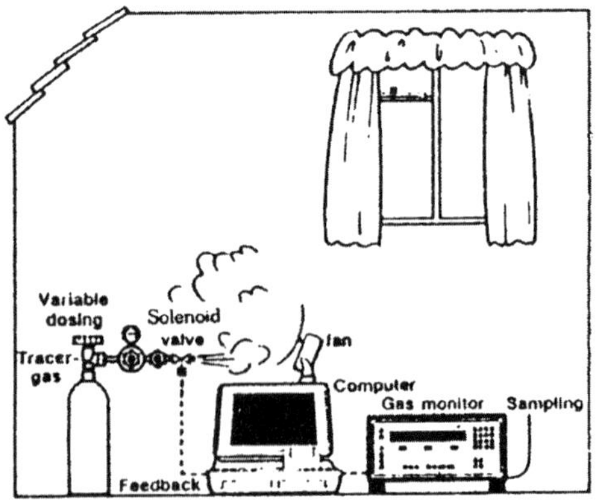

(b) 일정 농도 유지방법(constant concentration method)

그림 6.69 트레이서 가스 추적법의 원리

6.5.4 측정항목과 측정결과의 표시

CO_2 가스법에 의한 환기량 측정의 기본적인 시스템의 구성은 그림 6.70과 같다. 측정 결과는 표 6.42와 같은 양식으로 정리하여 기록하며, 측정값을 표 6.42와 같은 양식에 기입 정리하면 환기량을 간단하게 계산할 수 있다.

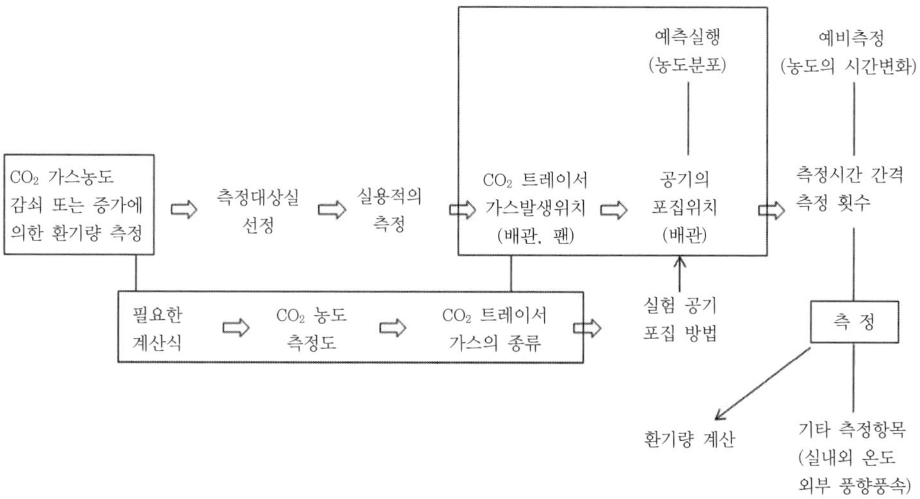

그림 6.70 탄산가스에 의한 환기량 측정의 기본구성

표 6.43 측정항목 및 측정결과 기록지

측정일시	199 년 월 일 시 분- 시 분	측 정 항 목		
장 소		기 상		
측 정 자		실용적, 바닥면적		
측정장소		환기 방식		
		CO_2 발생방법		
		CO_2 측정기기		
		공기채집 방법		
		온도, 습도 (측정기 :)	실내	
			옥외	

표 6.43 측정항목 및 측정결과 기록지(계속)

횟수	구분 / 위치 / 시각	실내 CO_2 농도 (ppm)					외기CO_2농도		비 고
		①	②	③	④	평균			
1	:								
2	:								
3	:								
4	:								
5	:								
6	:								
7	:								
8	:								
9	:								
10	:								

6.5.5 실습의 진행방법

자연환기가 발생하는 실에서 CO_2 농도 감쇠에 의해 환기량을 산출하는 순서를 나타낸다.

① 실용적, 바닥 면적을 측정한다.

② 실의 중앙부를 측정위치로 하고 바닥부근, 바닥 위 1.2m, 천장 부근에 염화비닐관을 설치하여 외부로 유도하고 소유량 펌프에 접속시킨다.

③ 실의 개구부를 열고 드라이아이스에 의한 CO_2 가스를 발생시키며 동시에 선풍기로 확산시킨다.

④ 드라이아이스의 완전 승화를 확인하고 송풍기를 정지시킨 후 창을 개방한다.

⑤ 소유량 펌프로 실험용 공기를 염화비닐 백 3개에 동시에 채집한다. 또한 외기도 채취한다.

⑥ 실험공기를 CO_2 농도 측정기기로 측정하여 동시에 표 6.43과 CO_2 농도의 시간변화도를 작성한다. 표 6.43에 의해 환기량을 계산한다.

그 외에도 실내외 온도, 외부 풍향 · 풍속을 측정한다.

표 6.44 환기량 계산표(실내농도 감쇄시)

측정일시	1993년8월22일13시00분-12시50분	측 정 항 목		
장 소	대전시 동구 삼성 2동 305번지	기 상		
측 정 자	YOON, D.W.	실용적, 바닥면적	R : 35.2㎡ S : 19.25㎡	
측 정 장 소 (위치) 약 도	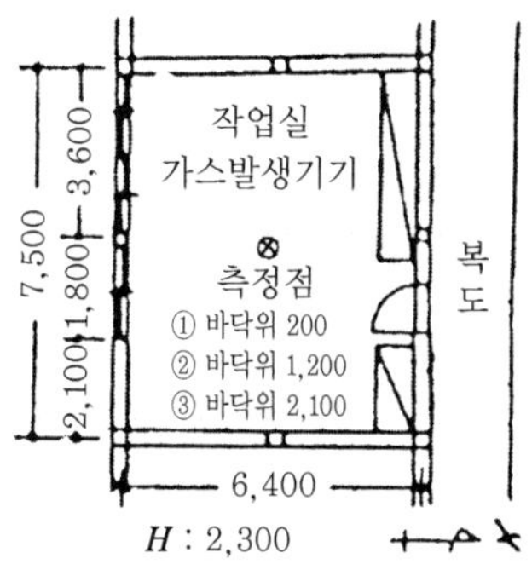	환기 방식		
		CO_2 발생방법		
		CO_2 측정기기		
		공기채집 방법		
		온도, 습도 (측정기:)	실내	
			옥외	
		옥외 풍향 · 풍속 (측정기:)		
		계 산		

횟수 \ 구분 / 위치 / 시간		실내 CO_2 농도 (%)				외기CO 농도(%)		비 고
횟수	시간	①	②	③	평균			
1	13시00분	0.80	0.80	0.80	0.80	0.03		
2	13시10분	0.52	0.52	0.50	0.51	0.03		
3	13시20분	0.47	0.45	0.45	0.46	0.03		
4	13시30분	0.29	0.28	0.26	0.28	0.03		
5	13시40분	0.22	0.22	0.20	0.21	0.03		
6	13시50분	0.15	0.14	0.14	0.14	0.03		
7	시 분							

측정 횟수	경과 시간 t(h)	실용적 (m^3)	2.303× V/t①	C_1(%)	C(%)	$C_1-C_0/$ $C-C_0$	log $C_1-C_0/$ $C-C_0$ ②	환기량 Q(m^3/h) ①×②	환기횟수 N(회/h)
1									
2									
3									
4									
5									
6									
7									
8									
9									
10									
평균									

표 6.45 환기량 계산표(실내농도 감쇠시)

측정 횟수	경과 시간 t(h)	실용적 (m^3)	2.303× V/t①	C_1(%)	C(%)	$C_1-C_0/$ $C-C_0$	log $C_1-C_0/$ $C-C_0$ ②	환기량 Q(m^3/h) ①×②	환기횟수 N(회/h)
1	1/6	35.3	486.39	0.80	–	–	–	–	–
2	1/6	35.3	486.39	–	0.51	1.60	0.205	99.7	2.8
3	1/6	35.3	486.39	0.51	0.46	1.12	0.048	23.3	0.7
4	1/6	35.3	486.39	0.46	0.28	1.72	0.236	114.8	3.3
5	1/6	35.3	486.39	0.28	0.21	1.39	0.143	69.6	2.0
6	1/6	35.3	486.39	0.21	0.14	1.63	0.214	104.1	3.0
7									
8									
9									
10									
평균									

$$Q = 2.303 \times \frac{V}{T} \times \log 10 \frac{C_1 - C_0}{C - C_0'}, \quad N = \frac{V}{Q}$$

1) 예비 측정(1차 연습)

① 표 6.44의 각 항목에 대하여 준비, 조사, 예비 측정을 실시한다.

② 실측에 의해 환기량을 산출한다.

2) 실내 환기량 측정(2차 연습)

① 1회 연습과 다른 실의 환기량을 산출한다.

② 산출된 환기량을 기준으로 하여 재실인원에 의한 실내 CO_2 농도를 예측한다.

6.5.6 보고서 작성방법

다음 사항을 분석하여 보고서를 작성한다.

① 측정항목 및 측정 결과표 분석

② 실내 CO_2 농도의 시간변화

③ 환기량 계산표

④ 작도에 의한 환기량

⑤ 환기량과 실내외 온도차

⑥ 환기량과 외부의 풍향˙풍속

실내를 CO_2 허용농도 1,000ppm 이하로 유지하기 위한 필요 환기량 30m^3/h 人과 비교 검토한다.

기계환기에서는 설계풍량, 실측 취출풍속, 흡입풍속, 기계환기량과 비교 분석한다.

6.6 조도의 측정

6.6.1 측정의 목적

건물이나 인간에게 영향을 미치는 빛의 기본적인 물리량을 측광량이라 한다. 광환경의 측정은 실내에서 조명환경의 실태를 양적으로 파악하기 위한 것이며, 측광량으로써 광속, 광도, 조도, 광속 발산도, 휘도 등의 개념을 파악하는 것을 측정의 목적으로 한다.

인공광원에 의한 광환경으로써 조도는 시간적인 변동이 거의 없기 때문에 시간에 따른 평가는 필요하지 않지만, 주광에 의한 실내의 조도는 태양의 위치나 기상조건에 의하여 시시각각으로 변화하므로 정확한 측정을 위해서는 기상조건이 안정된 시간대를 선정하여 신속하게 측정을 실시할 필요가 있다.

6.6.2 기초사항

1) 측광량

복사에너지인 빛의 눈으로 느끼는 강도, 즉 시각적인 감각으로 관측되는 것이 측광량이다. 빛을 시감으로 느끼는 복사에너지의 파장 범위는 380~780nm이며, 이를 가시광선 영역이라 한다. 시감을 느끼게 하는 복사의 능력을 시감도라 한다. 최대 시감도는 표준적으로 파장 555nm에서 680lm/w이며, 이에 대한 다른 파장의 시감도의 비를 비시감도라고 한다. 표 6.46은 기본적인 측광량의 단위와 정의를 나타낸 것이다.

2) 주광률

주광에 의한 조도는 계절, 기상, 시각 등에 의해 수시로 변동하기 때문에 실내 광환경의 설계나 평가를 위한 기준으로 사용하기에는 부적당하다. 옥외의 조도와는 상관없이 실내의 주광량을 표시하는 지표로써 주광률을 사용하며, 다음과 같이 정의한다.

표 6.46 측광량의 단위와 정의

측광량	기호	단위	차원	정 의
광속	F	lm(루멘)	lm	단위 시간당 빛의 양
광도	I	cd(칸델라)	lm/sr	단위 입체각내에서의 발산광속
조도	E	lx(룩스)	lm/m^2	단위 면적당의 입사광속
광속발산도	M	rlx(라드룩스)	lm/m^2	단위 면적당의 발산광속
휘도	L	cd/m^2	cd/m^2	어떤 방향의 단위 투영면적당 광도

주광률 D는 보통 %로 표시하며, 수조점의 조도를 알기 위해서는 전천공 조도 Es에 주광률 D를 곱하여 구할 수 있다.

3) 밝기의 기준

(1) 조도기준

조도기준이란 각종 건물에서 장소와 작업의 종류에 따른 인공조명 설계의 기준이 되는 조도를 결정하기 위한 것이다. 조도는 주로 작업면(의자 작업 : 바닥위 85cm, 좌식작업 : 바닥위 40cm, q고도 또는 옥외 : 바닥면 또는 지면)의 수평면 조도로 표시한다. 국솝조명(부분조명)을 병행하는 경우에는 전반조명의 조도는 국소조명 조도의 1/10 이상으로 유지하는 것이 바람직하다.

(2) 실내조도의 분포

실내작업면 위의 조도는 벽면에서 1m 이상 떨어진 범위로(1m 이내의 범위는 제외)하며 최대조도와 최소조도의 비(이를 균제도라고 함)가 아래와 같은 비율 이하로 유지되도록 설계하는 것이 바람직하다.

인공조명 - 3 : 1, 주광조명 - 10 : 1, 인공광, 주광 병용 - 5 : 1

(3) 전천공 조도 Es

전천공 광에 의한 옥외의 수평면 조도는 태양고도(시각), 기상조건, 대기조건 등의 상태에 따라 큰 폭으로 변동한다. 연간 전천공 조도의 평균 누적 출현율을 작성하면 설계의 목적에 따란 전천공 조도의 설계용 표준값을 알 수 있다.(예를 들면, 최저조도의 확보를 목적으로 하면 출현율 5%에서 Es=5,000lx)

6.6.3 측정준비

1) 조도계

조도의 측정에는 광전지 조도계를 사용하는 것이 일반적이며, 성능이 우수한 조도계를 이용한다. 조도계는 수광부분(sensor 부분)과 측정부분이 분리될 수 있는 형태의 것이 바람직하다. 그림 6.71은 각종 조도계의 종류를 나타낸다. 주광률을 측정하는 경우에는 최소한 동일한 종류의 조도계가 2대 이상 필요로 한다. 또한 측정시에는 옥외에서 7~8만 lx, 실내의 창 부근에서 1만 lx 이상의 주광조도가 측정될 수 있으므로 조도계의 측정범위를 초과할 수 있다. 이러한 경우에는 적절한 감광 필터를 준비해야 한다.

그림 6.71 각종 조도계의 종류

2) 직사광 차단장치

주광률의 기준이 되는 전천공 조도의 값은 직사광선 성분을 포함하지 않은 값을 사용한다. 따라서 전천공 조도의 측정에는 날씨의 변동이 없는 운천공 상태(흐린 날)에서 실시하는 것이 바람직하다. 전천공 상태(맑은 날)에서 측정하는 경우에는 조도계의 수감부에 직사광선을 차단할 수 있는 특수장치가 필요하다.

직사광 차단장치는 간단하게 조도계의 수감부에 작은 그림자가 가려질 수 있는 차양장치로 고안할 수 있다. 예를 들어 테니스공을 지지봉에 연결하여 흑색으로 도장한 후 일조 차단장치로 활용하면 조도계의 수감부에 그늘을 형성할 수 있다. 차단자치를 수감부에 너무 가깝게 설치하면 측정오차가 크게 나타나므로 보통 1~2m의 거리를 띄워 설치하는 것이 바람직하다.

3) 기타 준비사항

측정실의 평면도, 단면도, 전개도 등 측정점과 창이나 광원의 위치관계를 표시할 수 있는 자료, 초시계, 실내외 측정시각을 일치시킬 수 있는 보조수단 등이 필요하다.

6.6.4 조도계의 취급방법

조도계의 취급설명서를 잘 읽고 사용방법을 정확하게 숙달해야 하며, 일반적으로 취급시 주의사항은 다음과 같다.

① 측정기기에 강한 진동이나 충격을 가하지 말 것.

② 수광부를 청결하게 유지할 것.

③ 수광부와 측정부는 동일한 제조번호의 것을 사용할 것(일반적으로 같은 종류의 측정기기에도 호환성이 없는 것이 있음). 여러 개의 측정기기를 사용하는 경우에는 표준적인 측정기기를 정하고, 이를 기준으로 보정계수를 산출하여 사용한다.

④ 전원을 필요로 하는 조도계는 전원의 전압이 충분한가를 확인할 것.
⑤ 지시계의 눈금은 0점 조정을 한다.
⑥ 측정범위는 우선 최대눈금에서 측정을 하고 순차적으로 낮은 범위의 순으로 변환하며, 눈금의 흔들림이 최대눈금의 약 1/3 이상이 되지 않도록 측정한다.
⑦ 눈금이 측정범위에서 초과되는 것을 피한다. 특히, 옥외 측정 시에는 주의를 요한다.
⑧ 눈금은 직상부에서 정확하게 읽는다. 눈금부분에 거울이 있는 경우에는 눈금의 상이 정확히 일치되는 위치에서 읽는다.

6.6.5 측정연습의 진행

1) 인공광원의 광환경(1회 측정)

광원 출력이 안정된 인공조명을 대상으로 측정을 실시하여 조도계의 사용법을 숙달한다.

(1) 측정기기 오차의 검토

조도계는 동일한 종류를 사용하여도 각각의 측정기에 따라 측정값에 차이가 있는 것이 보통이다. 따라서 측정기기는 다음과 같은 순서로 측정오차를 검토하고 보정계수를 산출한다.

① 표준적인 조도계를 선정한다.
② 표준 조도계와 비교하는 조도계의 수감부를 동일 평면상에 가까이 위치하여 설치하고, 각 조도계의 지시 눈금을 기록하여 표준 조도계를 기준으로 비교 조도계의 보정계수를 산출한다.
③ 측정시 주의사항
- 각 조도계의 수감부는 조도의 장애가 없는 위치에 설치한다. 조도분포의 균일성을 유지하기 위하여 표준 조도계를 사용하여 확인한다.
- 조도계는 측정을 시작하기 전에 5분 정도 예비로 노출시키고 광전류의 출력을 안정시킨다.

표 6.47 기기오차 확인을 위한 기록양식의 예

기기	1. (4398)		2. (4396)		3. (4397)		4.
No.	조도(lx)	비율	조도(lx)	비율	조도(lx)	비율	조도(lx)
제1회	285	1*	293	1.03	270	0.95	
제2회	257	1	263	1.02	245	0.95	
제3회	213	1	220	1.03	200	0.94	
평균							

*No.1의 기기를 표준으로 함.

(2) 인공조명에 의한 작업면 조도의 측정

(a) 측정점의 선정

벽면에서 1m 이내를 제외하고 1m 마다 같은 간격으로 각 좌석의 책상면에 측정점을 선정하고 평면도에 기입한다. 동시에 책상위의 높이에 광원(조명기구)의 높이와 위치를 기록한다.

(b) 측정순서

- 암막을 설치하여 주광을 차단한다.
- 인공광원의 점등조건(예 : 점열전등, 창쪽 1열 소등, 창쪽 2열 소등 등)을 결정한다.
- 각 측정점에서 수평면 조도를 측정한다. 측정에는 실험자나 재실자에 의해 수광부에 입사하는 빛에 장애(영향)를 주지 않도록 주의해야 한다.

표 6.48 측정결과의 기록 예

일시	1981.10.6		점등조건	전열점등
장소	B-304교실		조명기구	H형 2등용
측정자	R.S., T.N.		램프	FLR40SW
측정기	No.3		(교환일 1980.2.21)	
(보정계수 0.95)				

측정점	제1회	제2회	제3회	평균
A-1	243	237	241	240
2	200	205	203	202
3	225	228	228	226
⋮	⋮	⋮	⋮	⋮
B-1	259	261	261	262
2	235	235	235	234
3	243	246	243	244
⋮	⋮	⋮	⋮	⋮

(c) 측정결과의 기록

실내조도의 측정조건과 측정결과를 기록할 수 있도록 표 6.47과 같이 측정결과 기록지를 준비한다.

2) 주광조도 및 자연채광성능 측정

주광률을 측정하여 주광조도의 성질을 파악하고 실내의 채광성능을 분석한다. 주광률은 옥외의 전천공 조도에 대한 실내조도의 비율로 표시되며, 창에서 본 천공의 휘도가 직접 실내조도에 영향을 미친다. 따라서 기상의 변화가 심한 경우에는 동일 지점의 측정값일지라도 시각에 따라 주광률이 다르게 나타난다.

(1) 측정점의 선정

측정대상 실과 조도계 등을 준비한다. 창에 수직인 방향을 기준으로 하여 창의 중심선과 창의 끝부분(또는 기둥 중심)의 위치에서 실내의 깊이 방향으로 측정점을 선정한다.

측정점 간격은 창 가까운 부분에서는 촘촘히, 실내의 안쪽 부분에서는 드문드문하게 0.5~2m 정도의 간격으로 측정점을 선정한다. 측정점은 책상면이나 책상면과 같은 높이로 설정한다.

(2) 전천공 조도의 측정위치

주변에 측정에 영향을 미치는 장애물(건물 또는 수목 등)이 없는 장소를 선정한다. 건물 옥상이나 운동장 등이 측정장소로 적당하다.

(3) 측정순서

(a) 측정시각

옥외 측정반과 실내 측정반으로 구분하고 스톱워치, 시계 등에 의해 측정개시 시각과 측정시간 간격을 약속하여 동일한 시간에 측정한다. 측정시간 간격은 15초 정도가 적당하다.

(b) 실내 주광조도의 측정

옥외 측정반이 측정을 개시하는 시각부터 실내측정 팀은 실내의 조도를 측정한다. 측정점에 수광부를 설치하고 정해진 측정시각에 따라 측정값을 읽어 기록한다. 측정점으로 이동하는 시간은 측정시간 간격과 일치할 필요는 없지만 기상조건 변화에 의한 오차를 피하기 위하여 신속하게 측정한다.

(c) 옥외의 측정

수광부를 수평으로 설치하고 필요에 따라 배율 필터를 사용하여 측정범위를 선정한다. 정해진 시각부터 측정을 시작하고 일정한 시간 간격으로 측정값을 읽어 기록한다. 맑은 날씨에는 직사광이 수광부에 입사하지 않도록 차폐장치를 이용한다.

(d) 측정결과의 기록

측정조건과 측정결과를 표 6.49와 같이 작성한다.

표 6.49 옥외공간 측정 예

일시 1981.10.13 측정자 KIM. LEE
기후 흐림 측정기 4398
장소 B-304 교실 (보정계수 1.0)

측정점	제1회		제2회		비고
	측정점	시각	측정점	시각	
M-1	2180	13"30'30"	1960	14"03'00"	
2	1170	32'00"	1230	04'00"	
3	675	33'15"	840	05'15"	
⋮	⋮	⋮	⋮	⋮	
M-1	452	13"46'00"	445	14"14'45"	
2	700	47'15"	662	15'45"	
3	730	48'45"	568	17'00"	
⋮	⋮	⋮	⋮	⋮	

일시 1981.10.13 측정자 Yoon.,LEE
기후 흐림 측정기 4396
장소 b동 옥상 보정계수 1.03
필터배율 100

시각	측정치	비고
13시 30분 00초	151	
15초	153	
30초	155	
45초	149	
31분 00초	142	
15초	139	
⋮	⋮	

6.6.6 보고서 작성요령

1) 측정기기의 오차

측정결과로부터 사용된 각각의 조도계에 대하여 표준 조도계를 기준으로 하여 보정계수를 산출한다. 각각 측정기기에 의해 측정된 값에 보정계수를 곱하여 정리한다. 보정계수는 3회 정도 측정하여 평균치를 이용하고, 소수점 둘째 자리까지 산출한다.

2) 인공조명에 의한 조도분포

측정된 실내의 조도분포를 측정대상 평면도에 표시하고 평균, 최대, 최소 등을 기록한다. 평균 조도의 산출에는 여러 가지 방법이 있지만 다음 식을 이용할 수 있다.

표 6.50 측정기기의 오차를 확인하기 위한 기록지의 예

측정기기(No.)	1. (No.)		2. (No.)		3. (No.)	
측정횟수	조도(lx)	비율	조도(lx)	비율	조도(lx)	비율
1회						
2회						
3회						
4회						
평균						

• 고찰내용

① 실내 조도기준과의 비교

② 조도분포의 평가

③ 점등조건에 의한 조도분포의 차이 검토

④ 광속법에 의한 평균 조도의 계산치와 실측치의 비교

(③, ④ 항은 생략할 수 있다.)

3) 전천공 조도의 변동

측정결과에 보정계수를 곱하여 각각의 시각에서 조도를 산출하고 시각에 대한 전천공 조도의 변화를 그림으로 표시한다. 특히 변화가 심한 경우는 그 원인을 기록한다.

4) 작업면의 주광률 분포

실내 주광조도의 측정치에 보정계수를 곱하여 측정점에서의 주광조도 Ei를 산출한다. 다음에 전천공 조도 Es를 이용하여 D(= Ei / Es)를 계산한다. 2회의 측정값에 의한 Ei / Es의 평균치를 구하고 그 점에서의 주광률로 결정한다. 각각의 측정점 위치에서 실내의 깊이 방향에 대한 주광률 분포도를 작성한다.

• 고찰내용

① 주광률 분포의 특성

② 주광률의 예측 계산치와 실측치와의 비교

③ 작업면의 주광률 분포도(contour graph)를 작성하고 균제도를 평가한다.

④ 병용 조명시의 조도분포를 예측한다.

(③, ④는 생략해도 좋다.)

표 6.51 측정결과 기록지

실내 조도분포 측정기록지

일 시 :
장 소 :
측정자 :

점등조건:
조명기구:
측정기기:
보정계수:

측정점	1회	2회	3회	4회	평균
A-1					
2					
3					
4					
5					
B-1					
2					
3					
4					
5					
C-1					
2					
3					
4					
5					

6.7 휘도의 측정

6.7.1 측정의 목적

중요한 측광량의 한 가지인 휘도의 개념을 명확하게 이해하고, 휘도계에 의한 측정 방법과 측정결과의 분석을 통하여 조명, 시환경설계 및 평가에 있어서 휘도의 역할을 숙지하기 위한 것을 측정의 목적으로 한다. 또한 휘도의 개념을 이해하고 브라이트니스의 파악, 반사율의 간이측정, 광원에 대한 현휘(glare)의 평가 등 휘도와 관련된 사항에 관한 지식을 습득한다.

6.7.2 기초사항

1) 휘 도

직접 빛을 발산하는 광원면, 빛을 반사하는 반사면, 빛을 투과한 투과면 등을 어떤 방향에서 바라볼 때 그 면이 어떤 밝기로 나타나는가를 표시하는 측광량을 휘도라고 한다. 휘도는 광을 발산하는 1면에 대하여 방향에 따라 정해지는 양이므로 어떤 면으로 입사한 광속을 입사방향과 무관하게 포괄적으로 측정하는 조도와는 근본적으로 차이가 있는 측광량이다.

즉, 휘도는 실내의 생활환경의 밝은 느낌과 직접적으로 관계되는 것이지만, 방향성이 있고 어떤 면이나 광원에 대하여 단일척도로 정할 수 없으므로 취급이 복잡하게 된다. 이러한 점이 조명의 시환경 설계나 평가에서 조도가 주로 사용되는 이유가 된다.

그러나 인간에게 요구되는 상세한 시환경의 구성에는 휘도의 역할이 지배적이며, 이에 대한 기본적인 지식과 이해가 필요하다.

2) 휘도의 정의

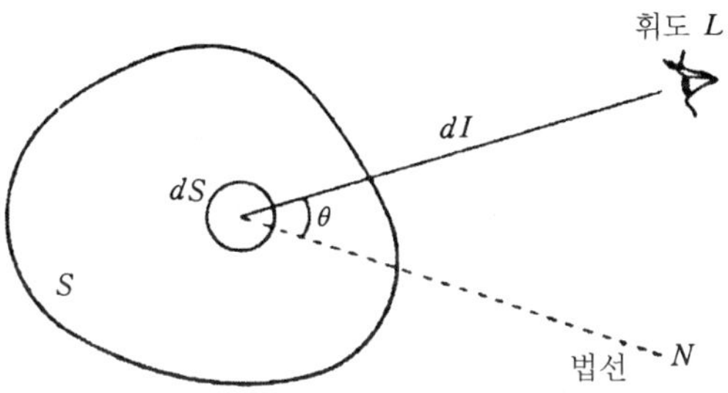

그림 6.72 휘도측정의 예

그림 6.72에 표시된 면 SDNL의 어떤 점에 대하여 법선과 각도 θ를 이루는 방향의 휘도 L(cd/m^2)은 2점을 포한한 미소면적 dS(m^2)에 대한 같은 방향의 광속을 dI(cd)라 하면 다음 식으로 정의된다.

즉, 어떤 면에 대한 어떤 방향의 휘도에는 면의 방향에 대한 단위투영면적당, 단위입체각당의 광속으로 표시된다.

바라보는 방향의 광도가 일정하게 분포된 경우나 또는 평균휘도를 산출하는 경우에는 다음 식으로 휘도를 구할 수 있다.

단, $S = \int ds$

3) 휘도의 크기

야간에 전구를 직접 바라보고 난 후에 다른 곳을 보면 어두워서 아무 것도 보이지 않는다. 주위 환경에서 대상물이 어떤 범위의 휘도를 지니고 있는가를 알 수 있다면, 측정할 때의 휘도의 크기에 대한 비교 자료를 유효하게 활용할 수 있다. 대표적인 물체의 휘도의 크기는 개략적으로 다음과 같다.

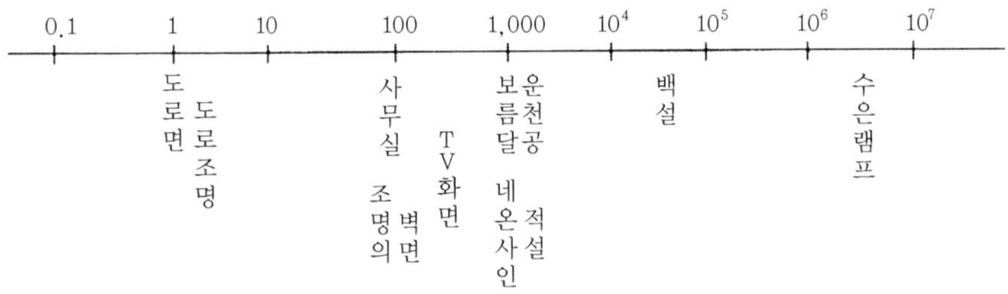

그림 6.73 휘도의 크기

4) 균등 확산면

발광면, 반사면, 투과면 등에 대하여 어떤 방향에서 바라보아도 휘도가 같게 나타나는 면을 균등 확산면이라고 한다. 이것은 일종의 이상적인 상태이며, 이러한 조건을 환전하게 만족시키는 면은 실제로 존재하지는 않지만 천공, 운천공, 석고 플라스터 벽면 등을 균등 확산면으로 가정할 수 있다. 균등 확산면에서는 휘도 L과 광속발산도 M(rlx), 조도 E(lx)와의 대응이 가능하므로, 이러한 가정을 기초로 하여 조명계산에 활용된다.

그림 6.74에 나타난 균등확산면 위의 미소면적 dS의 법선방향의 광도를 $dI\pi$, θ방향의 광도를 $dI\theta$라고 하면, 그 방향의 휘도는 일정하게 되므로 휘도의 정의에 의하여 다음 식이 성립된다.

여기서, $dI\theta$를 면 위에 전체 입체각 2π로 적분하면 dS로부터 광속 dF가 산출된다. 또한 미소면적 dS의 반사율을 ρ라고 하면 $M = \rho E$가 되어 다음 식을 얻을 수 있다.

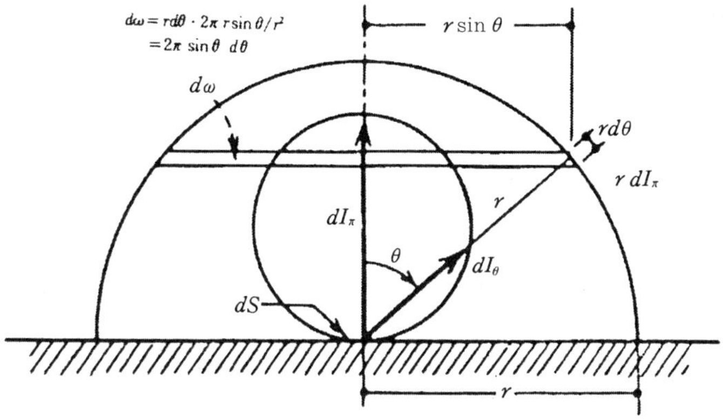

그림 6.74 균등확산면

5) 기 타

(1) 순응과 어패런트 브라이트니스

휘도는 눈으로 본 밝기이며 보다 직접적인 측광량이지만 밝기의 감각을 표현하는 방법에는 잘 대응하지 못하는 것이 특징이다. 인간의 눈은 야간과 주간에 따라 외부의 밝기의 변화에 따라 감도가 변하는 순응현상이 있기 때문이다. 즉, 같은 휘도를 갖는 대상물이지라도 순응휘도가 높은 주간보다도 순응휘도가 낮은 야간에 더욱 뚜렷하게 보이는 현상이 나타난다.

순응의 레벨을 고려하여 인간이 실제로 느끼는 밝기를 척도화한 것이 어패런트 브라이트니스라고 한다. 이는 시 대상의 휘도와 순응휘도와의 변화에 따라 규정한 시각의 밝기의 관계를 표시한 것이며, 동일한 휘도의 시 대상에서도 순응휘도가 적을수록 어패런트 브라이트니스는 크게 된다.

(2) 글레어(현휘)

시야 내에 순응하고 있는 휘도보다 현저하게 높은 휘도의 광원이 들어오면 대상물을 바라보기 어려운 현상이 나타난다. 이러한 현상을 불능 글레어라고 한다. 또한 반드시 시력 저하는 일어나지 않더라도 불쾌감을 유발시키는 현상을 불쾌 글레어라고 한다. 불능 글레어가 문제로 되는 것은 매우 극단적인 상황이며, 일반적인 환경계획에서는 불쾌글레어가 더욱 중요한 문제가 된다.

6.7.3 측정준비

1) 휘도계

휘도계는 한정된 시각에서 빛을 수광소자에 입사하여 측정하는 계측기기이다. 수광소자는 대형인 정밀휘도계에는 광전자 증폭관, 소형 휘도계에는 실리콘 포토셀이 사용된다. 그림 6.75는 휘도계의 광학적 원리를 나타내며, 그림 6.76은 휘도계의 모습을 나타낸다. 일반적으로 휘도계는 시각이 $0.1° \sim 2°$, 측정범위는 $10^{-4} \sim 10^{6} cd/m^2$ 정도이며, 실내의 시환경을 측정하기 위해서는 시각 0.5° 정도의 스폿형 간이휘도계가 편리하게 이용될 수 있다.

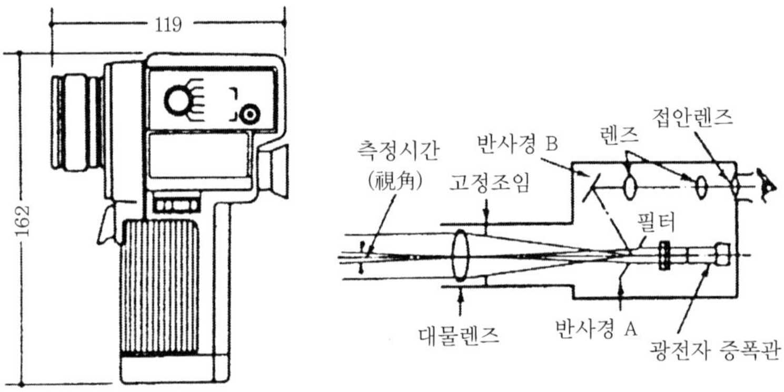

그림 6.75 휘도계와 광학적 원리

2) 반사율 표준판

반사율의 비교 측정을 위하여 미리 반사율을 알고 있는 표준판을 사용한다. 정밀한 반사율 표준판에는 산화마그네슘 판이 이용되며, 특수 도기제품도 개발되어 있다. 표준판의 크기에 따라 휘도의 측정거리가 결정되며, 일반적으로 표준판은 직경 수 cm의 원형 또는 수 cm의 정방형이 사용된다.

그림 6.76 휘도계의 모습

3) 기타 기기

휘도계를 설치하는 삼각대, 시 대상의 상세, 밝기의 분포를 기록하기 위한 폴라로이드 카메라, 측정점과 조명기구의 위치를 측정할 수 있는 자 등이 필요하다.

6.7.4 휘도계의 취급방법

휘도계는 종류에 따라 취급방법이 다르기 때문에 제품의 취급 설명서를 정확히 이해하는 것이 중요하다. 여기서, 휘도계의 일반적인 취급방법과 주의사항에 대하여 설명한다.

1) 측정준비

① 배터리 체크를 하여 건전지의 수명을 확인하다. 필요하다면 건전지를 교환한다.
② 정확한 측광, 핀트가 맞도록 접안렌즈, 대물렌즈를 청소한다.
③ 제로 조정을 실시하고 휘도계를 안정된 상태로 유지한다.

2) 측정시 주의사항

① 측정 대상에 핀트를 맞추고 화인더 내의 지정된 수광 영역에 측정대상이 바르게 위치하도록 조정한다.
② 가능한 한 수광영역에 밝기가 서로 다른 복수의 영역을 피하는 것이 좋다.
③ 눈금이나 수치를 바르게 읽는다. 특히, 측정치가 변동하는 경우 변동 값의 평균치를 정확하게 판단해야 한다.
④ 휘도계에 강한 진동이나 충격을 피한다.
⑤ 측정범위 이상의 가한 광은 피한다. 태양을 직접 측정하는 것은 측정자의 눈을 상하게 할 수 있으므로 주의해야 한다.
⑥ 측정 종료 시에는 수광소자를 보호할 수 있도록 스위치를 절환하고 뚜껑을 닫아 놓는다.

표 6.52 휘도측정의 예

	창	광원	천장	벽	바닥	책상	작업면
A	3,360	1,720	110	43	96	50	100
B	3,340	1,690	115	43	100	60	130
C	3,400	1,700	120	40	100	55	115
평균	3,287	1,703	115	42	99	55	115
표준편차	163	15	5	2	2	5	15

표 6.53 반사율 측정용 기록지

측정대상	측정점	L(cd/m^2)	L_0(cd/m^2)	L/L_0	ρ_0	ρ	ρ
벽면 1							
벽면 2							
흑판면							

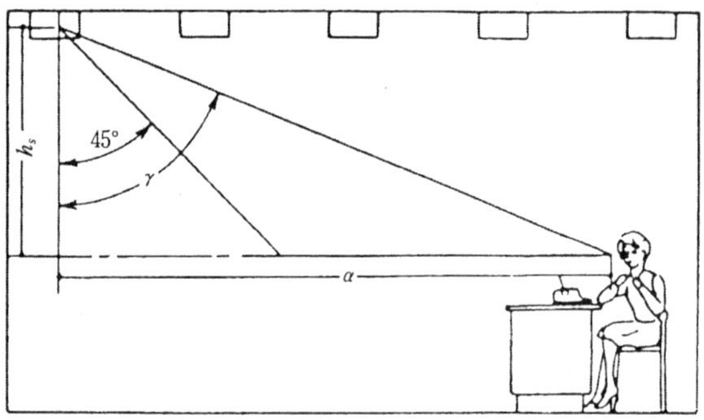

그림 6.77 조명기구의 휘도와 검토해야 하는 범위(CIE)

척도	적용할 조도의 범위(lx)				
I	≥750	≤500			
II		≥750	≤500		
III				≥750	≤500

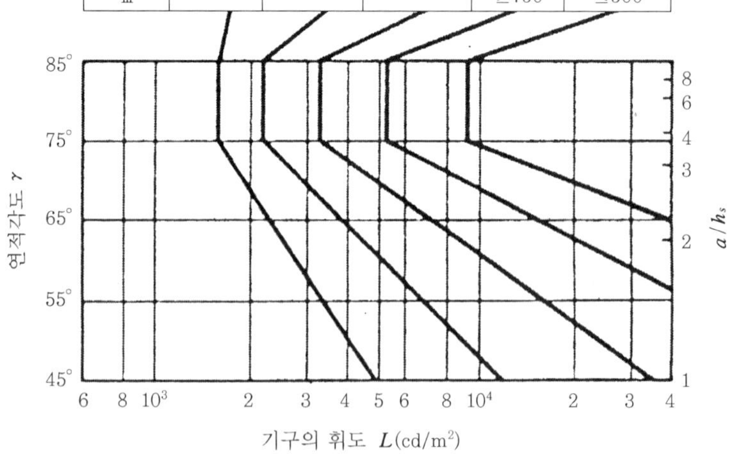

(a) 시선에 평행하게 설치했을 때 선상조명기구 및 측면이 발광하지 않는 기구에 대한 한계선

질적클라스	적용할 조도의 범위(lx)				
	≥750	≤500			
		≥750	≤500		
				≥750	≤500

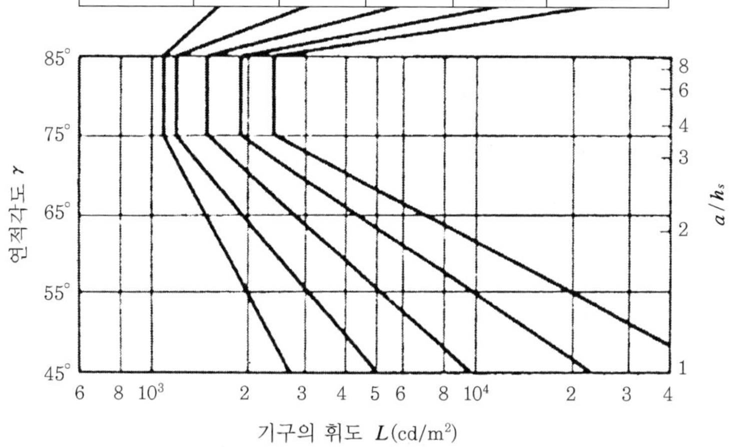

(b) 장변이 시선에 직각으로 설치하였을 때 측면에 발광하는 조명기구에 대한 한계선

그림 6.78 현휘의 평가법(휘도제한방식)

표 6.54 반사율 측정용 기록지

측정대상	측정점	L(cd/m²)	L_0(cd/m²)	L/L_0	ρ_0	ρ	ρ
벽면 1	1	27	43	0.631	0.976	0.615	0.583
	2	27	45	0.603		0.589	
	3	27	49	0.558		0.544	
벽면 2	1	16	35	0.456	0.976	0.445	0.432
	2	17	39	0.430		0.420	
	3	20	45	0.441		0.430	
흑판면	1	6	25	0.231	0.976	0.225	0.221
	2	6	26	0.220		0.214	
	3	7	29	0.230		0.224	

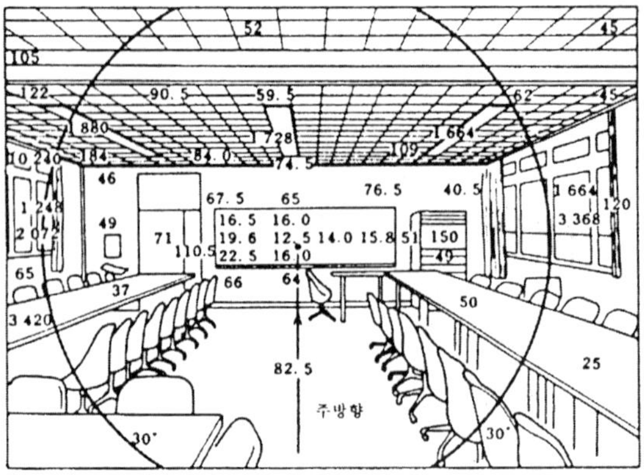

그림 6.79 실내의 휘도 분포

표 6.55 권장 휘도비의 예(IES 미국)

휘도비의 종류	주택	사무소	공장
작업대상과 주변과의 휘도비	3 : 1~1 : 1	3 : 1~1 : 1	3 : 1~1 : 3
작업대상과 약간 떨어진 면과의 휘도비	5 : 1~1 : 5	5 : 1~1 : 5	10 : 1~1 : 10
조명기구, 창과 인접한 면과의 휘도비	–	–	20 : 1~1 : 1

표 6.56 반사율 권장치의 예(IES 미국)

구성표면의 종류	주택	사무소	공장
천장면	0.6~0.9	0.8~0.9	0.8~0.9
벽면	0.35~0.6	0.4~0.6	0.4~0.6
커튼, 벽지	0.35~0.6	–	–
가구	–	0.25~0.45	–
기계, 설비	–	0.25~0.45	0.25~0.45
바닥면	0.15~0.35	0.2~0.4	0.2이상

6.8 소음, 진동의 측정

6.8.1 측정연습의 목적

소음, 진동의 측정방법과 평가방법의 기본사항을 이해하고, 환경소음과 진동의 특성을 숙지하며, 건축물에서의 방지대책을 마련하기 위한 것을 측정연습의 목적으로 한다. 환경소음과 진동 중에서 가장 일반적인 도로교통소음과 진동, 또한 건축설비 등에 의한 실내소음을 대상으로 소음레벨, 진동레벨의 측정방법과 소음의 주파수분석 방법에 대하여 알아본다.

6.8.2 기초사항

1) 음압레벨과 소음레벨

음압이란 음파가 존재하는 공기 중에서 발생하는 압력의 변동으로 나타낸다. 공기 중의 음압은 단위가 매우 작기 때문에 보통 기준에 대한 비율의 대수값으로 표시하며, 이를 음압레벨(sound pressure level : SPL)이라고 한다. 음압레벨의 크기는 데시벨[dB]의 단위로 표시하며, 다음의 식으로 나타낼 수 있다.

$$L_p = 10 \log_{10}(P_e^2 / P_o^2)\,[dB] \qquad \text{식(6.46)}$$

여기서, P_e : 음압의 실효치($Pa = \mathrm{N/m^2}$)

P_o : 기준음압 ($20\mu P_a$)

이와 같이 음압레벨은 음의 물리적인 크기를 표시하는 기본적인 양이지만, 수많은 주파수 성분으로 구성된 실제의 음을 인간의 청감으로 느끼는 크기는 음압레벨과 반드시 일치하지는 않는다. 이것은 인간의 청각이 주파수에 따라 다른 반응 특성을 갖고 있기 때문이다. 인간의 감각과 물리량과의 대응을 위하여 청각의 특성을 고려하여 음압에 주파수 특성(A특성)의 가중치를 적용하여 음압레벨을 측정한다. 이를 소음레벨이라 하며, 데시벨[dB]의 단위로 표시한다. 그림 6.80은 소음계의 주파수 보정특성을 나타낸다.

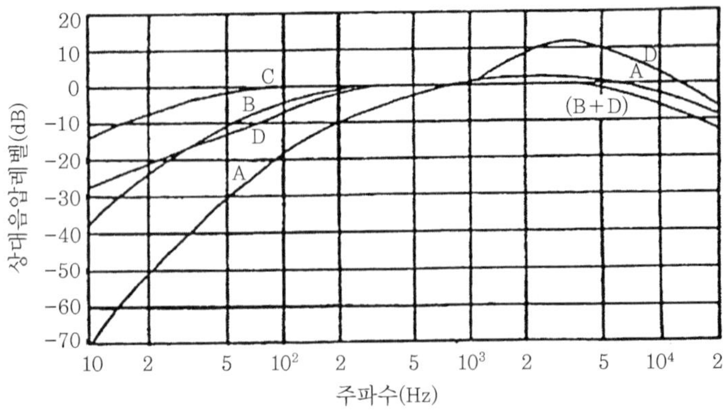

그림 6.80 청감보정회로 특성곡선

표 6.57은 1옥타브 밴드의 소음레벨에 대한 A특성 보정치를 나타낸다.

표 6.57 옥타브밴드의 소음레벨에 대한 A 특성 보정치

1옥타브 밴드 중심주파수(Hz)	63	125	250	500	1,000	2,000	4,000
A특성 보정치(dB)	-26	-16	-9	-3	0	+1	+1

2) 진동 가속도레벨과 진동레벨

지반이나 구조물의 1점에 대하여 진동을 측정하는 경우에 측정량으로써 진동변위, 진동속도, 진동가속도의 3가지가 있으며, 환경진동을 대상으로 할 때는 보통 진동가속도를 측정한다. 진동가속도는 다음 식과 같이 실효치를 데시벨[dB]로 표시하며, 이것을 진동가속도 레벨이라 한다.

$$L_a = 10\log_{10}(a_e^2 / a_o^2)\ [\mathrm{dB}] \qquad \text{식(6.47)}$$

여기서, a_e : 진동 가속도의 실효치(m/sec²)

a_o : 기준 진동 가속도(10^{-5}m/sec²)

진동에 대해서도 인체가 느끼는 크기와 진동 가속도레벨은 반드시 일치하지는 않는다. 소음에 대하여 A특성의 가중치를 적용한 것과 같이 진동가속도에 대해서도 연직방향의 진동과 수평방향의 진동으로 구분하여 그림 6.81과 같은 주파수 특성의 가중치를 적용하여 진동 가속도레벨을 측정한다. 이것을 진동레벨이라 한다.

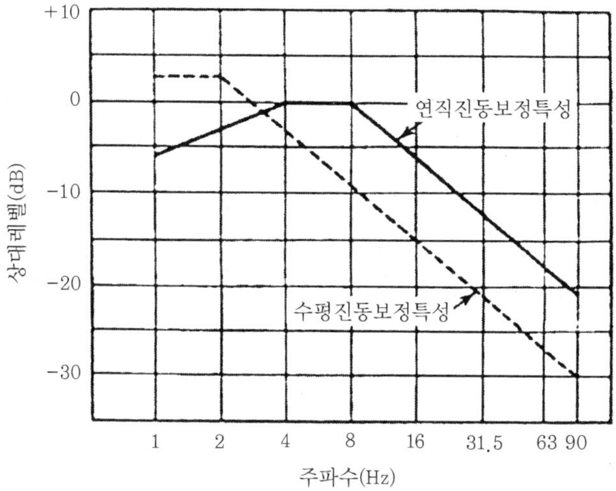

그림 6.81 진동레벨계의 진동감각 보정특성

3) 주파수 분석

건축에서 소음대책이나 진동대책을 마련하기 위해서 소음레벨이나 진동레벨만을 측정하는 것으로는 불충분하며, 주파수별로 다른 특성을 지니게 되므로 효과적인 대책을 마련하기 위해서는 주파수분석이 필요하다.

주파수분석을 위한 주파수의 분할방법에는 크게 2가지로 구분된다. 하나는 일정한 주파수폭으로 분할하는 방법이며, 다른 하나는 주파수를 대수축 상에서 표시할 때 일정한 간격이 되도록 분할하는 방법이다. 건축음향이나 일반소음 및 진동을 취급할 경우에는 후자에 해당하는 1옥타브밴드 분석 또는 1/3옥타브밴드 분석방법을 사용한다.

일반적으로 1/3 옥타브밴드 분석에는 하나의 밴드에 대하여 하한주파수 f_1, 중심주파수 f_c, 상한주파수 f_2 사이에는 다음의 관계가 있다.

$$f_2 / f_1 = 2^{1/n} \quad \text{식(6.48)}$$

$$f_c = f_1 \times f_2 \quad \text{식(6.49)}$$

표 6.58은 건축음향에서 가장 널리 사용되는 1옥타브밴드와 1/3 옥타브밴드의 중심주파수를 나타낸다. 그림 6.82는 패스 필터를 통과한 1옥타브 밴드와 1/3옥타브 밴드의 주파수 특성 예를 나타낸다.

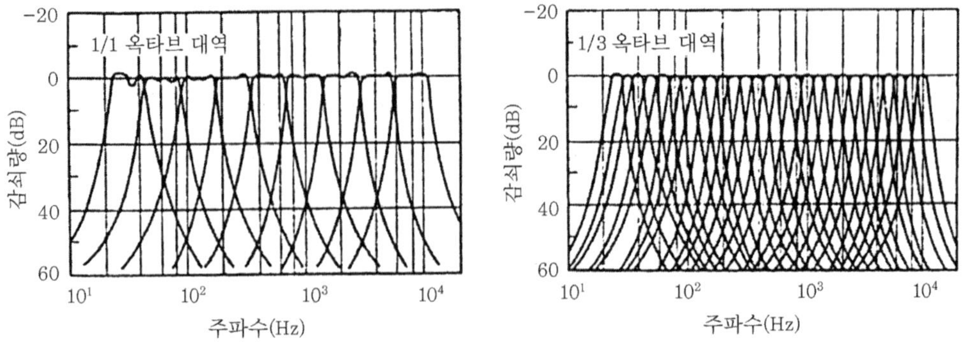

그림 6.82 1옥타브밴드 1/3 옥타브밴드 패스필터의 특성 예

표 6.58 중심주파수

옥타브 1/3	옥타브 1	옥타브 1/3	옥타브 1	옥타브 1/3	옥타브 1
0.8		25		800	
1	1	31.5	31.5	1000	1,000
1.25		40		1250	
1.6		50		1600	
2	2	63	63	2000	2,000
2.5		80		2500	
3.15		100		3150	
4	4	125	125	4000	4,000
5		160		5000	
6.3		200		6300	
8	8	250	250	8000	8,000
10		315		10000	
12.5		400		12500	
16	16	500	500	16000	16,000
20		630		20000	

4) 데시벨 [dB]의 계산

(1) 레벨의 합성

여러 가지 소음레벨이 $L_1, L_2, L_3 \cdots\cdots L_n$인 어떤 음(또는 진동)의 에너지가 혼재되어 있을 때의 레벨 L(dB)은 다음 식으로 표시된다.

$$L = 10\log_{10}(10^{L1/10} + 10^{L2/10} + 10^{L3/10} + \cdots\cdots + 10^{Ln/10}) \qquad \text{식(6.50)}$$

(2) 레벨의 분해

2가지의 음(또는 진동)이 동시에 존재하는 경우에 레벨이 L[dB]이고, 이중에서 한가지의 레벨이 L_2[dB]라고 하면 다른 음의 레벨 L_1[dB]은 다음 식에 의하여 산출할 수 있다.

$$L = 10\log_{10}(10^{L/10} + 10^{L2/10}) \quad \text{식(6.51)}$$

이 값은 암소음의 보정, 즉 측정대상음(또는 진동)과 암소음(또는 암진동)이 동시에 존재할 경우의 레벨 L과, 암소음만이 존재할 경우의 레벨 L_1을 추정할 때에 이용될 수 있다. 이때의 계산에서 $L-L_2$의 값이 5dB 이상이 아닐 경우에 오차가 크게 발생한다.

(3) 에너지 평균

$L_1, L_2, L_3 \cdots\cdots L_n$[dB]의 음(또는 진동)의 에너지 평균 I[dB]는 다음 식에 의해 계산한다.

$$I = 10\log_{10}(10^{L1/10} + 10^{L2/10} + 10^{L3/10} + \cdots\cdots + 10^{Ln/10}/n) \quad \text{식(6.52)}$$

5) 음압레벨의 통계량 산출방법

불규칙하게 변동하는 소음레벨을 평가하는 경우에 다음과 같은 음압레벨의 통계량을 산출하여 평가할 수 있다.

(1) 등가 소음레벨 L_{Aeq}

A특성 음압 $PA(t)$를 측정시간 (T)에 대한 2승 평균(에너지평균)으로 데시벨을 표시하는 양을 등가 소음레벨이라고 한다.

$$L_{Aeq} = 10\log_{10}[\frac{1}{T}\int_0^T (PA^2(t)/P_o^2) \cdot dt] \quad \text{식(6.53)}$$

여기서, P_o : 기준 음압($20\mu P_a$)

$PA(t)$: 측정시간 (T)에 대한 A특성 음압

소음레벨을 등시간 간격으로 측정한 값($L_1, L_2, L_3 \cdots\cdots L_n$)을 사용하여 계산할 때는 다음 식을 이용한다.

$$L_{Aeq} = 10\log_{10}(10^{L1/10} + 10^{L2/10} + 10^{L3/10} + \cdots\cdots + 10^{Ln/10})/n \qquad 식(6.54)$$

(2) 시간율 소음레벨

소음레벨이 L_x[dB]는 시간에 따른 측정값에 대하여 측정시간의 x%를 점유하는 경우에 그 소음레벨을 x% 시간을 소음레벨이라고 한다. 실제로 측정된 소음레벨의 측정값으로부터 누적빈도 분포곡선을 작성하고 곡선상에 나타난 누적빈도 특성을 읽어 평가한다.

표 6.59 소음레벨의 측정결과 예

측정대상의 장소 및 조건 대전 직할시 ○○중학교 교문 앞 (도로교통소음 : 자동차도로 왕복 4차선) 측정횟수 : 50회							1993년 8월1일(월) 2 : 30 AM. PM 기 상 : 맑음, 미풍 측정기 : ○○사, ○○형 측정자 : Y.D.W 청감보정 : A ,B, C			
1	2	3	4	5	6	7	8	9	10	
71	72	64	65	67	66	69	68	70	73	
73	70	78	69	68	67	67	72	74	80	
76	77	66	85	65	67	68	73	69	70	
71	72	70	67	75	67	68	65	80	77	
74	73	70	68	82	75	66	67	68	69	
끝자리 숫자	0	1	2	3	4	5	6	7	8	9
60dB대					1	3	3	7	6	4
					1	5	7	14	20	24
70dB대	5	2	3	4	2	2	1	2	1	0
	29	31	34	38	40	42	43	45	46	46
80dB대	2	0	1	0	1	1				
	48	48	49	49	49	50				
90dB대										

표 6.59는 시간율 소음레벨 L_x의 실제 적용 예를 나타낸 것이며, L_{50}(중앙값), L_5, L_{95}(95% 레인지의 상한치, 하한치), $L_{10} \cdot L_{90}$(90% 레인지의 상한치, 하한치) 등을 사용하여 소음레벨을 평가한다. 진동레벨에 대해서도 같은 방식으로 정리한 누적빈도 곡선을 이용하여 주로 L_{10}값을 산출하여 진동레벨의 특성을 평가한다.

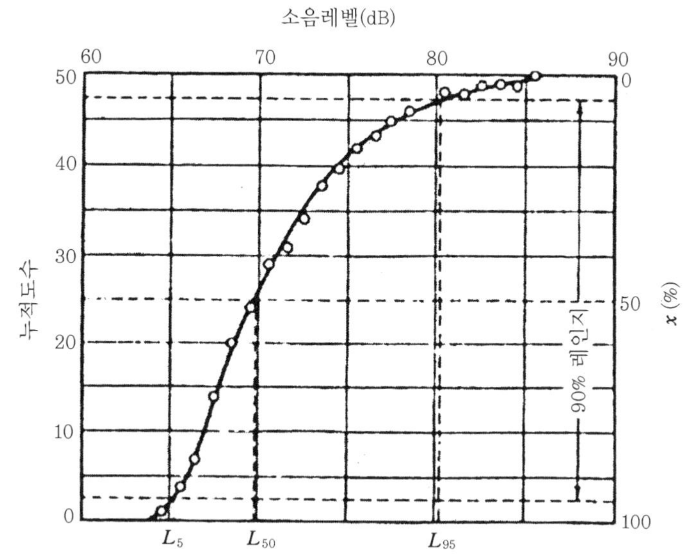

그림 6.83 누적도수곡선

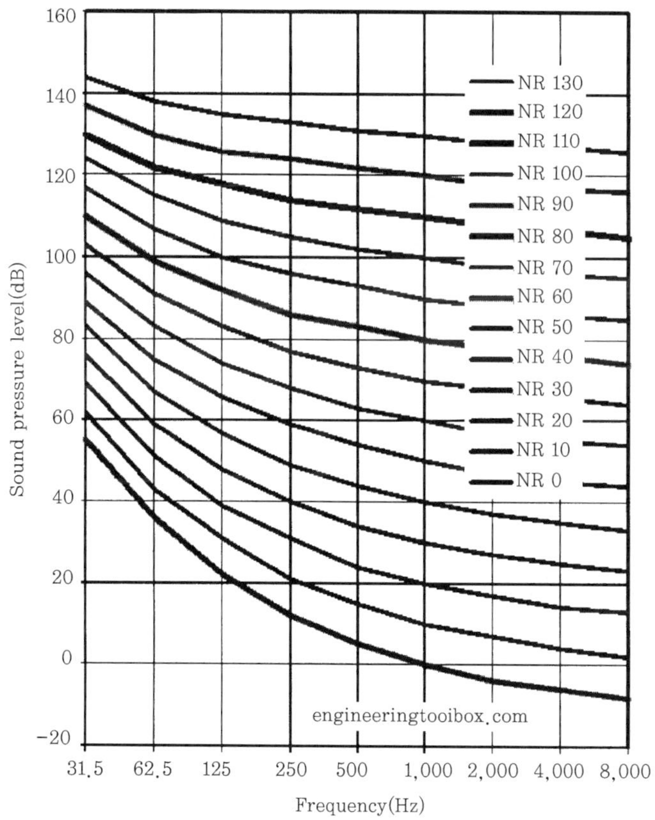

그림 6.84 NR 곡선

6) 실내소음의 평가기준

실내소음을 평가하는 기준으로써 구미에서는 NC(noise criteria)값과 국제표준기구인 ISO(International Organization for Standardization)에서 제안하고 있는 NR(noise rating)값을 사용하고 있다. 일본의 경우에 있어서는 일본건축학회의 권장기준인 N곡선과 dB(A)에 의해 평가하고 있다. 그러나 국내에서는 아직 평가기준이 마련되어 있지 않아 외국의 평가방법을 수정 없이 도입하여 사용하고 있는 실정이다.

(1) NR값

소음을 청력장애, 회화장애, 시끄러움의 3가지 관점으로부터 평가하는 방법으로, 소음을 1/1옥타브대역 중심주파수별로 분석한 후, 그림 6.84와 같은 NR곡선에 각 밴드레벨을 기입하여 최대 NR값을 구함으로써 실내소음을 평가한다.

NR값을 특정한 공간의 허용 소음레벨을 결정하는 기준으로 사용할 수 있으며, 실용도에 따른 권장기준은 표 6.60과 같다. 실내의 소음대책을 세울 때에도 이 값을 적용할 수 있다.

표 6.60 실내의 권장 NR값

NRN	실의 종류
20~30	침실, 거실, 병실, 교실, 강의실, 독서실, 교회, 회의실 극장, 영화관, 콘서트홀, TV스튜디오, 소형사무실
30~40	대형 사무실, 응접실, 조용한 식당, 상점, 백화점
40~50	대형식당, (타자기설치)비서실, 체육관
50~60	대형 타자실
60~70	공장

(2) NC값

NC곡선이란 실내소음과 같이 일반적인 환경소음을 주파수특성에 따라 평가하기 위하여 제안된 곡선을 말한다. 그림 6.85는 NC곡선을 나타내며, 여기에 1옥타브밴드의 음압레벨로 분석한 측정값을 표시하며 분석, 평가한다. 소음을 1/1옥타브밴드로 분석한 결과에 의해 실내소음을 평가하는 방법으로써, 건물의 용도별로 어느 정도 소음의 크기가 그 실의 기능에 지장을 주지 않는가에 대해 소음의 변동 정도, 노출시간대 및 주파수별로 소음을 느끼는 정도, 즉 주파수별 청감을 고려하여 1957년에 Beranek에 의해 제안되었다.

평가방법은 NC곡선에 주파수별로 측정값을 표시하고 표시된 값 중에서 높은 값을 NC

레벨로 읽어 소음의 특성을 표시한다. 원칙적으로 5단위로 NC레벨을 표시하며, NC곡선의 눈금을 보간법으로 처리하여 1단위로 표시할 수도 있다. 예를 들어 그림 6.85에서 실내소음 권장치가 NC－40이라면 실내소음의 각 대역별 1/1옥타브밴드 음압레벨이 NC－40 곡선 이하가 되어야 하는 것을 의미한다. 표 6.60은 실내의 NC권장치를, 표 6.61은 NC값에 의한 실내소음 평가기준을 나타낸 것이다.

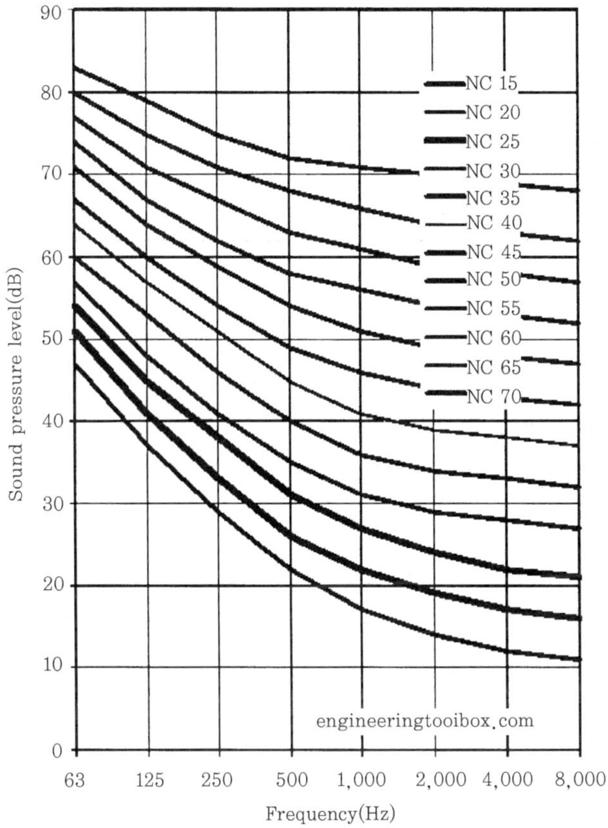

그림 6.85 NC곡선

표 6.61 실용도별 NC 권장치

실의 용도	NC값
방송스튜디오, 음악실	NC 15~20
극장(500석, 확성장치 없음)	NC 20~25
음악실, 교실(확성장치 없음), TV 스튜디오	NC 25
아파트, 호텔회의장(확성장치 설치), 주택(침실)	NC 25~30
영화관, 병원, 교회, 재판소	NC 30
음식점	NC 45
운동경기장(확성장치 설치)	NC 50

표 6.62 NC값에 의한 실내소음의 평가기준

NC값	소음의 상태	적용 예
NC 20~30	매우 조용, 전화에 지장 없음, 대화의 가능	중역실, 대회의실
NC 30~35	조용, 15ft의 테이블에서 회의 가능, 10~30ft 떨어져 보통의 목소리로 대화 가능	전용실, 응접실, 소회의실
NC 35~40	6~8ft의 테이블에서 회의 가능, 전화 지장없음, 10~30ft 떨어져 보통의 목소리로 대화가능	중규모 사무실, 공장 사무실
NC 40~50	4~5ft의 테이블에서 회의 가능, 전화 약간 곤란, 보통의 목소리로 3~6ft, 약간 큰 목소리로 6~12ft 떨어져 대화 가능	대형 기사실, 제도실
NC 50~55	2~3인 이하의 회의는 가능, 전화 약간 곤란, 보통의 목소리로 1~2ft, 약간 큰 목소리로 3~6ft 떨어져 대화 가능	타자실, 계산기실, 청사진 작업실
NC 55 이상	대단히 시끄러움, 사무실에 부적합, 전화사용 곤란	–

(3) N값

일본건축학회에서 급배수소음 및 공조설비 소음 등 건축물에 부속된 설비기기류에서 발생하는 실내소음에 대한 평가방법으로 이용하고 있는 것으로써, 소음크기의 감각량과 대응이 비교적 좋은 dB(A)에 의한 평가를 기본으로 하여 역 A특성을 소음등급의 기준곡선으로 나타낸 것이다.

N곡선은 그림 6.86에서와 같이 NC곡선에 비해 전주파수 대역에서 더 엄격하게 소음레벨을 규정하고 있고, NC값과 동일하게 N값이 작을수록 조용한 실내 음향환경을 의미한다. 표 6.63와 표 6.64는 적용등급 및 그 의미를 나타낸다. 주택의 경우 N값과 생활실감과의 대응관계를 나타내면 표 6.65와 같다.

표 6.63 공동주택의 실내소음에 관한 적용등급

실용도	소음등급			소음레벨 [dB(A)]		
	특급	1급	2급	특급	1급	2급
거실	N−25	N−30	N−35	30	35	40

표 6.64 적용등급의 의미

특급(특별시방)	학회특별시방	차음성능 매우 우수
1급(표준)	학회권장표준	차음성능상 바람직함
2급(허용)	학회허용기준	차음성능상 대략만족
3급(최저한)	–	차음성능상 최저한도

(4) 소음레벨(dB(A))

소음에 대한 인간의 귀의반응은 음압과 주파수에 따라 비선형적 특성을 갖고 있어 저음역에서는 귀의 감도가 저하하는 특성을 갖고 있다. 인간의 귀에 느껴지는 소음의 크기를 개략적으로 측정하기 위하여 소음계에는 국제적으로 규격화된 A특성(A-Weighted Network)이라고 하는 청감보정회로가 내장되어 있으며, 소음계의 청감보정회로 A를 통하여 측정한 음압레벨을 소음레벨(dB(A))이라고 한다. 청감보정 특성 및 용도는 표 6.65와 같다.

일본 건축학회에서는 이상과 같은 N값과 dB(A)값을 이용하여 공동주택에서 요구되는 급배수설비 소음의 차음성능 기준을 각 실별로 표 6.66과 같이 제안하고 있다.

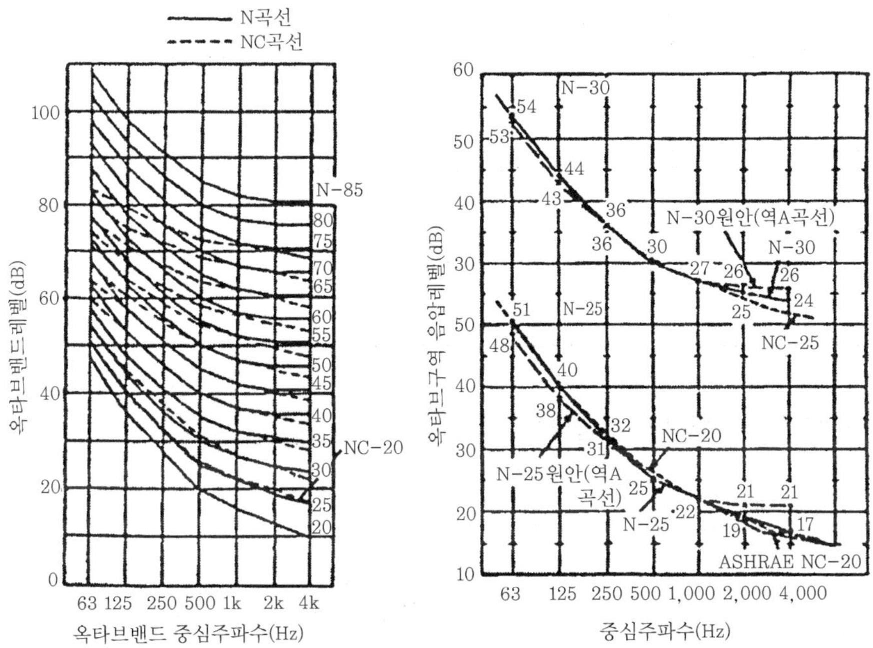

그림 6.86 N곡선과 NC곡선의 비교

표 6.65 주택의 경우 N값과 생활실감과의 관계

소음등급		N-20	N-25	N-30	N-35	N-40	N-45	N-50	N-55	N-60	N-65	N-70
내부소음	주택내기기소음	통상 들리지 않는다.	거의 들리지 않는다.	통상 걱정되지 않는다.	신경 쓰면서 걱정된다.	약간 걱정된다.	걱정된다.	꽤 걱정된다.	시끄럽다.	꽤 시끄럽다.	대단히 시끄럽다.	시끄러워 만족스럽지 못하다.
	공동기기소음	통상 들리지 않는다.	신경 쓰면 들을 수 있다.	신경 쓰면 걱정된다.	조금 걱정된다.	걱정된다.	꽤 걱정된다.	시끄럽다.	꽤 시끄럽다.	대단히 시끄럽다.	대단히 시끄럽다.	시끄러워 만족스럽지 못하다.

표 6.66 청감보정 특성 및 용도

		신호보정	용 도	비 고
보 정	A특성	낮은 음압대	일반적으로 많이 이용	인간의 귀의 특성과 밀접
	B특성	중간 음압대	소음등급 평가, 물리적 특성 파악시 이용	
	C특성	높은 암압대	소음등급평가, 물리적 특성 파악시 이용	
	D특성	높은 음압대	항공기 소음 평가용	
무보정	Linear	없음	물리적 특성 파악	

표 6.67 공동주택에서 요구되는 급배수설비 소음의 차음성능 기준

		소음의 영향을 받는 가실(수음세대)										비고 △▲◎		
		음원세대의 옆세대 또는 직상층					음원세대의 직하층세대							
		침실	거실	아동실	D.K	욕실	침실	거실	아동실	D.K	욕실			
음원세대각실	D.K	◎◎	◎●	○▲	○▲		◎◉	◎◉	○◉	○◉			공기음	고체음
		급수음 35dB(A), N-30					급수음 35dB(A), N-30					약간중요하다 중요하다 아주 중요하다	△ ○ ◎	▲ ● ◉
	욕실	○◉	○◉	○◉	○◉	△●	○◉	○◉	○◉	○◉	△●			
		급배수음 35dB(A), N-30					급배수음 35dB(A), N-30							
	기계실	◎◉	○◉	○●	○●		◎◉	○◉	○●	○●				
		설비기계소음 30dB(A), N-25(급배수음의 1급 이상을 취한다.)												

6.8.3 측정기기의 원리와 취급방법

1) 소음계(sound level meter)

소음계는 음이 입력되면 무지향성 압력형 마이크로폰에서 음압을 전기신호로 변환하고 주파수 보정회로를 통하여 신호의 실효치를 디지털이나 아날로그로 표시하는 음압레벨 측정장치이다. 그림 6.87은 일반 소음계의 모습을 나타낸다. 정밀도에 따라 보통소음계와 정밀소음계로 구분하며, 소음계의 기능과 사용방법은 다음과 같다.

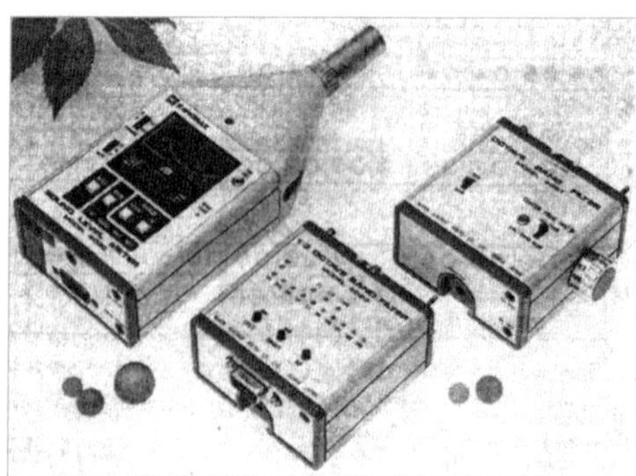

그림 6.87 소음계의 모습

(1) 전 원

주로 건전지나 내장된 축전지를 사용하며 측정시에는 반드시 전압을 점검한다.

(2) 감도교정

정확한 측정을 위하여 다음의 2가지 방법으로 감도를 교정한다.

① 전기적 교정 : 내부 교정신호에 의한 방법으로 스위치를 교정(CAL)의 위치에 놓고 교정위치에서 게이지눈금이 지정한 값에 대하여 감도조절기를 조정한다.

② 피스톤 폰에 의한 교정 : 일정한 음압을 발생하도록 제작된 피스톤 폰을 이용하여 소음계의 마이크로폰에 의하여 피스톤 폰의 발생음을 측정하여 음압레벨이 일치하도록 감도를 조정한다. 이 방법은 마이크로폰을 포함한 소음계 전체의 감도를 조정할 수 있다

(3) 주파수 보정특성

소음레벨을 측정할 때에는 A특성을 이용하고, 음압레벨을 측정할 때에는 C특성을 이용한다.

(4) 측정범위

측정하는 음의 크기에 따라 눈금이 초과되지 않도록 레벨 레인지를 변환하여(10dB단위) 조정한다.

(5) 눈금게이지의 작동특성

게이지의 눈금이 빠르게 작동하는 것(fast: 시정수 0.125sec)과 느리게 작동하는 것(slow : 시정수 1sec)이 있으며, 일반적으로 소음의 특성은 Fast를 사용하여 측정한다.

(6) 외부출력

주파수 분석기 또는 레벨레코더를 접속하여 사용할 수 있다.

(7) 기 타

① 소음계는 일반적으로 온도범위 5~35℃(정밀소음계 : 10~50℃)에서 보정되었으므로 이 온도범위에서 사용한다.

② 마이크로폰에서 바람의 영향에 의한 소음이 발생할 수 있으므로 옥외에서 사용할 때는 주의해야 한다.

③ 콘덴서형 마이크로폰은 주파수특성, 감도의 안정성이 양호하지만 습기에 약하며 다이내믹형 마이크로폰은 전자기유도에 영향을 받으므로 사용할 때 주의해야 한다.

표 6.68 소음레벨의 측정결과 기록지

측정대상의 장소 및 조건							년 월 일( )			
							기 상 :			
							측정기 :			
							측정자 :			
							청감보정 :			
1	2	3	4	5	6	7	8	9	10	
끝자리 숫자	0	1	2	3	4	5	6	7	8	9
60dB대										
70dB대										
80dB대										
90dB대										
소음레벨 Lso(70) Ls(65) Ls(80) dB										

6.9 공기조화설비

6.9.1 공기조화설비의 커미셔닝과 TAB 측정

인간은 하루 24시간의 대부분을 실내에서 삶을 영위한다. 이로 인하여 인간은 일생동안 마시는 전체 공기 중에서 90% 이상의 실내 공기를 마시고 삶을 영위한다고 한다. 그럼에도 불구하고 우리는 그동안 실내공기의 중요성을 인식하지 못하고 무관심하게 살아온 것이 사실이다.

그러나 급속한 산업화와 경제개발로 지구환경의 오염농도가 점점 높아지면서 실내 환경오염이 인체에 나쁜 영향을 준다는 연구결과가 발표됨에 따라 사람들은 실내 공기 환경의 질에 대하여 지대한 관심을 갖기 시작하였으며, 또한 실내 공기환경의 쾌적성을 적극 요구하고 있는 실정이다.

이러한 요구에 따라 기술자들은 실내 공기환경을 어떤 방법으로 오염물질을 제거하고 쾌적하게 조성할 것인가를 고민하게 된다. 실내 환경의 쾌적성을 유지하려면 실내의 온도, 습도, 환기, 청정도, 기류, 소음 등을 실내의 사용 목적에 알맞은 상태로 조절하여 최적 상태로 유지해야 한다.

실내 환경에서 중요한 인자인 실내 온습도, 환기, 청정도, 기류, 소음 등을 최적 상태로 유지할 수 있는 조건은 우선 최적의 공조설비성능을 확보하는 것이다. 공조설비는 설계 및 시공단계, 시운전 및 T.A.B 단계에서 성능이 시험, 조정, 평가되어서 공조설비성능이 최적 상태로 유지되고 있음을 검증해야 한다. 이와 같이 검증과정이 수행된 공조설비를 효율적인 운전기법이 적용되어 관리되면 쾌적한 실내 공기환경을 유지할 수 있을 것이다.

6.9.2 공기조화설비의 커미셔닝(Commissioning)

1) 커미셔닝의 정의

커미셔닝(Commissioning)이란 성능의 유지와 검증을 위한 제도 및 프로세스를 말한다.

커미셔닝은 단체별로 그의 정의를 약간씩 다르게 표현하고 있으나, ASHRAE에서는 다음과 같이 정의하고 있다.

"커미셔닝이란 각각의 시스템에 대해서 설계, 시공 및 기능시험을 실시하여 운전 보수가 가능한 상태임을 검증하는 과정이다. 본 지침에 있어서 성능검증은 기획단계에서 시작하여 설계, 시공, 시운전, 인수인계, 훈련의 각 단계들을 포함한 건물의 전 사용기간에 걸쳐 적용될 수 있는 것이다."

또 일본의 "건축설비의 성능검증 기본 지침"에서는 커미셔닝을 다음과 같이 정의하였다.

"건축설비 시스템이 건물의 생애에 걸쳐서 환경 에너지 및 사용 편의성의 관점에서 사용자에게 최적의 상태가 유지되도록 요구함에 따라 성능을 진단 검증하고, 필요에 따라서 소유자 또는 사용자에게 성능개선방법을 제시하는 것을 목적으로 한다. 여기에서 환경이란, 첫 번째는 실내 환경의 쾌적성 유지를 말하며, 두 번째는 에너지 및 배출물질을 최소한으로 하여 지구환경 보전에 공헌하는 것을 의미한다. 검증의 목적을 완수하기 위해서는 이것을 건물의 생애에 걸쳐 실시하는 것이 바람직하다. 이것을 생애 성능 검증(라이프사이클 커미셔닝)이라 부른다."

최근 신축건물은 점차적으로 건축기계설비의 기능이 다양화되고 고도의 전문기술이 요구되는 정밀한 HVAC시스템, 에너지 절약시스템 및 전자적인 제어장치시스템 등이 일반적으로 채택되고 있다.

커미셔닝은 건축기계설비 시스템의 성능 확보를 위한 중요한 요소로서 설계단계부터 공사완료에 이르기까지 전 과정에 걸쳐 건물주의 요구에 부합되도록 설비시스템의 계획, 설계, 시공, 성능시험 등을 확인하고 최종 유지 관리자에게 제공하여 입주 후 건물주의 요구를 충족할 수 있는 운전성능 유지 여부를 검증하고 문서화하는 과정이다. 즉, 건물의 설계의도를 확인하여 건물 시스템을 시험하고 승인하는 것이고, 계약서에 따라 지어졌는지 여부와 원하는 기능의 시스템을 갖추고 있는지 검증하는 것이다.

커미셔닝은 건축설비 분야의 기계 및 전기시스템이 함께 잘 작동되는지의 여부를 결정하기 위한 기능시험을 포함하고 있다. 이러한 커미셔닝 과정은 설계자나 시공자의 책임 및 역할의 축소는 아니며, 합리적인 절차에 따라 객관적인 검증을 수행함으로써 시스템의 완성도와 질을 향상시킨다.

이러한 커미셔닝 과정은 한 개인 또는 파트가 행하는 것이 아니고 관련된 파트가 모두 참여하는 커미셔닝 팀을 구성하여 당해 업무를 진행해야 한다.

커미셔닝 주체는 커미셔닝 업무가 원활히 수행될 수 있도록 커미셔닝 팀을 주도적으로 지휘하고 각 팀원의 역할분담에 대한 협의 및 조정과 각 팀원의 업무가 올바르게 수행되었는지를 확인하고 이를 문서화해야 한다.

2) 커미셔닝의 실시단계

커미셔닝은 실시시기에 따라 최초 커미셔닝, 후속 커미셔닝, 생애 커미셔닝, 리커미셔닝 등으로 나눌 수 있다.

최초 커미셔닝(Initial Commissioning)은 시공단계 즉, 건축기획부터 준공 인수인계까지의 커미셔닝을 말한다. 여기에는 기획단계, 설계단계, 시공단계, 인수인계 단계, 인수인계 후 단계의 커미셔닝이 있다.

후속 커미셔닝(Continuous Commissioning)은 커미셔닝을 복수의 단계를 걸쳐 계속적으로 커미셔닝을 실시하는 것으로 미국에서는 인수인계 단계 이후 운전관리 단계에 연결하여 계속 실시되는 커미셔닝을 의미한다.

생애 커미셔닝(Life Cycle Commissioning)은 발주자에 의한 건축의 기획단계에서 건물의 리뉴얼 또는 폐기에 이르기까지의 계속적인 성능검증 과정이며 커미셔닝을 라이프 사이클의 관점에서 파악할 때 이것을 생애 커미셔닝이라 할 수 있다.

리커미셔닝은 운전관리 단계에서의 성능검증 행위를 말한다. 단 미국에서는 최초 커미셔닝을 실시한 것을 재검증하는 경우에 리커미셔닝이라 부르며, 최초 커미셔닝을 거치지 않은 시스템을 운전관리 단계에서 처음으로 성능을 검증할 때에는 리트로 커미셔닝이라 부른다.

그리고 빠른 에너지의 절약효과를 위해서는 기존 건물에 리트로 커미셔닝을 실시하는 것이 가장 효과가 크고, 이것을 실시하여 10~40%의 에너지 절약을 실현하였다는 보고 사례가 있다.

3) 커미셔닝의 업무내용

(1) 설계의 기초자료 수집

설계자가 제공한 각 시스템 설계기준을 문서화하여 구비한다. 여기에는, 설계기준과 의도에 대한 설명서가 포함된다.

(2) 설계도서 검토

커미셔닝에 필요한 모든 설계 도서를 철저히 검토한다. 원활한 커미셔닝 수행에 방해가 되는 지역에 대하여는 구체적인 설명서를 작성한다. 검토사항은 다음과 같다.

① 설계기쥬 및 설계의도에 저합한 성능 발휘가 될 수 있는지의 기술 검토

② 장비에의 접근 및 유지관리 측면 검토

③ 설치공간 확보 측면 검토

④ 그 외 TAB 및 커미셔닝 수행에 있어서 방해가 되는 장비배치, 설계상 문제점 검토

(3) 커미셔닝 계획서 작성

커미셔닝 관리자는 현장수행을 위한 커미셔닝 수행을 상세히 설명한 커미셔닝 계획서를 준비한다. 커미셔닝 계획서에는 다음의 내용이 포함된다.

① 커미셔닝 관리자의 책임에 대한 설명서

② 커미셔닝 팀의 구성 조직, 커미셔닝 관리자와 건물주, 시공자 또는 하도급자, 납품 업자의 대리인이 포함된다.

③ 커미셔닝 일정

④ 각종 현장설치 확인 체크리스트

⑤ 각종 개별기기 시운전 체크리스트

⑥ 각종 성능 확인시험 체크리스트

⑦ 현장 내 각 파트 간의 연락 및 보고지시에 관한 형식 및 방법

(4) 시공 전 검토사항

각종 도면, 시방서 및 각종 장비승인서에 대한 검토가 이루어져야 한다. 검토 보고서에는 TAB, 커미셔닝 및 유지관리 측면에서 방해될 수 있는 사항이 설계도서나 시공상에 있는 지를 검토하여 기록한다. 당해 업무와 관련된 문제점을 상세히 기록한 검토보고서를 제출한다. 커미셔닝 수행자는 당해 현장 업무범위와 관련된 각 장비의 공장검수를 실시하고 제조업체의 장비성능 보증을 받아야 한다. 공장 검수를 필한 장비에 한해 현장에 설치를 할 수 있다.

(5) 현장설치 검증(FIV, Field Installation Verification)

커미셔닝 수행자는 당해 현장업 범위와 관련된 각 시스템 및 서브시스템에 대한 현장설치 검사를 실시하고 보고서를 작성한다. 보고서는 도면 및 시방서와 다르게 시공된 모든 부분이 포함된다.

(6) 개별기기 시운전 시험(OPT, Operational Performance Tests)

커미셔닝 수행자는 당해 현장 업무범위와 관련된 각 시스템 및 서브시스템에 대하여

시공자 또는 제작자가 실시한 시운전 시험을 검증해야 한다. 각 시스템의 시운전 및 조절치 전반을 확인할 수 있는 체크리스트를 구비한다.

(7) 시험, 조정, 평가(T.A.B Testing Adjusting and Balancing)

커미셔닝 수행자는 당해 현장의 공조설비 시스템에 대해 설계자가 의도한 대로 시스템이 운영될 수 있도록 시험, 조정, 평가 업무를 실시해야 한다.

(8) 성능확인 시험(F.P.T Functional Performance Tests)

커미셔닝 수행자는 당해 현장 업무범위와 관련된 각 시스템 및 서브시스템에 대한 성능 시험을 검증해야 한다. 각 시스템의 기능 및 다른 시스템과의 상호작용 전반을 점검할 수 있는 체크리스트를 구비한다.

(9) 운전관리 지침서

커미셔닝 수행자는 각 장비 또는 시스템별로 운전지침과 유지보수 지침이 수록된 운전 관리 지침서를 검토한다. 운전관리 지침서에는 제조업체, 공급자, 시공자의 정확한 이름, 주소, 전화번호, FAX번호가 기재되어야 한다.

커미셔닝 수행자는 모든 시스템의 운전에 필요한 기술 매뉴얼을 각 해당 업체로부터 수집한다. 여기에는 설치된 설비에 적합한 운전관리 절차서, 부품리스트, 조립분해도, 배선도, 프로그래밍방법 및 관련기술자료 등 모든 기술적 문헌이 포함되어 건물주가 시스템을 운전 관리하는데 지장이 없도록 한다.

(10) 건물관리자 교육

커미셔닝 수행자는 건물관리와 관련된 교육을 준비하고 관리해야 한다. 이 교육에는 모든 시스템 및 장비의 운전관리에 대하여 실시해야 한다. 각종 장비 및 시스템의 해당 납품업자 및 시공자는 각자 업무범위에 대하여 운전관리 교육을 실시해야 한다. 필요시 교과정은 추후 건물주가 재이용할 수 있도록 비디오로 녹화할 수도 있다.

(11) 커미셔닝 보고서

커미셔닝 수행자는 하나의 완전한 커미셔닝 보고서를 편집하고 완성해야 한다.

이 보고서에는 현장설치검증, 개별설비 시운전, 성능확인, 시험, 점검에 대한 모든 체크리스트가 포함되어야 한다. 또한 모든 커미셔닝 서류, 커미셔닝 관련 통신문이 포함된다.

각 시스템의 기능에 대한 운전 순서를 나타낸 서술된 설명서도 포함되어야 한다.

(12) 준공도면

커미셔닝 수행자는 시스템 커미셔닝과 관련이 있는 준공도면을 시공자로부터 수집해야 한다. 도면은 추후 건물주가 사용할 수 있도록 보관한다.

(13) 준공후 커미셔닝

커미셔닝 수행자와 시공자는 공조설비 시스템에 대한 계절별 성능확인시험을 수행해야 한다. 이 시험은 당초 커미셔닝 수행시의 계절과 반대되는 계절에서도 시스템 성능이 잘 유지되는지를 평가하는데 있다. 커미셔닝 관리자는 준공 후 커미셔닝에 대한 보고서를 작성해야 한다.

6.9.3 공기조화설비의 T.A.B(Testing, Adjusting, Balancing)

1) T.A.B 정의

T.A.B 기술이란 공조설비의 에너지 반송매체인 공기와 물에 대하여 시공된 설비시설에 출입하는 양이나 질이 설계 값에 합당한가를 시험하고 오차가 있는 경우 조정하여 최종적으로는 균형이 유지되고 있는 지를 평가하는 분야로 공조설비의 성능에 대한 품질확보, 기기의 수명연장, 에너지 절약, 소음방지 및 실내 환경의 쾌적성을 추구하는 주요한 기술분야이다.

쾌적한 실내 환경을 유지하기 위한 공기계통에 대한 T.A.B 업무는 공기 시스템을 이루는 여러 구성요소에 대하여 시험하고 조정하여 균형을 유지하는 것을 말한다. 이의 업무를 효율적으로 수행하려면 공기 시스템을 이루는 여러 구성 요소에 대한 기술적인 정보를 정확하게 이해하고 있어야 한다.

공기 시스템을 이루는 구성 요소는 일반적으로 팬(Fan), 공기조화기(AHU), 말단유닛(Terminal Unit), 터미널(Terminal) 등이 있다. 이 중 팬과 공기조화기는 공기시스템을 이루는 중요한 구성요소이기 때문에 실내 환경 전문가는 이들에 대한 특성을 중점적으로 숙지할 필요가 있다.

2) 팬의 성능 특성

(1) 팬의 분류

팬의 분류는 공기의 이동 방향과 임펠러 축이 이루는 각도에 따라 원심식, 축류식으로 구분한다.

① **원심식 팬**(Centrifugal Type Fan)

시로코 팬(Sirocco Fan), 레이디알 팬(Radial Fan), 익형 팬(Air Foil Fan), 뒤쪽 굽는 깃 팬(Backward Curved Fan)

② **축류식 팬**(Axial Type Fan)

프로펠러 팬(Propeller Fan), 튜브 축류 팬(Tube Axial Fan), 베인 축류 팬(Vane Axial Fan)

(2) 팬의 종류와 특징

① **원심식 팬**(Centrifugal Type Fan)

원심 식 팬은 공기가 임펠러의 반경방향으로 이송되면서 공기량과 압력을 발생시키는 팬으로써 임펠러 깃의 형상과 설치각도에 따라 특성이 변한다.

원심 식 팬의 종류에는 시로코 팬, 레이디알 팬, 뒤쪽 굽는 깃 팬, 익형 팬 등이 있다.

(a) 시로코 팬(Sirocco Fan)

시로코 팬은 폭이 넓고 깃 통로의 길이가 짧으며 회전방향에 대해 앞으로 기울어진 깃을 갖는 임펠러로 구성된 팬으로, 일명 시로코 팬이라고도 한다.

시로코 팬은 다른 형태의 팬에 비해 낮은 속도에서 운전되며, 낮은 압력에서 많은 공기량이 요구될 때 주로 사용된다.

시로코 팬은 30~80%의 넓은 공기량 범위에서 운전되고, 최대정압 효율은 60~68% 정도이다. 시로코 팬은 제작가격이 저렴하고 운전 범위가 넓으며, 동일한 공기량에서 다른 팬에 비해 임펠러의 직경이 작기 때문에 설치공간을 최소화할 수 있어 건물의 공기조화기 환기용으로 많이 사용되고 있다.

그러나 시로코 송풍기는 깃의 형태와 구조적인 취약점으로 인하여 물질 이동용으로 적합하지 않다.

(b) 레이디알 팬(Radial Fan)

레이디알 팬은 반경 방향의 싯을 갖는 임펠러로 구성된 팬이다. 레이디알 팬은 일반적으로 다른 팬에 비해 임펠러 폭이 좁기 때문에 주어진 용량에 대해 임펠러의 직경이 커진다. 이러한 특징은 제작 가격이 비싸지는 주요 원인이며, 용량에 비해 임펠러의 직경이 크기 때문에 공기조화용으로 거의 사용되지 않는다. 레이디알 팬은 높은 압력에서 적은 양의 공기를 이송시키거나 또는 물질 운반에 적합하다.

또한 맥동(Surge)현상이 없고 공기량 변화에 대해 축 동력이 선형적으로 증가하는 것이 장점이다. 이와 같은 레이디알 팬의 축 동력 변화를 이용하면 팬의 송풍량을 쉽게 제어할 수 있다.

(c) 뒤쪽 굽는 깃 팬(Backward Curved Fan)

뒤쪽 굽는 깃 팬은 회전방향에 대해 뒤로 기울어진 깃을 갖는 임펠러로 구성된 팬이다. 뒤쪽 굽는 깃 팬은 시로코 팬에 비해 운전속도가 약 2배 정도 빠르고, 40~85% 정도의 넓은 공기량 범위에서 운전되며, 일반적으로 80% 정도의 정압 효율을 갖는다. 뒤쪽 굽는 깃 팬은 효율이 높고 과부하 특성이 없으며 구조가 강하기 때문에 보일러의 공기 압입 등 여러 용도에서 널리 사용되고 있다.

(d) 익형 팬 (Air Foil Fan)

익형 팬은 뒤쪽 굽는 깃 팬처럼 깃이 회전방향에 대해 뒤로 기울어진 구조이나 깃의 단면이 익형(Airfoil)으로 된 임펠러로 구성된 팬이다. 익형 팬은 뒤쪽 굽는 깃 팬의 깃을 익형으로 대체한 형태로 정압 효율이 86% 정도로 원심식 팬 중 가장 높으며, 운전 시 소음이 작기 때문에 청정한 공기 이송에 많이 사용되며, 주로 공기조화기의 급기 팬으로 사용되고 있다.

② 축류식 팬(Axial Type Fan)

축류식 팬은 공기를 임펠러의 축 방향과 같은 방향으로 이송시키는 팬으로써 프로펠러 형 임펠러로 구성되며, 임펠러의 깃(Blade)은 익형으로 되어 있다.

(a) 프로펠러 팬(Propeller Fan)

프로펠러 팬은 튜브가 없는 팬으로써 축류 식 팬 중 가장 구조가 간단하다. 프로펠러 팬은 낮은 압력 하에서 많은 공기량을 이송할 때 많이 사용되며, 실내 환기용 및 냉각탑 등에서의 사용이 좋은 예이다.

프로펠러 팬은 송풍량이 없는 상태에서 축 동력이 최대가 되고 무정압 상태의 송풍량에서 축 동력이 최소가 되는 특징을 갖고 있다.

(b) 튜브 엑셀 팬(Tube Axial Fan)

튜브 엑셀 팬은 임펠러가 튜브 안에 설치되어 있는 팬이다.

(c) 베인 엑셀 팬(Vane Axial Fan)

베인 엑셀 팬은 튜브 엑셀 팬에 안내 깃을 장착한 팬으로써 안내 깃을 제외하면 튜브 엑셀 팬과 동일하다. 베인 엑셀 팬의 안내 깃은 임펠러 후류의 선회유동을 방지하여 줌으로써 튜브 엑셀 팬보다 효율이 높으며 더 높은 압력을 발생시킨다. 축류 팬은 약 55~90%의 공기량 범위에서 운전되며, 산업용 축류 팬의 최대 정압 효율은 85%정도이다. 축류 팬은 배관이 간단하고 소형, 경량이라는 것이 장점이지만, 원심 식 팬에 비해 소음이 크다는 단점이 있다.

(3) 팬 성능의 용어

① **팬의 송풍량**(Fan Air Flow)

팬 구동에 의한 이송공기가 갖는 정압은 공기가 흐르고 있는 관이나 장치 등에서 발생하는 유동 저항을 극복하는데 필요한 압력으로 관로 저항 혹은 관로 손실이라고 한다. 팬 성능 평가 시 주어지는 압력은 대부분의 경우 정압(Static Pressure)으로 나타낸다.

이에 비해 동압(Velocity Pressure)은 공기의 이송속도에 의해 발생하는 압력으로 이송되는 공기량과 밀접한 관계가 있다. 만일 운전 중인 팬의 출구가 댐퍼에 의해 완전히 막혀 있다면, 공기가 이동하지 않기 때문에 동압은 발생하지 않고 이때 나타나는 압력은 모두 정압으로 나타나게 된다. 그러나 댐퍼가 열려 공기가 이동하게 되면 정압과 동압은 동시에 발생하게 된다.

정압과 동압의 합을 전압(Total Pressure)이라 하며, 정압은 관로 벽에 수직으로 뚫은 정압공이나, 또는 공기흐름에 평행하게 놓인 피토 정압관으로 측정할 수 있다. 또한 전압은 공기흐름에 평행하게 놓인 전압 관을 사용하여 측정할 수 있다. 피토관은 동압과 정압을 동시에 측정할 수 있으며, 또는 전압과 정압을 각각 측정하여 전압에서 정압을 감해 줌으로써 측정할 수 있다.

공기의 흐름에 있어서 정압과 동압은 상호 변환될 수 있으며, 이는 팬의 설치, 사용 및 설계에 있어서 매우 중요한 요소가 된다. 팬의 송풍량은 팬 토출이나 팬 흡입 측 또는 주 덕트의 동압을 측정하여 속도로 환산하여 팬의 송풍량을 계산할 수 있다.

② **팬 전압** (Fan Total Pressure)

팬 전압은 팬 토출구의 전압에서 팬 흡입구의 전압을 뺀 값이다. 팬 전압은 팬에 의하여 공기에 가하여지는 기계적인 에너지를 측정한 것이며 팬 전압은 식 (6.55)와 같으며 6.1과 같이 측정된다.

Fan TP = Fan Outlet TP − Fan Inlet TP 식(6.55)

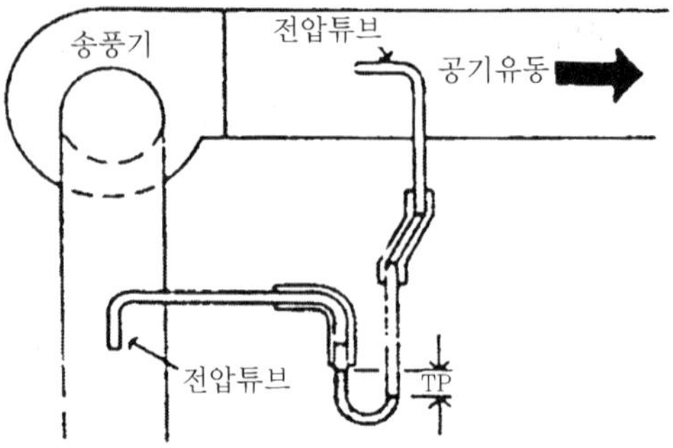

그림 6.88 팬 전압 측정도

③ **팬 정압**(Fan Static Pressure)

팬 정압은 팬 전압에서 팬 동압을 뺀 값이다. 다시 말하면 팬 정압은 팬 토출구 정압에서 팬 흡입구 전압을 뺀 값이라고 할 수 있으며 그림 6.88과 같이 측정된다.

Fan SP = Fan TP − Fan VP 식(6.56)

= Fan Outlet TP − Fan Inlet TP − Fan Outlet VP 식(6.57)

= Fan Outlet SP − Fan Inlet TP 식(6.58)

④ **팬 동압**(Fan Velocity Pressure)

팬 동압은 팬 토출구의 공기속도에 상당하는 압력이며 그림 6.89와 같이 측정 된다

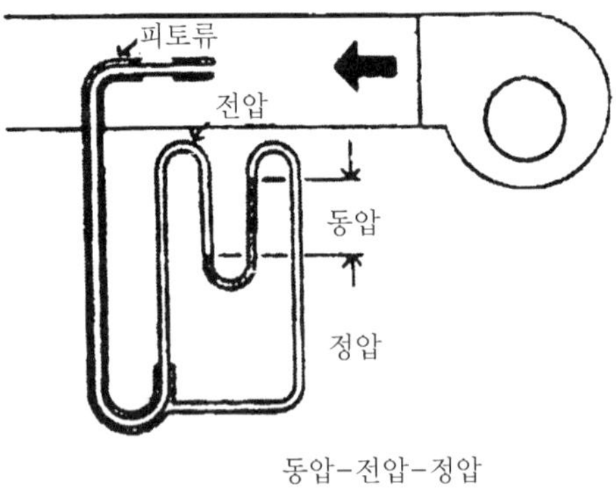

그림 6.89 팬 동압 측정도

⑤ **축마력** (Brake Horse Power)

축마력은 팬 운전에 필요한 실제 마력이다. 축마력은 이론 공기마력 보다 크며, 그

이유는 축마력에 팬 자체의 손실과 베어링 손실이 포함되어 있기 때문이다.

따라서 축마력은 모터를 선정하는데 있어서 중요한 수치가 된다.

축마력은 식 (6.59)와 그림 6.90에 의하여 구할 수 있으며, 식 (6.59)에서 BHP는 축마력(HP), V_1는 운전 전압(Volts), A_1는 운전 전류(A), P_f는 모터의 동력계수, E_{ff}는 모터의 운전 효율이다.

$$BHP = \frac{1.732 \times V_1 \times A_1 \times P_f \times E_{ff}}{746} \qquad \text{식(6.59)}$$

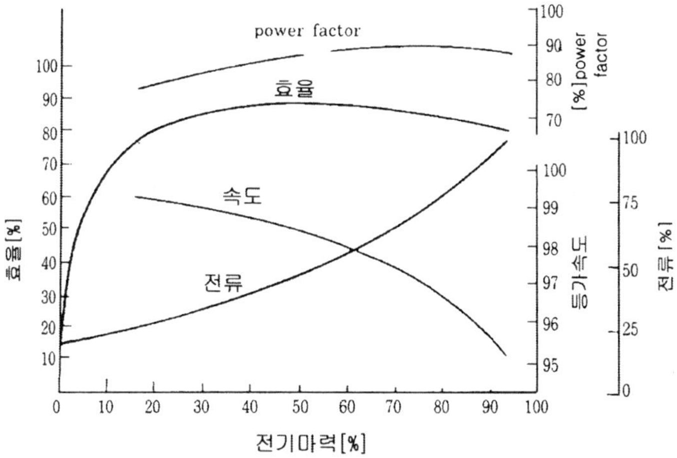

그림 6.90 모터의 동력계수 및 운전효율

⑥ 팬 효율

팬 효율에는 정압효율(Static Efficiency)과 전압효율(Total Efficiency)이 있으며 식 (6.60)과 식 (6.61)에서 전압효율과 정압효율을 구할 수 있다.

식 (6.60)과 식 (6.61)에서 SE는 정압효율, TE는 전압효율, Q는 팬 송풍량(㎥/h), SP는 팬 정압(mmAq), TP는 팬 전압(mmAq), BHP는 축마력(HP)이다.

$$SE = \frac{Q \times SP}{3,600 \times 75 \times BHP} \qquad \text{식(6.60)}$$

$$TE = \frac{Q \times TP}{3,600 \times 75 \times BHP} \qquad \text{식(6.61)}$$

(4) 팬 곡선과 시스템 곡선

① **팬 곡선**(Fan Curves)

팬 곡선은 공조 기술자에게 매우 유용하게 사용되며, 특히 팬에서 성능상의 문제가 발생할 경우에는 더욱 그렇다. 팬 곡선은 수직 축의 정압선과 수평축의 송풍량 선이 교차하는 점을 연결한 곡선이다. 팬 곡선 상에서 정압이 결정되면 팬의 송풍량이 어느 정도 송풍되는 지를 파악할 수 있다.

만약 팬 곡선 상에서 시스템 정압이 설계보다 낮아지면 운전점이 오른쪽으로 이동되어 팬의 송풍량은 증가하고 시스템 정압이 설계보다 높아지면 운전점이 왼쪽으로 이동되어 팬의 송풍량은 감소한다.

팬 곡선은 팬의 종류와 형식에 따라 곡선의 모양이 다르게 나타난다.

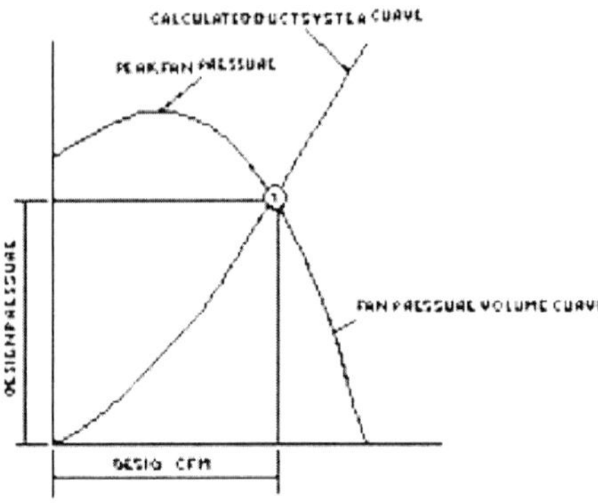

그림 6.91 팬 곡선

② **시스템 곡선**(System Curves)

덕트 시스템의 저항은 필터, 코일, 댐퍼, 덕트 기구 등의 덕트 국부저항에 의한 압력손실과 덕트 마찰저항에 의한 압력손실의 합이라고 볼 수 있다.

시스템 저항곡선은 공기가 시스템을 통과하는데 있어서 필요한 압력이다. 시스템 저항이 변화하지 않는 상태에서의 시스템 저항은 통과 송풍량의 자승에 비례한다.

예를 들어 250Pa의 정압으로 500L/S의 송풍량을 처리하는 시스템이 있다고 할 때, 이 시스템에 송풍량을 2배로 증가시키면 정압은 자승에 비례하게 되어 1000Pa로 상승하게 된다. 저항이 변화하지 않는 덕트 시스템에서 덕트 내의 송풍량을 증가시키면 덕트 내의 정압은 높아지고, 송풍량을 감소시키면 덕트 내의 정압은 낮아진다. 이처럼 덕트 시스템의 송풍량 증감에 따라 덕트 정압이 변화되는 점을 선으로 연결하는 곡선을 시스템 저항곡선 또는 시스템 곡선이라 한다.

시스템 곡선은 저항이 높은 시스템일수록 왼쪽으로 치우치고 저항이 낮은 시스템일수록 오른쪽으로 치우친다.

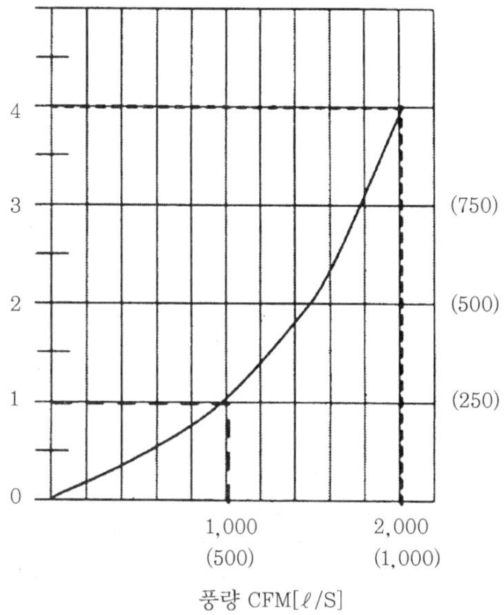

그림 6.92 시스템 곡선

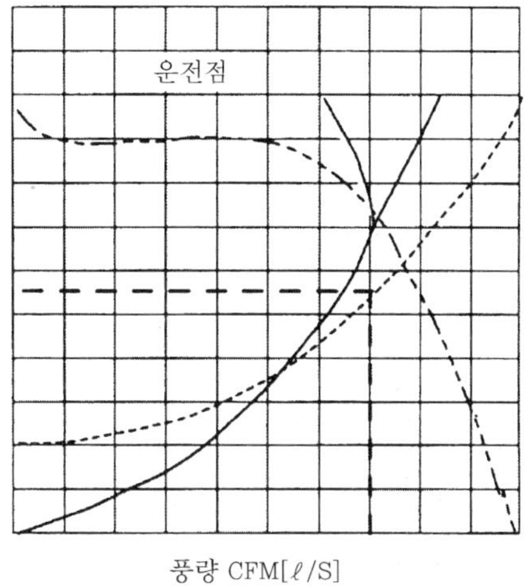

그림 6.93 팬의 운전점

③ 운전점(Operating Point)

그림 6.93에서 시스템 곡선과 팬 곡선이 교차되는 점을 운전점이라 하고 팬의 운전점은 팬 곡선 위를 따라 가면서 움직인다. 팬의 운전점은 시스템 저항이 커질수록 팬 곡선 위를 따라 왼쪽으로 이동하고 낮을수록 오른쪽으로 이동한다.

만약, 설계된 시스템 저항이 실제 설치된 시스템 저항과 차이가 생긴다면 팬의 운전점이 변하게 되어 팬의 실제 정압과 송풍량은 설계된 값을 벗어나게 된다. 그림 6.93에서 실측된 시스템 저항이 설계보다 낮으면 실제 운전점은 설계 운전점에서 오른쪽으로 이동되어서 실제 송풍량은 설계값보다 많게 되고 실제 정압은 설계값보다 낮아지게 된다.

반면에 실측된 시스템 저항이 설계보다 높으면 실제 운전점은 설계 운전점에서 왼쪽으로 이동되어 실제 송풍량은 설계 값 보다 적게 되고 실제 정압은 설계값보다 높아지게 된다.

이처럼 운전점의 위치는 팬 성능을 분석하는데 중요한 기준이 된다.

따라서 팬 성능에 대하여 문제가 발생할 경우에는 운전점의 위치를 파악하면 팬이 성능상에 문제가 있는지 또는 덕트 시스템에 문제가 있는지를 분석할 수 있다.

(5) 팬 형식에 따른 팬 성능특성 곡선

(a) 다익팬의 성능특성 곡선

(b) 익형 팬의 성능특성 곡선

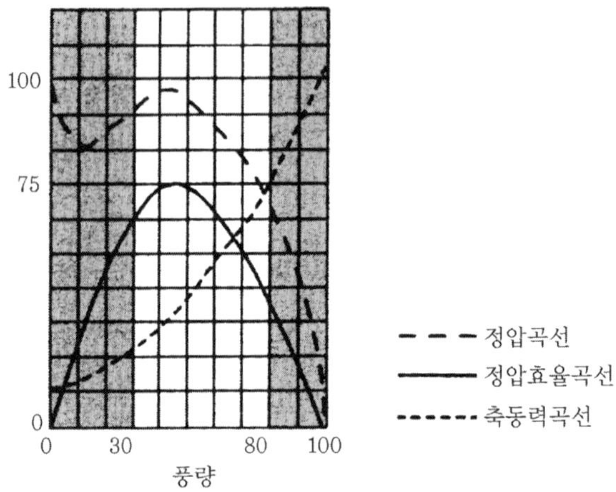

그림 6.94 대익팬의 성능특성 곡선

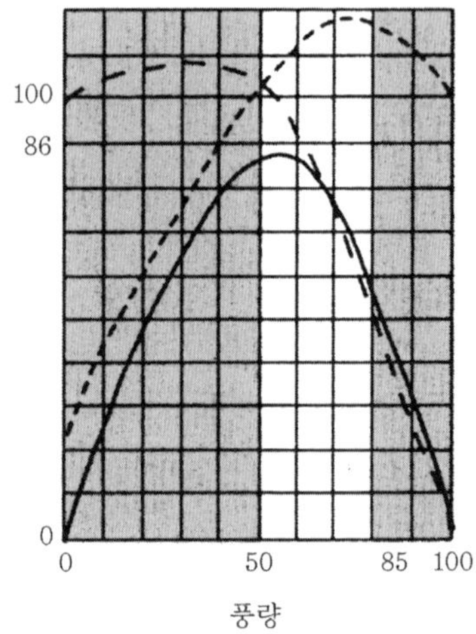

그림 6.95 익형 팬의 성능특성 곡선

(c) 프로펠러 팬의 성능특성 곡선

(d) 벤 엑셀 팬의 성능특성 곡선

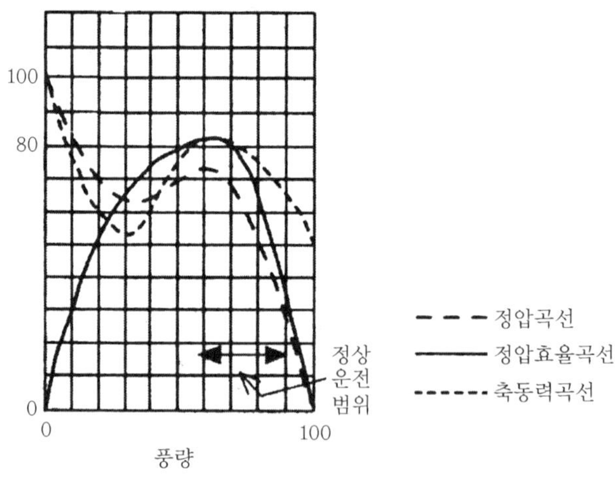

그림 6.96 프로펠러 팬의 성능특성 곡선

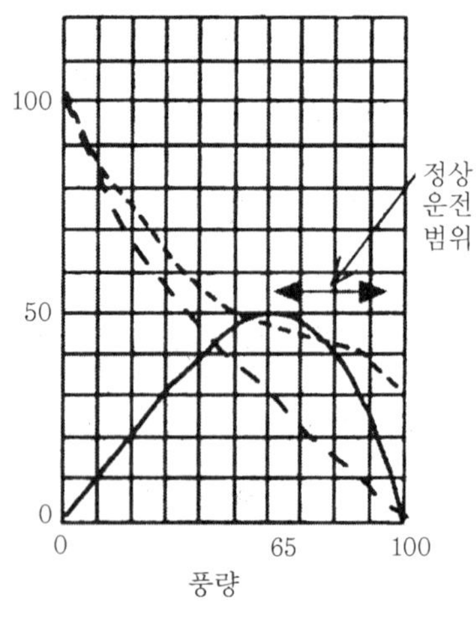

그림 6.97 벤 엑셀 팬의 성능특성 곡선

(6) 팬 법칙

설치된 팬의 운전 조건이나 팬 크기 등이 변하였을 경우, 다른 운전조건 등에서의 성능을 예측하기 위해서 팬의 법칙을 적용할 수 있다. 팬의 법칙은 원심식 팬 또는 축류식 팬에 공히 사용할 수 있으며, 이는 비교되는 팬이 기하학적으로 모양이 유사하거나 같을 경우에 적용되는 상사법칙이다.

사용 중인 팬이 다른 외형조건의 변화가 없이 단지 임펠러의 회전수만 변경된다면 다음과 같은 관계가 성립되며, 이 경우 공기량, 정압 및 축 동력은 다음과 같이 변한다.

① 공기량은 회전수에 비례한다.

$$\frac{Q_1}{Q_2} = \frac{N_1}{N_2} \qquad \text{식(6.62)}$$

② 정압은 회전수의 제곱에 비례한다.

$$\frac{PS_1}{PS2} = \left(\frac{N_1}{N_2}\right)^2 \qquad \text{식(6.63)}$$

③ 축 동력은 회전수의 3승에 비례한다.

$$\frac{BHP_1}{BHP_2} = \left(\frac{N_1}{N_2}\right)^3 \qquad \text{식(6.64)}$$

이때 팬의 효율은 변하지 않으며, 전체 공기량 범위에 대한 유량의 비, 즉 운전점의 위치도 변하지 않는다.

(7) 시스템 효과(System Effect)

송풍기는 입·출구 조건에 따라 그 성능이 달라진다. 공장시험에서 문제가 없었던 송풍기가 현장의 덕트 시스템에 연결되면 그 성능이 저하되어서 문제가 빈번하게 발생된다. 이런 경우에 현장 기술자들은 어떤 요인에 의하여 송풍기의 성능이 저하되고 있는지를 파악하고 분석해야 한다.

이와 같은 성능저하의 원인을 정확하게 분석하려면 합리적인 송풍기의 입·출구 조건이 어떤 것인지를 알아야 한다. 덕트 시스템의 구성과 입·출구 측의 조건 등이 송풍기의 성능을 어느 정도로 저하시키는지, 어떤 방법으로 시스템을 구성해야 기내에 내장되는 팬의 성능이 저하되지 않는지와 송풍기의 입·출구에 연결되는 적절한 덕트 형상 등을 숙지하여, 불필요하게 압력이 손실되는 것을 최소화시켜야 한다.

① 송풍기의 입구측 조건

송풍기의 성능을 저하시키는 입구 측 조건은 3가지가 있는데 첫째, 입구 측과 벽과의 이격거리. 둘째, 공기회전(Spin). 셋째, 공기 회전에 의한 불균일한 공기분포가 있다.

(a) 송풍기 입구 측과 벽과의 이격거리

그림 6.98은 송풍기의 성능이 입구 측과 간벽이나 벽에서의 이격거리에 따라 어떤 영향을 주는가를 나타내는 그림이고, 여기서 보는바와 같이 벽으로부터의 이격거리가 휠(Wheel)경의 3/4 정도일 때는 20% 정도의 성능이 감소된다. 따라서 송풍기 입구측과 벽과의 이격거리는 휠 경만큼의 이격거리 이내에 장애가 없는 것이 바람직하고 설치공간 등의 현장여건으로 부득이할 경우에는 최소값이 휠 경의 3/4정도로 한다.

만약, 휠 경의 3/4 정도보다 가까운 곳에 장애가 있을 경우에는 정상적인 것보다 모터의 마력과 송풍기의 회전수가 증가된다.

또, 벨트 구동식의 경우 벨트가이드 및 벨트 풀리는 공기의 흐름에 제약을 가하므로 벨트 가이드는 가능한 작게 만들고, 입구 측에서 먼 곳에 설치하며, 판재보다는 메쉬(Mesh)가 굵은 것을 사용하는 것이 효과적이다.

(b) 입구측의 공기회전(Spin)

입구측의 공기회전은 송풍기의 성능감소에 지대한 영향을 미친다. 공기회전이 휠의 회전방향과 일치하거나 입구 안내 깃(Inlet Vane)을 사용하여 휠의 회전방향과 일치시키면 송풍기의 송풍량과 정압, 동력이 예상보다 적어진다.

또, 공기회전이 휠 회전방향과 반대인 경우에는 송풍량과 정압이 예상보다 올라가고 축마력(Brake Horsepower)은 커진다. 입구측의 공기회전은 어떤 경우든 송풍기의 효율을 저하시키고 있다.

따라서 공기를 공기 체임버(Air Chamber)에 유입시킬 때에는 공기회전이 발생되지 않도록 기술자들은 유의해야 한다.

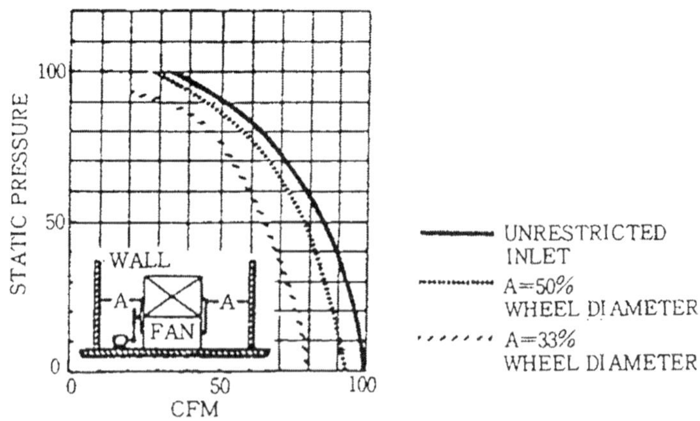

그림 6.98 입구측과 벽과의 이격거리에 따른 송풍기 성능

그림 6.99는 플레넘(Plenum)에서 공기회전이 형성되는 것을 나타낸 것이다. 여기서 보는바와 같이 공기회전 발생을 억제하려면 공조기의 외기와 환기덕트는 송풍기 흡입구의 중심에 맞추어야 한다는 사실을 알 수 있다.

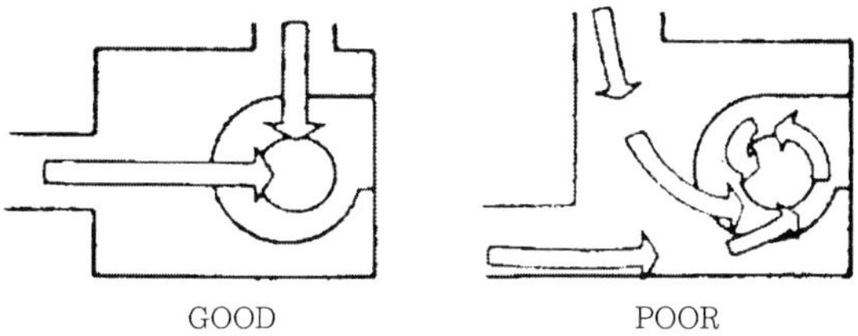

그림 6.99 공조기 플레넘의 공기회전 발생

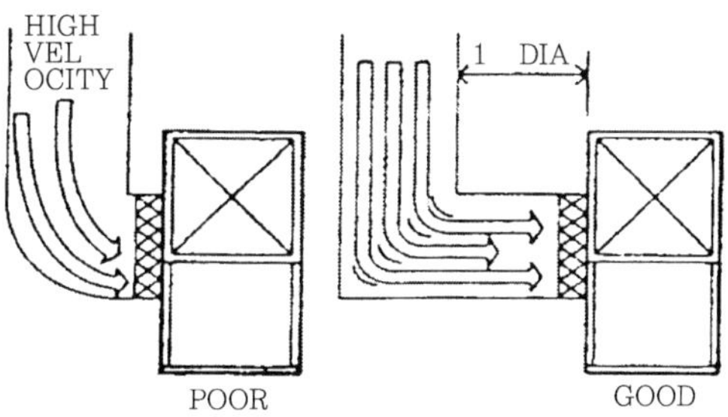

그림 6.100 입구측의 덕트 연결상태에 따른 공기분포도

(c) 입구 측의 불균일한 공기분포

그림 6.100과 같이 엘보가 팬 흡입구에 너무 가까우면 공기의 분포가 불균일해져 성능이 저하된다.

따라서 덕트의 직선부는 최소한 덕트 직경의 1배 이상은 되어야 하고, 이것이 여의치 않을 경우에는 엘보의 안쪽 곡률을 덕트 경의 1배 정도의 크기로 한다.

(d) 팬 병렬 운전의 입구측 조건

그림 6.98은 팬 병렬 설치시의 적정한 이격거리를 나타낸 그림이다.

② 송풍기의 출구측 조건

(a) 팬 토출에서의 속도분포

팬 토출구에서 바로 덕트의 방향을 바꾸면 예상보다 큰 정압손실이 발생하는데 그 이유는 토출구에 존재하는 난류현상과 속도분포 때문이다.

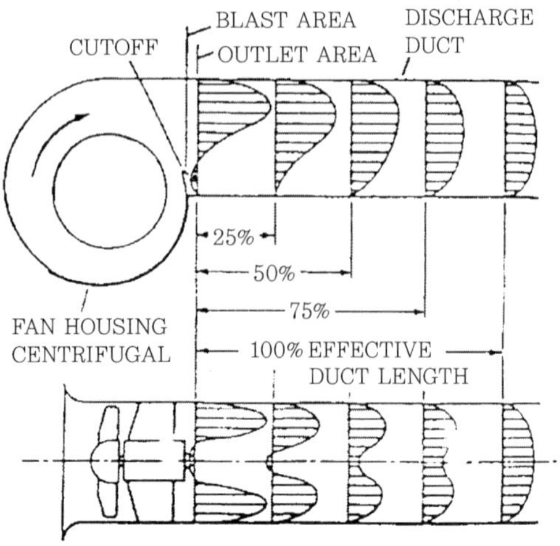

그림 6.101 토출구의 속도 분포도

팬 토출의 속도분포는 컷오프(Cut Off) 바로 밑에서 0(Zero)의 속도가 되고 하우징이 최상부에서 고속이 되며 장소에 따라 변한다. 팬 토출 구에서 공기가 덕트로 토출되면서 덕트 직경의 3~5배 지점의 하류에서 균일화 되면서 속도 분포는 점차로 평준화 된다.

축류팬은 대개 공기를 나선형으로 토출하므로 팬 외부에서의 마찰손실이 커지게 되고 특히 토출구에서 바로 덕트의 방향을 바꾸면 정압손실은 더욱 크게 나타난다.

따라서 팬 성능의 저하를 방지하기 위해서는 토출구에서 덕트 직경의 3~5배 되는 직선덕트가 확보되어야 한다.

(b) 토출덕트에서의 정압 재취득

정압재 취득을 다음과 같이 설명할 수 있다. 팬 휠(Wheel)의 회전으로 입구와 출구의 공기 압력차를 발생시켜 동압이 형성되고 그중 일부는 팬(Scroll)에 의해 정압으로 변환된다. 이것이 정압재취득의 형태이다. 토출덕트는 정압재취득 효과가 지속되도록 하는 스크롤(Scroll)의 연장으로 생각할 수 있다. 스크롤(Scroll)에서 나온 공기가 공간으로 바로 토출되는 경우 공기 중의 에너지는 토출덕트처럼 재취득되는 것이 아니라 손실되는 것이다.

덕트의 방향을 변경하는데 있어서 충분한 거리가 확보되지 않으면 현장여건에 따라 적절한 토출구를 만들기가 부적절한 경우, 공기를 플레넘에 토출시키고 토출구의 반대편 플레넘 벽은 저속일 때 최소한 1.5D 정도 떨어지고, 고속일 때

3D 정도 떨어져야 하고, 플레넘의 면적은 최소한 토출구 면적의 4배가 되어야 한다.

③ 팬과 코일간의 이격거리

(a) 편 흡입 팬

시스템에서의 코일과 팬 흡입측 사이의 최소 이격거리는 팬 흡입 팬인 경우 그림 6.102와 같이 팬 휠 경의 1배는 되어야 한다.

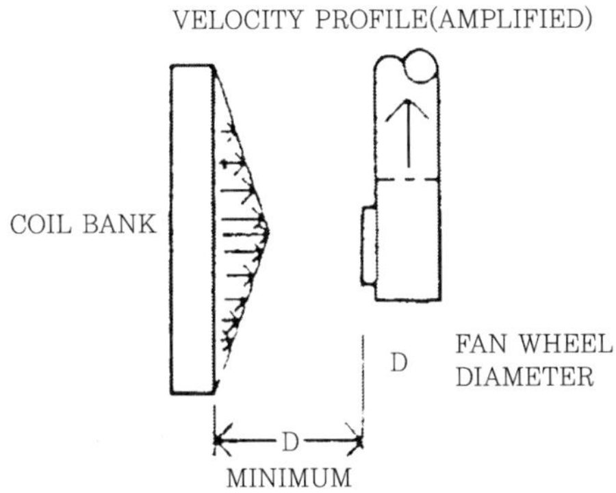

그림 6.102 편 흡입과 코일간의 최소 이격거리

(b) 양 흡입 팬

DRAW-THRU 시스템에서 코일과 팬 흡입 측 사이의 최소 이격거리는 양 흡입 팬인 경우 그림 6.103과 같이 팬 휠 경의 0.5배는 되어야 한다.

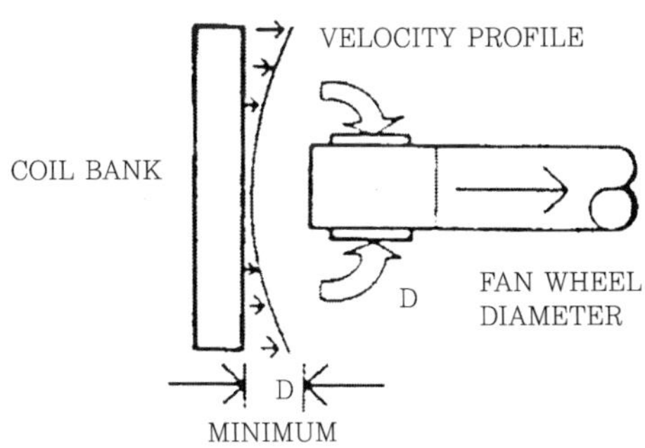

그림 6.103 양 흡입측과 코일간의 최소 이격거리

3) 풍속측정 위치의 선정기준

덕트 반송 계통에서의 풍속 측정구의 위치는 엘보와 같은 방향전환이나 와류가 생기는 곳으로부터 최소 덕트 직경의 7.5배 이상의 하류 쪽이나 2.5배 이상의 상류 쪽에 있어야 한다. 이것을 확보하지 못한 측정구의 위치에 대해서는 측정기록 보고서에 이 사실을 기록해야 한다.

4) 풍속 측정점의 선정기준

(1) 동일 면적분할법(Equal Area Method)

① 원형 덕트

(a) 이송 측정점의 수는 최소 12점이며 20점 이상을 넘지 않도록 한다.

(b) 원형 덕트 직경길이에 따라 이송점의 수를 정한다. 원형 덕트 직경이 230mm 미만이면 12개, 230~300mm이면 16개, 300mm 초과이면 20개의 측정점의 수로 한다.

(c) 직경 300mm 초과 덕트에서의 측정은 원형 덕트 중심에서 90°로 직교하는 선상에서 10개 지점, 총 20개 지점의 풍속을 측정한다.

② 장방형 덕트

(a) 측정 점의 총수는 최소 16점이며 64점 이상을 넘지 않도록 한다.

(b) 덕트 관통 점의 위치는 덕트 벽면에 가장 가까운 측정점 위치는 측정점 간 중심거리의 $\frac{1}{2}$이어야 한다.

(c) 측정점의 수가 64점 이하인 경우에는 피토 튜브 측정위치의 중심거리는 150mm 이하이어야 한다.

(2) 대수선형 분할법(Log Linear Method)

본 측정방법은 덕트 벽면의 마찰영향 등을 고려한 것으로 정밀한 측정이 요구되는 경우에 측정하는 방법이다.

① 원형 덕트

(a) 원형 덕트를 60° 간격으로 분할하여 측정한다.

(b) 직경 230mm 미만 덕트에서의 측정은 원형 덕트 중심에서 60°로 교차하는 선상에서 6개 지점, 총 18개 지점의 풍속을 측정한다.

(c) 원형 덕트 직경 길이에 따라 이송점의 수를 정한다. 230mm 미만 18개, 230~300mm는 24개, 300mm 초과는 30개의 측정점의 수로 한다.

(d) 여러 가지 이송 측정점의 개수에 대하여 각 측정점의 위치는 표 6.69와 같다.

표 6.69 이송측정 점의 위치(대수 선형 분할법)

한 개 직경에서의 측정점 개수	측 정 점 위 치				
	측정점 1	측정점 2	측정점 3	측정점 4	측정점 5
6	0.032D	0.135D	0.321D		
8	0.021D	0.117D	0.184D	0.345D	
10	0.019D	0.077D	0.153D	0.217D	0.361D

주) D : 원형 덕트의 직경

② 장방형 덕트

(a) 이송 측정점의 수는 최소 25점이며 49점 이상을 넘지 않도록 한다.

(b) 덕트 한 변의 길이에 따라 이송점의 수를 정한다.
750mm 이하는 5개, 751mm~900mm는 6개, 900mm 초과는 7개의 측정점의 수로 한다.

(c) 여러 가지 이송 측정점의 개수에 대하여 각 측정점의 위치는 표 6.710과 같다.

표 6.70 이송 측정점 위치(대수 선형 분할법)

한 개 직경에서의 측정점 개수	정 점 위 치						
	측정점 1	측정점 2	측정점 3	측정점 4	측정점 5	측정점 6	측정점 5
5	0.074L	0.288L	0.5L	0.712L	0.926L		
6	0.061L	0.235L	0.437D	0.563L	0.765L	0.939L	
7	0.053L	0.203L	0.366L	0.5L	0.634L	0.797L	0.947L

주) L : 장방형 덕트에서의 해당 변의 길이

5) 공조기의 성능 측정

(1) 측정조건

① 시스템 검토 공정이 완료되고 시스템 검토보고서가 작성되어야 한다.

② 보고서 양식에 장비 명판과 설계도면에 나타난 장비시앙을 비교하여 기입하는 예비 보고서 작성 공정이 완료되어야 한다.

③ 공기조화기 성능 측정 전에 각 계통의 시공도면, 장비 제작사 사양에 나타나는 사항과 시공상태가 시공도면과 일치하는지의 여부를 점검하는 공정이 완료되어야 한다.

④ 사전점검 작업이 수행되고 점검결과가 모두 만족된 상태이어야 한다.

⑤ 측정구의 위치 선정 및 설치작업이 완료된 상태에 있어야 한다.

⑥ 제작사의 공기조화기 시운전이 완료된 상태에 있어야 한다.

⑦ 공기조화기의 팬은 정회전으로 운전되고 모터는 정격전류를 초과하지 않아야 하고 필터는 설치가 완료된 상태에 있어야 한다.

⑧ 댐퍼, 말단 유닛(VAV 및 CAV 유닛), 터미널의 개도는 완전 개방된 상태에 있어야 한다.

⑨ 배기, 외기, 혼합 전동댐퍼는 냉방기준으로 Line-up이 된 상태에 있어야 한다.

⑩ 공기필터가 설치되어 있어야 하고 공조기 내에는 이물질이 없어야 한다.

⑪ VAV 시스템의 경우 동시 부하계수(Diversity Factor)가 적용되어 있으면 동시 부하계수에 해당되는 송풍량만큼 차단되어 있어야 한다.

(2) 공조기 시운전

① 공조기를 운전시켜 팬 회전방향이 정회전인지를 확인한다.

② 모터의 기동전류와 운전전류, 전압을 측정하여 정격값 이내에서 운전되는 지를 확인한다.

③ 모터와 팬 회전수를 측정하여 설계 회전수와 비교한다.

(3) 공기필터의 차압조정

① 필터의 초기 차압과 말기 차압의 중간 값을 필터 차압 조정값으로 한다.

② 필터의 초기 차압이 ΔP_1, 말기차압이 ΔP_2, 필터차압 조정값이 ΔP라 하면, (6.65)와 같다.

$$\Delta P = \frac{\Delta P_1 - \Delta P_2}{2} \qquad \text{식(6.65)}$$

③ 프리필터의 초기 차압과 말기 차압이 각각 3.5mmAq. 7mmAq이고 중간 필터 초기 차압과 말기 차압이 각각 15mmAq, 25mmAq일 때 필터 차압 조정값은 25.25mmAq이다.

(4) 공조기의 송풍량 및 정압 측정

① 공조기의 송풍량은 주 덕트에서 측정한다.

② 주 덕트의 동압이나 풍속 측정시 피토튜브는 기류방향과 수평으로 되어야 한다.

③ 표준상태(공기밀도 ∂=1.2 kg/m^3)에서 풍속은 $V = 4.04\sqrt{P_v}$이다.

여기서, V는 풍속(m/s), P_v는 동압(mmAq)이다.

④ 공조기의 송풍량은 $Q = V \times A \times 3,600$이다. 여기서, Q는 송풍량(㎥/h), V는 평균 속도(m/s), A는 덕트 단면적(㎡) 이다.

⑤ 팬의 정압 측정은 팬의 입구와 출구측에 측정구를 뚫어 공기압력을 측정한다. 이때 팬 출구측에서는 정압을 측정하고 팬 입구측에서는 전압(Total Pressure)을 측정한다.

⑥ 팬 정압은 팬 토출 정압에서 팬 흡입 정압을 뺀 값이 된다.

(팬 정압은=팬 토출 정압−팬 흡입 정압)

⑦ 공조기 부속기기인 냉수 및 가열코일, 필터 등이 입·출구 정압을 측정한다.

(5) 모터의 운전전류, 전압 측정

① 모터의 운전전압을 측정한다.

② 모터의 운전전류를 측정한다.

③ 측정이 가능하면 모터의 무부하 전류를 측정한다.

(6) 모터와 팬 회전수 측정

① 모터 회전수를 측정한다.

② 팬 회전수를 측정한다.

6) 터미널의 풍량 밸런싱 기준

① 각 공조지역의 전급기량은 설계치의 −5%에서 +10% 이내가 되도록 밸런스를 유지한다.

② 상기 (1)항과 관련된 공간과 같은 동일 공조 지역 내 각 토출 구는 표 6.71에 따라 설계량에 맞추어야 한다. 모든 최종 송풍량은 소음 발생이 없이 기준값 이내에 들어야 한다.

③ 조정가능 토출구의 기류 분포는 드래프트 현상이 없는 적절한 분배가 되도록 조

정되어야 한다.

④ 최종 밸런스 완료조건하에서 각 필터 입구, 출구 정압을 측정, 기록한다.

⑤ 최종 밸런스 완료조건하에서 각 코일 입구와 출구 정압을 측정하며 기록해야 한다.

표 6.71 공조지역내의 토출구수에 따른 송풍량 허용치

공조지역 등급	공조지역내의 토출구수에 따른 풍량 허용치		
	1	2	3
일반건물	-5%~+10%	±10%	±15%
창고 또는 산업용건물	-5%~+10%	±15%	±15%
수술실 또는 특별 환경실	+5%	±5%	±10%

[주] 이 값은 각 토출구가 동일 공간 내에 설치된 것에 국한하여 적용될 수 있다.

7) VAV 시스템의 T.A.B 수행방법

(1) VAV 시스템의 풍량 밸런싱

① 배기 및 외기도입 전동댐퍼는 최소 외기 공기량만큼 유입되도록 개도를 고정하고 혼합 전동댐퍼는 외기도입 전도 댐퍼 개도에 반비례 비율로 개방시킨다.

② 인버터 또는 팬 입구 Vane는 공조기가 최대 송풍량이 유지되도록 고정한다. (인버터 : 60 HZ, 입구 Vane : 완전개방)

③ VAV 유닛은 완전개방된 상태로 하되 Diversity Factor가 적용된 시스템은 Diversity Factor만큼의 송풍량이 차단되도록 VAV 유닛의 일부를 완전히 닫는다.

④ VAV 유닛 간의 풍량 밸런싱이 완료되면 덕트 정압 검출지점의 정압을 측정한다.

⑤ DCC에서 나타난 풍량 값과 T.A.B. 실측값을 비교하여 보정한다.

(2) VAV유닛의 풍량 제어

① 압력 종속식과 압력 독립식 VAV 유닛의 풍량 제어

VAV유닛의 풍량 제어에는 실온제어기(Room Thermostat)의 신호에 의하여 댐퍼나 Cone의 개도를 변하게 하는 압력 종속식(Pressure dependant Type)과 실온제어기와 동압감지기의 신호에 의하여 댐퍼나 콘의 개도를 변하게 하는 압력 독립식(Pressure Independant Type)이 있다.

압력 종속식은 어떤 실에서 급기가 불필요하여 댐퍼의 개도가 최소값 또는 영으로

닫쳐지면 덕트 내의 정압상승으로 다른 쪽의 유닛에 풍량이 과다해서 과냉이나 소음이 발생하고, 또 다시 다른 쪽으로 풍량이 계속 옮아가고, 반대로 어떤 실에서 급기가 필요하여 댐퍼의 개도가 최대값으로 열려지면 덕트 내의 정압 저하로 유닛에 풍량이 감소하여 실내에서 적정 온도를 유지하지 못하는 경우가 발생된다.

이러한 문제를 해결하지 위하여 VAV 유닛 내 동압감지기를 설치하여 풍량을 측정함으로써 덕트 내의 압력이 상승하거나 하강하여도 실온제어기에서 보내온 신호에 의하여 그림 6.104와 같이 지정된 풍량을 일정하게 유지할 수 있는 제어방식을 압력독립식이라 한다.

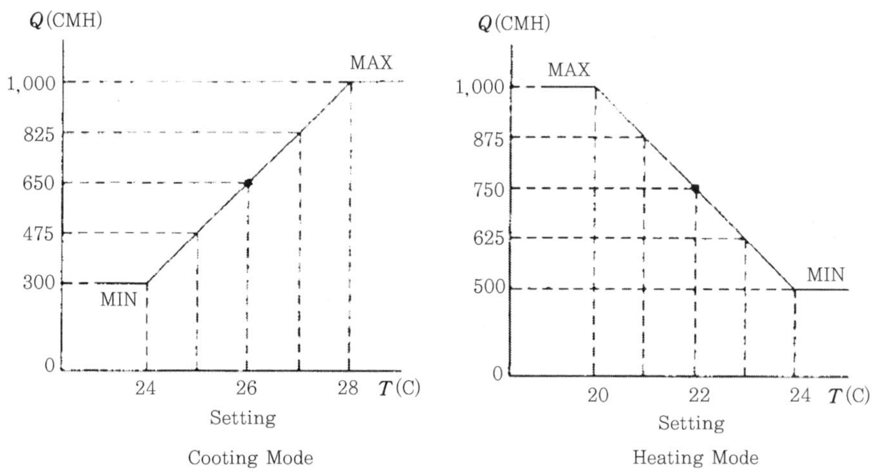

그림 6.104 VAV 유닛의 실온별 지정 풍량

압력 종속식의 단점을 보완한 압력 독립식 VAV유닛의 제어 정도를 높이려면 동압의 감지성능이 좋아야 하고 이의 성능을 향상시키려면 VAV 유닛의 설치규격을 지켜야 한다.

그림 6.105는 VAV유닛과 직관 덕트의 설치도이고 그림 6.106은 VAV유닛 동압감지기의 상류측에 $\frac{1}{2}$D, 1D, 2D, 3D인 직관 덕트가 연결되었을 때의 풍속 단면도이다.

여기서 보는 바와 같이 VAV유닛 상류 측에 연결된 직관 덕트의 거리가 짧으면 통과풍량의 측정오차가 커지고 직관 덕트의 거리가 통과풍속의 측정오차가 적어짐을 알 수 있다. 따라서 직관 덕트 길이는 3D 이상을 확보해야 VAV유닛의 풍량 제어성이 좋아진다.

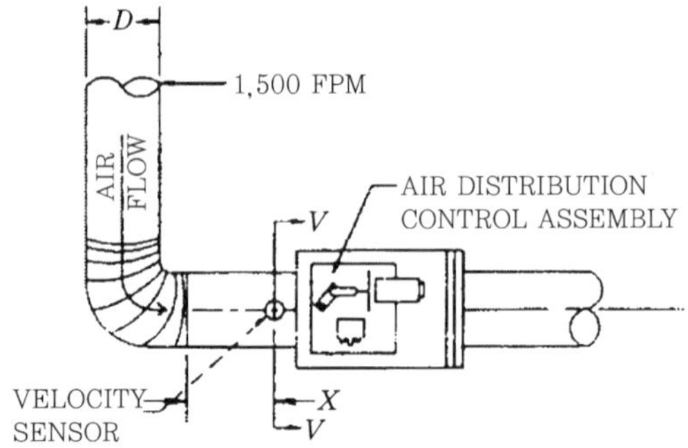

그림 6.105 VAV유닛과 직관 덕트의 설치도

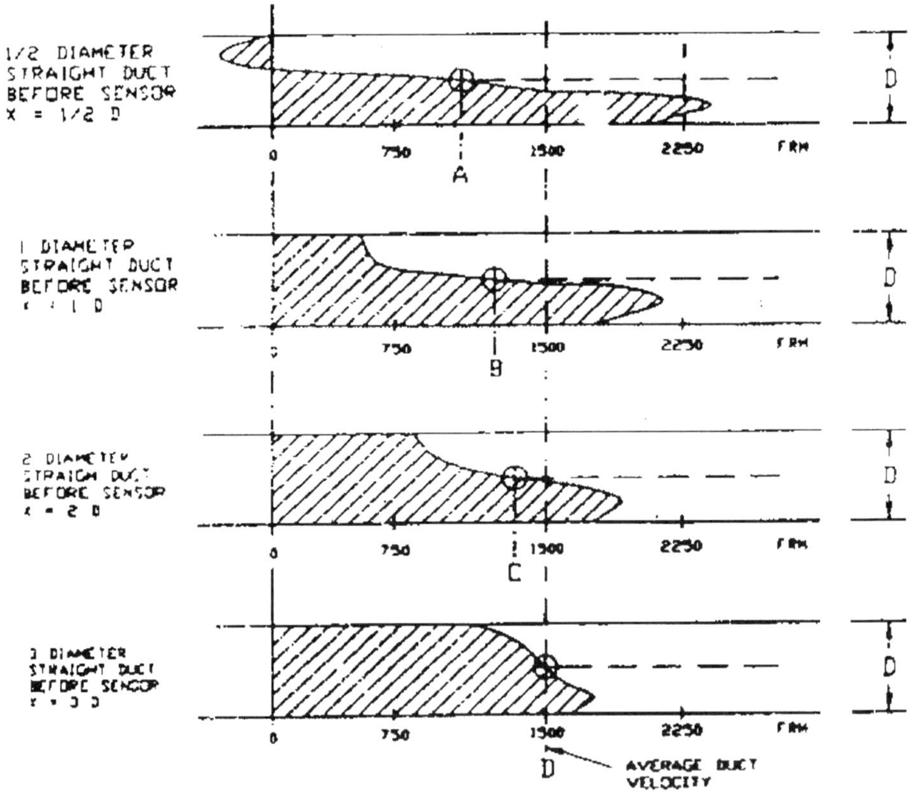

그림 6.106 VAV 유닛 내 Velocity Profiles

② 냉방전용과 냉난방 겸용 VAV유닛의 풍량 제어

냉방전용(Cooling Only) VAV유닛은 계절에 관계없이 항상 냉방모드의 동작만을 행한다. 냉방모드는 설정온도보다 실온이 높을 경우 실온에 대응되는 풍량만큼 댐퍼의 개도가 열려지고, 설정온도보다 실온이 낮을 경우 실온에 대응되는 풍량만큼 댐퍼의 개도가 닫쳐지는 동작을 행한다.

반면에 냉난방 겸용(Changeover) VAV유닛은 하절기시 냉방모드의 동작을 행하고 동절기시 난방모드의 동작을 행한다.

난방모드는 설정온도보다 실온이 낮을 경우 실온에 대응되는 풍량만큼 댐퍼의 개도가 열려지고 설정온도보다 실온이 높을 경우 실온에 대응되는 풍량만큼 댐퍼의 개도가 닫쳐지는 동작을 행한다.

(3) 급기팬의 정압 제어

① 정압 검출기의 설치위치 선정

VAV 시스템에서 급기덕트에 설치된 모든 VAV유닛에 적절한 정압을 공급하려면 급기덕트 내의 정압 제어가 필요하며 이것은 VAV시스템의 풍량 제어 중에서 상당히 중요한 부분이다.

급기팬의 정압 제어의 불안정으로 급기덕트 내에서 설정값 이하의 정압이 형성되면 VAV유닛이 요구하는 풍량이 통과되지 않아서 적정한 실온 유지에 장애가 발생되고 반면 설정값 이상의 정압이 형성되면 공조공간에 소음이 증가하고 에너지 낭비의 요인이 된다. 급기팬의 정압제어가 급기덕트에 설치된 정압 검출기에 의하여 제어되므로 정압 검출지점의 선정은 신중히 검토하여 선정해야 한다. 그의 위치는 와류 등의 영향이 없고 기류가 정상상태에 있어야 하며, 시스템의 풍량 변동이 있어도 정압 검출지점에서는 정압변동이 아주 작아야 한다.

② VAV 시스템의 덕트경로 설계

VAV 시스템에서 그의 성능을 향상시키는데 중대한 영향을 미치는 것은 덕트 시스템의 구성에 달려 있다고 해도 과언이 아니다. 덕트 시스템의 구성이 급기덕트에 연결된 모든 VAV유닛에 균일한 공기압력이 미치지 못할 경우 부적절한 덕트 시스템이라 할 수 있으며 이는 공기분배에 있어서 실패하는 것으로 보아야 한다.

좋은 덕트 시스템은 급기덕트에 연결된 모든 VAV유닛에 균일한 공기압력이 미쳐서 전체 VAV유닛에 일정한 풍량이 유지되는 시스템을 말한다. 환상 덕트 시스템(Loop Duct System)은 전체 VAV유닛에 공기 압력이 균일하게 미쳐 모든 VAV유닛에 균일한 풍량이 통과되는 것으로 알려져 있다. VAV 시스템에 있어서 환상 덕트 시스템 다음으로 좋은 덕트 시스템은 정압 재취득법으루 설계된 일반 덕트 시스템이다. 그림 6.107은 환상 덕트 시스템으로 설계한 예이다.

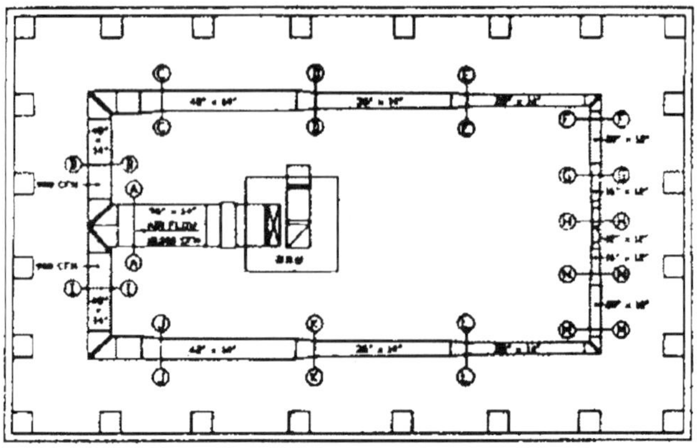

그림 6.107 환상덕트 시스템(Loop Duct System)

(4) 환기팬의 풍량 제어

공조공간의 급기와 환기 풍량이 불균형을 유지하면 건축 이음 틈새에서 공기흐름에 의한 소음이 발생될 뿐 아니라 출입문의 개폐에 지장을 초래하는 외풍이 침입하여 실내부하가 증대되는 문제가 생긴다.

따라서 VAV 시스템에 대해 환기량을 어떻게 일정한 밸런스로 유지시켜야 하는지에 대하여 연구 검토해야 한다.

6.9.4 공조설비의 운전관리 기법

1) 개요

공기조화와 난방을 행하는데 필요한 설비장비는 보일러 및 열교환기, 냉동기 및 냉각탑 등의 주된 열원장비 외에 공기조화기, 송풍기 및 펌프 등이 있다.

이러한 설비의 기능을 준공시의 목표치대로 유지시키기 위해서는 기기의 성능이나 동작상태를 정기적으로 점검, 기록하거나 필요에 따라 조정 및 교체를 하는 이른바 유지관리업무를 철저히 시행해야만 한다. 즉 실내공기 환경레벨을 일정하게 유지시키기 위해서는 유지관리가 필수적이다. 일반적으로 설비장비는 건축 구조물에 비하여 내용연수가 짧으므로 교체나 수리를 위한 운반이나 반입에 많은 비용이 소요되고, 또 수리기간 중에는 건물 이용에 막대한 지장을 주게 되므로 평소 유지관리 시에 기기의 움직임이나 각종 현상에 세심한 주의를 기울여 기기의 내용연수가 저하되는 것을 방지하는 한편, 고장발생이 억제되도록 노력하는 것이 필요하다. 또한 건물에 따라 사용용도가 각각 다르므로 이에 따라 설비시스템도 각양각색이다.

모든 건물은 그 용도에 적합한 설비시스템이 구성되게 되므로 이러한 설비를 잘 관리하기 위해서는 무엇보다도 먼저 설비시스템의 구조, 기능 및 성능 등을 잘 파악해야만 한다.

최근에는 대규모의 인텔리젠트빌딩이 잇따라 건설됨에 따라 설비시스템의 인텔리젠트화가 급속히 진행되고 있으며, 그 결과 공기조화설비의 관리도 컴퓨터에 의존되고 있다. 즉 설비 시스템의 운전관리는 거의 대부분이 컴퓨터에 의해 계획된 운전 스케줄에 의해 요구되는 환경조건에 따라 설정치 범위 내에서 운전 제어되고 있으나 건물의 효율적인 에너지 이용이란 점을 감안할 때 컴퓨터에 모든 것을 일임시키는 것은 안심할 수 없는 상황이므로 컴퓨터를 자유로이 운용하여 효율이 좋은 운전이 될 수 있게 관리 담당자는 유자관리에 역점을 두지 않으면 안 된다. 또 설비기기의 운전을 위해서는 많은 에너지가 소비되며 그 비용이 건물 유지 관리비의 상당 부분을 차지하기 때문에 각 설비 시스템의 특징을 충분히 파악하여 유익하고 만족한 기능이 얻어질 수 있도록 해야 한다.

아울러 유지관리를 위해서는 여기에 종사하는 관리 담당자의 관리도 매우 중요하며 또한 자동화가 많아짐에 따라 자동제어장치, 그 자체의 점검, 보수가 증가하는 등의 이유로 관리담당자의 수와 기술수준, 관리조직의 구성방법 등의 중요성이 점점 증가되고 있다.

상기 내용과 같이 사회적 조건의 변화로 앞으로의 유지관리는 그저 단순히 공기조화설비와 난방설비를 운전하거나 취급하는 것만이 아니고, 기기의 고장률을 저하시키는 한편 내구수명의 연장 및 각종 비용을 절약하거나 관리담당자에 대한 조직구성까지를 포함한 보다 광범위한 대책을 세우는 것이다. 결과적으로 공기조화설비의 유지관리는 설비에 대한 경영전략의 일환으로 하여 적절한 관리가 되도록 하는데 그 목적을 두고 있다.

2) 운전관리 기법

(1) 유지관리방식의 검토

건축설비분야에서 지금까지 해오던 유지관리 업무추진은 어떠한 형태에서든 고장이나 결함이 생기고 나서 수리를 행사하는 사후유지관리(breakdown maintenance)가 일반적이었다. 이를 위해서는 우수한 품실을 갖춘 튼튼한 재료나 부품을 잘 선택함과 동시에 훌륭한 설계와 정교한 시공이 필수적이었다. 또 수리를 쉽게 하기 위하여 확실성을 기반으로 시공되게 함으로써 고장이 난 후 수리하는 편이 값싸게 되도록 해왔다. 그러나 지금처럼 고도의 장치화, 시스템화한 설비가 되면서 유지관리단계에 있어서 모든 활동이 여러 가지 불확실성을 내포하게 되어 시설관리의 업무방향이 많은 합리성, 경제성의 추구로 치우치고 있다. 이러한 사회적 변화에 따라 설비분야에서도 각종 시스템에 대한 자동화 등의 움직임이 심화되어 생산관리의 일환으로 하여 추진됨에 따라 설비의 유지관리 추진방법도 커다란 변화를 가져오게 되어 예방적 유지관리와 생산적 유지관리라는 관리방법이 도입되게 되었다.

예방적 유지관리는 정기적인 점검과 일상점검에 의해 고장발생을 미연에 방지하도록 하는 것이고, 생산적 유지관리는 생산의 경제성을 높이도록 하는 것을 목표로 하여 시행하는 유지관리업무를 말하고 아울러 이 유지관리방법도 사고의 발생을 예방하는 것만이 아니고 설비의 성능저하, 제어치의 변동에 의해 생기는 품질저하 등으로 인한 경제적 손실을 최소화하기 위한 것을 목표로 하고 있다. 또한 각종 건축물에 설치된 설비기기의 점검, 정비나 보수공사를 최소한의 인원으로 보다 효과적으로 수행하기 위해서는 이러한 새로운 유지관리방식을 도입하여 모든 업무를 쇄신하여 계획적이고 적극적으로 시도하는 것을 필요로 하고 있다. 그리고 유지관리의 활동이 사후적으로 시행될 경우는 설비기기의 작동상황을 점검하는 일은 거의 없으나 예방적 유지관리의 도입에 따라 설비관리자의 활동의 폭은 넓어지게 되었음을 인식해야 한다.

(2) 설비고장과 수명

설비는 사용하는 동안 여러 가지 고장을 일으키게 된다. 즉 균열, 파손, 부식 및 마모 등과 같은 재질의 변화를 변질현상(deterioration)이라고 하며 초기성능의 변화나 재질의 저하를 열화(degradation)라고 한다. 또 규정의 기능을 상실하는 것을 고장(failure)이라고 정의하고 있다.

이러한 열화나 고장을 원인별로 보면 설비를 구성하는 재료나 기기 등에 원천적으로 내재하여 열화되는 고유의 결함인 잠재적 열화, 사용이나 운전에 의한 마모열화, 세월의 경과에 따라 녹이 발생하거나 고장이 생기는 경년열화, 폭풍우, 침수 및 화재 등에 의한 재해열화 등이 있다.

이와 같이 열화나 변질현상은 재료의 변화를 재료구조공학에 의거 정량적으로 나타내는 수단으로 하여 사용되는 반면 고장의 개념은 신뢰성 공학을 이용하고 있다.

그러나 고장의 경우도 설비기기의 작동정지와 같이 누가 보아도 그것이 고장이라고 판단될 수 있는 기능 상실의 정도가 명확한 것과 판단하는 입장에 따라 객관적으로 판명하기 어려운 것이 있다. 정확한 유지관리업무를 추진하기 위해서는 발생된 결함을 측정하여 적정한 조치를 강구하여 대책을 수립하는 것이 매우 중요하다.

고장발생시 계열적 변화에 대하여 신뢰성 공학에서는 초기고장, 우발고장 및 마모고장의 3단계로 나누고 그 원인이나 경향분석을 행하고 있다. 즉 초기고장은 설계나 시공에 기인하는 것이고 마모고장은 설비의 사용방법이나 유지관리의 정도에 의해 그 시기가 좌우되어진다. 이것에 비하여 우발고장은 우발적인 원인에 의하는 것이므로 그 발생을 예측하기 어렵다. 그러나 예방유지관리를 철저히 수행하므로 그 발생빈도를 저하시키는 것은 가능하다.

유지관리업무에 대한 신뢰성 공학의 도입은 고장의 원인이나 발생모드를 밝히는데 많은 도움이 되고 있다. 또 발생하는 고장은 그 내용에 따라 단일원인에 의한 것, 수종의 원인에 의해 복합적으로 일어나는 것, 부분고장, 완전고장, 간헐고장, 영구고장, 경고장 및 치명고장 등으로 구분되며, 고장 종류에 따라 유지관리를 행하는 사고방법이나 보수작업이 현저히 다르게 된다.

신뢰성이라고 하는 말은 규정의 기간 중 요구된 기능을 다하는 확률을 표시한다. 다시 말하면 가장 중요한 부분으로 되는 설비기기가 만족할 수 있는 상태를 나타내도록 하는 것이다.

설비의 신뢰성에는 고유의 신뢰성과 사용의 신뢰성이 있다. 전자는 시스템 또는 기기에 사용한 재료나 부품의 성질, 시공법 및 제조기술에 의해 영향을 받고 후자는 사용시의 환경 스트레스 및 유지관리의 정도에 영향을 받는다. 따라서 신뢰성과 함께 유지관리가 갖는 뜻은 크다.

신뢰성 공학은 새로운 학문으로서 여러 가지 기술분야와 학문을 통합하여 시스템의 신뢰성이나 기능의 확실성을 보증하기 위한 과학적 이론을 제공함과 동시에 유지관리기술과 그 업무의 진행방법을 체계화하는데 많은 공헌을 하고 있다. 또 유지관리업무를 추진하는 데 3가지 원칙을 세워야 한다.

3가지의 원칙은 효용확보의 원칙, 효과적인 유지관리 원칙, 총합적 비용의 최소부담 원칙이다.

지금까지 대부분의 설비에 대한 유지관리는 고장이나 사고가 발생한 부분에 한하여 수리함으로써 설비의 수명을 연장시키는 것을 목표로 하여 내구성 연구와 유지관리계획이 추진되어 왔다. 그러나 오늘날의 설비 시스템은 매우 복잡한 기능을 갖게 되므로 인명 및 재산의 확보라는 점에서 설비의 유지관리가 강화되어시고 있다. 한편 사회적, 경제적 환경의 변화가 현저하게 되고 산업의 모든 분야에 걸쳐서 기술혁신이 눈부시게 되는 최근에는 설비의 기능이나 가치에 대하여 평가하는 기준이 크게 변화되고 있다. 이것과 관련하여 열화 및 고장에 대한 평가는 더욱 엄격하게 되고 오히려 설비의 수명보다도 경제적인 것을 중시하는 유지관리의 경향이 많아지고 있다.

(3) 설비의 열화방지대책

설비의 열화를 방지하기 위해서는 일상적인 취급을 하는 운전조작이 대단히 중요하다. 회전기기는 구동부분의 마모제어와 청소 등을, 정지기기는 온도나 흡습상태 및 먼지의 부착 등을 점검하여 허용치 범위 내에 있도록 적절한 조치를 하는 등의 정상적인 운전과 일상적인 관리가 요구되어진다.

운전과 일상적인 관리는 비교적 단순한 행위이므로 그다지 고도의 기술이나 기능을 필요로 하지 않기 때문에 경시되어지기 쉬우나 일상의 상태를 가장 잘 알고 있는 작은 변화에도 신경을 잘 쓰게 되어 예방적 조치를 취할 수 있기 때문에 유지관리의 시작은 일상적인 관리로부터 출발된다는 말을 하고 있다. 이와 같이 일상적인 관리에 의해 열화의 속도가 지연되기도 하고 고장률이 저하는 될 수 있으나 열화의 진행을 멈추게 하는 것은 불가능하다. 그러나 어떤 경우든 열화가 진행되면 본래의 기능으로 회복시키지 않으면 안 된다.

또한 열화의 상태를 측정하기 위해서는 검사를 실시해야 하며 검사의 내용에 따라서 양부(良否)검사와 경향(傾向)검사로 나눈다.

양부검사는 절연저항 측정이나 보호장치 등의 성능검사이고, 경향검사는 냉동유등의 분석시험을 행하여 돌발적인 고장에 대처하기 위한 열화의 경향을 예측하는 것이다. 이러한 검사방법에 의해 수리의 시기나 방법을 결정한다. 수리는 판단의 기준에 따라서 성능의 한계치에 도달하기 전에 실시하는 예방적 수리가 매우 중요하다. 그러나 고장 후에 행하여도 사용상 지장이 없는 기기나 성능의 한계치에 이르러서 시행해도 되는 것에 대해서는 사후수리를 행하도록 하고, 이 경우에는 예방적인 점검 등은 실시하지 않는다.

(4) 유지관리기술 기준의 확립

설비의 유지관리를 위한 관리기술 기준은 업무수행에 대한 지침인 것이다. 관리업무의 레벨을 통일화하고 개인적인 차를 적게 함과 동시에 관리대상 설비에 적합한 활동이 될 수 있도록 기술면, 경제면에 있어서 결함이 없도록 하는 것이다. 이와 같이 유지관리에 대한 기술적인 기준은 관리업무의 실시, 위탁, 지도 등에 필요한 것이기 때문에 지금까지는 시방서, 기준서 및 지침서로 하여 관리업무의 종류별로 작성하여 사용하고 있다.

우선 일상관리에는 설비 등을 운전, 조작하여 감시제어를 행하는 것 이외에 일상의 상태감시 및 소모부품의 정비작업을 위한 기술기준이 필요하게 된다. 정기점검은 주로 운전중에 점검이 될 수 없는 내용에 대하여 실시하는 점검·수리 등이므로 법령에 정해져 있는 사항 이외에 자체적으로 점검을 행하기 위한 기준이며, 이에 따라 열화도 및 열화의 예측을 행한다. 이러한 점검, 결과에 대한 조치를 어떻게 할 것인가를 판단하는 기준이 필요로 하게 된다. 즉 열화의 상태를 파악하고 기능의 한계치와의 비교를 행하여 양부를 판단하는 것이므로 마모되는 정도나 성능치를 가능한 정량적으로 나타내는 것이 요구되어진다.

유지관리는 계획적, 정기적으로 점검, 수리 등을 행하는 것만이 아니고 언제나 신뢰성, 경제성을 높일 수 있도록 개선되어야 한다.

이와 함께 효율이 좋은 유지관리를 추진하려면 설비의 과거 경력을 알 필요가 있다. 즉 설비기기의 관리카드를 작성하여 가동상황과 정비내용이 기록된 자료는 예방적 유지관리를 시행하는 데 기본이 되므로 그 설비가 존재하는 기간 동안은 필히 보존해야 한다.

(5) 유지관리의 기대효과

예방적 유지관리에 의해 기대할 수 있는 주요한 효과는 다음과 같은 것을 생각할 수 있다.

① 고장에 의한 설비의 정지에 따른 손실이 감소한다.
② 예비설비를 필요로 하는 부분이 감소한다.
③ 돌발적인 고장건수가 감소하여 계획 변경이 적어진다.
④ 예비품 관리가 양호하게 되고 재고량을 최소한으로 억제할 수 있다.
⑤ 내구수명이 연장되어 수리비가 감소한다.
⑥ 단위면적당의 유지관리 원가가 저하한다.
⑦ 집무환경을 양호한 상태로 유지시킬 수 있다.
⑧ 화재 등을 미연에 방지시킬 수 있어 재산가치의 보존이 가능하다.
⑨ 관리요원의 최소화와 사용 에너지의 유효이용의 효과가 높아진다.
⑩ 라이프사이클 비용의 저감을 도모할 수 있다.

이상에서 보는 바와 같이 유지관리의 궁극적 목적으로 되는 기대효과는 인명, 재산의 보호와 경제성의 추구이다.

3) 배관설비의 관리

(1) 냉각수 배관

수질과 부식의 관계는 여러 가지 요인에 관계되므로 내구성 향상을 위해서는 필요한 시기에 수질의 분석시험이 필요하다. 이 분석기록은 향후 부식사고가 발생한 경우에 원인규명, 대책입안의 중요한 자료가 된다.

냉각수계통은 배관내의 유체가 농축되기 때문에 여러 가지 장애가 일어난다. 즉 부식에 의한 녹, 스케일 및 슬라임 등이 배관 또는 냉각코일에 쌓여 2차 장애(전열저하, 2차 부식)가 발생하게 된다. 이러한 장애에 대한 청소방법으로는 기계적 청소방법과 약품에 의한 청소방법이 있다.

기계적 청소방법은 열교환기의 열 교환 부분인 튜브 등에는 가능하나 배관의 경우에는 그 구조상 곤란한 경우가 많다. 또 약품에 의한 청소는 일반적으로 세정제로는 산, 산화물, 알칼리제가 사용되고 있다. 즉 기계적 청소방법은 열교환기의 열교환부분인 튜브 등에는 가능하나 배관의 경우에는 그 구조상 곤란한 경우가 많다. 또 약품에 의한 청소는 일반적으로 세정제로는 산, 산화물, 알칼리제가 사용되고 있다. 즉

① 철 녹이 주체가 된 경우는 산계통의 약품에 방식제를 혼합하여 일정농도로 일정시간 순환방식에 세정이 실시되고 있다.
② 칼슘 성분 스케일의 경우도 철 녹과 같은 방법으로 행한다.
③ 슬라임의 경우는 약품으로 산화제(H202)가 사용되고 있다.
④ 실리카 주체의 스케일의 경우는 불화물 또는 알칼리제가 사용되고 있다.

이와 같이 약품에 의한 세정은 약품의 규제량을 사용하여 일정시간 침적 또는 순환시키지 않으면 안 된다. 또 산이나 산화물 등은 약품 자체가 강재에 대하여 부식성이 강하기 때문에 사용 후에는 적절한 중화처리를 실시하는 것이 필요하다. 이 세정에 있어서는 부착물의 양, 세정제의 종류에 따라 차이가 있으므로 실시방법에는 전문 메이커의 지도에 따라 실시하는 것이 좋다. 세정제의 종류에 의한 설비기기의 능력회복은 육안이나 운전상태에 의해 판단될 수 있지만 배관내의 결과에 대하여는 정확한 확인이 곤란하다. 그래서 사후에 처리하는 것보다도 사전에 예방처리를 하는 편이 내구성면에서 보면 바람직하다고 생각되어진다.

(2) 냉 · 온수 배관

냉·온수 계통에서는 주로 일어나는 장애는 역시 부식장애이다. 여기서 유의하지 않으면 안 되는 것으로 냉·온수계통의 유체는 교환빈도가 대단히 적기 때문에 배관계통 내에 있는 부유물질, 슬러지 성분 등은 내부로 배출되기 힘들게 된다. 한편 배관 내의 사전 프레싱 또는 축열조의 경우는 알칼리의 용출에 의한 pH가 상승되기 때문에 유체의 교환이 필요하다. 이 대책을 실시하지 않으면 배관이나 기기에 부착물이 침적되어 2차부식의 원인이 된다. 그래서 냉·온수 배관에 대한 대책으로는 일반적으로 방식제가 사용되고 있다.

그 종류는 인산소오다, 아질산소다 및 유기물을 주제로 하는 것이 많다. 관리방법으로는 정기적인 분석결과에 의거 방식제의 부족분만을 배치(batch)방식으로 투입하고 있다.

(3) 증기배관

증기배관의 부식은 증기가 응축되었을 때 응축수중에 용해하는 산소나 탄소가스에 의해 부식된다. 탄산가스에 의해 저 pH치 현상에 의한 배관 재 침식과 용존산소에 의한 공식(孔蝕)이 잘 나타난다.

탄산가스의 발생은 보일러급수로 연수를 사용하고 있을 경우 수중의 M-알칼리도 성분이 열분해되어 발생한다. 이것을 방지하기 위하여 보일러급수 수질을 순수로 할 필요가 있다. 또 산소를 제거하기 위해서는 탈기기를 설치하는 것이 좋다. 그러나 실제는 비용 및 관리면 등의 이유 때문에 거의 이러한 장치는 설치하지 않고 연수기의 사용이 대부분이다.

약품에 의한 방식법으로는 중화성 아민이나 피막성 아민이 사용되고 있으며, 이 중 중화성 아민은 드레인의 pH치를 약알칼리성으로 하여 산 부식을 방지하고 피막성 아민은 금속 표면에 방식피막이 형성되도록 한다.

4) 공조장비의 관리

공기조화설비에 사용되는 각종 회전기기의 일상적인 관리는 기동, 운전 및 정지 시로 나누어 실시한다.

즉 전류계의 최대지침, 음향, 전류계의 흔들림 등에 유의하면서 급유, 벨트의 장력조정, 소모품의 교체, 청소 및 이사유무의 감시로 철저히 해야 한다. 또 필요에 따라 전류, 압력, 회전수, 송풍량 및 소음 등을 측정하여 기기의 특성곡선과 실제의 성능곡선을 비교 검토한다.

건축공학실험편람

2008년 4월 15일 인쇄
2008년 4월 20일 발행

저 자 사단법인 대한건축학회
서울시 동작구 사당동 1044-34
TEL. 02) 525-1841~4
FAX. 02) 525-1845
http://www.aik.or.kr

발 행 인 강 해 작

발 행 처 기 문 당
서울시 성동구 공명길 39
(하왕십리동 966-22)
TEL. 02) 2295-6171(代)~5
FAX. 02) 2296-8188
출판등록 1976. 10. 7(1-44)
www.kimoondang.com

I S B N 978-89-6225-053-4 93540

인하 후 정가 9,000원